건축학입문

Introduction to Architecture

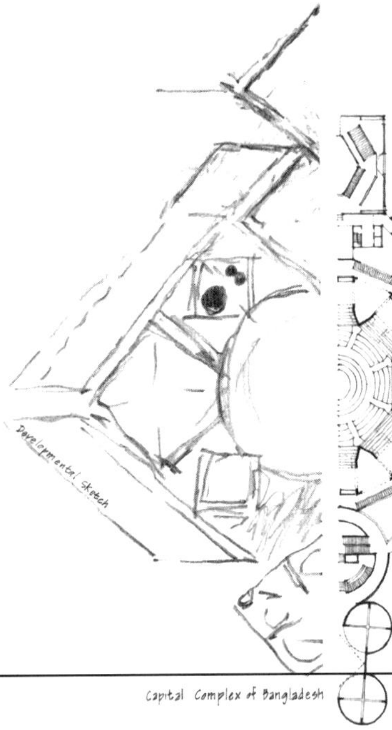

Capital Complex of Bangladesh Dacca, 1962, Louis Kahn

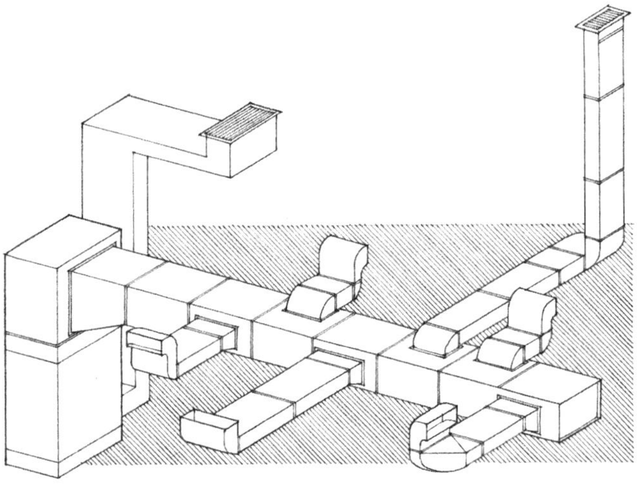

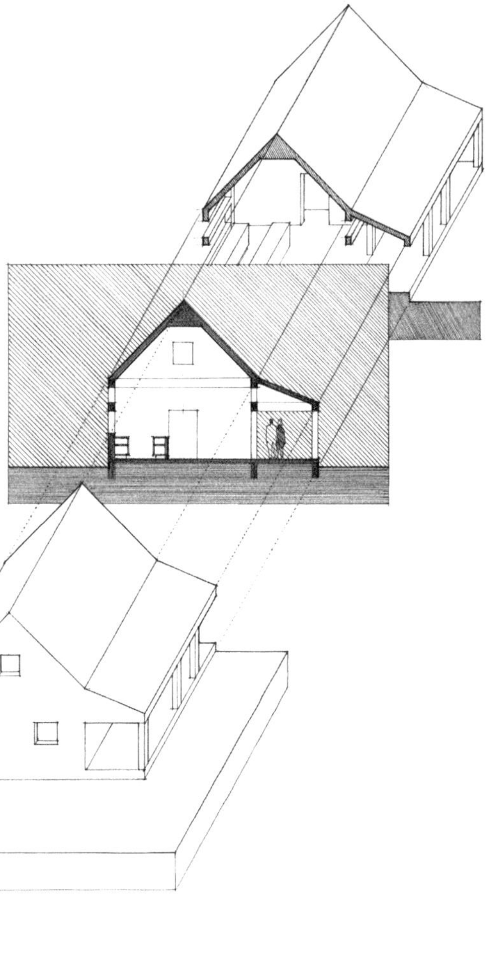

건축학입문

Introduction to Architecture

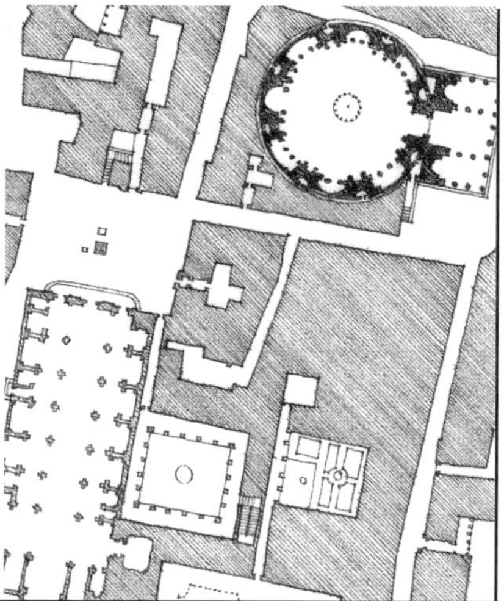

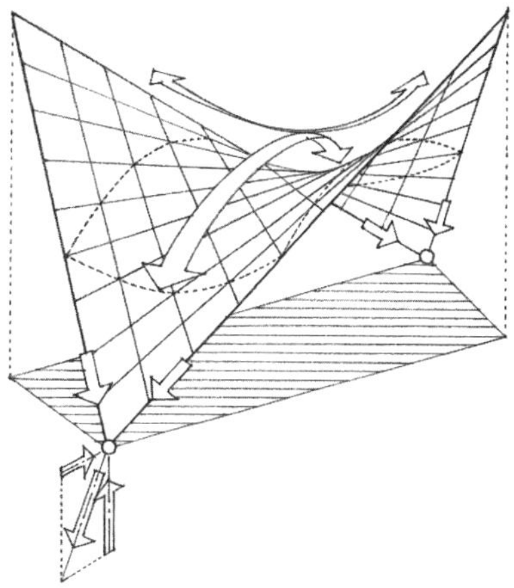

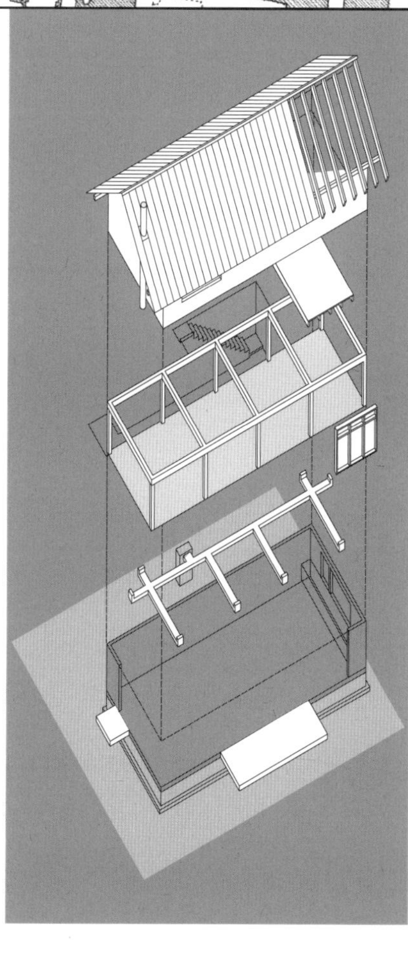

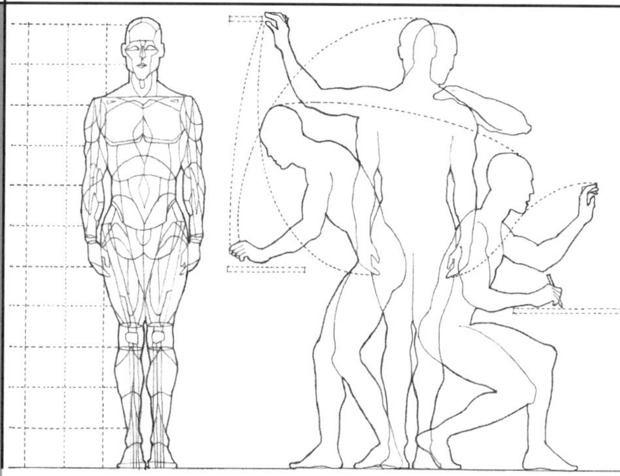

Francis D.K. Ching · James F. Eckler 공저

이준석 (명지대 건축학부 교수)

김동진 (홍익대 건축학부 교수)

최상기 (서울시립대 건축학부 교수)

임기택 (부경대 건축학과 교수)

——— 공역

WILEY

Spacetime

INTRODUCTION TO ARCHITECTURE (9781118142066 / 1118142063)
by Francis D. K. Ching and James F. Eckler

건축학입문
Introduction to Architecture

Francis D.K. Ching · James F. Eckler 지음
이준석 · 김동진 · 최상기 · 임기택 공역

1판 1쇄 2013년 5월 1일
1판 2쇄 2017년 2월 15일
1판 3쇄 2019년 3월 20일
1판 4쇄 2021년 3월 15일
1판 5쇄 2023년 11월 30일

발행인 **김기현**
발행처 **시공문화사**
등 록 1993년 3월 12일
주 소 서울시 서대문구 독립문공원길 13 극동프라자 5층(03733)
전 화 02) 3147-1212, 2323
전 송 02) 3147-2626
ISBN 978-89-5592-263-9
http://www.spacetime.co.kr, spacetime@korea.com

편 집 Design_Battery
인 쇄 예림인쇄사
제 본 (주)보경문화사
용 지 대림지업(주)

정가 28,000원

차례 Contents

1 서론
물체, 공간, 건축물, 도시 Object, Space, Building, City — 1

2 건축의 시작
초창기 역사–고대에서 르네상스까지 Early History—From Ancient Times to the Renaissance — 13

3 건축역사
르네상스 건축부터 현대건축까지 Architecture from the Renaissance to the Contemporary — 37

4 건축의 기본
형태 Form — 51

5 건축의 기본
공간 Space — 79

6 건축의 기본
규범 Order — 125

7 건축의 요소
설계에 영향을 미치는 유형, 시스템, 그리고 구성요소들
Types, Systems, and Components That Inform Design — 165

8 설계 과정
아이디어를 구상하는 수단과 기법 Tools and Techniques for Generating Ideas — 199

9 건축의 재료
재료의 질, 특성, 그리고 거동 Their Qualities, Characteristics, and Behaviors — 231

10 시공법
건축설계에 있어서 시공방식은 어떤 영향을 미치는가?
What Are the Implications of Construction Methods on Architectural Design? — 249

11 건축 구조
건물에 불리하게 작용하는 힘에 저항하기 Resisting the Forces That Act against Buildings — 281

12 빌딩 시스템
건물은 어떠한 방식으로 작동하는가? How Do Buildings Work? — 299

13 건축 실무 및 소통방식
건축가의 책임감은 무엇인가? What Are the Responsibilities of a Professional Architect? — 321

14 관련 분야
실내 디자인 Interior Design — 349

15 관련 분야
어바니즘 Urbanism — 373

용어해설 Glossary 409

Index 415

머리말 Preface

건축은 다면적 성격을 가진 학문이다. 건축은 은신처의 필요에 의해 탄생하여, 재료와 에너지의 과학적 관계에 의해 연마되었고, 창의적이고 의미를 찾으려하는 우리의 본능에 의해 예술로 승화되었다. 인간의 실질적 혹은 상상된 수요에 반응하는 과정에서 건축은 우리의 사회와 문화를 반영하게 되었다.

건축은 우리 삶과 결속되어 있다. 좋은 디자인은 때로는 눈에 띄지 않게 조용히 우리의 일상생활에서의 갖가지 행위들을 촉발시킨다. 그 안에서 일어나는 행위들에 딱 들어맞는 공간을 창출해내는 것이 바로 건축가들에게 주어진 과제이다. 이 책에서는 건축가들이 그러한 과제들을 풀어나가는 데에 유용하게 쓰일 수 있는 도구와 기술을 제시하려 한다. 아마도 이 책의 페이지들을 넘기다 보면 전에는 알 수 없었던 그러한 건축적 가치들을 볼 수 있게 될 것으로 기대한다.

건축의 많은 다양한 측면들을 간결하고 일관된 형식으로 다루는 통합된 입문서를 만들려는 목적으로 우리는 다음에 명시한 Wiley출판사의 서적들의 내용을 재구성하여 편집하였다. 또한, 건축과 그 도시적 맥락 사이의 관계에 대한 내용이 이 책을 위해 새롭게 첨가되었다.

- *A Global History of Architecture* by Francis D.K. Ching Mark Jarzombeck, and Vikramaditya Prakash
  이 책은 건축의 진화과정을 세계적 차원에서 바라보며 그 변화를 유발시킨 사건들의 맥락에 맞추어 서술하였다. 이 책의 일부분을 간결하게 발췌하여 건축의 유산적 가치와 다양성 및 문화적 중요성을 독자에게 소개하고자 한다.

- *Architecture: Form, Space and Order* by Francis D.K. Ching
  이 책은 모든 건축에 기초가 되는 물리적 성격을 소개한다. 이 책의 내용 중 일부를 소개함으로써 독자는 건축가들이 활용하는 몇 가지 디자인 원리와 전략들을 인지하게 될 것이다.

- *Building Codes Illustrated* by Francis D.K. Ching and Steven R. Winkel
  건축법규는 건축설계에 있어서 중요한 규범적 제약조건이다. 이 책은 건축을 법적으로 충족시키기 위한 조건들을 구체적으로 다루고 있다. 이 책의 일부를 포함시킴으로써 독자는 건축의 법적/사회적 책임에 대한 이해를 키울 수 있을 것이다.

- *Building Construction Illustrated* by Francis D.K. Ching
  이 책은 현재 시공 현장에서 통용되는 시공 기술과 방식에 대해 구체적으로 서술하고 있다. 이 책의 일부를 포함시킴으로써 독자는 건축가가 내리는 결정이 시공 방식에 어떠한 영향을 미치는지에 대해 이해할 수 있게 될 것이다.

- *Design Drawing* by Francis D.K. Ching and Steven P. Juroszek
  이 책은 건축가들이 자신의 아이디어를 표현하고 소통하기 위해 활용하는 갖가지 드로잉 기법에 대해 서술하고 있다. 이 내용은 건축가에게 필요한 기술의 범위를 소개하려는 목적 외에도, 초기 아이디어로부터 마지막 시공 단계까지의 건축 디자인 과정에 수반되는 복잡성을 독자들에게 이해시키려는 목적으로 포함되었다.

- *Interior Design Illustrated* by Francis D.K. Ching and Corky Binggeli
  이 책은 실내디자인이라는 전문분야를 소개하고 있다. 이 책의 내용 중 일부를 포함시킴으로써 독자는 건축과 실내디자인이라는 두 전공 사이에 존재하는 전문적, 학문적, 철학적 관계에 대한 이해를 증진시킬 수 있을 것이다.

- *A Visual Dictionary of Architecture* by Francis D.K. Ching
  이 책은 건축의 각종 부품, 요소 및 시스템들을 총정리한 방대한 리스트를 조합하고 있다. 여기에는 각 항목들의 정의, 쓰임새 및 중요성을 글과 그림을 통해 구체적으로 서술되어 있다. 독자들이 건축적 어휘력을 확대시키고 건물을 구성하는 요소들에 대한 이해력을 증진시키기 위해 이 책의 일부를 발췌해서 실었다.

- *Language of Space and Form: Generative Terms for Architecture* by James Eckler
  이 책에는 건축 설계의 원리와 개념 도출에 대한 방대한 리스트가 모아져 있다. 건축설계의 초기단계에서 아이디어의 개발을 위해 이러한 기본 원리들이 어떻게 적용될 수 있는지에 대한 윤곽을 가르쳐준다. 이 내용은 서론에서 소개된 다양한 주제들을 서로 연결시키고 소개하기 위한 목적으로 사용되었다.

여기에 조합된 내용들을 통해 이 책을 읽는 학생들에게 건축이라는 전문 분야와 그 기술에 대한 내용이 직관적으로 전달되고 교육되어지기를 희망한다. 만일 어느 주제에 대해 보다 구체적인 정보를 필요로 하게 될 때에는 언제든지 상기의 책들을 찾아볼 것을 권장한다.

메트릭 단위 변환

국제 단위계 (SI)는 국제적으로 인정되고 통용되는 체계로서 길이, 무게, 시간, 전류, 온도, 광도의 단위로 각각 미터, 킬로그램, 초, 암페어, 켈빈, 칸델라 등의 단위를 사용하고 있다. 독자들에게 국제단위계를 소개하기 위한 목적으로 이 책 전반에 걸쳐 메트릭 단위를 다음과 같은 규칙에 따라 적용시켰다:

- 괄호 안의 모든 숫자는 별도의 지시사항이 없는 한 mm 밀리미터로 읽는다.
- 3인치 혹은 그 이상의 치수는 5mm 단위로 반올림하였다.
- 액면상의 치수는 그대로 변환시켰다. 예를 들어 2×4 는 51×100 이다. 물론 실제 치수인 1 1/2″×3 1/2″ 을 변환하면 38 × 90 이 된다.
- 3487mm = 3.847m 이다.
- 그 외의 메트릭 치수가 사용되는 경우에는 그 단위를 별도로 명시하였다.

1. 서론

물체, 공간, 건축물, 도시

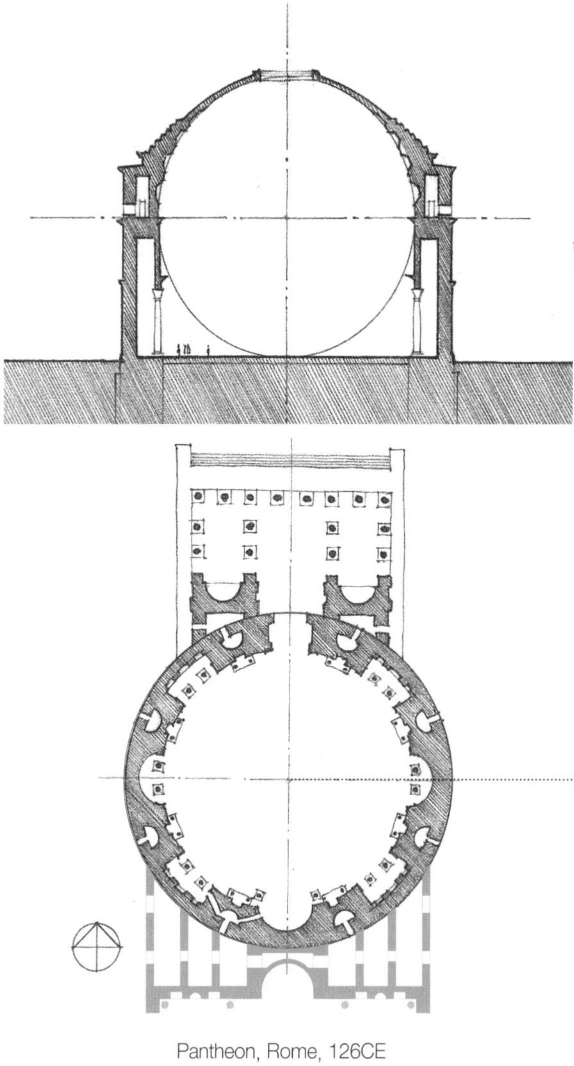

Pantheon, Rome, 126CE

Portion of Giambattista Nolli's map of Rome, 1736 - 1748

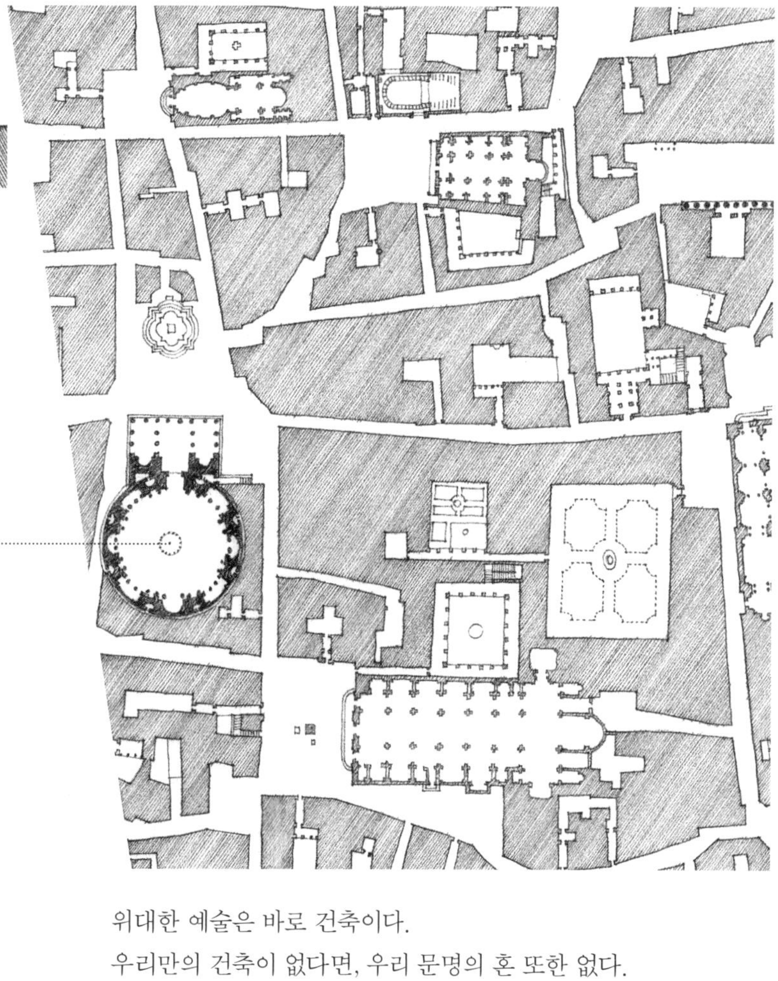

위대한 예술은 바로 건축이다.
우리만의 건축이 없다면, 우리 문명의 혼 또한 없다.
— Frank Lloyd Wright

건축이란 무엇인가?

건축은 매우 정교한 분야이다. 대부분의 사람들은 건축과 꾸준히 접촉하며 그들의 삶을 보낸다. 건축은 사는 곳, 일하는 곳, 노는 곳을 제공한다. 우리의 경험을 결정짓는데 큰 의무를 지니고, 그 용도의 다양성이 있기에, 건축은 정확한 분류하기에도 너무도 많은 형태를 지닌다. 주택 한 채가 다른 주택들과 본질적으로 같은 방식으로 이용이 될 때, 얼마나 다양한 크기와 형태, 배치가 가능한가? 주택 또는 모든 종류의 건축물의 완벽한 배치를 구현함에 있어 오로지 하나의 공식만이 존재하는 것이 아니다. 건축이 규정되어있지 않은 동시에 명확한 기능을 수반해야하는 의무가 있다.

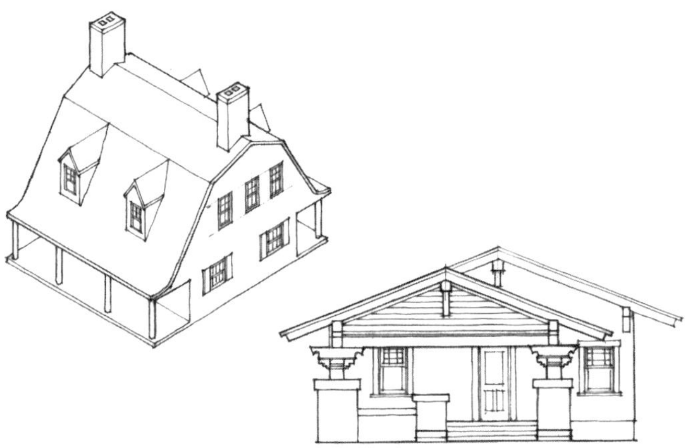

주택은 다양한 형태와 밀도로 건축이 가능하다.

건축이 다양한 형태를 가지고, 명확하게 그 기능이 작동되어야 하기 때문에, 건축은 예술이면서 동시에 과학으로써 받아들여진다. 건축은 디자인을 통해 새로운 것을 발명해내는 예술적 학문이다. 건축은 또한 건축구조의 정교한 시공기술에 의존하는 과학기술 전문분야이다.

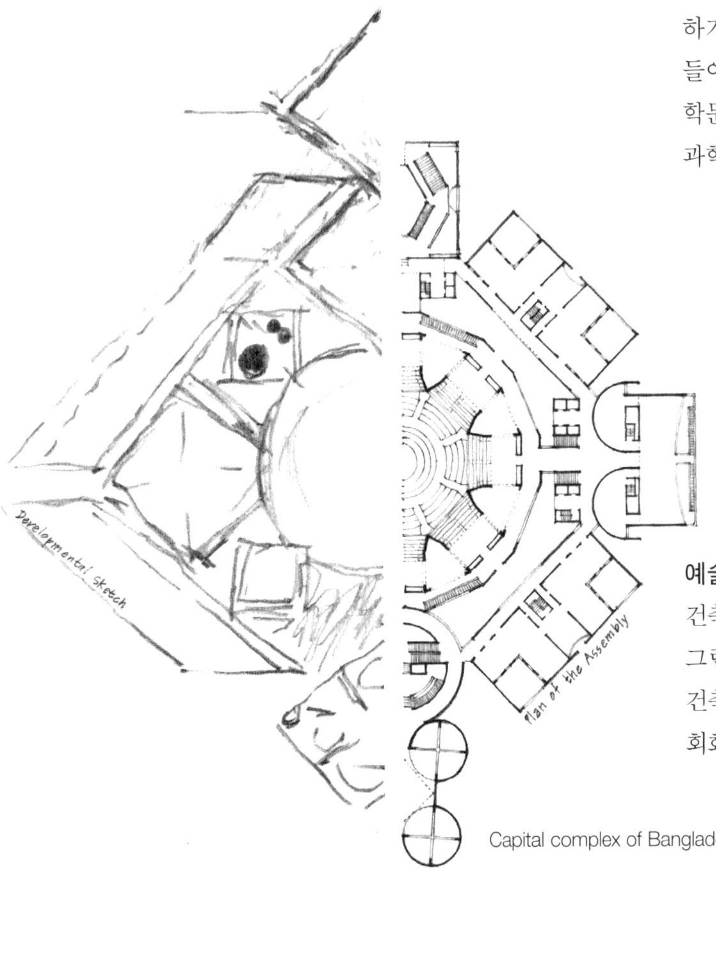

Capital complex of Bangladesh, Dacca, 1962, Louis Kahn

예술적 학문과 과학기술 전문분야

건축가는 그들의 아이디어를 발전시키기 위해 모형제작이나 그림을 그리는 데에 거의 모든 기법이 동원가능하다. 그러나 건축가들은 반드시 그들의 아이디어를 누구나 이해할 수 있는 회화적 언어로 기록하고 의사소통할 수 있어야 한다.

창의적 과정과 시공법

건축가는 하나의 아이디어를 완벽하게 하기위해 수많은 안(案)들을 검토하였다. 건축가는 그들의 아이디어를 발전시키기 위해 그들의 아이디어를 표현함에 있어 다양한 재료와 방식을 실험하였다. 그러나 건축물의 디자인에 겹겹이 적용된 모든 아이디어들은 기존의 건축구조 시공방식을 따라야 한다는 것을 염두에 두어야 한다. 아이디어가 발전하여도 시공가능한 것으로 계속 유지되어야 한다.

최종 건설도면으로 이어지는 일련의 스케치를 통한 아이디어의 발전.

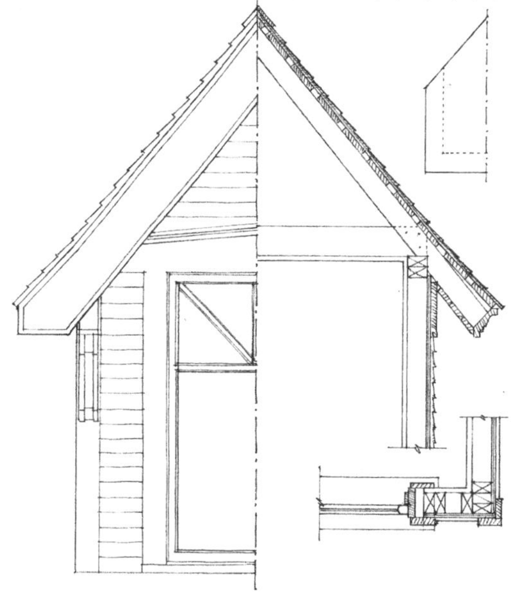

직관과 학문

많은 건축가의 아이디어는 즉흥적으로 떠오르거나 그림이나 모형을 만드는 중에 떠오른다. 또한 연구나 조사를 하거나 시간에 따라 축적된 지식을 바탕으로 영감을 얻기도 한다.

고대 그리스인들은 이것을 '건축 에피스테메(espisteme; 지식)와 테크네(techne; 기술)의 양면' 이라고 칭하였다. 에피스테메는 지식의 추구이다. 테크네는 기술 또는 예술적 추구이다. 건축을 이해하기 위해서는 우리는 이 두 개념이 뒤얽히고 가끔은 교환 가능한 방식으로 중첩된다는 사실을 알아야 한다.

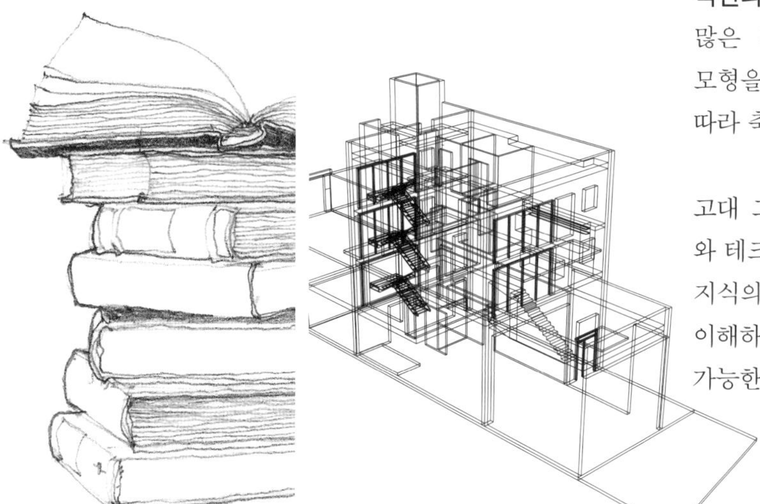

Episteme Techne

이 건축의 두 개념은 건축가가 "설계과정(design process)" 이라고 말하는 과정을 통해 자각된다. 설계과정은 초기 아이디어에서부터 최종설계안까지 이르는 건축물의 발전과정에서 취하는 일련의 단계들이다. 디자인을 하는 동안, 건축가는 건축의 창의적 행위의 영역과 건축물이 어떻게 시공되는지에 관한 기술적 이해의 영역을 계속하여 넘나들어야 한다.

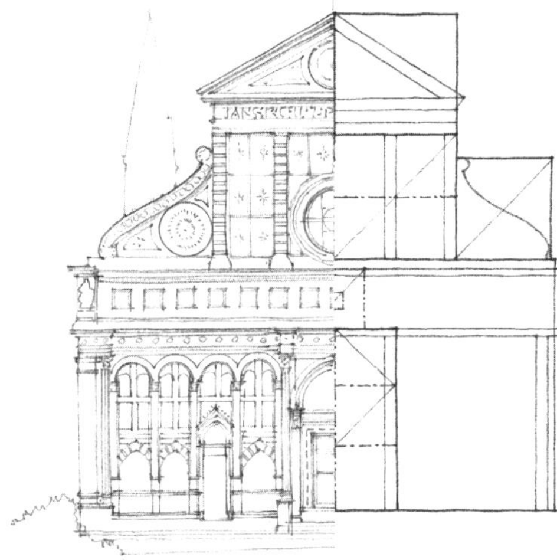

S. Maria Novella, Florence, Italy
Leon Battista Alberti designed the Renaissance facade (1456 - 1470) to complete a Gothic church (1278 - 1350).

에피스테메 (Episteme)

건축적 에피스테메는 설계과정(design process)의 본질에 관한 탐구에 의거한다. 설계과정에서 많은 질문들이 던져진다. 이 질문들은 해결해야 하는 디자인의 문제를 정의한다. 이 질문들에 답하기 위해서, 건축가는 반드시 디자인 결정에 관한 지식체에 의존하여야 한다. 건축물을 설계하는데 있어서, 건축가는 자신의 아이디어를 테스트하고 정제하기 위해 다양한 버전들을 시도한다. 이 과정을 통해, 새로운 아이디어들이 새로이 발견되어가며 발생된다—많은 발견들은 예상치 못한 상황에서 이루어지나, 건축의 기본적 지식과 기여 학문에 그 바탕을 둔다.

다음은 지식의 추구와 연관된 건축적 양상들이다.

- 역사
- 이론
- 인간 행동
- 인지

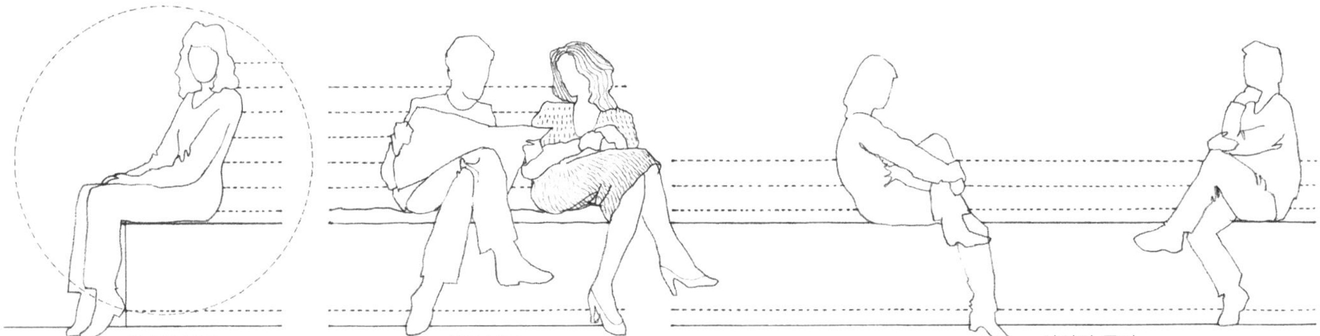

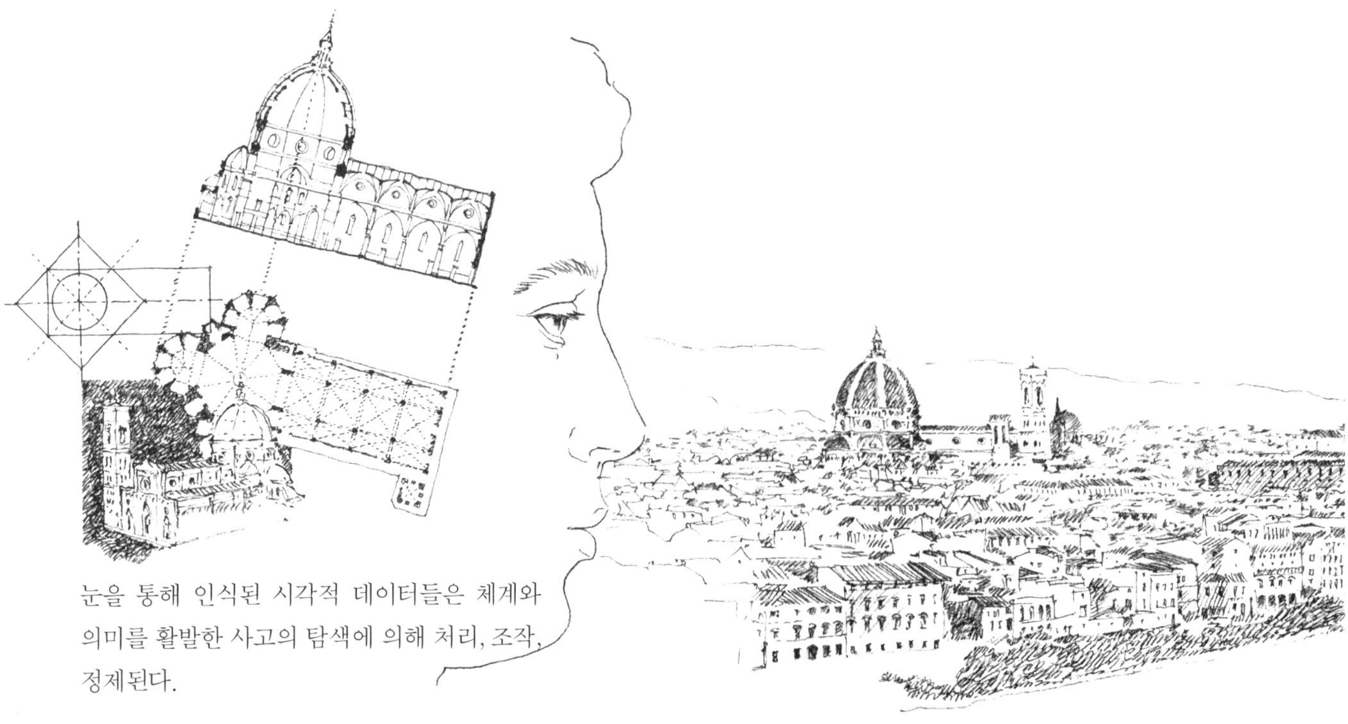

눈을 통해 인식된 시각적 데이터들은 체계와 의미를 활발한 사고의 탐색에 의해 처리, 조작, 정제된다.

테크네 (Techne)

건축적 테크네는 건축물의 기술과 디자인 기술의 응용방식에 의거한다. 테크네는 예술과 건축물의 기술이다. 설계과정에서, 생산 행위를 통해 발견이 이루어진다. 건축가는 그 또는 그녀가 디자인적 문제를 충분히 해결하기 이전에, 아이디어를 그리고 표현할 줄 알아야 한다. 아이디어를 표현하는 다양한 방식은 건축가로 하여금 그 아이디어가 어떠한 방식으로 작동하는지 쉽게 이해하고 다양한 방식으로 아이디어를 탐구할 수 있게끔 도와준다. 나아가 시공 기법과 기술의 이해는 최종적으로 실행가능한 건축물의 생산을 가능케 한다.

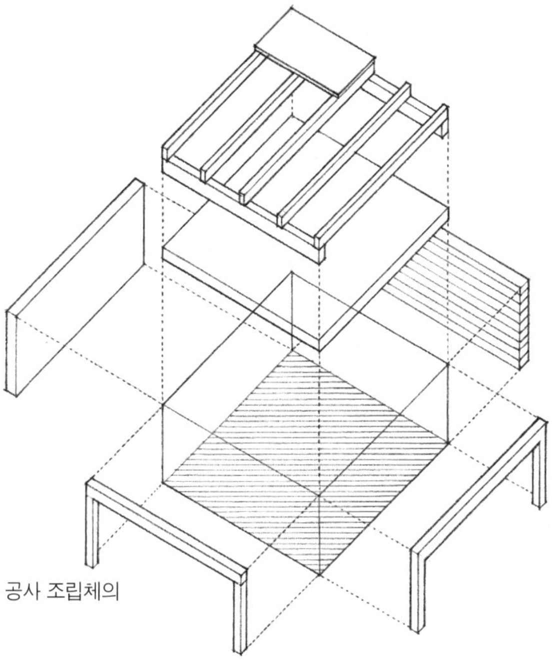

구조요소와 공사 조립체의 대안

다음은 기술과 기법에 관한 건축적 요소이다.

- 시공법
- 재료의 특성
- 건축기술
- 표현 및 소통방식 (드로잉과 모형을 통한)

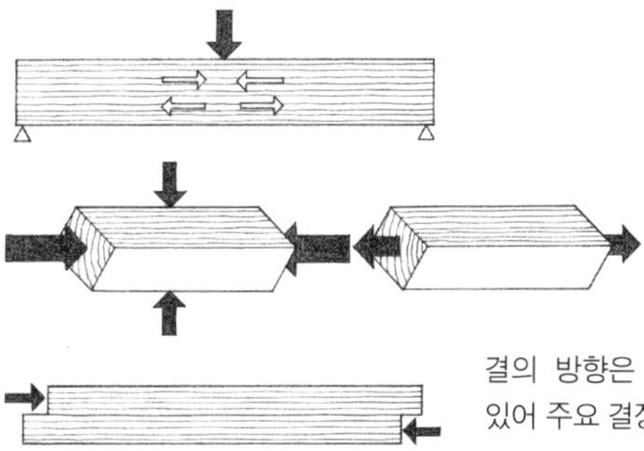

결의 방향은 구조적 재료로 사용에 있어 주요 결정요인이다.

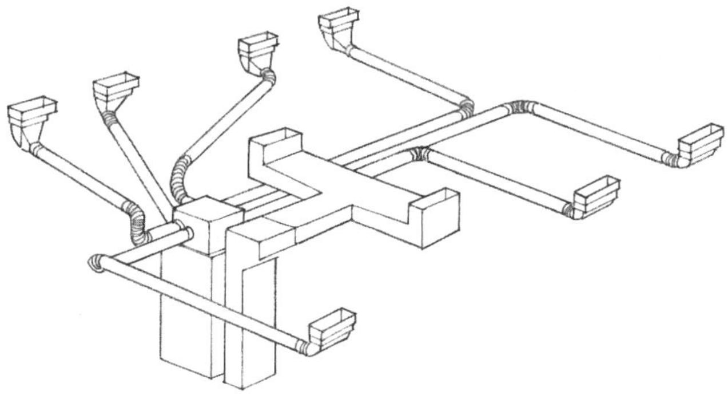

기계 및 전기 시스템은 건축물 입주자의 쾌적함과 건강, 안전에 대한 필수 요건들을 유지시킨다.

디자인적 사고

종합해보면, 이러한 건축적 특징은 디자인적 사고에 영향을 미친다. 또한 건축가가 건축물의 아이디어를 얻는 방식을 규정한다. 그리고 건축가에게 디자인을 함에 있어 더보편적 단어를 사용하도록 필요한 도구를 제공한다. 건축의 우선순위는 주거이다—사람이 장소를 점유하고 주변 환경을 이용하도록 하는 방식의 디자인. 이는 다양한 스케일-문고리의 크기에서부터 도시블록의 크기까지—의 건축 디자인이 요구될 때 광범위한 적용 영역을 가진다.

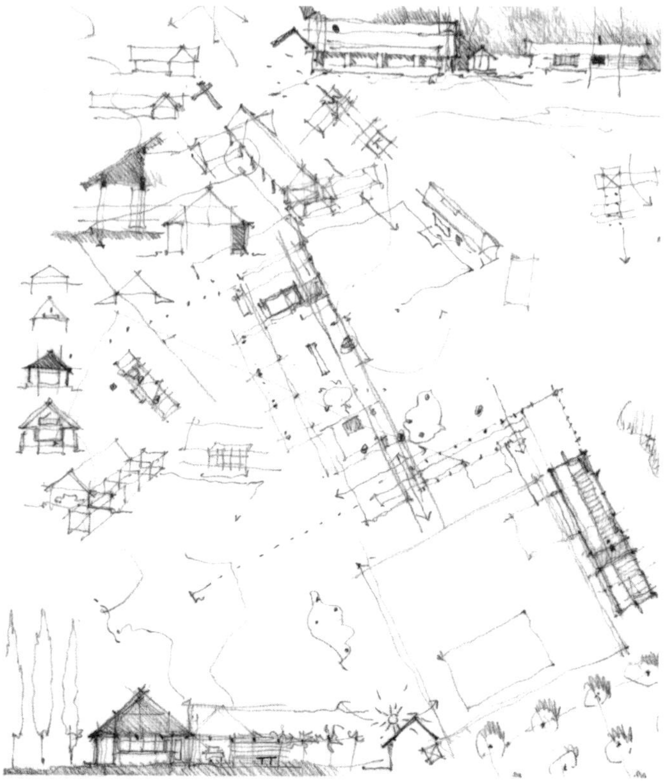

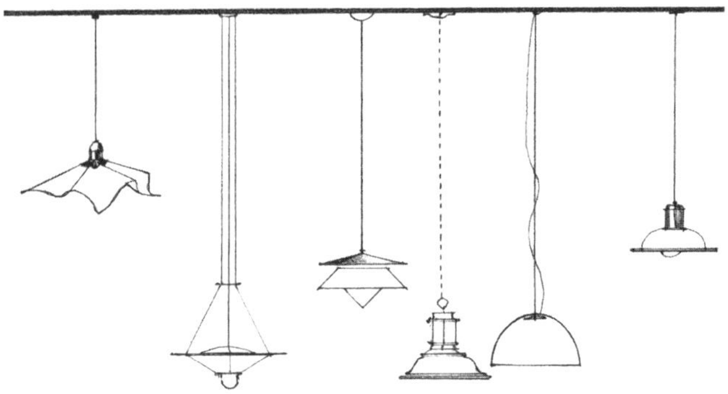

Examples of suspended light fixtures

Print by John Miro

Chairs by Arne Jacobseb and Alvar Aalto

Living room, Villa Mairea, Noormarkku, Finland, 1938 - 1939, Alvar Aalto

디자인의 스케일

건축의 영역은 건축물에만 한정되지 않는다. 건축 설계 과정은 다양한 스케일로 변환가능하며, 물체, 공간, 심지어 도시의 디자인에도 적용 가능하다. 물론, 건축의 주요 역할은 건축물을 디자인하는 것이지만, 건축가로 하여금 소형과 대형 스케일로 동시에 디자인해야하는 건축물의 면도 존재한다. 건축은 디자인 학문이며, 다음은 건축 디자인의 다른 측면에 관한 것이다.

물체 디자인하기

건축 디자인은 대지의 검토에서 디테일까지 그 범위가 넓다. 건축 디테일은 공간의 구체적 기능에 관한 디자인이다. 또한 아주 작은 스케일을 디자인하기 위한 기술이 필요하다. 디테일뿐만 아니라, 건축가는 물체의 디자인에 있어서도 이 기술을 적용가능하다. 여기서 물체란 장식이나 문고리 등과 같은 건축 디자인과 직접적으로 연관지을 수 있다.

- 가구 디자인은 건축가의 디자인 감각과 인체공학관련 지식이 필요하다.
- 조명 디자인은 빛의 성질에 대한 건축가의 이해와 빛을 통한 특별한 경험을 창조하고픈 건축가의 욕구가 요구된다.
- 조각 및 회화는 건축가에 의해 추구되기도 하는데, 그 이유는 구성 원리와 공예기술의 유사성에 있다.

공간 디자인하기

건축의 기본적인 특성 중 하나는 바로 공간이다. 건축가는 구체적 기능에 부합되어 이용될 수 있도록 건축물 디자인뿐만 아니라 건축물 내부 공간의 구성도 하도록 요구된다. 공간 디자인은 비례와 구성, 빛, 재료에 대한 건축가의 이해가 필요하다.

- 실(室)은 구체적 기능에 충족되는 디자인 구성에 대한 건축가의 이해가 필요하다.

- 외부 공간은 완전히 에워싸지 않으면서 공간의 모서리를 규정할 수 있는 공간구성에 대한 건축가의 이해가 필요하다.

- 건축물은 경험적 구성물이다. 경험은 인지되는 방식에 영향을 주는 공간구성에 의해 좌우된다. 이는 재료와 비례, 색, 질감, 주변 환경의 감지 방식에 대한 건축가의 이해를 필요로 한다.

건축물 디자인하기

건축가의 역할에 대한 최초의 이해는 건축물의 스케일에 있다. 건축물은 명확한 목적이 있고, 반드시 이 목적을 성취하기 위해 계획되어야 한다. 건축가는 또한 건축물 내부 공간을 구성하고 주변 환경 내에 건축물을 배치해야 할 의무가 있다. 두 가지 모두 계획목적의 성취에 따른 건축물의 성공여부에 영향을 준다.

Fallingwater (Kaufmann House), Bear Run, Pennsylvania, 1936 - 1937, Frank Lloyd Wright

- 건축가는 건축 주변과 관계성이 규정되도록 건축물을 건축 대지에 배치한다.
- 건축가는 명확한 기능을 가지도록 건축물을 설정한다.
- 건축가는 건축물의 기능에 충분히 부합되는 건축물 내부의 공간을 배치한다.

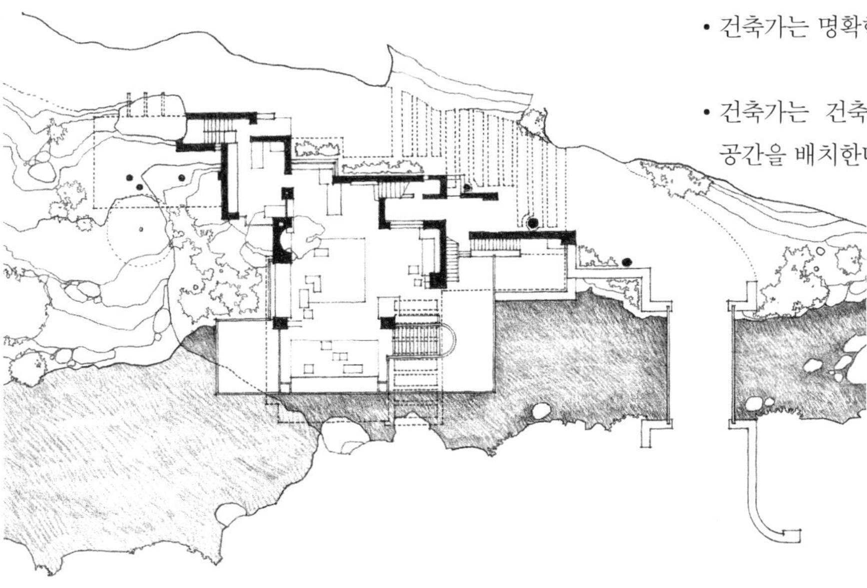

도시 디자인하기

도시는 풍부한 건축물의 특성을 공유한다. 공간적 구조와 경험적 환경, 명확한 기능을 기반으로한 디자인 등이 있다. 이러한 유사성은 건축가를 도시환경의 디자인, 성장 및 발전에 영향을 미치는 이상적 위치에 둔다. 또한 건축가는 도시를 구성하는 건축물에 대한 책임이 있고, 건축가의 디자인은 도시환경에 직접적인 영향을 준다.

Plan of seventeenth-century Paris

- 공간의 디자인은 건축가의 전문분야이며, 공공공간 및 가로경관의 발전에 도시적 스케일을 적용한다.
- 건축물은 건축가를 도시 발전을 규정하도록 건축가를 배치함으로써 도시를 구성한다.
- 도시 조닝은 프로그램적 관계성을 이해하는 건축가를 필요로 하며, 다양한 기능간의 관계성을 결정한다.

Walter Burley Griffin's plan for Canberra, Australia, 1912

관련 분야

건축 분야는 굉장히 오래된 다면적 분야이다. 건축은 우리의 삶에 영향을 미치는 다양한 대상을 다룬다.

건축은 순수예술이라고 볼 수 있다. 회화, 조각, 음악 및 문학과 같은 구성 원리를 상당수 공유한다. 디자인과 구성의 이러한 원리들을 통해, 다른 예술 분야와도 관련시킬 수 있다.

또한 건축은 우리의 삶의 편의를 도모하기 위한 물건들을 만들어낼 책임이 있다. 이는 건축을 실내 디자인, 도시 디자인 및 산업디자인 등 다른 디자인 분야와 일맥상통시킨다. 주거가능한 환경에 주안점을 둔다는 점에서 실내 디자인과 도시 디자인은 건축과 역사적으로 같은 뿌리를 두고 있다.

건축은 또한, 하중이 작용할 때의 건축물의 거동을 예측하기 위해, 형태와 재료에 대한 지식을 필요로 하는 건설기반 과학 분야이다. 이것은 건축을 다양한 건설업 및 자연과학과 연관시킨다. 또한 주거자의 삶을 유지시키는 공간을 규정하는 인간 행동, 인지 및 문화에 대한 지식을 필요로 한다. 이는 건축을 사회과학과도 연관시킨다.

건축가는 전문가가 아니더라도 이 관련 분야의 전반적인 이해가 필요하다. 이러한 지식은 건축물의 성공 여부에 결정적 역할을 한다. 이는 건축가로 하여금 우리의 삶에 긍정적인 영향을 주는 기능적이고 인간적인 디자인을 만들도록 한다.

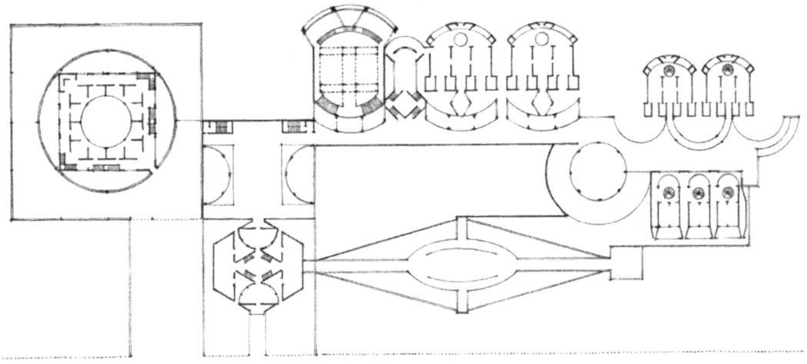

Project for the capital complex of Islamabad, Pakistan, 1965, Louis Kahn

실내 디자인

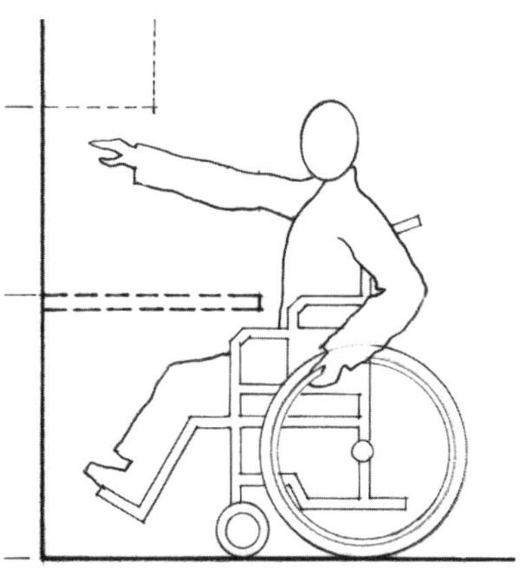

인간적 요소들

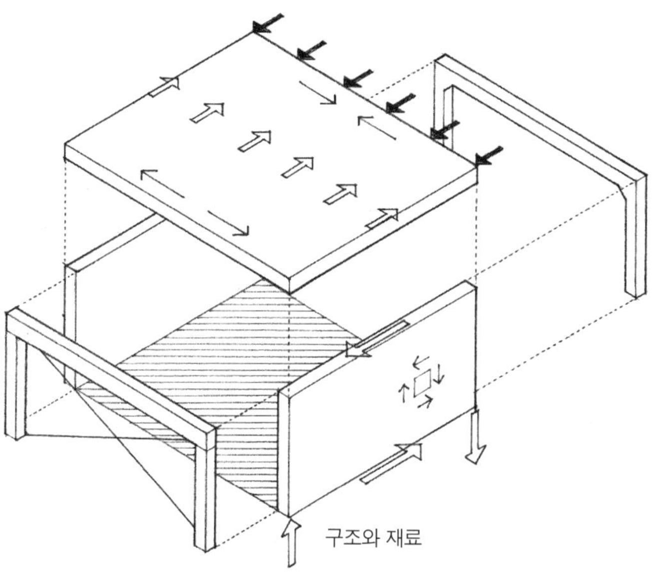

구조와 재료

본문의 구성

본문은 건축의 쟁점과 실제에 관한 간략한 개요를 제공한다. 건축은 굉장히 오래된 복잡다양한 분야이며 이 책의 목적은 건축의 가장 기본적 측면을 보여주기 위함이다.

이 책의 구성방식은 앞서 설명한 에피스테메와 테크네의 차이점에 따라 정해진다. 책의 첫 단원은 디자인 요소와 과정 뿐만 아니라 건축의 역사와 이론을 다룬다. 본문의 두 번째 부분은 현대건축의 기술적 측면을 다룬다.

그러나 단원별로 분리되어 있음에도 불구하고, 책을 읽을 때, 건축관련 지식과 기술에 대한 연관성을 찾을 수 있을 것이다. 건축에서 이 두 분야를 분리하기란 불가능하다. 디자인 컨셉 및 과정을 다루는 본문의 앞부분에서, 컨셉이 어떻게 구축되는지에 관한 기술과 지식의 측면을 분리해낼 수 없었다. 마찬가지로, 기술적 전문분야를 다루는 뒷 단원에서는, 건설구상에 있어 예술적 갈망을 완벽히 분리해낼 수 없었다. 이러한 이유로, 책의 구성이 예술적 또는 학술적 기초에서 벗어나지 않고, 디자인적 사고와 디자인 수행, 이 두가지에 관해 서술하고 있다는 점을 명심해야 한다.

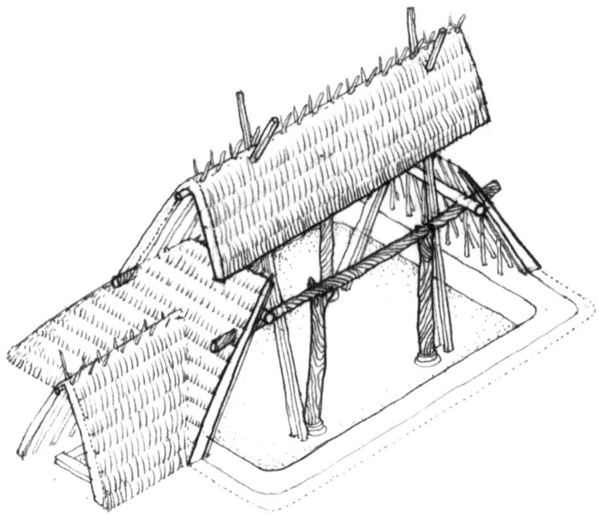

건축 디자인적 사고를 다루는 단원의 구성:

- **건축의 기원**—2장에서는 건축의 고대 역사에 관해 다룬다. 초기 발전과정에 영향을 준 요소와 분야의 형성을 다룬다. 정확한 전 역사를 서술하기보다는, 건축의 초기 발전 단계에서 영향을 준 역사적 사건들에 초점을 맞춘다.

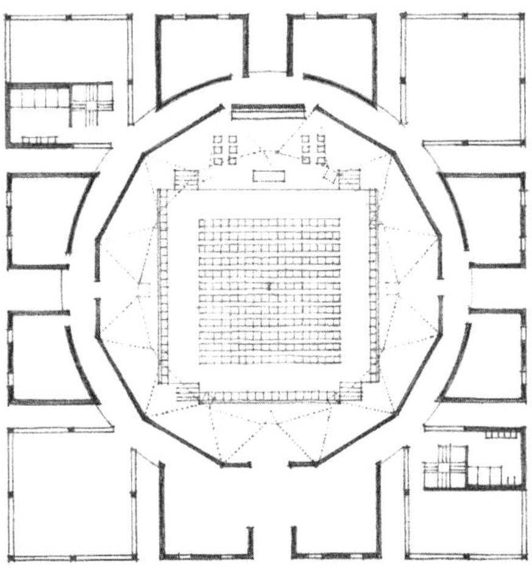

- **건축의 간략한 역사**—3장에서는 르네상스 시기부터 현대건축까지의 건축역사에 관해 다룬다. 세세한 역사적 기술보다는 건축 전문 분야가 자리를 잡아가는 과정을 다양한 국제적 사건 서술에 초점을 맞춘다.

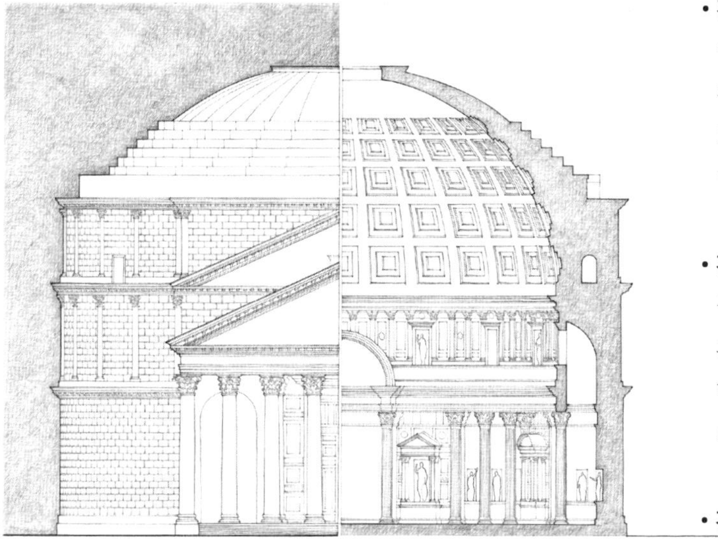

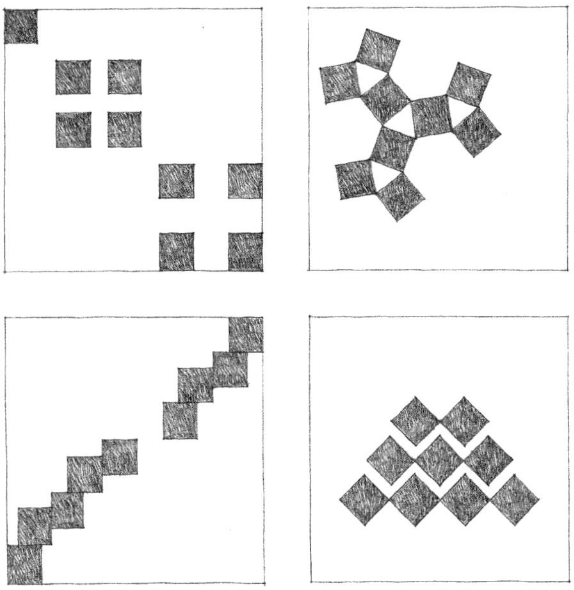

• **건축의 기본원리: 형태**—4장에서는 건축의 기본 디자인 사항인 형태에 관해 다룬다. 형태는 건축의 물리적 본질이다. 본 장에서는 설계과정에서 형태의 이용과 이해 방식에 관해 기술한다. 또한 재료, 건설 및 다른 제작 행위의 이해를 예시하는 형식적 사고방식을 기대한다.

• **건축의 기본원리: 공간**—5장에서는 건축의 기본 디자인 사항인 공간에 관해 다룬다. 공간은 건축의 경험적, 거주가능의 본질이다. 본 장에서는 설계과정에서 공간의 이용과 이해 방식에 관해 기술한다. 또한 프로그래밍과 경험에 관한 사안을 예시하는 공간적 구성방식을 기대한다.

• **건축의 기본원리: 규범**—6장에서는 건축의 기본 디자인 사항인 규범에 관해 다룬다. 규범은 건축의 구성적 본질이다. 본 장에서는 설계과정에서 규범의 구성과 배치에 관해 기술한다. 또한 프로그램적 관계와 공간적 위계를 예시하는 건축 요소의 구성과 배치방식을 기대한다.

• **건축의 요소**—7장에서는 건축을 구성하는 요소에 관해 다룬다. 건축물의 해부학적 구조와 설계과정의 부분인 이노베이션의 원동력이 되는 다양한 요소들의 다양한 결합 방식에 대해 다룬다.

• **설계과정**—8장에서는 프로젝트의 디자인 아이디어를 구상하는 건축가의 기본적 수단인 설계과정에 관해 다룬다. 설계과정의 고려사항을 다룬다; 디자인의 반복적 및 발견적 본질 또한 다룬다. 본 장에서는 전 설계과정에서 적용되는 다양한 표현 기법과 드로잉 유형을 더 자세하게 기술한다.

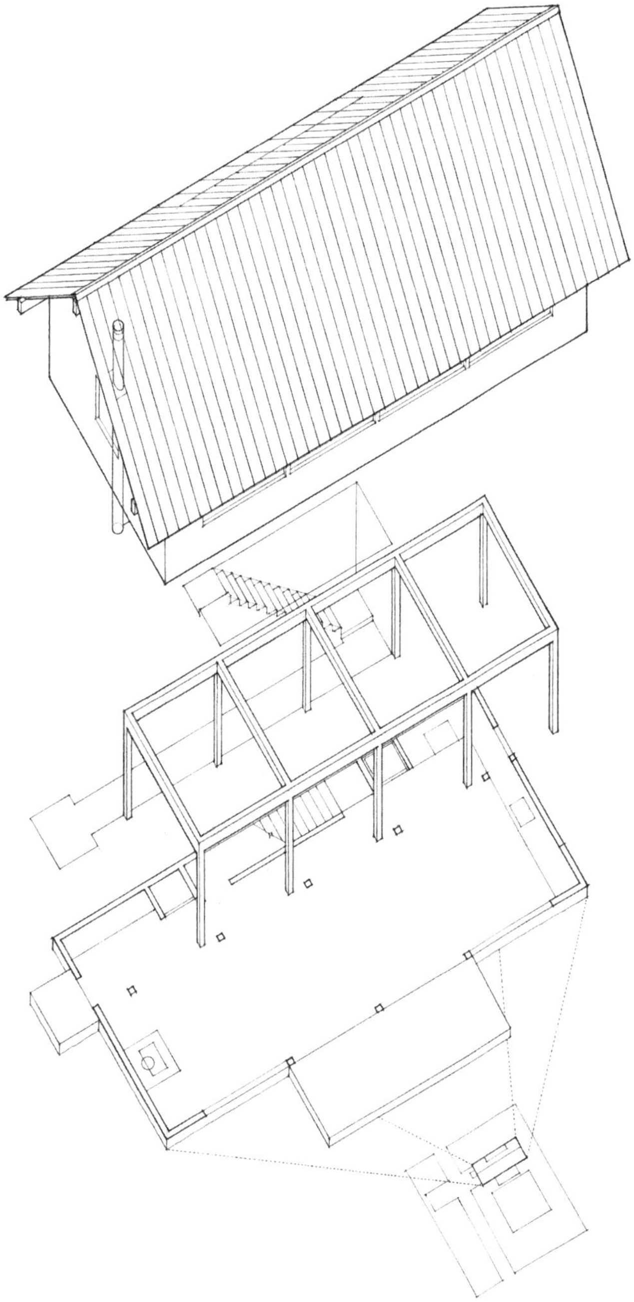

건축 디자인 수행을 다루는 단원의 구성:

- **건축의 재료**—9장에서는 건축 재료의 이용에 관해 다룬다. 공간 지각에 영향을 주는 요소로써 재료에 관해 기술한다. 또한 시공에 사용되고 시간에 따라 다양한 요소의 영향을 받는 건축물에 작용하는 재료의 성질에 대해 다룬다.

- **시공법**—10장에서는 디자인 결정에 영향을 주는 기술 방식과 다양한 시공법에 관해 다룬다. 본장에서는 일반 공법 종류의 장단점에 관해 기술한다.

- **건축 구조**—11장에서는 건축 디자인과 건설에 대한 구조적 고려사항에 관해 다룬다. 건축물과 건축 요소에 영향을 주는 힘과 하중에 관해 기술한다. 또한 건축물에 적용하는 일반적 구조 시스템의 거동도 함께 다룬다.

- **건축 시스템**—12장에서는 건축, 기계, 시스템에 관해 다룬다. 이 시스템은 건축물의 실내 환경에 영향을 주는 온도, 환기 및 다른 요소들에 관련된 전기 서비스 및 배관, 기계 관리들이 제대로 작동하도록 그 역할을 수행한다.

- **건축적 표현 및 소통방식**—13장에서는 건축 전문 분야와 건축물 실현에 있어서 건축가의 역할에 관해 다룬다. 본 장에서는 디자인 팀 내 다양한 팀원들과 협력, 소통하는 법률적 의무와 기술에 관해 개략적으로 설명한다.

- **관련 분야**: 실내건축—14장에서는 건축 관련 분야로써 실내 디자인에 관해 다룬다. 본 장에서는 실내디자인과 건축의 우선 사항이 관련되거나 중첩되는 방식에 대해 논의한다.

- **관련 분야**: 어바니즘(Urbanism)—15장에서는 건축 관련 분야로써 도시디자인과 도시계획에 관해 다룬다. 본 장에서 도시의 특성에 관해 다룬다. 도시 설계자와 건축의 우선사항이 관련되거나 중첩되는 방식에 대해 논의한다. 또한 도시의 발전과정에서 건축가가 주는 영향과 발전 전략 수립과정에서 맡는 역할에 대해 논의한다.

2. 건축의 시작

초창기 역사-
고대에서
르네상스까지

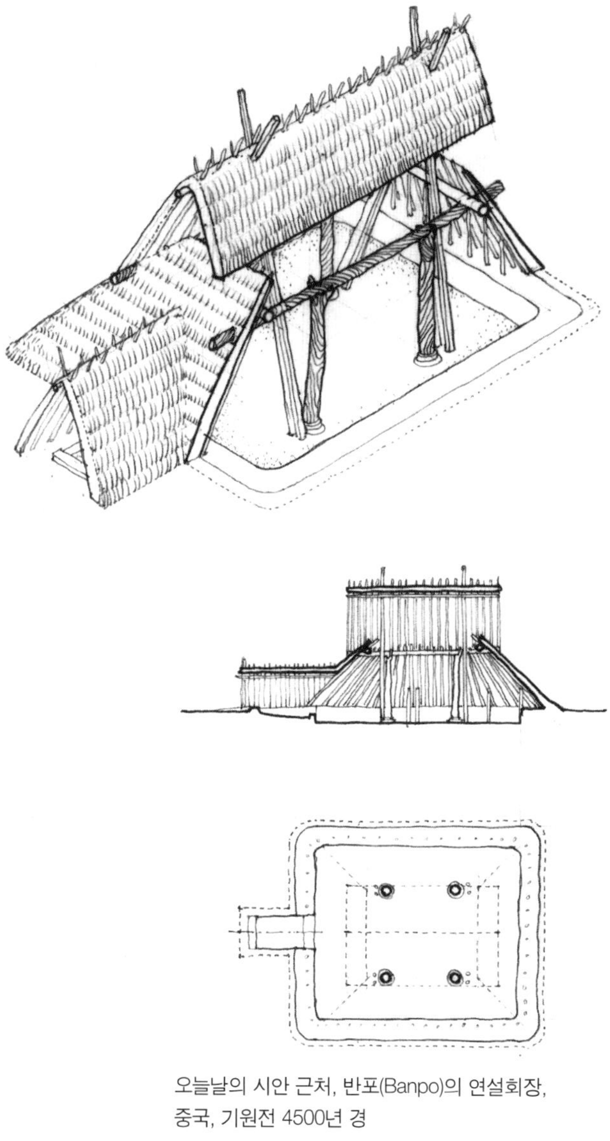

오늘날의 시안 근처, 반포(Banpo)의 연설회장, 중국, 기원전 4500년 경

최초의 건축이란 무엇인가?

건축의 기원은 건축 종사자와 건축 학자 모두를 오랜 기간 매혹시켜 왔다. 건축의 초기 단계를 이해하는 것은 건축의 가장 기본적인 동기를 밝히는데 도움을 준다. 최초의 건축물의 사례를 되짚어보면 건축이 하나의 도구로써 사용됐음을 알 수 있다; 건축은 보호, 환경 조절 등 인간의 가장 기본적인 욕구들을 충족시키기 위한 발명품이다. 가장 초기의 건축은 '거주' 라는 단어 자체가 갖는 의미가 무엇인지 알려준다. 초기의 건축을 보면 피신처뿐만 아니라 개인의 기호에 따라 새로운 환경을 만들어내고자 하는 인류의 욕구를 엿볼 수 있다. 또한 장소을 창조하고자 하는 동기를 파악할 수 있다—건축은 초창기부터 이미 그 곳에 거주하는 사람들의 정체성과 이야기를 하는 것이다. 건축은 상호작용을 위한 공간이며 사회적 유대감의 상징이다.

피신처의 실질적 필요성과 사람들이 모이기 위한 사회적 필요성의 결과로서의 초기 건축을 다루다보면, 형태의 기능의 연결 관계를 이해할 수 있다.

이 단원에서는 우리에게 알려진 초기의 건축을, 그 발전과 특성에 영향을 미쳤을 당대의 사건들과 함께 들여다본다. 다음은 건축의 기원에서부터 건축이 피신처로서의 단순한 필요성 뿐 아니라 사회와 문화를 다루는 복합적 지식분야로 나타나기까지의 건축적 발전과 사건들을 모아놓은 연대표이다. 이 연대표는 우리에게 알려진 가장 초기의 문명에서 건축을 형성했던 사건들에서부터 시작하여 르네상스 이전의 사건들로 나아간다.

초기 문화

기원전 12,000년까지, 인류는 아프리카에서 시작하여 서아시아, 유럽, 남아시아와 동아시아, 호주, 북아메리카, 그리고 마침내 서부 해안을 따라 남아메리카의 남쪽 끝으로 움직이며 지구 곳곳으로 퍼져나갔다. 그들은 마침내 동굴 근처나 해안가, 개울가를 따라 촌락 사회를 형성했고, 이로 인해 농경과 수렵을 모두 할 수 있게 되었다. 이어서 동물과 식물을 직접 기르기 시작했는데, 이는 계절에 대한 이해 뿐 아니라 다음 세대로의 지식 전달 방식에 대한 이해가 있어야만 가능했다. 이는 건축술과, 종교적, 공공의 목적을 위한 전문 건축술이 발전하며 점점 더 중요한 역할을 하게 된 것과 같은 맥락이다. 진흙으로 벽돌과 회반죽을 만들거나, 초가지붕을 위해 갈대를 이용하거나, 아스팔트 칠을 하거나, 돌로 기초를 세우거나, 나무로 기둥과 보를 만들었거나 특수한 도구와 사회적 전문화가 필수적이었다. 동일한 방식이 적용된 결과는 없었다. 어떤 사회는 보다 실용적인 성격을 띠었고, 또 어떤 사회는 보다 상징적이기도 했다. 어떤 사회는 곡물 창고를 중요시했으며, 또 어떤 사회는 사원을 강조했다. 몇몇 장소에서는 엘리트 계층이 건설 장인들을 지배했다. 다른 곳에서는, 건축술이 더 공통적인 모습으로 나타난다. 마치 문명과 같이, 건축은 선사시대에 생겨났고 다른 예술과 마찬가지로 그 시작부터 다원적이었다.

구석기 시대의 인간들은 기원전 30,000년에서 기원전 10,000년 사이, 지금으로 보면 프랑스 남서부와 스페인 북부에 있는 라스코(Lascaux)동굴과 쇼베(Chauvet)동굴 등 수많은 동굴의 벽과 천정에 동물의 벽화를 남겼다.

오스트레일리아 원주민의 바위 그림은 세계에서 가장 오랫동안 끊이지 않고 행해진 예술 전통을 보여준다. 우비르(Ubirr)에 면하고 있는 바위는 기원전 40,000 년경부터 현재까지 수 천 년에 걸쳐 칠해지고 또 칠해졌다.

기원전 2500년

기원전 3000년 초반에 이르러, 강을 중심으로 발생한 문명들은 빠른 문화 발전을 위한 모든 준비를 끝마친다. 당대에는 중국과 이집트, 메소포타미아, 마르기아나, 인더스, 이렇게 다섯 개의 주요한 문화 중심지가 있었으며, 이들은 모두 합쳐 범지역적인 문화적 독립체로 이해하여야 한다. 이집트는 무장한 적군들에 의해 침략당하는 경우가 많지 않았고, 그렇기 때문에 일관적인 일련의 종교적 관습이 발달되었다. 더욱이, 농업은 계절의 영향을 받기 때문에 파라오는 농사꾼들을 불러 건설 프로젝트에 강제 인력으로 동원할 수 있었다. 전례없는 규모로 지어진 줴세르(Zoser)의 사원 단지는 세계의 첫 번째 기념비적 석조 건물 중 하나였다. 이 곳은 또한 이집트 건설자들의 복잡한 우주론에 걸맞게 매우 복잡한 건물이었다. 이러한 관점에서, 이집트 사람들은 문화와 경제의 필요성에 맞는 우주론을 현대화한 최초의 사람들이다. 메소포타미아에서는, 발산하는 문화적 요소들과 밖으로 뻗어나가는 무역 네트워크로 인해 하나의 안정적인 중앙 권력이 생겨나기에 어려움이 있었다. 다양한 신들을 모시는 도시는 그들 자체적 권리가 있는 정치적 독립체였다. 관개 수로는 도시 중심으로부터 평원 위에 다채로운 계단식으로 올라와 있는 인공산 위에 지어진 사원 바깥까지 통치하며 사제 계급과 가까운 동맹관계를 가지고 있던 새로운 세대의 통치자들에게 엄청난 부를 선사한다. 이집트와 달리, 메소포타미아의 관개 체계는 유지 관리가 더 어렵고, 더 많은 조정을 필요로 했다.

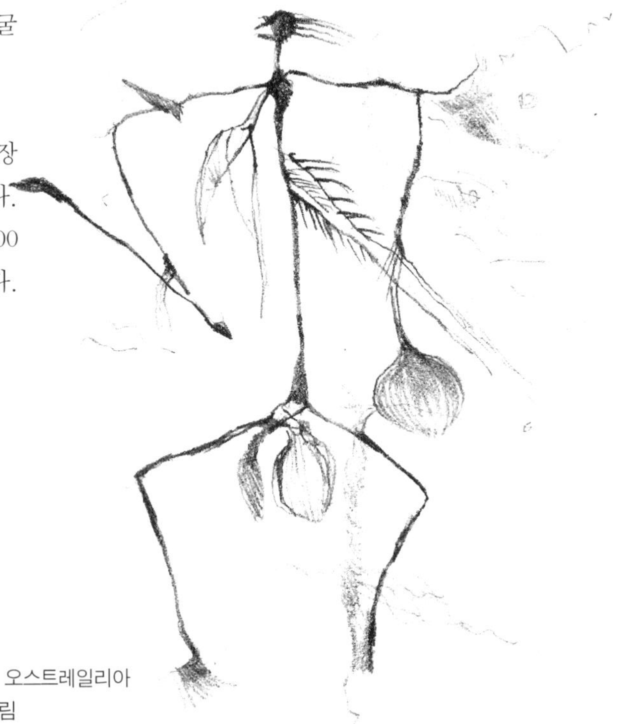

우비르(Ubirr)의 오스트레일리아
원주민 바위 그림

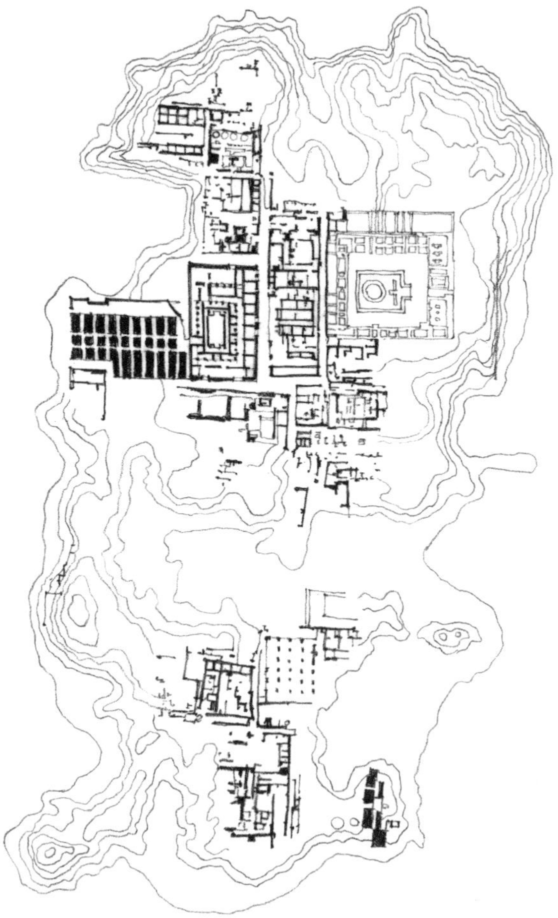

모헨조-다로의 윗 부분, 기원전 2600년 경

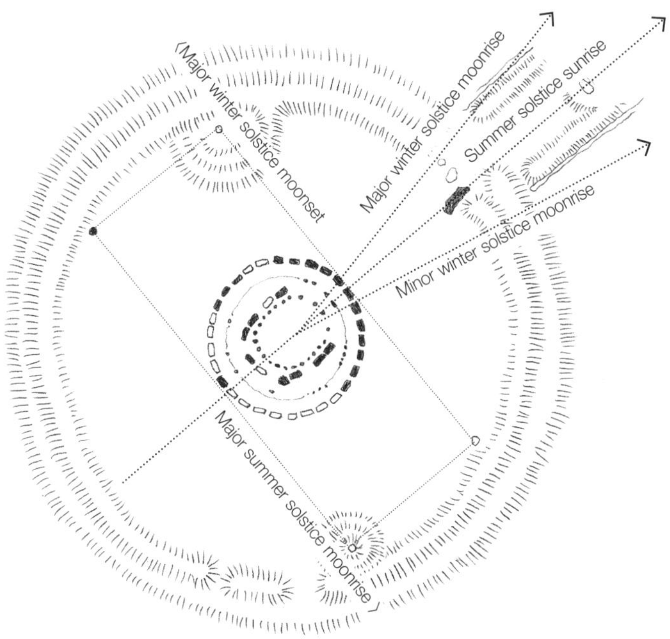

비커족에 의해 재배치된 스톤헨지, 기원전 2300년 경

도시화의 움직임은 인더스 강과 가가르-하크라강 기슭을 따라서도 나타났다. 강 기슭에 세워진 도시들은 특히 계획과 배수 면에서 뛰어났다. 마을 한가운데에는 지구라트나 피라미드 대신 모헨조-다로에 있는 것과 같은 거대한 대중목욕탕이 있었다. 메소포타미아와 페르시아 만 위의 지역, 마르기아나와 대규모 교역활동이 있었 다. 사실상 메소포타미아에서 인더스까지와 카스피 해에서 아라비아까지의 전 지역은 고고학자들이 "상호접속 지대" 라고 부르는 곳이다. 이 지대는 기원전 3000년 전에 남겨진 요새화 도시와 곡식 창고들이 최근에 발견된 카스피 해의 데르벤트까지 뻗어있었다.

네 번째 문명 지대는 옥서스(Oxus)강 주변에서 발달했고 안드로노보문화로 알려져 있다. 이 문명은 처음에는 작은 촌락들을 중심으로 형성되었지만, 이곳 역시도 이전에 생각했던 것보다 더 도시적이며 사회적으로 체계를 갖춘 오늘날의 투르크메니스탄과 우즈베키스탄 지역의 큰 도시로 발전한다. 이 도시들은 규모가 클 뿐 아니라 기하학적으로 매우 정밀하게 만들어졌다. 중국에서는, 기록된 첫 번째 왕조인 시아(Xia)왕조가 기원전 2100년 경 출현했다. 그럼에도 불구하고, 여전히 공공의 종교 의식이 행해지는 중심부 주변으로 통일된 마을들이 모여 있는 수평적 문명이었다.

유럽에서는 비커(Beaker)족의 영향을 볼 수 있는데, 비커족의 기원은 여전히 논쟁이 되고 있지만 아마도 스페인이나 발칸 지역에서 온 것으로 보인다. 그들은 정교한 금속세공술을 가지고 있었으며, 여러 지역에 그들의 자취를 남겼다. 그들은 영국에 도착하여 그곳에서 스톤헨지와 같은 장소들을 발견했고, 스톤헨지를 장악하여 달이 아닌 태양을 바라보도록 재설계한다. 물리적으로는 이것이 "미세조정" 의 문제로 보일수 있지만, 재배치됨으로써 예상되는 문화적 영향은 가늠하기 어려울 정도로 크다.

미 대륙에서 안데스 산맥의 사람들은 태평양과 사막 사이의 가느다란 해안지대에 거주했다. 이 공동체들은 잊혀진 틈새 문화가 될 수도 있었지만, 풍부한 해양 생태계를 보유한 태평양의 해류 덕분에 이 지역의 거주자들은 운하와 계단식 지형을 이용하여 안데스 산에서 내려오는 강을 다스리는 법을 익힐 때까지 정착 생활을 유지할 수 있었다. 가장 최근에, 고고학자들은 페루 안데스 산맥의 수페(Supe) 골짜기 위에 있는 거대한 의식 장소의 연대를 기원전 약 2750년에 만들어진 것으로 추정했다. 이 발견은 안데스 산맥의 연대표를 뒤집었으며 대규모 의식용 건축물이 종전에 파악된 것보다 훨씬 이전 시대에 만들어진 것으로 재평가될 필요가 있다. 안데스 산맥 지역의 많은 부분은 여전히 조사되지 않는 상황이며, 탄소 연대 측정 또한 이루어지지 않고 있기 때문에, 그들의 이야기는 여전히 알려지지 않은 채로 남아있다.

기원전 1500년

기원전 2000년 중반, 투르크메니스탄의 BMAC 사회에서 남쪽의 인더스 가가르-하크라지역에 이르는 중앙아시아는 혼란과 쇠퇴의 시기에 접어들었다. 인더스 가가르-하크라 강의 물이 말라버리는 생태학적 재앙은 정치적 공백을 낳는데 일조했다. 기원전 2000년 중반에 걸쳐, 스스로를 "아리아(Aryas)" 또는 "아리안(Aryans)"로 칭했던 무리의 사람들은 북인도로 이동하며 새로운 문화적 요소들을 전파하였다. 그들의 건축물이 벽돌보다는 나무로 만들어져 있었기 때문에, 이 갈등과 격변의 시기에 증거물은 거의 남아 있지 않다. 새 이주민들은 철과 함께 세계에서 가장 오래된 유물 중 하나인 구두 문서를 가지고 왔다. 기원전 1500년 경, 이 구두 문서는 조합되어 글로 남겨졌다. 이는 "지식"을 뜻하는 산스크리트 인도유럽어족의 단어인 베다(Vedas)에서 유래하여, 베다(Vedic) 시대라고 불린다; 이 시대는 대략 기원전 500년까지 이어졌다.

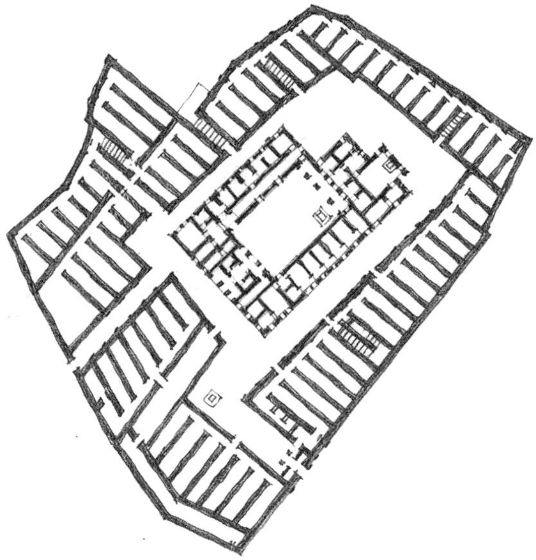

하투샤슈(Hattusas)의 사원, 기원전 1800년 경

서쪽의 아시아 또한 끊임없는 변화와 불안정의 시대를 겪었다. 아시리아, 바빌론, 그리고 다른 메소포타미아 도시들은 북쪽과 동쪽에서 넘어온, 그 유래가 알려지지 않은 침략자들인 미타니와 카시트사람들로 들끓었다. 나일 강 삼각주를 정복하며 지중해 해안을 따라 나아간, 소위 말하는 해양 민족(Sea-People)에게도 비슷한 상황이 벌어졌다. 새 이주민들중에서는 아나톨리아에 정착한 히타이트족도 있었는데, 그들은 중앙 아나톨리아의 북쪽에 수많은 사원과 함께 수도 하투샤슈를 세웠다. 그들은 설형 문자로 기록을 남기기 위해 시리아에서 필경사를 데려와 방대한 국가 기록 보관소를 만든다. 짐을 나르는 동물로써 낙타가 매우 중요하다고 인식한 그들은 기원전 2000년 중반, 사막평원지대를 가로지르는 통상로를 따라 600마리에 육박하는 동물과 대상(隊商)을 끌도록 하였다. 히타이트 족과 이집트인들은 서아시아에서 탁월한 지상 병력을 갖추게 되고 이집트는 룩소르(Luxor)에서의 공사들에서 완벽한 예를 볼 수 있는 사원 건축의 시기에 접어들었다.

정저우(Zhengzhou)의 상 왕조 궁 복원, 중국, 기원전 1600년 경

기원전 1650년, 중국에서 청동기 시대 상(Shang)왕조는 북동과 북부 중앙 중국의 대부분을 지배했으며, 약 1.5km×2km 크기의 지역을 아우르던 안양(Anyang)과 정저우(Zhengzhou)등의 도시가 발생하였다. 안양은 당시 세계에서 가장 큰 계획 도시 중 하나였다. 이 시기는 통치자와 조상의 영접의식을 치를 때 포도주와 음식을 담는 특별한 청동 그릇이 사용되던 것으로 알려져 있다. 중국의 철기 기술은 다양한 세라믹 금형을 이용해서 금속을 연마하지 않고 주조한다는 점에서 서양의 철기 기술과 차이점이 있다.

지금은 파버티 포인트(Poverty Point)로 불리는, 북아메리카의 멕시코 만 연안 지역에 있는 루이지애나의 해안 지역은 중요 족장사회의 중심지로 등장하였다. 인공적으로 축조된 신성한 풍경의 일부로써 주민들은 거대한 토루를 쌓았다. 현지 자원에만 의존했던 미국 원주민 부족과 달리, 파버티 포인트의 사람들은 광범위한 무역 네트워크를 구축하였다. 그 동안 안데스 산맥 지역은 관개 기술이 발달하여 농부들이 바다에서 멀리 떨어져 강의 상류로 이동할 수 있게 되었으며 경제가 성장하고 오늘날 페루에 위치한 카랄(Caral)과 같이 큰 부지를 건축할 수 있게 되었다. 그들의 농업의 수많은 측면 중, 가장 혁명적이었던 것은 바로 목화의 발달이었다. 의식을 행하던 장소에는 거대한 U 자형의 집합체가 있었는데 이것들은 이후 수 천 년 동안 페루의 건축 언어의 한 부분으로 남을 건축적 요소이다. 안데스 산맥의 사람들은 바퀴도, 짐을 나르는 동물도 있지 않았다.

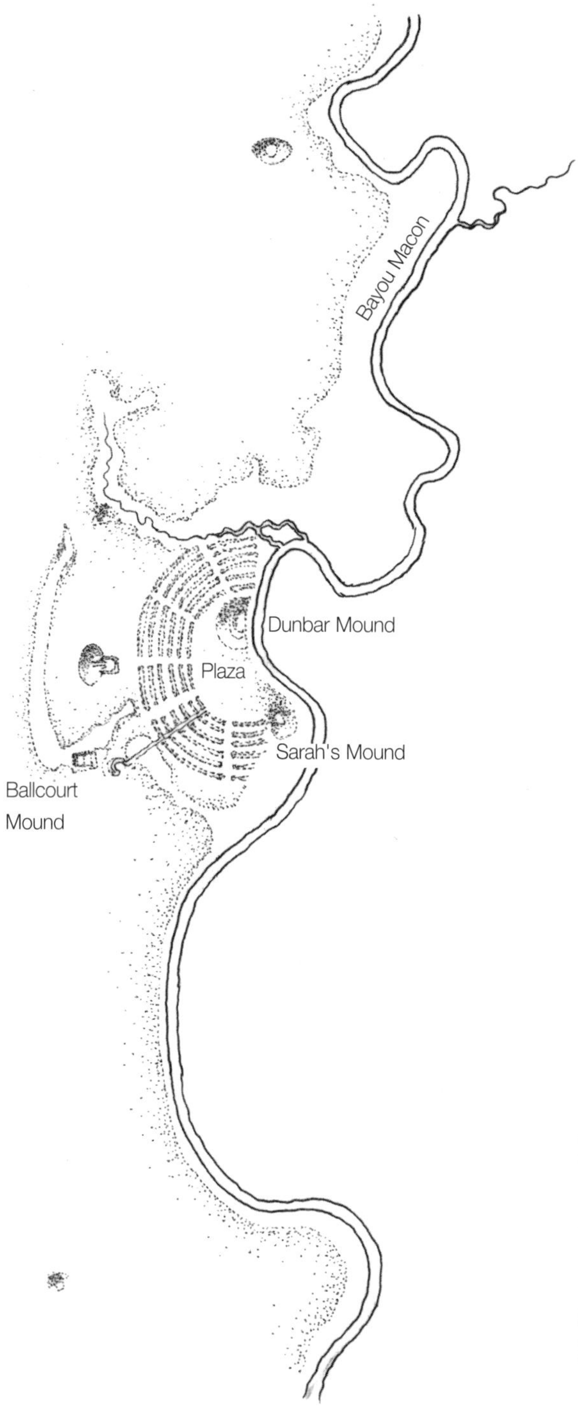

파버티 포인트(Poverty Point) 계획안, 기원전 1800년 경

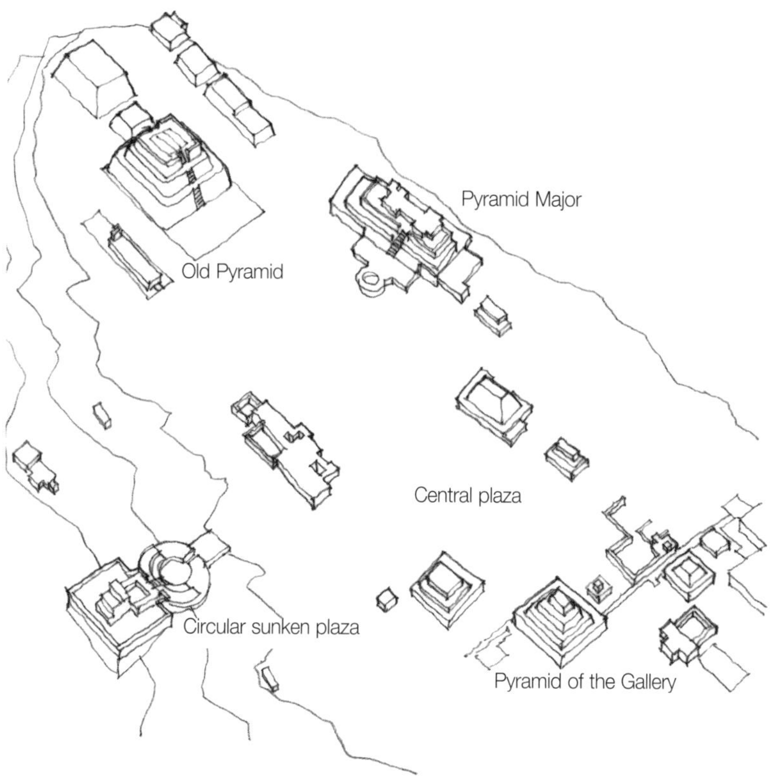

카랄(Caral)의 중심 계획안, 페루, 기원전 2000년 경

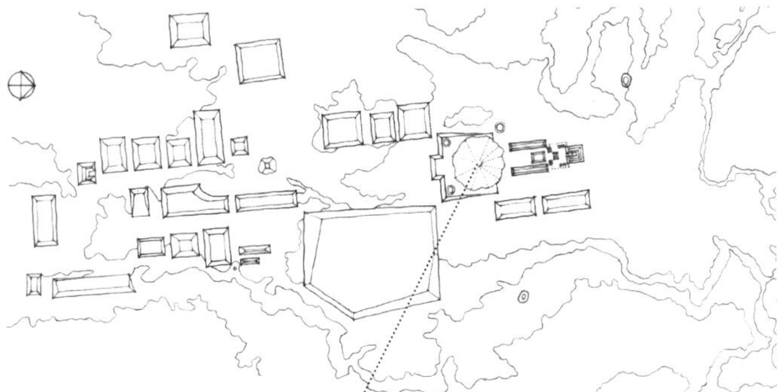

라 벤타(La Venta)의 의식 장소,
기원전 1000년 경

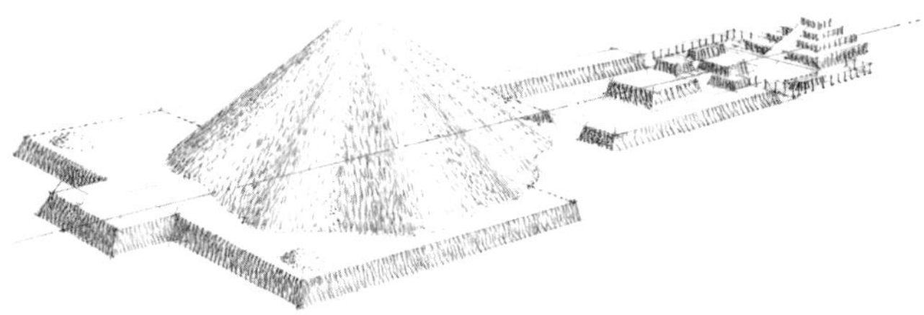

기원전 800년

기원전 1000년에 이르러, 남아메리카의 해안 지역 공동체에서 발달한 농업과 운하 개설 기술은 이제 무역을 통제하기 쉬운 산악 지대에서도 적용되었다. 중요 통상로의 교차점에 위치한 차빈데우안타르(Chavin de Huantar) 등 과 같은 의식 장소들이 여러 개 세워졌다. 그 동안 중앙아메리카에서는 올멕(Olmec) 인들이 베라크루즈의 열대성 늪지대 같은 땅의 물을 빼내고 그 땅을 잉여 농산물을 산출해내는 비옥한 농업지로 전환시켰다. 이때 즈음에, 그리고 아마도 올멕인들의 독창성 덕분에, 아메리카의 음식 세계를 바꿔놓을 옥수수가 발전하였다. 그 결과로 무역 경제가 번영하게 되어 오늘날 멕시코에 위치한 산 로렌초(San Lorenzo)와 라 벤타(La Venta)와 같은 초기의 주요 의식 장소들이 중앙아메리카에 세워지기 위한 토대를 마련하게 되었다.

메소아메리카가 이제 막 청동기 시대에 접어든 반면, 유라시아 세계는 철기 시대에 접어들고 있었다. 기원전 1000년에 이르자 히타이트 족에 의해 전파된 철 제련법이 상당히 멀리까지 퍼지게 되었다. 철 제련법은 중국으로까지 퍼져나갔다. 철기 무기는 권력구조를 바꿔놓았고, 짐작컨대 이것이 시대의 이동과 격변에 큰 원인을 제공했을 것이다. 새로운 문화가 꽃피어 번영하였고, 그들 대부분은 철기를 만드는 문화였다. 북이탈리아에는 에트루리아(Etruscans)인이; 그리스에는 도리아(Dorians)인이; 터키 해안을 따라서는 이오니아(Ionians)인이; 아르메니아(Armenia)에는 우라 르투(Urartu)가; 남부 이집트에는 누비아(Nubians)인이 있었다. 예루살렘에 중심을 둔 고대 히브리인이 그랬듯이, 지중해 동부에서는 비블로스(Biblos)와 시돈(Sidon)같은 도시들이 번영하였다.

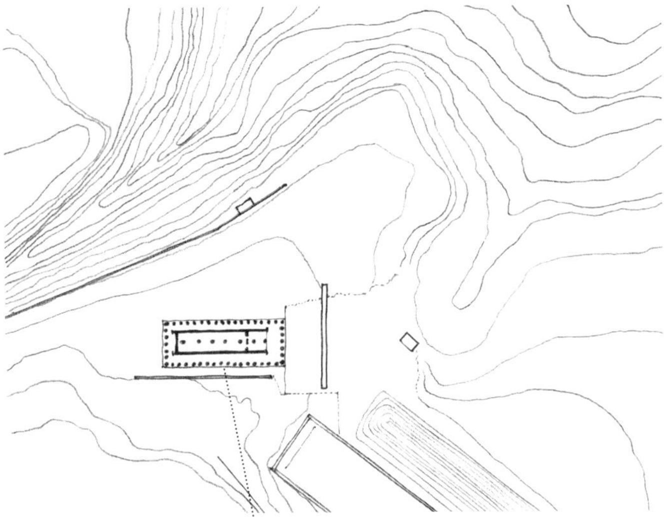

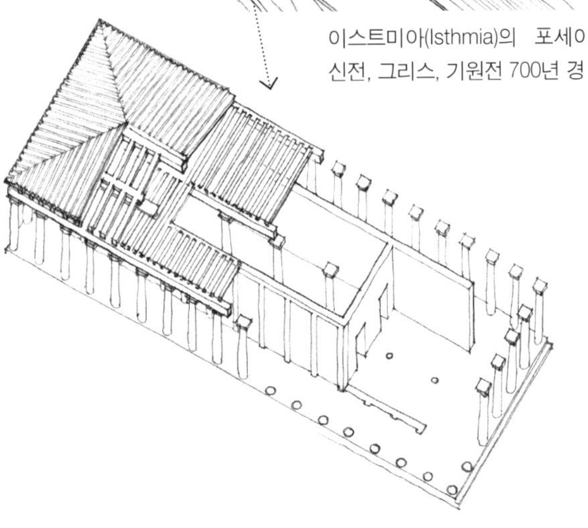

이스트미아(Isthmia)의 포세이돈 신전, 그리스, 기원전 700년 경

도리아인들이 지중해의 항구에 발판을 마련하고, 새로이 발달하는, 곡식이 나는 지역들을 확보하기 위해 시칠리아와 이탈리아에 식민지를 건설하며 서쪽으로 세력을 확장해나갈 수 있었던 것은 무기류가 발달했기 때문이다. 마그나 그라에키아(Magna Graecia)는 너무나 막강하여 이를 하나의 독립된 경제적 문화적 개체로 보아야 할 정도였다. 그러므로 초기 그리스의 가장 발달된 석조건축을 시칠리아와 이탈리아에서 볼 수 있었다.

기원전 9세기에서 8세기에는 누비아(Nubia)의 쿠쉬(Cush), 예멘(Yemen)의 사바(Sabaean)왕조와 팔레스타인 간의 관계가 지역적 중요성으로 대두되었다. 쿠쉬는 금속의 주요한 공급처였고 쿠쉬의 왕들은 얼마동안 이집트를 지배하였다. 예멘의 사바 왕조는 그 지역에서만 자라는 식물에서 추출한 유황의 생산에 독점권을 가지고 있었다. 매우 값비싼 유황은 여러 종교적 의식에 꼭 필요한 것이었다. 유황은 항구와 통상로를 통해 팔레스타인으로 유통되었다.

바빌론 재건, 기원전 605년 경

기원전 8세기에서 6세기 사이에, 아시리아인과 바빌로니아인들은 서아시아 지배권력을 소유하게 되는데 그들의 제국이 광활하고 새도시들이 유명하였음에도 불구하고, 일관된 경제, 무역 정책의 수립능력부족은 그들을 취약하게 만들었다. 기원전 539년, 바빌론은 페르시아에 정복당하며 유라시아에서 2000년이 넘는 시간동안 문화적, 경제적, 정치적으로 가장 막강한 회생력을 지녔던 메소포타미아 중심 문화의 끝이 시작했음을 보여준다. 이 사건으로 중심권력은 페르시아로 넘어갔으며, 이때부터 동양과 서양은 다른 양상으로 발전했다고 볼 수 있다. 멀리 동쪽의 인도에서는 지난 몇 세기동안 지배 세력으로 군림했던 베다 인도 아리아(Vedic Indo-Aryan)침략자들은 인도 갠지스 평원의 대부분을 장악하여, 그곳에 십육대국(Mahajanapadas)을 세웠다. 처음엔 바라나시(Varanasi)에 수도를 둔 카쉬(Kashi)가 패권을 쥐었으나, 후에 카살라(Kashala)에 의해 통합되었다. 하지만 바라나시는 학문의 중심지로 남았으며 모든 십육대국의 학자들의 고향과 같은 곳이 되었다.

기원전 1046년, 상(Shang)왕조를 밀어내고 중국 역사상 가장 오랜 기간 지속된 주(Zhou)왕조가 등장하였다. 주나라는 중국의 네 개의 대도시 중 시안(Xi' an)과 뤄양(Luoyang), 두 도시를 건설하며, 후에 중국의 모든 수도에서 인용된 도시 계획 원칙을 편찬한다. 그러나 흙단 기초 위에 나무로 축조된 이 도시들은 거의 남아있지 않다. 주왕조는 황실의 통치가 곧 "하늘의 천명"이라는 이념을 만들어냈고, 이는 후에 공자와 다른 이들의 통치 모델로서 극찬을 받았다. 그들은 또한 통합 절차를 밟기 시작하여 "야만인" 부족들을 주로 남쪽으로 추방했고, 그 부족들은 타이, 미얀마, 베트남인들의 선조가 되었다.

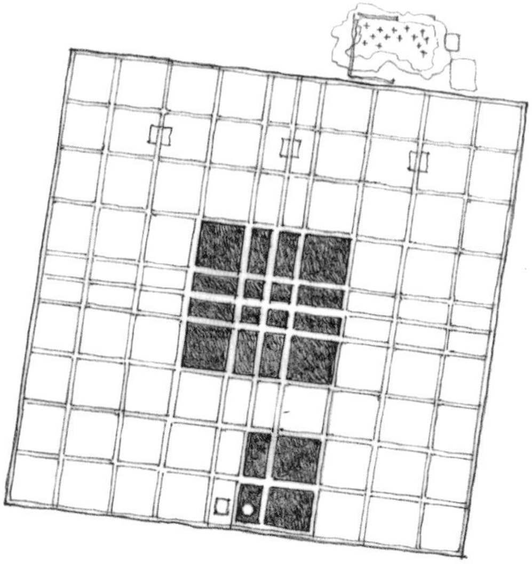

뤄양의 도시 계획, 중국, 기원전 1000년 경

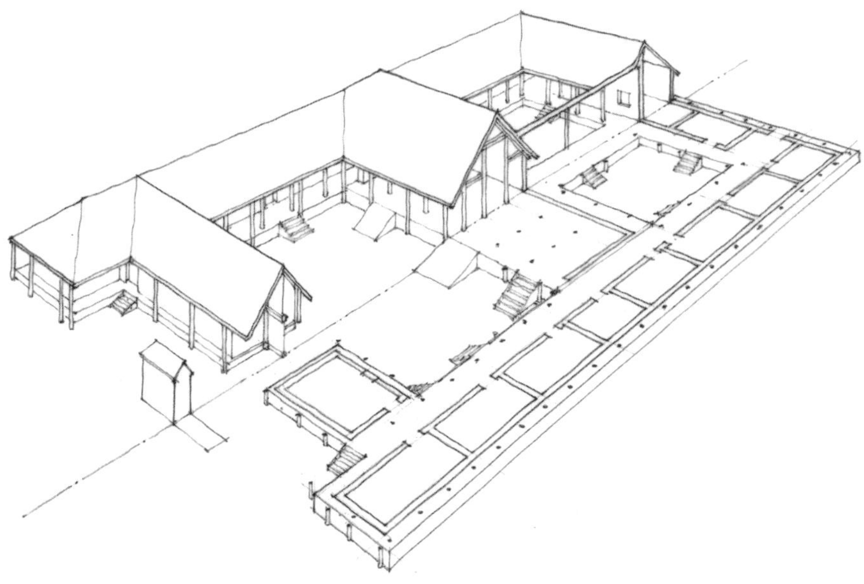

펭추(Fengchu)의 의식 장소, 중국, 기원전 1000년 경

불교 수행자들이 사용했던, 인도 바라바르(Barabar)언덕의 소박한 동굴 입구, 기원전 3세기 중반

페르세폴리스(Persepolis)의 궁전 집합체의 일부, 기원전 500년 경

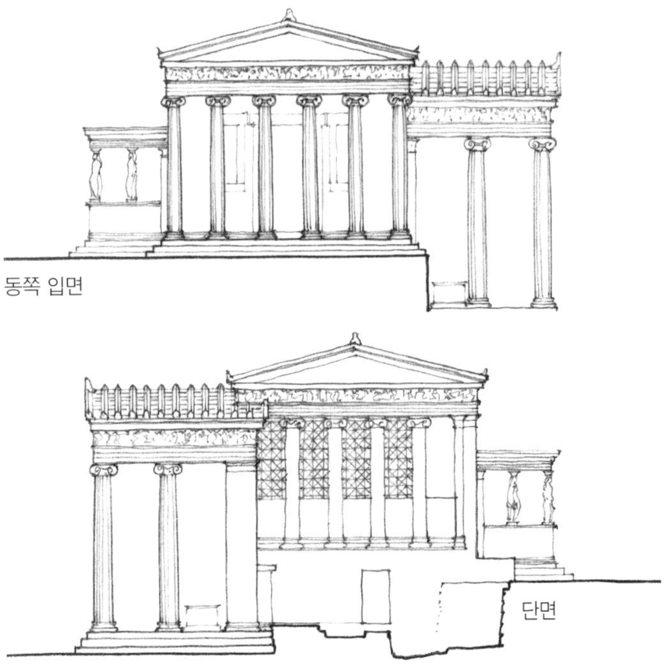

아크로폴리스의 이렉티엄(Erectheum), 아테네, 기원전 420년 경

기원전 400년

이 시기에는 개개인의 행동과 정부의 윤리적 시민 의식이 유라시아 곳곳에 뿌리내리기 시작했다. 예를 들어, 중국에서 공자(기원전 551년-기원전 479년)는 세계가 합리성과 적절함에 의해 통치되는 것으로 보았고, 반면 유교와 나란히 존재했던 도교는 상호보완적 대립물의 역설과 고요한 불간섭을 강조했다. 인도에서는 석가모니와 마하비라가 자기희생을 강조하며 베다의 통설 속 고도로 계층화된 세계에 대해 이의를 제기하였다. 불교는 남아시아의 첫 번째 제국의 창시자인 아소카(기원전 304-기원전 232년)가 국교로 지정하지 않았더라면 역사 속에서 사라졌을 것이다. 당시의 불교는 주로 고행이 대부분이었기 때문에 아소카는 큰 사원을 건설하라고 명하지는 않았지만 부처의 가르침을 새긴 기념비들을 세웠다. 서쪽과 중앙아시아에서는 세계를 선과 악의 투쟁으로 인식했던 조로아스터교(Zoroastrianism)가 생겨난다. 사람은 악을 근절할 수 있는, 신의 잠재력 조력자로 그려졌다. 그리스에서는 소크라테스, 플라토, 아리스토텔레스와 같은 이들이 민주주의와 법, 그리고 사회철학에 대해 활발한 논쟁을 펼쳤다. 민주주의를 채택한 아테네는 근대 국가를 예시하는데 큰 영향력을 갖게 되었다. 즉, 중국에서 그리스까지, 종교 · 윤리 · 사회적 사고는 권력이 이론적 관점에서 고찰되지 않고, 상부에서부터 강요되는 것이라고 받아들였던 수 세기간 내려오던 오랜 관습과 대조를 이루며 변혁을 겪고 있었다.

정치적으로는 페르시아가 서쪽과 중앙아시아에서 핵심을 이루고 있었다. 이집트와 아시리아, 바빌론 제국의 몰락으로 인한 공백을 메우며, 페르시아는 인도 북부에서 그리스로 뻗어나갔고, 광활한 수도 파사르가다이(Pasargadae)와 페르세폴리스(Persepolis)에서 새로운 건축 형태를 만들어냈다. 그러나 지중해는 그리스의 지배하에 견고하게 유지되었고, 5세기에 들어 후에 유럽과 서아시아 건축의 기초를 이룬 건축적 언어를 발전시켰다. 그리스를 정복하고자 했던 페르시아의 시도는 실패로 돌아갔지만, 이는 고도로 훈련받은 장갑(裝甲) 보병대와 위협적인 팔랑크스(Phalanx) 전투 기술을 기반으로 페르시아와 그 영토를 정복했던 알렉산더(기원전 356-기원전 323년)의 환상과 야망을 자극했다는 의도치 않은 결과를 가져왔다. 한동안 그리스 제국은 인도까지 뻗어나갈 것처럼 보였지만 알렉산더의 야망은 알렉산더가 기원전 323년에 바빌론에서 이른 죽음을 맞이함으로써 꺾이게 된다. 알렉산더의 장군들에게 나누어졌던 점령지들은 반독립국가가 되어 지방 권력의 중심지가 된다. 이 중 가장 강력한 국가는 알렉산드리아부터 지배한, 프톨레마이오스(Ptolemies)왕조가 통치했던 이집트였다. 마찬가지로 중요한 도시는 아나톨리아(Anatolia)의 페르가몬(Pergamon)이었다. 작은 섬이었던 무역 도시 델로스(Delos)는 지중해의 국제적 무역 중심지로서 아테네를 추월했다. 지금은 헬레니즘(Hellenism)이라고 불리는 당대의 미학은 사실성과 섬세함, 그리고 감정적 표현을 중요하게 여겼다; 헬레니즘은 인도와 중국에 이르기까지 특히 건축과 조각에 그 흔적을 남겼다.

중국에서는 주나라 이후의 불안정한 시기동안, 교전 중의 지역 독립체들은 큰 궁을 건설하는 것으로 서로 경쟁하였고, 황실의 무덤은 명망과 권력의 의미가 되었다. 기원전 3세기로 접어들며 여러 당파들은 진(Ch'in)왕조에 의해 통합되고, 이는 중국(China)의 이름의 유래가 되었다.

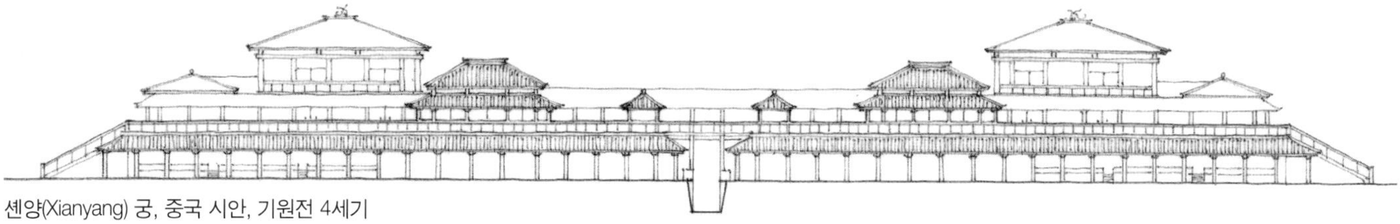

셴양(Xianyang) 궁, 중국 시안, 기원전 4세기

북아메리카에서 복잡한 문화는 오하이오 강과 지류를 따라 있는 동쪽의 삼림 지대에서 처음 발달했다. 땅은 비옥하고 물고기와 사냥감이 풍부했으며, 물길이 있어 교역이 원활히 이루어질 수 있었다. 이러한 환경에서, 총묘 축조인들(Mound Builders)로 알려진 사람들이 출현하였다. 남아메리카에서 가장 중대한 문화적 발전은 페루의 저지대에 거주하던 조직적인 사회였고, 이는 북으로 모체(Moche)문명에, 남으로는 나즈카(Nazca)부족과 인접하고 있었다. 한때 메소아메리카에서 가장 영향력 있는 문화를 지녔던 올멕인들은 기원전 400년 경 몰락하여, 군장국가에서 작은 국가들로 변천하고 있던 마야(Maya)인과 사포텍(Zapotec)인들에게 자리를 내주었다.

찰카징고(Chalcatzingo)에서 나온 돋을새김 조각, 멕시코, 기원전 400년 경

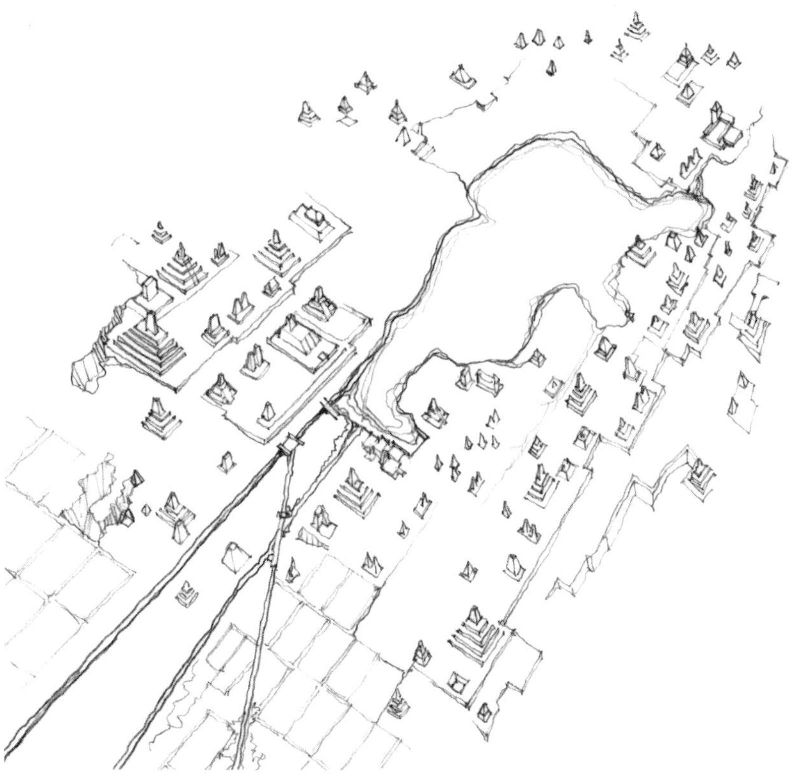

초기 마야 유적, 카미날후유(Kaminaljuyu)의 조감도, 기원전 400년 경

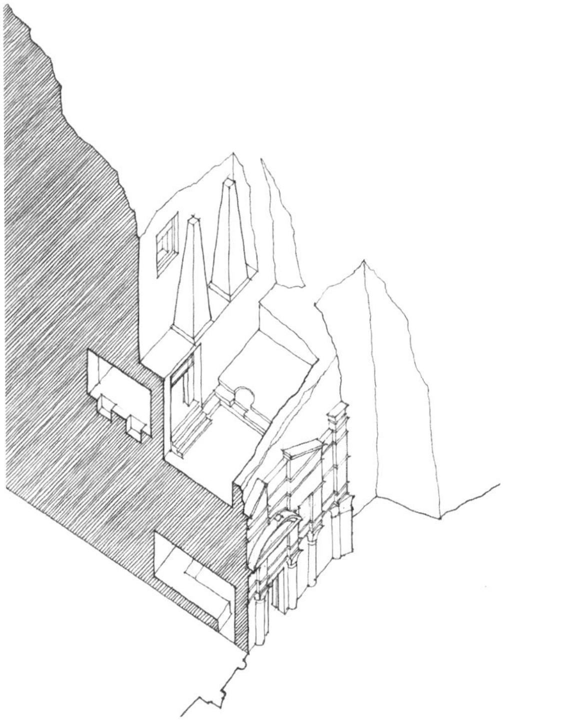

나바테아 인의 무역 본부, 페트라(Petra)의 오벨리스크 무덤, 기원전 300년-1세기

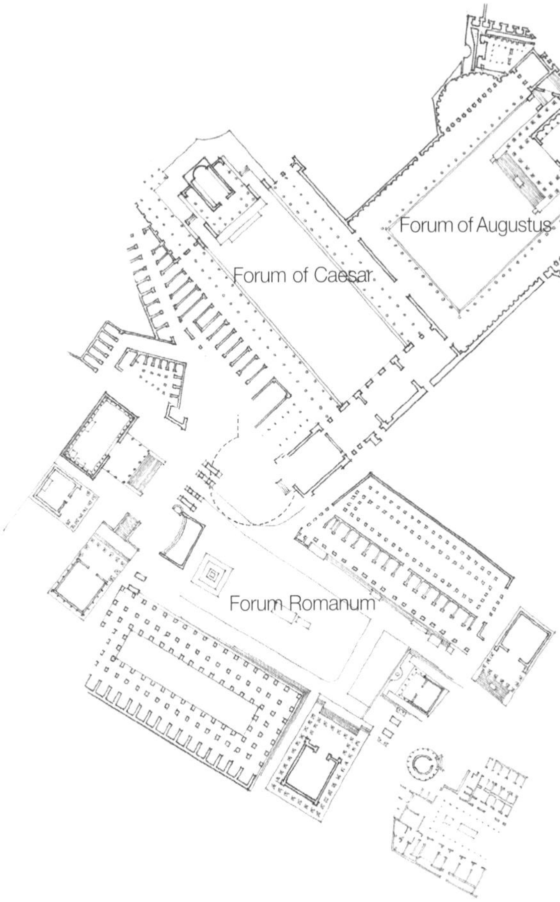

로마의 광장 계획, 기원전 48년-서기 112년

서기 1세기

이 시기에 유라시아는 중국과 로마의 지배를 받았으며, 길 전체가 실크 로드로 알려진 방대한 육해상의 통상로로 상호 연결되어 있었다. 무역 체계가 널리 뻗어나가며 아프가니스탄의 간다라(Gandharans)인과 요르단의 나바테아(Nabateans)인, 둘의 문화가 주목받게 되었다. 후자는 인도와의 연결고리 역할을 하였으며, 이 덕분에 로마의 무역인들은 파르티아(Parthia)를 피해갈 수 있었다. 건축에 있어 나바테아 인들의 혁신적인 정신이 널리 알려져 있었다.

경제적 측면에서, 초창기에 로마의 지배는 서아시아에 먹구름을 드리웠고 기원전 1세기동안에는 그 결과물은 거의 볼 수 없었다. 그러나 곧 로마는 확장되던 그들의 영토에 화합적인 모습으로 받아드리게끔 만들었다. 아우구스투스(Augustus)에서 트라야누스(Trajan)까지 로마의 황제들은 전형적인 로마의 각인을 넣어 장엄한 신전, 광장, 주택, 도시들을 건설함으로써 유럽과 서아시아 세계의 건축적 면모를 변화시켰다.

마르스 울토르(Mars Ultor)신전, 아우구스투스의 광장, 로마

코린트식 기둥의 예

첫 번째 황제 리샨(Lishan) 무덤의 단면도, 중국, 기원전 246-210년

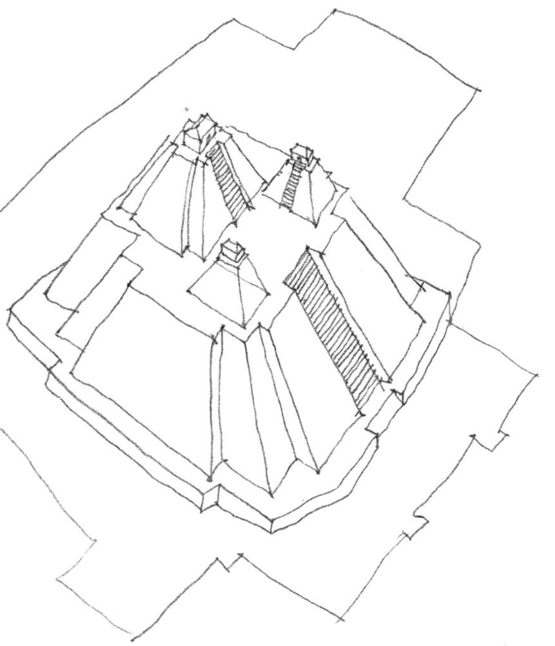

초창기 마야의 도시 엘 미라도르(El Mirador)의 엘 티그레 (El Tigre) 복원, 기원전 150년-서기 150년

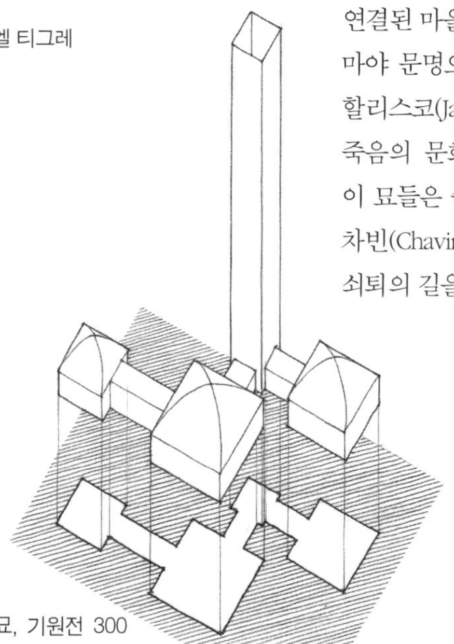

엘 아레날(El Arenal)의 수갱식 분묘, 기원전 300 년-서기 200년

중국에서는 진나라가 경쟁 국가들을 모두 통합하여 관료 체제를 갖춘 중앙 집권 정부를 수립하였다. 진나라의 이러한 업적에 있어서 시황제(Shi Huangdi)가 그 첫 번째 황제로 사실, 중국(China)의 명칭은 진(Qin, Ch'in)왕조에서 유래하였다. 시황제의 죽음 이후 진 왕조는 빠르게 쇠퇴하여 한(Han)왕조에 자리를 내어주었고, 이는 오랜 기간 평화로웠던 시기로 알려져 있고 전통적으로는 중국의 제국시대로 일컬어진다.한나라는 통합된 중앙집권 제국에 대한 진나라의 야망을 그대로 가지고 있었지만, 보다 투명하고 책임감이 있었다. 한나라의 건축은 이후의 왕조에서 따르게 될 선례들을 설립하였다. 한나라의 실제 궁과 도시, 기념비적 석조 조각물들은 거의 남아있지 않지만 점토 모형과 문학적 참조는 생생한 묘사를 보여주는데, 예를 들어 1세기의 석조 기념비의 "영혼의 길" 이라는 문구는 황실의 무덤으로 접근하는 길을 나타낸다. 기원전 200년 경 중앙아시아에서는, 인도의 마우리아(Mauryan)제국의 분열로 인해 몽골에서 온 유목민 월씨(月氏; Yueh-chi)족이 쿠샨(Kushan)제국 (기원전 1세기-서기 3세기)을 세우게 되는데, 이는 동으로는 이란과 아프가니스탄의 일부에서 갠지스 평원의 파탈리푸트라(Pataliputra) 까지, 남으로는 산치(Sanchi)까지 뻗어있었다. 그 유일무이한 위치 때문에 쿠샨 제국은 인도, 페르시아, 중국, 심지어는 로마 제국으로부터 온 사람들과 사상의 용광로가 되었다.

아메리카 대륙을 들여다보면, 북아메리카의 호프웰(Hopewell)문화가 오하이오 강을 따라 마을과 도시망을 퍼트리며 이 지역 최초의 대규모 문화권을 형성하였다. 멕시코에서는 멕시코 골짜기의 테오티우아칸 (Teotihuacan)과 오악사카(Oaxaca)골짜기의 몬테알반(Monte Alban) 이 빠르게 그 세력을 확장하였다. 유카탄(Yucatan)반도의 상호 연결된 마을 네트워크 또한 이후 천년 동안 중앙아메리카를 지배할 마야 문명으로 발전하기 시작하였다. 멕시코의 태평양 해안지역의 할리스코(Jalisco)중앙부 주변의 지역에서는 수갱식 분묘가 새로운 죽음의 문화로 나타나기 시작하였다. 거주지의 한가운데 지어진 이 묘들은 죽음을 일상과 공동체의 활동에 통합시켰다. 페루에서는 차빈(Chavin)문화가 모체 족과 나즈카 족의 후손의 재정립하나, 쇠퇴의 길을 걷고 있었다.

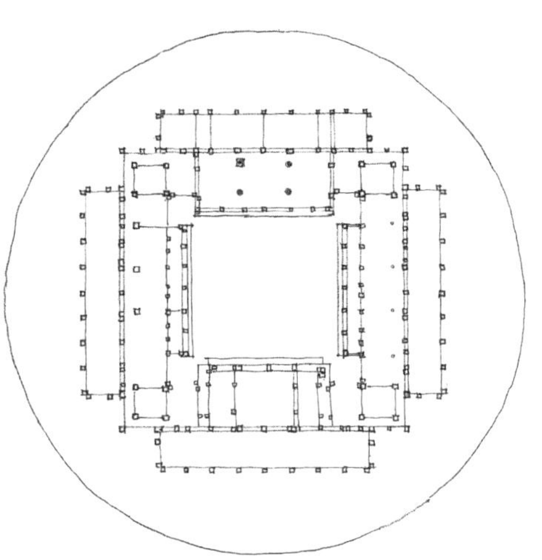

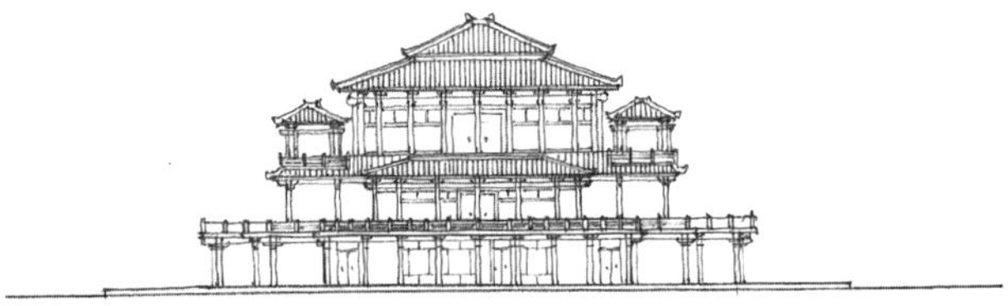

Mingtang-biyong 의식 장소의 주 구조물, 중국 시안 근처, 기원전 1세기-서기 1세기

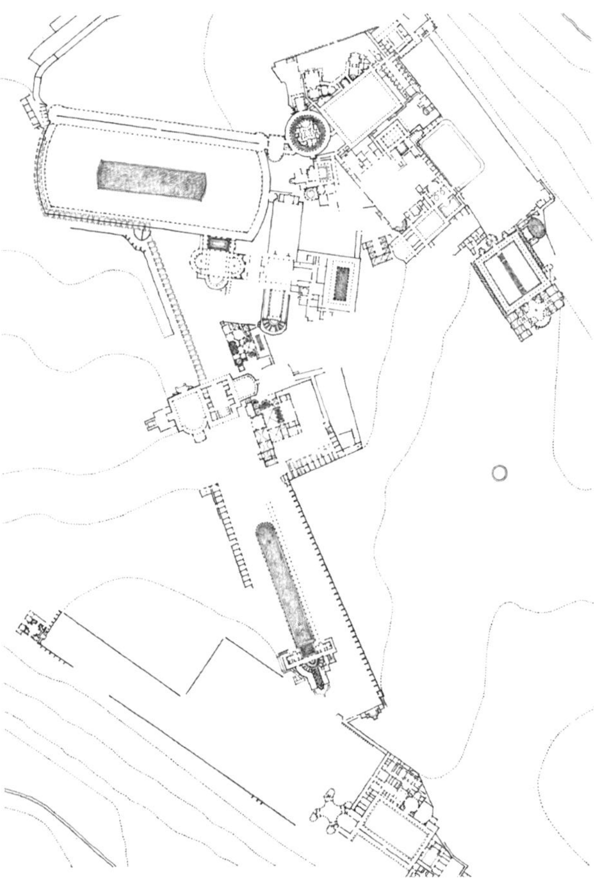

하드리아누스(Hadrian)의 저택, 이탈리아 티볼리, 서기 118-134년

서기 200년

서기 200년, 로마, 장안(Chang'an), 테오티우아칸은 세계 거대 도시들이었다; 세 도시 모두 막강한 제국의 수도였다. 백만 명이 넘는 인구가 거주하던 로마제국은 그 인구가 가장 많았고, 반면에 테오티우아칸은 20평방 킬로미터로 가장 넓은 면적을 차지하고 있었다. 그러나 8세기에 접어들어 로마와 테오티우아칸은 장안에 추월당하고, 장안은 거의 아시아 세계 전체를 경제적 궤도 위에 올려놓으며 세계 최대의 도시가 되었다.

서기 100년-300년 사이, 로마제국은 세계에서 가장 크고 위대한 제국 중에 하나로 성장했으나, 재앙을 맞기 직전의 상황이었다. 이 시기에 로마 제국의 재산은 신전, 궁전, 목욕탕, 고가다리, 도서관, 법정, 도로, 극장, 그리고 원형극장을 짓는데 쓰였다. 당대까지의 모든 문명 중에서 가장 광범위한 도시 건축을 형성했던 로마 건축의 발달은 영국에서 북아프리카로, 스페인에서 레반트로 뻗어 나갔고, 이후 뒤따를 유럽 지역의 발전과 심지어 몇 세기 후까지에도 큰 영향을 미치게 되었다. 한나라 또한 기술과 광업의 놀라운 발전에 힘입어 엄청난 규모의 도시와 궁전, 묘를 건설 하였다. 서쪽의 수도 장안은 타클라마칸 사막을 넘어 서쪽으로 향하는 대상의 시작점으로써 지어졌다. 중국과 로마 사이에는 말을 중심으로 한, 이전 유목민의 부족 문화를 가진 파르티아 인들이 있었으며, 그들은 메소포타미아와 중앙아시아의 지배 세력이었다. 파르티아는 그다지 건축에 치우친 문화가 아니었고, 지방의 종교 집단들은 그리스 양식으로 계속해서 사원을 건축했지만, 그들은 예리한 무역상이었으며 그들의 수도 헤카톰필로스(hecatompylos)를 실크 로드의 주요 쉼터로 만들어 실크 로드 형성에 크게 기여하였다.

종교적 관점에서 보면, 서아시아에서는 지리적 범위를 넘어서 장기간에 걸쳐 그 파급력을 행사하며 중대한 변화가 일어났다. 오래된 메소포타미아의 종교는 그리스와 이란의 미스테리 숭배, 태양 숭배, 조로아스터교의 불 숭배, 그리고 기독교에 의해 밀려났다. 새롭게 생겨난 종교적 개념들은 석가모니의 탄생지인 인도 북부까지 퍼져나갔다. 일반적으로, 이 새로운 종교 활동들은 종전의 것들에 비해 더 개인적이고 신비스러웠다. 또다른 새 종교는 미트라교인데, 이는 로마제국의 넓은 영토에 살던 군인들에 의해 점점 더 많이 행해지며 발생하였다. 윤리적 자기 변화의 추구의 일부로 이해되는 불교는 무역로를 따라서 세워진 수도원의 형태로 빠르게 발달하며 중국과 동남아시아로 점점 더 깊이 퍼져나갔다.

타흐티바히(Takht-i-Bahi) 수도원, 파키스탄 페샤와르, 서기 2세기

동양과 서양의 세계적 조우에 있어, 쿠샨 인들을 빼놓을 수 없는데, 그들은 중국에서 밀려나와 간다라 제국을 대체하며 오늘날의 아프가니스탄으로 이동한 몽골인들이다. 페르시아, 인도, 중국의 교차점이 되는 지역에 살며 불교를 받아들인 그들의 표현방식은 그리스식(Hellenic)이고, 형태는 인도식이며 조로아스터교의 영향이 엿보이는 요소들로 사리탑들을 만들었다. 이 시기에 이집트에서부터 아프리카의 동쪽 해안을 따라 인도로 가는 남쪽 해양 통상로는 육지의 실크 로드만큼 중요했다. 요르단의 페트라처럼, 오늘날의 에티오피아에 위치했던 아크숨(Aksum)은 인도 그리고 북쪽으로는 로마제국과 교역하는 중요한 지역 세력이 되었다.

페루에서는 북쪽의 모체(Moche)와 남쪽의 나즈카(Nazca)와 같이 몇몇의 지역 국가가 생겨난 것을 알 수 있는데, 나즈카는 오늘날 나즈카 유적으로 알려진 미스테리한 문양이 새겨진 카우아치(Cahuachi)와 같은 거대한 순례 장소들을 만들었다. 나즈카의 종교 의식의 본질에 대한 의문점이 풀리지 않은 것처럼, 공중에서밖에 볼 수 없는 이러한 정교한 디자인의 목적 역시 밝혀지지 않은 상태이다. 멕시코에서 그 지역의 초강대국은 의심할 여지없이 테오티아칸(Teotihuacan)이었으며, 중앙아메리카 대부분을 통합한 제국의 수도이자 미시시피 삼각주에서 페루 해안에 달하는 교역 네트워크의 중심지였다. 테오티아칸은 식민지 시대 이전의 아메리카에서 가장 크고 영향력 있는 도시였다. 이후 모든 중앙아메리카의 건축은 테오티아칸 유산의 영향을 받았다. 북아메리카에서는 오하이오 강 골짜기를 따라 발생한 호프웰 문화를 발견할 수 있는데, 이는 남쪽의 파버티 포인트와 다르지 않은 신념 체계와 매장 방식을 공유했던 부족들의 강한 구속력이 없던 연합이었다. 그들은 언덕, 울타리가 쳐진 구릉 및 지상위의 기하학 배치 등의 토공사를 진행하였고, 그곳은 곧 집회장소와 의식장소로 사용되었다. 파버티 포인트의 주민들과 달리, 그들은 대서양에서 록키 산맥, 멕시코 만에 걸친 무역 네트워크를 갖춘 농업전문가들이었다.

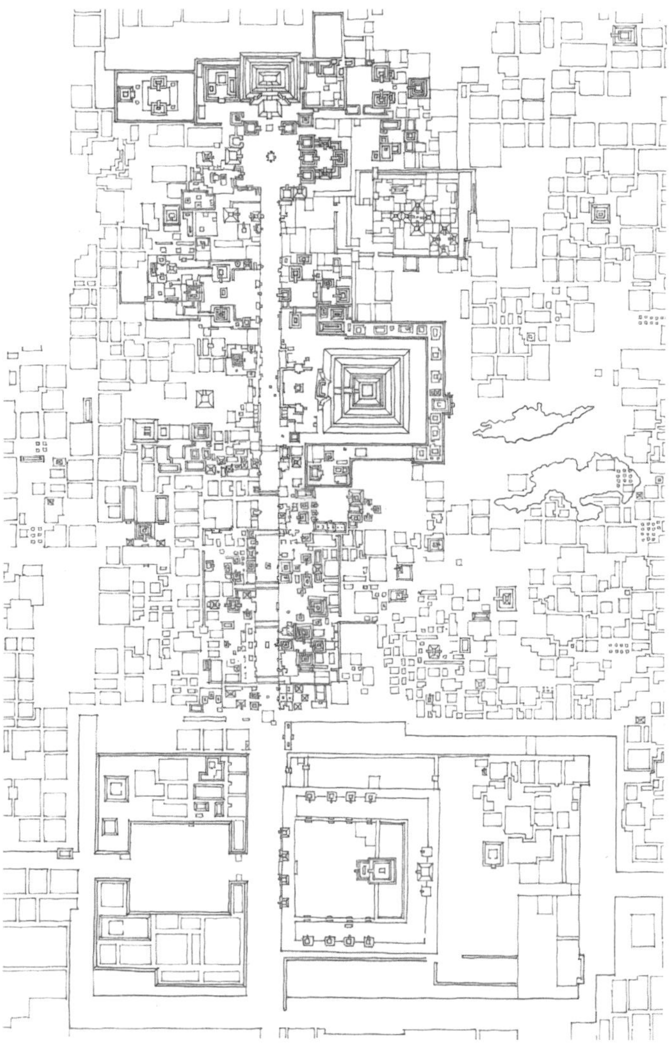

테오티아칸 중심부, 기원전 150년-서기 650년

구리로 만든 매와 운모로 만든 손, 호프웰 언덕, 기원전 200년-서기 500년

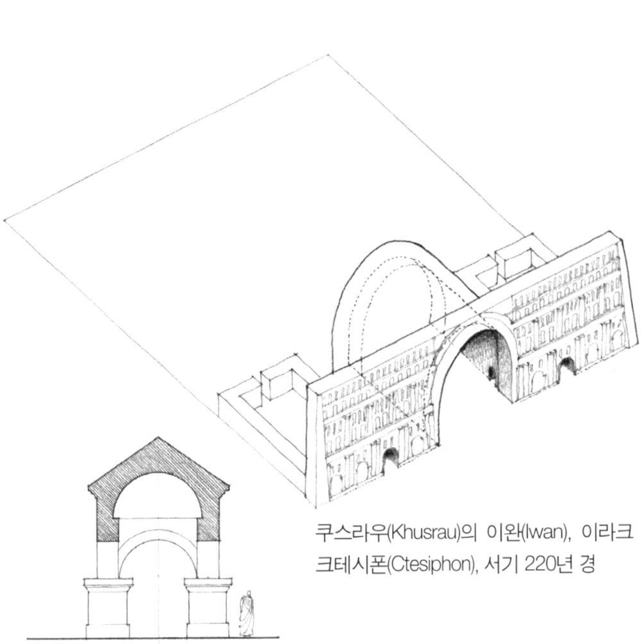

쿠스라우(Khusrau)의 이완(Iwan), 이라크 크테시폰(Ctesiphon), 서기 220년 경

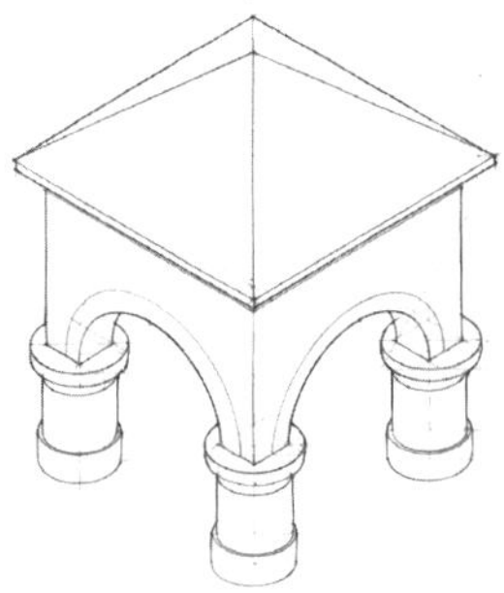

아니(Ani)의 불의 신전, 아르메니아, 기원전 6세기-서기 7세기

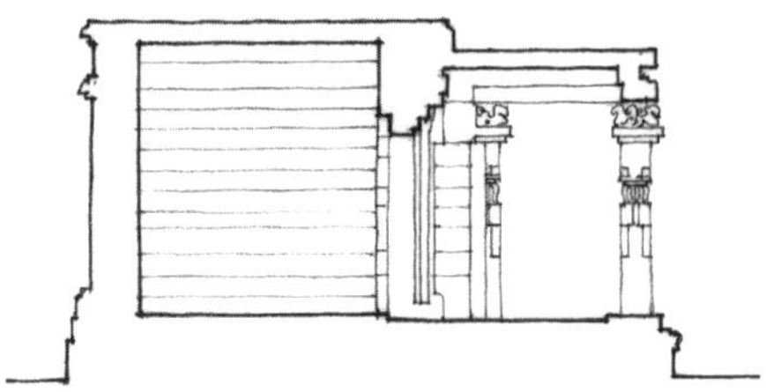

산치(Sanchi)의 초기 힌두 신전, 인도, 서기 5세기

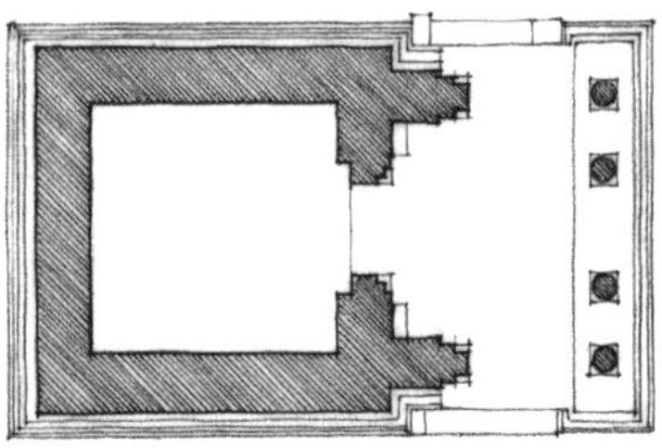

서기 400년

문화·경제적 측면에서 유럽이 쇠퇴하면서 로마의 세력은 비잔티움과 서아시아로 넘어갔다. 또 다른 중심지는 중앙아시아의 사산(Sassanian)제국과 인도의 굽타(Gupta)제국, 그리고 중국의 한나라였다. 파르티아를 밀어내고 쿠샨 인들의 접근을 막은 사산제국은 피루자바드(Firuzabad)에 수도를 세운다; 그들은 지중해에서 중국의 국경에 이르는 지역을 지배했다. 남아시아와 중국, 로마 세계가 새로운 종교적 사상들로 인해 탈바꿈하면서 4세기에 유라시아는 변화기를 겪었다. 남아시아에서는 힌두교가 부활하고 중국은 불교의 바람이 불었으며, 로마는 기독교를 받아들이는 과정에 놓여있었다. 에티오피아 북쪽에 위치했던 아크숨(Axum)왕국 또한 당시 쇠퇴하면서도 비슷한 과정을 겪고 있었던 것으로 여겨진다.

중앙아시아에서 당시 가장 인상적인 건축물들은 조로아스터교가 여전히 우세하던 이라크와 이란 지역의 사산제국에 의해 지어졌다. 하지만 조로아스터교의 불의 신전은 현재 거의 남아있지 않아 우리가 당대의 건물 발전의 역사를 이해하는데 어려움이 있다. 멀리 동으로, 남아시아에서는 굽타 왕조의 통치자들이 제국을 건립하고, 서기 400년까지 북인도 전체를 지배하였다. 그들은 옛 아리아인의 철학을 부활시키는 것을 그들의 임무로 보았고 불교의식을 접목 시켰다. 그 과정에서 지금 우리가 힌두교라고 부르는 새로운 종교가 창시됐다. 그러므로 굽타 왕조 아래 힌두교의 "부흥"은 아잔타(Ajanta)와 날란다(Nalanda)같은 지역에서 불교가 번영했던 것과 그 시기를 같이 한다. 굽타 왕조의 최초의 벽돌 힌두사원들이 지어짐과 동시에, 부처가 깨달음을 얻었던 부다가야(Bodh-Gaya)에 위치한 것과 같이 초기의 몇몇 불교사원 또한 벽돌로 축조되었다. 유라시아 통상로의 교차점에 남아있던 쿠샨 제국에서는 대승 불교가 번영하였다. 그곳에서 바위를 깎아 만든 거대한 석가모니상은 후에 중국, 한국, 일본의 불교 발전에 깊은 영향을 미치게 되었다.

바미얀(Bamiyan)의 깎아지른 듯한 절벽, 아프가니스탄, 서기 6세기

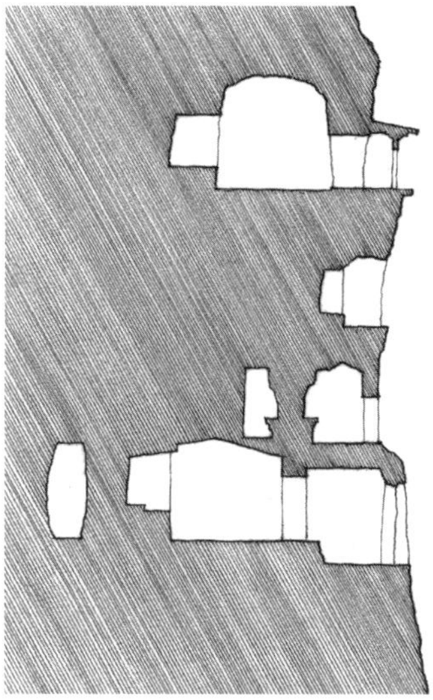

막고굴(Mogao caves)의 단면도, 둔황(Dunhuang), 서기 4세기-14세기

서기 220년 16개 왕국에 의해 중국의 한나라는 붕괴되고 중국의 종교 세계는 인도에서 온 무역인과 승려들이 불교를 전파함으로써 크게 영향을 받았다. 실크 로드가 타클라마칸 사막을 굽이돌며 남북으로 갈라지는 지점인 만리장성의 서쪽 끝에 위치한 둔황(Dunhuang)에 불교 승려들은 세계에서 가장 큰 석굴들을 축조하였다. 깎아지른 듯한 절벽 면을 깎아 만든 수 백 개의 석굴들은 출판사와 같은 역할을 하였는데, 이곳에서 중국 전역에 배포하기 위해 인도에서 온 수 천 권의 경전을 옮겨 기록하였다. 이 시기에 일본에는 중앙 집권 정부가 처음으로 생겨나 야마토 문중의 뒤를 이었다. 이와 관련된 사태로서, 동남아시아는 시장을 찾아 물길을 타고 온 인도인과 중국인들에 의해 빠르게 팽창하기 직전의 상황에 놓여있었다. 불교를 받아들인 미얀마의 퓨족은 처음으로 동남아시아에서 지역 물줄기를 대규모로 끌어들여 요새화된 도시를 발달 시켰다.

막고굴의 서쪽 벽, 둔황

로마의 콘스탄티누스 황제는 서기 313년 밀라노 칙령을 반포하며 기독교에 대한 종교적 관용을 명하였다. 그러나 콘스탄티누스의 도시인 콘스탄티노플(Constantinople)에서는 기독교와 토속신앙의 장식디자인이 혼용되고 있었다. 제국의 기독교화는 황제의 죽음 이후에도 "이교도"의 제단과 사원을 파괴하며 계속되었고, 기독교의 종교적 필요성에 부합하는 새로운 건축양식이 도입되었다. 건축물은 로마와 예루살렘 등과 같이 수많은 순교자들이 밀집한 도시에 대규모로 집중되었다. 동시에 러시아 스텝 지대로부터의 침략은 제국의 통합을 방해했고, 제국은 서로 다른 관할 구역으로 나누어졌다. 하지만 헬레니즘의 전통을 강하게 가지고 있던 안티오크(Antioch)와 콘스탄티노플과 같은 동부의 도시들은 상대적으로 부를 유지 하였으며 후에 한동안 유럽의 학문이 살아남기 위한 열쇠가 되었다. 이 시기의 발전 과정에는 기후가 중대한 역할을 했던 것으로 보인다. 서기 416년에 있었던 크라카타우(Krakatoa)의 화산폭발은 그 후 몇 년간 세계에 기근과 혼란을 가져왔다.

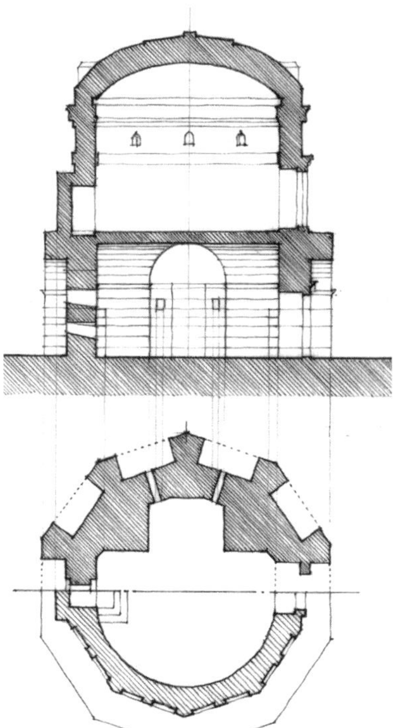

테오도리쿠스 대왕(Theodoric the Great)의 묘, 이탈리아 라벤나(Ravenna), 서기 520년 경

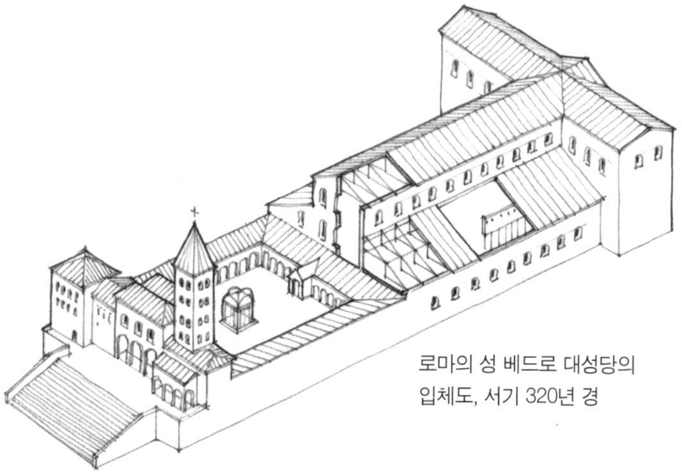

로마의 성 베드로 대성당의 입체도, 서기 320년 경

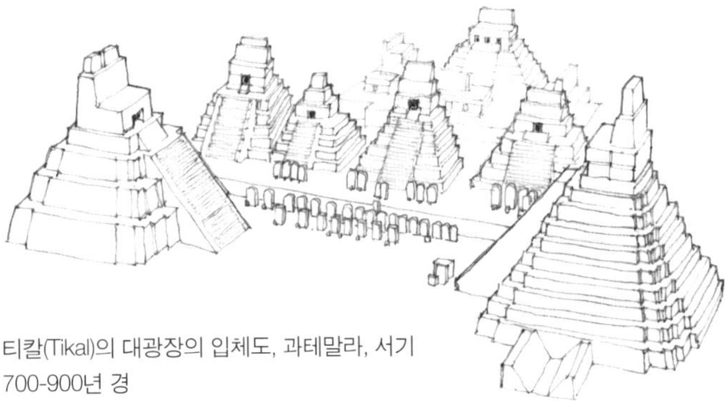

티칼(Tikal)의 대광장의 입체도, 과테말라, 서기 700-900년 경

서기 600년

서기 600년, 테오티우아칸이 몰락하기 직전, 중앙아메리카와 남아메리카의 문명은 정점에 달해 있었다. 북쪽의 몬테알반(Monte Alban)은 여전히 막강한 국가였고, 유카탄 반도에서는 티칼(Tikal), 칼라크물(Calakmul), 코판(Copan), 토니나(Tonina), 팔렝케(Palenque), 야슈칠란(Yaxchilan)과 같은 수많은 마야 도시국가들이 생겨났다. 교역과 가족 간의 유대, 공통의 문화로 엮여있었음에도 불구하고, 유카탄 반도의 국가들은 지배권을 두고 치열한 경쟁을 펼쳤다. 마야의 주된 업적은 세계에서 가장 진보된 달력을 발달시켰다는 것이다. 티티카카(Titicaca)호 주변의 안데스 산맥 지역에서는 광활한 제국의 중심으로 티와나쿠(Tiwanaku) 문화가 탄생하였다.

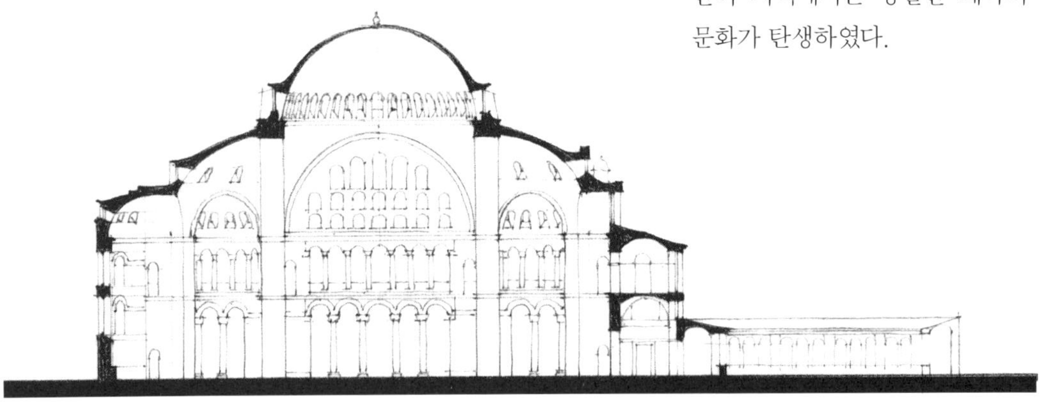

하기아 소피아 대성당, 터키 이스탄불, 서기 532-537년

유라시아에서 이 시기는 새로 등장한 세계 종교들이 변화하고 시험받는 통합의 시대였다. 예를 들어 비잔틴은 황실 권력의 권위를 끌어올릴 수 있도록 기독교의 공인과정에 있었다. 조적조 돔과 같은 새로운 건축 형태가 등장하고, 이때부터 콘크리트는 잊혀져갔다. 하기아 소피아 대성당(Hagia Sophia)은 당시로써 가장 야심차고 웅장한 건축적 업적이었다. 콘스탄티노폴을 거점으로 통치권을 펼치던 비잔틴은 지중해의 지배 세력이었지만, 그들조차도 북에서 내려온 수많은 침략자들과 협상하고 이탈리아의 동고트족 통치자들을 처리해야 했다. 명목상 사산왕조의 지배하에 있던 시리아와 페르시아의 평원과 사막은 불안정한 상태에 놓여 있었다. 마호메트는 서기 630년에 메카를 정하여 근대 종교인 이슬람교를 창시하였다. 시리아의 중심지는 혼란에 빠져있었고, 아르메니아는 동양과 서양 사이를 중재하며 그 성장기를 맞이했다. 특히 건축 분야에서 아르메니아는 벽돌로 되돌아간 비잔틴의 노동자들과 대조적으로 섬세한 조적조의 장인정신을 갖춘 그리스와 헬레니즘의 전통을 보존함으로써 문화를 전파하는데 중요한 역할을 수행하였다. 그 외에 서유럽의 건축물들은 보통 거칠게 깎은 돌로 지어지곤 했다. 오늘날의 시리아 북부, 동부 터키, 조지아, 아르메니아 지역에서는 그 다음 세기의 이슬람과 기독교 건축에 중대한 영향력을 미친 정교한 석조 교회들이 지어졌다.

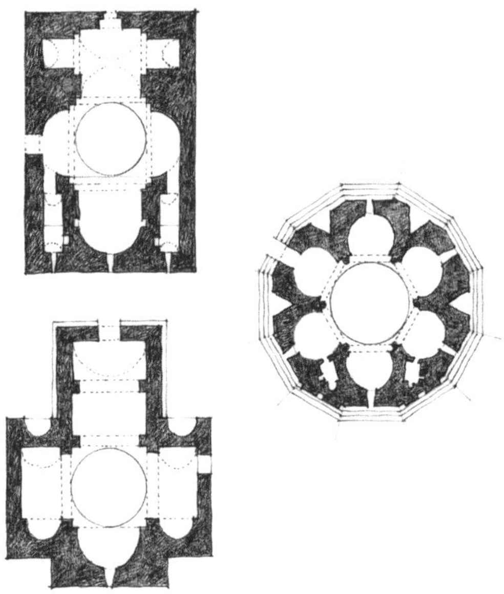

아르메니아 교회들의 평면도

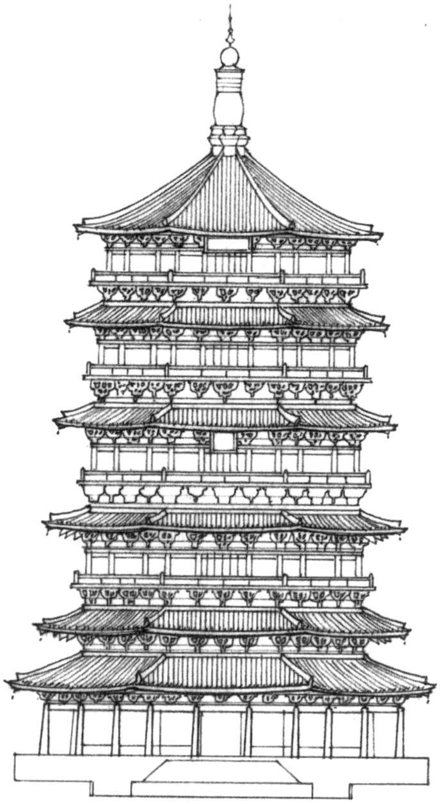

포공(Fogong)사원의 잉셴(Yingxian) 목조탑, 중국 산시성, 서기 1056년

남아시아의 왕조는 점점 더 빠르게 불교에서 힌두교로 넘어가고 있었으며 힌두교의 예배 방식에 맞는 실험적인 사원을 건축하기 시작한다. 데칸(Deccan)의 Kalchuris 그리고 찰루키아(Chalukya)와 남쪽의 팔라바(Pallava)에서는 바위를 잘라 만든 다양한 석조 사원들이 발달했하였다. 인도에서는 불교가 조금씩 사라져가고 있던 반면, 중국과 한국, 일본에서는 불교가 두드러지게 나타났다. 당(T'ang)나라 황제들은 교역을 위해 도로와 운하와 같은 공공사업에 크게 투자하였다. 그리고 그 결과, 공학 기술이 꽃을 피게 되었다. 수도원들이 새로 지어졌고, 인도의 사리탑에서 유래하여 새로운 건축 형태인 탑들도 지어졌다. 한편 일본에서는, 한국에서 전파된 불교가 이미 존재하던 신도(Shinto)와 혼합되어 새로운 불교 종파를 만들어냈으며, 이는 나라(Nara)의 호류사와 같이 큰 건축적 성취를 이루게 하였다. 일본 전통 신도의 첫 번째 건물인 이세신궁 또한 이 무렵에 지어진 것으로 알려져 있다.

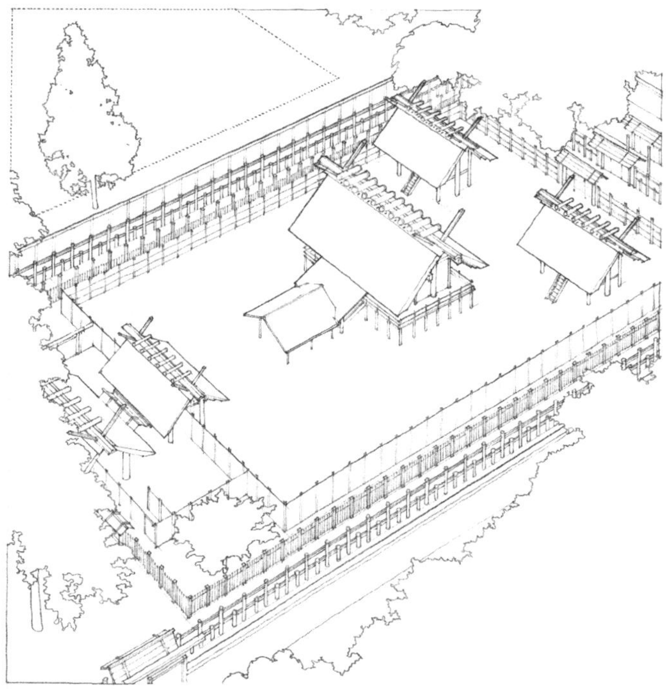

이세신궁의 성역, 기원전 500년부터 20년마다 재건

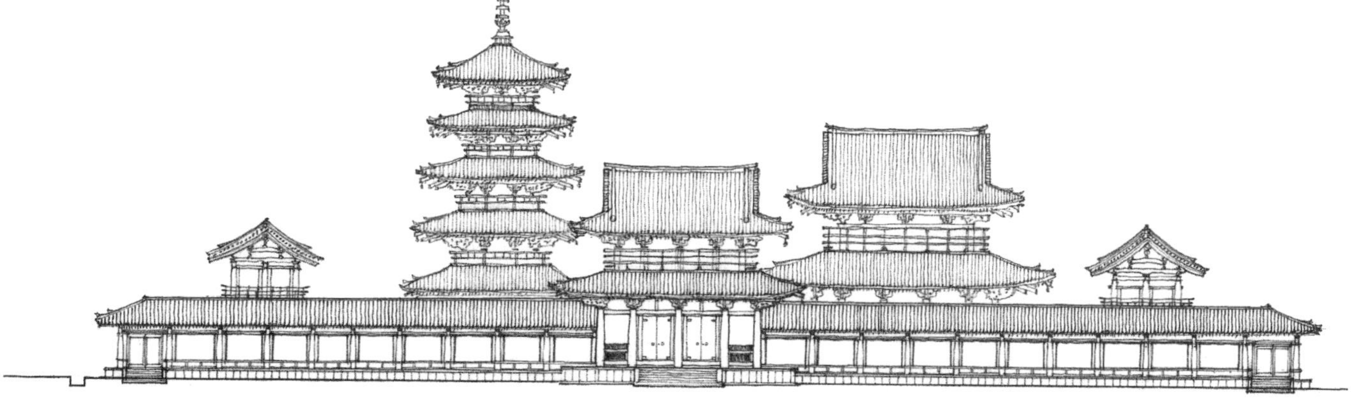

호류사 서쪽 구역, 일본 나라, 서기 7세기

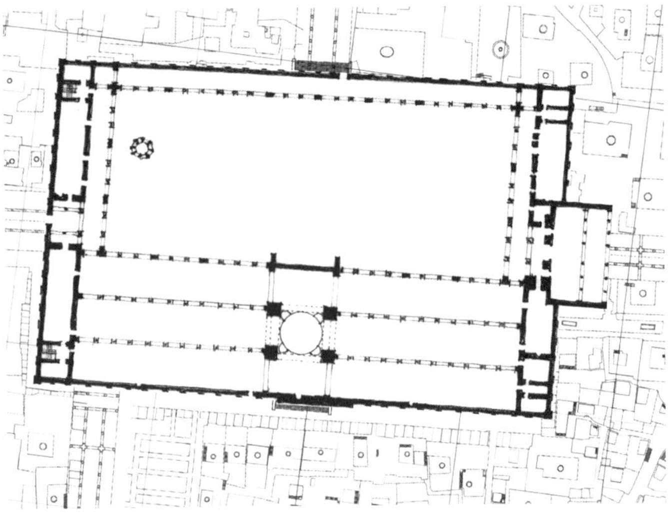

옴미아드(Umayyad) 모스크 평면, 시리아 다마스쿠스, 서기 706-715년

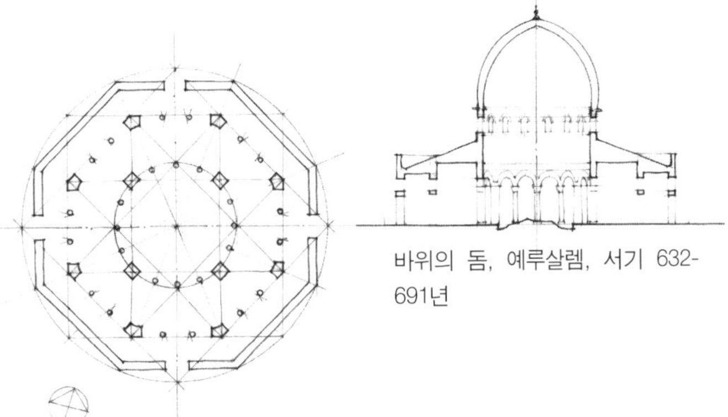

바위의 돔, 예루살렘, 서기 632-691년

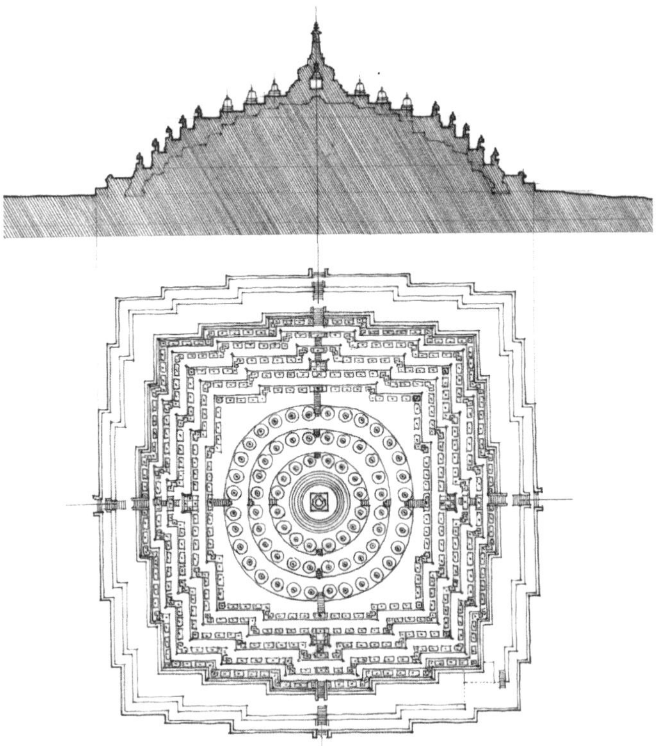

보로보두르(Borobodur)의 대승 불교 유적, 인도네시아 중부 자바, 서기 760-830년

서기 800년

서기 800년에 이르러, 중국의 당 왕조(서기 618-906년)는 세계의 가장 큰 세력 중 하나였고, 실크 로드의 동쪽 끝에 위치한 도시 장안은 유라시아의 경제적 엔진이었을 뿐 아니라, 서로 다른 지적 신념과 종교를 가진 다양한 이들이 모여드는 곳이었다. 그러나 당나라의 건축물은 대부분 나무로 축조되어 현재 전부 사라졌고 수도원 건물만이 일부 남아 그들의 건축을 엿볼 수 있게 되었다. 또 국제적으로 중요한 사건은 새로운 이슬람 왕국이 페르시아에서 지중해 서부, 스페인의 코르도바(Cordoba)까지 뻗어나갔다는 것이다. 이슬람 건축 표현양식은 모스크였는데, 이슬람의 초창기의 모스크는 메카를 향한 단순한 다주식의 공간이었다. 그러나 얼마 지나지 않아 비잔틴 제국의 화려함과 장식성에 필적하는 정교한 궁전과 정원들이 등장하였다. 두 개의 유대교 사원과 로마 신전이 있던 예루살렘의 성전산(Temple Mount)에서는 마호메트가 승천했다고 전해지는 장소를 숭배하는, 타의 추종을 불허하는 바위의 돔이 새롭게 지어졌다. 스페인 반도의 알-안달루스(Al-Andalus)에 있는 옛 로마와 서고트족의 도시 코르도바를 차지했던 옴미아드(Umayyad)의 칼리프들은 로마 신전의 유적 위에 거대한 모스크를 가진 웅장하고 견고한 법정을 세웠다. 서기 750년에 옴미아드 왕조는 아바스조(Abbasids)에 의해 밀려나고, 아바스조의 새로운 수도 바그다드는 그 시대의 가장 위대한 도시 중 하나가 되었다.

한편, 여러 왕국으로 나뉘어진 남아시아에서는 지식과 종교 활동을 바탕으로 상당한 건축적 유산을 남겼다. 힌두 왕국의 건축가들은 수많은 사원의 사례에서도 볼 수 있듯이 암석을 절단하는 방식으로 돌과 벽돌을 이용했다. 그와 동시에, 불교 수도원들은 계속 그 맥을 이어가며 국제적 명성을 가진 대학으로 발전시켜 나갔다. 중국, 스리랑카, 일본, 동남아시아, 인도네시아의 승려들은 날란다(Nalanda), 파하르푸르(Paharpur), 아마라바티(Amaravati)에서 수학하기 위해 찾아왔다. 동남아시아 또한 중국과 인도와의 무역, 그리고 특히 인도의 동쪽의 팔라바(Pallava)왕조에 힘입어 그 가치를 인정받았다. 인도네시아에서 샤일렌드라(Shailendra)왕들은 불교 사원을, 후에는 힌두 석조 사원을 축조했으며, 이 중 하나가 역사상 가장 정교한 불교 사리탑 사원인 보로보두르(Borobodur) 사원이다. 인도네시아의 북쪽, 캄보디아에서는 크메르(Khmer) 왕과 자야바르만(Jayavarman)3세가 동남아시아의 가장 큰 담수호인 톤레삽(Tonle Sap)호의 범람원에 위치한 하리하랄라야(hariharalaya)라고 불리는 수도에 새로운 힌두 왕국을 세웠다. 한 변이 3킬로미터 정도로 완벽한 정사각형의 모양을 띠며 정 가운데에 사원이 위치한 이 도시는 원형도시 바그다드에 필적할 만하다. 쌀 생산으로 경제활동을 하던 크메르 왕조는 600년 넘게 캄보디아를 통치했으며, 그들은 관개 기술을 발달 시키는 업적을 낳았다.

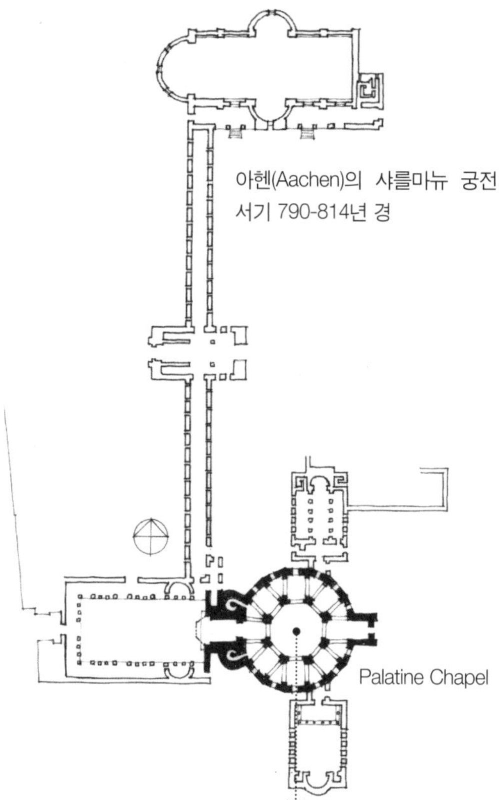

아헨(Aachen)의 샤를마뉴 궁전, 독일,
서기 790-814년 경

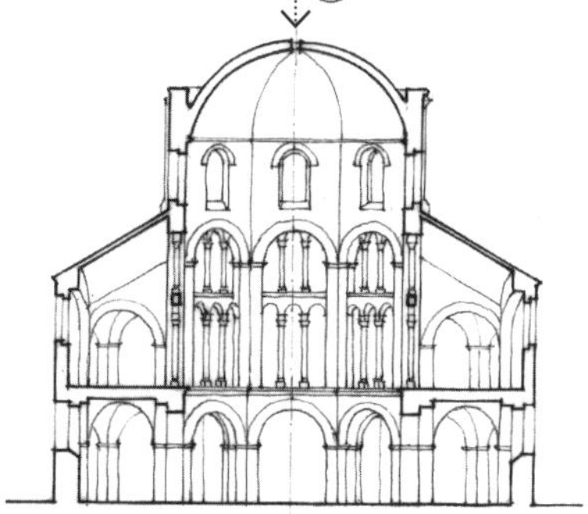

왕궁 예배당 단면도, 서기 792-805년

동남아시아를 거쳐 동양에서 서양으로 흘러든 엄청난 양의 부에 비해, 로마가 몰락한 이후의 유럽은 보잘것없는 상황이었다. 서기 800년 성탄절 밤, 샤를마뉴(Charlemagne)대제가 교황 레오 3세에게 신성 로마 제국의 황제의 관을 받고 비로소 유럽은 역량을 발휘하기 시작하였다. 비록 그 건축적 성취는 미약했고 기술과 철학은 심각하게 쇠퇴하던 상황이었지만, 그는 왕국을 정비해서 유럽을 다시 지평선 위에 올려 놓았다. 또한 샤를마뉴 대제 자신은 겨우 글을 읽을 수 있는 수준이었지만 학문을 높이 평가하고 지원했으며, 알프스 산맥 북쪽에서 유일하게 문해(文解)의 근원이자 고대 문서의 보관 장소이던 수도원들을 지원했다. 로마 제국의 유산을 추정하기 위해, 그는 이후 몇 세기동안 건축적 표현의 참고가 될 로마의 건축 언어를 적용했다.

대체로 9-10세기 유라시아의 지도는 지리적·종교적으로 구분되고 교역으로 서로 연결된 각각의 왕국이 태평양에서 대서양까지 끊임없이 나열되면서 근대 세계의 조짐을 보이기 시작하였다. 이는 또한 크메르의 새로운 수도 하리하랄라야, 이슬람 아바스조의 바그다드, 스페인의 코르도바, 그리고 신성 로마 제국의 수도 아헨(Aachen) 등에서 볼 수 있듯이 도시 혁신의 시대였다. 그러나 여전히 장안은 비잔티움과 함께 세계 최대의 도시로 여겨지고 있었다.

아메리카에서는 서기 250년 경, 과테말라, 온두라스, 엘 살바도르 등지에서 새로운 세대의 마야 도시국가가 등장하였다. 중앙아메리카의 문명의 영향을 계속하여 찾아볼수 있었다. 중앙아메리카 문명의 영향은 북아메리카의 아나사지(Anasazi)가 지은 푸에블로 보티노(Pueblo Bonito)와 같은 도시들에서 계속 찾아 볼 수 있었다.

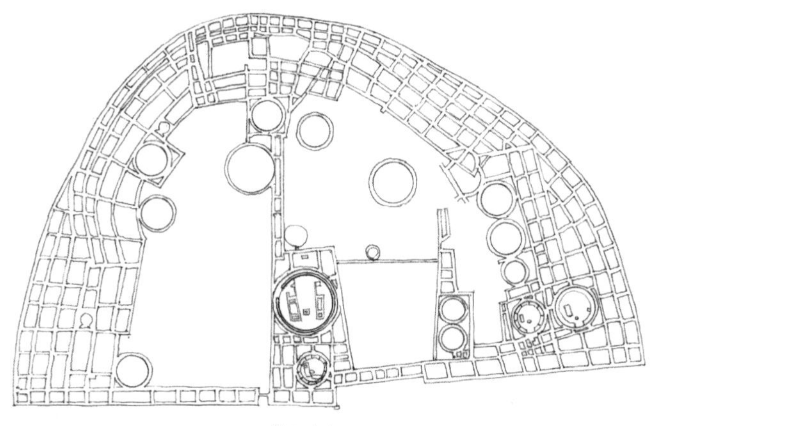

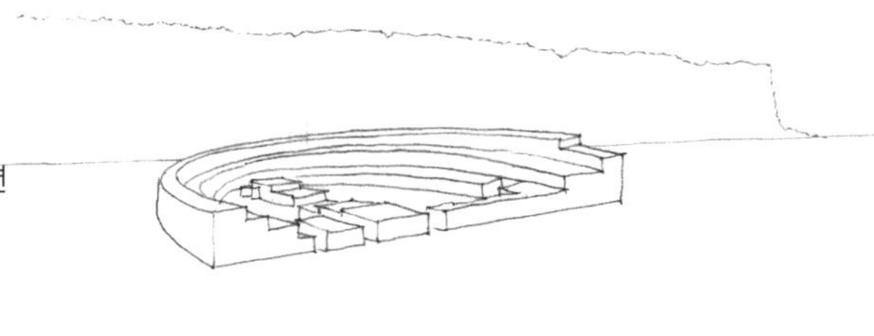

푸에블로 보니토((Pueblo Bonito) 평면과 입체도,
차코 문화 역사 공원, 뉴멕시코, 서기 828-1126년

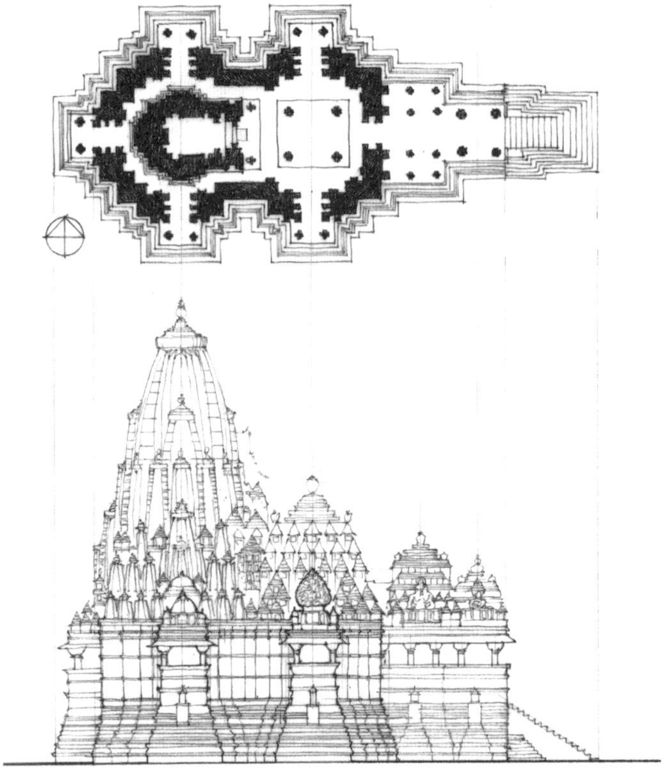

카주라호의 칸다리야(Khandariya)사원, 인도, 서기 1000-1025년

서기 1000년

서기 1000년을 지나면서 남아시아와 동남아시아에 걸쳐 대규모의 사원 건축물이 생겨났다. 수 천 개의 사원들이 지어졌고 여러 개의 왕국이 각각 부와 영향력을 겨루어 이를 조직했다. 프라티하라스(Pratiharas)와 같이 오래된 왕국이나, 간가 왕조(Gangas), Chandellas, 찰루키아 왕조(Solankis)와 같이 새로운 왕국들도 포함되어 있었다. 마침내 남부 인도의 촐라(Chola)제국이 북쪽으로는 갠지스, 남쪽으로는 스리랑카 섬에 이르는 영역을 지배하게 되었다. 캄보디아의 크메르 왕조는 앙코르 평원 위 수도에 거대한 사원들을 건설하고 있었다. 인도네시아의 슈리비자야(Srivijaya)제국 역시 엄청난 사원 건축가들이었다. 이 모든 것은 송나라가 경제적 영향력과 교역 측면에서 남쪽으로 관심을 기울이며, 중국 북부의 정치적 분열의 결과로써 실크 로드가 약화된 것과 어느 정도 연관이 있었다. 새로 생긴 마을들과의 네트워크로 십자형으로 형성된 송나라의 영토가 강력한 무역 경제를 일구는 동안, 라마교를 받아들인 북쪽의 랴오허(Liao)는 새 혼합 방식의 수도원을 세우고, 그럼으로써 티벳과 중국의 첫 연결고리를 형성하였다. 반면 일본에서는 황실에서 귀족층으로 권력의 이동이 일어나며 동시대에 중국 송나라에서 널리 퍼진, 정토 불교로 알려진 새로운 형태의 불교가 형성되었다.

이슬람 세계에서는 이후 몇 세기동안 이 지역 세력의 판도를 결정하게 될 정치적 · 종교적 패턴이 나타나기 시작하였다. 이슬람은 수니파와 시아파, 돌이킬 수 없는 두 개의 정치적 독립체로 나뉘졌다. 서쪽에서 동쪽으로는, 베르베르 아모라비드(Berber Almoravids)왕조가 스페인을 점령하여 그들의 본거지인 마라케슈(Marrakech)와 연결시켰다. 시아파의 파티미드(Fatimids)인들 알제리와 이집트를 지배했고; 페르시아를 진압한 수니파의 셀주크 투르크멘(Seljuk Turkomans)족의 지도자는 1055년에 새로운 칼리프가 되었으며; 수니파 가즈나비드(Ghaznavid)제국은 아프가니스탄에서 인도 북부로 확장해나갔다. 이들 모두는 모스크와 궁전 건축에 능했다. 그러나 그 중에서도 셀주크 족이 그들의 영토에 특히나 일관성 있는 정치적 · 종교적 · 경제적 건축물들을 남긴 것으로 가장 인상적이다. 실크 로드는 비록 약화되었지만, 아르메니아의 수도 아니(Ani)가 중요한 거점이 되면서 계속해서 번창해 나갔다. 또 다른 중요한 도시는 카이로(Cairo)였는데, 파티미드는 이곳에 몇 개의 새로운 모스크와 궁전을 축조하였다.

Imam Dur 신전 단면도, 이라크 사마라(Samarra), 서기 1085년

Al-Barubiyyin의 작은 사원 평면도, 모로코 마라케슈(Marrakech), 서기 1117년

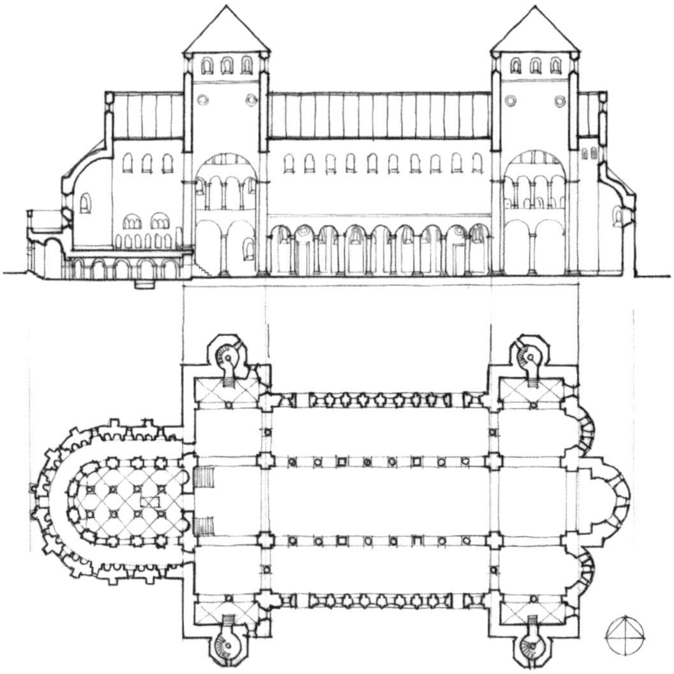

힐데스하임(Hildesheim)의 성 미카엘 교회, 독일, 서기 1001-1033년

유럽에서는 독일의 오스만 왕들과 영국의 노르만 족에 의해 지배권 다툼이 벌어졌다. 양측 모두 국토에 그들의 영역을 표시하기 위해 종교적, 군사적 수련기관들을 이용하였다. 오스만 족은 지역 시장이 있는 도시에 수도원을 접목시키는 반면, 노르만 족은 영국의 전체적인 법적, 종교적 양상을 재정비하였다. 건축적 측면에서 눈에 띄는 결과는 유럽 대륙과 이슬람의 특성을 섞어놓은 대성당과 성, 수도원들의 등장인데, 이들 중 일부는 후에 고딕 건축의 토대를 마련하였다. 또한, 프랑스 및 이탈리아, 독일, 스페인의 수도원들을 통치하던 클리뉘파(Cluniacs)와의 복잡한 수도원 네트워크가 생겨나면서 이는 건축 언어의 빠른 발전을 일으켰다. 동시에, 먼 지점들을 서로 연결하며 곳곳에 건축적 지식을 퍼뜨린 순례길의 발달로 인해 또 다른 종류의 종교적 지리학이 생겨났다. 이탈리아는 두오모나 대성당 옆 도시의 중심부에 위치한 세례장을 포함한 그들만의 건축적 표현을 조금씩 발전시켰는데, 이는 영국과 프랑스에서는 흔히 국왕의 후원이나 세금으로 운영되었던 것과 달리 도시의 기금으로 운영되었다.

유카탄 반도에서는 마야 왕조가 그 절정을 맞이하였다. 오악사카(Oaxaca)의 골짜기에서 사포텍(Zapotecs)족은 계속하여 새로운 도시를 건설하고, 북에서는 톨텍(Toltecs)족이 500년 후 스페인 정복자들에 의해 발견될 문화의 형태를 결정지을 강력한 운명의 새 왕조를 탄생시키는 중이었다.

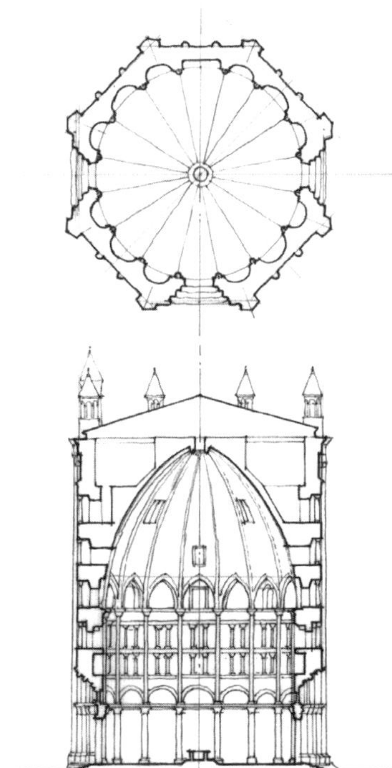

파르마(Parma)의 세례당, 이탈리아, 서기 1196-1270년

코판(Copan)의 마야 도시 조감도, 기원전 400년부터

서기 1200년

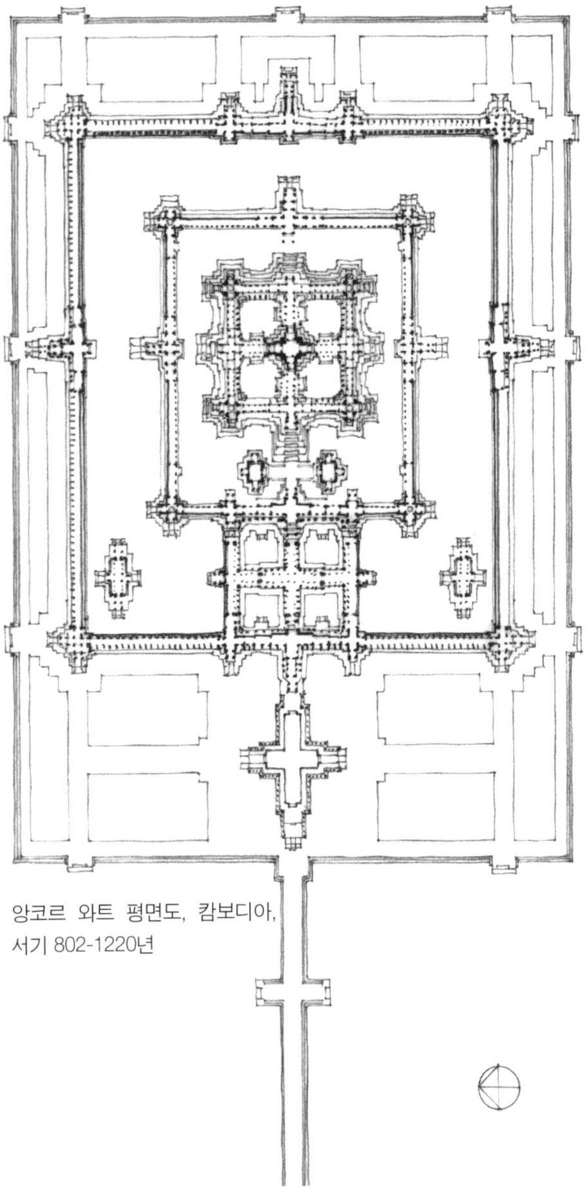

앙코르 와트 평면도, 캄보디아, 서기 802-1220년

종교의 역사는 결코 정적인 적이 없었으며, 이 시기에는 특히나 그러했다. 일본에서 불교는 정토 불교라는 변종으로 발전되었는데, 이는 해방으로 가는 길을 시각화한다는 개념에 그 근간을 두고 있다. 일본 이쓰쿠시마(Itsukushima) 신사는 외부 풍경과 내면의 명상 사이의 균형을 이루고자 했던 정토 불교의 정교함을 보여주었다. 중국에서는 대승 불교가 계속하여 다양한 깨달음의 단계를 수직적으로 표현한 탑을 갖춘, 국가 지원을 받는 거대한 수도원의 형태로 나아갔다. 오늘날 미얀마에 위치한 파간(Pagan)에서 불교는 사원 상부구조 안에 교훈적 내용을 담은 판들의 형태를 갖추게 되었다. 한때 속이 꽉 차게 지어지던 건축물들은 극적인 내부 조명으로 채워졌다. 캄보디아의 크메르 통치자들은 시바 신을 숭배하는 불교도(Shiavite Buddhist)였다가 비슈누 신을 숭배하게(Vishnaites)되는데, 이는 후자가 그들이 강조하고자 하던 국왕의 신성성을 더 잘 표현해줬기 때문이다. 규모는 문제가 되지 않았다. 앙코르 와트는 세계에서 가장 큰 종교 건물 중 하나로 남아있다. 남아시아에서 힌두교는 계속하여 다신교로 변화 과정을 겪었다. 오릿사(Orissa)의 왕들은 상징적 중심부에 거대한 석조 전차가 놓인 사원에서 태양의 신을 두드러지게 표현했다. 호이살라(Hoysala)왕조는 다양한 신들을 모시기 위해 별모양의 평면을 가진 사원들을 만들어냈다.

기독교 세계도 상황은 마찬가지로 다양하고 유동적이었다. 국가 권력과 로마 교회의 권력의 조화를 요했던 거대한 도심 성당들(노르만 영국의 글로스터 성당, Gloucester Cathedral), 동정녀 마리아를 강조한 순례 교회들(프랑스의 랭스 대성당, Notre Dame of Reims), 그리고 새로운 종파의 수도회에 속하던 교회들, 즉, 대성당들의 부와 겉치레를 버리고 대신에 단순하고 절제된 건물을 추구했던 탁발 수도회(예: 툴루즈의 도미니크 교회, Dominican Church)의 교회 등이 거의 동시에 발전한 것을 알 수 있다. 이탈리아에서는 도심의 대성당과 탁발 수도회의 교회들이, 어느 정도 대조적인 예배 공간이긴 하나, 복합적으로 형성되었다. 암석 절단의 전통을 유지하고 있던 에티오피아 인들은 먼 예루살렘에 기반을 둔 전체적인 전례 풍경을 창조하였다.

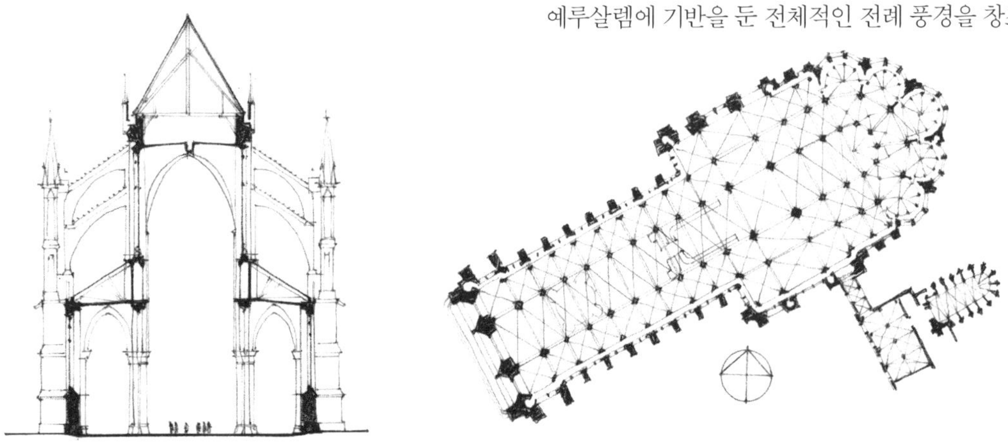

랭스 대성당 단면도와 평면도, 프랑스, 서기 1211-1290년

랄리벨라(Lalibela) 암굴 성당 단면도, 에티오피아, 서기 13세기

지도 위의 점들을 따라가다 보면, 중앙아시아에서 근동에 이르는 지역에 공간상의 공백이 있음이 분명히 드러나는데, 이는 대부분 이슬람의 영역이고 몽고의 붕괴로 1220년부터 1330년까지 이곳의 건축은 사실상 멈추어 있었다. 몽고 군대는 남으로는 중국과 미얀마를, 서로는 러시아와 아나톨리아를 침략하여, 그들이 침략한 모든 곳의 경제적 · 정치적 형세를 바꿔 놓았다. 중국의 송나라, 아나톨리아의 셀쿠즈 왕국, 북인도의 델리 왕조(Delhi Sultanate), 러시아의 노브고로드(Novgorod)제국은 모두 어느날 갑자기 몰락하였다. 몽고인들에 휘말리지 않고 번영했던 유일한 이슬람 지역은 스페인과 북아프리카였는데, 페즈(Fez)와 그라나다(Granada) 등지에서 새로운 형태의 모스크와 궁전들을 볼 수 있다. 궁전들 중 가장 웅장한 것은 바로 알람브라(Alhambra)궁전이었다.

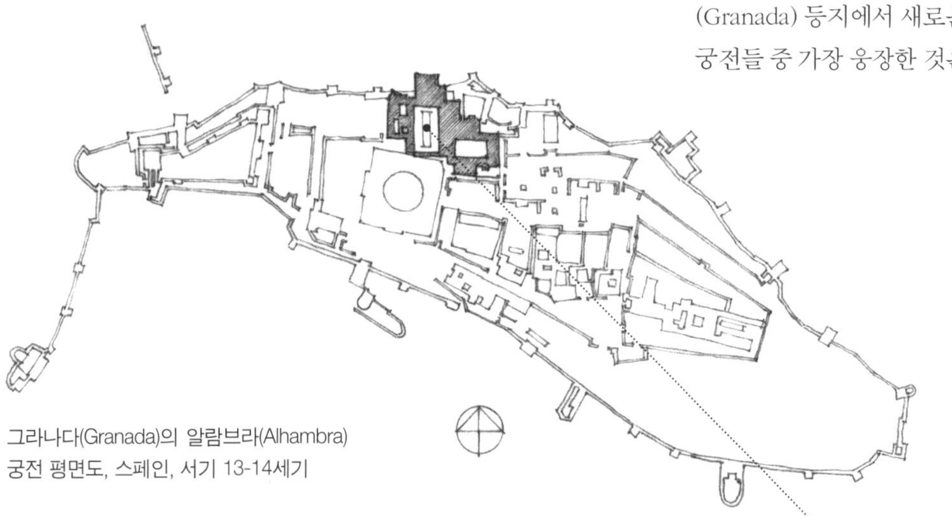

그라나다(Granada)의 알람브라(Alhambra) 궁전 평면도, 스페인, 서기 13-14세기

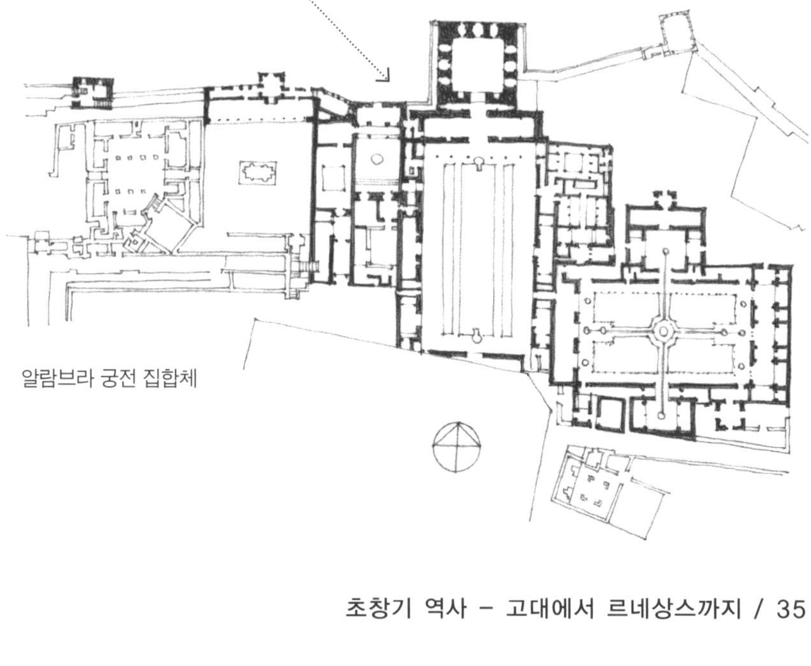

알람브라 궁전 집합체

파괴적인 격동의 시기가 지난 후, 몽고인들은 그들이 위치한 지역에 따라 불교도, 유교도, 이슬람교도가 되어 지역의 관습과 생활방식에 빠르게 적응해갔다. 중국에서는 원(Yuan)왕조가 설립되었다. 지역 경쟁을 잠시 동안이라도 없앰으로써 몽고인들이 유라시아 대륙의 먼 거리를 가로질러 교역하는 위험성을 줄였던 것 또한 명백하다. 이로 인해 유라시아 경제는 빠르게 성장하여 15-16세기에 정점을 맞이하게 된다. 13세기 몽골이 유라시아 북부를 지배하며 나타난 결과 중 하나는 바로 아프리카, 인도, 인도네시아에서 중국으로 뻗어나간 해양 기반의 경제가 빠르게 발전했다는 것이다. 동남아시아는 파간, 캄보디아의 크메르 왕국, 그리고 인도와 중국 간의 교역을 통제했던 수마트라와 말레이시아의 스리위자야(Srivijaya) 제국과 함께 경제 지구가 되었으며 주요 쌀 생산지가 되었다. 중국 남부에서 아프리카 동부에 이르는 해안의 항구들 모두가 하나의 교역망의 일부가 되었다.

이 시기에는 많은 건축 후원자들이 있었다: 중국 휘종(Huizong) 황제(1100-1125년); 일본 총리 Taira no Kiyomori(1118-1181년); 캄보디아 수리야바르만(Suryavarman) 2세(1113-1145년); 미얀마 짠지타(Kyanzittha) 왕(1084-1113년); 북인도 구뜹-우드-딘 에어백(Qutb-ud-Din Aibak) 왕 (1150-1210년); 오릿사의 나라시마데바(Narasimhadeva) 왕(1238-1264년); 에티오피아 랄리벨라(Lalibela) 왕(1185-1225년); 이슬람 스페인의 마호메트(Mohammed) 1세(1238-1273년); 그리고 신성 로마 제국의 프레데릭(Frederick) 2세(1194-1250년).

중앙아메리카에서는 테오티아칸의 후손이라 주장하는 톨텍(Toltecs)족이 군국주의 문화를 형성했으며 이는 곧 스페인의 정복으로 그 지역 문명을 정의하였다. 유카탄 반도에서는 치첸이트사(Chichen Itza)가 주요 도시국가로 등장했으며, 이는 마야가 1250년 경 몰락하기 전 마지막 발전의 순간이었다.

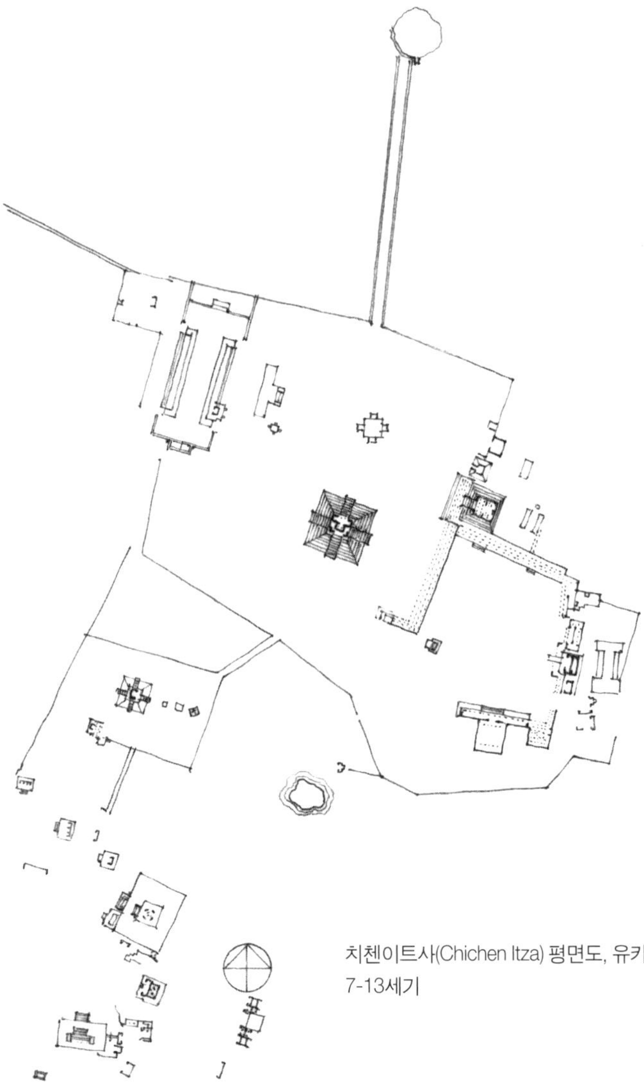

치첸이트사(Chichen Itza) 평면도, 유카탄 반도, 7-13세기

3. 건축역사

르네상스 건축부터 현대건축까지

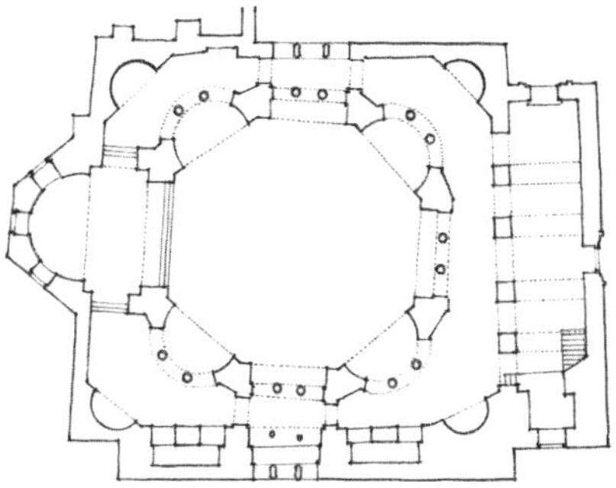

S.S. Sergius and Bacchus, Istanbul, 525 - 530 CE

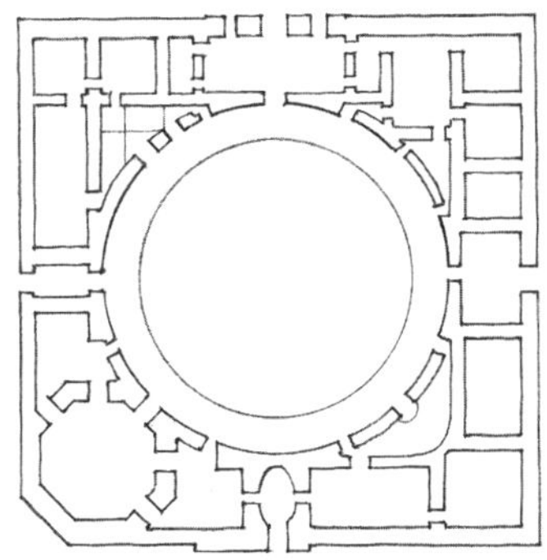

Palace of Charles V, Granada, Spain, 1527 - 1568

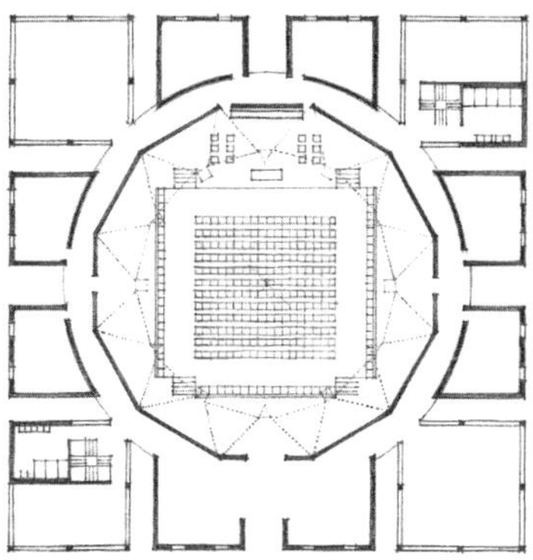

First Unitarian Church, Rochester, New York, Louis Kahn, 1959

과거로부터의 영향

건축은 흔히 이노베이션, 때론 참신함을 토대로 한 분야로 여겨진다. 그러나 건축은 이전에 존재한 무언가로부터 큰 영향을 받는다. 전체로서의 원리는 완전히 새로운 아이디어로부터 갑자기 발생되는 것이 아닌 지식의 축적을 통해 발전한다. 모든 디자인 원리의 현대적 적용방식은 추적가능한 역사적 전례를 바탕으로 한다. 이러한 이유로 역사 연구는 가치있는 연구일 뿐만 아니라 성공한 건축이 되기 위한 필수요건이다. 본 장은 르네상스부터 현대까지 건축적 사고의 진화과정에 대해 간략히 다루고 해당사건과 연관지어 건축발전의 연대표를 제공한다. 본 장을 통해, 르네상스부터 포스트모더니즘까지의 건축 진화에 영향을 미친 요소들에 관한 이해를 높이는데 도움이 될 것이다.

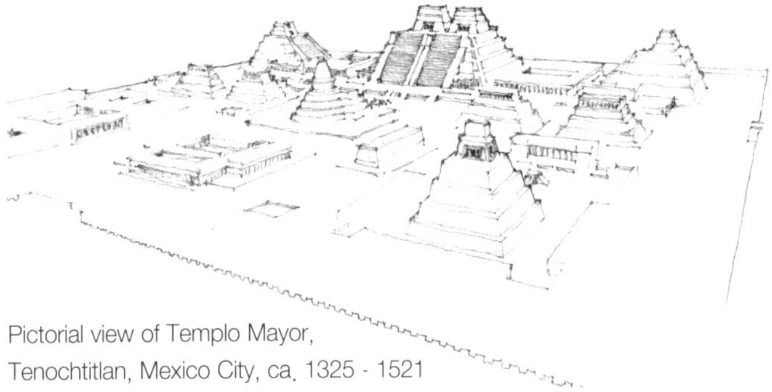

Pictorial view of Templo Mayor, Tenochtitlan, Mexico City, ca. 1325 - 1521

Calendar stone from Tenochtitlan

서기 1400년

1250년, 톨텍(Toltecs)의 멸망 1세기 후, 치첸이트사(Chichen Itza; 5세기경부터 마야인들의 주거지였던 멕시코 도시)는 폐허가 되었다. 북에서 온 이주민인 멕시카(Mexica)는 멕시코 중앙 계곡에 새 도시를 건설하였다. 2세기간 계속된 갈등 이후, 테노치카(Tenochca; 14세기 멕시코 고원의 한 종족)족의 도시는 테스코코(Texcoco; 멕시코 시티 동쪽의 도시)의 아꼴우아(Acolhua)족과 틀라코판(Tlacopan)의 테파넥(Tepanecs)족과 군사동맹을 맺기로 결정하고, 중앙 멕스코의 대부분을 연결하는 강력한 연합국가를 건설하였다. 수도는 현재 멕시코시티인 테노치티틀란(Tenochtitlan)으로 하였다. 남으로는 13-14세기동안 남아메리카 해안을 거점으로 치무왕국(Chimu kingdom)이 건재하고 있었다. 그들은 건조한 기후를 활용하여 지푸라기, 점토, 모래, 물을 섞어 햇볕에 말린 고대 벽돌의 한 종류인 아도브 벽돌(adobe)를 쌓아 세계에서 가장 큰 도시 중 하나로 건설하였다. 15세기 중반, 치무는 페루의 산악지대 쿠스코(Cuzco)에 수도를 둔 잉카제국(the Incas)의 신흥 통치자에 의해 추방되었다. 스페인에 의해 멸망되기 전 짧은 기간동안, 잉카제국은 긴 밧줄 다리를 건설하고, 역사적으로 전무한 정교하고 복잡한 방식인 불규칙막돌쌓기 방식으로 도로와 도시를 건설하며 남아메리카 해안의 통상로를 지배하였다.

1400년대는 러시아 스텝 지대(the Russian steppes)의 위대한 정복이 끝난 시기이다. 지도 내 화살표시를 통해 골(Gauls)족, 훈(Huns)족, 터키(Turks)족, 몽고인(Mongolians), 다른 부족 등이 더 이상 스텝 지대에 거주하지 않는다는 것을 알 수 있다; 유라시아 세계에서 1000년만에 처음으로 이주 침략군의 위협을 받지 않게 되었다. 그러나 침략군의 영향은 모두 부정적인 것만은 아니었다.; 짧은 기간 동안, 중국내륙의 랴오(Liao)족의 중국문화 수용과 동유럽내 훈족의 기독교 개종 등, 각 부족들은 각각의 방식으로 타문화를 흡수하고 자신만의 고유문화로 탄생시켰다. 이로 인해 단시일내 독창적인 문명과 미학이 담긴 문화채택이 진행될 수 있게 하였다. 이 시기에 대표적으로 글로벌 어바니즘(Global Urbanism)의 새 물결이 등장하였다. 실제로, 오늘날 보존 활동에 노력을 기하고 있는 많은 도시들이 이 시기에 발달하였다.

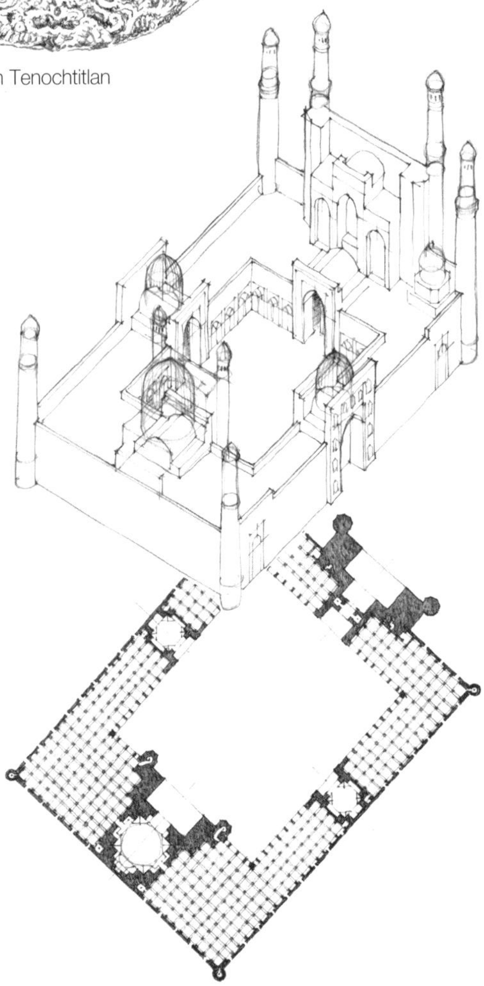

Bibi Khanum Friday Mosque, Samarkand, Uzbekistan, 1339 - 1404

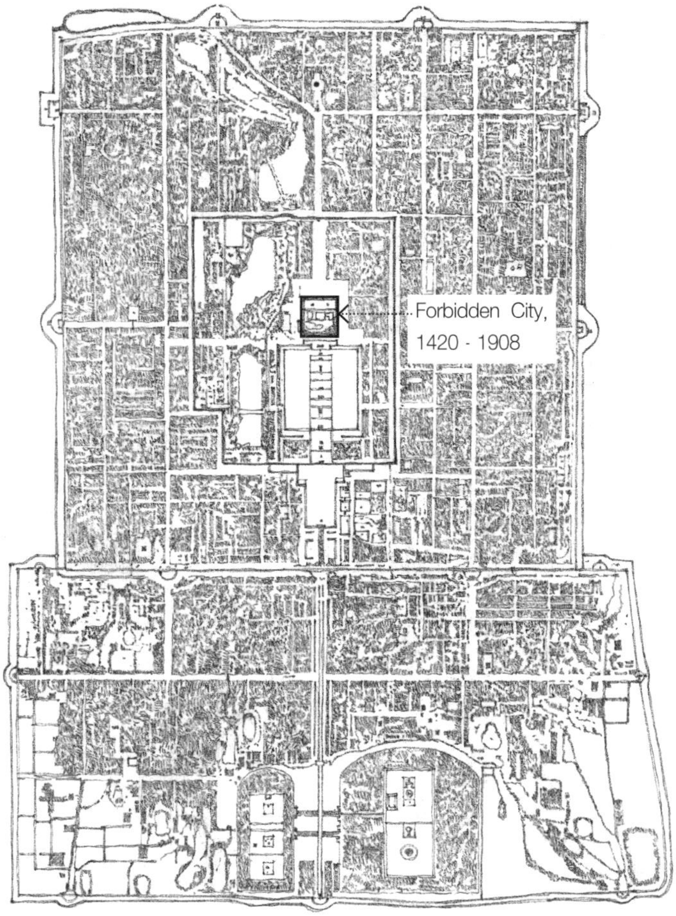

Plan of Beijing, China

한국의 서울은 위대하고도 인상적인 수도로 변모하였다. 중국에서는 베이징의 자금성이 완공되었다. 이슬람 또한 이집트와 북인도를 거쳐 학교 및 사원과 왕묘건축에 부를 쏟았다. 티무르(Timurid)의 수도 사마르칸드(Samarkand)는 확장, 발전하며 세계 선도경제도시로 발전하였다. 그 옆으로 샤이반(Shaybanid)의 수도이자 메트로폴리스인 부하라(Bukhara)가 인접하고 있었다. 멀리 동으로 맘루크(Mamluk) 왕조가 카이로의 도시로 눈부신 발전을 이루고 있었다. 이 시기 동남아시아의 발전은 거의 없었다. 크메르(Khmer)족의 쇠락은 전 지역의 쇠락을 야기했고, 새 수도 아유타야(Ayutthaya)를 건립한 타이(Thai) 왕조를 제외하고 대부분 허공으로 사라졌다. 아이러니 하게도, 14세기 무역거래가 왕성히 일어남과 동시에 흑사병이 유행하여 전 세계적으로 수십만 명이 목숨을 잃고 유럽의 경제 발전에 찬물을 끼얹었다. 그러나 15세기 중반 충분한 회복기를 거침에도 불구하고 침략 시대의 참상이 드러났다.

이탈리아 르네상스는 세계 경제 속 이탈리아의 새 위치를 파악해야만 이해할 수 있다. 중국과의 무역재개와 함께, 이탈리아는 활기 넘치는 상업도시들을 기반으로 레반트(Levant) 지역까지 이어지는 위대한 무역루트에 탁월한 위치를 선점하였다. 통합과는 거리가 멀지만, 경쟁구도의 도시들은 신재료를 예술과 학식에 투자를 하며, 넓게는 유럽 내 우세한 문화권력을 행사하였다. 해군함대와 지중해 동부지역에 걸쳐 있는 교역소(일부는 십자군전쟁 당시 차지한 곳으로 세레니시마(Serenissima)의 운송을 담당하였다.)를 소유한 베네치아 공화국은 당국의 주화를 제조하고, 세계 금시장의 선도자로 자리매김하였다. 피렌체 또한 유럽내 은행가의 선도자로써 그 가치를 발휘하기 시작하였다. 대다수의 건축활동이 피렌체와 베네치아에서 진행되는 동안, 런던, 아헨, 파리 등과 같은 도시는 황폐해졌다.

Cathedral of Florence, begun 1294

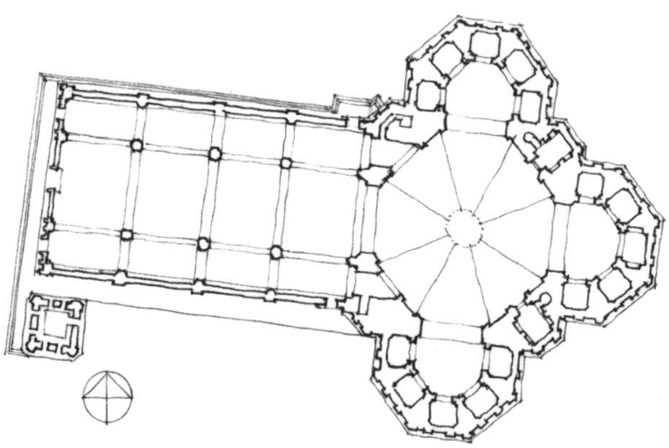

서기 1600년 : 유라시아 권력블록(Power Bloc)의 건축

17세기, 일본부터 서유럽을 아우르는 유라시아는 국토횡단 교역과 해양무역을 바탕으로 계속하여 경제 권력연합(Power bloc)으로 존재하였다. 세계를 가로질어 부와 이념은 짐과 무역가, 이주민 및 군인의 머릿속을 통해 전파되었다. 새롭게 도입된, 보다 효율적인 해양무역에 의해 이러한 세계 구체제는 점점 약화되었다. 최신 건축 동향을 공부하기위해 유럽과 아시아 여행을 시작하는 1652년의 한 여행자를 상상해보자. 일본을 시작으로, 그는 일본의 수도 교토의 중심부에 위치한 니조성(Nijo Castle) 내 니노마루 궁(Ninomaru Palace)으로 안내된다. 그리고 그는 소박한 일본 황족의 별장인 가쓰라리큐(Katsura Imperial Villa)를 방문하고 접대자에 의해 새로이 창시된 젠(Zen) 다도의 복잡함을 접한다. 한국으로 건너가, 그는 몽골인의 안내로, 만주제국의 종속국으로 전락한 서울(1394년 건립)의 경복궁을 방문한다. 몽골 지휘관과 함께 만주의 수도 무크덴(Mukden)을 지나 만주 심장부로 들어간다. 그는 베이징 중심부를 장악하고 만주의 새 통치자가 새롭게 단장한, 상대적으로 최근 완공된 자금성을 방문한다. 나라가 어느정도 안정을 찾은 시기라, 그는 근처 명나라 황릉을 방문한다. 방문길에 그는 그의 안내자와 중국 국제 항해의 장단점과 이것이 계속되어야 하는지에 대해 의견을 나누었다.

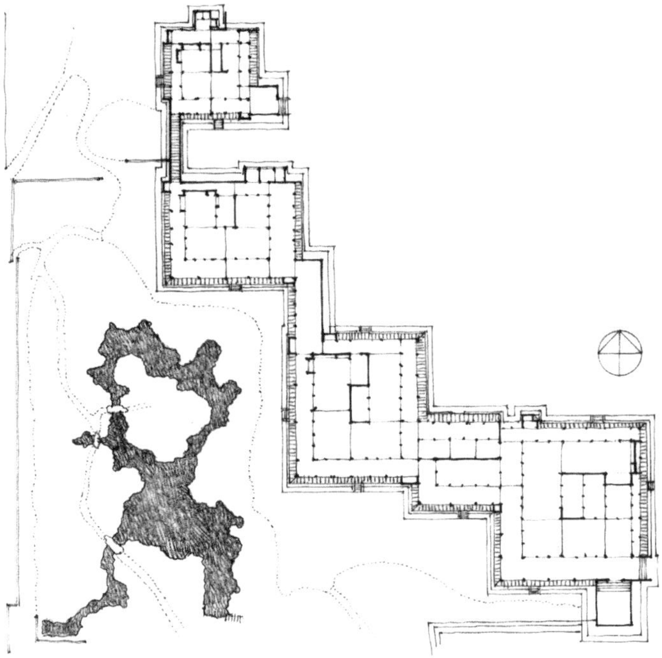

Ninomaru Palace, Nijo Castle, Kyoto, Japan, 1601 - 1603

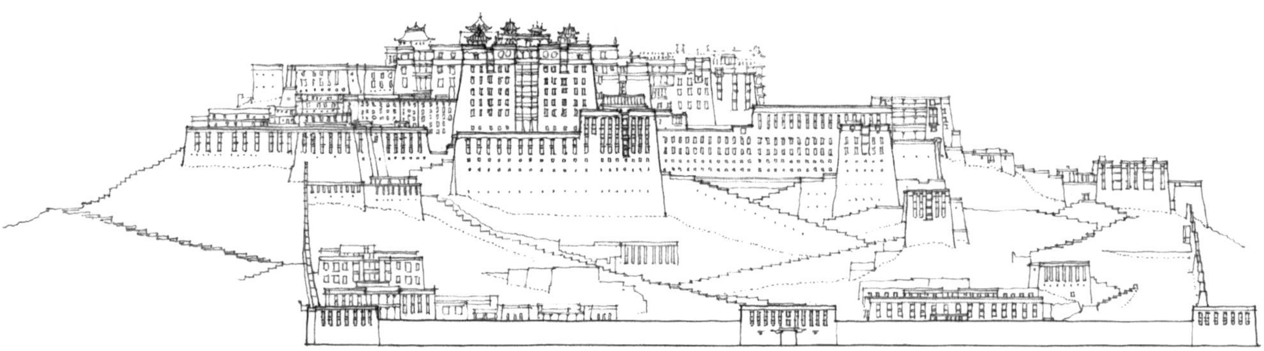

Potala Palace, Lhasa, Tibet, 1649 - 1694

그리고는 그는 히말라야 라싸 계곡(Lhasa Valley) 내 주요 정치적 영역을 개척한 달라이 라마의 지지자들이 5대 달라이 라마를 위해 가파른 바위산마루에 건설한 포탈라 궁(Potala Palace) 방문을 위해 티벳 고원을 향해 발걸음을 남으로 옮긴다. 겐지스 강의 비옥한 땅을 따라 내려가며, 그는 이제 이슬람교화 몽골인 후손인 악바르 대제(Akbar the Great)가 지배하는 영토에 다다른다. 그는 중앙 인도 내 괄리오르(Gwalior city)의 16세기 대궁전, 만만디르(Man Mandir)를 지나 광할한 궁으로 가득한 델리로 향한다. 그는 악바르 대제이 직접 세운 무굴 제국(Mughal Empire)의 수도이자 계획도시인 파테푸르 시크리(Fatehpur Sikri; 1571-1585)를 사찰하고, 불과 얼마전에 완공된, 후세에는 타지 마할(Taj Mahal)로 알려진, 화려한 무덤을 보기 위해 야무나 강(Yamuna River)으로 몸을 이끈다. 여기서, 그는 고아(Goa)라고 불리우는 작은 해안 도시에 포르투갈 정착민들이 거주하고 있다는 이야기를 전해 듣는다.

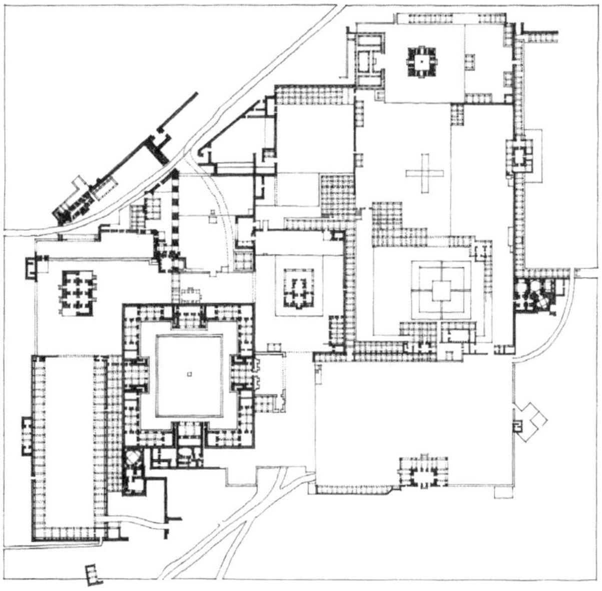

Palace precinct, Fatehpur Sikri, India, 1569 - 1574

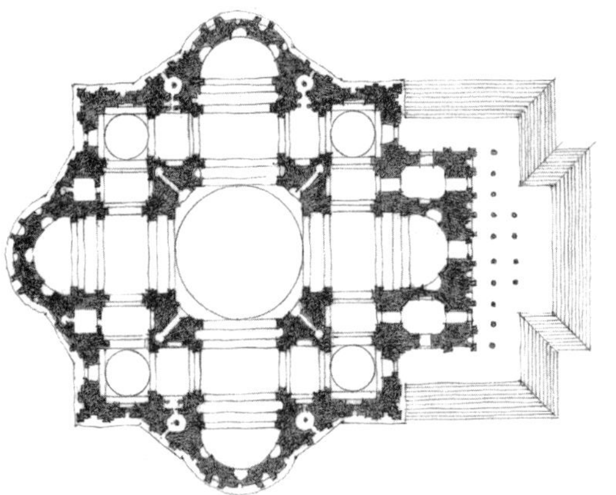

Michaelangelo' s plan for St. Peter's Basilica in Rome, 1547

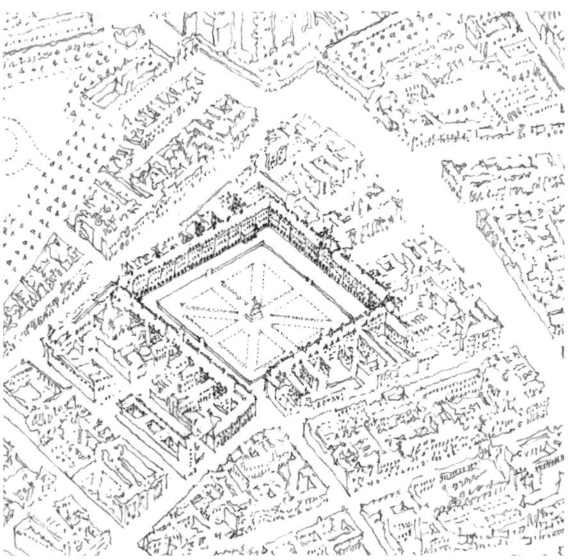

Place Royale, Paris, begun 1605

그리고는 그는 이스파한(Isfahan; 옛 페르시아의 수도)으로 가는 무역로를 따라 칸다하르(Kandahar; 아프가니스탄 남부의 도시)로 향하며, 페르시아 영토를 넘어간다. 이스파한에서 그는 거대한 도시 광장과 호화스런 이슬람 사원, 넓은 왕립 정원을 갖춘 어마어마한 도시 증축을 목격한다. 여기서, 그는 멀게는 영국에서 온 상인을 만난다. 이스파한에서 그는 옛 셀주크(Seljuk) 대상 이동로를 따라 산과 사막을 건너 오스만 제국의 통치를 받는 지역에 도달하고, 지중해 안타키아(Antioch; 고대 시리아 왕국의 수도)로 발걸음을 옮기고 그곳에서 이스탄불로 향하는 배에 승선한다. 1453년 오스만 제국의 지배를 받게 된 안타키아는 새 통치자에 의해 재건되는 과정에 놓여있었다. 그는 성소피아 성당(Hagia Sophia)에 감탄했지만, 그의 안내자는 위대한 건축가이자 공학자인 미마르 시난(Mimar Sinan, 1489-1588)이 최근 건설한 이슬람 사원의 우수성에 대해 지적한다.

이스탄불에서 그는 베네치아에서 조금은 쇠퇴한 항구로 향하는 상선에 몸을 싣고 안드레아 팔라디오(Andrea Palladio)의 성 조르지오 마조레 교회를 보러가는 길에 베네치아의 경제 위기와 더치 경쟁에 관한 이야기를 듣는다. 그는 이어서 순례자를 따라 스페인 화폐로 넘쳐나는 도시, 로마로 향한다. 미켈란젤로(Michelangelo)의 디자인을 바탕으로 한 성 베드로 대성당(St. Peter's basilica)의 돔과 유럽 전체를 통틀어 가장 힘들지만 흥분되는 건축물 프로젝트가 막 완료되었다. 성당 앞에서 그는 지안 로렌조 베르니니 의 성 베드로 열주(列柱) 광장 건축을 위해 어마어마한 공간을 정리하는 장면을 목격한다. 프란체스코 보로미니의 최근 완공작, 산티보 알라 사피엔차(Sant'Ivo alla Sapienza)을 방문하기 위해 시간을 내고, 그곳의 성직자와 반종교개혁 강화에 대한 이야기를 나눈다.

오스티아의 로마 항구에서, 그는 프랑스를 행선지로 정하고 마르세유 북으로 보트를 타고 이동한다. 그는 귀족주의의 새로운 부에 감탄하고 프랑수아 1세의 초빙으로 프랑스로 건너온, 은퇴후에도 왕의 곁을 지킨 레오나르도 다빈치가 디자인한 것으로 보여지는 이중 나선 계단이 설치된 루아르(Loire)의 프랑수아 1세의 샹보르성 등과 같은 대저택을 방문한다. 우리의 여행자는 대성당을 감상하기 위해 가는 길을 멈추고 파리의 왕가광장도 방문한다. 그러고는 유럽의 왕성한 기운을 느끼기 위해, 그는 대궁전이나 지배적인 교회의 도시가 아닌, 더치 상업 기량의 증거로 여겨지는 복잡한 항구도시이자 메트로폴리스인 암스테르담으로 향한다. 그는 세계지도가 상감 세공된 대리석 바닥이 깔린 신 시청사와 은행을 방문한다. 그는 처음으로 꾸밈없고 소박한 개신교 교회를 방문하기 위해 시간을 내고, 끔찍한 종교 전쟁에 관한 이야기를 듣는다. 영국해협을 건너, 그는 영국의 주요 수출 원재자가 아직까지 양모로 국한되고, 외교 정책 또한 정당보단 해적에 의해 좌우 될 때에, 야망성-중국, 무굴, 오스만과 더치의 관점에서-은 있지만 상대적으로는 미미한 능력을 표현하는 구조로, 근대 이탈리아 양식으로 지어진 새로 완공된 영국 내 첫 건축물인 방케팅 하우스(Banqueting House, 1619-1622)를 방문한다.

서기 1700년

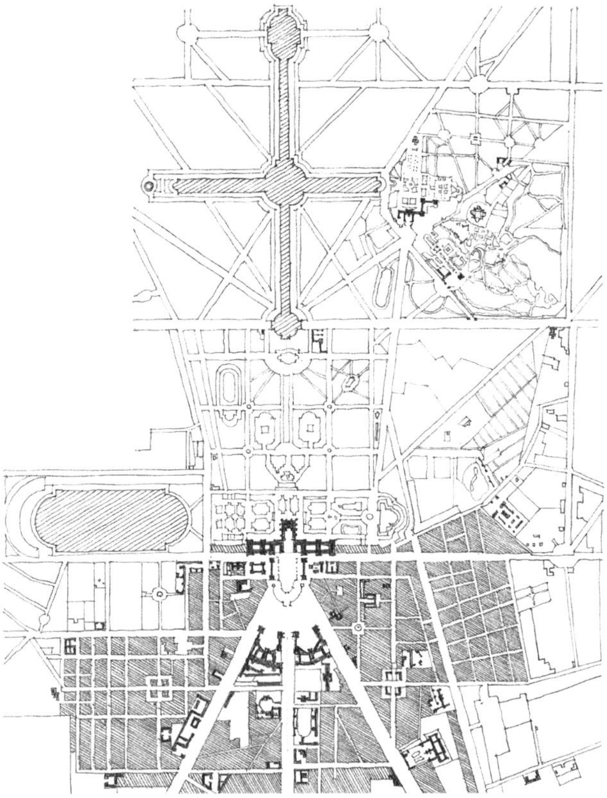

Plan of Versailles, France, 1661 - 1778

18세기 초반, 한때 유라시아 무역의 중심지였던 사마르칸트(Samarkand), 부하라(Bukhara), 알레포(Aleppo) 등과 같은 도시들은 유럽 권력으로 형성된 해양 항구의 새로운 세계경제에 한계를 드러냈다. 이 현상의 전지구적 범위를 상기시키기 위해서 마카오, 홍콩, 싱가포르, 봄베이, 캘커타(Calcutta), 마드라스(Madras), 케이프 타운, 세네갈(Senegal), 리우데자네이루(Rio de Janeiro), 부에노스 아이레스, 보스턴, 뉴욕, 퀘벡 등의 주요 신메트로폴리스들을 생각하면 된다. 시스템의 기반에는 요새와 농장이 있었다. 지역인구는 노동인구로 변화되었으며, 노동력이 부족할 때는 아프리카와 아시아에서 온 노예 혹은 계약 노동자들을 배로 들여왔다. 유럽에서는 프랑스가 대규모 건축 프로젝트에, 베르사유(1668)만큼 웅장하지 않지만, 최초로 식민지 권력과 부를 쏟아 넣었다. 귀족특권과 높은 부르주아 계층의 상업주의는 대규모 저택으로 표출되었고, 이는 그 주택 소유주의 사회적 허세와 새 경제 형세를 반영하는 것이었다. 부르주아 아파트 (또는 호텔), 커피하우스, 공원이나 극장 등과 같은 새 건축물 유형이 새 문화를 키우며 갑자기 등장하기 시작하였다. 이 시기는 또한 불안의 시대였다. 종교적 박해가 절정에 다다르고, 세계 경제의 통제권을 쥐기 위해 유럽 권력국가간의 긴장감은 값비싼 일련의 전쟁을 야기했다. 네덜란드 전쟁(1672-1678)은 프랑스에 유리하도록 종결됐으나, 후의 스페인 계승 전쟁(1701-1714)에서 오스트라아와 영국으로 권력이동이 이루어지며 쇤브룬 궁전 (Schonbrunn Palace; 1695 착공)과 블레님 궁전 (Blenheim Palace; 1705-1722) 등과 같은 건축물의 길을 닦아주었다. 러시아 또한 문화적 · 건축적으로 유럽모델에 맞추어 1703년 건립된, 확장된 새 수도, 상트페테르부르크(St. Petersburg)를 거점으로 한 신생권력국가였다. 유럽 전반에서, 훗날 바로크 양식으로 알려진 양식은 수천개의 교회들의 건설 또는 재단장에 지배적으로 사용되었다. 풍경 깊숙이가지 뻗은 산책길과 정원들이 어우러진 거대한 궁들 또한 프랑스에서 처음으로 건설되었고 그 다음으로 오스트리아, 이탈리아, 독일에서 건설되었다. 정부의 중앙집권화의 증가는 병원과 정신병원과 같은 새로운 국가 기관의 탄생으로 이어졌다.

Kaffeehaus Jungling, Vienna, ca. 1838

Facsimile of Tobei Kamei's block print of the Shimabara geisha district in Kyoto

그러나, 중국과 일본은 식민정책을 펼치는 서양과 대조적으로 아직까지 경제적으로나 정치적으로 평등하였다. 청(Qing)나라는 중앙아시아와 티벳의 일부를 병합하며 역사상 가장 광범위한 중국 제국을 만들었다. 중국의 다양한 인구개체를 수용하기 위해, 친롱(Qianlong) 황제는 제국의 범아시아적 개념을 도입하고, 수십개의 새 궁전과 정원을 건설하고, 티벳 불교와 관련한 원(Yuan) 시대를 재정립하였다. 중국 통화가 은화본위제를 따르고 있었기 때문에, 중국 상품을 간절히 원하던 유럽 무역상인들은 중국제국에 엄청난 양의 은화를 투입하였다. 일본에서는, 도쿠가와(Tokugawa) 막부가, 막부에 의해 제동이 걸릴지라도 그 필요에 맞게 기관을 명확히 표현하는 방식을 중상계층이 구축하면서 여러방면에서 굉장히 현대적으로 여겨지는, 엄격한 행동규칙을 따르는 국가를 만드는 문화 재정립 진행에 한창이었다.

인도에서 지방 관리들은 무굴제국이 약해지고 인도의 전식민화가 있기 직전 짧은 기간동안 독립 선언을 위한 기회를 잡았다. 북인도의 수자웃 돌라와 벵골의 the Nawab of Oudh, 라자스탄의 라지푸트족, 그리고 데칸 반도의 마라타족이 서로간의 권력다툼을 벌였고, 그와 동시에 유럽식민자들은 해안지역에 그들의 발판을 마련하였고, 내륙지역을 정복하기 시작하였다. 결과적으로, 인도의 난세의 시기였긴 하지만, 문화적 · 건축적 관점에서 엄청난 탐사와 탐구가 있던 시기였다. 개혁주의 운동인 시크교도(the Sikhs)는 인도 서북부에 그 뿌리를 두고, 어마어마한 왕국을 세웠다. 암리차르(Amritsar)의 다르바르 사힙(Darbar Sahib, 황금 사원)은 그들에게 가장 중요한 사원이었다. 한편, 네팔의 말라 왕조는 바로 옆에서 국제적인 사건들에 상대적으로 면역되어 그 상황을 즐겼지만, 파탄의 왕립 광장은 그들만의 세계사로 구현되었다. 유럽, 인도, 동아시아의 활동과 비교하여, 서아시아와 중앙아시아에서의 건축 활동은 점차 더뎌졌다. 대부분의 책에서 이슬람 건축이 약 1750년경 종결되었다 표명되는 시점이다. 결과적으로 강력하고 자립적인 동양과 서양 모두 점차 경제적으로 소외된 중심 주변으로 분열되었다.

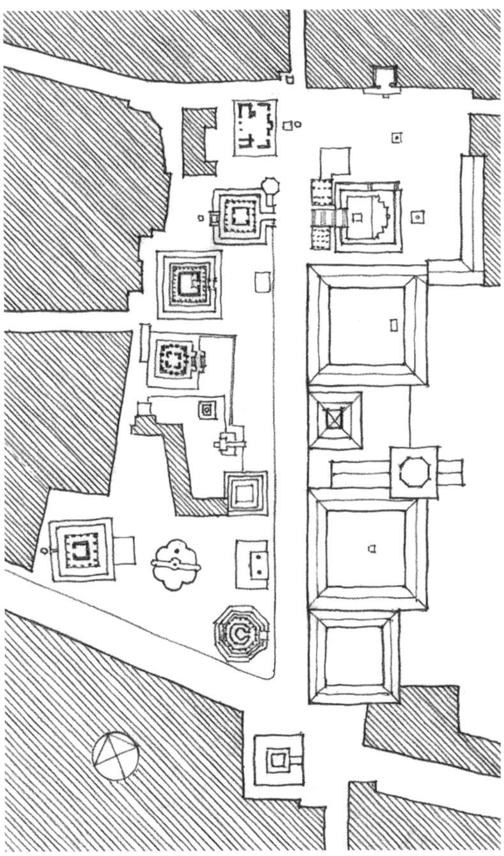

Durbar Square, Patan, Nepal, rebuilt seventeenth century

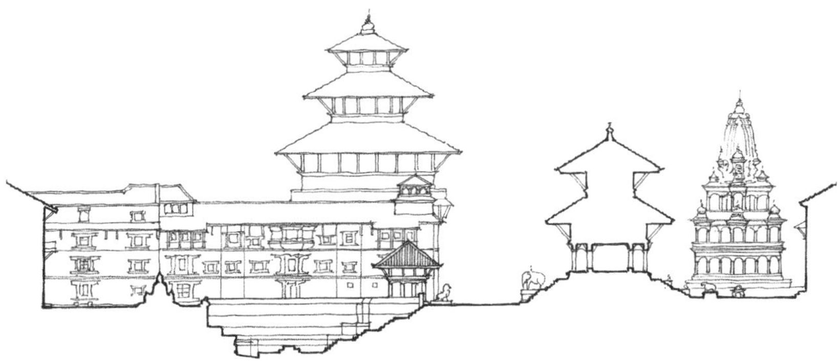

East-west section of Durbar Square, looking south

서기 1800년

유럽이 성공에 성공을 거듭하며 성장하고 있음에도, 세계에서 가장 강력한 권력국가는 중국이었다. 중국은 식민지가 없었기 때문에, 자신의 입지에 대한 인지가 없었을 수도 있다. 중국은 옛방식으로 티벳, 투르케스탄, 몽골을 점령하며 국경을 넓혔다. 크기, 인구, 생산력 그리고 국가재산에 있어서 어깨를 나란히 하는 국가는 없었다. 대담한 생각을 가진 친롱(Qianlong) 황제는 범아시아적 제국 설립을 목표로 두고, 인도에 근원을 둔 차크라바르틴(cakravartin, 전륜성왕)의 이상을 통합하였다. 중국건축은 시각적이고 형식적인 용어의 급진적인 변화를 겪은 적이 없기 때문에 전통의 경계내에서 들여다보는 경향이 있지만 이는 성급한 결론일 것이다. 친롱 황제의 새 수도, 청도(Chengde)에서 모좀품의 목적있는 사용은 중국을 범아시아세계의 중심으로 보고자 하는 비전을 구축하는데 사상적 혁신에 의해서 이다. 그러나, 차의 "교환"을 거부한 중국 황실의 요구에 반발하여 영국이 중국에게 더 많은 양의 아편을 받아들이도록 강요하자 중국 세계는 급속히 쇠퇴하였다.

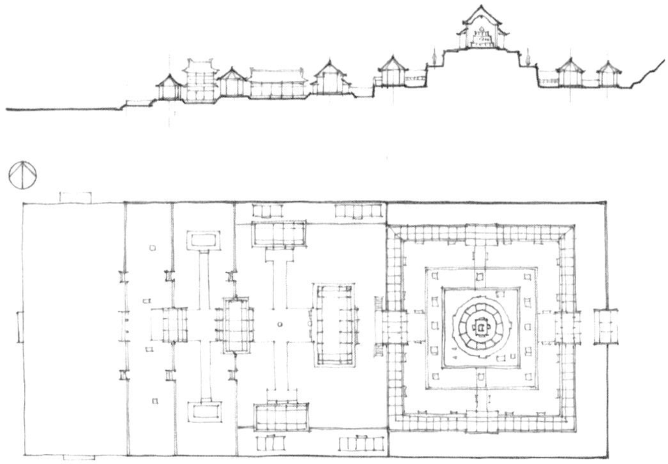

Plan and section of the Pulesi, Chengde, China, 1767

유럽은 또한 계몽주의의 결과로써 자연, 법, 국가에 관한 생각을 수정하며 근본적인 개정을 하고 있었다. 나폴레옹과 그의 군대는 프랑스 뿐만 아니라 이탈리아, 오스트리아, 독일에서도 그 변화를 강요했다. 귀족계층의 탄압은 끝이 났으며, 그들의 독단적인 면모들도 드러났다. 정부와 관료정치가 연관된 새로운 건축물의 유형이 등장했다. 이러한 점에서, 런던의 the Somerset House(1776-1801), the U.S. Capitol(1792), 더블린의 the Four Courts(1786-1802), the Virginia State Capitol (1785), 캘커타의 the Government House, 런던의 the new Houses of Parliament(1840-1860)를 비교해볼 수 있다. 행정기관 건축은 건축의 다른 형태, 예를 들어, the panoptic prison과 같이 통제에 대한 형태를 가져왔다. 그러나, 미국에서는, 미국 독립 혁명과 막대한 기회의 땅으로 여겨지는 미국의 인식에 의해 계몽주의에 박차를 가했고, 계몽주의가 특별한 유토피아적인 열정으로 나타났다. 도시적 관점에서 계획된 몇몇 주요 도시들중에는 중국의 청도와 워싱턴 D.C.가 1800년대에 진행 중에 있었다. 1829년, 오스만 제국으로부터 그리스의 독립은 미국뿐만 아니라 독일, 스코틀랜드, 영국령 인도내에서의 활발한 네오-그리스 운동을 양산했다.

Plan for the U.S. Capitol, Washington, D.C., William Thornton, 1793, modified by Henry Latrobe in 1817

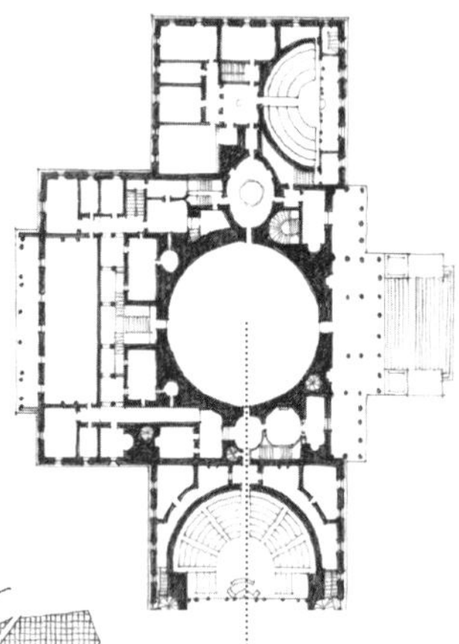

L'Enfant's plan for Washington, D.C., 1792

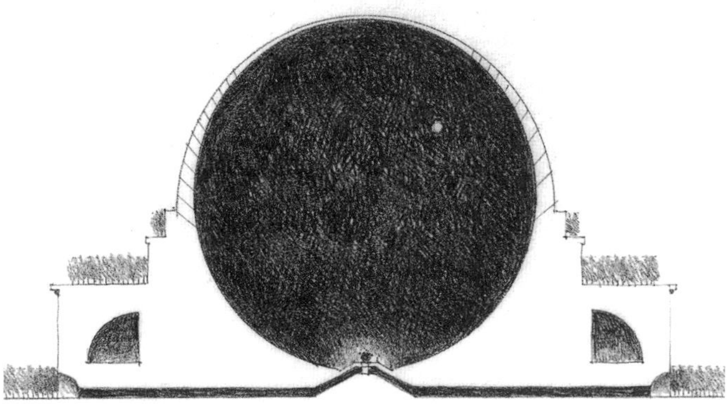

Cenotaph for Sir Isaac Newton, Etienne-Louis Boullee (1728 - 1799)

유럽 계몽주의의 유토피아적 이상은 대부분의 사람들에 의해 단련되었고, 전면적으로 수립되지 않았다면 귀족계층의 특권 잔여관습에 의해 진행되었을 것이며, 영국에서 보다 보수적인 낭만주의(Romanticism)로 회귀하는 몇몇 사례들과 역사적으로도 많은 전환의 시기를 거쳐 신고전주의(Neoclassicism)로 알려진 건축양식을 생산해냈다. 그러하더라도, Claude Nicholas Ledoux 와 Etienne-Louis Boullee과 같은 프랑스 건축가에 의해 추구된 보다 격렬하고 근엄한 신고전주의의 자취는 1800년대 이후 유럽전역에서 볼 수 있게 된다. 나폴레옹 전쟁 이후 민족낭만주의(National romanticism)로 발전된 신고전주의로부터의 반발과 낭만주의의 확산은 세기가 지날수록 점점더 그 중요성이 부각되었다.

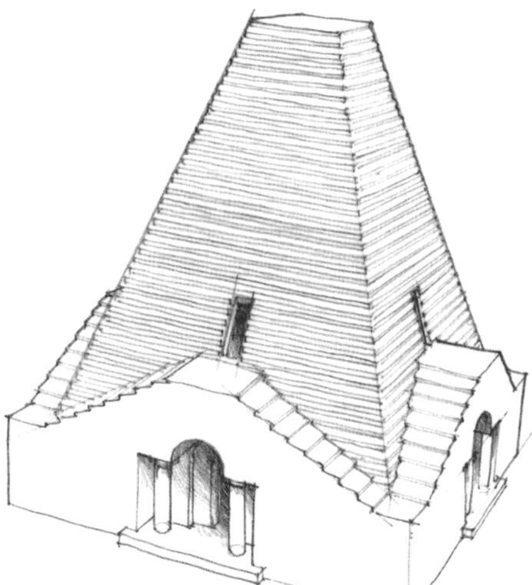

Pyramid building, a project for a cannon forge, Claude Nicolas Ledoux (1706 - 1836)

중국과 유럽, 유럽의 식민지를 제외하고, 방식은 완전히 다르지만 건축적인 발전을 계속하여 이룬 두 지역이 있었다-일본과 태국이다. 중국과 마찬가지로 일본은 유럽의 영향권을 스스로 차단했으나, 가부키(Kabuki) 극장 등, 중산층의 '현대적' 건축을 발전시키며 강력한 건축 전통을 이어나가고 있었다. 이와는 대조적으로, 어느 국가에 의해서도 식민화지배를 받지 않았던 태국은 서양 영향에 개방적이었고, 지역적으로 발전된 실제의 형태에 차용요소를 통합시켰다. 그러한 점에서, 19세기의 도시화는 워싱턴 D.C.와 같이 새도시뿐만 아니라, 베를린, 런던, 파리, 더블린, 아테네와 같은 옛도시와 태국의 새 수도, 방콕의 개량 또한 포함한다. 유럽세력에 의해 식민지배를 받거나 전통이라는 명목아래 폐쇄적이지 않았던 태국은 현대 '동양' 건축에 관해 짧은 경험을 해줄 수 있게 해준다.

Facsimile of Nishimura Shigenaga's Interior of a Kabuki Theater, eighteenth century

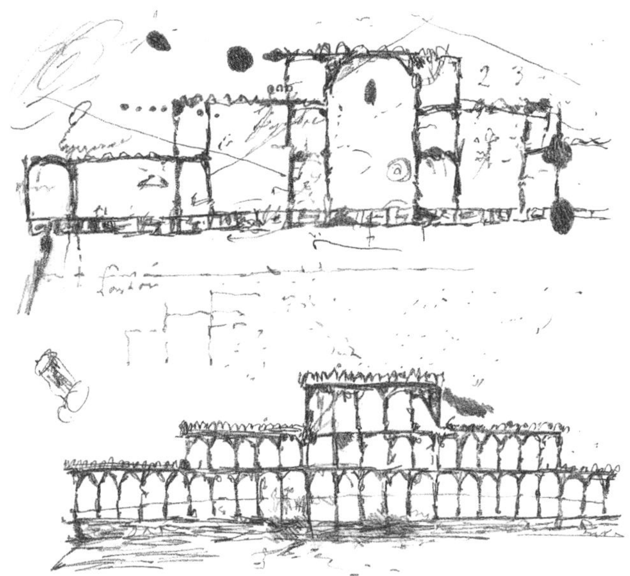

Sir Joseph Paxton's sketch for the Crystal Palace, London, 1850

서기 1900년

1840년대와 1900년대 사이, 식민지확장의 시스템적 정치를 기반으로 유럽식민세력의 지배를 받는 세계 국토 면적은 60%에서 91%로 증가한다. 이러한 확장은 환금작물의 재배 증가와 모국의 산업화를 촉진시켰다. 그러나 프랑스는 여기서 뒤쳐져있었다. 19세기 말에 와서, 프랑스 제국의 운영비가 큰 폭으로 증가한 반면, 식민지를 통해 얻은 수익은 소폭 증가하였다. 한편 영국은, 식민통치를 통해 무한번영의 시대로 들어섰고, 특히 군사 행동의 정책, 정치적 위협과 강제 아편화 정책을 통해 중국이 19세기 중반 붕괴한 이후 영국을 반박의 여지없는 세계강대국으로 만들었다. 19세기 후반에 들어, 영국은 아무런 제재없이 세계를 정복하였다. 1882년 수에즈 운화를 차지하기 위해 이집트를 침략하고, 1899년 금광을 장악하기 위해 남아프리카를 침략하였다. 새로운 세기가 시작할 때 즈음, 영국의 부는 독일에 버금갈 정도로 성장하였다. 독일은 식민지 제국이 아니었으나, 19세기 말 시작된 산업화로 어마어마한 성장을 하였다.

19세기 중후반은, 빅토리아 여왕(1837-1901)의 오랜 통치로, 빅토리아 시대라 불리었다. 특히 칼 마르크스(Karl Marx, 1818-1883)와 같은 정치철학자는 점점 더 긴밀해지는 정부와 권력, 자본간의 관계의 출현을 조명하기 시작하였다. 마르크스는 자본주의의 내부 작용을 들춰내던 반면, 찰스 다윈(Charles Darwin, 1809-1882)는 자연선택의 내부작용에 관한 내용을 세상에 내놓았다. 예술계에서는 윌리엄 모리스(William Morris, 1834-1896)을 주축으로 1880년대의 젊은 세대가 산업화 생산의 탈인간화와 영국사회의 제약에 반발하기 시작했고, 예술과 수공예 활동에 보다 단순하고, 그들에게 있어서, 정통적 방식을 요구했다. 미국의 프레드릭 로우 옴스테드(Frederick Law Olmsted, 1822-1903)은 자연을 건축과 도시 설계의 고려사항으로 반영하는 운동을 주도하였다.

Textile design by William Morris

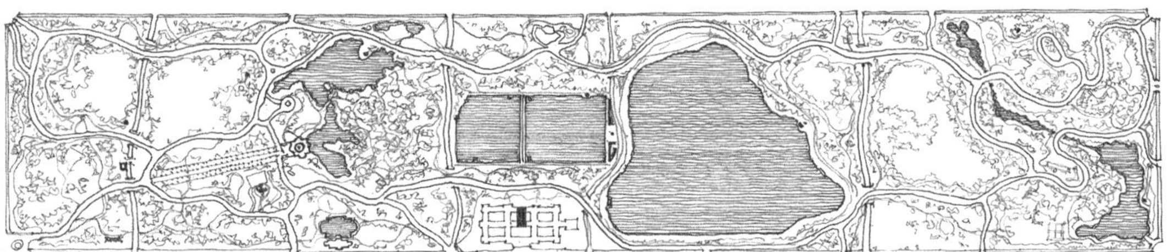

Plan of Central Park, New York City, Frederick Law Olmsted and Calvert Vaux, 1853 - 1883

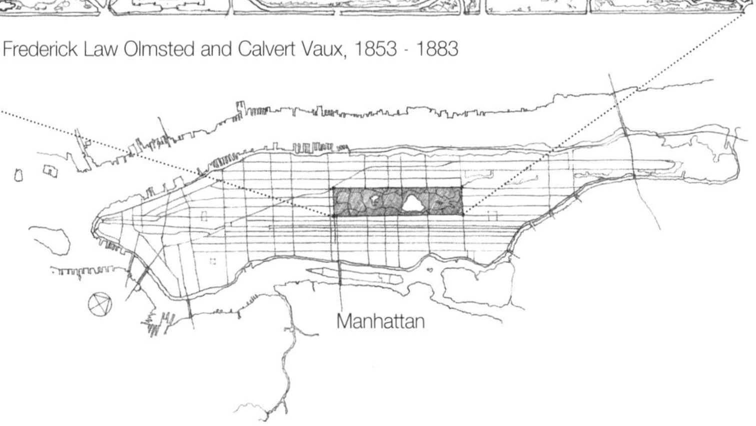

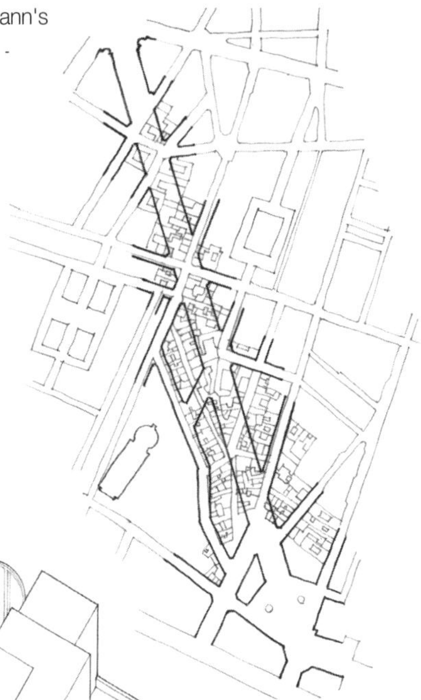

Part of Georges-Eugene Hausmann's vision for renovating Paris, 1853 - 1870

비록 영국이 경제와 주택건축 문제에 지배적인 역할을 하였으나, 프랑스는 도시 문화 문제에 관한 견해를 확실히 드러내기 시작하였다. 파리 중심지는 나폴레옹(Napoleon) 3세의 명령아래 미화 작업에 들어갔고, 유럽과 전세계의 도시재건을 대표 모델로 삼았다. 그 예로, 아르헨티나의 수출품은 대부분 영국으로 들어갔지만, 거리와 공공건물에 있어서는 엘리트층은 파리지엔 모델에 기반으로 두었다. 부르주아계층의 고상함과 전문가의 지식(제2제정 양식이라불리기도 한다)이 결합된 프랑스 보자르(Beaux-Arts)는 그만의 정당성을 가진 국제 운동이 되었다.

세기의 전환시점에서 공과 사의 분열을 중심으로 지각가능한 변화가 일어났다. 공공건축은 정중하고, 격식있는, 장식에 집중하던 경향이 있던 반면, 주택건축은 미술공예운동(Arts and Crafts movement)의 보다 차분한 정신을 따랐다. 그러나 이 둘 모두 시대의 현대화 과정의 부분으로 여기면 된다. 급진적 실험이 새로운 건축 양식과 가능성을 만들기 위해 진행되었다. 유럽의 아르누보(Art nouveau)와 표현주의(expressionism)의 발전과 미국의 프랭크 로이드 라이트(Frank Lloyd Wright)의 건축물과 함께 현대 건축 세계의 기반이 자리 잡았다. 실제로, 1890년과 1910년 사이, 건축은 1930년대와 비교하여 훨씬 더 실험적이었다. 콘크리와 같은 신 재료는 건축물 외피구성의 새로운 방법들을 탄생시켰다. 시카고와 뉴욕에서 발달된 철골 구조물은 도시 생활과 직장의 규범에 도전하였다. 모더니즘(Modernism)으로의 전이에 있어 특히 중요한 요소는 1차세계대전 전후로 전통건축관례로의 첫 일관된 대안을 논리정연하게 표현한 표현주의 운동이었다. 그러나, 1920년대 중반에 들어 보편적으로 받아들이는 근대운동(modern movement)은 건축물과 심미적 발전의 인화점에 놓인 시점에서, 독일의 바우하우스(Bauhaus), 네덜란드의 데스틸(de Stijl) 건축가, 신생국가 소련의 구성주의자(constructivist)와 함께 발터 그로피우스(Walter Gropius)와 미스 반 데어 로에(Ludwig Mies van der Rohe), 르 꼬르뷔지에(Le Corbusier)의 이론은 점차 구체화되기 시작했다.

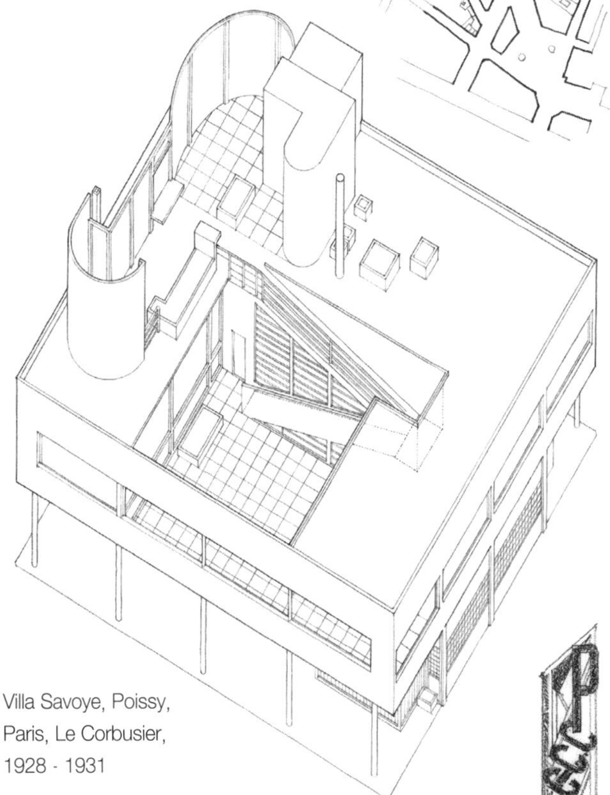

Villa Savoye, Poissy, Paris, Le Corbusier, 1928 - 1931

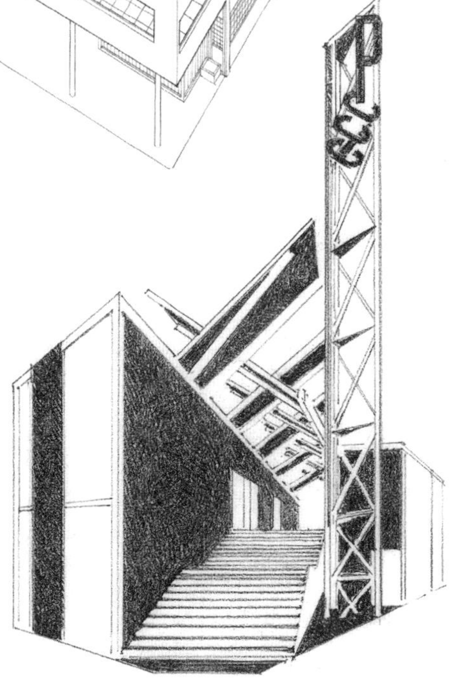

Soviet Pavilion, 1925 International Exposition, Paris, Konstantin Melnikov

서기 1950년

Le Corbusier's vision for the residential quarter of the Radiant City, 1935

초기 근대운동의 형성에서 주목할만한 작품은 발터 그로피우스의 신 조형학교, 바우하우스(Bauhaus, 1919년 설립); 르 꼬르뷔지에의 책, *건축을 향하여*(Vers une Architecture, 1923년 초판); 미스반 데어 로에의 1927년 바이센호프지둘룽 전시회(Weissenhof Siedlung Exhibition)이다. 1928년 설립된 CIAM (근대건축국제회의, Congres Internationaux d'Architecture Moderne) 또한 도시계획과 건축물의 기능주의와 이성주의에 관한 이상에 전념하고, 국제적으로 수많은 회원의 조직단체로 성장하며 중요한 역할을 수행하였다. 그러나, 모더니즘에 대한 관심은 전세계적으로 보편적이지는 않았다. 독일의 히틀러(Hitler)와 소련의 이오시프 스탈린(Joseph Stalin)은 기념비적 신고전주의 양식에 대한 관심으로 모더니즘을 거부하였고, 이는 근대주의자와 전통주의자간의 감정의 골을 깊게 만들었다. 르 꼬르뷔지에의 노력과 작업에도 불구하고, 프랑스에서조차 2차세계대전 이전까지는 근대건축물이 손꼽힐 정도였다. 이 시기에, 이탈리아의 파시스트는 그들의 국가이상을 펼치기 위해 근대 건축을—아직 자연 고전주의를 모방하더라도—이미 받아들이며 다소 다른 경향을 보여주었다. 유럽 모더니즘이 경쟁을 하는 동안, 이시기 다른 국가들과는 달리 앙카라와 텔아비브에서는 보다 많은 모더니즘 건축이 발생하였다.

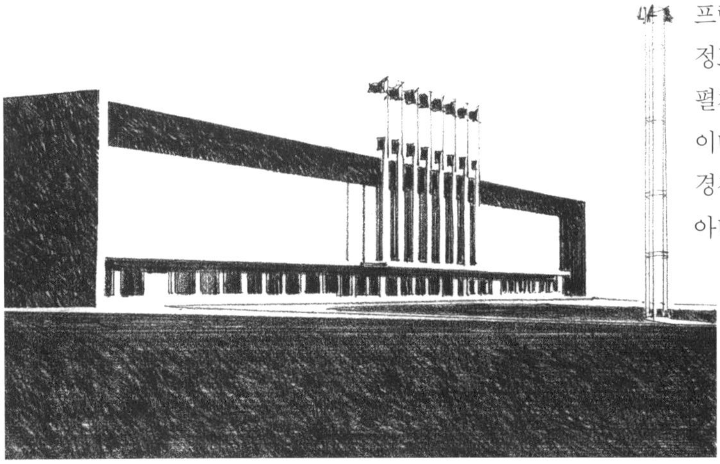

Exhibition hall for the Izmir International Fair, Turkey, Sevki Balmumcu, 1936

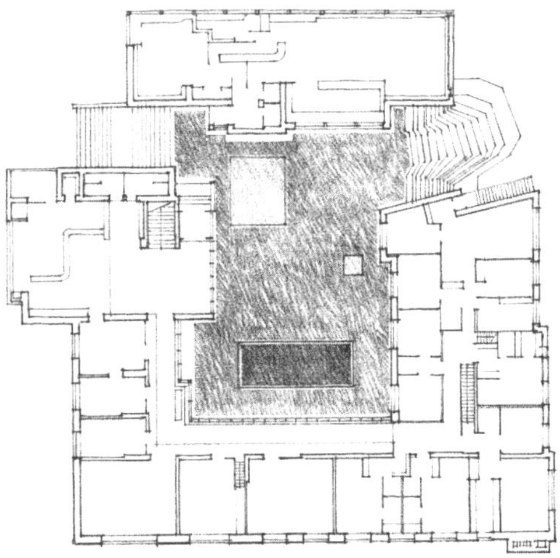

Plan of Saynatsalo Town Hall, Finland, Alvar Aalto, 1949 - 1952

2차세계대전이 끝나서야 근대건축은 비로서 자립하기 시작했고 핀란드의 새이내트살로 시청사 (Saynatsalo Town Hall)과 드레스덴의 프라거 거리(Pragerstrasse)—그리고는 인도의 찬디가르와 브라질의 브라질리아(Brasilia), 두 개의 새 수도가 있다—와 같은 도시공간형성에 중요하고 지속적인 공헌을 하기 시작하였다. 미국은 망설이며 겨우 모더니즘을 받아들였다. 그러나, 이것은 시카고 일리노이공과대학교(Illinois Institute of Technology)에서의 강의를 위한 미스 반 데어 로에와 하버드대학교(Harvard University)로의 발터 그로피우스의 이동으로 인해 변화되었다. 학술적 인정과 함께 모더니스트 정신은 순조롭게 진행되었다. 특히 법인회사는 뉴욕시티에 위치한 Skidmore Owings and Merrill (SOM)건축회사의 Lever House (1950-1952)과 미스 반 데어 로에의 Seagram Building에 의해 새로운 바람을 일으켰고, 이 건축물에서 보이는 날렵하고 익명성을 위주로 한 보편적인 외관 디자인에 의한 새로운 양식이 각광 받게 되었다. SOM은 머지않아 미국과 해외에서 인정받는 설계 전문기업이 되고, 당시 가장 큰 규모의 건축회사로 성장하였다.

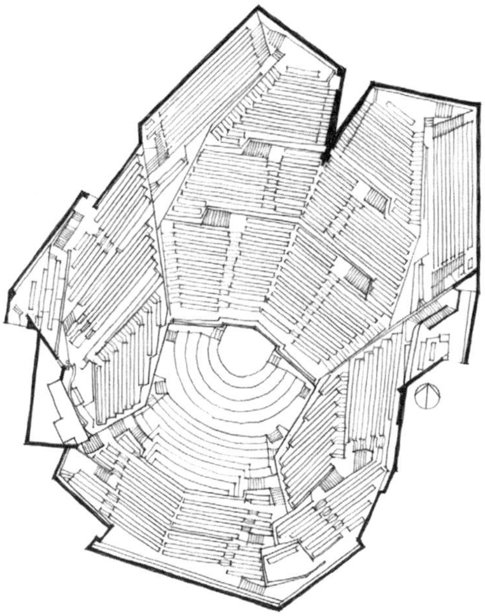

Plan of the Berlin Philharmonic Hall, Hans Scharoun, 1956 - 1963

2차세계대전 이후 건축의 상대적 연관성과 익명성은 도시적 컨텍스트에 대담하고 흥미로운 형태 제안으로 성공을 거둔 작품들에 의해 상쇄되었다.; the Guggenheim Museum (Frank Lloyd Wright, 1956-1959), the Berlin Philharmonic Hall (Hans Scharoun, 1956-1963), the Sydney Opera House (Jorn Utzon, 1957-1973) 등의 사례로 볼 수 있다.

1960년대 들어, 모더니즘의 관습은 약화되고, 건축가들은 브루탈리즘(Brutalism)으로 알려진 양식의 대규모의 건축과 단순한 형태에 관한 실험을 시작하고, 이는 대규모 볼륨감과 과장된 형태의 건축물인 일본 고후(Kofu)의 the Yamanashi Press and the Broadcasting Center (Kenzo Tange, 1964-1967)와 런던의 Royal National Theatre (Denys Lasdun, 1976)의 사례에서 찾아볼수 있다. 당시, 건축의 보편성에 대한 주장과 반컨텍스트의 심미성, 주택 프로젝트의 칙칙함은 엄청난 비판에 시달리기 시작했다. 영국의 건축집단인 그들이 설립한 학술지의 이름을 딴 아키그램(Archigram)은 이동성, 융통성, 덧없음, 젊은층을 지향하는 팝아트(Pop Art)에서 영향을 받은 건축을 추구하기도 했다.

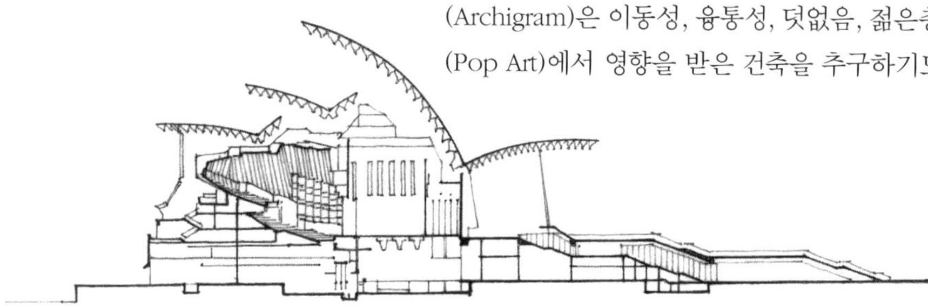

Sydney Opera House, Jorn Utzon, 1957 - 1973

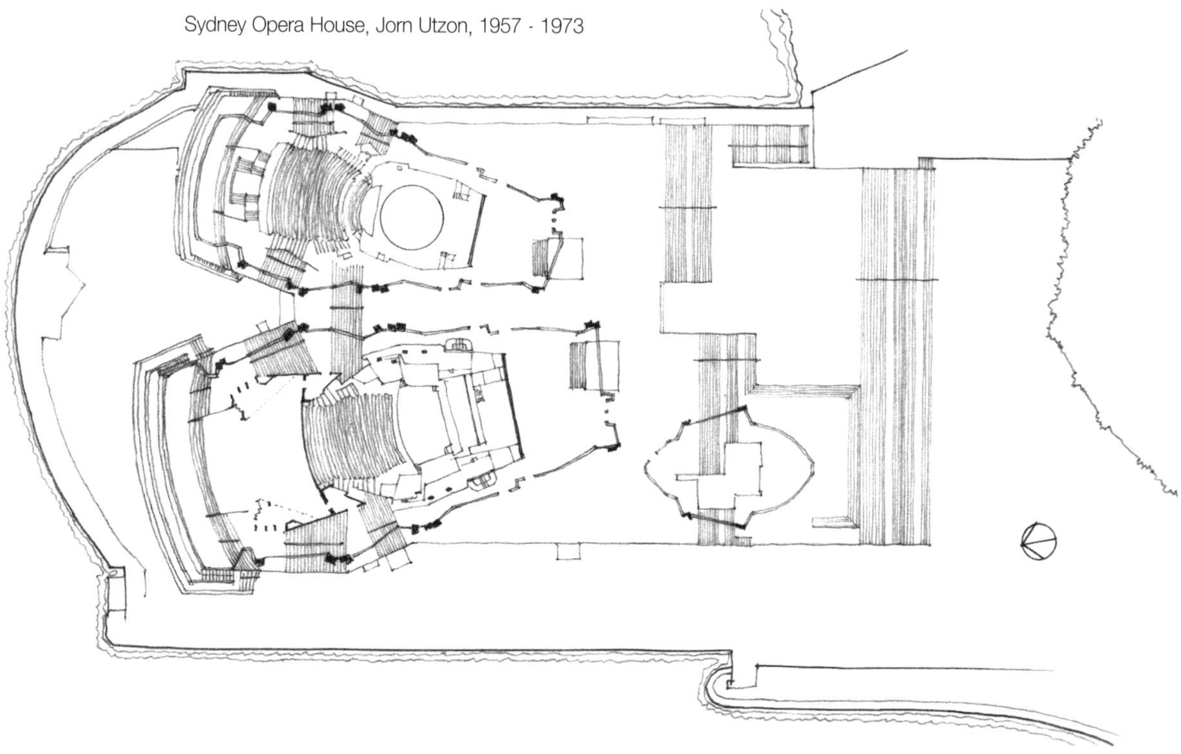

Social Science Research Center, Berlin, 1981, James Stirling

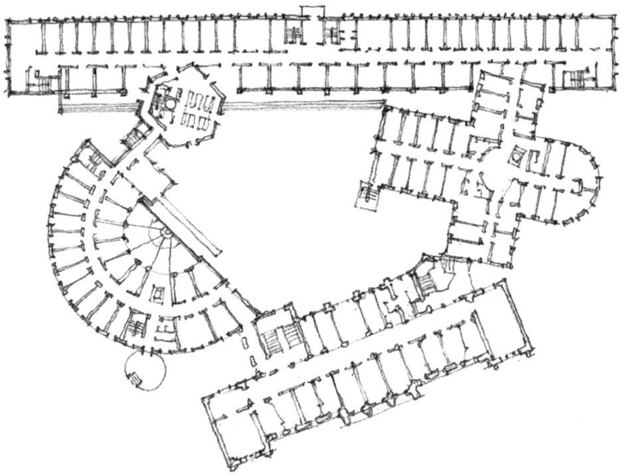

이와 관련되거나 다른 비판들은 보다 큰 움직임으로 발전했으며 1970년대 들어 포스트모더니즘(Postmodernism)으로 발전하였다. 이탈리아의 알도 로시(Aldo Rossi)와 같이 일부 건축가들은 역사로의 회귀를 희망했다. 로버트 벤투리(Robert Venturi)와 드니스 스콧 브라운(Denise Scott Brown)과 같은 다른 건축가들은 풍자와 역설성을 추구했다; 반면 미국의 피터 아이젠만(Peter Eisenman)과 독일의 O.M 웅거스(Oswald Mathias Ungers)는 모더니스트보다 더 엄격한 형태주의(formalism)을 추구하였다. 포스트모더니즘에서 가장 오래 지속되던 관심은 건축물 주변 컨텍스트에 대한 고조된 인식의 필요성이었으나, 컨텍스트가 어떻게 정의되는지에 대해서는 많은 논쟁이 있었고 전통양식의 관심에 대한 환기가 다니엘 리베스킨트(Daniel Libeskind)의 추상적인 Berlin Jewish Museum(2001)부터 영국의 찰스 왕세자(Prince Charles)의 노력에 이르기까지 다양했다. 1990년대 들어, 대부분의 건축 생산의 보수적 취지에 반하여, 아방가르드(avant-garde) 건축가 집단 중에는 네덜란드의 렘 쿨하스(Rem Koolhaas)도 있다. 그는 모더니스트 형태의 부활을 요구하였다. 또한 기술과 컴퓨터의 발전은 건축가로 하여금 십년 전까지만 하더라도 불가능하다고 여겨지던 구조를 건설 가능케 하였다. 곡선의 티타니움을 사용한 프랭크 게리(Frank Gehry)의 Bilbao Guggenheim Museum, Spain (1997)과 피터 쿡(Peter Cook)과 콜린 푸르니에(Colin Fournier)가 설계한 푸른 비누방울 형태의 Kunsthaus, Graz, Austria(2003)은 잘 알려진 사례들이다.

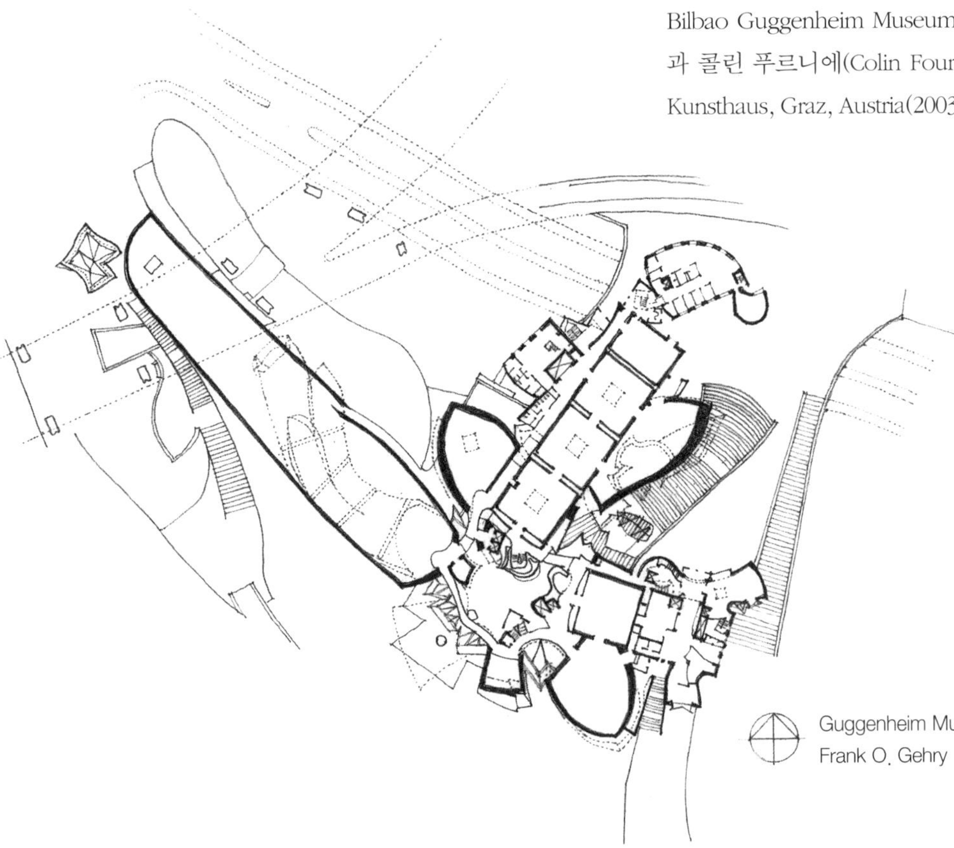

Guggenheim Museum, Bilbao, Spain, 1991 - 1997, Frank O. Gehry

4. 건축의 기본
형태

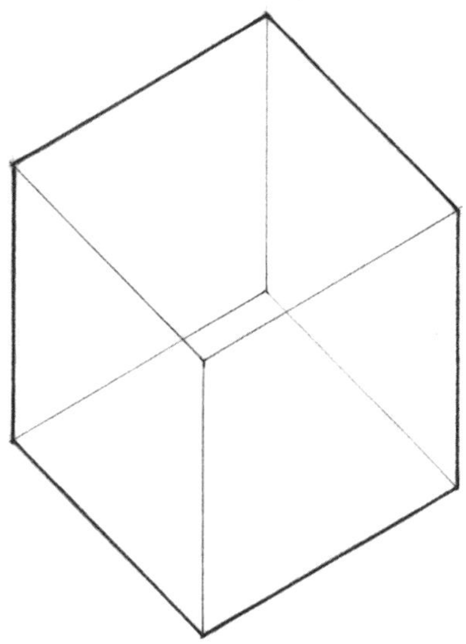

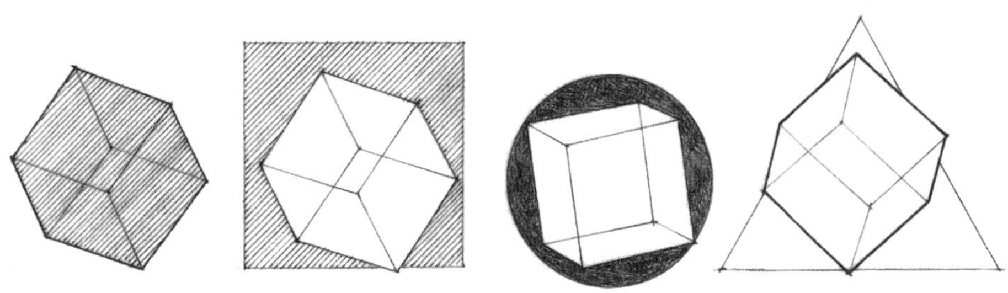

텍토닉(Tectonics)

건축에 있어 형태에는 여러 가지 고려 사항이 있다. 형태는 건설과 연관이 있기에 구성적으로 다루어질 수 있고, 또는 재료나 재료의 특성에 연관하여 다루어질 수도 있다.

구성적으로 보면, 건축은 매스/보이드의 관계로 이해할 수 있다. 이러한 방식으로 건축을 볼 때, 보이드는 사람이 거주할 수 있는 영역이다—공간. 매스는 건물의 물리적 실체로 이루어진 것이다—형태. 형태는 건축의 물리적 성질을 뜻한다. 이는 공간의 한계를 설정하고 공간이 어떤 형식으로 사용될지 결정한다.
특히 설계의 초기단계에서는 건물의 부분 부분을 포괄적으로 이해할 수 있다. 공간을 규정하기 위해 일반적인 형태들이 모아지는 방식의 체계를 텍토닉(Tectonics)이라고 하며, 이는 짓기와 관계되었다는 뜻의 그리스어 tektoniks에서 유래하였다. 이는 형태적 요소들을 그 비율에 따라 종류를 구분하는 논리적 체계이다; 형태가 설계에서 어떻게 사용될지는 여기에 달려있다.

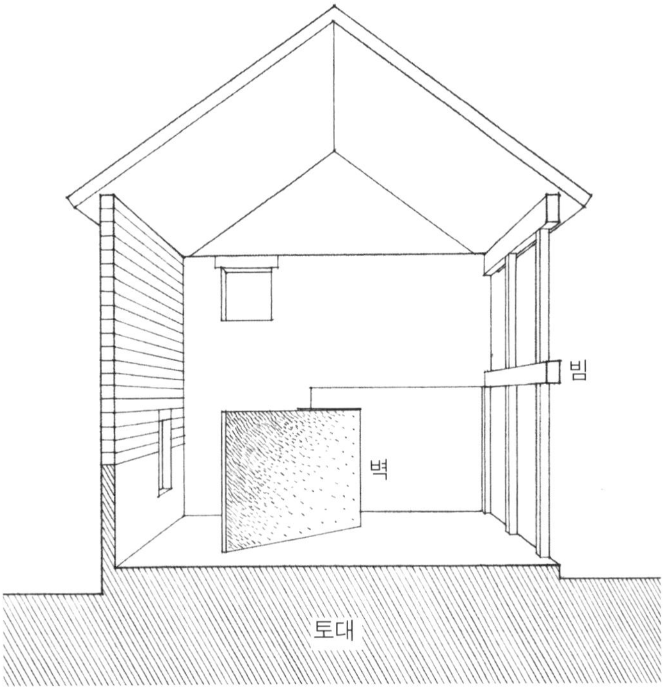

다음은 4개의 텍토닉적 요소이다:

- 매스는 모든 차원에서 비례적으로 비슷한 형태이다(토대 또는 주추).
- 면은 비례적으로 두 차원에서는 비슷하며 제 3차원에서 매우 짧다(벽).
- 프레임은 비례적으로 두 차원에서는 비슷하며 제 3차원에서 매우 길다(보).
- 벽난로(Hearth)는 중심점으로 작용하는 형태적 요소를 뜻한다. 벽난로는 열을 제공하고 조리를 가능하게 하며 사회적 상호작용을 위한 장소를 만들어냈기 때문에, 어떤 건축적 아이디어에서든 중요하게 생각되었으며 공간적 구성의 중심이 되었다.

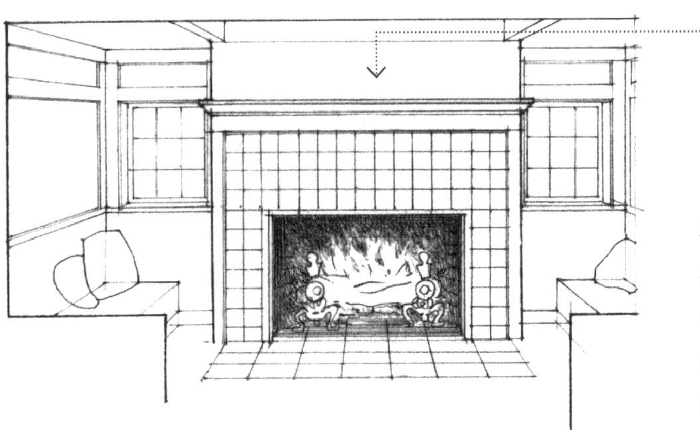

후에, 형태에 대해 포괄적·구성적으로 이해하고 있던 건축가들은 시공 지식을 갖춤으로써 재료와 구조적 특성까지 이해하게 되었다. 시공 또한 언제나 건축의 한 관심사였다. 구조물의 하중과 재료의 강도에 의한 한계 외에도, 시공은 공간이 어떻게 인지될지를 보여준다. 특히 색과 질감, 시각적 질량, 불투명도, 반사율 등은 사람들이 공간을 이용하는 방식에 영향을 주는 재료의 성질이다.

건축가는 이러한 형태에 관한 지식을 설계에 적용한다. 그들은 재료에 대한 지식이 확장되고 기술이 발전함에 따라 설계에 있어 새로운 가능성을 계속해서 발견하여, 한때 상상으로만 가능했던 새로운 건물 형태들을 실현시킨다.

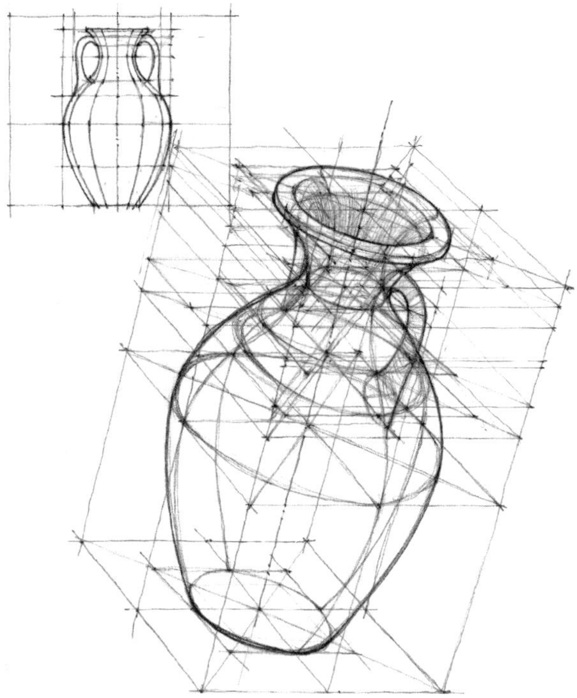

형태의 특징들

형태는 여러 의미를 지닌다. 그것은 일단 인식될 수 있는 외관에 관한 것이다. 예를 들어 의자형태나 거기 앉아 있는 인체를 들 수 있다. 형태는 또한 어떤 것의 행동이나 자체의 존재를 증명하는 특별한 상황을 암시한다. 마치 우리가 물에 대해 이야기할 때, 수증기나 얼음 등의 형태를 떠올리듯 말이다.

예술과 디자인에서, 우리는 물질의 형식적 구조를 표현하는 언어를 자주 사용한다.—요소들간의 조화와 응집성을 나타내기 위한 방식으로 이 장에서, 형태는 내부와 외부 아우트라인간의 관계를 제시함과 동시에 전체에 통일성을 주는 원리라고 소개된다.

형태가 3차원 매스에 관한 개념이라면, 형상은 외형을 주관하는 형태의 기본적 측면—형상이나 형태의 윤곽을 정하는 선과 음영의 상대적 배열, 종합—에 특히 관계된 개념이다.

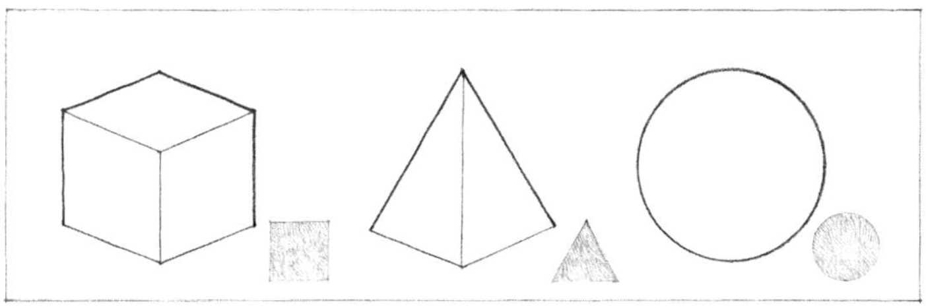

모양

특징정인 테두리나 특별한 형태의 표면 윤곽.
형상은 형태의 표면과 모서리를 조합한 결과이다.
형태는 형상 외에 다음과 같은 특성을 더 갖는다.

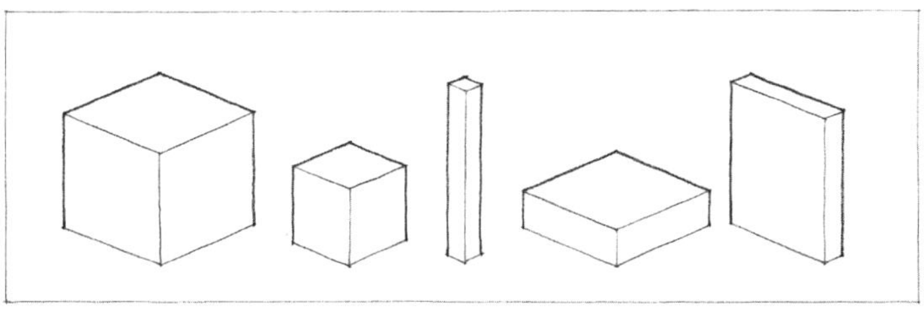

크기

형태의 사실적 길이, 넓이, 깊이. 이것은 형태의 비례를 결정하는데, 그 척도는 다른 형태와 비교되어 결정된다.

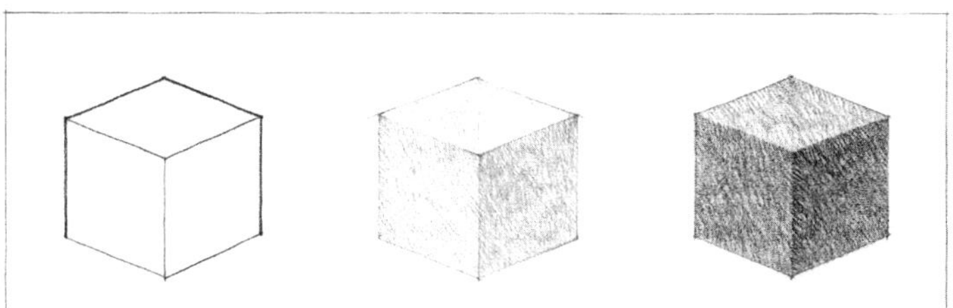

색깔

표면의 명도, 채도, 색상에 관한 개념. 색깔은 주위 환경에서 물질의 형태를 가장 확실히 구분시킨다. 그것은 형태의 시각적 무게에도 영향을 준다.

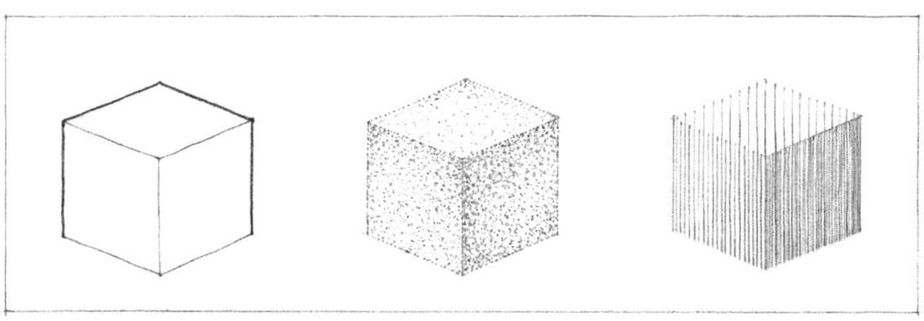

질감

형태의 표면특성. 질감은 표면의 촉감과 반사성질에 영향을 준다.

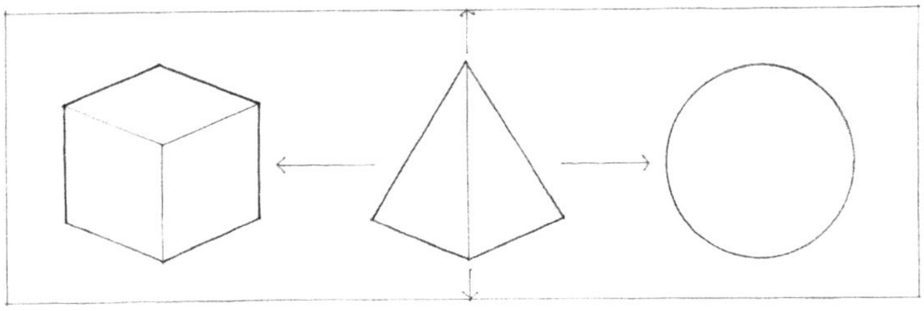

형태는 구성요소들을 지배하는 관계의 특성을 나타낸다:

위치

형태의 입지는 주위 환경이나 시각적 영역에 관계된다.

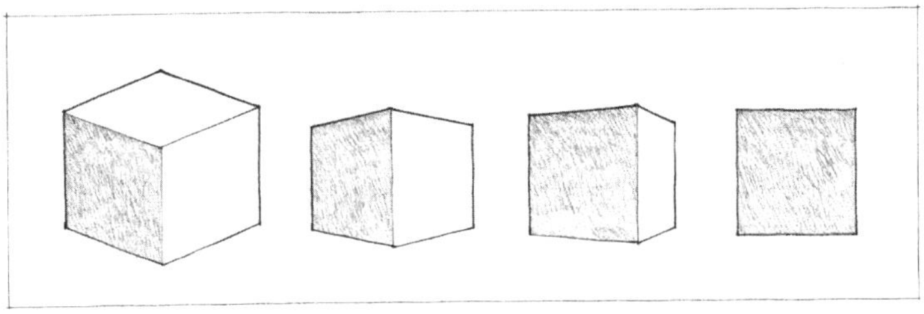

방향

물체의 위치는 지평면, 나침바늘, 관찰자와의 관계에 의해 나타난다.

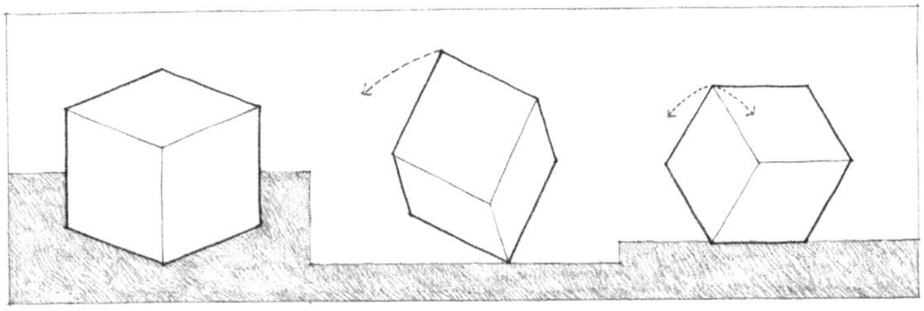

시각적 관성

형태의 집중도와 안정도. 형태의 시각적 관성은 그것의 기하학적 형태 뿐만 아니라 지평면과 관찰자의 시야방향에 의존한다.

이러한 모든 시각적 성질은 실제로 우리가 그것을 보는 다음과 같은 조건에 의해 큰 영향을 받는다.

- 우리의 시각, 또는 조망
- 형태와의 거리
- 조명상태
- 형태 주변의 시각영역

모양

입체의 그림자나 평면의 윤곽을 말한다. 이것은 대상물의 형태를 인식시키고 특정화하는 중요 수단이다. 위의 형태구분에서 보이듯이 형상에 대한 우리들의 인식은 형태가 배경과 대조되는 정도에 따라 다르게 나타난다.

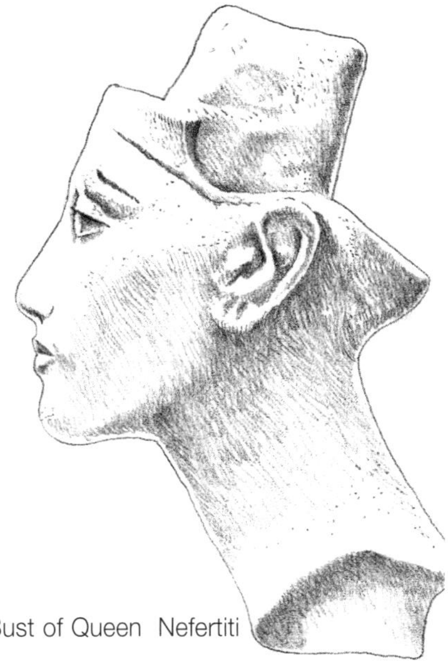

Bust of Queen Nefertiti

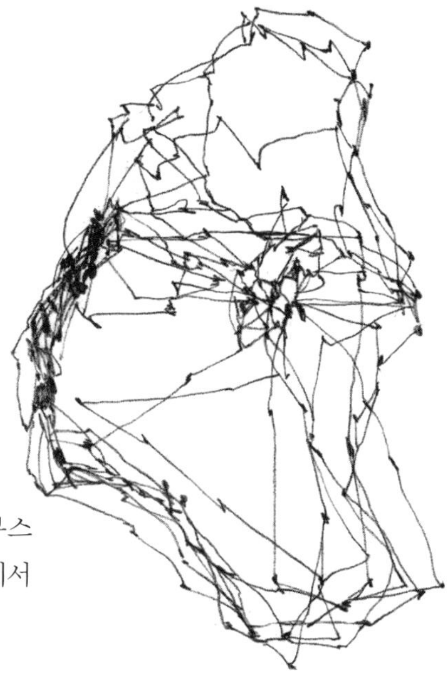

사람이 형상을 보는 시각 운동의 패턴 모스크바 정보연구소의 알프레드 야부스(Alfred L. Yarbus)의 연구 중에서

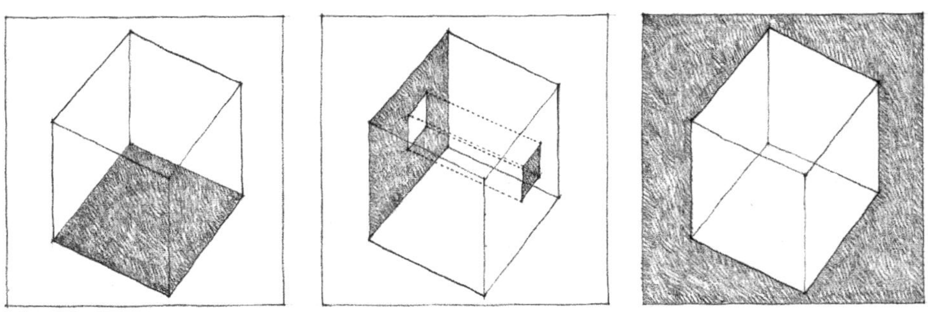

건축에서 모양은 다음의 요소들과 관련된다.

- 공간을 둘러싸는 바닥, 벽, 천장면
- 공간 내의 문과 창문
- 건물형태의 실루엣과 음영

표면

면의 모양에서 입체의 형태로 전이되는 과정 속에 표면의 영역이 놓여있다. 표면은 1차적으로 평평한 면과 같은 오직 두 개의 차원만을 갖는 형상을 가리킨다. 하지만 이 용어는 3차원 물체의 경계를 정의하는 2차원 형상의 곡률을 가진 점들로 이루어진 자취를 암시하기도 한다. 곡선과 직선의 기하학적 응용으로 얻을 수 있는 다음과 같은 특별한 곡면들이 있다.

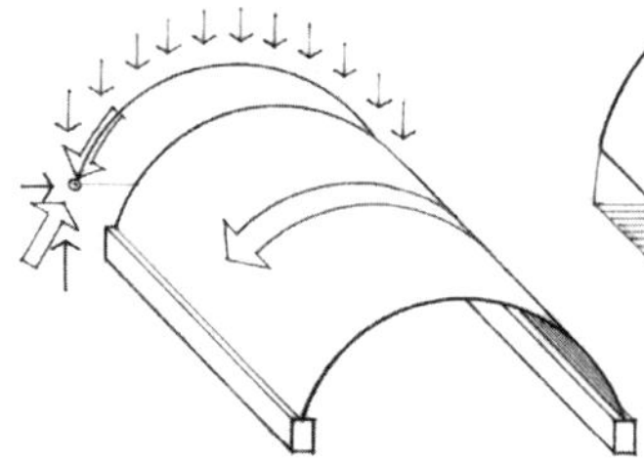

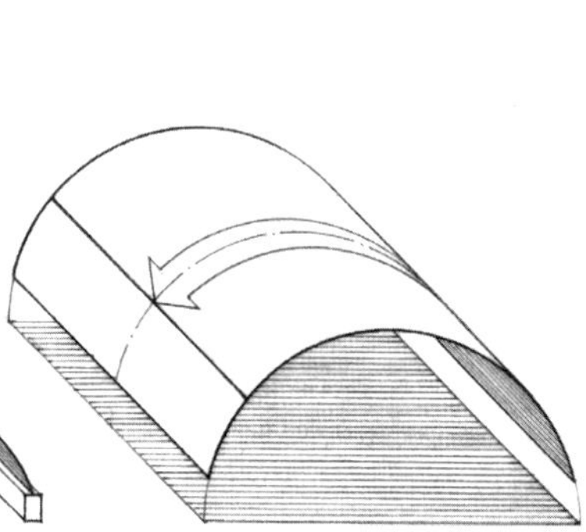

- 원통형 곡면(cylindrical surface): 평면상의 곡선을 따라 직선을 수직 방향으로 움직이거나, 반대로 직선을 따라 평면상의 곡선을 움직여서 얻을 수 있다. 그 곡선에 따라 원통형 곡면은 원, 타원, 혹은 포물선 모양을 띨 수 있다. 원통형 곡면은 직선을 이용하기 때문에 이동 곡면으로도, 선직면으로도 볼 수 있다.
- 이동 곡면(translational surface): 평면상의 곡선을 직선을 따라 혹은 또 다른 평면상의 곡선을 따라 움직여서 얻는다.
- 선직면(ruled surface): 직선을 움직여서 얻는다. 직선을 이용하기 때문에 일반적으로 회전이나 평행 이동으로 얻은 표면보다 만들어 내기가 더 쉽다.
- 회전형 곡면(rotational surface): 평면상의 곡선을 하나의 축에 대해 회전시켜 얻는다.
- 포물면(paraboloid): 평면과 교차할 때 만나는 선의 모양이 포물선과 타원, 혹은 포물선과 쌍곡선이 되는 표면이다. 포물선(parabola)은 하나의 선과 그 선 바깥에 있는 하나의 점 간의 거리가 같은 점들의 자취인 평면상의 곡선이다. 쌍곡선(hyperbola)은 하나의 평면이 직원뿔의 양쪽 절반 부분들을 모두 가로지를 때 생기는 평면상의 곡선이다.
- 쌍곡포물면(hyperbolic paraboloid): 위로 볼록한 하나의 포물선을 아래로 볼록한 하나의 포물선을 따라 움직이거나, 두 개의 어긋난 방향의 기준선들 위에 각각 끝점이 있는 직선들의 자취를 구해 얻을 수 있는 표면이다. 따라서 쌍곡포물면은 이동 곡면으로도, 선직면으로도 볼 수 있다.

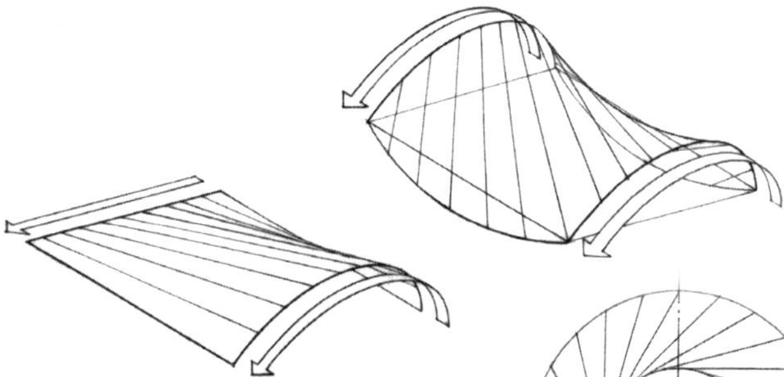

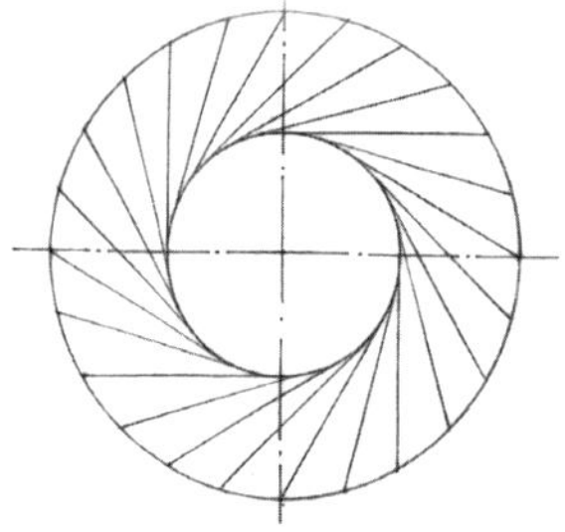

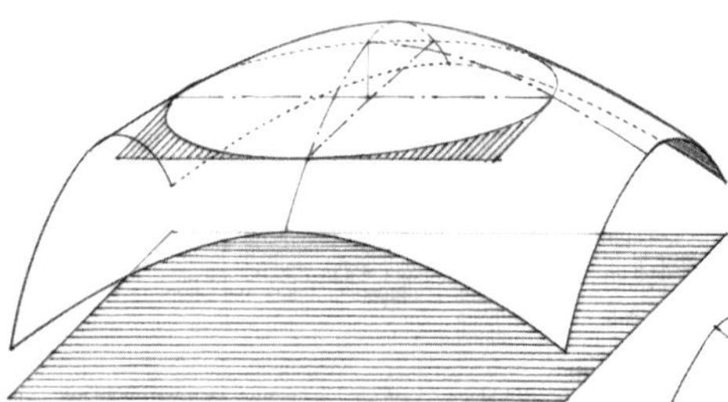

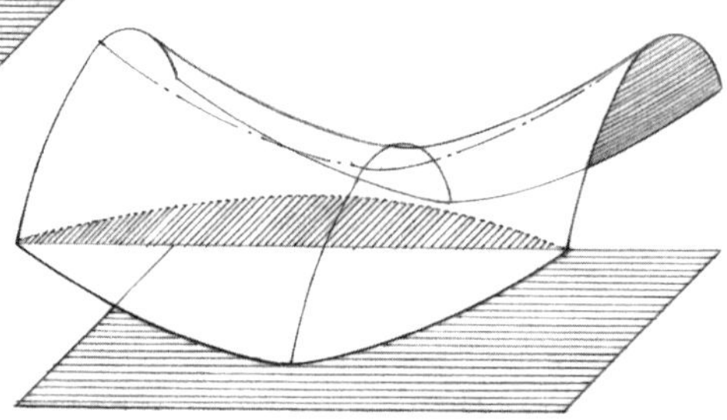

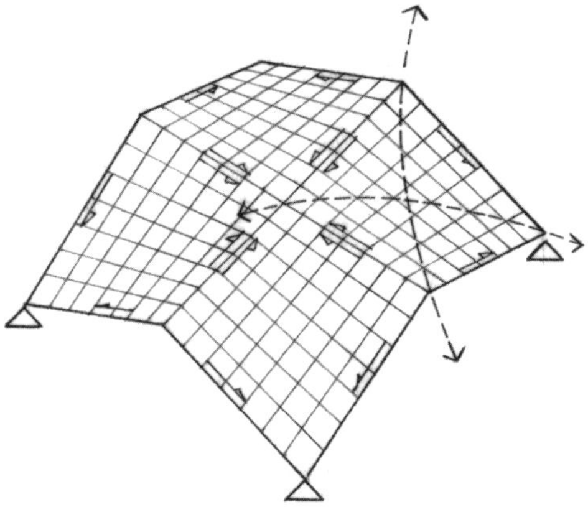

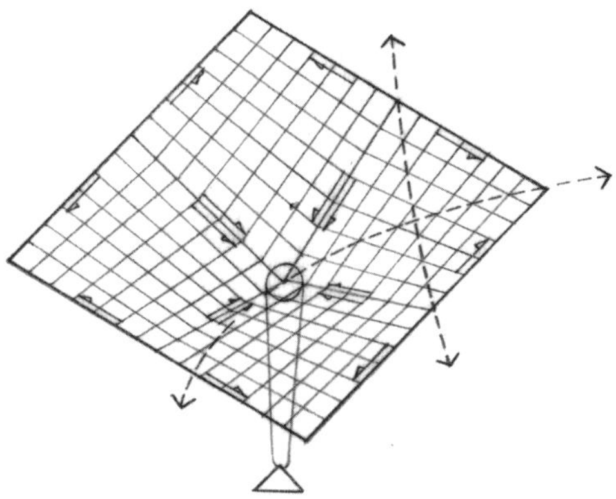

• 안장형 곡면(saddle surface)은 아래로 볼록한 곡률과 위로 볼록한 곡률이 서로 수직을 이루고 있다. 위로 볼록한 부분은 아치와 같은 작용을 보이는 반면 아래로 볼록한 부분은 현수(케이블) 구조와 같이 거동한다. 안장형 곡면의 모서리들을 지지하는 지지점들이 없다면, 보의 거동도 일어날 수 있다.

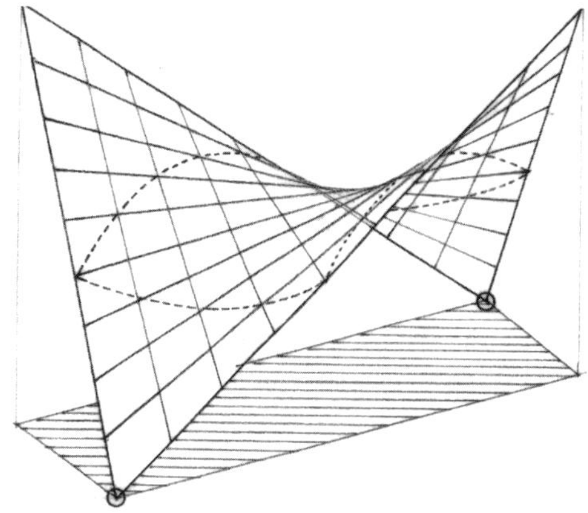

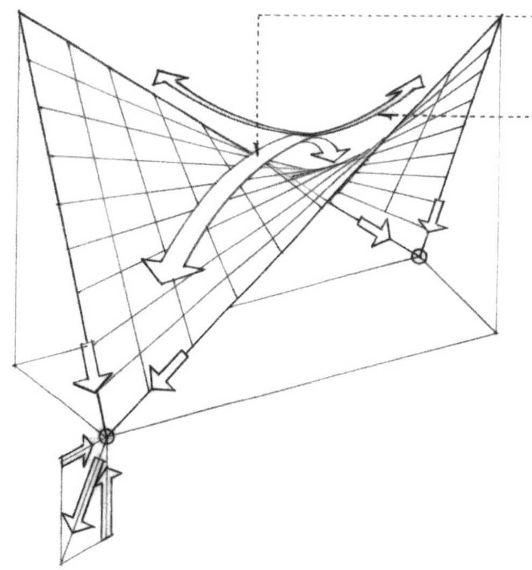

Walt Disney Concert Hall, Los Angeles, California, 1987-2003, Frank O. Gehry & Partners

이런 곡면들의 기하학적 기초는 곡선형 건축 요소들에 대한 설명 및 조립, 접합뿐만 아니라 디지털 모델링에도 효과적으로 이용이 가능하다. 곡면의 흐르는 듯한 특성은 직선으로 이루어진 형태들의 모난 성질과 대비되고 하중을 받지 않는 폐곡면 요소뿐만 아니라 셸(shell) 구조 형태를 설명하는 데에도 적절 하다.

돔과 배럴 볼트와 같은 대칭 곡면은 본질적으로 안정적인 구조이다. 반면에 비대칭 곡면은 본질적으로 보다 역동적이고 표현적일 수 있다. 비대칭 곡면의 형태는 여러 각도에서 볼수록 극적으로 변화한다.

변형

모든 형태는 각 요소들을 첨가하거나 삭제함으로써 나타나는 이상적 입체의 변화로 이해될 수 있다.

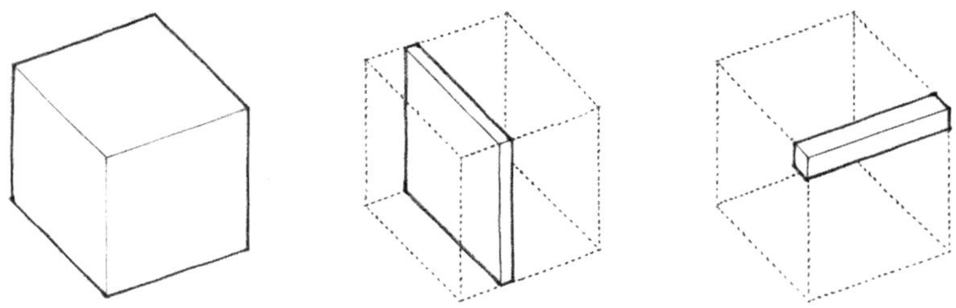

치수의 변형

형태는 하나 이상의 차원변화에 의해 변형된다. 예를 들어 육면체는 높이, 넓이, 길이를 변형시킴으로써 사각기둥 형태로 변형이 가능하고, 또 그것을 선형이나 평면형으로도 바꿀 수 있다.

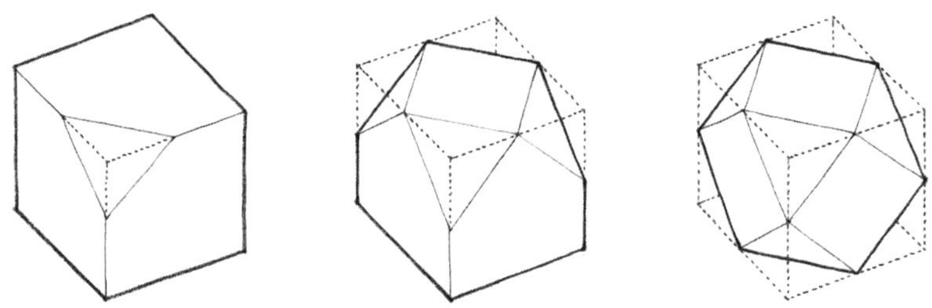

삭제시킨 변형

입체의 한 부분을 삭제함으로써 형태를 변형시킬 수 있다. 삭제정도에 따라서 원래 형태의 보존이 가능한지, 아니면 다른 형태로 바뀌는지가 결정된다. 예를 들어, 육면체는 일부를 제거할 경우에는 육면체의 형태를 유지하지만, 삭제하면 할수록 구와 비슷해진다.

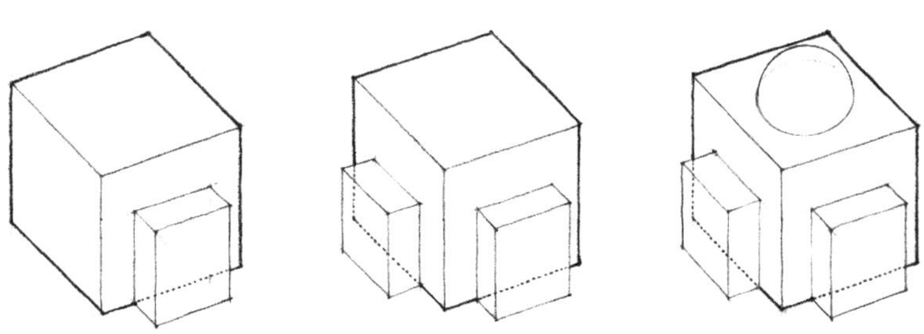

첨가 변형

형태는 입체에 요소들을 첨가함으로써 변형될 수도 있다. 이 때, 첨가과정과 첨가요소의 수, 크기는 기존 형태가 완전히 바뀌는지 아니면 보존되는지를 결정한다.

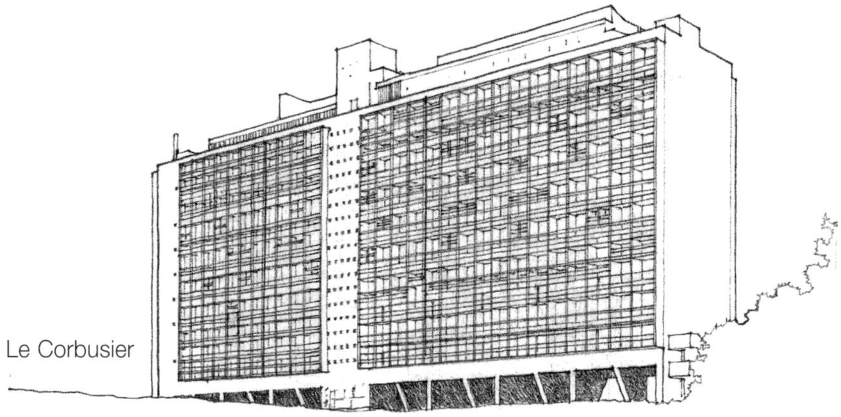

입방체를 수직형 슬래브로 치수 변형:
United'Habitation, Firminy-Vert, France, 1963-1968, Le Corbusier

삭제시켜 공간의 부피감을 제공:
Gwathmey Residence, Amagansett, New York, 1967, Charles Gwathmey/Gwathmey Siegel

부가요소를 첨가하여 만든 변형:
Il Redentore, Venice, 1577 - 1592, Andrea Palladio

치수의 변형

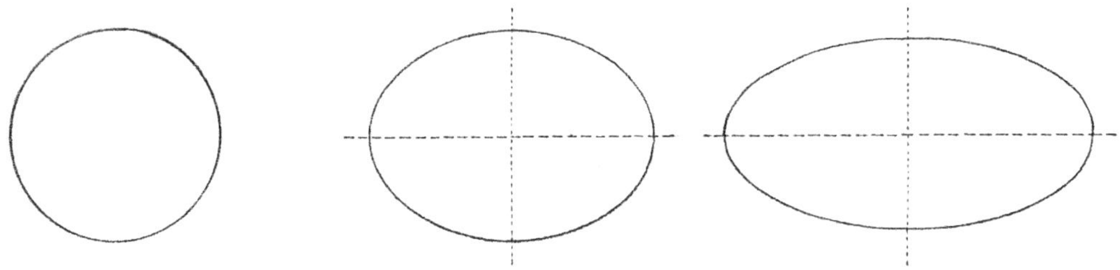

구는 축을 연장시킴으로써 변형시킬 수 있다.

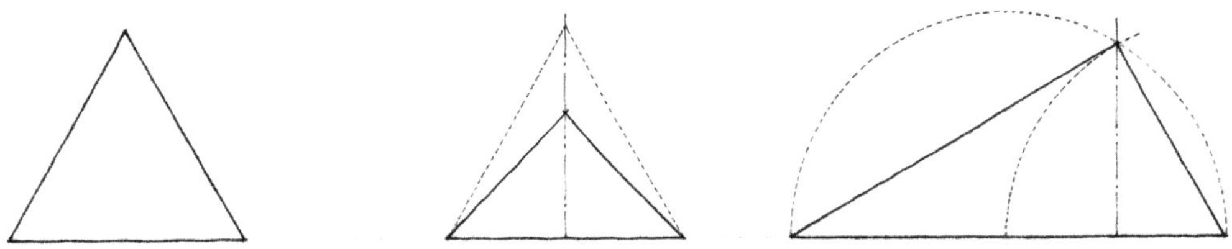

피라미드는 밑면의 길이, 높이, 수직축의 꼭지점을 이동시킴으로써 변형시킬 수 있다.

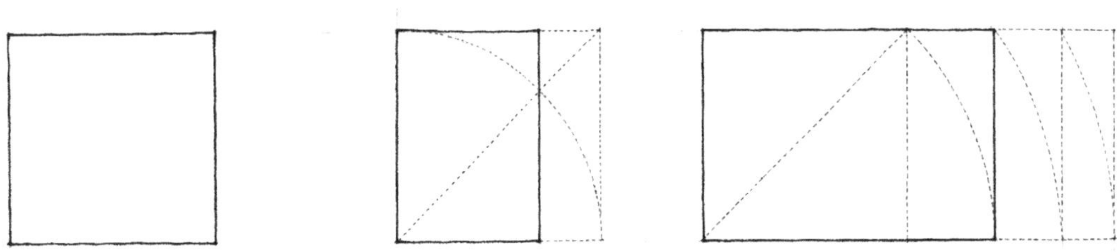

육면체는 높이, 넓이, 깊이를 늘이거나 줄임으로써 다른 직사각형으로 변형시킬 수 있다.

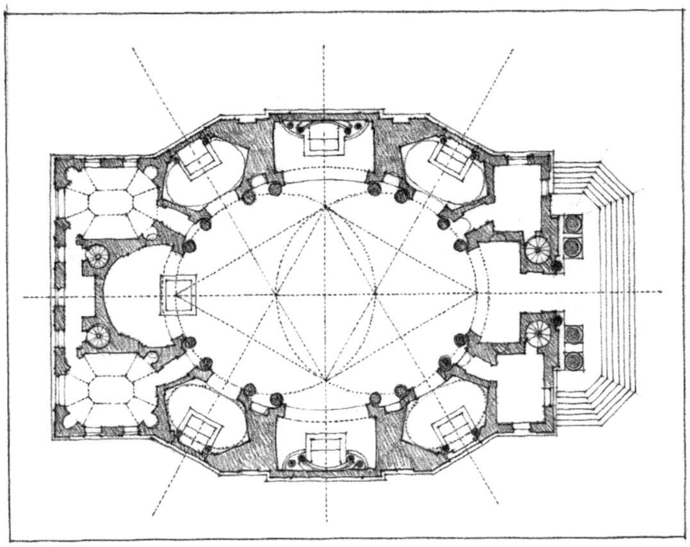

Plan of an Elliptical Church, Pensiero Della Chiesa S. Carlo, Project, 17th century, Francesco Borromini

St. Pierre, Firminy-Vert, France, 1965, Le Corbusier

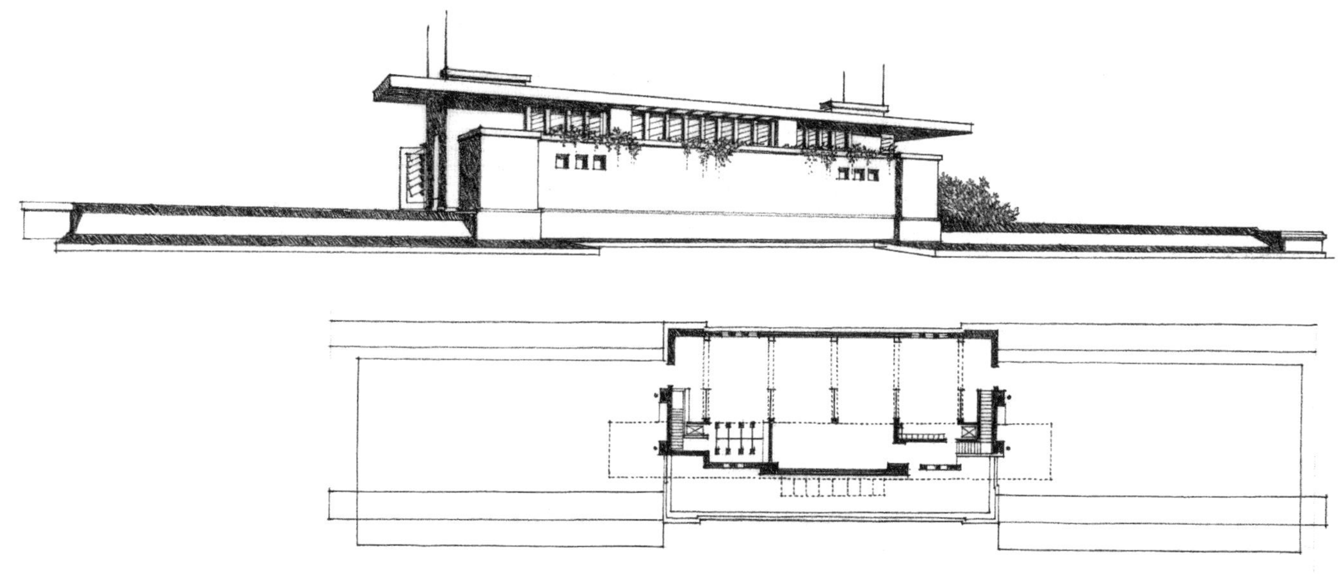

Project for Yahara Boat Club, Madison, Wisconsin, 1902, Frank Lloyd Wright

삭제된 형태

우리는 규칙적이고 연속된 가시적 형태를 찾는다. 만일 이상적 입체가 우리 시야에서 일부 가려져 있다면, 우리는 자연히 볼 수 있는 형태만 생각하게 된다. 이와 마찬가지로 기존 입체에서 잘려진 규칙적 형태 조각을 갖고 있다면, 그것들은 형식적 동일성을 갖고 있을 것이다. 이런 불안전한 형태를 우리는 삭제된 형태라고 한다.

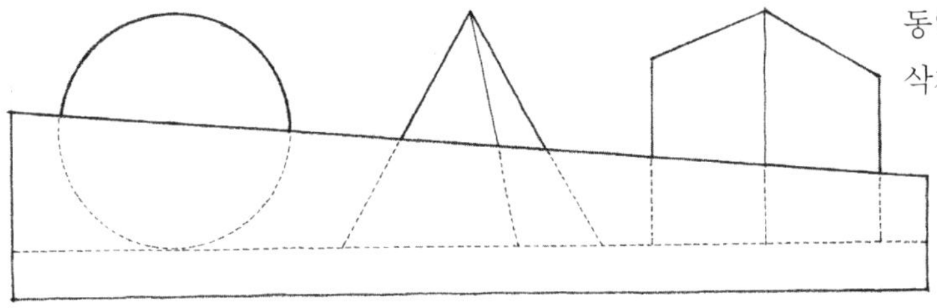

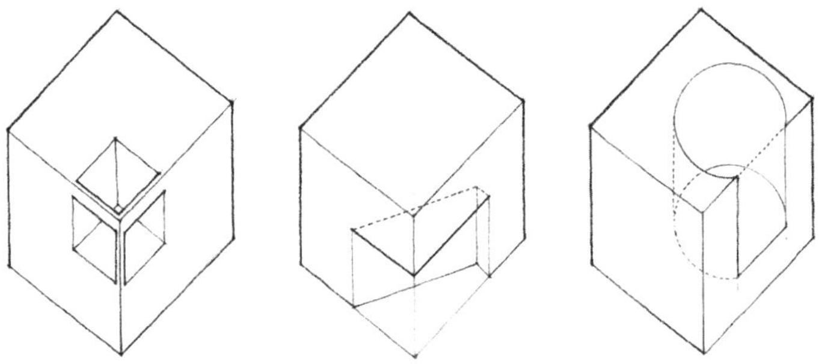

그것들은 이상적 입체와 같이 단순하고 기하학적으로는 규칙적인 형태이므로, 삭제된 형태에 적응된다. 만일 이 입체 내에서 모서리, 테두리 등을 없애지 않은 채 삭제가 이루어진다면 형태적 동일성을 유지할 수 있게 된다.

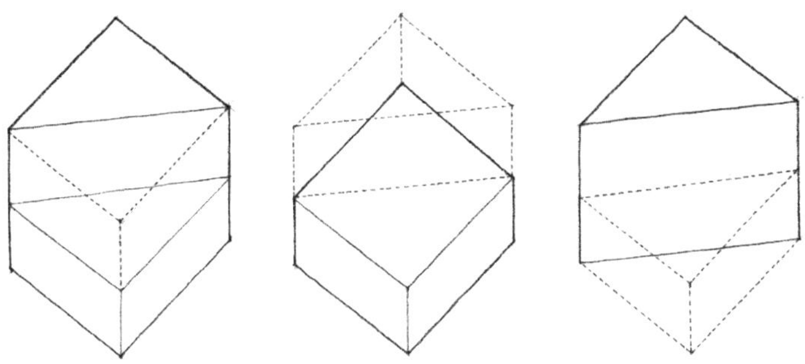

만일 모서리가 삭제되어 형태의 변형이 이루어지면, 형태적 동일성이 모호해지는 문제가 생긴다.

아래의 연속된 그림에서 어느 모서리 부분이 제거되어야 2개의 직사각형 평면이 조합된 'L' 자 모양이 만들어지겠는가?

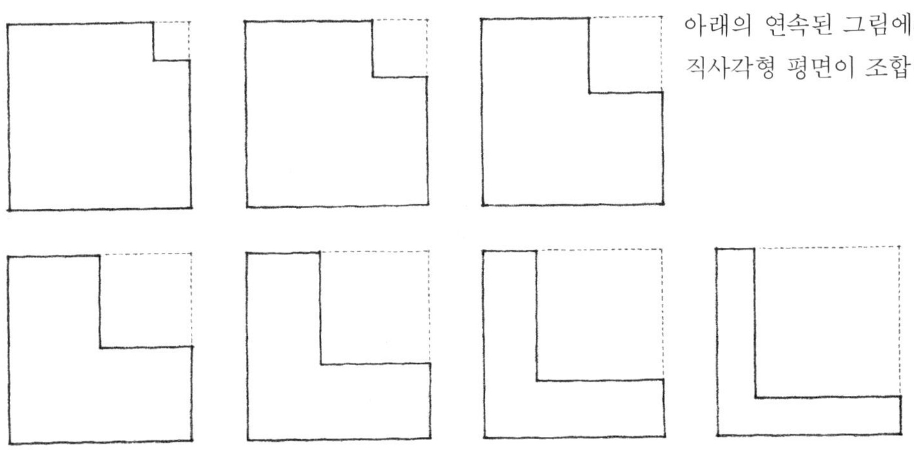

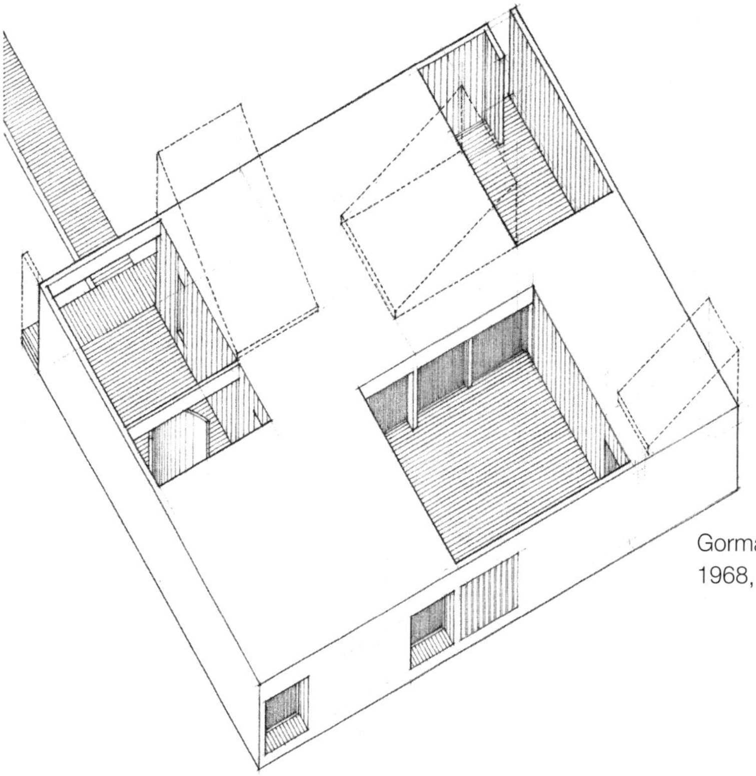

Gorman Residence, Amagansett, New York, 1968, Julian and Barbara Neski

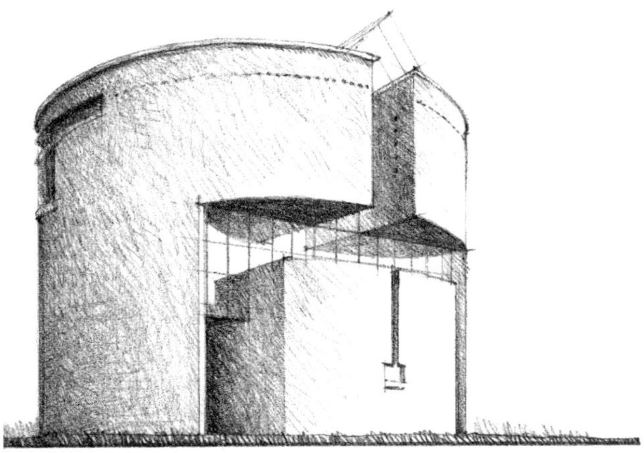

House at Stabio, Switzerland, 1981, Mario Botta

공간적 부피는 오목한 입구, 안마당 또는 수직이나 수평의 후미부분에 의해 가려진 창문으로 인해 삭제된다.

Khasneh al Faroun, Petra, first century CE

르 꼬르뷔제의 형태논평:

덧붙임으로써의 구성:

- 덧붙여진 형태
- 비교적 쉬운 형태
- 그림같은 생동감
- 분류와 위계에 의한 완전한 조합이 될 수 있다.

입방체적 구성(순수 기하학)은

- 정신을 만족시키기에 매우 어렵다.

매우 쉬움

- (조합의 편리함 때문에)

삭제된 형태는

- 매우 포괄적
- 외부 공간에서 건축적 의지가 나타남
- 내부 공간에서 모든 기능적 욕구가 만족됨 (빛의 침투, 연속성, 굴절)

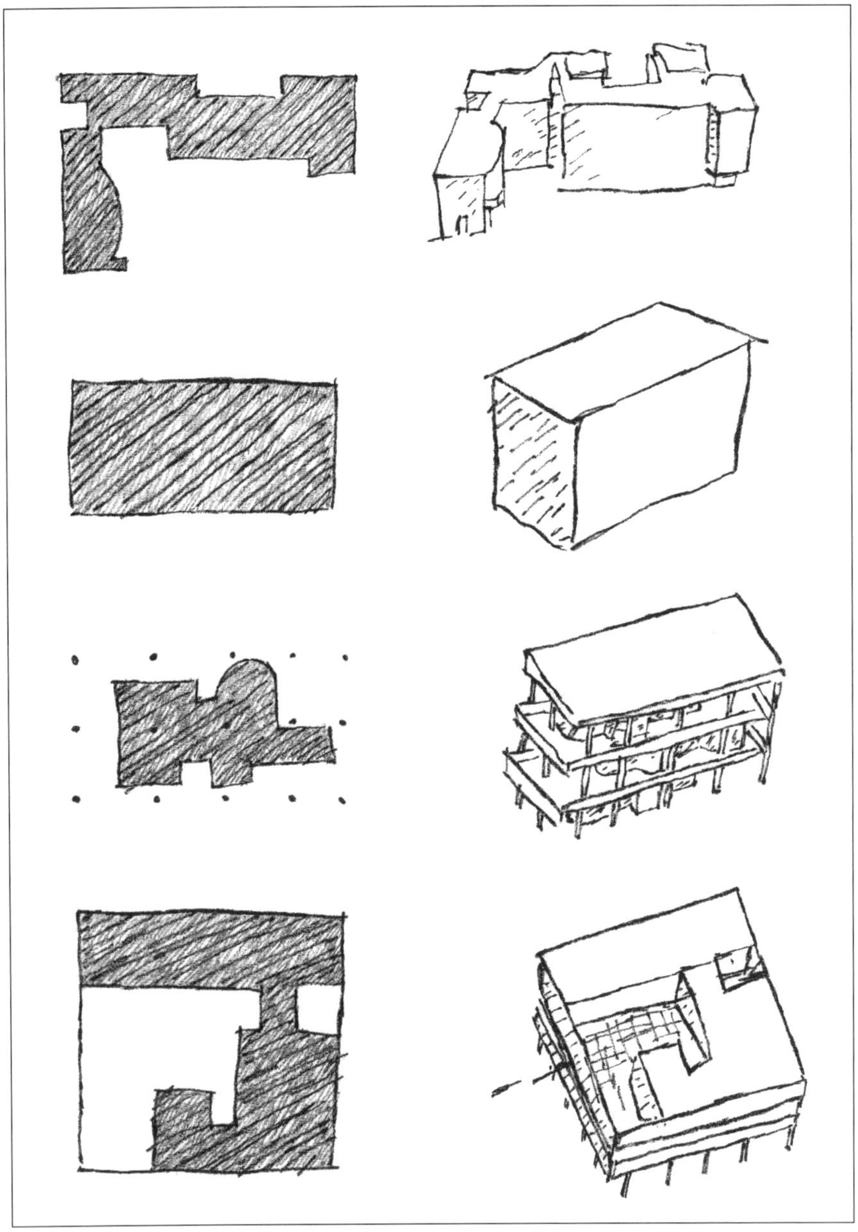

1935년 발행된 『Oeuvre Complete』 제2권 표지를 위해 르 꼬르뷔제가 『4개의 주거형태』의 스케치를 마치고.

조합된 형태들

삭제 형태가 원래의 입체를 잘라내어서 얻은 결과라면, 첨가 형태는 입체에 다른 형태를 덧붙인 것이다.

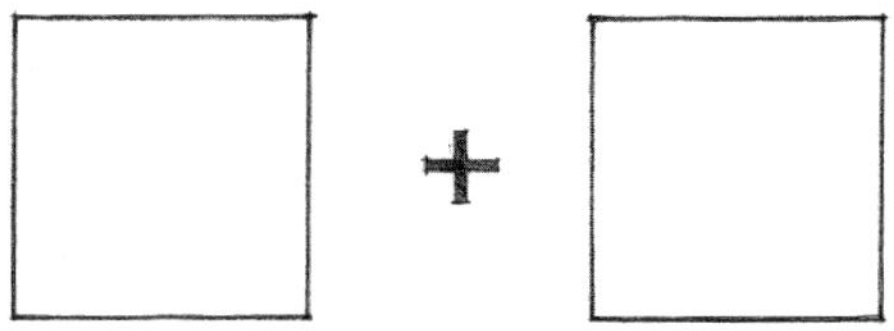

두 개의 형태를 통합시키는 근본적 방법은:

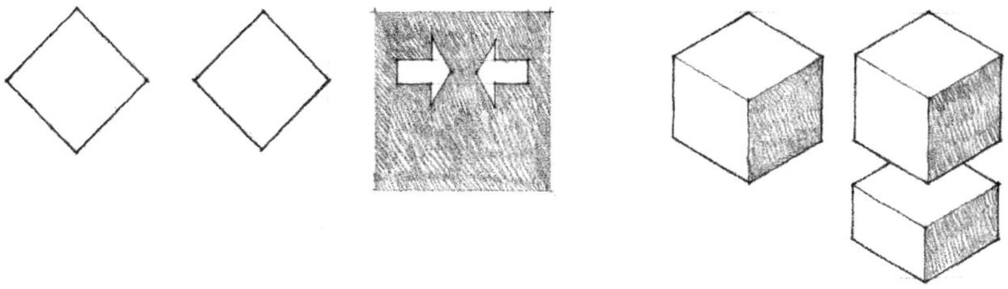

공간의 긴장

이는 입체의 형태 근접성이나 모양, 색, 재료 등과 같은 특성의 공유에 의존한다.

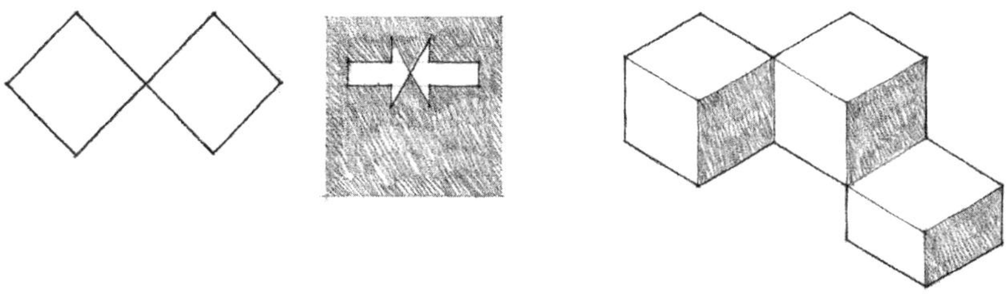

모서리와 모서리의 접촉

여기에서는 입체들이 모서리를 공유하고 모서리를 축으로 삼는다.

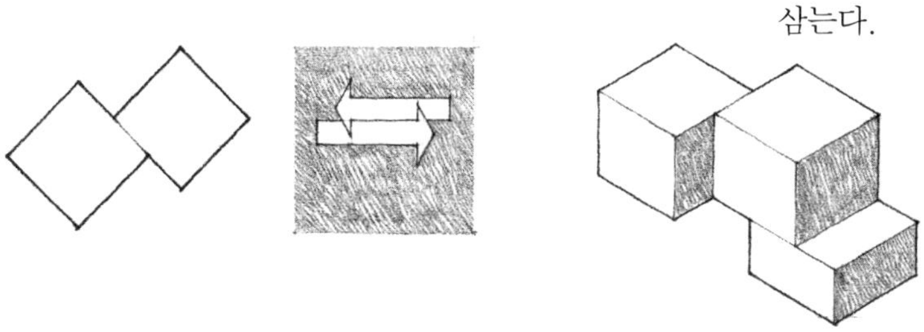

면과 면의 접촉

여기에서는 입체간에 상응되는 평행한 면이 존재한다.

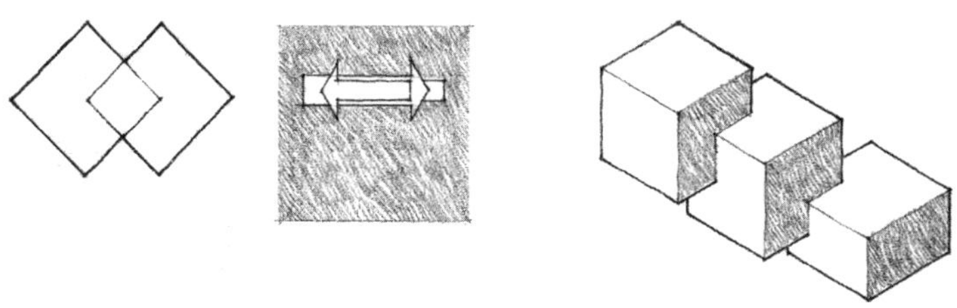

상호 맞물림

여기에서는 입체들이 서로를 관통한다. 그러나 이들이 시각적 특성을 공유할 필요는 없다.

표면 분절

평면의 형상, 크기, 척도, 비례, 그리고 시각적 무게에 대한 우리들의 지각은 그 표면성질 뿐만 아니라 시각적 환경에 의해서도 영향을 받는다.

평면의 형상은 표면의 색깔과 그 배경과의 대조에 의해 구별된다.
평면의 시각적 무게는 표면의 색조에 의해 가감된다.

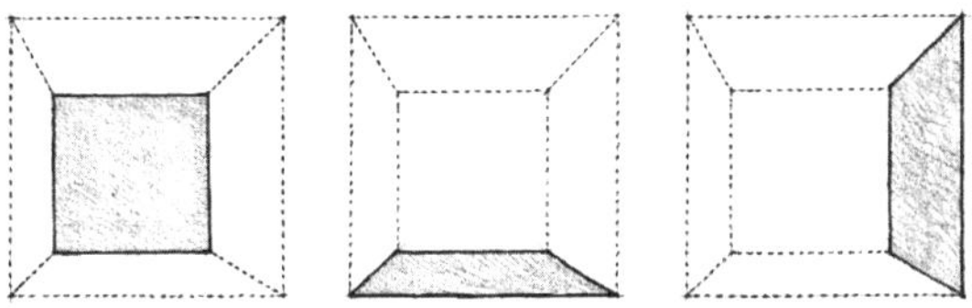

정면의 조망은 진정한 형상을 보여준다. 경사진 전망은 형태를 왜곡한다.

크기를 알고 있는 요소들은 면의 크기나 척도를 인식하는 데 도움이 된다.

평면의 질감을 그 색깔과 더불어 시각적 무게나 척도, 빛의 반사율, 음향 등에 영향을 미친다.

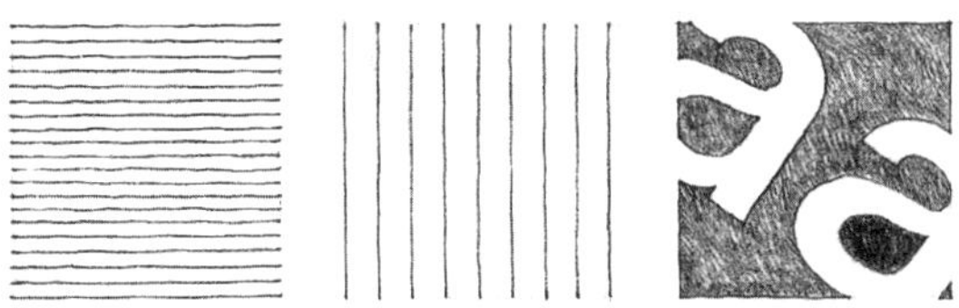

방향의 변화나 확대된 시각 패턴은 형상을 왜곡시키거나 평면 비율을 과장한다.

Vincent Street Flats, London, 1928, Sir Edwin Lutyens

Palazzo Medici-Ricardo, Florence, Italy, 1444 - 1460, Michelozzi

표면의 색깔, 질감, 패턴이 평면을 분절시키고 형태의 시각적 무게에 영향을 준다.

Hoffman House, East Hampton, New York, 1966 - 1967, Richard Meier

선형 패턴은 형태의 높이와 길이를 강조하고, 표면을 단일화하며 부피를 규정한다.

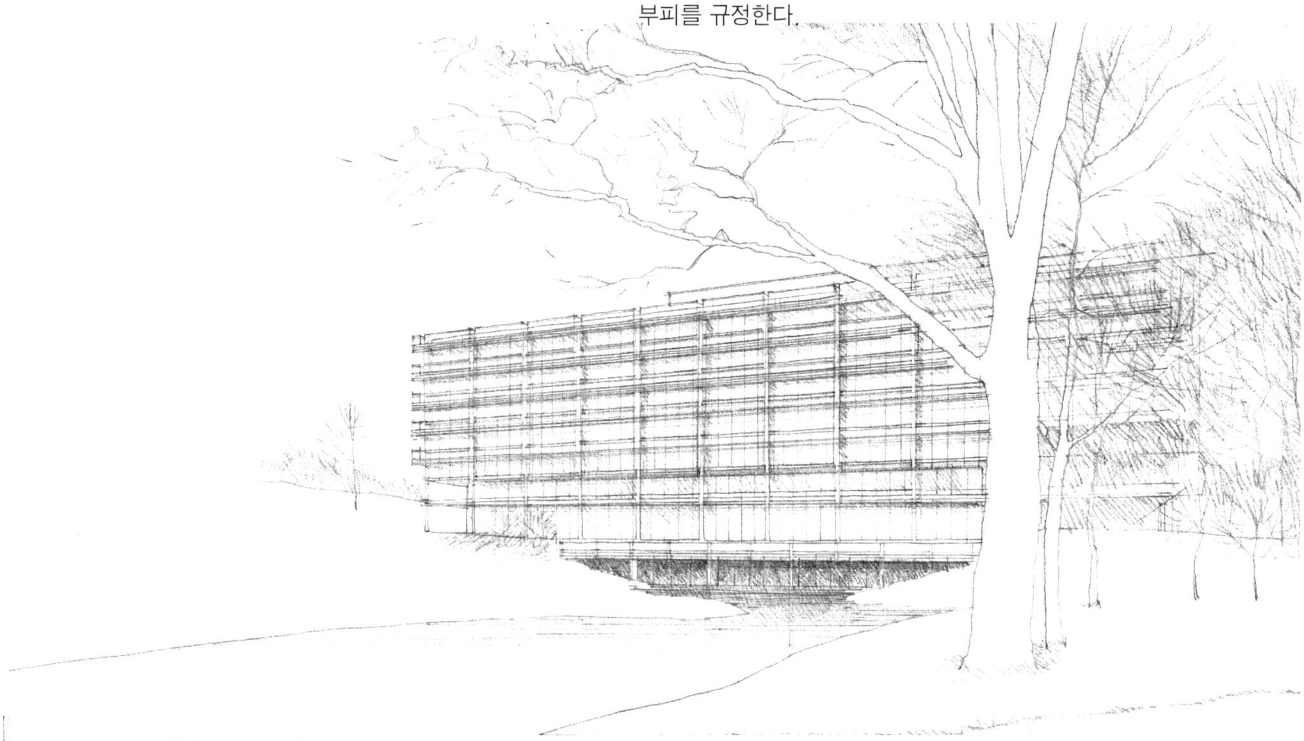

John Deere & Company Building, Moline, Illinois, 1961 - 1964, Eero Saarinen & Associates. 선형의 음영이 건물의 수평성을 강조한다.

CBS Building, New York City, 1962 - 1964, Eero Saarinen & Associates. 선형의 기둥요소가 이 고층 구조물의 수직성을 강조한다.

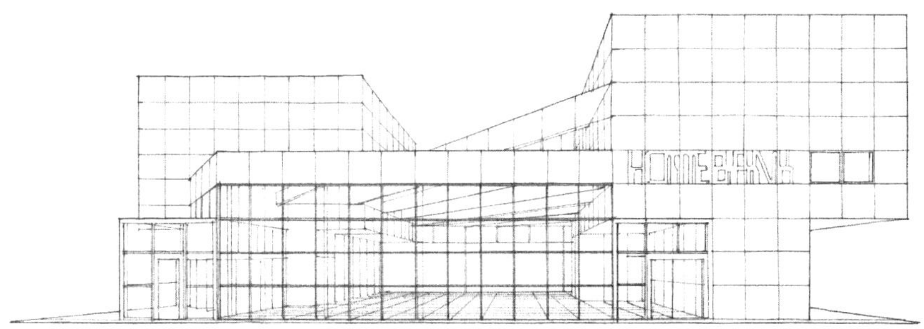

Fukuoka Sogo Bank, Study of the Saga Branch, 1971, Arata Isozaki. 격자 패턴이 3차원 구성체의 표면에 통일감을 준다.

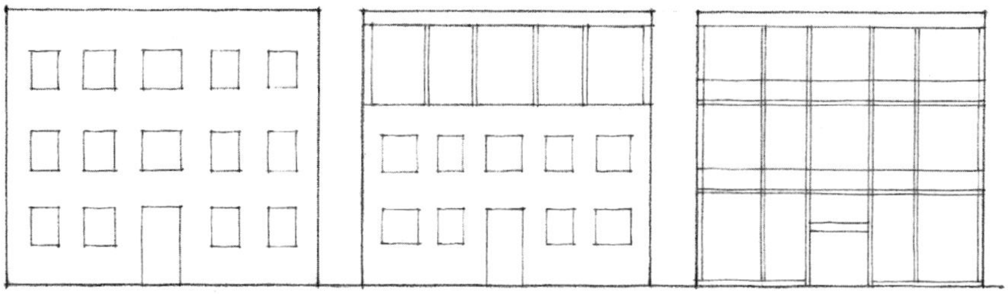

면의 개구부 패턴에서의 선의 골격에 의해 분절된 개방 입구로의 전환.

선형패턴의 빌딩 형태의 예.

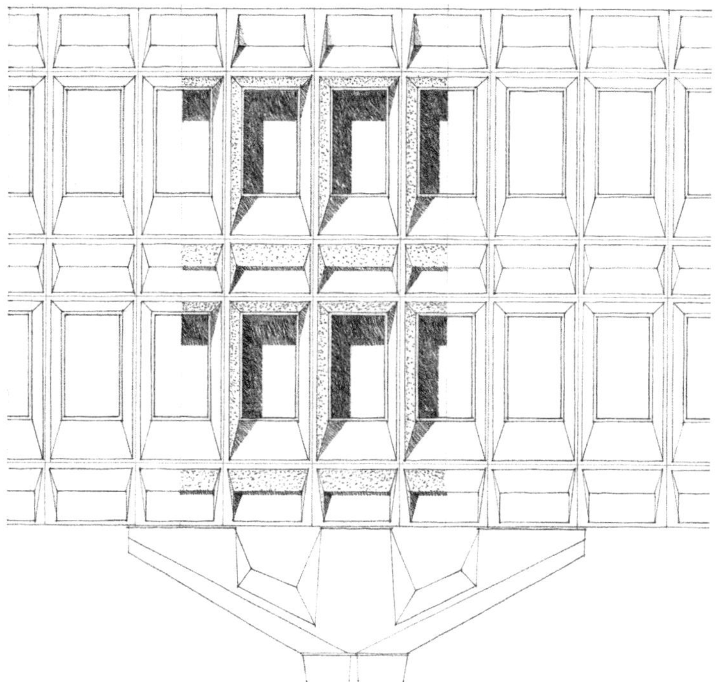

IBM Research Center, La Guade, Var, France, 1960 - 1961, Marcel Breuer. 음영의 질감을 창조하는 개구부의 3차원 형태.

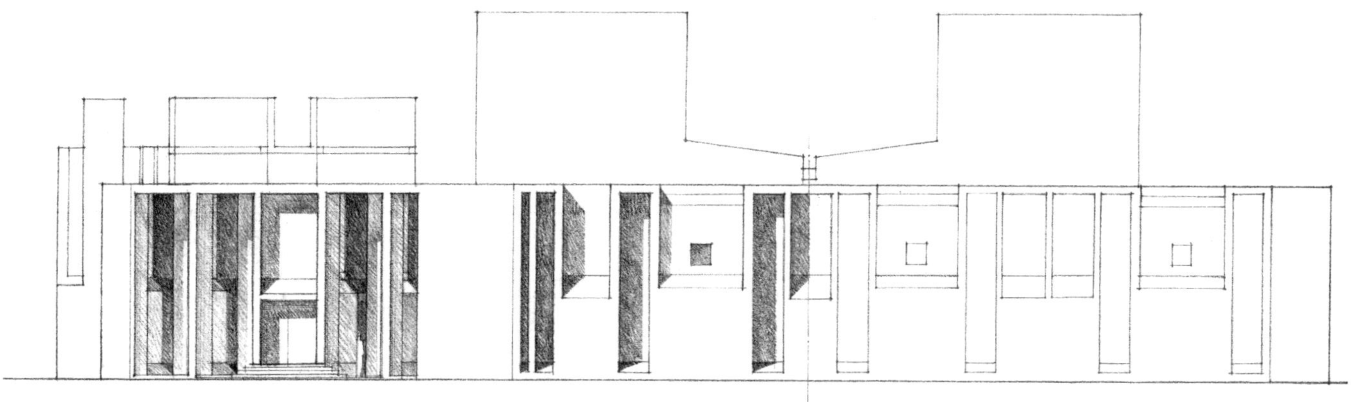

First Unitarian Church, Rochester, New York, 1956 - 67, Louis Kahn. 외벽면의 연속성을 저해하는 개구부 패턴.

형태와 움직임

동선공간에서는 다음과 같은 것들이 있다.

에워싼 공간

공간을 벽면 출입구와 연결시키는 갤러리아나 개인 복도를 형성한다.

한면이 개방된 공간

내부 공간과의 시각, 공간적 연속성을 부여하는 발코니나 갤러리를 구조화시킨다.

양면이 개방된 공간

공간의 물리적 확장구역인 통로를 형성한다.

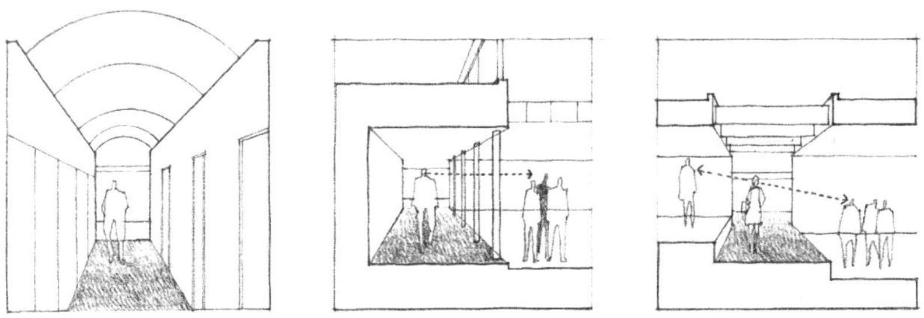

동선공간의 폭과 높이는 공간 내 활동의 양과 타입에 적합해야 한다.

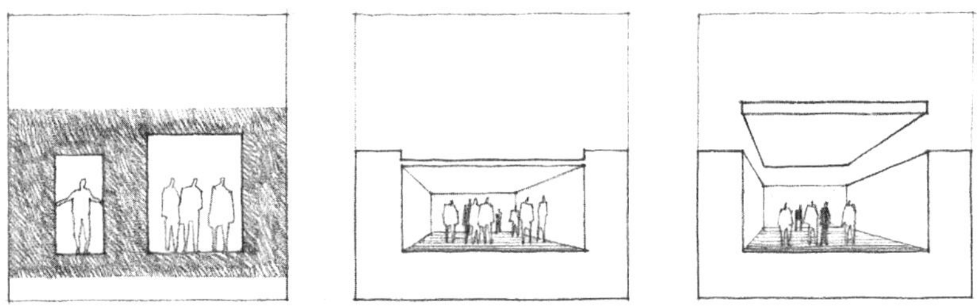

좁고, 폐쇄된 통로는 전진동작을 촉진한다. 통로가 왕래 뿐만 아니라 휴식과 전망까지 제공할 수 있으려면 넓어질 필요가 있다. 통로는 주위의 공간과 결합함으로써 확장될 수 있다.

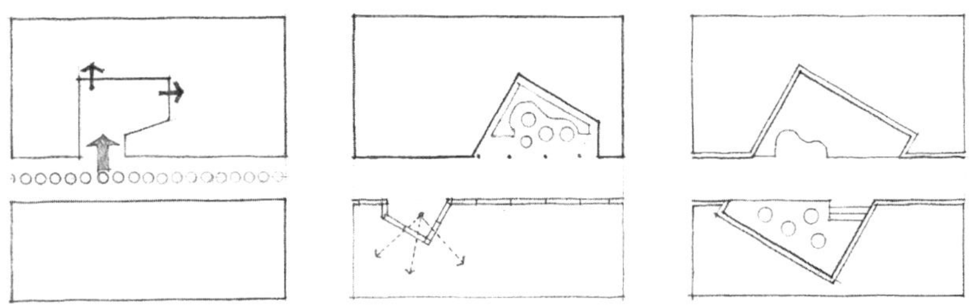

넓은 공간 내의 통로 형태는 일정한 형태규정이 없고, 활동이나 가구배치에 의해 결정된다.

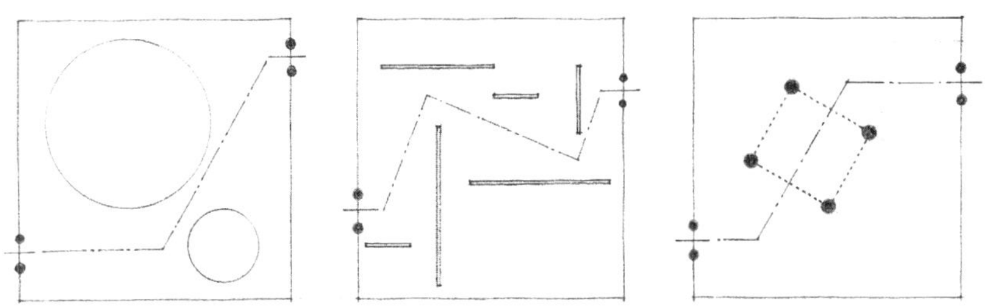

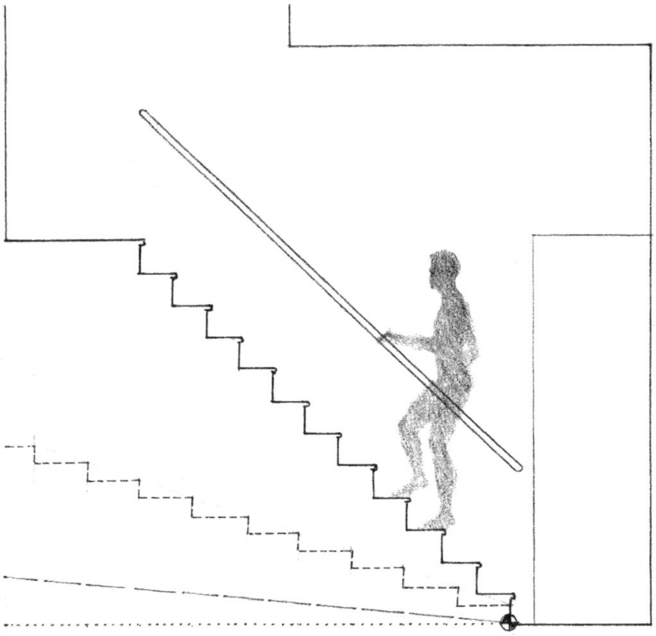

계단과 계단통로

계단과 계단통로는 건물과 그 외부 공간 사이의 수직적 활동을 제공한다. 계단의 챌판과 디딤면에 의해 결정되는 계단의 경사는 우리 신체의 활동에 의해 결정된다. 만약 계단의 경사가 급하다면, 인체에 신체, 심리적 피로를 가중시키고 불안정성을 부여한다. 경사가 약하다면, 사람의 보폭에 알맞은 깊이의 디딤면을 설치해야 한다.

계단은 통로 내에서 이루어지는 활동과 가구나 집기들을 옮기기에 적합한 폭을 지녀야 한다. 계단의 폭은 공적, 사적 공간에 시각적 실마리를 제공한다. 얕고 넓은 계단은 접대의 의미를 띠는 반면, 좁은 계단은 사적 공간으로 인도하는 의미를 띤다.

계단을 오르는 행위는 안정적 공간에서 떨어짐, 분리를 의미하고 계단을 내려가는 행위는 안정적이고 방어적인 곳으로의 이동을 의미한다.

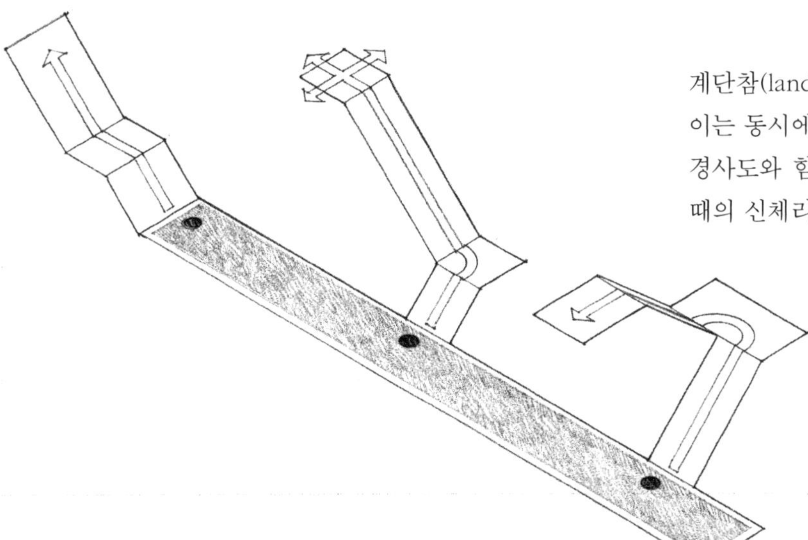

계단참(landings)은 계단을 방해하고 그 방향변화를 유도한다. 이는 동시에 휴식과 바닥에 접근할 기회를 주기도 한다. 계단의 경사도와 함께 바닥면의 위치는 우리가 계단을 오르거나 내릴 때의 신체리듬에도 영향을 준다.

계단은 높이 변화를 고려해 동선통로를 강화하거나 방해하며, 때로는 주 공간으로 들어가기 전에 종결되기도 한다.

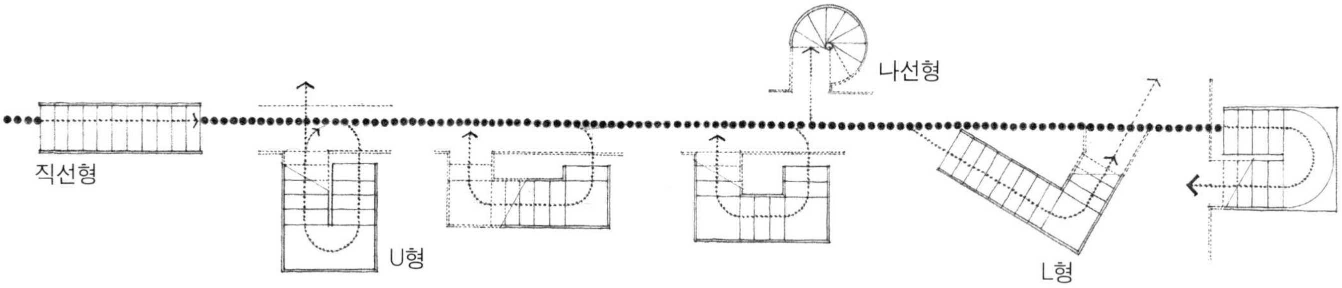

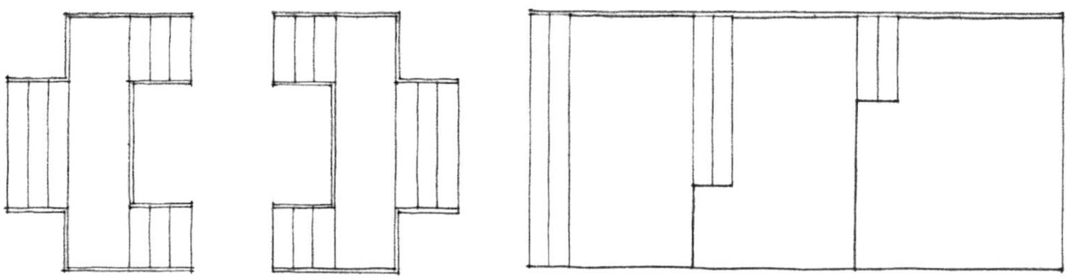

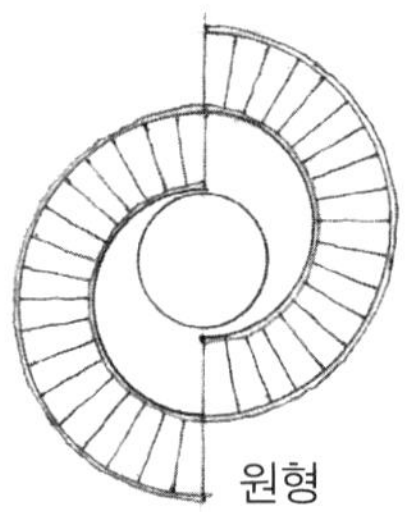

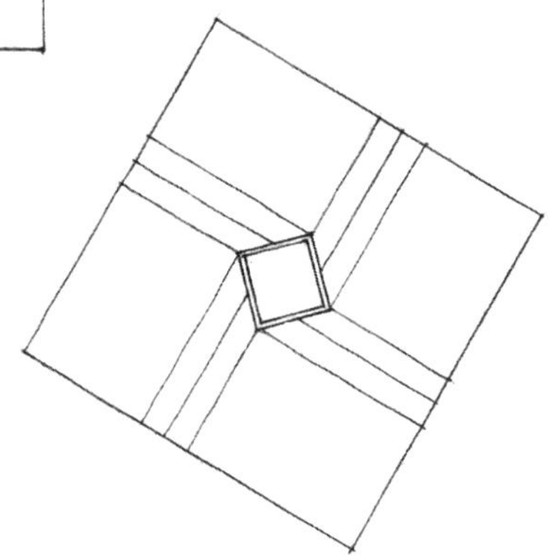

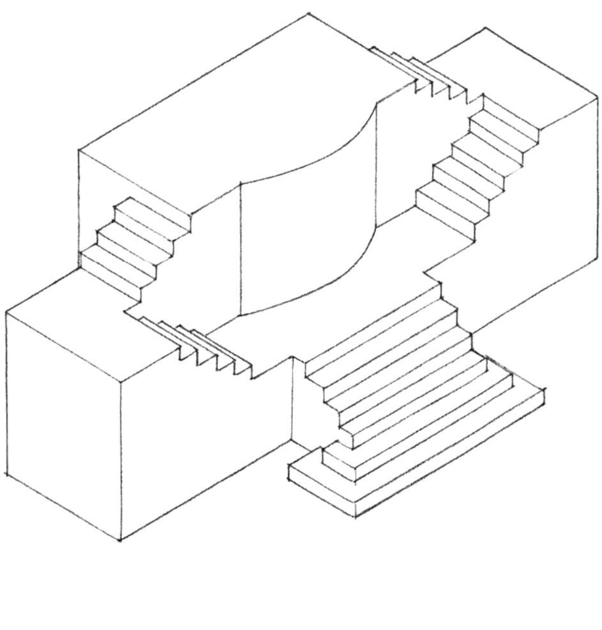

계단의 구성은 우리가 계단을 오르거나 내려올 때의 활동 경로를 결정한다. 계단 형성방법에는 몇 가지의 기본 형태가 있다.

- 직선형
- L형
- U형
- 원형
- 나선형

계단이 점유하는 공간은 아주 넓은 경우도 있지만, 대개 그 형태는 실내 공간에 맞도록 구성되어야 한다. 계단은 볼륨을 지닌 형태나 부가적 형태로 구성되기도 하다.

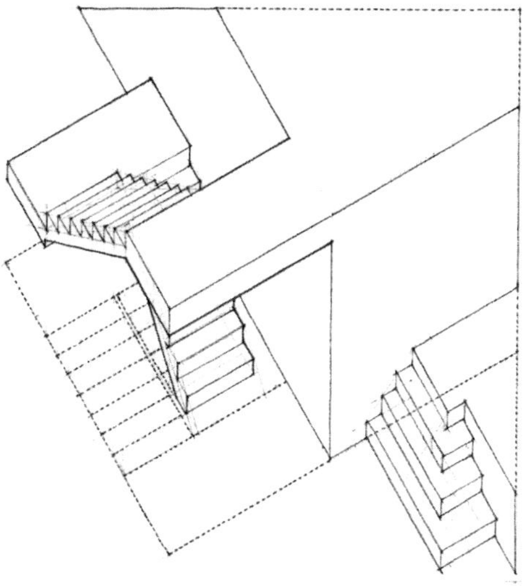

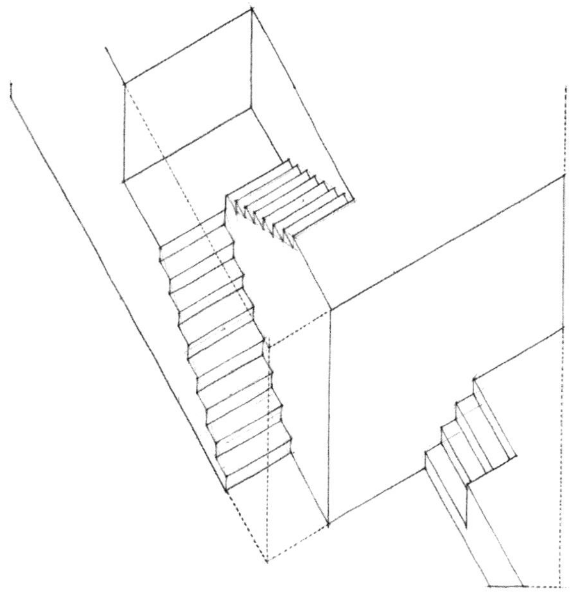

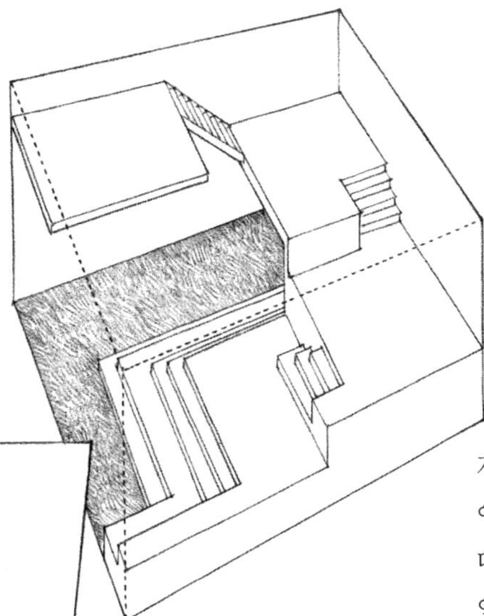

계단은 공간의 한쪽 모서리에만 설치되기도 하고, 공간을 에워싸는 형태로 구성되기도 하며, 공간을 가득 메우는 형태일 때도 있다. 이는 공간의 경계를 한정하거나 테라스, 좌석에까지 연장되기도 한다.

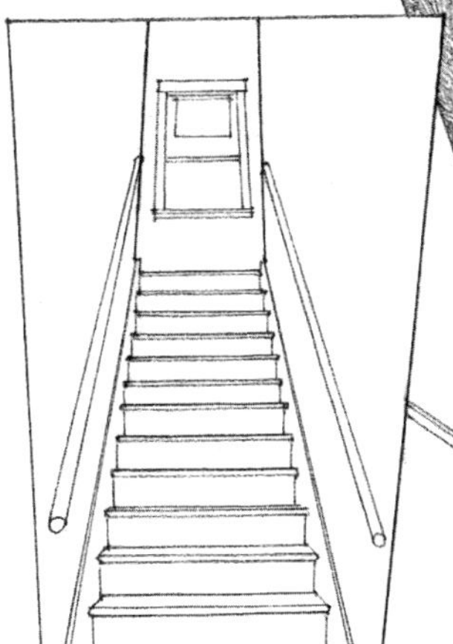

계단은 높이가 서로 다른 건물과 외부 사이를 연결시키는 구성요소가 되기도 한다.

층계참은 계단을 오를 때 보이는 부분이고, 디딤면은 계단을 내려올 때 닿는 부분이다. 비공식적, 사적 공간에 대한 접근성을 주기 위해서는 챌판의 경사를 급하게 하면 된다.

비례와 스케일

이 장에서는 비례와 스케일(척도)에 관련된 문제들을 다루려고 한다. 스케일이 어떤 대상의 규모를 표준적인 것과 비교하는 것이라면, 비례는 한 부분이 다른 부분 또는 전체와 갖는 조화로운 관계에 대한 개념이다. 이는 질과 양 모두를 포괄하는 내용이다. 디자이너들은 종종 대상의 비례를 정할 때 고심하게 되지만 사실, 비례는 재료의 성질, 건물요소, 구성요소들에 의해 결정된다.

모든 건물재료들은 신축성, 견고성, 내구성과 같은 특성을 지닌다. 그리고 이들은 지탱력에 한계를 가지고 있어, 그것을 초과한 경우에는 깨지거나 부서지거나 붕괴된다. 물체가 받는 압력은 크기와 비례하는 중력에 의해 좌우된다. 그리고 모든 물체는 스스로 견딜 수 있는 힘 이상의 치수를 견디지 못한다. 예를 들어 두께 10cm, 길이 2.4m의 석판은 두 지지대 사이를 연결시키는 기능을 하는데, 치수가 4배 증가되어 두께 40cm, 길이9.6m가 되면 붕괴되어 버린다. 철강과 같이 강한 물질도 스스로의 지탱력을 초과하는 힘을 지지하지는 못한다.

모든 물질들은 이상적인 비례를 지닌다. 예를 들어, 벽돌과 같은 석조재료는 압력에 강한데, 압력을 받는 정도는 벽돌의 부피에 의존한다. 따라서 이러한 재료는 형태 부피성을 지닌다. 강철과 같은 재료는 압축과 장력에 모두 강하므로, 얇은 면 또는 기둥형태로 이용된다. 목재는 유연하고 휘는 성질이 있어서 선형기둥이나 널빤지 형태, 또는 통나무 건축 시 자체 형태 그대로 이용되기도 한다.

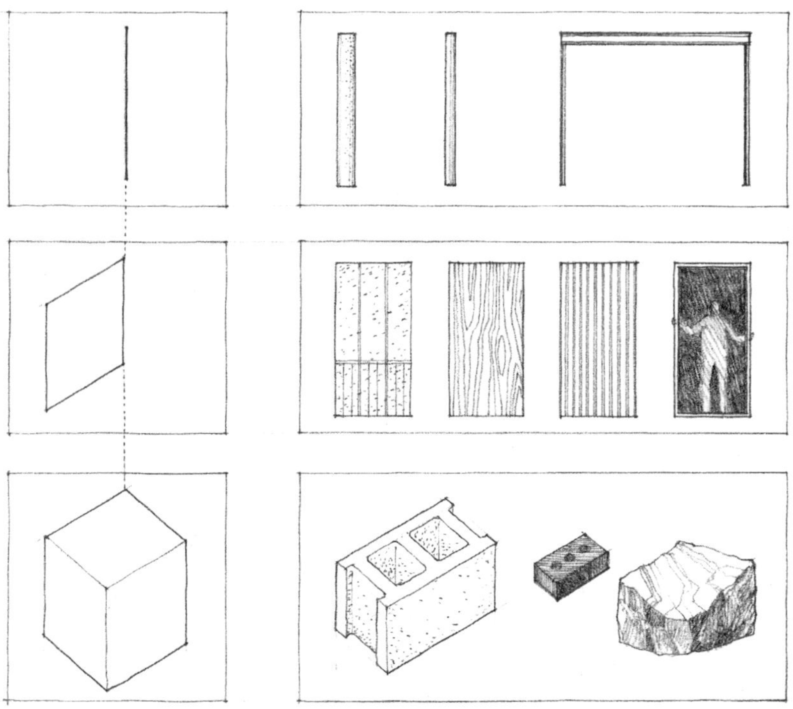

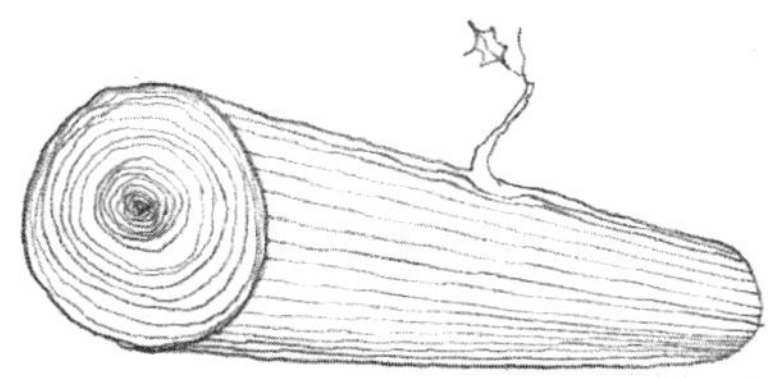

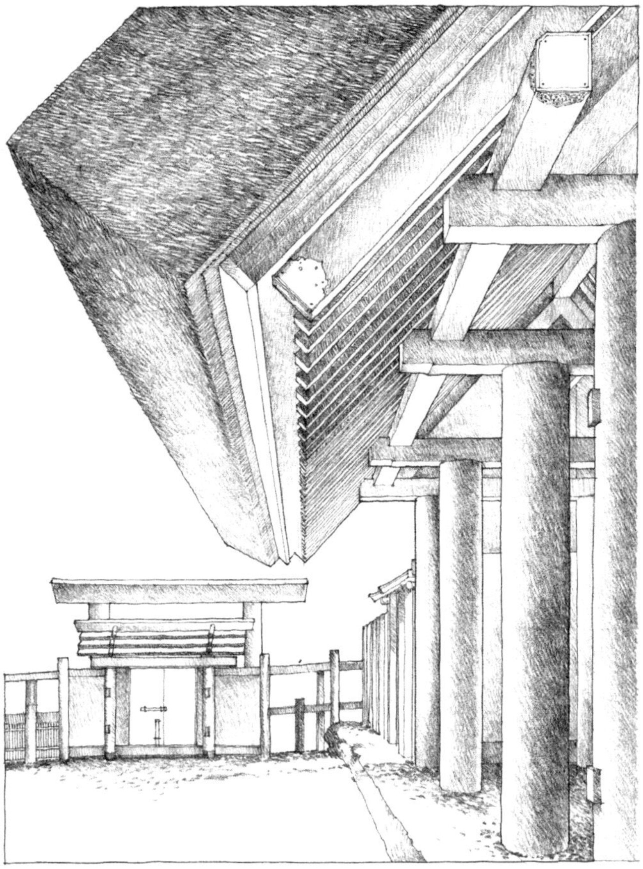

South gateway of the third fence of Naigu, the inner shrine, Ise Shrine, Mie Prefecture, Japan, 690 CE

건물 건축에서 구조적 요소는 스팬에 의해 지탱되며 하중을 수직재를 통해 건물의 기본 시스템에까지 전달한다. 이러한 요소의 크기와 비례는 그것들이 수행하고 있는 구조적 임무와 직접적인 관련이 있으며, 그렇기 때문에 그것이 구성하고 있는 공간의 크기와 척도에 대한 시각적 지침이 되기도 한다.

예를 들어 보에 작용하는 하중은 수평적으로 전달되어 보를 받치는 수직 부재들로 전해진다. 보의 스팬이나 하중이 두 배가 되면, 휨 응력도 두 배가 되어 붕괴 위험이 생기지만, 보의 깊이가 두 배가 되면 휨 강도는 네 배가 된다. 따라서 깊이는 보의 중요한 치수이며, 깊이 대 스팬 비율이 보의 구조적인 역할에 대한 유용한 가늠자가 될 수 있다.

마찬가지로 기둥의 두께 또한 그것이 받는 힘만큼 되어야 하며, 힘을 받지 않는 기둥은 길이를 늘여서 설치할 수 있다. 보와 기둥은 공간의 모듈을 한정하는 골격구조의 틀을 형성한다. 이들은 또한 크기와 비례에 의해 공간을 결정하고 그 공간에 체계적인 구조와 척도를 부여한다. 이것은 장선이 들보에 의해 지지되는 방식에서 볼 수 있다. 이때 각 요소들은 하중과 스팬 규모의 증가에 따라 규모가 커진다.

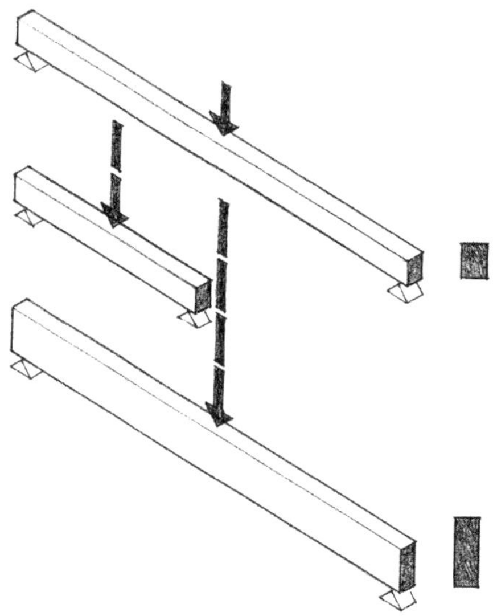

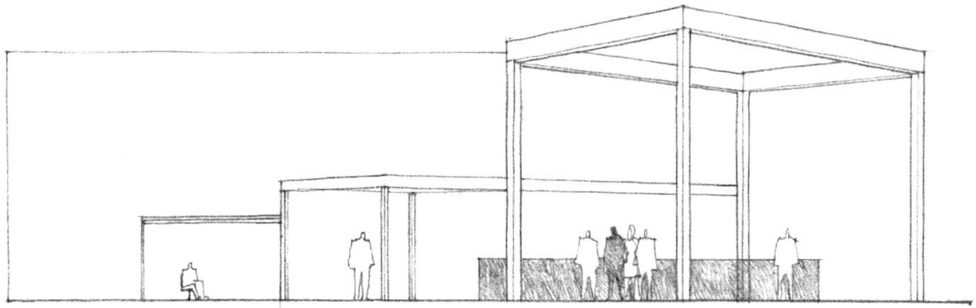

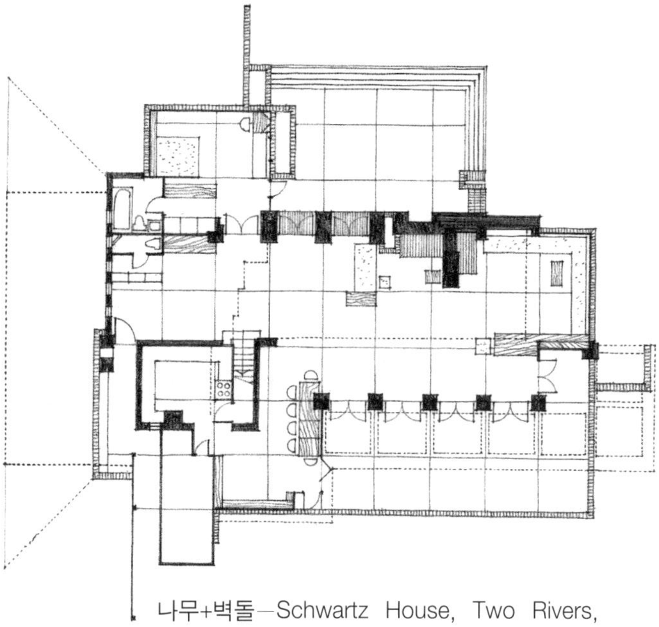

나무+벽돌—Schwartz House, Two Rivers, Wisconsin, 1939, Frank Lloyd Wright

내력벽, 바닥이나 지붕 슬래브, 볼트, 돔과 같은 다른 구조형태도 역시 자체의 본질 뿐만 아니라, 구조 시스템에서의 역할에 맞는 비례로 구성됨으로써, 보는 이들에게 시각적 실마리를 준다. 석조벽은 압축력에는 강하나 휨성이 약하므로 같은 역할을 하는 철근 콘크리트 벽보다는 더 두껍게 설치되어야 한다. 철강 기둥은 같은 하중을 지지하는 목재 기둥보다는 가늘어야 한다. 10cm 두께의 철근 콘크리트 슬래브는 10cm 두께의 목재 바닥판보다 지지범위가 넓다.

막구조나 창틀은 재료의 무게나 견고함보다는 안정을 위한 기하학적 측면에 더욱 의존하는 구조이다. 이러한 구조에서는 요소들이 공간에 스케일이나 치수를 더 이상 부여할 수 없을 정도까지 얇아질 것이다.

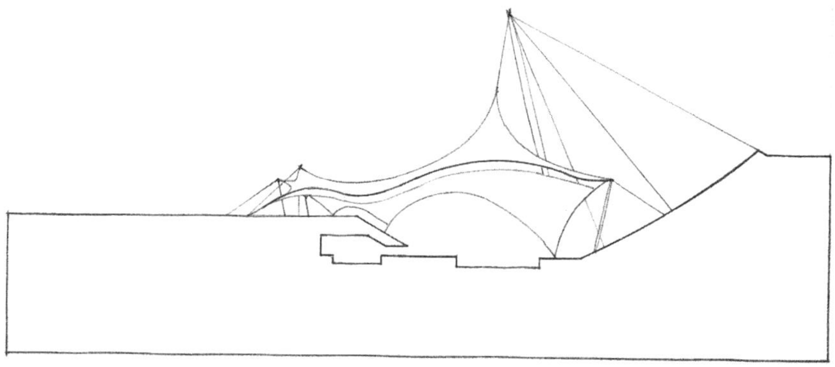

막구조—Roof of Olympic Swimming Arena, Munich, Germany, 1972, Frei Otto

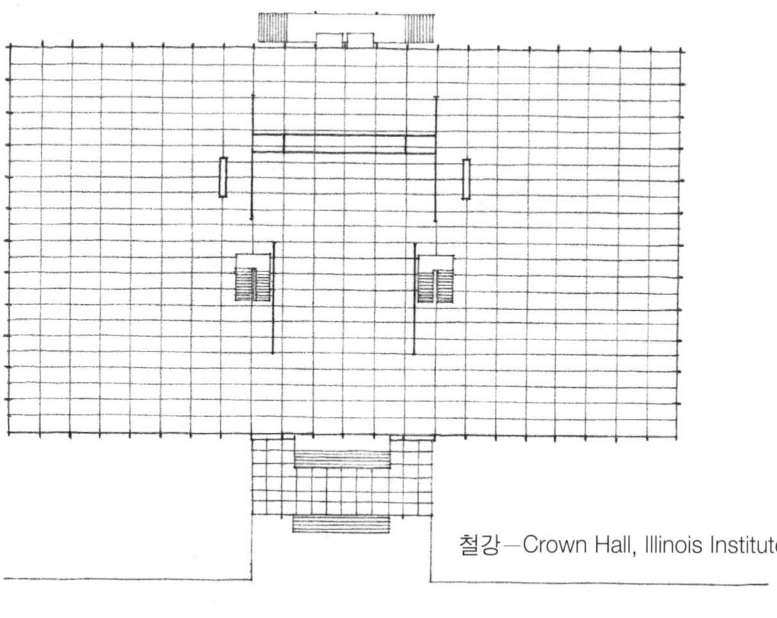

철강—Crown Hall, Illinois Institute of Technology, Chicago, 1956, Mies van der Rohe

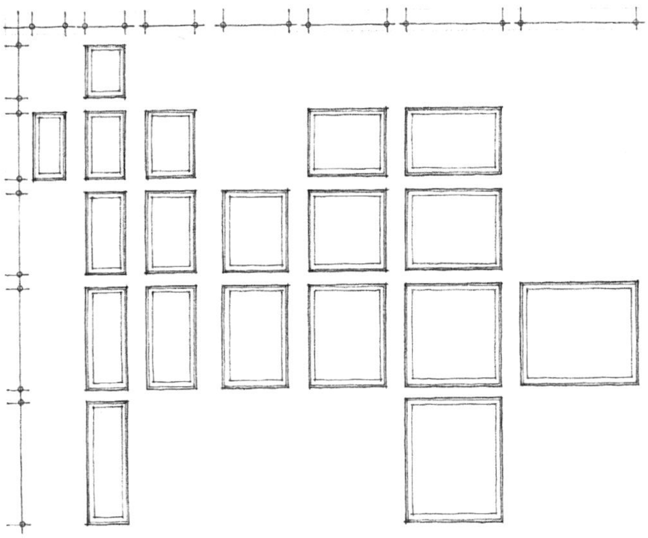

기본적인 창문단위

많은 건축요소들은 그들의 구조적 특성과 기능, 그리고 제조 과정에 의하여 크기와 비례가 결정된다. 이러한 요소들은 공장에서 대량 생산되기 때문에 제품별 또는 공장의 표준에 따라 크기와 비례가 정해진다.

예를 들어 콘크리트 블록과 일반 벽돌은 모듈화된 건물의 재료로 생산된다. 설사 그것의 크기가 각각 다르다 해도 모두 비슷한 근거 위에서 비례가 설정된다. 합판 및 그 외의 판재들도 역시 일정한 비례에 의해 모듈화된 단위로 부품화된다. 철강재 역시 철강 제조업자와 American institute of Steel Construction에 의해 마련된 일정 비례를 지닌다. 창문과 문은 개인 제조업자에 의해 설정된 비례를 갖는다.

건축 내 어떤 재료의 표준 크기와 비례는 다른 재료의 크기와 비례에도 영향을 준다. 표준화된 창문과 문은 모듈화된 석조 건물의 개구부에 꼭 맞는 크기와 비례를 가져야 한다. 목재나 철재의 샛기둥과 들보도 모듈화된 판재를 사용할 수 있는 간격으로 배열되어야 한다.

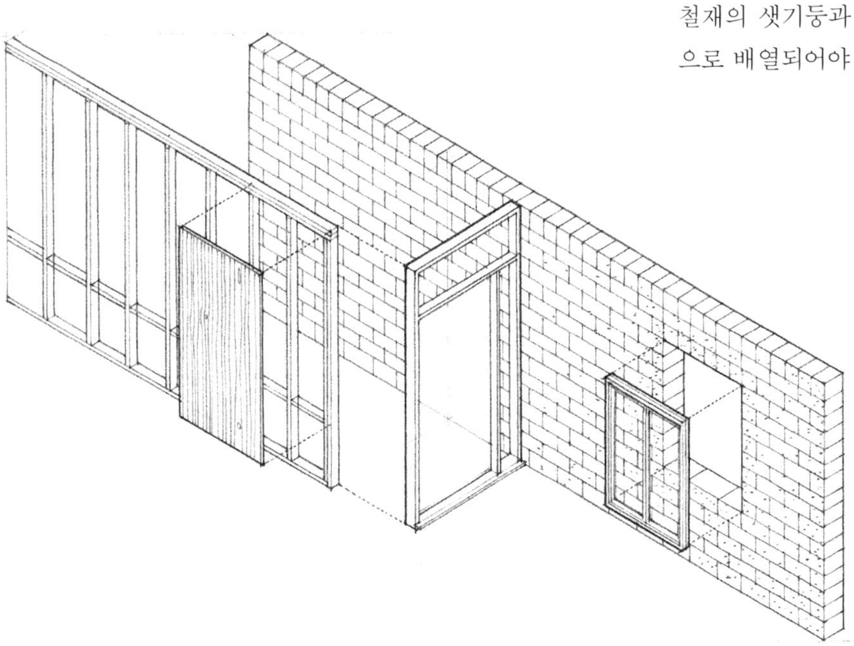

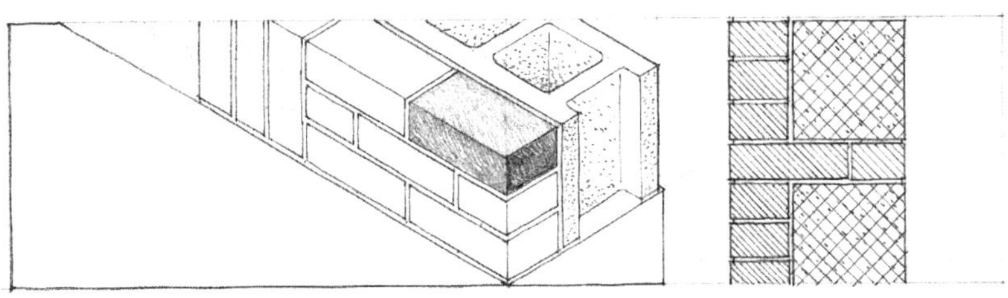

5. 건축의 기본

공간

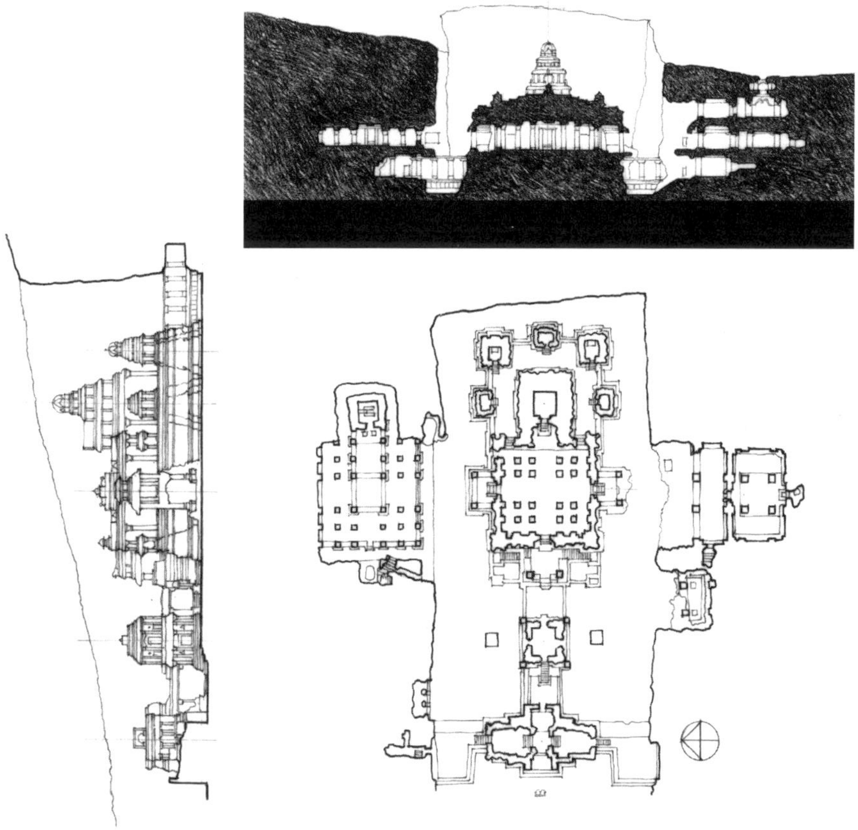

Temple of Kailasnath at Ellora, near Aurangabad, India, 600 - 1000 CE

건축에서 공간은 왜 중요한가?

공간이란 형태 사이의 빈 부분이다. 공간에는 사람이 거주할 수 있기 때문에, 이는 건축의 주요한 수단이다. 건축 공간은 또한 다양한 기능을 수용하도록 신중하게 구성된다—이는 건물의 목적을 제공한다. 이는 건축의 프로그램을 나타내며, 공간이 건물의 기능을 수용하도록 구성하는 것은 건축가의 의무이다.

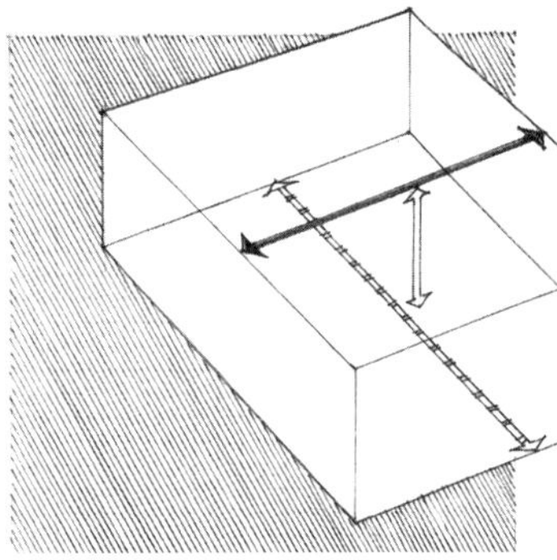

이는 설계 과정에서 다양한 방식으로 이루어진다. 건축가가 조절하는 변수들이 공간의 기능을 가능하게 한다:

- 공간의 크기와 비율은 그 공간이 어떤 기능을 수용할 수 있고 수용할 수 없는지 결정한다.

- 건물 내의 다른 공간들과 관련된 그 공간의 구성은 건물 내의 다른 기능들에 대한 관계와 접근성의 정도를 결정한다.

- 재료, 비율, 빛과 온도는 공간이 어떻게 인지될지를 결정하고 거주자들이 특정한 방식으로 행동하도록 유도하는데 이용될 수 있다.

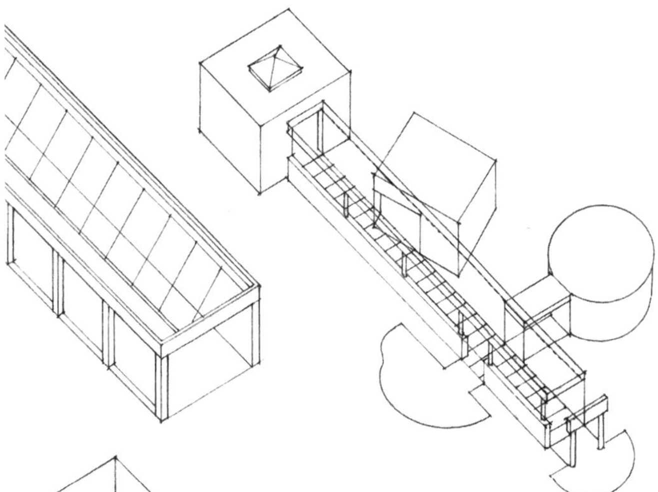

건축은 거주자들이 경험하는 환경이다. 건축가는 그 경험을 만들어낸다. 이는 설계의 직접적인 결과물이다. 비록 공간은 건축의 주요한 수단이지만, 이는 또한 형태에 의해 결정되고 포함된다. 따라서 조직적 · 프로그램적 · 경험적 특성을 결정하기 위해 조작해야 할 것은 형태이다. 본 장에서는 특정한 기능이나 경험을 위해 공간과 형태를 교묘하게 설정하는 방법들에 대해 다룬다. 또한 본 장에서는 건축가가 조작할 수 있는 변수들과, 그 결정이 가져올 결과에 대해 다룬다.

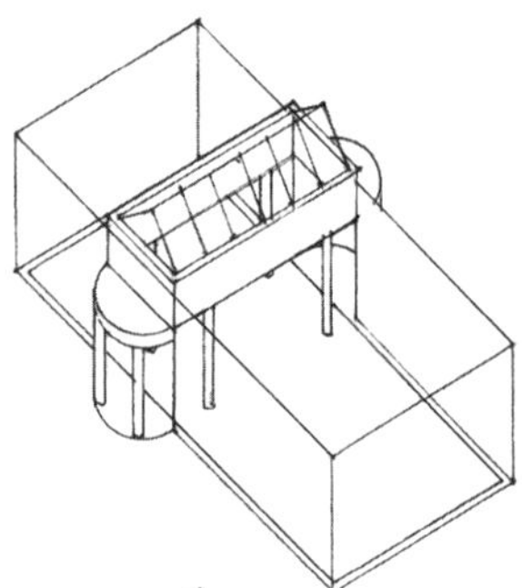

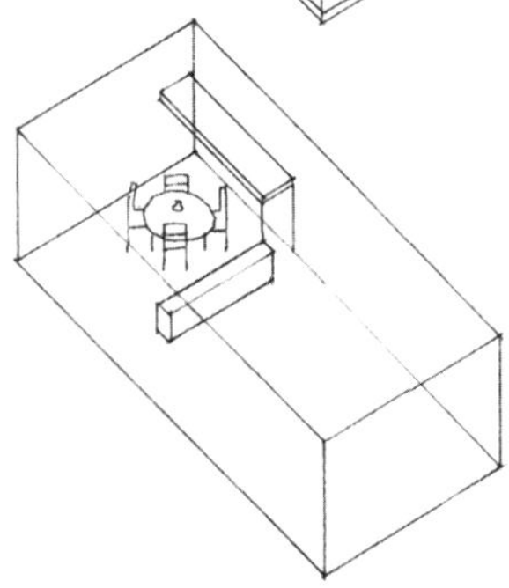

형태와 공간

공간은 언제나 우리를 둘러싸고 있다. 우리들은 공간의 볼륨을 통해, 움직이고, 여러 형태들을 보고, 소리를 듣고, 바람을 느끼며, 정원에 핀 꽃향기를 맡는다. 이들은 나무나 돌과 같은 물체이지만 형상이 없다. 이들의 시각적 형태, 빛의 특성, 차원과 스케일은 형태요소들로 둘러싸인 영역에서 생성된다. 공간이 형태요소들에 의해 형성되고, 둘러싸이며 조직됨으로써 비로소 건축이 탄생되는 것이다.

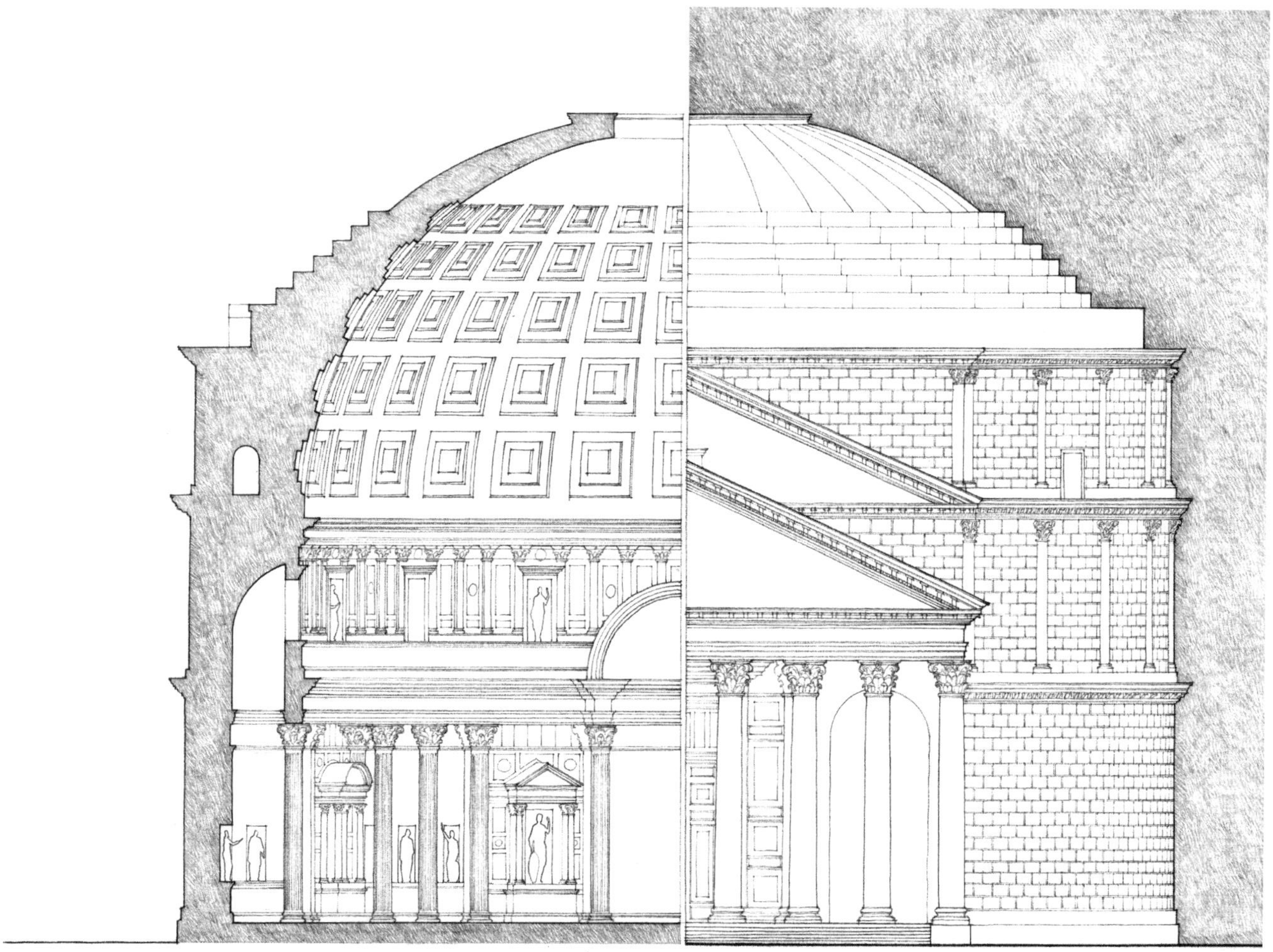

The Pantheon, Rome, 120 - 124 CE

상반된 요소의 통일

우리의 시각 영역은 모양, 크기, 색깔, 방향성이 다른 이질적 요소로 구성되어 있다. 시각 영역의 구조를 더 잘 이해하기 위해서는 구조 내의 요소들을 두 가지의 대조군에 포함시켜야 한다. 이들 중 적극적 요소들은 형상으로, 소극적 요소들은 배경으로 인식된다.

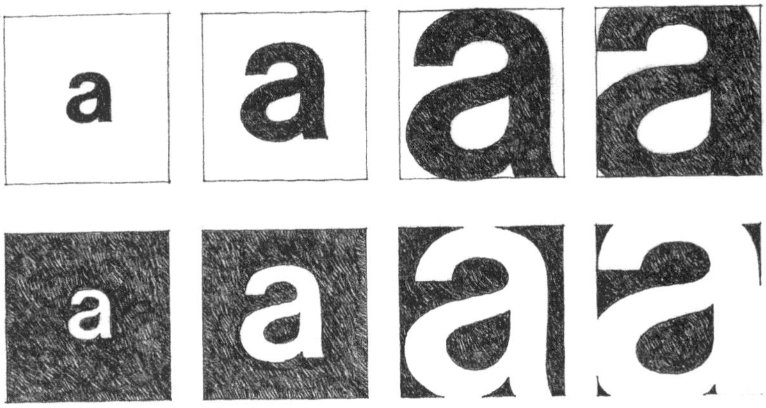

이렇게 우리가 인지하고 이해하는 것은 음각과 양각 사이의 상호작용을 우리가 어떻게 해석하는가에 전적으로 달려 있다. 왼쪽 그림에서 볼 수 있듯이, 글자는 흰 바탕에 검은색으로 보이는 데, 그 결과 우리는 단어나 문장을 알아볼 수 있게 된다. 왼쪽의 그림이 'a' 자로 보이는 것은 우리가 익히 알고 있는 'a' 이기 때문이기도 하지만, 자세히 생각해 보면 그 글자가 배경과 대조되어 윤곽이 분명히 나타나기 때문이다. 그러나 형상이 커짐에 따라 그 속이나 주변 요소들이 서로 눈에 띄려고 경쟁하게 된다. 때로는 형태와 그 배경의 관계가 모호하여 둘 사이의 구분이 어렵게 되는 경우도 있다.

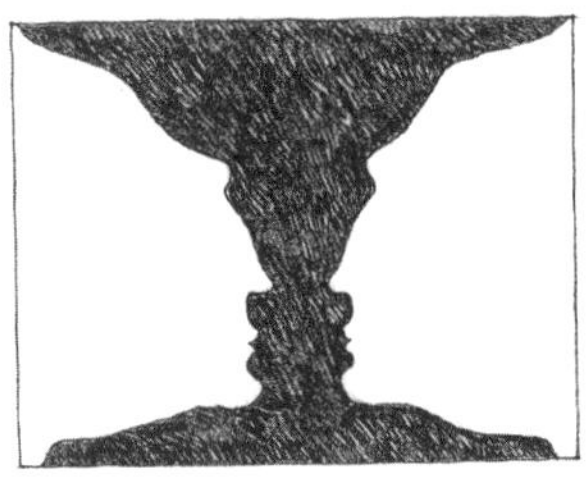

하나의 꽃병인가?
두 사람의 얼굴인가?

검정 바탕 위의 흰색인가?
흰 바탕 위의 검정객인가?

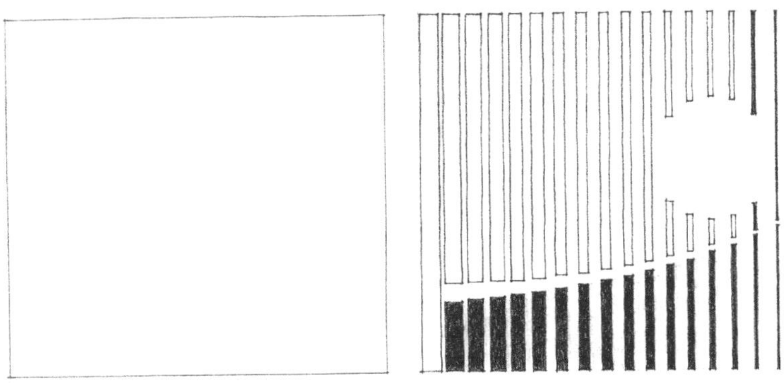

그러나 어떤 경우에도 우리는 배경 없이는 형태가 보이지 않는다는 사실을 알아야만 한다. 그래서 형태와 배경은 반대요소 이상의 것이 된다. 공간과 형태요소가 합쳐져 건축의 실체를 만드는 것처럼 서로 반대되는 요소들이 합쳐져 분리될 수 없는 실체를 만든다.

Taj Mahal, Agra, India, 1630-53
샤자한(Shah Jahan)은 그의 아내 문타즈 마할(Muntaz Mahal)을 위해서 이 대리석 무덤을 만들었다.

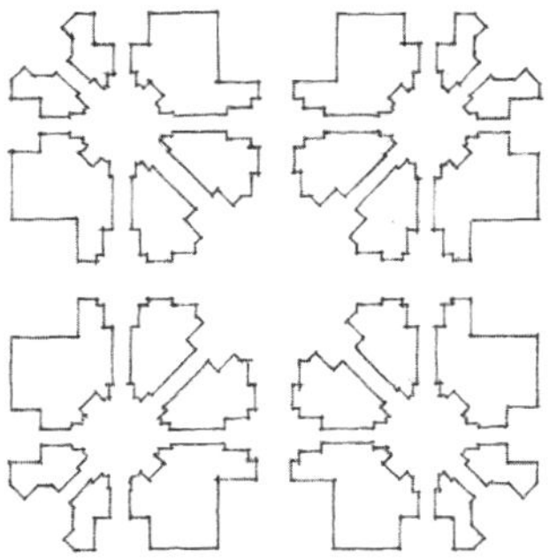

A. 선이 공간과 형태 사이의 영역을 규정한다.

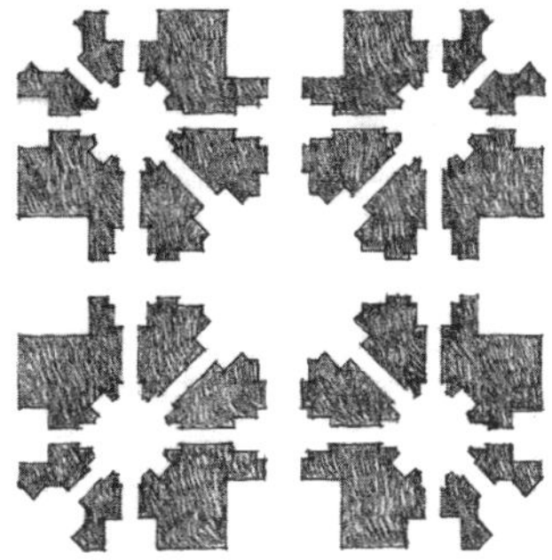

B. 딱딱한 매스가 도안처럼 그려진 형태

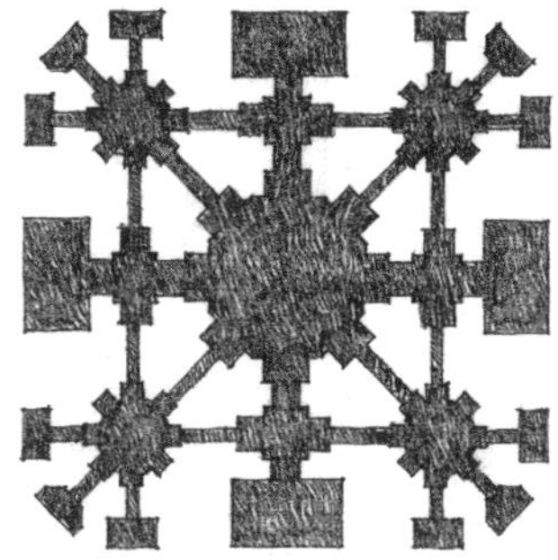

C. 빈 공간이 도안처럼 그려진 형태

건축형태는 매스와 공간 사이의 접합점에서 나타나게 된다. 우리는 디자인을 하는 데 있어서, 공간 볼륨 자체만이 아니라 공간 볼륨을 포함하는 매스의 형태도 고려해야 한다.

Fragment of a map of Rome, drawn by Giambattista Nolli in 1748

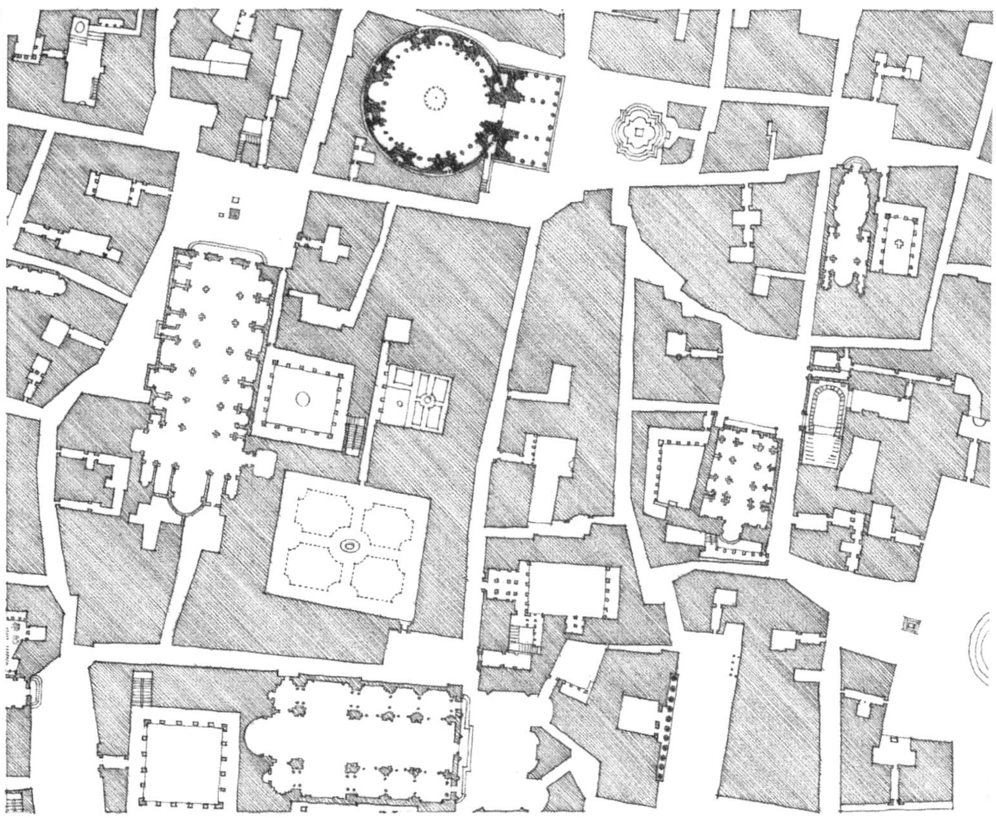

형태와 공간 사이 접합점에서 나타나는 매스의 형태와 배경의 관계를 로마의 시가도에서 잘 보여주고 있다. 어떤 곳에서는 건물이 도로를 규정하고 있고, 다른 곳에서는 도시광장, 안뜰, 그리고 공공건물 내 빈공간이 배경과 대조되는 주 요소로 나타난다.

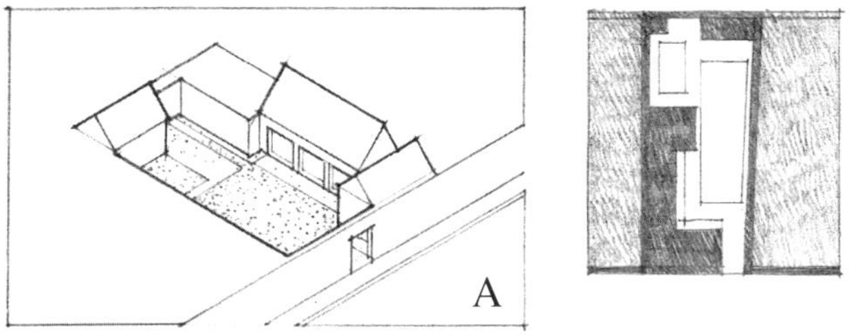

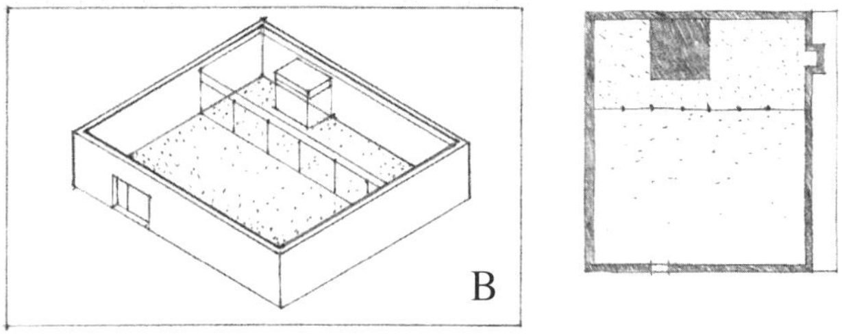

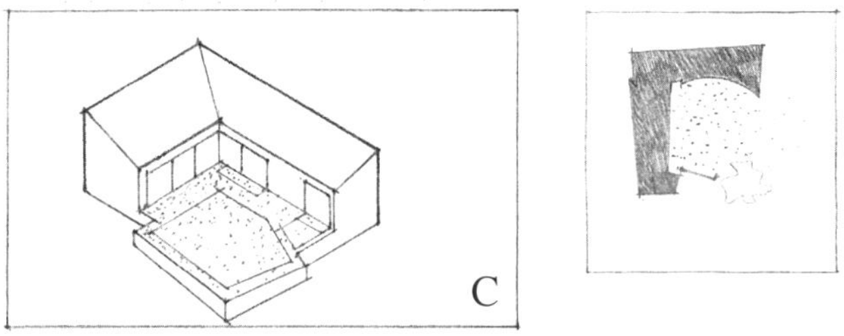

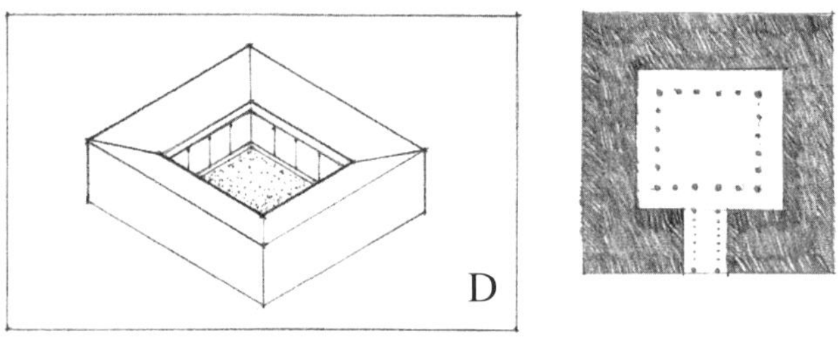

건축에서 매스와 공간이 갖는 형태들의 공생적인 관계를 살펴보면 몇 가지 다른 스케일에서 존재하는 것을 발견할 수 있다. 각각의 수준에서, 한 건물의 형태만이 아니라 그것이 주위 공간에 끼치는 영향까지 고려해야 한다. 도시적인 스케일에서는, 한 건물의 역할과 관련하여 한 장소가 갖는 기존의 조직을 잇고 다른 건물들을 위한 배경 막을 형성할지 하나의 도시 공간을 추가적으로 정의할지, 혹은 공간 속의 한 중요한 개체로서 자유롭게 서있는 것이 그것에 적절할 지의 여부를 주의 깊게 고려해야 한다.

건물 대지의 스케일에서는, 한 건물의 형태를 그 주위 공간과 관계 맺기 위한 다양한 전략들이 중요하다. 한 건물은 다음과 같은 전략들을 취할 수 있다.

A. 대지 경계를 따라 벽을 하나 형성하여 추가적인 외부 공간을 정의하기 시작한다.

B. 건물의 내부 공간을 벽을 두른 대지의 사적인 외부 공간과 결합한다.

C. 그 대지의 한 부분을 하나의 외부적인 방처럼 둘러막아 피해야할 기후적 조건들로부터 보호한다.

D. 안뜰이나 아트리움 공간 하나를 그 볼륨 내에서 에워싸고 둘러막는다.—내향적인 계획

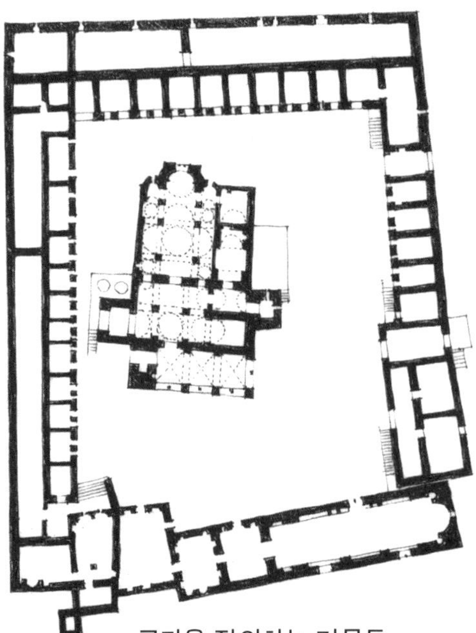

공간을 정의하는 건물들
Monastery of St. Meletios on Mt. Kithairon, Greece, ninth century CE

E. 공간 속에 눈에 띄는 개체로 서있음으로써 그것의 형태와 지형적 위치 설정을 통해 그 대지를 지배한다. – 외향적인 계획

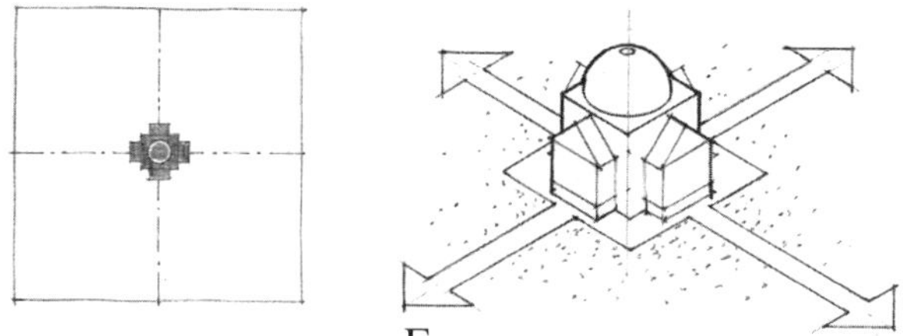
E

F. 면을 폭넓게 연장시켜 하나의 경관을 말하고, 한 축을 종결짓거나, 한 도시 공간의 경계(모서리)를 정의한다.

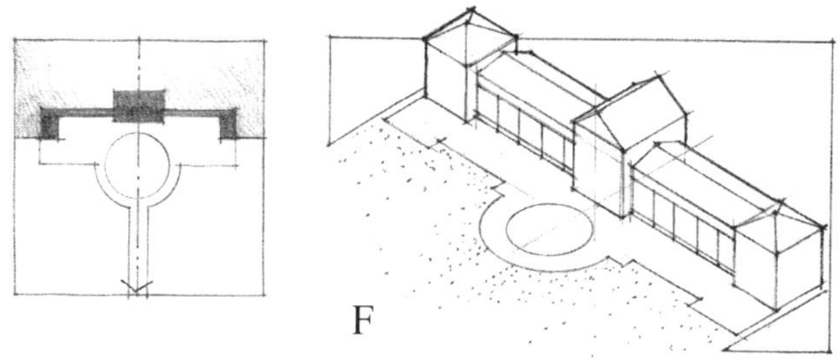
F

G. 건물이 위치한 대지 내에 자유롭게 서있으되 내부 공간을 연장시켜 사적인 외부 공간과 결합시킨다.

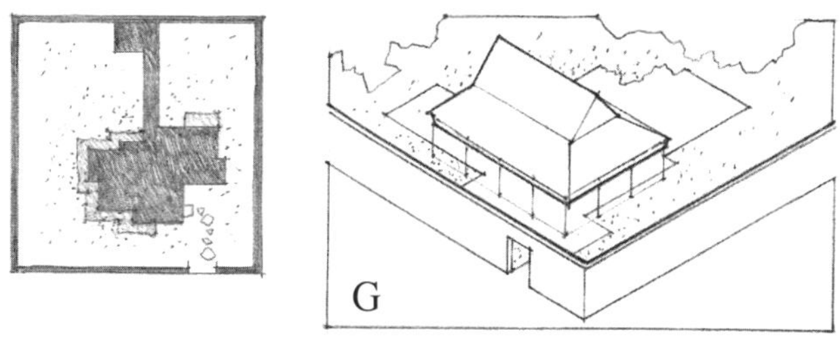
G

H. 음각으로 읽히는 공간 속에서 양각으로 읽히는 형태로서 서있게 한다.

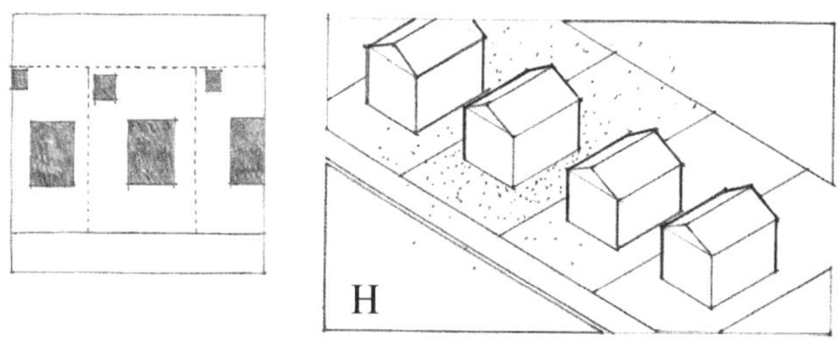
H

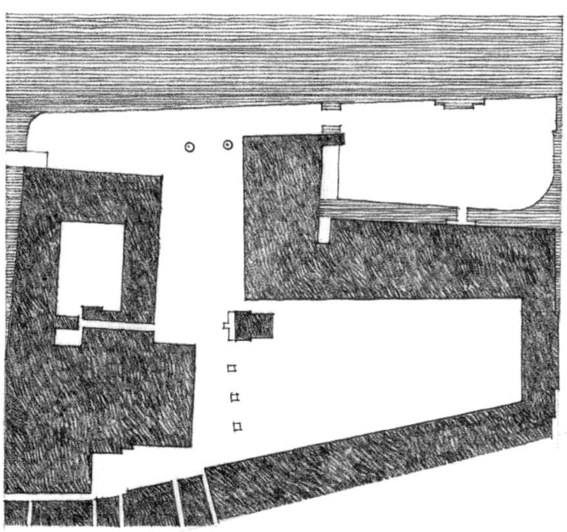
Buildings Defining Space
Piazza of San Marco, Venice

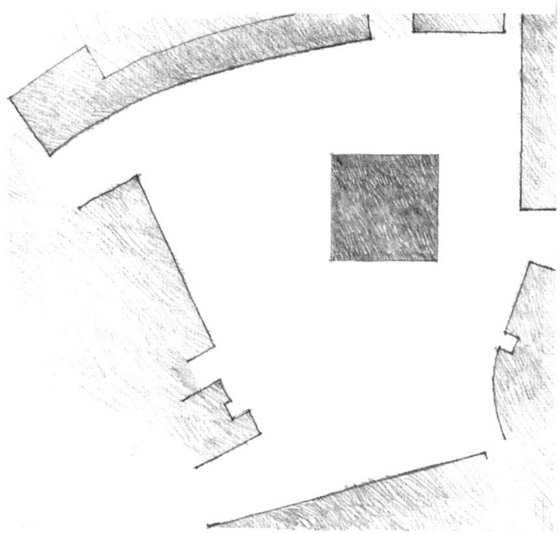
Building as an Object in Space
Boston City Hall, 1960, Kallmann, McKinnell & Knowles

건물의 스케일에서, 우리는 한 평면의 적극적 요소인 벽 들의 조합을 읽을 수 있다. 여기서 벽 사이의 흰 공간은 단순한 배경이 아니라, 드로잉 속에서 외관과 형태를 갖는 형상으로 보아야 한다.

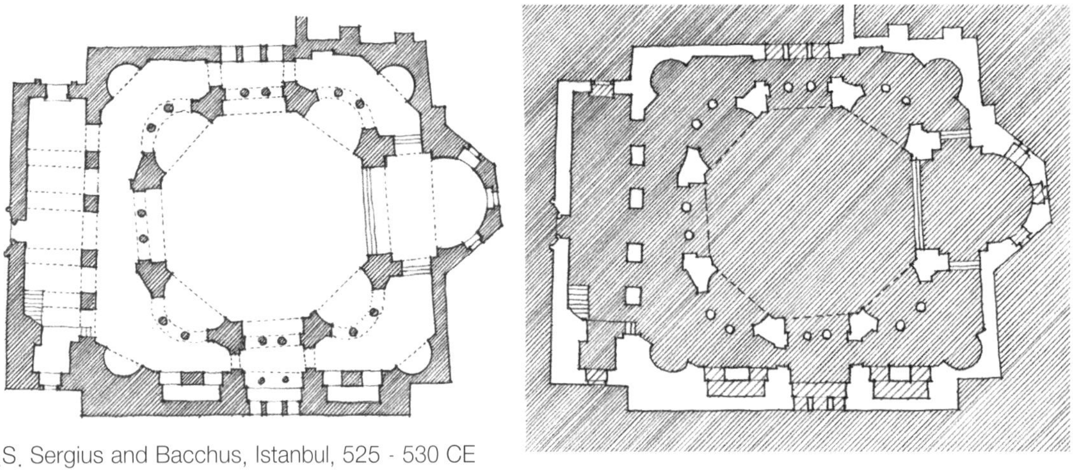

S.S. Sergius and Bacchus, Istanbul, 525 - 530 CE

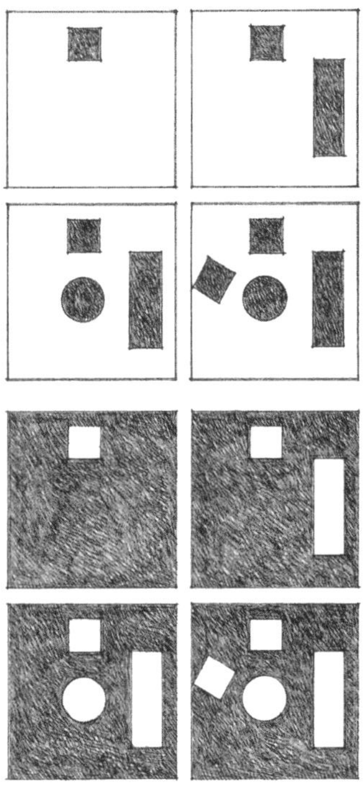

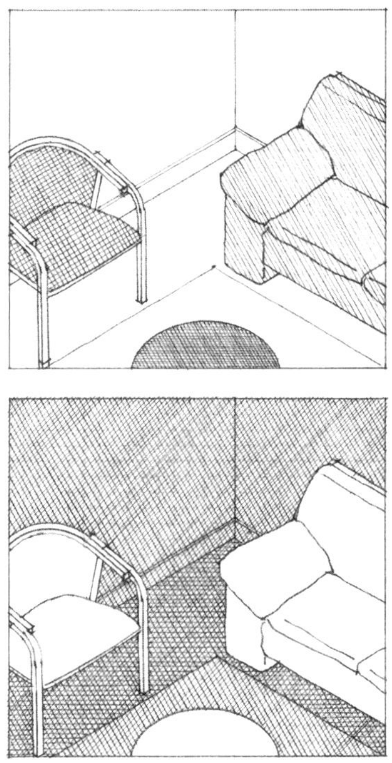

방의 스케일에서는, 가구류가 공간 속에 있는 형태들을 상징하거나 한 공간 영역의 형태를 규정하는 역할을 할 수 있다.

공간을 정의하는 형태

우리가 종이 위에 2차원 형상을 그릴 때, 그 그림은 백지에 영향을 준다. 이와 마찬가지로 3차원 형태도 주변의 공간 볼륨을 분절하며 스스로의 영역과 영향권을 만들어간다. 이제부터는 형태의 수직, 수평요소에 대해 다루게 되는데, 몇 가지 예를 들어, 특이한 공간의 유형을 규정하는 다양한 형태를 살펴보자.

Square in Giron, Colombia, South America

공간을 정의하는 수평요소

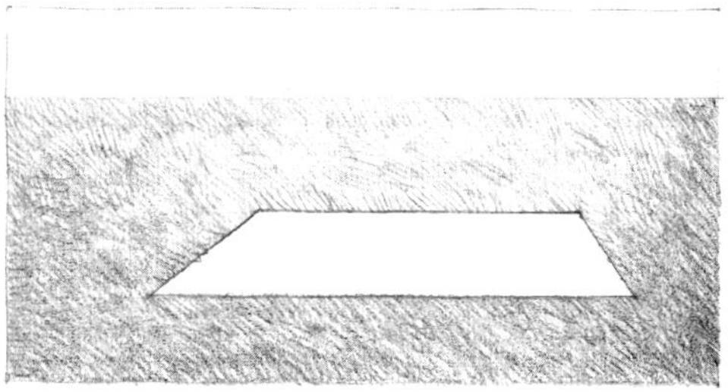

기준면

수평면이 단순한 공간영역을 규정하는 대조적 배경 위에 놓여 있다. 옆의 그림은 이 영역이 시각적으로 보강될 수 있는 방법이다.

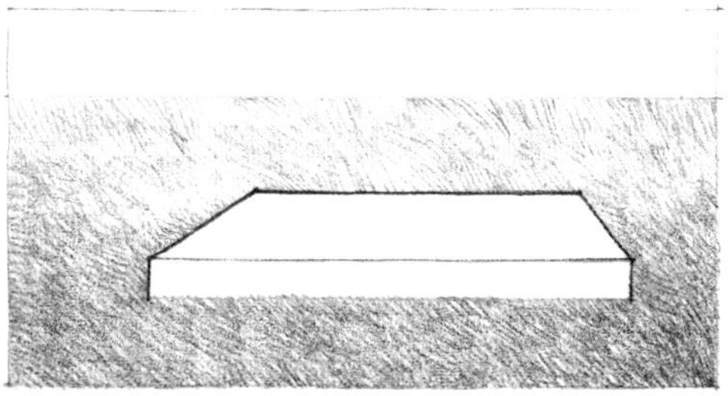

상승된 기준면

지평면 위로 상승된 기준면은 모서리를 따라 수직표면을 설정한다. 이 모서리는 형태와 주변 공간 사이의 시각적 분리를 강화한다.

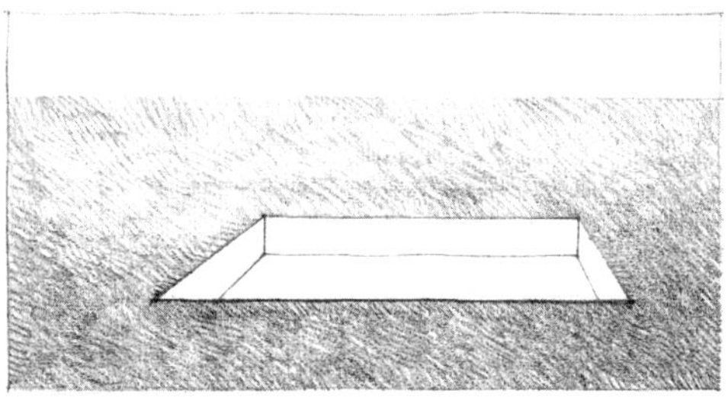

하강된 기준면

수평면이 지평면 아래로 내려 앉아 있다. 모서리의 수직면이 공간의 볼륨을 한정한다.

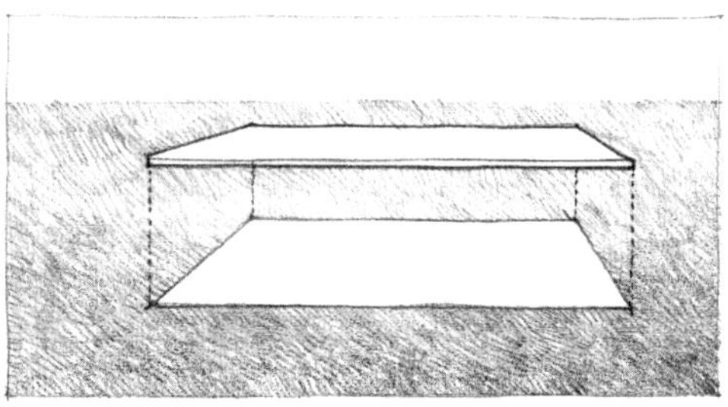

천장면

수평면이 머리 위로 올라와 지평면과의 볼륨을 한정한다.

기준면

수평면이 형태로 보이기 위해서는 그것이 놓여 있는 평면과 주변에 있는 면들 사이의 색깔이나 질감 변화가 인식될 수 있어야 한다.

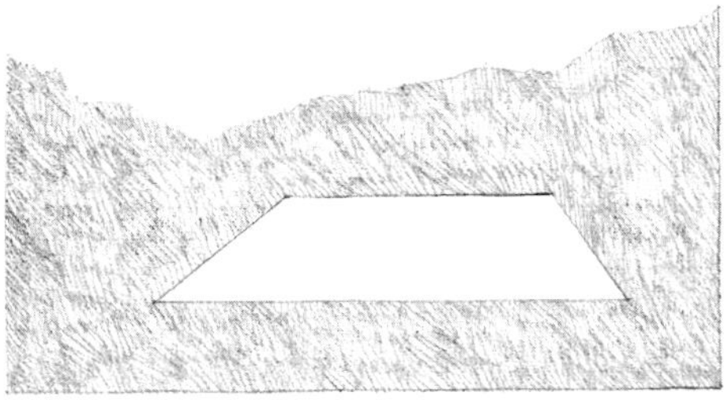

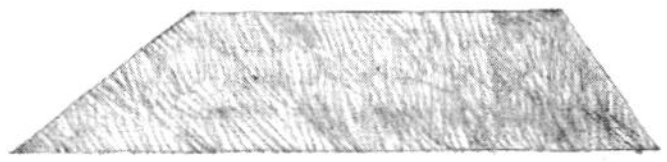

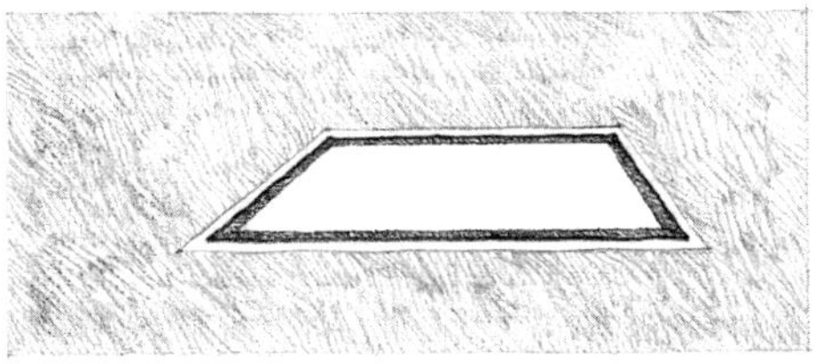

수평면의 모서리가 강하게 한정될수록 형태는 더욱 명료해진다.

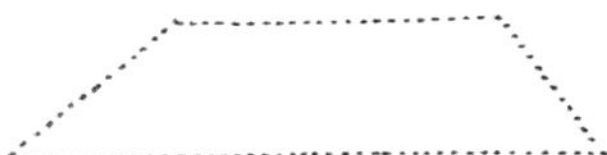

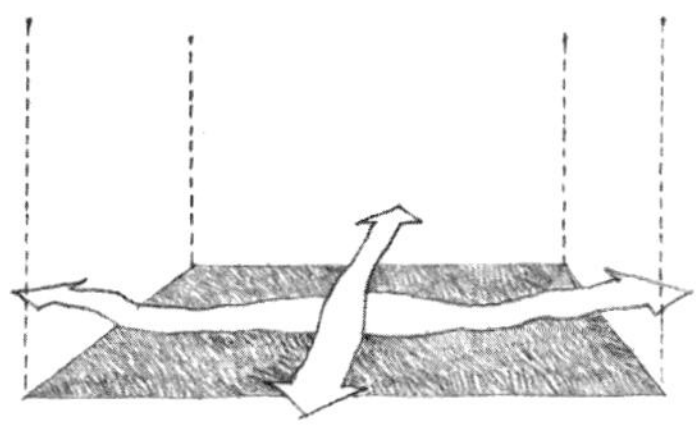

비록 공간이 연속성을 갖더라도 영역은 경계를 한정한다.

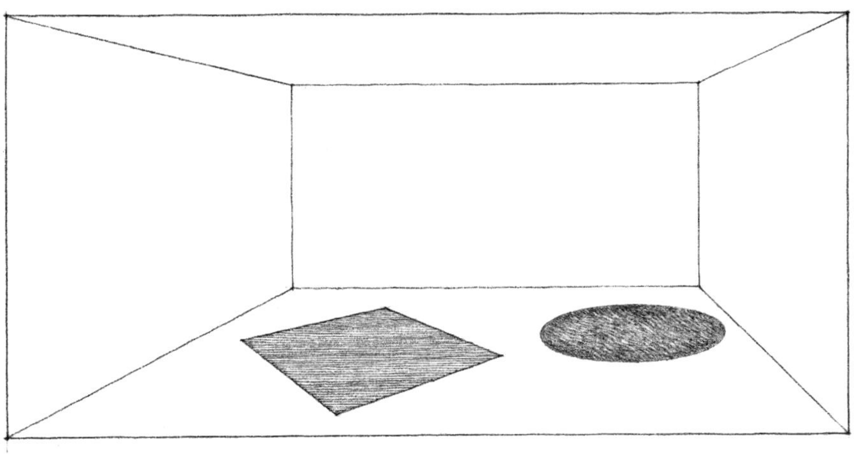

지평면이나 1층면의 분절은 넓은 공간에서 영역을 나누는 데 쓰인다. 다음에서 이러한 공간 한정유형이 통로와 휴식장소를 어떻게 구분하는지, 건물이 서 있는 장소의 성격을 어떻게 규정하는지, '방' 이라는 거주환경에서 기능적 영역을 어떻게 분절할 수 있는가를 보여준다.

상승된 기준면

기준면에서 상승된 지점은 넓은 공간 속에서 또 하나의 공간을 창조한다. 상승면의 모서리를 따라 생기는 높이의 변화는 표면을 가로지르는 공간의 흐름을 방해하고 그 범위를 한정한다.

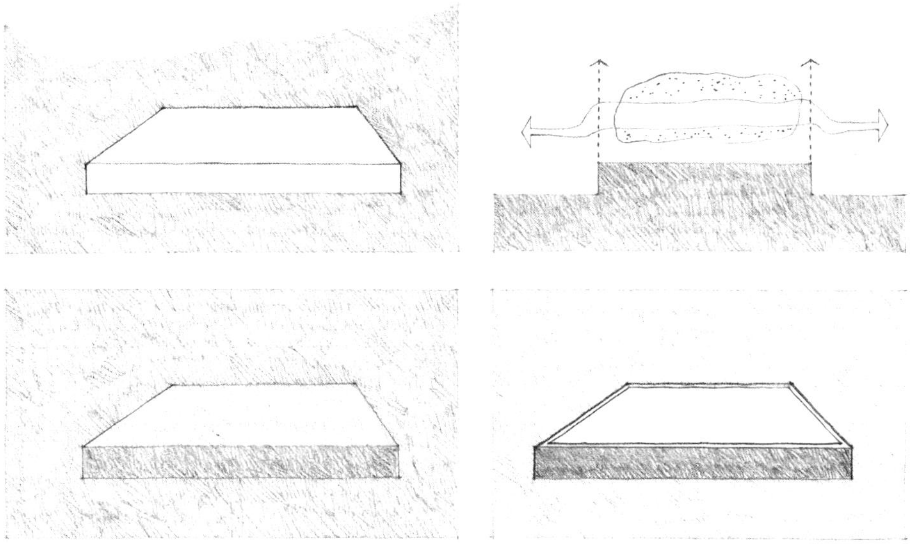

만일 기준면이 계속 상승해서 주변을 가로질러 위치하게 된다면 상승된 기준면은 공간에서 매우 중요한 부분이 될 것이다. 그러나 만일 모서리가 형태, 색깔, 또는 질감의 변화에 의해 분절되면, 그것은 주위와 분리되고 구별되는 높고 평평한 면이 된다.

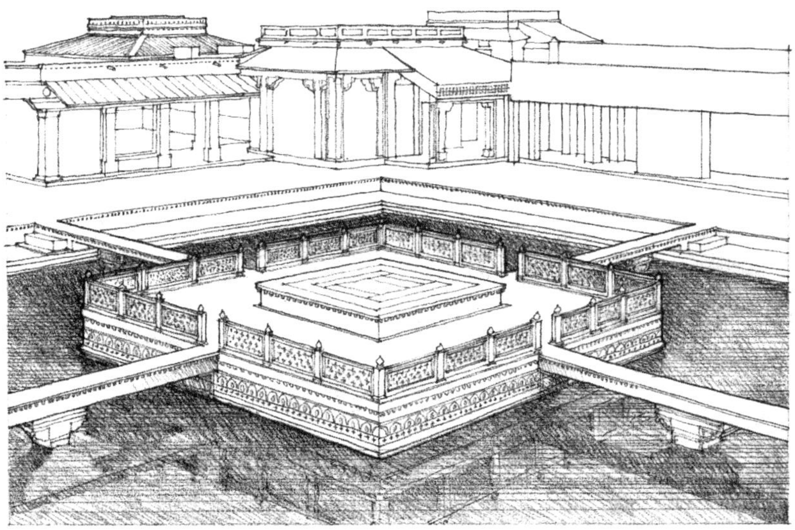

황제의 거실과 침실로 둘러싸인 정방형 연못 속의 단.

Fatehpur Sikri, Palace Complex of Akbar the Great, Mogul Emperor of India, 1569-74.

상승된 공간과 주변 공간 사이에서 유지되는 시각적, 공간적 연속성은 높이 차이에 의존한다.

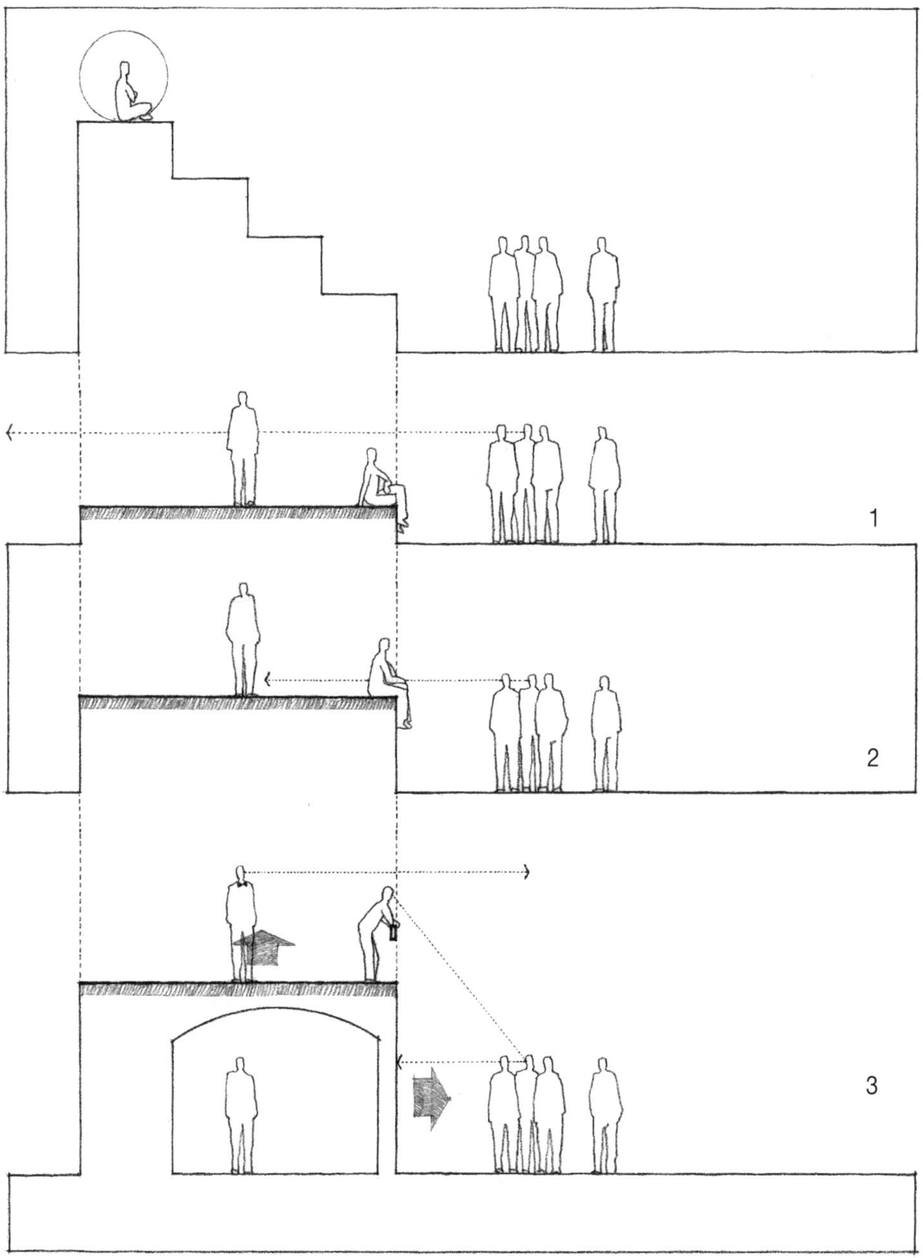

1. 모서리가 잘 규정되어 있다;
   시각적, 공간적 연속성이 유지된다;
   물리적 접근이 쉽다.

2. 시각적 연속성이 유지되고 있다;
   공간의 연속성이 방해된다;
   물리적 접근 때 계단이나 램프가 필요하다.

3. 시각적, 공간적 연속성이 방해된다;
   상승된 평면은 1층 평면이나 지표면과 분리된다;
   상승된 평면이 하부 공간의 보호요소로 이용된다.

지평면은 구조적으로나 시각적으로 건물형태를 지지하는 단이나 토대석을 이용하여 상승시킬 수 있다. 상승된 지평면은 원래 존재하는 지형일 수도 있고, 시각효과를 높이거나 건물을 높이기 위해 인공적으로 구성한 것일 수도 있다. 이 페이지에 나오는 두 가지 예들은 이러한 기술들이 신전 건물에 어떻게 이용되었는지 보여준다.

Temple Mountain at Bakong Temple, Cambodia, 881 CE

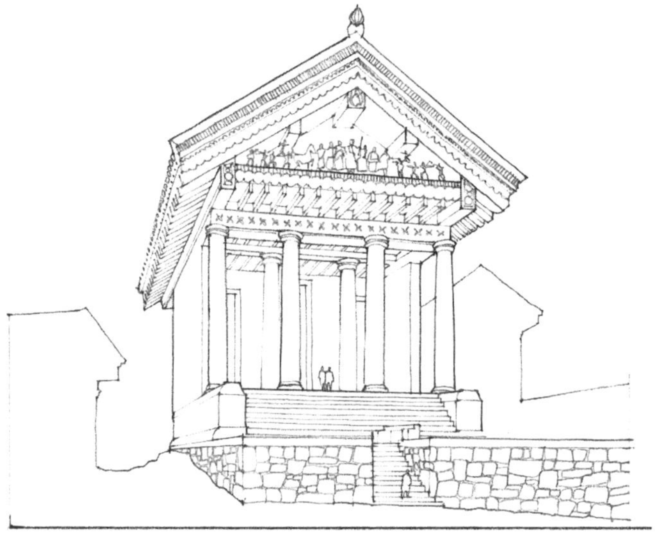

Temple of Jupiter Capitolinus, Rome, 509 BCE

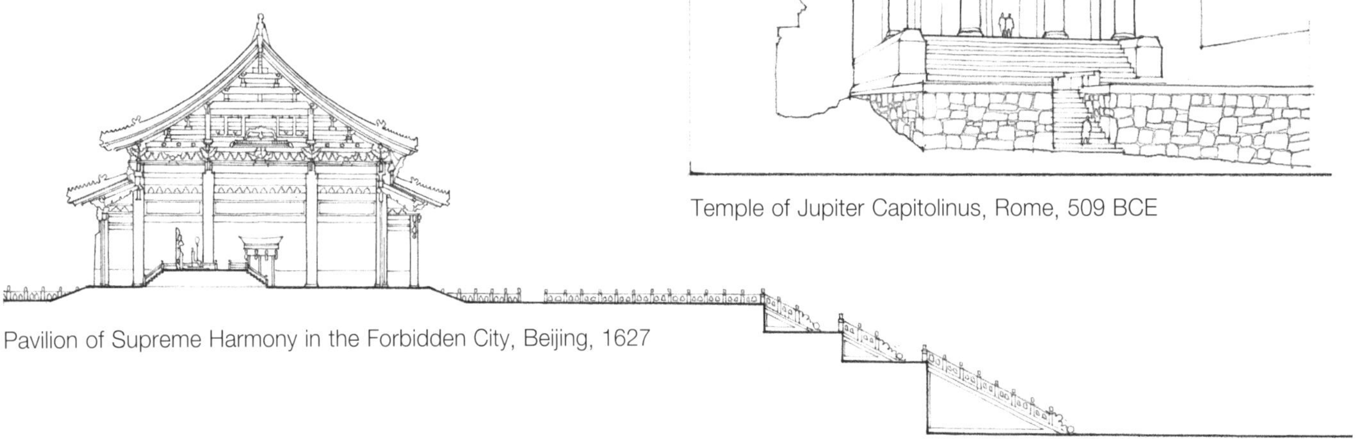

Pavilion of Supreme Harmony in the Forbidden City, Beijing, 1627

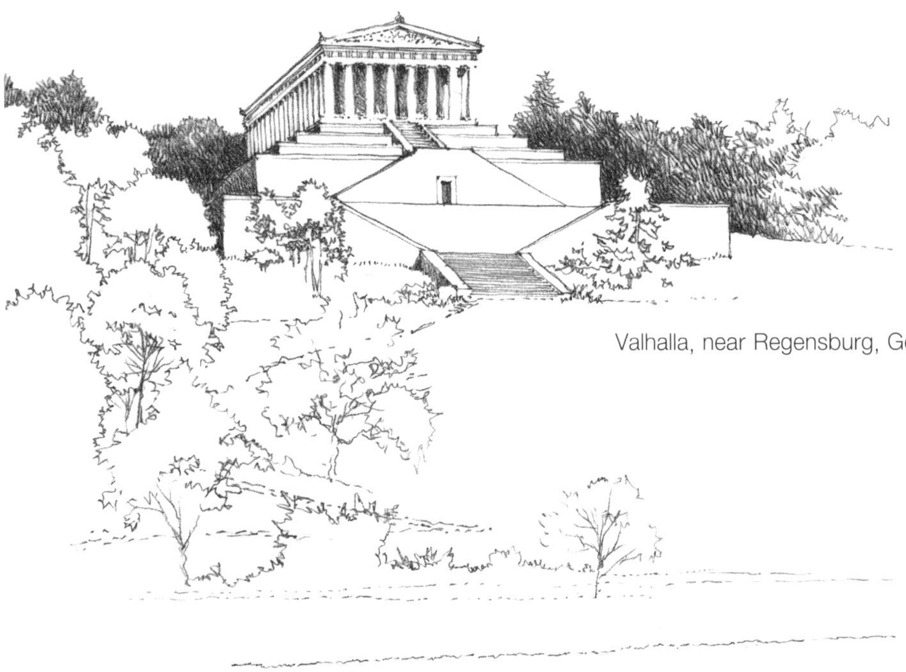

Valhalla, near Regensburg, Germany, Leon von Klenze, 1830 - 1842

하강된 기준면

기준면의 일부를 하강 설치함으로써 그 면을 넓은 공간으로부터 분리시킬 수 있다. 하강부분의 수직면은 그 면의 경계를 한정한다. 이 경계는 상승면의 경우에는 적용되지 않으며, 공간벽을 형성하기 시작하는 가시적 모서리가 된다.

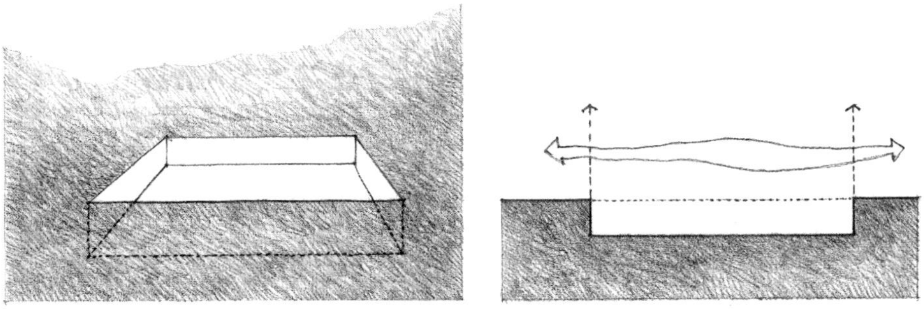

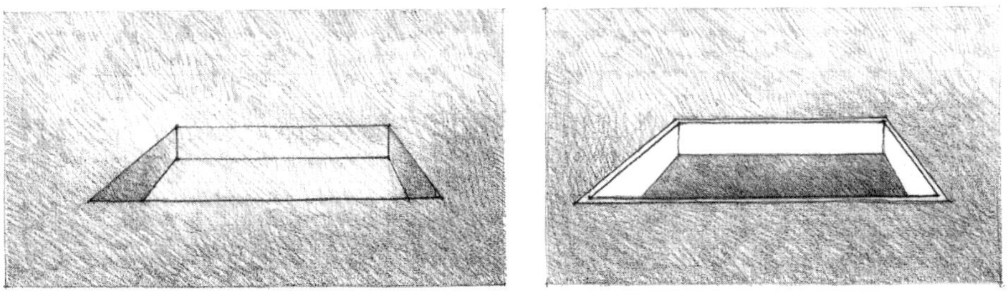

하강면은 주변면과 표면처리를 다르게 함으로써 구별시킬 수 있다.

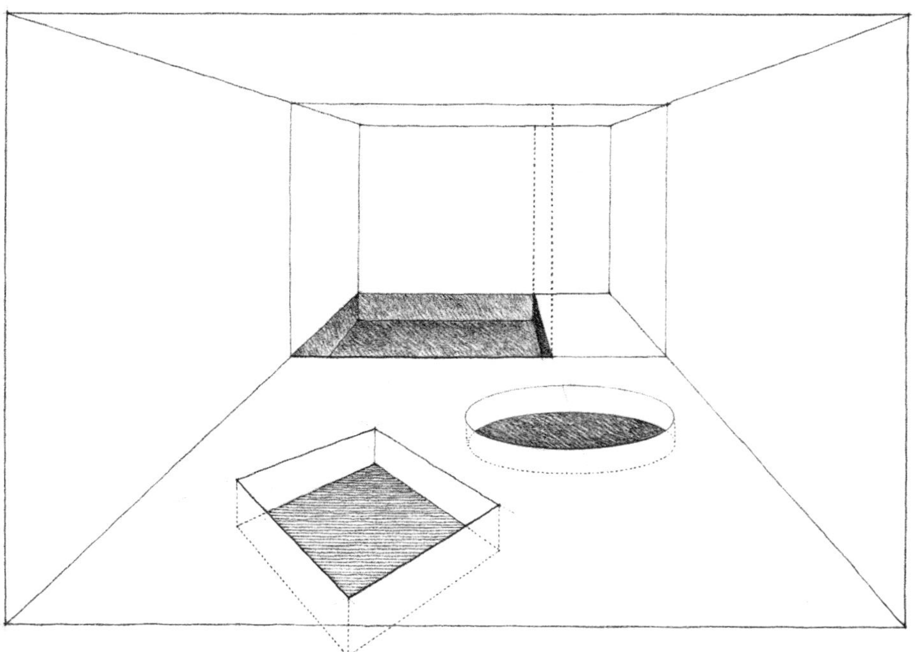

형태, 기하학, 방향 등의 대조는 하강면의 정체성을 시각적으로 강화시키고, 그것을 주변 공간과 독립시킨다.

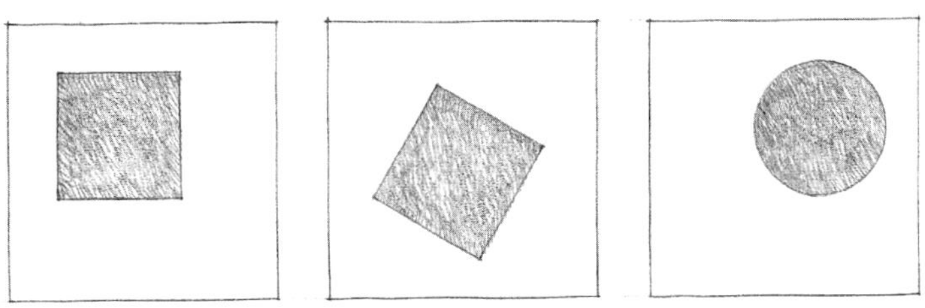

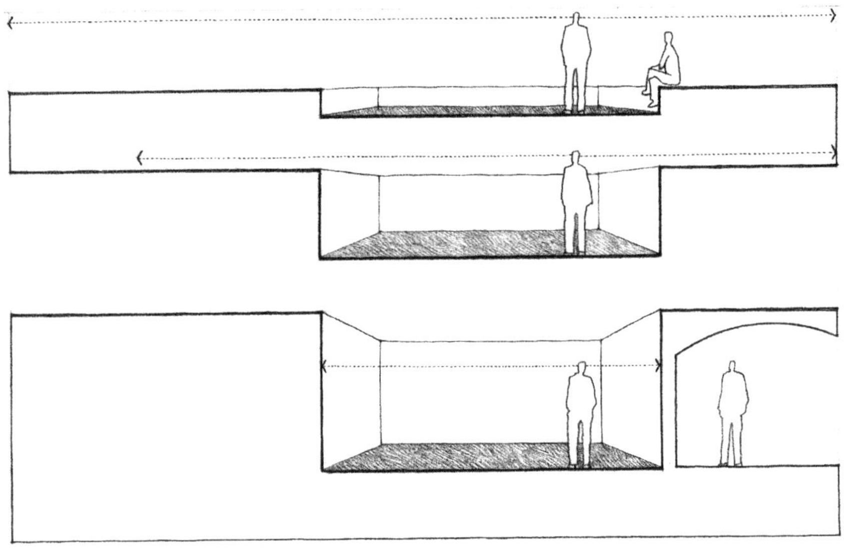

하강면과 그것을 둘러싼 상승면 사이의 연속성은 높이 변화에 따라 다르다.

- 하강면이 지면이나 평면과는 단절되어 있지만 주변 공간의 꼭 필요한 부분이 된다.
- 하강면의 깊이가 깊어지면 주변 공간과 시각적 관계가 약해지는 반면, 단일 공간 볼륨은 보다 효과적으로 강조할 수 있게 된다.
- 더 깊어져 지평면을 볼 수 없게 되면, 하강면은 분리되어 자신만의 명확한 공간을 만든다.

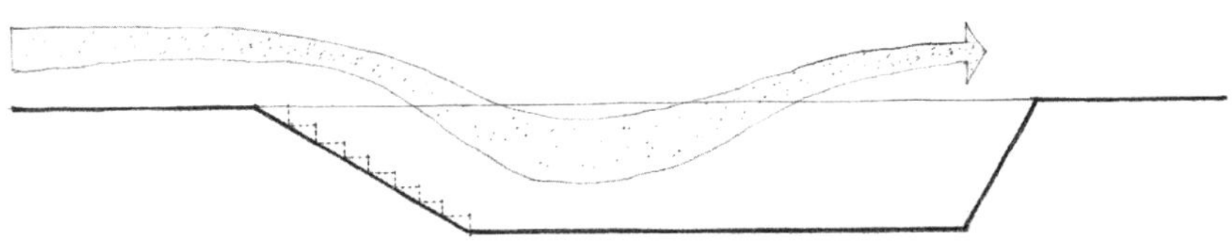

한 높이에서 다른 높이로의 전이 공간인 계단, 테라스 등의 설치는 하강면과 주위 상승면과의 연속성 증대에 도움을 준다.

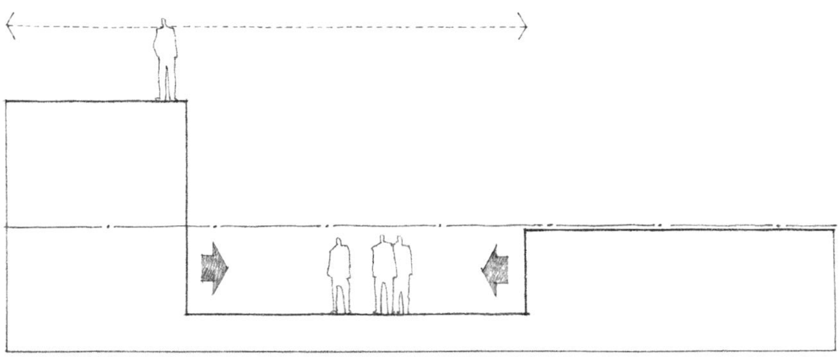

상승면이 그 공간의 중요성이나 외향적 성향을 나타내는 반면, 그 아래 기준면은 상승면의 방어벽 역할을 하거나, 공간의 내향적 성향을 암시한다.

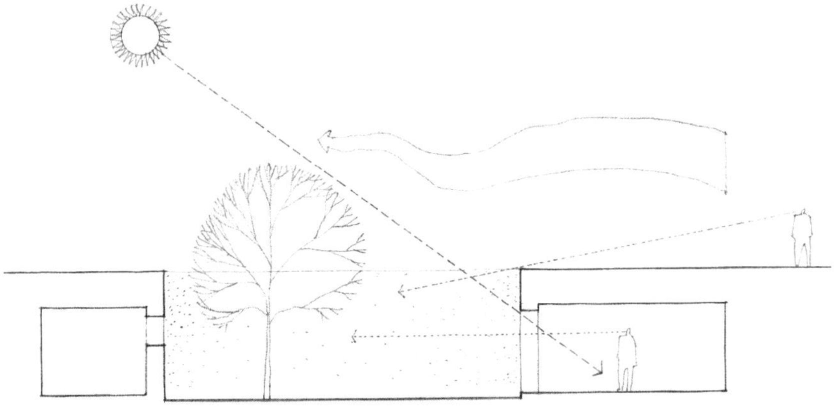

지표면은 지하 건물의 외부 공간을 규정하기 위해 하강시키는 경우가 있다. 하강된 정원은 바람과 소음 등으로부터 보호되며, 지하 공간에 개구부를 만들어 공기, 빛을 받아들일 수 있게 한다.

Lower Plaza, Rockefeller Center, New York City, 1930, Wallace K. Harrison & Max Abramovitz.

록펠러 센터의 광장은 여름에는 옥외 카페, 겨울에는 스케이트장으로 사용되는데 하강면에 위치한 상점이 문을 열고 있는 것을 그 위에 위치한 대광장에서 볼 수 있다.

View of library, Wolfsburg Cultural Center, Essen, Germany, 1962, Alvar Aalto

View of the lowered living level, house on the Massachusetts Coast, 1948, Hugh Stubbins

천장면

나무그늘이 우산과 같은 구조로 공간을 감싸는 것처럼 지붕면 또한 자신과 지평면 사이의 공간을 규정한다. 천장면의 가장자리는 이 영역의 경계를 설정하므로 그것의 모양, 크기, 기준면으로부터의 높이는 그 공간의 질을 결정한다고 볼 수 있다.

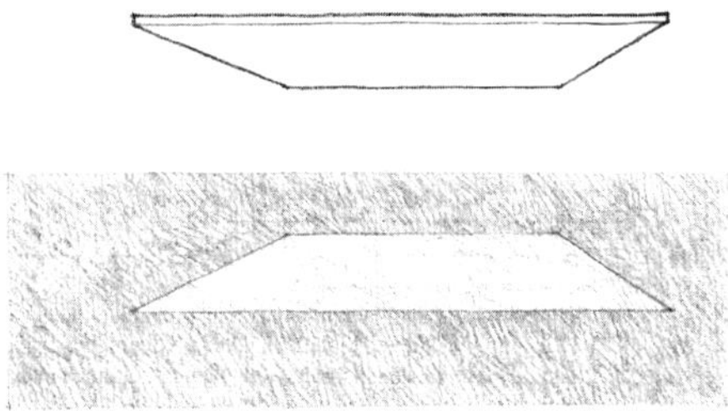
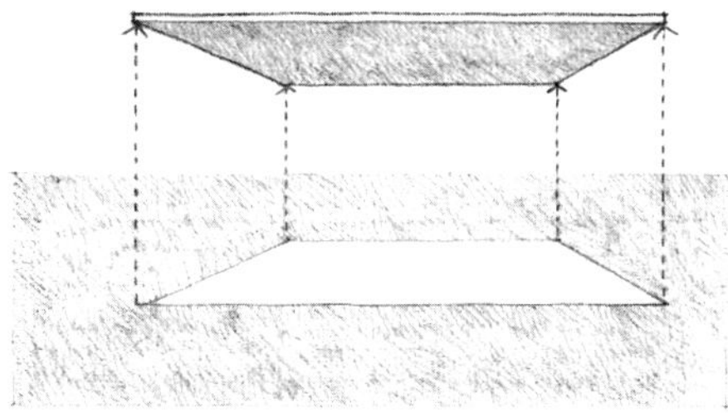
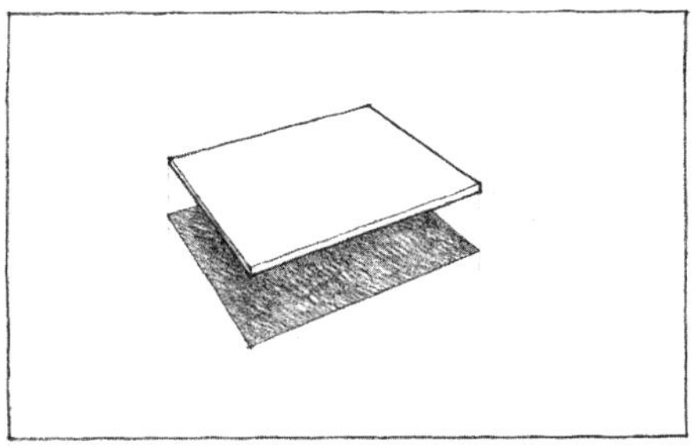

앞에 소개된 지평면과 바닥면의 경우에는 주변 건물에 의해 공간을 규정하지만 천장면의 경우에는 공간의 크기를 스스로가 명확히 한정한다.

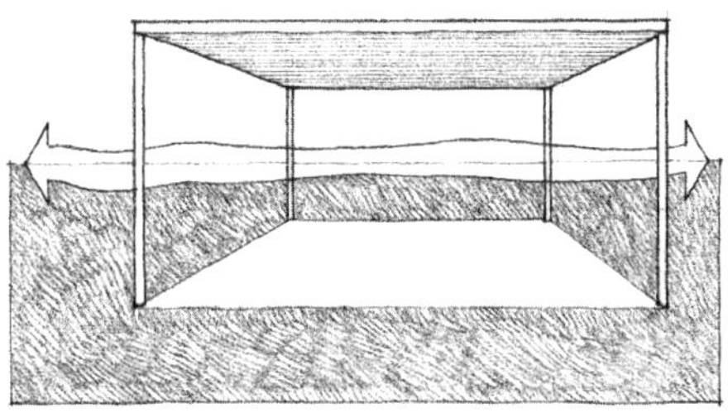
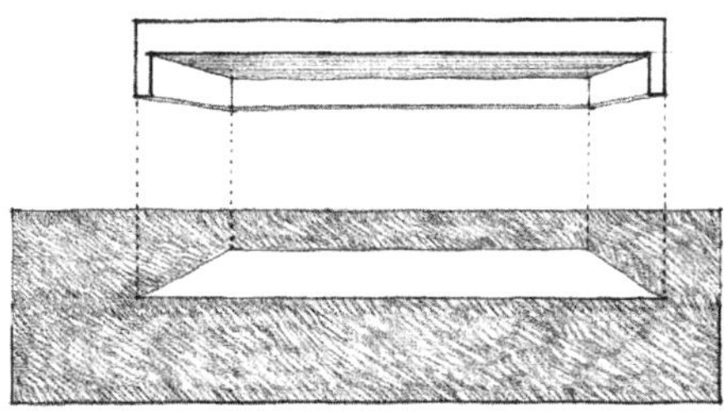

기둥이나 말뚝같은 수직 선형요소가 지붕을 지탱하는 데 사용된다면 그 곳을 통과하는 공간의 흐름을 방해하지 않으면서 공간의 경계를 설정할 수 있다.

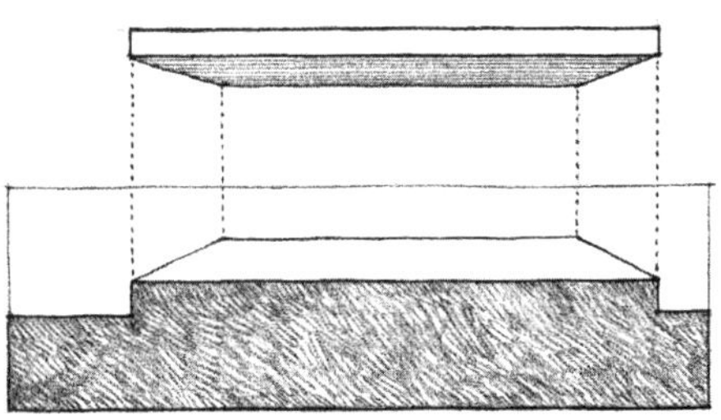
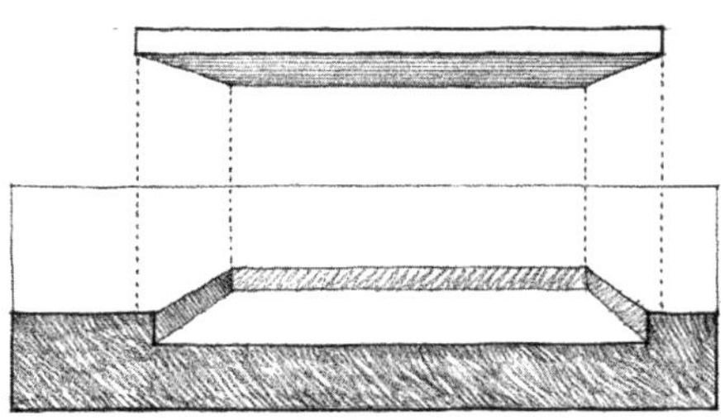

이와 마찬가지로, 천장면이 아래를 향하거나 바닥면이 높이변화에 의해 분절된다면 규정된 공간의 경계가 시각적으로 더욱 명확해질 수 있을 것이다.

건물에서 중요한 천장요소는 지붕면이다. 지붕은 건물의 내부 공간을 태양, 비, 눈 등으로부터 보호해줄 뿐만 아니라, 건물 전체의 형태와 그 공간에 영향을 준다. 또한 지붕면의 형태는 재료, 기하학, 구조체계의 비율, 그리고 하중을 전달하는 방식에 의해 결정한다.

Moving the roof of a house in Guinea

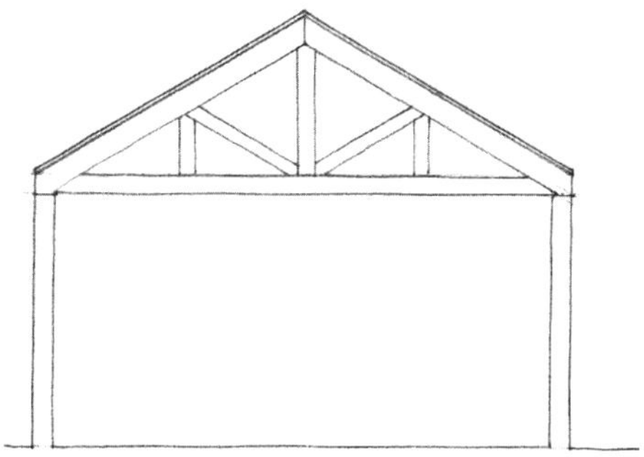

Wood truss

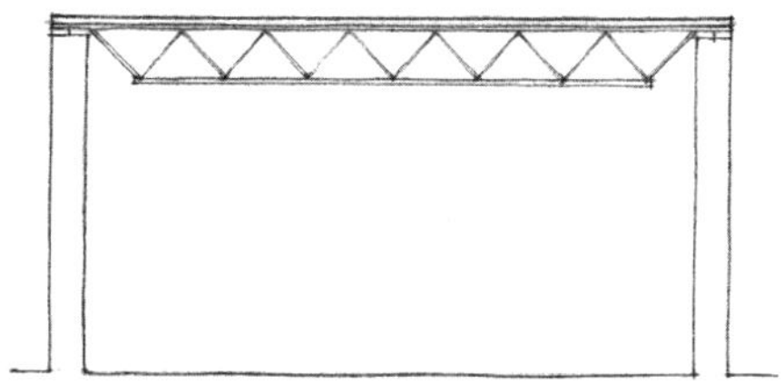

Steel joist

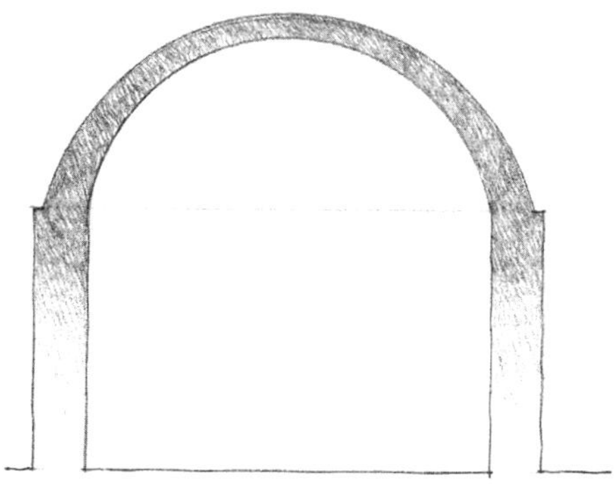

Masonry vault

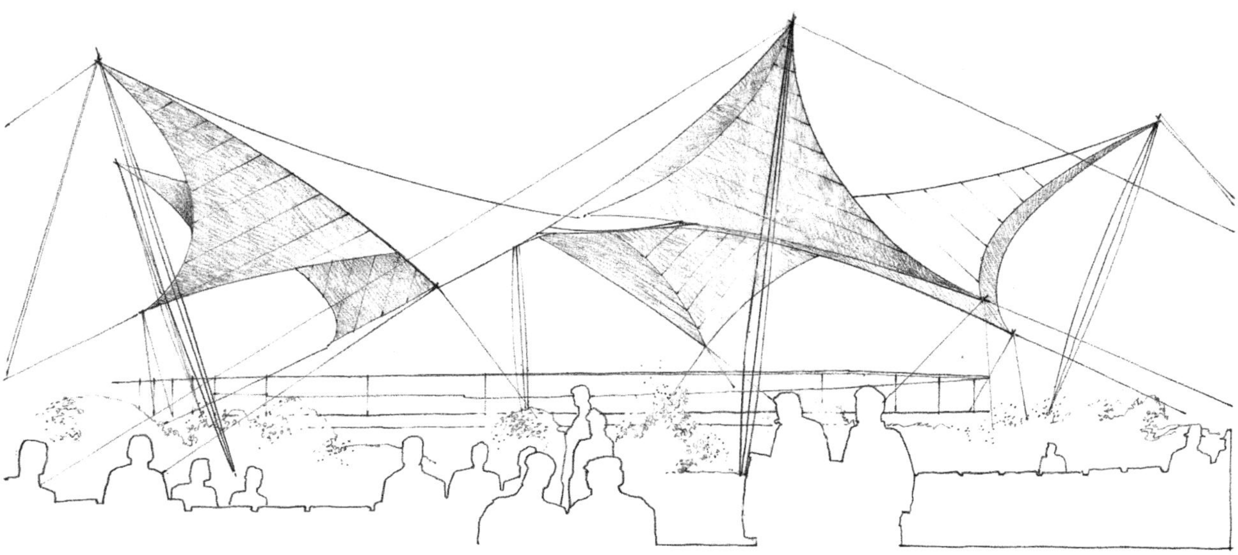

Tensile structure, National Garden Show, Cologne, Germany, 1957, Frei Otto

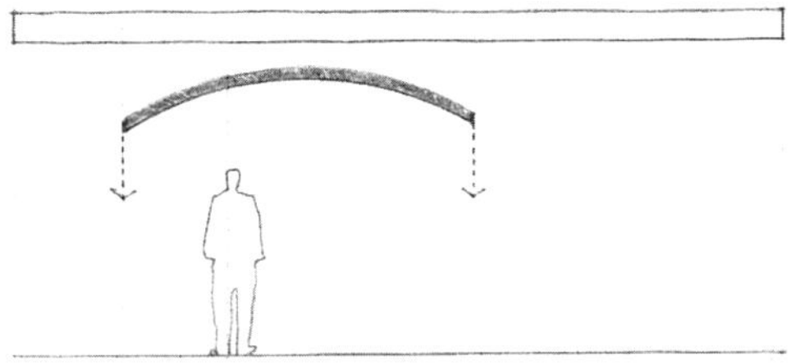

내부 공간의 천장면은 위층 바닥면이나 지붕면을 지지하는 구조의 형태를 반영한다. 내부 공간 천장의 설치시에는 기후를 고려하지 않아도 되고, 주요 하중을 전달할 필요도 없기 때문에 슬래브나 지붕에서 분리시켜 설치하고, 공간 내의 시각적 활성화 요소가 될 수 있도록 한다.

Bandung Institute of Technology, Bandung, Indonesia, 1920, Henri Maclaine Pont

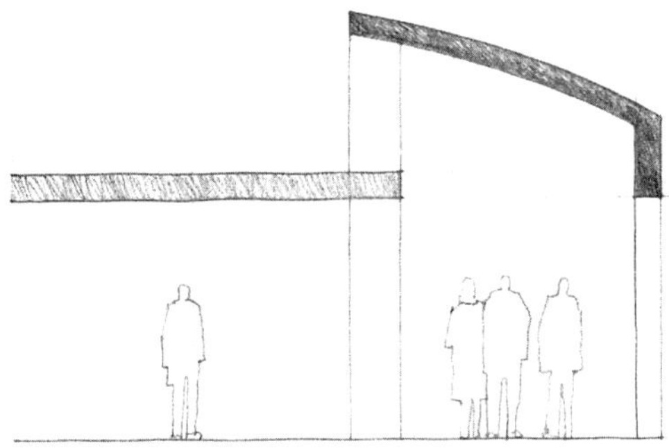

기준면의 경우처럼, 천장도 내부 공간을 나누고 한정할 수 있다. 척도를 조정하고, 통로를 규정하거나, 자연광을 받아들이기 위해 천장을 낮게 또는 높게 조정할 수 있다.

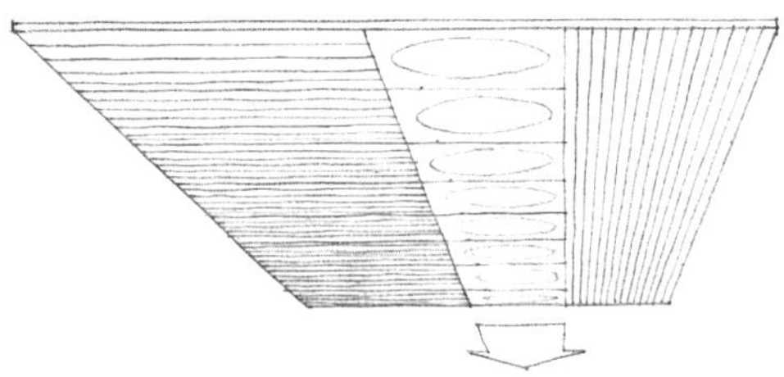

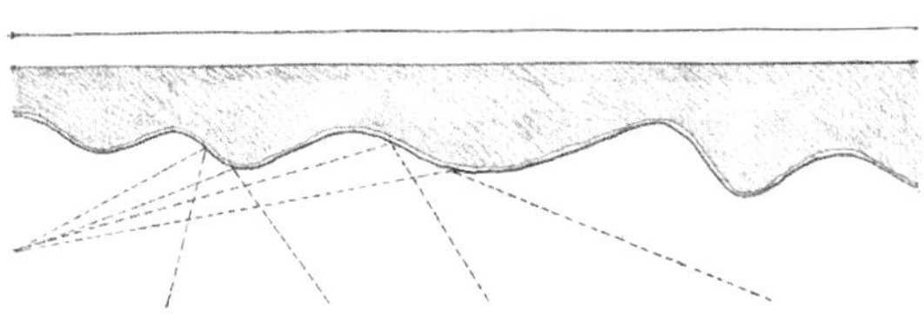

천장의 형태, 색깔, 질감, 패턴은 공간 내의 채광, 음향, 방향성을 향상시키기 위해 조작될 수 있다.

공간을 정의하는 수직요소

이 장의 앞 절에서, 수평면은 수직모서리로 영역을 한정한다고 했다. 이제부터는 수직요소가 공간의 수직 영역을 시각적으로 한정하는 경우를 살펴본다.

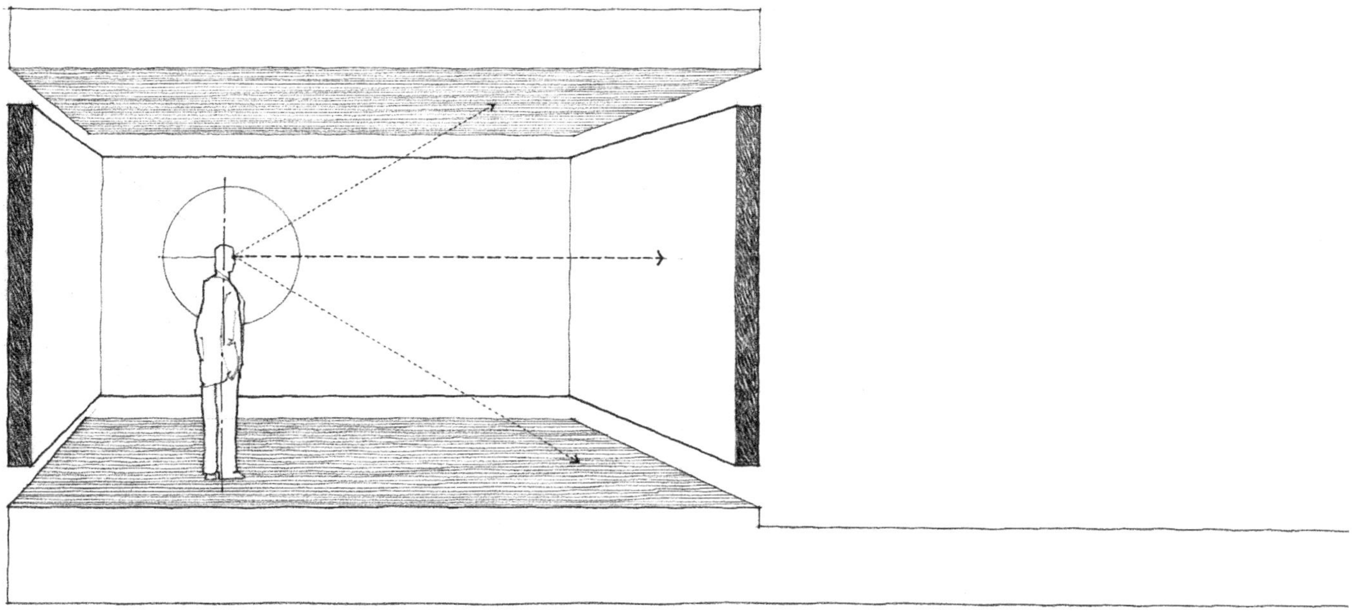

수직형태는 수평면보다 능동적이다. 그래서 공간을 한정하는 데 더욱 필수적이고, 그 내부에 있는 사람들에게 강하게 감싸인 듯한 분위기를 준다. 더욱이, 수직요소들은 한 공간을 다른 공간과 분리시킴으로써 내부와 외부 공간 사이의 경계를 설정한다.

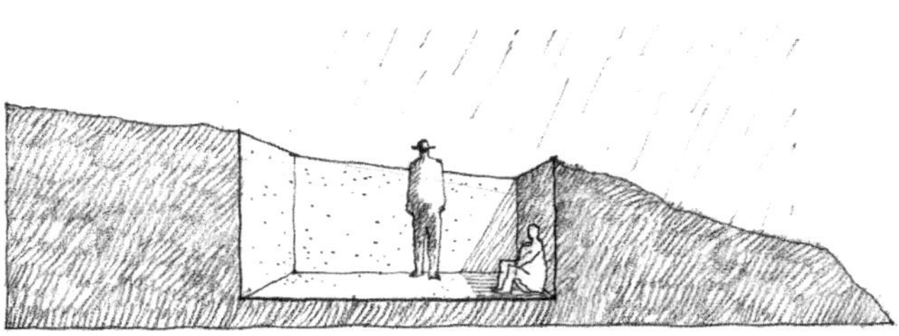

건물 내의 수직요소들은 건축의 형태와 공간 구조에서 중요한 역할을 한다. 수직요소는 건물의 바닥면이나 지붕면을 지탱하는 구조체로 이용되기도 한다. 수직요소는 기후요소들로부터의 피난처를 제공하고, 내부로 들어오는 공기, 열, 소음 등을 조절하기도 한다.

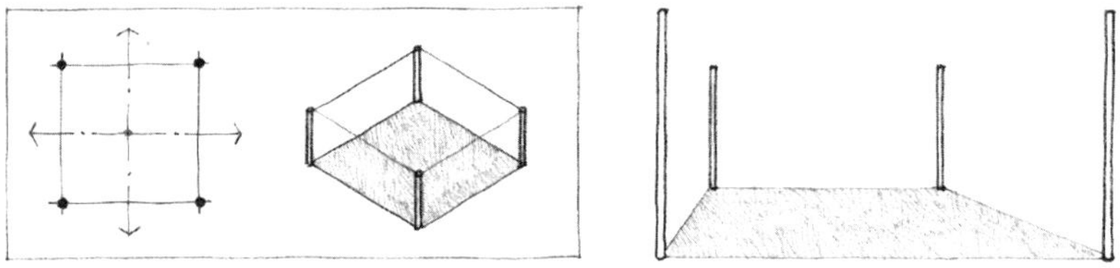

수직 선형요소

수직 선형요소는 공간 볼륨의 수직모서리를 한정한다.

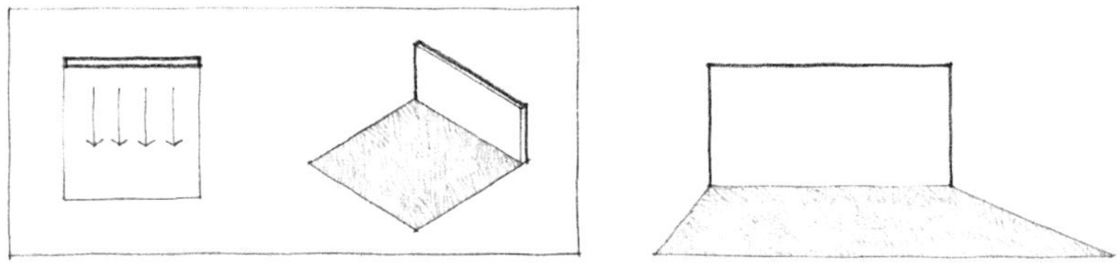

단일 수직평면

단일 수직평면은 전면 공간을 분절한다.

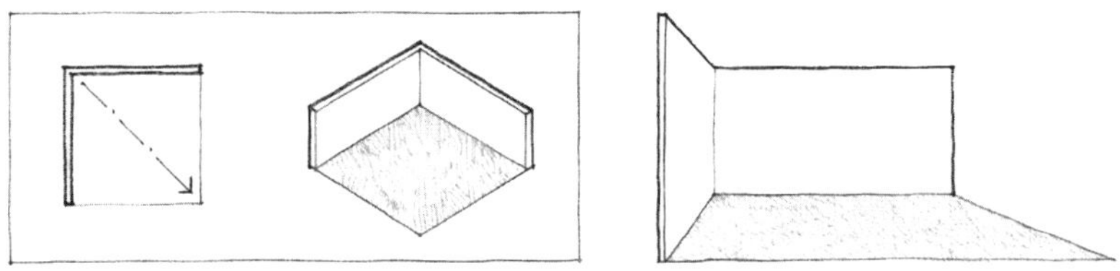

L형 평면

L형의 수직평면은 모서리에서 대각선을 따라 밖으로 향하는 공간을 만든다.

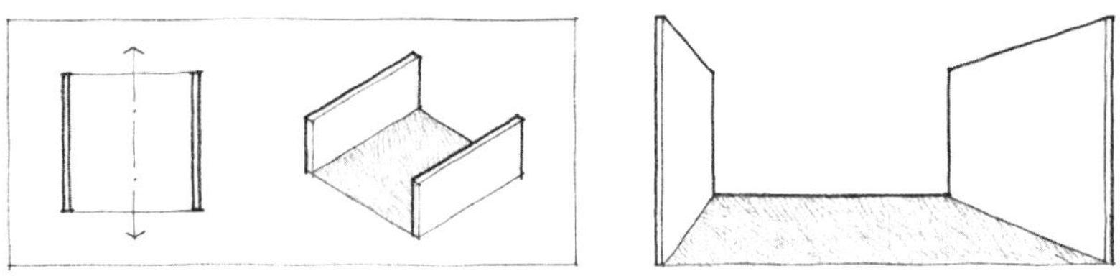

평행면

두 개의 평행한 수직면은 중심축을 따라 양쪽으로 열린 공간을 규정한다.

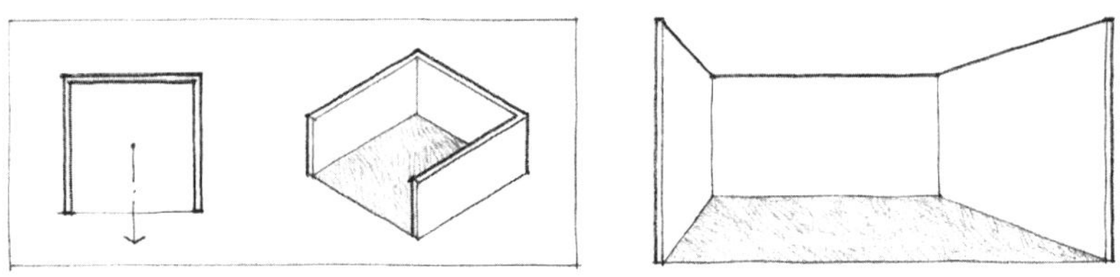

U형 평면

U형의 수직평면은 한쪽이 열려진 공간을 규정한다.

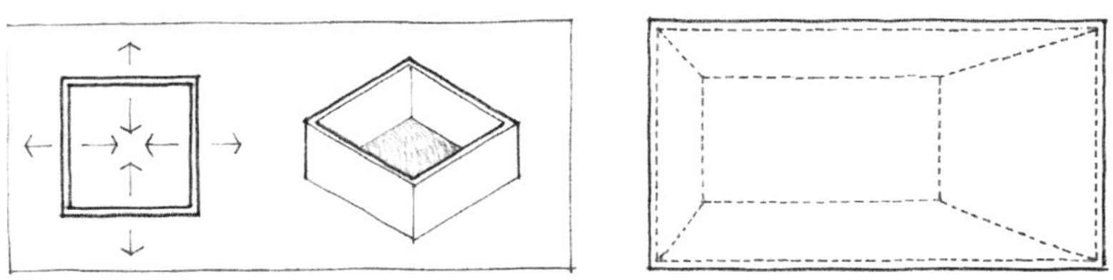

4면 폐쇄

4개의 수직면이 내향적 공간의 경계를 감싸고, 감싸인 공간의 주변에 영향을 준다.

수직 선형요소

기둥, 오벨리스크, 탑과 같은 수직 선형요소는 지평면 위의 한 점을 만들고, 공간에서 그것을 가시적으로 만든다. 혼자 서 있는 선형요소는 우리를 그 곳으로 끌어들이는 요소가 되긴 하지만 방향성이 없다. 그래서 기둥을 중심으로 여러 개의 축이 생길 수 있다.

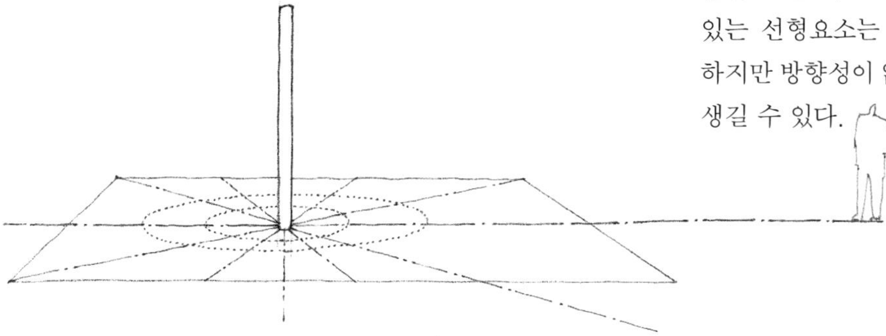

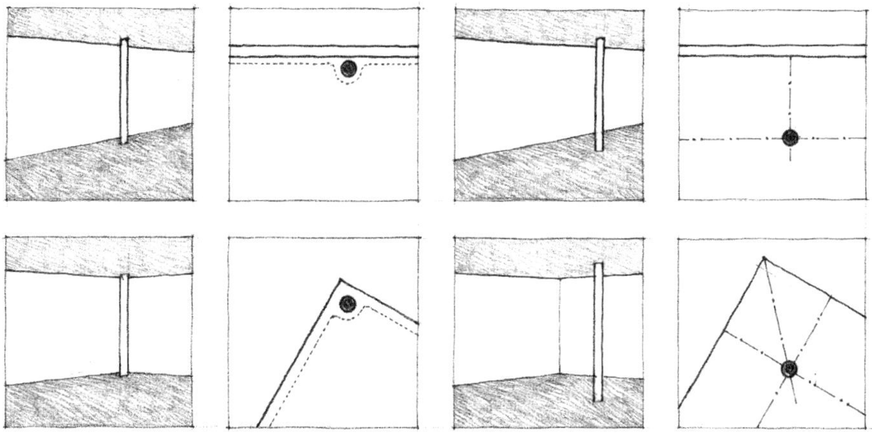

한정된 공간 안에 기둥이 위치할 때, 그것은 주변 공간을 분절하며 그것을 둘러싼 공간과 상호작용한다. 벽에 부착된 기둥은 평면을 지지하고 표면을 분절할 수 있다. 또한 이것은 공간 모서리를 보강하고, 벽면이 만나서 생기는 모서리를 부드럽게 한다. 기둥이 공간 안에 자유롭게 서 있을 때, 그것은 실내의 한 영역을 규정한다.

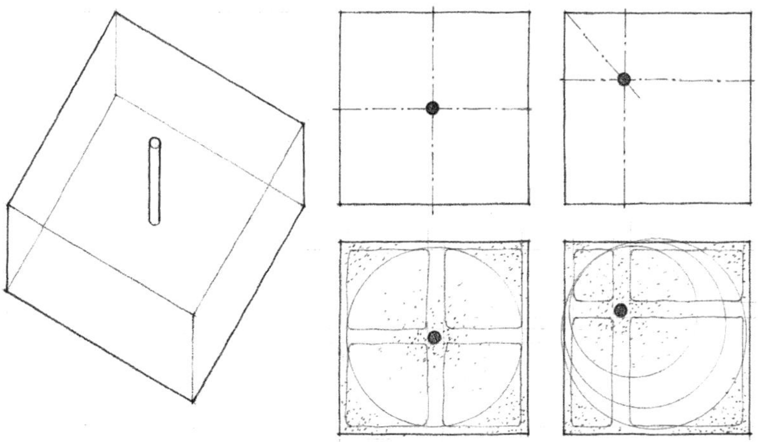

공간 한가운데에 기둥이 서 있을 때, 이것은 공간의 중심을 표시할 뿐만 아니라 그 자신과 주위 면 사이의 동등한 영역을 규정하게 된다. 기둥을 이동시키면 크기, 형태, 위치가 다른 위계적 공간이 생기게 된다.

공간의 볼륨은 모퉁이나 모서리를 한정하지 않고는 생길 수 없다. 선형요소들은 주변과의 시각적 공간적 연속성이 필요한 공간을 규정한다.

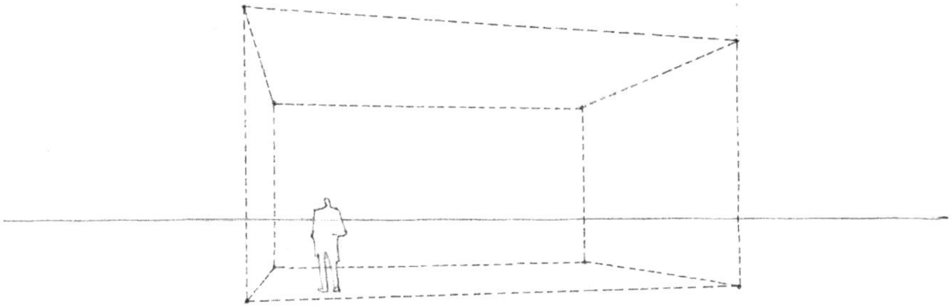

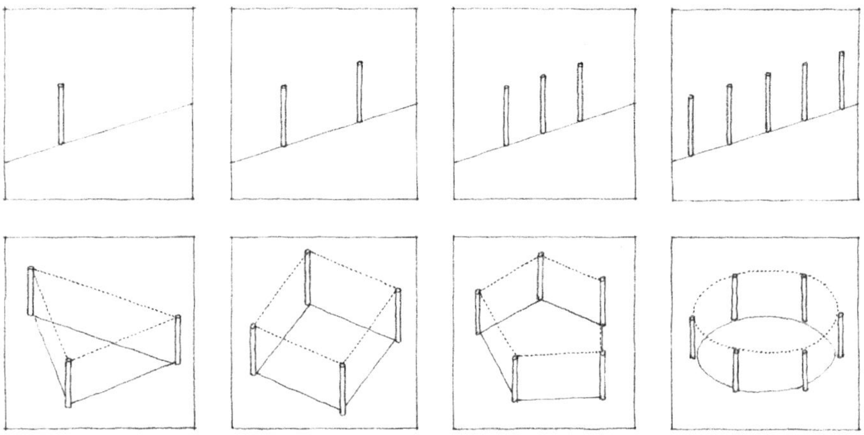

두 개의 기둥은 시각적으로 긴장된 투명한 공간막 평면을 규정한다. 3개나 그 이상의 기둥은 한 공간 볼륨의 모서리로 역할하기 위해 정돈된다. 이 공간은 자신의 존재규정을 위해 더 큰 공간을 필요로 하기보다는 주변 공간과 연관되어 있다.

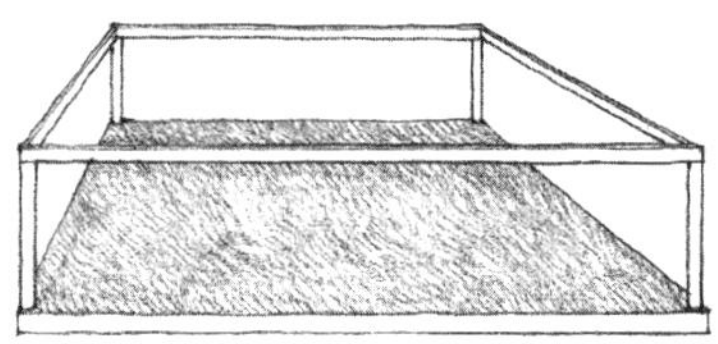

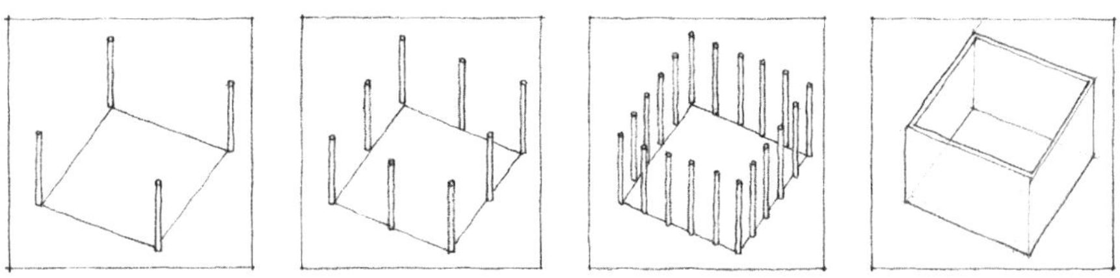

공간의 모서리는 평면을 분절시킴으로써 시각적으로 강화시키고, 기둥과 천장면 사이의 지지대라는 형태로 상한선의 경계를 규정한다. 볼륨의 존재는 테두리를 따라 서 있는 기둥의 반복으로 강화된다.

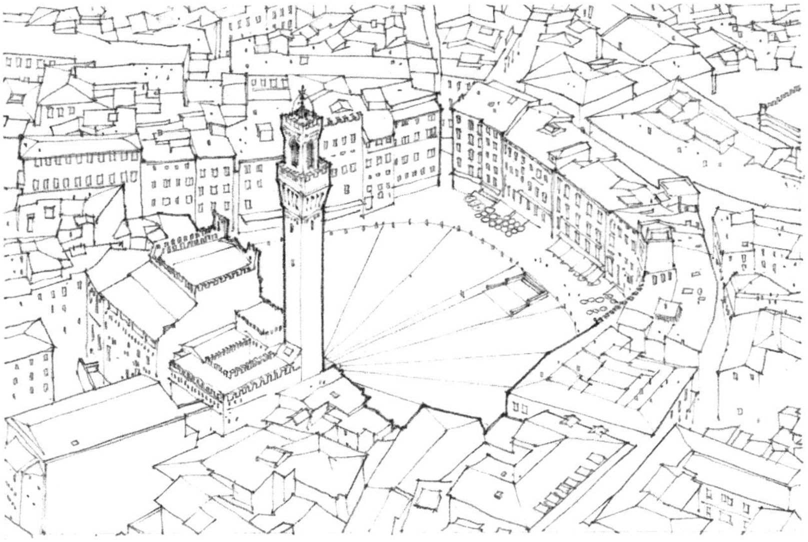

Piazza del Campo, Siena, Italy

수직요소는 축을 한정하고 광장의 중앙을 표시하며, 가장자리를 따라 형성되어 있는 도시공간에 초점을 준다.

Cloister and Salle des Chevaliers, Mont S. Michel, France, 1203 - 1228

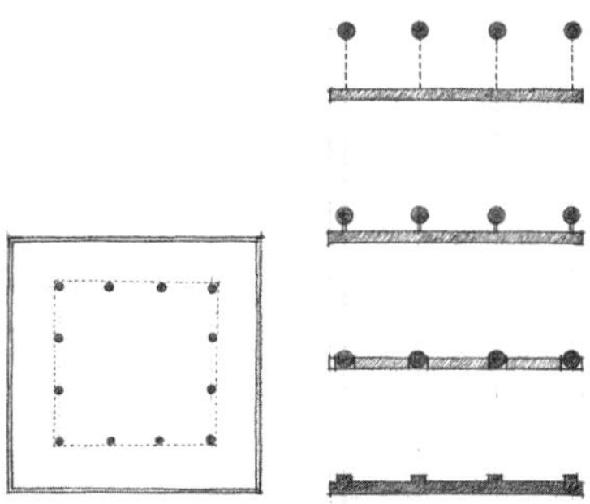

기둥이나 일련의 규칙적인 수직기둥들은 열주를 형성한다. 이러한 공간 디자인 요소들은 공간의 모서리를 한정하고, 그 주변과의 사이에 시각적, 공간적 연속성을 허용한다. 이 기둥들은 벽면을 지지하거나 벽에 부착되어 있으며 표면의 형태, 리듬, 비례를 결정한다.

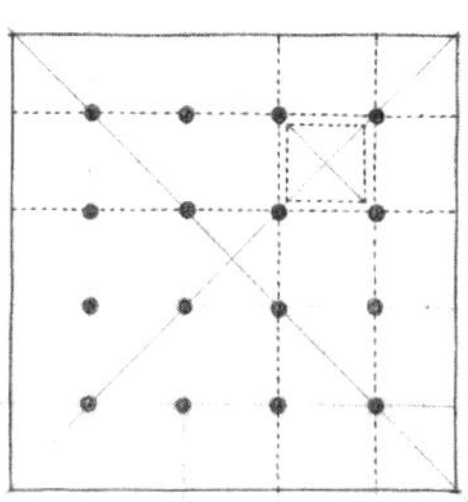

큰 방이나 홀 안에서의 기둥격자는 바닥이나 지붕면을 지탱시키는 역할만 하는 것은 아니다. 일련의 기둥들은 공간 볼륨을 강조하고, 공간 내 모듈을 구획하며 공간에 대한 이해를 돕는 리듬과 척도를 세운다.

단일 수직평면

공간에 홀로 서 있는 단일 수직평면은 자유롭게 늘어서 있는 기둥들과는 구별되는 시각적 특성을 지닌다. 둥근기둥은 자체적인 수직축을 제외하고는 특정한 지향방향이 없다. 사각기둥은 각각 두 개의 대면을 갖고 있어 두 개의 동등한 축을 지닌다. 직사각기둥 또한 두 개의 축을 갖고 있으나, 다른 효과를 지닌다. 직사각기둥이 벽의 일부가 될 때, 그것은 무한히 넓고 긴 공간분할면의 일부로 느껴지게 된다.

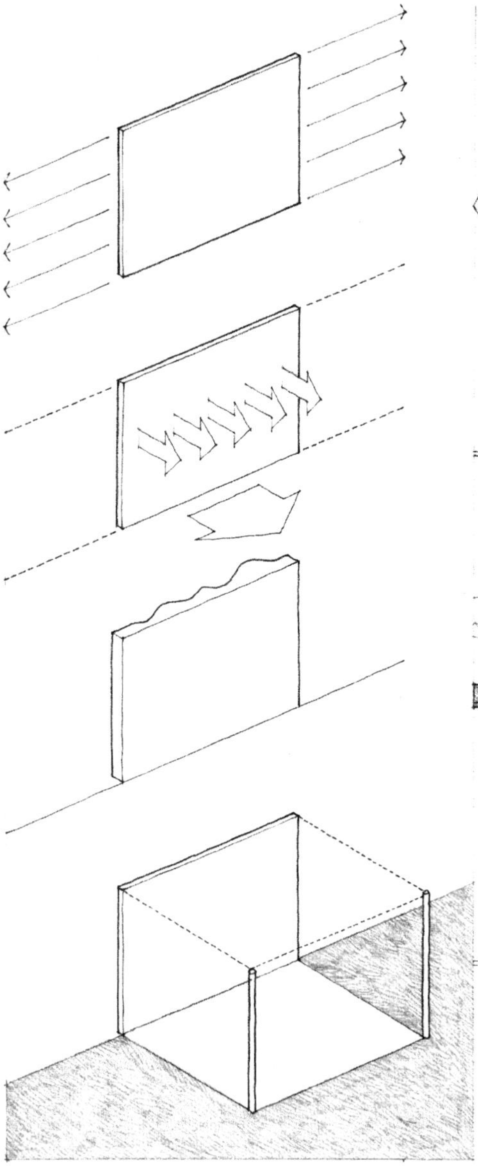

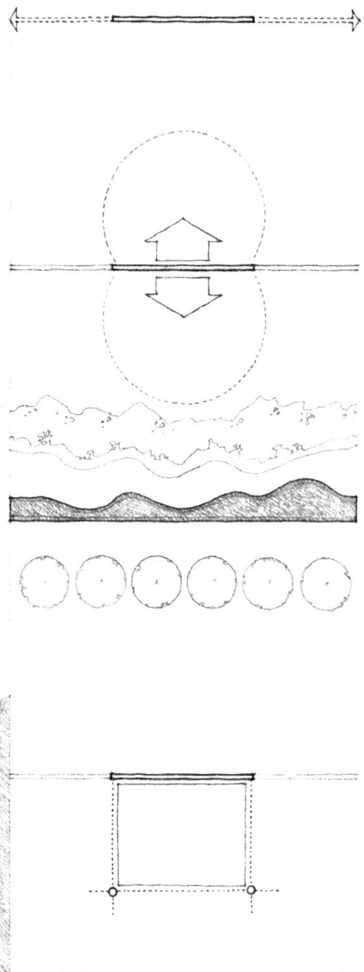

수직면은 전면 지향적이다. 그것의 두 표면이나 전면은 공간의 모서리를 설정한다.

각 면의 얼굴은 똑같거나 비슷할 수 있다. 두 개의 도면은 서로 다른 공간의 조건을 표시하기 위해 형태, 색깔, 질감을 다르게 하기도 한다. 그래서 수직면은 두 개의 전면을 갖거나 전면 하나와 후면 하나를 갖는다.

수직면의 전면 공간은 잘 규정되어 있지 않다. 이 면은 그 영역의 단일 가장자리를 경계지을 뿐이다. 공간에 3차원 볼륨을 형성하기 위해서, 평면은 다른 형태요소와 상호작용 해야 한다.

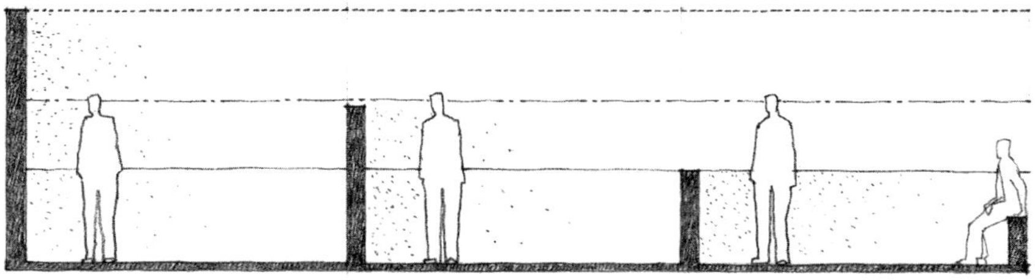

수직면의 높이는 우리의 키, 시선높이와 관련되어 시각적인 공간구성 능력에 영향을 주는 결정적 요소가 된다. 예를 들어 60cm 높이의 평면이라면 공간의 모서리를 규정할 수는 있지만 공간을 감싸는 분위기를 주지는 못할 것이다. 허리 높이 정도의 평면은 주변 공간에 시각적 연속성을 주면서 감싸는 듯한 분위기를 준다. 평면이 눈 높이 정도가 되면 그때부터는 공간이 분할되기 시작한다. 수직면이 우리의 키를 넘어서면 두 영역은 완전히 차단되며 감싸는 듯한 분위기가 강하게 나타난다.

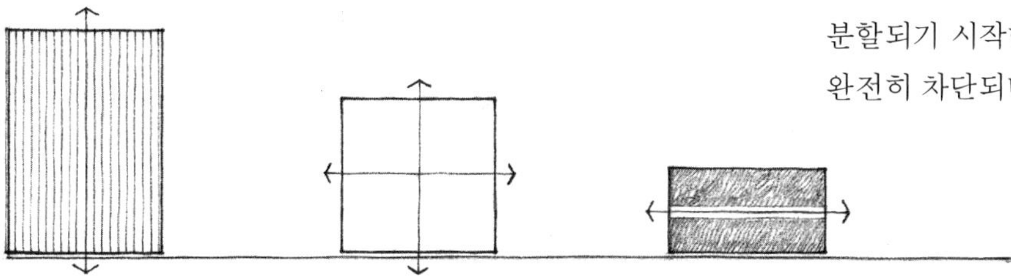

표면의 색깔, 질감, 패턴은 그것의 시각적 중량감, 비례, 치수에 대한 인식에 영향을 준다.

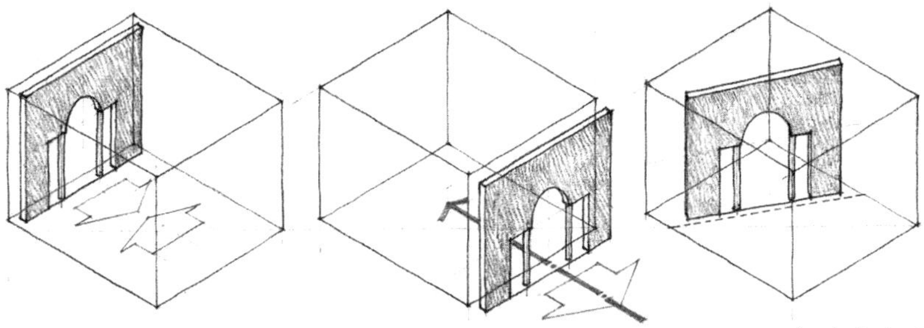

수직면이 공간 볼륨을 한정할 때에는 공간의 주요 면으로 작용하여 특이한 방향성을 부여한다. 그것은 공간의 정면이 될 때도 있고, 출입구 평면을 규정할 때도 있다. 또한 공간 내의 독립적 요소로, 공간을 두 개의 연결된 독립공간으로 나눈다.

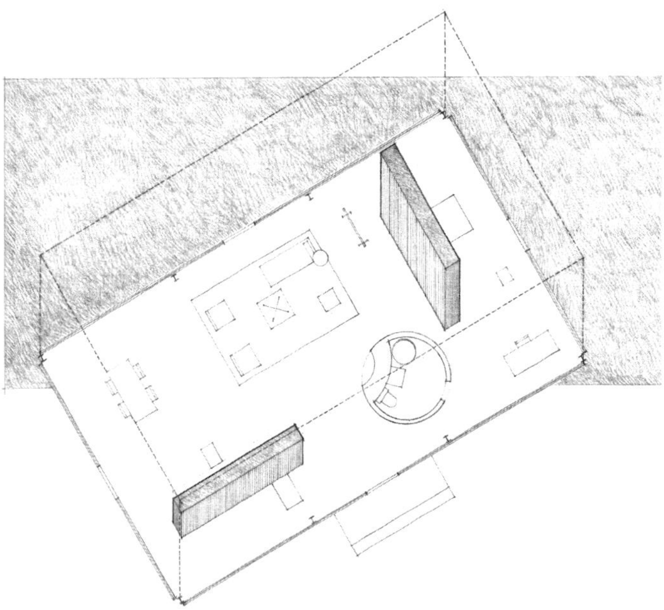

Glass House, New Canaan, Connecticut, 1949, Philip Johnson

L형 평면

수직면이 L형이 되면 모퉁이에서 대각선을 따라 확장되는 공간을 만든다. 이 공간은 L형의 모퉁이로 둘러싸여 강하게 규정되고, 이를 대각선을 따라 외부로 이동시키면 공간은 급속히 없어진다. 공간 모퉁이에 있는 내향적인 영역은 모서리를 따라 이동하면서 차차 외향성을 띠게 된다.

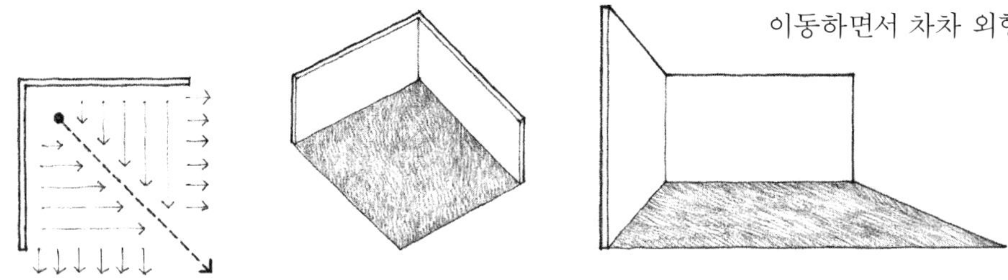

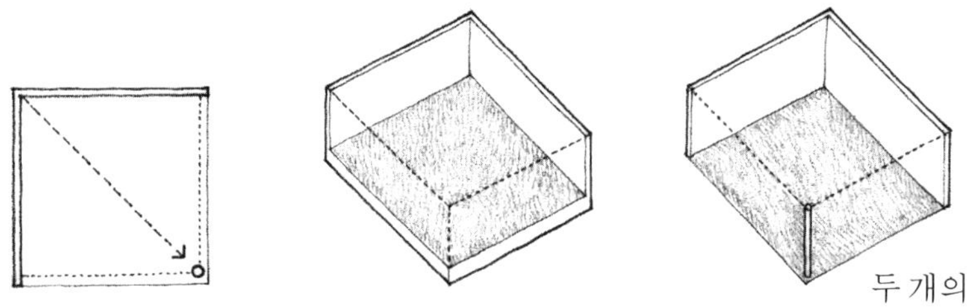

두 개의 모서리는 두 개의 수직면으로 규정된다. 만일 수직요소를 덧붙이거나 기준면, 또는 천장면을 분절시키지 않는다면, 공간의 모서리가 모호하게 남는다.

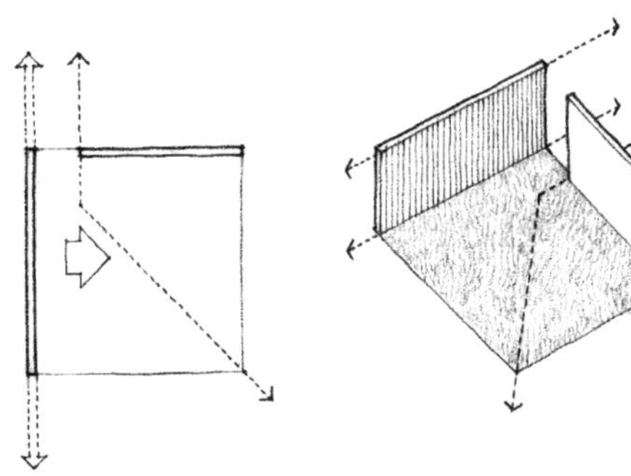

만일 형태의 모서리가 열려 있다면 영역성이 약해진다. 이렇게 되면 두 개의 수직면이 서로 떨어지게 되어 한 면이 미끄러져 나간 것처럼 보일 것이다. 이는 시각적인 우세성을 부여한다.

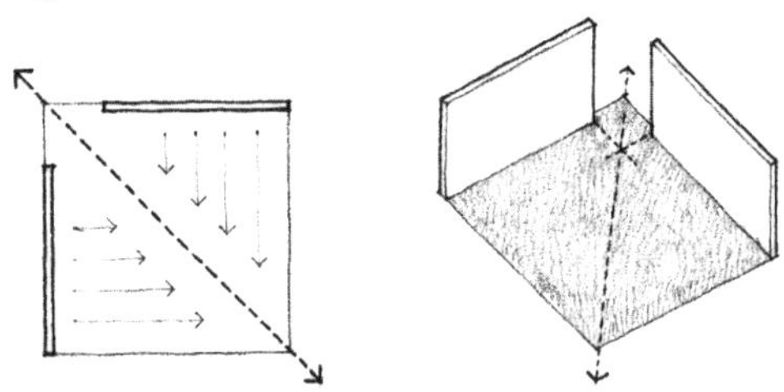

만일 모퉁이가 만나지 않으면, 그 영역은 더욱 역동적 성질을 지니게 되며 형태의 대각선을 따라 스스로를 구성할 수 있게 된다.

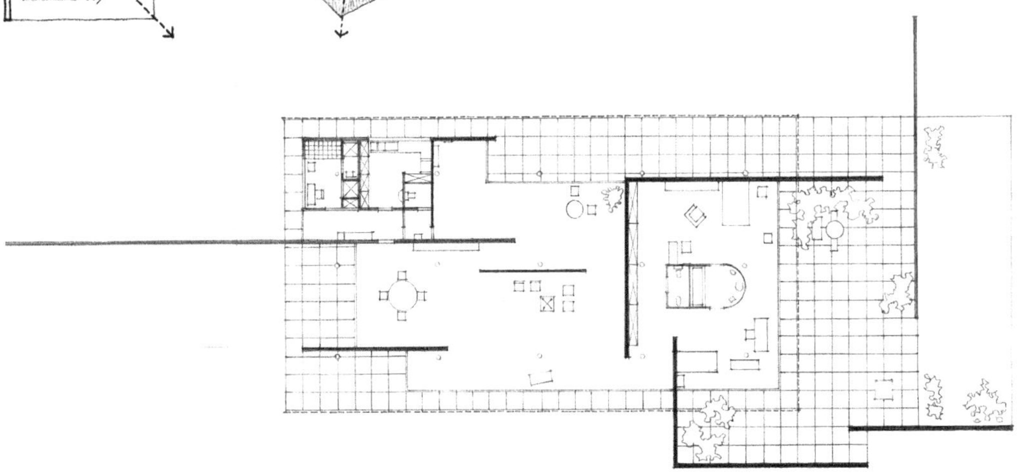

Berlin Building Exposition House, 1931, Mies van der Rohe

L형 평면은 안정적이어서 스스로 서 있을 수 있다. 또한 L형 평면은 열려 있기 때문에 융통성이 있는 공간 규정요소가 된다. 그것들은 서로 모이거나 다른 형태요소와 섞여서 공간을 다채롭게 만든다.

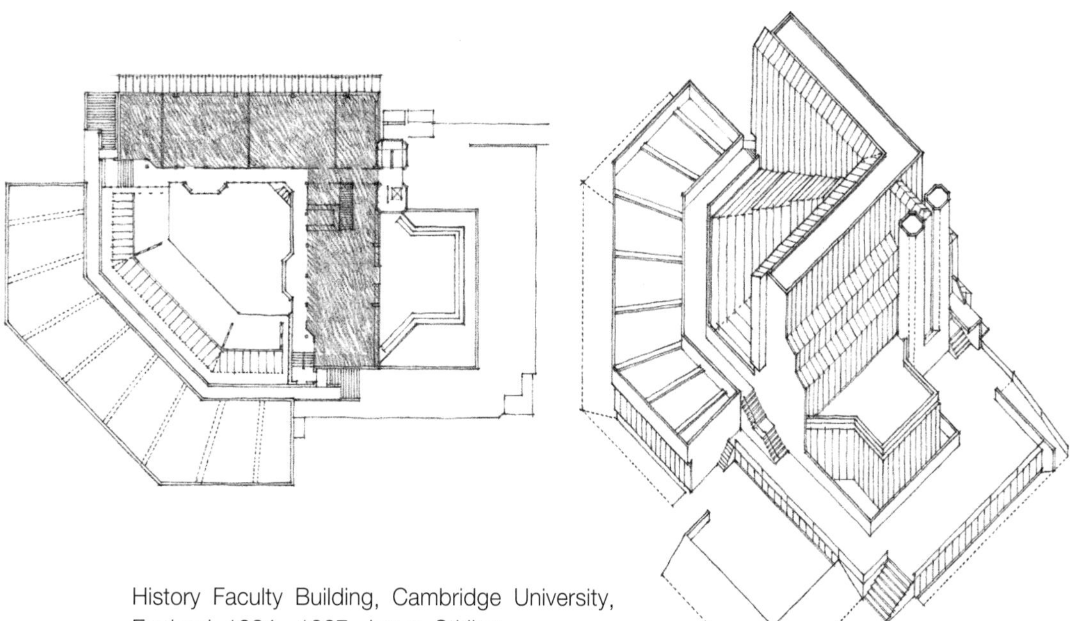

History Faculty Building, Cambridge University, England, 1964 - 1967, James Stirling

평행 수직면

두 개의 평행한 수직면은 그들 사이에 존재하는 공간을 규정한다. 이 평면들이 만나 수직모서리에 생겨난 공간의 열려진 곳은 공간에 강한 방향성을 부여한다. 입체의 방향성은 두 평면의 대칭축을 따르며 평행한 두 면은 한 부분을 감싸거나 모퉁이를 만들 수 없기 때문에 공간을 외향적으로 만든다.

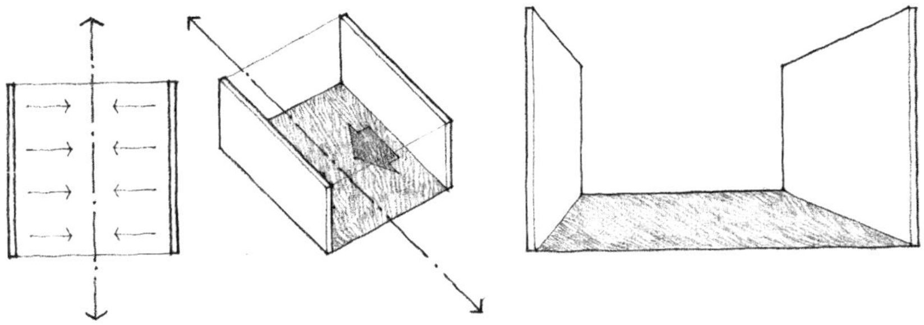

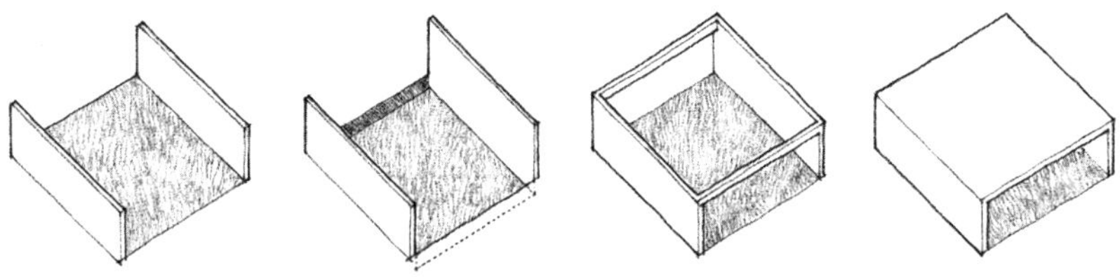

기준 평면을 조작하거나 구성체에 천장면을 덧붙임으로써 열려진 개구부를 강조할 수 있다.

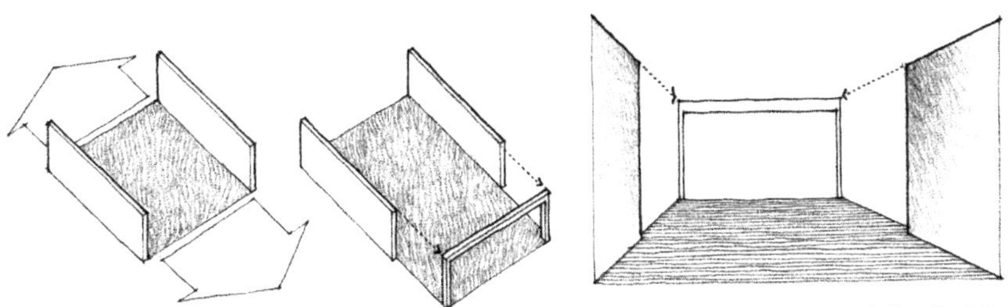

공간 영역은 기준 평면을 입체의 개구부 위로 늘어뜨림으로써 확장될 수 있다. 이렇게 확장된 평면은 공간에서 넓이와 높이가 같은 수직면에 의해 한정된다.

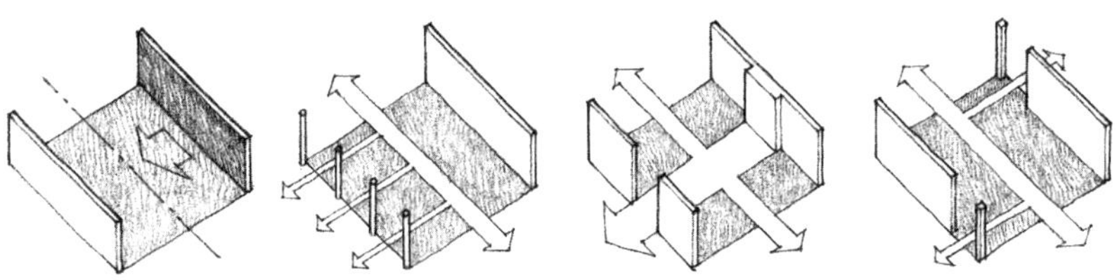

만일 두 개의 평면 중 하나가 형태나 색깔, 질감 등의 변화로 다른 평면과 구별되면, 공간 흐름에 직교하는 2차 축이 이 공간 안에 생겨나게 된다. 한쪽면 또는 양쪽이 열린 개구부가 2차 축을 유도하며 내부에 방향성을 만들어 낸다.

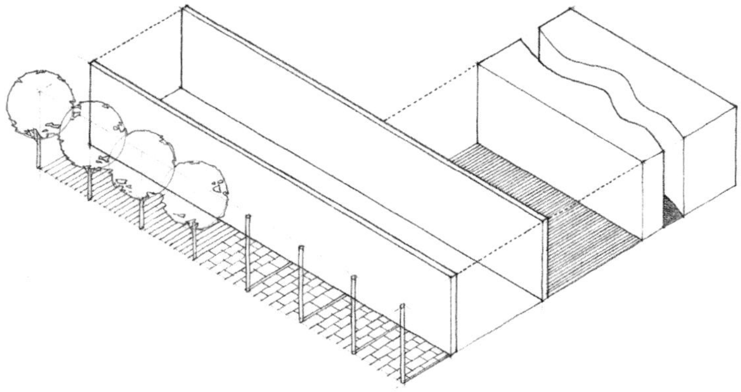

건축에서의 평행면은 공간을 규정하는 다양한 요소로 역할한다.

- 한 쌍의 건축 내부벽
- 마주보는 두 건물의 정면으로 이루어진 거리공간
- 가로수 그늘
- 두 줄의 가로수 배열이나 울타리로 이루어진 산책로
- 자연적, 지형 형태

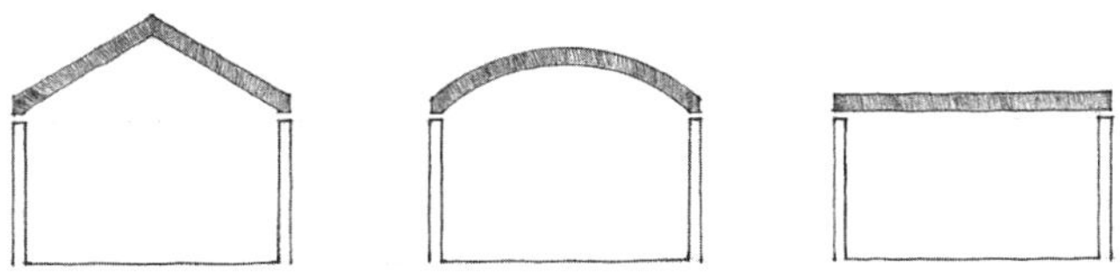

평행한 수직면의 이미지는 종종 구조체계와 결합되며, 지붕, 바닥면과 같은 두 개 이상의 평행한 지지벽 사이 공간을 연결한다.

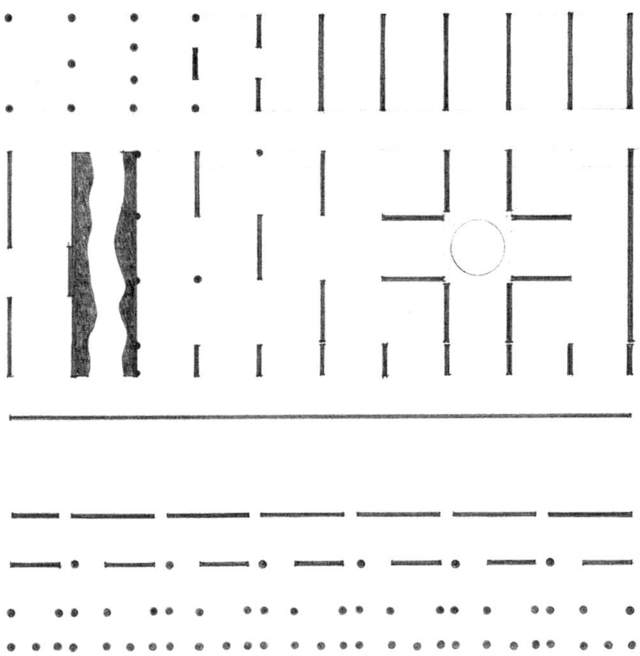

평행한 벽은 다양하게 결합, 변화될 수 있다. 그리고 공간은 개구부를 통해 서로 연결될 수 있다.

내력벽 구조체계에서 평행벽은 건물형태와 그 구성체를 만드는 데 있어 중요한 역할을 한다. 특정 패턴을 반복함으로써 대규모 공간의 크기를 조절할 수 있는데 이것은 벽의 길이와 벽체 사이에 있는 공간을 이용함으로써 가능하다. 이러한 공간은 동선로를 만들어 내고 벽면과 수직되는 면에 시각적 관련성을 만들어 낼 수 있다.

평행벽으로 규정되는 사이공간은 평면의 간격과 모양을 변화시킴으로써 조정될 수 있다.

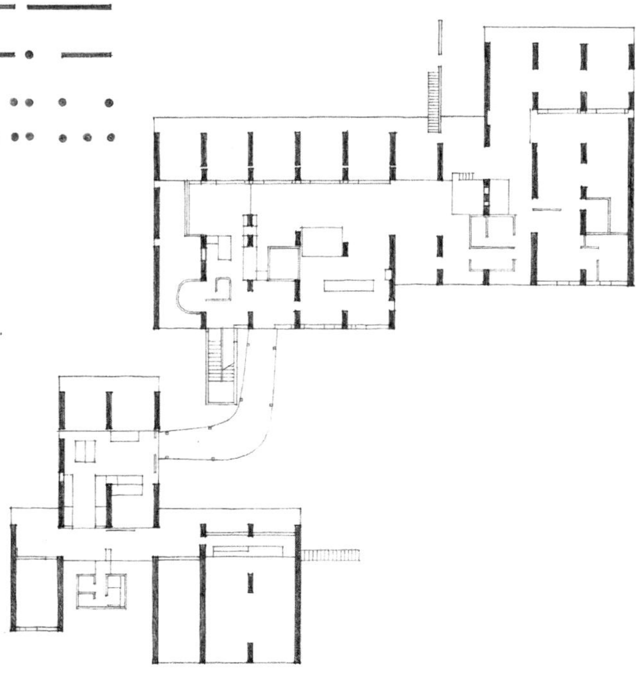

Sarabhai House, Ahmedabad, India, 1955, Le Corbusier

U형의 면

U형 수직면은 외부적으로는 방향성을 지니고, 내부적으로는 초점을 갖는 공간을 만든다. 형태의 뒷면에서 공간은 한정된다. 형태의 열려진 끝을 향해서, 그 영역은 외향성을 지니게 된다.

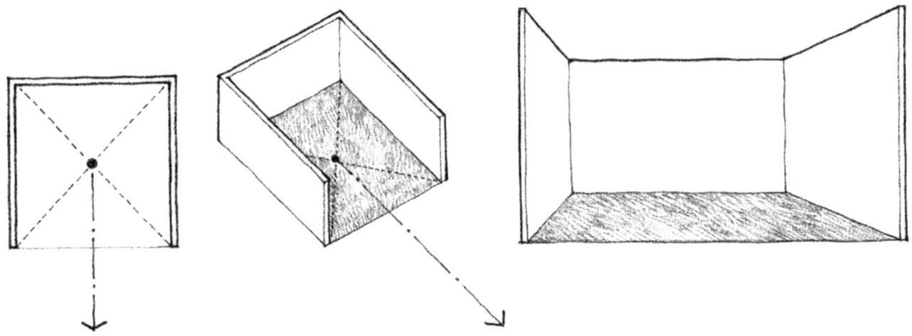

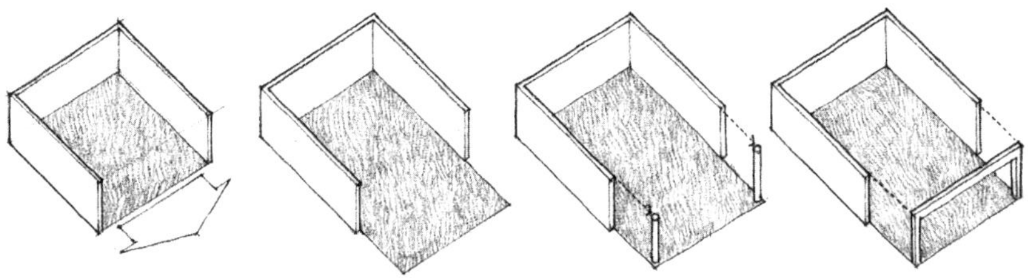

옆의 그림에서, 열려진 끝은 나머지 3개의 면과 형태가 다르기 때문에 가장 강조된다. 이것은 인접된 공간과 공간 사이에 시각적, 공간적 연속성을 허용한다. 열려진 끝을 인접 공간으로 확장시키면 기준 평면과 연속되어 시각적으로 더욱 강조된다.

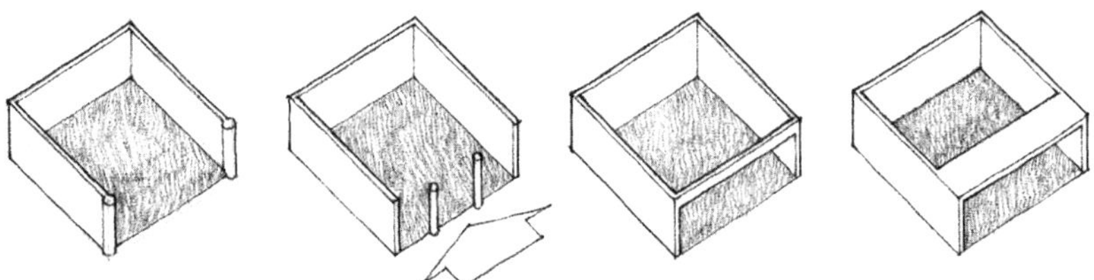

만일 열려진 평면을 기둥이나 지붕 등으로 한정한다면 공간은 더 명확해질 것이며, 주변 공간과의 연속성은 방해받을 것이다.

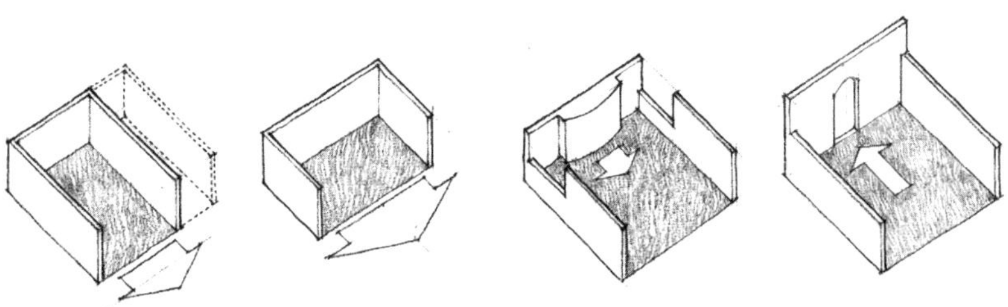

만일 그 평면이 정방형이라면, 열려진 끝은 좁거나 넓게 나타나는데, 어떤 경우이든, 열려진 끝은 그 공간의 상징으로 남게 되며 그 반대쪽 면은 3개의 면들 중 가장 중요한 요소가 될 것이다.

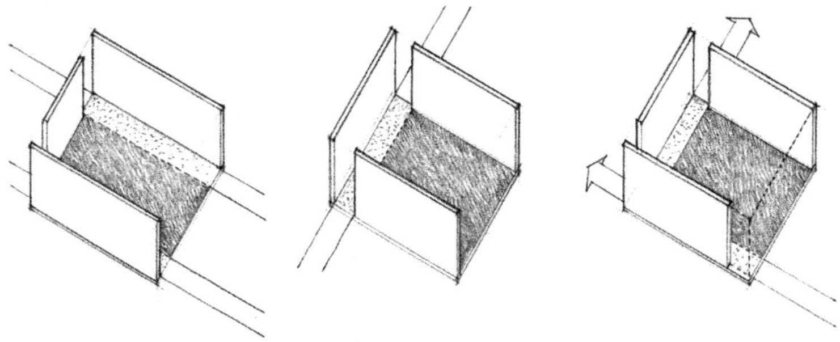

만일 개구부가 구성체의 모서리에 있게 되면, 부차적 공간이 여러 방향성을 지닌 역동적 영역내에 생겨날 것이다.

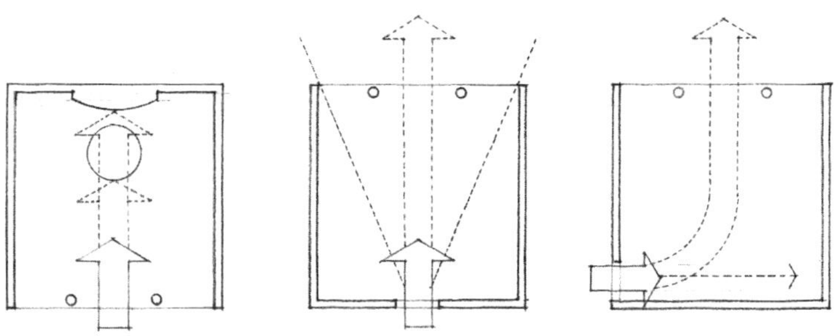

만일 구성체의 열려진 끝이나 뒷면, 전면을 통한 출입이 가능하다면 그 앞에 놓여진 형태가 우리의 시야를 차단하게 된다. 만일 평면 중 어느 한 개구부를 통하여 안으로 들어갈 수 있다면, 개구부 안에 있는 물체가 주의를 끌며 연속성을 마무리 지을 것이다.

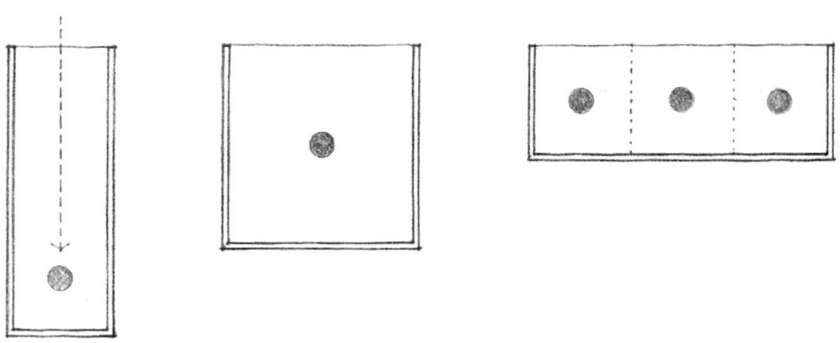

만일 개구부가 좁고 긴 공간이면, 그 공간은 활동성을 띠는데, 이는 진행이나 연속성을 주게 될 것이다. 만일 그 영역이 정방형이거나 정방형에 가깝다면, 그 동적이기보다는 정적인 특성을 갖게 된다. 반면 개구부가 길고 공간이 좁은 경우에는 공간이 몇 개의 영역으로 구분 될 것이다.

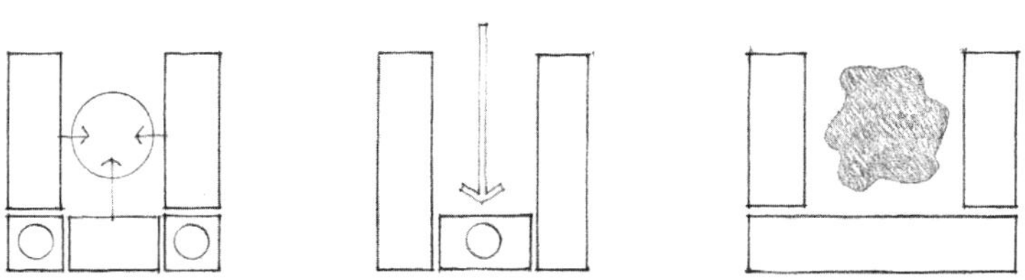

옥외 공간을 감싸고, 한정하기 위해서 건물 내에 U형 평면을 이용하는 경우가 많다. 이 형태는 선형 구성으로 보여질 수 있는데, 내부 모퉁이는 독립적인 요소로 분절되거나 선형 형태와 합쳐서 분절될 수도 있다.

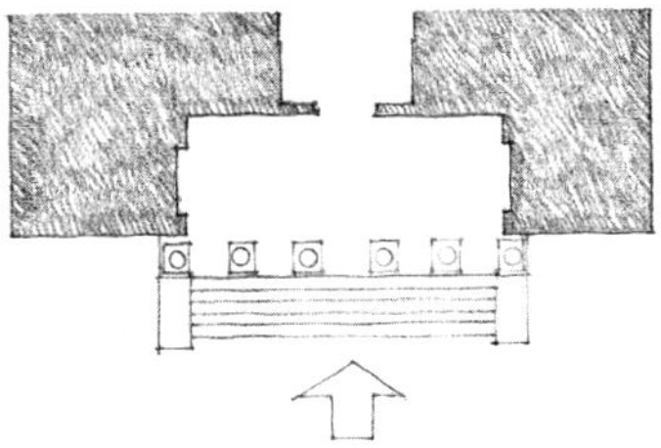

U형 건물형태는 컨테이너와 같은 용도로 사용될 수 있으며, 공간 내에 여러 형태와 공간들을 군집시킬 수도 있다.

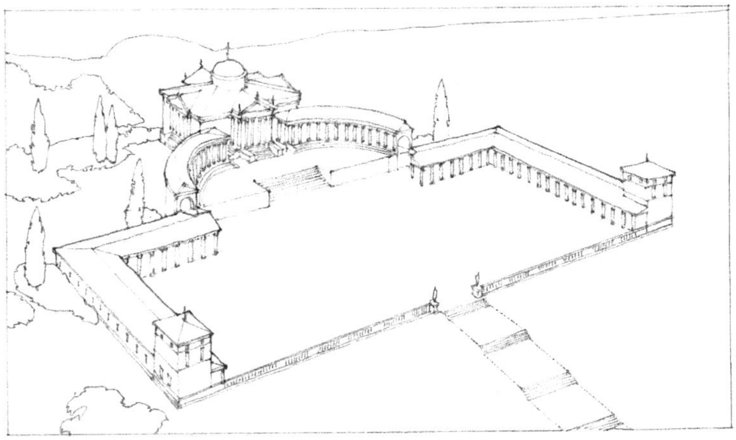

Villa Tressino at Meledo, from Andrea Palladio's
The Four Books of Architecture

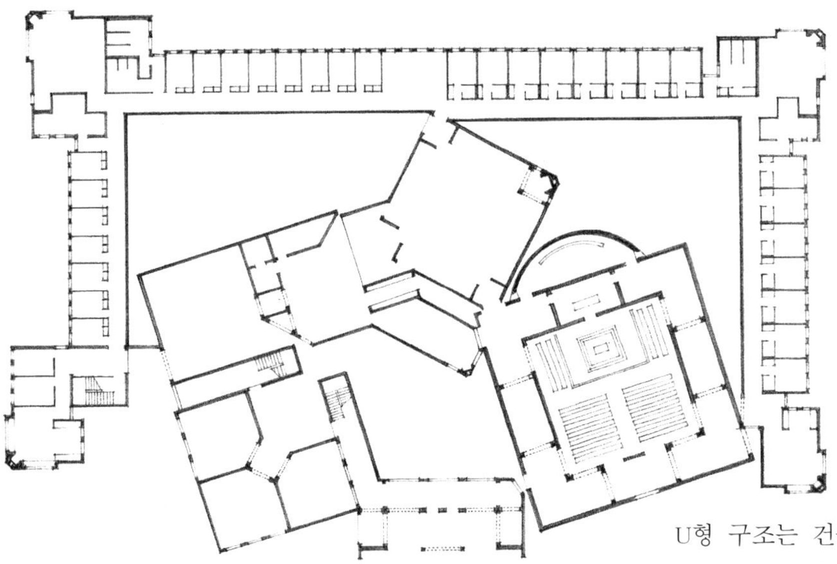

U형 구조는 건물의 접근부인 앞정원을 규정할 뿐만 아니라, 오목한 입구 부분을 형성하기도 한다.

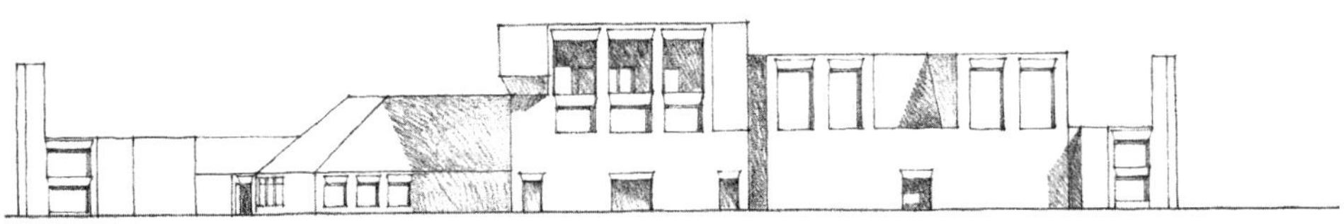

Convent for the Dominican Sisters, 1965 - 1968, project by Louis Kahn

4개의 면을 에워쌈

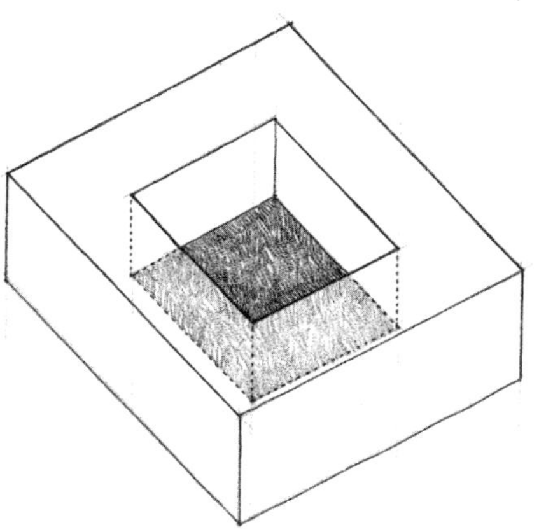

공간을 둘러싸고 있는 4개의 수직면은 건축에 있어서 가장 전형적이고, 강한 공간 규정방식이다. 이 상태에서는 공간이 완전히 포위되므로 내향성을 지니게 된다. 만약 이 면들 중 하나를 돋보이게 하고자 한다면, 그것의 크기, 형태, 표면 분절상태나 개구부 등을 다른 면들과 차별화시켜야 한다.

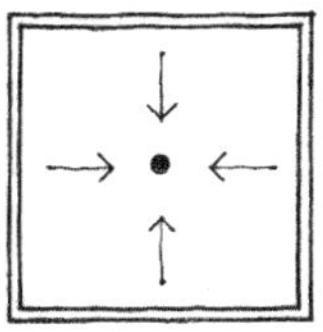

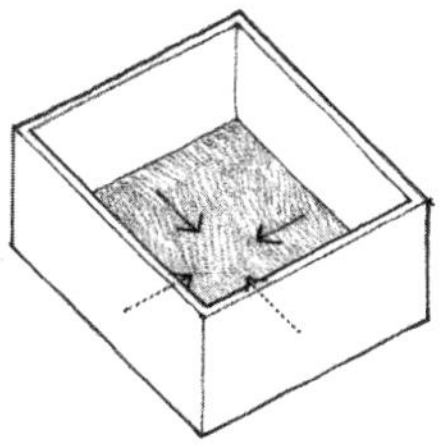

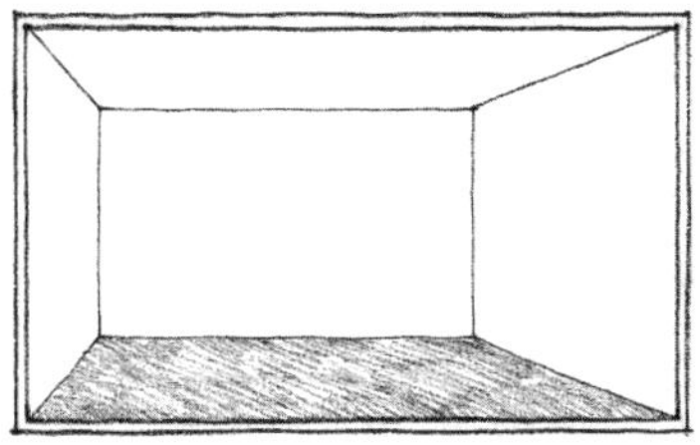

잘 규정되어 있고, 둘러싸인 공간 영역은 대도시의 광장에서부터 정원, 아트리움, 복합 건물 내의 홀이나 방 건축에 이르기까지 다양한 부분에 사용되는 건축방식이다.

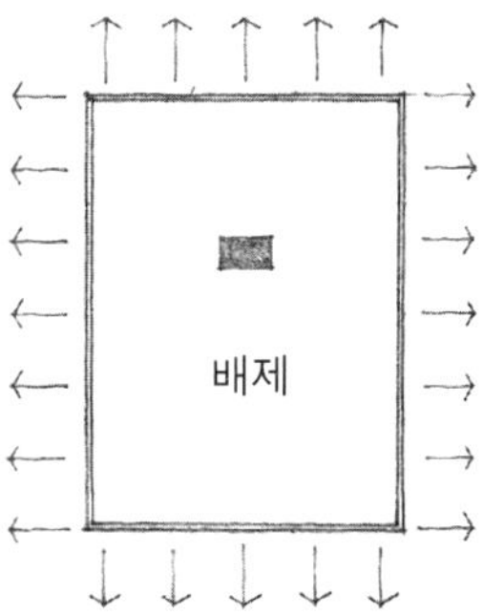

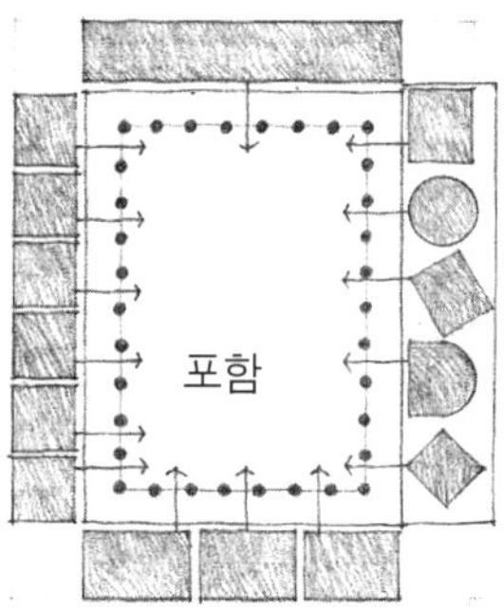

역사적으로, 4개의 면은 에워쌈 구조 내에 건축된 주요 건물이나 신전 등을 시각, 공간적으로 규정하기 위해 사용되어 왔다. 에워싼 면들은 영역을 고립시키고 주변 공간에서 배제시키는 울타리나 방어벽 역할을 하기도 한다.

도시에서, 명확히 규정된 공간은 도시주변을 따라 건축되어 있는 일련의 건물군들에서 발견된다. 에워싼 공간은 주변 건물들을 공간영역에 포함시키고 그들이 규정하는 공간을 활성화시키는 아케이드나 갤러리를 구성한다.

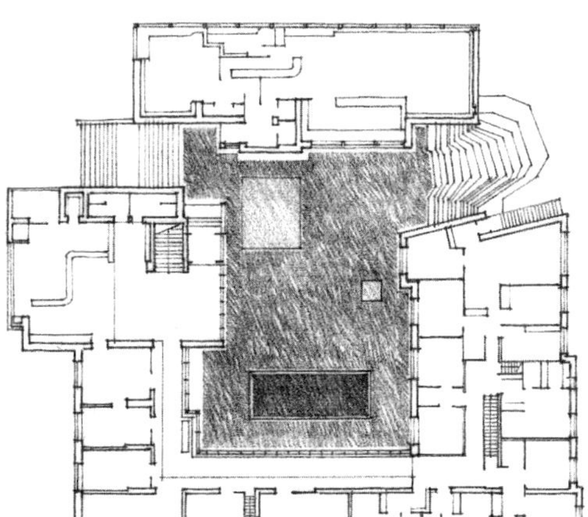

Town Hall, Saynatsalo, Finland, 1950 - 1952, Alvar Aalto

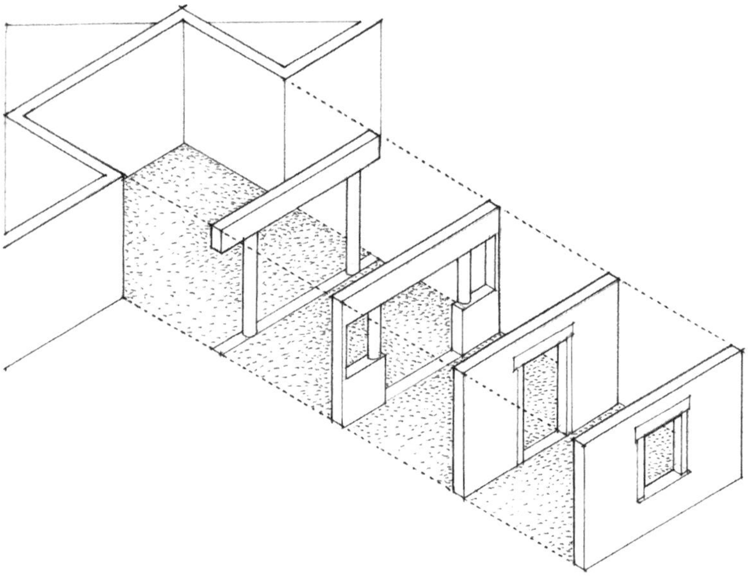

공간을 정의하는 개구부 요소

공간 영역 내의 에워싸인 평면에 개구부가 존재하지 않는다면, 인접 공간과의 어떠한 공간적, 시간적 연속성도 가능하지 않다. 문은 공간으로 들어가는 입구이며 행동패턴을 결정한다. 창문은 빛이 공간을 통과해 방의 표면을 비출 수 있도록 하고, 외부 경관을 제공하며 방과 인접 공간 사이의 시각관계를 수립하는 동시에 환기를 가능하게 한다.

이러한 개구부들은 인접 공간과의 사이에 연속성을 부여하는데, 그들의 크기, 수, 위치에 다라 공간의 에워쌈을 약화시킨다. 또한 이러한 개구부들은 공간의 방향성과 흐름, 빛의 강도, 조망, 이용패턴, 움직임에 영향을 준다.

이 장의 다음 부분은 개구부가 공간의 특성을 결정하게 되는 에워싸인 공간에 초점을 맞추고 있다.

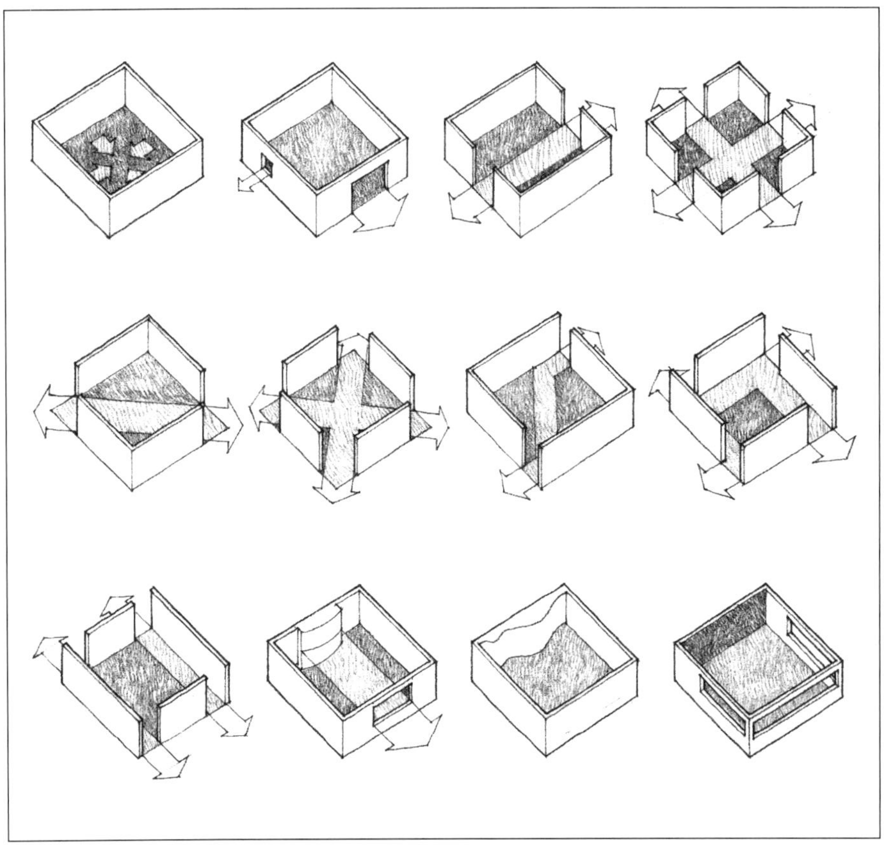

면에 구성된 개구부

벽이나 천장에 위치한 개구부는 공간을 덮고 있는 면에 의해 둘러싸여 있다.

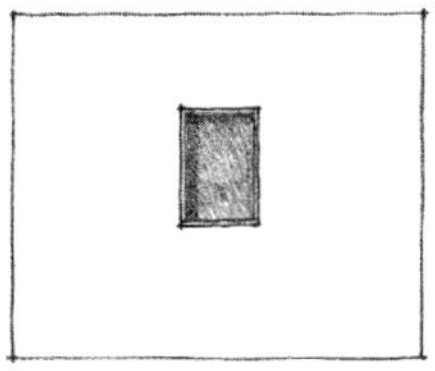
중앙형

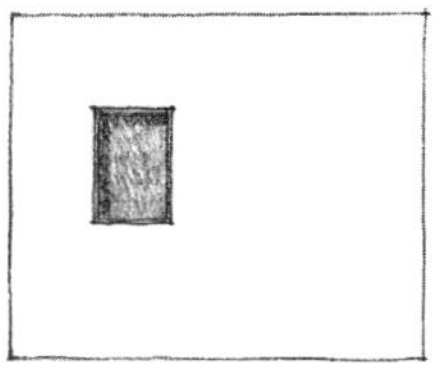
탈중앙형

군집형

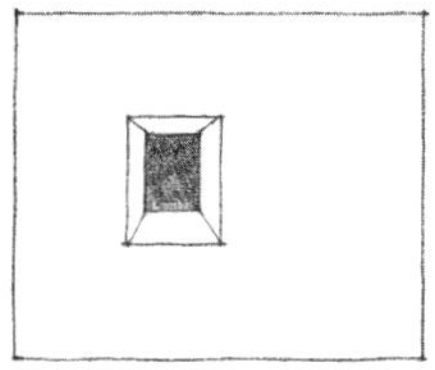
함몰형

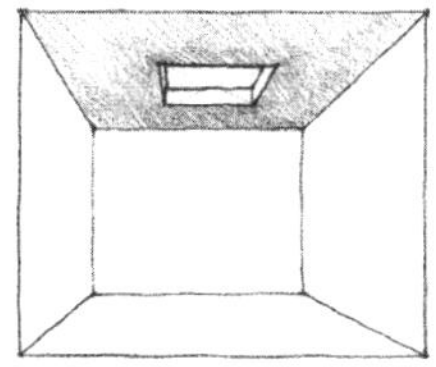
천장면

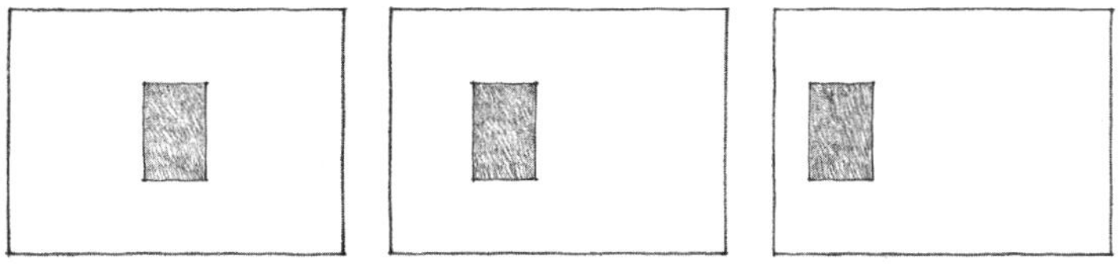

벽이나 천장면 속에 위치한 개구부는 주변과 대조되는 밝은 형상으로 나타난다. 만일, 개구부가 평면 중앙에 위치한다면 그것은 안정적으로 보이고 주위 평면을 시각적으로 구성하게 된다. 그리고 개구부를 중앙에서 이탈시키면 개구부와 그것이 이동하는 평면 사이의 시각적 긴장을 감소시키게 된다.

Chapel space, Notre Dame Du Haut, Ronchamp, France, 1950 - 1955, Le Corbusier

모서리에

개구부는 한 모퉁이를 따라 혹은 벽이나 천장 모서리를 따라 위치할 수 있다. 어떠한 경우든지 개구부가 모서리에 존재한다.

한 모서리에

두 모서리에

모서리에 포함

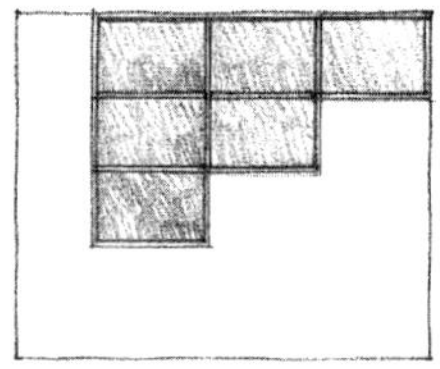
군집 형태

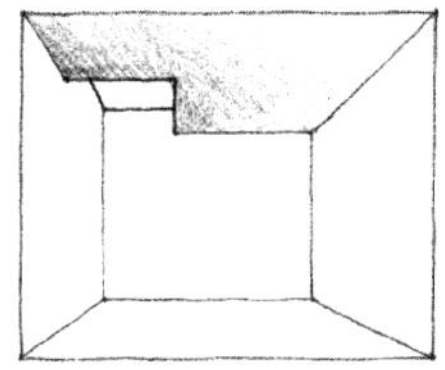
천장 형태

모서리에 위치한 개구부는 자신이 위치한 평면에 대각선의 방향성을 부여한다. 이 방향 효과는 구조상의 이유로 중요한 동시에 풍경을 포착, 어두운 공간 모서리를 밝히기 위해서도 중요하다.

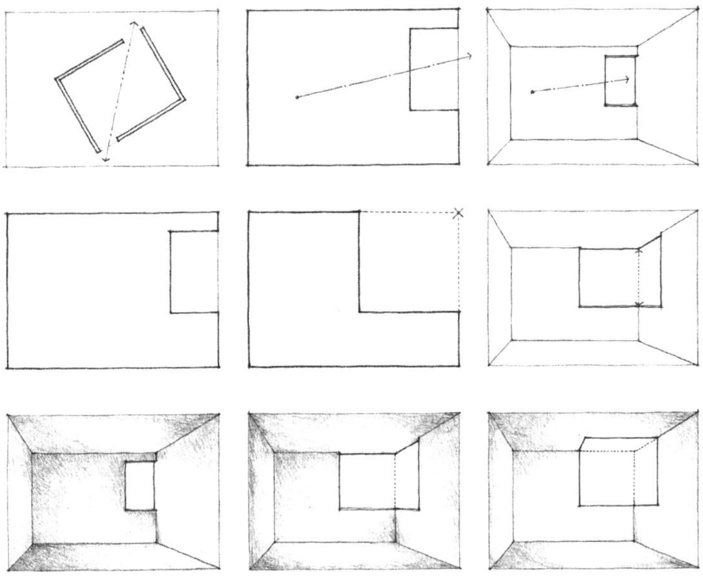

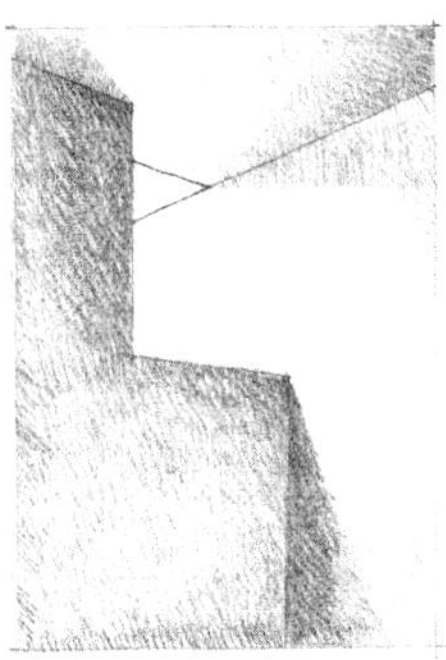

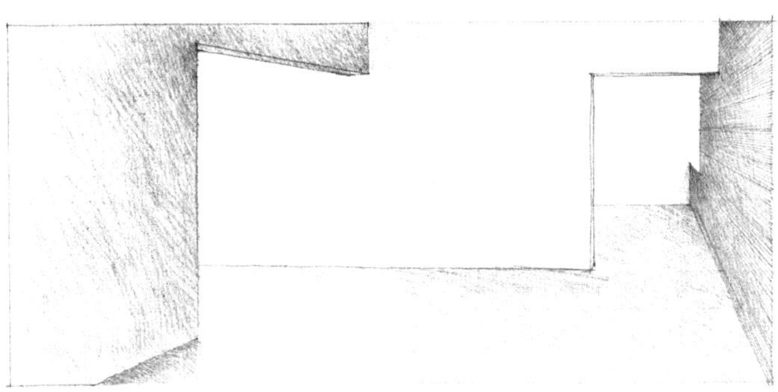

평면 사이에

개구부는 바닥과 천장 사이에 수직으로 위치하거나, 벽면 사이에 수평으로 위치할 수 있다. 이것은 공간 내의 한 벽면을 모두 차지할 수도 있다.

수직형

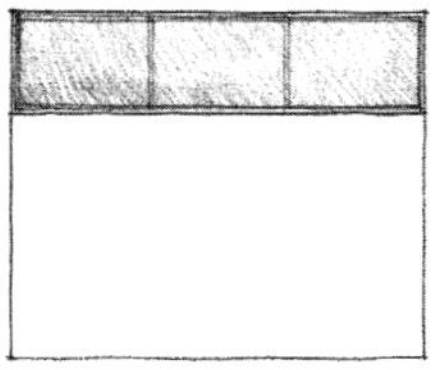
수평형

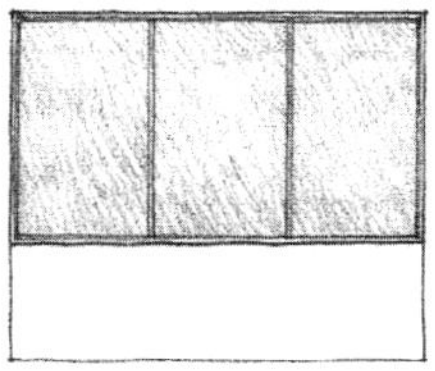
3/4 개구부

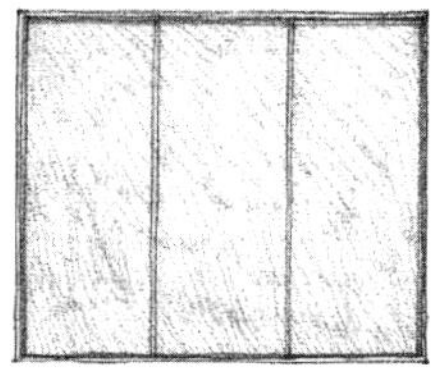
창문벽형

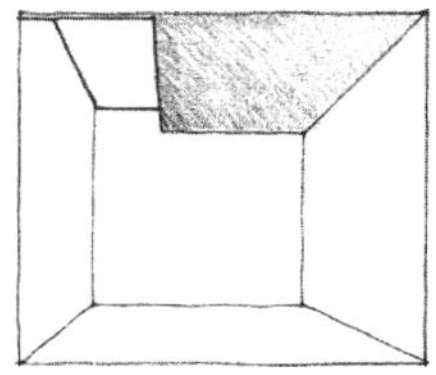
천장형

모서리를 끼고 설치된 수평 개구부는 공간의 수평층을 강화하고 파노라마적 광경을 넓힌다.

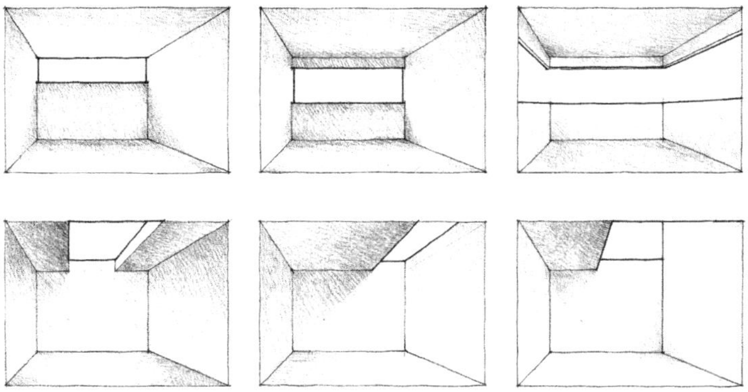

Living room, Samuel Freeman House, Los Angeles, California, 1924, Frank Lloyd Wright

건축공간의 특성

이러한 예들에서 소개된 것보다 더 풍부한 내용들을 포함하고 있을 것이다. 공간 내의 형태, 비례, 크기, 질감, 빛, 소리의 특성은 결국 에워싼 공간의 특성에 의존하게 된다. 이에 대한 우리의 인식은 문화, 선행된 경험, 개인적 취향과 관심사에 의해 영향을 받는다.

Bedroom in the Brick House, New Canaan, Connecticut, 1949, Philip Johnson

Bay window of the living room, Hill House, Helensburgh, Scotland, 1902 - 1903, Charles Rennie Mackintosh

에워쌈의 정도

규정된 요소와 개구부의 형태로 결정되는 에워쌈의 정도는 전체적 공간형태와 방위에 대한 우리의 지각에 매우 중요한 영향을 끼친다. 공간 내부에서는 벽의 표면만 볼 수 있다. 벽의 표면은 공간의 수직 경계를 나타내는 얇은 재료층이다. 벽의 실제 두께는 문과 창문의 모서리를 보면 알 수 있다.

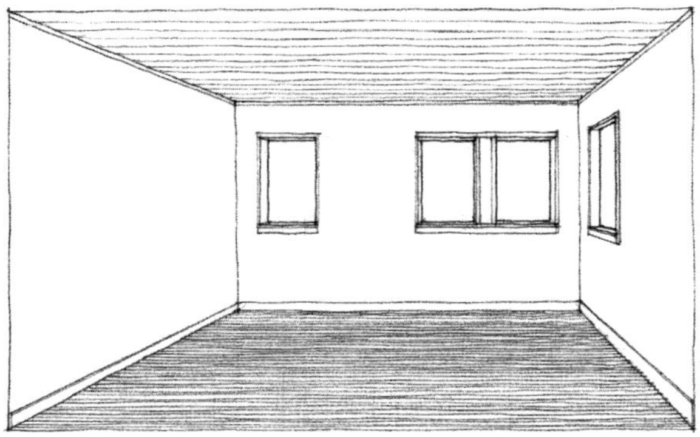

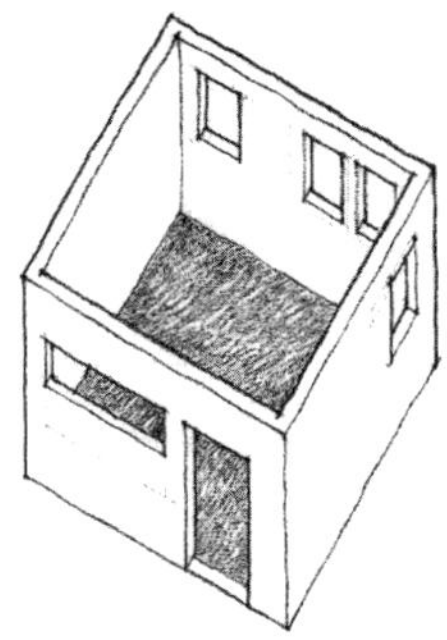

에워싼 면 위에 있는 개구부는 공간 모서리를 약화시키거나 내부 공간을 약화시키지도 않는다. 그 공간의 형태는 지각될 수 있는 상태로 완전히 보존된다.

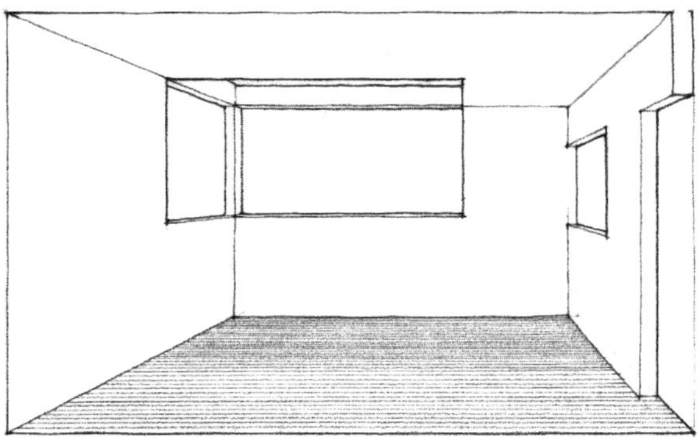

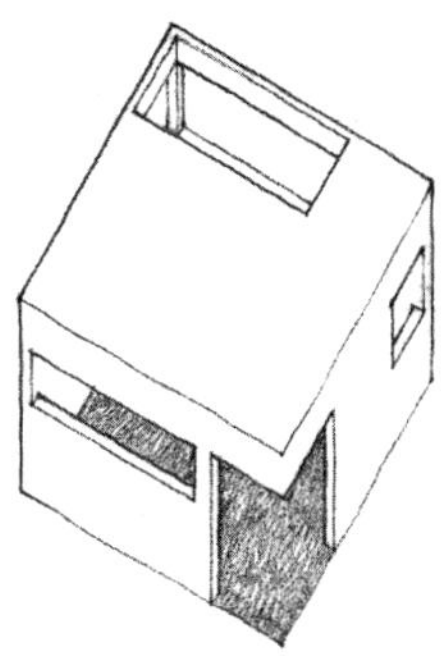

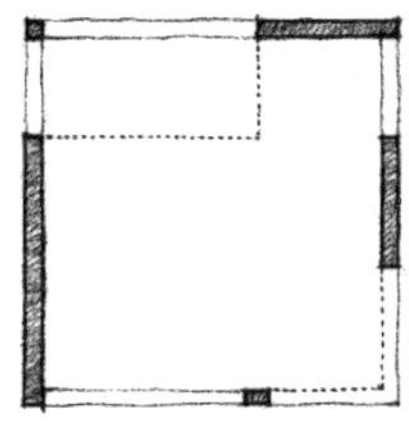

개구부가 모서리에 있으면 시각적으로 모서리를 약화시킨다. 그래서 공간의 전체 형태를 침식시키기는 하지만, 동시에 인접 공간과의 시각적인 연속성과 맞물림을 촉진시키기도 한다.

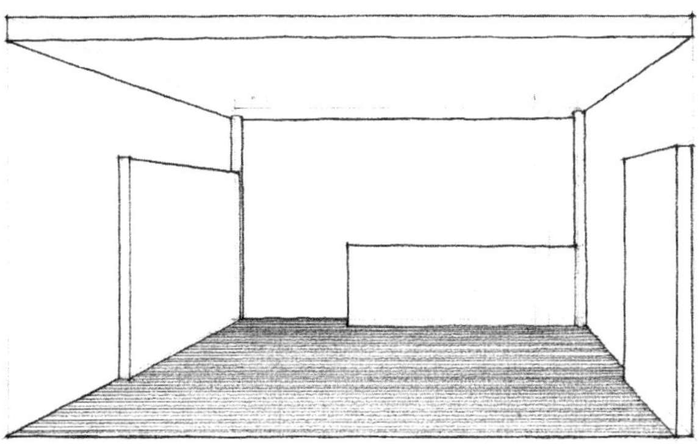

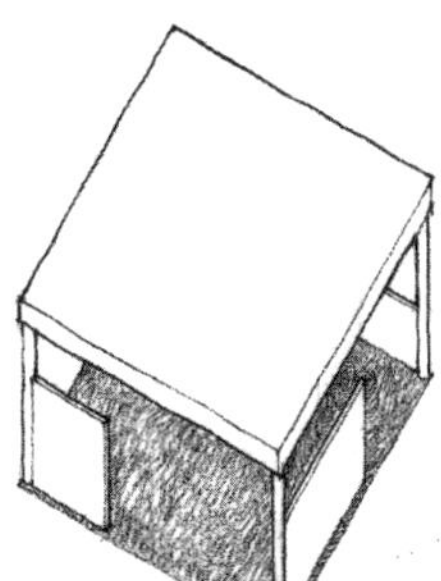

에워싼 평면 사이에 개구부가 있으면 평면들은 시각적으로 분리시키게 된다. 이러한 개구부의 수가 증가하면 할수록, 그 공간은 감싸인 듯한 느낌을 상실하게 되어, 더욱 개방성을 띠며 인접 공간과 합쳐지기 시작한다. 그래서 벽평면으로 한정된 볼륨보다는 그것을 에워싸고 있는 면이 시각적으로 더 강조되는 것이다.

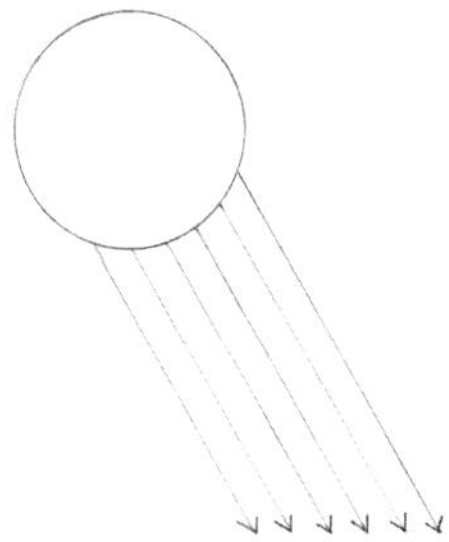

빛

태양은 건축 내에서 공간과 형태를 비추기 위한 풍부한 원천 광원이다. 태양의 복사는 강렬하지만, 직사광선이나 산란광의 형태로 나타나는 그 빛의 특성은 시간과 계절, 장소에 따라 다양하게 변한다. 태양의 빛 에너지가 구름, 아지랑이, 비에 의해 변함에 따라, 달라지는 하늘 색과 날씨 상태를 비추는 대상에 투과하여 형태가 달라 보이게 한다.

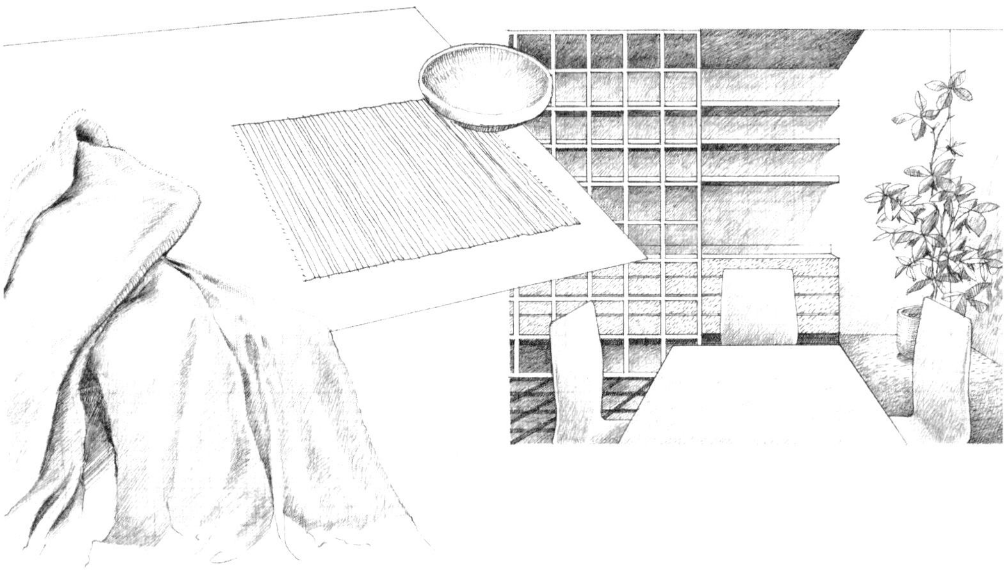

창문이나 지붕의 천장을 통해 실내로 들어간 햇빛은 방의 표면을 분절시키고 그것의 색을 활기 있게 만들며 질감을 드러낸다. 음영의 변화 패턴을 만드는 태양은 실내 공간에 생명을 불어넣으며 그 실내 공간의 형태를 분절시킨다. 빛은 실내에서 분포상태를 조절함으로써 공간을 명확하게 할 수도 있고 왜곡시킬 수도 있다. 또, 태양광의 색깔과 밝기에 따라 실내의 분위기는 화사하게 바뀔 수도 있고, 어두침침하게 될 수도 있다.

태양광은 강도와 방향이 항상 일정하므로 실제적으로 실내의 표면, 형태에 영향주는 요인, 공간 내에 있는 창문이나 천장의 위치, 규모, 방향성이다.

Fallingwater (Kaufmann House), Bear Run, Pennsylvania, 1936 - 1937, Frank Lloyd Wright

창문이나 천장의 크기는 채광량 조절에 관계된다. 그러나 벽과 지붕이 뚫리는 개구부의 크기는 빛과는 상관 없는 다른 요소들, 예를 들어 벽과 지붕의 재료와 구조, 시각적 프라이버시와 환기의 필요성, 공간의 에워쌈 정도, 혹은 개구부가 건물의 외형에 주는 영향 등에 의해서 결정되는 경우가 많다. 그래서 창문과 천장의 위치와 방위는 방이 받아들일 수 있는 일조의 성질을 결정하는 데 중요한 요소가 되는 것이다.

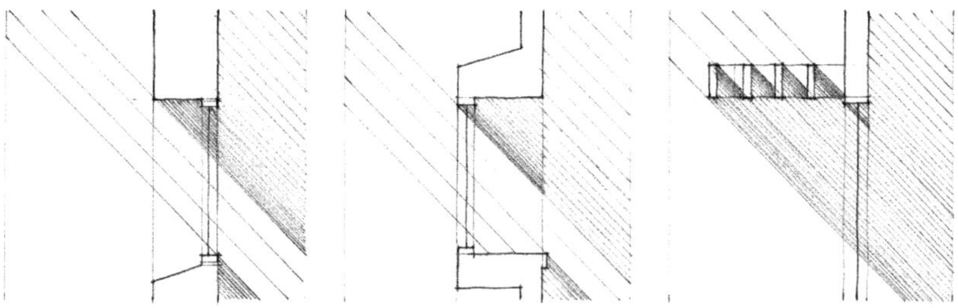

개구부는 일정한 시간 동안 직사광선을 받을 수 있도록 설계된다. 직사광선은 한낮에 특히 강렬하다. 이 빛은 방의 표면을 아주 강한 음영 패턴으로 나누며 공간을 활발하게 분절시킨다. 직사광선의 나쁜 점은 빛과 더불어 열이 너무 많이 흡수되고 번쩍이는 반사광을 낸다는 것인데, 이것은 개구부에 그늘을 만드는 장치를 하거나 주변에 나무를 심어서 조절할 수 있다.

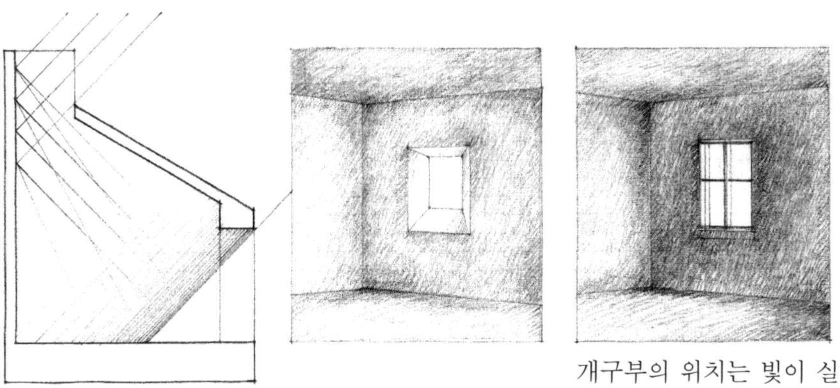

개구부의 위치는 빛이 실내에 들어가 방의 표면을 비추는 방법에 영향을 준다. 벽면의 중간에 창이 있을 때에는 어두운 벽면에 밝은 점이 하나 있는 것처럼 보이게 된다. 그리고 개구부의 밝기가 주변의 어두운 벽면과 크게 대조될 때에는눈부심 현상이 나타난다. 주변이나 방의 밝기 차이로 나타나는 눈부심 현상은 개구부를 두 방향이상으로 내서 개선할 수 있다.

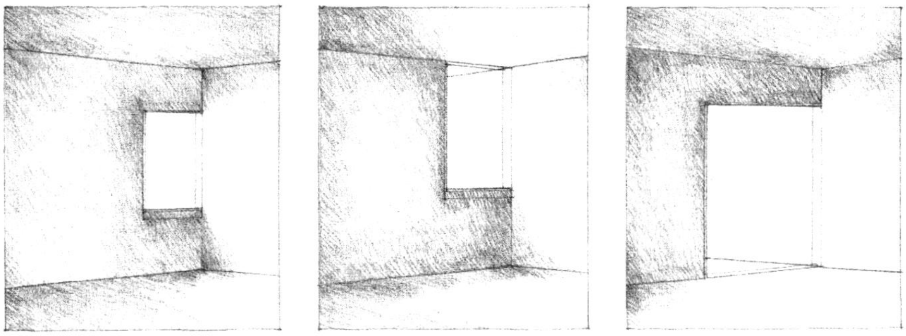

개구부가 벽면이나 방의 모서리에 있을 때, 그 곳을 통해 들어온 빛은 개구부 옆쪽 벽면을 밝게 비추는데, 이 밝은 벽면은 방의 조도를 높이는 역할은 한다.

공간 안에 첨가되는 요소들도 조명에 영향을 준다. 개구부의 형상과 분절은 실내형태를 조명하는 빛이 만드는 그림자 패턴에 반사된다. 이러한 표면의 색깔과 질감은 빛의 반사율에 영향을 주고 공간 조도에도 영향을 준다.

시야

공간의 벽면에 개구부를 내는 데 있어 또 한 가지 고려해야 할 점은 시야와 방향성이다. 벽난로와 같은 몇몇 공간이 내부 시야를 가지는 반면 그 이외의 공간들은 외부 시야를 지닌다. 창문과 천장 개구부는 바로 이러한 외부 시야를 부여하고 방과 주위 환경 사이의 시각적 크기와 위치에 따라, 훌륭한 경관을 부여할 뿐만 아니라 내부 공간에 시각적 프라이버시를 제공할 수 있게 된다.

Outlook: Interior of Horyu-Ji Temple, Nara, Japan, A.D. 607
오직 방 안의 한 곳에서만 특정한 경관을 볼 수 있도록 창문이 계획되어 있다.

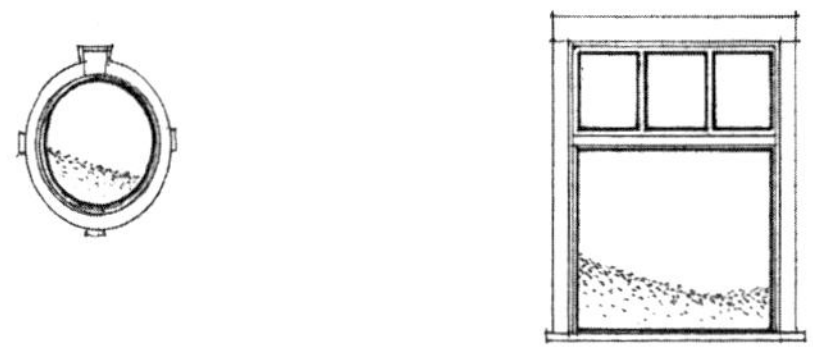

작은 개구부는 경관을 벽에 걸린 그림처럼 보이도록 틀을 만들거나 자세한 디테일을 드러낼 수 있다.

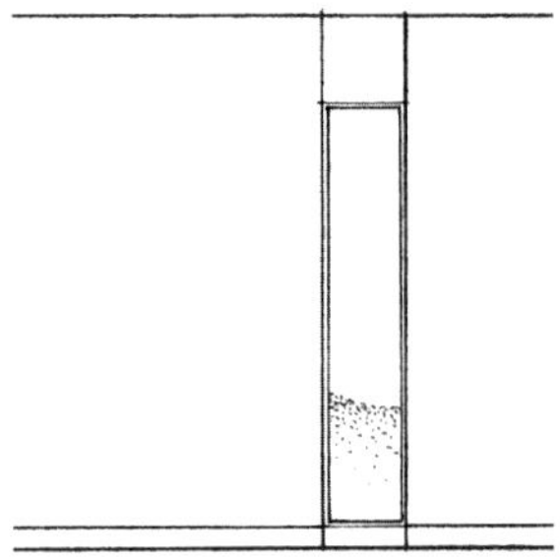

수평이나 수직의 길고 좁은 개구부는 두 면들을 분리시키는 동시에 바깥 경관의 일부만을 보여준다.

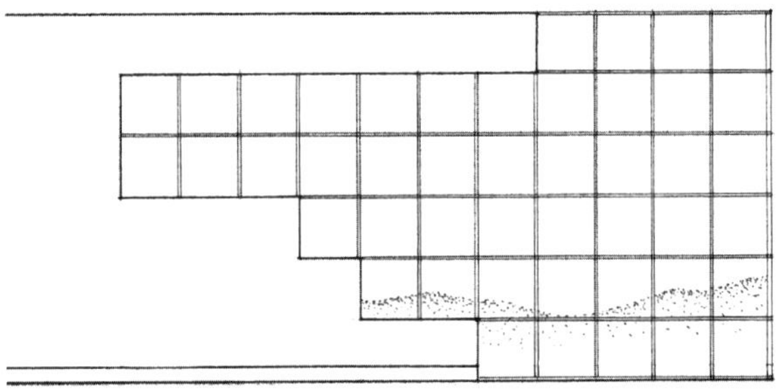

여러 개의 창문들을 순차적으로 배열하여 한 장면을 분할하고 공간 속의 움직임을 장려할 수 있다.

개구부가 확장될수록 방은 넓은 시야로 열리게 된다. 커다란 장면이 한 공간을 지배하고 공간 속에서 일어나는 행위들을 위한 하나의 배경이 될 수 있다.

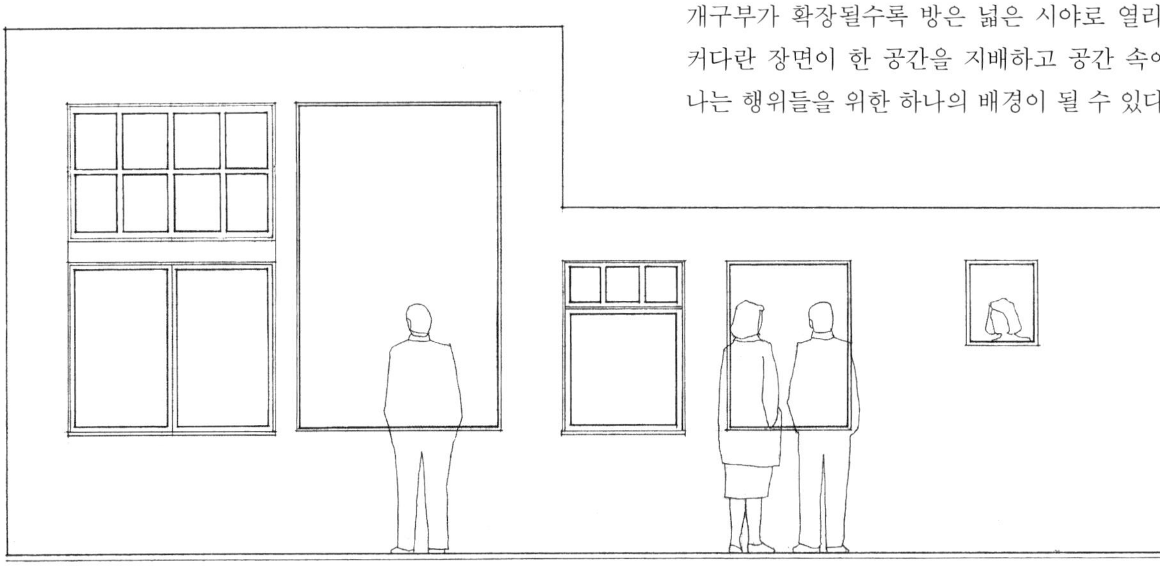

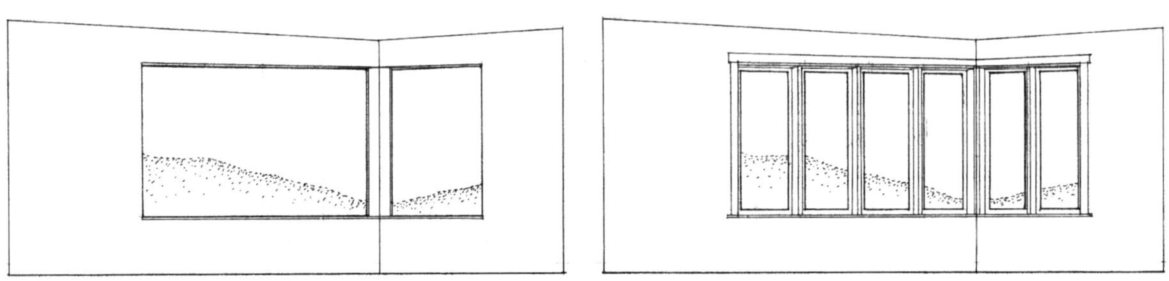

6. 건축의 기본 규범

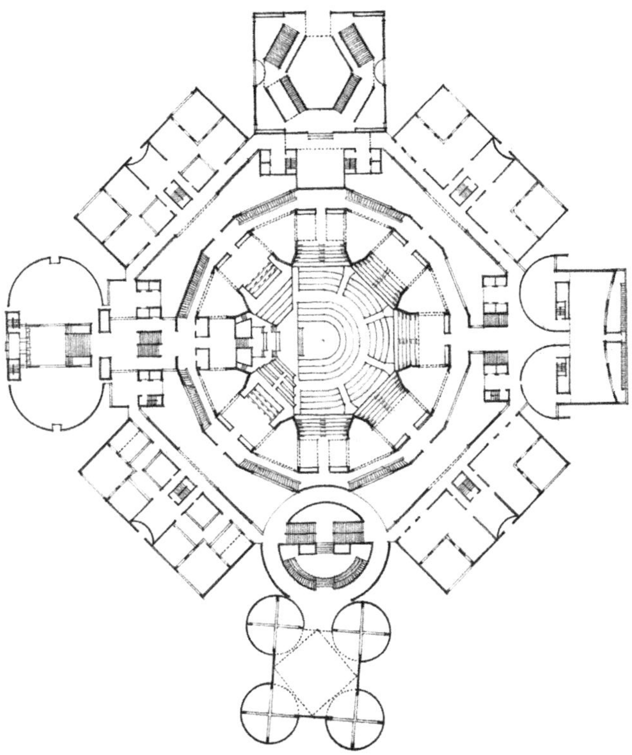

National Assembly Building, Capitol Complex at Dacca, Bangladesh, begun 1962, Louis Kahn

건축은 어떻게 구성되는가?

건물의 다양한 공간과 기능은 구성과 배치의 원리를 통해 서로 연결되어 있다.

- 구성 원리는 어떤 방들이 서로 인접하고, 분리될 것인지를 결정한다. 또한 한 공간이 공적이거나 사적인 정도를 정한다.

- 배치원리는 구역들이 접하는 순서를 결정한다. 또한 건물의 구성에 있어 공간적 특징이나 기능이 분배되는 논리를 정한다.

건축 설계의 이러한 기본적인 고려 사항들은 이치에 맞는 건물—사람이 건물에 들어설 때 직관적으로 이해할 수 있는 건물—을 만들어낸다. 상호 연관된 서로 다른 공간들 간의 위계와 배치방식은 어느 공간이 더 중요하고 덜 중요한지 결정한다. 공간을 나누는 장벽과 나누어진 공간들을 연결하는 개구부는 어느 공간이 들어가는 곳이고 어느 공간이 출입금지 구역인지 알려준다. 서로 가깝거나 멀리 떨어진 공간의 위치는 건물의 기능 간의 관계를 밝힌다.

본 장에서는 구성 요소들 사이의 관계를 구체적으로 밝히기 위한 형태와 공간의 논리적 배치방식에 관련된 설계의 문제에 대해 논의한다. 구성 요소들을 분배하기 위한 대규모 전략으로써의 조직적 패턴을 다룬다. 특정한 구성 요소들 사이의 관계를 밝히는 배치 논리를 다룬다. 또한 본 장에서는 조직적 요소들—구성성분 간의 관계를 결정짓거나 강화하는 형태와 집합—에 대해 이야기한다.

형태와 공간의 조직

앞 장에서는 어떤 내부 혹은 외부 공간(field)을 형성하기 위해서는 배치형태를 어떻게 다양하게 처리할 것인가. 그리고 내부를 비워 놓거나 채워 넣는 등의 패턴이 형성된 공간의 시각적 질에 얼마만한 영향을 주는가에 대해 다루었다.

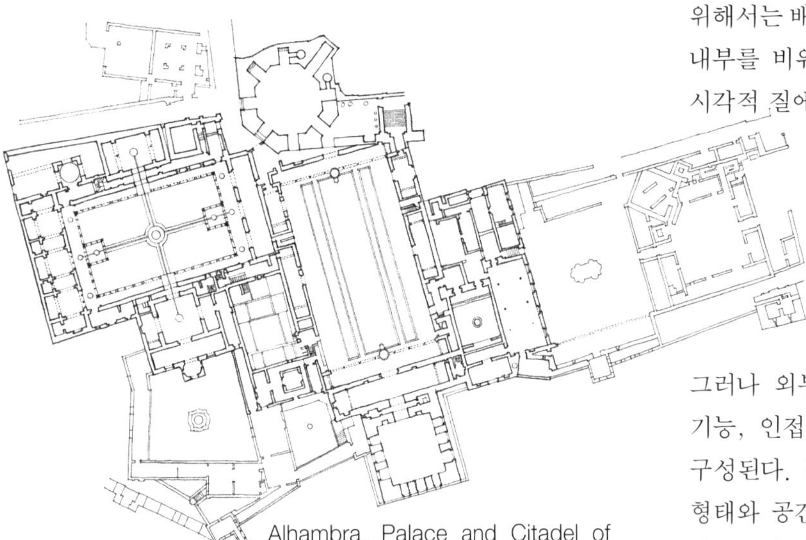

Alhambra, Palace and Citadel of the Moorish kings, Granada, Spain, 1248 - 1354

그러나 외부 공간으로 구성된 건물은 거의 없으며 대개는 기능, 인접 관계, 또는 동선으로 연관되는 많은 공간들로 구성된다. 본 장에서는 건축공간을 다른 공간과 연결짓고, 형태와 공간을 응집된 패턴으로 구성하는 기본 방법에 대해 다루고자 한다.

두 개의 공간은 서로 몇 가지 기본적인 방식들로 관계를 맺을 수 있다.

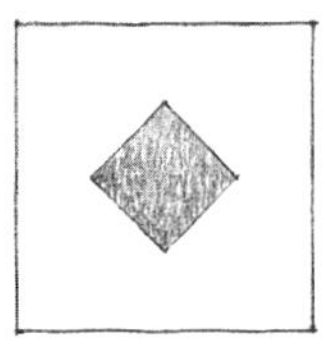

공간안의 공간

공간은 더 큰 공간이라는 볼륨 안에 포함될 수 있다.

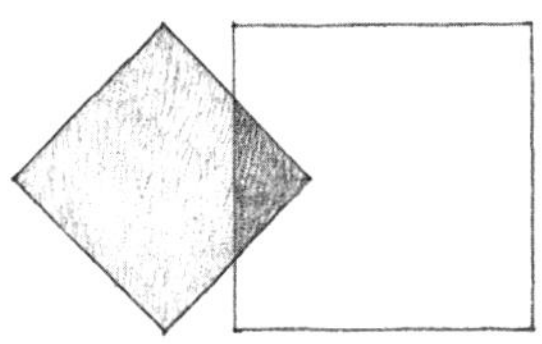

맞물린 공간

공간의 영역은 또 다른 공간의 볼륨과 겹쳐질 수 있다.

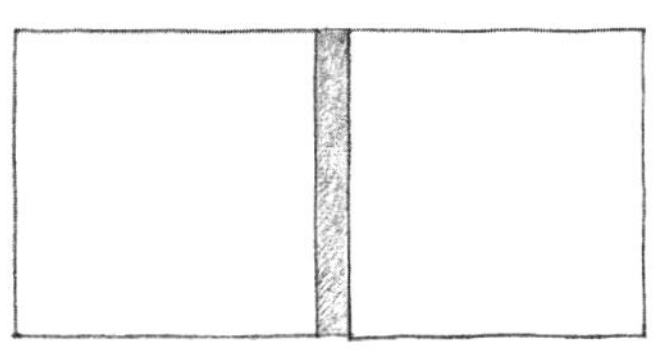

인접된 공간

두 공간들이 접촉하거나 공통의 경계를 공유할 수 있다.

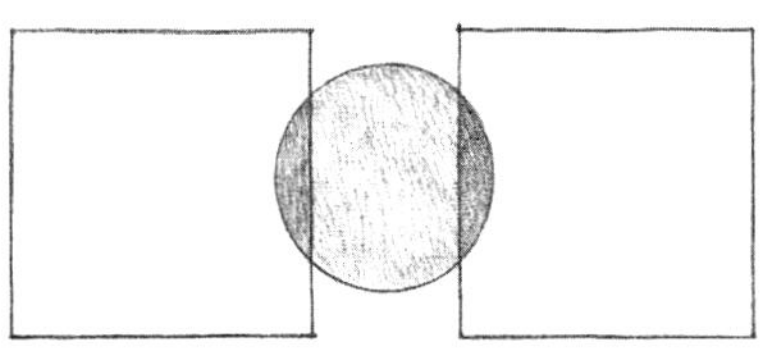

공용공간에 의해 연결된 공간

두 공간들이 중간적인 공간에 의존하여 관계 맺을 수 있다.

공간 안의 공간

큰 공간은 자체 볼륨 내에 작은 공간을 에워싸고 있다. 두 공간 사이의 시각적, 공간적, 연속성은 쉽게 이루어지나, 내부에 담겨진 작은 공간이 큰 공간 밖의 외부 공간과 연결되는 것은 큰 공간을 통해서만 가능하다.

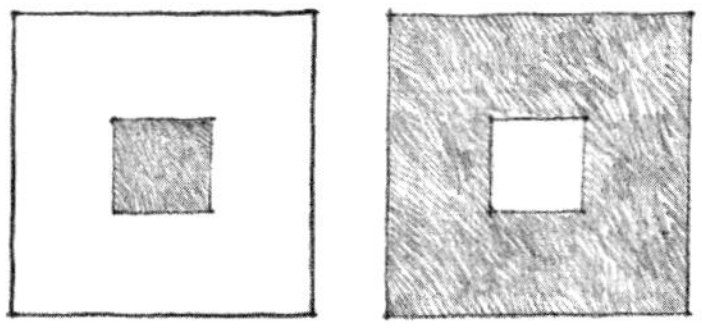

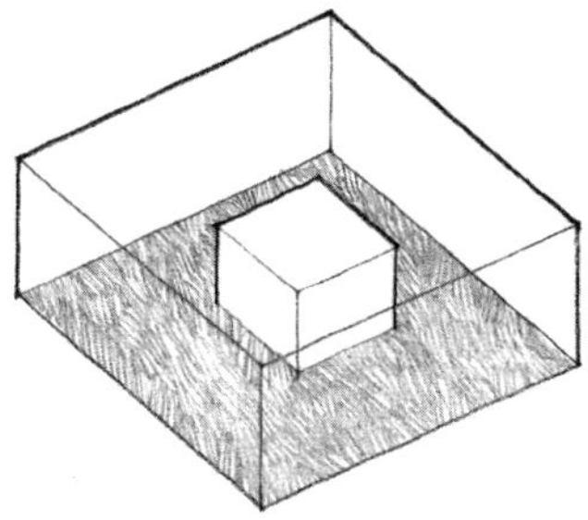

이러한 공간적 관계에서, 작은 공간을 담고 있는 큰 공간은 내부의 작은 공간에 대해서 3차원적 공간이 된다. 이러한 개념에서 볼 때, 두 개의 공간 사이에는 명확한 크기 차이가 필요하다. 만약 내부의 작은 공간이 계속 커지게 되면 큰 공간은 에워싸는 기능을 잃게 된다. 그것은 단지 작은 공간을 둘러싸는 얇은 껍질 또는 표피에 불과한 것이 되어 본래의 개념이 파괴된다.

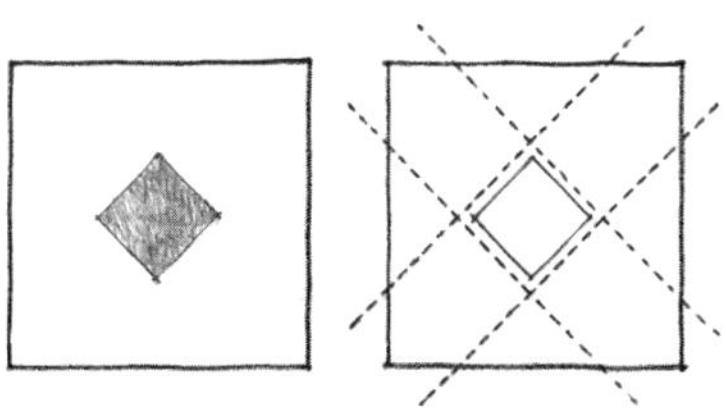

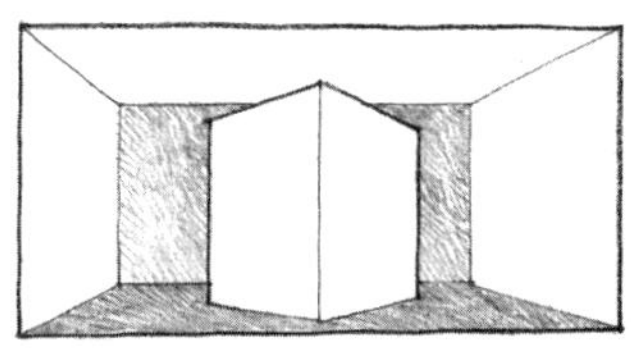

더 많은 주의를 불러일으키기 위해서, 내부 공간은 자신을 둘러싼 외부 공간과 형태를 공유해야 하는데, 이 때 표현방식은 달라야 할 것이다. 이로써 외부 공간 내에 2차 격자와 역동적 형태, 그리고 여분의 공간이 창조된다.

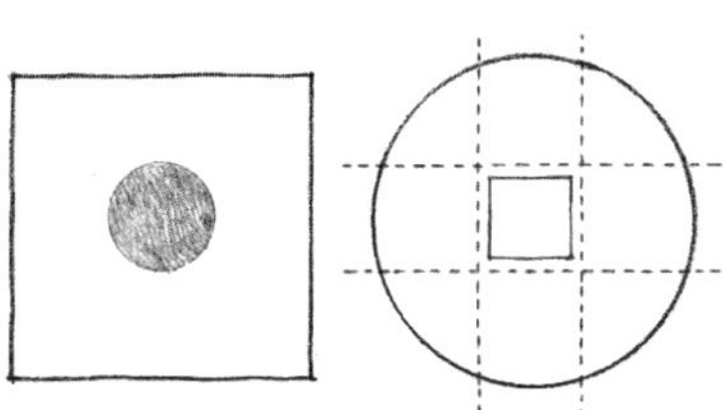

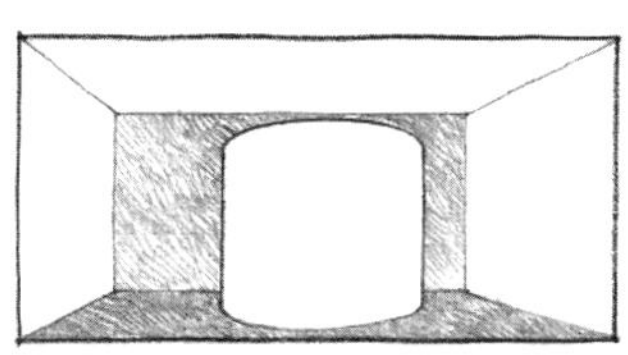

위에서 언급했듯이, 그것을 담고 있는 공간과 다른 형태를 띠고 있어야 그 이미지를 강하게 부각시킬 수 있게 된다. 형태에 있어서의 이러한 대조는 두 공간의 기능적 차이나 내부 공간의 상징적 중요성을 말해 준다.

맞물린 공간

상호 맞물려 있는 입체는 부분적인 공유공간을 형성하는 두 개의 공간으로 되어 있다. 맞물린 공간관계는 두 공간 영역의 겹침과 분할공간 때문에 생긴다. 두 공간이 맞물리게 되면, 각 공간은 나름대로의 정체성과 규정성을 갖게 된다. 두 개의 공간이 맞물려 있을 때, 각 공간의 결과적 형태는 여러 가지로 해석될 수 있다.

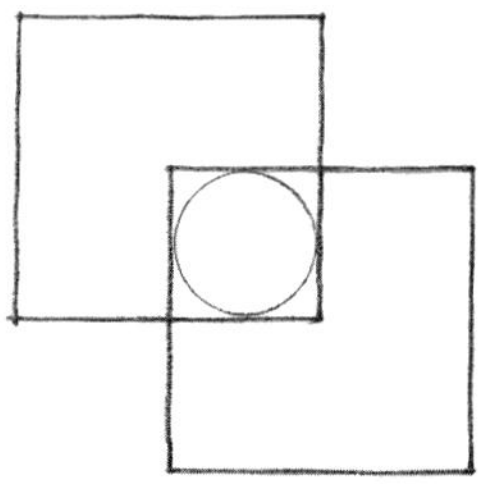

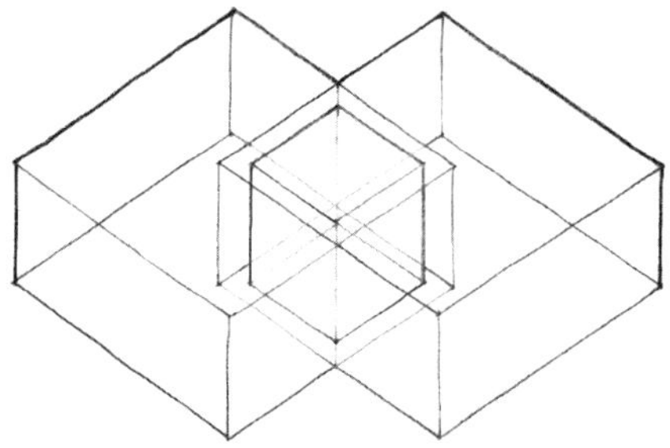

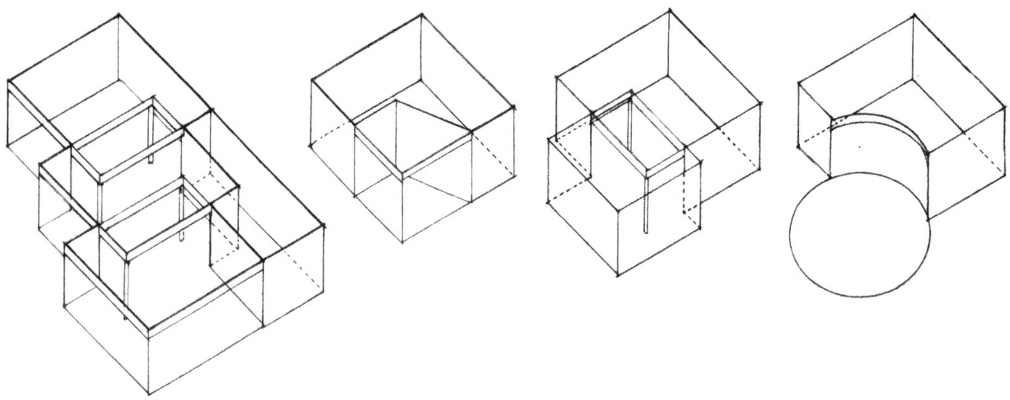

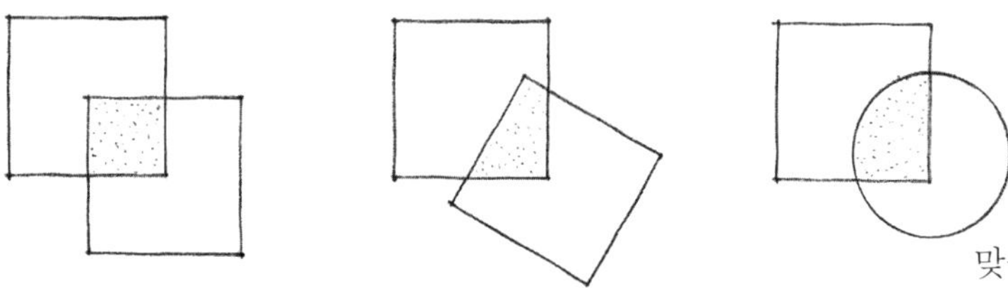

맞물려 있는 두 입체는 모두 각각의 공간으로 나누어질 수 있다.

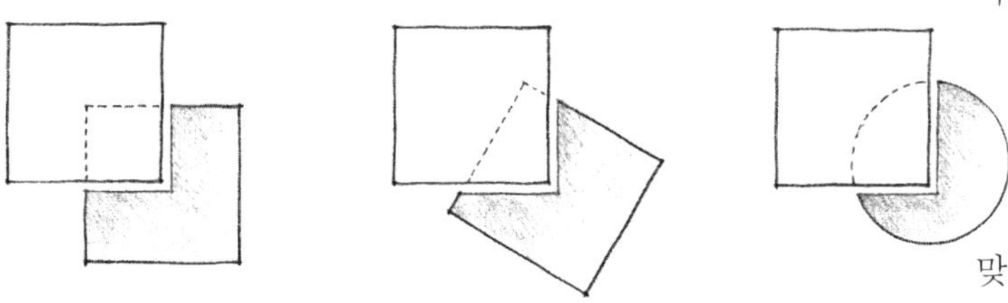

맞물린 부분은 두 개의 공간 중 어느 한 공간으로 합쳐질 수 있으며, 합쳐진 공간의 완전한 부분이 되기도 한다.

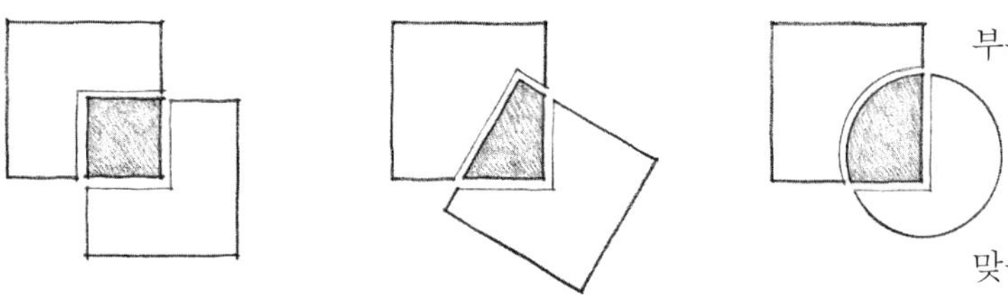

맞물린 부분은 본래의 두 공간을 연결하는 공간이며, 자체의 독립된 공간으로 발전할 수 있다.

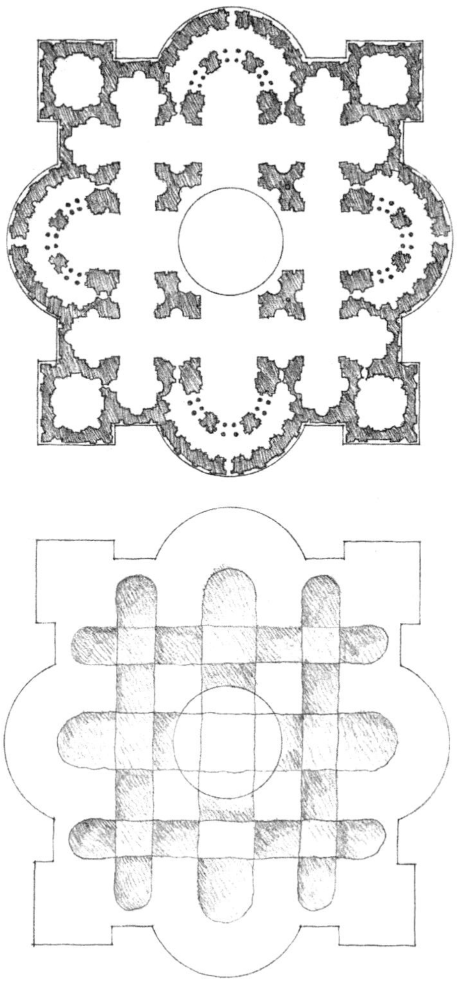

Plan for St. Peter (Second Version), Rome, 1506 - 1520, Donato Bramante & Baldassare Peruzzi

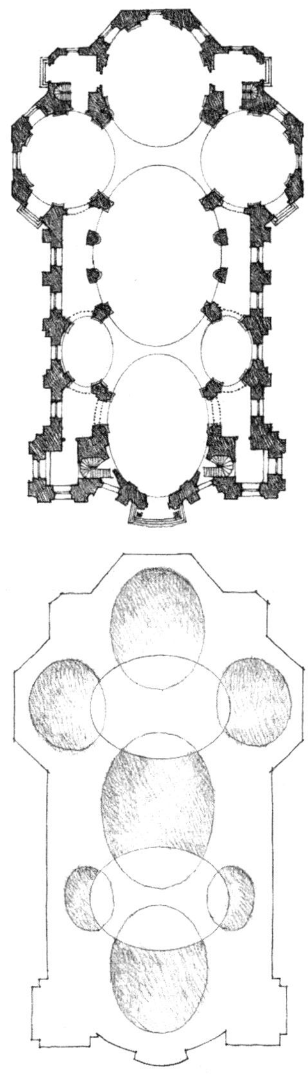

Pilgrimage Church, Vierzehnheiligen, Germany, 1744 - 1772, Balthasar Neumann

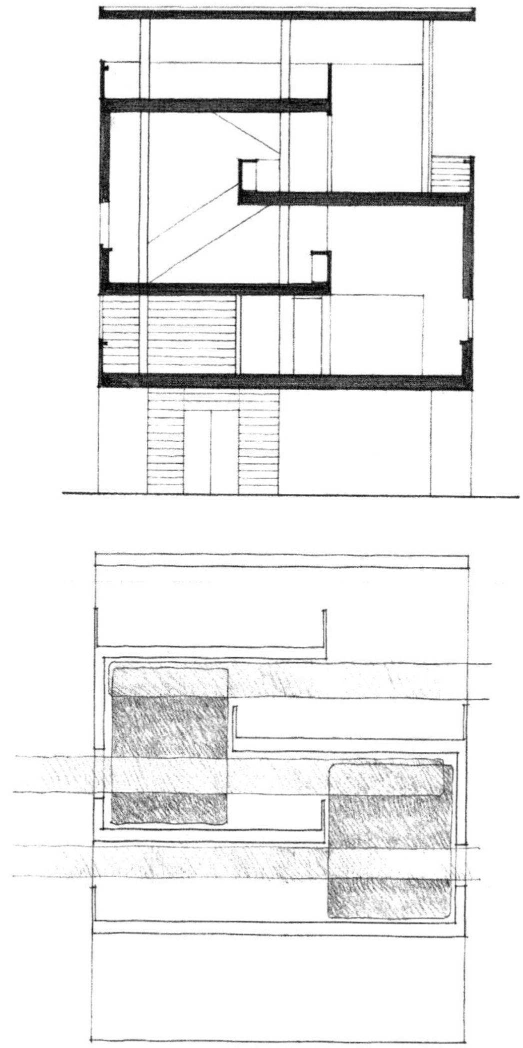

Villa at Carthage, Tunisia, 1928, Le Corbusier

인접하는 공간

두 공간의 인접은 공간관계에서 가장 일반적인 형태이다. 이 경우 각 공간은 스스로의 영역을 명확히 확보하고 서로의 기능적, 상징적 요구를 수용한다. 두 개의 인접한 공간 사이에서 일어나는 시각적, 공간적 연속 정도는 두 공간을 상호 분리시키고 결합시키는 평면의 특성에 의존한다.

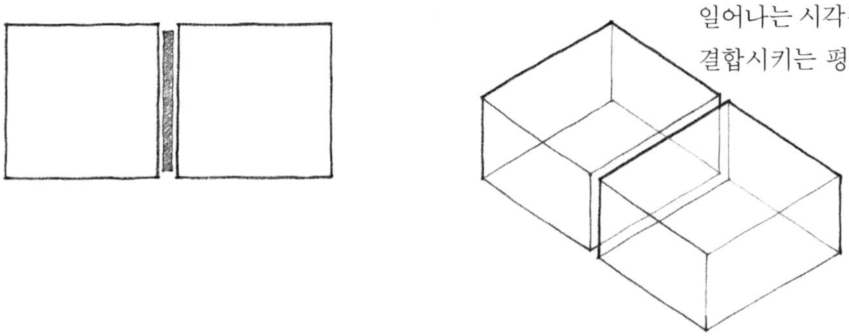

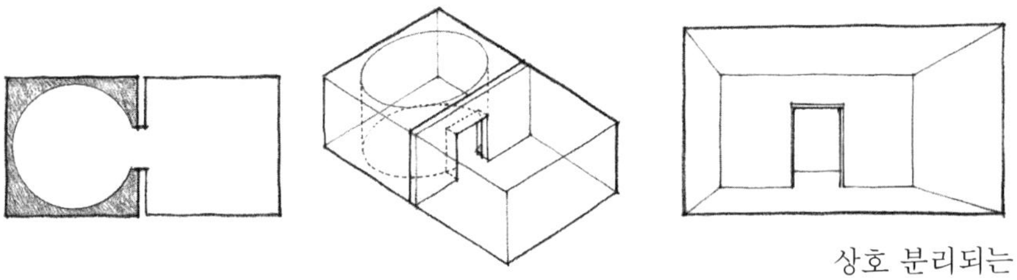

상호 분리되는 평면은:

- 두 개의 인접 공간 사이에서 보여지는 시각적, 물리적 접근은 제한될 수도 있고, 각 공간의 개별성이 강화될 수도 있으며 서로의 다른 면을 수용하기도 한다.

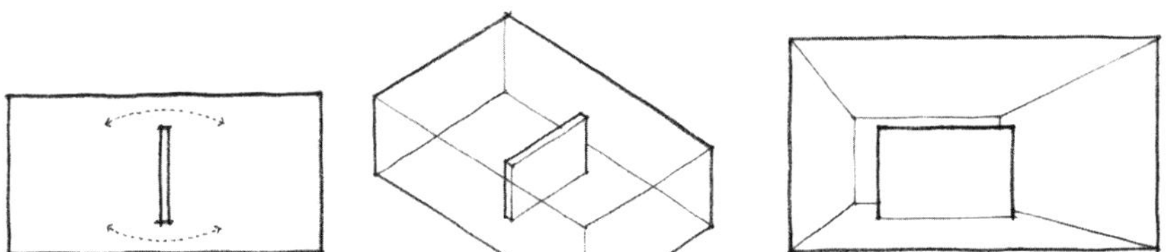

- 하나의 단일 공간 속에 독립된 평면으로 나타난다.

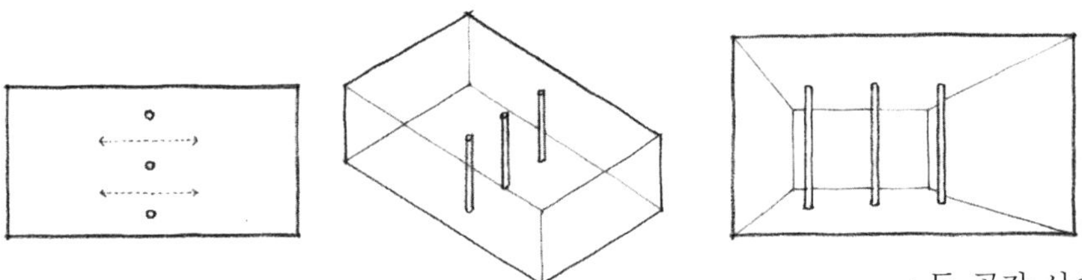

- 두 공간 사이의 정도 높은 시각적, 공간적 연속성을 가능하게 하는 일련의 기둥에 의해 규정된다.

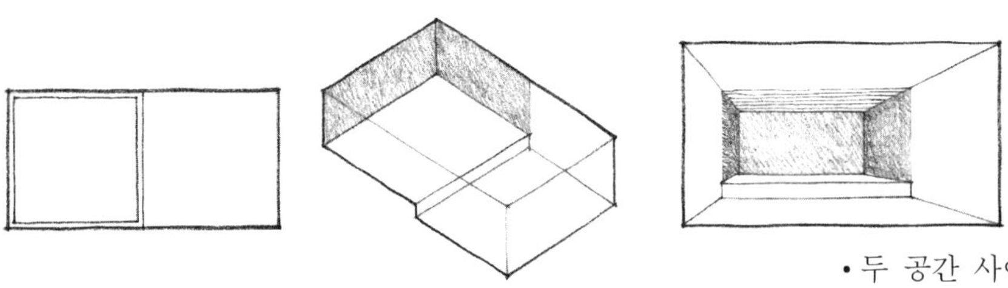

- 두 공간 사이의 표면이나 질감의 대조, 높이의 변화에 의해 의미를 갖는다. 앞의 두 가지 경우와 더불어 이것 또한 하나의 단일 공간이 상호 연관된 두 공간으로 분할된 것이라 볼 수 있다.

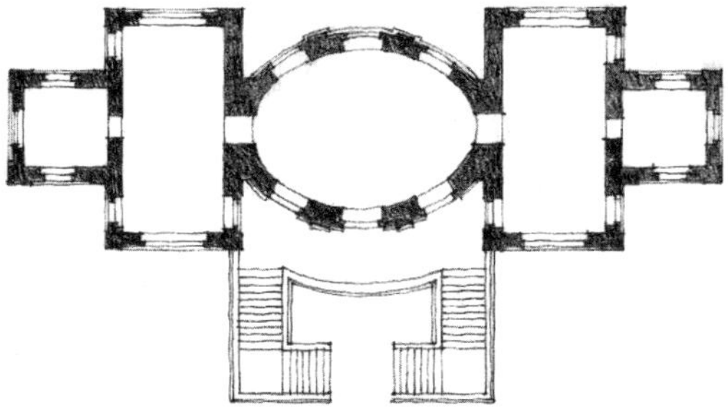

Pavilion Design, seventeenth century, Fischer von Erlach

여기에 나온 두 건물 내의 공간들은 규모, 형태, 모양에 있어서 개인주의적인 구성을 보인다. 이들을 감싸고 있는 벽은 인접된 공간 사이의 상이함을 조절하고 있다.

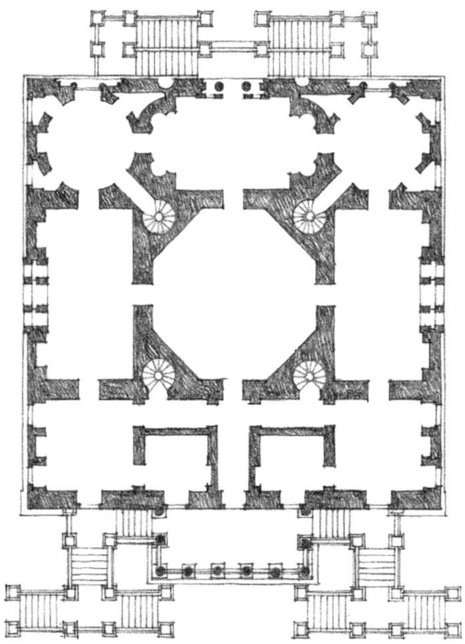

Chiswick House, Chiswick, England, 1729, Lord Burlington and William Kent

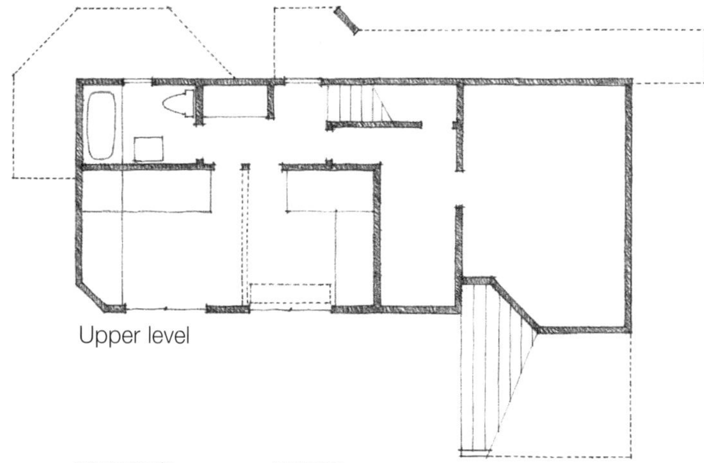

Upper level

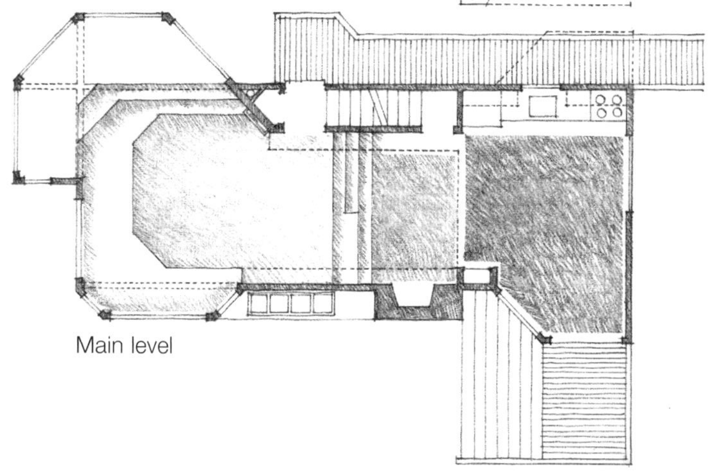

Main level

이 세 공간—거실, 벽난로, 식당—은 벽면보다는 바닥의 높이, 천장의 높이, 조명 수준의 변화에 의해 규정된다.

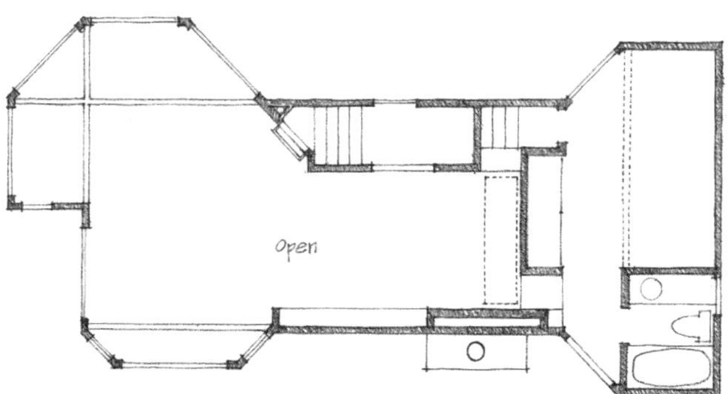

Lower level

Lawrence House, Sea Ranch, California, 1966, Moore-Turnbull/MLTW

공동의 공간에 의해서 연결된 공간

일정한 거리를 두고 분리된 두 공간은 제3의 매개물이나 공간에 의해 상호 연결되거나 연관성을 갖게 된다. 두 공간의 시각적 공간적 관계는 그들을 연계시키는 제 3공간의 본질에 의해 좌우된다.

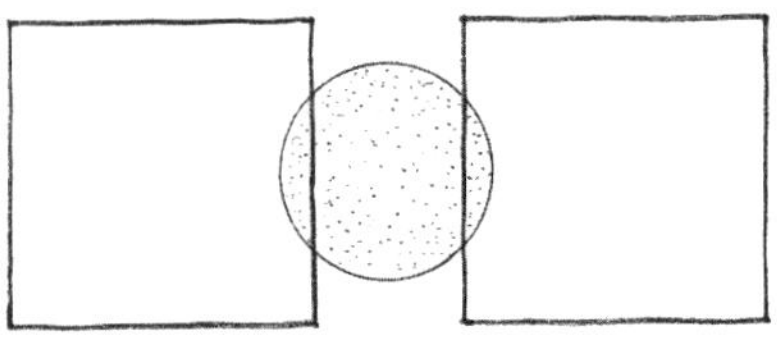

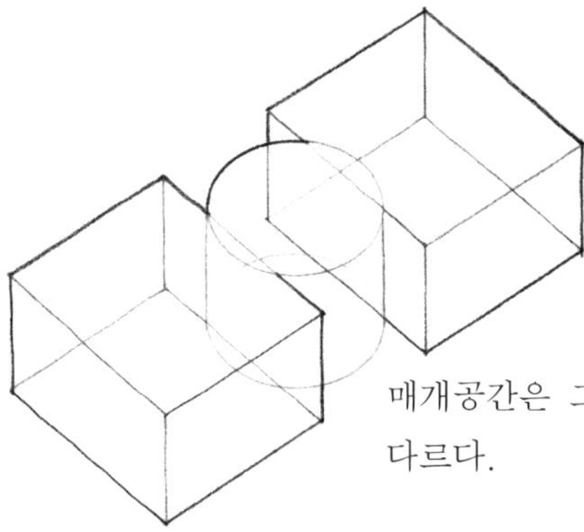

매개공간은 그것이 연결시켜 주는 두 공간과 형태, 방향성이 다르다.

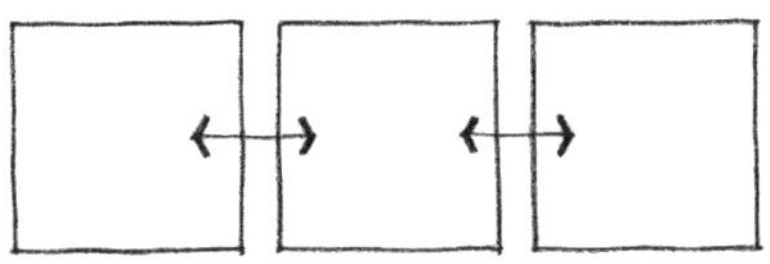

매개공간 뿐만 아니라 두 공간도 그것의 모양, 크기, 형태 등에 있어 선형공간처럼 연속성을 지닐 수 있다.

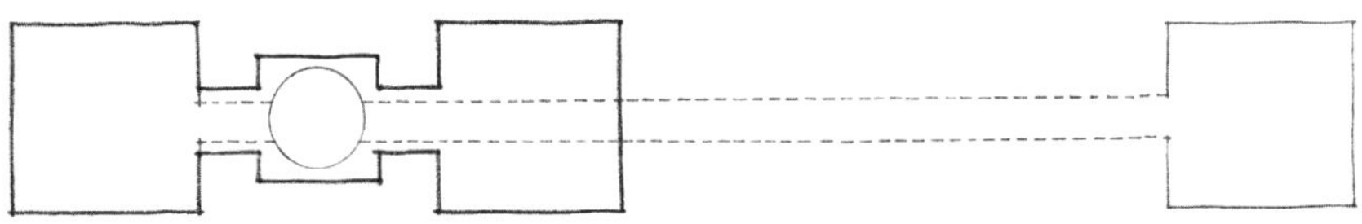

매개공간은 서로 떨어져 있는 두 공간을 연결하기 위하여, 또는 직접적인 관계를 갖지 않는 일련의 공간들을 결속시키기 위해서 선형으로 구성될 수 있다.

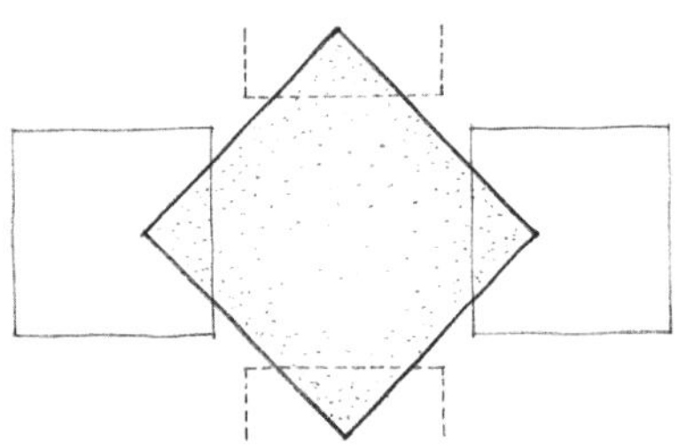

매개공간은, 크기가 충분하다면 두 공간의 상호 관계 속에서 유력한 공간을 형성할 수도 있고, 자체에 관련된 많은 공간들을 구성할 수도 있다.

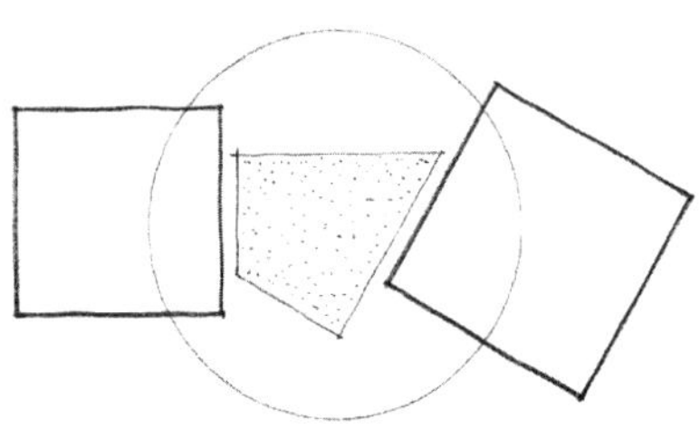

매개공간의 형태는 상호 연결되고 관련되어 있는 두 공간의 형태와 방향에 의해서만 결정된다.

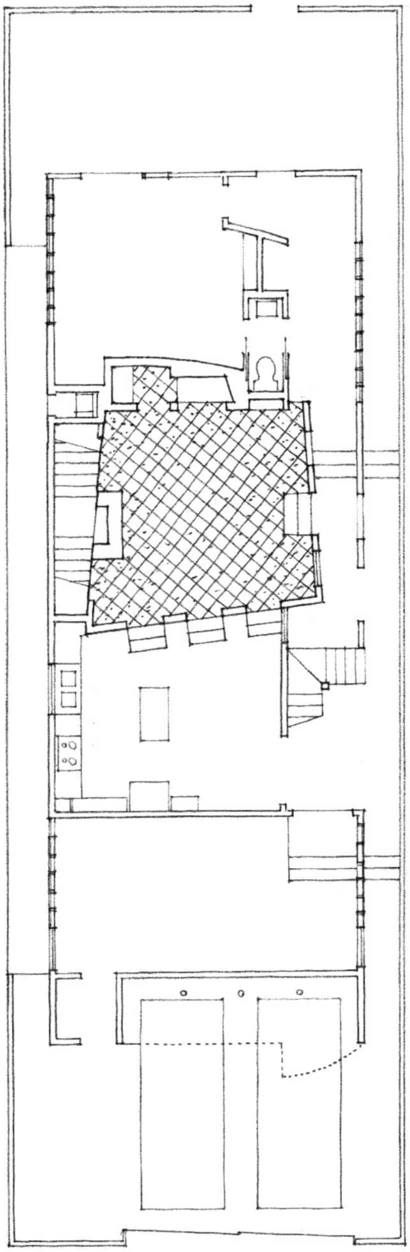

Caplin House, Venice, California, 1979, Frederick Fisher

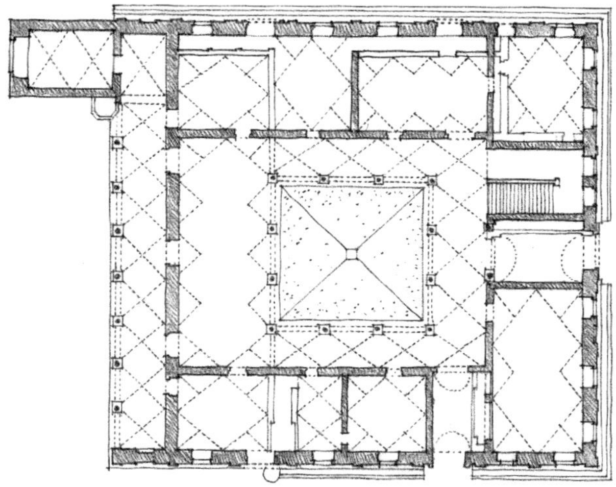

Palazzo Piccolomini, Pienza, Italy, c. 1460, Bernardo Rosselino

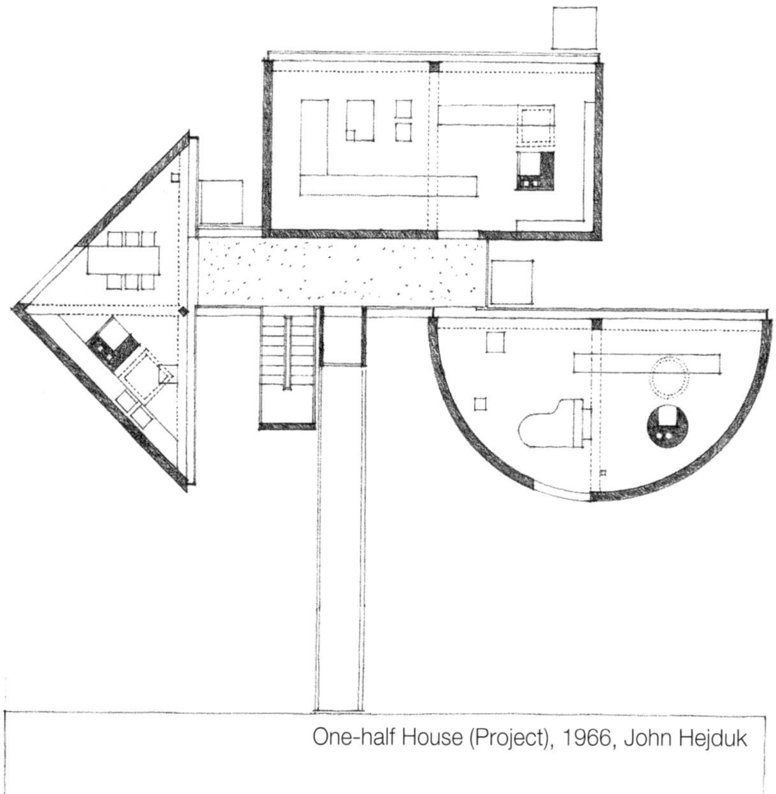

One-half House (Project), 1966, John Hejduk

공간 구성

여기서는 건물의 공간을 구성하고 배치하는 기본적인 방식들에 대해 알아본다. 전형적인 건물 프로그램에서는, 일반적으로 다양한 종류의 공간이 필요하다. 이 때 다음과 같은 공간들이 필요할 수 있다:

- 특정한 기능을 갖거나 특정한 형태를 필요로 하는 공간
- 용도가 유동적이며 자유롭게 조절할 수 있는 공간
- 건물 구성에 있어 기능이나 중요성이 유일하며 독특한 공간
- 비슷한 기능을 가지며 기능적 그룹으로 묶이거나 선형으로 반복될 수 있는 공간
- 채광, 환기, 전망, 또는 외부 공간으로의 접근을 위해 외부 노출이 필요한 공간
- 사생활 보호를 위해 분리되어야 하는 공간
- 쉽게 접근가능한 공간

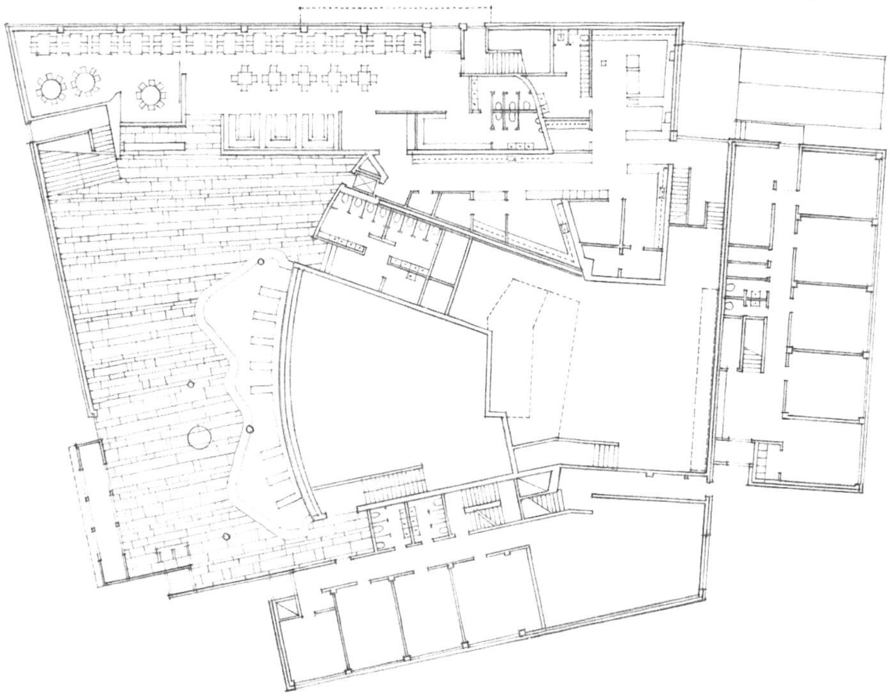

Theater at Seinajoki, Finland, 1968-1969, Alval Aalto

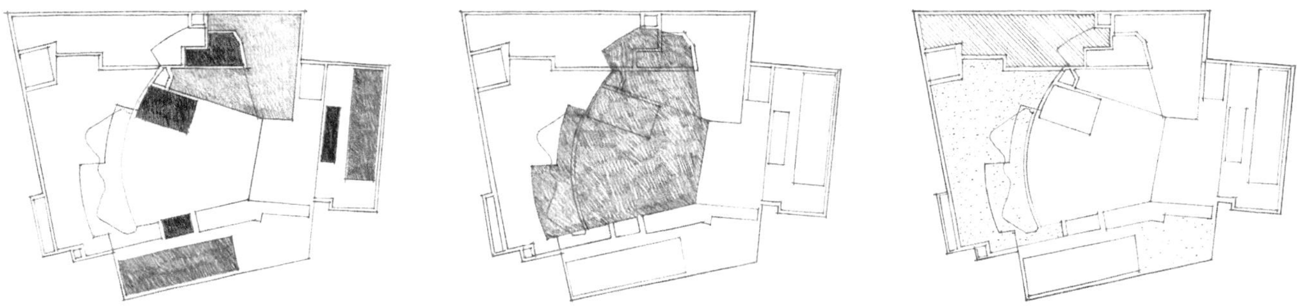

Seinajoki의 극장 내 고정 공간과 가변 공간의 유형을 보여주는 분석적 다이아그램.

이러한 공간들이 배치되는 방식은 건물의 구성에 있어서의 기능적 · 상징적 역할과 공간들의 상대적 중요성을 명확하게 할 수 있다. 특정한 상황에서 어떠한 구성방식을 택할 것인지에 대한 결정은 다음과 같은 사항에 달려있다:

- 기능적 근접성, 치수의 요구사항, 계층적 분류, 그리고 접근과 채광, 조망을 위한 요구사항과 같은 건물 프로그램의 요구사항
- 구성의 형태와 성장을 제한하거나 구성이 대지의 특정한 성질만을 다루도록 할 수 있는 대지의 외부 조건

지금까지 형태의 특성과 공간의 상호 관계, 그리고 주변 여건에 대응한 배치구성 등에 대해 논의함으로써 각 범주의 공간구성을 소개하였고, 기본적인 포인트를 예시하는 배열의 한 예를 소개하였다. 각각의 예는 아래와 같이 같은 면에서 연구 되어야 한다.

- 어떤 공간들을 수용하는가, 그리고 그 공간들을 어디에, 어떻게 형성할 것인가?
- 공간과 공간, 그리고 공간과 옥외와의 관계를 어떻게 수립할 것인가?
- 구성상 입구는 어디에 둘 것이며 통로는 어떻게 배치할 것인가?
- 외부 형태구성은 어떻게 하며 그것을 전체 구성의 맥락 속에서 어떻게 처리할 것인가?

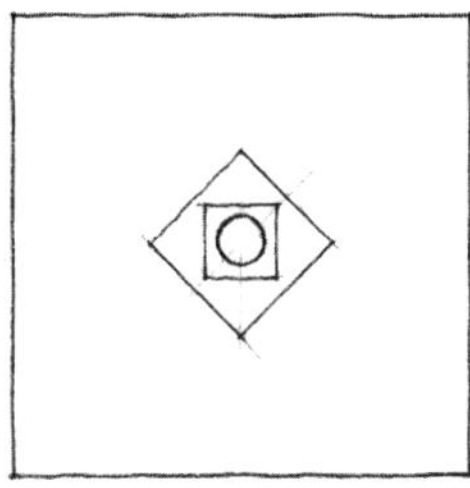

구심형 구성

중앙에 유력한 공간이 있고 그 주위에 제2의 공간들이 모여 있다.

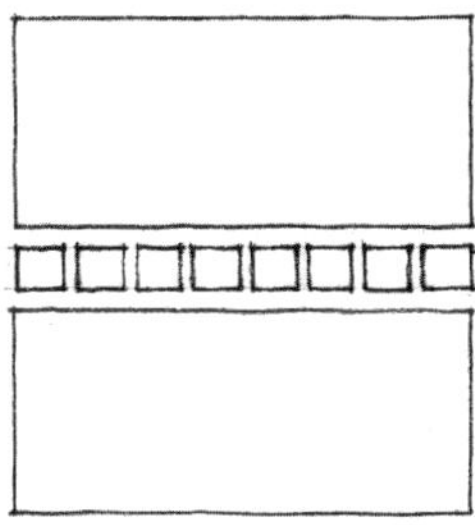

선형구성

공간의 반복으로 이루어진 연속 선형

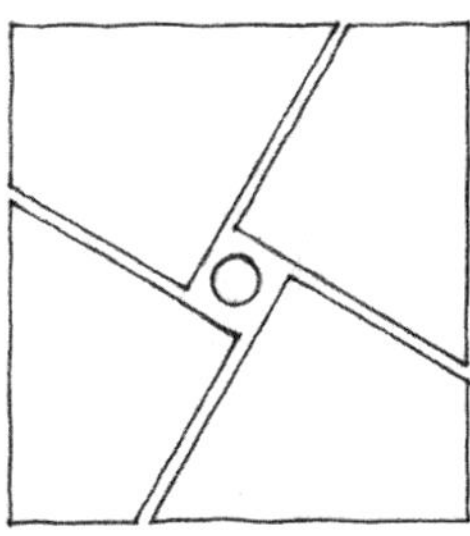

방사형 구성

중앙 공간으로부터 선형의 공간구성이 방사상으로 확산된다

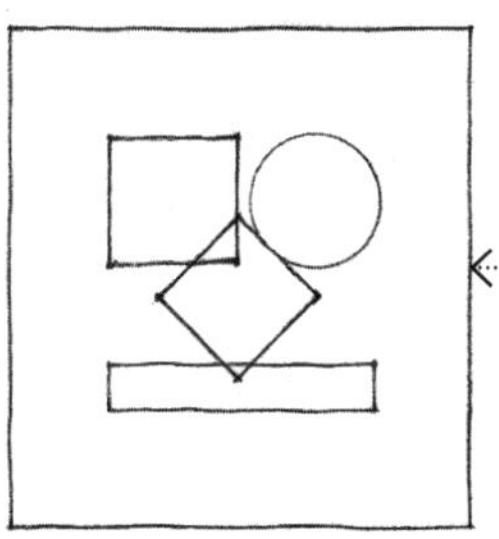

집합형 구성

공간들이 서로 인접되어 있거나 각각의 시각적 특성이나 관계를 갖고 공통적으로 모여 있다

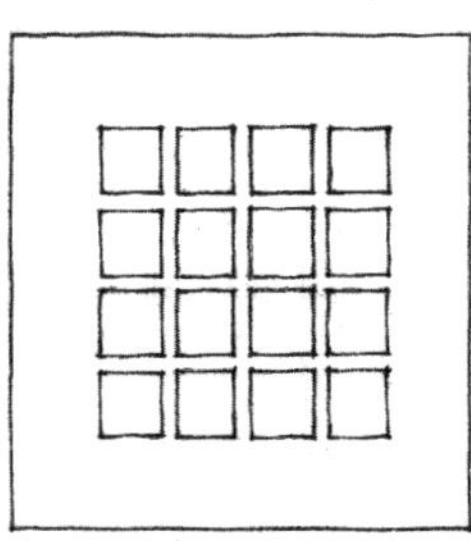

격자형 구성

공간들이 구조적 그리드나 3차원적 그리드의 범위 속에서 구성되어 있다

구심적 구성

구심적 구성은 크고, 우세한 중앙공간을 중심으로 그 주위에 많은 2차적 공간이 모여 구성된 안정적이고 집중적인 구성이다.

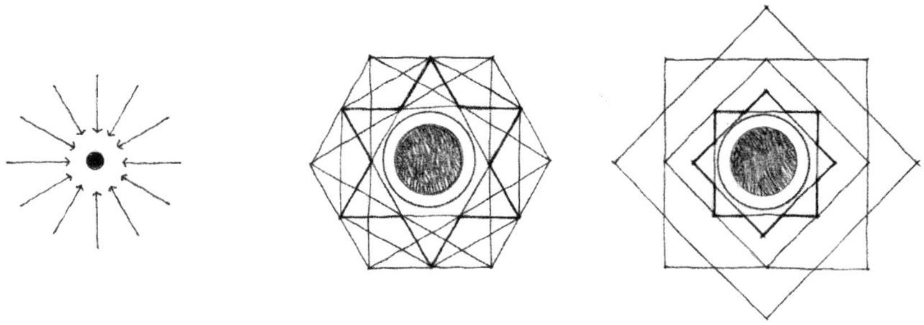

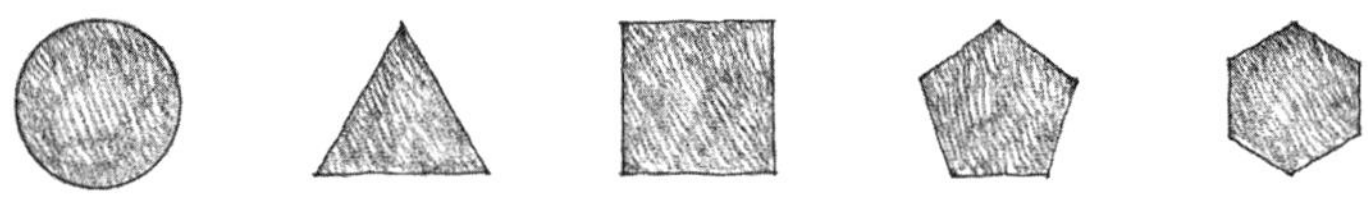

그러한 구성에서 공통적으로 존재하는 중앙 공간은 그 주변에 가급적 많은 2차적 공간이 모일 수 있도록 하기 위해 일반적으로 규칙적 형태를 띠며 큰 편이다.

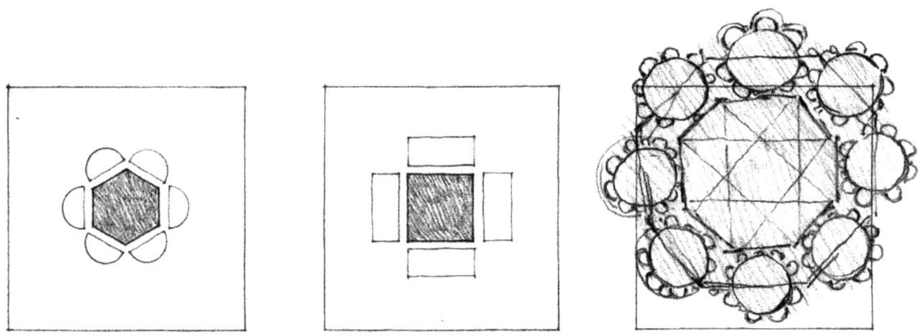

Ideal Church by Leonardo Da Vinci

이러한 2차적 공간들은 기능과 형태, 크기가 모두 같으며, 기하학적인 규칙과 몇 개의 축에 대한 대칭 속에서 전체적인 형태를 만들어 낸다.

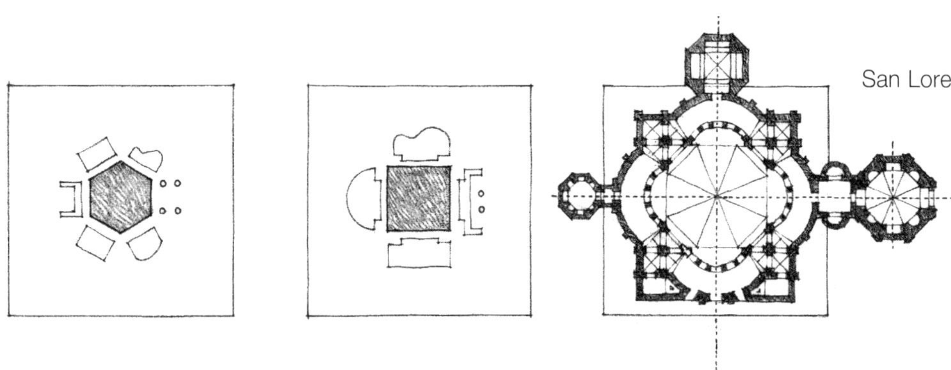

San Lorenzo Maggiore, Milan, Italy, c. 480 CE

2차적 공간들은 개개의 기능적 요구와 상호 관계 및 맥락에 대응하기 위해 서로 다른 형태와 크기를 지닐 수도 있다. 구심적 구성형태는 대지의 다양한 조건에 맞추기 위해 2차적 공간을 이처럼 서로 다르게 구성할 수도 있다.

구심적 구성형태는 원래 일정한 방향성이 없으므로 접근 및 출입의 조건이 대지의 조건에 부합되어야 하며, 2차적 공간 중 하나를 출입구의 형태로 구성해야 한다.

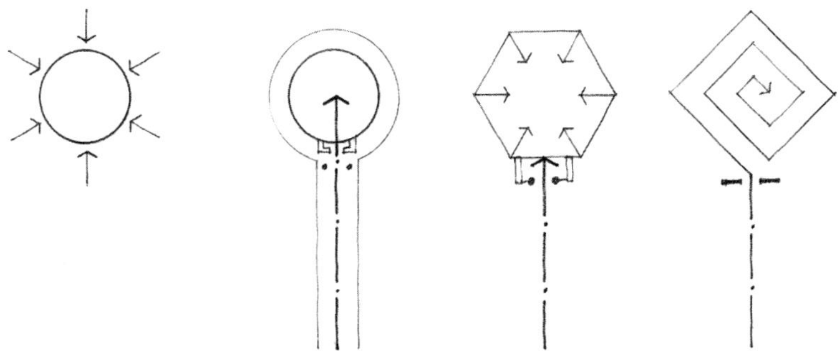

구심적 구성에 있어서의 동선 패턴은 방사형일 수도 있고 루프형이나 나선형일 수도 있다. 그러나 대부분의 경우, 중앙 공간에 종착되는 패턴을 지닌다.

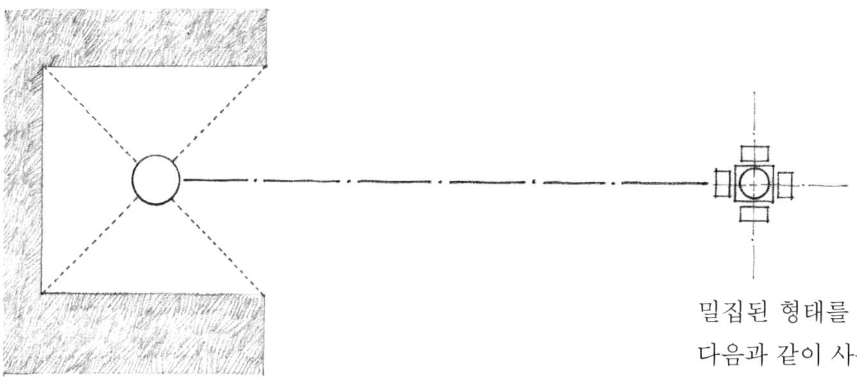

밀집된 형태를 띠고 기하학적으로 규칙성 있는 구심적 구성은 다음과 같이 사용될 수 있다.

- 공간 속에 포인트를 만들 때
- 축에 의한 구성의 종결지점에
- 일정한 공간 또는 공간 볼륨 속에 정반대되는 형태를 사용할 때

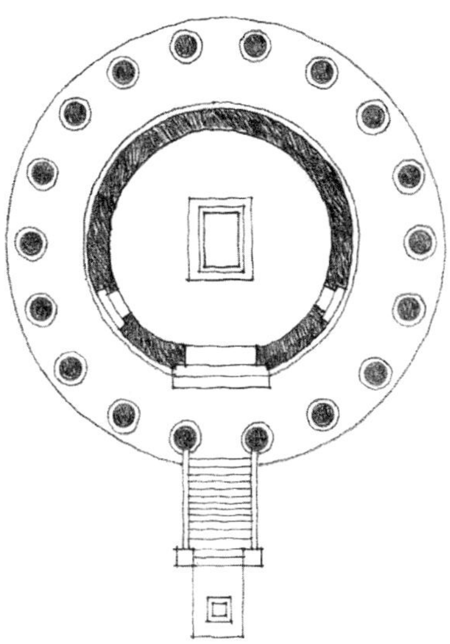

- 구심적 구성을 만드는 공간은 내부 공간일 수도 있고 외부 공간일 수도 있다.

선형 구성

기본적으로 공간의 연속으로 구성된다. 이러한 공간은 서로 직접적으로 연결되거나 그와 분리되어 있는 별개의선형 공간을 통해 연결될 수 있다.

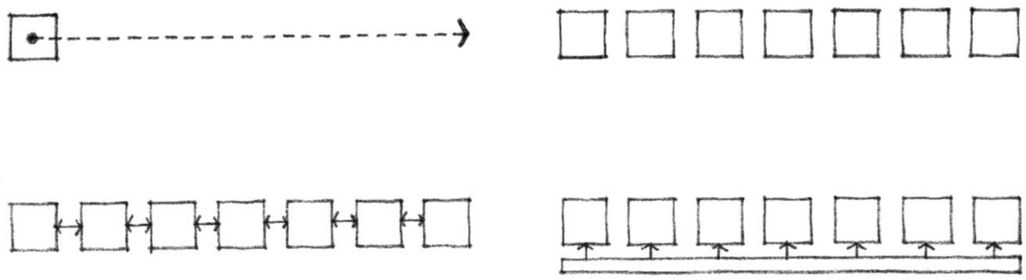

선형 구성은 보통 크기나 형태, 기능이 유사한 공간들의 반복이다. 또한 형태, 크기, 기능이 다른 일련의 공간들을 길게 엮음으로써 선형 구성이 이루어질 수도 있다. 두 가지 경우 모두 연속면을 따라 각 공간들이 외부에 접하게 된다.

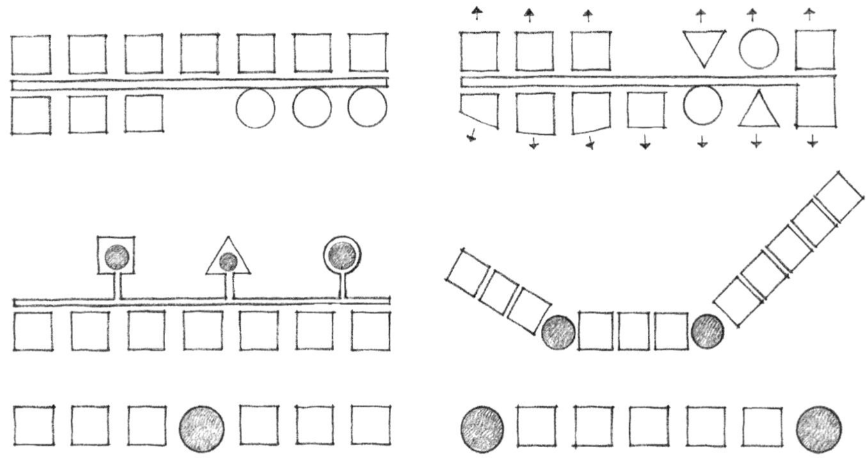

기능적, 상징적으로 중요한 공간들은 연속된 선형 구성을 따라 배열될 수 있고, 그들의 중요성은 크기와 형태에 의해 분절되며, 다음과 같은 위치에 의해서 강조될 수도 있다.

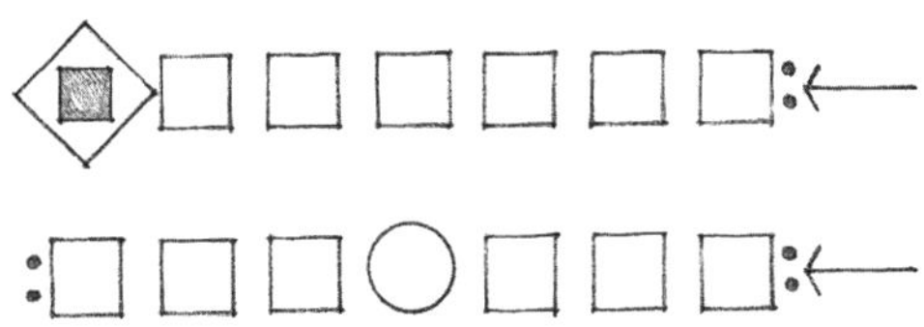

- 선형 구성의 끝점
- 선형 구성의 출발점
- 선형 구성의 결절점

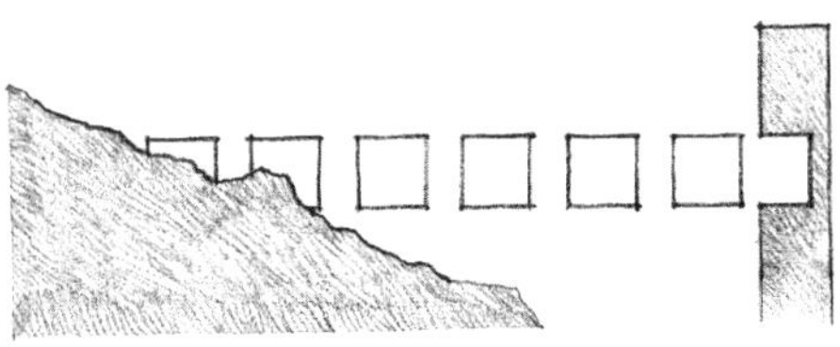

선형 구성은 긴 형태를 띠기 때문에 일정한 방향성을 지니고, 움직임과 확산, 성장을 나타낸다. 이들의 무한한 연장을 제한하기 위해, 선형 구성은 유력한 공간이나 형태, 분절된 입구에 의해, 또는 다른 지형, 건물과 합쳐짐으로써 끝을 맺는다.

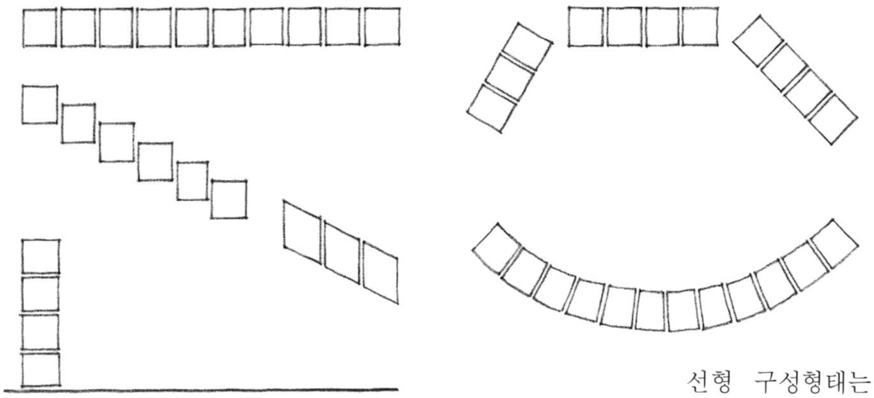

선형 구성형태는 본질적으로 융통성이 있고 대지의 여러 조건에도 적응할 수 있다. 이것은 지형변화에 잘 적응하고, 수목, 분수가 있거나 채광을 확보할 수 있는 공간에 이동, 설치함으로써 좋은 경관을 확보할 수 있다. 또는 짧게 토막내어 똑바로 배치하거나 둥글게 할 수도 있다. 대지와 수평이 되게 할 수도 있고, 경사지를 이용하여 대각선 방향으로 배열하거나 탑처럼 수직구성을 하기도 한다.

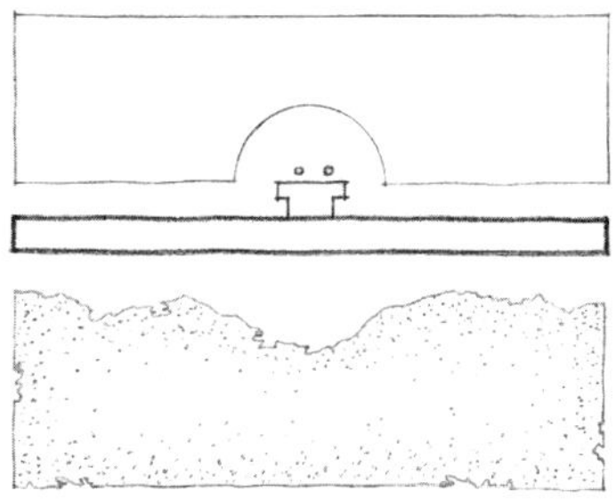

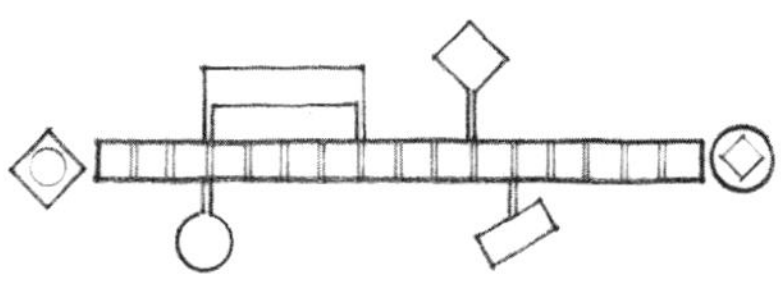

선형 구성의 형태는 다른 맥락 속에서도 잘 어울릴 수 있다.

- 길게 늘어 놓아 서로 다른 형태들을 연결, 구성한다.
- 두 개의 다른 외부 공간을 분리하는 담 또는 경계로서도 이용된다.
- 일정한 하나의 외부 공간을 에워싸서 닫힌 공간을 만든다.

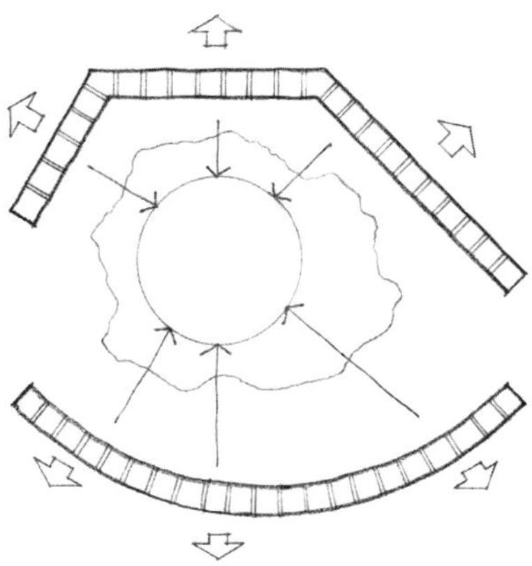

토막으로 분절시키거나 곡선모양의 선형을 구성하여, 외부 공간을 포함하고 각 공간들이 이러한 외부 공간의 중심을 향하게 해서 그것을 에워싸도록 한다. 볼록한 면은 공간을 전면으로 향하게 하며 영역에서 배제시킨다.

방사형 구성

방사형 공간 구성은 구심형 구성과 선형 구성의 두 가지 요소를 조합한 것이다. 이것은 유력한 중앙 공간과 그것을 중심으로 방사 형태의 확산을 보이는 많은 선형 구성으로 되어 있다. 구심형 구성은 중앙의 내부에 초점을 둔 내향적 구성이며, 방사형 구성은 외부 환경과 연계하려는 외향적 구성이다. 이것은 확장되어 특정요소에 부착될 수 있다.

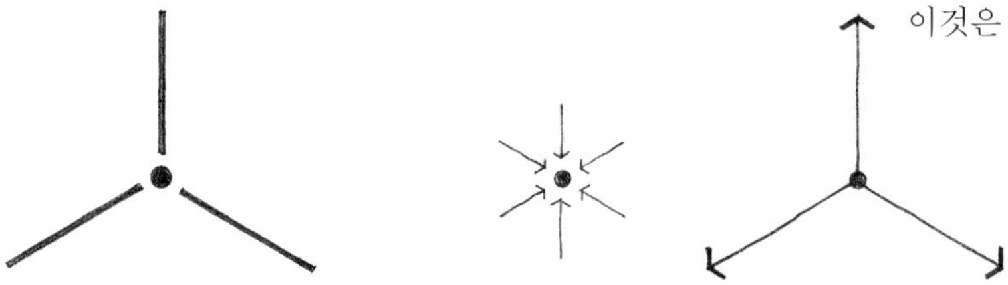

방사형 구성에서 중앙 공간은, 구심형 구성과 마찬가지로 형태에 일반적인 규칙을 갖는다. 중앙 공간을 구심점으로 한 긴 팔들은 형태와 길이가 서로 흡사하며 전체적인 구성형태와 조화를 이룬다.

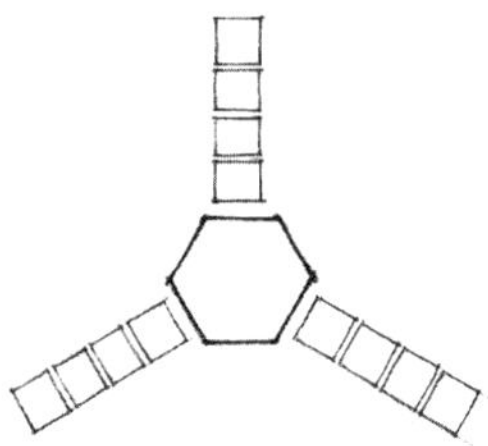

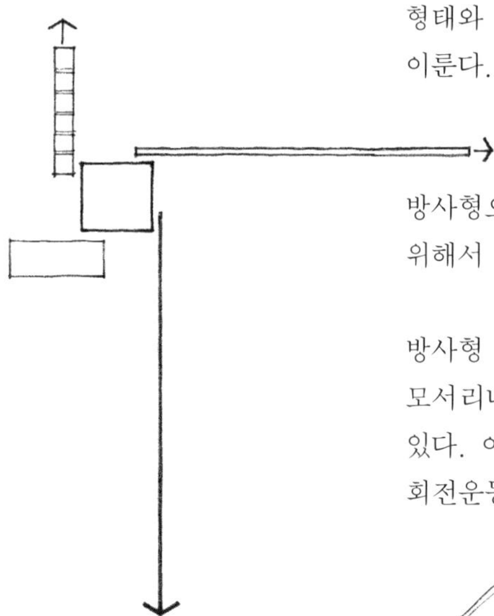

방사형으로 뻗은 팔은 각각의 기능적 요구와 맥락에 대응하기 위해서 개별적 차이점을 갖고 있다.

방사형 구성의 특이한 변형으로는 선형요소가 중앙의 정방형 모서리나 직각 공간에서부터 뻗어나간 바람개비 패턴이 있다. 이와 같은 배열은 시각적으로 중앙 공간을 중심으로 한 회전운동을 암시하는 동적인 패턴을 초래한다.

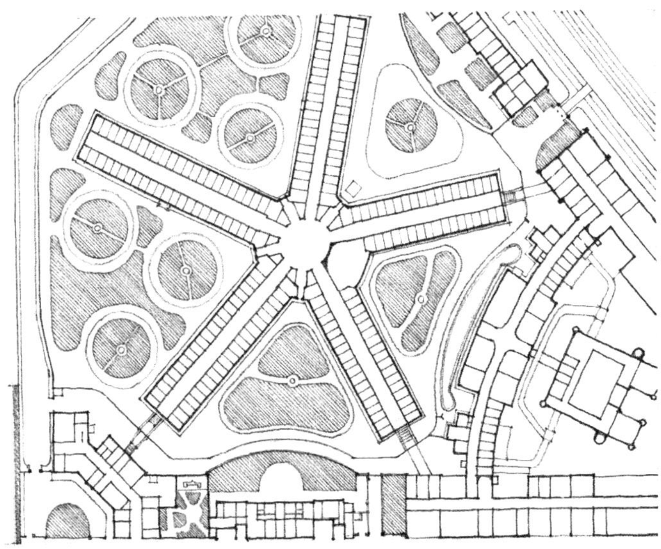

Moabit Prison, Berlin, 1869 - 1879, August Busse and Heinrich Herrmann

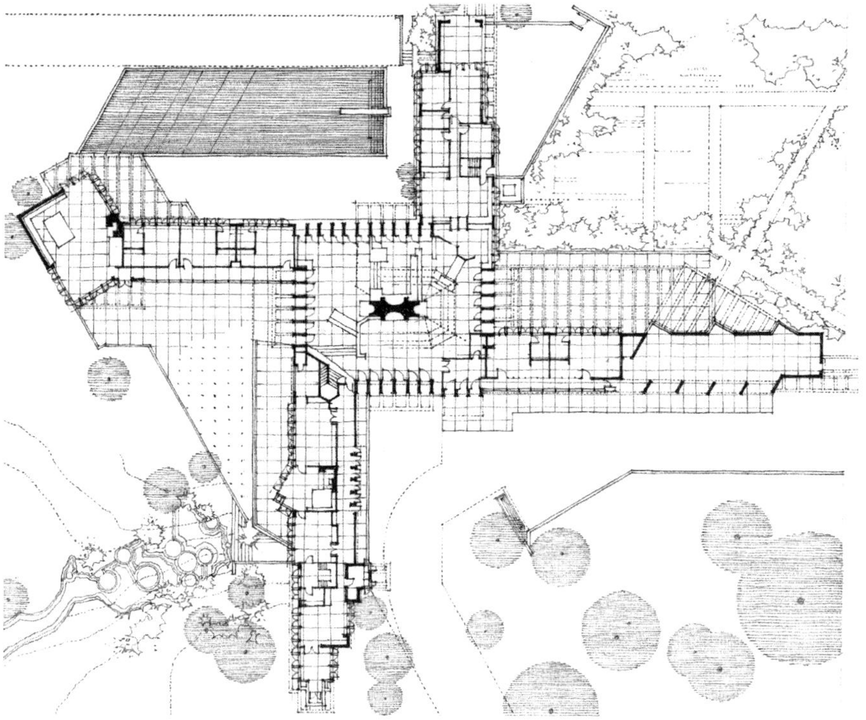

Herbert F. Johnson House (Wingspread), Wind Point, Wisconsin, 1937, Frank Lloyd Wright

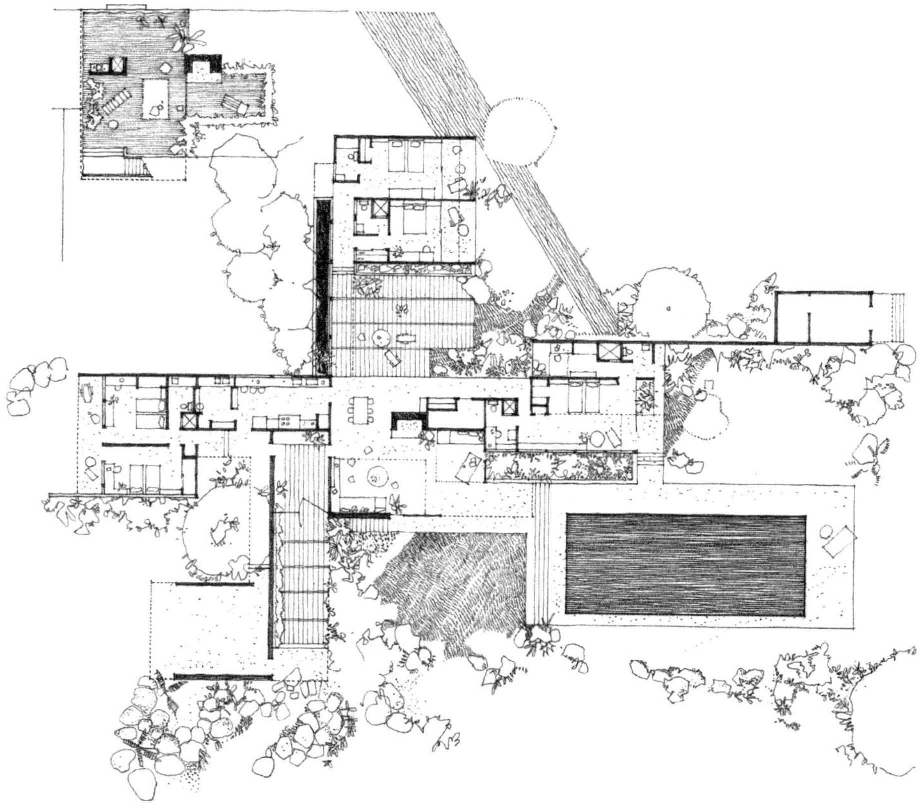

Kaufmann Desert House, Palm Springs, California, 1946, Richard Neutra

집합형 구성

공간 상호간의 관계를 밀접하게 연관시키기 위해 물리적 근접성을 갖는다. 이것은 종종 유사한 기능을 갖고 있으며 모양이나 방위 면에서 공통된 시각적 특성을 공유하고 있는 세포공간의 반복으로 이루어진다. 또한 집합형 구성은 전체 구성체 내의 단위공간들이 크기나 형태, 기능이 다르더라도 서로 인접관계에 있으면서 대칭이나 축과 같은 시각적 질서관계를 맺음으로써 가능하다. 왜냐하면 이 패턴은 딱딱한 기하학적 개념 위에서 시작된 것이 아니라, 형태에 융통성이 있고 본질을 바꾸지 않는 한도에서 성장 및 변화를 수용할 수 있기 때문이다.

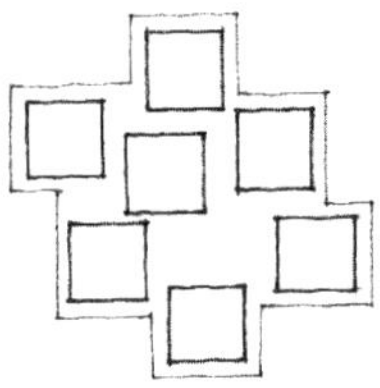
공간의 반복

일반적 형태로 나눔

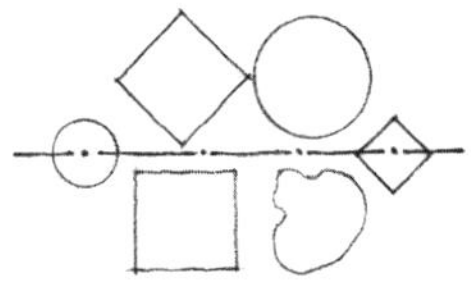
축을 따라 구성

이러한 집합형 공간들은 건물입구를 중심으로하여 구성될 수도 있고, 동선을 따라 배치될 수도 있다. 그 공간들은 크고 정리된 외부 공간을 중심으로 모여 있기도 한다. 이러한 패턴은 구심형 구성의 패턴과 비슷하나 구심형 구성 패턴보다는 밀집도와 기하학적 규칙성이 떨어진다. 집합형 구성으로 이루어진 공간들은 한정된 영역이나 공간 내에 포함될 수 있다.

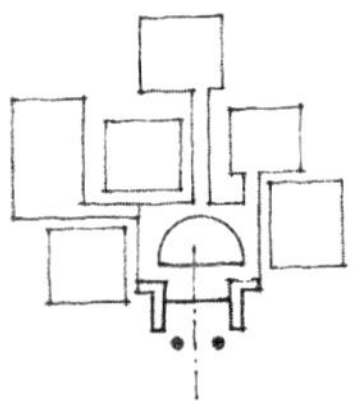
입구를 중심으로 집합

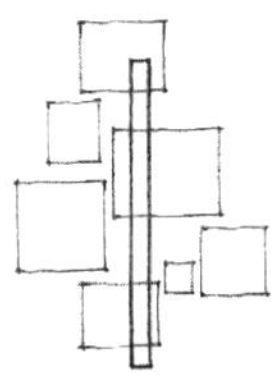
통로를 따라 그룹화함

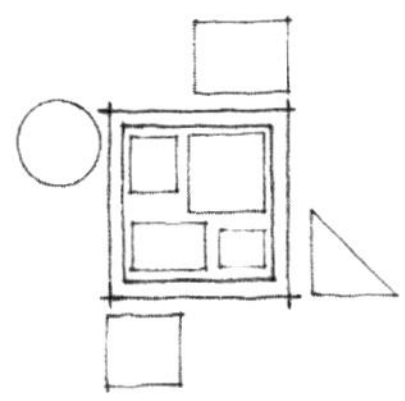
고리형 통로

집합형 구성 패턴에서는 본질적으로 크게 중요성을 갖는 장소가 없으므로 공간의 중요성은 패턴 내의 크기, 형태, 방향에 의해 부각된다.

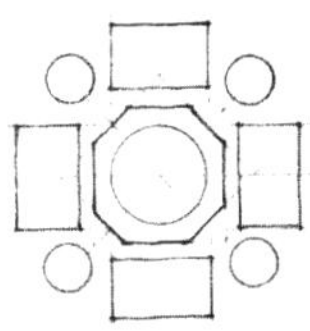
집중형 패턴

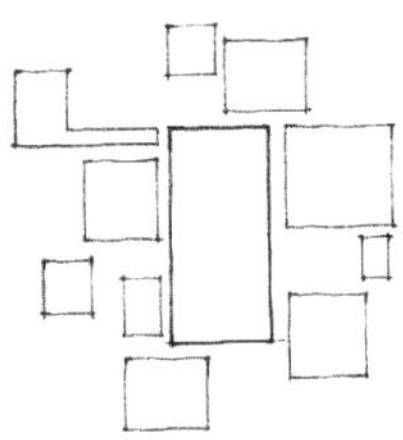
집합형 패턴

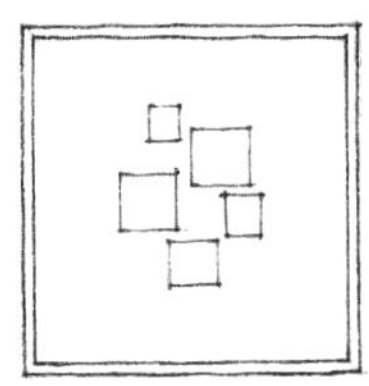
공간에 포함된 구성

대칭이나 축에 의한 구성은 집합형 구성의 일부분을 강조, 통일시켜 하나의 공간 또는 여러 공간을 부각시키는 데 사용된다.

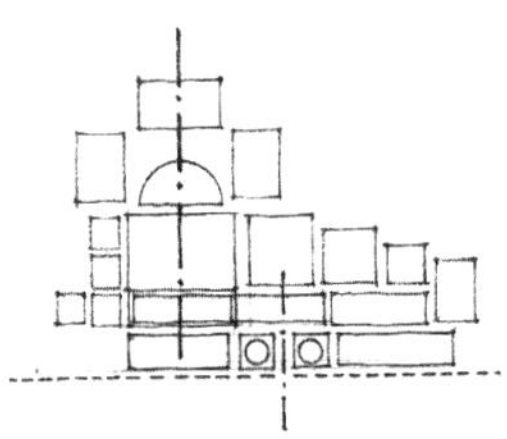
축상배치

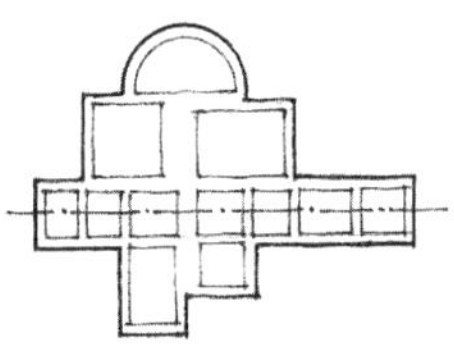
축상배치

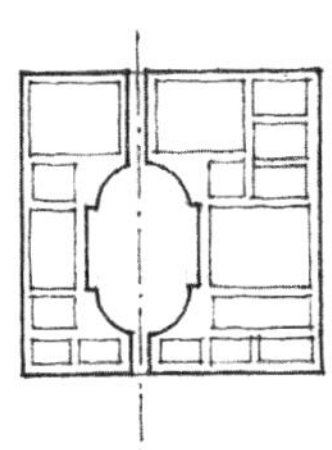
대칭적 배치

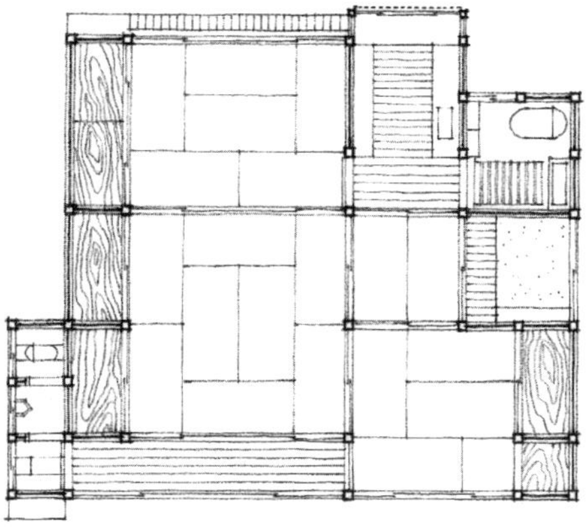

Traditional Japanese House

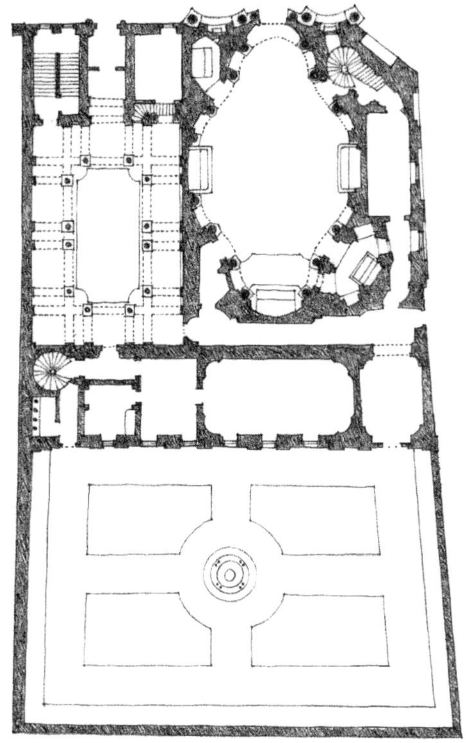

S. Carlo alle Quattro Fontane, Rome, 1633 - 1641, Francesco Borromini

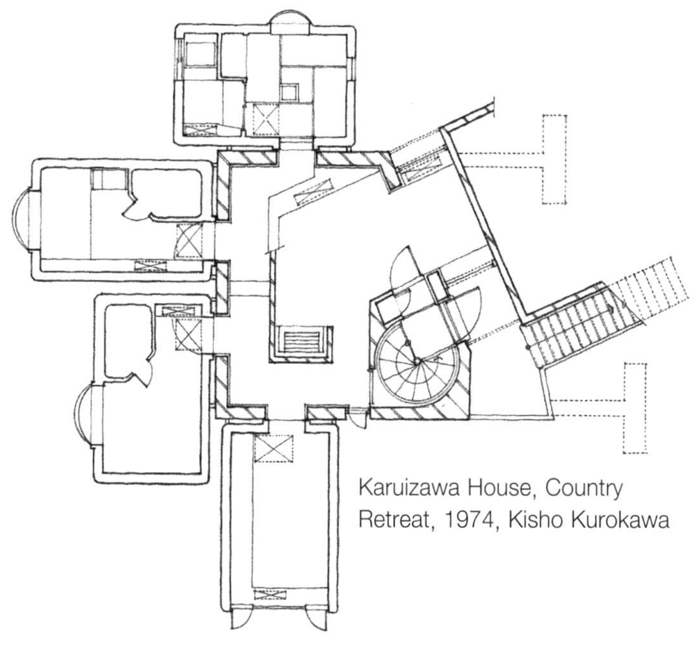

Karuizawa House, Country Retreat, 1974, Kisho Kurokawa

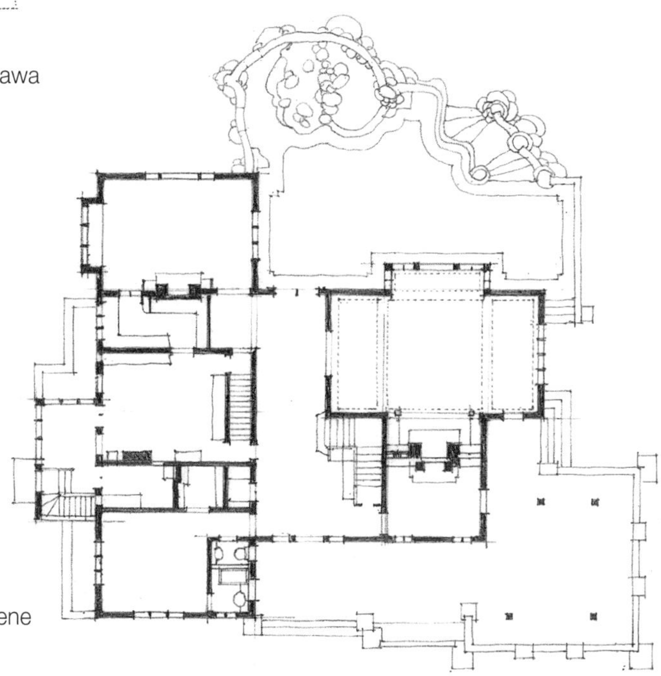

Gamble House, Pasadena, California, 1908, Greene & Greene

격자형 구성

격자형 구조는 3차원 그리드에 의해 조절되는 요소간의 관계에 의해 규정되는 형태와공간으로 구성된다.

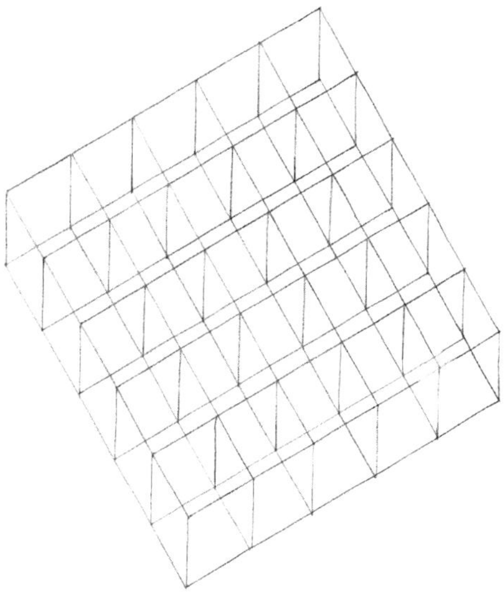

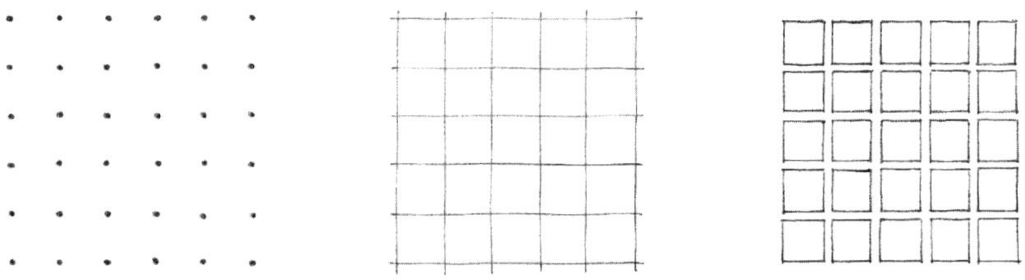

격자형 구성은 두 방향의 평행선들이 일정한 지점에서 교차되는 규칙적 패턴을 이룸으로써 이루어진다. 격자형 패턴이 3차원으로 투사되었을 때에는 반복적으로 모듈화된 단위 공간으로 변형된다.

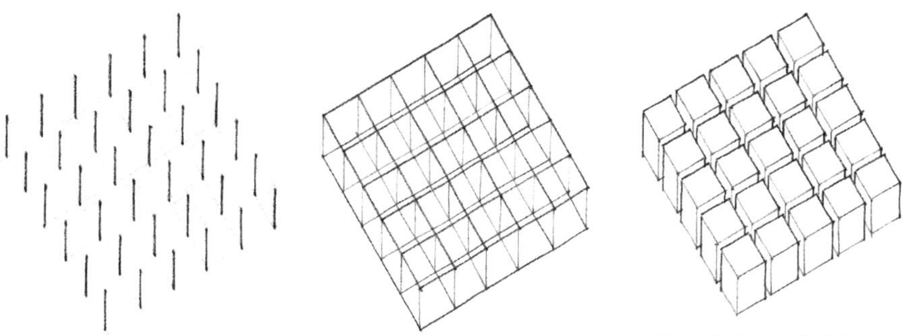

격자형의 조직력은 구성요소들이 고르게 퍼져 이루는 패턴의 규칙성과 연속성으로부터 비롯된 결과이다. 이 패턴은 공간내에 계속되는 점과 선의 연속을 이루어 격자형 그리드의 공간은 크기나 형태, 기능이 다르더라도 상호 공동의 관계를 갖게 된다.

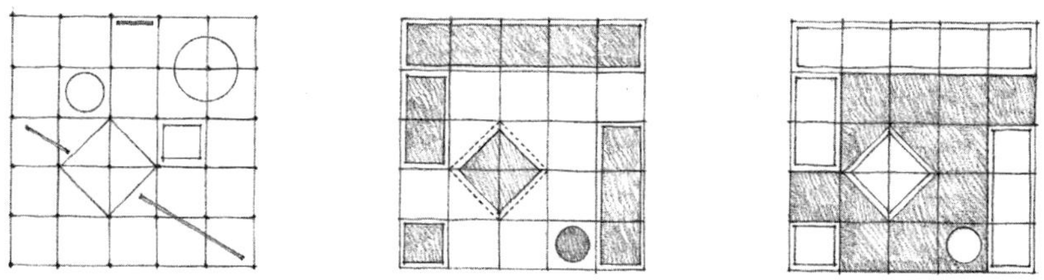

건축에서는 대부분의 기둥과 보에 대한 골격구조 시스템을 격자형으로 한다. 격자형 구조 내의 공간은 단독이나 격자형 모듈의 반복에 의해 이루어진다. 이를 격자구성이 적극적 요소로 보인다면 공간 내에서의 배치에 관계없이, 2차적인 소극공간을 연출하게 된다.

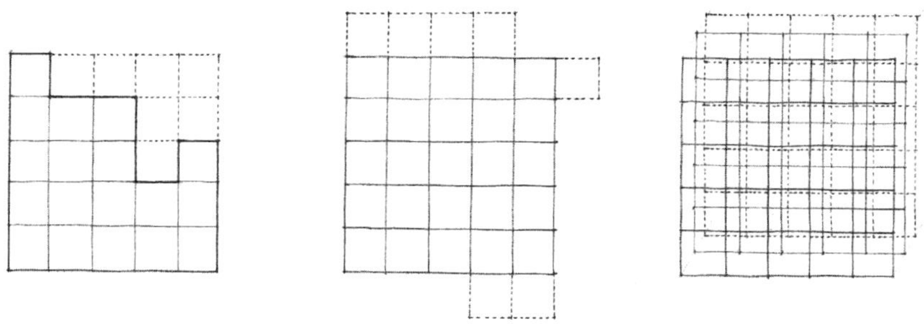

3차원 격자는 일정하고 모듈화된 단위공간으로 구성되기 때문에 삭제하거나 첨가할 수도 있고 층으로 쌓아 올릴 수도 있는데, 그렇게 하더라도 격자형이 갖는 공간 구성력의 특성은 그대로 유지된다. 이러한 형태조작은 격자형태를 실제 대지에 적용할 때나 출입구, 옥외 공간을 건축하는 데 사용되며 이는 공간의 성장과 팽창을 가능하게 한다.

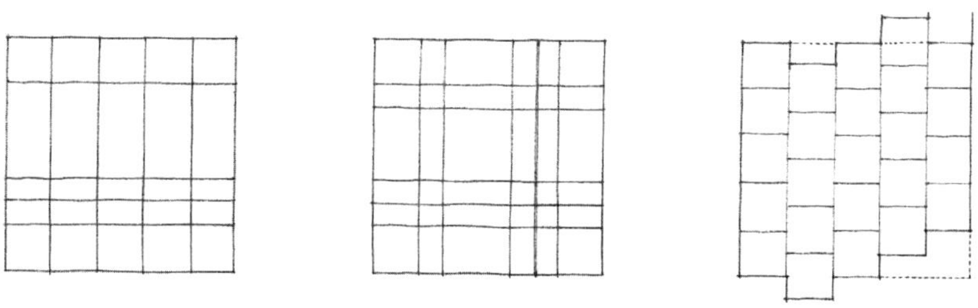

특수차원의 공간적 요구를 수용하고 교통이나 서비스 공간을 형성하기 위하여 격자형은 한 가지 또는 두 가지 방향으로 불규칙하게 만들어질 수 있다. 이것은 크기와 비율, 위치는 다르나 체계적인 일련의 모듈을 연출할 수 있다.

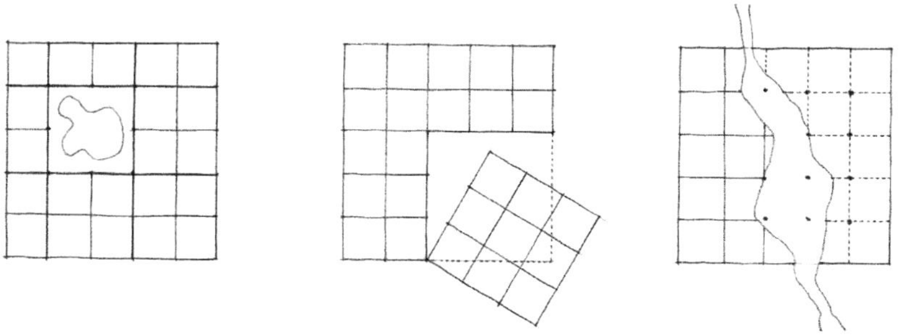

격자형은 다르게 변형시킬 수도 있다. 격자 일부가 전체 격자를 가로질러 시각적, 공간적 연속성을 변화시키도록 개조할 수가 있다. 사실 격자형 패턴은 주요 공간을 한정하고 대지의 자연적 조건을 수용하기에 거북하다. 격자형의 일부를 기본패턴에서 한 점을 중심으로 탈구시키거나 회전시킬 수도 있다. 격자형은 점의 패턴을 선과 면, 나아가서는 입체로까지 변환시킬 수 있다.

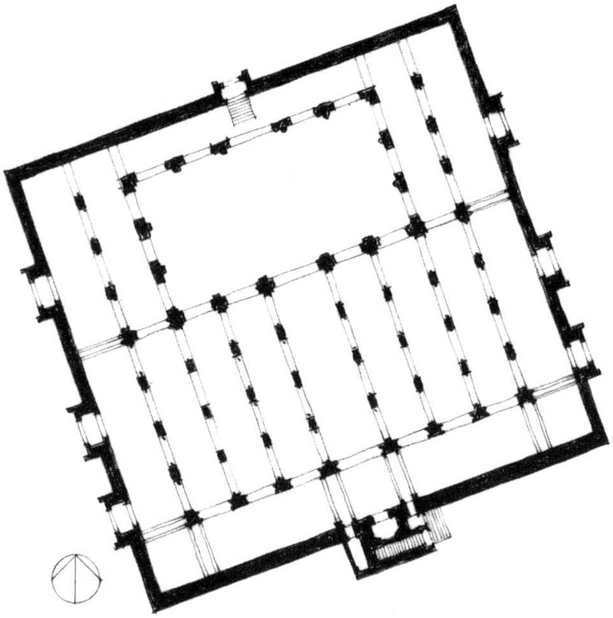

Mosque of Tinmal, Morocco, 1153 - 1154

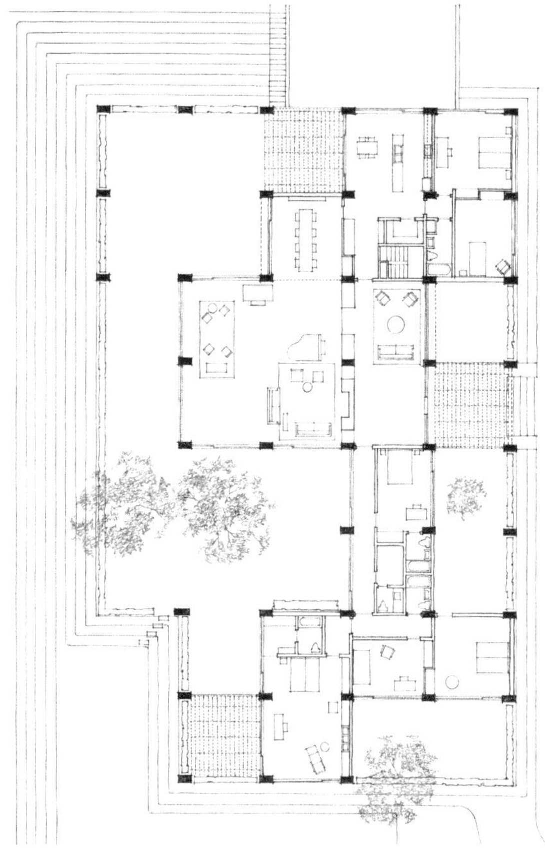

Eric Boissonas House I, New Canaan, Connecticut, 1956, Philip Johnson

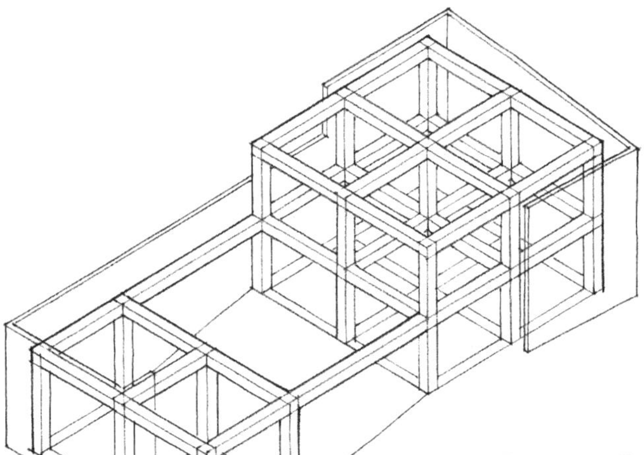

Manabe Residence, Tezukayama, Osaka, Japan, 1976 - 1977, Tadao Ando

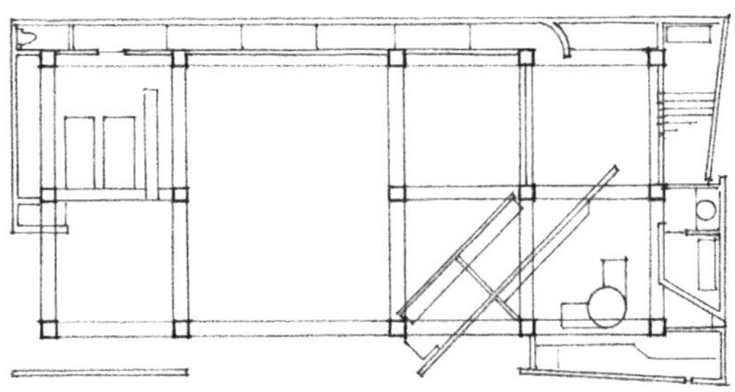

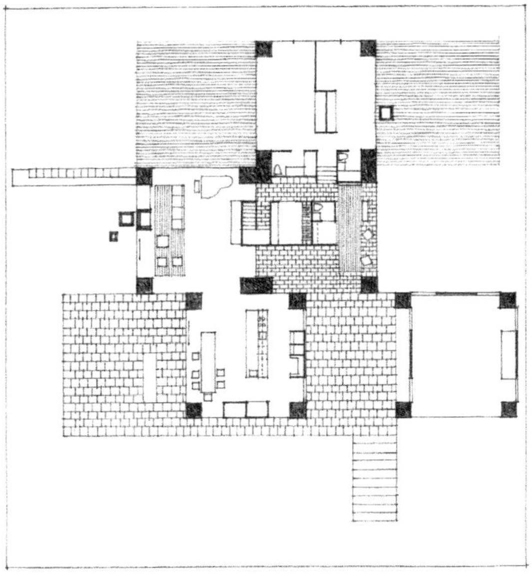

Adler House (Project), Philadelphia, Pennsylvania, 1954, Louis Kahn

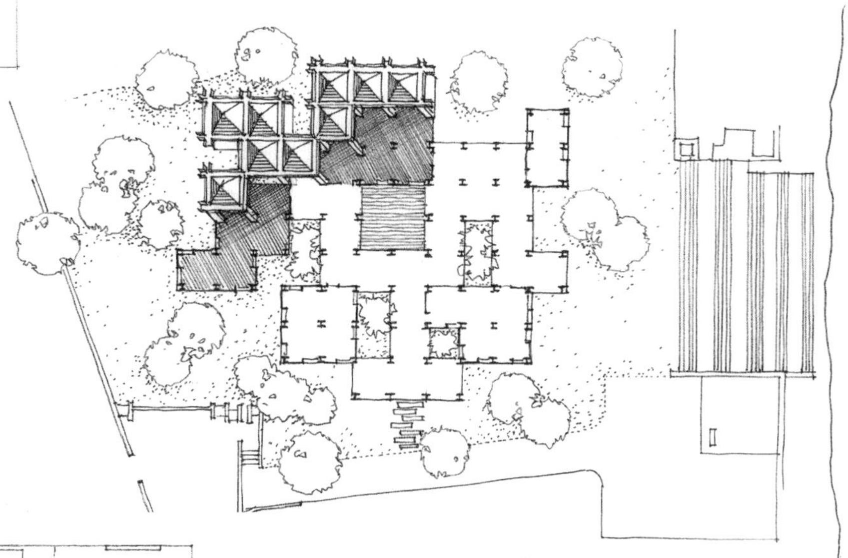

Gandhi Ashram Museum, Ahmedabad, India, 1958 - 1963, Charles Correa

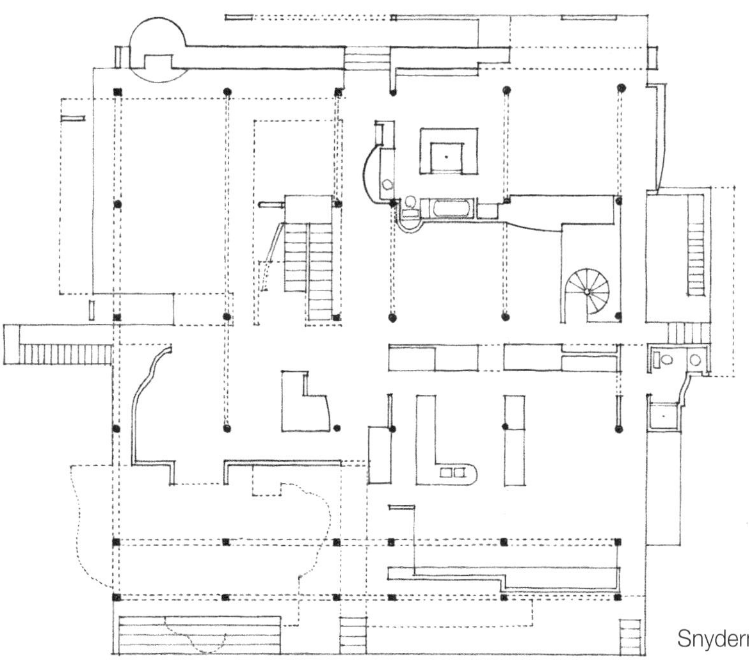

Snyderman House, Fort Wayne, Indiana, 1972, Michael Graves

공간 조직에 따른 동선 구성

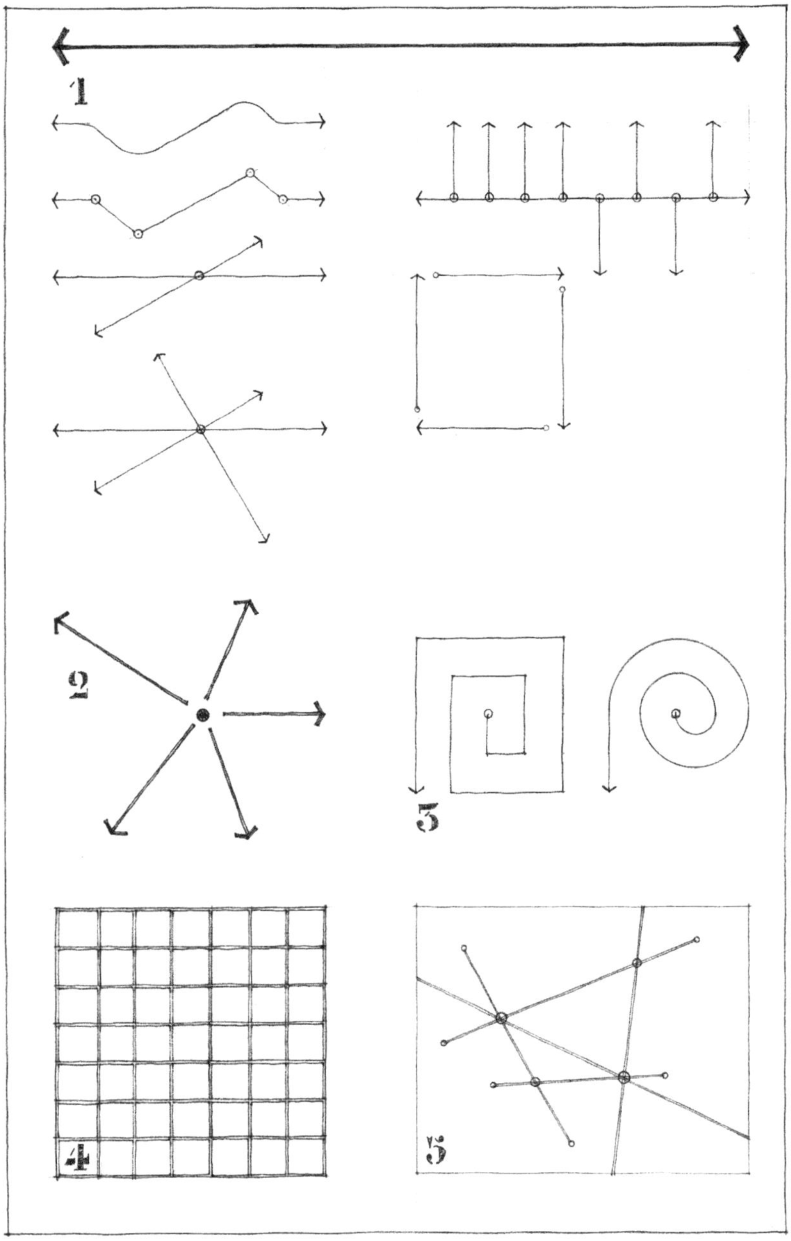

1. 선형
모든 통로는 선이다. 직선통로는 연속공간을 위한 최선의 구성요소이다. 더불어 곡선형과 분절형, 다른 길과 교차되는 형태, 가지가 달린 형태, 루프형 등이 있을 수 있다.

2. 방사형
방사형 구성은 중앙의 공통지점을 중심으로 확산되거나 그것의 종착지점으로 모여드는 통로를 갖고 있다.

3. 나선형
나선형 구성은 중앙으로부터 시작되어 그 주위를 회전하는 단일의 연속 통로이며, 점차적으로 중심점에서 멀어지는 형태를 띤다.

4. 격자형
격자형 구성은 규칙적인 간격을 두고 교차함으로써 정방향 혹은 장방향의 공간을 형성하는 두 가지 세트의 평행통로로 이루어진다.

5. 그물형
그물형 구성은 공간 속에서 이루어진 점을 상호 연결하는 일정치 않은 통로로 구성된다.

6. 혼합형
실제 건물의 건축에서는 대개 앞의 패턴들을 종합적으로 사용한다. 어떤 패턴에서든 중요한 곳은 활동장소와 방이나 홀로의 출입구, 그리고 계단, 경사로, 엘리베이터와 같은 수직 회전 통로이다. 방향감각을 알 수 없는 미로의 발생을 막기 위해서 규모와 형태, 길이를 달리 함으로써 통로들 간의 위계적 질서를 얻는다.

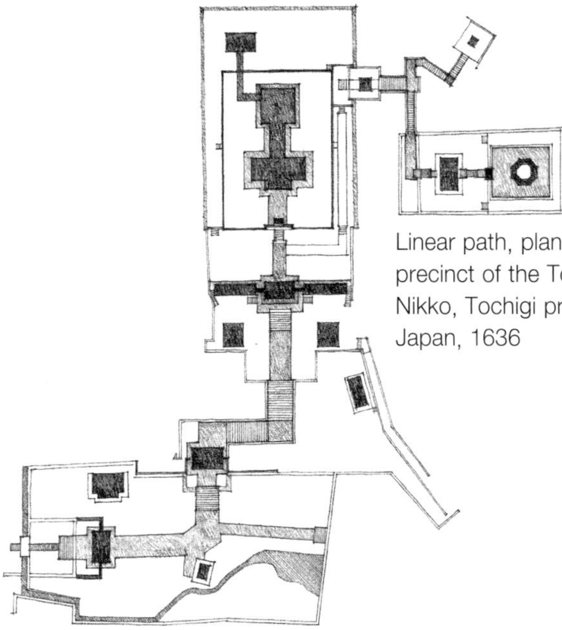

Linear path, plan of Taiyu-In precinct of the Toshogu Shrine, Nikko, Tochigi prefecture, Japan, 1636

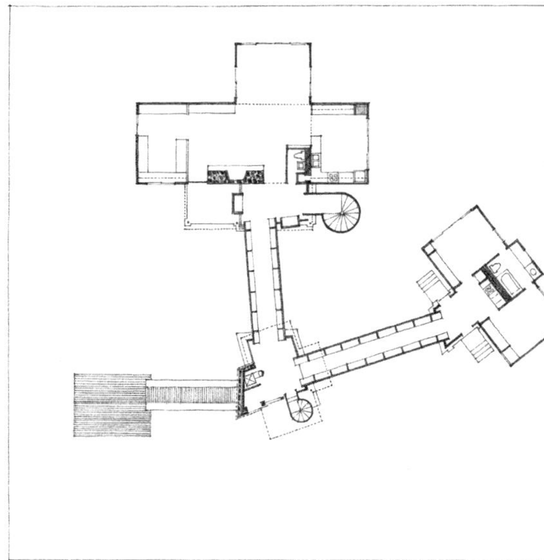

Radial path, Pope House, Connecticut, 1974 - 1976, John M. Johansen

Gridded path, Hospital Project, Venice, 1964 - 1966, Le Corbusier

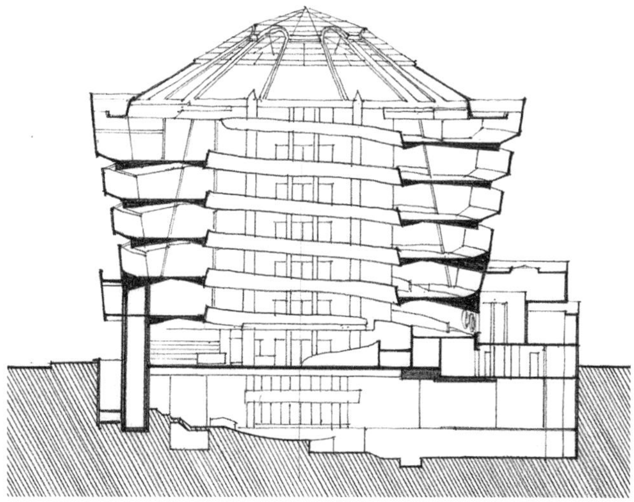

Spiral path, Guggenheim Museum, New York City, 1943 - 1959, Frank Lloyd Wright

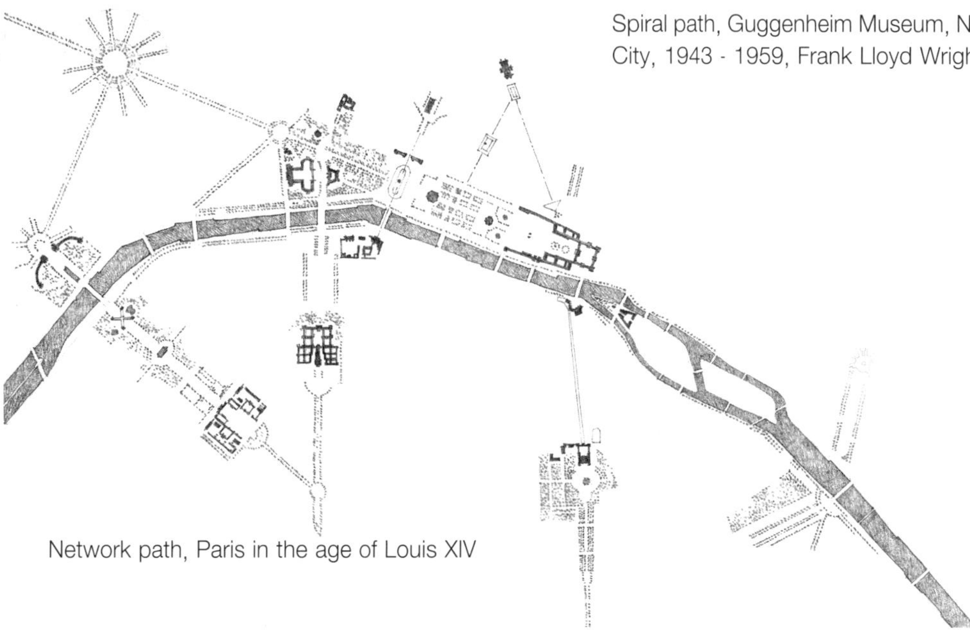

Network path, Paris in the age of Louis XIV

배열 및 질서와 원리

본 장에서는 건축구성에 질서를 부여하기 위하여 이용될 수 있는 구성원칙에 대해 소개하기로 한다. 질서는 기하학적 규칙성에만 적용되는 것이 아니라, 각 부분이 다른 부분과 어울려 잘 배치되고 조화로운 배열을 창조할 수 있도록 하는 개념이다.

건물에 대한 프로그램상의 요구에는 자연히 다양함과 복잡함이 따른다. 건물의 형태와 공간은 그것이 수용하는 기능과 그것을 이용하는 이용자, 사람들이 움직이는 목적 및 수단, 건물이 시사하는 영역이나 주변의 맥락 등에 고유의 위계질서를 인지하기 위해서이다.

다양성이 없는 질서는 단조로움과 지루함을 낳는다. 질서가 없는 다양성은 혼돈을 일으킬 수도 있다. 다음에 열거된 배열 및 질서의 원리는, 건물의 다양한 형태와 공간을 질서있고 통일된 전체 속에서 지각적, 개념적으로 공존하게 하는 시각적 방법으로 보여진다.

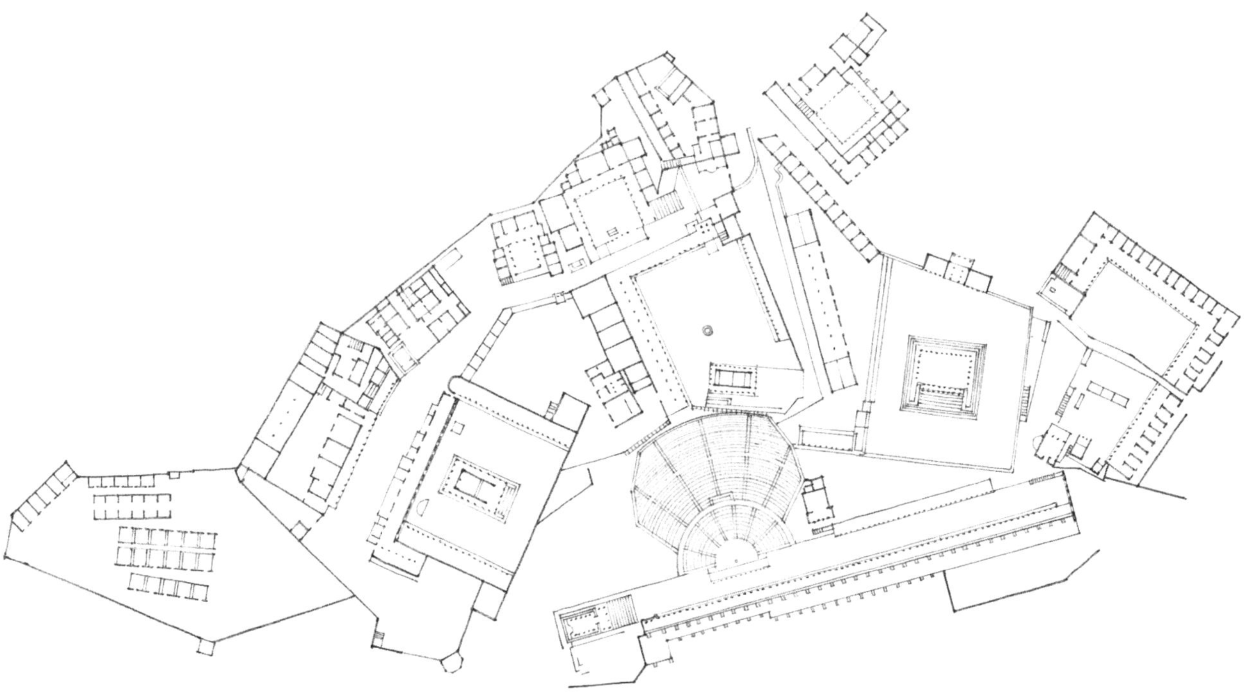

Pergamon, Plan of the Upper City, second century BCE

축

공간 내의 두 점으로 성립되며, 형태와 공간을 배열 시키는 데 중심이 되는 선.

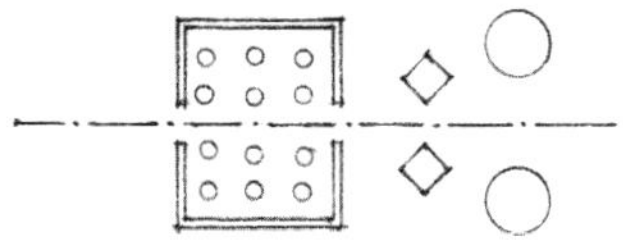

대칭

하나의 일반적인 선(축) 또는 점을 중심으로 똑같은 형태와 공간으로 나누어지는 균형있는 분배.

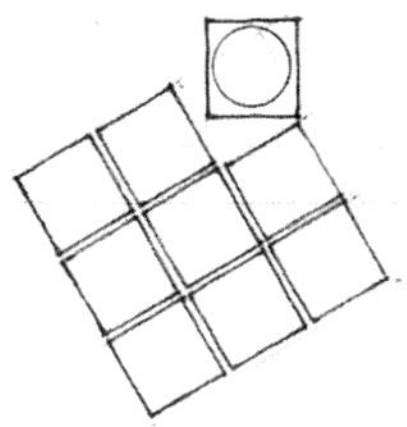

위계

형태나 공간을 규모, 형태, 배치관계의 우열에 따라 분절시킨 것.

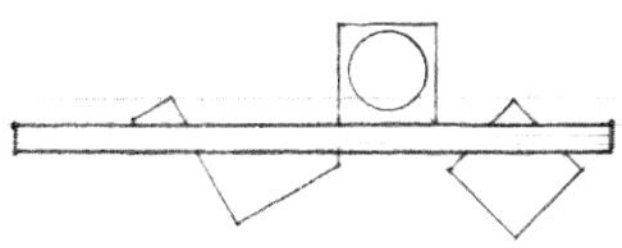

기준

연속성과 규칙성에 의해 형태 및 공간의 패턴을 한 가지로 모아 구성하도록 하는 하나의 선, 면, 부피.

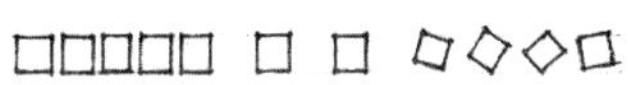

리듬

유사형태 혹은 공간을 연속적으로 구성하기 위한 반복 패턴의 이용과 그 결과로서 생기는 통합된 움직임.

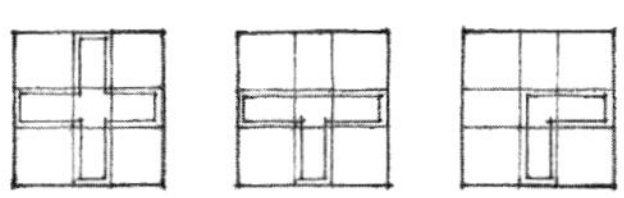

변형

건축의 개념, 구조가 정체성이나 개념변화없이 특수한 환경에 적응하도록 일련의 조작과 교환에 의해 바뀔 수 있는 원칙.

축

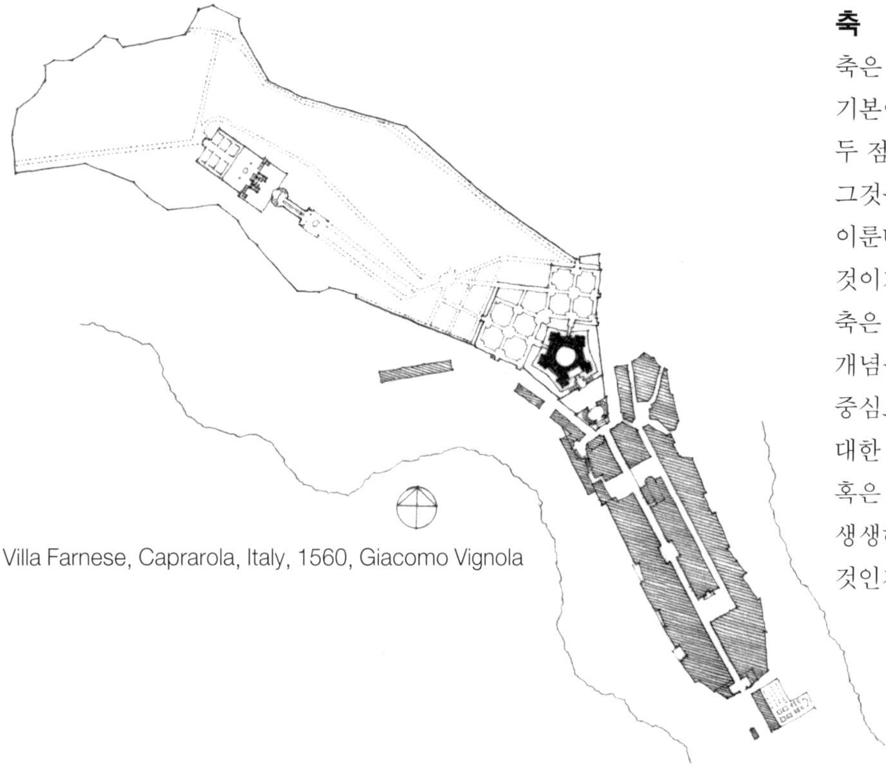

Villa Farnese, Caprarola, Italy, 1560, Giacomo Vignola

축은 건축의 형태와 공간을 구성하는 경우 가장 기본이 되는 수단일지도 모른다. 그것은 공간 속의 두 점으로 이루어진 하나의 선이며, 형태와 공간은 그것을 중심으로 규칙적 혹은 불규칙적 배열을 이룬다. 비록 눈에 보이지 않는 상상에 의한 것이기는 해도 축은 힘있고 탁월한 규칙수단이다. 축은 때로 대칭선이 되기도 하지만 대칭은 균형의 개념을 포함하므로 그것과는 다르다. 축을 중심으로 한 각 요소들의 배치를 보면 축의 구성에 대한 시각적 힘이 미세한 것인지, 압도적인 것인지, 혹은 구조가 느슨한지, 짜임새 있는 것인지, 또는 생생하고 아름다운 것인지 아니면 단조로운 것인지를 결정할 수 있게 될 것이다.

축은 선으로 되어 있기 때문에 길이와 방향감을 갖고 있으며, 통로를 따라 동작과 시선을 유도한다.

축은 양끝점에서 종결된다.

길이의 끝을 한정하면 축의 개념을 강화시킬 수 있다. 이러한 끝단은 1층 평면상에서는 단순한 선일 수도 있고, 축과 일치하는 선형공간을 한정하는 수직면일 수도 있다.

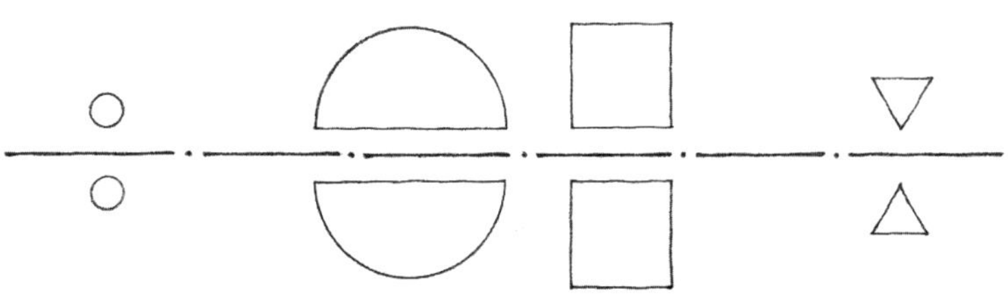

하나의 축은, 형태와 공간의 대칭적인 배열에 의해서도 이루어질 수 있다.

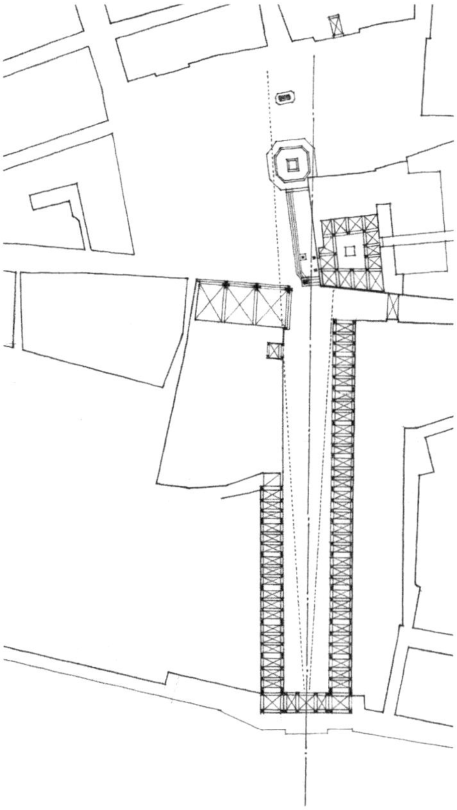

The wings of the Uffizi Palace in Florence, Italy (1560, Giorgio Vasari), frame an axial space which leads from the River Arno, through the Uffizi arch, to the Piazza della Signoria and the Palazzo Vecchio (1298 - 1314, Arnolfo di Cambio).

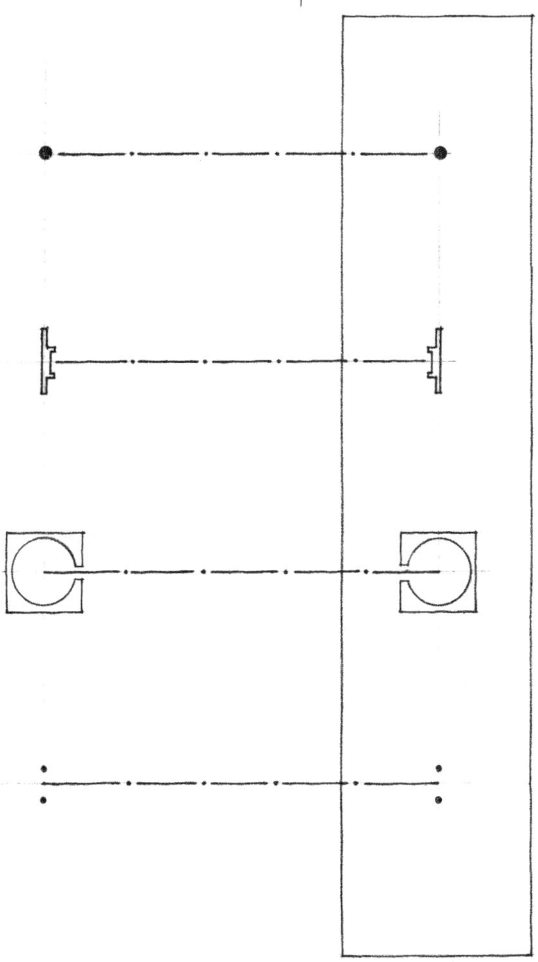

축의 종착요소는 시각적인 초점을 주고받는 데 기여한다. 이러한 종착요소는 다음 중의 하나일 수 있다.

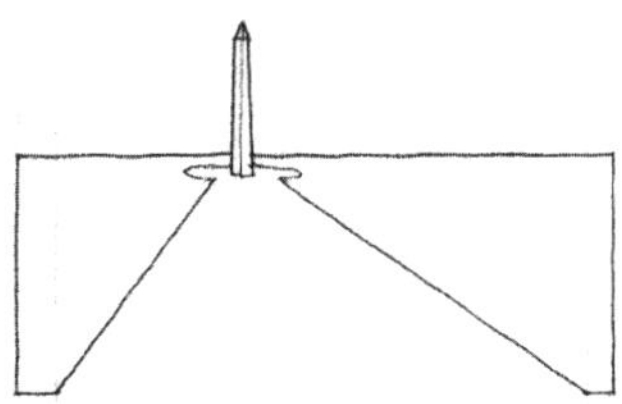

• 수직적, 선형적 요소, 혹은 중앙 집중형 건물형태에 의해 구축된 공간 내의 포인트

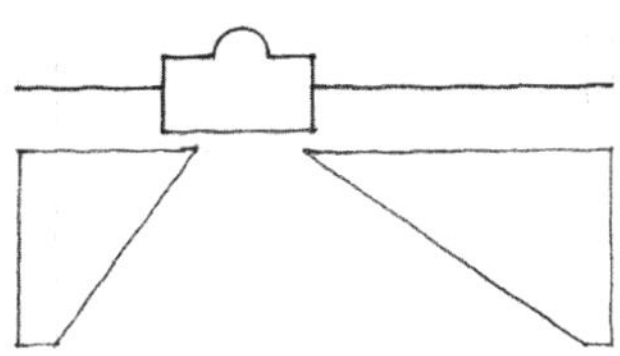

• 앞마당이나 이와 유사한 개방공간이 형성하는 건물의 대칭적 정면과 같은 수직면

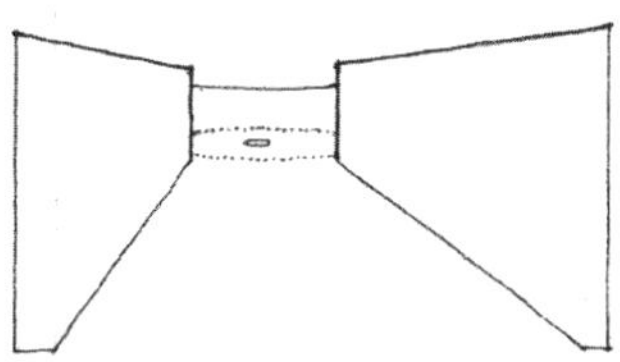

• 중앙 집중형이거나 규칙적인, 잘 정리된 공간

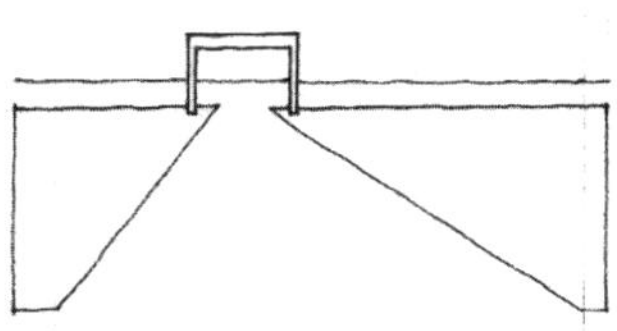

• 전망이나 경치가 있는 쪽을 향해 외부로 열린 문

대칭

축은 대칭의 조건이 동시에 존재하지 않아도 성립하지만, 대칭은 축이나 구심점의 존재를 함축하고 있지 않으면 존재할 수 없다. 축은 두 개의 점으로 이루어지지만 대칭은 공통의 선(축) 또는 점(중심)을 중심으로 같은 패턴의 형태와 공간이 균형있게 배열되어야 성립한다.

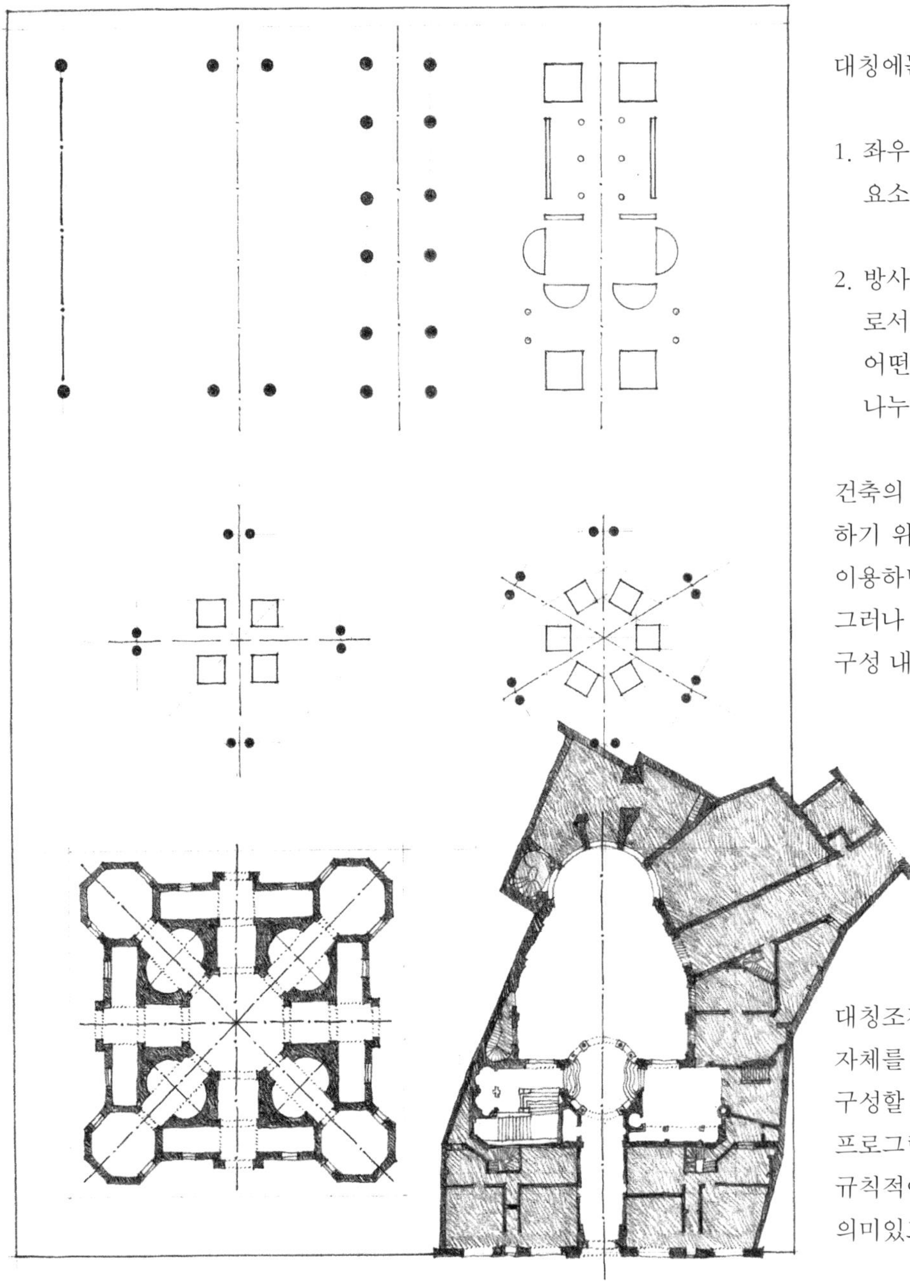

Plan of an Ideal Church, 1460, Antonio Filarete

Hotel de Beauvais, Paris, 1656, Antoine Le Pautre

대칭에는 일반적으로 두 가지 유형이 있다.

1. 좌우대칭이란 하나의 공동축을 중심으로 똑같은 요소를 균형있게 배치하는 것이다.

2. 방사형 대칭은 유사한 요소들의 균형된 배열로서, 이 경우에는 중심점이나 중심축 근처에서 어떤 각도로 나누더라도 구성체가 절반으로 나누어질 수 있다.

건축의 구성에서 형태와 공간을 효과적으로 배합하기 위해 대칭요소를 활용할 수 있다. 대칭을 잘 이용하면 완전한 건물구성을 할 수 있게 된다. 그러나 어떤 경우에는 완전한 대칭적 배열이 전체 구성 내의 비대칭적 요소를 보완하기도 한다.

대칭조건은 건물 일부에서만 일어날 수도 있고, 그 자체를 중심으로 형태와 공간 패턴을 불규칙적으로 구성할 수도 있다. 후자의 경우에는 건물을 대지나 프로그램상의 예외적 환경에 적응할 수 있게 한다. 규칙적이고 대칭적인 조건 자체는 구성에 있어 의미있고 필수적인 요소가 된다.

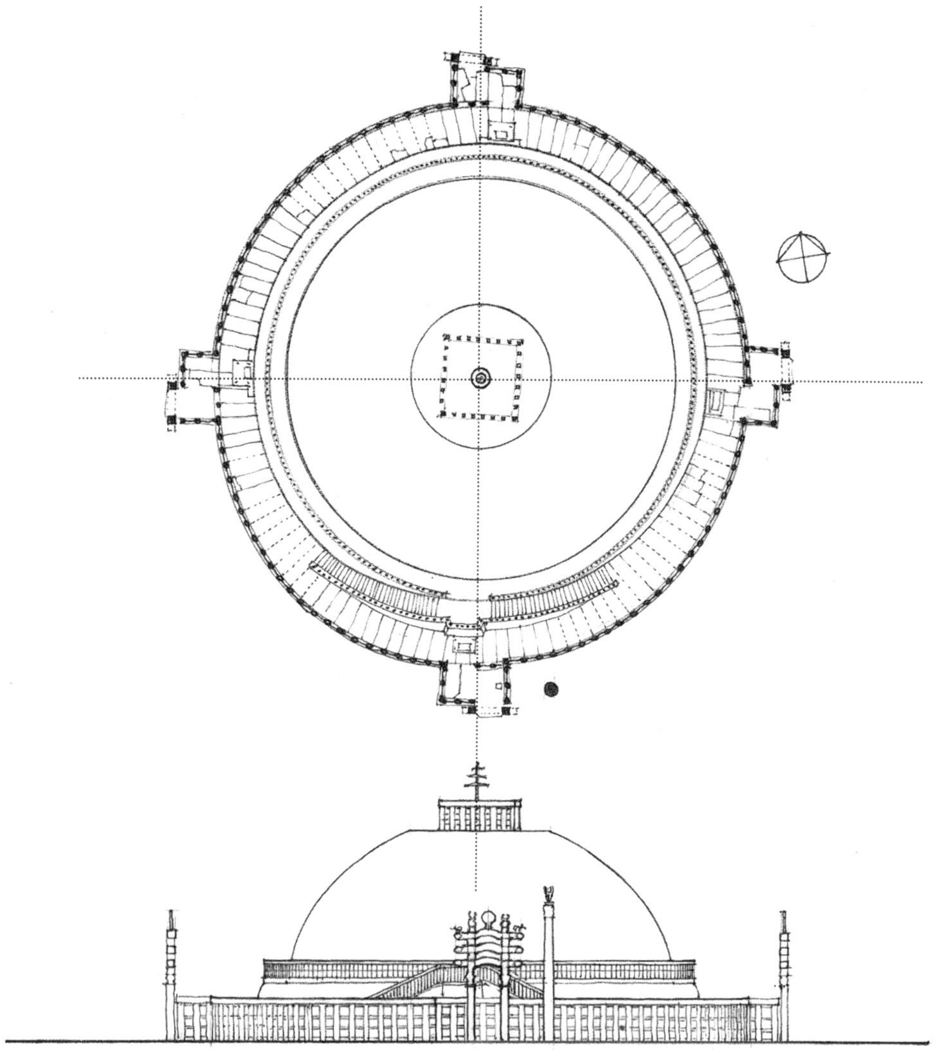

Radial symmetry, Great Stupa at Sanchi, India, c. 100 BCE

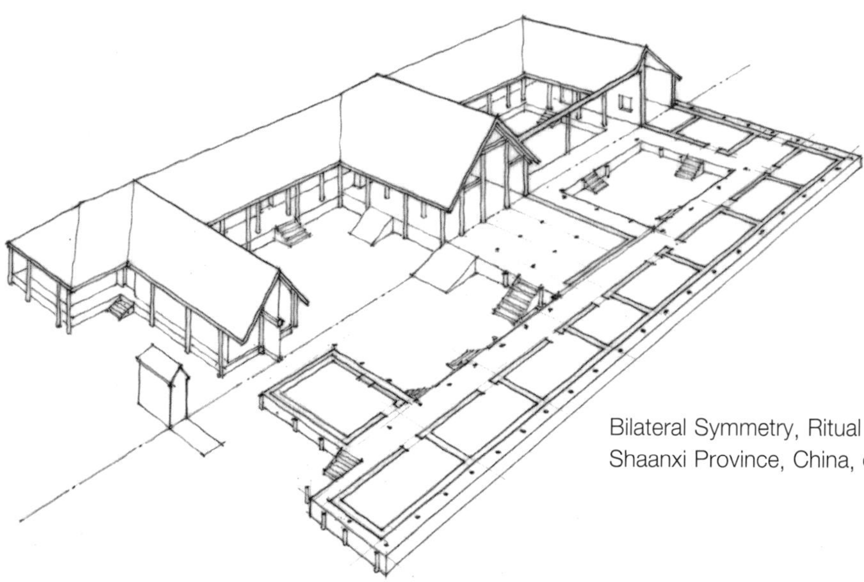

Bilateral Symmetry, Ritual Complex at Fengchu,
Shaanxi Province, China, c. 1100 - 1000 BCE

위계

위계의 원칙은 늘 그렇지는 않지만 대부분의 건축 구성에서 형태와 공간 사이에 차이를 나타난다. 이러한 차이점이 감각적으로는 건축형태와 공간의 중요성에 반영되고, 구성면에 있어서는, 그것들이 수행하는 기능적, 형태적, 상징적 역할에 반영된다. 중요성의 판단기준이 되는 가치체계는 사용자의 필요와 요구, 그리고 디자이너의 결정과 같은 특수한 상황에 의존한다. 표현된 가치는 개별적인 것일 수도 있고, 집단적, 개인적, 혹은 문화적인 것일 수도 있다. 어떤 경우에는 건물요소 사이의 기능적, 상징적 차이가 그 건물의 형태와 공간 사이의 시각적, 계층적 질서 수립에 장애물이 되기도 한다.

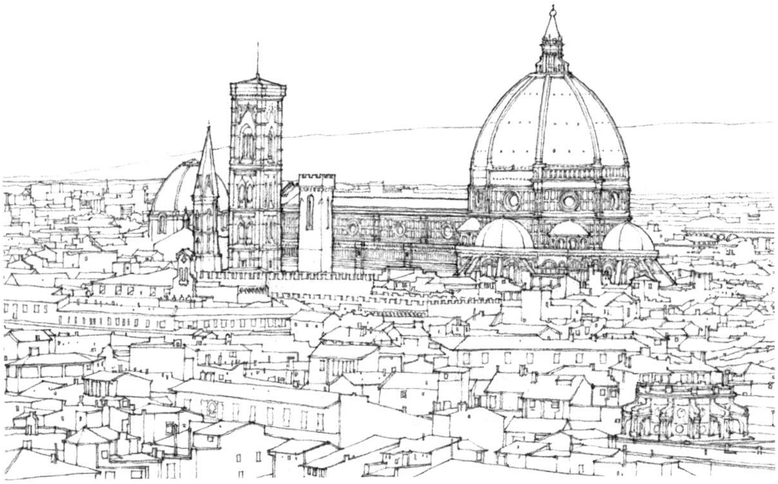

플로렌스 전경, 도시의 풍경 위로 우뚝 솟은 성당을 보여준다.

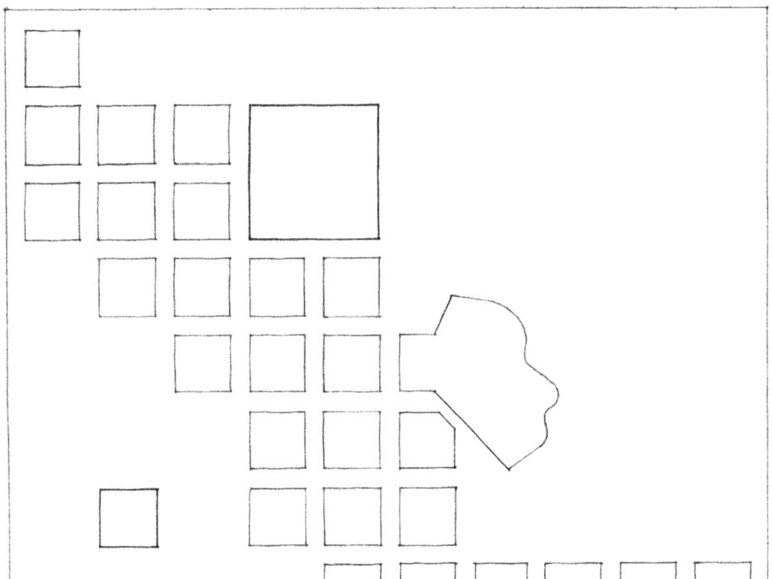

어떤 형태와 공간이 구조 내의 중요한 요소로 자리 잡기 위해서는 시각적으로 두드러져야 한다. 시각적 강조는 형태와 형상을 다음과 같이 부여함으로써 획득할 수 있다.

- 보통과는 다른 크기
- 독특한 모양
- 전략적 위치

각각의 경우, 계층적으로 중요한 형태나 공간은 예외적 형태나 규칙형태의 변칙을 통해 의미를 부여받게 된다. 건축구성에서는 지배적인 단일 요소 말고도 여러 가지 요소가 더 있을 수 있다. 일차적 초점보다 주의를 덜 끌기는 하지만, 이차적 강조점 또한 시각적 악센트를 준다. 이러한 확연하지만 부차적인 요소들은 건축물 내의 다양성을 종합하고 시각적 흥미, 리듬, 긴장을 주기도 한다. 그러나 이러한 것이 너무 지나치면 혼란을 초래할 수도 있다. 모든 것을 강조하는 것은 결국 어떤 것도 강조하지 않는 것과 같다.

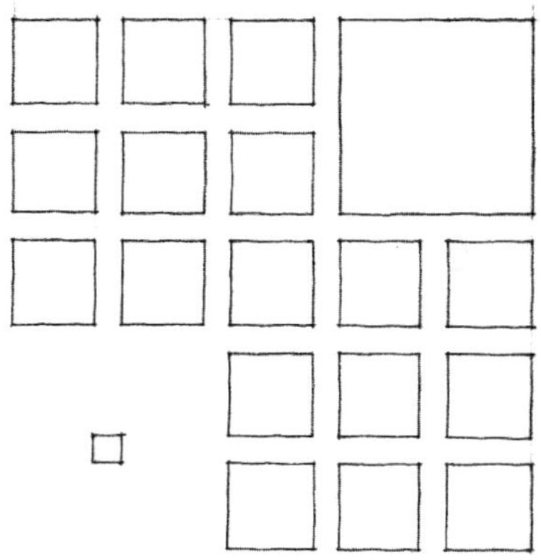

크기에 의한 위계

어떤 형태나 공간을 다른 모든 구성요소와 크기면에서 차별화시킴으로써 탁월한 건축구성을 할 수가 있다. 보통 이러한 탁월성은 하나의 수직요소를 이용해서 이루어진다. 또 어떤 경우에는 전체 구성 속의 다른 요소들보다 작게 구성하여 잘 정리된 자리에 위치시킴으로써 눈에 띄게 할 수 있다.

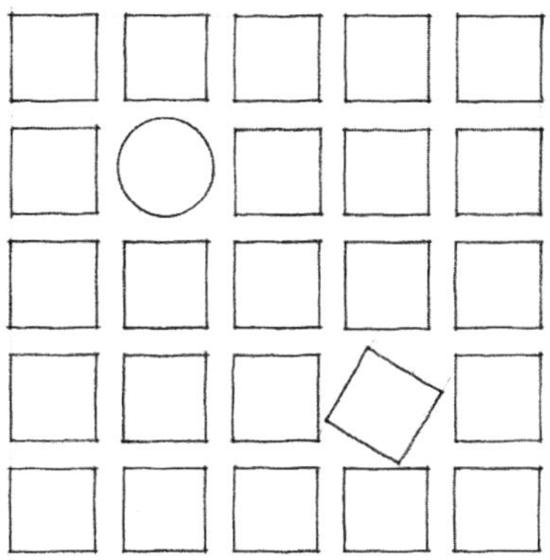

모양에 의한 위계

형태와 공간을 다른 요소들의 모양과 차별화시킴으로써 눈에 띄게 만들 수 있다. 모양에 있어 눈에 띄는 대조는 기하학적 면에서의 대조이든, 규칙에서의 대조이든 결정적인 것이다. 물론, 위계적으로 중요한 요소로 선택된 형상이 그것의 기능적 이용성과 양립하는 것이 중요하다.

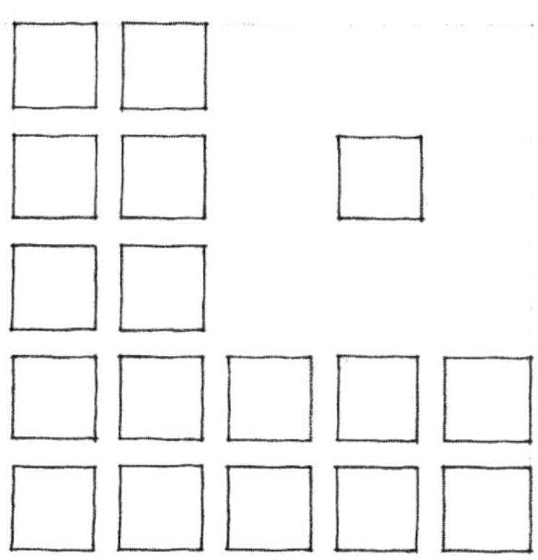

배치에 의한 위계

형태와 공간은 주의를 끌기 위해 전략적으로 위치시켜야 구성체내의 가장 중요한 요소가 될 수 있다. 형태나 공간의 위계적 주요 위치로는

- 하나의 연속되는 선, 또는 축 구성의 종착지점
- 대칭구성의 중앙 부분
- 중앙 집중형, 또는 방사형 구성의 구심적
- 전체 구성에서 가장 눈에 띄는 위치에 있거나, 떨어져 있거나, 위 또는 아래

기준

구성체 내의 다른 요소들과 연관된 선, 평면, 입체에 대해서 언급해 보자. 이들의 규칙성, 연속성을 이용해 불규칙 패턴을 구성할 수 있다. 예를 들어, 음표의 오선은 서로 다른 음조를 가진 음표들을 읽는 데 기준을 제공한다. 오선의 규칙성과 연속성은 각각의 음들에게서 발견되는 차이점을 강조하고 명백하게 한다.

Excerpt from Gavotte I, Sixth Cello Suite, by Johann Sebastian Bach (1685 - 1750). Transcribed for classical guitar by Jerry Snyder.

앞에서 길이를 따라 일련의 요소들을 조직하는 축의 기능에 대해 다루었다. 축은 기준역할을 한다. 이때 기준이 반드시 직선일 필요는 없다. 기준선은 평면이나 부피를 가진 형태일 수도 있다.

효과적인 순서체계를 이룩하기 위해서는 시각적 연속성을 갖는 기준선이 필요하다. 평면이나 입체형태라면, 영역 내의 요소들이 통합되고 에워싼 듯이 보이기에 충분한 크기, 폐쇄성, 규칙성을 가진 기준선이 필요하다.

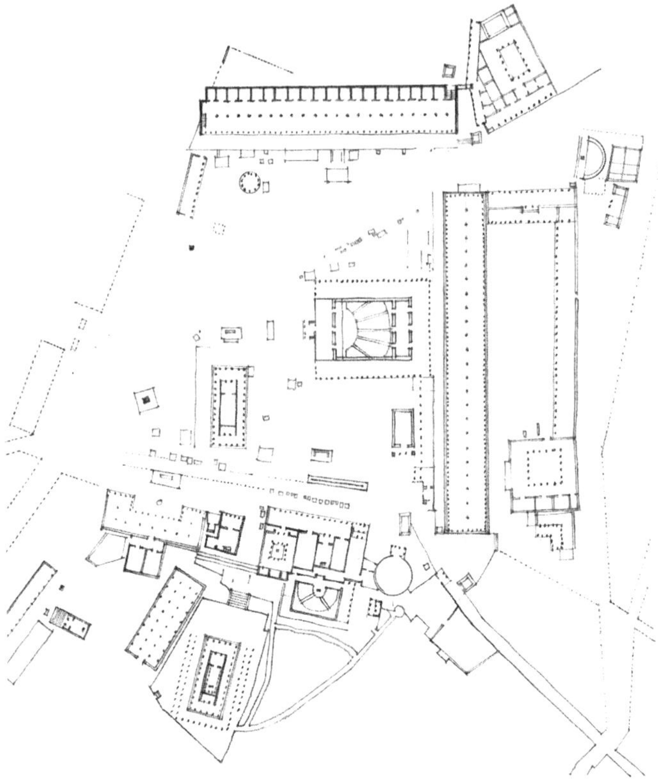

Plan of the Agora, Athens

기준은 서로 다른 요소들을 배열하여 다음과 같은 방법으로 구성할 수 있다.

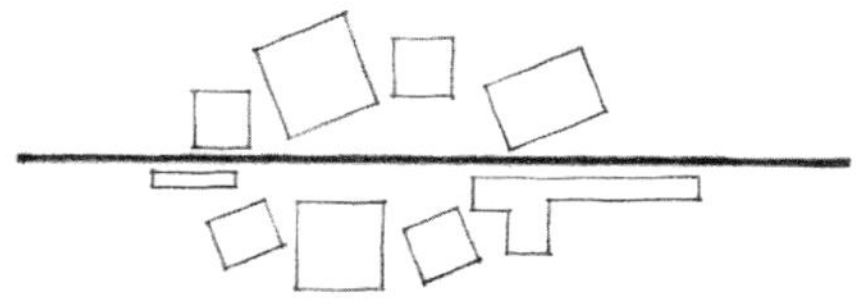

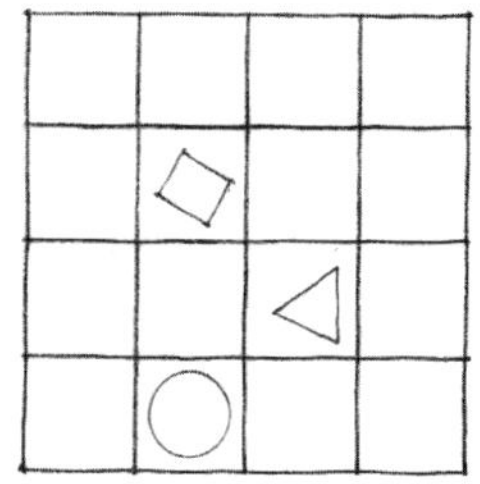

선

하나의 선은 패턴을 형성하기 위해서 공통의 끝단을 형성하거나 분리시킨다.

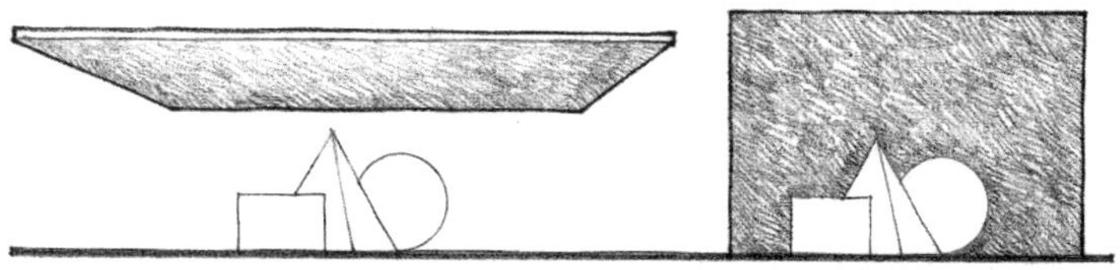

면

면은 그 아래에 있는 요소들의 패턴을 통합시키거나 그것들을 포위하는 배경의 역할을 하기도 한다.

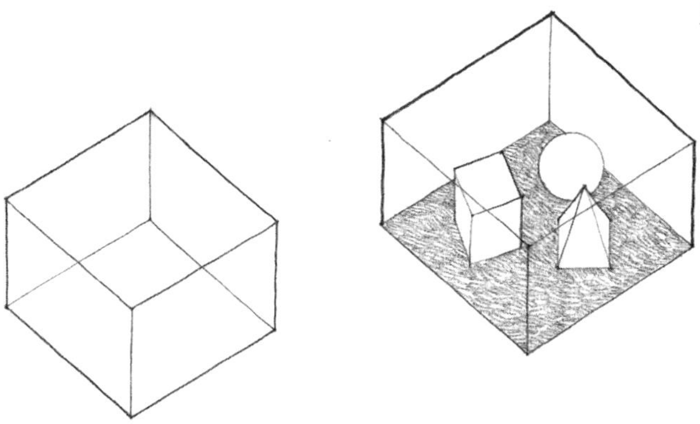

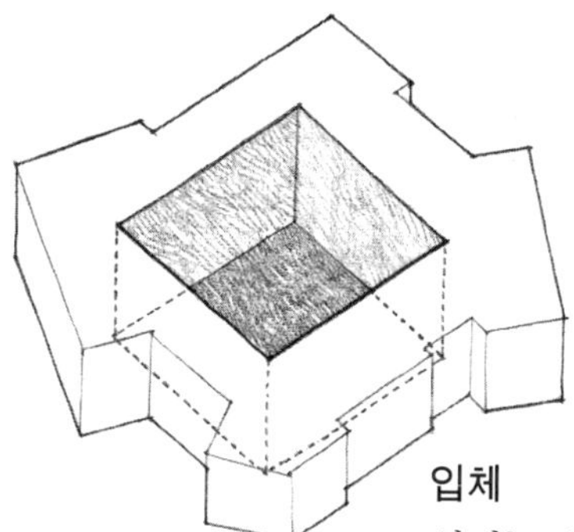

입체

입체는 주위의 경계면 속에서 패턴을 끌어모으거나 경계를 따라서 요소들을 구성할 수가 있다.

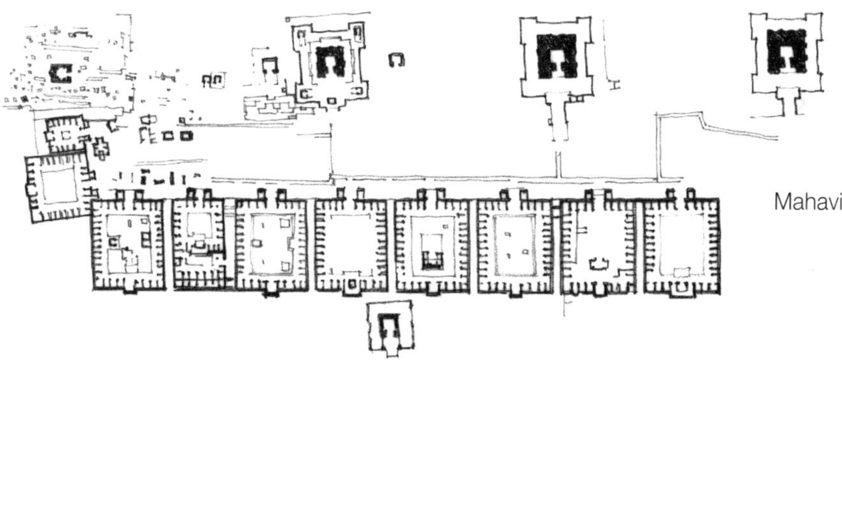

Mahavihara at Nalanda, India, sixth - seventh century CE

리듬

리듬은 규칙적이거나 불규칙적으로 패턴화된 요소나 모티프에 의해 특성을 띠는 움직임이다. 이것은 구성체 내의 반복요소들을 볼 때 일어나는 시각활동의 일종이거나, 연속된 공간을 통과할 때 우리의 신체에서 일어나는 현상이기도 한다. 어떤 경우이든, 리듬은 건축물의 형태와 공간을 구성하는 반복의 기본 개념을 통합한다.

대부분의 건물유형에는 본질적으로 반복요소가 혼합된다. 보와 기둥도 반복적으로 되풀이되어 공간의 반복적 구조 모듈을 형성한다. 창과 문을 통해 채광이나 통풍, 경관을 받아들이고 사람들이 내부로 출입할 수 있도록 하기 위해 건물의 외벽에 반복적으로 구멍을 낸다. 공간은 건물 프로그램상 유사하거나 반복되는 기능적 요구를 수용하기 위해 되풀이된다. 본 절에서는 연속적으로 되풀이되는 요소들을 구성하는 데 사용되는 반복 패턴에 대해 논의해 보고자 한다.

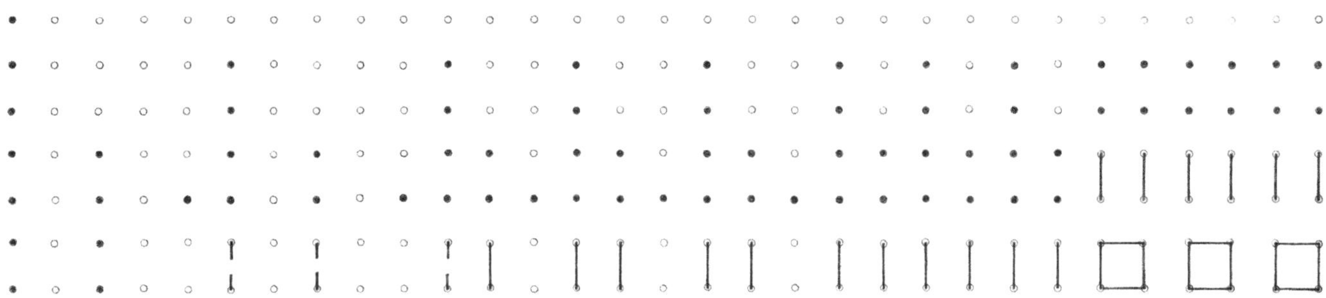

Kulliye of Beyazid II, Bursa, Turkey, 1398 - 1403

우리는 무작위의 구성에서 다음과 같은 원칙에 따라 여러 요소들은 통합시킨다.

• 상호 인접 또는 근접성
• 공통적인 시각적 특성

반복의 원칙은 하나의 전체구성 속에서 반복되는 요소에 질서를 부여하기 위해서 이와 같은 두 가지 지각개념을 활용한다.

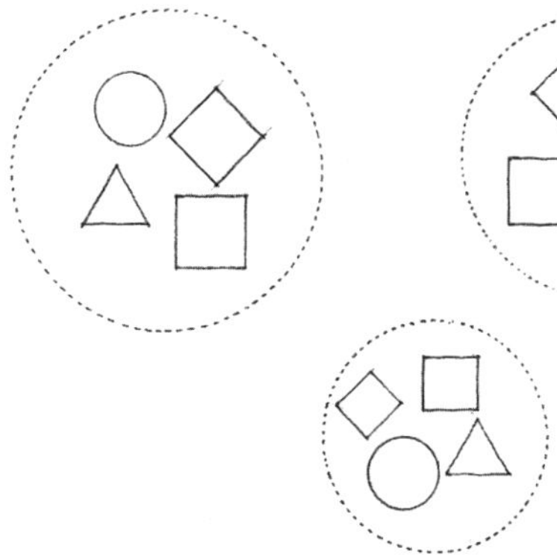

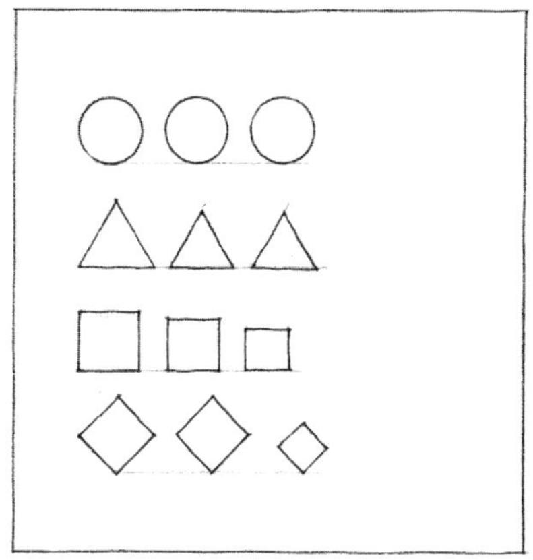

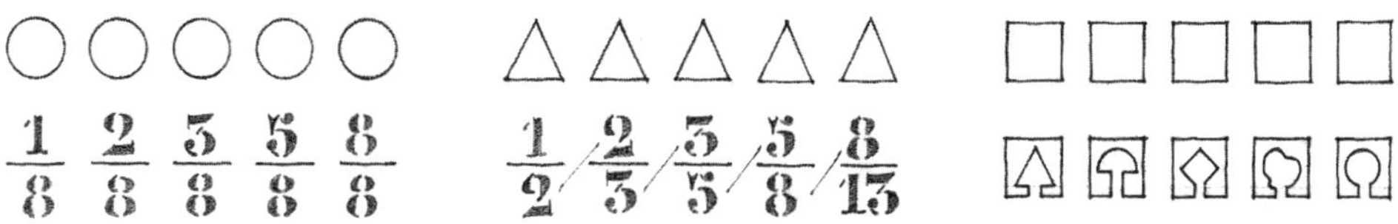

반복의 가장 단순한 형태는 많은 요소들을 선형으로 배치한 패턴이다. 각 요소들은 하나하나 온전한 개성을 갖지는 않아도 되나 반복적인 양식으로 그룹을 형성해야 한다. 그들은 다만, 각 요소들에 각자의 독특함을 부여하는 반면, 공통의 특징과 공통의 성질도 공유하게 된다.

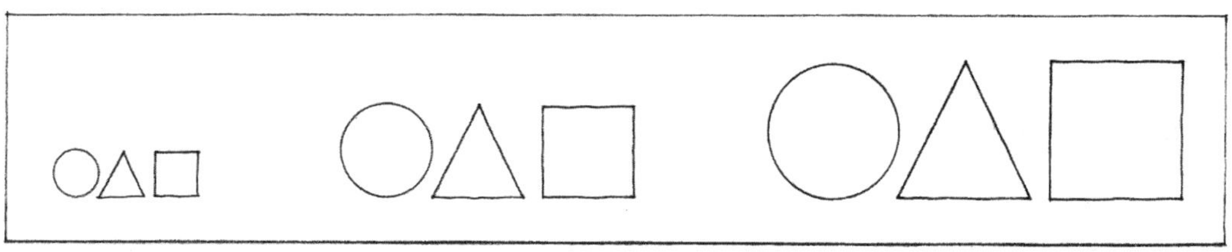

크기

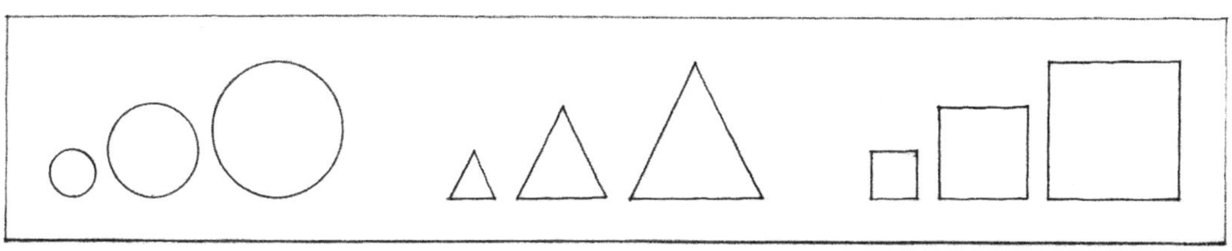

형상

세부특성

구조 패턴은 모듈 기둥이나 공간구획을 한정하는 규칙적, 조화로운 간격에 위치한 수직지지대의 반복요소를 통합시킨다. 이러한 반복 패턴 내에서 공간의 중요성은 더욱 부각될 수 있을 것이다.

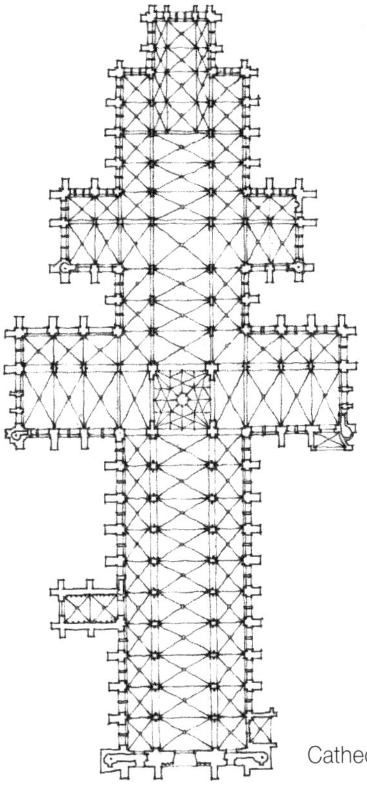

Cathedral at Salisbury, 1220 - 1260

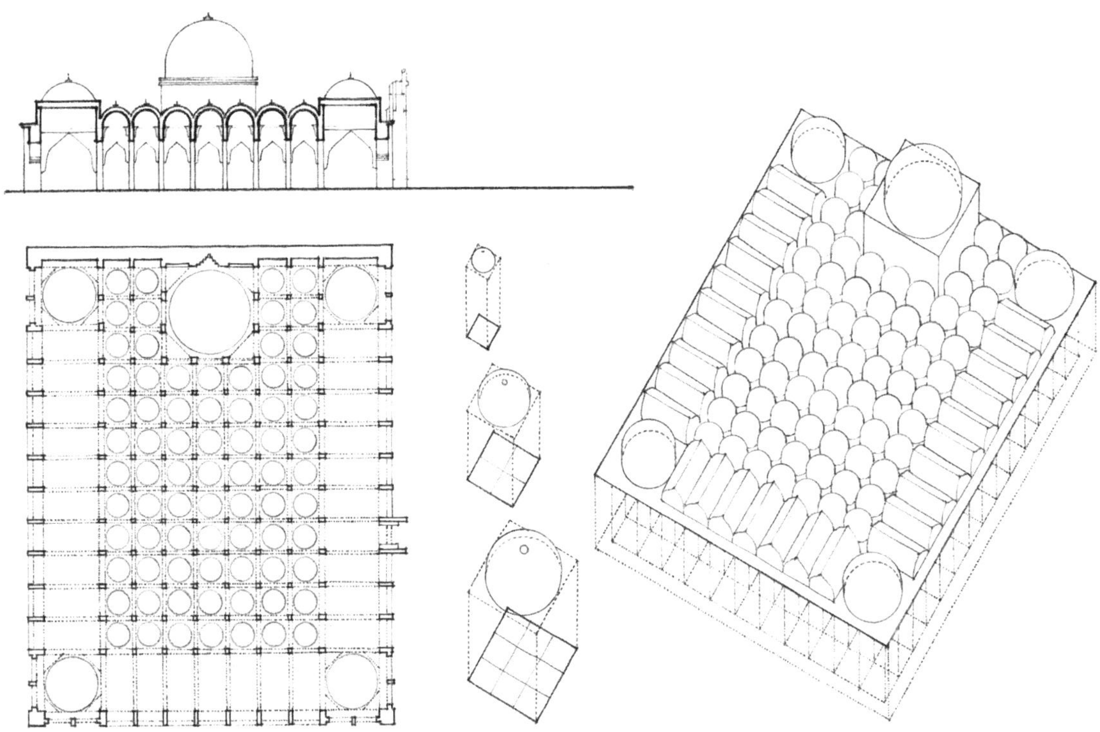

Jami Masjid, Gulbarga, India, 1367

변형

건축공부도 다른 것과 마찬가지로 과거와 이전의 경험, 노력, 성취를 포괄해야 한다. 변형의 원칙도 이 개념을 수용한다. 그리고 여기에 포함된 모든 예들도 마찬가지이다.

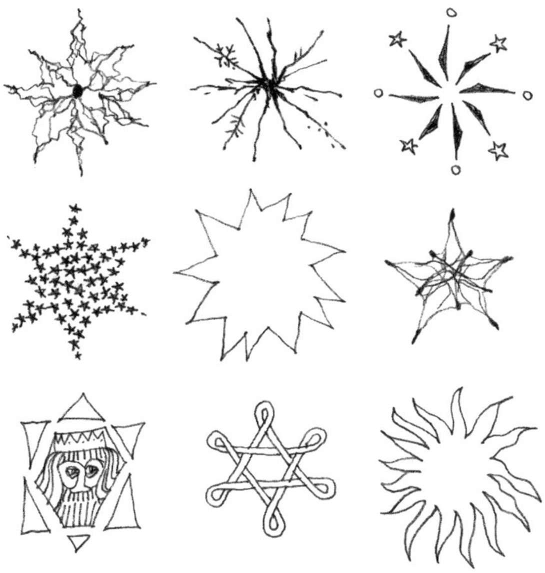

변형의 원칙은 디자이너가 구조와 요소배열이 적합하고 이성적인 건축 모델을 선택하는 일련의 과정을 거쳐서 그것을 특수한 상황이나 디자인 조건에 적응시킬 수 있도록 조작하는 작업으로 기술될 수 있다.

디자인은 분해와 합성, 시도와 실패, 가능성을 찾기와 기회포착의 생성적인 과정이다. 아이디어를 찾고 그것의 본질을 탐구하는 과정에서, 디자이너가 그 개념의 구조와 본성을 이해하는데 필수적이다. 원형 모델의 배열 시스템이 수용되고 이해되면, 디자인 개념을 명확히 하고, 강화하고, 구체화할 수 있게 된다.

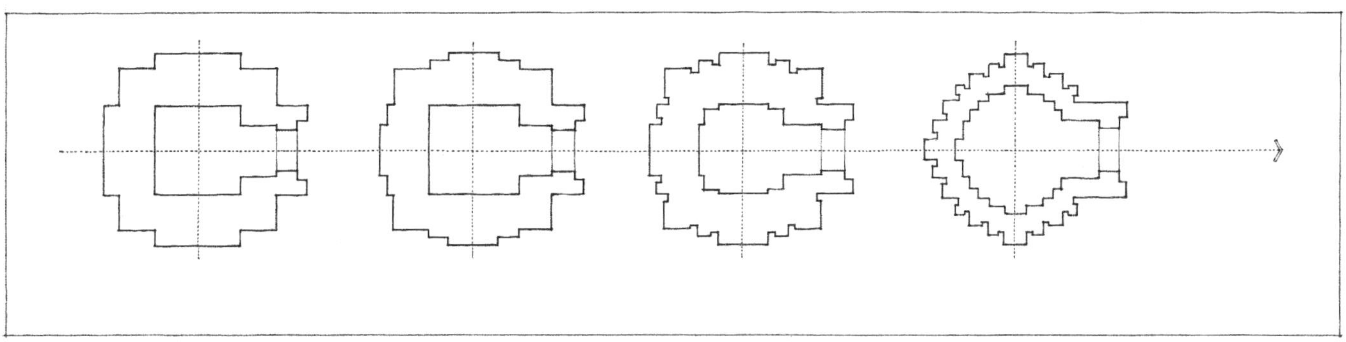

Plan development of the North Indian Cella

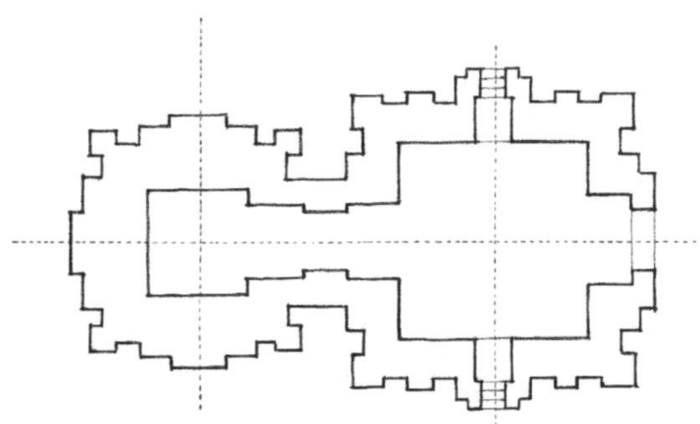

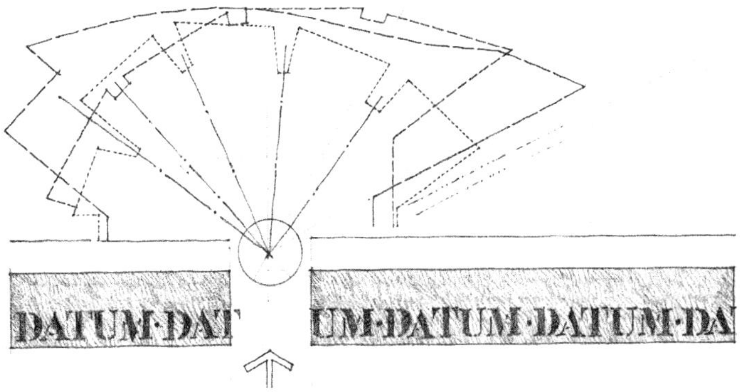

Scheme for 3 libraries by Alvar Aalto

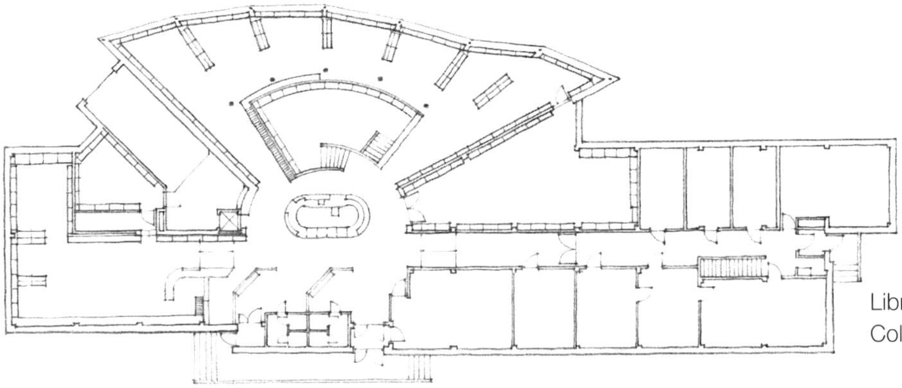
Library of Mount Angel, Benedictine College, Mount Angel, Oregon, 1965 - 1970

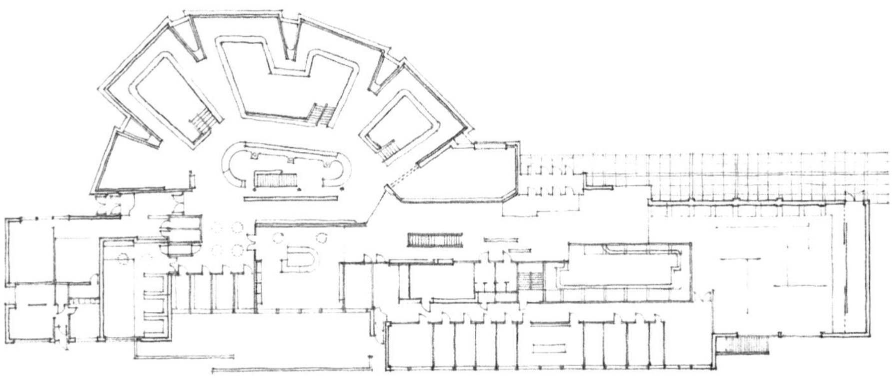
Library, Seinajoki, Finland, 1963 - 1965

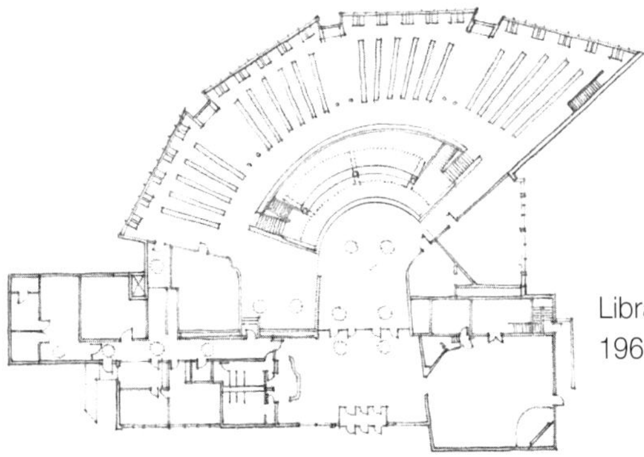
Library, Rovaniemi, Finland, 1963 - 1968

7. 건축의 요소

설계에 영향을 미치는 유형, 시스템, 그리고 구성요소들

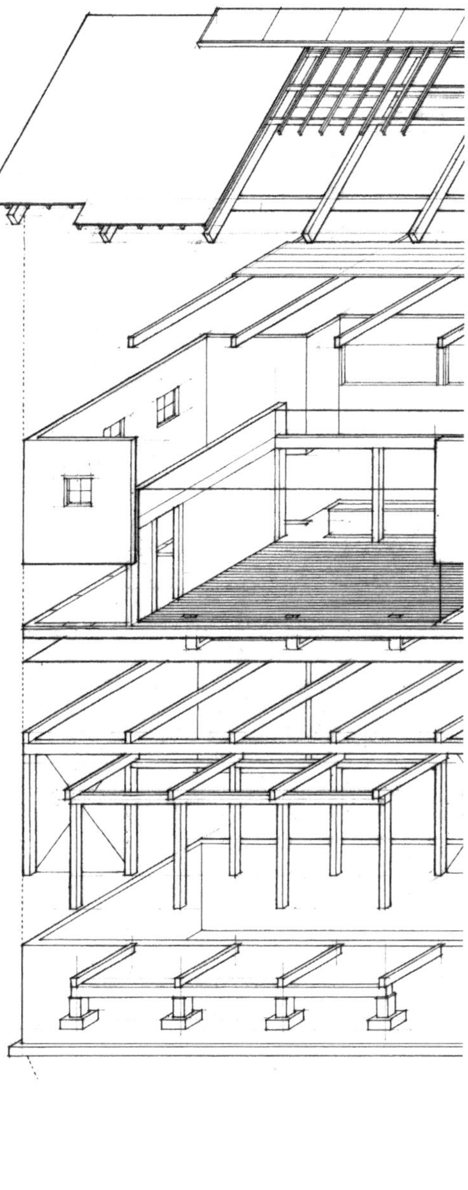

건축의 구성요소는 무엇인가?

건물을 실현시키는 데에는 형태, 공간, 질서에 대한 구성적 감수성과 더 많은 것이 필요하다. 기본적인 구성을 통해 구축된 관계들은 많은 다양한 건축적 구성요소의 위치와 조합을 통해 실현된다. 이러한 구성요소들은 크기와 복잡성, 기능면에서 다양할 수 있다.

구성 요소 중 가장 작은 것은 거주자가 그 주변 환경―잡을 수 있는 손잡이 또는 물건을 올려놓는 창턱―과 상호작용하는 방식을 규정하는 세부사항들이다.

이러한 구성 요소 중 가장 큰 것은 건물이 설계 의도와 관련된 예측 가능한 방식으로 반응하도록 한다―기둥의 배열이 만드는 격자무늬는 구조체가 되며 공간을 분할한다; 지붕 구조는 건물의 요소를 보호하고 공간의 수직적 한계를 결정한다. 본 장에서는 건축의 해부학적 구조를 이해한다. 건물은 가장 기본적인 요소들로 나누어진다. 그리고 이 요소들 각각에 사용 가능한 유형과 선택사항이 결정된다. 본 장의 내용은 건축적 가능성들을 개략적으로 보여주기 위한 것이지만, 이는 절대적인 목록에 의존하는 것은 아니다. 건축은 그 본질에 의해, 창의력과 혁신을 통해 그 잠재력을 끊임없이 확장시켜나가는 학문이다. 본 장을 통해 오로지 기본적인 구성 요소에 대한 개요만 전달한다는 것과 건축적 형태의 가능성은 훨씬 다양하다는 것을 기억해야 한다.

건물 유형

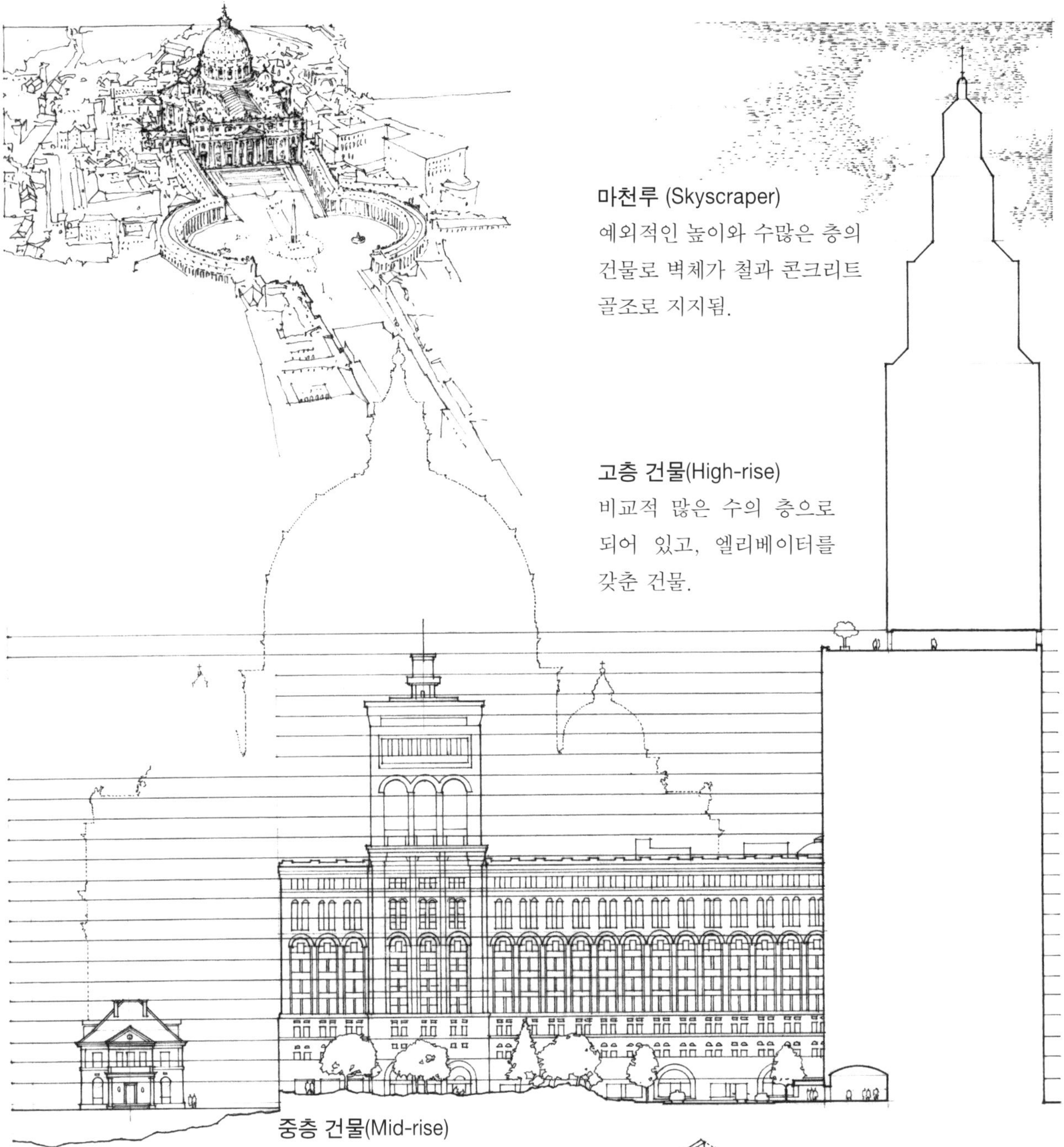

마천루 (Skyscraper)
예외적인 높이와 수많은 층의 건물로 벽체가 철과 콘크리트 골조로 지지됨.

고층 건물(High-rise)
비교적 많은 수의 층으로 되어 있고, 엘리베이터를 갖춘 건물.

저층 건물(Low-rise)
1, 2 또는 3개 층을 갖고 보통 엘리베이터가 없는 건물.

중층 건물(Mid-rise)
보통 5~10층, 그리고 엘리베이터를 갖춘 다소 많은 수의 층을 갖는 건물.

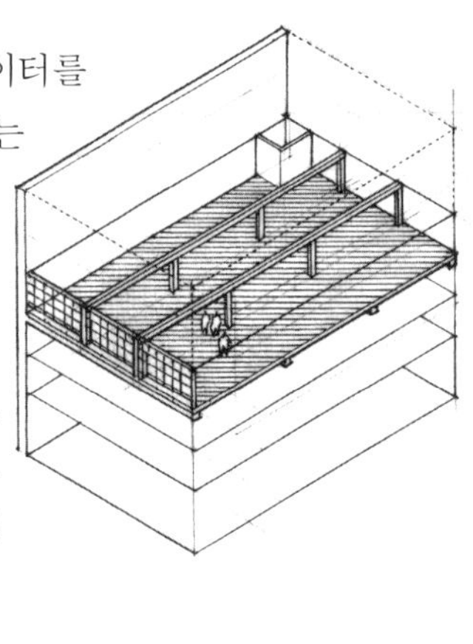

다락(Loft)
창고와 공장의 최상층들 중 하나로, 일반적으로 칸막이가 없고 때때로 개조되어 사는 숙소, 예술가의 작업실 또는 전시장 등 다른 용도로 이용됨.

중이층 빌딩(Loft building)
막히지 않은 공간의 큰 면적을 갖는 몇 개의 층을 갖는 건물로, 원래는 경공업을 목적으로 임대 되었으나. 현재는 종종 주거용으로 개조됨.

건물의 기본 요소

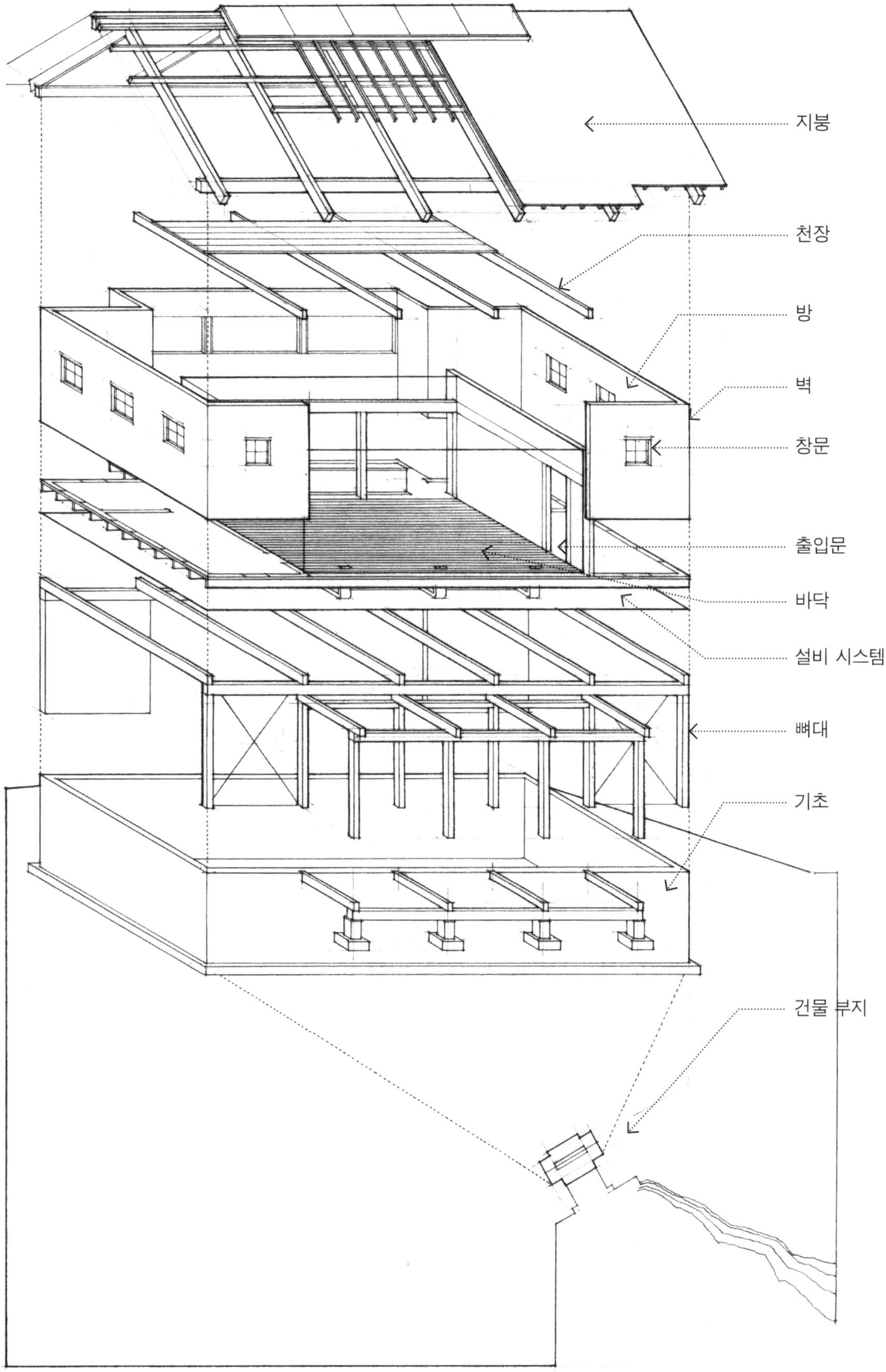

지붕

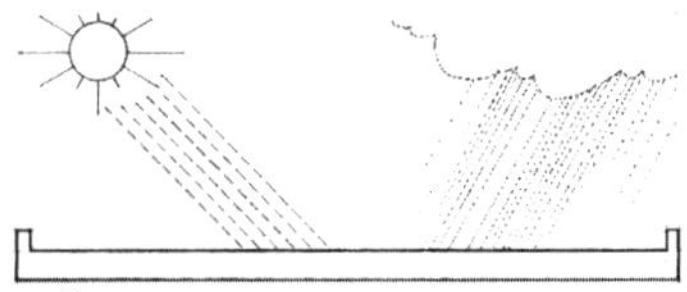

평 지붕(Flat roof)
경사가 전혀 없거나 배수를 위해 약간의 물매를 둔 지붕.

지붕(Roof)
건물의 상부를 덮는 구조로서 지붕재료를 지지하는 골조를 포함함.

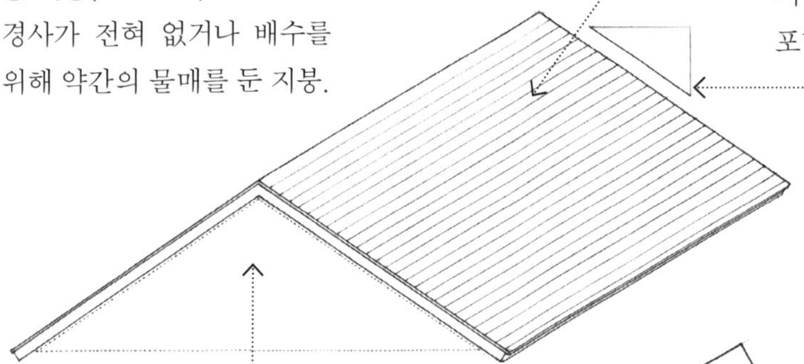

물매 지붕(Pitched roof)
경사를 가진 지붕.

지붕마루(Ridge)
두 개의 경사진 지붕 패널이 만나는 수평선.

박공(Gable)
처마에서 지붕마루까지 물매 지붕의 끝을 접하는 벽의 삼각형 부분.

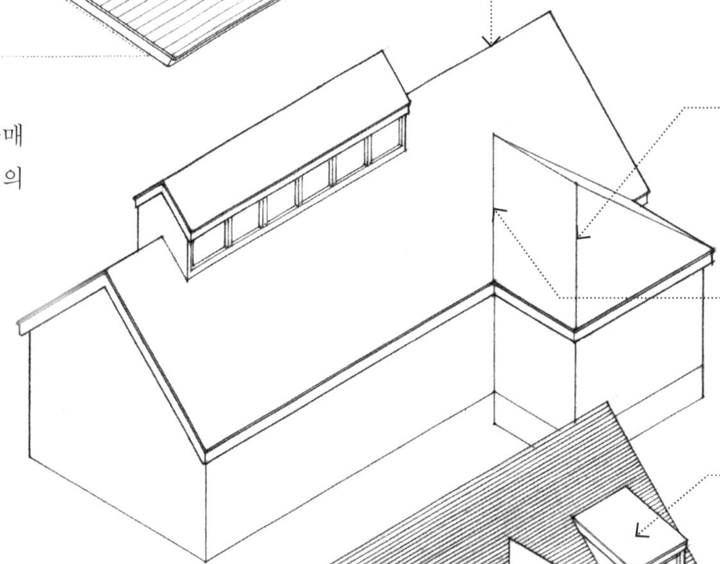

귀마루(Hip)
두 개의 경사진 지붕면의 이음에 의해 형성된 경사진 지붕마루.

지붕골(Valley)
빗물이 흐르는 쪽의 두 개의 경사진 면이 만나는 부분.

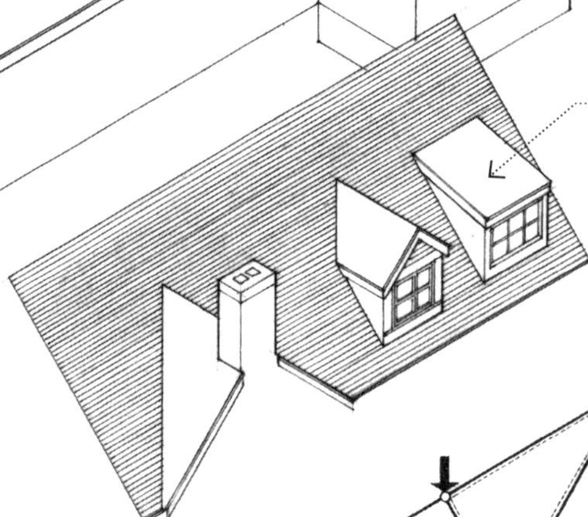

지붕창(Dormer)
물매 지붕에서 돌출되어 수직 창이나 환기용 비늘살문으로 사용되는 구조물.

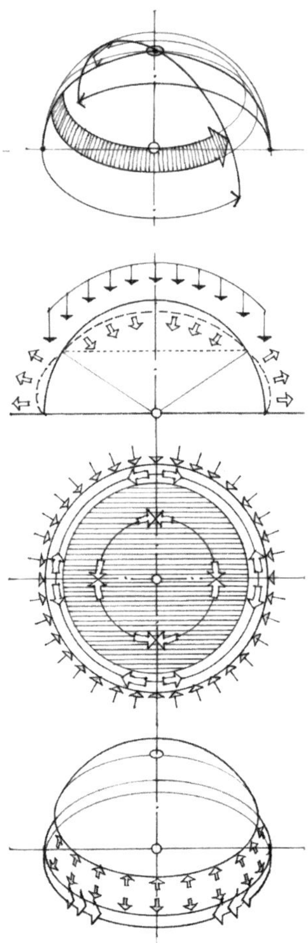

돔(Dome)
원형 평면 및 일반적으로 구의 일부분 형태를 가지는 둥근 천장으로 된 구조로서 모든 방향으로 똑같은 추력을 가하도록 구축됨.

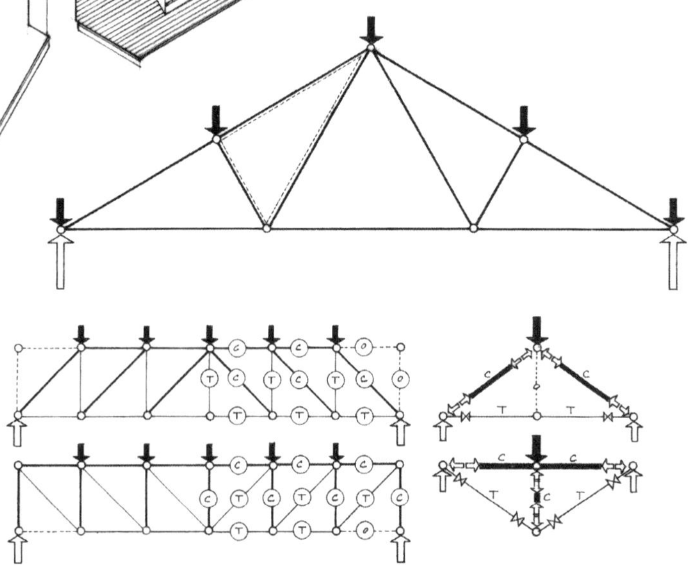

트러스(Truss)
축방향 인장이나 압축에 대한 선형 부재들로 구성되고, 삼각형 모양으로 기하학적 강성을 갖는 구조용 골조.

천장

천장(Ceiling)
상층부 바닥이나 지붕 밑부분 등을 가리기 위하 여 실내 공간의 상부에 설치하는 실내면 또는 라이닝(lining)

보 천장(Beam ceiling)
상층 바닥의 밑부분에 보이는 보 장선 등을 수장 처리한 후 노출시켜 만든 천장.

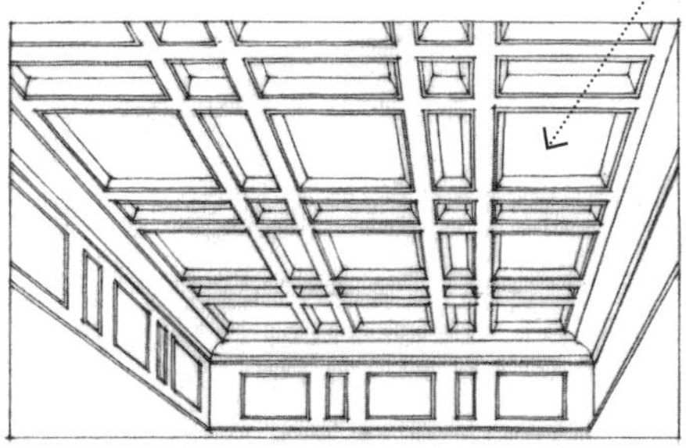

우물 천장(Coffer)
일반적으로 정사각형 또는 팔각형의 모양을 갖는 천장의 오목 부위. caisson 또는 lacunar이라고도 함.

소란 천장(Lacunar)
단위 오목판을 일정한 형식으로 반복하여 형성한 오목판 천장, 둥근 천장, 상부 부재 밑면(soffit)

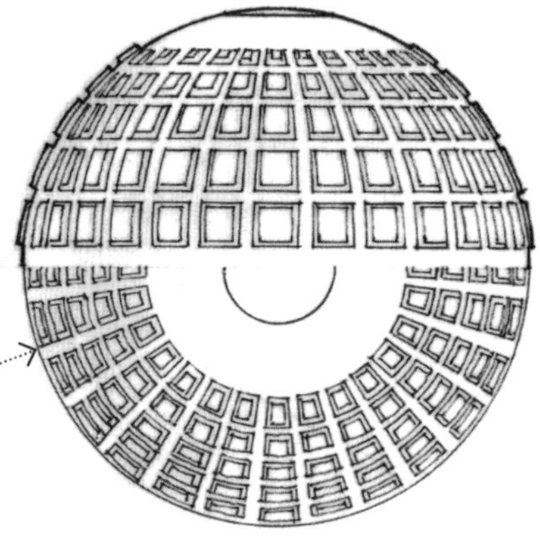

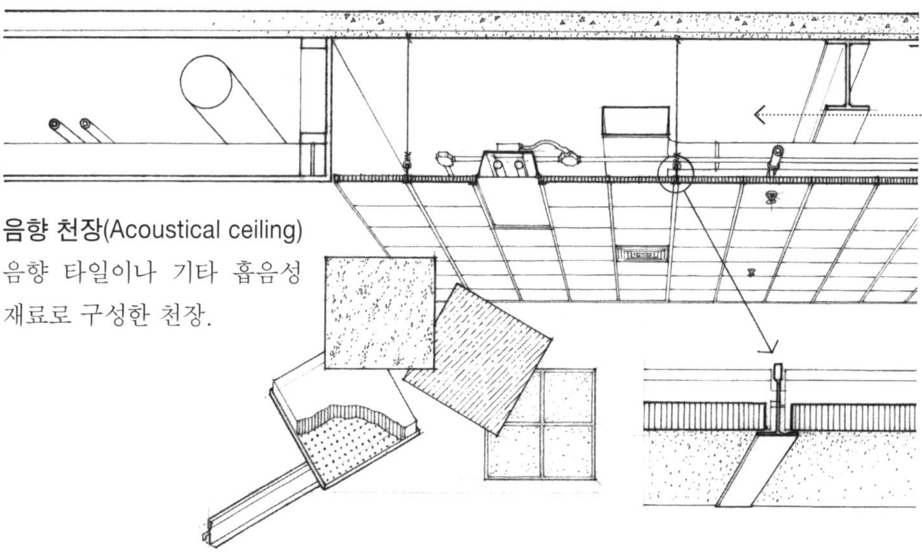

음향 천장(Acoustical ceiling)
음향 타일이나 기타 흡음성 재료로 구성한 천장.

플리넘(Plenum)
달천장 또는 달대천장과 상층부 바닥 사이에 형성된 공간. 특히 공기조화시 급기실이나 배기실 목적으로 사용되는 공간.

달천장, 달대천장(Suspended ceiling)
상층부 바닥이나 지붕 구조 등에서 배관, 덕트, 조명기구, 기타 설비시설 공간을 확보하기 위하여 매달은 천장.

부분 달천장, 부분 달대천장
(Drop ceiling)
배관 및 설비시설 공간을 확보하기 위하여 형성한 천장의 일부분으로 본천장에서 아랫부분으로 처진 천장.

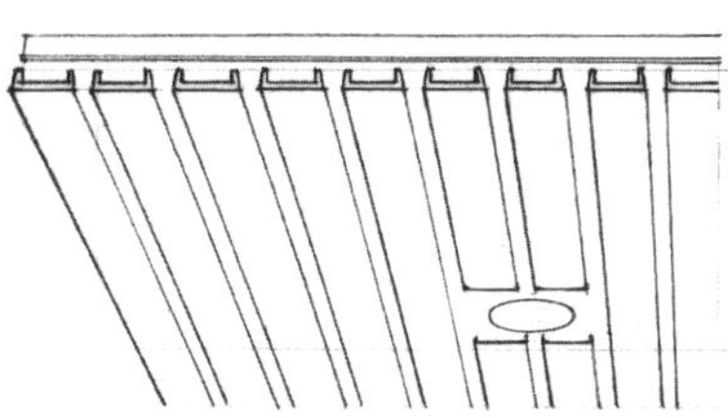

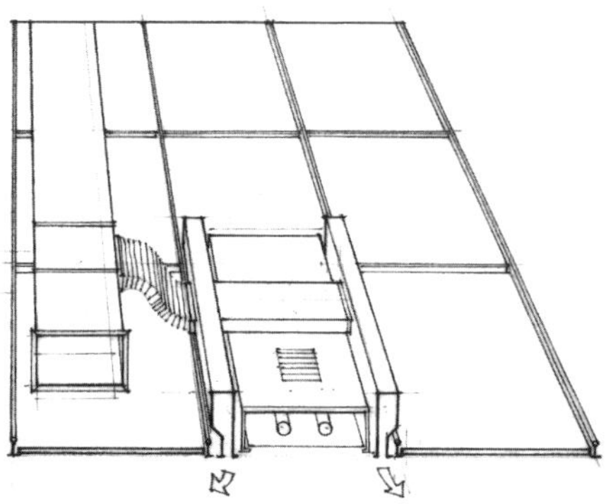

일체식 천장(Integrated ceiling)
조명기구, 공기조화기구 등을 천장과 일체식으로 디자인한 달천장 또는 달대천장.

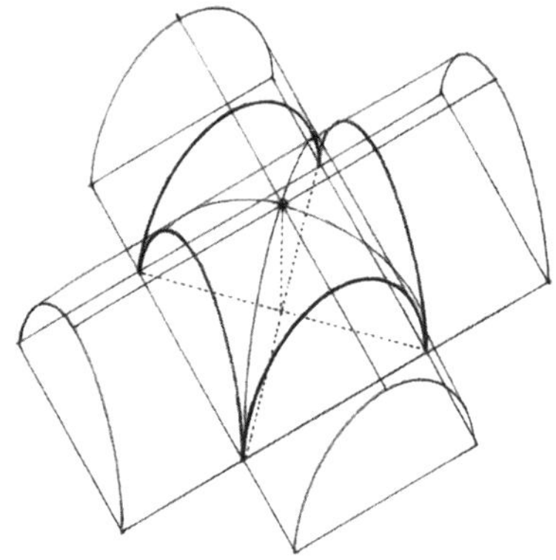

궁륭(Vault)

돌, 벽돌, 철근콘크리트로 된 아치형 구조물로서 홀이나 방, 혹은 전체나 부분이 둘러싸여진 공간 위에서 천장이나 지붕을 형성함.

궁륭은 아치가 3차원으로 연장된 것이기 때문에 길이 방향의 지지벽은 아치 형성에 의한 축력에 대응하기 위해서 보강되어야 함.

원통형 궁륭(Barrel vault)

반원형 단면을 가지는 궁륭.

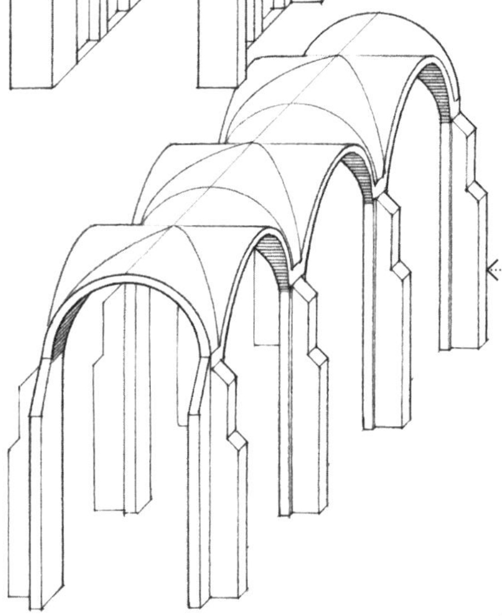

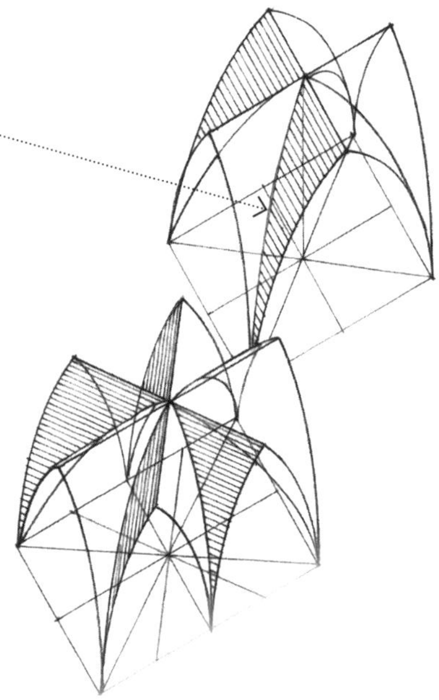

그로인(Groin)

두 개의 교차하는 궁륭이 만날 때 생겨나는 곡선 부분이나 모서리 부분 중 하나임.

버팀벽, 부벽(Buttress)

바깥쪽으로 향하는 축력에 대응하며 구조체를 안정시키기 위하여 지어진 외부 지지체. 특히 조적조의 벽 외부로 지어진 돌출 지지체.

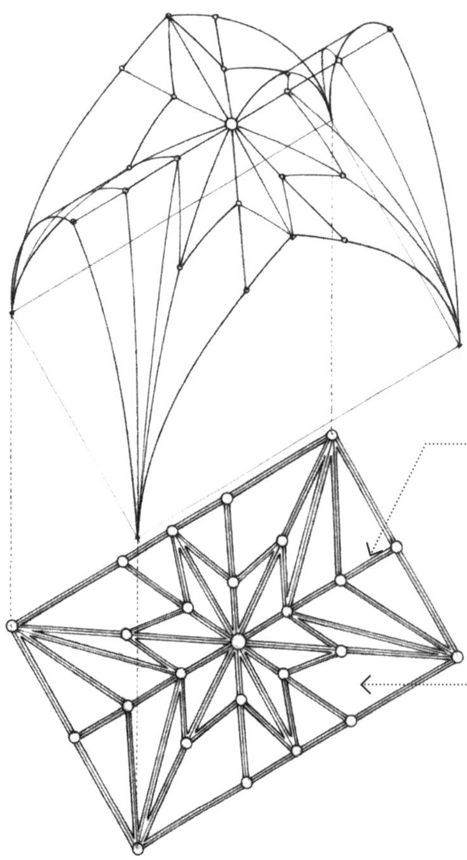

리브(Rib)

그로인(groin)에서 궁륭을 지지하는 아치형의 부제 이며, 분절된 표면을 한정하거나 그 표면을 패널 로 분리시킴.

웹(Web)

리브형 궁륭에 있어서 리브에 의해 짜여진 표면.

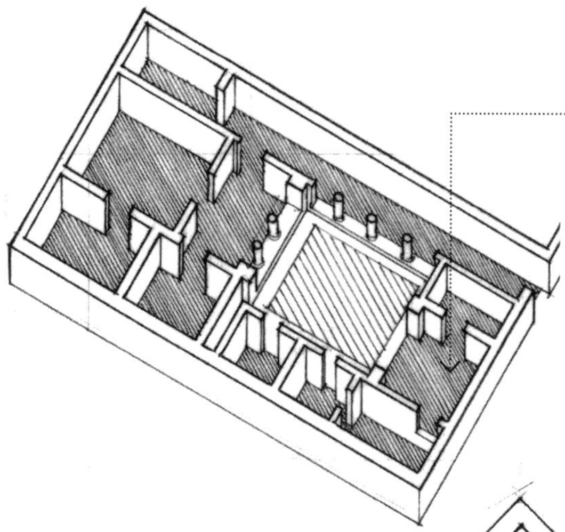

방, 실(Room)

방

건물 내부의 하나로 구획된 공간으로, 특히 벽이나 파티션에 의해 다른 유사한 공간들로부터 분리되는 영역.

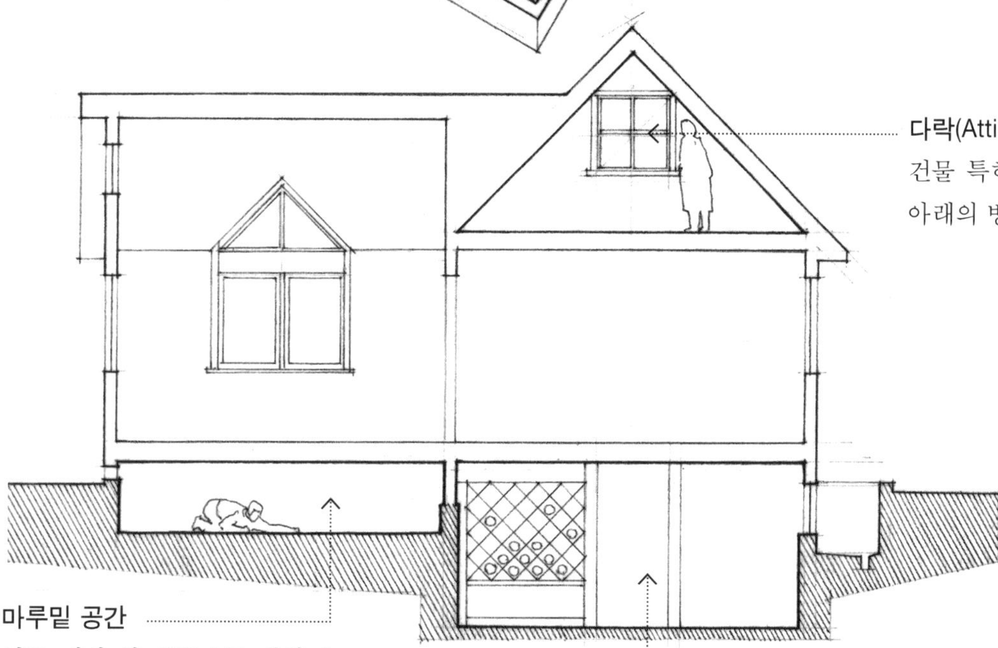

다락(Attic)

건물 특히 주거의 지붕 밑 바로 아래의 방 또는 공간.

마루밑 공간

건물 내의 한 부분으로 사람키보다 낮은 틈(clearance)을 갖는다. 기어서만 접근이 가능한, 특히 기초 벽체들로 둘러싸인 1층 밑의 공간 같은 곳.

지하실(Cellar)

지하와 대체로 건물 아래의 전부 또는 부분으로 음식, 연료 따위에 대한 저장소를 위한 방, 또는 일단의 방들.

태풍대피소(Storm cellar)

사이클론, 토네이도, 허리케인 등과 같은 격한 태풍의 기간 동안 피신하기 위한 지하실. 또는 다른 지하장소.

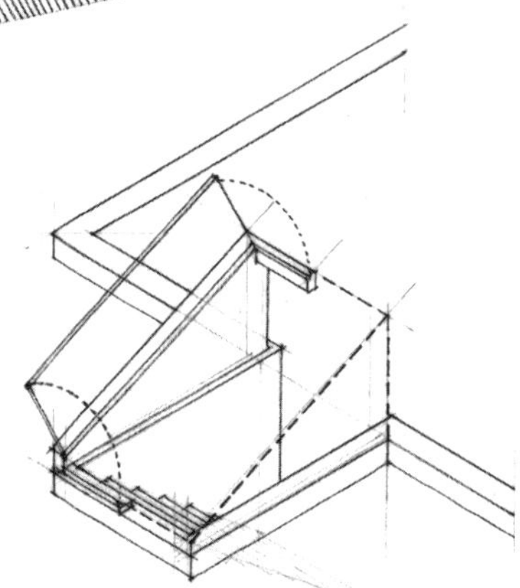

지하실문(Bulkhead)

지하실로 출입하기 위한 계단 위의 수평 또는 기울어진 문.

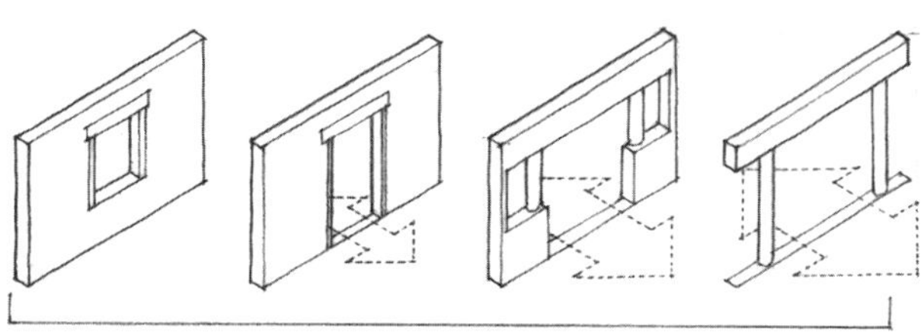

변이(Transition)

(한 공간에서 다른 공간으로 이동할 때)형태, 상태, 장소에 대한 움직임. 통행, 변화.

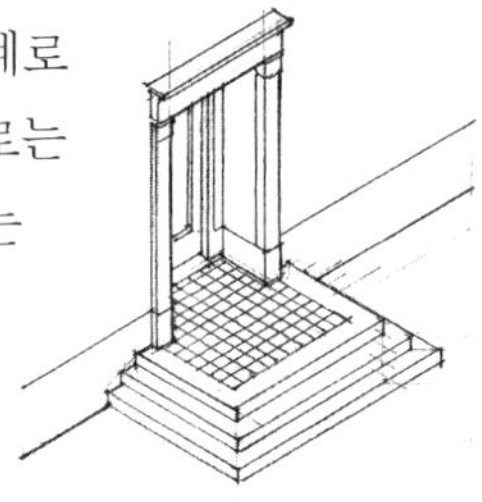

현관단(Stoop)
주택 입구에서 층계로 접근되어지고, 때로는 지붕을 가지고 있는 올려진 단.

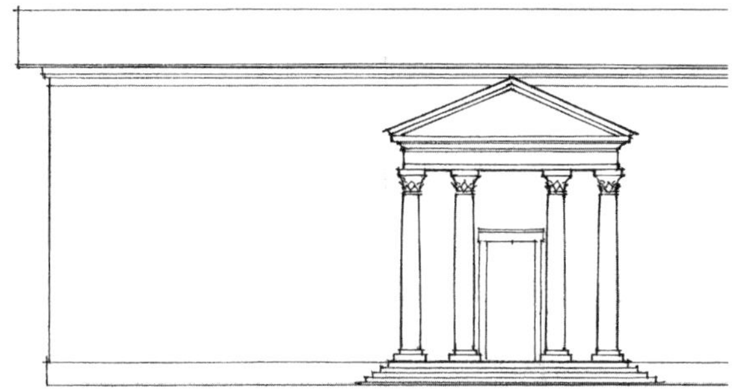

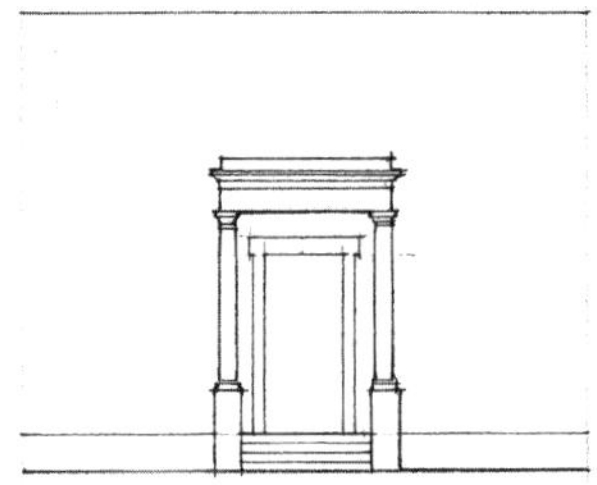

현관(Porch)
덮개가 있는 접근(approach) 또는 문간을 형성하는 건물의 외부 부착물.

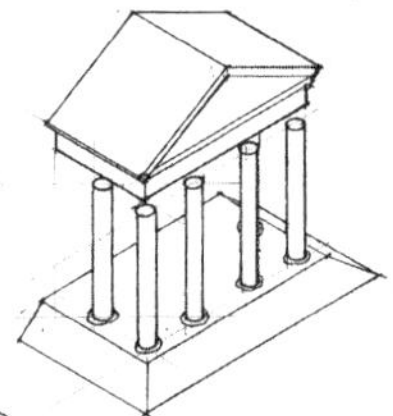

현관(Portico)
기둥으로 지지되는 지붕을 가진, 종종 건물의 출입구로 인도하는 현관.

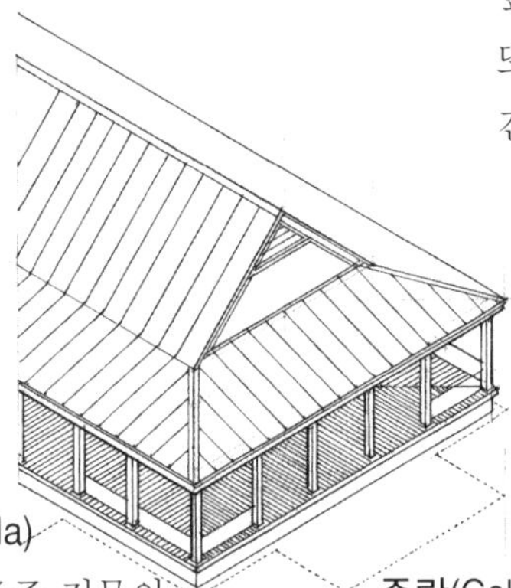

베란다(Veranda)
난간에 의해 종종 건물의 앞측면으로 확장할 수 있는, 대개 지붕이 있고, 부분적으로 닫혀진 크고 열려진 현관.

주랑(Colonnade)
엔터블레처를 지지하고 대개 지붕 구조의 한 방향을 지지하는 규칙적으로 배치된 일련의기둥들.

테라스
집 또는 건물에 연결되며, 때때로 옥외 거실공간으로 사용되는 열려진 바닥이 포장된 공간.

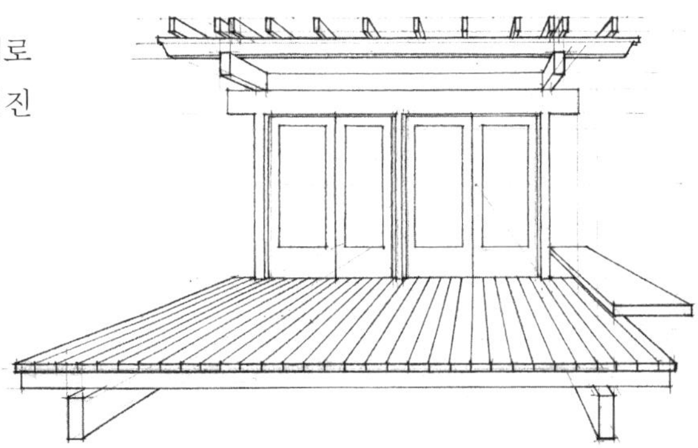

데크(Deck)
집 또는 다른 건물로부터 확장된 열려지고 지붕이 없는 현관이나 단.

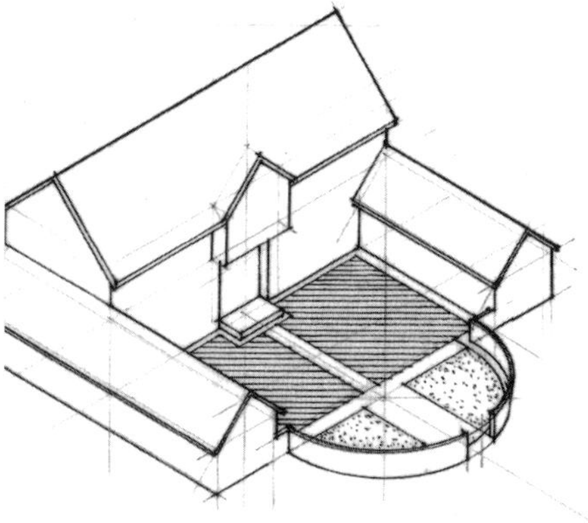

중정(Court)
하늘로 열려져 있고, 거의 벽이나 건물로 둘러싸인 공간.

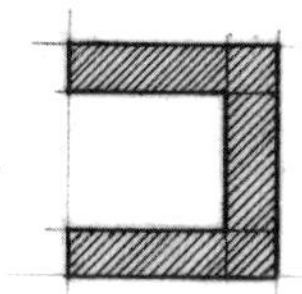

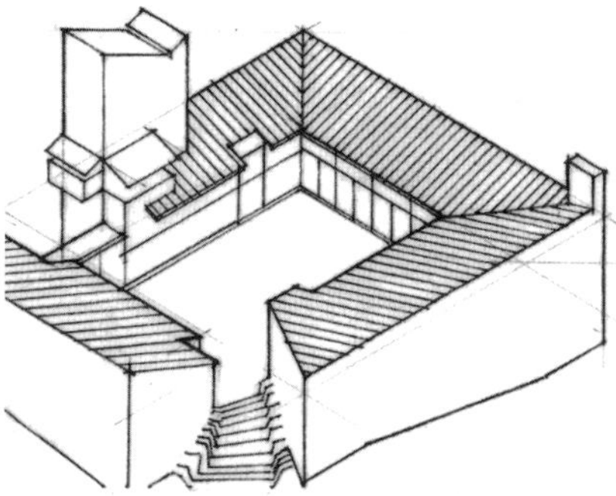

안마당(Courtyard)
건물 내부나 아주 가까이 있는 마당. 특히 4면이 닫혀진 곳.

안뜰(Patio)
안마당으로 특히 낮은 건물, 아케이드, 벽체들로 닫혀진 주택의 마당.

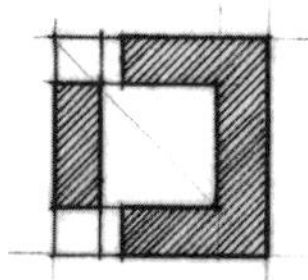

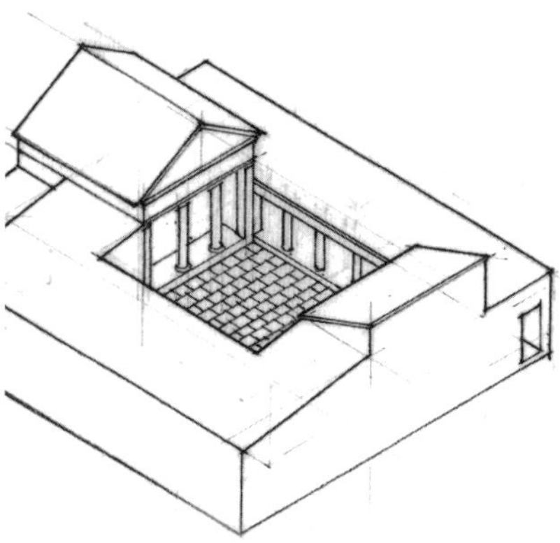

아트리움(Atrium)
주위에 집이나 건물이 지어져 위로 열려진 천광이 있는 마당.

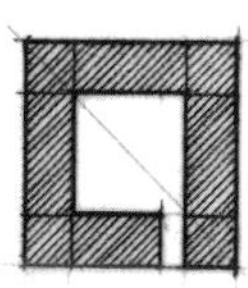

오쿨러스, 눈(Oculus)
원형 개구부, 특히 돔의 최정부에 있는 것.

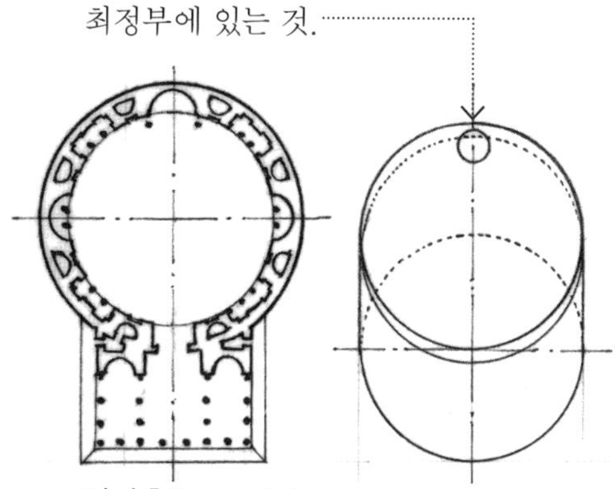

원형홀(Rotunda)
둥글고, 돔으로 된 건물. 또는 그런 건물에 있는 크고 높은 원형의 공간. 특히 돔으로 덮인 것.

솔라리움(Solarium)
일광욕이나 태양광 치료의 목적으로 사용되는 유리로 둘러싸인 포치(porch), 룸(room), 갤러리(gallery) 등.

선룸(Sunroom)
많은 태양광을 받아 들이도록 설치된 유리로 둘러싸인 포치(porch)나 실.

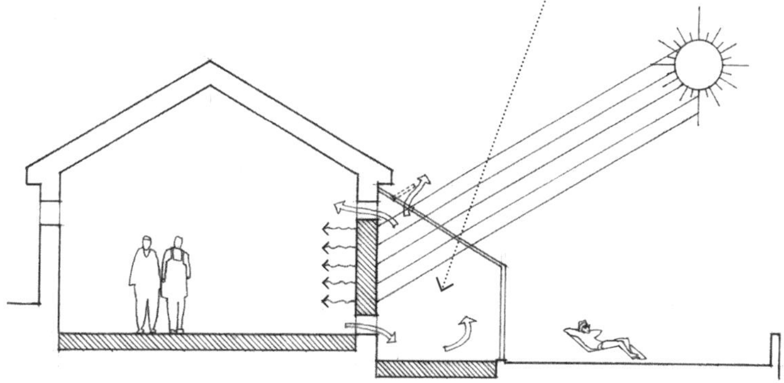

벽, 벽체

벽, 벽체(Wall)
폐쇄, 분할 또는 보호받을 수 있는 공간을 제공하는 연속된 수직 구조물(면).

내벽(Interior wall)
외벽에 둘러싸인 건물 내의 벽.

내력벽(Bearing wall)
빌딩의 바닥 또는 지붕으로부터 가해지는 하중을 지지하는 능력을 가진 벽.

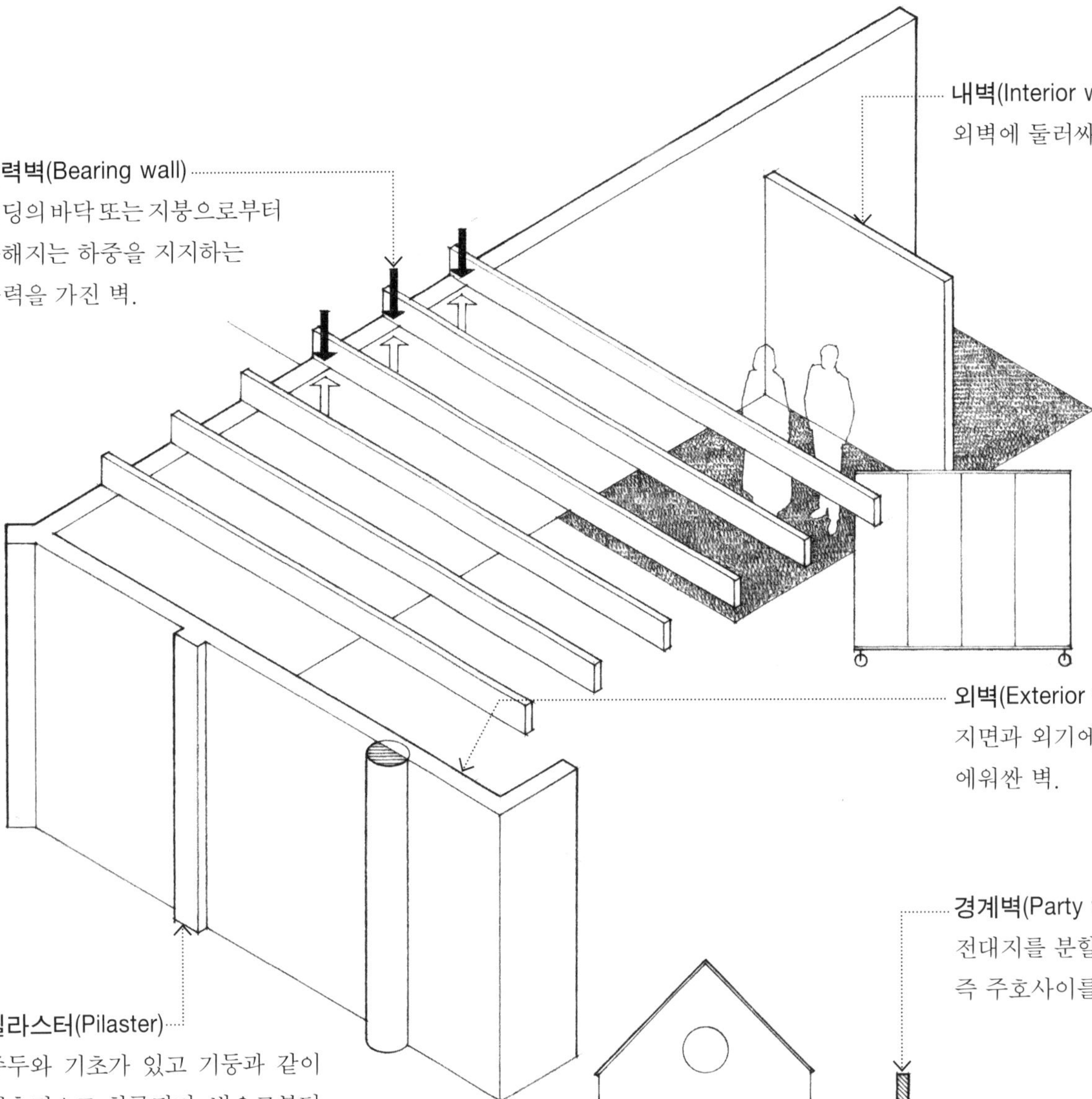

외벽(Exterior wall)
지면과 외기에 노출된 빌딩을 에워싼 벽.

필라스터(Pilaster)
주두와 기초가 있고 기둥과 같이 건축적으로 취급되며, 벽으로부터 구획된 납작한 사각 형태.

경계벽(Party wall)
전대지를 분할하는, 즉 주호사이를 구획하는 벽.

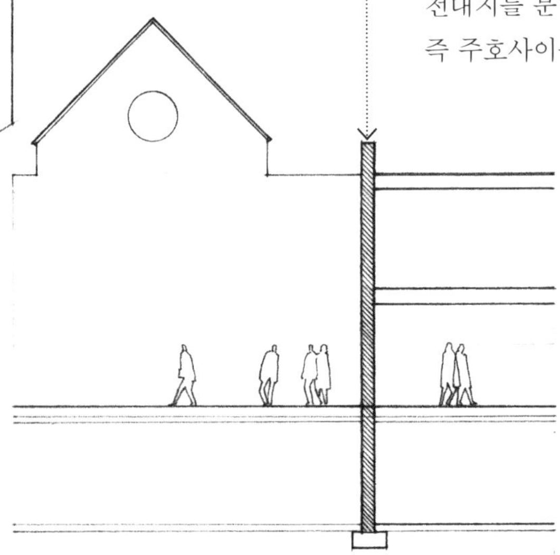

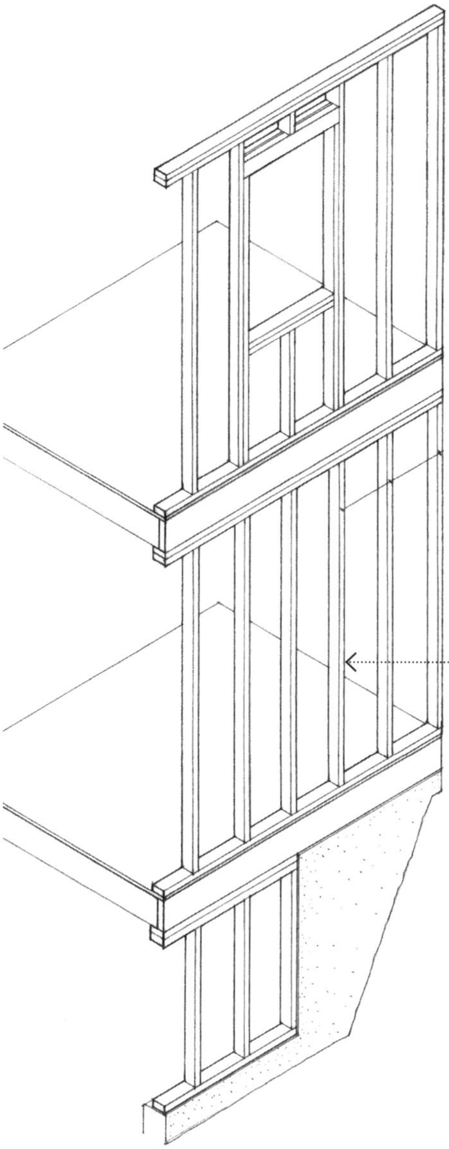

쉘(Shell)
구조체의 외관 또는 건물의 벽과 지붕

샛기둥(Stud)
칸막이벽이나 벽의 구조적 프레임인 목조 혹은 금속의 가느다란 수직 부재류.

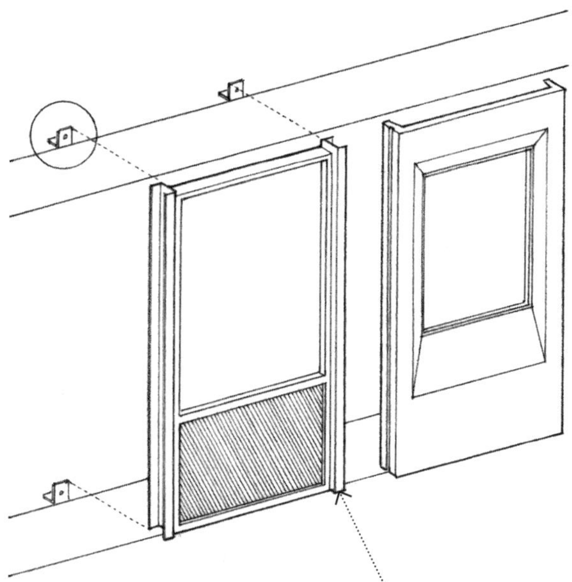

커튼월, 장막벽
(Curtain wall)
건물의 골조에 지지되며, 커튼월 자체의 하중과 풍하중만을 전달하는 외벽.

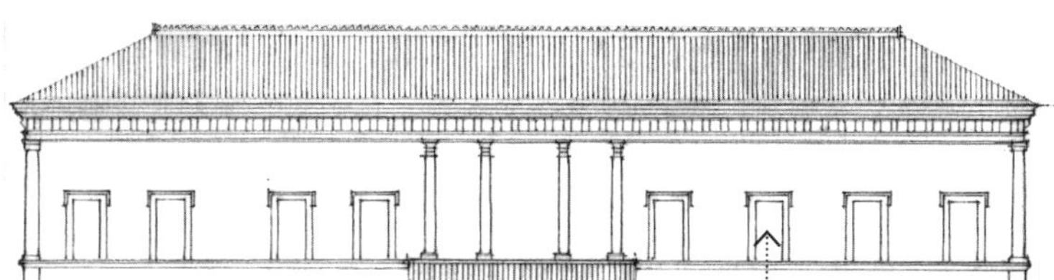

입면(Facade)
건물의 정면 또는 이의 여느 측면들로 공공통로나 공간에 면한다. 특히 건축적 처리에 의해 구별됨.

창문 내기(Fenestration)
건물의 창문과 다른 외부 개구부의 디자인, 비례잡기와 배치하기.

구획(Articulation)
조합된 부분들의 상호 관계를 명확하고, 분명하게 나타나도록 조합시키는 방법이나 방식.

벽돌

숍(Soap)
2in(52mm)의 공칭 두께를 제외한 공칭면 치수를 가지는 벽돌이나 타일.

길이(Stretcher)
모서리가 노출된 부분보다 더 길거나 표면과 나란할 때의 벽에서 수평적으로 벽돌 또는 다른 조적조 단위가 놓이게 되는 것.

벽돌(Brick)
태양 아래서 말리거나 가마에서 구움으로써 성형되거나 단단하게 되는 동안 직사각형 각기둥을 형성하는 찰흙의 조적조 단위.

마구리(Header)
가장 짧은 부분을 표면에 노출시키거나 다른 조적조 단위와 나란하게 벽에 수평으로 쌓는 벽돌.

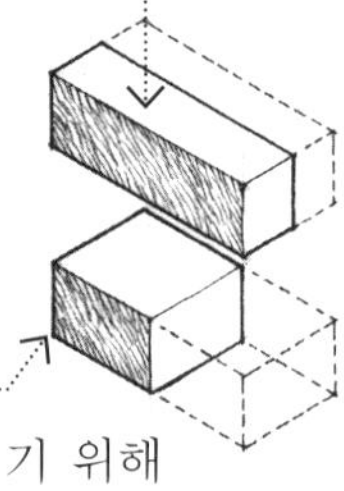

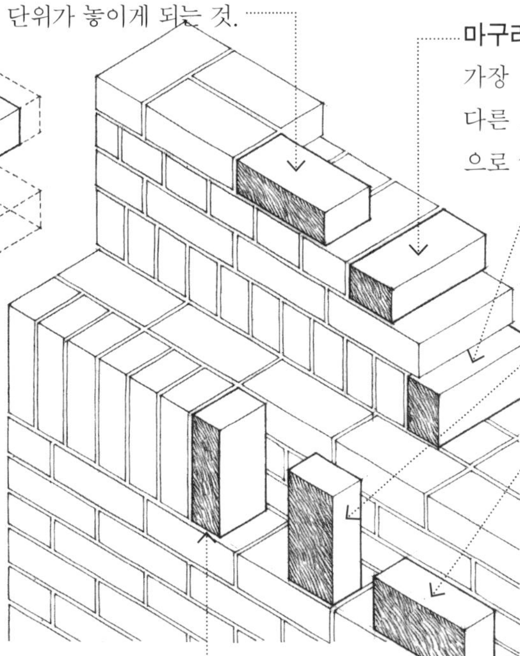

토막(Bat)
한쪽 부분을 남기기 위해서 가로로 자른 벽돌.

층두리(Rowlock)
가장 짧은 부분을 노출하여 가장 긴 모서리 위에 수평으로 쌓는 벽돌.

세일러(Sailor)
폭이 넓은 면을 노출시켜 수직으로 쌓은 벽돌.

신너(Shiner)
폭이 넓은 면을 노출시켜 가장 긴 모서리 위에 수평으로 쌓은 벽돌, 또한 bull stretcher라 불림.

경질 벽돌(Clinker)
포장 재료로 사용되는 조밀하고 단단하게 구운 벽돌.

솔져(Soldier)
가장 긴 면 모서리를 노출시켜 수직으로 쌓은 벽돌.

솔져 켜(Soldier course)
벽돌공사에서 솔져의 연속적인 켜를 말함.

클로저(Closer)
켜의 마무리나 벽 코너에서의 쌓기를 마무리 짓기 위해 자르거나 만든 조적조.

플래어 마구리
무늬 벽돌 쌓기에서 마구리에 사용하는 쌓기로서 노출되는 면이 검은 벽돌.

보통 벽돌(Common brick)
특별히 색깔이나 재질감(재질)에 대해 다루지 않고 일반적인 건물의 목적으로 만든 벽돌, 또한 건물 벽돌이라 불림.

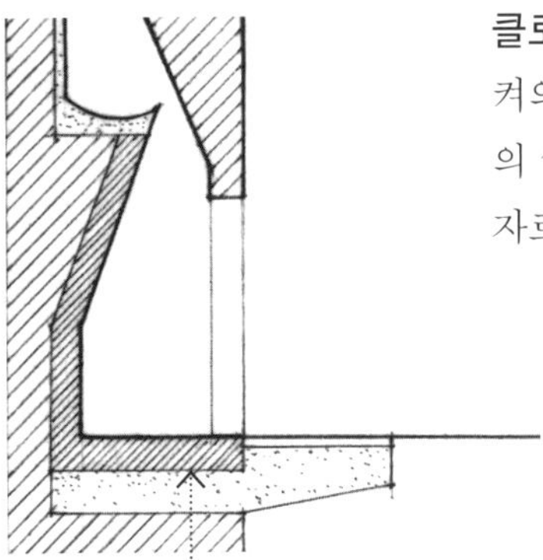

내화 벽돌(Firebrick)
노나 난로(fireplaces)를 세우기 위해 사용되는 구운 점토로 만든 벽돌.

미장 벽돌(Facing brick)
미장벽을 위해서 특별한 흙으로 만든 벽돌, 종종 요구되는 색깔이나 표면 재질을 생산하기 위해 다루어짐. face brick.라고도 함.

길이방향 켜(Stretching course)
벽돌공사에서 길이방향의 연속적인 켜를 말함.

쌓기(Bond)
규칙적으로 보기 좋게 조적조를 쌓는 것. 보통 내력을 증가시키거나 보기 좋게 하기 위하여 겹쳐 쌓기를 함.

마구리 켜(Heading course)
벽돌공사에서 마구리의 연속적인 켜를 말함.

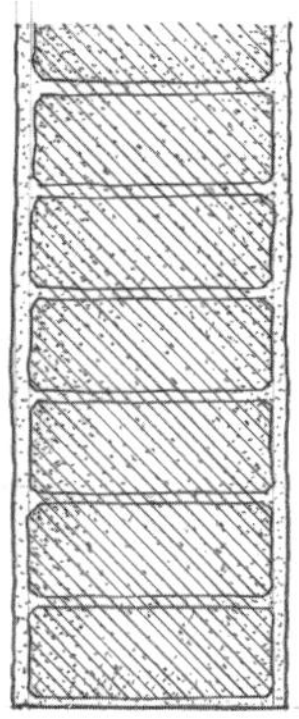

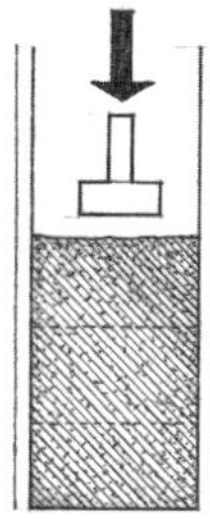

갠 흙(Rammed earth)

점토, 모래 그리고 자갈 따위가 단단하게 혼합되고, 벽을 시공할 때의 형태 내에서 물이 압축되고 건조됨.

어도비 벽돌(Adobe)

점토와 짚을 햇볕에 말려 만든 벽돌이다. 보통 비가 거의 내리지 않는 나라에서 사용됨.

내력인 점토 타일
(Structural clay tile)

작은 방 또는 원통형과 유사하게 불에 구운 진흙 중공 타일은 건물의 벽이나 칸막이로 사용되고 있음.

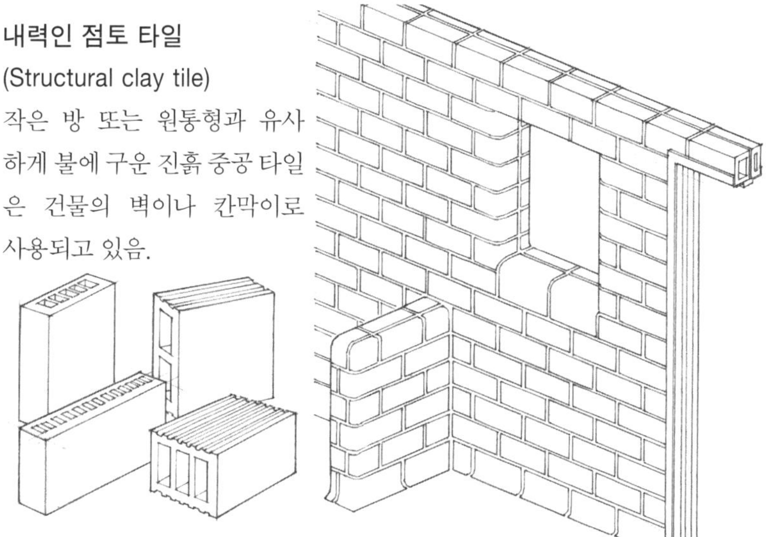

테라코타(Terra cotta)

견고하고 불에 구운 진흙, 잿물을 입히지 않고 구운 컬러 내부의 불그스레한 갈색은 건축치장재 그리고 장식용, 타일 세트, 도기로 이용됨.

시멘트(Cement)

점토와 석회석의 소성 혼합물을 잘게 분쇄한 것으로 콘크리트와 모르타르의 재료로 사용된다. 이 용어는 콘크리트를 대신하여 종종 잘못 오용되기도 함.

콘크리트(Concrete)

시멘트와 다양한 무기질 골재에 시멘트의 경화에 충분한 물을 가해 전체가 한 덩어리가 되도록 섞어서 굳혀 만든 인공적인 돌과 같은 건축 재료.

골재(Aggregate)

모래 및 자갈과 같이 단단하면서 화학적으로 비반응성인 광물질로, 시멘트 페이스트와 섞어서 콘크리트나 모르타르를 만드는 것이다. 콘크리트 부피의 60~80%를 차지하게 되는 골재가 갖는 성질들은 경화 콘크리트의 강도, 중량, 내화성 등에 중요한 영향을 미치는 것이 된다. 골재는 단단하며 크기가 안정되고 점토, 실트 및 시멘트와 각 입자들의 결합을 방해하는 유기불순물이 없어야 함.

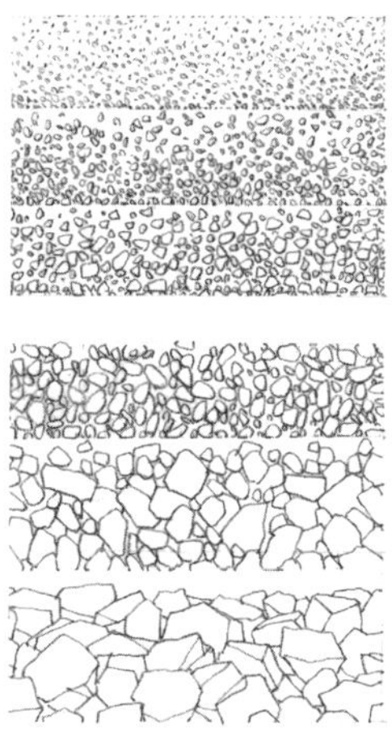

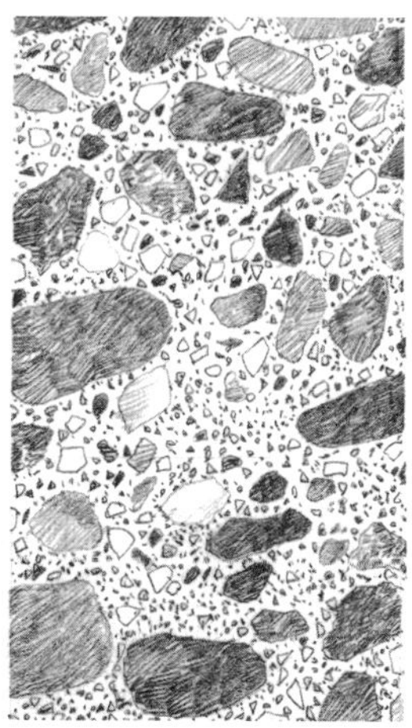

창문틀, 창틀(Window frame)
두 개의 선들과 웃들, 밑틀 등으로 구성된 창문의 고정 틀.

새시(Sash)
유리가 끼워져 있는 창 또는 문의 고정되거나 움직이는 틀.

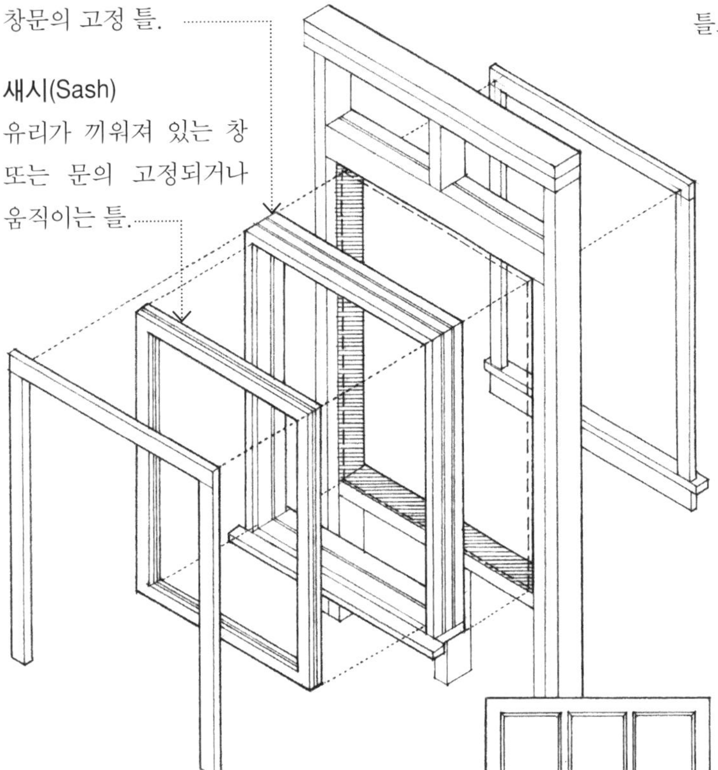

창문(Window)
채광, 환기 등을 위하여 만든 건물 벽체의 트인 부분으로 보통 유리가 끼워져 개폐가 가능한 틀로 이루어져 있음.

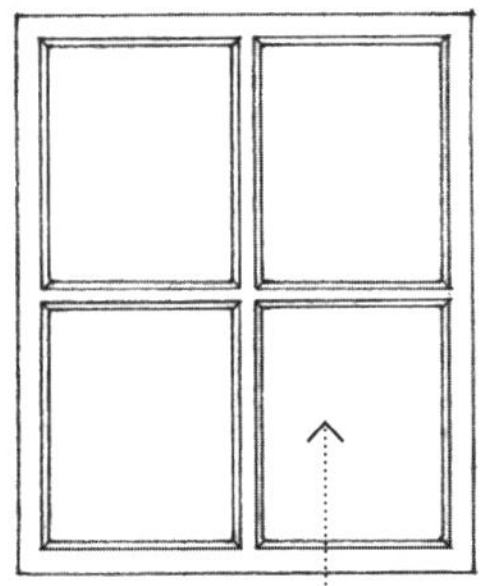

페인(Pane)
창틀에 끼우는 유리의 한 단위를 구성하는 것으로 창이나 문을 분할하는 한 단위.

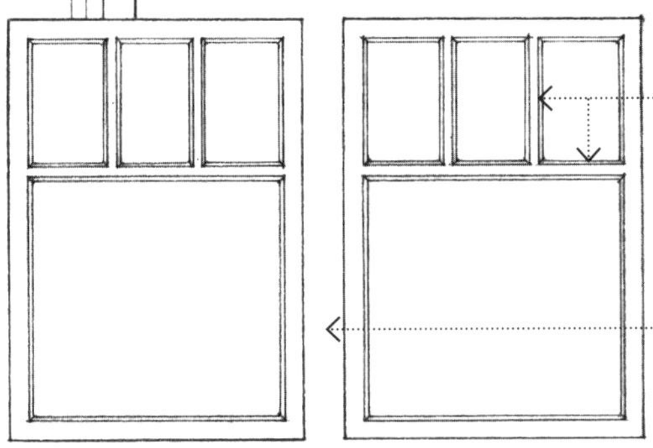

창살(Muntin)
창문의 유리를 지지하기 위해 유리와 유리 사이에 끼워 넣는 부재.

중간 선틀(Mullion)
창문의 유리 사이에 댄 수직 부재.

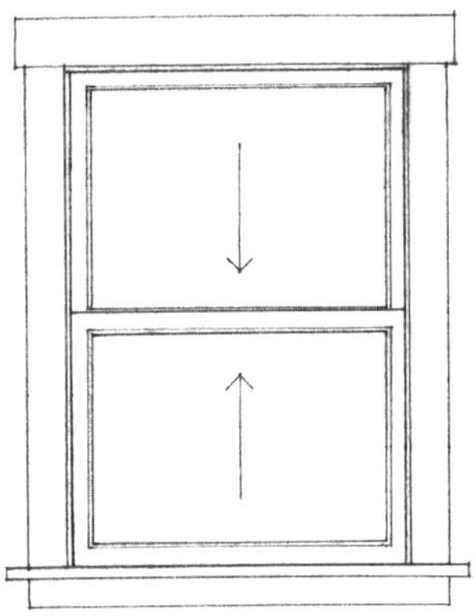

오르내리 창(Double-hung window)
두 개의 수직 미끄럼 창을 가진 창문으로 서로 다른 홈 또는 레일을 따라 창이 오르내리게 되어 있음.

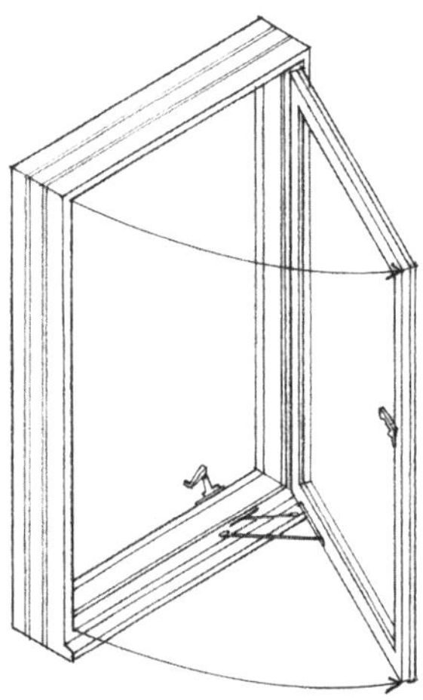

여닫이 창(Casement window)
최소 한 개의 창틀을 갖춘 창으로 보통 붙박이 창과 함께 사용됨.

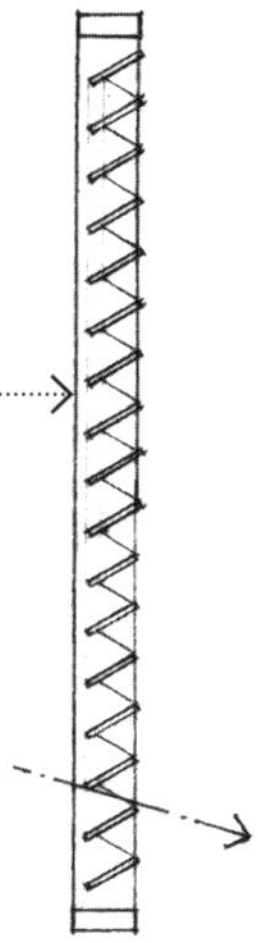

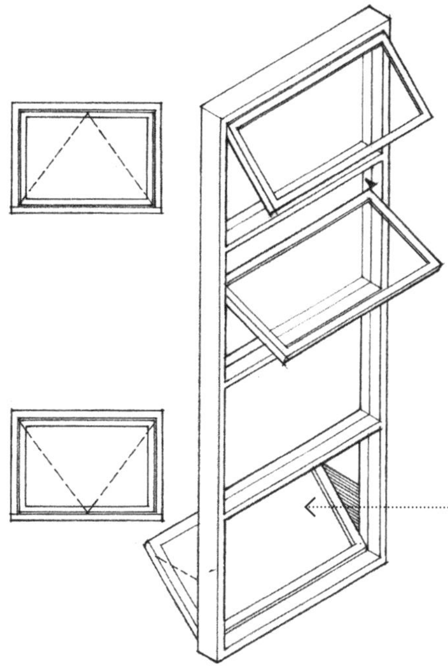

오닝창(Awning window)
창틀의 상부에 달린 한지에 매달려 외부로 열 수 있도록 하는 다수의 새시로 구성된 창.

비늘살(Louver)
사생활을 보호하고 눈과 비를 막아내며 공기를 통과할 수 있도록 얇고 좁은 살을 비스듬하게 고정 또는 조절 가능하게 설치하여 틈새를 만듦.

안젖힘 창(Hopper window)
창 아랫 부분에 힌지가 달려 있어 내부로 열 수 있도록 한 다수의 새시로 구성된 창.
hospital window라고도 함.

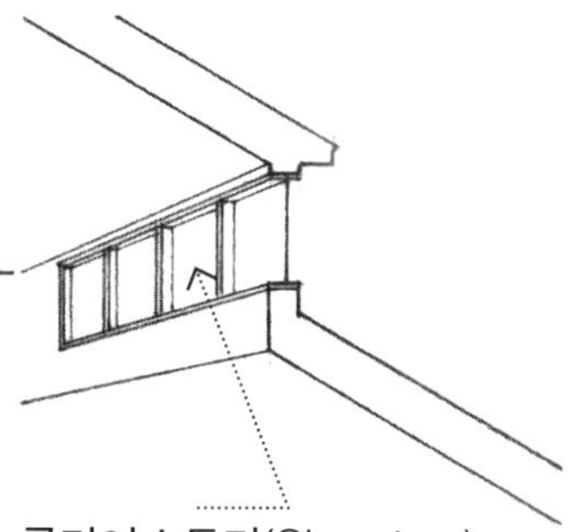

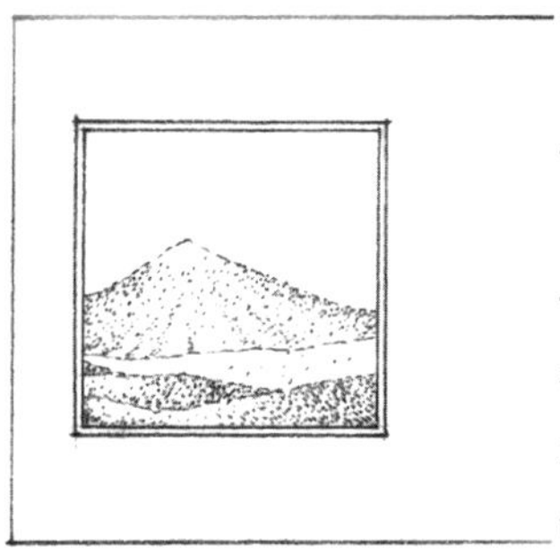

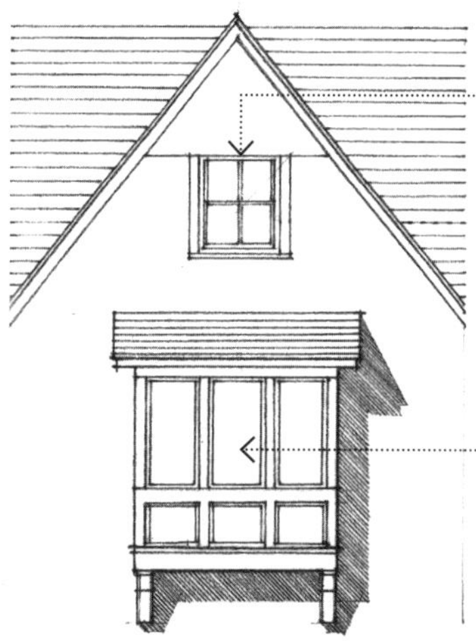

박공창(Gable window)
박공면 혹은 그 밑에 설치된 창.

클리어스토리(Clerestory)
창의 안쪽 실내공간이 바깥쪽 지붕면보다 높게 솟아 올라 햇빛을 받아들이도록 한 창문.

화면창(Picture window)
외부의 좋은 조망에 대한 틀이 되도록 위치한 대형 고정창.

돌출창(Bay window)
외벽에서 바깥쪽으로 돌출되어 후미진 공간이나 알코브(alcove)를 형성하는, 특히 독립된 기초를 갖고 있는 창 혹은 일련의 창들.

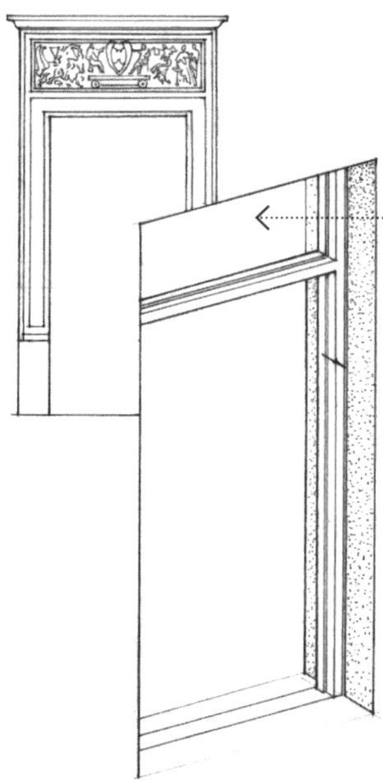

채광창(Transom window)
출입구의 중간틀 위의 문. 또는 고창이라고도 함.

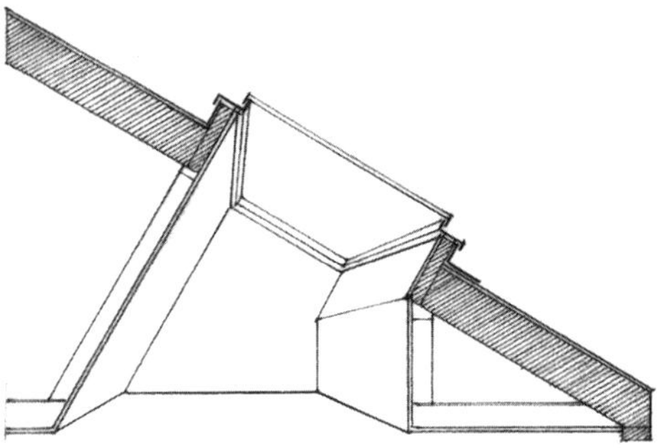

천창(Skylight)
투명 재료로 만든 일광을 받기 위한 천장 지붕의 개구부.

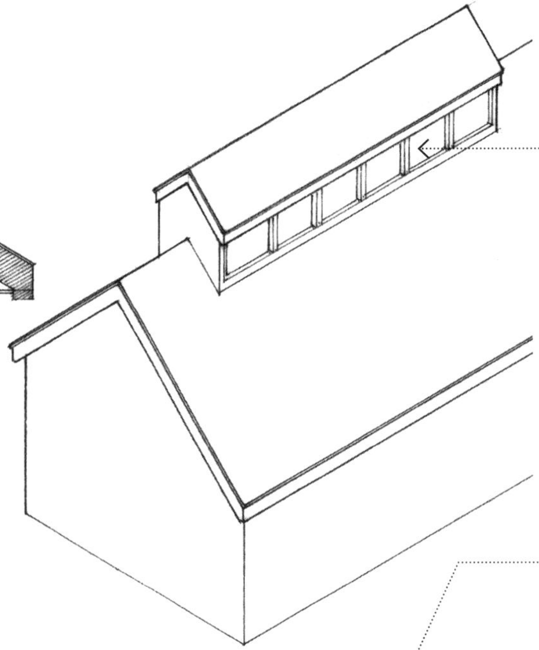

솟을 지붕(Monitor)
빛과 환기를 위하여 창이나 비늘살문(louver)를 가지고, 지붕마루 위로 솟은 지붕.

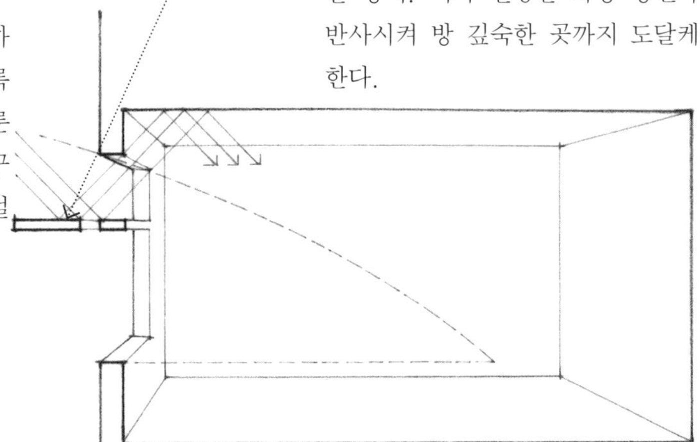

라이트 셸프(Light shelf)
채광창의 난간 밑에 상면이 반사성의 재료로 된 차양을 둔 주광 조명의 한 방식. 직사 일광을 차양 상면과 반사시켜 방 깊숙한 곳까지 도달케 한다.

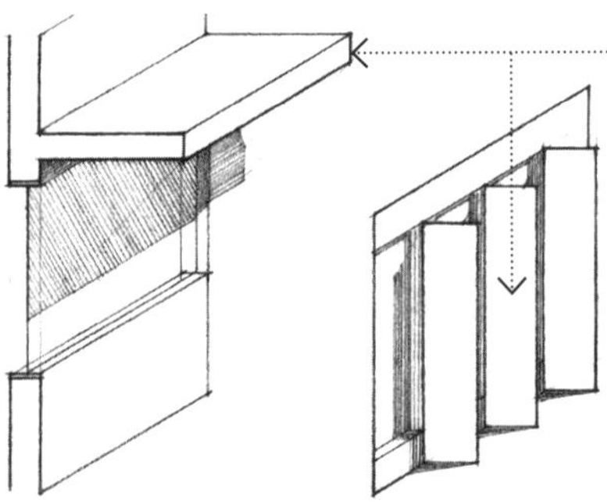

차양(Sunshade)
직달일사가 창을 통하여 들어오지 않도록 수평 혹은 각을 이룬 연직핀(fin)으로 구성된 건물 외부에 설치한 각종 장치.

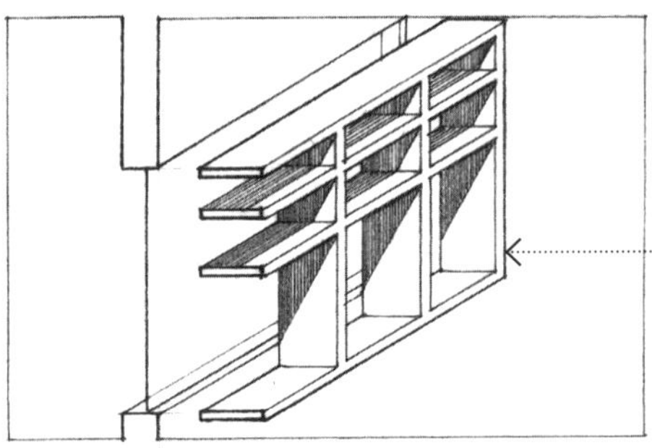

브라이스 솔레일(Brise-soleil)
직달일사로부터 창을 그늘지게 하기 위하여 건물 외부에 설치한 루버등 스크린.

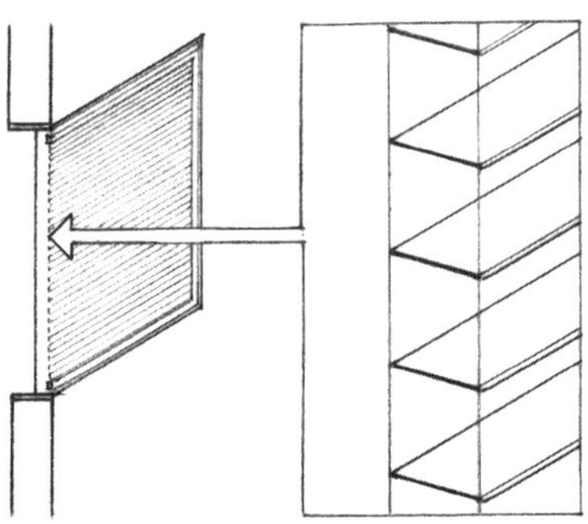

솔라 스크린(Solar screen)
조망, 채광, 환기, 주간 프라이버시 유지와 방충 등의 역할을 하면서 직달일사를 막는 소규모 외부 루버 패널.

문

문(Door)
건물, 방, 캐비닛의 입구를 열었다 닫았다 하기 위해 경첩을 달아 만든 나무, 금속, 유리 등의 칸막이를 문이라 함.

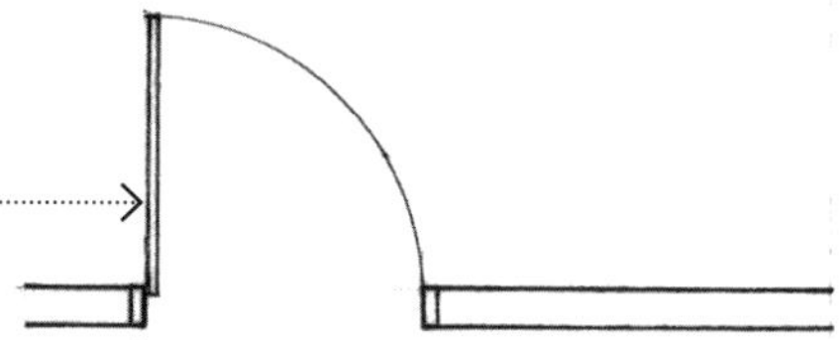

외자유문(Single-acting door)
한 방향으로만 여닫을 수 있도록 경첩이 달린 문.

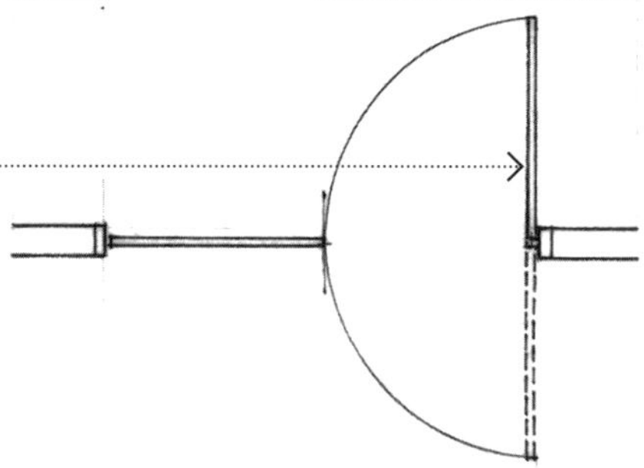

쌍자유문(Double-acting door)
닫은 상태에서 양쪽 방향으로 여닫을 수 있도록 경첩이 달린 문.

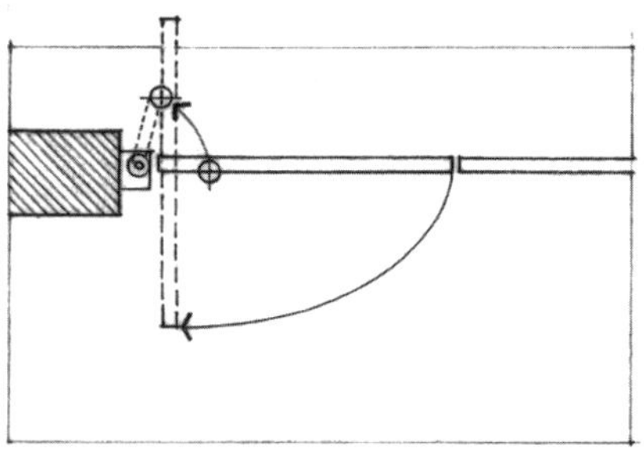

추축문(Pivoted door)
중심이나 추축의 단에 의해 회전하거나 열리는 문으로 경첩이 달리는 문과는 다름.

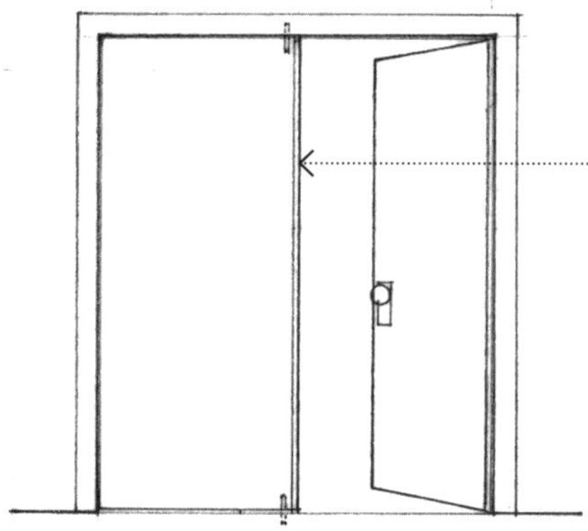

이중문(Double doors)
똑같은 문틀에 매달린 한쌍의 문.

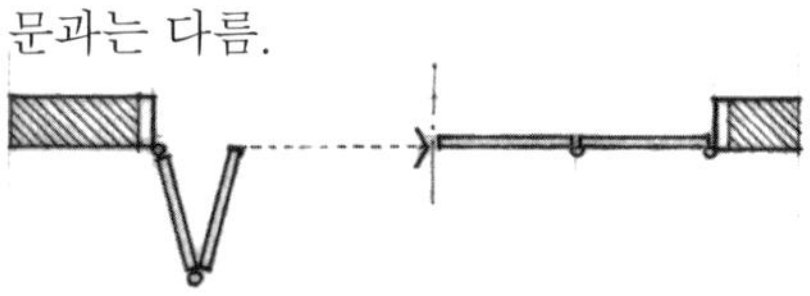

접이문(Bifold door)
두 짝으로 나뉘어져 접히는 문으로, 각 부분의 안쪽이 위 트랙으로 매달려지고 바깥쪽은 선틀에서 추축이 되면서 걸려지게 됨.

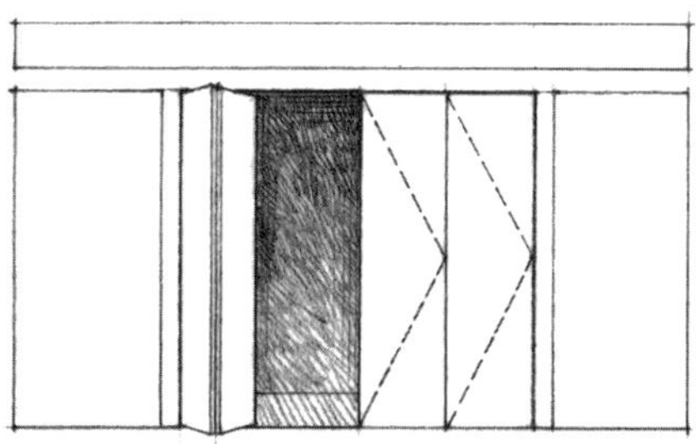

접문(Folding door)
접어서 열고, 펴서 닫는 식의 문으로 경첩이 달린 부분이 접힐 수 있게 한 문.

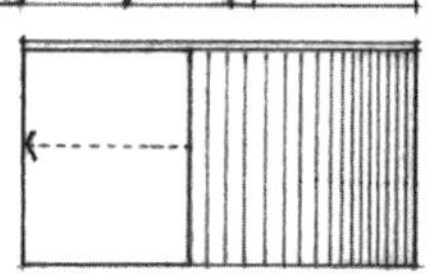

아코디언 문(Accordion door)
위 트랙으로 걸려지고 아코디언 식으로 접혀지면서 열리는 여러 쪽으로 된 문.

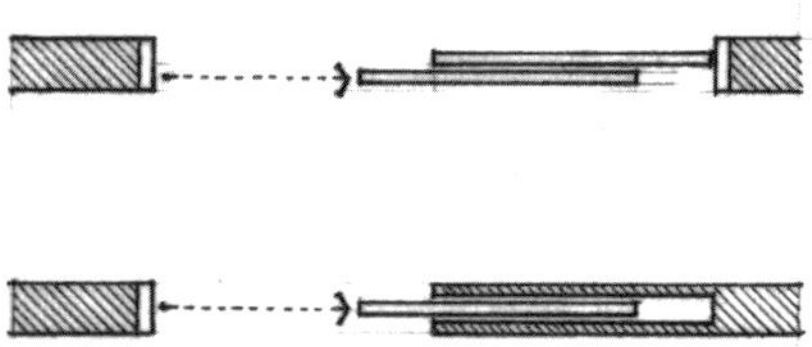

미닫이문(Sliding door)
트랙 위에 미끌어지면서 작동하거나 움직이는 문. 일반적으로 벽에 평행으로 움직인다.

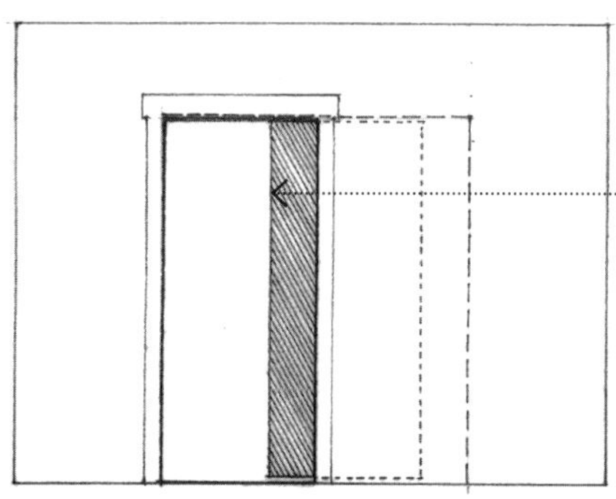

주머니문(Pocket door)
출입구 벽 속으로 숨는 곳의 안이나 밖으로 미는 문.

정문(Portal)
특히 크기나 기념비적인 건축 처리로 강조된 거대한 현관, 문 또는 출입구.

문지방, 경계점(Threshold)
출입하기 위한 지점이나 시발점.

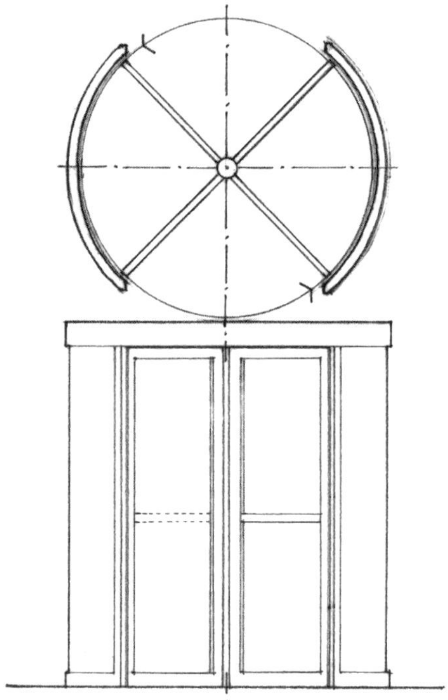

회전문(Revolving door)
빌딩 내부로부터 바람을 막아주는 출입문. 십자형의 4짝조로 구성되고, 원통형으로 된 현관 내에서 중심 수직축을 따라 회전한다. 어떤 회전문은 밀었을 때 출구쪽으로 자동으로 접혀져 문축의 양쪽에 넓은 통로가 생김.

일면문(Flush door)
평면적인 표면을 가진 문.

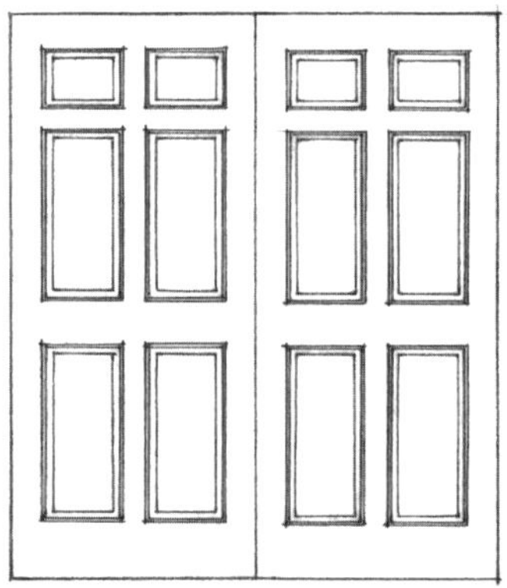

양판문(Paneled door)
얇은 판재가 끼워져 있는 가로틀과 세로틀, 때로는 중앙 세로틀에 형틀 작업을 한 문.

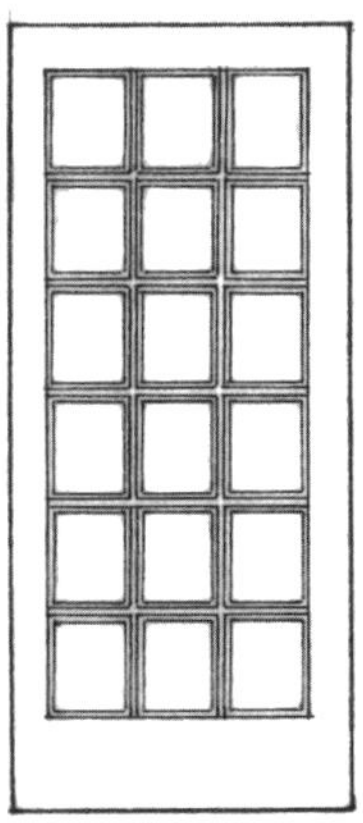

격자식 문(French door)
사각 유리판이 문의 길이에 따라 연속하여 끼워져 있는 문. 때로는 짝을 이루고 있다. 여닫이 문이라고도 함.

네덜란드식 문(Dutch door)
윗부분이나 아랫부분을 분리해서 열거나 닫을 수 있도록 수평적으로 나누어진 문.

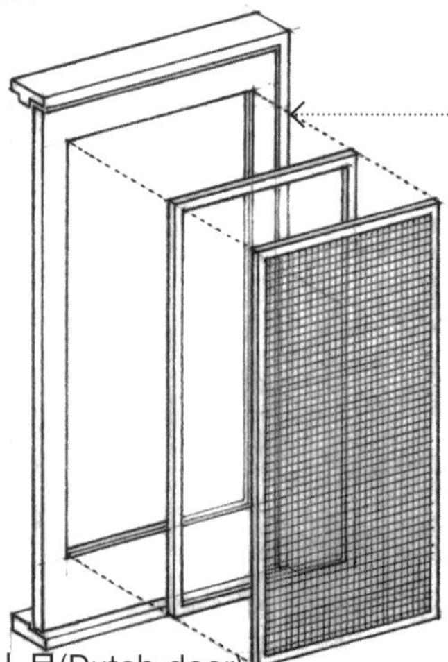

복합문(Combination door)
겨울철을 위한 폭풍용 새시나 여름철을 위한 망으로서 판재의 다른 형태로 끼워넣을 수 있는 틀의 외부 문.

망사문(Screen door)
곤충의 침입을 막을 뿐만 아니라 환기를 시키는 철망과 플라스틱 망으로 된 막이대로 나무나 알루미늄으로 된 외부문.

바닥

피아노 노빌레(Piano nobile)
공식적인 접견실이나 식당을 가지고 있는 궁전이나 별장 같은 큰 건물의 주요 층으로 대개 지층 위의 층.

바닥(Floor)
사람들이 서 있거나 걸어다니는 방이나 넓은 공간의 평탄한 밑면.

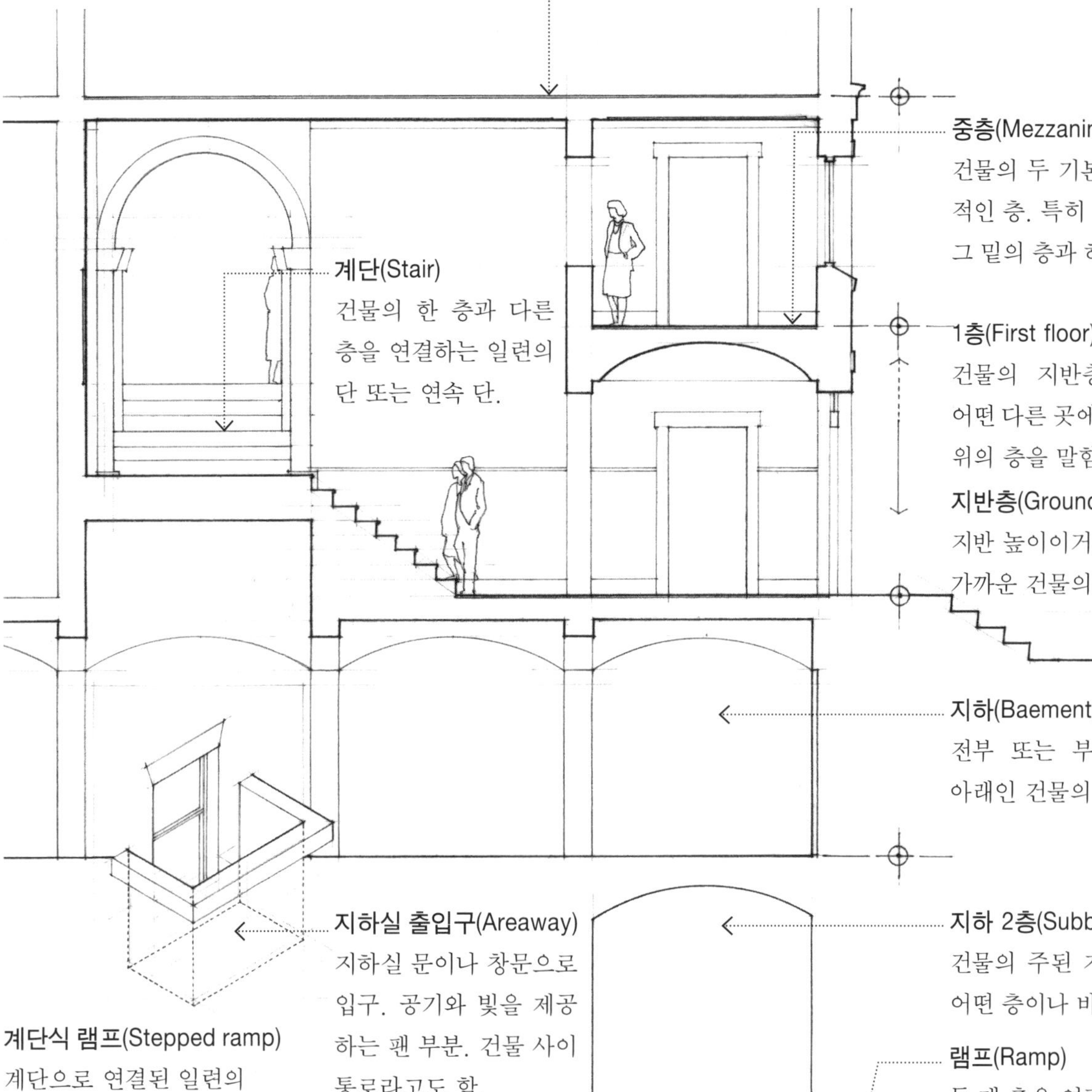

중층(Mezzanine)
건물의 두 기본층 사이의 낮고 부분적인 층. 특히 발코니로서 돌출되며, 그 밑의 층과 하나의 조직을 형성함.

계단(Stair)
건물의 한 층과 다른 층을 연결하는 일련의 단 또는 연속 단.

1층(First floor)
건물의 지반층. 영국에서 그리고 어떤 다른 곳에서 1층은 지반층 바로 위의 층을 말함.

지반층(Ground floor)
지반 높이이거나 이에 가장 가까운 건물의 바닥.

지하(Baement)
전부 또는 부분적으로 지반 높이 아래인 건물의 층.

지하실 출입구(Areaway)
지하실 문이나 창문으로 입구. 공기와 빛을 제공하는 팬 부분. 건물 사이 통로라고도 함.

지하 2층(Subbasement)
건물의 주된 지하층의 아래에 있는 어떤 층이나 바닥.

계단식 램프(Stepped ramp)
계단으로 연결된 일련의 램프.

램프(Ramp)
두 개 층을 연결해 주는 비탈진 바닥면, 통로 또는 길.

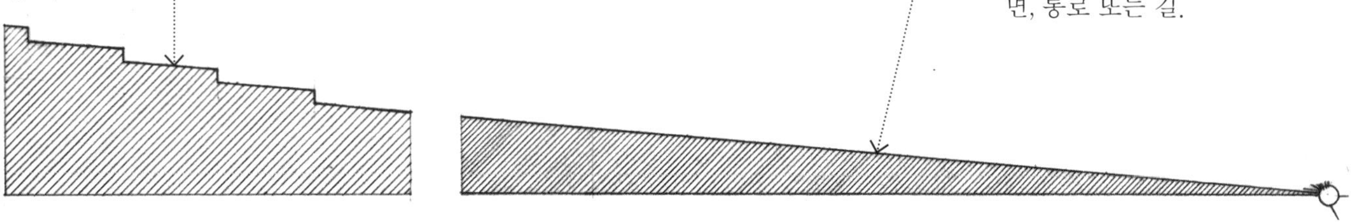

기계, 전기, 위생 설비(배관) 시스템

기계설비 시스템(Mechanical system)
상수공급, 하수배수, 전력공급, 난방, 환기, 공기조화, 수적운반, 방재 등과 같이 건축물에 반드시 필요한 서비스를 공급하는 총 시스템.

배기관, 환기관(Vent)
연소로 인한 배출물을 난로 또는 기타 설비로부터 외부로 운반하는 관.

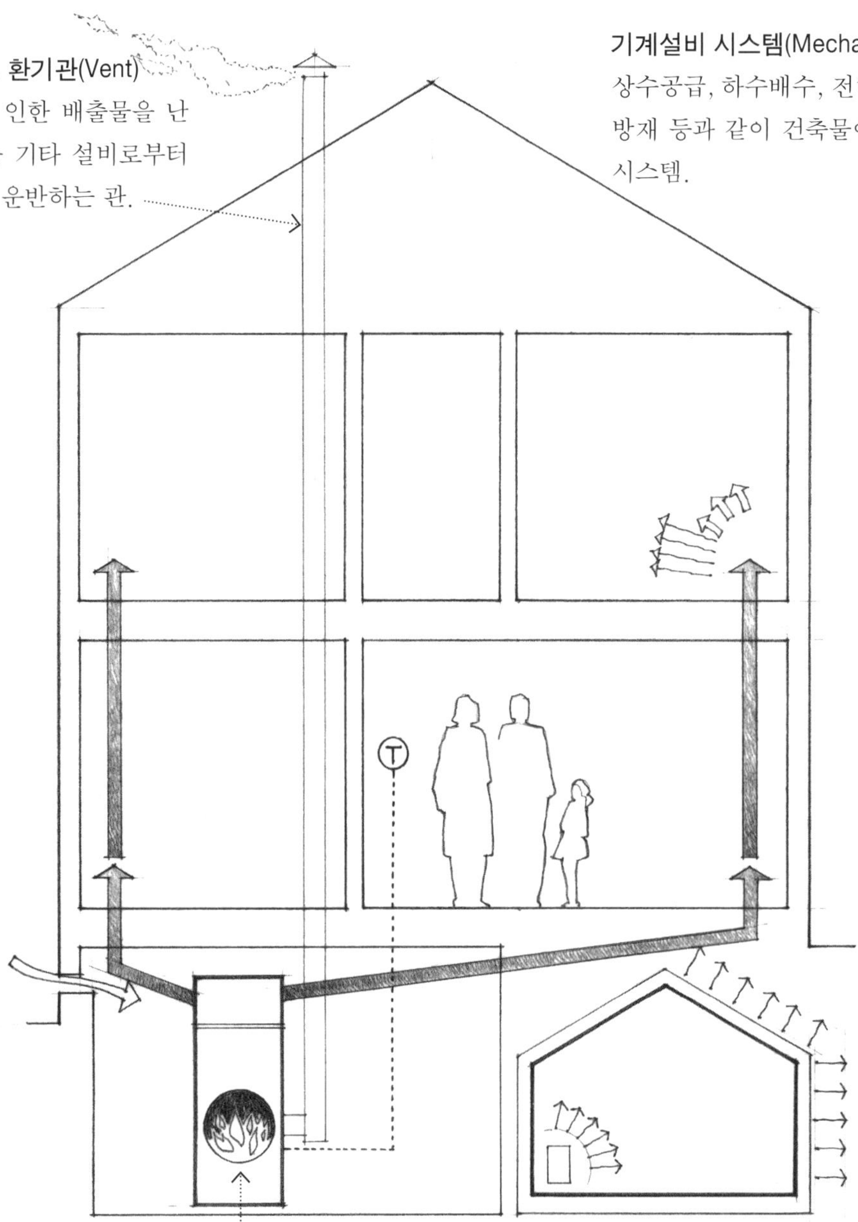

중앙난방(Central heating)
하나의 열원으로부터 덕트 또는 관을 이용한 배관망을 통하여 건축물 전체에 열을 공급하는 인공적인 시스템.

난방부하(Heating load)
밀폐된 공간의 시간당 순수 열손실로서 시간당 Btu로 나타내어지며, 난방설비 또는 난방시스템 선택의 근거로 이용됨.

보일러(Furnace)
건물을 난방하거나 증기를 발생시키기 위하여 열을 공급하는 장치.

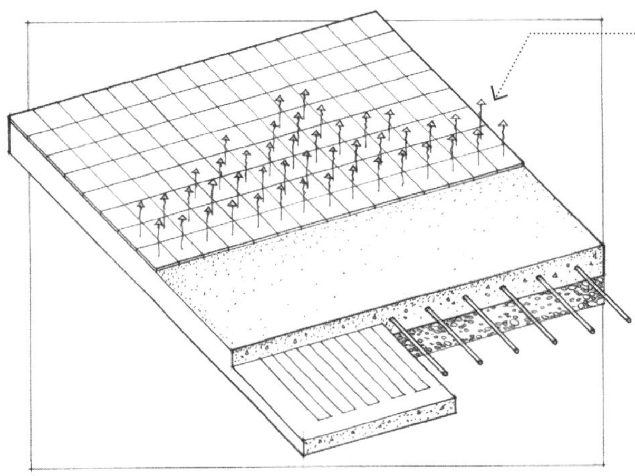

복사 난방(Radiant heating)
표면으로부터의 복사현상을 이용한 난방시스템으로 난방 표면적은 전기저항이나 고온수로 가열됨.

전기열(Electric heat)
전류의 흐름에 대한 전도체의 저항에 의해서 발생되는 열.

흡입 그릴(Return grille)
공기조화된 공간으로부터의 공기를 회수하는 그릴.

냉각공기회수 덕트
냉각된 공기를 보일러에서 재가열하기 위하여 운반하는 덕트.

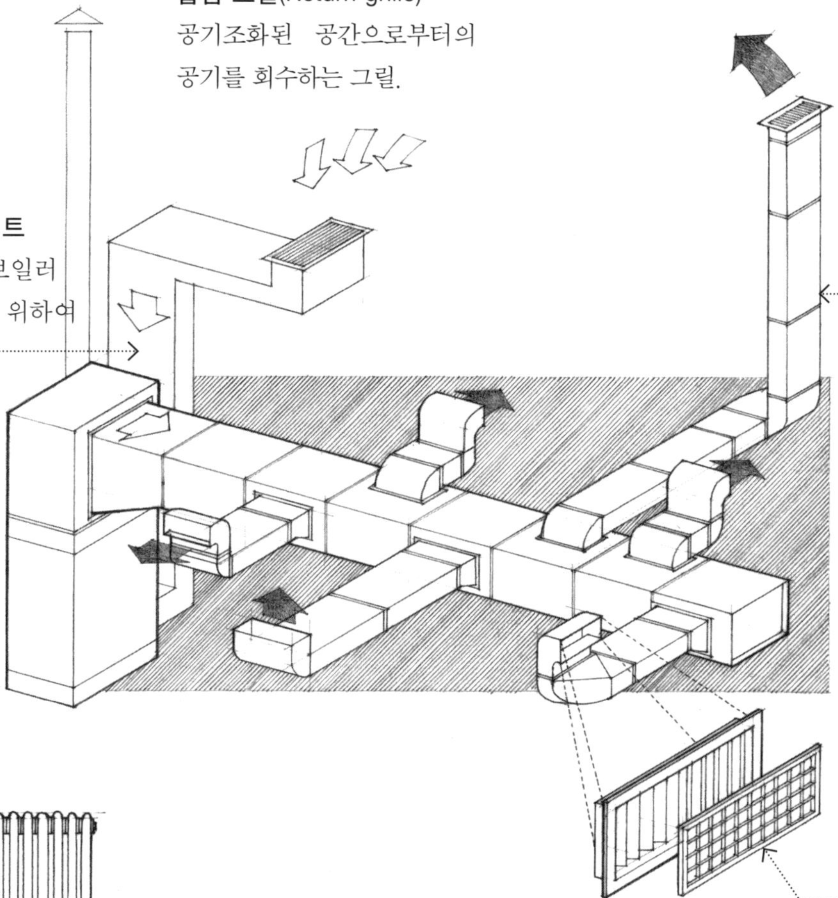

강제순환온풍 난방
(Forced warm-air heating)
보일러에서 가열된 후 환풍기에 의해서 덕트망을 통하여 통풍조절 장치 또는 디퓨저로 공급되는 공기를 이용한 건축물의 난방 시스템.

덕트(Duct)
가열되거나 공기조화된 공기를 운반하기 위하여 금속판 또는 섬유유리로 제작된 관.

덕트망(Ductwork)
난방, 환기, 공기조화 시스템에서 공기를 운반하기 위한 덕트, 연결부, 댐퍼 등의 시스템.

홈(Chase)
관이나 덕트를 위하여 벽 또는 바닥에 만들어진 연속적인 공간 또는 벽감.

그릴(Grille)
벽, 바닥, 천장의 개구부를 커버하거나 은폐 또는 보호하기 위한 격자 또는 다공형 스크린.

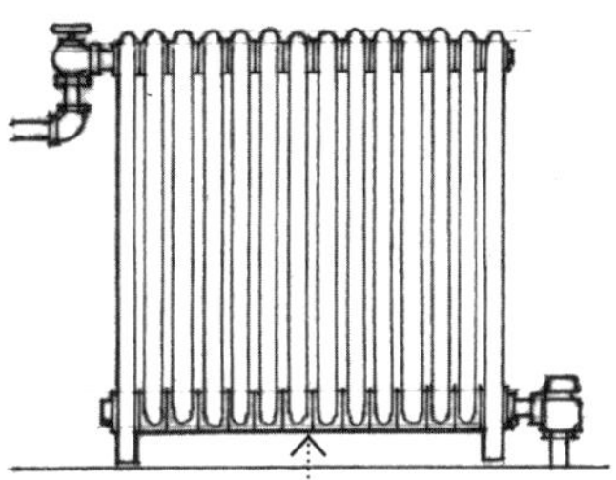

방열기(Radiator)
고온수 또는 스팀을 운반하는 다수의 또는 코일 형태의 관으로 구성되어 있는 난방장치.

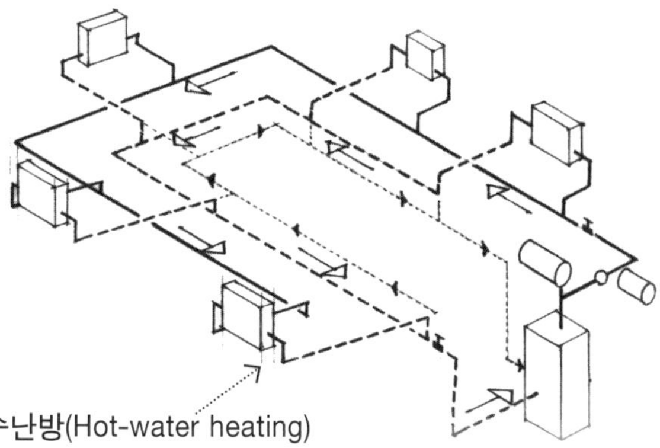

고온수난방(Hot-water heating)
보일러에서 가열된 온수가 펌프에 의해서 관을 통과하여 방열기나 콘벡터로 순환되면서 건물을 난방하는 시스템.

증기난방(Steam heating)
보일러에서 발생된 증기가 펌프에 의해서 관을 통과하여 방열기로 순환되면서 건물을 난방하는 시스템.

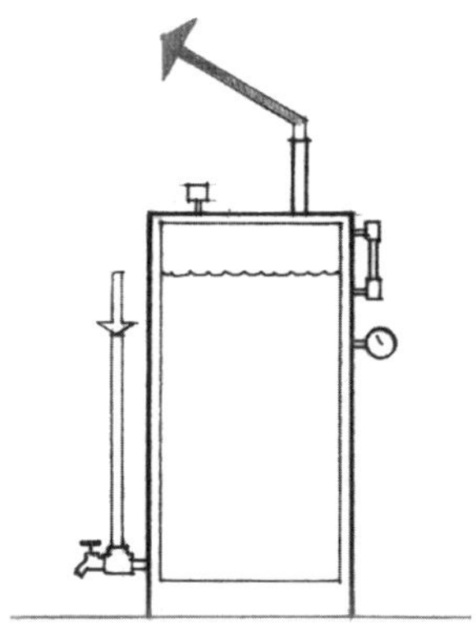

보일러(Boiler)
물이 가열되거나 증기가 발생되어 열 또는 동력을 공급하는 밀폐된 용기 또는 용기와 관의 조합.

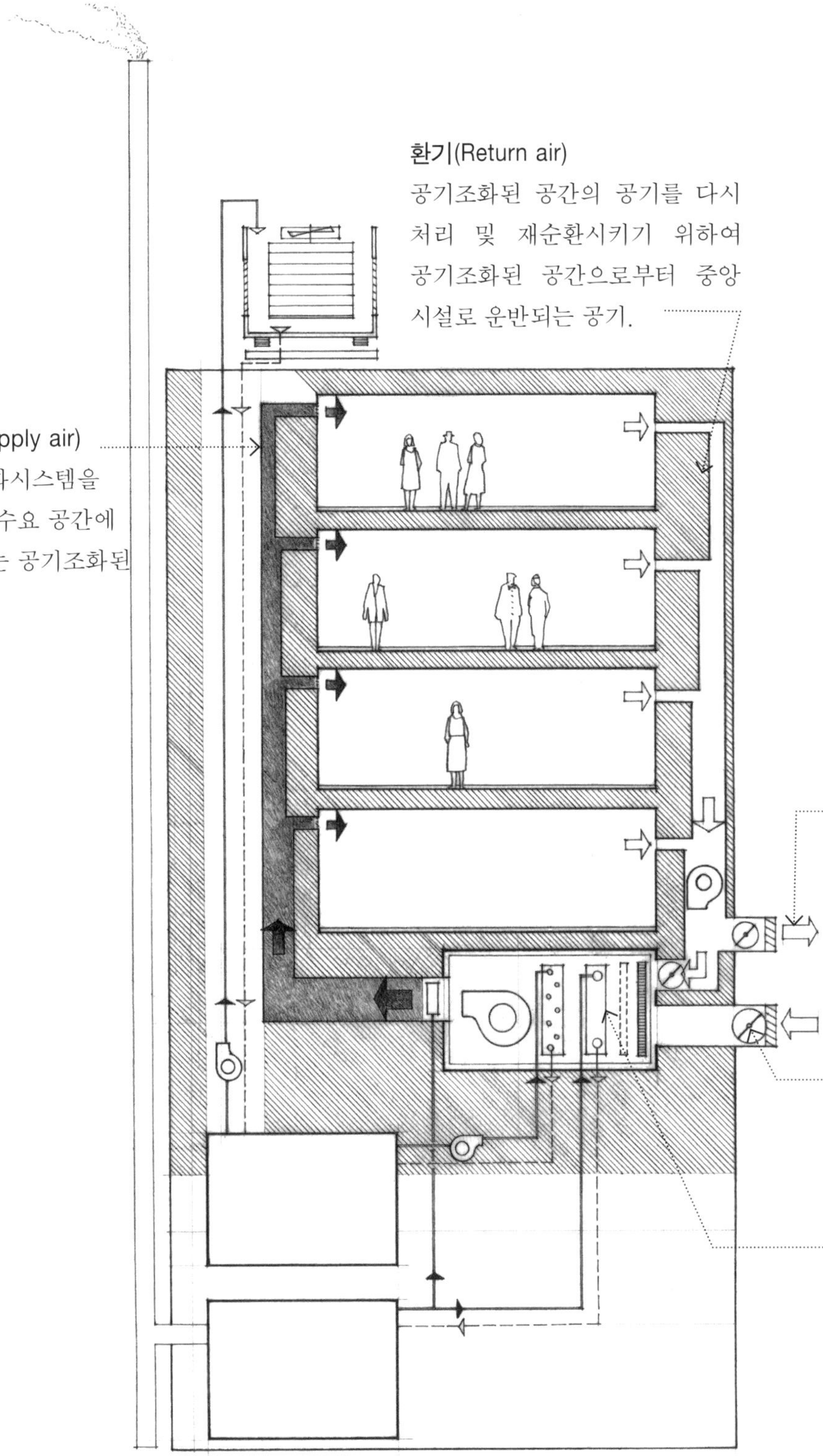

급기(Supply air)
공기조화시스템을 통하여 수요 공간에 운반되는 공기조화된 공기.

환기(Return air)
공기조화된 공간의 공기를 다시 처리 및 재순환시키기 위하여 공기조화된 공간으로부터 중앙 시설로 운반되는 공기.

공기조화(Air conditioner)
내부공간 내 공기의 온도, 습도, 청정도, 분포, 기류 등을 즉시 제어하는 시스템 또는 프로세스로서 냉방에 대한 능력도 포함됨.

중앙식 공기조화
(Central air conditioning)
중앙에서 공기를 처리한 후 공기조화된 공기를 송풍기와 덕트망을 통하여 건축물 전체로 분산시키는 공기조화 시스템.

HVAC(HVAC)
난방(heating), 환기(ventilating), 공기조화(air conditioning)의 약자.

열교환기(Heat exchanger)
열교환면의 한쪽에 흐르는 유체의 열을 다른쪽에 흐르고 있는 유체에 전달하는 장치.

T배기(Exhaust air)
내부 공간으로부터 외부로 배출되는 공기.

댐퍼(Damper)
공기취출구, 공기 덕트, 연소실 공기주입 부분 등에서 통풍량을 조절하기 위한 기동 가능한 판.

공기조화 유니트(Air-handling unit)
공기처리와 공기조화된 공기를 건물 전체 또는 건물 내의 일부 존(zone)에 공급하기 위하여 필요한 송풍기, 필터 외의 기타 구성요소들을 포함한 공기조화 조합시설.

열펌프(Heat pump)
하나의 열원으로부터 다른 곳으로 열을 운반하기 위하여 압축 가능한 냉매를 이용하는 장치이며, 이 프로세스는 가역성이므로 건물의 난방 및 냉방에 동시 이용될 수 있음.

회로(Circuit)
전기에너지의 공급원과 여러 가지 회로 소자로 구성됨.

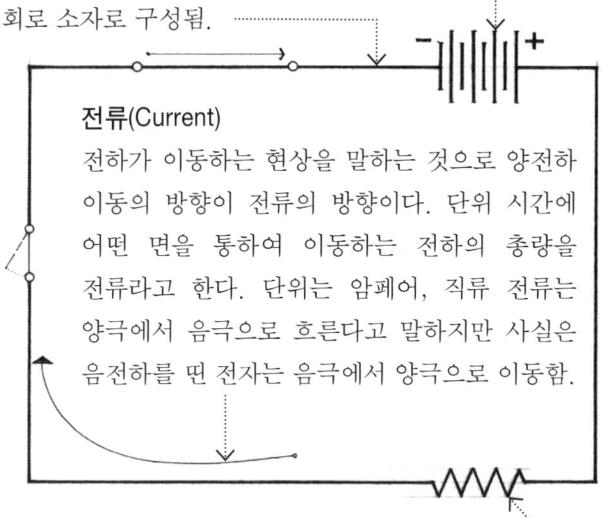

전류(Current)
전하가 이동하는 현상을 말하는 것으로 양전하 이동의 방향이 전류의 방향이다. 단위 시간에 어떤 면을 통하여 이동하는 전하의 총량을 전류라고 한다. 단위는 암페어, 직류 전류는 양극에서 음극으로 흐른다고 말하지만 사실은 음전하를 띤 전자는 음극에서 양극으로 이동함.

축전지(Battery)
충전과 방전을 반복할 수 있는 전지로서 여러 개의 단위 전지들이 직병렬로 연결되어 있음.

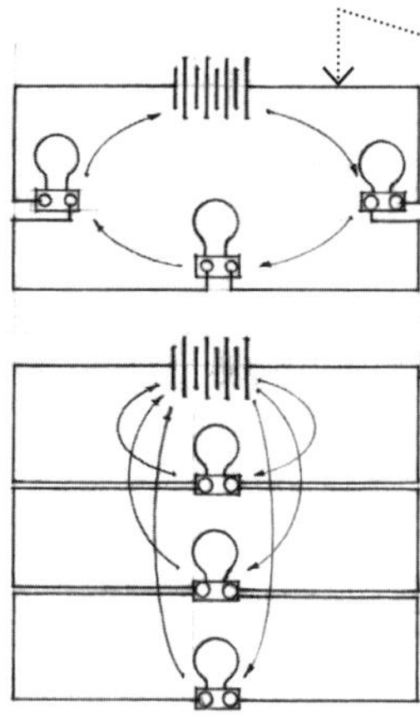

직렬(Series)
각 소자에 흐르는 전류의 크기가 같도록 회로 내에 회로 소자를 배치하는 접속 방법.

병렬(Parallel)
모든 소자의 +극 단자는 회로의 한쪽 도체에,-극 단자는 회로의 또다른 한쪽 도체에 접속하는 방법으로 각 소자에 걸리는 전압의 크기가 같음.

저항(Resistance)
전류의 흐름을 방해하는 회로 정수로서 전기 에너지가 열이나 빛으로 변환되는 등 전력을 소비하게 됨. 단위는 옴. 기호 : R

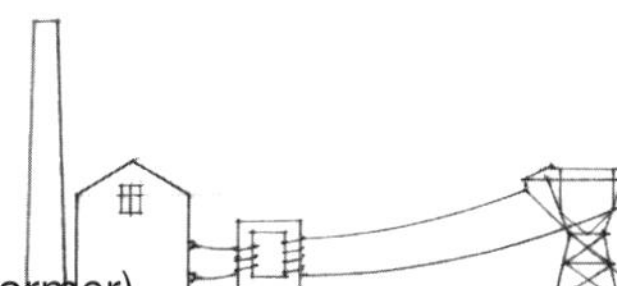

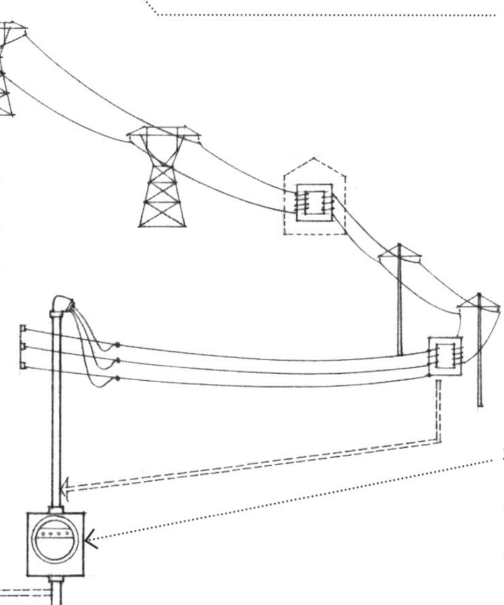

변압기(Transformer)
전자 유도 현상을 이용한 교류 전압 변성 장치로서, 철심에 동선을 감아 만든 1차측 권선에 교류를 인가하면 2차측 권선에는 전압과 전류의 크기가 다른 교류가 유기되는 정지형 전기 장치이다. 주로 교류 전압을 높이거나 낮추는 데 사용함.

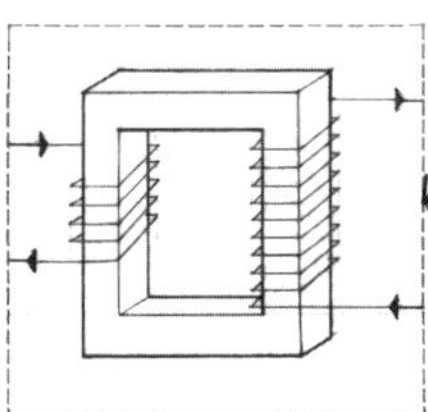

적산 전력계(Watt-hour meter)
시간에 따라 전력의 사용량을 측정하고 지시하는 전기 계기.

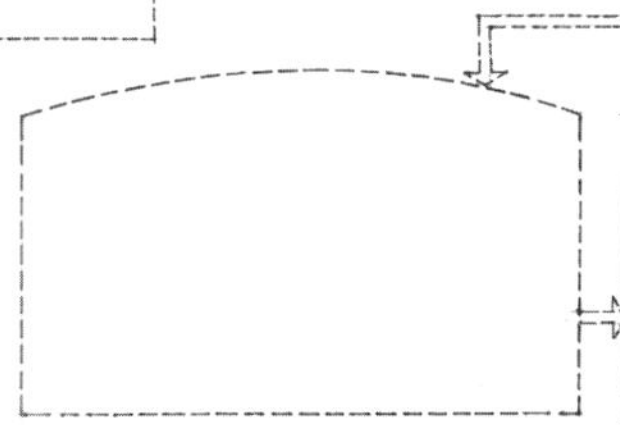

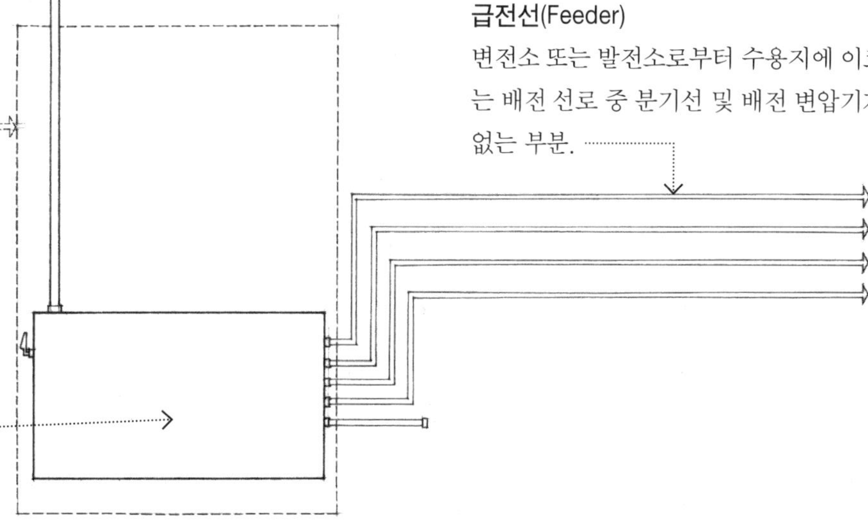

급전선(Feeder)
변전소 또는 발전소로부터 수용지에 이르는 배전 선로 중 분기선 및 배전 변압기가 없는 부분.

분전반(Switchboard)
빌딩과 전기기기에 전력을 공급하고 사고로부터 기기를 보호하기 위하여 스위치, 과전류보호기, 계기 등과 모선이 접속되어 있는 하나 혹은 여러 개의 판, switchgear(개폐장치).

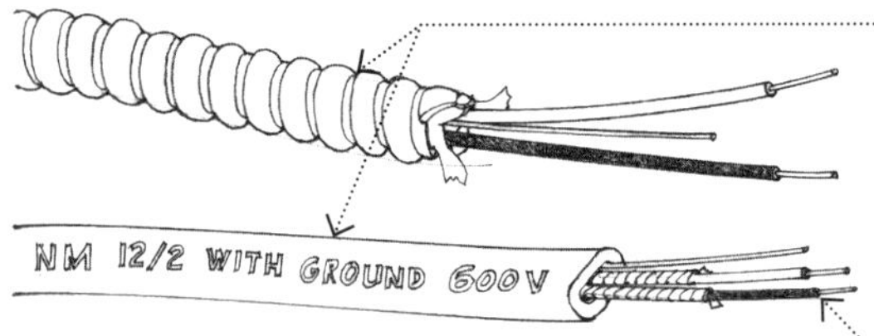

케이블(Cable)
한 가닥 이상의 도체를 피복 절연한 전선.

전선(Wire)
전기를 운반하는 데 사용하는 물체로서 구리선이 절연체로 감싸져 있음.

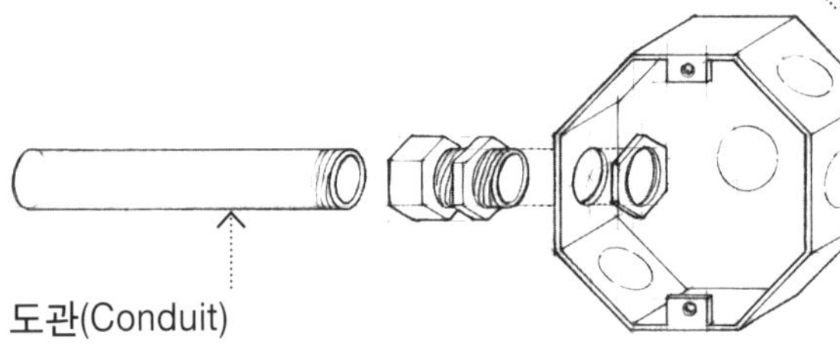

도관(Conduit)
전선이나 케이블을 보호할 목적으로 튜브, 파이프, 덕트 등과 같은 원통형 혹은 사각형의 관.

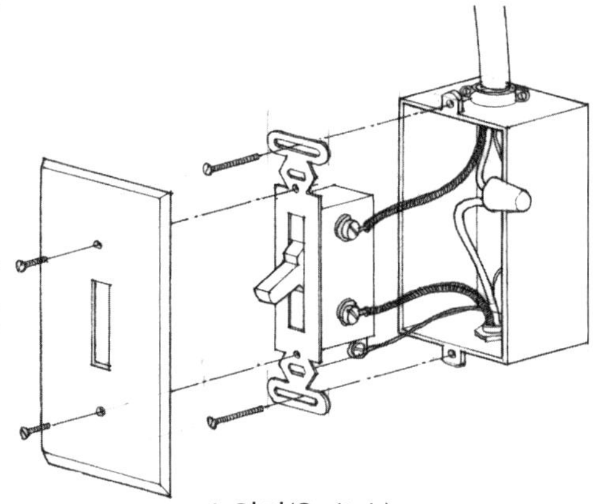

스위치(Switch)
전기를 끊거나 연결할 때 사용하는 점멸기.

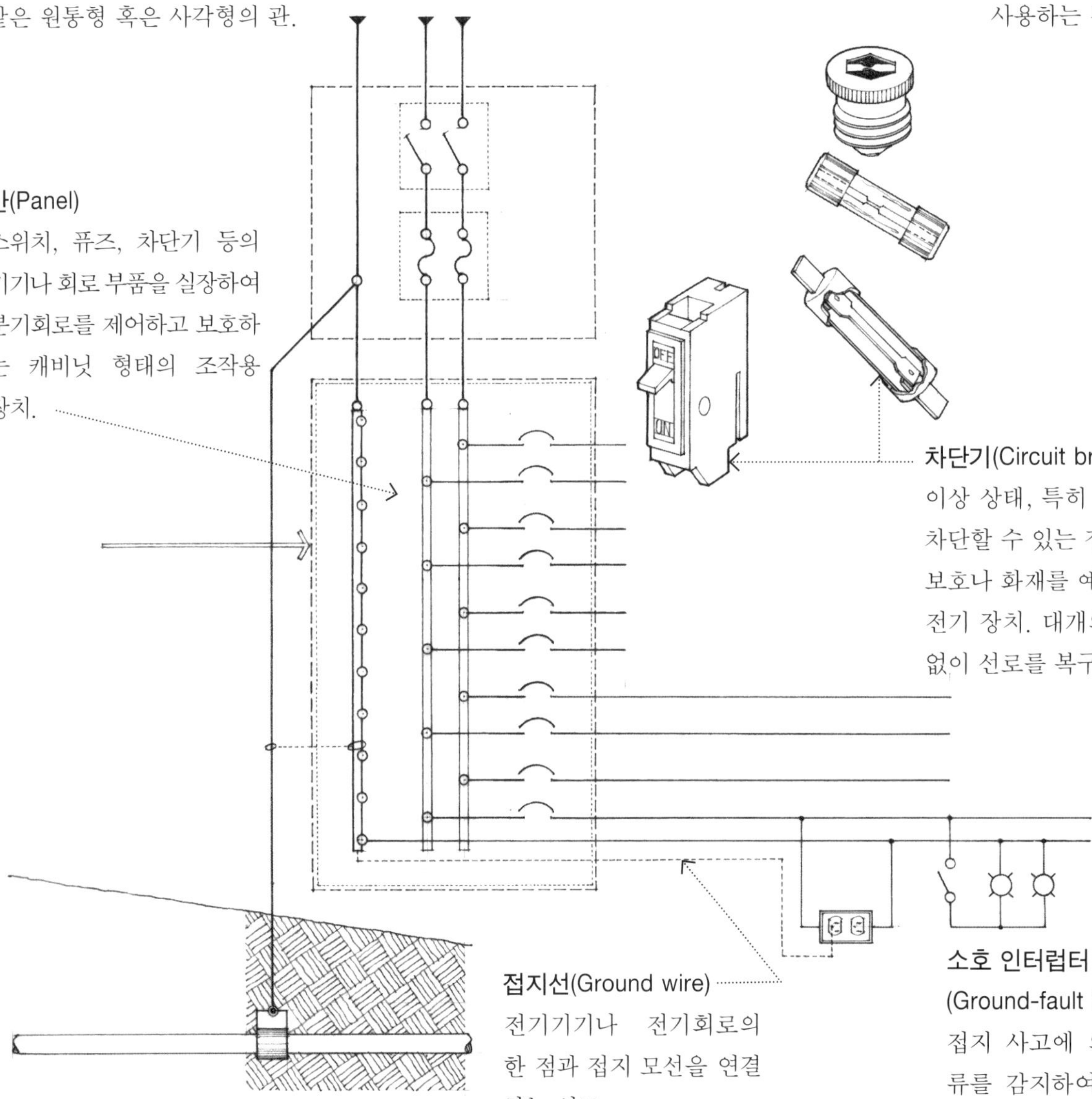

반(Panel)
스위치, 퓨즈, 차단기 등의 기기나 회로 부품을 실장하여 분기회로를 제어하고 보호하는 캐비닛 형태의 조작용 장치.

차단기(Circuit breaker)
이상 상태, 특히 단락 상태의 선로를 차단할 수 있는 장치로서 전기기기의 보호나 화재를 예방하는 데 필수적인 전기 장치. 대개의 경우 부품의 교체 없이 선로를 복구 할 수 있음.

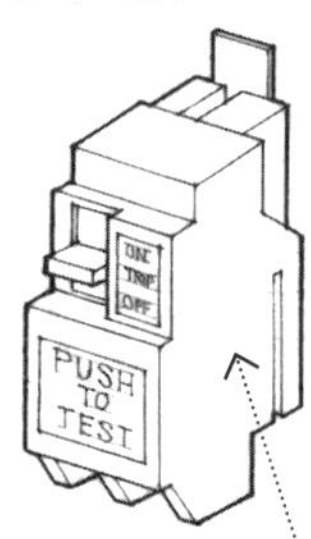

접지선(Ground wire)
전기기기나 전기회로의 한 점과 접지 모선을 연결하는 선로.

소호 인터럽터
(Ground-fault interrupter)
접지 사고에 의하여 흐르는 과전류를 감지하여 즉시 전력을 차단함으로써 피해를 최소로 하는 데 이용하는 회로 차단기. 약자 : GFI.

급수시설(Water supply)
정수를 저장하고 공급하기 위한 설비인 저수지와 관수로로 지역사회에 정수를 공급하는 시설.

급배수관 공사(Plumbing)
급배수 계통의 파이프, 밸브, 위생기구와 부속류들의 배관계.

수조(Cistern)
필요할 때 사용하기 위하여, 빗물이 지붕으로부터 모아지듯이 물이나 다른 액체를 저장하거나 보유하기 위한 저수지나 탱크.

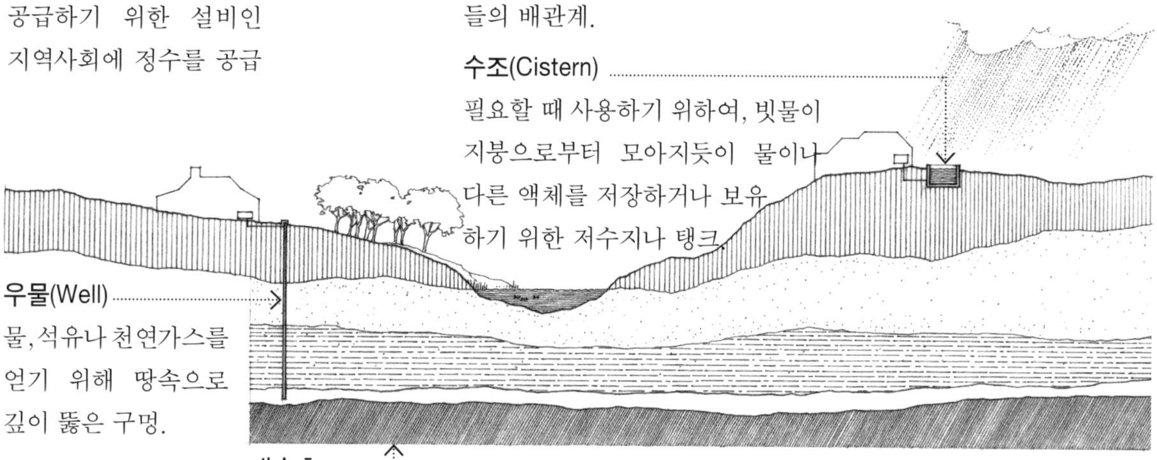

우물(Well)
물, 석유나 천연가스를 얻기 위해 땅속으로 깊이 뚫은 구멍.

대수층
사용할 수 있는 다량의 물을 우물이나 샘에 공급할 수 있게 지하수를 채수해낼 수 있는 투수성이 높은 암반 혹은 사력층으로 형성된 층.

음료수(Potable water)
음료에 적합한 물로서 외관, 맛, 냄새 등이 사람에게 불쾌감을 주지 않고, 적당량의 광물질을 포함하여 광물질, 유기물의 양, 세균수 등의 판정기준에 적합한 물.

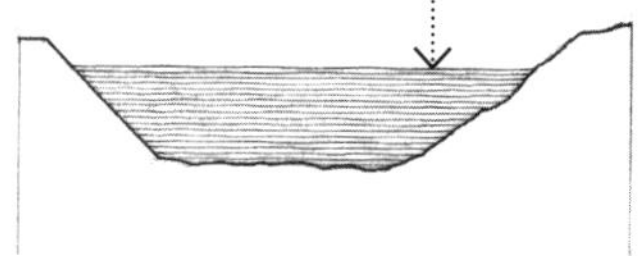

저수지(Reservoir)
지역사회에 공급하거나, 토지에 관개하거나, 동력을 공급할 목적으로 물을 모아서 저장하기 위한 천연적이거나 인공적인 장소.

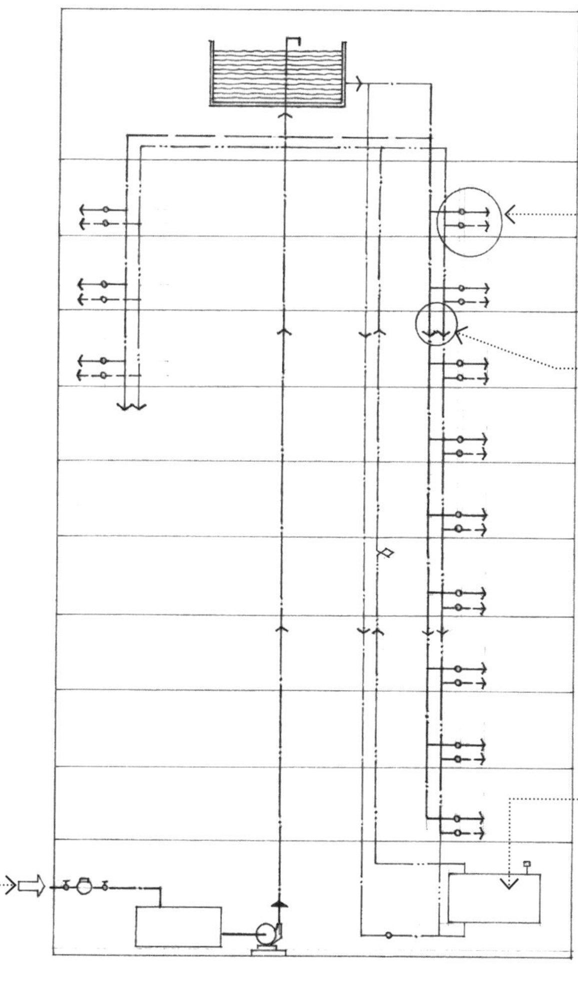

분기관(Branch)
배관계의 주관이나 입상관, 수직관에서 나누어지는 관.

입상관(Riser)
설비 시스템에서 수직 파이프, 도관이나 덕트.

파이프(Pipe)
물이나 스팀, 가스나 다른 유동물질의 수송용으로 사용되는, 금속이나 플라스틱으로 제조된 중공 실린더.

온수 가열기(Water heater)
120°F에서 140°F(50℃에서 60℃)의 온도로 물을 가열하거나 저장하기 위한 전기 혹은 가스장치.

주관
(Main) 설비 시스템에서 주파이프, 도관이나 덕트.

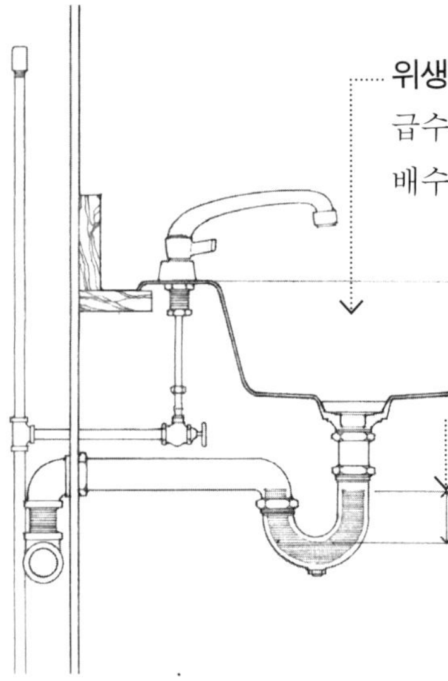

위생기구(Plumbing fixture)
급수 시스템에서 물을 받고, 배수 시스템에서 배수를 배출하기 위한 물받이 용기.

트랩(Trap)
하수나 잡배수의 정상적인 흐름에 지장을 주지 않으면서, 하수가스의 통과를 막기 위하여 물이 남아 실(seal)을 형성하는 U자형이나 S자형 단면을 갖는 배수관. 공기 트랩이라고도 부름.

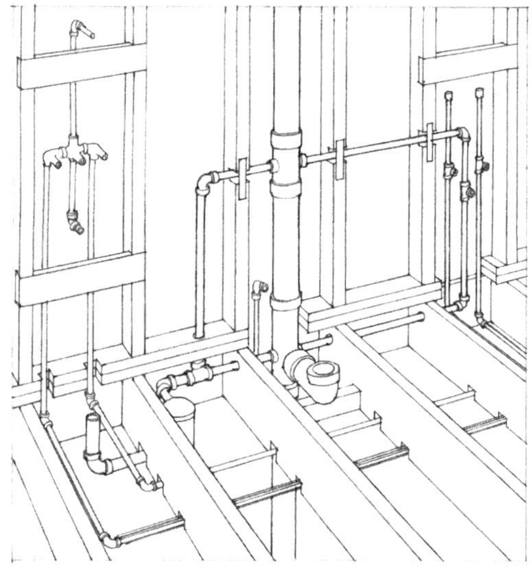

위생설비벽(Plumbing wall)
위생설비 배관 더미를 위한 수직공간을 포함한 벽이나 칸막이벽으로 스택 파티션이라고도 함.

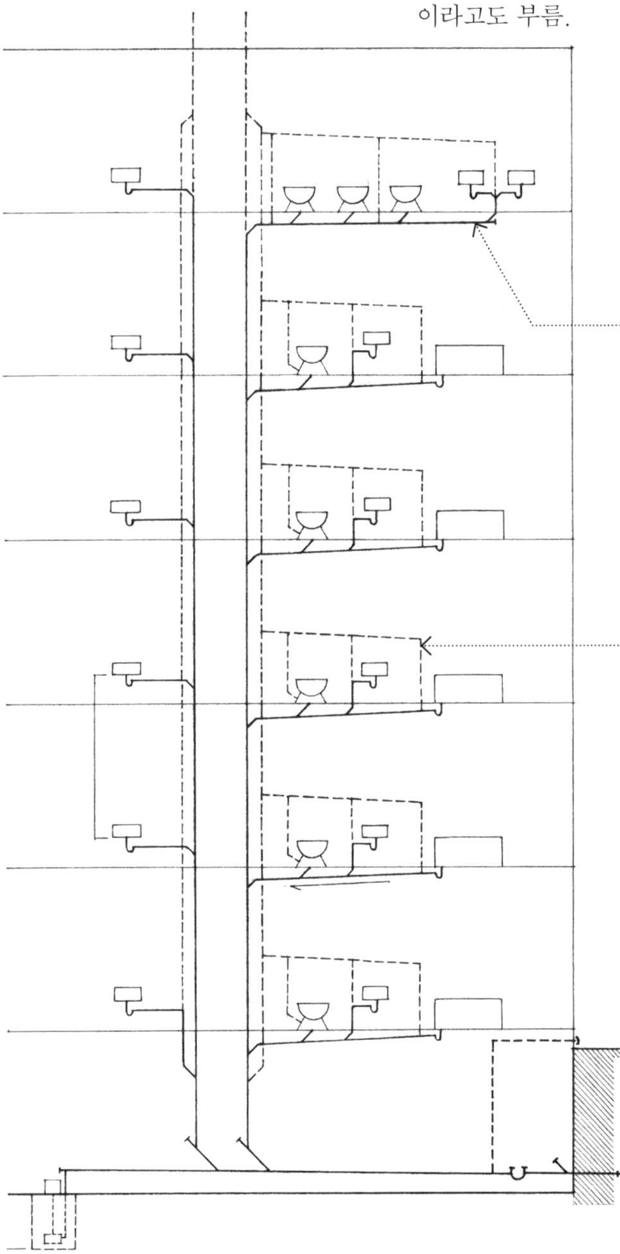

배수 시스템(Drainage system)
공공하수도나 개인처리 설비로 하수, 폐수나 빗물을 수송하기 위한 파이프, 트랩과 다른 기구의 시스템.

배수(Drain)
파이프나 수로에 의해서 물이 빠지는 경로.

통기 시스템(Vent system)
배수 시스템으로 공기를 순환시키거나 봉수를 사이펀 작용과 배압으로부터 보호하기 위한 시스템 내 공기순환을 시키기 위한 파이프 시스템.

통기관(Vent)
하나나 그 이상의 트랩 가까이에 있는 배수관이 수직 통기관이나 연장 통기관에 접속되는 관.

하수거(Sewer)
하수와 다른 액체 배수를 배수처리 플랜트나 다른 오물 처리 장소로 수송하기 위한 보통 지하에 매설된 파이프나 다른 인공 도관.

정화조(Septic tank)
부지 배수관으로부터 방출물을 받아 혐기성 박테리아에 의해 분해되고 정화된 고형 유기물을 분히라여, 정화된 액체를 최종 오물처리를 위해 방출하기 위한 감춰진 방수 탱크.

구조

조적 아치(Masonry arch)
개개의 아치돌이나 벽돌로 구성시킨 아치.

홍예(돌)
(Voussoir) 조적식 아치나 궁륭식 구조의 둘레를 형성하게 하는 사다리꼴로 만든 돌.

소핏(Soffit)
아치, 보, 코니스, 계단과 같은 건축 요소의 아랫부분.

아치 굽(Springer)
아치의 받침대 위에 얹힌 첫 번째 아치돌.

아치 이마(Crown)
아치, 궁륭, 인입로와 같은 볼록한 구조물의 가장 높은 부분이나 높은 점.

아치(Arch)
개구부의 경간을 곡면화한 구조로서 수직하중이 축선에 따라 좌우로 나뉘어져 압축력만으로 지지되도록 설계된 구조.

이맛돌(Keystone)
아치의 머리 중앙부에 장식하기도 하여 얹히게 되는 홍예돌로서 이 이맛돌이 얹힘으로 다른 홍예돌들이 고정됨.

갓둘레(Extrados)
아치 곡면의 갓, 면 등의 보이는 범위로서 '등' 이라고도 함.

아치 높이
(Rise) 아치의 굽선부터 안둘레의 가장 높은 점까지의 높이.

안둘레(Intrados)
아래쪽 부분에 오목하게 형성된 아치의 안곡선이나 면.

홍예받이(Spring)
아치, 궁륭, 돔의 높이가 시작되고 지지되는 점으로서 '아치굽' 이라고도 함.

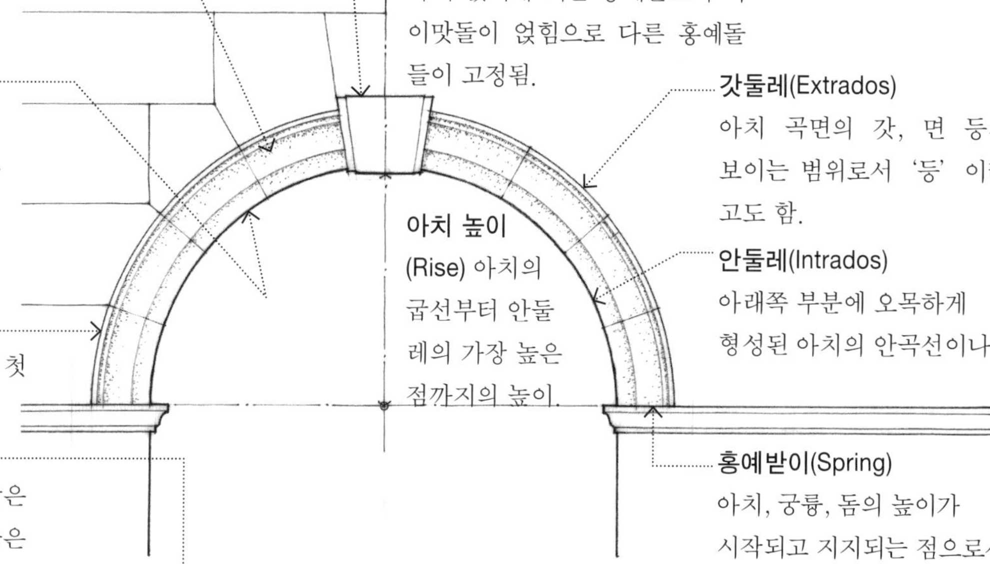

헌치(Haunch)
이마에서 아치굽 받침까지 하향 곡선을 이루는 아치의 어느 한 면.

아치굽 받침(Impost)
아치대의 최상 부분으로서 아치받이 허애로부터 블록, 주두, 몰딩의 형태가 되기도 함.

스팬드럴, 아치의 공복
(Spandrel)
삼각형으로서 두 아치 갓둘레 사이를 장식하기도 하는 서로 이웃한 면, 혹은 아치 갓둘레의 왼쪽이나 오른쪽의 장방형으로 둘러싸인 면을 말한다.

고정지점 아치(Fixed arch)
활모양으로 구성되어 고정지점으로 된 틀구조.

2-힌지 아치
활모양으로 구성되어 2개의 회전지점으로 된 아치.

3-힌지 아치
활모양으로 구성되어 3개의 회전지점으로 된 아치.

강절점 아치(Rigid arch)
목재, 철재, 보강콘크리트로 된 활구조. 이동 휨응력에 견딜 수 있는 강재로 구성됨.

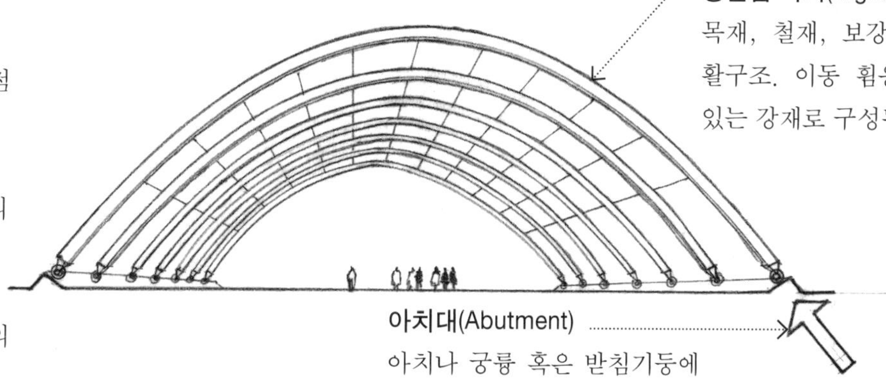

아치대(Abutment)
아치나 궁륭 혹은 받침기둥에 가해지는 하중을 받거나 지지하는 구조 부분.

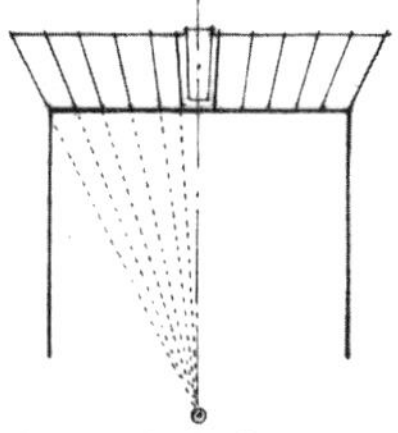

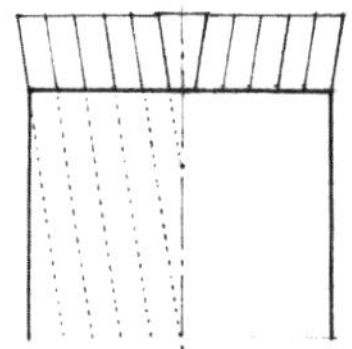

프랑스식 아치(French arch)
아치의 중심을 향해 동일한 각도로 경사지게 아치들을 놓아 구성시킨 평아치.

평아치(Flat arch)
아치의 하부 중심점에서 방사되는 선에 따라 축조된 아치들의 안둘레가 수평으로 구성된 아치.

상심 아치(Stilted arch)
아치 테두리의 아래쪽으로 이어져 아치굽 받침대 위에 얹혀지도록 구성된 아치.

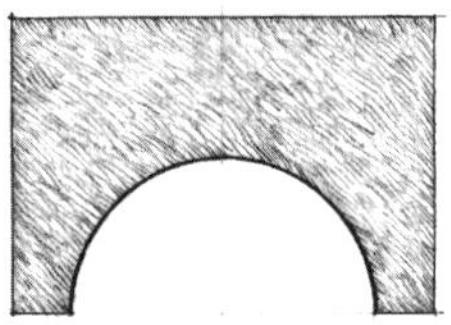

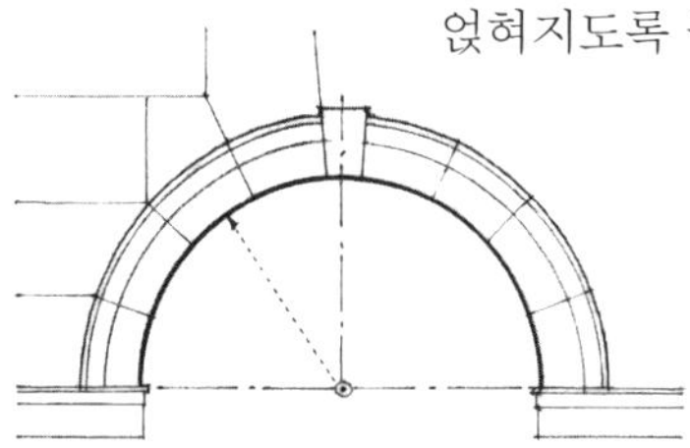

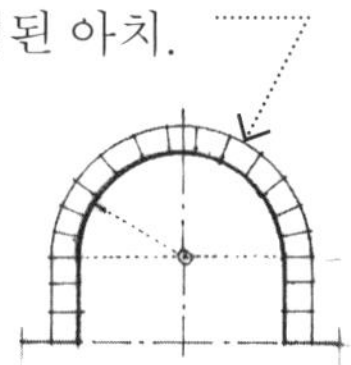

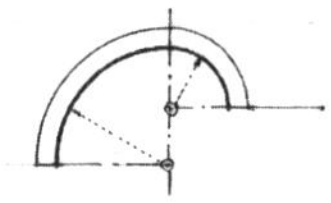

원 아치(Round arch)
안둘레를 연속적으로 곡면화한 아치로서 반원 아치와 같음.

경사 아치(Rampant arch)
다른 한쪽의 아침 받침대가 더 높게 구성된 아치.

로만 아치(Roman arch)
반원형으로 안둘레를 구성시킨 아치.

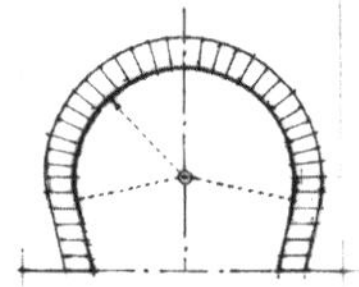

삼엽 아치(Horseshoe arch)
세 개의 원이나 호의 중심점으로 첨점의 안둘레를 이룬 아치.

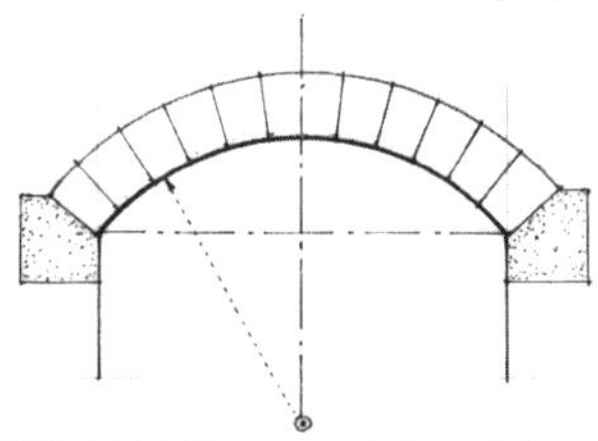

결원 아치(Segmental arch)
아치굽선 이하에 있는 하나 혹은 둘 이상의 중심점으로부터 줄눈 방향이 형성되는 아치.

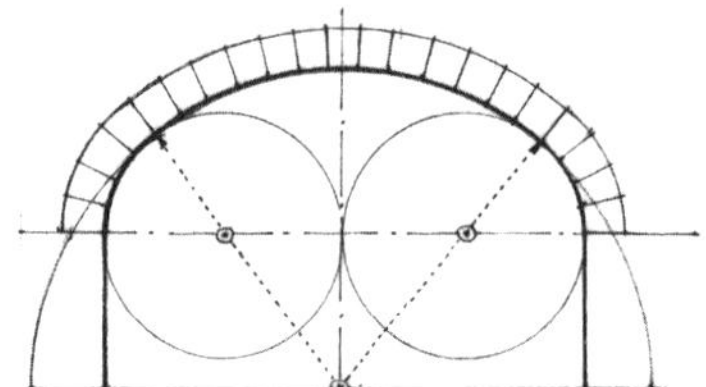

바스켓 핸들 아치(Basket-handle arch)
나란한 두 개의 원 밖으로 보다 큰 또 하나의 원으로 구성되어 하나의 아치 이마를 갖는 3개의 중심이 있는 아치. '삼심원 아치'라고도 함.

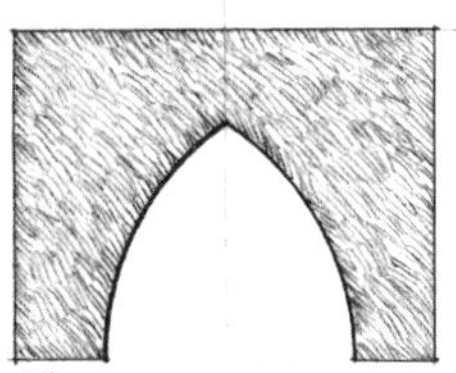

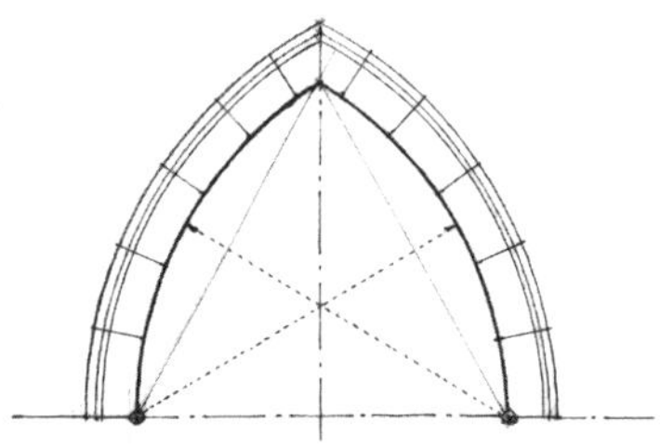

뾰족 아치(Pointed arch)
아치의 이마가 뾰족한 모양을 구성한 아치.

고딕 아치(Gothic arch)
두 개의 중심점과 4등분 원으로 구성된 뾰족 아치.

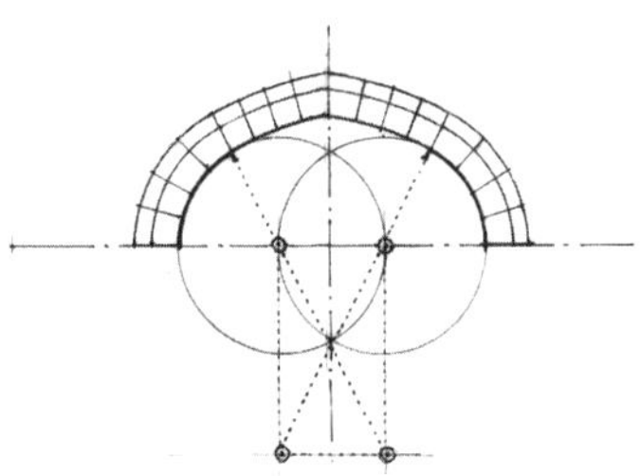

튜더 아치(Tudor arch)
한쌍의 원둘레 밖으로 보다 큰 한 쌍의 반원으로 구성된 안에 4개의 중심이 있는 아치.

보(Beam)

가로 방향으로 놓여진 하중을 양단의 지지부재에 전달하도록 설계된 강절 구조 부재.

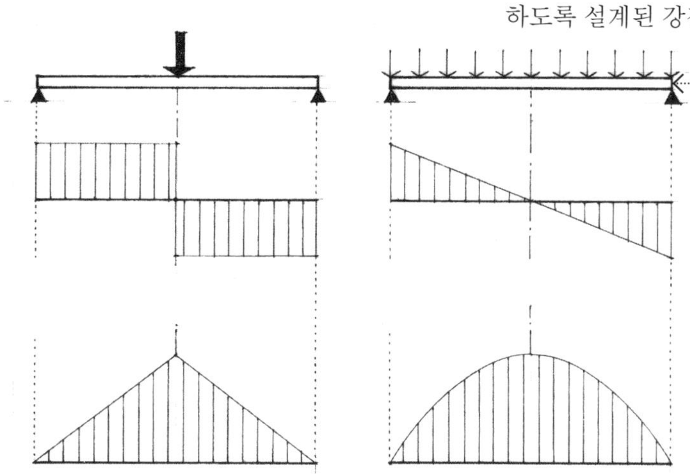

단순보(Simple beam)

보의 양단부가 회전이 자유롭고 휨에 대한 저항이 없는 단순 지지 위에 놓여진 보. 정정구조물일 때 단순보의 모든 반력, 전단력, 모멘트 등은 단면의 모양이나 재료의 성질과 무관.

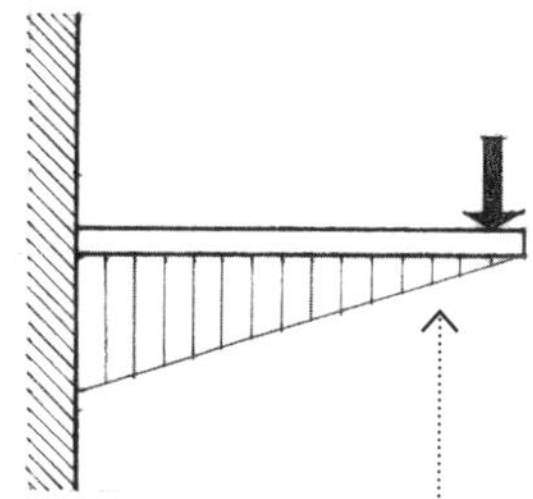

내민보(Overhanging beam)

부재의 길이가 길어 한쪽 지지점을 넘어간 단순보. 내민 부분은 스팬 중간 부분의 정방향 모멘트를 작게 하고, 지지점을 통과한 캔틸레버의 아래 부분에서는 부방향 모멘트를 만듦.

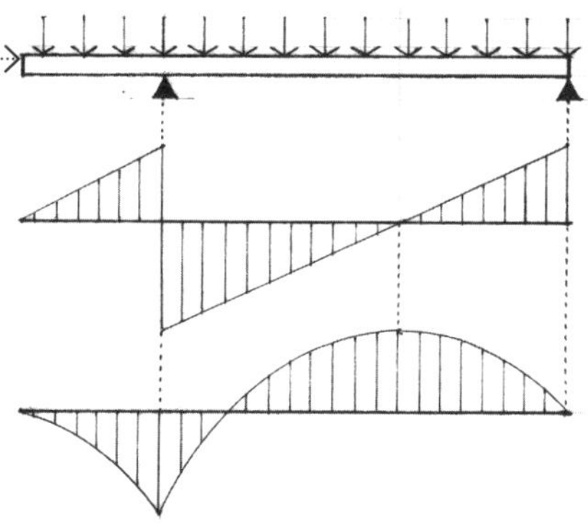

캔틸레버 보(Cantilever beam)

한쪽 단만이 고정단으로 지지된 내민 보.

캔틸레버(Cantilever)

지지점으로부터 내민보 또는 기타 구조물. 지점 뒷부분의 하향력 또는 수평부재로 지지됨.

양단 내민보

(Double overhanging beam)

양쪽 지지점 밖으로 도출된 단순보.

등분포 하중일 경우 지지점 위의 모멘트는 가운데 스팬 약 1/3 부위의 모멘트와 크기가 같고 방향이 반대이다.

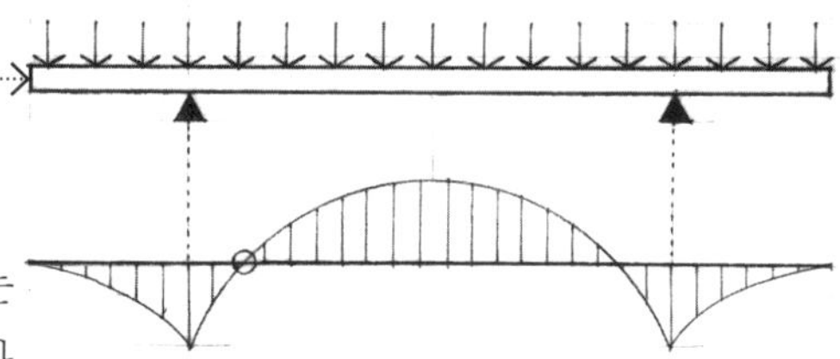

연속보(Continuous beam)

두 개 이상의 지지점 위에 연속적으로 놓여진 보. 비슷한 길이와 하중을 갖는 단순보를 연속적으로 연결했을 때보다 강성이 높고 모멘트가 줄어든다.

고정단 보와 연속보는 모든 반력, 전단력, 모멘트의 값이 스팬의 길이와 하중뿐만 아니라 단면의 형상과 재료에 영향을 받는 부정정 구조물.

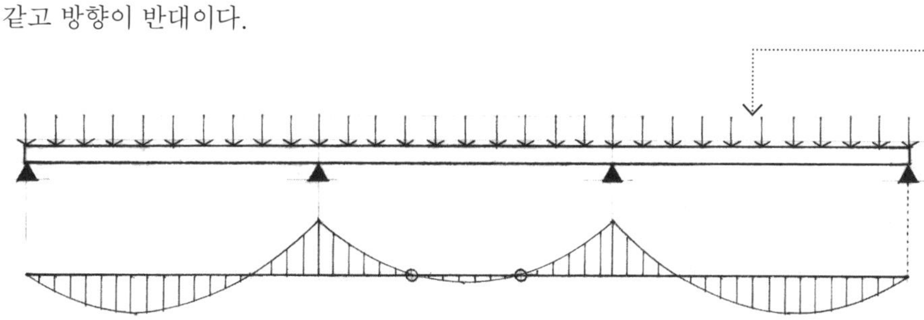

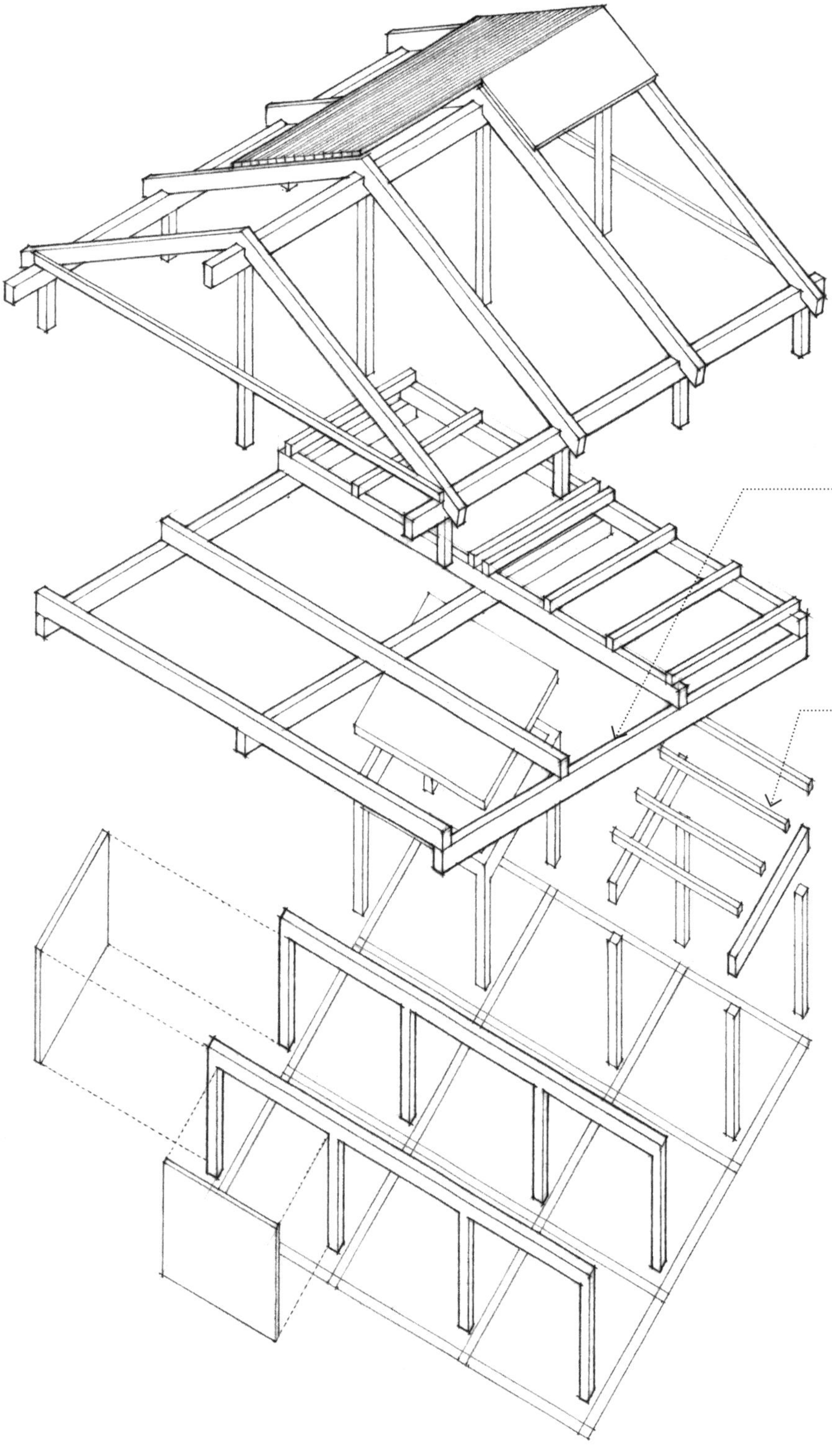

거더(Girder)

길이에 따라 분리된 지점에서 주 보로부터 떨어지는 집중하중을 지지하도록 설계된 큰 주보.

장선(Joist)

바닥, 천장 또는 평지붕을 지지하기 위해 나란히 일정한 간격으로 배열된 부재.

모듈(Module)

건물 재료의 치수를 표준화하거나 건축적인 구성에서 비례를 규정하는 데 쓰이는 치수 단위.

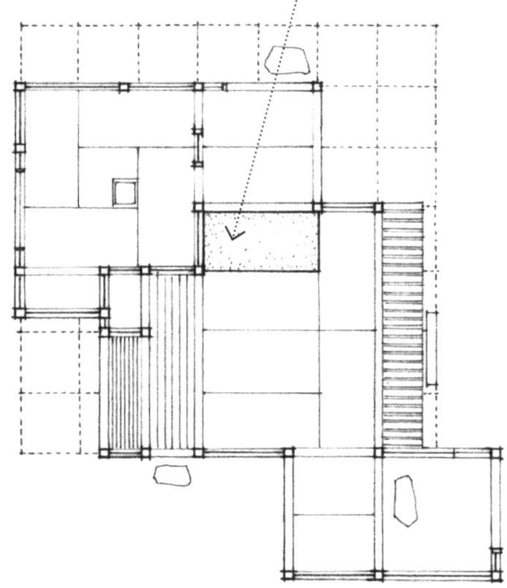

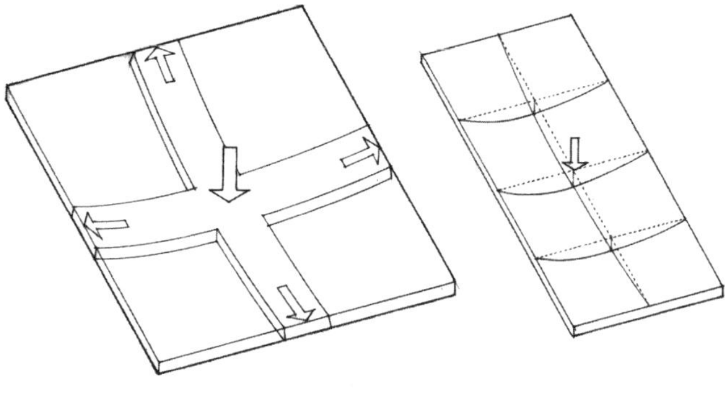

플레이트(Plate)

단단하고 평평한 일체식 구조물로서, 하중을 두 가지 방향으로 분산시키며 일반적으로 하중은 가장 짧고 가장 강한 지지점으로 전달됨.

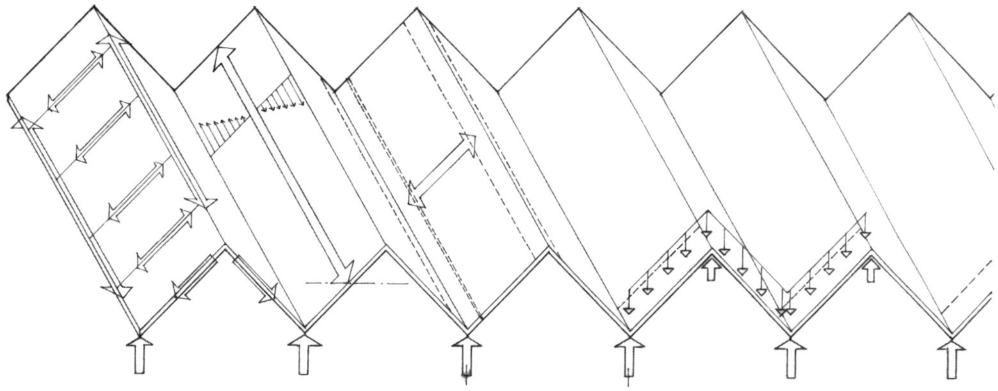

절판(Folded plate)

경계가 단단하게 연결된 얇고 춤이 큰 요소로 구성되며, 횡좌굴 방향으로 강성을 높이기 위해 예각으로 된 판구조물. 단면에 대한 강성이 커지기 때문에 절판은 스팬을 비교적 크게 할 수 있음.

스페이스 프레임(Space frame)

삼각형의 강성 원리에 의한, 단지 축력이나 인장력만을 받는 선부재로 구성된 3차원 프레임. 스페이스 프레임의 가장 간단한 공간 단위는 4개의 절점과 6개의 부재로 구성된 4면체이다. 판구조물과 같이 스페이스 프레임의 베이는 2방향 구조물과 같이 거동할 수 있도록 정사각형의 형태로 한다. 스페이스 트러스라고도 함.

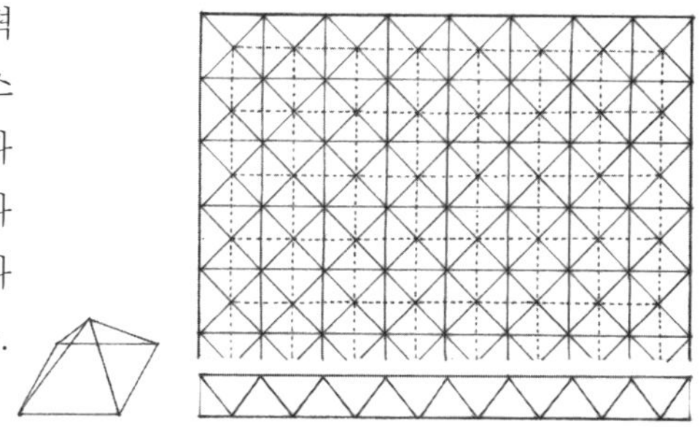

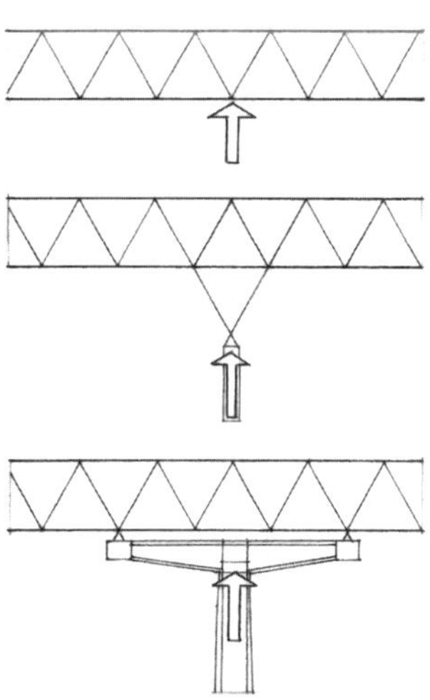

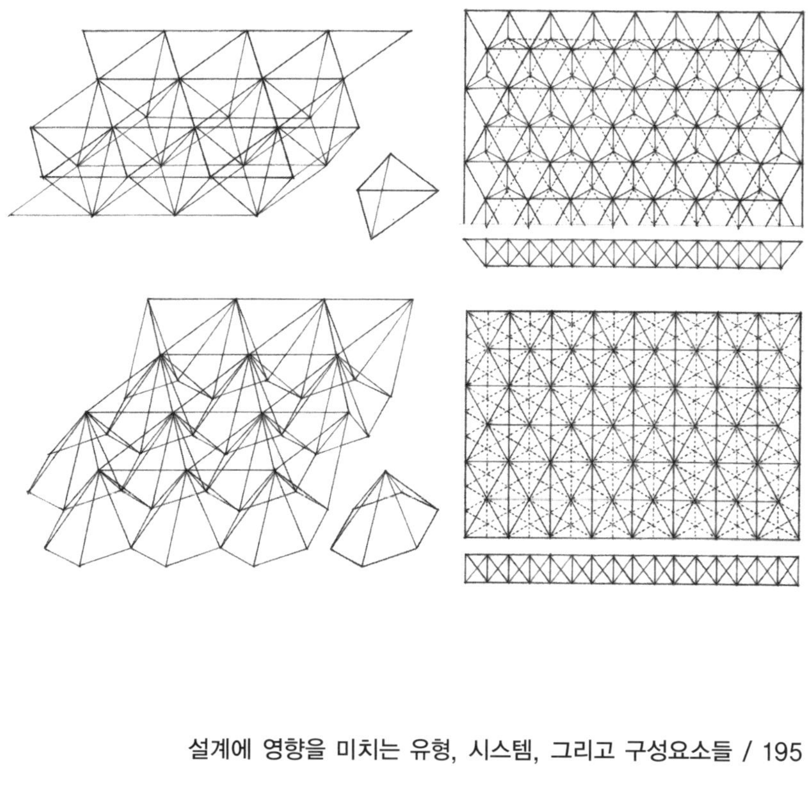

지지점의 지지 면적을 크게 할수록 전단을 받는 부재 수가 증가하며 부재의 하중은 감소함.

기초(Foundation)

깊은 기초(Deep foundation)

건축물의 하중을 부실한 하부 지반을 통과하여 지내력이 우수한 하부 지층부에 전달되도록 기초를 지하 깊은 곳에 위치시킨 시스템.

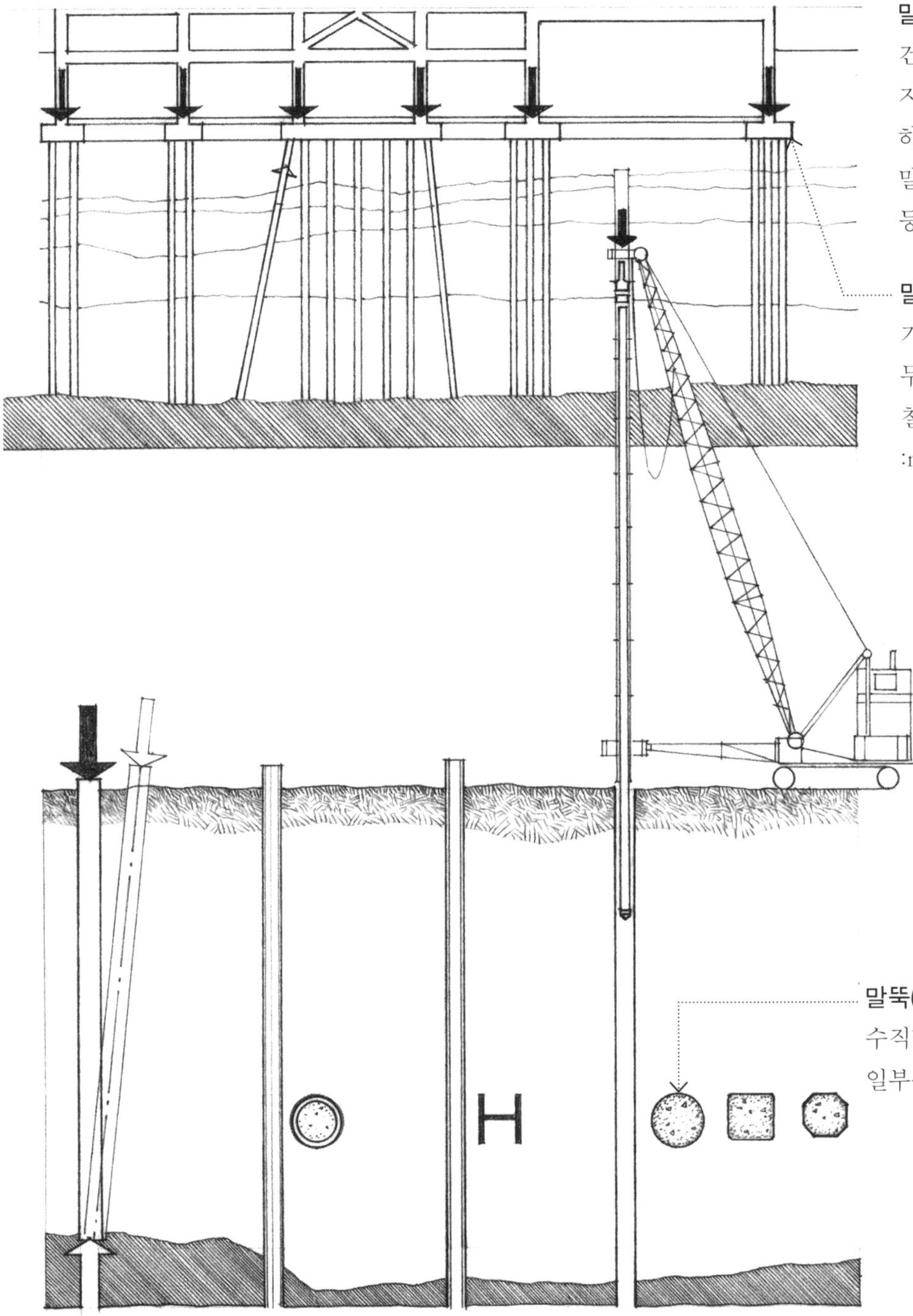

말뚝 기초(Pile foundation)
건출물 하부 지반의 지내력이 부실하여 지내력이 우수한 하부 지층부에 건축물의 하중을 전달하기 위하여 계획된 말뚝, 말뚝 두겁대, 말뚝 지중보, 말뚝 쇠신 등으로 구성된 기초 시스템.

말뚝 캡(Pile cap)
기둥이나 지중보로부터의 하중을 말뚝무리에 골고루 전달되도록 말뚝무리를 철근콘크리트 슬래브나 온통 슬래브(매트 :mat)로 묶어 주는 것.

말뚝(Pile)
수직방향으로 지중에 타격되어 기초의 일부분을 형성하는 길고 가는 부재.

기초벽(Foundation wall)
지표 바로 아래층에 위치하여 지표면보다 위에 있는 상부 구조물을 지지하고 지반에 고정시키기 위한 구조 부위.

지층 슬래브(Ground slab)
지반 바로 위 단단하고 밀실하게 다진 기층 위에 설치하는 콘크리트 슬래브로서, 보통 건조 수축 또는 온도 응력으로 인한 균열 발생을 방지하기 위하여 보통 용접 철망이나 격자의 철근으로 보강한다. 집중 하중이 작용할 경우 독립 기초나 줄 기초를 사용하며, 지반이 부실할 경우에는 뗏목 기초나 온통 기초를 사용한다. 지표 슬래브(slab on grade)라 불리기도 함.

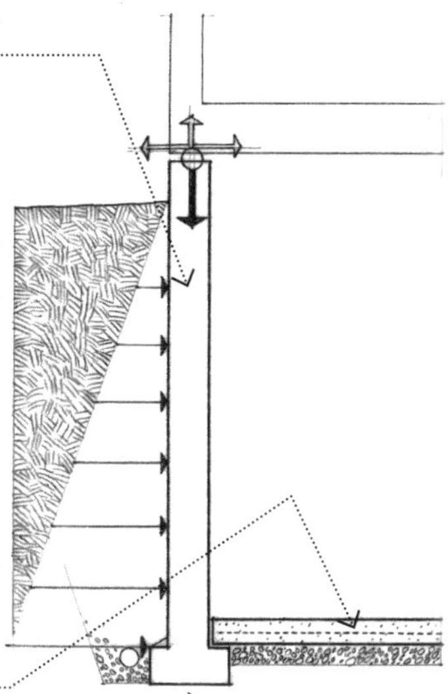

직접 기초(Spread footing)
기초에 작용하는 하중을 지반에 전달함에 있어 허용지내력을 초과하지 않도록 지반에 접하는 기초 저면을 좌우로 넓힌 기초.

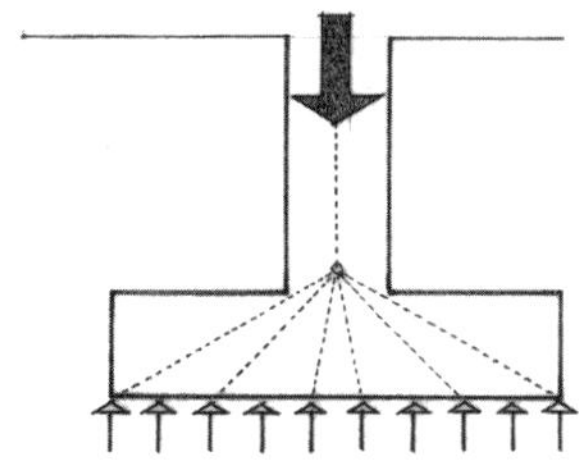

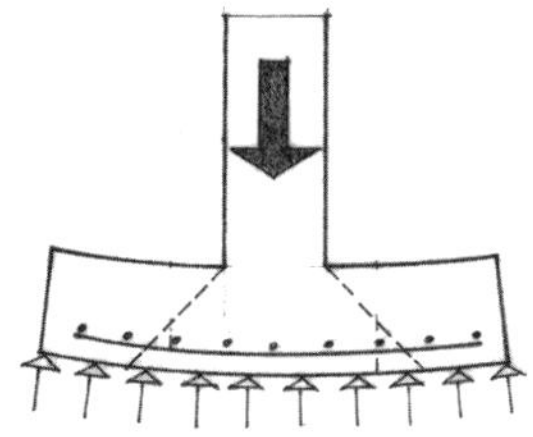

줄 기초(Strip footing)
기초벽의 지지를 위한 연속 기초

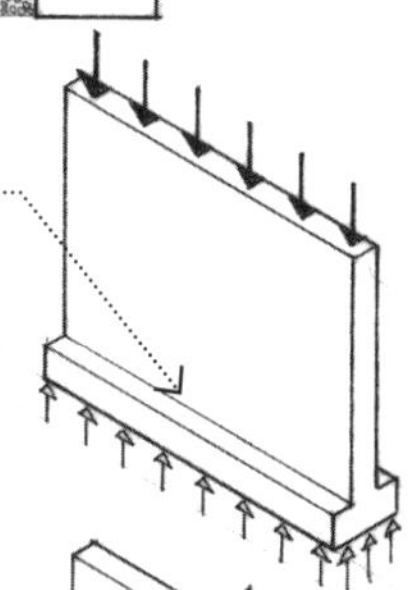

독립 기초(Isolated footing)
기둥이나 피어를 독립적으로 지지하기 위한 외떨어진 기초.

플린스(Plinth)
기둥 베이스나 기대의 최하부를 구성하는 방형의 돌.

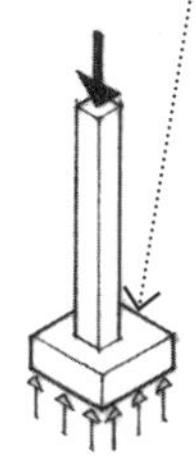

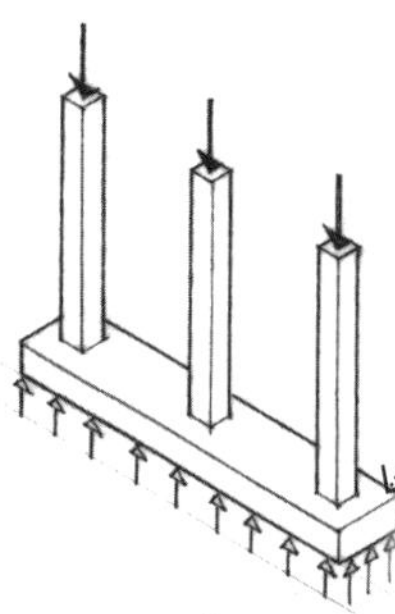

연속 기초(Continuous footing)
일련의 기둥들을 지지하기 위한 철근콘크리트 기초.

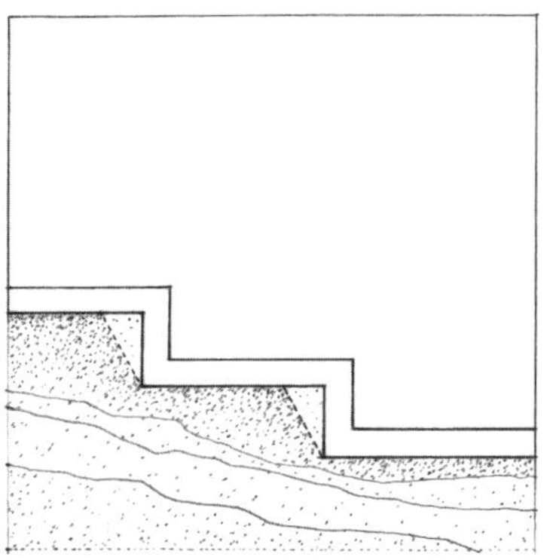

계단 기초 단형(Stepped footing)
지면이나 하층부가 경사진 경우 그림과 같이 계단식으로 설치되는 줄 기초나 띠 기초. 기초 단이 진 기초라고도 함.

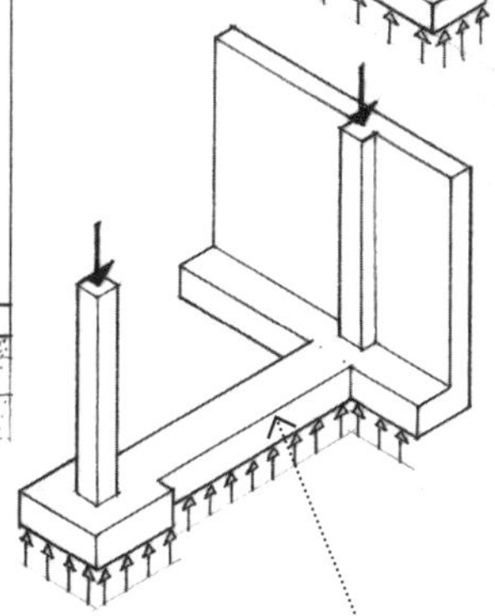

내민보 기초
(Cantilever footing)
각 기초판을 지중보로 연결하여, 기초판마다 상이하게 작용하는 하중을 가급적 균등하게 배분한 기초. 줄 기초나 띠 기초라고도 함.

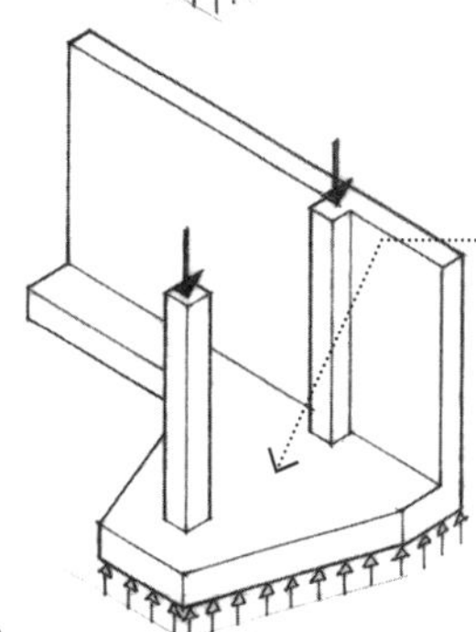

복합 기초(Combined footing)
외주 기둥 독립 기초와 내부 기둥 기초를 복합적으로 연결하여 만든 기초.

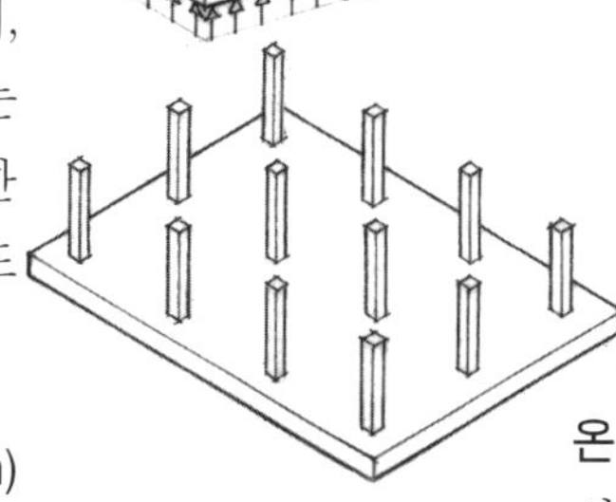

온통 기초(Mat)
여러 개의 기둥이나 전체 구조물을 지지하는 두꺼운 슬래브 형태의 철근콘크리트 기초.

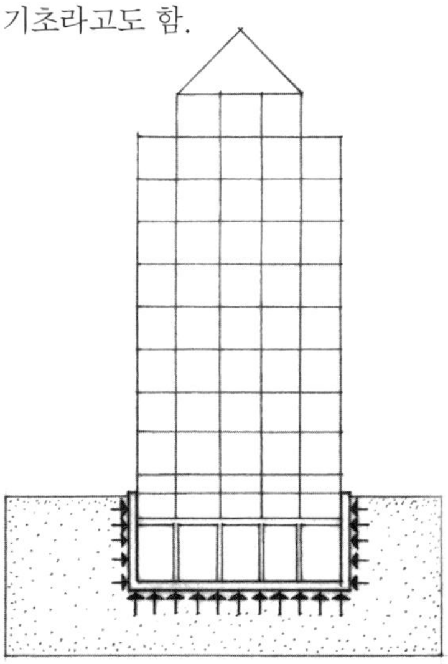

뗏목 기초(Floating foundation)
기초를 구축하기 위하여 굴토된 토사의 중량이 건물의 중량과 같거나 크도록 하기 위하여 지반 깊이를 굴삭하여 설치하는 기초.

대지

방향성(Orientation)
정북 방향에 대해, 나침반의 점에 대해 특별한 장소나 지형에 대해 또는 태양, 바람 그리고 배수에 대한 지역적 상태와의 관계 속에서의 대지 위 건물의 위치

향(Front)
구체적 방향으로 면하거나 보기.

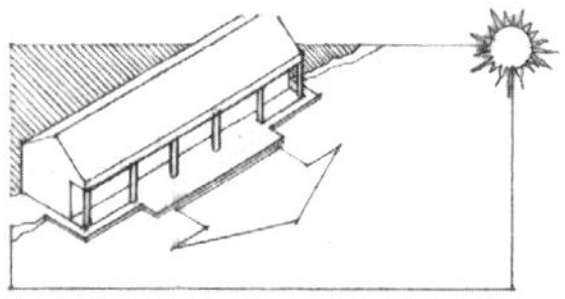

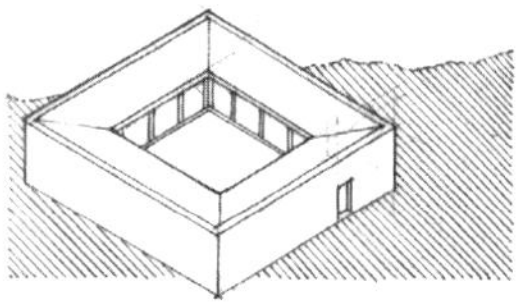

폴리(Folly)
의사소통 기구로 제공되고, 시각적으로 흥미를 주거나, 사람 또는 사건을 기념하기 위해서 지어진 괴상하고 기발한 구조.

피아짜(Piazza)
특히 이탈리아에서 도시나 마을에 있는 열린 광장이나 공공공간.

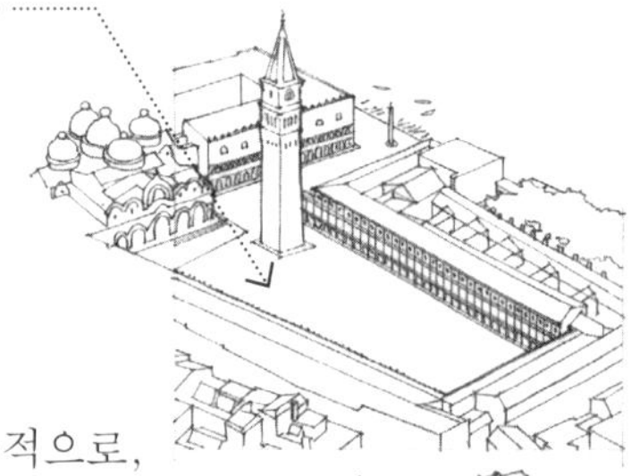

정자(Pavilion)
정원에 있는 작고, 대개는 장식적인 건물.

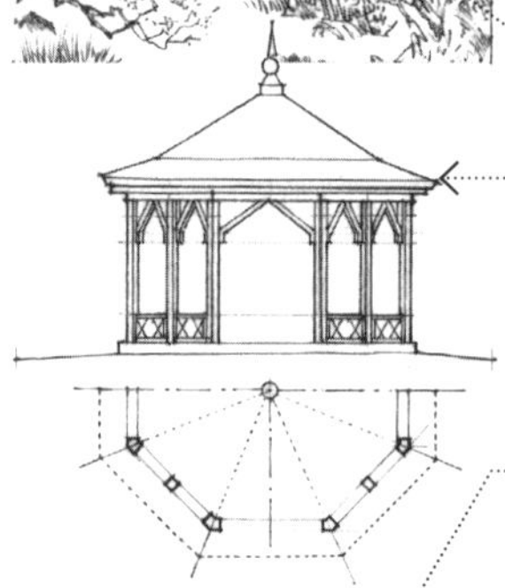

전망대(Gazebo)
대개 측면이 열려져 있고, 정원이나 공원에 그늘과 휴식을 제공해 주는 지붕이 있는 자립 구조물.

산책로(Promenade)
오락이나 전시를 목적으로, 특히 공공공간에서 산책이나 걷기 위해 사용되는 공간.

전망대(Belvedere)
흥미있는 광경을 볼 수 있도록 디자인된 건물이나 건물의 건축적 특징.

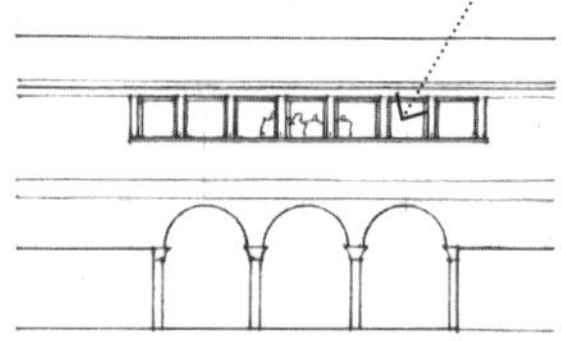

가로수길(Allee)
나무가 심어진 넓게 펼쳐진 산책로의 프랑스어.

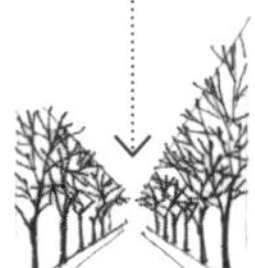

토피에리(Topiary)
장식적이고 환상적 형태로 다듬고, 깎인 또는 그렇게 깎은 예술작품이나 기술.

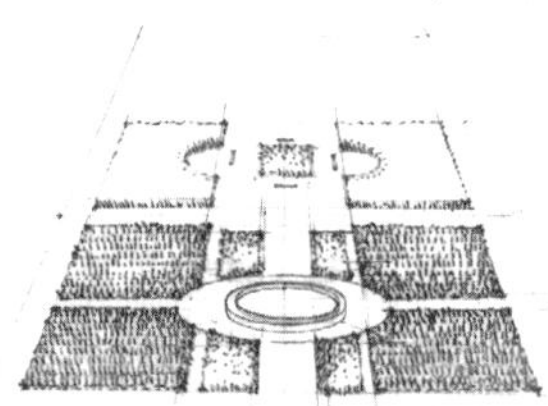

트렐리스(Trellis)
덩굴이 식물을 위한 지지대 또는 스크린(가벽)으로 사용되는 뚫어진 철망을 지지하는 구조틀.

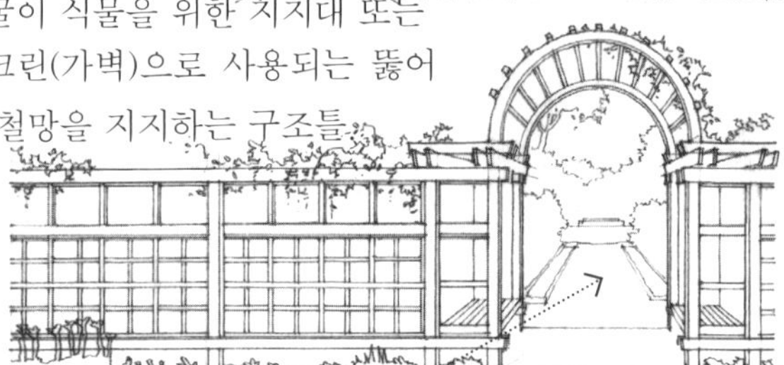

파르테르(Parterre)
다른 형태와 크기를 가진 화단의 장식적인 배열.

아버(Arbor)
관목이나 나뭇가지 또는 덩굴이나 꽃이 뒤엉킨 격자 모양을 한 공간.

파골라
(Pergola) 뚫려진 지붕보와 직교하는 서까래나 트렐리스를 지지하고 그 위로 덩굴식물을 키울 수 있는 수평 주랑 구조물.

8. 설계 과정

아이디어를 구상하는 수단과 기법

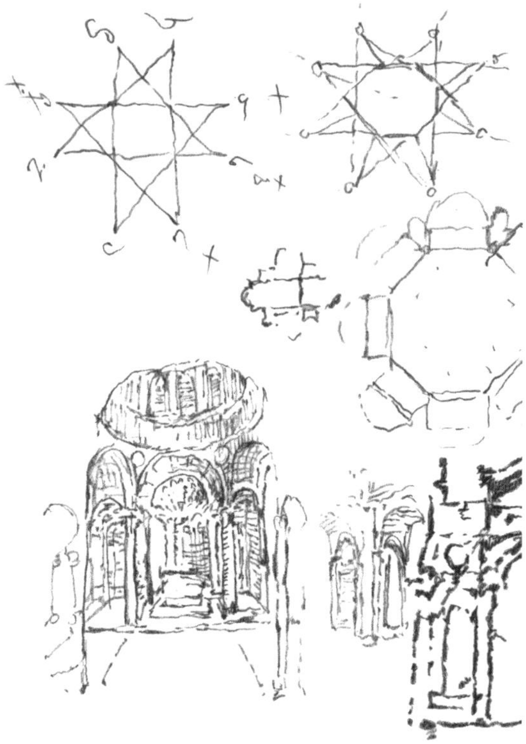

레오나르도 다 빈치의 단편작들

설계과정이란 무엇인가?

설계과정은 하나의 정해진 방법이 아니다. 방법은 그 결과를 어느 정도 정확하게 예측할 수 있을 것이라는 뜻을 내포한다. 대신에, 설계과정은 탐험이다. 설계과정은 건축가가 자신이 만드는 것으로부터 아이디어를 이끌어낼 수 있는 일련의 행위이다. 이 때 발생하는 아이디어들은 흔히 전혀 예기치 못한 것들이다; 오래된 것들을 테스트할 때, 새로운 가능성이 나타날 수 있다.

설계과정이란 가장 기초적인 아이디어가 점점 발전하여 건축의 복잡한 조각들로 나타나는 것이다. 모든 아이디어는 각기 다른 매체를 통해 여러 번에 걸쳐 테스트할 수 있다. 새로운 버전이 만들어질 때마다, 이는 이전 버전의 성공과 실패를 토대로 수정된다. 이를 위해, 건축가는 창의적 충동과 더불어 광범위한 배열 기술과 기법을 필요로 한다. 건축가들의 설계과정은 각기 다르다; 각 과정은 흔히 또 다른 과정을 필요로 한다. 그러나 일반적으로 설계과정은 비슷한 아이디어가 설계과정의 다양한 단계에서 다시 논의된다는 점에서 비선형적이며, 다양한 제작 기법과 분석, 연구 조사를 갖춘다는 점에서 종합적이다.

건축가들은 새로운 아이디어와 정보를 찾을 때, 도면과 스케치, 모형 제작 사이에서 자주 왔다 갔다 한다. 그들은 대지와 장소, 선례에 대한 조사결과를 기존의 조건을 관찰한 결과와 결합시킨다. 이 모든 자료가 다양한 방식으로 끊임없이 결합함으로써, 건축적 아이디어가 나타나고 탐구되며 궁극적 으로는 건물로 실현될 수 있다.

본 장에서는 설계과정에서 건축가들이 사용하는 기법들 중 몇 가지에 대한 개요를 제공한다. 이 기법들은 건축적 개념을 만들어내고, 검토하고, 비평하고, 발전시키는 수단이 된다. 여기서 논하는 아이디어들은 규정된 방법론이라기보다는, 제작하고 생각할 때에 고려해야 할 전략이라는 점을 기억해야 한다.

추리 도면

디자인의 모든 과정을 진행하면서 창의적인 혹은 보편적인 여러 기법의 도면들을 작도하면서 아이디어를 개발하고 평가하게 된다. 처음에는 작고 도식적인 스케치들을 통해 상상력을 자극해 보고, 처음의 생각과 개념을 시험해 보면서 차츰 여러 가지의 대안을 발전시키게 된다. 분명하게 발전시켜야 하는 디자인 개념이 선택되면 아이디어를 나타내기 위한 그림들이 더욱 명확해지고 세분화되어 아이디어 제안으로서의 평가와 적용을 위해 더욱 발전하게 된다.

알바 알토의 콘서트홀과 컨벤션홀 디자인 스터디 스케치, 헬싱키, 1967-71

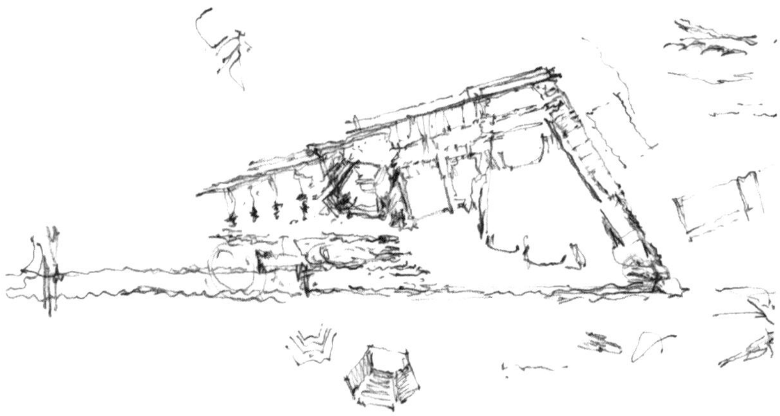

이렇듯 디자인 아이디어를 생성하고 발전시키는 단계에서의 도면은 특히 추리적 요소가 강하다. 진행 중인 도면을 보면서 생각이 떠올라야 하고, 그것에 의해 인지하고 있는 내용이 바뀔 수도 있으며 미처 생각지 못한 가능성이 떠오르기도 한다. 점차 생성되는 이미지 속에 그림을 시작하기 전에는 예측하지 못했던 중요한 사고의 방향이 제시되기도 한다. 일단 도면이 시작되면, 각각의 도면들은 각자의 내용들을 보여주기 시작하면서 그것을 평가받고, 발전시켜야 하는 내용들이 구별되기 시작한다. 나중에 버리게 되더라도 이러한 각각의 도면들은 다음 단계의 창작을 가능케하는 사고의 눈을 자극하는 것이다.

그러므로 추리 도면은 결정된 디자인을 남들에게 보여주고 전달하기 위한 발전된 단계의 프레젠테이션 도면들과는 목적과 정신이 다르다. 이렇게 뭔가를 탐구하기 위한 도면들은 그리는 내용과 그리는 사람의 취향에 따라 그 기법과 마무리 정도는 다를 수 있지만, 항상 열린 사고를 전제로 하고 격식을 차리지 않으며 개인적 성격을 띠는 공통점이 있다. 대중을 위한 공개를 전제로 하지는 않으나 이런 도면들은 디자이너의 창작과정에서의 통찰력을 엿볼 수 있게 한다.

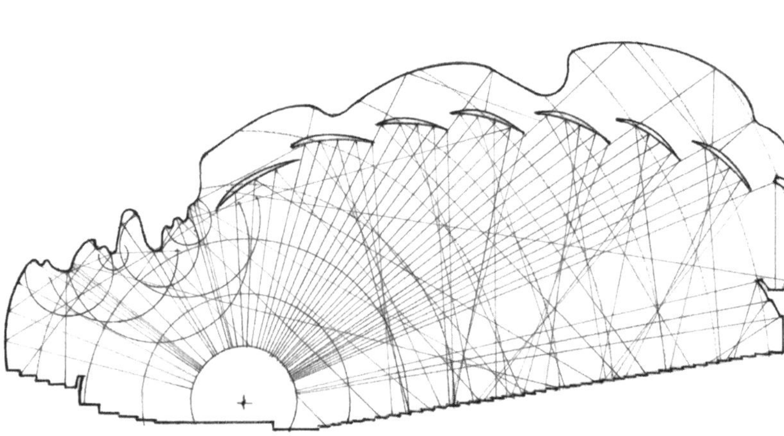

알바 알토의 콘서트홀과 컨벤션홀의 음향 계획 스터디, 헬싱키, 1967-71

창작의 과정

추리도면은 곧 창작의 과정이다. 사고의 눈에 비춰진 흐릿한 이미지들을 상상력을 통해 떠올리기 시작하는 것이다. 이때 아이디어의 그림은 완벽하게 모든 아이디어를 성취하지는 못한다. 떠오르는 이미지들이 세부적인 것들까지 한꺼번에 종이에 옮기기만 하면 되는 단계로, 저절로 찾아오지는 않는 것이다. 그림 속에서의 아이디어를 찾으면서 사고 속의 이미지와 그려지는 결과물 사이를 조율해 가면서 시간을 두고 변화, 발전시키는 과정을 거쳐야 한다.

생각 없이 설명서 대로 어떤 그림을 그린다고 가정하면 그려진 이미지에 우리의 사고가 국한되어 버리고 아이디어를 스스로 발전시키는 가운데 얻는 그 밖의 것들을 놓치게 된다. 처음 떠오르는 이미지는 그림을 시작하게 하는 계기가 되지만, 그려가는 과정 중 그림과의 상호작용을 통해 첫 이미지가 바뀌지 않는다면 그것은 오히려 아이디어를 발전시키는 데 장애물로 작용할 수 있는 것이다. 따라서 우리가 이러한 아이디어 탐구의 목적으로 그림을 그린다는 것을 받아들인다면, 우리 스스로 다양한 기회와 영감 속에서 창조적 사고에 의한 디자인의 과정을 경험할 수 있게 된다.

실현되지 않은 안토니오 가우디의 마로크라 성당의 내부 구조물

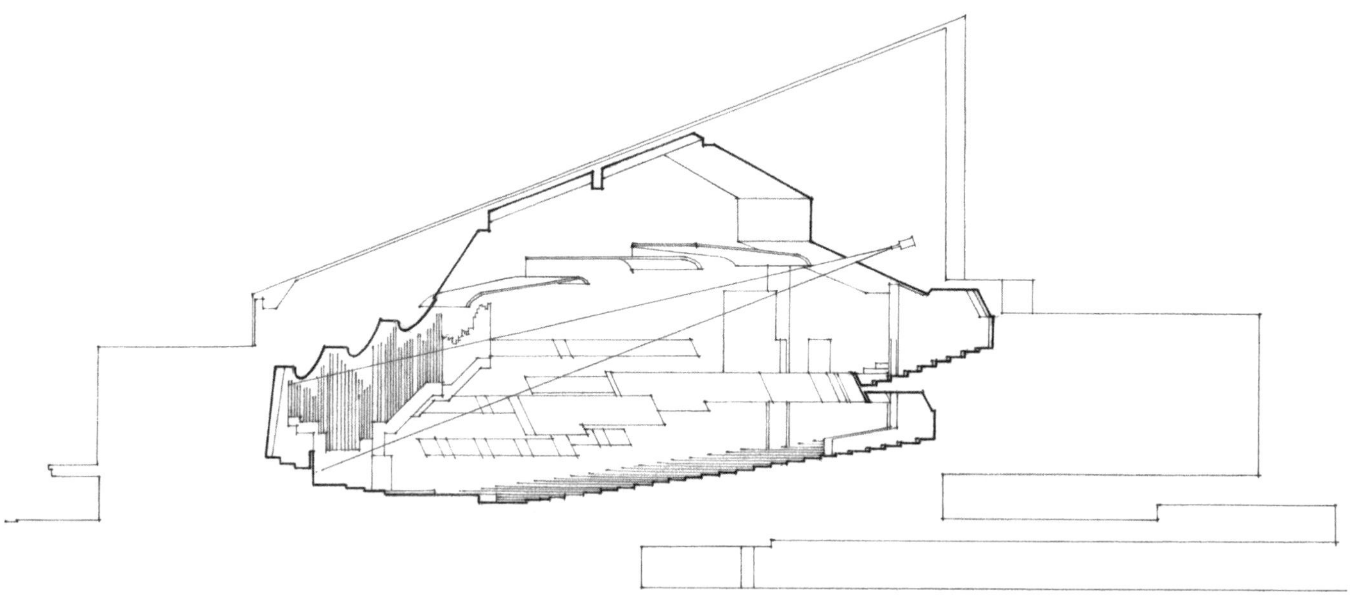

알바 알토의 콘서트홀과 컨벤션홀의 실내 단면, 헬싱키, 1967-71

종이 위의 생각

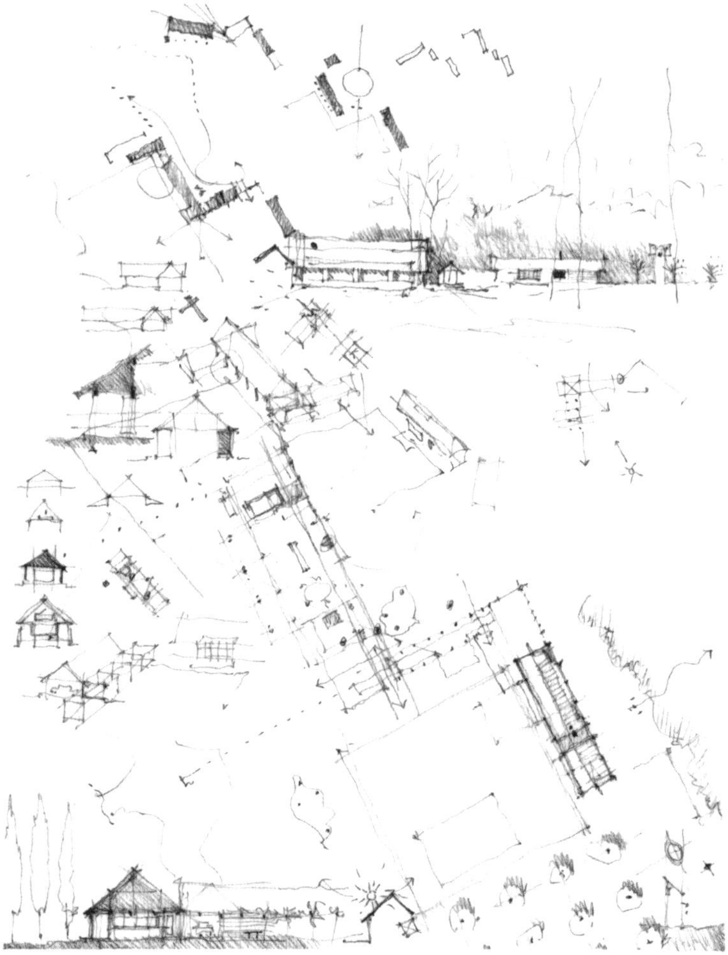

시각적 사고는 통찰력을 기르고 가능성을 찾으며 어떤 것을 발견할 수 있는 수단으로써 언어적 사고를 보완할 수 있는 우리가 갖는 또 하나의 사고능력이다. 그리고 우리는 그림을 그릴 때에 시각적으로 사고한다. 도면작업, 즉 그리기는 의식적으로 어떤 회화작품을 만들겠다는 의지 없이 사고를 시각적으로 표현하게 한다. 어떤 생각을 단어로 표현할 수 있듯이 어떤 아이디어를 시각적인 것으로 나타내어 그것을 분석하고, 탐구하여 발전시킬 수 있는 것이다.

어떤 디자인 과제를 생각하게 되면 자연스럽게 아이디어들이 떠오르기 나름이다. 이런 아이디어들은 대개 언어적 표현이 아닐 수도 있다. 디자인 창작의 과정은 잠재되어 있는 결과물의 확실치 않은 모습을 시각적으로 떠올리는 과정이 필연적으로 포함되어 있는 것이다. 이러한 머릿속의 아이디어는 분석하고 평가하며 발전시키기에는 너무나도 짧게 잠깐 머릿속에 스쳐지나갈 뿐이다. 그리고 생각 중에 어떤 아이디어를 종이 위에 기록할 수 있도록 빠르게 반응하기 위해서 우리는 다이어그램과 간단한 스케치에 의존하게 된다. 이러한 아이디어 생성단계의 그림들이 가능성을 만들어가는 시발점이 된다.
그림이 작을수록 넓은 개념을 형성한다. 처음에 작은 그림이나 스케치로 시작하는 것도 앞으로 많은 가능성을 열어두기 위해서이다. 경우에 따라 해결방안이 빠르게 다가오기도 한다. 그러나 대개 가장 좋은 아이디어나 진행의 방향을 결정하기 위해서는 많은 그림들이 요구된다. 다시 말해 그것은 빠른 해결책을 무조건 추구하기보다는 다양한 접근과 대안들을 유연하게 응용해보는 것이 필요하다는 것이다. 추리적인 자세를 취하고 그림을 자유롭게 해석할 수 있는 여지를 남기는 것은 디자인의 과정을 조숙하게 끝내 버릴 수 있는 위험을 미연에 방지할 수 있다.

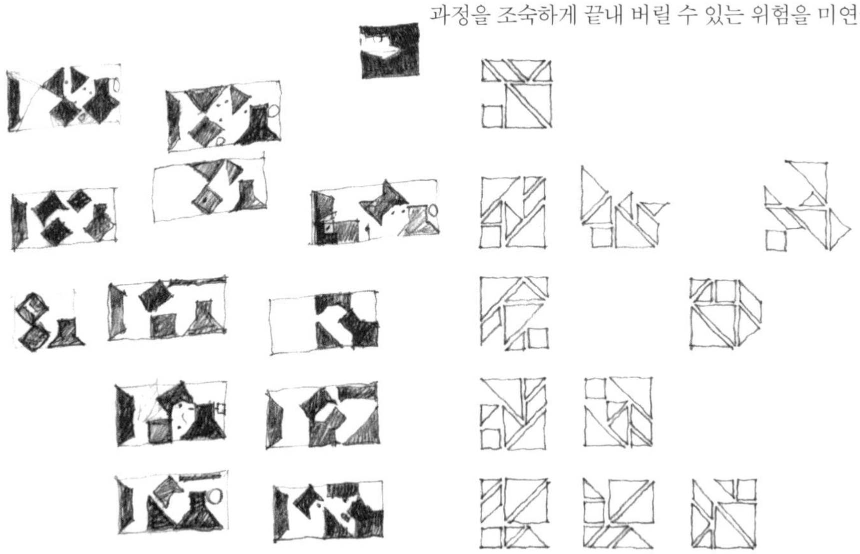

포트 웨인의 순수예술 센터를 위한 평면 구성 아이디어들, 인디에나, 1961 - 1964, Louis Kahn

지혜의 판(Tangram) 조합

모호성에 대한 관대함

디자인의 과정 중에 때로는 미지의 세계로 진입하기도 한다. 알지 못하는 것을 계속 진행시키기 위해서는 어느 정도의 모험심과 결론을 내리지 않는 인내심, 그리고 모호성에 대한 관대함이 요구된다. 그러나 모호한 것을 받아들이기 위해서는 익숙한 것들만을 다룸으로써 오는 안락함을 포기해야 한다. 그렇지만 정확히 정의 내려지고 익숙한 것들만 다루게 되면 창의적 활동에서 절대로 필요한 유연성과 가변성을 자신도 모르게 제외시키게 된다. 그리고 모호성에 대한 관대함을 불확실성과 불안정함, 사고과정의 모순 등을 인정하게 된다. 모호성에서 오는 신비함과 도전적 성격은 상상의 단계에서부터 그림의 단계에까지 존재한다. 오래 동안 실제 사물을 접하면서 보고 그리는 그림과는 달리 추리에 의한 도면은 그 내용의 한계가 정해져 있지 않고 불확실성을 주로 담고 있다. 하지만 어디로 진행될지도 모르는 내용을 그려서 과연 디자인의 아이디어를 얻을 수 있을까? 그에 대한 대답은 이때 우리가 그림을 그리는 이유를 이해하는 데에서 찾을 수 있다. 그것은 사고의 능력을 자극하여 그 내용을 확장시키기 위해서이지 이 과정 중에 얻어지는 결과를 단순히 활용하기 위해서가 아니라는 것이다.

도면의 첫 선은 시험 삼아 던지는 선일 수밖에 없고 아이디어나 개념을 찾기 위한 시작이 된다. 디자인과 그림이 동시에 진행되는 가운데에 완성되지 않은 모호한 그림은 다양한 해석을 가능케 하는 제안적인 성격을 띤다. 그리고 이 그림이 보여주는 가능성에 대해 열린 생각을 가져야 한다. 그려진 아이디어가 쓸모가 있는지 없는지를 떠나서 디자인 과정을 위해 그려지는 모든 도면들은 주어진 문제에 대한 통찰력을 길러준다. 또한 종이 위에 아이디어를 표현한다는 것은 새로운 아이디어의 탄생을 연쇄적으로 가능케하고, 이전에 구상했던 아이디어들과 더불어 종합적으로 발전시키는 수단이 된다.

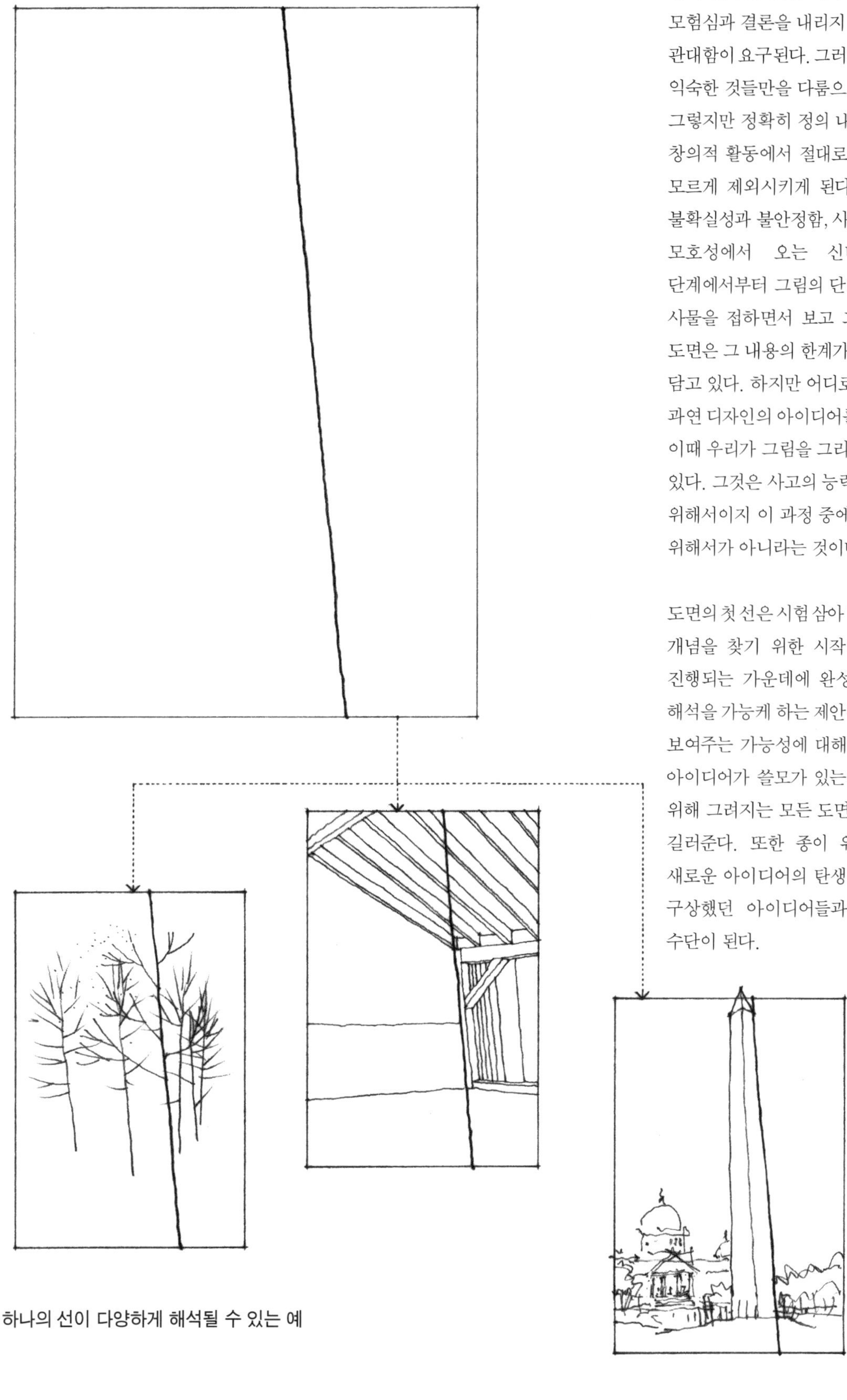

하나의 선이 다양하게 해석될 수 있는 예

"· · ·' 어떤 결과물을 만들어야 할지 모르는데 어떻게 디자인을 합니까? 라고 흔히들 불평한다. 이때 난' 만약 당신이 이미 그걸 알면, 왜 디자인을 합니까? 라고 반문한다. 어떤 것이 마음에 안들 때 사전에 경험했던 이미지들을 찾게 된다. 이렇게 사전에 갖고 있던 이미지를 찾는 것이 잘못되었다고 할 순 없으나 그것이 꼭 필요한 것은 아니고, 오히려 그것이 장애물이 될 수 있는 것이다. 우리가 남들과 대화를 할 때, 그 대화의 결과를 알고 시작할 필요가 없는 것이다. 대화를 마친 후 어떤 내용에 대하여 더 넓은 각도로 이해하게 되기도 하고, 서로의 생각이 전과 바뀌기도 하는 것이다. 우리 스스로가 마음의 벽을 쌓고 항상 완벽한 형태를 창작해야 한다고 생각하고 있다면 절대로 여유롭지 못하고 그 과정을 서로 신뢰할 수 없게 된다. 설사 원하는 바가 아니더라도 창작하는 사람의 성격과 생각이 창작되는 형태에 그대로 묻어난다는 것을 학생들이 깨닫는 순간, 사사로운 불평들은 사라지는 것이다."

—John Habraken

복잡함을 조절하기. Places/Vol.4, No22

직관적 판단에 의한 의존

우리는 가능성과 선택의 범위를 찾는 과정에서 우리의 직관적인 판단에 많이 의존한다. 하지만 직관적 판단은 개인의 경험에 바탕을 둔다. 그림을 그린다는 것은 무엇을 그리는지 알기 때문에 가능한 것이다. 예를 들어, 어떤 것의 구조를 파악하지 못하고 그 형태를 그림으로 제대로 표현하기 어려운 것이다. 그러나 그려보겠다는 의도로 행동에 옮기는 순간 그 사람이 내용을 이해하기 위한 과정으로 봐야 하고 또한 아이디어를 직관적으로 얻기 위한 틀이 마련된다.

항상 첫 번째 선을 그리는 것이 제일 어렵다. 완성된 아이디어가 없는 시작이 항상 두려운 것이다. 비어 있는 흰 종이를 보고 디자이너는 무엇을 먼저 그릴까? 우리는 우선 어떤 형태나 조합의 개성을 나타내는 부위에서부터 시작할 수도 있고, 어떤 개념이나 구조의 매우 일반적인 것들로부터 시작할 수도 있다. 결과를 얻는 데 무엇으로 시작했는지는 그다지 중요하지 않은 것이다.

시작단계에서 지나치게 조심스럽게 그려나가면 주저하는 가운데에 문제 해결에 필요한 창의력이 결여될 수 있다. 도면 자체에 많은 시간과 노력을 써버리면 창작의 다른 가능성을 찾는 데 한계를 가져온다. 그러므로 추리 도면을 수행하는 것은 곧 여러 가지 시도를 통한 학습과정이며, 중요한 것은 처음에 시험삼아 뭔가를 그려보는 데 큰 의의가 있는 것이다. 이때 우리의 직관적 판단에 의존하여 아이디어 그림을 진행시켜 나아가야 한다.

엘리스가 두 갈래 길에 이르렀는데 고양이 한 마리가 있었다. '어떤 길로 가야 하니?' 라고 물었다. 고양이가 되레 질문으로 답하였다. '어디로 가고싶니?' 라고. '모르겠는데' 라고 엘리스가 답하였다. '그러면 말이지…' 라고 말을 이은 고양이는 '그럼 상관없는 일이네' 라고 말했다.

—Lewis Carroll

이상한 나라의 엘리스

표현의 유창함

창작능력이 유창하다는 것은 넓은 범위의 가능성과 아이디어들을 만들어 낼 수 있다는 것이다. 그림의 진행이 유창하다는 것은 연필이나 펜이 종이 위에서 직관적으로 움직이고, 생각하는 내용을 여유 있고 우아하게 보여주는 것이다. 흘러지나가는 우리의 생각들과 그림의 속도가 서로 호흡을 맞춰야 하는 것이다.

우리의 생각을 글로 옮기는 일이 어렵지 않은 쉬운 일이라면, 이러한 표현의 유창함을 그림에서도 갖추기 위해 우리가 보거나 상상하는 내용을 여유 속에서 자연스럽고 자동적으로 종이 위에 선으로 나타낼 수 있도록 훈련을 해야 하는 것이다. 빠르게 그리려는 노력에 의해 속도는 붙을지 모르나 통제되지 않은 속도는 오히려 도움이 되지 않는다. 그림 그리는 작업이 시각적 사고의 본능적인 요소로써 자리 잡기 전에 우리는 우선 천천히, 신중하고 정확하게 그리는 것에 익숙해져야 한다.

흐르는 아이디어를 빨리 기록하기 위해서 제어하기 쉽지 않은 빠르고 간단한 방식으로 그리는 기법도 필요하다. 그리고 그림으로 표현하는 것에 유창해지기 위해서는 최소한의 도구를 사용하여 프리핸드로 그릴 수 있어야 한다. 제도 도구들을 사용하여 정식 도면작업을 하는 기계적인 작도과정은 시간과 에너지를 시각적 사고 과정에 할애하기 어려운 것이 사실이다. 따라서 표현의 유창함과 유연성이 정확도와 세밀함보다 중시되는 디자인 과정에서 프리핸드 작업은 꼭 필요하다.

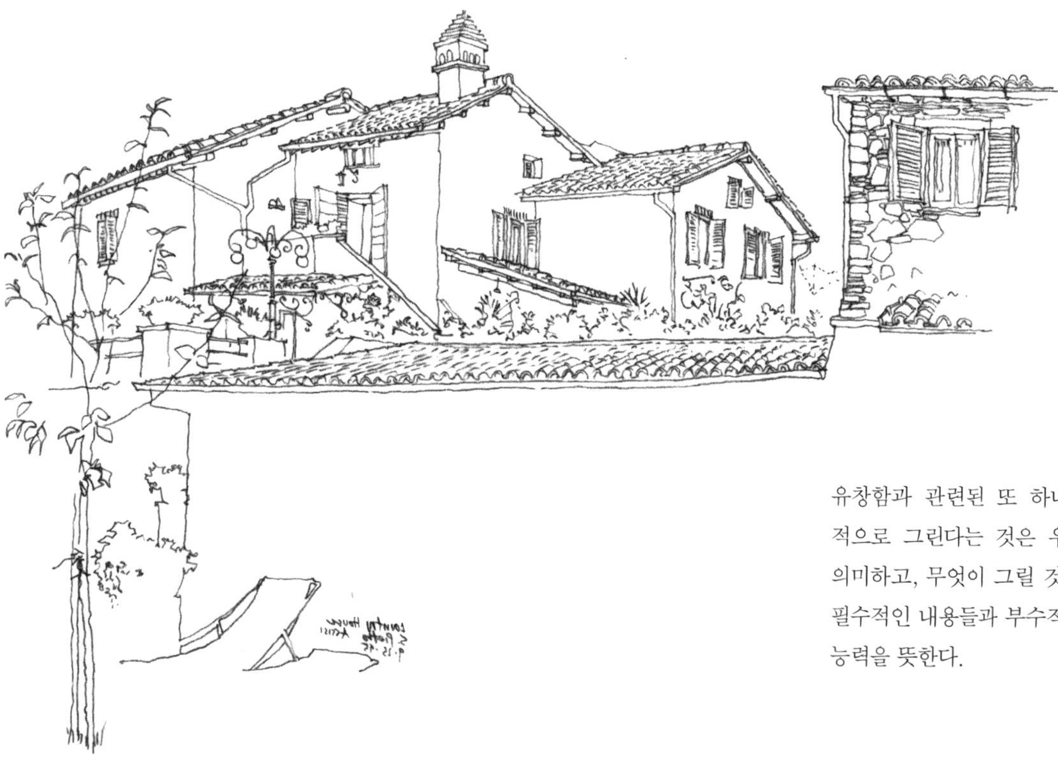

유창함과 관련된 또 하나의 개념은 효율성이다. 효율적으로 그린다는 것은 우선 빠른 속도로 그리는 것을 의미하고, 무엇이 그릴 것들이고 생략해야 될 것들인지, 필수적인 내용들과 부수적인 것들인지를 구별할 수 있는 능력을 뜻한다.

기회의 활용

어떤 창작의 과정에서든지 기대하지 못했던 것을 접했을 때 그것을 창작에 활용할 수 있는 준비 자세를 갖춰야 한다. 그림을 그려봄으로써 그려보기 전에는 알 수 없었던 것들을 발견하고 어떤 방향을 제시받는다. 또한 그려진 것을 그린 사람에서의 입장이 아닌 다른 제3자의 시각으로 쳐다보면 미처 몰랐던 다른 가능성을 찾게 되기도 한다. 이러한 것은 의도되지 않은 또 다른 영감인 것이다. 어떤 그림을 쳐다볼 때 생각이 떠오르기 나름이다. 어떤 하나의 시각적 아이디어가 다른 아이디어들을 자극하고, 하나의 그림이 다른 또 하나의 그림을 생성하게 한다. 그리고 추리 도면들은 당장 쓸모가 없어 보이더라도 추후에 좋은 자료가 될 수 있고, 새로운 각도로 아이디어를 다시 쳐다볼 수 있는 기회를 제공한다. 또한 여러 개의 그림들로부터 기대치 않았던 서로의 관계성이나 인과관계, 다른 패턴이나 구조들을 연상하게끔 도와준다.

첫 그림들

발전시킬 수 있는 기회를 활용한다.

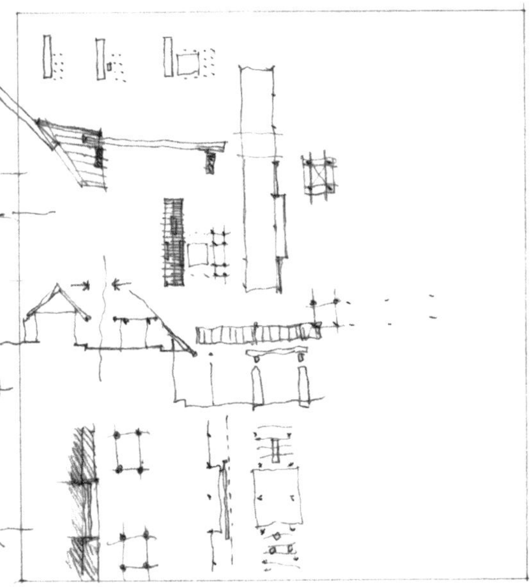

대안을 만들어 낸다.

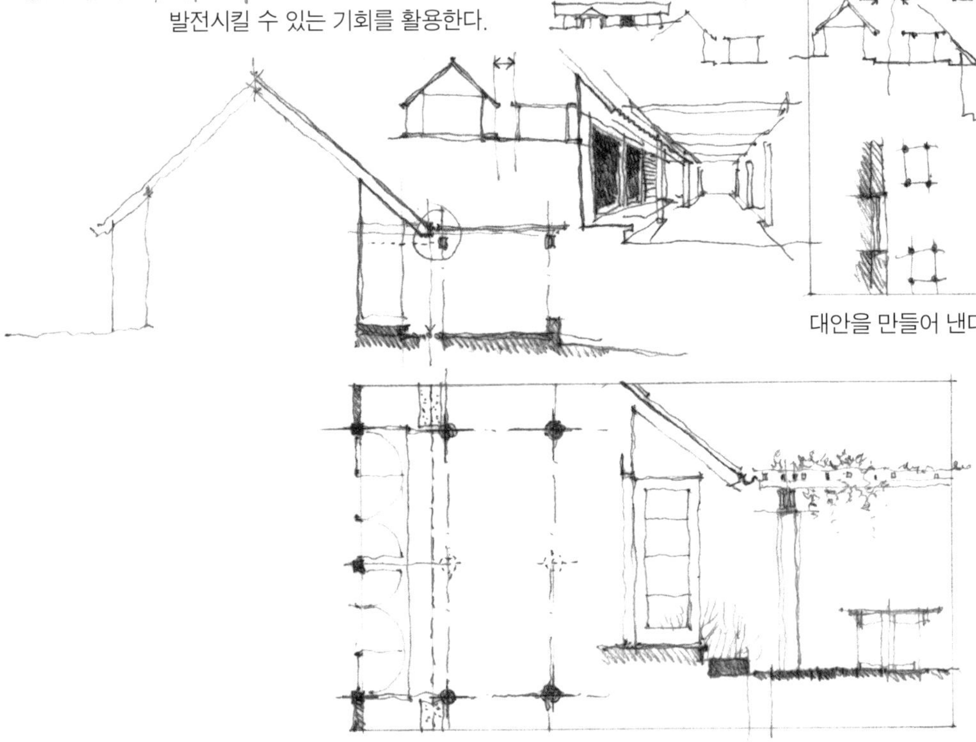

뜻밖의 발견. 즉 우연히 발견한 필요한 내용들을 활용하는 기질을 중시한다.

층(겹)으로 표현하는 것

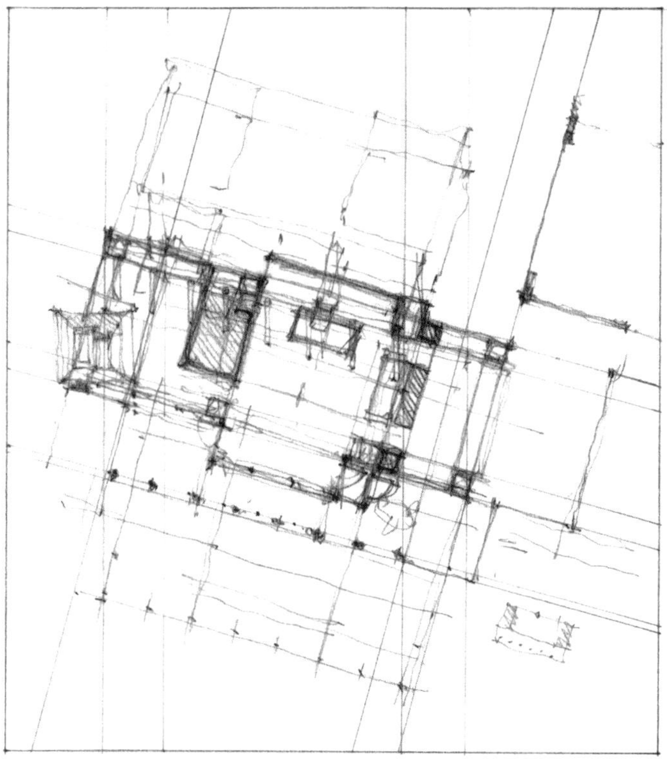

도면에서 층(겹)으로 표현하는 것은 어떤 것에 대한 분석과 합성을 하기위한 하나의 방법이다. 이 방법으로 빠르고 융통성 있게 관계성과 패턴 등을 관찰할 수 있다. 글을 쓸 때, 초안을 잡아 생각을 담고 발전시켜 나아가듯이 한 장의 종이 위에 그림 또한 한 겹씩 쌓아가며 발전시키는 것이다. 예를 들어 우선 건물의 기초나 구조 중심선의 생각을 시험적으로 그려본다. 그리고 형태, 비례, 그리고 구성 등 각각의 직관적인 내용을 시작적 내용으로 결정함에 따라 그것들을 구분된 단계별로 그려낸다. 이러한 과정은 아주 간략한 스케치에서부터 상세한 부분에 이르기까지 사고의 과정을 한꺼번에 담을 수 있는데, 즉 전체적인 모습을 계속 염두에 두면서 부분에 따라서는 자세히 파고들 수도 있는 것이다.

실제로 투명한 종이위에 그려진 각각의 도면들을 사용해 전체적인 결과를 발전시킬 수도 있다. 이때 트레이싱지를 쓰면 어떤 도면 위에 대고 그리거나 어떤 부분을 옮기거나 원하는 부분만을 더욱 발전시킬 수도 있다. 또한 투명한 도면들을 겹쳐 놓고 어떤 요소들의 반복적 패턴이나 연관된 형태별 분류, 그리고 관련성 등을 분석할 수도 있다. 그리고 필요한 부위를 세분화하여 발전시키거나 특별한 사항들을 강조 또는 발전시킬 수 있다. 흔히 공통된 부분을 바탕으로 대안이 되는 아이디어들을 만들 때 이러한 방법을 써서 작업한다.

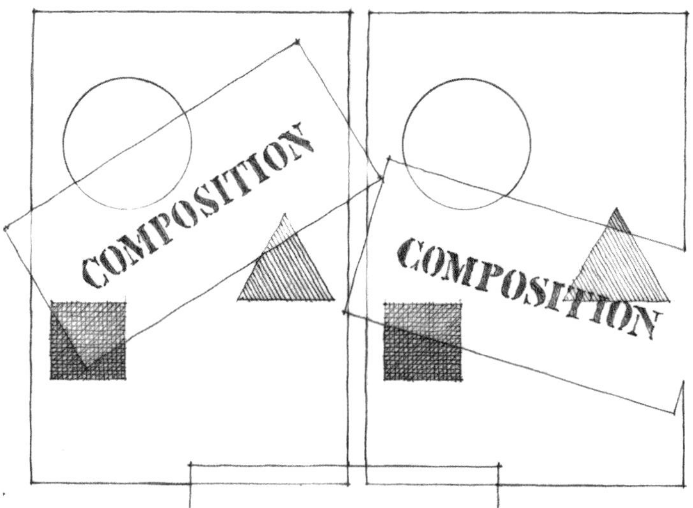

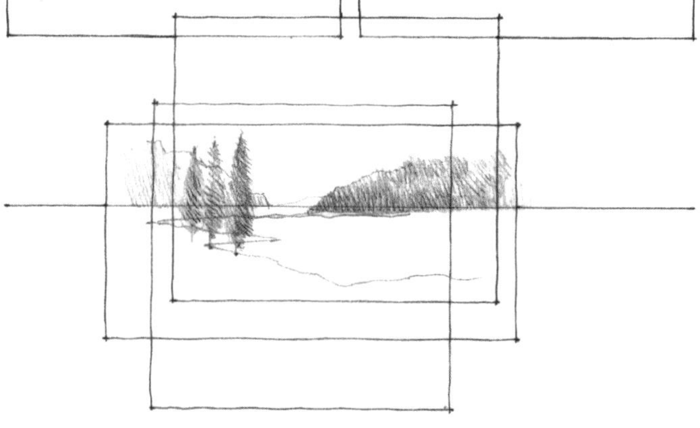

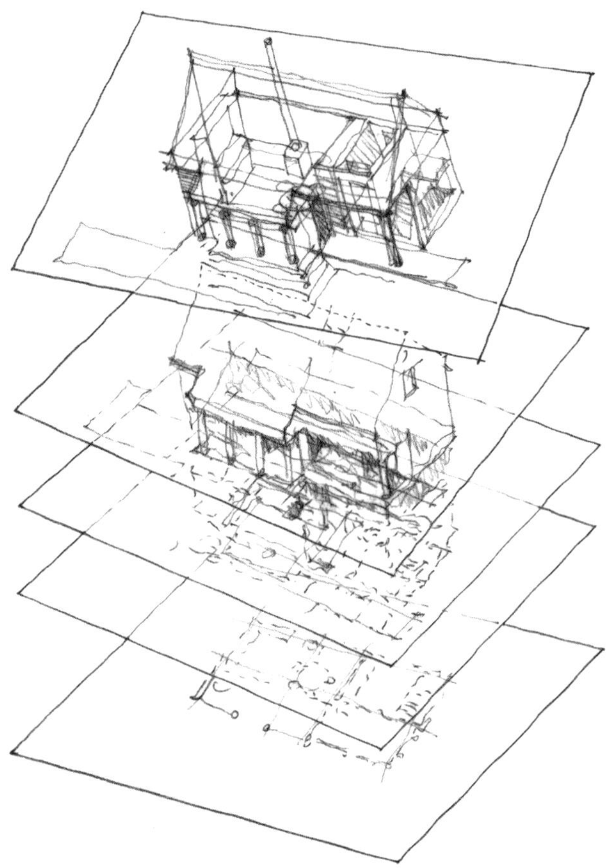

재결합

실제로 볼 수 없는 내용들을 도면에 포현하여 볼 수 있게 할 수 있다. 우리가 그림을 그릴 때 의도적으로 정보들을 원하는 대로 배열할 수도 있다. 곧, 필요한 정보들을 원래의 배치에서 이탈시켜 그들의 새로운 조합을 시도하여 보여줄 수도 있는 것이다.

디자인 가능성을 찾는 단계에서는 어떤 것을 원래 자리로부터 옮겨서 형태, 공간, 구성 등을 고려하여 다시 조합시켜 볼 수도 있는 것이다. 이것은 간단한 예로 어느 부위를 잘라내어 다른 위치에 다시 붙여놓는 것일 수 있다. 또한 어떤 것을 연장하여 그 요소나 형태를 다른 것과 결합시키거나 완전히 다른 것으로 바꾸는 것, 또는 전체 구조를 변경시켜 볼 수도 있는 것이다.

종이 위에 기록이 되기 시작하면, 여러 가지의 대안들을 자유자제로 움직이거나 새로 구성하여 서로 비교할 수도 있고 복사하여 사용할 수도 있다. 이를 통해 처음의 아이디어를 더욱 깊이 있게 발전시킬 수 있다. 때에 따라서는 불필요한 것들을 분별하여 버릴 수도 있고, 눈에 안 띄던 것들을 다시 고려해 볼 수도 있으며, 그 과정에서 새로운 아이디어를 얻어 다음 단계의 발전으로 넘어갈 수도 있다.

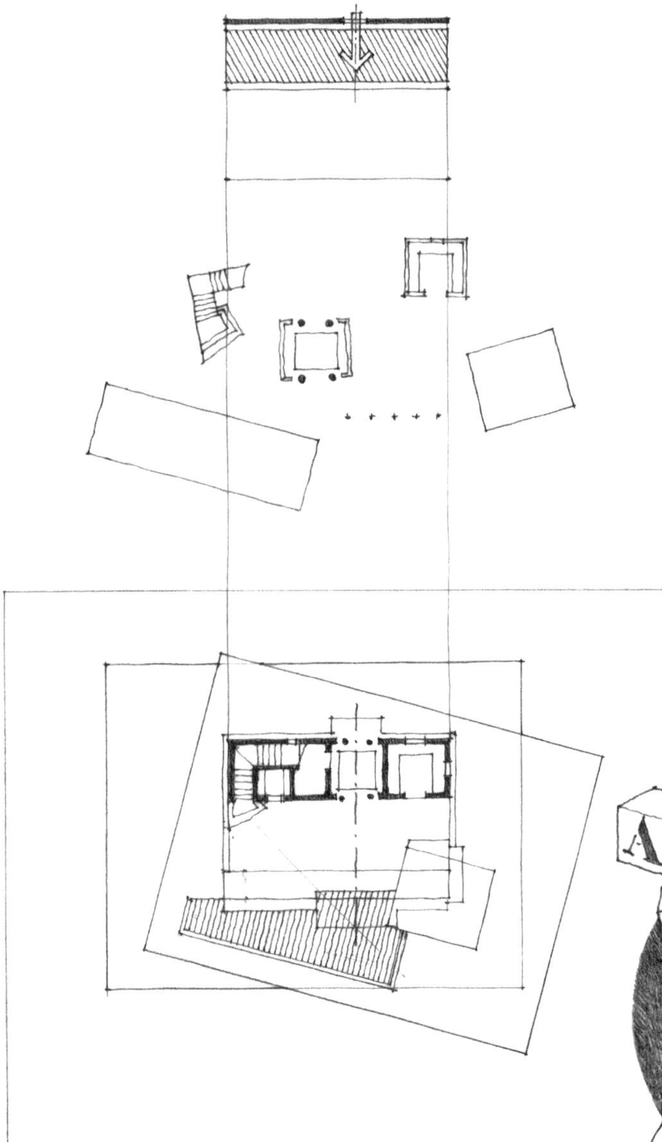

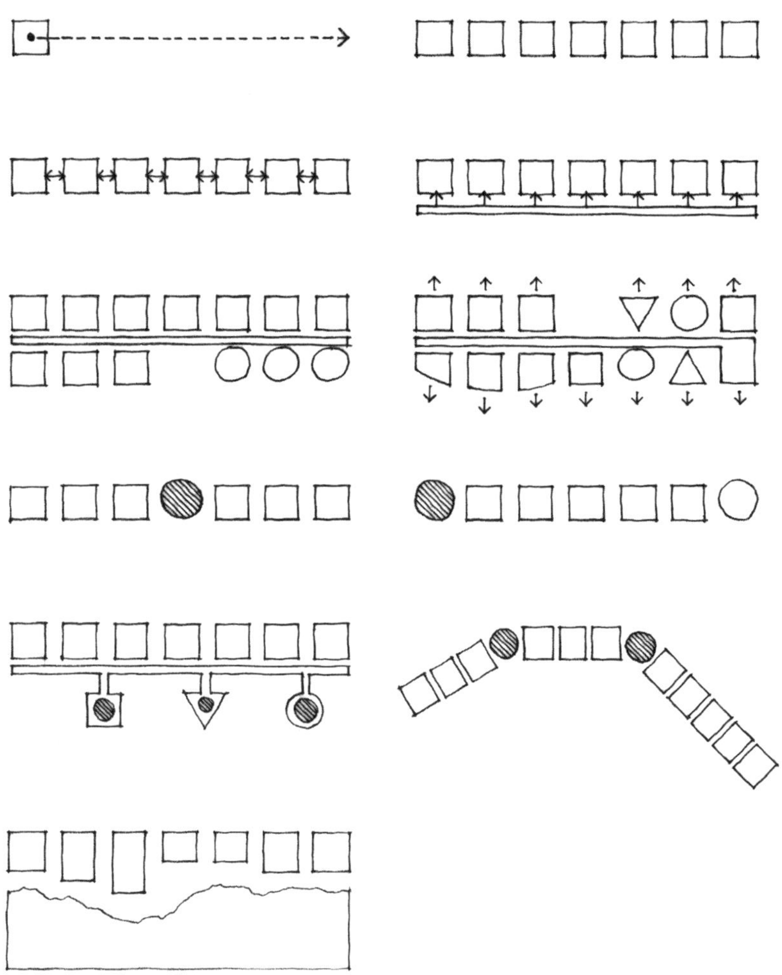

변환

도면으로 나타내는 것은 우리 사고의 내용을 종이 위로 변환하는 것에 지나지 않는다. 종이 위에 나타내게 되면 사고의 눈은 주된 관심거리들만 추려서 보게 되는 것이다. 중요한 부분일수록 눈에 더 띄게 되고 그렇지 않은 것들은 그리는 과정에서 점차 누락될 것이다. 머릿속의 사고가 그림으로 기록이 되면 이것들은 독립적인 개체로 존재하게 되면서 탐구와 발전의 대상이 되고 새 아이디어가 생성되는 계기가 되기도 한다.

그림이나 도면은 생각한 내용들의 실체를 보여주므로 그것을 확실하게 발전시키거나 평가 또는 실행에 옮길 수 있는 것이 된다. 그리고 우리가 그린 모든 도면들은 그 생성되는 결과에 따라 수차례의 변화와 진화를 거치게 된다. 일단 도면이 그려지면, 그려진 내용은 실질적으로 우리 눈앞에 존재하게 되고 그 그림이 생성되기까지의 과정은 분명히 따로 존재하게 된다. 그리고 그려진 내용은 앞으로 아이디어에 대한 연구와 발전 방향을 가능케 하는 기폭제로서 작용하게 된다.

아이디어를 개발하고 가능성들을 탐색하는 과정에서 우리는 여러 개의 연관된 그림들을 그려내고 그것들을 적절하게 배치하여 비교 및 평가할 수 있다. 이때, 그림들을 때로는 새롭게 정렬할 수도 있다. 곧, 새로운 아이디어로 변환될 수도 있는 것이다. 즉, 변환의 원리는 처음에 세운 개념이 어떤 필요에 의해 여러 개의 독립된 발전과 변형을 거칠 수 있음을 말하는 것이다. 그리고 우리의 생각을 강제로 바꾸고 싶을 때, 익숙한 것을 생소한 것으로, 또는 생소한 것을 익숙한 모습으로 바꿀 수도 있다.

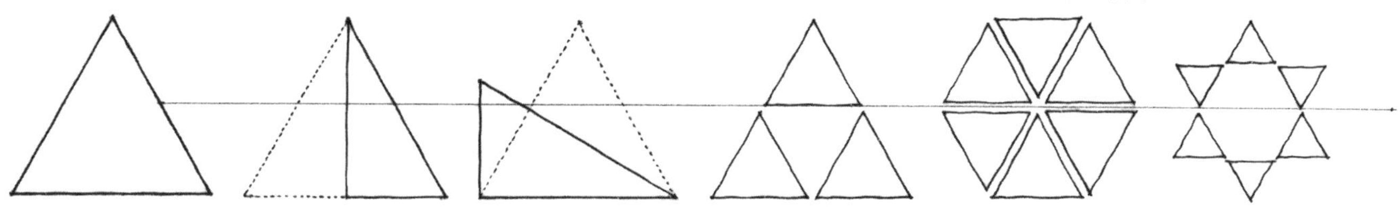

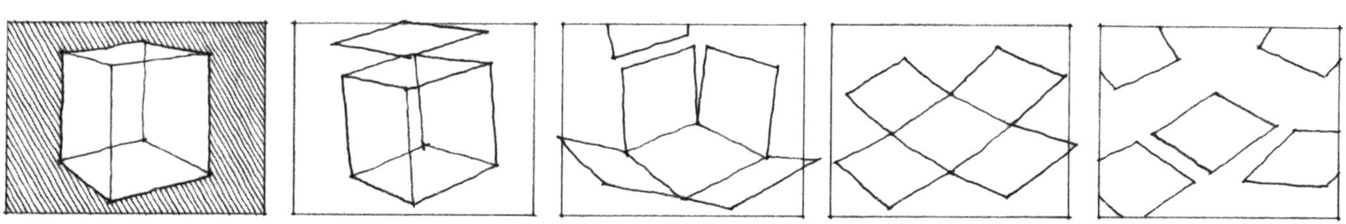

유연함

유연함을 갖는다는 것은 디자인 아이디어의 새로운 가능성을 위한 다양한 접근을 항상 찾는 자세라고 할 수 있다. 특히 어떻게 그려나가느냐에 따라 우리의 무의식적인 생각과 시각적 사고의 형성과 진행 방향에 영향을 미치기 때문에 무엇을 그릴 때에 유연함을 갖는 것이 중요하다고 하겠다. 만약 알고 있는 한 방향으로만 그리는 것이 편하다고 생각할 때 무의식적으로 생각의 범위를 스스로 제한하는 것이다. 어떤 문제를 다양한 각도로 볼 수 있기 위해서는 다양한 접근방식으로 그릴 수 있어야 한다. 따라서 우리는 다양한 표현재료들과 폭넓은 표현 기법들을 모두 손에 쥐고 상황과 필요에 따라 선택하여 능숙하게 구사할 수 있어야 한다.

여러 가지 시도와 실패를 두려워하지 않으며 항상 새로운 것을 추구하는 것이 표현의 유연함을 갖는 첫 단계이다. '만약에 이렇게 하면…?' 이라는 물음으로 스스로에게 물을만한 것이라면 그것은 곧 시도해 볼 가치가 있는 대안인 것이다. 그리고 이렇게 유연한 자세는 도면을 그리는 가운데 우연히 생기는 일들을 기회로 삼을 수 있게 한다. 또한 유창함과 유연함을 갖는 것은 창작활동의 시작 단계에서 중요한 것들이지만, 동시에 선택과 판단능력 또한 갖춰져야 한다. 수많은 대안들 속에 목표의식을 잃으면 안 되기 때문이다.

보는 시점의 변화

창의력을 발휘하여 상상하는 자세에서는 풀어야 할 문제들을 항상 새로운 시각으로 다루게 된다. 몸에 익숙한 관습과 관례에 의존하는 자세는 새로운 아이디어를 이용한 디자인 과정에 한계를 가져온다. 우리가 색다른 방법으로 어떤 문제를 쳐다보게 되면, 특이하고 때로는 역설적인 것들 속에 숨어 있는 새로운 아이디어를 발견하는 기회를 갖게 되는 것이다. 문제를 새로운 방향으로 볼 수 있기 위해서는 예리한 시각으로 어떤 것을 시각화할 수 있어야 하고 유연한 아이디어 스케치가 새로운 가능성을 보여줄 수 있는 길임을 이해해야 한다.

새로운 시각으로 다시 보기 위해 우리가 그림으로 나타내는 것을 거울을 통해 쳐다보기도 한다. 또는 그림의 위아래를 바꾸거나 멀리 떨어져서 쳐다봄으로써 그림의 핵심을 다시 찾아보기도 한다. 이때 그림을 이루는 기본 요소들과 눈에 보이는 패턴, 그리고 각 부분들의 관계성 등이 중요하다. 그리고 새로운 시각을 갖기 위해 남의 눈을 빌리기도 한다. 보는 시점의 변화를 주기 위해서 그림을 그리는 도구나 종이의 종류, 또는 표현 기법들이나 도면작도법의 종류에 변화를 주는 것도 효과적일 수 있다.

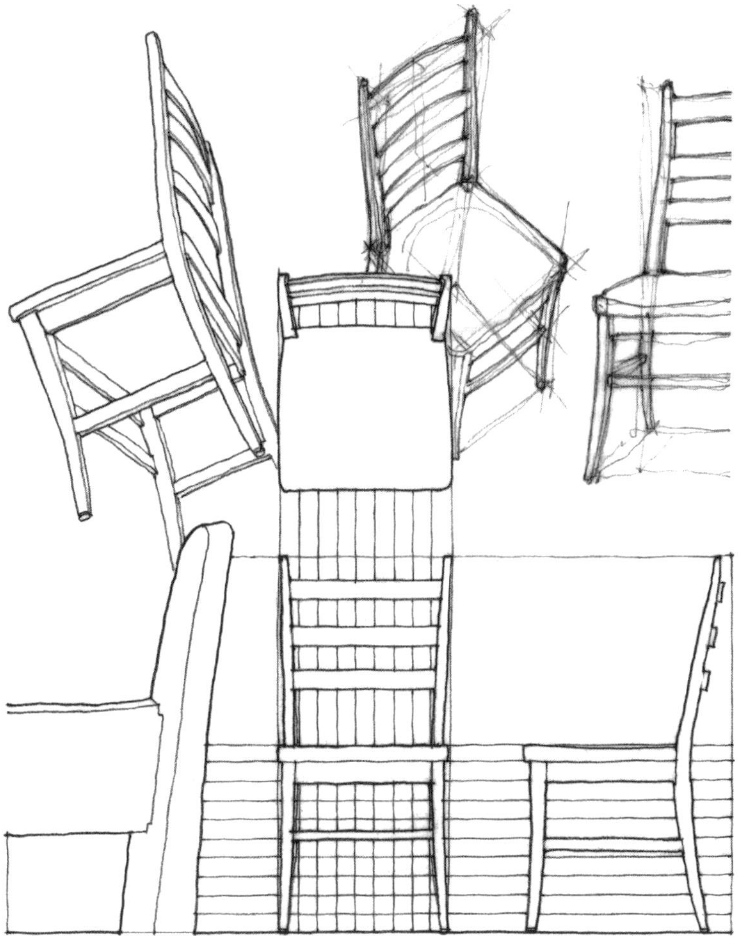

그림 또는 도면들은 사물을 다른 시점에서 보는 기회를 제공함으로써 우리의 사고능력을 자극할 수 있다. 그리고 투영도, 투상도, 그리고 투시도 등의 도면기법들은 디자인 전달에 쓰이는 의사소통 수단이 되어준다. 우리는 단순히 이런 언어들을 사용해서 '쓰는 것' 뿐만 아니라 '읽는 것' 도 할 수 있어야 하며 상황에 맞춰 여러 도면기법들을 능숙하게 구사해가며 디자인을 진행시킬 수 있어야 한다. 평평한 투영도들을 3차원의 투상도로 바꿀 수 있어야 한다. 그리고 어떤 사물의 투영도들을 보고 자신이 평면상의 어느 한 지점에 서 있다고 가정하고 눈앞에 펼쳐진 모습을 도면으로 보여줄 수 있어야 한다.

보는 시섬을 바꾼다.

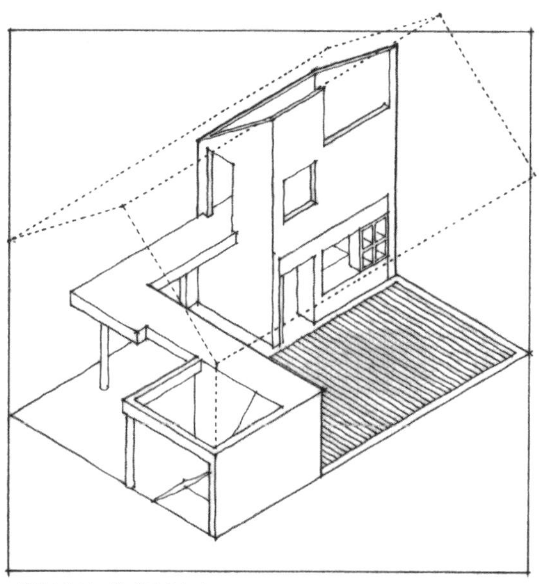

어떤 것의 내부를 본다

회전

어떤 것을 회전시키며 생각하면 그 사물을 다른 시점에서 보고 분석할 수 있게 된다. 그 사물이 공간 속에서 회전을 한다든지 보는 사람이 주변을 돌면서 관찰한다고 가정하면 그것을 볼 수 있는 가능한 모든 방향에서 보게 되는 것이다. 또한 종이 위에 그려진 디자인 아이디어를 머릿 속에서 뒤집어서 인식하면 그 디자인 아이디어를 다양한 차원에서 관찰할 수 있다.

사물이 공간 속에서 회전하는 것을 그린다고 가정할 때 복잡한 전체 구성물보다 단순 기하학적 형태를 상상하기가 수월하다. 이렇듯 어떤 것의 형태나 복잡한 구성을 정리하는 장치, 즉 구성의 축이나 기하학적인 도식이나 입체 등이 필요하고 그것들에 의해 전체 구성에서 각 부위들이 차지하는 의미, 전체 구성에 대한 종속성 등을 이해할 수 있다.

복잡한 구성을 정리하는 장치가 구상되면, 그것을 공간 속에서 회전시키는 것을 상상할 수 있다. 원하는 위치에 이르면 그것을 고정시키고 전체 구성 속에 작은 부위들을 설정하여 도면을 완성시키게 된다. 이때 정리선을 활용하여 구성의 체계를 잡는다. 구성물의 비례와 관계들을 점검하고 재료의 두께나 깊이 또는 기타 세부사항들을 발전시켜 도면을 완성한다.

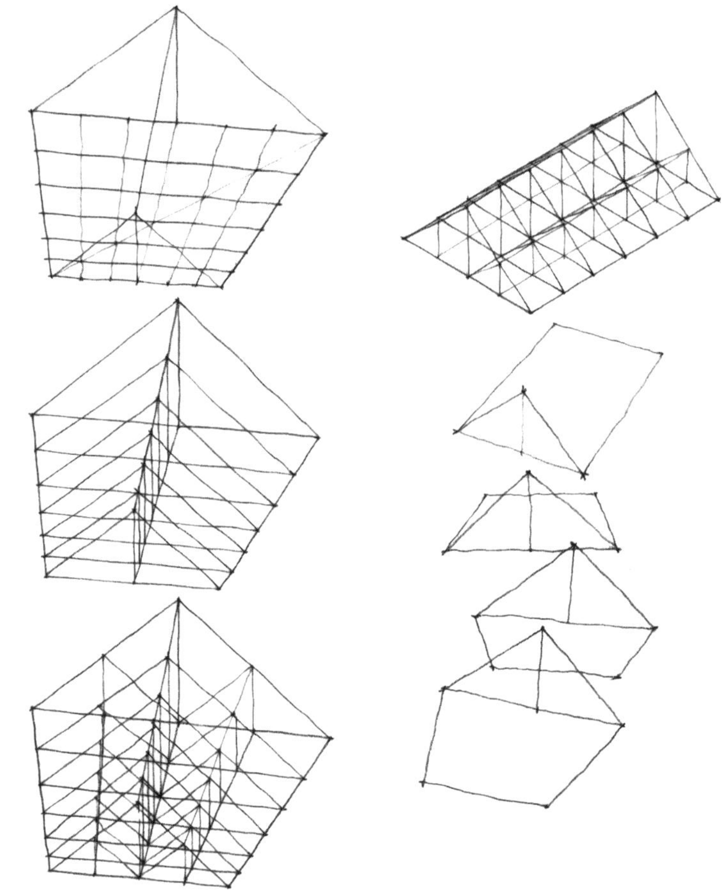

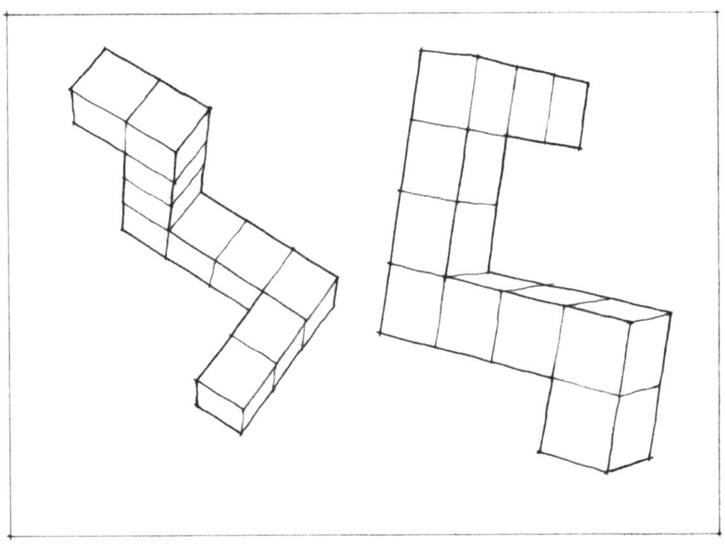

아이디어를 머릿속에서 뒤집어본다

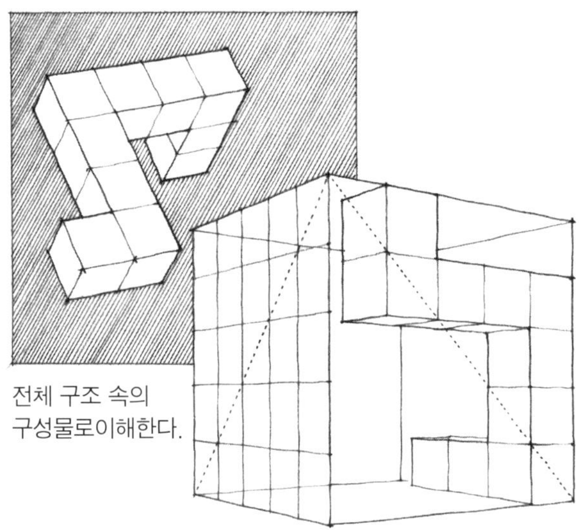

전체 구조를 이해한다.

스케일(축적)의 변화

디자이너는 디자인 개념의 설정 및 세부적 내용의 발전에 있어서 일반적인 것에서부터 특별한 것까지, 넓은 범위에서부터 좁은 범위까지 전반적인 사항에 대해서 책임질 수 있어야 한다. 도면상의 표현 기법들은 처음의 도시적인 단순 스케치로부터 제도 용구를 사용하여 상세한 아이디어를 나타내기는 정확한 도면들의 작도에 이르기까지 점증적으로 발전하게 된다.

다양한 스케일에 따른 표현 정도의 차이는 디자인 과정에 있어서 새로운 자극이 될 수도 있다. 그리고 도면의 스케일에 따라 어떤 부분에 주된 관심을 두게 될지 또는 생략하게 될지 결정한다. 예를 들어 작은 축척에서는 재료의 내용에 대한 뚜렷한 답이 없어도 디자인이 가능한 이유는 그 축척으로 재료에 대해서 표현이 불가능하기 때문이다. 그러나 큰 축척에서는 그에 대한 답이 필요하게 된다. 만약 이때 재료에 대한 답이 없을 경우, 그 내용에 비해 도면의 축척이 지나치게 큰 것이 된다. 디자인 과정에서 축척에 변화를 줌으로서 핵심이 되는 요소들만으로 디자인 아이디어를 추출할 수 있기도 하고 재료나 세부사항 등의 문제까지 아이디어를 확장할 수 있게 되기도 한다.

디자인 내용과 스케일과의 상관관계는 내용을 어느 정도 이해시키는지의 문제이기도 하지만 디자인 대상물의 기술적 내용에 관한 문제이기도 하다. 도면을 표현하는 재료와 도구들은 도면의 스케일에 따라 달라지지만 결국 디자인의 내용을 어느 정도 표현할 수 있는지의 문제인 것이다. 예를 들어 얇은 잉크펜을 사용할 때에는 정교한 내용을 표현할 수 있고 그에 따라 세부사항에 대한 것이 될 수 있다. 그러나 굵은 잉크 마커로 표현하게 되면 넓은 부위를 손쉽게 다룰 수 있고 전체 디자인 패턴과 조직에 대한 주장을 읽을 수 있게 된다.

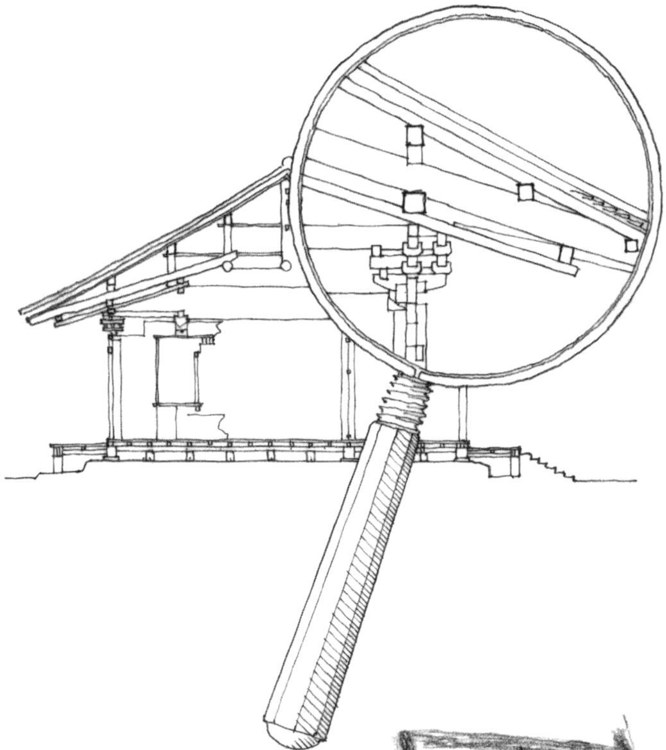

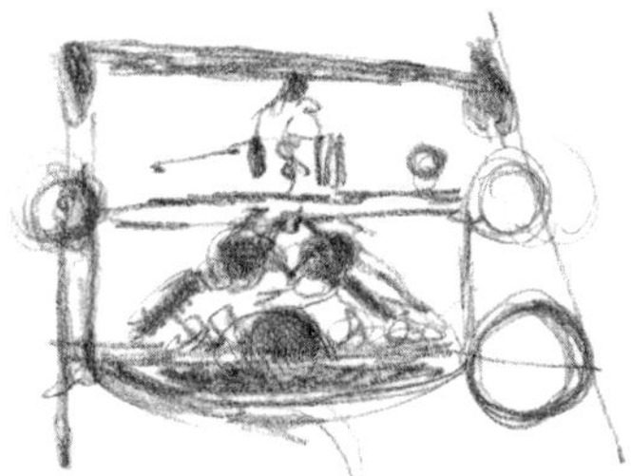

방글라데시 데카의 수도 정부청사, 1962, Louis Kahn. 초기 평면 스케치 중 층계 갤러리의 단면도와 복층 벽체 구조 상부상세.

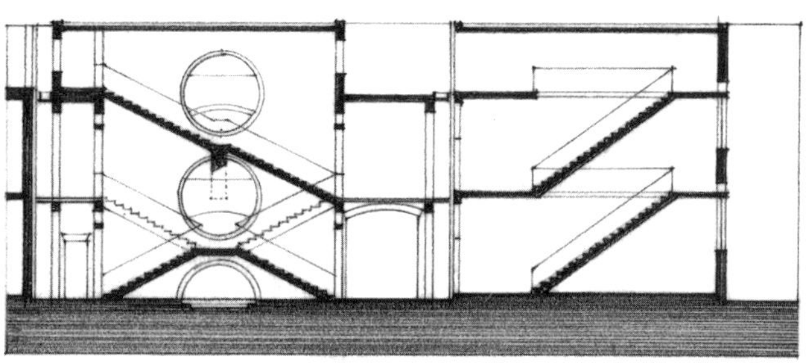

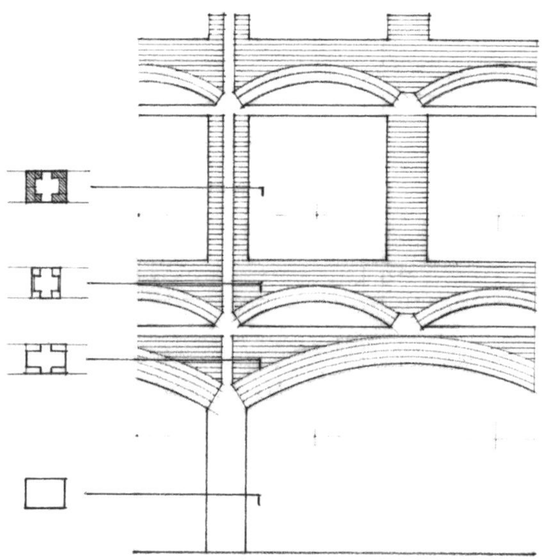

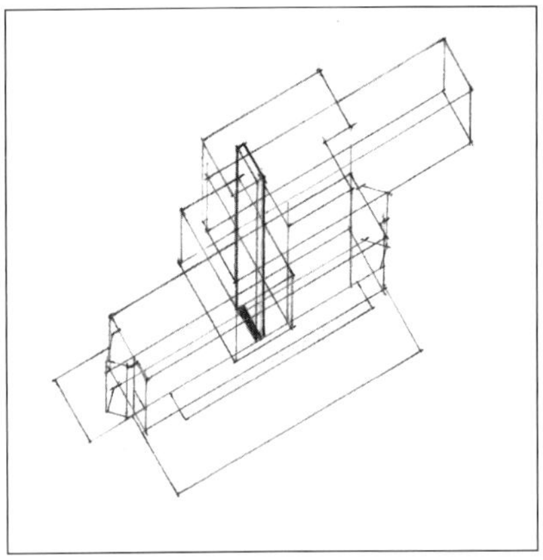

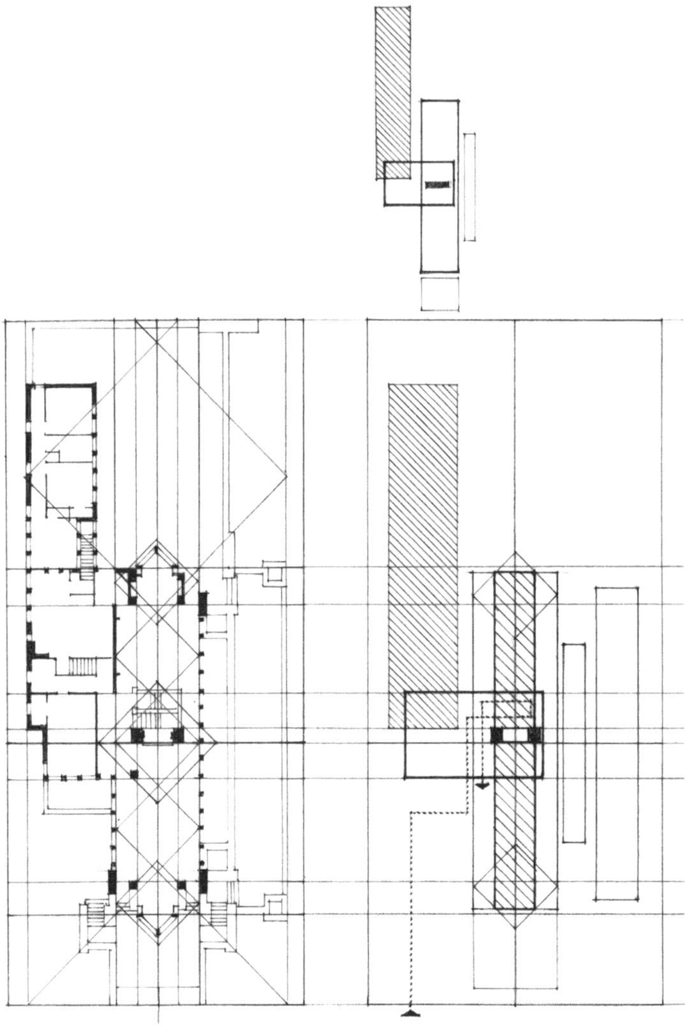

Analysis of the Robie House, Chicago, 1909, Frank Lloyd Wright

다이어그램 표현

어느 도면이라 할지라도 실제를 대처할 수는 없다. 모든 도면과 그림들은 실제 사물의 느낌이나 머릿속 사고의 내용을 적절히 추상화한 결과이다. 이때 디자인 도면에서 다양한 수준의 추상적 단계를 다룬다. 한쪽은 디자인 계획안에 대한 미래의 현실을 느끼게 해주는 목적의 프레젠테이션 도면이 있을 수 있고, 다른 한쪽은 어떤 것을 보여주되 눈에 보이는 현실에 관한 것이 아닐 수도 있다.

다이어그램은 어떤 것을 이루는 부분들이나 그것들의 배열 또는 전체의 작용을 설명하고 명확하게하는 역할을 한다. 가장 큰 특징은 다이어그램으로 어떤 복잡한 상황을 단순화할 수 있고, 그 상황들을 생략 또는 축소를 통해 핵심이 되는 요소들만으로 나타낼 수 있다는 점이다. 다양한 분야의 전문가들은 각기 나름대로 다이어그램을 이용하여 사고의 과정을 정리하는 것이 보통이다. 수학자나 물리학자, 음악가나 무용가들까지 그들의 복잡한 행위들을 추상화된 기호나 단어들을 써서 적용한다. 디자이너들 역시 다이어그램에 의하여 시각적 사고의 내용을 분명히 하기도 하고 자극을 받기도 한다.

모든 디자인의 결과는 어떤 주어진 문제에 대한 해결방안이지만 디자인의 시작 단계에서는 다양한 가능성에 대한 탐구과정이라고 해도 과언은 아니다. 디자인은 무엇을 선택하는 것이기도 하다. 선택할 디자인의 대안들이 없을 때 디자인 결과물 또한 없는 것이다. 그리고 다이어그램을 세부적이고 특별한 것보다 일반적인 것들에 중점을 둠으로써 지나치게 빠르게 결과에 도달하는 것을 막고 모든 가능한 대안들을 만들어내는 데에 도움이 된다. 그러므로 다이어그램으로 표현하는 행위는 주어진 디자인 문제에 대해서 답이 될 수 있는 대안들을 만들어낼 수 있는 적절한 방법이 되어주는 것이다. 다이어그램의 추상적 성격을 통해 우리는 디자인 프로그램의 핵심요소들에 대해 분석하거나 이해를 도모할 수 있고 그것들이 서로 갖는 상관관계나 그들이 새롭게 정렬하여 총체적인 새로운 가치를 형성하는 데 활용할 수도 있다.

다이어그램의 종류

디자이너들은 디자인을 개시하거나 명확하게 하기 위해서 또는 아이디어를 평가하기 위하여 디자인의 모든 단계에서 다양한 종류의 다이어그램을 활용한다.

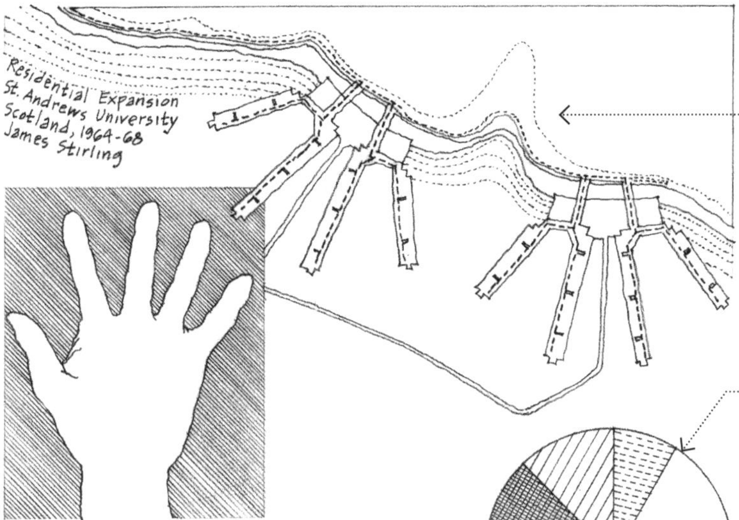

- 아이디어 생성단계에서 은유의 방법을 통해 문제해결 방안을 정확한 결과물 없이 아이디어의 유사함으로 제시할 수 있다.

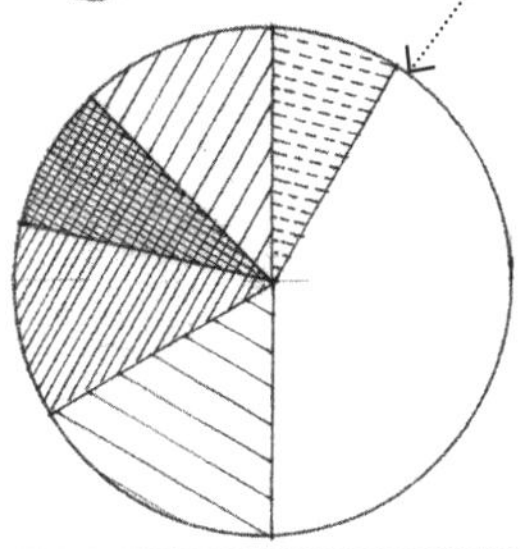

- 면적 다이어그램으로 어떤 것의 크기나 정도, 어떤 요소의 영향력 등을 나타낸다. 흔한 면적 다이어그램으로 막대그래프, 파이도표, 밀도표 등이 있다.

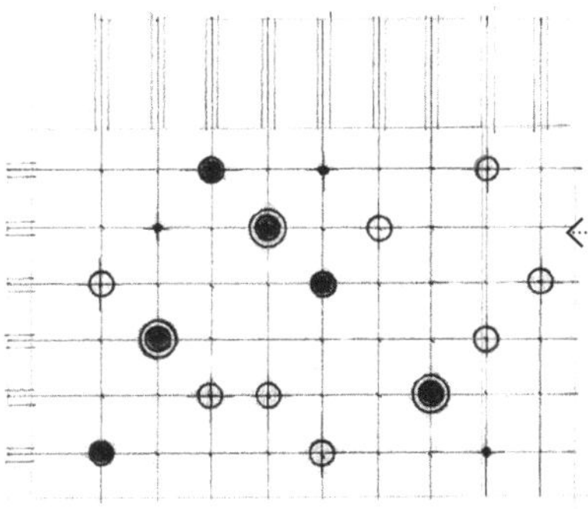

- 행렬 다이어그램은 좌표체계를 통해 각 요소들의 근접성, 중요도 등의 정도를 표현할 수 있으며 주로 디자인과정 중 프로그램 분석 단계에서 쓰인다.

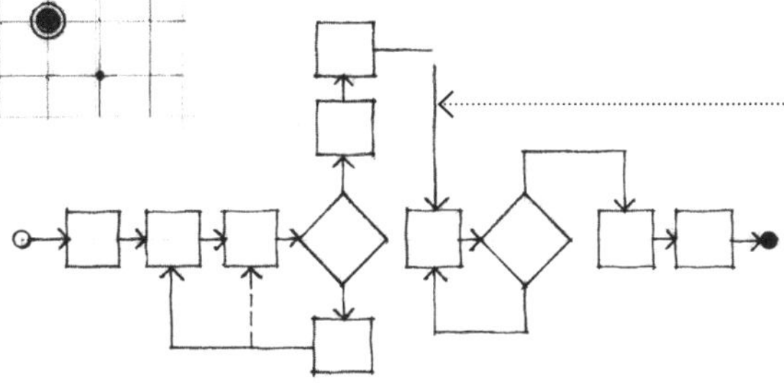

- 조직 다이어그램은 연속되는 단계들로서 어떤 것의 과정, 순서, 또는 작용상황을 보여준다. 조직 다이어그램으로 플로어 차트나 트리 다이어그램 등을 들 수 있다.

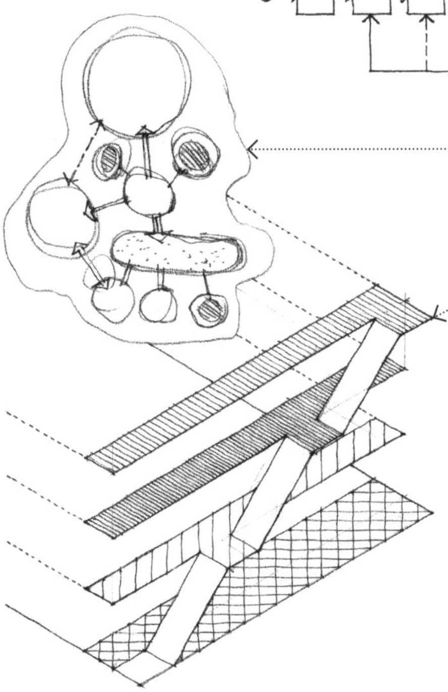

- 버블 다이어그램은 각 부분들의 상대적 크기와 서로 간의 기능과 역할과 관련한 근접성 등을 나타낼 수 있으며 문제해결의 형태적 아이디어를 줄 수도 있다.
- 동선 다이어그램은 사람들이나 차량, 서비스 등의 중심점이나 순환의 패턴을 설명해준다.
- 배선 약도는 전기나 설비시설의 배치와 조정을 위한 계통을 보여준다.

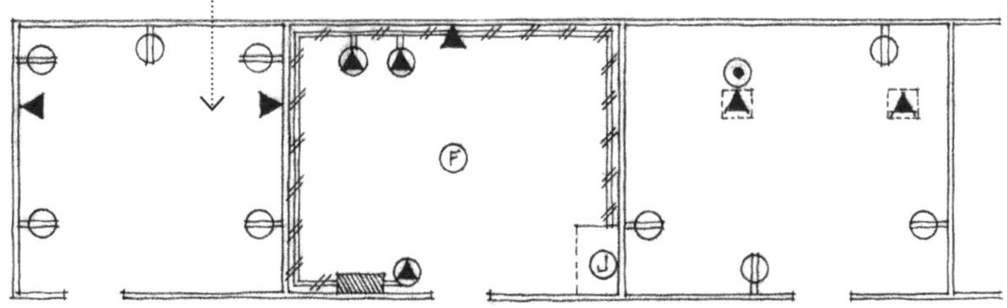

분석 다이어그램

전체를 이루는 각 부분들의 배치와 서로 간의 관계를 분석하고 설명하는 다이어그램이 분석 다이어그램이다. 디자인 과정에서 다양한 분석 다이어그램이 있을 수 있다. 대지 분석에서는 환경 및 주변 상황 속에 설계물이 어떤 위치로 배치되는지를 조사한다. 프로그램 분석에서는 기능별 요구사항들을 계획된 구성물이 어떻게 만족시켜주는지를 보여준다. 형태적 분석에서는 구조 형태와 공간들, 그리고 건물을 구성하는 외피 요소들과의 관계들을 보여준다.

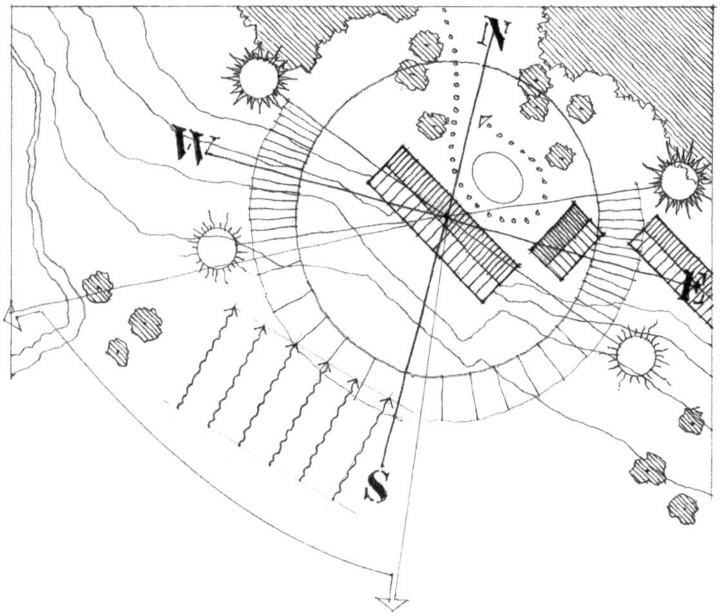

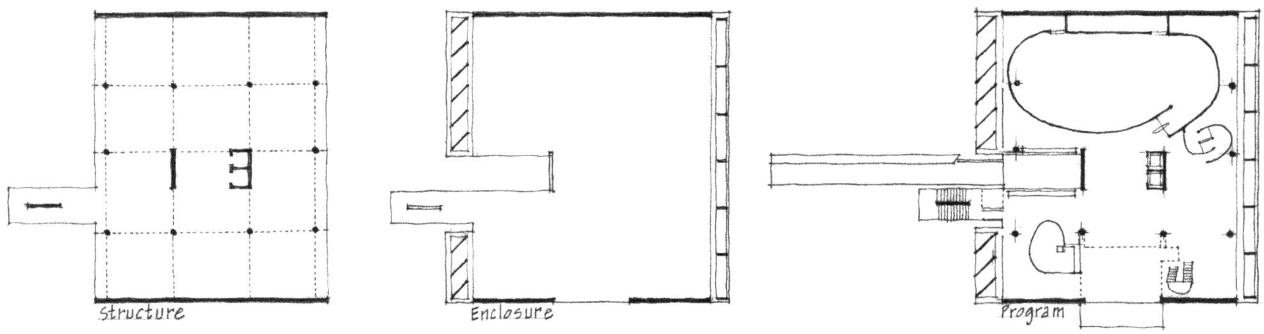

제분협회 건물, 인도, 1954, Le Corbusier

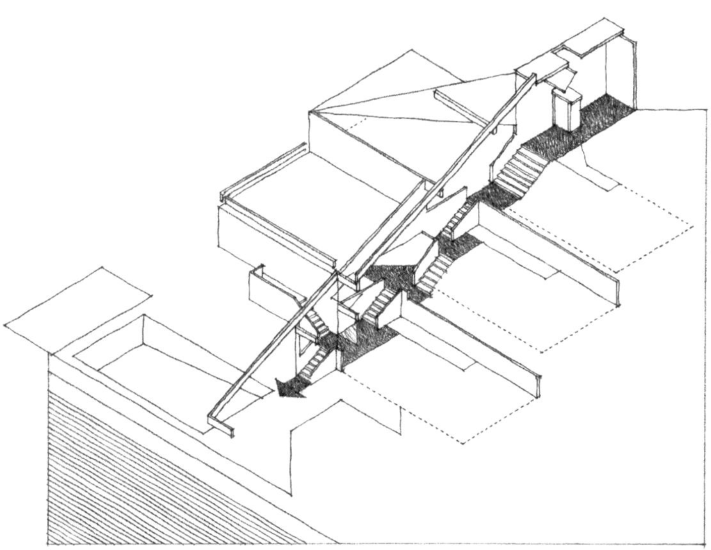

전효과적인 다이어그램을 위해 다양한 시점에서의 도면기법들을 사용할 수 있다. 다이어그램이 한 가지 문제나 관계성을 따질 때에는 2차원 형식으로 충분하다. 그러나 디자인의 복잡한 공간들 간의 관계를 다룰 때에는 3차원 도면기법이 필요할 수도 있다. 특히 덩어리의 크기와 공간의 부피 등에 관한 디자인일 때 이 입체를 자르거나 열어서, 또는 입체의 일부를 투명하게 처리하여 표현할 수도 있다.

다이어그램의 요소들

다이어그램에서 여러 가지의 내용들을 다양한 기호들과 심볼들을 사용함으로써 효율적인 분석 및 검토가 가능해지고 디자인을 결정짓게 된다. 이러한 추상적인 기호들은 복잡한 내용들을 대신하여 어떤 아이디어나 작용들을 보여줄 수 있고 필요에 따라 손쉽게 바꾸고 조작할 수 있다. 따라서 디자이너의 생각과 상상에 따라 즉각적으로 반응을 보일 수 있다.

심볼

심볼은 연관성, 유사성, 또는 관례적 사고를 나타내는 도식적인 형태로써 어떤 일의 구조적 특징을 상징하는 것이다. 묘사적 심볼은 나타내는 어떤 것의 단순화된 형상으로 이뤄진다. 대중에게 유용하게 쓰이기 위한 심볼은 일반적인 모습과 뜻을 가져야 하고 뜻하고자 하는 것의 구조적 특징을 담고 있어야 한다. 상당히 추상적인 형태의 심볼은 넓은 의미를 가질 수 있고 뜻을 전달하기 위해서는 전후 문맥이 주어지거나 설명이 곁들여져야 한다. 심볼이 더 추상적으로 변하고 뜻하는 것과 시각적 연계성이 결여되면 그것들은 기호가 된다.

기호

기호는 어떤 단어나 문장의 뜻을 함축하거나 어떤 작용을 의미하며 관습적으로 쓰이는 도식적인 심볼이나 형태이다. 기호의 모습은 뜻하는 것의 형태적 특징과 무관하다. 기호들은 모두가 동의하는 합의나 관습에 의해 그 뜻이 통용된다.

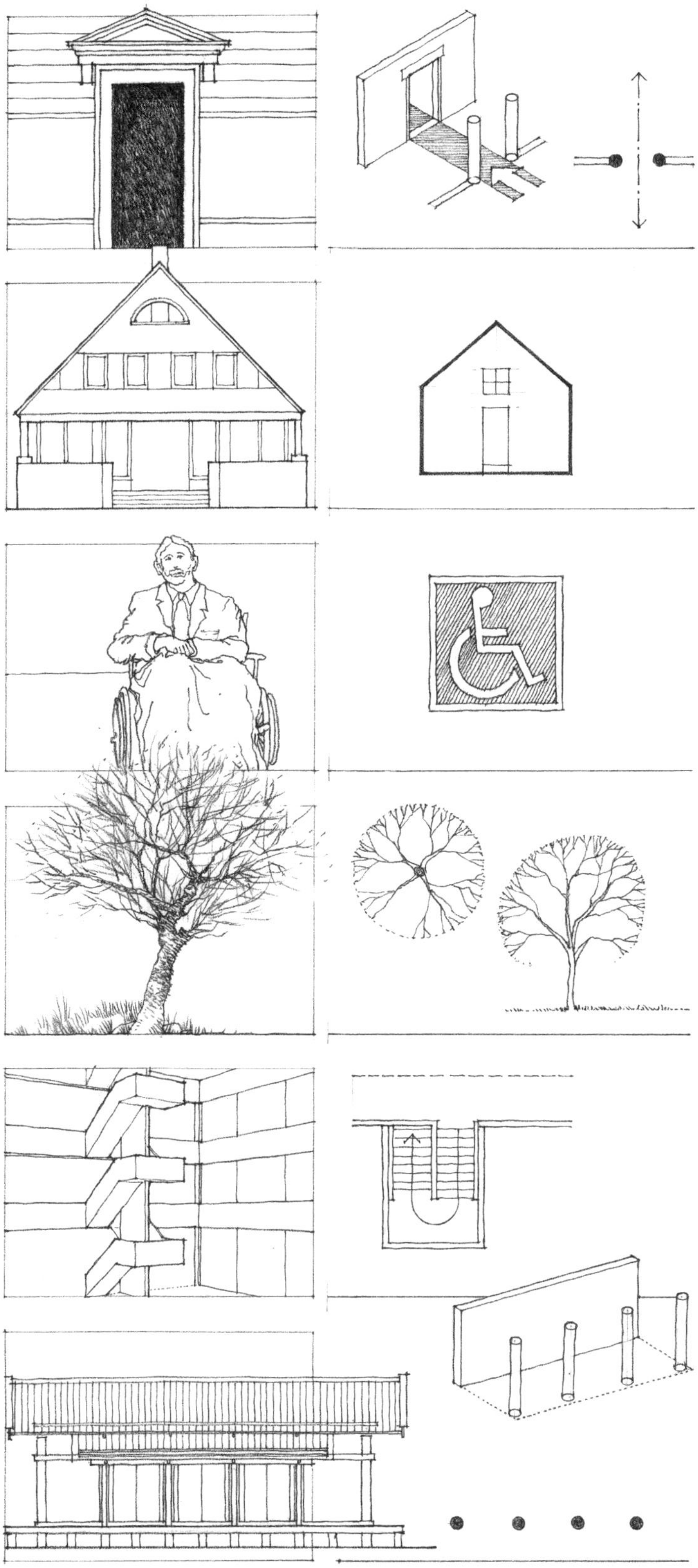

심볼과 기호들은 글로 나타낼 수 있는 세밀한 뜻의 차이나 뉘앙스를 표현하기에는 부적적하다. 그러나 각 요소들을 구별하고 어떤 것의 과정이나 기능을 효율적으로 전달시킨다. 이러한 시각적 전달체계는 보통 언어를 통한 의사소통보다 순식간에 내용을 전달할 수 있다. 그러나 보통 우리는 여기에 줄임말이나 범례 등 간단한 설명의 글이라도 곁들여 이해를 돕는 경우가 많다.

다음 사항들을 조절함으로써 심볼과 기호의 시각적 표현과 그 뜻을 필요에 따라 수정할 수 있다.

- 심볼과 기호의 상대적 크기는 각 요소들의 양적 차이를 보여주며 그들 사이의 위계를 암시한다.
- 다이어그램 상에서 격자나 다른 기하학적 장치에 의해 각 요소들의 배치나 구성을 결정지어줄 수도 있다.
- 각 요소들의 상대적인 거리는 서로 간의 관계성을 뜻한다. 가까이 있는 요소들은 서로 강한 연관성을 지니고 서로 거리를 둔 요소들은 그 반대의 성격을 갖는다.
- 모양, 크기, 명암표현의 대조 혹은 유사성은 각 요소들을 어떤 특징으로써 묶는 역할을 한다.
- 요소들의 수를 줄이고 그 다양성을 줄이면 적절하고 다루기 쉬운 개념을 유지할 수 있다.

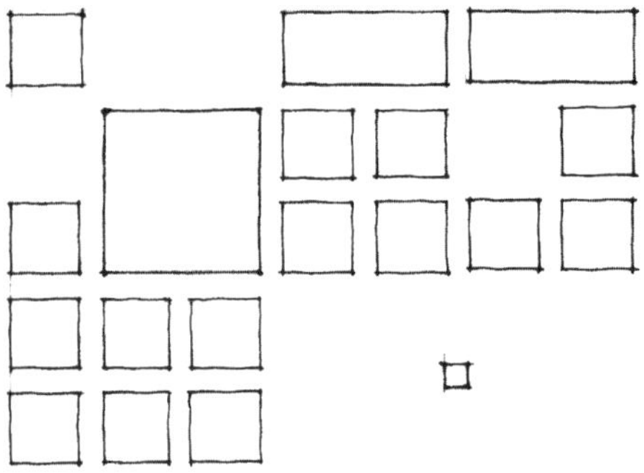
크기에 의한 위계질서

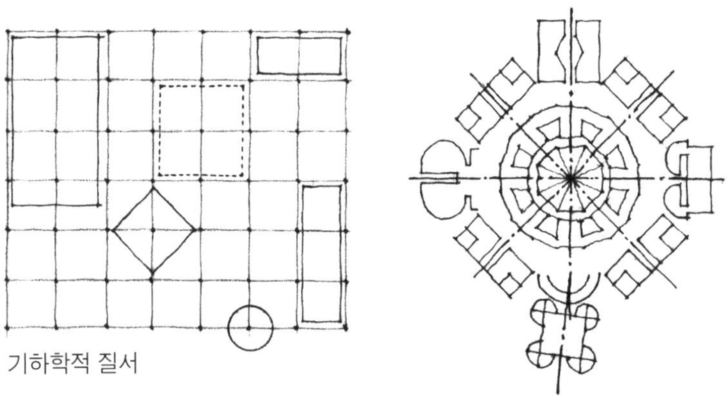
기하학적 질서

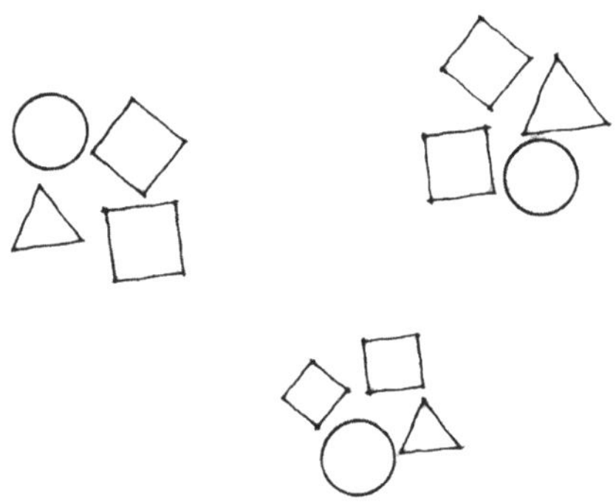
근접성에 의한 구성

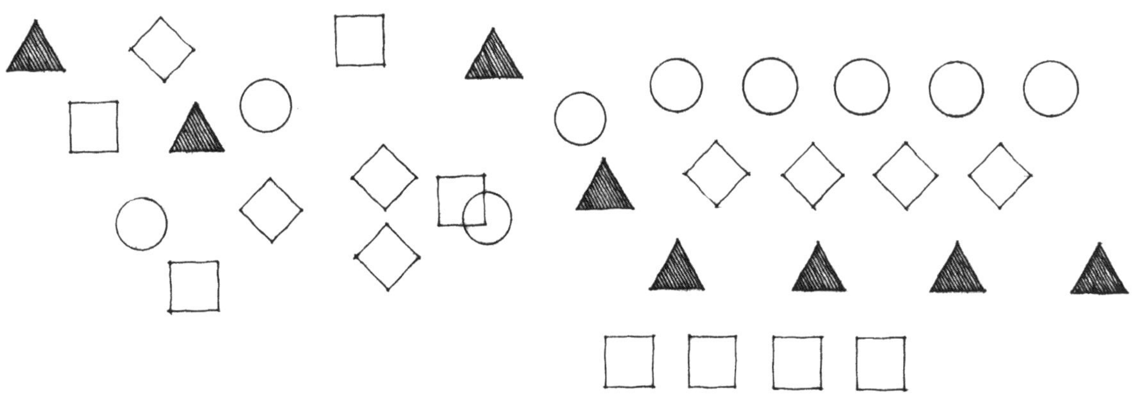
유사성과 대조에 의한 구분

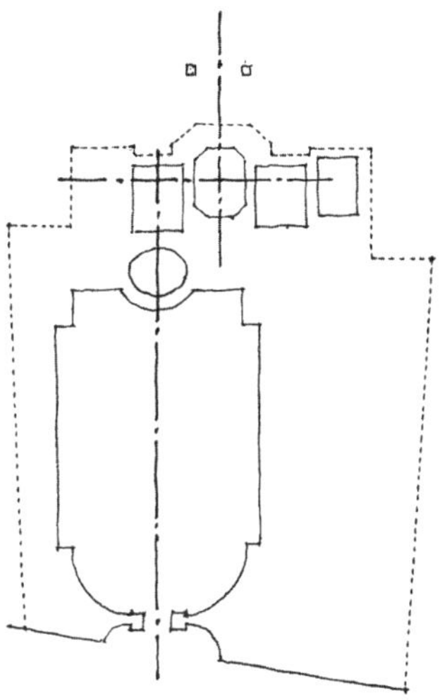

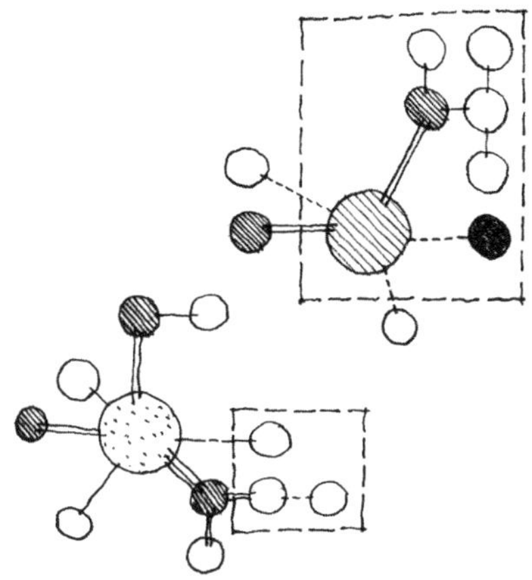

다이어그램의 관계들

다이어그램에서 각 요소들의 관계를 더 눈에 띄게 하기 위해서는 근접성, 연속성, 유사성에 의한 구분을 활용한다. 그리고 강조하고 싶은 부분들의 연계성이나 특수한 관계 등을 분명히 하고 싶을 때에는 다양한 종류의 선들과 화살표 등을 쓰기도 한다. 또한 연결 짓는 것들의 너비나 길이, 연속성, 명암의 대비 등을 조절하여 여러 가지 의미의 연결 성격을 나타낼 수도 있다.

선

선이 갖는 구성능력으로 어떤 것의 범위와 구성요소들의 의존도, 그리고 형태적이거나 공간적인 관계들을 다이어그램으로 구성할 수 있다. 선에 의해서 각 부분들의 구성과 관계들을 분명히 하는 과정에서 추상적 또는 시각적 개념을 눈에 보이게 하고 이해시켜준다.

화살표

화살표는 개체들을 연결하는 선의 특별한 종류이다. 각이진 끝 모양으로 하나 또는 두 방향으로 움직이는 요소들이나 어떤 힘 또는 행동의 방향, 그리고 처리과정 등을 설명하기도 한다. 이해를 분명히 하기 위해서 다른 관계들을 나타낼 때에, 또는 여러 가지 강도나 중요성을 나타낼 때 다른 형태의 화살표들을 사용하여 구별한다.

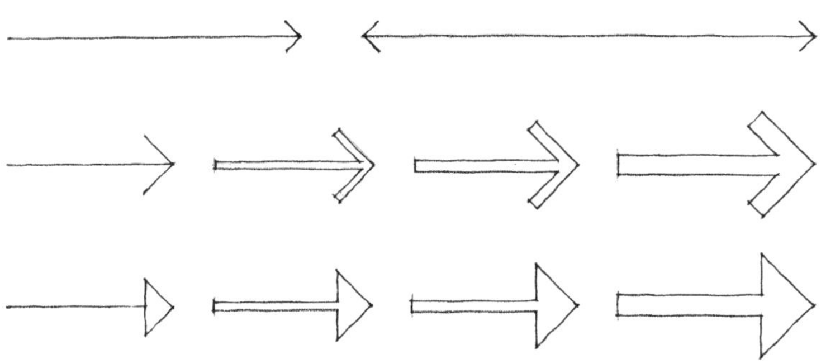

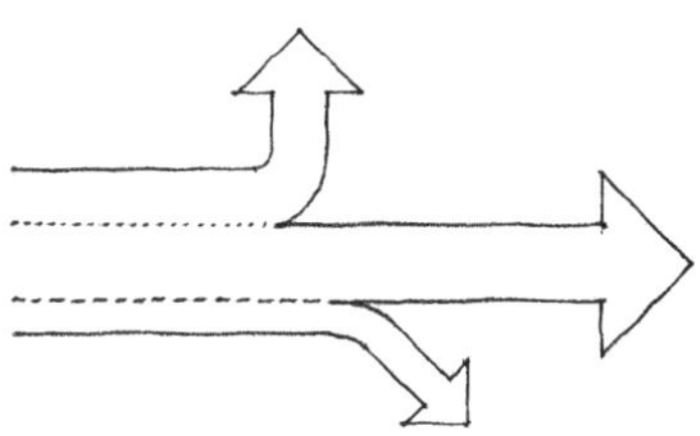

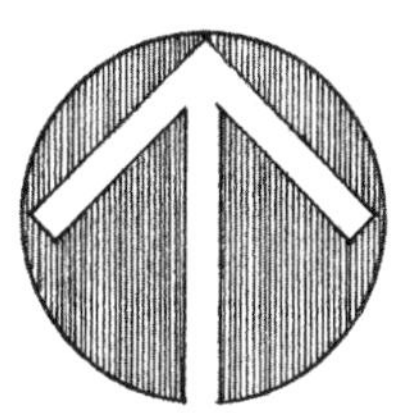

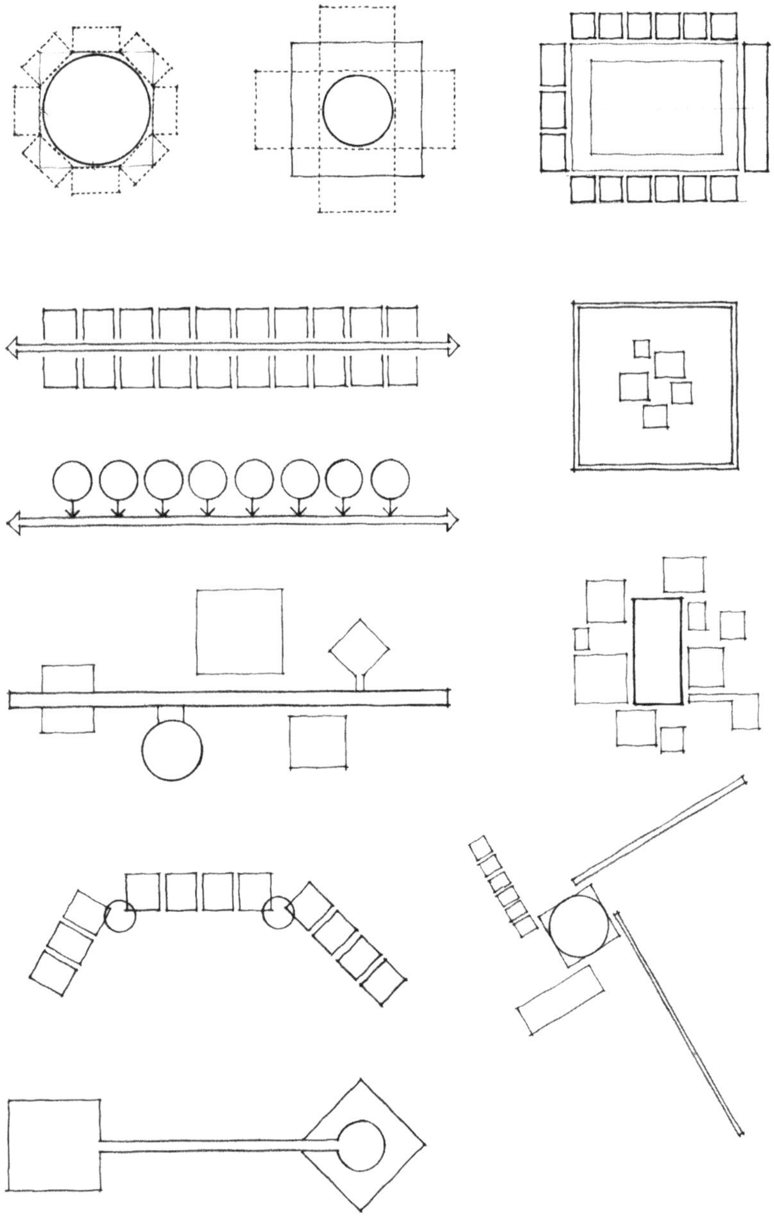

개념 다이어그램

디자인을 위한 기존 조건들을 분석하여 디자인 개념을 생성하고, 개발하기 위해서 디자인의 첫 단계에서 다이어그램을 많이 쓰게 된다. 또한 프레젠테이션 단계에서도 개념의 근거를 설명하기 위해 다이어그램을 쓰기도 한다.

파티

디자인을 생성하고 발전 방향을 제시하는 것은 우리의 아이디어나 머릿속의 이미지로 구성되는 개념일 것이다. 이때 건축 설계에 있어서 개념이나 아이디어의 구성의 모습을 파티(Parti)라는 말로 표현한다. 디자이너가 개념 또는 파티를 다이어그램 형식으로 그려내면 어떤 계획안의 전체적인 성격과 구성을 빠르고 능률적으로 들여다볼 수 있다. 디자인의 모습이 어떻게 보여져야 하는지를 염려하지 않아도 개념 다이어그램으로 아이디어의 큰 구조와 관련된 기능 등에 관심을 집중시킬 수 있다.

바람직한 해결안이 되는 개념은 디자인 과제의 성격과 그 내용에 적절하게 연관되어 있어야 할 것이다. 그리고 디자인 개념과 그 모습이 도면에 다이어그램으로 나타날 때 다음 사항들을 고려해야 한다.

개념 다이어그램들은,

- 포괄성 : 다양한 디자인 사안들을 포함하여 설명되어져야 한다.
- 시각적 명료함 : 시각적으로 그 내용이 확실하게 설명되어 추후 디자인 발전을 안내할 수 있어야 한다.
- 융통성 : 변화를 수용할 수 있도록 유연해야 한다.
- 지속성 : 디자인 발전 단계를 거치며 수정되고 변형되어도 원래 취지를 계속 유지할 수 있어야 한다.

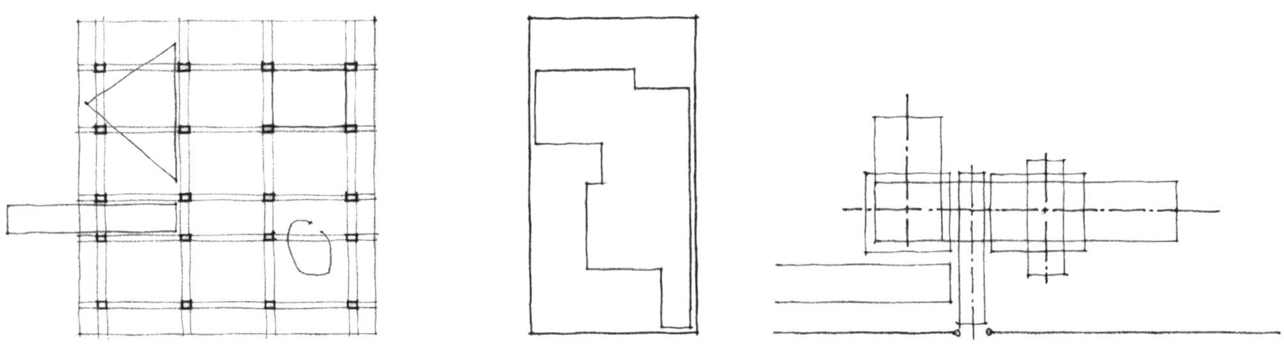

개념 다이어그램으로 효과적으로 다룰 수 있는 것들에는 다음이 있다.

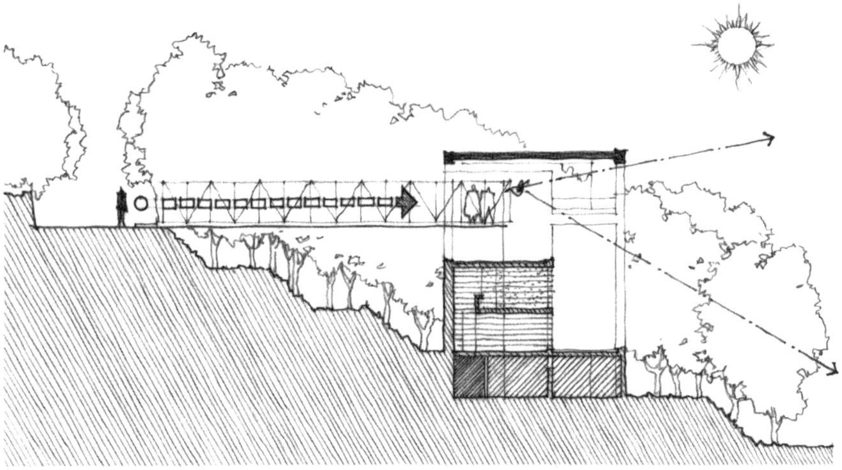

Residence at Riva San Vitale, on the shore of Lugano Lake, Switzerland, 1971 - 1973, Mario Botta

대지

- 대지 주변 상황의 한계와 가능성들
- 일조, 풍향, 강수 등 자연 환경적 조건
- 지형, 조경, 강, 하천 등의 조건
- 대지의 접근, 진입, 통로 등의 조건

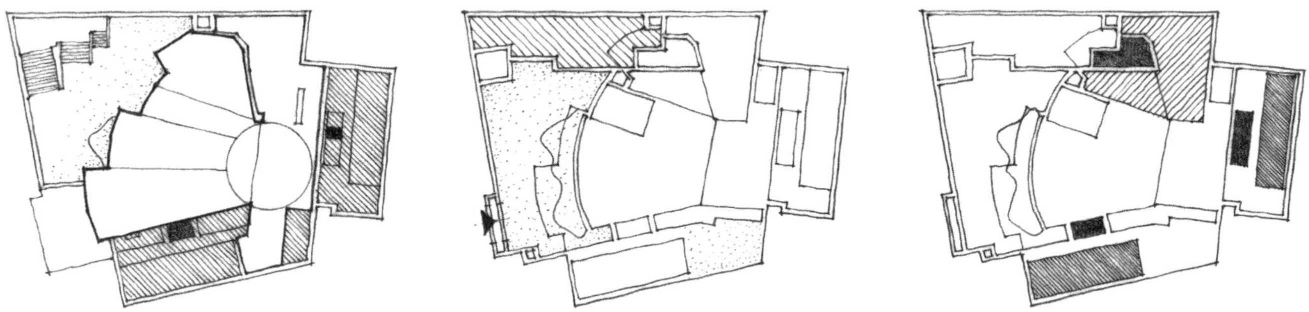

Theater in Seinajoki, Finland, 1968 - 1969, Alvar Aalto

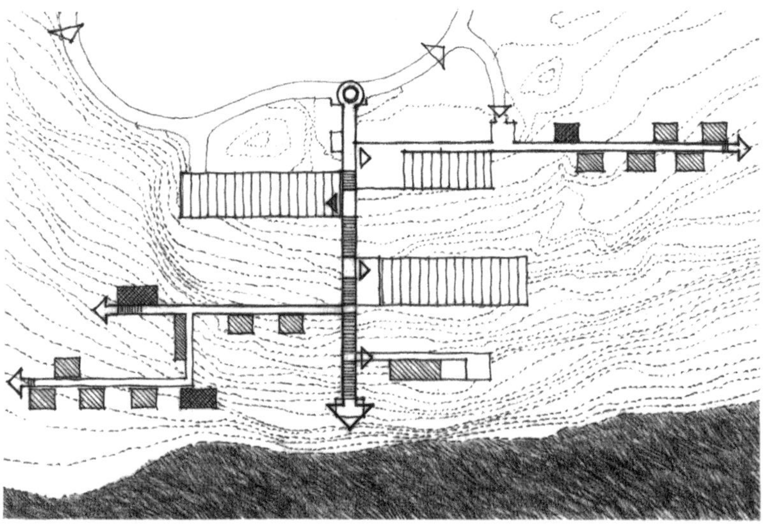

Haystack Mountain School of Arts and Crafts, Deer Isle, Maine, 1960, Edward Larabee Barnes

프로그램

- 활동을 위한 공간 치수
- 기능을 위한 근접성과 접근성
- 서비스 기능의 공간과 서비스를 받는 공간과의 관계
- 공적 공간과 사적 공간의 구분

동선

- 보행자, 차량, 서비스 기능의 동선
- 접근, 진입, 통행 교점, 교통의 흐름
- 수평과 수직 동선체계

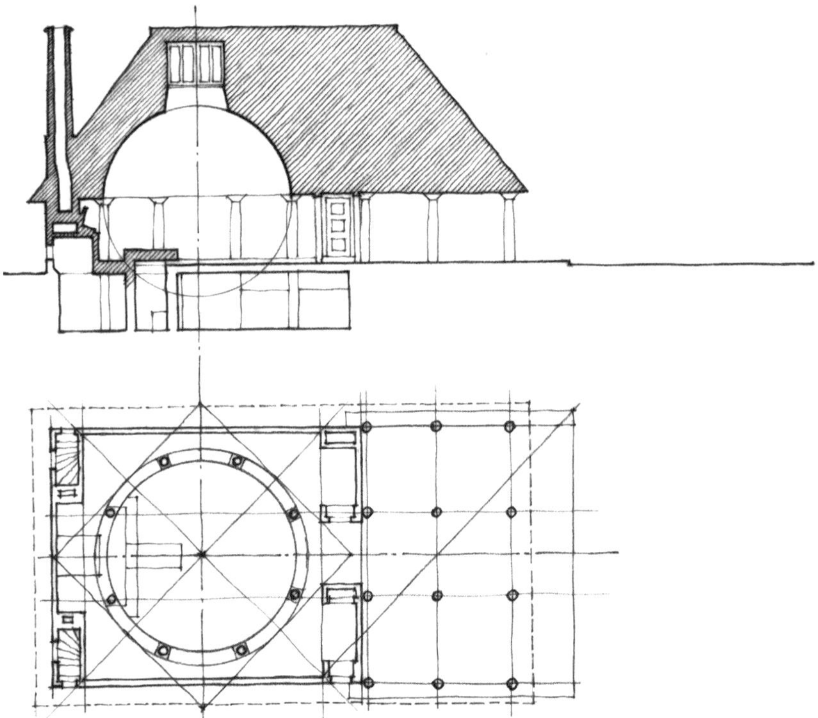

Woodland Chapel, Stockholm, Sweden, 1918 - 1920, Erik Gunnar Asplund

형태적 요소

- '형태-배경' 과 '솔리드-보이드(solid-void)' 의 관계
- 대칭성, 리듬감과 같은 구성 원리
- 구조적 요소와 구조 패턴
- 건물 외피적 요소와 형태
- 아늑함, 조망과 같은 공간의 성격
- 공간구성의 위계질서
- 메스(massing)의 기하학적 정의
- 비례와 스케일

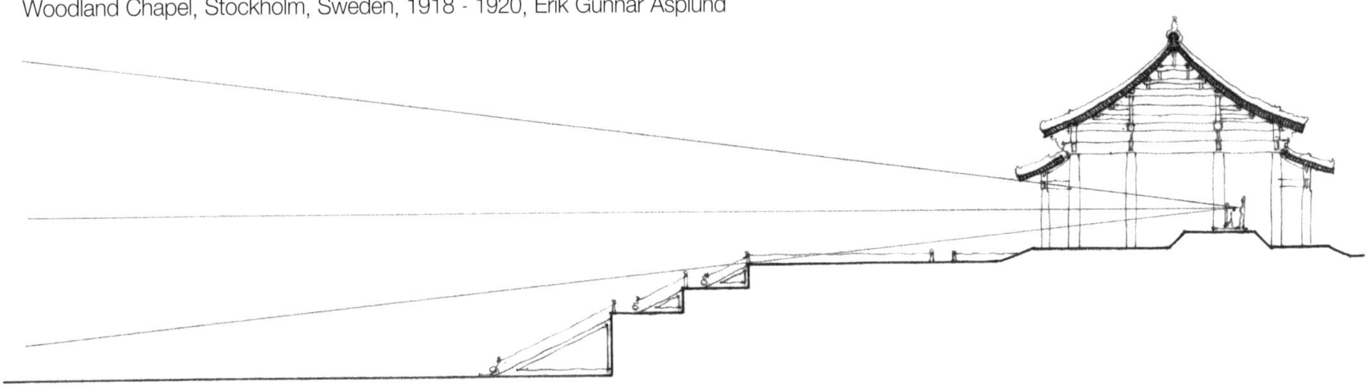

Pavilion of Supreme Harmony (Taihe Dian) in the Forbidden City, Beijing (Peking), 1627

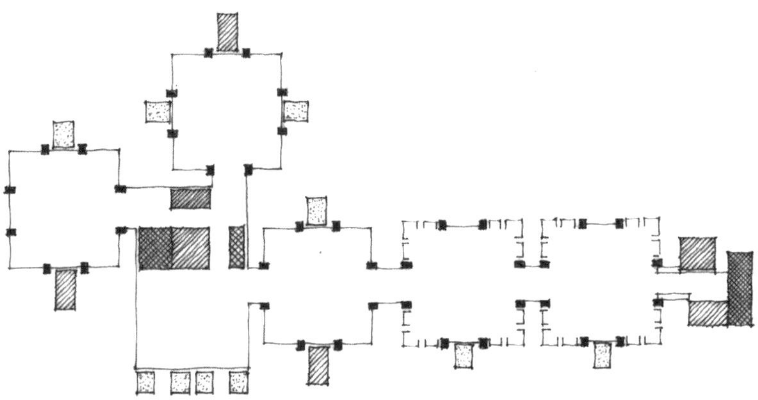

Richards Medical Research Laboratory, University of Pennsylvania, Philadelphia, 1957 - 1961, Louis Kahn

시스템

- 구조, 조명, 환경설비 등의 배치와 조합

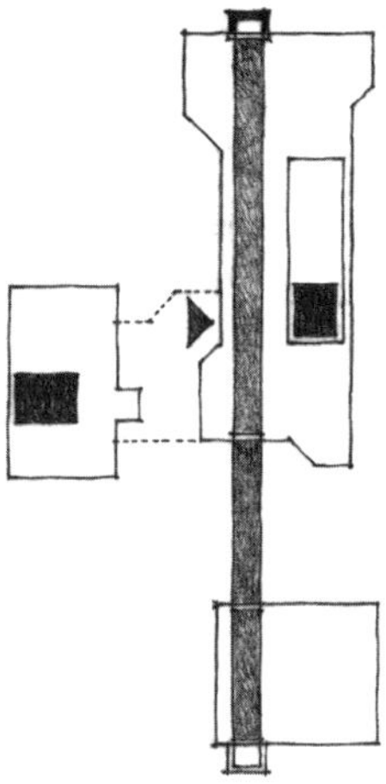

Hines House, Sea Ranch, California, 1966, MLTW

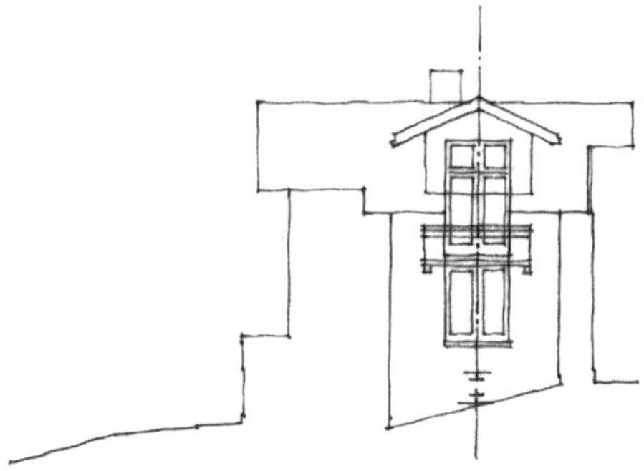

Flagg House, Berkeley, California, 1912, Bernard Maybeck

개념 다이어그램들을 생성하고 발전시키고 활용하기 위해 다음 사항들을 고려하여 아이디어에 자극을 받을 수 있다.

• 개념 다이어그램을 간명하게 유지한다. 손쉽게 다룰 수 있도록 그림의 양을 절제한다.
• 전체적인 명확함을 돕고 주요 사안에 관심을 집중시키기 위해서 부수적인 정보를 제거한다.
• 일련의 다이어그램들을 겹쳐보거나 나란히 배치하여 서로 다른 요소들이 어떻게 디자인의 내용에 영향을 미치고 각 부분들이 조화롭게 전체적인 결과물을 만드는지 살펴본다.
• 주요 부위나 연결부를 뒤집어보고, 회전시켜보고, 겹쳐보거나 왜곡시켜봄으로써 다이어그램을 새로운 각도로 보는 시도를 해보고, 이에 따른 새로운 관계들을 발견해본다.
• 크기, 접근성과 유사함 등을 결정하는 요소들을 활용하여 다시 구성해보거나 우선순위를 부여하여 전체적 질서를 찾는다.
• 관련된 새로운 정보를 첨가하여 항상 새로 발견된 관계들을 활용한다.

어떤 경우에서든지 시각적 명료함과 다이어그램의 구성이 보는 눈을 즐겁게 해줘야 하고 정보를 전달할 수 있어야 한다.

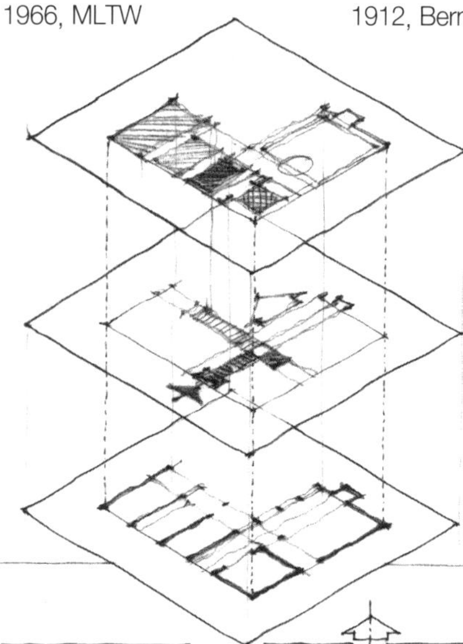

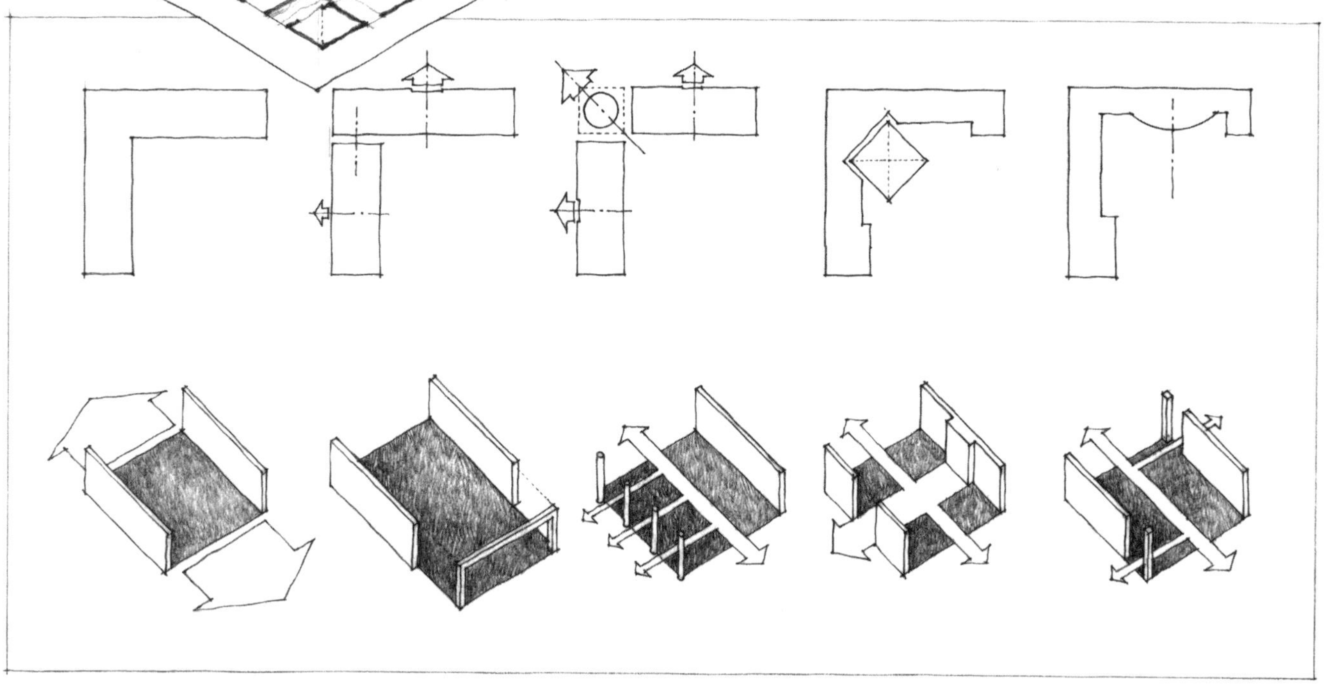

모델링

실제 모형

실제의 스터디 모형은 디자인 아이디어를 빠르게 시각화하기 위한 도면 작업과 같이 매우 중요하다. 실제 재료를 자르고 조립하는 과정에서 직접 손으로 느껴지는 과정을 통해 순전히 상상만으로 존재하던 시각적 아이디어가 풍부해지고 공간적인 개념으로 자리잡게 된다. 흔히 실제 모형은 설계안의 결과를 보여주기 위해 쓰이지만 사실은 아이디어를 발전시키기 위한 도구로 활용되어야 한다. 일단 모형이 만들어지고 나면 손위에 얹어 돌려볼 수 있게 되고 우리의 머리는 그 내용을 더욱 견고하게 파악하게 된다. 그리고 다른 대안이 떠오르게 된다. 모형을 여러 각도에서 찍어 디지털 파일로 만들어 아이디어의 확장을 위해 컴퓨터 상에서 변형시켜볼 수도 있고 인쇄 후 그 위에 더 그려볼 수도 있다.

디지털 모형

3D 모델링 프로그램은 우리의 디자인 아이디어를 가상공간 안에서 모형으로 만들어 여러 가지 각도로 볼 수 있게 해준다. 이것을 활용하면 완성된 모형을 만들기 이전에 여러 발전과정을 눈으로 볼 수 있으므로 컨셉 단계의 발전에 도움이 될 수 있다.

모델링 프로그램으로 작업을 하기 위해서는 프로그램이 요구하는 모형에 대한 정확한 정보 및 치수 등을 필요로 한다. 그러나 중요한 것은 디지털 모델링은 우리의 생각을 발전시키고 형태를 변형시켜 나아기기 위한 것임을 잊지 말아야 한다. 그러므로 모형 스터디에서 중요한 자세인 가능성에 대한 열린 생각의 발전과정에 디지털 모델링 작업이 혹여 방해요소로 작용해서는 곤란하다.

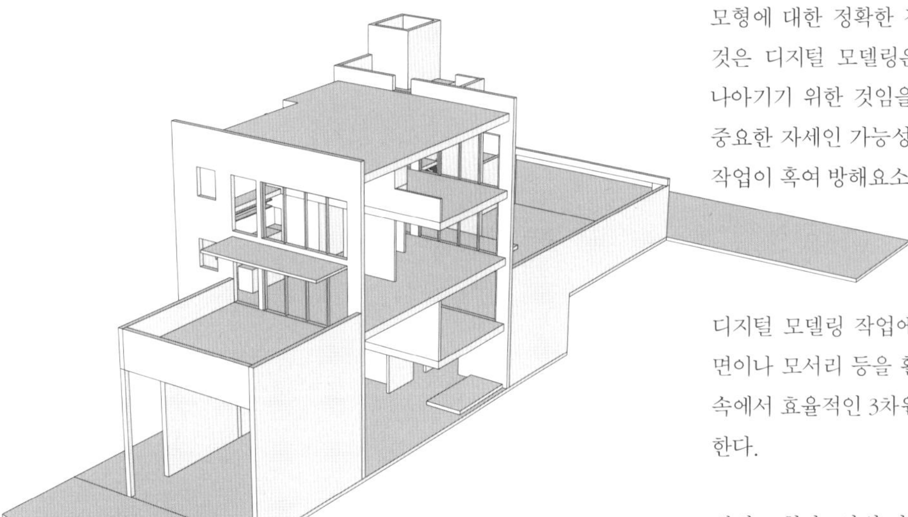

디지털 모델링 작업에는 흔이 형태를 구성하는 축이나 접점, 정렬된 면이나 모서리 등을 활용하여 3차원 모형을 만들기 때문에 이런 과정 속에서 효율적인 3차원상의 모형에 대한 이해와 형성에 도움이 되기도 한다.

실제 모형과 3차원 가상 모형 간의 가장 큰 차이점은 모델을 형성하는 재료에 대한 물성에 대한 성질일 것이고 공간의 성질, 그리고 실제 모형이 지닌 신속한 3차원성의 표현 등일 것이다. 또한 디지털 모형을 볼 수 있게 하는 컴퓨터 모니터 및 기술에 대한 의존 또한 매우 큰 차이점이다. 이때, 디지털 모형은 실제로 2차원 상에 표현되는 3차원 형태의 표현일 뿐이며, 전통적인 종이 위의 도면을 읽고 이해하는 능력과 표현하는 기법들이 고스란히 다시 활용된다는 점이다.

개념의 계발

디자인 과정

디자인 과정을 일렬로 놓인 절차들로 보기 쉬운데 실제로는 순환의 과정으로 보는 것이 맞다. 즉, 제공된 정보들에 대한 조심스러운 분석과 본능적으로 느끼는 영감들을 통해 가능한 해결안들에 대해 다시 생각하는 과정을 통해 가장 좋은 해결안을 찾는 과정이다. 이 디자인 과정은 아주 짧은 시간이 일어날 수도 있고 몇 달 또는 몇 년이 걸리는 과정일 수도 있는데, 주어진 문제가 답을 얼마나 빨리 요구하고 있는지, 그리고 그 복합도에 따라 달라질 수 있다. 또한 디자인을 하는 행위는 상당히 정리되지 않은 양상을 보이기도 하는데, 답을 찾는 과정에서 혼란을 느끼는 시기가 있는가 하면 확실하고 선명한 해법이 갑자기 등장하기도 하고, 중간 중간에 조용히 스스로 음미하는 시기가 필요하기도 하다. 디자인 과정 초기에 다이어그램을 동원하여 생각을 만들어내고 아이디어가 상세히 발전하기까지의 이 디자인 과정을 소화해내기 위해서 우리는 다양한 형식의 아이디어 묘사 방식을 동원할 수 있다.

실제 모형

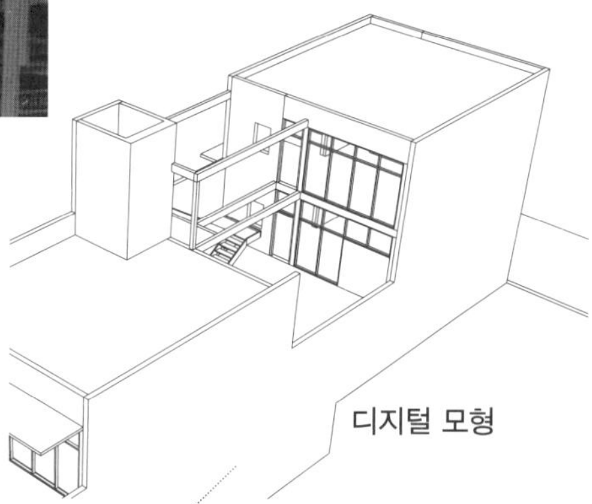
디지털 모형

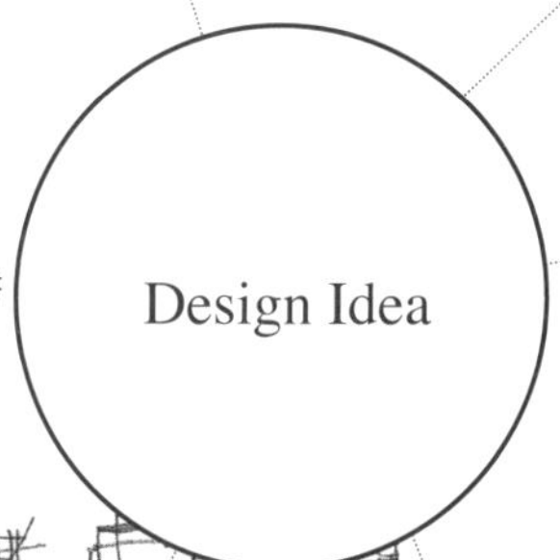

어떤 방식으로든지 발전시켜야
할 바로 그

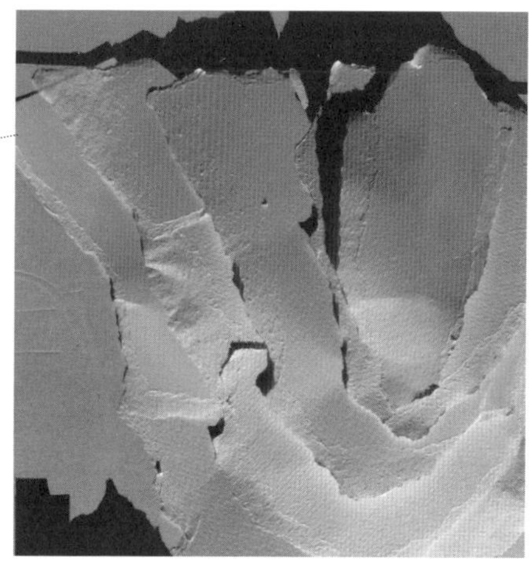
실제 꼴라쥬

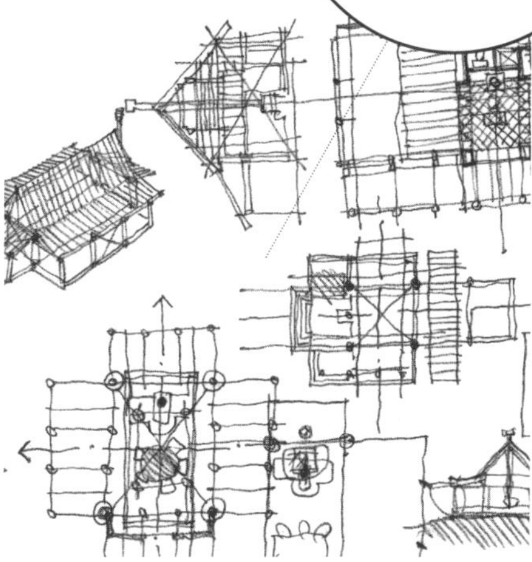
손으로 그린 도면

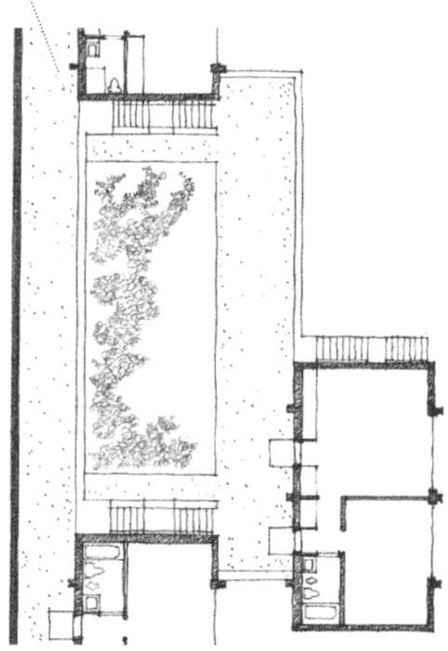

아이디어 묘사 방식

우리는 디자인 아이디어의 분석과 연구, 그리고 그것을 발전시키기 위해서 머릿속의 아이디어를 다양한 방식으로 묘사할 수 있다. 이것들 중에는 전통적인 그림 그리기 방식 뿐만 아니라, 사진, 꼴라지, 모형, 그리고 디지털 기법을 통한 각종 가상 표현물 등 우리의 아이디어 생산 과정을 살찌울 수 있는 방식들을 포함한다. 어떤 디자인을 하느냐에 따라 이 방식들이 정해져 있는 것이 절대 아니다. 또한 이것들 중 어느 한 가지가 너 나은 방식이라고 여기는 것도 불가능하다.

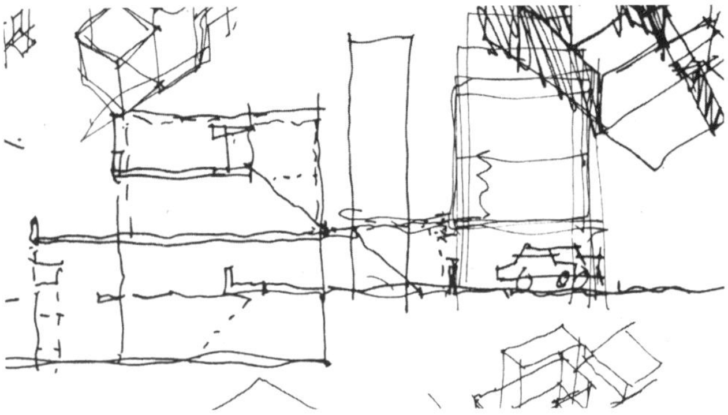

프로세스 드로잉

디자인 아이디어가 만들어지고 구성 내용에 대해 자신감이 서게 되면 그것들에 대해서 다이어그램을 통해 개념을 정리하고 디자인 제안을 충실하게 담는 결과물로 발전시켜야 하는데, 이때 과정 도면 작업을 하게 된다. 그런데 디자인 도면은 투영도, 투상도, 투시도의 세 가지 도면 시스템으로 크게 구성되는 표현 언어로서, 이 세 가지 방식 중 적절한 방법을 사용하여 우리가 머릿속에 담은 계획안을 나타낸다는 것을 염두에 둘 필요가 있다. 각 도면 시스템은 각기 다른 관점에서 사물을 나타내는 방식이므로 각 시스템에 따라 사고의 눈과 표현의 방향이 다른 특성을 활용하여 계획안의 성격에 따라 가장 적절한 선택을 할 수 있어야 하는 것이다. 즉 아이디어를 발전시키는 과정에서 도면 시스템을 선택하게 되는데, 우리는 계획안과 아이디어의 성격에 따라서 그 어떤 요소들을 돋보이게 할 것인지 또는 강조되지 않게 할 것인지에 대한 판단을 의식적으로 또는 무의식중에 내려야 한다.

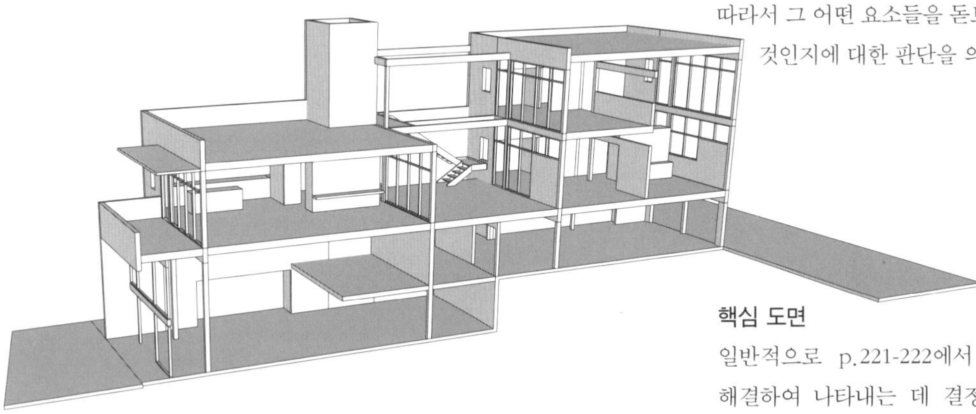

핵심 도면

일반적으로 p.221-222에서 다룬 내용들은 성공적으로 설계안을 해결하여 나타내는 데 결정적인 역할을 한다. 그러나 프로젝트의 성격에 따라 특정한 두어 가지의 핵심 사안에 대해서는 다른 아이디어 요소들보다 큰 비중을 차지할 수 있고 이것이 결국 계획안의 핵심이 되는 경우도 있다. 이때 그 핵심 사안의 성격에 따라 그것을 잘 나타내는 적절한 다이어그램이나 특정 도면이 있을 수 있고 그 도면을 통해 핵심 사안의 내용을 잘 드러내어 효율적인 아이디어 전달이 일어나야 한다.

계획안의 성격에 따라 주로 사용되었던 핵심적인 다이어그램들은 자연스럽게 최종 프레젠테이션에서도 주요 내용으로 포함하게 된다. 즉, 프레젠테이션이라고 해서 평소 발전시켜온 매체와 내용들과 단절된 새로운 것이 아니라, 아이디어 계발에 사용된 것들이 더욱 진화된 내용으로 여겨야 한다.

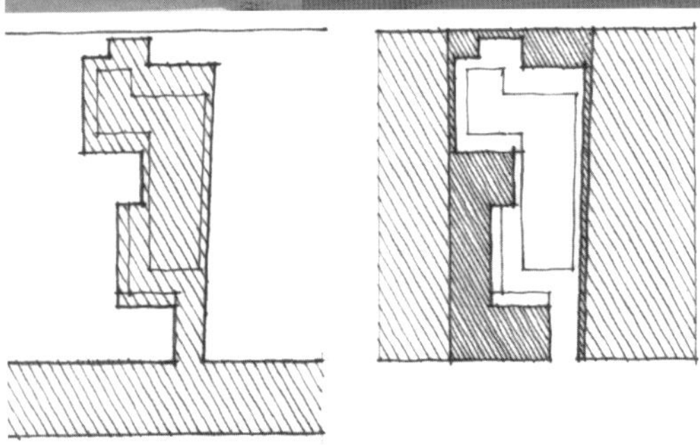

대지와 맥락의 중요성

어떤 설계 프로젝트는 대지와 주변 맥락의 조건이 큰 비중을 차지하여 설계안을 생각하기 시작할 때 항공사진이나 현장사진 또는 대지 단면도 등이 중요할 수도 있다. 특히 도심 프로젝트의 경우 도시맥락의 형태 배경의 관계(figure-ground patterns), 동선, 대지주변 주요 지점의 위치, 대지의 축과 경계들, 그리고 역사적 맥락이나 대지에서의 시선의 폭과 범위 등에 대해서 분석하고 종합하여 나름의 관점을 발전시켜야 한다. 위 내용들에 대해 어떤 성과물을 만들기 위해서는 항상 기존 정보 위에 자신의 것을 표현한 내용을 만들어야 한다. 그리고 굴곡이나 고저차가 큰 대지를 대상으로 하는 경우 등고선지도나 대지 단면도 등을 기반으로 아이디어를 발전시켜 계획안의 내용에 있어서 건축 구조적으로 또한 접근의 방법이 대지의 특성과 항상 맞물려 있어야 한다.

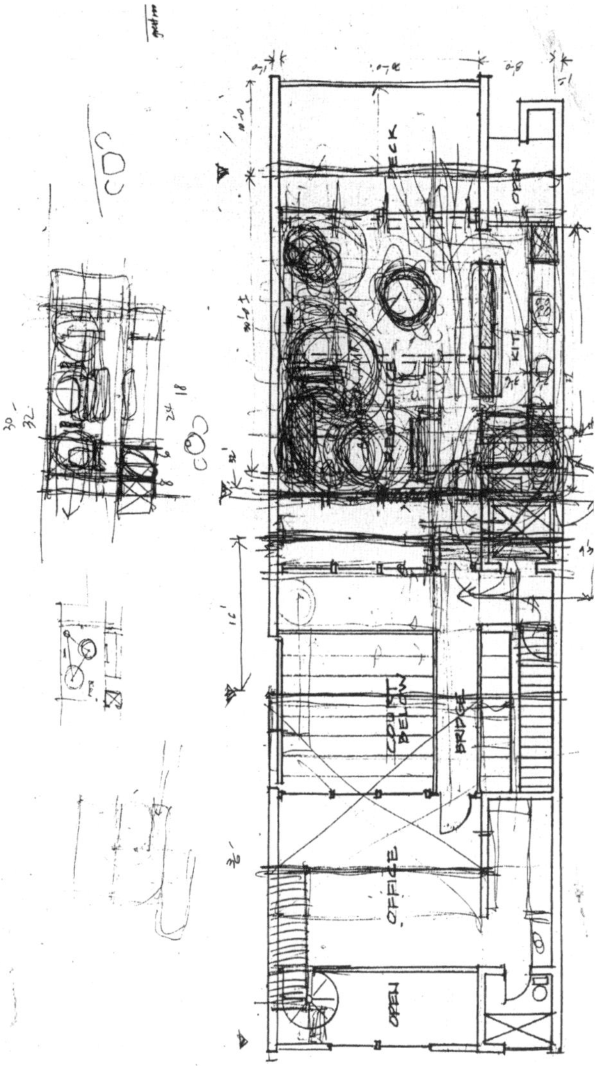

공간 기능의 중요성

사용자의 요구와 공간의 용도를 파악하는 것은 건축 설계에 생명력을 불어넣는다. 공간 기능에 대해 분석하면서 나타낼 수 있는 기능별 버블 다이어그램 등을 그대로 건축 계획안으로 판단해서는 안 된다. 설계안의 형태나 구조적 아이디어에 단순히 공간 기능에 대한 분석을 입히는 것이 아니라 서로 긴밀히 결부되어야 한다.

대지, 스케일, 비례의 중요성

개념을 계발하고 발전시킬 때 대지, 스케일, 비례감을 언제나 염두에 두는 것은 중요하다. 기능적으로 요구되는 면적은 수많은 형태를 선택하더라도 충족시킬 수 있다. 예를 들어 30 제곱미터 넓이의 공간은 정사각형, 직사각형 또는 길게 늘어진 복도 같은 공간으로도 계획될 수 있다. 또는 불규칙적인 형태로 모서리들이 곡선으로 처리될 수도 있는 것이다. 어떤 형태로 선택할지의 기로에 서 있을 때, 다른 공간들과의 조화, 주변 맥락과의 관련성이나 제약들 또는 구조방식에 의한 제약이나 표현되어야 하는 조건 등의 고려 사항들과 상관없이 형태에 대한 선택에 영향을 미칠 만한 이유를 과연 찾을 수 있을 것인지를 철저히 고려해봐야 한다.

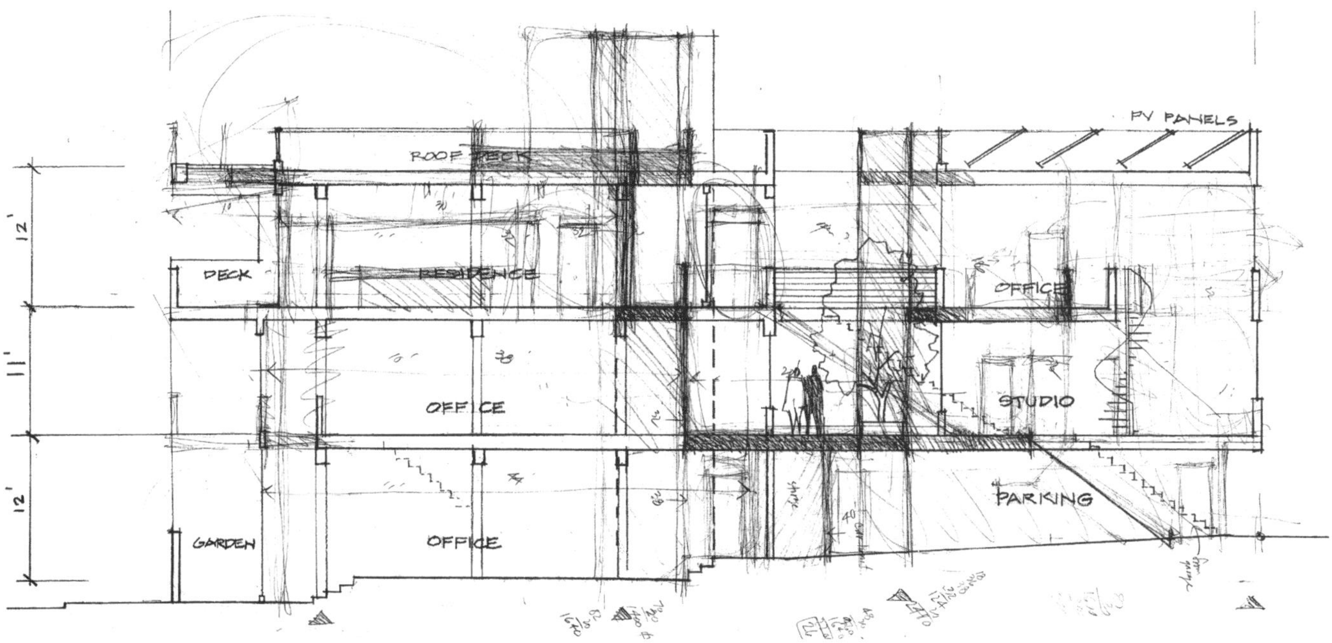

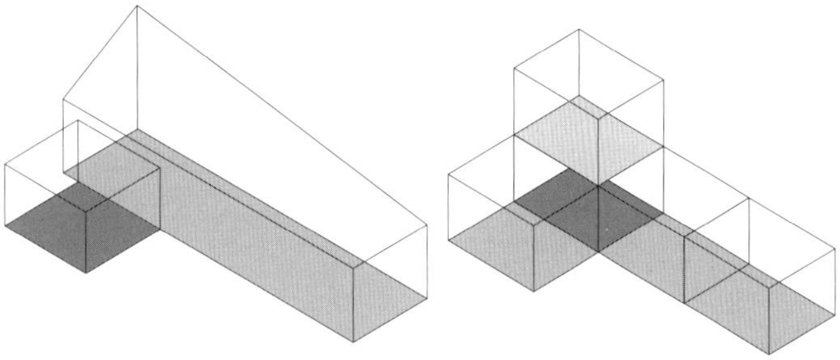

건축구조 재료와 시스템의 중요성

건축물을 이루는 재료가 어떻게 서로 결부되어 건축물이 지어지는지와 구조적인 요소들이 역학적인 상호관계를 통해 어떻게 구조 시스템을 이루는지를 이해하는 것은 건물의 형태와 설계를 완성하게 하는 주요 가이드라인이 된다. 뼈대를 이루어 모습을 갖추는 목조, 철골, 콘크리트 구조나 힘을 받는 면으로 구성되는 조적식 벽체구조나 콘크리트 슬래브, 그리고 부피감을 만들 수 있는 다이어그리드 시스템 등 수많은 구조 방식의 선택과 조화가 설계안의 형태적인 또는 조형적인 아이디어의 표현을 살찌우는 주요 요소이다.

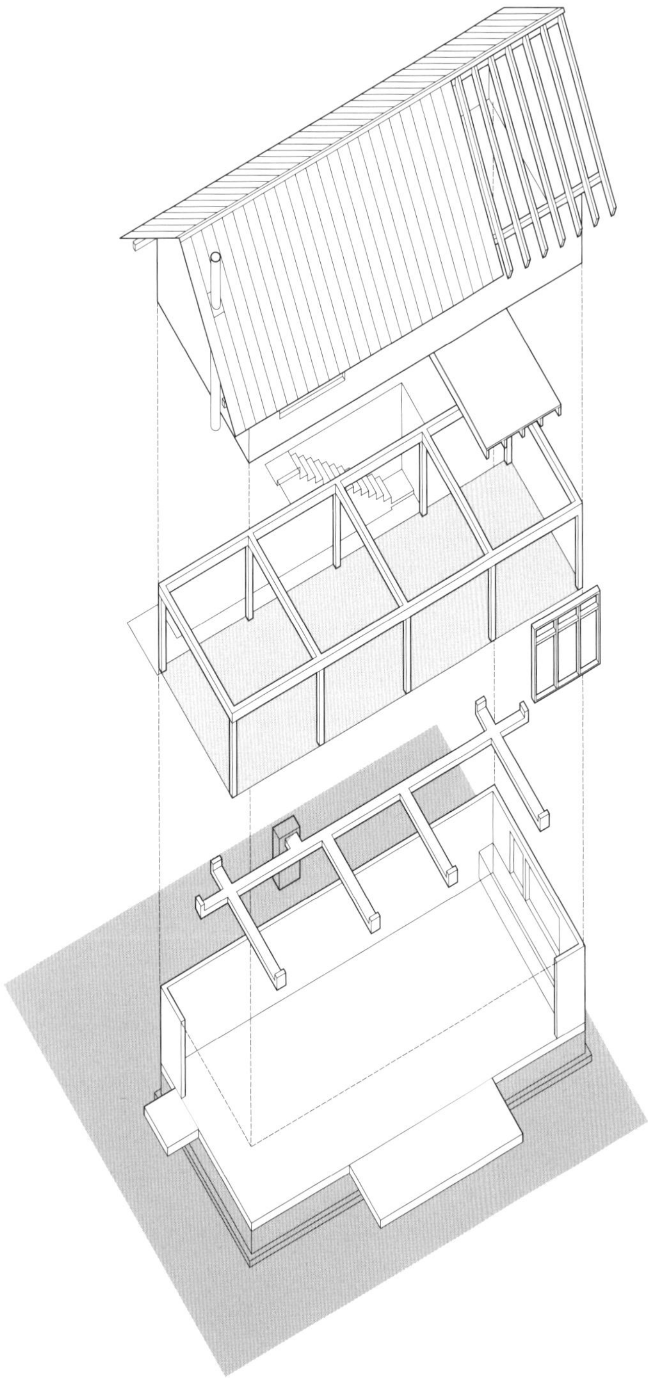

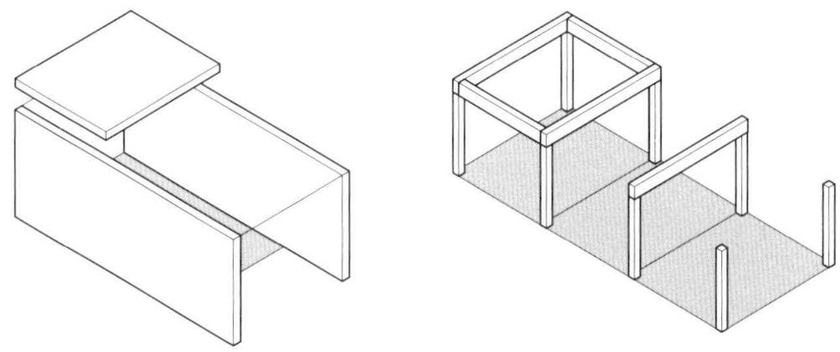

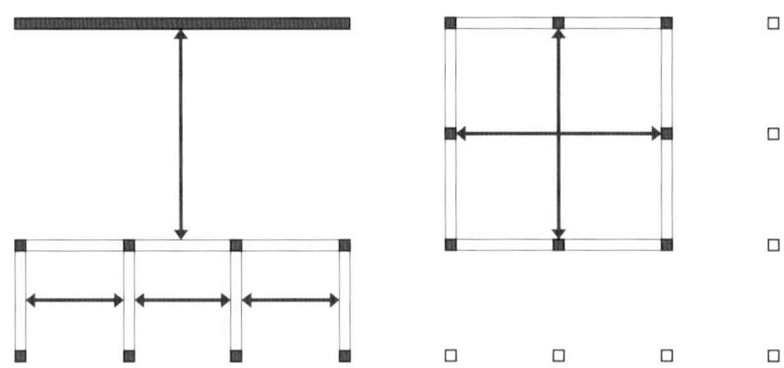

건물시스템 이해의 중요성

건물시스템을 이루는 기술적인 측면의 구조, 조명, 환경조절 등이 설계안의 공간적인 조건들과 성공적으로 결합하기 위해서는 개념을 발전시킬 때 모든 요소들이 3차원적으로 결부되어 있어야 함을 항상 염두에 두어야 한다. 이를 위해 평면도와 단면도를 동시에 점검해야 하고 또는 투상도를 활용할 수 있다.

형태적 결정의 중요성

우리가 설계안과 밀접한 대지 맥락적, 공간 기능적, 구조와 시스템 측면에서의 고려할 요소들을 다이어그램으로 정리하는 과정에서 형태적으로 생성되는 것들은 자연스러운 과정이다. 다이어그램의 모습을 완전히 무시해서는 안 되며 건축물의 모습으로써의 가능성을 갖고 있음을 또한 무시해서도 안 된다.

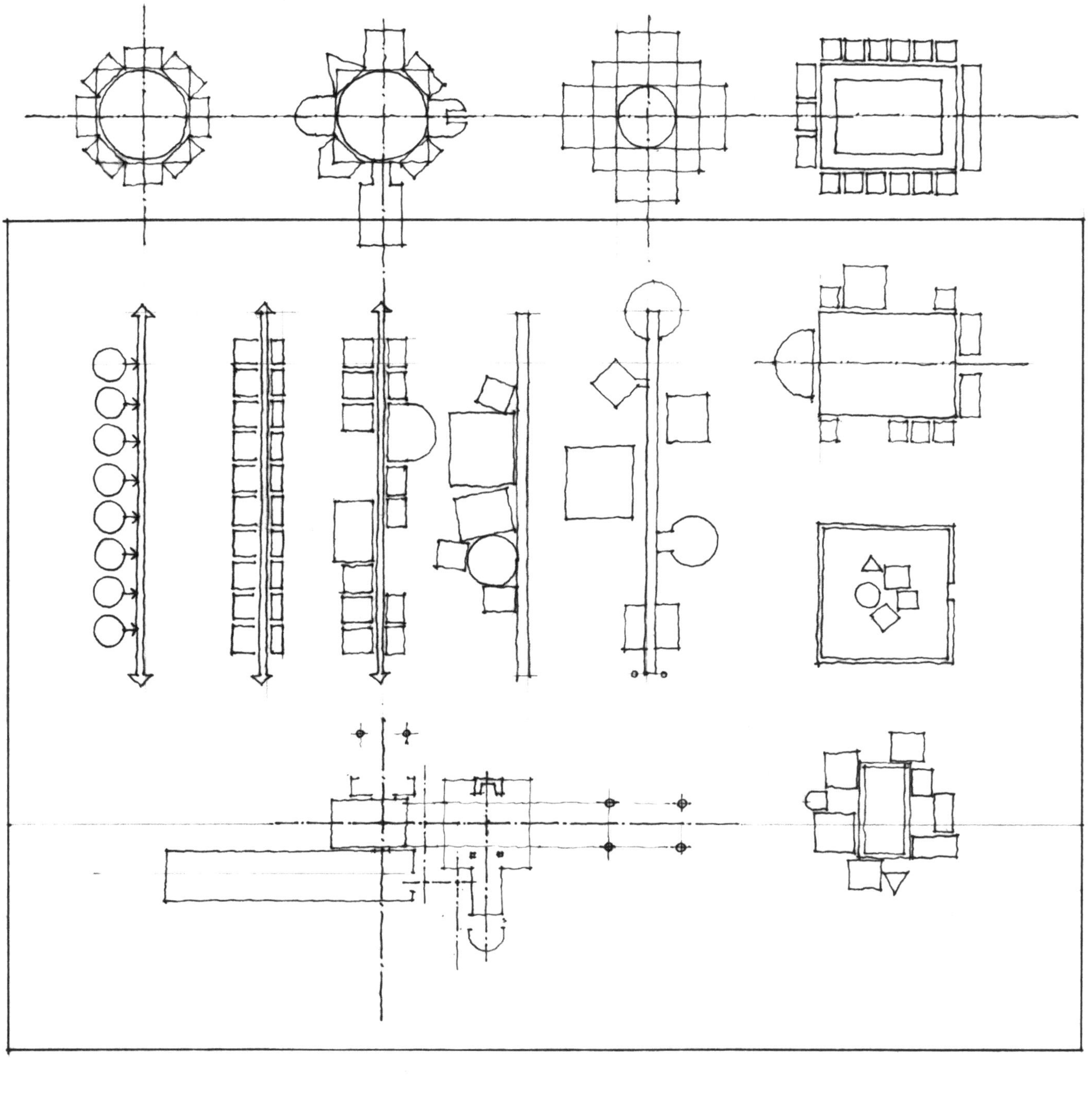

다이어그램의 결과에서 얻어지는 성질이 계획안에 영향을 미치듯이 계획안에 대한 형태적 희망사항은 다시 다이어그램 작업에 영향을 미치게 된다. 그러나 형태적으로 길게 나열되어야 하는 교통 터미널 시설이나 수직으로 뻗어야 하는 고층건물, 또는 교외에 넓게 자리잡아야 하는 산업시설 등 일부 경우에는 형태적 희망사항이 계획의 시작단계에서부터 중요하게 작용할 때도 있다. 그러므로 대지 맥락적 요소, 공간 기능적, 구조와 시스템 등의 고려사항들을 형태 형성의 원리가 되는 사항들(반복, 리듬감, 대칭 등)과 함께 놓고 관찰함으로써 프로젝트의 핵심 부위를 파악해가면서 여러 요소들을 다듬어 나갈 수 있다.

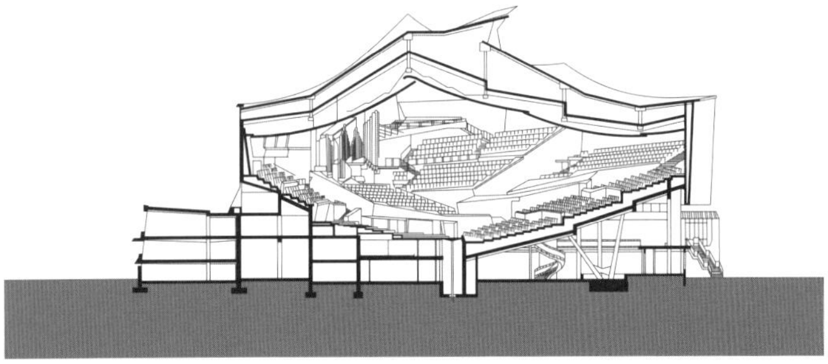

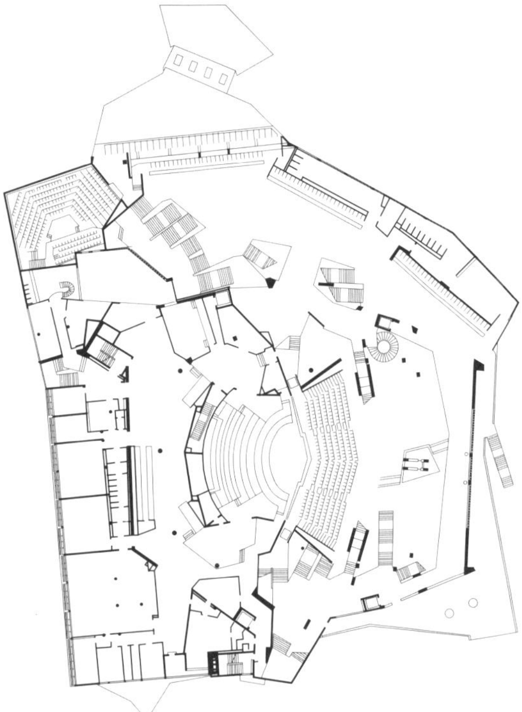

필하모니 홀, 독일 베를린, 1960-63, 한스 샤론
표현주의 건축의 사례로서, 테라스 형식의 객석 중앙 부위가 텐트와 비슷한 콘크리트 지붕과 무대로 되어 있다. 건물 외형의 모습은 내부 용도와 음향적 요구사항과 맞물려 있다.

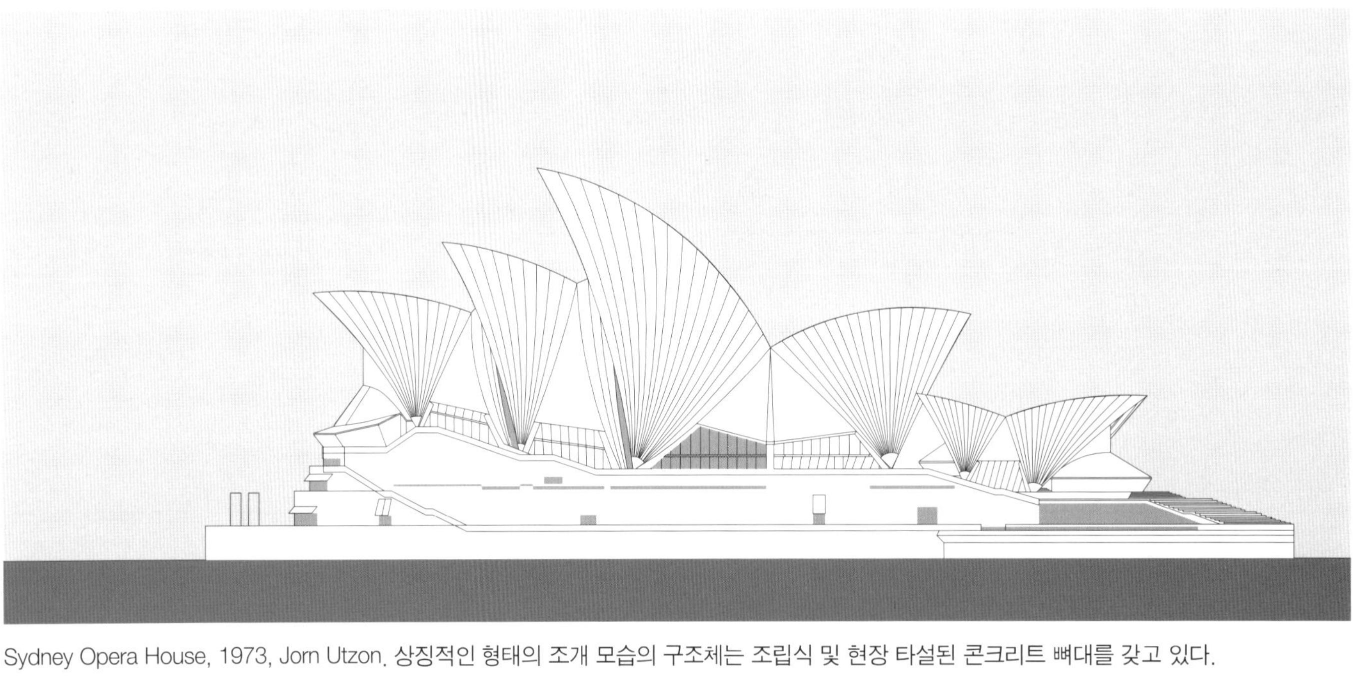

Sydney Opera House, 1973, Jorn Utzon. 상징적인 형태의 조개 모습의 구조체는 조립식 및 현장 타설된 콘크리트 뼈대를 갖고 있다.

9. 건축의 재료

재료의 질, 특성, 그리고 거동

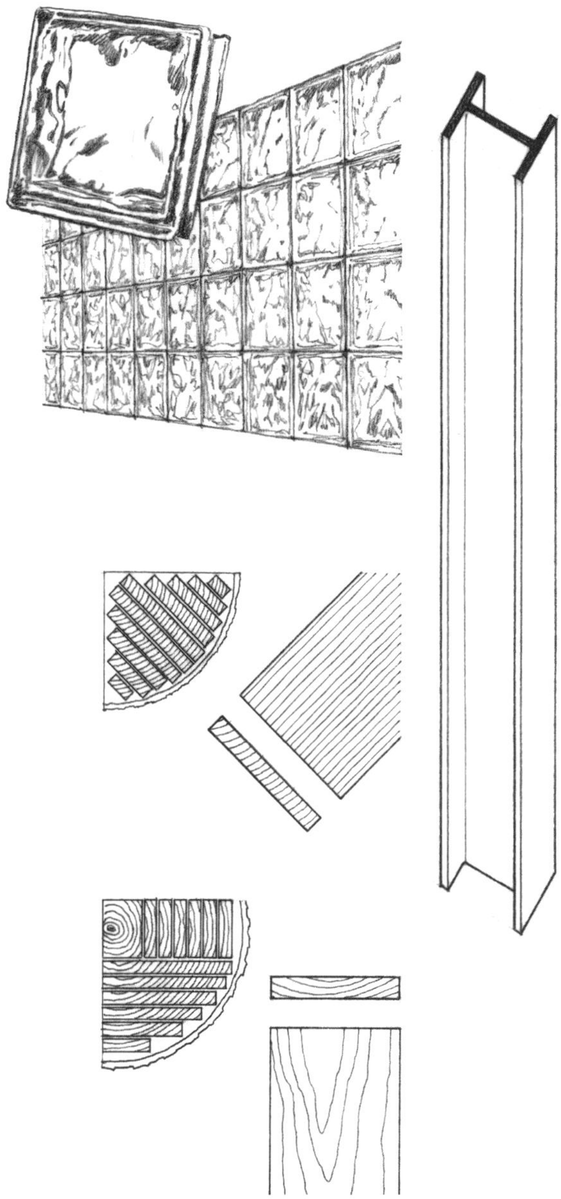

재료는 디자인에 어떤 영향을 주는가?

재료는 건축에 있어 항상 고려해야할 사항이다. 재료는 심지어 설계의 시작 단계에서도 중요하다. 건축은 지식에 의존하는 분야이고, 이는 설계에 두 가지 영향을 미친다.

- 기술자가 어떻게 작업했는가에 따른 재료의 거동방식
- 건축물의 생애 동안의 재료의 거동방식

모든 재료는 다룰 때 각기 다른 기술을 필요로 하는 고유한 특성이 있다. 어떤 재료는 자를 수 있는가 하면, 그렇지 않은 재료도 있다. 분쇄할 수 있는 재료도 있고 그렇지 않은 재료도 있다. 어떤 재료는 녹일 수 있고 어떤 재료는 그럴 수 없다. 뿐만 아니라, 재료가 쪼개지거나 부서지거나 가열되는 방식은 그 종류에 따라 각각 다르다. 건축의 목적에 맞게 재료를 적절하게 다루기 위해서는 이러한 기술들에 광범위한 기술적 지식이 더해져야 한다. 건축가가 그 건물의 시공에 참여하는 기술자이든 아니든, 건축가는 실현가능한 설계를 제시하기 위한 지식을 갖추어야 한다.

더욱이, 건축가는 건물이 완공된 후의 재료의 거동에 대해서도 알아야 한다. 시공과정에서 각각의 재료들이 다르게 거동하듯이, 노후가 진행될 때나 외력이 가해질 때에도 다르게 거동할 것이다. 좋은 건물이란 건설 자재들이 그 건물의 생애 주기 동안 건물을 충분히 지탱되도록 보장하기 위해 건축가와 기술자, 그리고 건설자가 협력한 결과물일 것이다. 본 장에서는 다양한 건축의 재료들에 대해 논한다. 또한 시공에서 일반적으로 쓰이는 재료들과 그것들이 다른 재료들과 비교하여 어떻게 거동하는지에 대한 정보를 제공한다.

건축 재료

본 장에서는 주요 건축 재료와 그들의 물리적 특성, 그리고 시공 과정에서의 사용법에 대해 설명한다. 건축 재료를 선택하고 사용하는 기준은 다음과 같다.

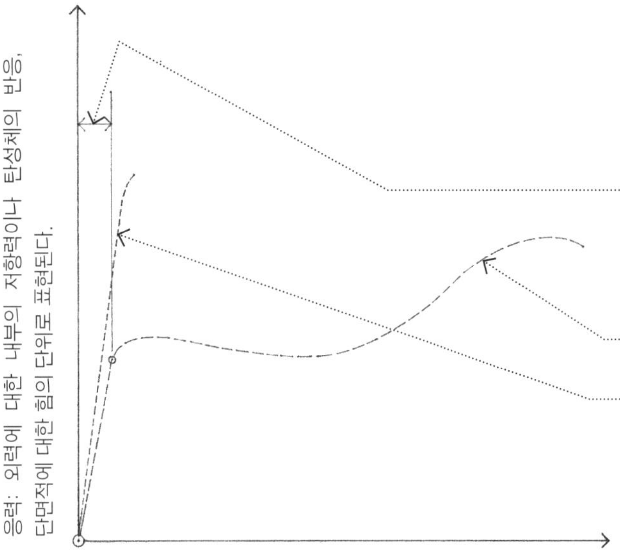

변형률: 외력의 작용에 따른 물체의 변형, 힘을 받은 요소의 원래 크기 · 모양에 대한 변화량의 비와 같다.

- 각각의 재료는 각기 다른 강도, 탄성, 강성을 가지고 있다. 가장 효율적인 구조 재료는 탄성과 강성이 혼합된 것이다.
- 탄성이란 재료가 휨, 인장, 압축과 같은 응력에 의해 변형되었다가 응력이 제거되었을 때 다시 본래의 상태로 돌아오려는 성질을 말한다. 모든 재료는 탄성 한계를 가지며, 이 지점을 넘어서면 재료는 영구적으로 변형되거나 파괴된다.
- 파괴되기 전에 소성 변형을 겪는 재료들을 연성이라고 한다.
- 반면, 취성 재료는 탄성 계수가 작고, 하중이 가해졌을 때 눈에 보이는 변형이 거의 없이 파괴된다. 취성 재료는 연성 재료보다 예비 강도가 적기 때문에 구조적 목적에는 적합하지 않다.
- 강성이란 재료가 탄성 한계에 이르기까지 늘리거나 압축하는데 필요한 힘을 측정한 값이다. 하중이 가해질 때의 편향과 경간을 고려할 때, 재료의 강성과 재료의 단면형상의 강성은 중요한 요소이다.

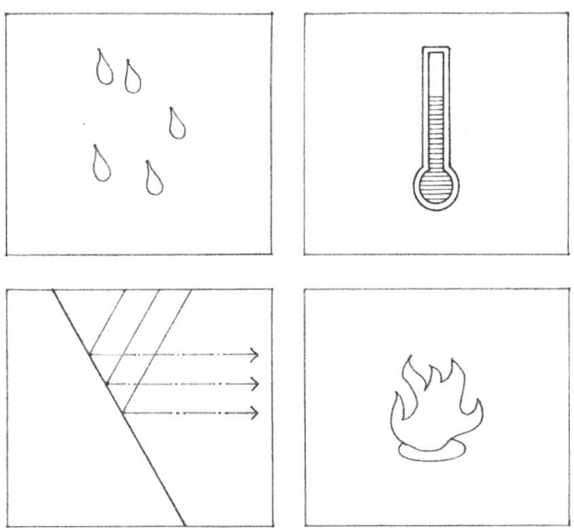

- 재료가 온도와 습도 변화에 반응함에 따른 치수 안정성은 재료가 다른 재료들과 결합되도록 시공하는 방식에 영향을 준다.
- 물과 수증기에 대한 재료의 저항은 재료가 날씨에 노출되거나 습한 환경에서 사용될때 중요하게 고려되어야 할 사항이다.
- 재료가 건물 외벽의 시공에 사용될 때에는 열전도율과 열저항을 평가해야 한다.

- 재료가 실의 표면 마감에 쓰일 경우, 가시광과 복사열에 대한 재료의 투과율, 반사율, 흡수율을 측정해야 한다.
- 재료의 밀도와 경도는 재료가 사용될 때의 내마모성과 내구성, 그리고 이를 유지하는데 들어가는 비용을 결정짓는다.

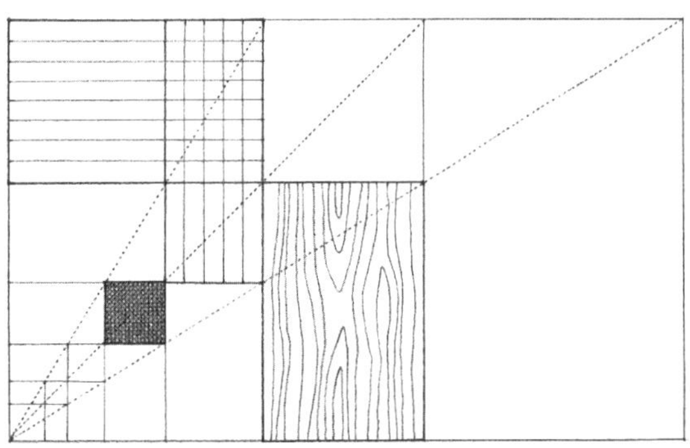

- 재료를 구조부재나 내부 마감재로 사용할 경우, 연소에 대한 저항성과 내화성, 연기와 유독가스를 배출하지 않는 능력을 평가해야 한다.

- 재료의 색과 질감, 크기는 재료가 전체 설계안과 어우러지는지 평가하는데 있어 당연히 고려되어야 할 사항이다.
- 많은 건축 재료들이 표준형과 표준 규격으로 제작된다. 하지만 이 재고품들은 제조원에 따라 치수가 조금씩 다를 수 있다. 시공 과정에서 불필요한 절단이나 재료의 낭비를 최소화하기 위해 건물을 설계하고 계획하는 과정에서 이러한 점을 확인해야 한다.

건축 재료를 평가할 때에는 그 기능과 경제성, 미적 측면을 넘어서 그 재료의 선택과 사용에 따라 환경에 미칠 영향의 정도를 측정해야 한다. 전과정평가(LCA, life-cycle assessment)라고 불리는 이 평가는 원재료의 추출과 가공, 생산, 포장, 사용지점까지 완성품의 운반, 유지, 재료의 재사용 · 재활용, 그리고 재료의 폐기까지 포함한다. 이 평가에는 세 가지 구성 요소가 있다.: 입력값(input), 전 과정 물품 목록(life-cycle inventory), 결과값(output)

건축 자재의 내재에너지

Material	Energy Content MJ / kg*	Embodied Carbon kg CO_2 / kg	Density kg / m^3
Aggregate	0.1	0.0048	2240
Concrete block	0.7	0.073	1450
Concrete	1.1	0.16	2400
Gypsum plaster	1.8	0.12	1750
Marble	2.0	0.12	2500
Plasterboard	6.8	0.38	800
Wood	10.0	0.72	480 - 720
Glue-laminated timber	12.0	0.87	—
Glass	15.0	0.85	2500
Plywood	15.0	1.07	540 - 700
Steel	20.1	1.37	7800
Mineral fiber roofing	37.0	2.70	1850
Copper	42.0	2.60	8600
Stainless steel	56.7	6.15	7850
Latex paint	59.0	2.12	—
Vinyl flooring	65.6	2.92	1200
Polyvinyl chloride	77.2	28.10	1380
Polyurethane insulation	88.6	3.48	30
Wool carpet	106.0	5.53	—
Aluminum	155.0	8.24	2700

*1 kJ / kg = 430 Btu / lb.

Adapted from the Inventory of Carbon & Energy prepared by Professor Geoff Hammond & Craig Jones, Sustainable Energy Research Team, Department of Mechanical Engineering, University of Bath, UK, 2008.

내재에너지는 재료의 전 과정에 걸쳐 들어가는 모든 에너지를 포함한다.

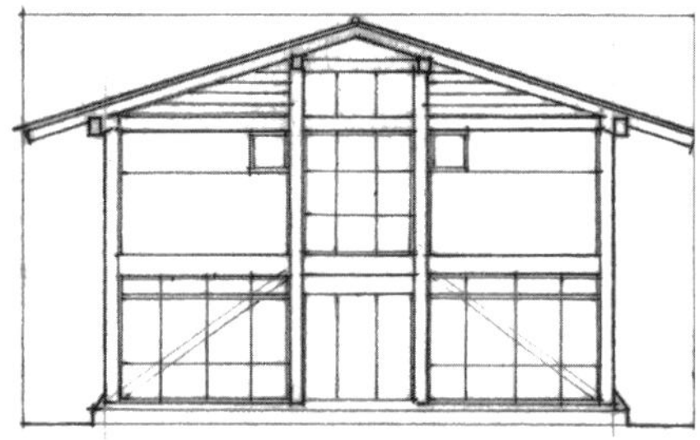

입력값

- 원자재
- 에너지
- 물

원자재 습득 → 가공, 생산, 포장 → 수송과 분배 → 건설, 사용, 유지

원자재 습득

- 재료의 추출, 채굴 또는 수확 과정은 건강과 환경에 어떤 영향을 미치는가?
- 재료가 재생 가능한가, 재생 가능하지 않은가?
- 재생 가능하지 않은 자원은 금속과 다른 광물질들을 포함한다.
- 목재와 같이 재생 가능한 자원 들은 재생되는 속도가 다양하다; 수확 속도는 자원의 성장 속도를 넘어서는 안 된다.

가공, 생산, 포장

- 재료나 제품을 가공, 생산, 포장하는데 에너지와 물이 얼마만큼 필요한가?

수송과 분배

- 재료나 제품이 지역 생산품인가, 먼 거리에서 운반되어야 하는가?

건설, 사용, 유지

- 재료의 기능이 효과적이고 효율적으로 발휘되는가?
- 재료가 건물의 에너지 소비와 실내 공기 질에 어떻게 영향을 주는가?
- 재료나 제품이 얼마나 내구성을 갖추었나, 그리고 그것을 유지하기 위해 유지비가 얼마나 드는가?
- 재료의 사용가능 수명은 어느 정도인가?

폐기, 재활용, 재사용

• 재사용이 가능한 제품

• 자재나 제품의 생산 · 사용 과정에서 폐기물과 유독성 부산물이 얼마나 발생되는가?

• 폐수
• 대기 중 배기가스
• 고체 폐기물
• 이 외의 환경적 방출

출력값(output)

생애주기 물품 목록(life-cycle inventory)

건축 재료의 선택을 평가하는 일은 반드시 정확하고 유효한 답을 내는 간단한 공식으로 압축될 수 없는 복잡한 과정이다. 예를 들어, 저에너지 재료를 사용하는 것보다 고에너지 재료를 사용하는 것이 에너지와 자원을 보존하는데 더 효과적일 수 있다. 고에너지의 재료를 사용하면 더 오래 지속되고 유지비가 적게 들고, 재사용 · 재활용이 가능한 재료를 사용할 경우에는 저에너지 재료의 사용보다 설득력이 있을 수 있다.

• 삭감, 재사용, 재활용은 지속 가능성의 목적에 있어 효과적인 전략을 가장 잘 축약한다.
• 보다 효과적으로 공간을 배치하고 사용하여 건물의 크기를 줄인다.
• 건설 폐기물을 줄인다.
• 원재료를 더 효율적으로 사용하는 제품을 구체적으로 기재한다.
• 희소자원을 풍부한 자원으로 대체한다.
• 철거된 건물에서 나온 건설 자재를 재사용한다.
• 이미 존재하는 건물을 새로운 용도로 복원시킨다.
• 오래된 제품으로부터 새 제품을 만들어내는 방식으로 재활용한다.

콘크리트(Concrete)

콘크리트는 전체 덩어리를 하나로 결속시키도록 시멘트를 굳게 하는 충분한 양의 물과 시멘트를 시멘트와 다양한 광물 골재 등과 혼합하여 만든다. 콘크리트는 본질적으로 압축력에 강한 반면, 인장력과 전단력을 받기 위해서는 철근 보강이 필요하다. 콘크리트는 다양한 표면 마감과 질감을 가지며 어떤 모양으로도 성형할 수 있다. 게다가, 콘크리트 구조는 상대적으로 저렴하고, 내화성이 내재되어있다. 콘크리트의 문제점은 무게—일반적인 철근 콘크리트의 무게는 150pcf(2400kg/m^3)이다—와 콘크리트 고정을 위해 양생되기 전에 필요한 금형 또는 성형 과정이다.

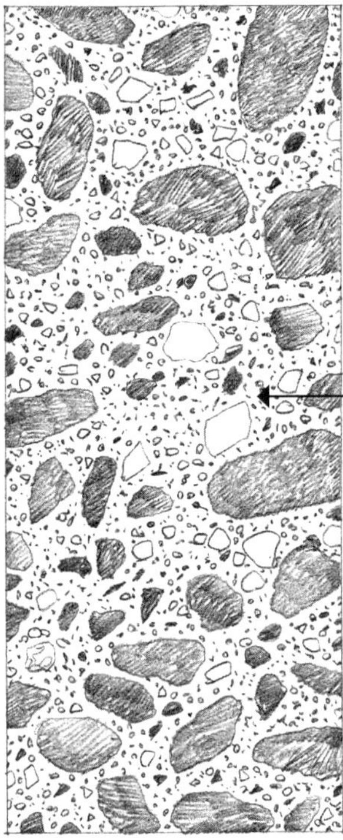

- **시멘트(Cement)**

포틀랜드 시멘트는 회전식 가마 안에서 점토와 석회석의 혼합물을 가열하여 생긴 용재 덩어리를 아주 작은 가루로 분쇄하여 만드는 수경 시멘트이다.

- **물**

콘크리트 혼합물에 들어가는 물은 유기물, 점토, 소금이 포함되지 않아야 한다; 일반적인 기준에 따르면, 이 물은 음용가능한 정도여야 한다.

- **골재(Aggregate)**

골재란 콘크리트를 만들기 위해 시멘트 반죽에 첨가되는, 모래와 자갈과 같은 비활성 광물질을 말한다. 골재가 콘크리트 부피의 60%에서 80%정도를 차지하기 때문에, 골재의 특성은 굳은 콘크리트의 강도, 무게, 내화성에 있어 매우 중요하다. 골재는 단단하고 형태적으로 안정해야 하며 시멘트가 조각들을 하나로 고정시키는 것을 방해할 수 있는 점토, 침전토, 유기물을 포함하지 않아야 한다.

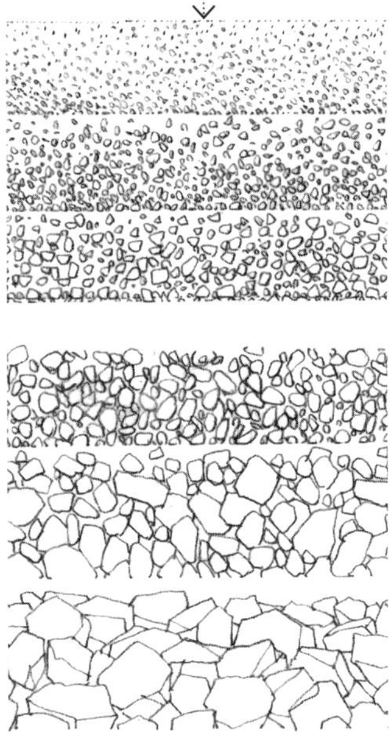

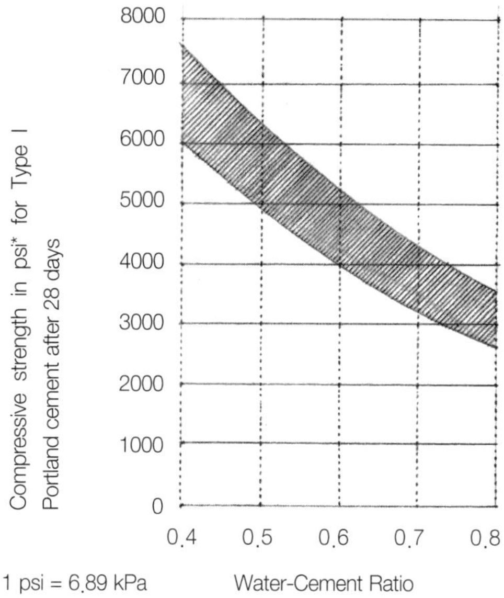

* 1 psi = 6.89 kPa

물-시멘트 비(Water-Cement Ratio)

물-시멘트비는 콘크리트 혼합물의 단위 부피당 시멘트에 대한 물의 비율로써, 무게의 비를 소수로 나타내거나 시멘트 몇 부대에 물이 몇 갤런 들어갔는지의 비로 나타낸다. 물-시멘트 비에 따라 굳은 콘크리트의 강도, 내구성, 수밀성이 달라진다. 1919년 D.A. Abram이 시카고의 Lewis 대학에서의 실험을 통해 만든 Abram의 법칙에 따르면, 콘크리트의 압축강도는 물-시멘트 비에 반비례한다. 물이 너무 많을 경우, 양생 후에 콘크리트 혼합물은 약하고 기공이 많다. 만일 물이 너무 적을 경우, 콘크리트 혼합물은 밀도 있지만 타설하여 작업하기가 힘들다. 대부분의 경우, 물-시멘트 비는 0.45에서 0.60 사이여야 한다. 콘크리트는 보통 타설 후 28일내에 갖는 압축 강도에 따라 구분된다.

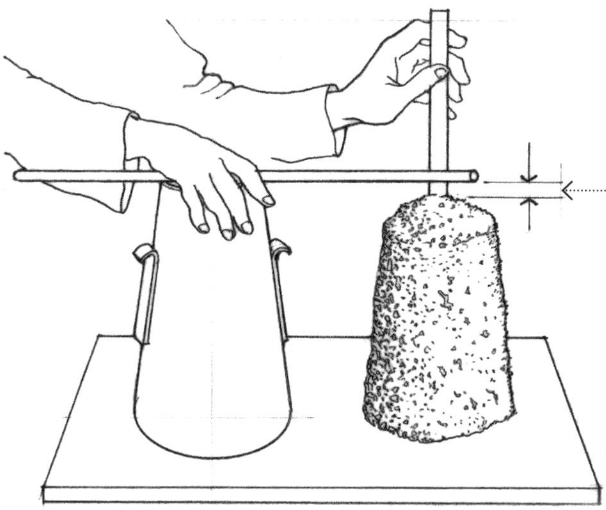

슬럼프 실험(Slump test)이란 시료가 내려앉은 정도를 측정하여 갓 배합된 콘크리트의 반죽질기와 시공연도를 알아내는 방법으로써, 시료를 규정된 방식에 따라 슬럼프 콘에 다져 넣은 후 콘을 들어 올렸을 때 수직적으로 얼마나 고정되는지를 인치로 나타낸다.

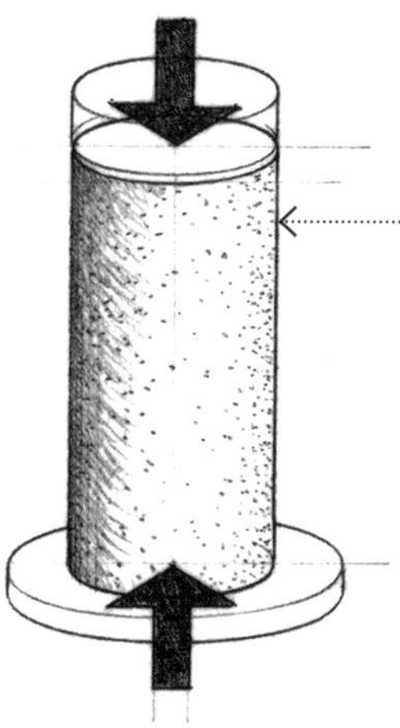

압축 실험(Compression test)은 한 회에 비비는 분량의 콘크리트의 압축 강도를 알아보기 위한 것으로, 수력 압착기를 이용하여 지름 6인치(150mm), 높이 12인치(305mm)의 원기둥이 균열이 일어나기 전까지 축 방향으로 버틸 수 있는 최대 하중을 측정한다.

철근(Steel Reinforcement)

콘크리트는 상대적으로 장력에 약하기 때문에, 장력과 전단력, 또는 콘크리트 자재나 구조물에 가해지는 압축력을 흡수하기 위해 철근, 강연선, 또는 와이어를 이용한 보강이 필요하다. 철근은 또한 수직 부재와 수평 부재를 엮거나 개구부를 둘러싼 모서리를 보강하고, 수축 균열을 최소화하며 열팽창과 열수축을 조절하기 위해서도 필요하다. 모든 철근 배근은 자격을 갖춘 구조 기술자에 의해 설계되어야 한다.

- 철근은 콘크리트와 더 잘 결합하기 위해 마디를 만들거나 다른 방식으로 변형시켜 고온에서 압연한 형강이다.
- 용접철망은 철선으로 만든 격자판 또는 모든 교차점에서 용접된 철근의 격자판으로 구성된다. 이 철망은 일반적으로 판에 온도철근으로 쓰이지만 더 무거운 치수는 콘크리트 벽을 보강하는 데에도 사용된다.
- 보강 철근은 콘크리트에 둘러싸여 부식이나 불로부터 보호되어야 한다.

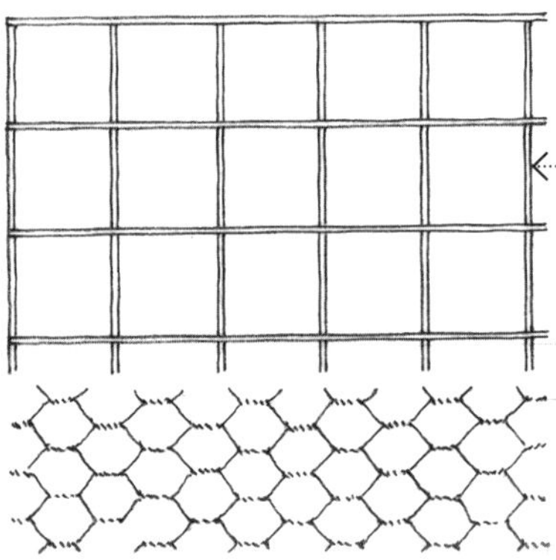

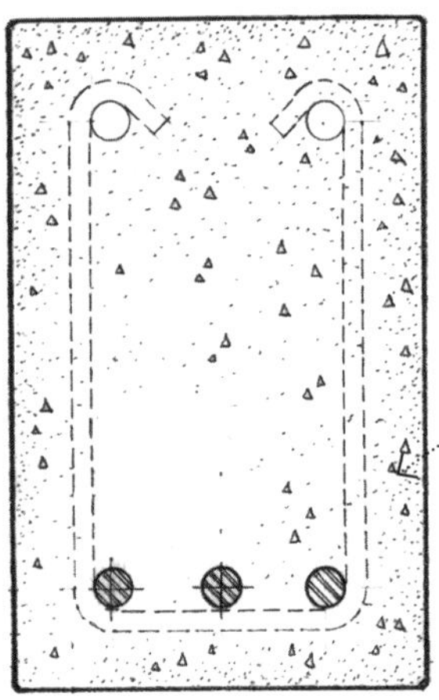

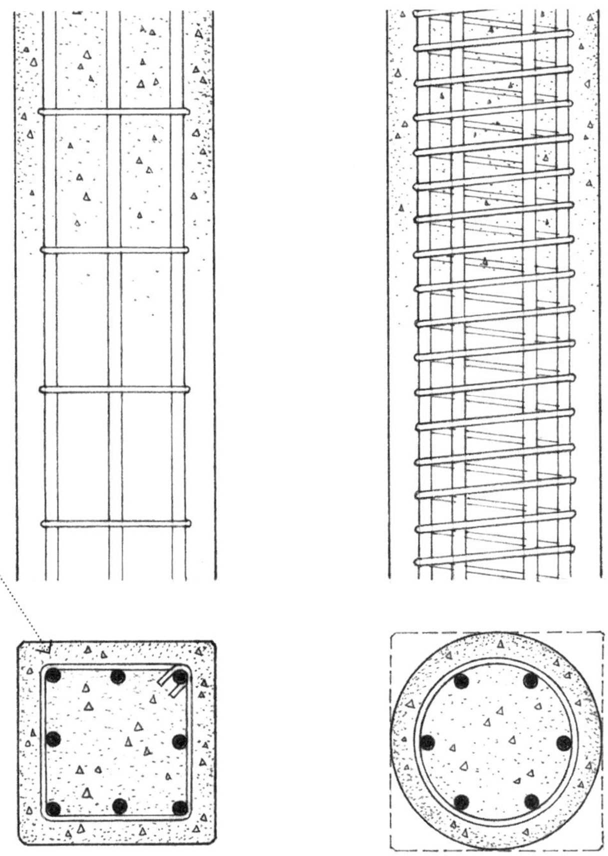

조적(Masonry)

조적은 보통 회반죽을 접착제로 사용하여 벽돌, 돌, 콘크리트 블록과 같은 다양한 자연물이나 생산품의 단위체를 이용한 건설 방식을 말한다. 단위 조적의 모듈적 측면(예를 들어, 균일한 크기와 비례 관계)은 본 장에서 언급되는 대부분의 다른 건설 자재들로부터 뚜렷하게 구분되는 점이다. 단위 조적은 압축력을 받는데 구조적으로 가장 효과적이기 때문에, 조적 단위체들은 전체 조적조가 하나의 독립체로 작용할 수 있도록 특정한 방식으로 쌓아야 한다.

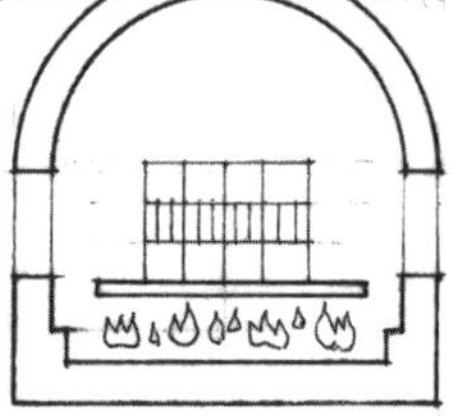

벽돌

벽돌은 점토로 만든 조적 단위체로써, 가소성이 좋을 때에 직사각형의 각기둥 모양으로 만들어 햇볕에 말리거나 가마에 구워서 단단하게 만든 것이다.

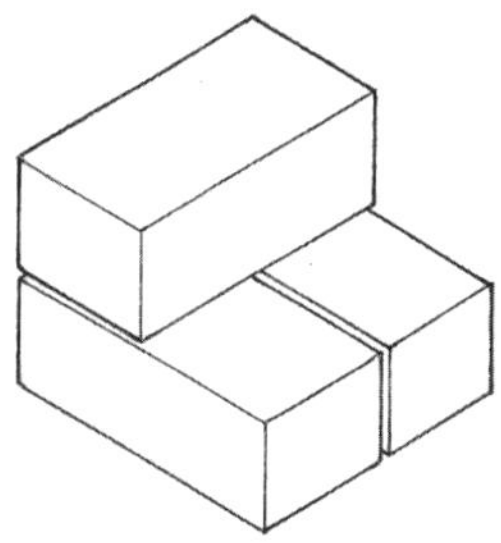

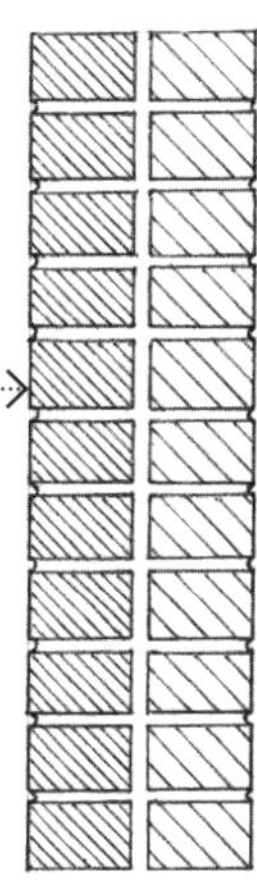

- 외장 벽돌은 벽 포장을 위한 특수 점토로 만들어지며, 원하는 색과 표면 질감을 얻기 위해 가공되기도 한다.
- 건설용 벽돌이라고도 불리는 보통 벽돌은 일반적인 건설의 목적으로 만들어지며, 색이나 질감을 위해 특별히 가공되지 않는다.

콘크리트 조적

콘크리트 조적 단위체(CMU, Concrete masonry units)는 포틀랜드 시멘트, 작은 골재, 물을 다양한 시공 조건에 맞게 다양한 모양으로 주조하여 공장에서 미리 만든 부품이다. 콘크리트 벽돌 단위체의 종류에 따른 유용성은 지역과 제조원에 따라 다르다.

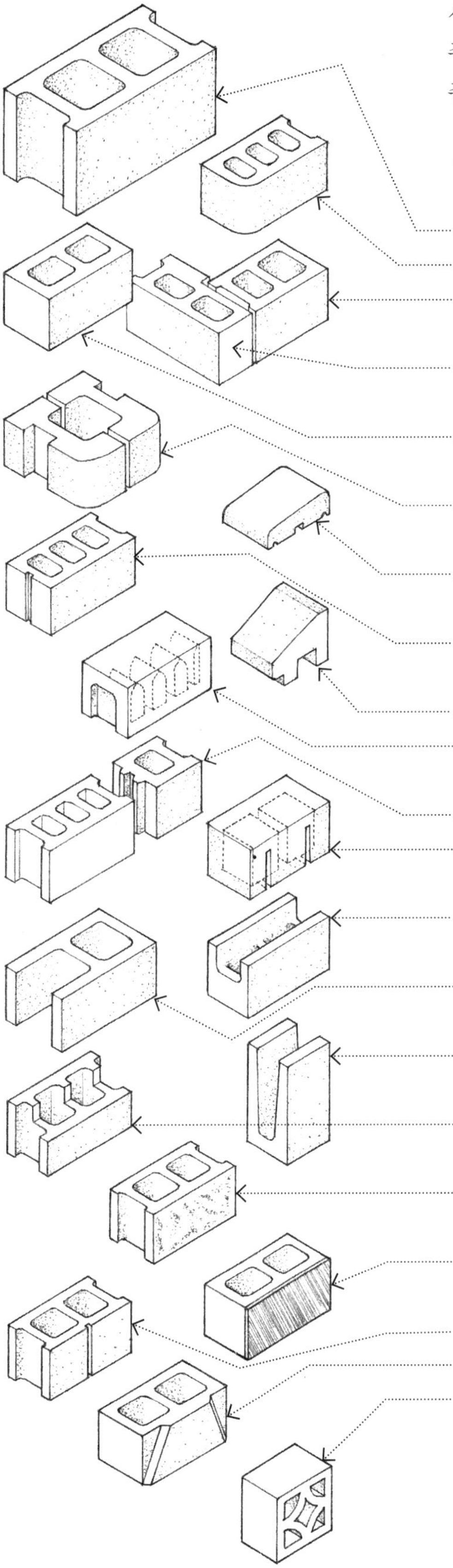

- 종종 시멘트 블록(Cement Block)으로 잘못 알려진 콘크리트 블록(Concrete Block)은 속이 텅 빈 콘크리트 벽돌 단위체다.
- Stretcher Block에는 두 개나 세 개의 구멍이 있다.
- Bullnose Block에는 한 개 이상의 둥근 모서리가 있다.
- Corner Block은 벽의 모서리나 끝 부분 시공에 사용되어 블록 면에 구멍이 없다.
- Corner-return Block은 전체 길이와 절반 길이 단위체의 모양으로 나타나는 수평적 흐름을 유지하기 위해 벽의 모서리에 사용된다.
- Double-corner Block은 양쪽 면 모두에 구멍이 없으며 석조 부두를 만드는 데 사용된다.
- Pilaster Block은 보통 또는 철근 석조 벽기둥의 시공에 사용된다.
- Coping Block은 석조 벽의 꼭대기나 마감 단계에 사용된다.
- Sash 또는 Jamb Block은 문설주나 창문의 세로 기둥을 박기 위해 한쪽 끝에 구멍이나 홈이 파여 있다.
- Sill Block은 문틀에서 빗물을 흘려보내기 위한 막이 있다.
- Cap Block은 기초 벽의 마감 단계에서 힘을 받는 면으로 사용되기 위해 윗부분에 구멍이 없다.
- Control-joint Block은 수직의 조절 줄눈을 만드는 데 사용된다.
- 방음 벽돌 단위체는 구멍이 없는 윗면과 구멍 난 옆면을 가지고 있으며, 방음성을 높이기 위해 섬유성 충전 재료가 들어가기도 한다.
- Bond-beam Block은 그라우트에 꽂아 넣기 위해 철근이 배치될 수 있도록 안으로 파진 단면을 가지고 있다.
- Open-end Block은 그라우트에 꽂아 넣기 위해 수직 철근이 배치될 수 있도록 한 면이 개방되어 있다.
- Lintel Block은 그라우트에 꽂아 넣기 위해 철근이 배치될 수 있도록 U자형의 단면을 갖는다.
- Header Block은 접착된 조적식 벽에 헤더를 넣기 위해 옆면의 일부가 제거된 것이다.
- Split-face Block은 거칠고 균열이 있는 표면 질감을 얻기 위해 양생 후 기계를 이용하여 길이 방향으로 쪼갠 것이다.
- Faced Block은 특별히 세라믹으로 되어있거나, 유약을 발랐거나, 광이 나는 면을 갖는다.
- Scored Block은 평줄눈처럼 보이도록 한 개 이상의 세로 홈이 파여 있다.
- Shadow Block의 옆면은 대각선으로 움푹 파인 무늬를 띤다.
- 보통 열대 지방의 건축에 사용되는 Screen Block은 공기를 들여보내고 햇빛을 차단하기 위해 횡측에 장식적 무늬가 있다.

강재(Steel)

강재란 주철보다 낮고 연철보다 높은 탄소 함유량을 가지며, 구성 성분과 열 처리방식에 따라 다양한 강도, 경도, 탄성을 갖는 철을 기반으로 한 합금을 말한다. 강재은 경량과 중량 구조재에 사용될 뿐 아니라, 창문, 문, 철물, 잠금 부분 등 넓은 범위의 건축 자재를 만드는 데에도 사용된다. 구조 재료로써, 강재는 높은 강도와 강성, 탄성을 갖는다. 부피에 대한 무게의 측면에서 강재는 가능한 저가의 재료 중 가장 강한 재료일 것이다. 그러나 불연성 재료로 분류되어, 강재는 1000°F(520℃)이상의 온도에서는 그 강성을 잃고 늘어난다. 내화성 구조를 필요로 하는 건물에 사용될 경우, 구조용 강재는 내화성 재료로 막을 입히거나 덮거나 감싸야 한다. 또한 강재는 일반적으로 부식에 취약하기 때문에, 산화 방지하기 위해 페인트칠을 하거나 아연도금을 하거나 화학적 처리를 해야 한다.

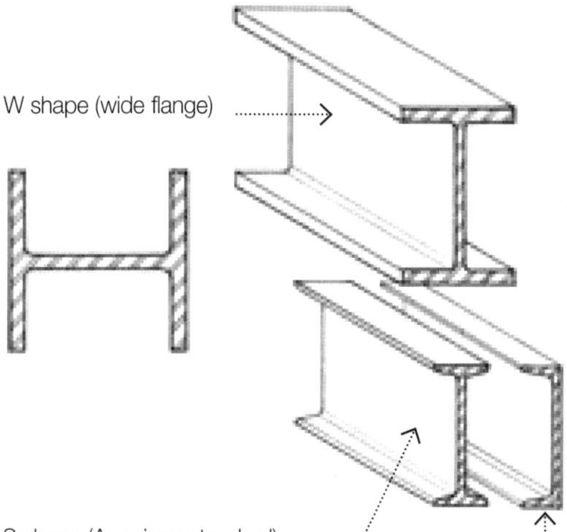

• W shape (wide flange)
• S shape (American standard)
• C shape (American standard channel)

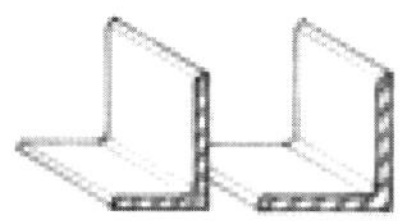

• L shapes (equal and unequal leg angles)

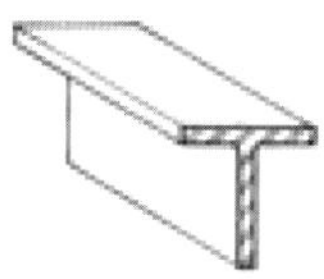

• WT shape (structural tee cut from W shape)

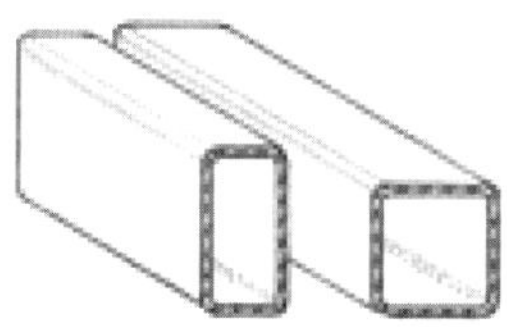

• Structural tubing (square or rectangular)

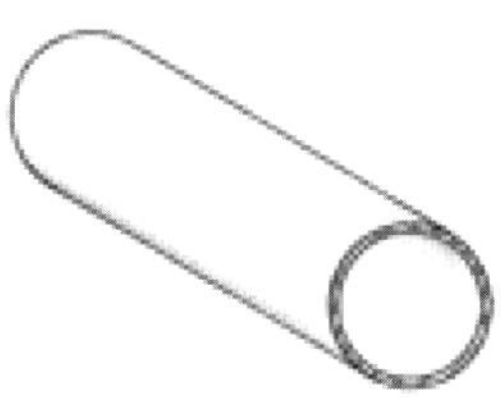

• Structural tubing (circular pipe)

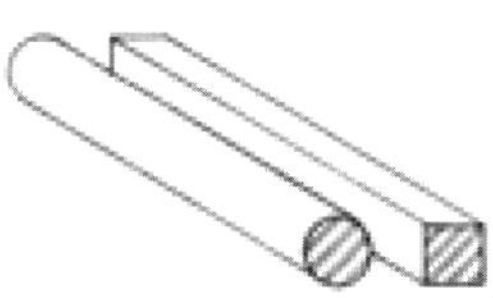

• Bars (square, round, and flat)

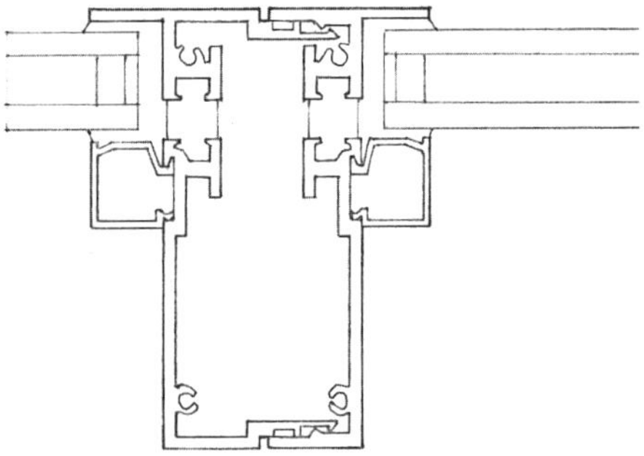

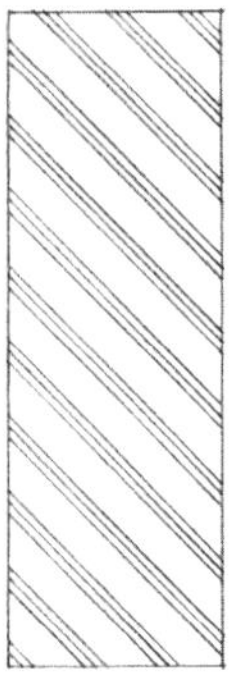

비철금속(Nonferrous Metals)

비철금속은 철을 포함하지 않는다. 알루미늄과 구리, 납이 일반적으로 건설에 사용되는 비철금속이다. 알루미늄은 연성이고 가단성 있는 은백색의 금속으로, 많은 경질합금과 경합금의 재료로 사용된다. 표면에서 생성되는 투명한 산화물 막 때문에 부식에 대한 저항성이 있다. 산화물 막은 양극 산화라는 전기 화학적 가공을 통해 두꺼워질 수 있고 부식에 대한 저항성을 높일 수 있다. 양극 산화 과정에서, 원래 옅은 색의 반사성 알루미늄 표면은 따뜻하고 밝은 색으로 염색가능하다. 다른 금속과의 접촉에 의한 전지 작용을 막기 위해서는 알루미늄의 절연에 주의를 기울여야 한다. 알루미늄은 또한 젖은 콘크리트, 회반죽, 석고와 같은 알칼리성 재료에 닿지 않도록 한다.

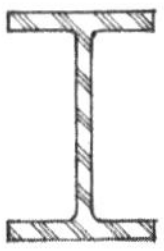

알루미늄은 창문, 문, 지붕, 비 막이 장치, 테두리, 철물 등 부차적인 건축 재료에 압출되거나 시트 형태로 주로 사용된다. 구조재로 사용될 경우, 구조 강재와 비슷한 형태의 고강도 알루미늄 합금을 사용할 수 있다. 알루미늄 부품은 용접하거나 접착제로 붙이거나 기계적으로 고정할 수 있다.

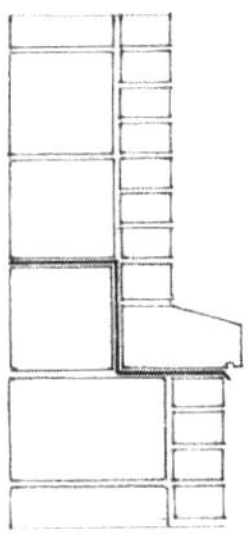

구리는 연성이며 가단성 금속으로, 전기 와이어, 수도관, 그리고 청동과 황동과 같은 합금의 재료로 널리 사용된다. 그 색과 부식 저항성 때문에 구리는 지붕과 비 막이 장치에 적합한 재료이다. 하지만 구리는 알루미늄과 강철, 스테인리스 강, 아연을 부식시킨다. 구리는 반드시 구리, 또는 엄선된 황동 부재로만 고정, 접착, 지지되어야 한다. 높은 습기의 환경에서 구리가 연필향나무와 접촉하면 정상보다 빠르게 노후화된다.

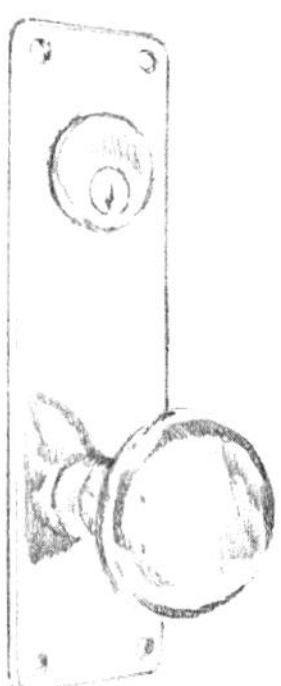

황동은 기본적으로 구리와 아연으로 이루어진 다양한 합금을 지칭하는데, 황동은 창문, 레일, 테두리, 마무리용 철물에 사용된다. 황동으로 정의되는 합금은 조형용 청동 등과 같이 그 이름에 '청동'이라는 단어가 들어가기도 한다.

납은 무겁고 무르며 가단성 있는 푸르스름한 회색의 금속이며 비 막이 장치, 방음, 방사선 차단에 사용된다. 비록 납이 일반적인 금속 중에 가장 무겁지만 매우 유연하기 때문에 고르지 않은 표면에 사용하기에 좋다. 분진 납과 납의 증기는 독성을 띤다.

- Gold, platinum **Most noble**
- Titanium Cathode (+)
- Silver
- Stainless steel
- Bronze
- Copper
- Brass
- Nickel
- Tin
- Lead
- Cast iron
- Mild steel
- Aluminum, 2024 T4
- Cadmium
- Aluminum, 1100
- Zinc Anode (-)
- Magnesium **Least noble**

Current flows from positive to negative.

금속의 이온화 계열

- 금속의 이온화 계열 표는 비활성정도가 높은 금속에서 낮은 금속 순으로 금속을 열거한다.
- 금이나 은과 같은 귀금속은 공기 중에서나 무기산 용액에서 가열될 때 산화에 저항한다.
- 표에서 낮은 위치의 금속일수록 전류가 흐를 정도로 충분한 수분이 존재할 때 부식되며 희생양극으로 작용한다.
- 표에서 두 금속의 위치가 멀리 떨어져 있을수록, 비활성도가 낮은 금속은 더 많이 부식되어 노후화된다.

전지 작용(Galvanic Action)

전지 작용은 전류가 흐를 정도의 충분한 수분이 있는 경우, 두 종류의 상이한 금속 사이에서 발생한다. 이 전류는 하나의 금속을 도금하고 다른 금속을 부식시키는 경향이 있다. 전지 작용의 정도는 금속의 이온화 계열 표에서 두 금속이 얼마나 떨어져 있는지에 따라 좌우된다.

돌(Stone)

돌은 광물의 결합물 또는 골재이며, 각각은 무기화학물질로 이루어져 있다. 건축 자재로 적합한 품질을 갖추기 위해, 돌은 다음의 특성을 필요로 한다:

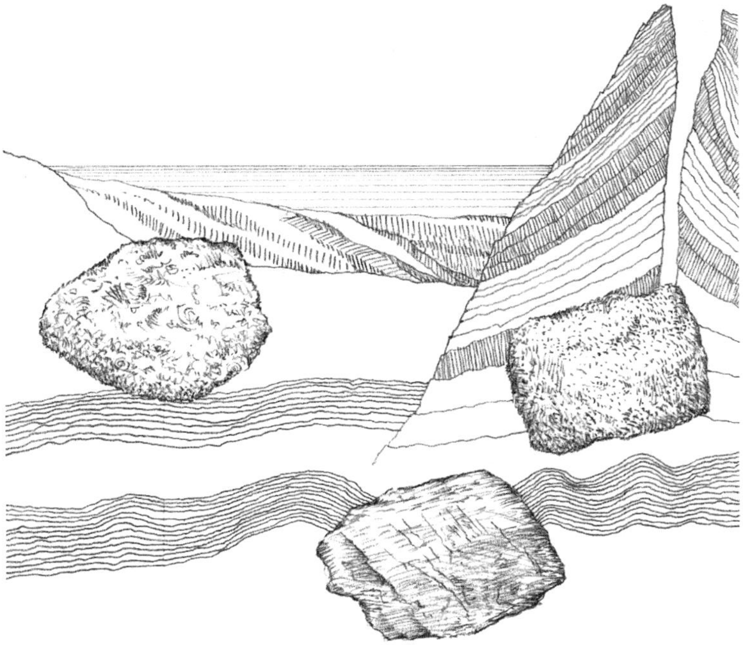

- 대부분 종류의 돌은 적절한 압축 강도 이상을 갖는다. 그러나 돌의 전단 강도는 압축 강도의 1/10 정도이다.
- 경도: 경도는 돌이 바닥재, 포장재, 계단 디딤바닥으로 쓰일 때 중요하다.
- 내구성: 비와 바람, 열, 동결 작용과 같은 계절 효과에 대한 저항성은 외장의 석조 부분에서는 필수적 특성이다.
- 작업성: 돌의 경도와 결은 돌을 채석하고 자르고 형태를 만들 수 있는 정도여야 한다.
- 밀도: 돌의 다공성은 동결 작용과 착색에 견디는 성질에 영향을 준다.
- 외양: 외양적 요소로는 색과 결, 질감이 있다.

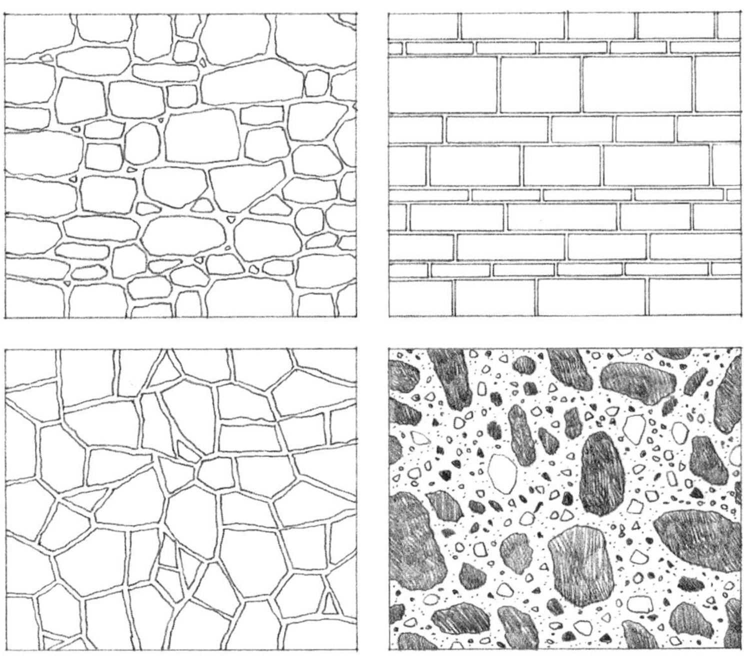

내력벽 재료로써, 돌은 벽돌 단위체와 비슷하다. 비록 석벽돌이 크기가 반드시 일정한 것은 아니지만 회반죽과 함께 쌓여 압축력을 받는다. 거의 모든 종류의 돌은 급격한 온도 변화에 역으로 영향을 받으며 높은 내화성을 필요로하는 곳에는 사용되어서는 안 된다.

- 돌은 다음과 같은 형태로 건설에 사용된다:
- 잡석(Rubble)은 부서진 돌의 거친 조각들로 구성되며, 벽 노출용도로 모양낸 면을 하나 이상 가져야 한다.
- 규격 치수의 석재는 채석 후 길이와 너비가 2 ft.(610 mm)이상이 되며 특정한 두께를 가지도록 네모나게 잘린 돌로써, 벽 패널, 처마 돌림띠, 갓돌, 상인방, 바닥재에 주로 사용된다.
- 판석(Flagstone)은 바닥재와 수평면의 마무리 재료로 사용되는 납작한 석판이다.
- 쇄석은 콘크리트 생산물의 골재로 사용된다..

목재(Wood)

건축 자재로써, 목재는 튼튼하고 오래가며 가볍고, 작업하기 용이하다. 게다가, 나무는 시각적으로나 촉각적으로 자연적인 아름다움과 따뜻한 느낌을 준다. 비록 지속적인 공급을 위해 보존 측정방법을 적용하도록 하지만, 목재는 여전히 다양한 형태로 건설에 이용된다.

목재는 크게 연목와 견목, 두 분류로 나누어진다. 이 용어는 목재의 실제 경도와 연함 또는 강도를 뜻하지 않는다. 연목은 대개 소나무, 전나무, 송솔나무, 가문비나무 등 상록수이며 원뿔형 열매가 열리는 나무에서 나온 목재로써, 일반적인 건설에 이용된다. 견목은 벚나무, 단풍나무, 오크 나무와 같이 잎이 넓고 꽃이 피는 나무에서 나온 목재로써, 바닥재, 패널, 가구, 내부 테두리 등에 사용된다.

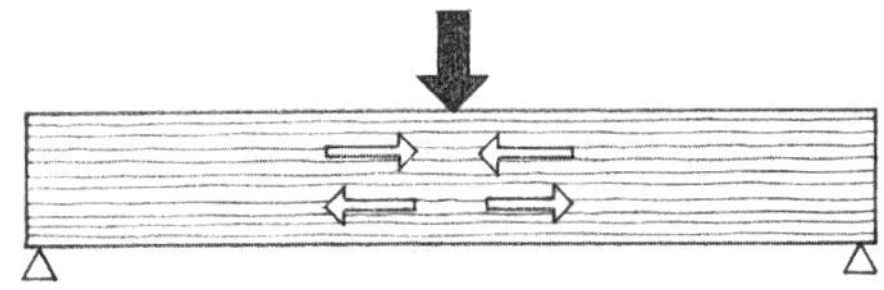

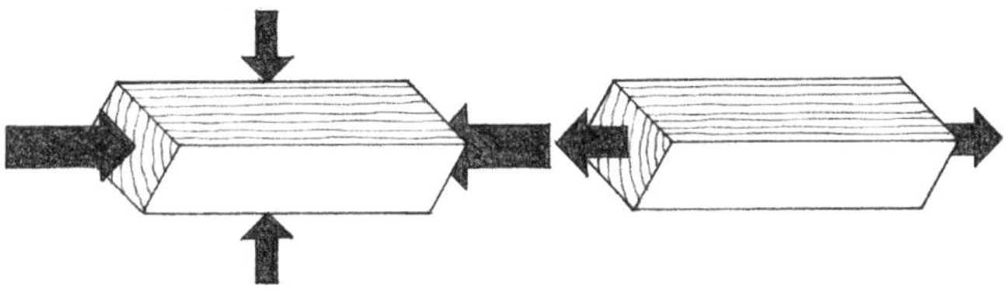

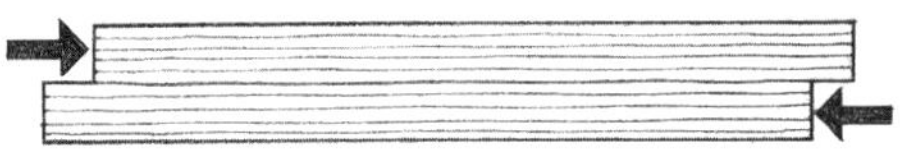

나무가 성장하는 방식은 나무의 강도, 팽창과 수축에 대한 민감성, 그리고 단열재로서의 성능에 영향을 미친다. 나뭇결은 구조 재료로써 목재의 사용법에 있어서 주된 결정 요인이다. 목재는 나뭇결에 평행한 방향으로 인장력과 압축력을 가장 잘 받을 수 있다. 일반적으로, 나무 조각은 나뭇결에 평행한 방향으로 힘을 받을 때, 인장력보다 압축력을 1/3가량 더 견딘다. 나뭇결에 수직 방향으로 받을 수 있는 압축력은 나뭇결 방향으로 받을 수 있는 힘의 1/5에서 1/2밖에 되지 않는다. 나뭇결에 수직 방향으로 작용하는 인장력은 목재의 쪼개짐을 야기시킨다. 목재의 전단 강도는 나뭇결 방향보다 나뭇결을 가로지르는 방향에서 더 크게 나타난다. 그러므로 목재는 수직적 전단력보다 수평적 전단력에 더 취약하다.

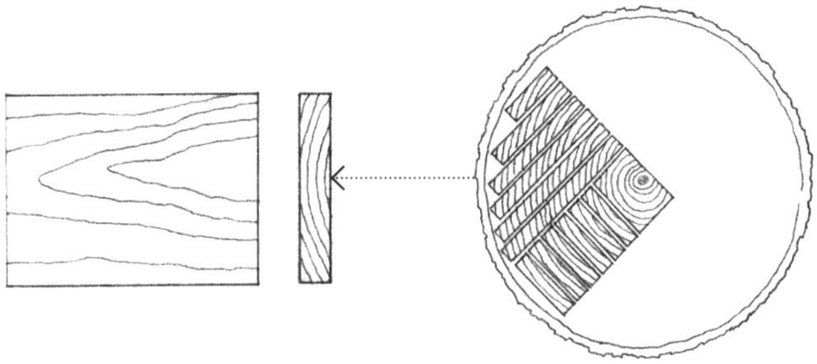

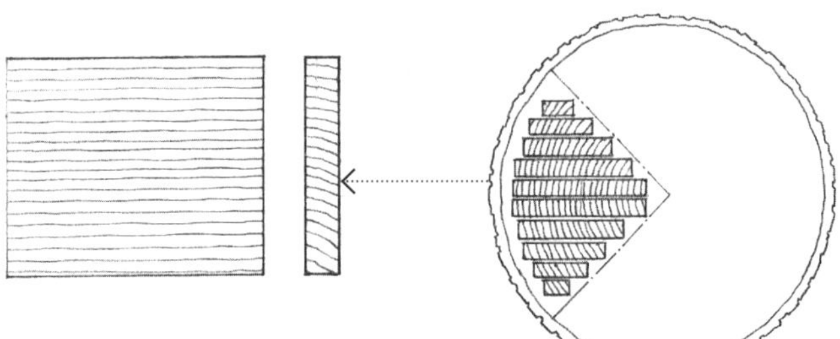

나무의 성장 또한 건물의 구조와 외벽의 형성에 필요한 목재 연결 방식에 영향을 미친다.

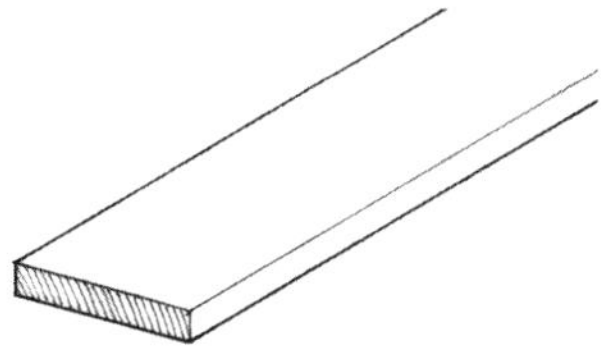

재목(Lumber)

다른 제품으로서의 재제공용 용도와 그 적용법이 다양하기 때문에, 견목은 한 원목에서 특정 등급과 크기를 갖는 비슷한 크기로 가공가능하며, 깔끔하고 사용가능한 목재들의 양에 따라 그 등급이 매겨진다. 연한 목재는 다음과 같은 방식으로 분류된다.

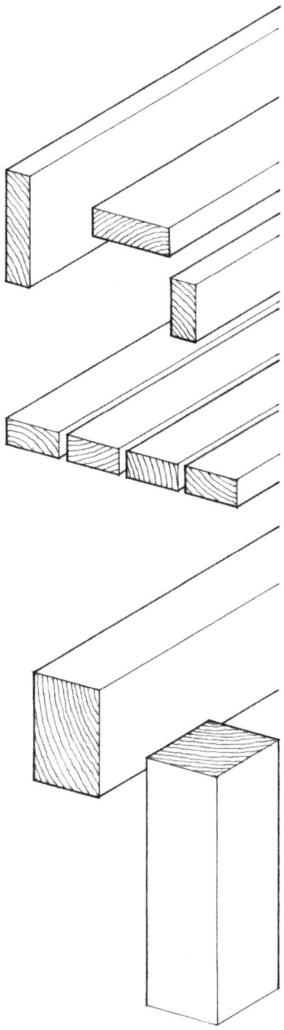

- Boards: 두께 2인치 이하, 너비 2인치 이상, 강도보다는 생김새로 등급이 매겨진다.
- Dimension lumber: 두께 2인치에서 4인치, 너비 2인치 이상, 생김새보다는 강도로 등급이 매겨진다.
- Structural lumber: 특정 용도와 강도를 기반으로 기계적으로 또는 외관 검사를 통해 등급이 매겨진 규격 치수의 재목
- Timbers: 최소 5인치 이상, 강도와 내구성으로 등급이 매겨진다.

- Yard lumber: 일반적인 건설 목적으로 사용되는 연재

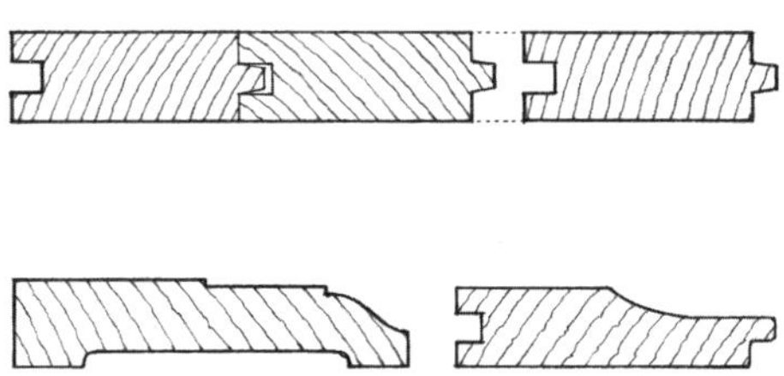

- Factory and shop lumber: 문과 창문, 목공 제품을 생산하기 위해 자르거나 선택되며, 특정한 크기와 품질의 목재를 생산할 수 있고 사용가능한 목재의 양에 따라 등급이 매겨진다.

나무 패널 제품

나무 패널 제품은 수축과 팽창에 덜 취약하고, 설치가 용이하며 원목 제품보다 목재 자원을 효율적으로 사용한다. 다음은 대표적인 나무 패널 제품의 종류들이다:

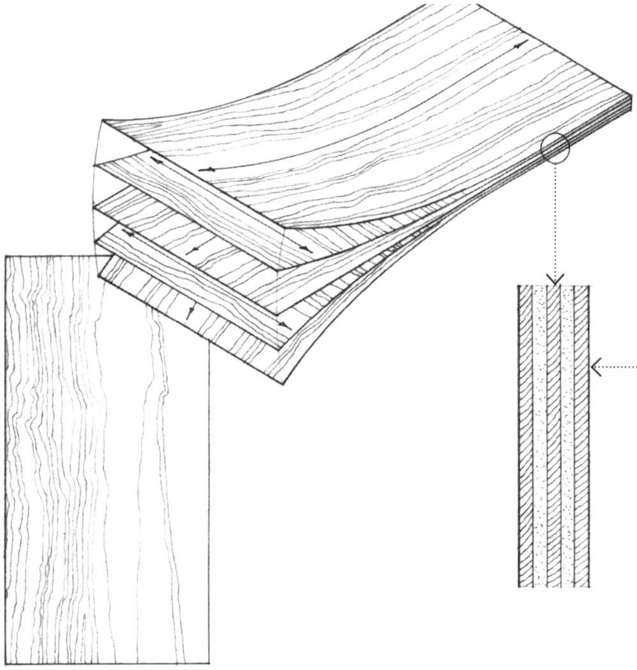

- 합판(Plywood)은 열과 압력을 가하여 베니어판을 접합한 것으로써, 접합시 인접한 판의 나뭇결들이 서로 수직이 되도록 하고 중앙의 판에 대해 대칭이 되도록 한다.

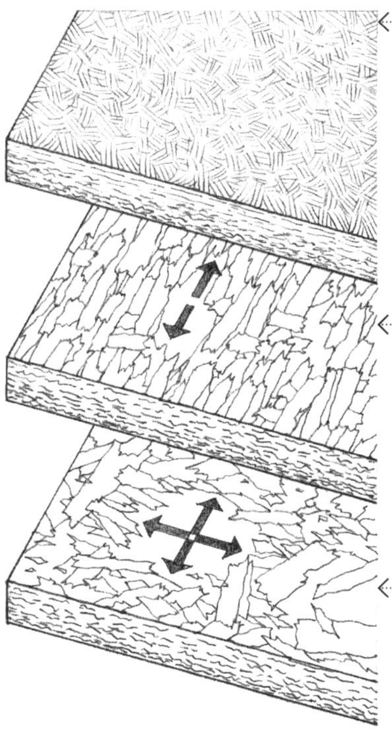

- 파티클보드(Particleboard)는 열과 압력을 가하여 작은 나무 조각들을 접합한 비(非)베니어판으로, 주로 장식 패널과 가구 제작의 주재료, 바닥의 밑 깔개로 사용한다.
- OSB 합판(Oriented strandboard)는 방수 접착제를 사용하고 열과 압력을 가하여 가늘고 긴 나무 가닥을 접합한 비(非)베니어판으로, 주로 지붕널이나 마루 밑 속바닥감으로 사용한다. 표면의 가닥은 패널의 장축에 평행하게 배열되어 패널이 길이 방향으로 강하다.
- 웨이퍼보드(Waferboard)는 방수 접착제와 함께 열과 압력으로 접합된 크고 얇은 나무 조각판들로 구성된 비(非)베니어판이다. 조각판의 면은 일반적으로 패널의 면에 평행하도록 배치되지만 나무판들의 결은 제각각이기 때문에, 패널의 면은 모든 방향에서 대략적으로 동등한 강도와 강성을 가지게 된다.

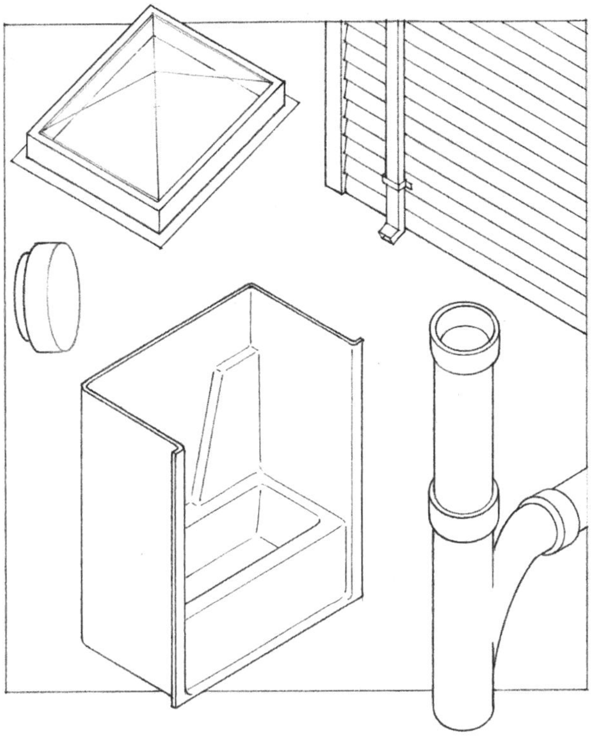

플라스틱(Plastics)

플라스틱은 대게 고분자량의 열가소성 또는 열경화성 중합체인, 합성·천연 유기재로써, 주조 또는 압출하거나 길게 늘여 물체, 필름, 필라멘트 등을 만들 수 있다. 전체적으로, 플라스틱은 튼튼하고 탄력이 있으며 가볍고 부식과 습기에 저항성이 있다. 플라스틱을 불에 태울 경우, 유독가스를 내뿜고 호흡기관에 해로운 가스를 방출한다.

다양한 특성을 가진 많은 종류의 플라스틱이 있는 있지만, 기본적으로 두 가지로 분류된다:

- 열경화성 수지(Thermosetting plastics)는 유연단계를 거치지만, 일단 안정이 되면 영구적으로 단단해지며 재가열을 하여도 다시 유연해지지 않는다.
- 열가소성 수지(Thermoplastics)는 열을 가했을 때, 내재된 성질의 변화 없이 부드러워지거나 녹을 수 있고, 냉각되면 다시 단단해진다.

아래의 표는 건설에 일반적으로 사용되는 플라스틱의 종류와 그 용도를 보여주는 표이다.

Thermosetting Plastics	Uses
Epoxies	Adhesives and surface coatings
Melamines	High-pressure laminates, molded products, adhesives, coatings
Phenolics	Electrical parts, laminates, foam insulation, adhesives, coatings
Polyesters	Fiberglass-reinforced plastics, skylights, plumbing fixtures, films
Polyurethanes	Foam insulation, sealants, adhesives, coatings
Silicones	Waterproofing, lubricants, adhesives, synthetic rubber

Thermoplastics	Uses
Acrylonitrile-butadiene-styrene	Pipe and pipe fittings, door hardware
Acrylics	Glazing, adhesives, caulking, latex paints
Cellulosics	Pipe and pipe fittings, adhesives
Nylons	Synthetic fibers and filaments, hardware
Polycarbonates	Safety glazing, lighting fixtures, hardware
Polyethylene	Dampproofing, vapor retarder, electrical insulation
Polypropylene	Pipe fittings, electrical insulation, carpeting fibers
Polystyrene	Lighting fixtures, foam insulation
Vinyls	Flooring, siding, gutters, window frames, insulation, piping

유리(Glass)

유리는 이산화규소를 녹여서 용제, 안정제와 함께 결정화 없이 단단한 상태가 될 때까지 냉각시킨 덩어리와 용화된 재료로, 단단하지만 깨지기 쉬우며 화학적으로 비활성적인 재료이다. 유리는 다양한 형태로 건축에 이용된다. 발포 유리 또는 해면상 유리는 견고한 방습 단열재로 사용된다. 유리 섬유는 직물에 사용되거나 재료를 강화하는데 사용된다. 실처럼 자아낸 형태의 유리 섬유는 방음과 단열에 사용되는 유리솜으로 만들어진다. 유리블록은 빛의 투과, 눈부심, 태양 복사를 조절하는데 사용된다. 그러나 유리 대부분은 주로 건물의 창문과 천장의 채광창에 사용된다.

판유리는 다음과 같은 세 가지 종류의 유리가 있다:

- Sheet glass는 용광로에서 녹은 유리를 뽑아내거나, 원기둥을 만들어 이를 길이 방향으로 잘라 납작하게 하여제작한다. 불로 끝마무리한 표면은 완벽하게 평행하지 않아서, 어느 정도의 시각적 왜곡을 일으킨다. 이 왜곡을 최소화하기 위해서는 수평적으로 흐르는 파형 왜곡으로 유리에 광택제를 발라야 한다.
- Plate glass는 녹은 유리를 판으로 만들어서 냉각시킨 후 갈아 광택을 내어 만든 유리이다. Plate glass는 선명하고 왜곡되지 않은 상을 보여준다.
- Float glass는 녹은 유리를 녹은 주석의 표면에 부어서 그것이 천천히 냉각되도록 하여 제작한다. 이렇게 해서 만들어진 납작하고 평행한 표면은 왜곡을 최소화하며, 갈아서 광택을 낼 필요가 없게 된다. Float glass는 plate glass의 뒤를 이으며, 판유리 제품의 대부분을 차지한다.

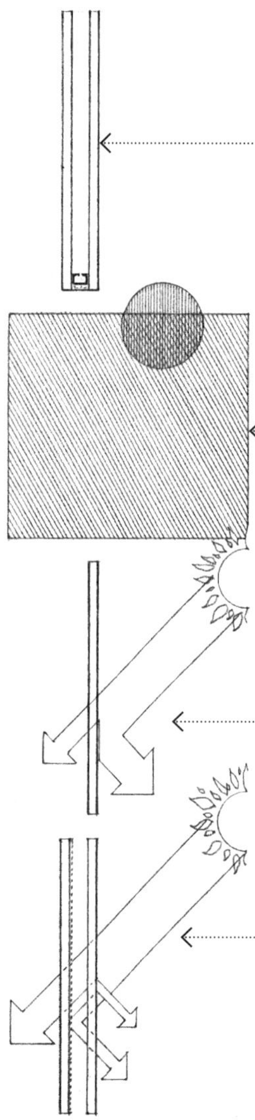

- 절연 유리는 응결을 막고 단열을 위해 밀폐된 공기층을 사이에 둔 두 장 이상의 유리로 구성되는 유리 단위체이다; 유리 모서리로 된 단위체는 3/16인치의 공기층을 가지며 금속 모서리로 된 단위체는 1/4인치 또는 1/2인치의 공기층을 갖는다.
- 색유리 또는 흡열유리는 유리로 들어오는 가시광과 방사열의 일부를 흡수하는 혼화제를 포함한다. 산화철 때문에 유리는 옥색을 띠게 되며, 산화 코발트와 니켈은 회색빛을, 셀렌은 청동빛을 띠게 한다.
- 반사유리에는 가시광과 복사열의 일부를 반사하는 얇은 반투명의 금속 막을 가지고 있다. 금속 막은 단일 유리의 한 면 또는 합판 유리 사이에, 또는 절연 유리의 안쪽이나 바깥쪽 면에 씌운다.
- 저방사(low-e)유리는 가시광을 전달하면서 보다 긴 파장의 복사열을 선택적으로 방사하는 유리로서, 저방사 막을 유리의 한쪽 면, 또는 절연 유리의 밀폐된 공기층에 들어있는 투명한 플라스틱 필름 위에 씌워서 제작한다.

10. 시공법

건축설계에 있어서 시공방식은 어떤 영향을 미치는가?

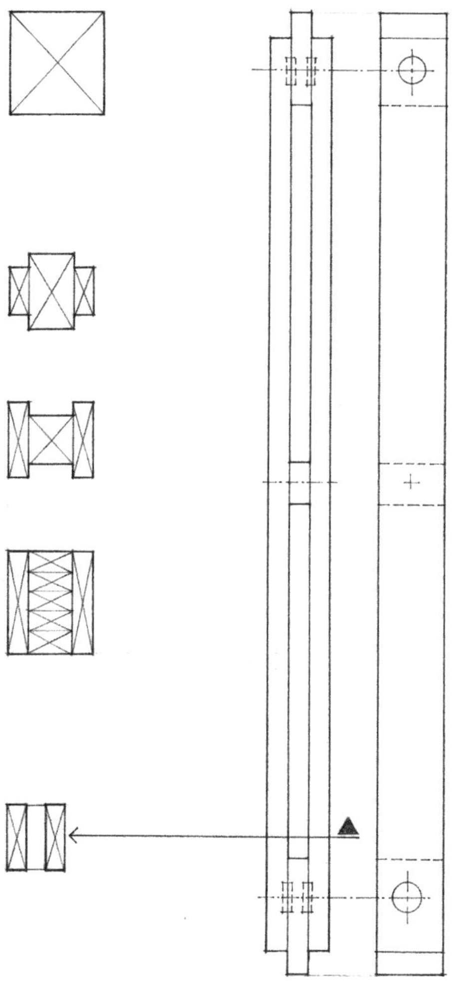

설계의 본질은 바로 생산행위이다. 설계과정은 프로젝트 완성을 위한 아이디어의 생성과 새로운 가능성의 발견을 위한 생산행위에 의존한다. 이러한 생산행위에는 드로잉 또는 모형 기술도 있다. 이러한 예술적 감성은 건축설계부터 건물시공까지의 과정을 다양한 방식으로 묶어낸다.

- 건축가는 디자인에 있어 가장 득이 되는 재료와 기술을 이해하기 위해 시공법에 관한 충분한 지식이 있어야한다.
- 건축가는 또한 구성요소간의 디테일과 연결부의 디자인에 대한 책임이 있다.

상세부위의 디자인에 있어서, 극미한 규모로 아이디어를 보여줄 수 있는 수많은 기회가 있다. 이것은 건축가가 건물의 부분들이 하나로 구성되는 복잡한 사항의 표현법을 선택할 수 있던 없던, 상세부위의 디자인과 시공법에 관한 지식을 통한 것이다. 이러한 상세부위는 빛을 위한 개구부, 움켜쥐는 핸들을 만들거나 복합적 결합을 노출하는 기회를 제공하며, 거주자의 경험에 영향을 줄 수 있다.

본 장은 다양한 시공법, 그 장점과 단점 그리고 설계로의 적용방법에 대해 다룬다. 여기서 간략히 다루는 시공법은 건축가로 하여금 디자인 아이디어를 현실화시킬 수 있는 가능성에 대한 개요이다. 여기서 소개한 시공법은 기초 공사와 관련한 토양에서 시작하여 지붕공사까지 이동한다.

기초(Foundations)

기초는 건물 하중을 지반으로 직접 전달하도록 내력벽, 기둥, 교각의 조합을 이용한다 이러한 구조의 구성요소는 다양한 하부 구조로 구성된다:

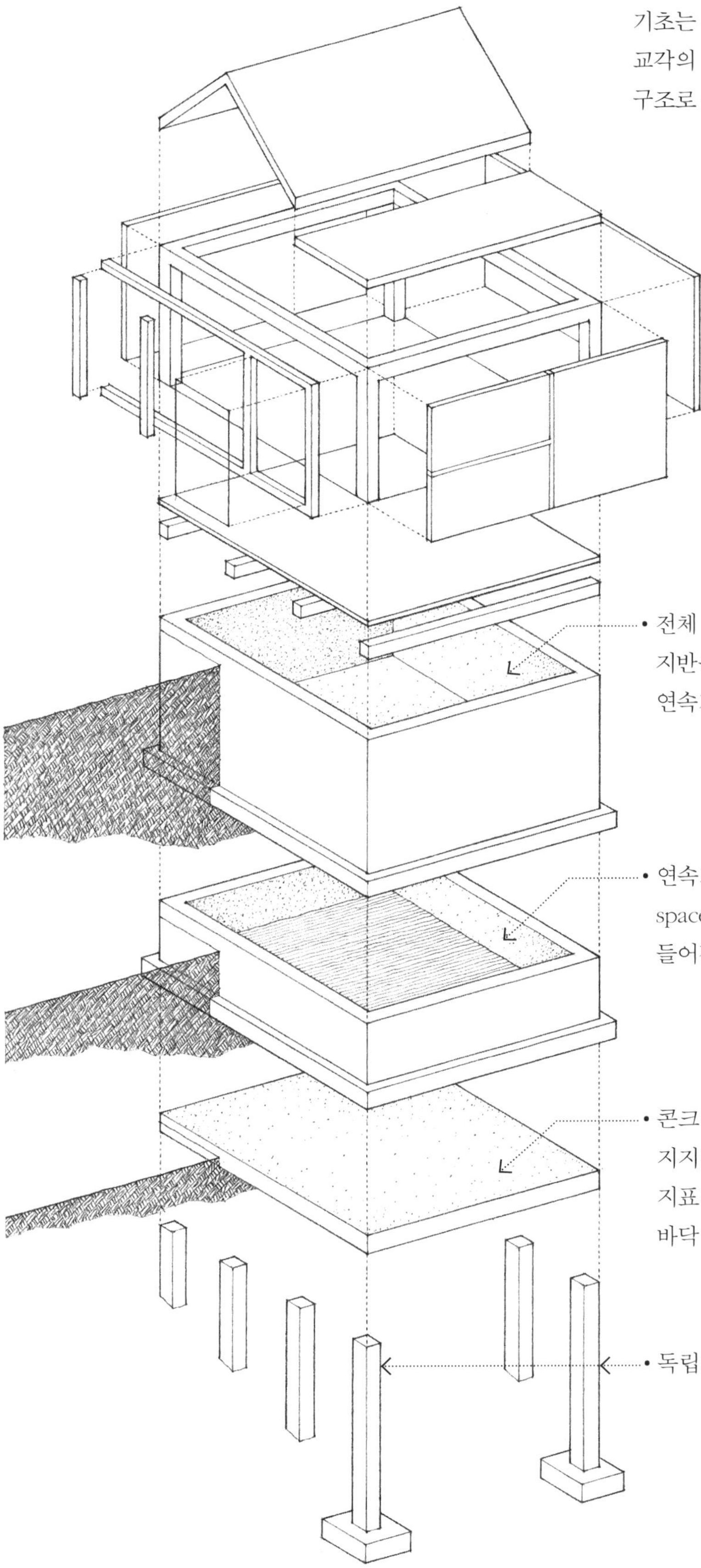

- 전체 또는 부분적으로 지반 아래에 존재하는 지하층에는 주변 지반을 버티고 하부구조 위의 외벽과 기둥을 지지하기 위해 연속기초가 필요하다.
- 연속기초 벽이나 기둥으로 둘러싸인 크롤 스페이스(Crawl space)는 기계, 전기, 배관 설비장치용 통합공간 겸 사람이 들어갈 수 있는 첫 번째 층의 바닥밑공간이다.
- 콘크리트 지면슬래브(slabs-on-grade)는 지반에 의해 직접 지지되고, 벽과 기둥 하중을 견디기 위해 두껍게 만들어지며, 지표의 서리가 거의 없는 기후의 1-2층 구조에 경제적인 기초와 바닥 시스템를 형성한다.
- 독립기둥의 격자형식은 하부구조를 지표면 위로 들어올린다.

터파기 시스템(Excavation Support Systems)

건물 부지가 충분히 클 경우, 터파기 주변부는 트렌치 테라스형이나 토양이 흘러내리지 않는 각도 내에서 경사진 형태로 될 수 있다. 그러나 깊은 굴착으로 인해 굴착면이 토양이 흘러내리지 않는 각도를 벗어날 경우, 지반은 본시공이 이루어지기 전까지 임시로 버팀대를 대거나 지주로 버티도록 하여야한다.

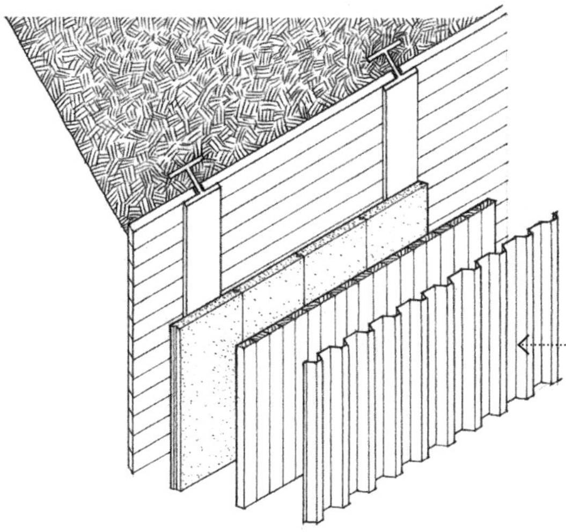

- 널말뚝(Sheet piling)은 목재, 강재, 프리캐스트 콘크리트 널로 구성되고, 지반을 지탱하고 물이 굴착면에 스며드는 것을 방지하기 위해 수직으로 나란히 세운다. 강재와 프리캐스트 널말뚝은 건물의 하부구조의 일부로 계속 사용될 수 있다.

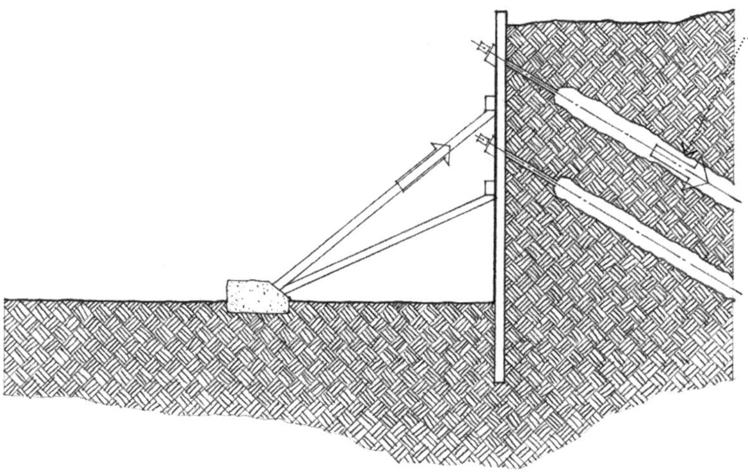

- 타이백(Tiebacks)은 암반이나 토지 앵커에 고정되고, 크로스브래이싱(crossbracing) 이나 레이커(raker)가 굴착 또는 시공 작업에서 간섭이 발생할 때 사용되기도 한다. 타이백은 강재 케이블이나 긴장재으로 구성되고, 널말뚝을 관통하여 암반이나 적합한 토층으로 프리드릴된 구멍에 삽입하고, 암반이나 토양에 고정시키기 위해 압력그라우팅한 후, 유압잭을 이용하여 포스트텐션을 가한다. 그 다음으로 타이백은 장력을 유지하기 위해 수평 철골띠장으로 고정한다.

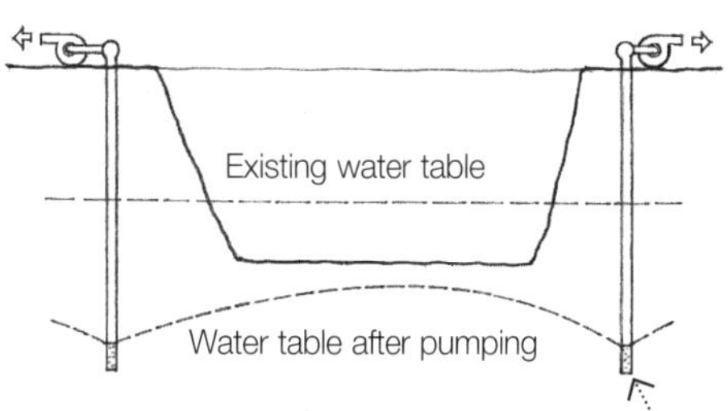

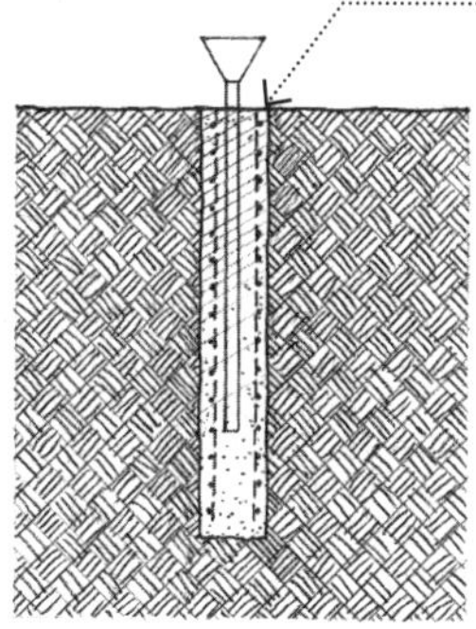

- 지하연속벽(Slurry wall)은 흙막이벽 또는 종종 영구 기초벽으로 사용되도록 트렌치에 주조한 콘크리트 벽이다. 지하 연속벽은 짧은 길이의 트렌치를 굴착한 후, 측벽의 붕괴 방지와 철근배근을 위해 벤토나이트와 물을 섞은 슬러리(slurry)를 채워 넣고, 트레미관을 이용하여 슬러리 대신 콘크리트를 트렌치에 채워 넣어 시공한다.

- 디워터링(Dewatering)은 지하수면을 낮추거나 굴착 내부의 지하수 침투 방지를 위한 공정과정이다. 디워터링은 웰포인트(wellpoint)라 불리우는 다공관을 지반으로 끌어들여 주변지역의 물을 모아 멀리 펌프 하기 위해 사용한다.

얕은 기초(Shallow Foundations)

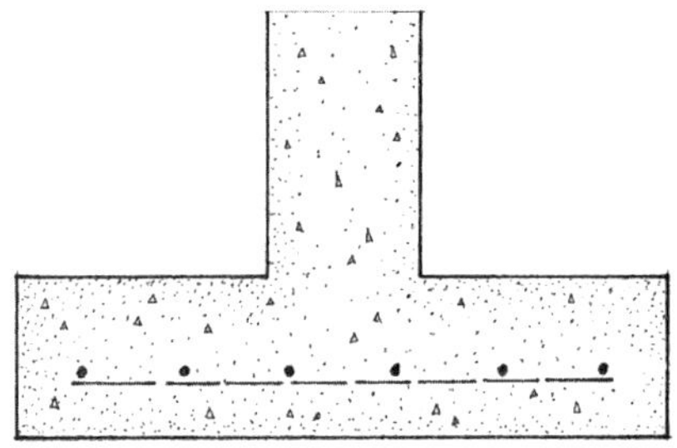

얕은 기초의 최하부분은 직접기초이다. 직접기초는 토지의 허용지지력을 넘지 않는 선에서 최대한 넓은 지면에 하중을 분산하도록 양옆으로 연장되어있다.

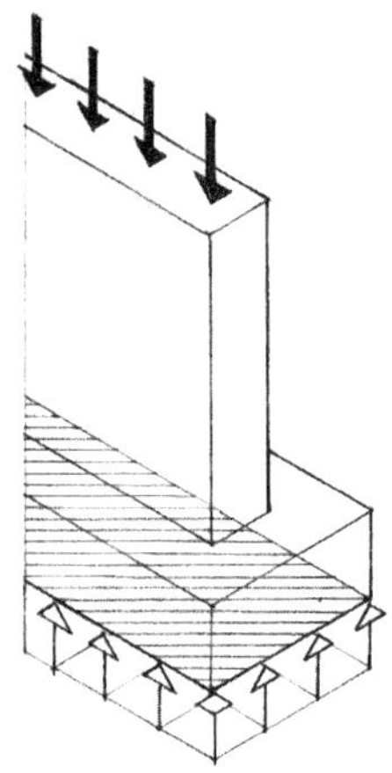

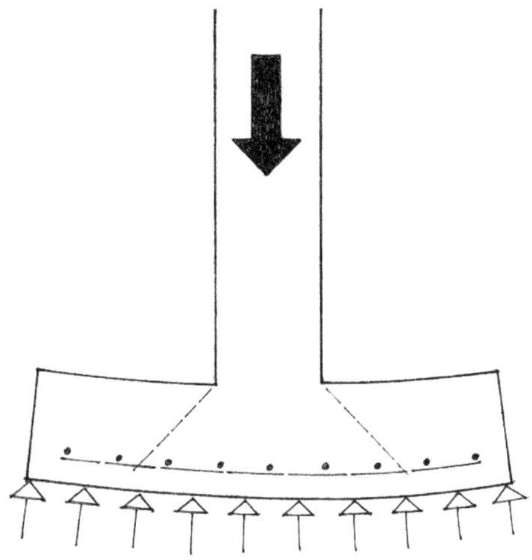

필요한 접촉면적은 전달된 힘의 크기의 값과 지지하는 토질질량의 허용지지력과 동등해야한다.

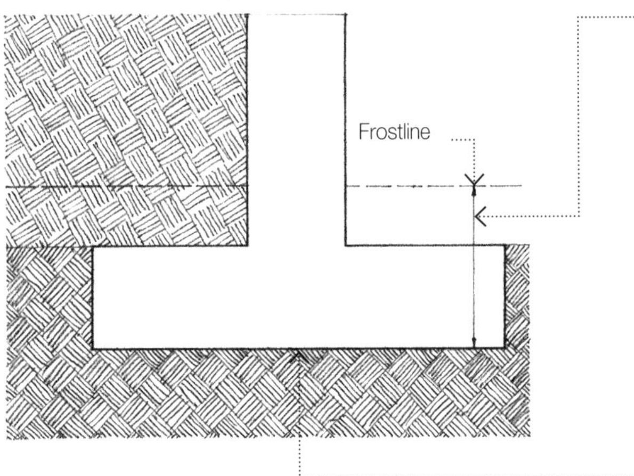

추운 날씨에 지하수가 얼어 팽창할 때 발생하는 토지의 히빙현상(heaving)을 최소화하기 위해, 구조기준에서는 건물부지에서 예상되는 동결침투의 깊이보다 아래에 기초가 놓이도록 규정하고 있다. 지하 동결 한계선은 토지가 얼거나 서리가 지반에 침투할 때의 평균 깊이이다.

침하를 최소화하기 위해, 기초는 항시 유기재가 없는 안정된 지반에 놓여야 한다. 이것이 불가능할 경우, 수분 함수량을 조절하여 8 in.-12 in.(205mm-305mm)의 두께로 층층히 다져진 특수처리성토가 추가 깊이를 형성한다.

직접기초(Spread Footings)

직접기초 중 가장 자주 사용되는 기초는 스트립기초와 독립기초이다. 직접기초의 다른 종류는 아래의 그림을 참고한다.

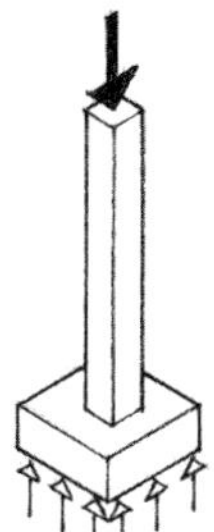

• 독립기초(Isolated footing)는 독립된 기둥과 교각을 지탱하는 1개의 직접기초이다.

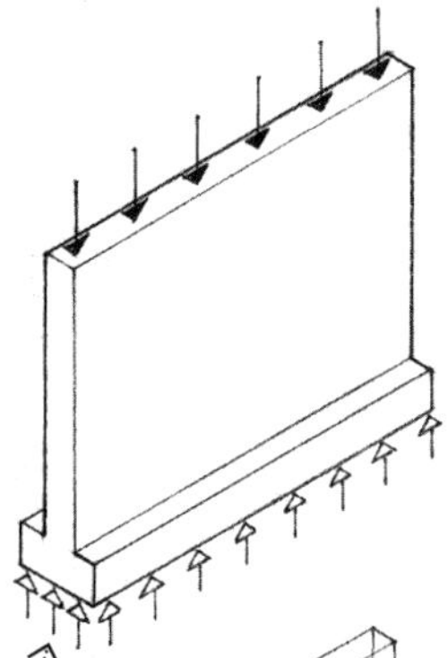

• 스트립기초(Strip footing)는 기초벽으로 이루어진 연속 직접기초이다.

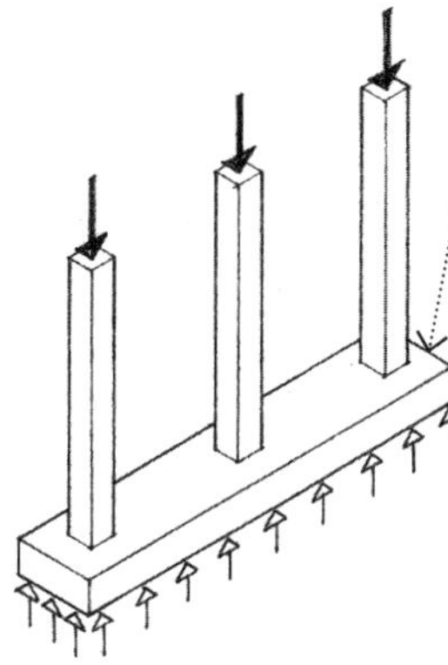

• 연속기초(continuous footing)는 기둥열로 이루어진 철근콘크리트 기초이다.

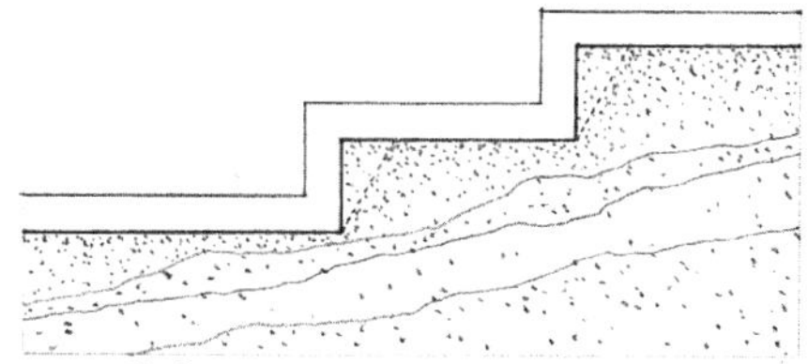

• 스텝기초(Stepped footing)는 경사면을 지지하고 건물 주변 모든 지점에 요구된 높이를 유지하기 위해 단계별로 그 높이가 변화하는 스트립기초이다.

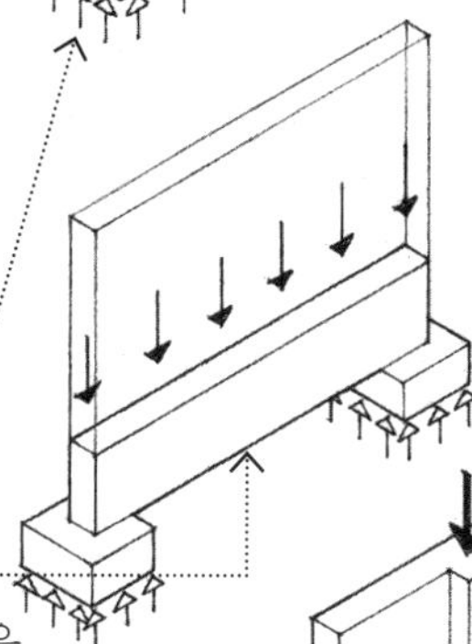

• 지중보(Grade beam)는 지반면을 혹은 가까이서 내력벽을 지탱하는 철근콘크리트 보이며, 하중을 독립기초나 교각, 말뚝파일로 전달한다.

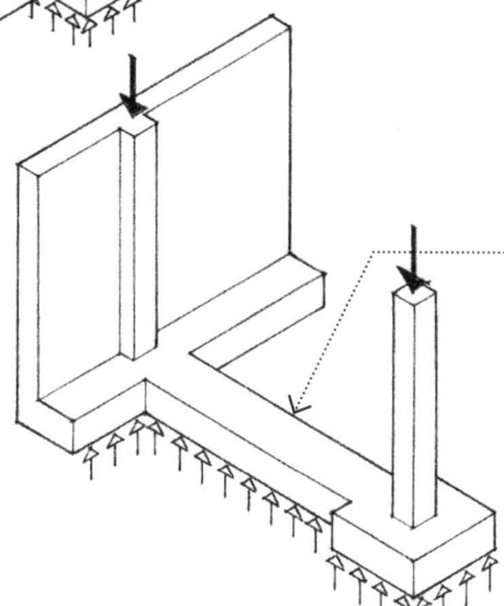

• 캔틸레버기초(Cantilever footing) 또는 스트랩기초(Strap footing)는 불균형하중에도 균형을 이루도록 연결보로 다른 기초와 연결된 기둥기초로 구성된다.

• 캔틸레버 복합기초(Cantilever and combined footing)는 기초가 대지경계선에 인접할 때 자주사용되고, 하중을 대칭으로 받는 기초로 시공하기 불가능하다. 비대칭하중으로 인한 회전과 부등침하방지를 위해, 연속 캔틸래버기초가 균일한 토압을 발생시켜 균형을 이루도록 시공된다.

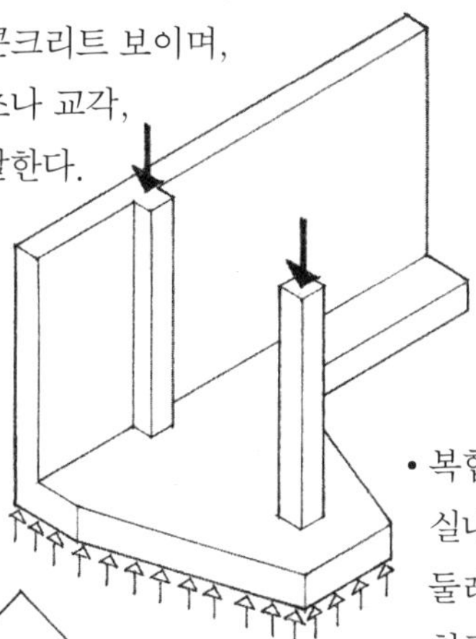

• 복합기초(Combined footing)는 실내 기둥 하중을 버티기 위해 둘레 기초벽 또는 기둥이 연장된 철근콘크리트 기초이다.

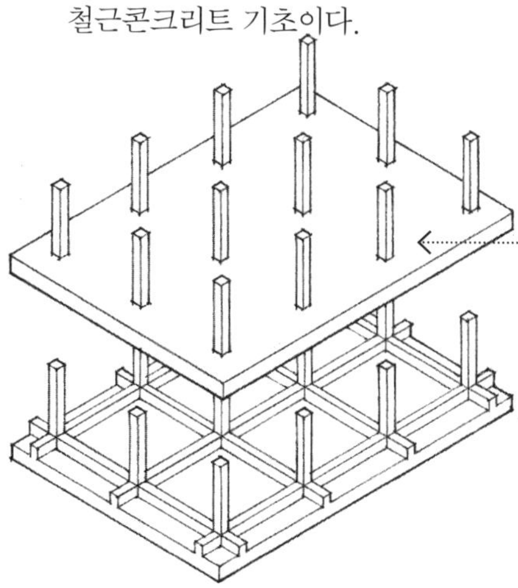

• 온통기초(Mat foundation) 또는 전면기초(Raft foundation)는 두꺼운 고성능 철근콘크리트 슬래브이며, 다수의 기둥이나 건물 전체를 지지하는 하나의 단일체 기초이다. 온통기초는 기초지반의 허용지지력이 건물하중에 비하여 상대적으로 작거나 실내 기둥 기초가 너무 커서 단일 슬래브로 병합하는 것이 더 경제적일 때 사용된다. 온통기초는 격자형 늑재, 보, 벽을 이용하여 강화한다.

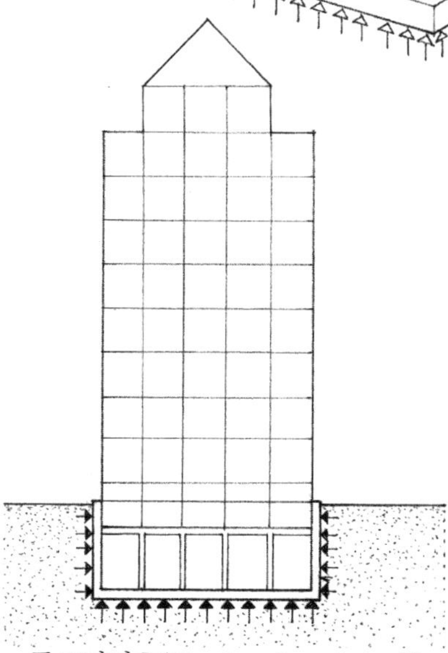

• 플로팅기초(Floating foundation)는 토양으로 힘을 전달하기 위해 사용되며, 배토 토양의 무게가 건축물 중량과 같거나 크게 되도록 매트를 충분히 깊게 배치한다.

기초 벽(Foundation Walls)

기초 벽은 상부구조를 지지하고, 지중 아래의 지하층이나 크롤 스페이스 일부분 혹은 전체를 에워싼다. 기초 벽은 상부구조의 수직하중뿐 만 아니라 주동 토압에 저항하고 풍력 및 지진력에 대해 상부구조가 정착되도록 설계, 시공되어야 한다.

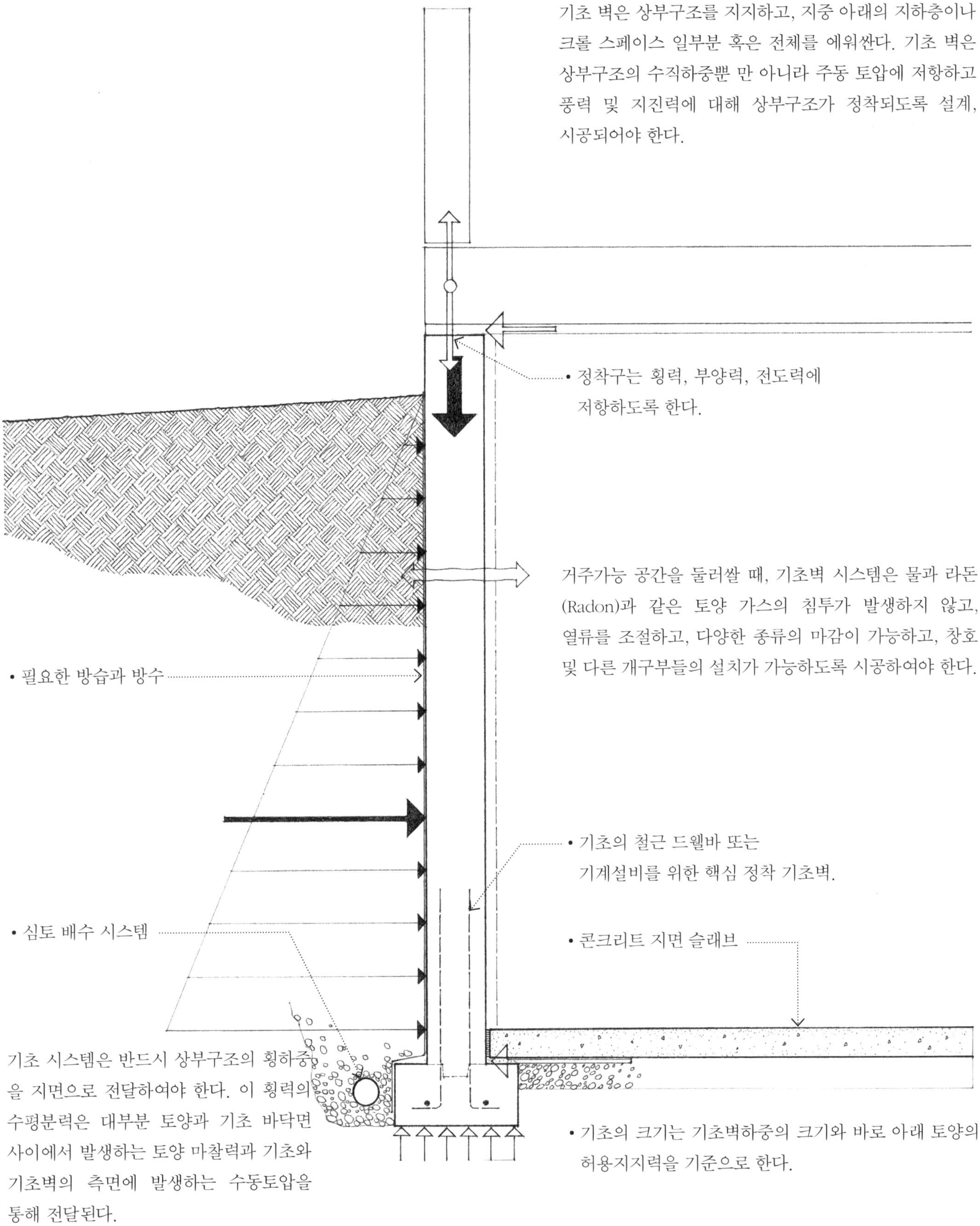

거주가능 공간을 둘러쌀 때, 기초벽 시스템은 물과 라돈(Radon)과 같은 토양 가스의 침투가 발생하지 않고, 열류를 조절하고, 다양한 종류의 마감이 가능하고, 창호 및 다른 개구부들의 설치가 가능하도록 시공하여야 한다.

기초 시스템은 반드시 상부구조의 횡하중을 지면으로 전달하여야 한다. 이 횡력의 수평분력은 대부분 토양과 기초 바닥면 사이에서 발생하는 토양 마찰력과 기초와 기초벽의 측면에 발생하는 수동토압을 통해 전달된다.

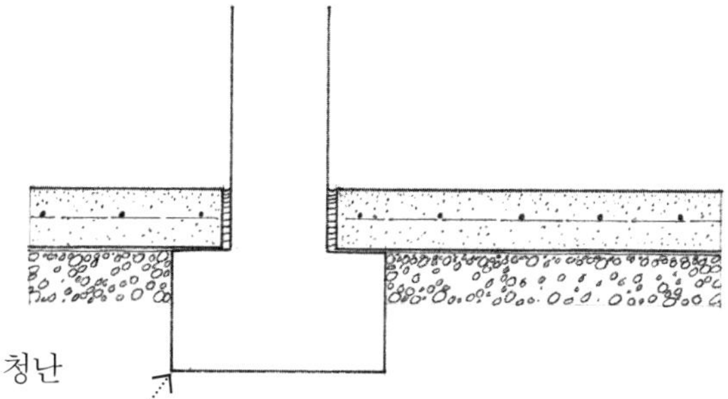

• 독립기초 또는 인테그랄기초(Integral footing)는 상부구조의 하중을 기초 토양으로 전달하여야 한다.

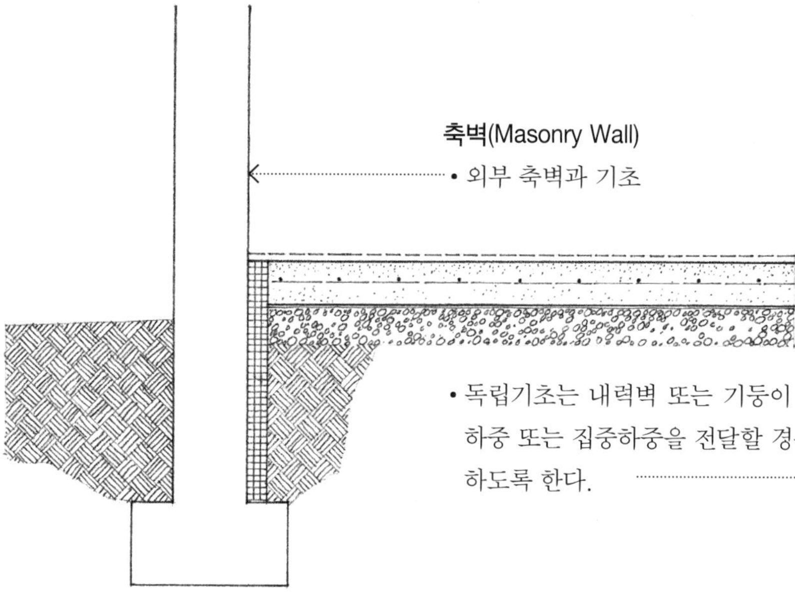

축벽(Masonry Wall)

• 외부 축벽과 기초

• 독립기초는 내력벽 또는 기둥이 엄청난 하중 또는 집중하중을 전달할 경우 사용하도록 한다.

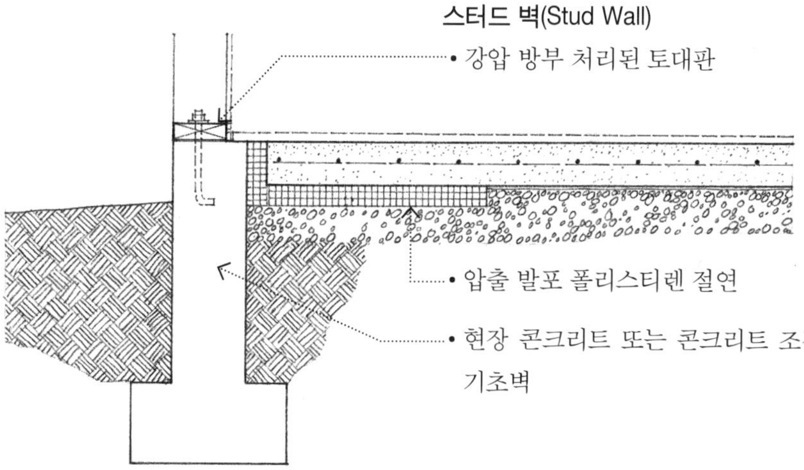

스터드 벽(Stud Wall)

• 강압 방부 처리된 토대판

• 압출 발포 폴리스티렌 절연

• 현장 콘크리트 또는 콘크리트 조적 기초벽

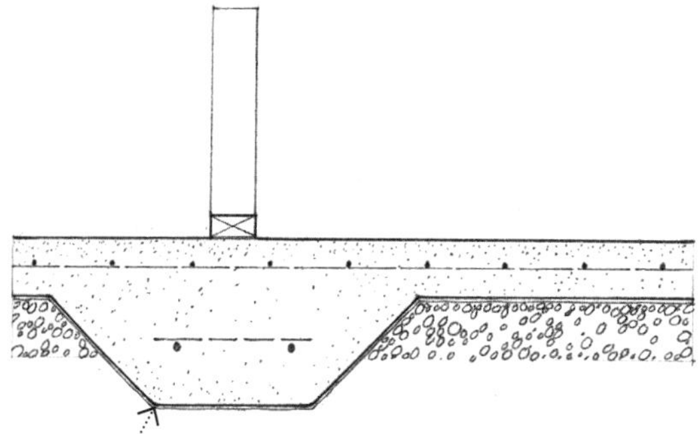

• 슬래브기초의 폭과 깊이는 하중의 크기와 토양의 지내력에 의해 결정된다.

• 콘크리트 지면 슬래브는 실내 내력벽 · 기둥을 지지하고 바로 아래 토양에 하중을 전달하기 위해 두꺼워 질 수 있다.

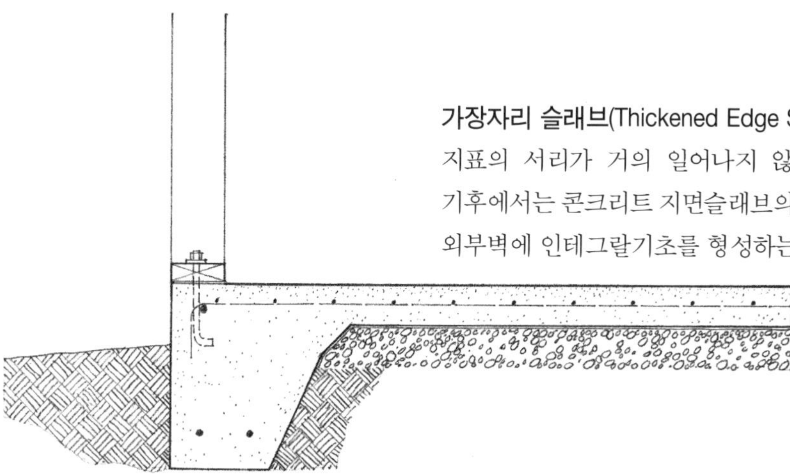

가장자리 슬래브(Thickened Edge Slab)

지표의 서리가 거의 일어나지 않는 온난기후 또는 온대기후에서는 콘크리트 지면슬래브의 가장자리를 두껍게 하여 외부벽에 인테그랄기초를 형성하는 것이 경제적이다.

콘크리트 지면슬래브(Concrete Slab on Grade)

콘크리트 슬래브는 복합 바닥-기초 시스템으로써 지면에 혹은 가까이 놓일 수 있다. 이러한 용도에 대한 콘크리트 슬래브의 적합성은 대지의 지리적 위치, 지형, 토양의 성질과 상부구조 디자인에 의해 결정된다.

콘크리트 지면슬래브는 유기물이 포함되지 않은 평평하고, 안정되고, 균일밀도를 가지거나 적절한 정도로 결속된 토대의 지지가 필요하다. 지내력이 낮은 토양이나 고압축성 혹은 고팽창성의 토양 위에 시공할 경우, 콘크리트 지면슬래브는 온통기초로 디자인되어야 하며, 자격을 갖춘 구조기술자의 전문분석 및 전문설계가 필요하다.

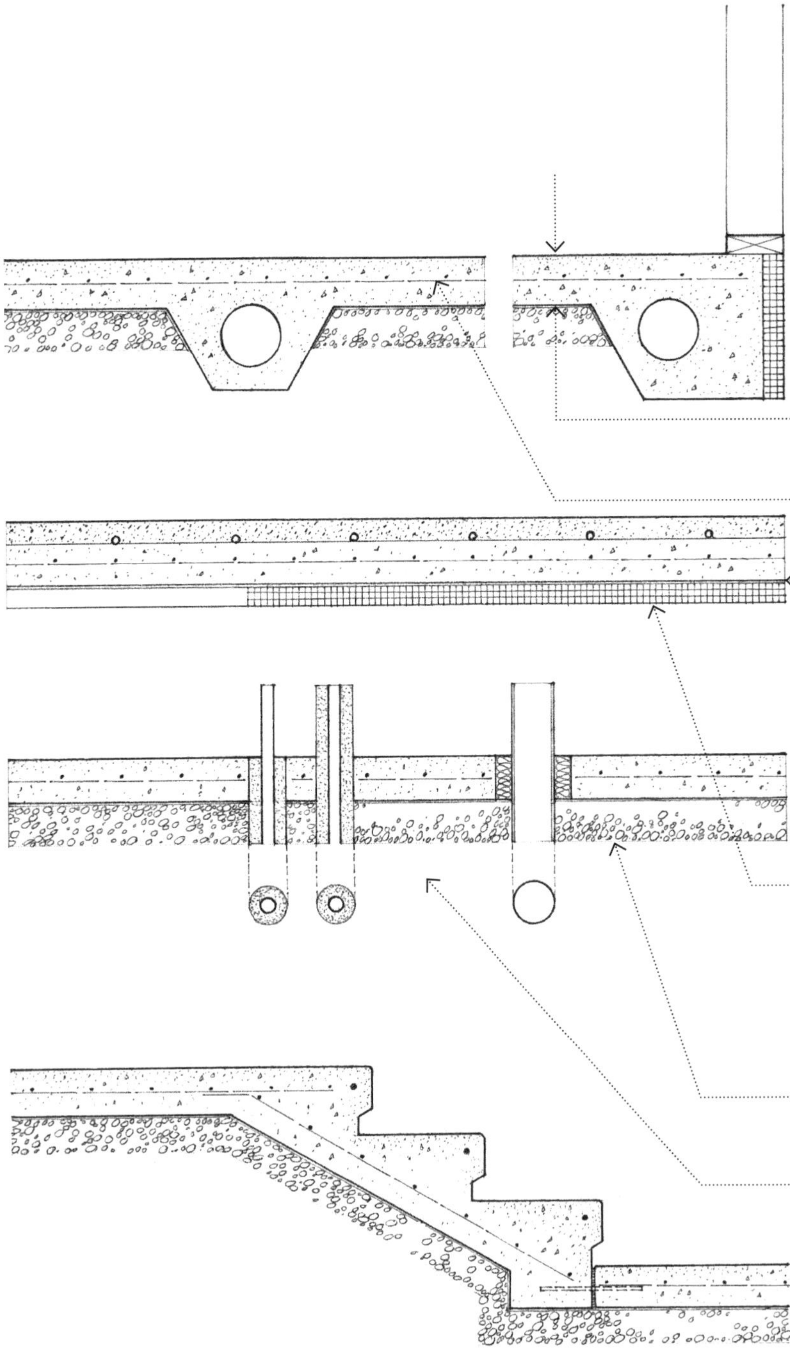

- 최소 4 in. (100) 슬래브 두께; 두께는 예상 용도와 하중 조건에 따른다.
- 슬래브 중간깊이 혹은 조금 윗부분에 배근된 용접 철망은 토양의 열응력, 수축균열, 경미한 차동적 이동을 제어한다; 일반 바닥 하중보다 많은 하중을 견디기 위해 보강철근의 격자가 필요하다.
- 콘크리트 첨가제는 표면 경도와 마찰 강도를 증가시킬 수 있다.

- 6-mil (0.15-mm)의 폴레에틸렌 습기차단제
- 슬래브 밑 전열체 권장
- 미국콘크리트학회(American Concrete Institute)는 콘크리트 양생 중 발생하는 여분의 물을 흡수하기 위해 2 in. (51) 두께의 모래층을 습기 차단제 위에 위치시킬 것을 권장한다.
- 지하수의 모세관 상승 방지를 위한 자갈 또는 쇄석 기층; 최소 4 in. (100)
- 안정되고, 균일하게 다져진 토대; 다짐은 토양의 안정성과 지내력, 방수능력의 증가를 위해 필요하기도 하다.

지면 위 콘크리트 슬래브의 이동에 충분한 공간을 제공하기 위해 3가지 종류의 줄눈(Joint)이 이용되거나 시공된다—분리줄눈(Isolation joint)와 시공줄눈(Construction joint), 조절줄눈(Control joint)

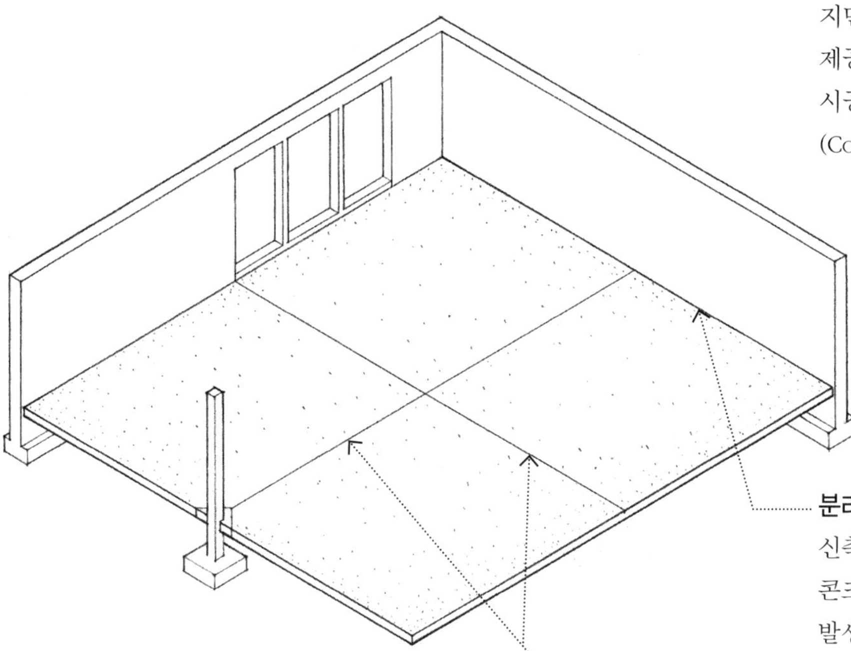

분리줄눈(Isolation Joint)

신축이음이라고도 불리는 분리줄눈은 건물 내 콘크리트 슬래브와 인접기둥과 벽 사이의 이동이 발생되도록 허용한다.

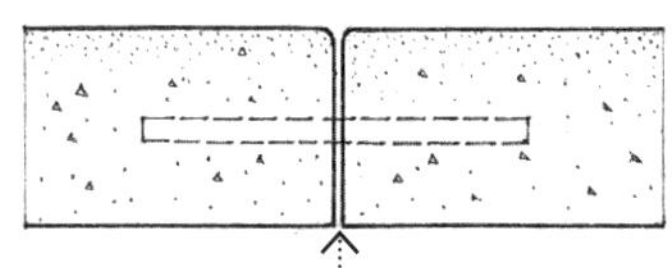

시공줄눈(Construction Joint)

시공줄눈은 시공을 중지해야할 때, 혹은 이후 시공을 할 때 필요한 공간을 제공한다. 분리줄눈 또는 조절줄눈으로도 이용되는 이 줄눈은 인접 슬래브 단면의 수직 차동 운동을 방지하기 위해 쐐기나 맞춤못을 이용한다.

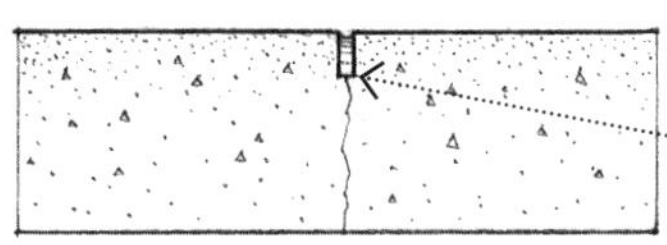

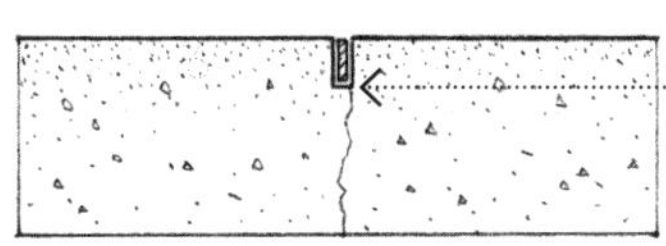

조절줄눈(Control Joint)

조절줄눈은 약선을 이용하여 인장응력이 계획된 줄눈을 따라 균열이 생기도록 유도한다. 중심과 중심 간격이 15 ft.-20 ft. (4570 to 6095)인 노출 콘크리트 공간의 조절줄눈 혹은 불규칙한 슬래프 형태를 정사각형이나 직사각형의 단면으로 나눌 필요가 있는 공간의 조절줄눈.

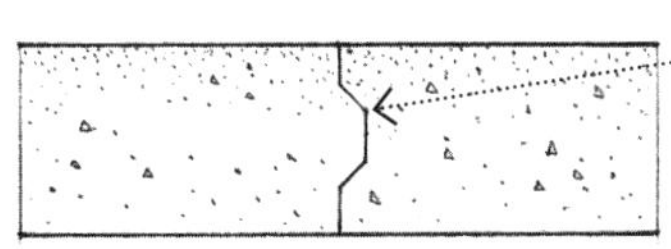

바닥(Floors)

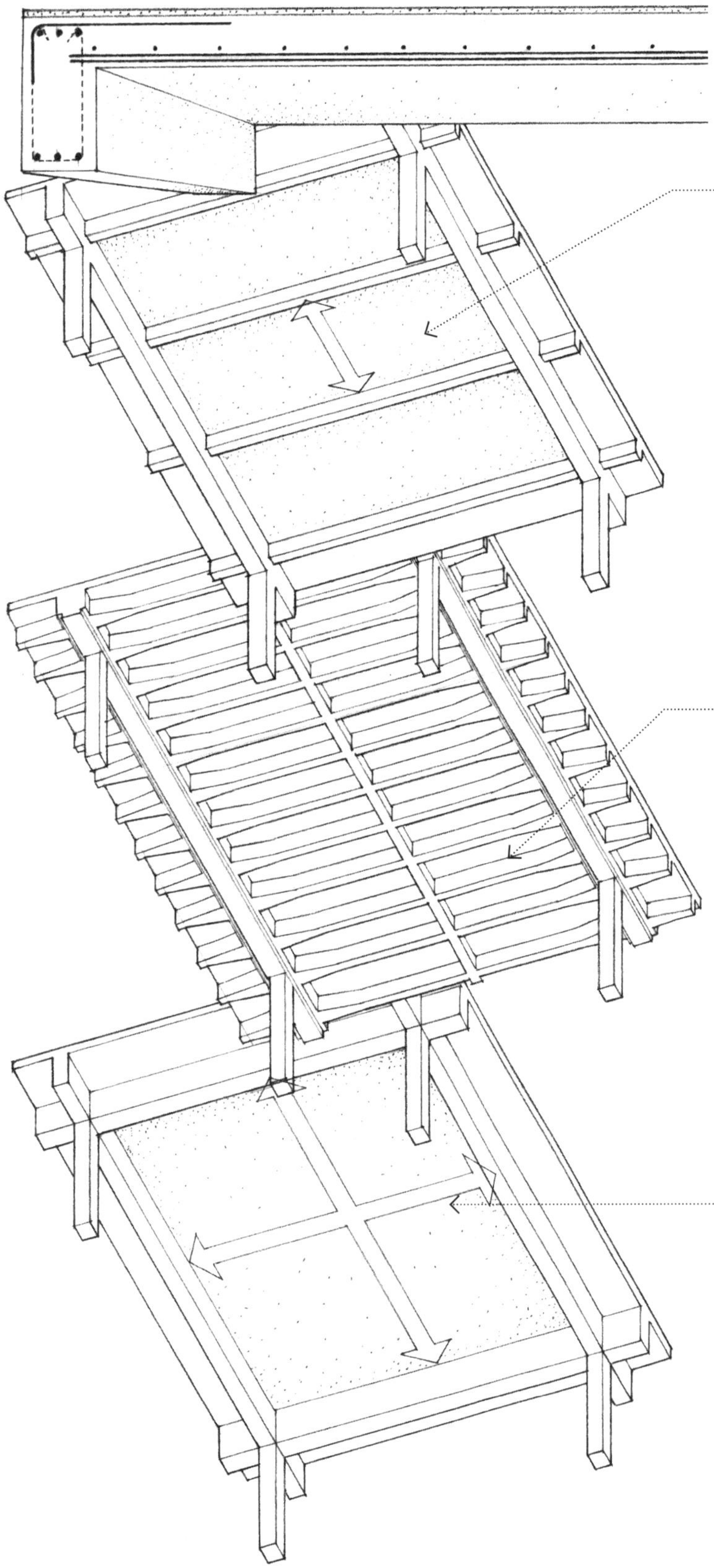

콘크리트 바닥 슬래브(Concrete Floor Slabs)

콘크리트 슬래브는 구조적 구간이 1혹은 2방향을 따라 보강된 판구조이다. 모든 보강에 필요한 크기, 간격, 배치는 구조설계기준을 따르고, 구조 기술자의 자문을 구한다.

일방향 슬래브(One-Way Slab)

일방향 슬래브는 균일한 두께를 가지고, 한 방향으로 보강되고, 평행한 지지보와 함께 타설된다.

일방향 장선 슬래브(One-Way Joist Slab)

장선 또는 리브슬래브(ribbed slab)는 좁은 간격으로 배치된 일련의 작은보와 함께 타설되고, 이 작은보는 평행한 보에 의해 지지된다. 일련의 T형보로 설계된 장선 슬래브는 일방향 슬래브보다 더 긴 스팬과 큰 하중을 지지하는데 적합하다.

이방향 슬래브와 보(Two-Way Slab and Beam)

균일한 두께의 이방향 슬래브는 두 방향으로 보강되고, 정사각형이나 정사각형에 가까운 구간의 4면의 지지보와 기둥과 함께 타설된다. 이방향 슬래브와 보의 시공은 중간 스팬과 큰 하중에 효과적이고, 횡력에 대한 고저항이 필요할 때 효과적이다. 그러나, 절약을 위해, 이방향 슬래브는 보통 보가 없이 플랫슬래브나 플랫플래트로 시공된다.

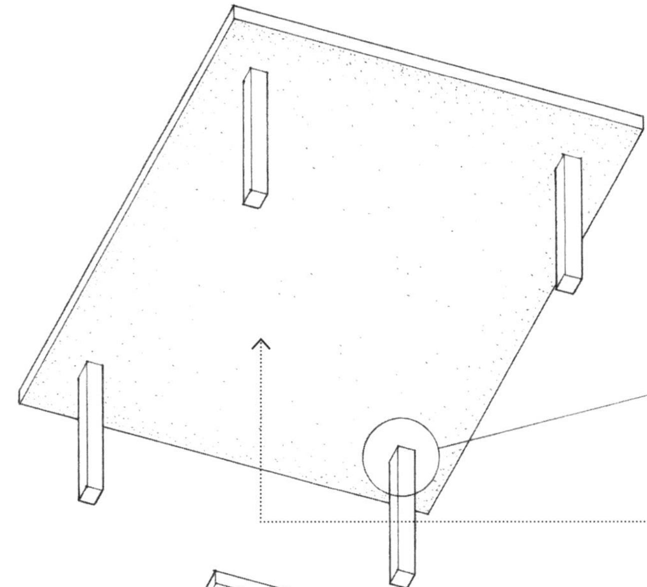

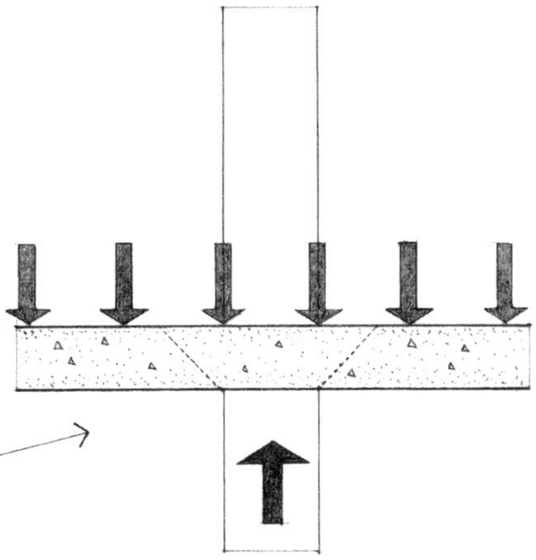

이방향 플랫플레이트(Two-Way Flat Plate)

플랫플레이트는 보 또는 거더 없이 기둥에 직접 지지되고, 두 방향이상으로 보강된 균일한 두께의 콘크리트 슬래브이다. 성형의 단순성과 낮은 바닥간 높이, 기둥 배치의 약간의 융통성 때문에 플랫플래이트는 아파트나 호텔 공사에 유용하다.

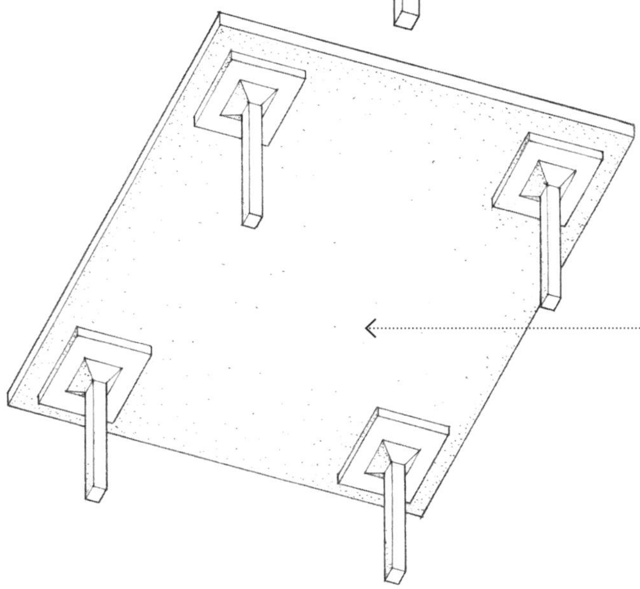

이방향 플랫슬래브(Two-Way Flat Slab)

플랫슬래브는 전단강도와 모멘트에 저항력을 증가시키기 위해 기둥 상부가 두꺼운 플랫플래이트이다.

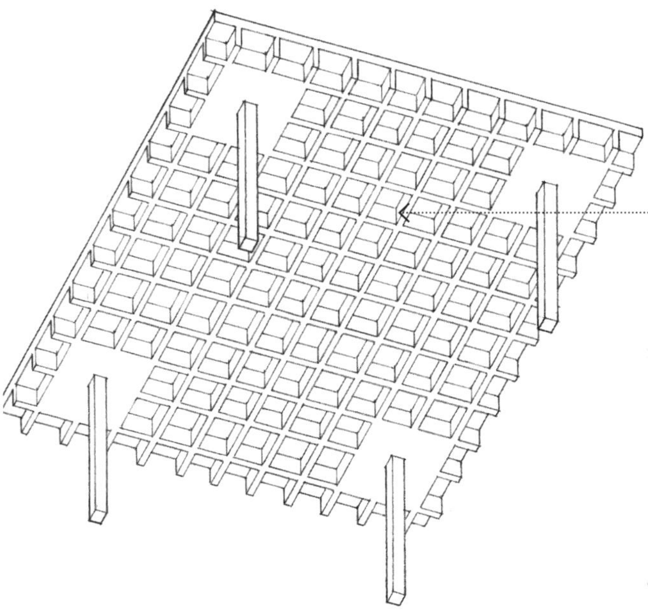

이방향 와플 슬래브(Two-Way Waffle Slab)

와플 슬래브는 두방향으로 리브 보강된 이방향 콘크리트 슬래브이다. 와플 슬래브는 플랫슬래브보다 더 큰 하중과 긴 스팬길이를 수용할 수 있다.

프리스트레스트 콘크리트(Prestressed Concrete)

프리스트레스트 콘크리트는 탄성 한계 내에서 사용하중에 적극적으로 저항하는 고강도 긴장재의 프리텐셔닝과 포스트텐셔닝 방식을 이용하여 보강된다. 긴장재의 인장 응력은 콘크리트로 이동하고, 휨재의 전단면이 압축력 을 받도록 한다. 그 결과로써의 압축 응력은 작용 하중의 인장 휨응력에 대응하고, 프리스트레스트 부재를 같은 크기, 비례, 무게의 기존 보강재보다 덜 휘고, 더 많은 하중을 지지하고, 보다 긴 스팬의 부재로 가능케 한다.

프리텐셔닝 기술에는 2가지 종류가 있다. 프리텐셔닝은 프리캐스팅 공장에서 발현되는 반면 포스트텐셔닝은 건설부지에서 작업을 하며, 특히 구조 유닛이 공장에서 건설부지로 수송하기에 그 크기가 큰 경우에 사용한다.

프리텐셔닝(Pretensioning)

프리텐셔닝은 콘크리트 부재를 강철선을 넣어 미리 압축응력을 주는 방식이다.

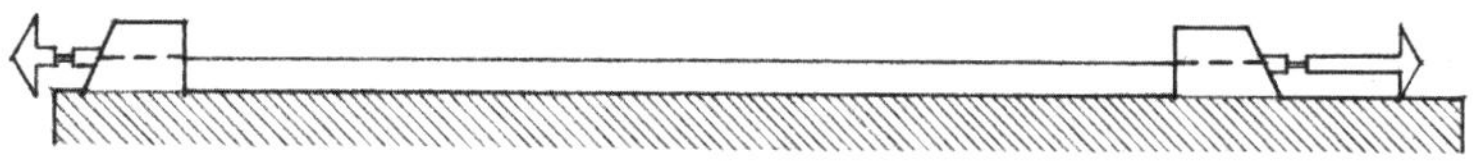

• 우선, 강선 긴장재를 두 접합부 사이의 캐스팅 바닥을 가로질러 예상인장력이 발현될 때까지 잡아당긴다.

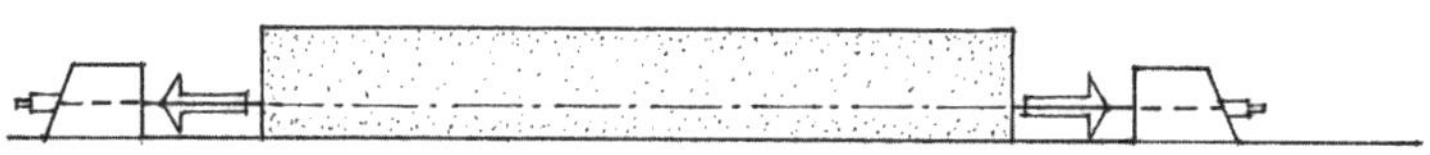

• 콘크리트를 잡아당겨진 긴장재 주위의 거푸집에 붓는다. 긴장재는 휨력에 의해 발생하는 최대 압축응력을 줄이기 위해 부재의 편심에 위치하도록 한다.

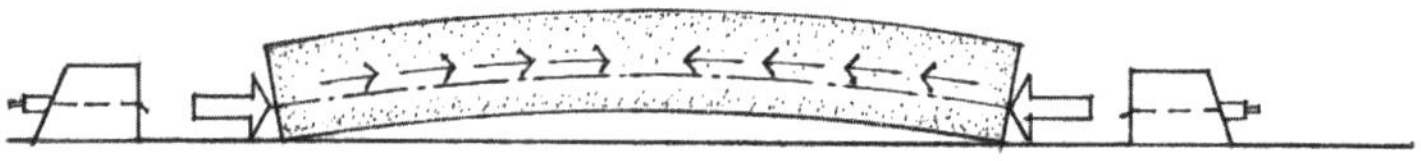

• 긴장재를 절단하거나 고정장치를 풀었을 때, 긴장재의 인장응력은 부착응력을 통해 콘크리트로 전달된다. 프리텐셔닝의 편심작용은 부재의 경미한 상향곡률 또는 캠버(camber)를 일으킨다.

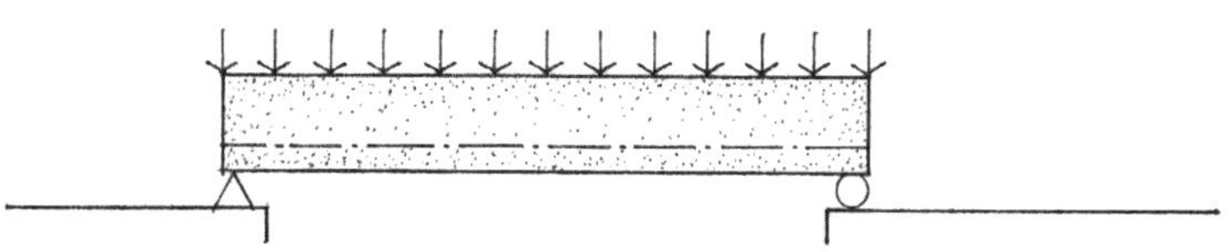

• 하중이 작용하는 부재의 처짐은 이 상향곡률을 상쇄하려는 경향이 있다.

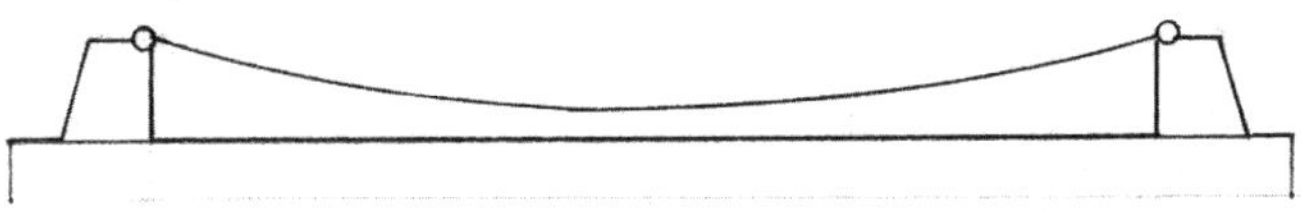

• 응력을 받지 않는 강선 긴장재를 보나 슬래브 거푸집에 늘어 뜨리고, 콘크리트를 붓는 동안의 부착 방지를 위해 피복 및 방수가공된다.

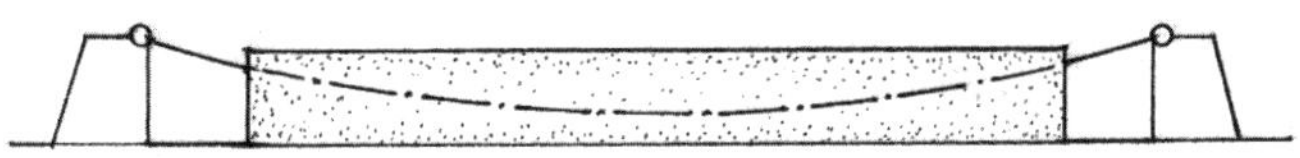

• 콘크리트가 경화한 후, 긴장재의 한쪽 끝은 클램프로 고정되고, 필요응력이 발현될 때 까지 다른 한쪽 끝을 잡아당긴다.

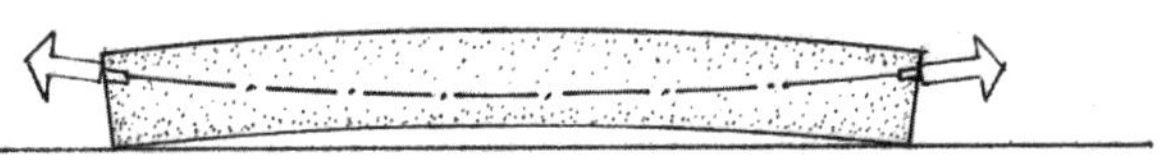

• 긴장재를 재킹 끝에 단단히 고정시키고, 잭을 제거한다. 포스트텐셔닝 과정 후, 강선 긴장재는 비부착 상태로 남을 수 있으며, 피복강선다발의 환상공간에 그라우트를 주입하여 긴장재 주변에 부착시킬 수 있다.

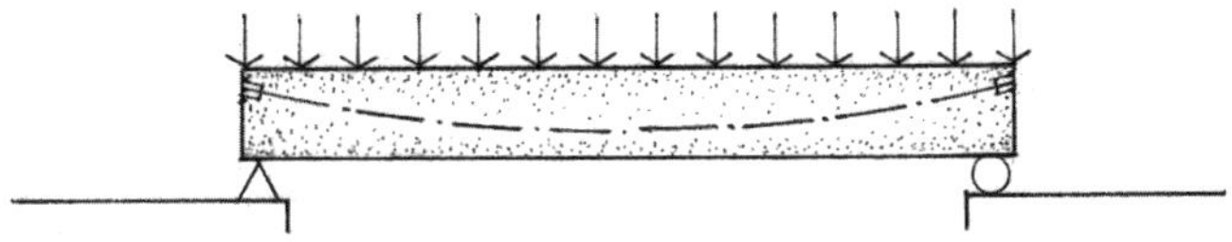

• 하중이 작용하는 부재의 처짐은 상향곡을 상쇄하려는 경향이 있다.

포스트텐셔닝(Posttensioning)
포스트텐셔닝은 콘크리트의 경화 후 보강 긴장재에 인장력을 가하는 방식이다.

포스트텐션 부재는 탄력 압축, 수축, 크리프 현상에 의해 시간이 지남에 따라 길이가 줄어드는 경향이 있다. 이러한 현상에 영향을 받는 인접 구성요소들은 포스트텐셔닝 공정이 완료된 후에 시공되어야 하며, 신축이음을 포함한 포스트텐션 부재로부터 고립시켜야 한다.

콘크리트 동바리 지지와 거푸집

갓 반죽된 콘크리트는 경화되고 자체지지력이 발현 될 때 까지 반드시 거푸집에 의해 지지되거나 성형되어야 한다. 이러한 거푸집은 콘크리트 덩어리가 가하는 상당한 양의 무게와 유압 때문에 보통 기술자에 의해 별도의 구조 시스템을 갖는 구조로 설계된다.

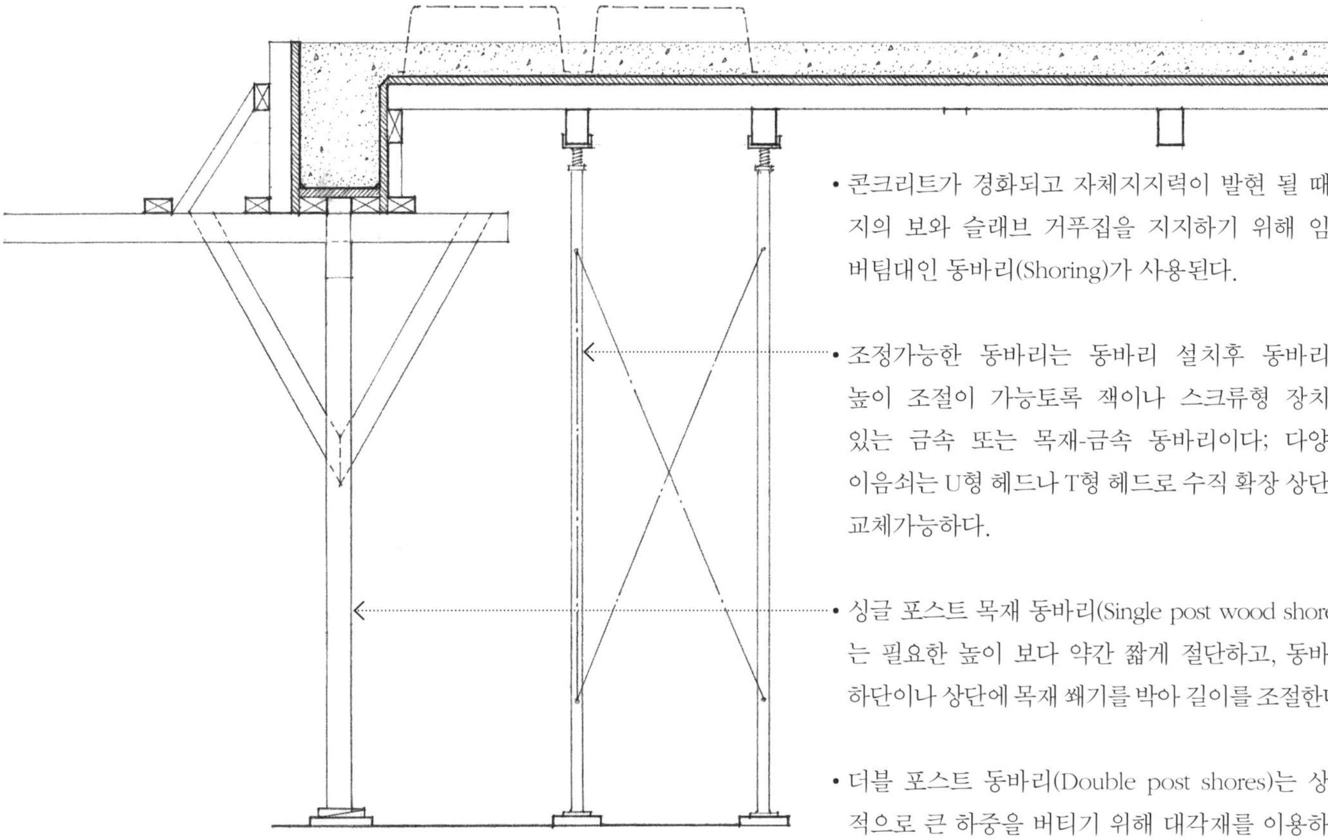

- 콘크리트가 경화되고 자체지지력이 발현 될 때까지의 보와 슬래브 거푸집을 지지하기 위해 임시 버팀대인 동바리(Shoring)가 사용된다.

- 조정가능한 동바리는 동바리 설치후 동바리의 높이 조절이 가능토록 잭이나 스크류형 장치가 있는 금속 또는 목재-금속 동바리이다; 다양한 이음쇠는 U형 헤드나 T형 헤드로 수직 확장 상단이 교체가능하다.

- 싱글 포스트 목재 동바리(Single post wood shores)는 필요한 높이 보다 약간 짧게 절단하고, 동바리 하단이나 상단에 목재 쐐기를 박아 길이를 조절한다.

- 더블 포스트 동바리(Double post shores)는 상대적으로 큰 하중을 버티기 위해 대각재를 이용하여 조립한다.

- 수평 동바리 방식(Horizontal shoring)은 수직 동바리의 간섭 없이 비교적 장스팬의 슬래브 거푸집을 지지하기 위해 조정가능한 금속부재로 구성된다. 수평 동바리 방식은 적은 양의 수직 동바리를 필요로 하고, 각각의 동바리는 비교적 큰 하중을 견디고, 작업에 필요한 열린공간을 제공하지만, 각각의 수직 버팀대는 보다 큰 집중하중을 버텨야 한다.

프리캐스트 콘크리트 바닥 시스템(Precast Concrete Floor Systems)

프리캐스트 콘크리트 슬래브와 보, 구조 T형은 현장타설 콘크리트나 프리캐스트 콘크리트, 조적식 내력벽, 강재로 지지되는 일방향 경간 단위이다. 프리캐스트 단위는 정규밀도 또는 구조용 경량 콘크리트를 이용하여 생산되고, 보다 큰 구조적 효율성을 얻기 위해 프리스트레스트되고, 적은 깊이길이, 적은 무게, 긴 스팬의 구조를 갖는다.

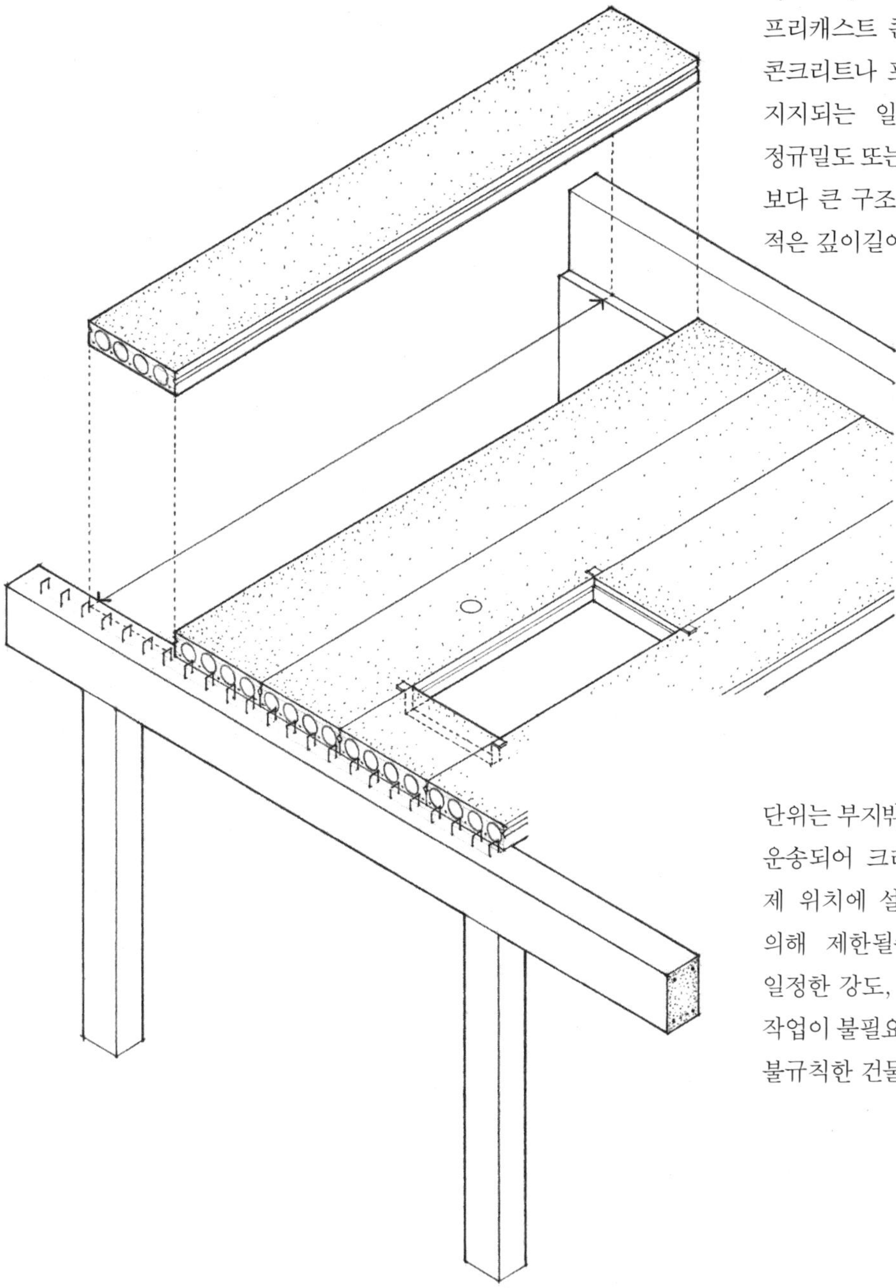

단위는 부지밖 공장에서 타설 및 증기 양생되고 건설부지로 운송되어 크레인을 이용하여 견고한 구조적 구성요소로 제 위치에 설치된다. 단위의 크기와 비례는 운송수단에 의해 제한될수 있다. 공장 내 제작은 단위로 하여금 일정한 강도, 내구성, 마감을 가능토록 하며, 현장 거푸집 작업이 불필요하다. 그러나 표준규격 단위의 모듈식 특성은 불규칙한 건물 형태에 적합하지 않다.

구조용 철골조(Structural Steel Framing)

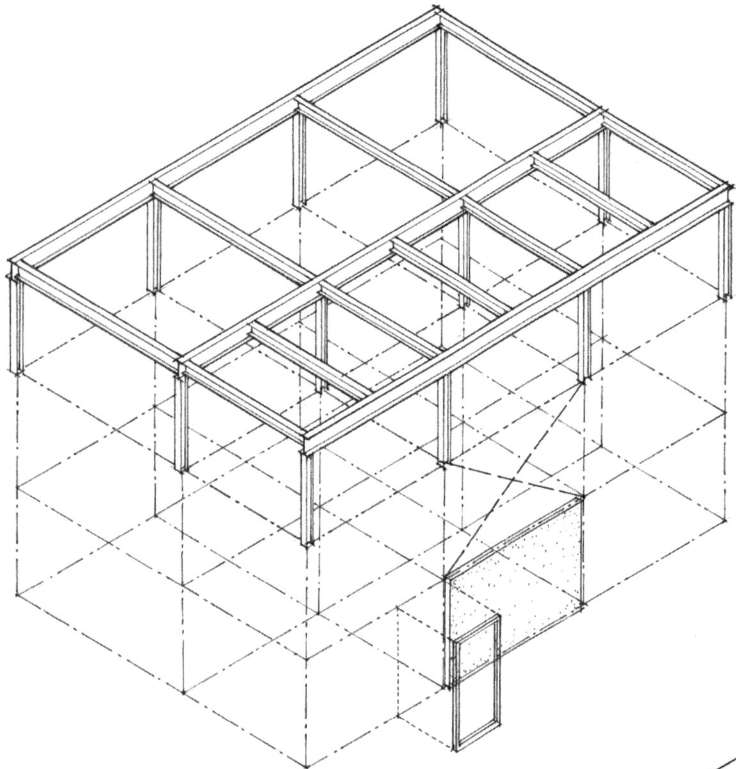

구조용 강재 거더와 보, 기둥은 1층 건물에서부터 마천루에 이르기까지 다양한 크기의 구조 골조틀을 시공하기 위해 사용된다. 구조용 강재는 현장에서 가공하기 어려우므로, 일반적으로 설계규격서에 따라 가공공장에서 절단, 성형, 드릴된다; 이는 상대적으로 빠르고 정확한 구조재의 시공을 가능케한다. 구조용 강재는 무방비로 불연성 시공현장에서 시공될 수 있으나 강재는 불 속에서 강도가 급격히 떨어지기 때문에 내화구조로 인정받기 위해서는 내화 조립 또는 코팅이 필요하다. 노출 환경에서는 내식성 또한 요구된다.

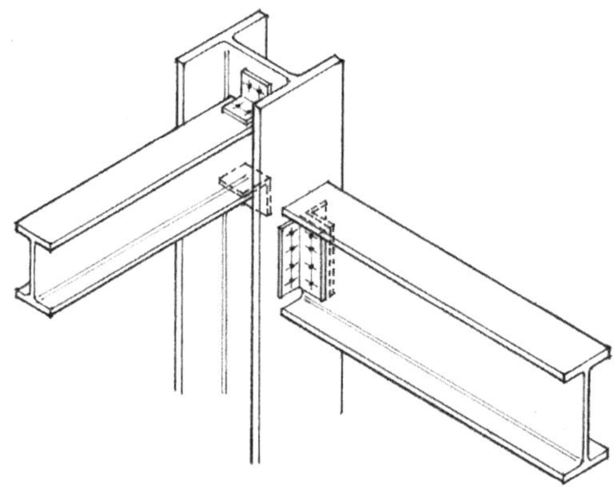

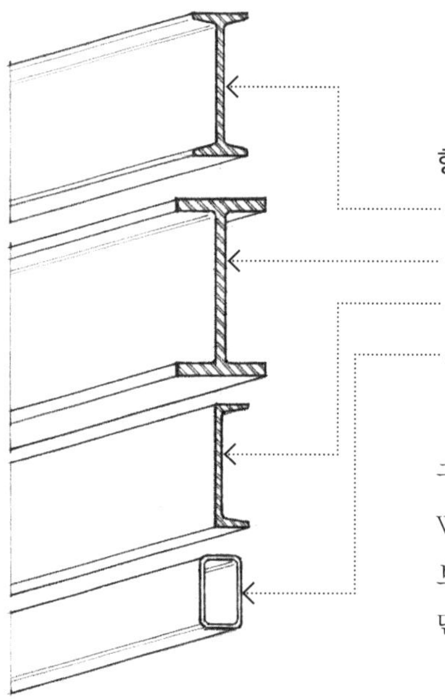

형강보(Steel Beam)

- S형
- W형
- C형
- 구조용 강관

구조적으로 보다 효과적인 와이드 플랜지(wide-flange, W)형은 전형적 I형강(I-beam, S)을 대부분 대체하였다. 보는 또한 채널(channel, C)형, 강관형 또는 합성 단면형으로 제작될 수 있다.

목재 장선 구조(Wood Joist Framing)

목재 장선은 목재나 강재 보에 의해 지지 될 수 있다. 어느 경우라도, 보의 높이는 문틀 둘레길이와 보의 바닥 장선의 지지방식을 고려하여 조정해야 한다. 목재는 결에 수직으로 발생하는 수축에 가장 민감하다. 이러한 이유로 문틀과 장선-보 접합에 대한 목조의 총 깊이는 바닥면 침하와 상쇄되도록 시공한다.

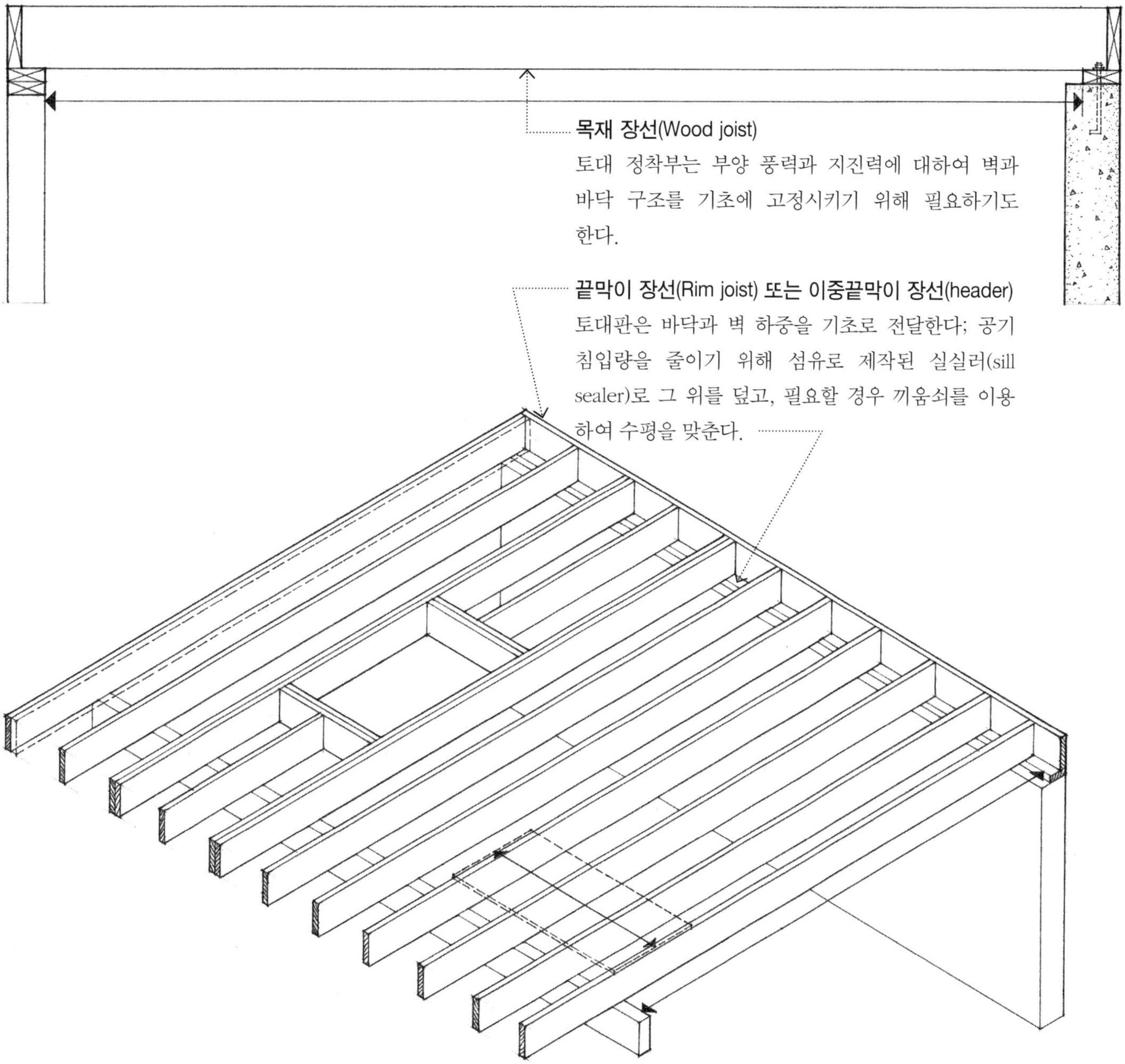

목재 장선(Wood joist)
토대 정착부는 부양 풍력과 지진력에 대하여 벽과 바닥 구조를 기초에 고정시키기 위해 필요하기도 한다.

끝막이 장선(Rim joist) **또는 이중끝막이 장선**(header)
토대판은 바닥과 벽 하중을 기초로 전달한다; 공기 침입량을 줄이기 위해 섬유로 제작된 실실러(sill sealer)로 그 위를 덮고, 필요할 경우 끼움쇠를 이용하여 수평을 맞춘다.

벽

콘크리트 벽(Concrete Wall)

철근콘크리트 벽근의 각 레이어에 대하여 철근을 12 in. (305)간격으로 배근하여 바닥 슬래브와 기둥, 교차하는 벽에 정착시킨다.

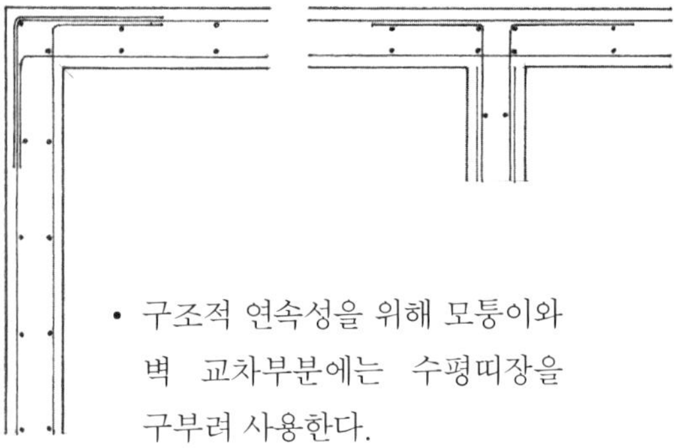

- 구조적 연속성을 위해 모퉁이와 벽 교차부분에는 수평띠장을 구부려 사용한다.

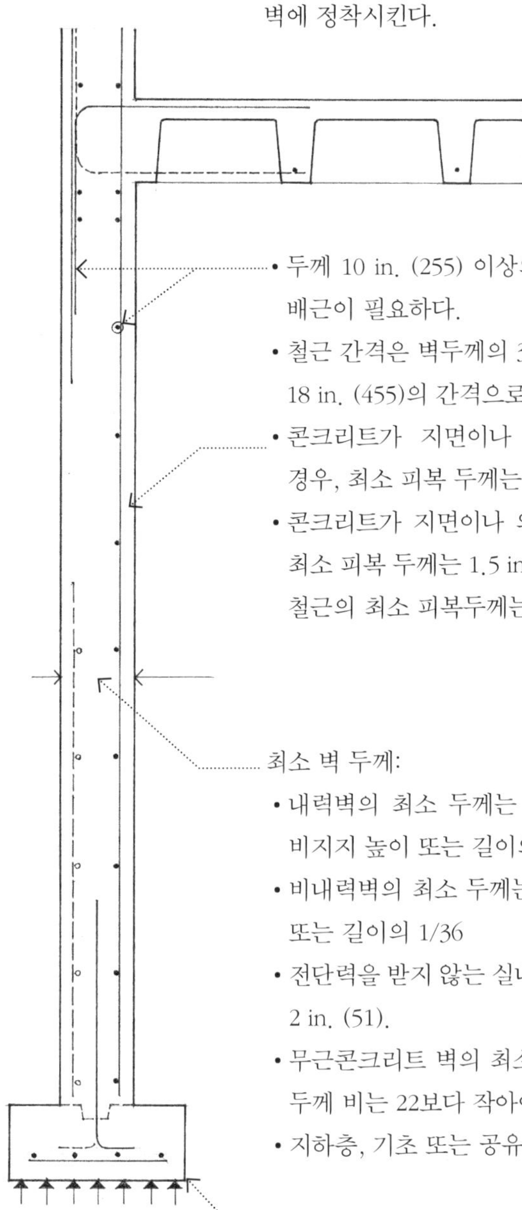

- 두께 10 in. (255) 이상의 벽은 벽면에 평행으로 2중 배근이 필요하다.
- 철근 간격은 벽두께의 3배 이상이 되지 않도록 하며, 18 in. (455)의 간격으로 배근한다.
- 콘크리트가 지면이나 외부날씨에 노출되지 않을 경우, 최소 피복 두께는 3/4 in. (19).
- 콘크리트가 지면이나 외부날씨에 노출되었을 경우, 최소 피복 두께는 1.5 in. (38); No.6나 그보다 두꺼운 철근의 최소 피복두께는 2 in. (51).

최소 벽 두께:

- 내력벽의 최소 두께는 6 in. (150) 또는 보강 요소간 비지지 높이 또는 길이의 1/25.
- 비내력벽의 최소 두께는 4 in. (100) 또는 비지지 높이 또는 길이의 1/36
- 전단력을 받지 않는 실내 비내력 칸막이의 최소 두께는 2 in. (51).
- 무근콘크리트 벽의 최소 두께는 6 in. (150)이고 높이-두께 비는 22보다 작아야한다.
- 지하층, 기초 또는 공유벽의 최소 두께는 8 in. (205).

- 콘크리트 벽은 일반적으로 줄기초 위에 놓인다.
- 벽은 벽 하부의 굽은 돌출부로 기초와 결합되어 있다.
- 철근에서부터 최소 6 in. (150) 위
- 콘크리트가 지면위에 타설되고 영구적으로 노출되어 있을 경우, 피복두께는 최소 3 in. (75).

콘크리트 벽체용 커푸집(Concrete Wall Formwork)

기능 및 벽의 콘크리트 거푸집은 특수 목적으로 주문제작 가능하지만, 재사용가능한 조립식 패널이 언제든지 사용가능하다. 거푸집과 브레이싱(bracing)은 콘크리트가 굳기전까지 반드시 거푸집의 형체와 위치를 유지하여야 한다. 거푸집의 표면은 거푸집 탈형에 용이하도록 이형제–오일, 왁스 또는 플라스틱–로 코팅되어야 한다. 디자인적 관점에서 콘크리트 단면의 형태는 반드시 거푸집 탈형이 쉽도록 하여야한다. 변단면은 거푸집이 주변 콘크리트에 묻힐 가능성이 있는 경우에 사용된다. 날카로운 외부 모퉁이는 치핑 방지를 위해 일반적으로 빗각치거나 둥글게 깎아낸다.

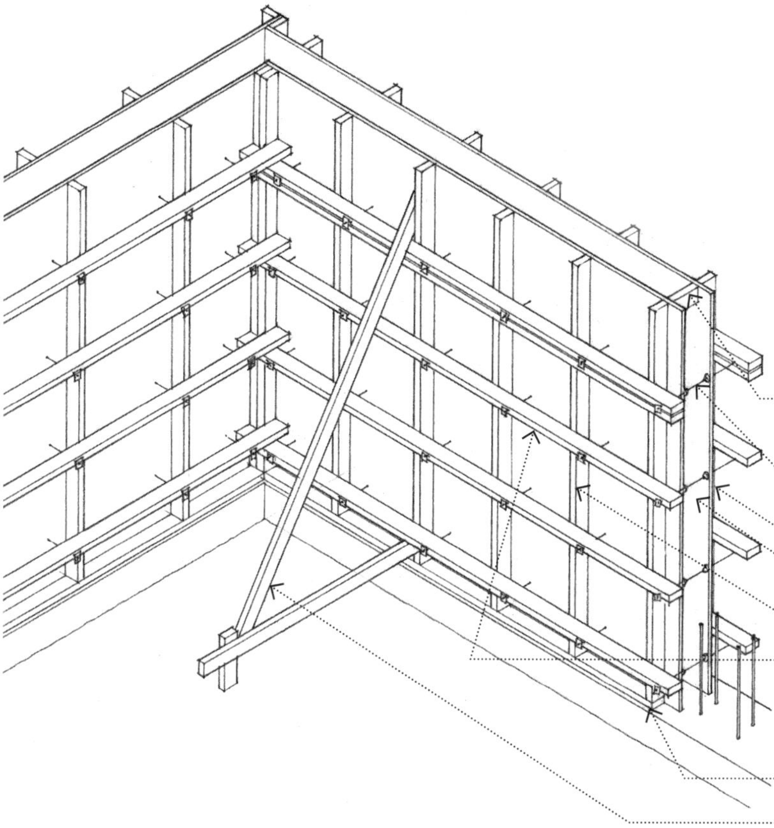

벽체용 거푸집(Wall Form)

- 스프레더(Spreader), 일반적으로 나무 사용, 벽 또는 거푸집을 일정간격 띄우기 위해 사용한다.
- 긴결재(Form ties)
- 합판 널(Plywood sheathing)
- 패널 내부 표면은 콘크리트에 자국을 남긴다.
- 나무 스터드(Wood stud)
- 수평 띠장은 거푸집의 수직 부재를 보강한다.
- 필요할 경우, 스트롱백은 띠장을 조정하고 보강하기 위한 수직 버팀대 역할을 수행한다.
- 토대판(Sill plate)
- 가새(Bracing)

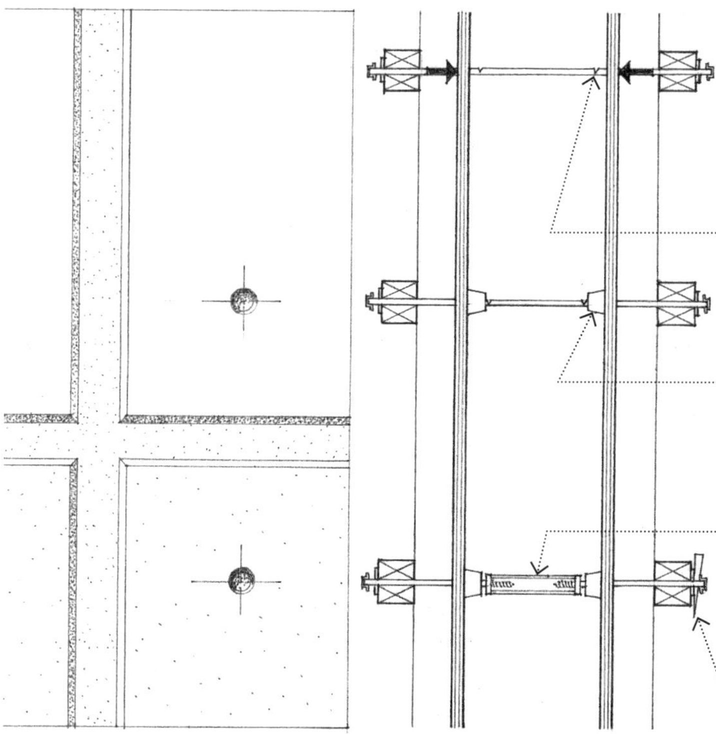

- 긴결재는 부어진콘크리트의 액상압력에 의해 벌어지지 않도록 벽체용 거푸집을 유지하기 위해 필요하다. 상표등록된 다양한 거푸집들이 사용가능하지만, 기본적으로 2가지 유형이 있다: 스냅 타이와 쉬 볼트
- 스냅 타이는 노치나 크림프로 거푸집 탈형후 콘크리트 표면 바로 아래의 양끝이 떨어져 나가게끔 한다. 콘이나 와셔를 사용하여 정확한 벽 두께를 유지하도록 한다.
- 나무, 강재, 플라스틱 등의 끝이 잘린 작은 원뿔형의 콘은 벽체용 거푸집을 일정한 간격으로 세우도록 하는 긴결재에 부착되어 콘크리트 면에 깔끔한 마감의 움푹한 부분을 남기고, 이 부분은 채워지거나 노출된 상태로 둔다.
- 쉬볼트는 타이로드(tie rod)로 구성되며 이 타이로드는 거푸집 내로 끼워넣어져 내부 타이로드의 양 끝에 조여진다. 탈형 후, 띠장대는 재사용을 위해 제거되고, 내부 타이로드는 콘크리트 내에 남게 된다.
- 다양한 종류의 웨지와 슬롯 장치는 거푸집을 단단히 조여주고, 긴결재의 힘을 띠장으로 전달시킨다.

프리캐스트 콘크리트 벽(Precast Concrete Wall)

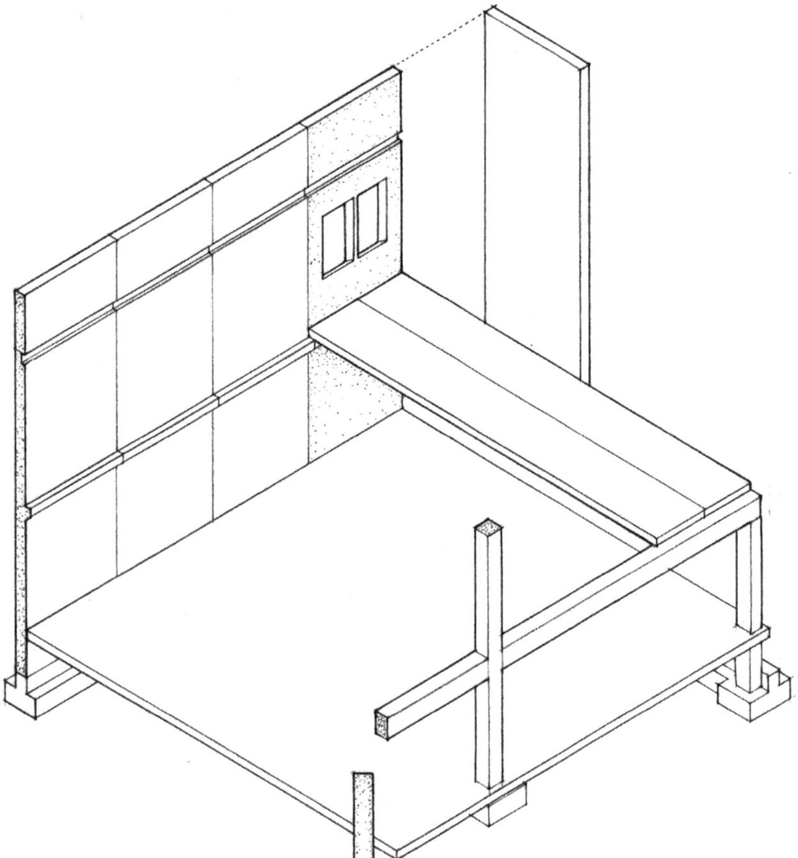

프리캐스트 콘크리트 벽 패널은 부지밖 공장에서 타설 및 증기-양생되어 건설부지로 운송되고, 크레인을 이용, 견고한 구조적 구성요소로 제 위치에 설치된다. 공장 내 제작은 단위로 하여금 일정한 강도, 내구성, 마감을 가능토록 하며, 현장 거푸집 작업이 불필요하다.

프리캐스트 벽 패널은 보다 높은 구조적 효율성, 감소된 패널 두께, 장스팬을 위해 관례적으로 철근 보강 혹은 프리스트레스트된다. 요구된 인장, 수축, 온도 보강 이외에도, 수송 및 설치 중 응력에 저항하기 위한 추가 보강이 필요하다.

프리캐스트 벽 패널은 견고하거나 복합, 리브드 제조 방식 중 하나이다.

창호 개구부, 코벨(corbel), 정착 장치는 벽 패널 내에 포함되어 있다.

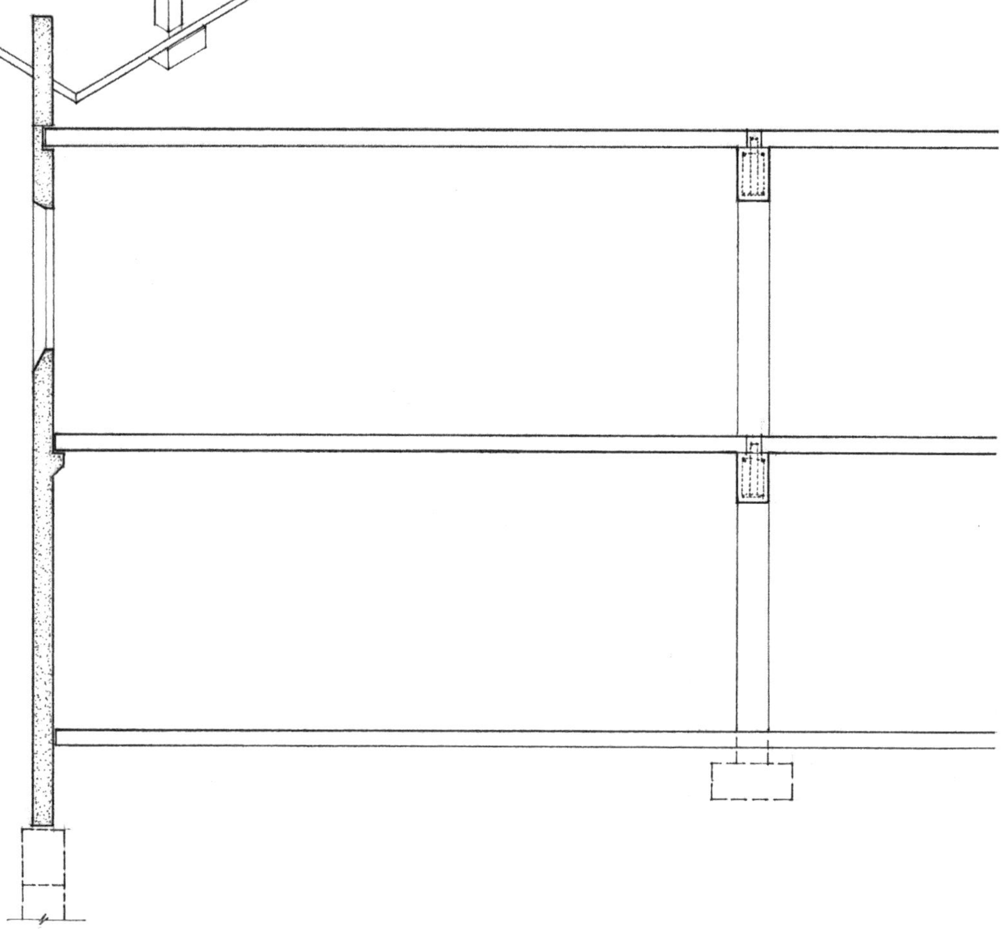

조적벽(Masonry Walls)

조적벽은 내구성과 내화성이 좋고, 압축응력에 구조적으로 효과적인 벽을 형성하기 위해, 모르타르로 결합된 모듈식 빌딩블록으로 구성된다. 조적단위의 가장 보편적인 유형은 열경화 점토 벽돌과 화학적 경화 콘크리트 블록이 있다. 조적의 다른 종류로는 구조용 점토 타일, 구조용 유리 블록, 자연석, 인조석 등이 있다.

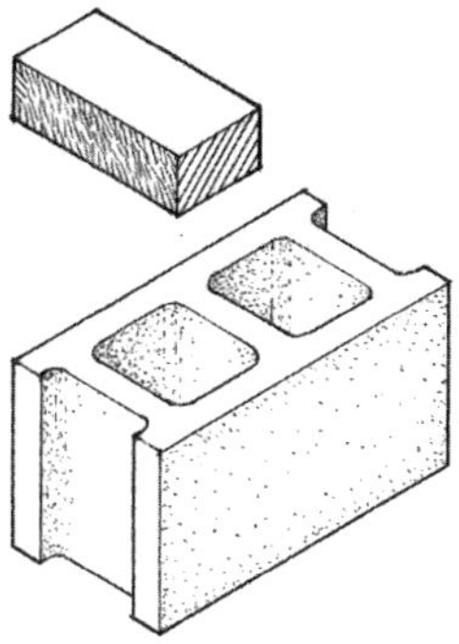

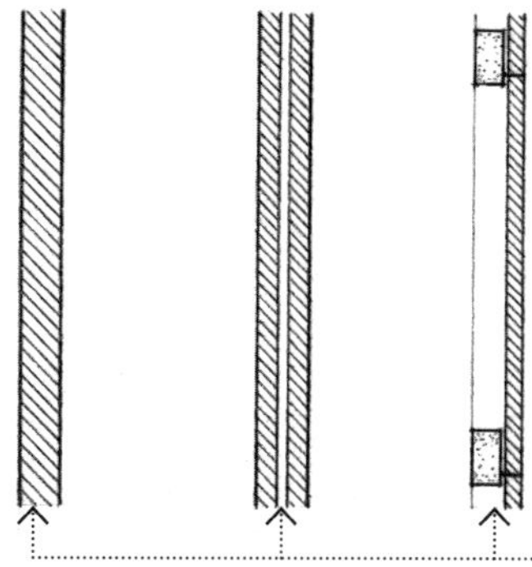

• 조적벽은 단일벽, 이중벽, 베니어벽으로 시공될 수 있다.

• 조적벽은 철근보강되거나 비보강될 수 있다.
• 플레인 조적이라고도 불리는 비보강 조적벽은 고체벽 또는 이중벽의 단면벽(wythe)을 결속시키기 위해 수평 접합 보강과 강철 월타이(wall tie)를 내장한다.
• 단면벽(wythe)은 일(一)조적단위 두께를 가진 벽체의 연속 수직단면이다.
• 보강 조적벽은 응력을 저항하는 조적으로 만들기 위해 그라우트 충전된 접합부와 빈공간에 내장된 철근을 이용한다.

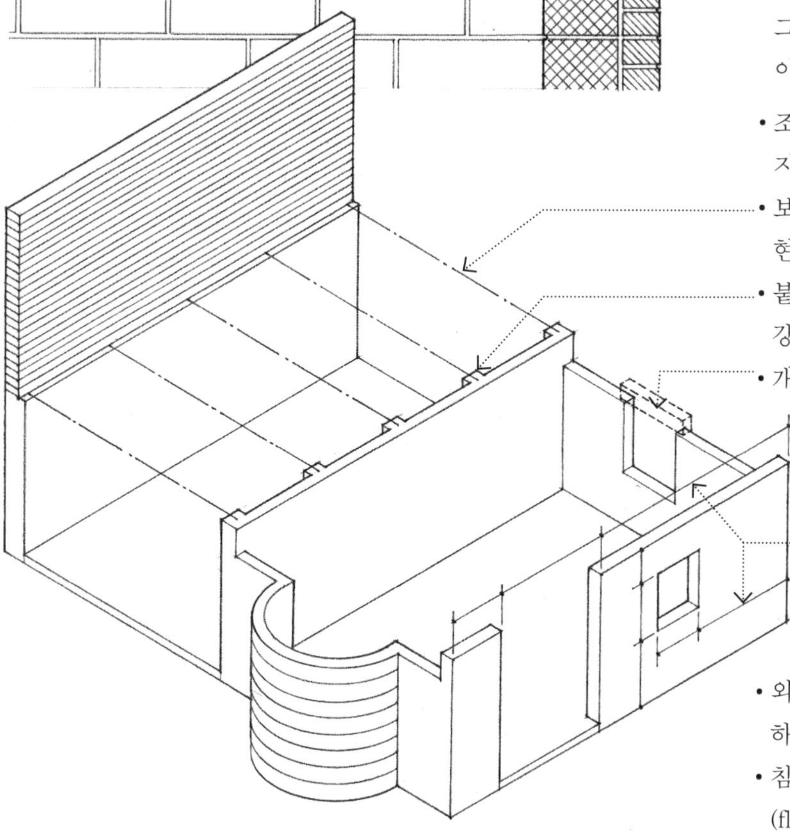

• 조적식 내력벽은 강재, 나무, 콘크리트 경간 시스템을 지지하기 위해 일반적으로 평행하게 배치된다.
• 보통의 경간 구성요소로는 오픈 웹 강재강선, 목재, 철재, 현장타설 또는 프리캐스트 콘크리트 슬래브가 있다.
• 붙임기둥은 횡력과 버클링에 대한 조적벽의 저항력을 강화시킨다. 큰 집중하중에 대한 지지력을 제공한다.
• 개구부는 아치형이나 상인방으로 띄어질 수 있다.
• 모듈식 치수

• 외부 조적벽은 반드시 내후성이 있고, 열류현상을 제어하여야 한다.
• 침투수는 툴조인트(tooled joint), 빈공간, 빗물방지장치(flashing), 코킹(caulking)을 이용하여 제어한다.
• 이중벽은 침투수에 대한 높은 저항도와 향상된 단열성능의 이유로 선호된다.
• 온도 또는 함수율, 응력집중의 변화에 의해 발생하는 조적벽의 차동운동에는 신축이음과 조절줄눈이 필요하다.

구조용 철골조(Structural Steel Framing)

종례의 철골조 구조는 압연된 보와 기둥, 오픈 웹 장선, 철재 데크플레이트로 시공된다. 구조용 강재는 현장에서 가공하기 어려우므로, 일반적으로 설계규격서에 따라 가공공장에서 절단, 성형, 드릴된다; 이는 상대적으로 빠르고 정확한 구조재의 시공을 가능케한다.

철골조 구조의 기둥이 중력과 횡력을 기초 시스템으로 전달하기 때문에, 외부벽체는 근본적으로 비내력 커튼월이다. 여기에는 구조용 철골조와 커튼월, 또는 클래딩(cladding) 사이에서 발생될수 있는 3가지 기본 관계가 있다.

- 벽체 평면 전면에 위치한 기둥
- 벽체 평면 내에 위치한 기둥
- 벽체 평면 뒤에 위치한 기둥

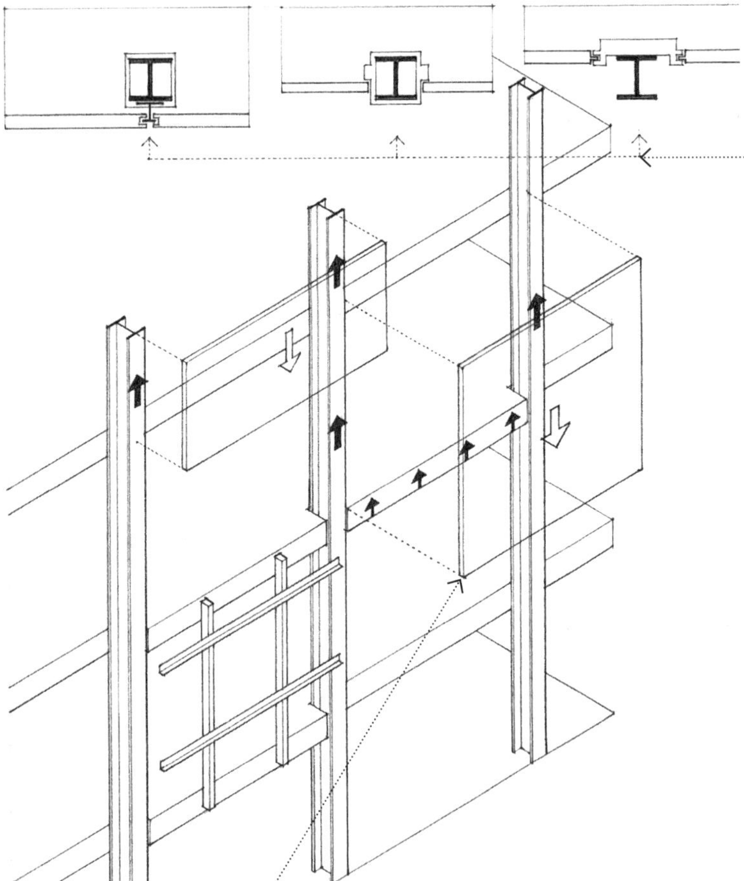

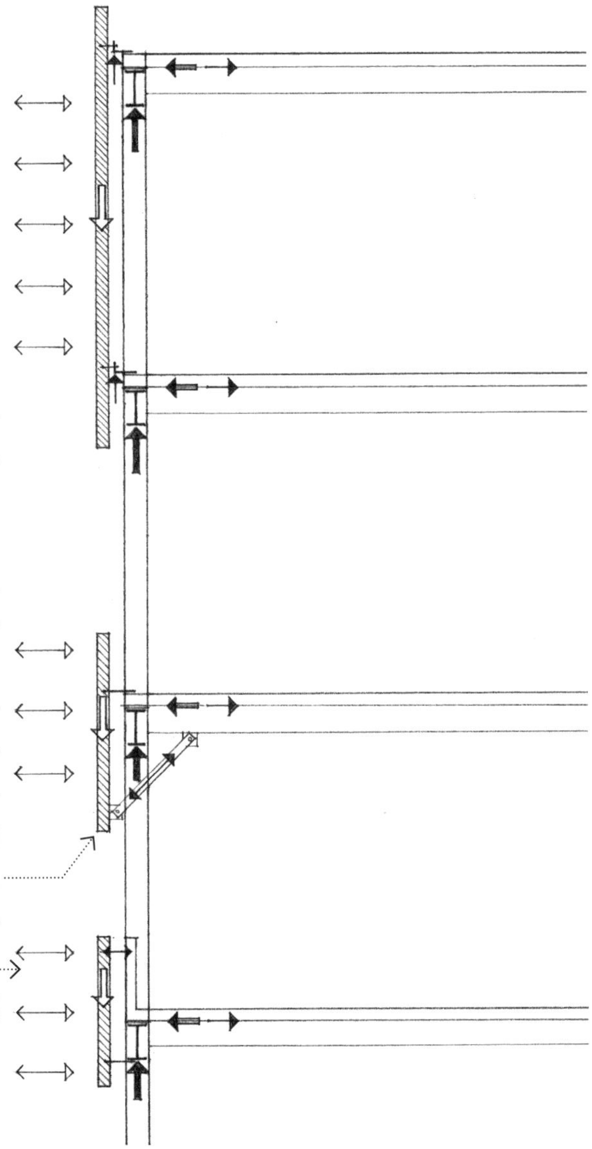

- 커튼월의 프레임 또는 패널은 2가지 방식중하나로 지지될 수 있다: 기둥만으로 지지되거나 테두리보 또는 바닥슬래브 가장자리와 기둥에 의해 지지된다.
- 일정 간격의 기둥 또는 바닥간의 지지능력이 없는 벽체단위는 멀리언(mullion)과 셸프 앵글(shelf angle)과 같은 이차구조가 필요하다.
- 커튼월 구조 또는 패널과 지지 구조재는 온도와 중력 또는 횡력의 변화에 따라 다르게 거동할 수 있다. 접합부 디테일은 벽체단위내 뿐만 아니라 벽체와 구조재 사이의 차동 운동이 가능토록해야 한다.
- 벽체는 풍압과 흡입압력의 영향을 받는다.
- 사재가 구조재 보강에 이용된다면, 벽체 단위의 설계에 영향을 줄 것이다.

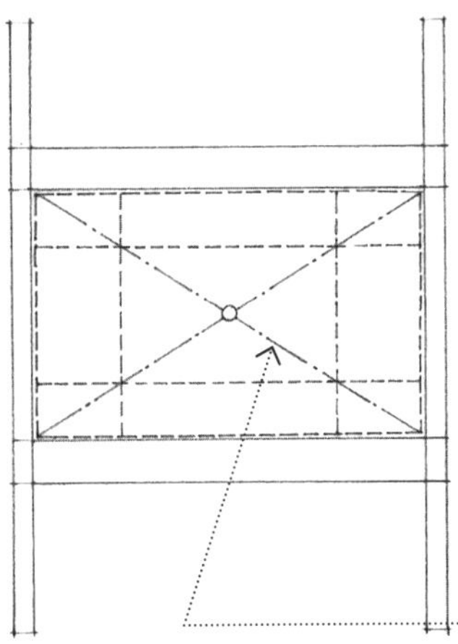

평벽구조(Stud Wall Framing)

평벽구조용 외부벽마감 선택시 고려할 사항은 다음과 같다:

- 필요한 스터드 간격
- 필요한 외장 또는 내장 재료
- 기대하는 색감과 질감, 패턴, 규모
- 패널 사이딩의 표준 폭과 높이
- 모퉁이와 수직 · 수평 줄눈의 상세작업
- 벽 패턴과 창호 개구부간의 연관성
- 내구성과 유지시 요구사항, 풍화특성
- 재료의 열전도율과 반사율, 공극율
- 신축이음 (필요한 경우)

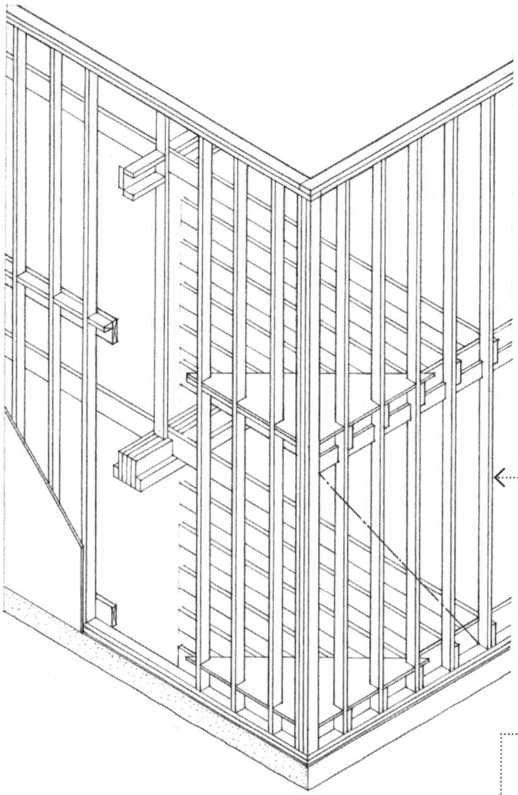

발룬식 골조(Balloon Framing)

발룬식 골조는 스터드와 스터드로 고정되고 씰이나 스터드내 띠로 지지된 장선 이용, 토대판부터 지붕판까지 골조 전체 높이를 띄우는 방식이다. 발룬식 골조는 오늘날 거의 사용되지 않지만, 최소 수직 수축의 장점 때문에 벽돌 베니어나 스터코 마감에 적합하다.

플랫폼 구조(Platform Framing)

플랫폼 구조는 건물의 층수와 관계없이 1층높이의 스터드만 있는 경량목조구조이며, 각 층은 바로 아래 층의 상단부에 놓여지거나 기초벽체의 토대판위에 시공된다.

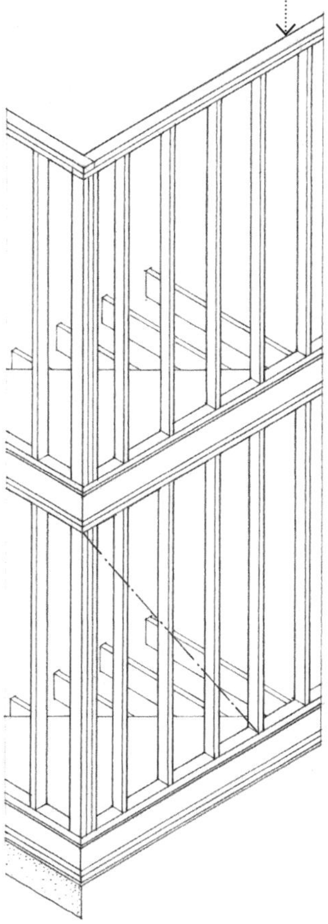

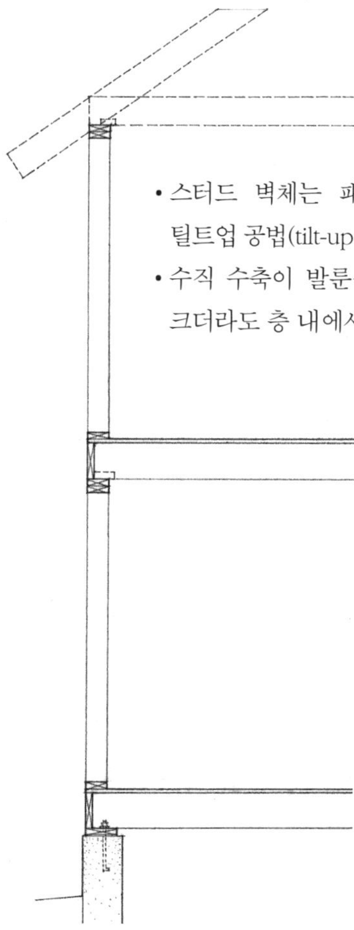

- 스터드 벽체는 패널로써 현장 외 제조나 틸트업 공법(tilt-up construction)에 용이하다.
- 수직 수축이 발룬식 골조내 수직 수축보다 크더라도 층 내에서는 상쇄된다.

지붕(Roof)

콘크리트 지붕 슬래브(Concrete Roof Slab)

철근콘크리트 지붕 슬래브는 콘크리트 바닥 시스템과 같은 방식으로 시공되고 현장타설된다. 지붕 슬래브는 일반적으로 다음과 같은 단면의 지붕막이 덮혀있다.

평지붕 구조체의 경우:

- 지붕 배수를 위해 슬래브 상단 또는 지붕 단열층을 경사지게 한다; 최소 1피트당 1/4 in. (1:50).

- 지붕 슬래브는 철근콘크리트 기둥이나 철근콘크리트 골조, 철근콘크리트 내력벽, 조적조에 의해 지지된다.

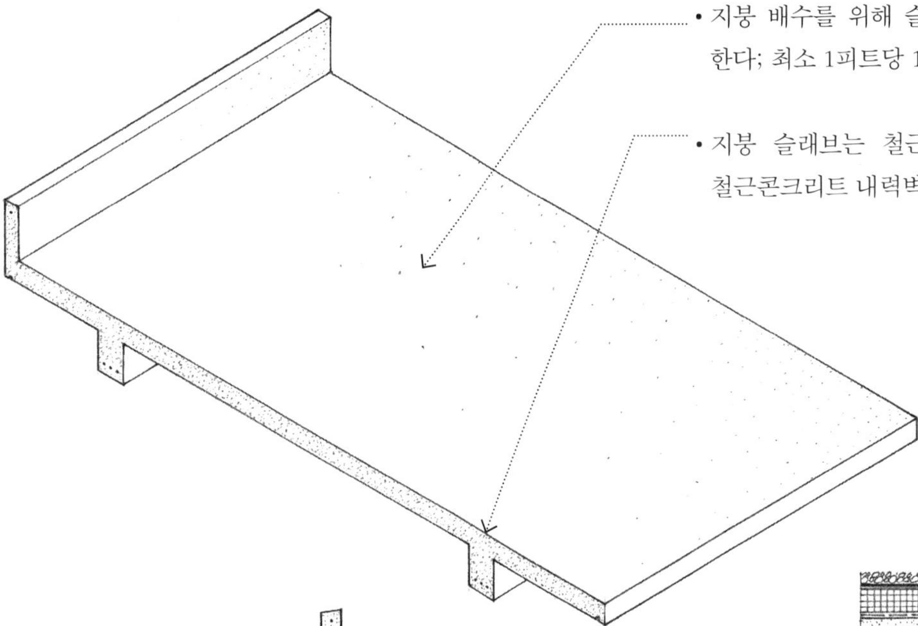

- 방수층 위 강질발포폼단열 위 조립식 루핑 또는 지붕막

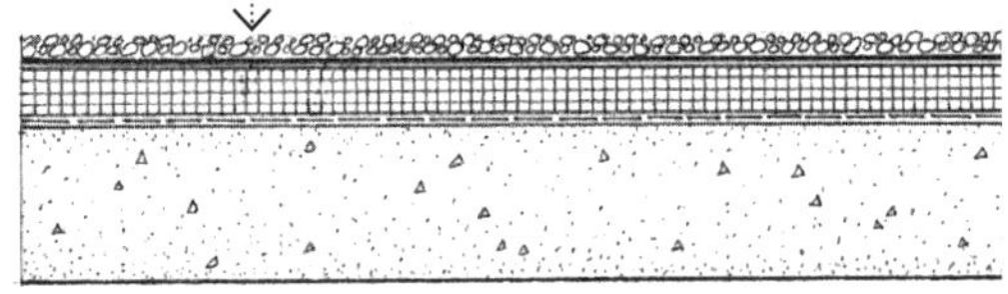

콘크리트 지붕 슬래브의 가장자리는 3가지 방식으로 처리된다:

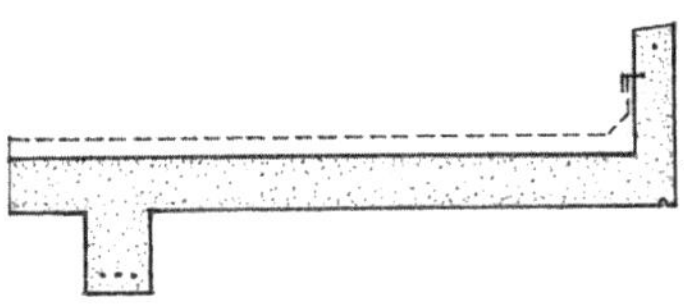

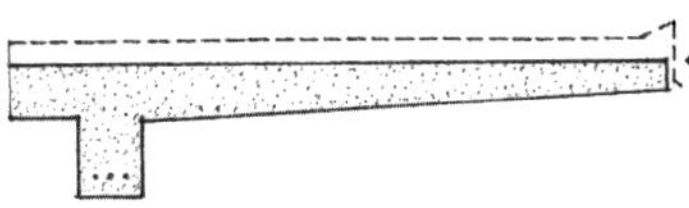

- 뒤집힌 가장자리보는 난간벽으로 형성할 수 있다.
- 철재 레글릿은 캡플래싱설치를 위해 난간 에 타설할 수 있다.
- 슬래브는 둘레길이보다 밖으로 캔틸레버되어 오버행(overhang)될 수 있다.

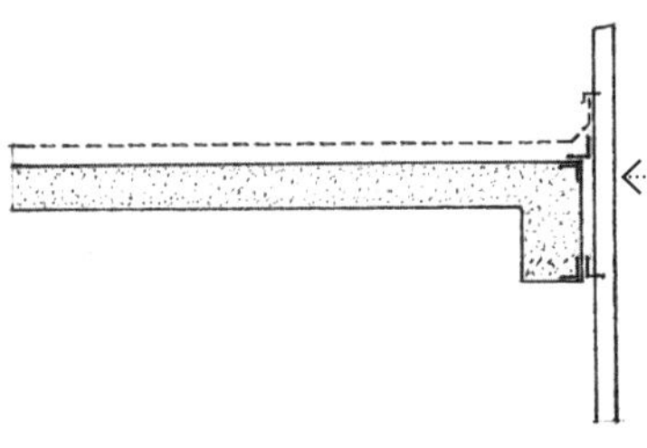

- 가장자리 또는 테두리보는 비내력 커튼월을 지지한다.
- 철재 정착재는 커튼월 패널 고정을 위해 테두리보 내에 타설될 수 있다.

구조용 강재지붕골조(Structural Steel Roof Framing)

평지붕 구소는 강재 바닥의 구조와 마찬가지 방식으로 구조용 강재로 시공할 수 있다.

- 주요 지붕보와 부차적 지붕보는 오픈 웹 강재 장선, 철재 지붕 데크, 현장타설 콘크리트 슬래브 또는 프리캐스트 콘크리트 단위를 지지할 수 있다.
- 지붕의 오버행은 부차적 지붕보를 기둥선 너머로 연장하거나 외부 벽을 뒤로 물러 공사하여 시공가능하다.

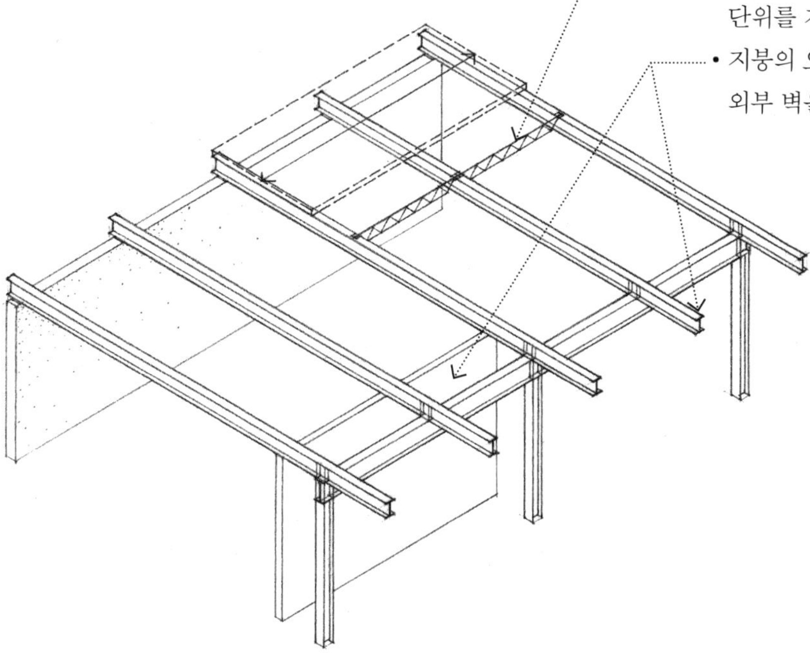

구조용 강재는 또한 경사지붕 골조공사에 사용된다.

- 철재 또는 시멘트질의 지붕 데크
- 도리(Purlin) 간격 = 데크 스팬

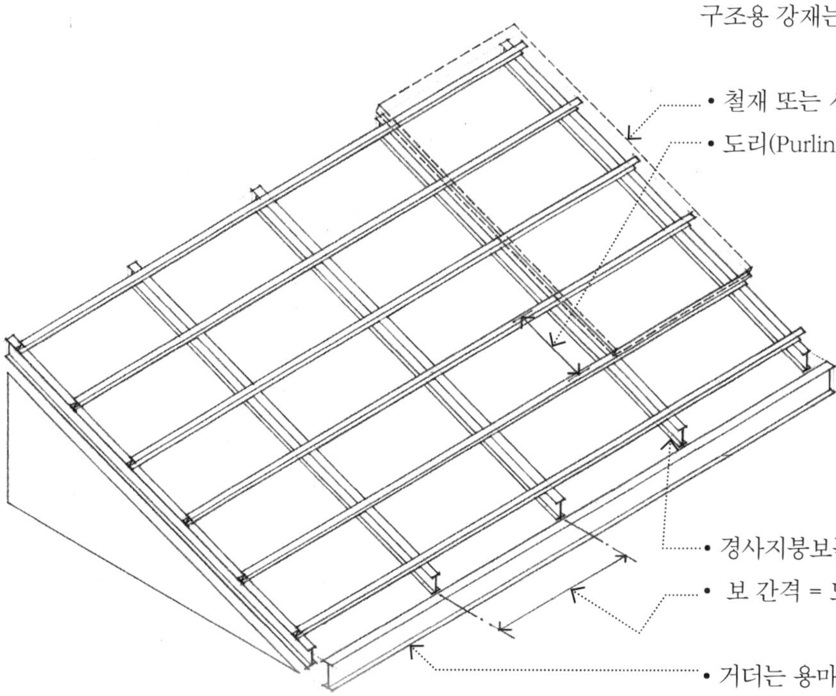

- 경사지붕보는 도리를 지지한다.
- 보 간격 = 도리 스팬
- 거더는 용마루와 처마 속 지붕보를 지지한다.

강재 트러스(Steel Truss)

강재 트러스는 일반적으로 삼각형 뼈대를 형성하기 위해 구조용 앵글과 티보를 용접하거나 볼팅하는 방식으로 제작된다. 트러스 부재의 세장비 때문에, 접합부는 주로 강재 거셋판(steel gusset plate)을 사용한다. 무거운 강재 트러스일수록 H형강(wide-flange shape)이나 구조용 강관을 효과적으로 활용할 수 있다.

- 부재는 거셋판 커넥터와 같이 볼트접합되거나 용접된다.
- 공사중 발생하는 부차적 전단응력, 휨응력 방지를 위해, 트러스 부재의 무게중심축과 줄눈에서의 하중은 공통지점을 지나야 한다.

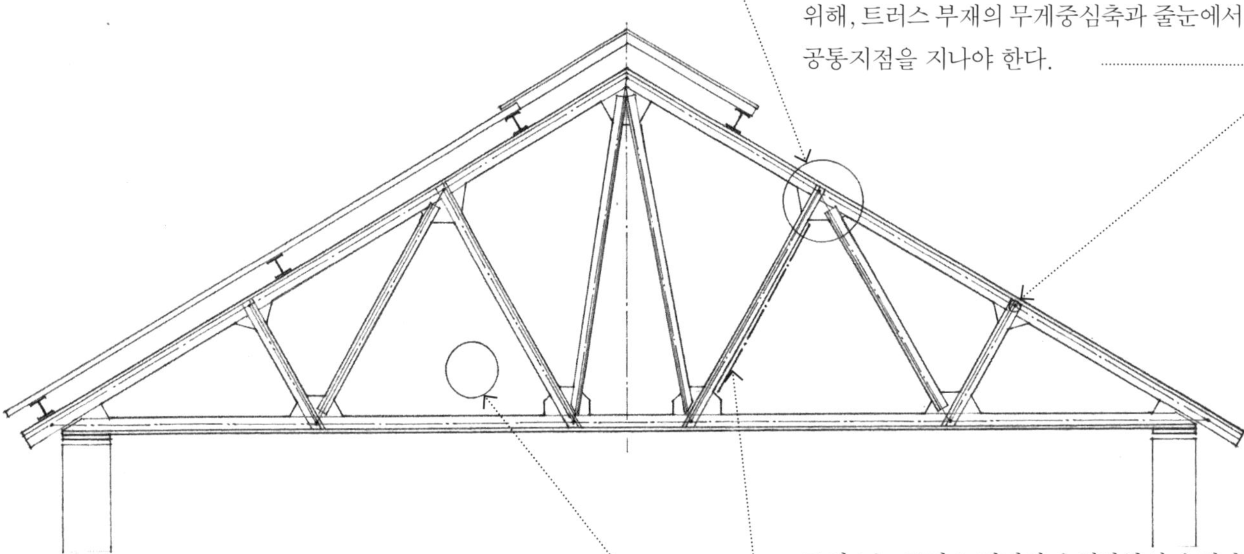

- 트러스는 트러스 평면의 수직방향의 수평가새가 필요하다.
- 파이핑, 전선관, 배관 등과 같은 기계 설비는 웹공간에 설치할 수 있다.
- 바닥 마감재로부터 최소 20 ft. (6095) 위일 때 불연강재 공사가 가능하다.

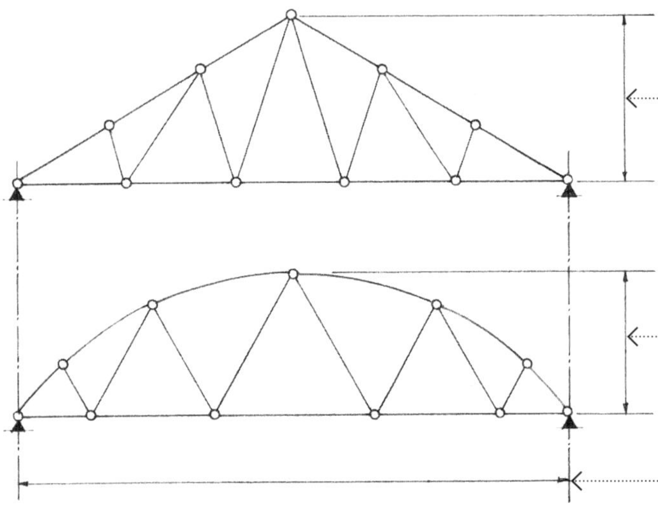

- 트러스의 증가 깊이는 강재보 · 거더보다 더 긴 길이의 스팬을 가능케 한다.
- 스팬의 범위 : 25 ft.-120 ft. (7-36 m)

트러스 종류(Truss Types)

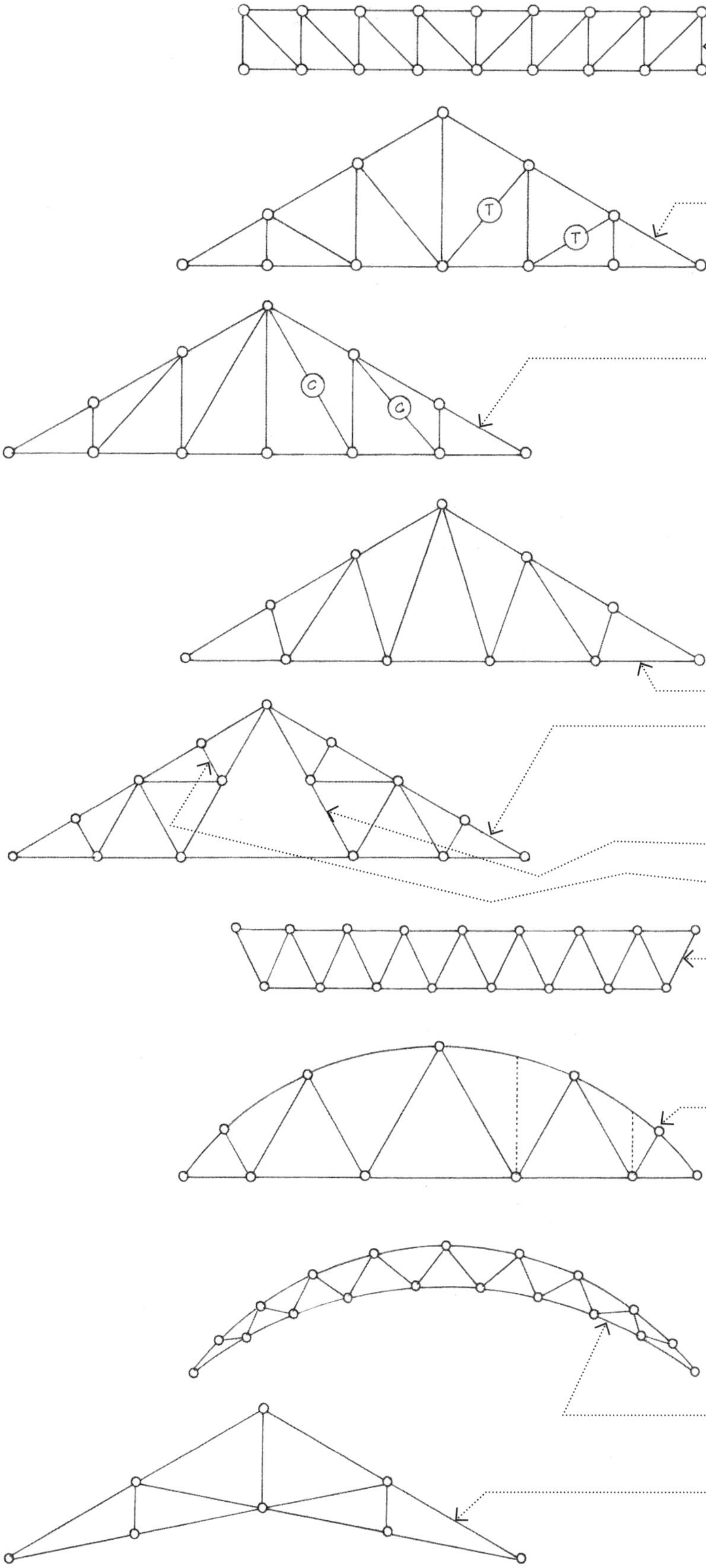

• 플랫 트러스는 평행한 상현재와 하현재로 이루어진다. 플랫트러스는 일반적으로 경사트러스나 궁현트러스만큼 효과적이지는 않다.

• 프래트 트러스(Pratt truss)는 압축력을 받는 수직 웨브 부재와 인장력을 받은 경사 웨브 부재로 구성된다. 프래트 트러스는 긴 웨브 부재에 인장력이 걸릴 경우 효과적인 트러스이다.

• 하우 트러스는 인장력을 받는 수직 웹 부재와 압축력을 받는 경사 웨브 부재로 구성된다.

• 벨지안 트러스는 사면 웨브 부재 로만 구성된다.

• 핑크 트러스(Fink truss)는 스팬의 중심선을 향한 압축 웹 부재의 길이를 줄이기 위해 서브가새(sub diagonal)로 이루어진 벨지안 트러스 이다.

• 가새는 상현재와 하현재를 연결한다.

• 서브가새는 상 · 하현재를 주가새에 연결시킨다.

• 와렌 트러스(Warren truss)는 일련의 정삼각형을 구성하는 경사 웹 부재로 구성된다. 수직 웹 부재는 압축력을 받는 상현재의 패널 길이를 줄이기 위해 사용되기도 한다.

• 궁현트러스(Bowstring truss)는 직선 하현재의 양 끝점과 접하는 곡선 상현재로 이루어진다.

• Raised-chord truss는 하현재가 지지대의 높이보다 상당부분 높게 띄워진 트러스이다.

• 크레센트 트러스는 상 · 하현재가 양 끝 공통지점으로부터 상향곡률을 이루는 트러스이다.

• 가위꼴 트러스(Scissors truss)는 각 상현재의 하단부에서 반대쪽 상현재의 중간점까지 연장된 인장 부재로 이루어진다.

철재 지붕 데크(Metal Roof Decking)

철재 지붕 데크는 강성과 오픈 웹 강재 장선 또는 보다 넓은 간격의 강재보를 지탱하고 단열재와 지붕막의 기초 역할을 하는 골이 진 지붕이다.

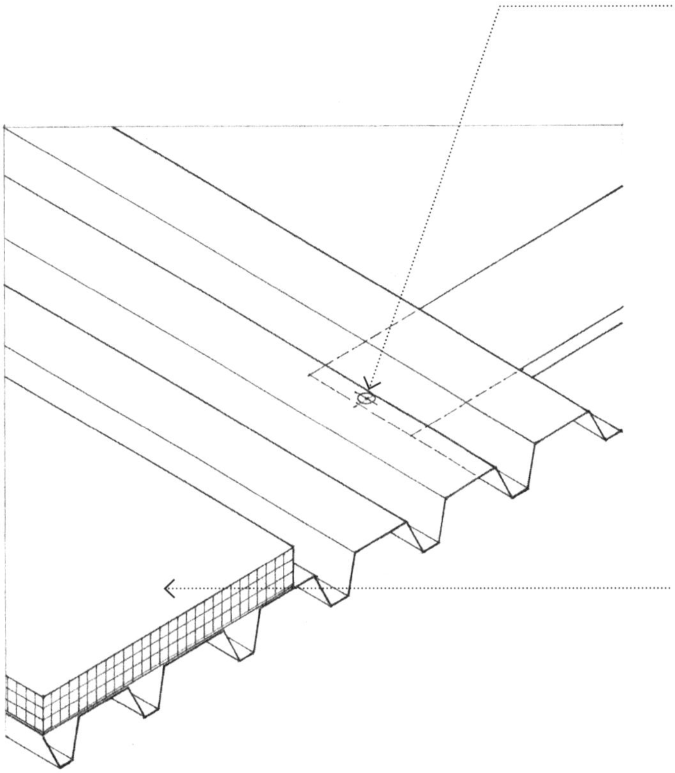

- 데크 패널은 지지 강재 장선 또는 보에 퍼들 용접(puddle-welded)되거나 기계적으로 체결된다.
- 패널은 각 패널면을 따라 나사, 용접 또는 버튼 펀칭 돌출이음을 이용, 체결된다.
- 데크가 구조격막으로 활용되거나 횡력을 전단벽체로 전달하는 경우, 패널 전체 둘레는 강재 지지대에 용접되어야 한다. 또한, 지지대와 측면 랩 패스너에 대해 보다 엄격한 요구사항이 적용된다.

- 철재 지붕 데크는 일반적으로 파상요철 내 간극을 메우는 콘크리트 토핑(concrete topping)이나 구조용 목재, 시멘트질 패널, 강질발포폼단열 없이 사용되고, 단열재와 지붕막에 필요한 견고하고 매끄러운 표면을 제공한다.
- 강질발포폼단열의 효과적 접착성이 발현되는 최대 표면적을 확보하기 위해, 플랜지 상단부는 넓고 평평하여야 한다. 데크가 보강용접홈이 있는 경우, 단열층은 기계적으로 체결될 수 있다.

- 철재 데크는 늦은 투습계수를 갖지만, 패널간의 단절로 인해 기밀하지 않다. 기밀층이 지붕구조내로의 수증기의 유입을 방지하기 위해 필요한 경우, 콘크리트 토핑이 사용될 수 있다. 경량 단열 콘크리트 채움이 사용되는 경우, 데크는 습기 및 증기 잠재 압력 방출에 필요한 천공 환기구가 있을 수 있다.

서까래 구조(Rafter Framing)

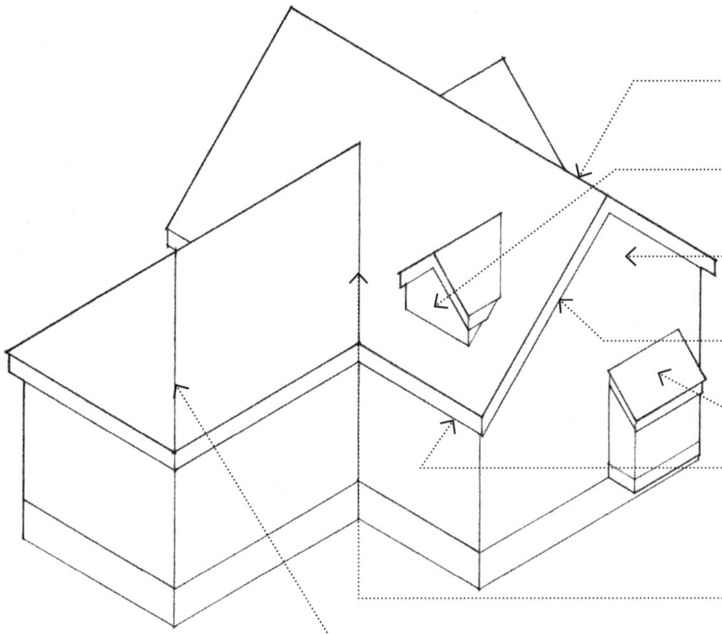

지붕 용어(Roof Terminology)

- 용마루(Ridge)는 지붕 두 개의 경사면이 상단에서 교차되는 수평라인이다.
- 지붕창은 경사지붕에서 튀어나오게끔 시공된 돌출구조이며, 수직창문이나 풍향조절용 루버가 달려있다.
- 박공(Gable)은 용마루부터 처마까지 경사진 지붕의 끝면을 막아주는 삼각형의 벽체이다.
- 박공벽(Rake)은 기울어진, 주로 경사진 지붕의 돌출된 가장자리 부분이다.
- 쉐드(Shed)는 한쪽 경사만 있는 지붕이다.
- 처마(Eave)는 지붕의 돌출된 아랫변이다.
- 처마반자(Soffit)는 내민 지붕 처마의 아랫면이다.
- 골(Valley)은 빗물이 흐르는 방향에 향해있는 두 개의 경사지붕면이 만나는 교차점이다.
- 추녀마루(Hip)는 두 개의 인접한 경사지붕이 교차하여 생기는 돌출된 경사각이다.

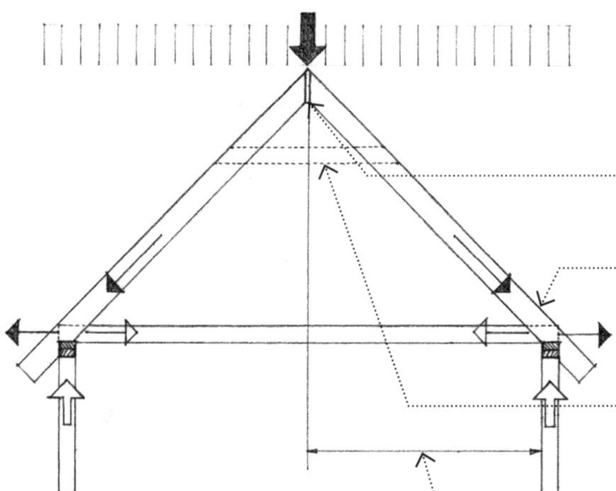

박공지붕(Gable Roof)

박공지붕은 중심 용마루로부터 두방향으로 기울어진 지붕이며, 지붕 양 옆으로 박공면을 형성한다.

- 마룻대(Ridge board)는 서까래의 상단부가 정렬 및 고정된 수평 비구조재이다.
- 일반 서까래는 깔도리(wall plate)에서부터 마룻대 또는 종도리(ridge beam)까지 연장된 부재이고, 지붕널 및 지붕덮개를 지지한다.
- 칼라타이는 용마루 아래의 두 반대 서까래를 연결시키고, 일반적으로 위에서부터 서까래 길이의 1/3 지점에 설치된다.
- 서까래가 밖으로 향하려는 추력에 저항하는 타이는 다락방 하중만을 받는 지붕 장선이나 거주가능 공간을 지지하는 바닥 장선으로 설계될 수 있다.
- 내력벽 또는 내력보
- 서까래 스팬
- 용마루 보는 지붕의 용마루에서 서까래의 상단부를 지지하는 수평 구조재이다.
- 외부벽 또는 보버팀대 사이의 서까래 타이(Rafter ties)는 필요치 않다.
- 충분한 헤드룸(headroom)과 자연광, 통풍이 있다면, 다락방 공간은 거주가능하다.

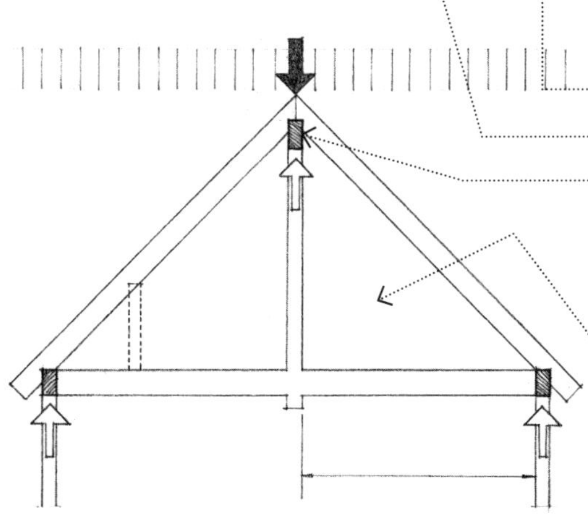

모임지붕(Hip Roof)

모임지붕은 경사 돌출각에서 경사진 끝과 면이 만나는 지붕이다.

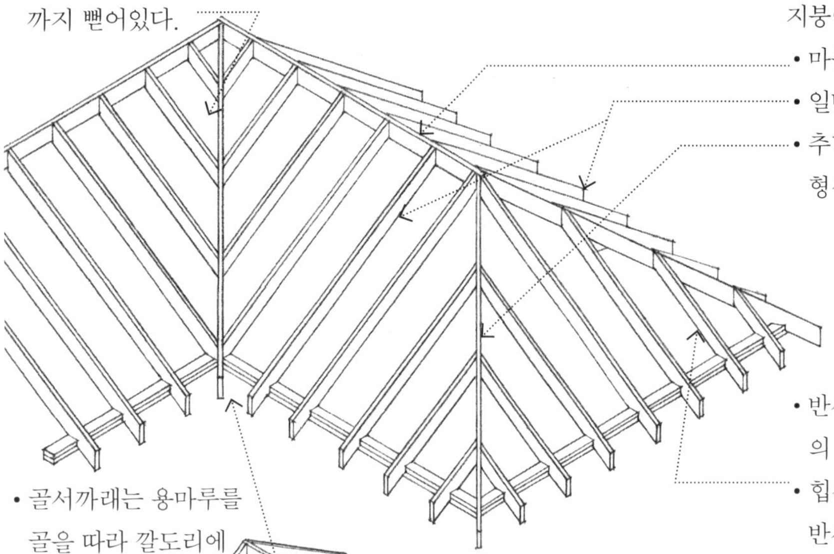

합각지붕(Gambrel Roof)

합각지붕은 경사가 급한 지붕 위에 경사가 완만한 지붕이 놓여진 2중 박공지붕이다.

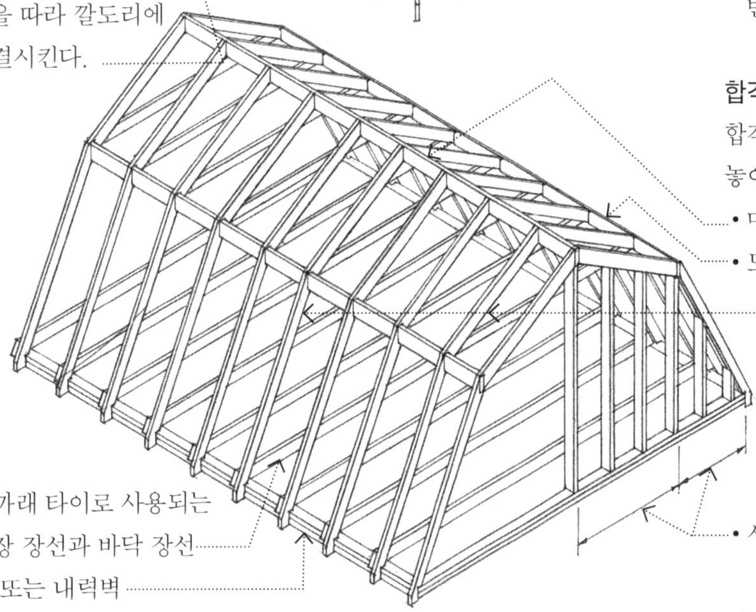

평지붕(Flat Roof)

평지붕은 바닥 장선 구조와 비슷한 방식으로 시공된다.

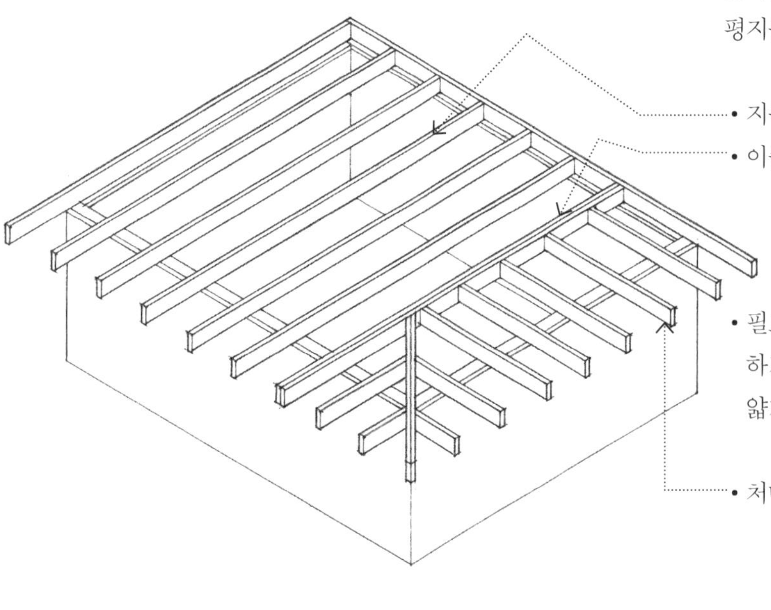

목재 널-보 지붕(Wood Plank-and-Beam Roof)

널-보 지붕 구조의 골조방식에는 지붕보의 방향과 간격, 보간격을 띄우기 위한 구조요소, 골조의 전체 깊이에 따라 다양한 대안들이 있다.

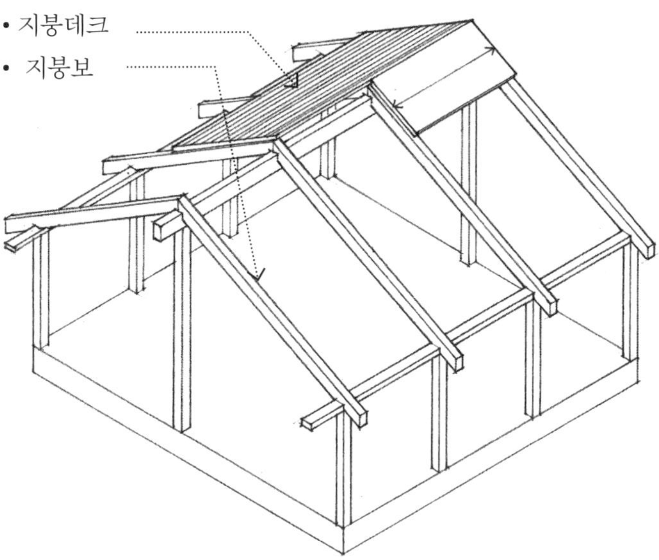

지붕보는 중심에서 중심까지 4 ft.-8 ft. (1220-2440)의 간격을 두고, 강질 또는 집성 목재 데크를 이용하여 띄운다. 보는 거더나 기둥, 철큰콘크리트 또는 조적식 내력벽에 의해 지지될 수 있다.

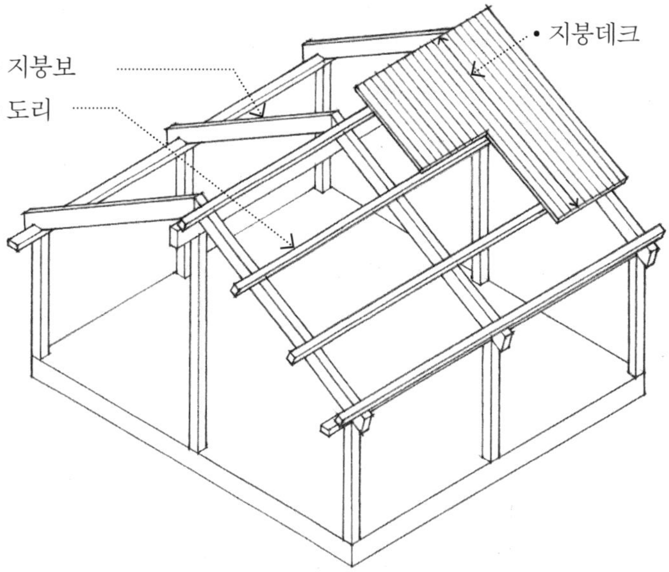

이 이중층 시스템에서, 지붕보는 더 큰 간격으로 띄어질 수 있고 일련의 도리를 지지할 수 있다. 반대로 이 도리들은 목재 데크나 강질의 시트 지붕 재료에 의해 띄어질 수 있다.

경사면과 평행한 지붕보

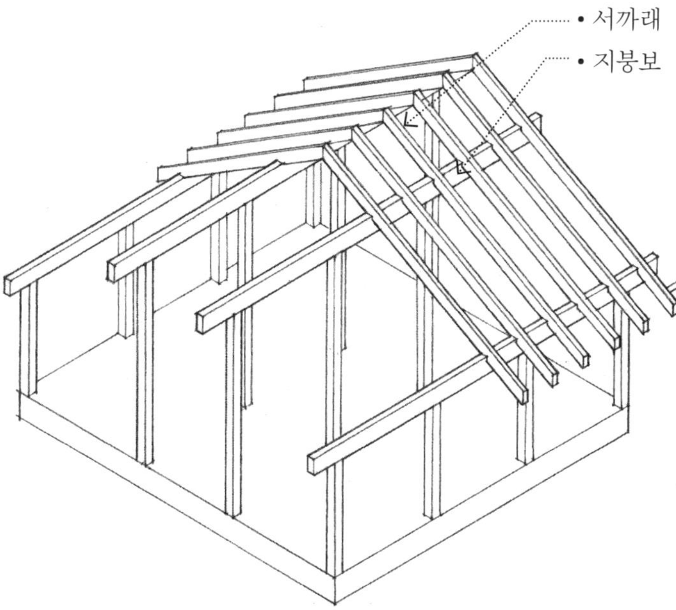

위의 이중층 구조의 예에서, 지붕보는 목재 서까래의 기존 시스템 지지방식을 볼 수 있다.

경사면과 수직인 지붕보

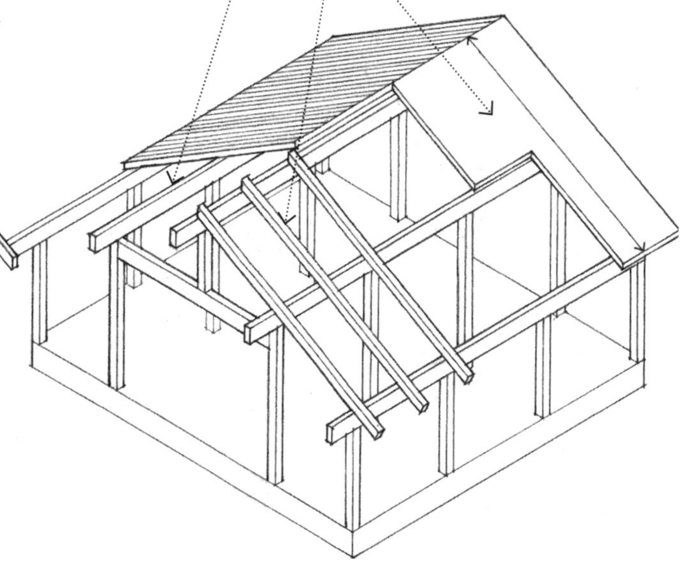

지붕보는 목재 데크에 의해 띄어질 정도로 가까이 이격될 수 있다. 보는 넓게 배치되며, 경사면과 평행한 일련의 보조 보를 지지한다.

목재 트러스(Wood Truss)

단일평면 트러스 서까래에 비해, 보다 무거운 목재 트러스는 복합 부재를 겹치거나 분할링 연결재(split-ring connector)로 패널 지점에 연결하는 방식으로 조립가능하다. 이러한 목재 트러스는 트러스 서까래보다 큰 하중을 지지할 수 있으며 더 넓은 간격으로 띄어질 수 있다.

- 트러스 부재내 추가적 휨응력을 방지하기 위해, 하중은 패널 지점에 작용하여야 한다.
- 수직 가새는 횡방향 풍력과 지진력 저항을 위해 인접 트러스의 상현재와 하현재 사이에 필요할 수 있다.

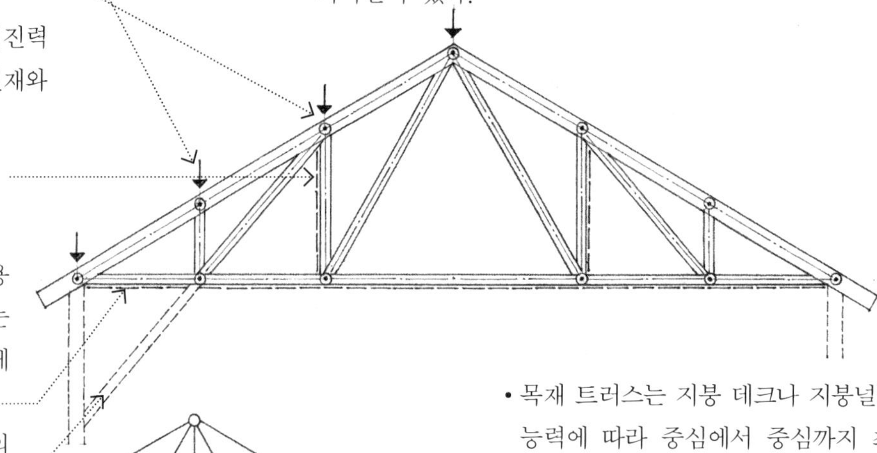

- 수평 대각재는 지붕 골조의 격막작용이 돌출벽의 힘으로 충분하지 않는 경우, 상현재 또는 하현재 평면내에 필요할 수 있다.
- 모든 보강용 가로대는 패널 지점의 상현재 또는 하현재에 연결되어야 한다.
- 목재 트러스는 지붕 데크나 지붕널의 스패닝 능력에 따라 중심에서 중심까지 최대 8 ft. (2440)의 간격으로 띄어질 수 있다. 도리가 트러스를 가로지를 경우, 트러스 간격은 최대 20 ft. (6095)까지 증가될 수 있다.

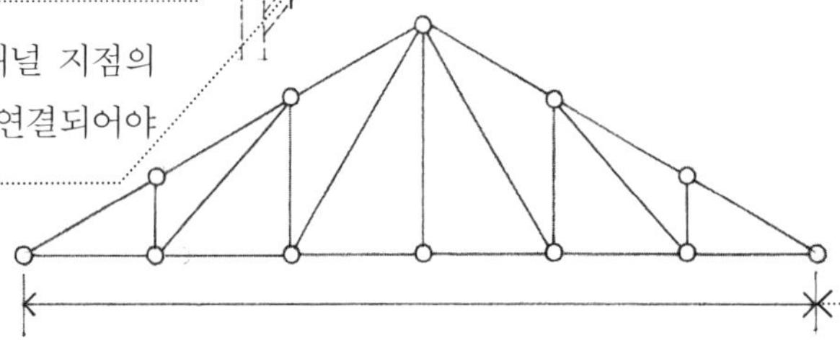

- 스팬의 범위: 40 ft.-150 ft. (12-45 m)

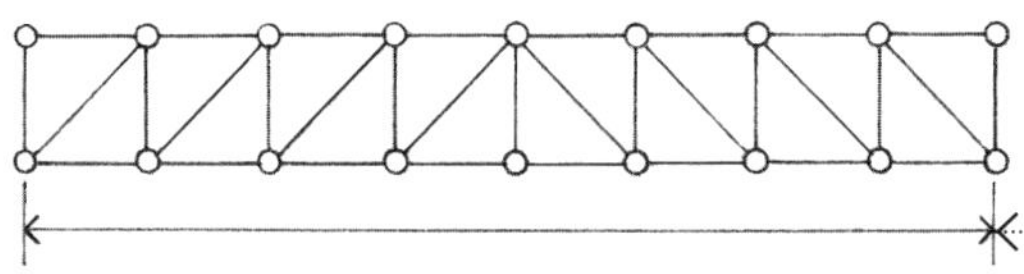

- 스팬의 범위: 40 ft.-110 ft. (12-33 m)

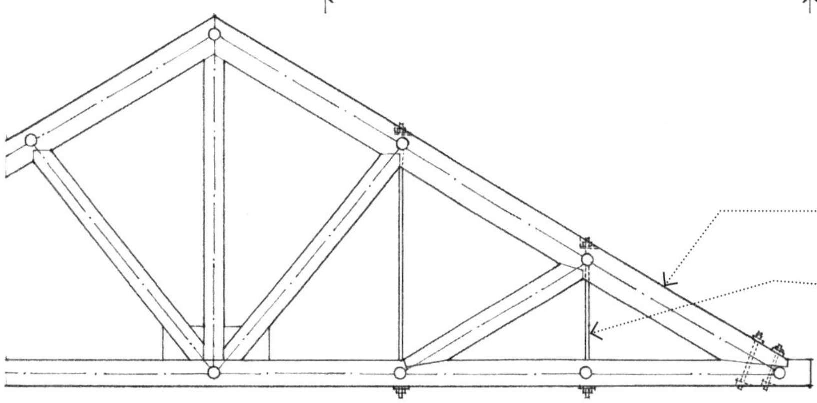

- 복합 트러스(Composite truss)는 목재 압축 부재와 강재 인장 부재로 이루어진다.
- 트러스 로드는 트러스나 트러스보 내에서 인장 부재 역할을 하는 철재 타이로드이다.

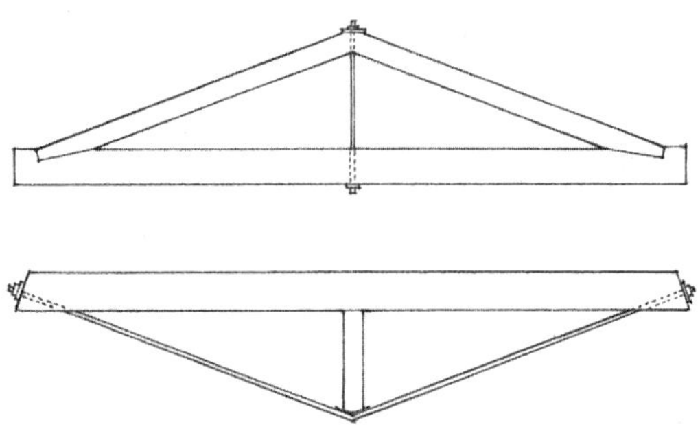

- 트러스 보는 경사 트러스 로드와 압축 스트럿 또는 현수 로드의 조합으로 보강된 목재 보이다.

11. 건축 구조

건물에 불리하게 작용하는 힘에 저항하기

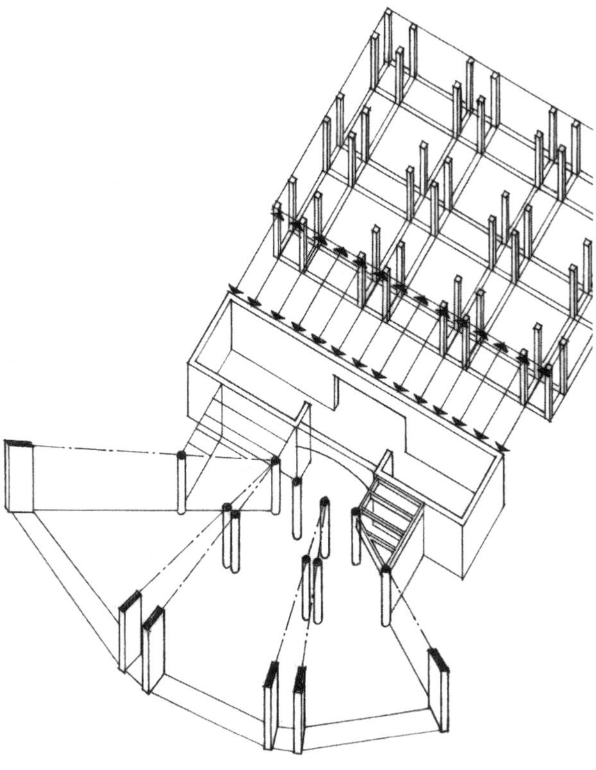

구조에 대한 이해가 설계에 어떻게 영향을 미치는가?

건축은 종종 공학적 학문으로 오해받는다. 비록 그렇지 않을지라도, 몇몇 구조적 지식은 좋은 설계를 하는데 긴요한 요소로 작용한다. 기본적인 구조 개념의 이해는 건축가로 하여금 설계 과정이 진행될 수 있는 중요한 한계선을 가질 수 있게끔 한다. 건축가는 무엇이 가능하고 불가능한지 이해하고, 더 구체적으로는 무엇이 실현 가능한지 알게 된다. 또한 구조를 이해하려고 노력함으로써 건축가는 예상 외력의 영향 내의 건물이 제대로 거동하는지 책임을 갖는 기술자와 건설자들과 더 잘 소통하고 협력할 수 있게 된다. 건축가는 프로젝트 내 설계 팀의 다양한 구성원들을 잘 조정할 의무가 있으며, 구조에 대한 지식 없이 불가능 할 것이다.

구조 지식은 또한 설계에 관련된 결정 범위를 넓게 확장시켜준다. 건축가가 재료의 거동, 부재의 배치와 크기, 경간 거리에 대한 일반적인 규칙 등에 대한 이해도가 높을수록, 설계 아이디어를 떠올리는데 있어 동기를 부여하는 힘으로 구조를 더욱 활용할 수 있다. 예를 들어, 건축가가 기둥들이 만드는 격자무늬가 필요하다고 예상해보면, 이를 공간 분할에 적용할 수 있다. 그렇지 않고 공간을 설정할 경우, 기둥들은 어색한 비례에, 어긋난 공간을 만들며 배치될 것이다.

본 장에서는 건축의 다양한 구조 요소들과 이에 작용하는 힘에 대해 논한다. 이는 건물이 그에 불리하게 작용하는 힘에 어떻게 저항하는지, 그리고 그 힘들은 어디에서 오는지에 대한 개요를 제공한다.

구조 설계

이 부분에서는 건물의 하중 건물 내 재료와 사용자의 무게, 그리고 바람, 눈, 홍수, 지진 등 자연이 가하는 하중과 같이 예상되는 하중을 받을 수 있도록 하는 구조 시스템의 설계와 요구사항의 밑바탕이 되는 공학 원리들에 초점을 맞추고 있다.

거주를 위한 밀폐된 공간에서, 건물의 구조 시스템은 두 종류의 하중을 지지할 수 있어야 한다—정하중과 동하중.

정하중

정하중이란 그 규모나 위치가 빠르게 변동하지 않으면서 그 최대값에 이를 때까지 구조에 천천히 작용하는 하중으로 간주된다. 정하중 아래에서 구조는 천천히 반응하며 그 변형은 정하중이 최고치일 때 정점에 달한다.

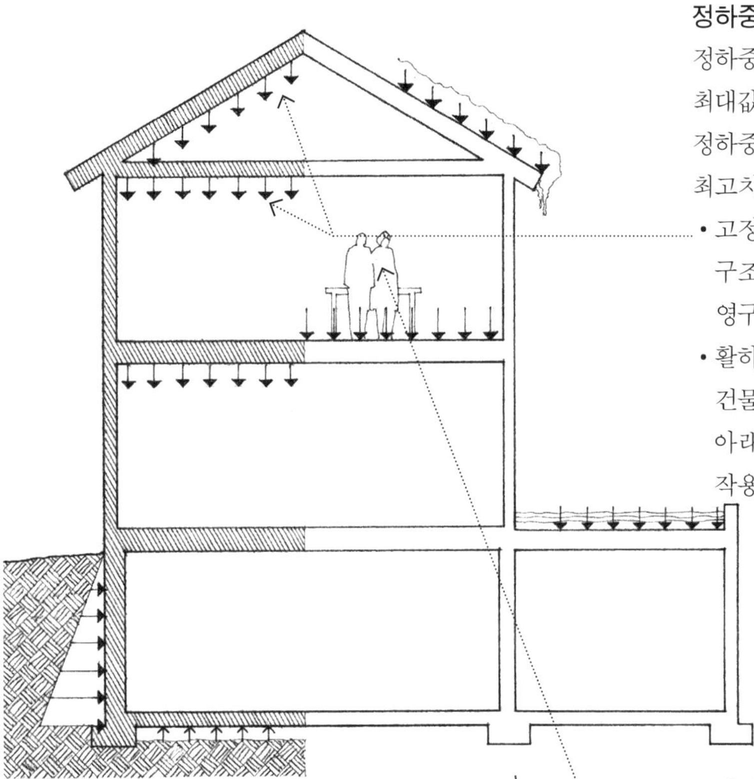

- 고정하중은 구조에 수직 아래 방향으로 작용하는 정하중이며, 구조의 자중과 건물 부재, 붙박이 세간, 그리고 건물에 영구적으로 부착된 설비의 무게 등으로 구성된다.
- 활하중은 사용자, 쌓인 눈이나 물, 또는 이동 가능한 설비 등이 건물에 가하는 움직이는 하중이다. 활하중은 일반적으로 수직 아래 방향으로 작용하지만 자연의 동적 하중을 받아 수평적으로 작용하기도 한다.
- 인원부하는 사람, 가구, 저장된 재료, 그리고 건물 내의 다른 비슷한 개체들의 무게로부터 발생한다. 건축 법규는 다양한 용도와 인원에 대한 최소 등분포 단위 하중을 정하고 있다.

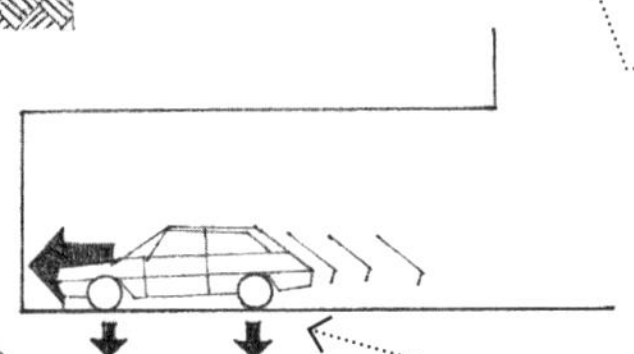

- 충격하중은 짧은 시간에 가해지는 운동 하중으로, 움직이는 운송수단, 설비, 기계류로부터 발생한다. 건축 법규에서는 정하중에 가중치를 주어 충격 하중의 동적 성질을 보완하여 충격 하중을 정하중으로 취급한다.

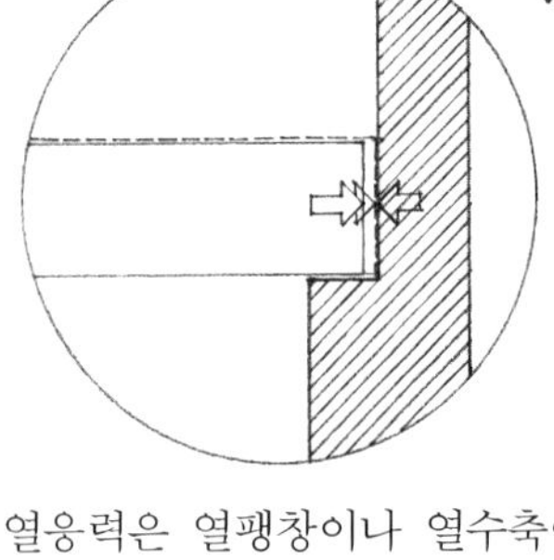

- 열응력은 열팽창이나 열수축에 저항하도록 제작된 재료에서 생기는 압축력이나 인장력이다.

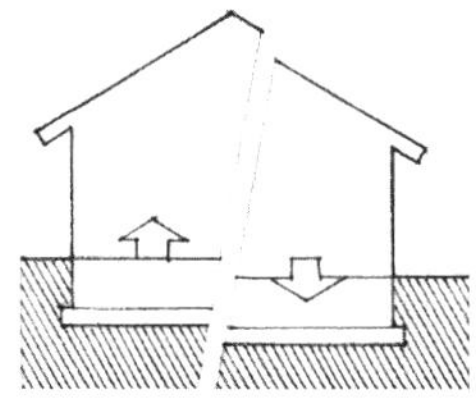

- 침하하중은 건물을 지지하는 토양의 침하, 그리고 그로 인한 건물 기초의 정착 상태에 차이가 생기며 구조에 가해지는 하중이다.
- 수압은 지하수가 건물의 기초에 가하는 유체력이다.

지붕하중

기울어진 면에 작용하는 지붕 하중은 그 면의 수평 투영면에 수직으로 작용하는 것으로 간주된다.

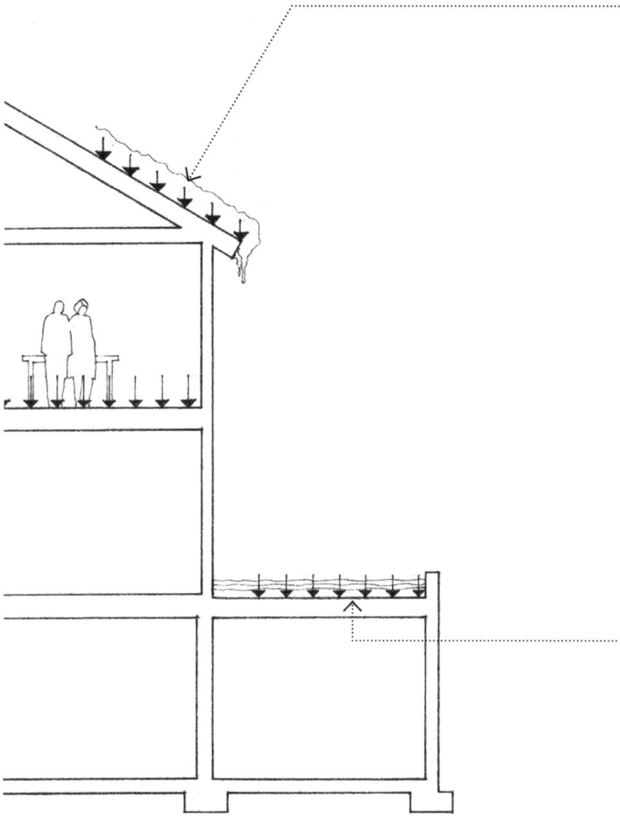

설하중

설하중은 지붕에 쌓이는 눈의 무게로 인해 발생한다. 설하중은 과거의 자료를 토대로 산정되며 지리적 위치와 고도와 연관 있다.

- 예를 들어, 북부중앙 Kansas의 설하중은 25psf (1.19kN/m^2)이다.
- Arizona 북동부에서, 설하중은 고도 3000-ft.(914-m)까지는 0psf; 고도 4500-ft.까지는 5psf (고도 1372-m까지 0.24kN/m^2); 고도 5400-ft.까지는 10psf (고도 1645-m까지 0.48kN/m^2) 그리고 고도 6300-ft.까지는 15psf (고도 1920-m까지 0.72kN/m^2)로 다양하다.
- Sierra Nevada와 Rocky 산맥과 같은 폭설 지역에서의 설하중은 50년간의 재현자료를 기반으로 한 사례조사를 토대로 산정되며 건축 공무원이 반드시 승인하여야 한다.

강우하중

지붕은 배수구가 막혔을 때 축적되는 빗물의 하중까지 받을 수 있도록 설계된다. 수직 단위 1/4, 수평 단위 12 (기울기 2%) 이하의 기울기를 갖는 지붕은, 물이 고여 결과적으로 잠재적인 지붕의 불안정과 붕괴를 야기할 수도 있는 지붕 부재의 변형을 초래할 것인가를 알아내기 위해서 분석되어야 한다. 예상되는 물의 깊이는 일반적인 지붕 배수 시스템과 넘치는 물이 빠져나가게 하는 배수관의 높이 차이에 근거한다.

홍수하중

홍수 위험 지역에서 모든 신축 건물 및 주요 개선사업, 재건축 사업의 건물들은 홍수 피해나 홍수하중의 영향을 견딜 수 있도록 설계되어야 한다. 건물이 주어진 요구사항에 해당되는지는 지역마다 적용되는 홍수 위험 지도에 근거하여 결정된다. 이 지도는 50년 또는 100년과 같이 예상되는 주기에 따라 예측되는 홍수 지역과 홍수로 인한 물의 높이를 보여준다. 건물 대지의 고도와 위치는 홍수 위험 지도를 참고하여 그 구역이 위험 지역에 해당하는지 확인해야한다.

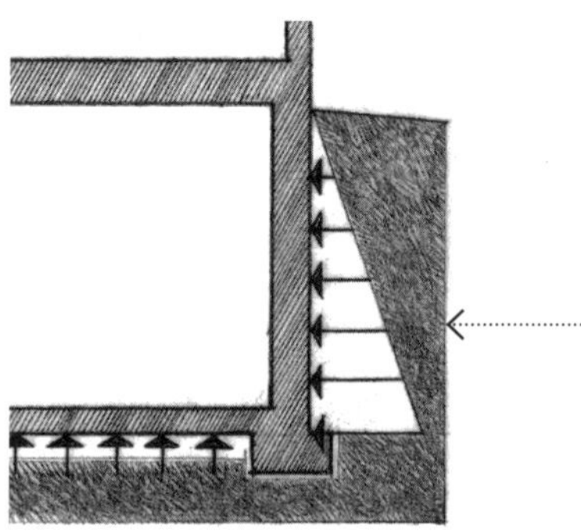

수평 토압

지하실 벽과 옹벽은 벽 너머의 토압이 가하는 수평하중을 견딜 수 있어야 한다. 이 벽은 전도, 미끄러짐, 초과적인 기초의 압력, 상향수압에 대해 안정해야 한다. 수평 토압은 자갈에서는 깊이 1ft.당 30psf (4.7kPa/m), 비교적 밀도 있는 무기질의 진흙 토양에서는 깊이 1ft.당 60psf (9.4kPa/m)로 그 범위가 다양하다.

하중 조합

고정하중, 활하중, 지진하중, 풍하중의 다양한 조합은 그 각각의 하중효과의 합보다 복합적으로 작용하는 효과가 더 작을 것으로 예상되는 경우, 구조 설계에 적용한다. 각 조합의 하중 요소는 적용된 분석 방식에 따라 달라진다. 하중의 다양한 조합을 평가하여, 그 중 가장 영향이 큰 조합에 견딜 수 있도록 설계하여야 한다.

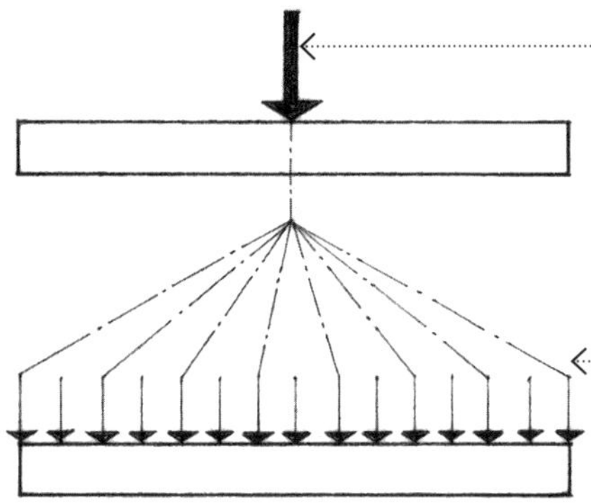

이 하중들은 다양한 방식으로 구조에 작용할 수 있다:

- 집중하중은 지지 구조물의 특정한 점이나 매우 작은 면적에 작용하는 하중이다.
- 분포하중은 지지 구조물의 길이나 면적에 넓게 퍼져 작용하는 하중이다.
- 등분포하중은 균등한 규모를 갖는 분포하중이다.

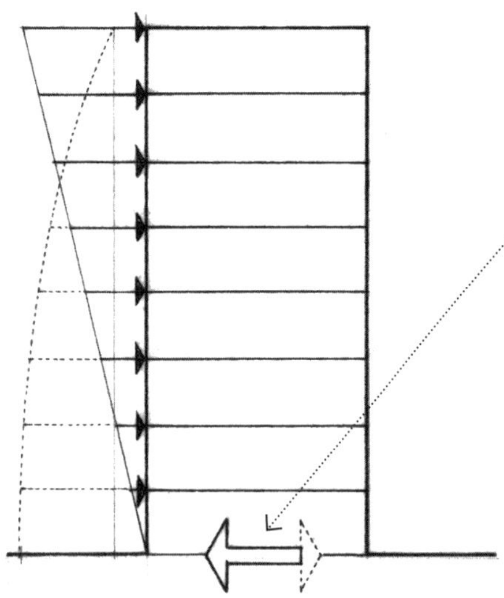

- 횡하중은 풍하중이나 지진하중처럼 구조물에 수평으로 작용하는 하중이다.

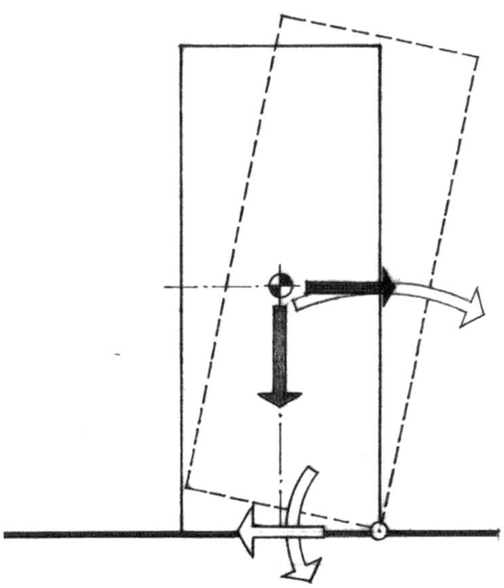

동하중

동하중은 종종 규모나 작용 지점이 급격하게 변하면서 구조물에 갑자기 작용한다. 동하중 하에서 구조물은 그 하중에 따라 관성력이 생기며, 구조물의 최대 변형은 반드시 작용한 힘의 최대 규모와 일치하지는 않는다.

두 가지 주요 동하중은 풍하중과 지진하중이다.

풍하중

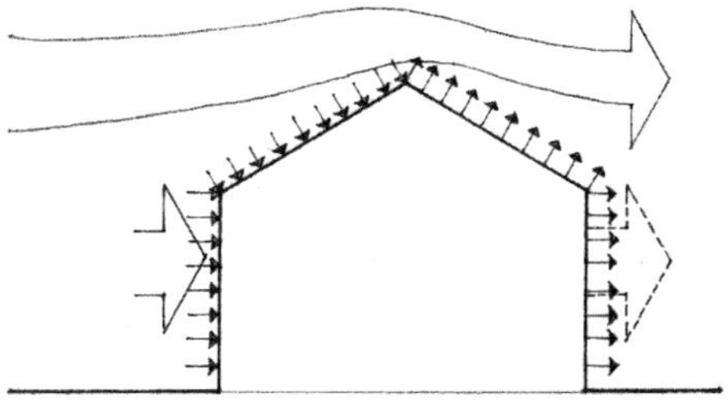

건물과 건물의 일부는 최소한 풍하중에 견딜 수 있게 설계된다. 바람은 모든 수평 방향에서 불어오는 것으로 간주하며, 다른 구조물의 차폐 효과에 의해 감소되지 않는다. 이는 건축 법규가 문제의 건물에 적용하는 원칙과 일치하며, 주변 건물들에 의해 긍정적으로든 부정적으로든 영향을 받지 않는다. 그러나 건축 법규의 일부 사항에서는 인접 대지와 지형 조건이 풍하중에 영향을 미친다.

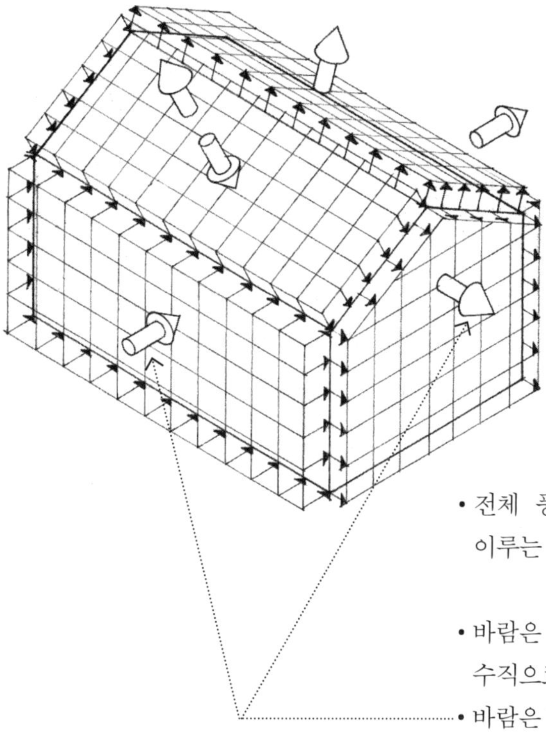

• 전체 풍하중은 평방 피트당 풍하중과 바람 방향에 직각을 이루는 건물의 수직 투영면의 면적을 곱하여 결정한다.

• 바람은 모든 수평 방향에서 불어오며, 풍압은 해당되는 표면에 수직으로 작용하는 것으로 간주한다.

• 바람은 빌딩에 압력 효과를 가할 뿐 아니라 흡입력도 발생시키기 때문에, 건물 표면에 직각으로 불어오는 모든 방향의 풍압에 대해서도 견딜 수 있어야 한다.

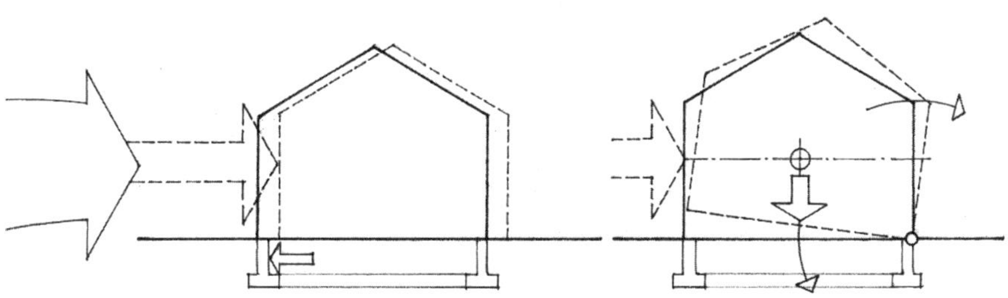

• 구조 부재와 시스템, 건물 외장은 풍력에 의한 전도, 상승, 미끄러짐에 저항할 수 있도록 고정되어야 한다. 이 힘에 대한 연속 하중 경로는 건물의 기초로 이어진다.

지진하중

내진 설계는 모든 구조물을 대상으로 반드시 조사되어야 하며, 건물의 위치와 그 위치의 예상 지진활동도에 따라 다양한 정도의 내진 설계를 적용하여야 한다. 내진 설계는 상당히 복잡하고 상세한 계산을 요구할 수 있다. 목골구조로 된 거주지나 일반적인 경량 구조의 경량 상업 건물들과 같은 몇몇 기본적인 구조물들은 내진 요건을 준수하는 것으로 간주한다. 그 외의 복잡한 다른 건물들에 대해서는 내진 해석이 필요하다. 내진 해석은 몇몇 기본적인 요소들을 고려한다. 여기서는 설계 계산법을 자세히 다루지 않지만, 내진 해석과 설계가 다루는 기본적인 기준은 이해해둘 필요가 있다.

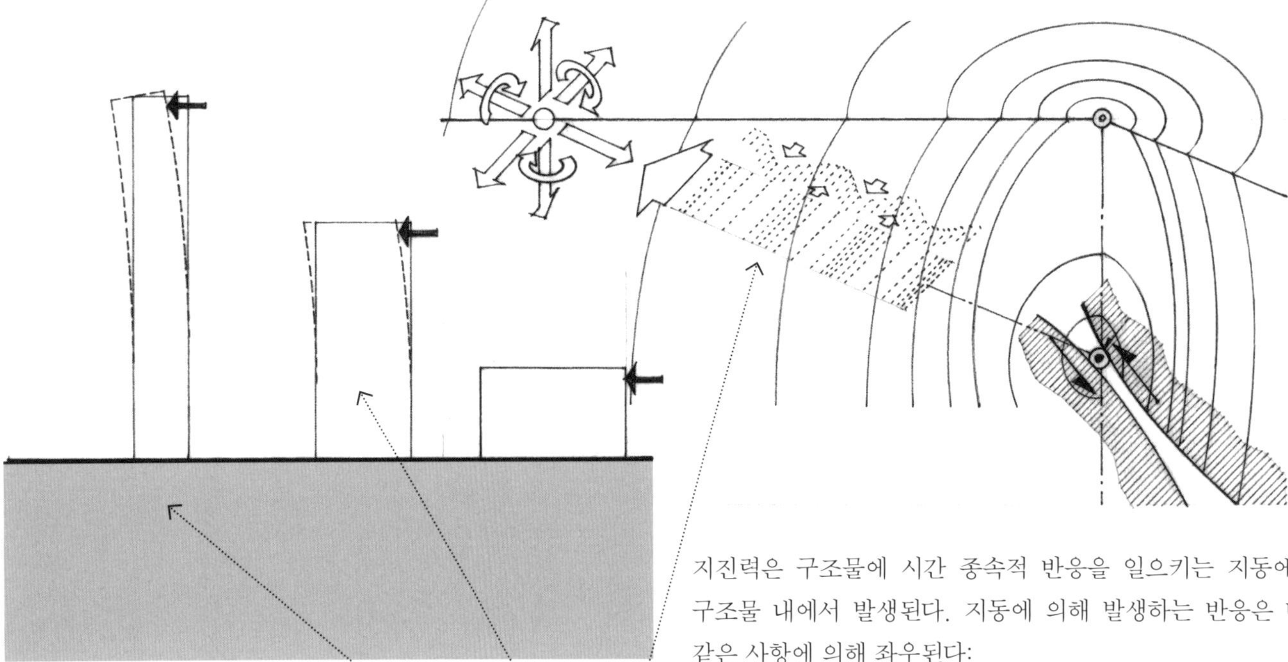

지진력은 구조물에 시간 종속적 반응을 일으키는 지동에 의해 구조물 내에서 발생된다. 지동에 의해 발생하는 반응은 다음과 같은 사항에 의해 좌우된다:

- 지동의 규모, 지속 기간, 고조파 성분
- 구조물의 동적 특성 (규모, 배치, 단단함)
- 구조물을 지지하는 토양의 종류와 성질

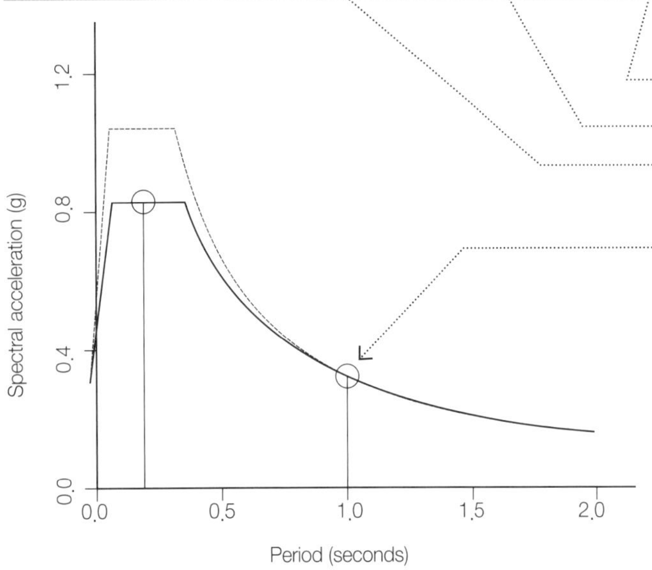

특정 대지에서의 지진동의 규모는 진원과 대지의 근접성, 대지의 토양의 특성, 그리고 첨두 가속도의 희석도에 따라 달라진다. 지동에 대한 구조물의 동적 반응은 기간에 대한 스펙트럼 응답 가속도의 그래프로 나타낼 수 있다.

모든 구조물은 예상되는 지진동 또는 설계 지진동을 견디기 위해 적절한 강도와 강성, 에너지 소산용량을 가진 횡력 저항 시스템과 수직력 저항 시스템을 갖춰야 한다.

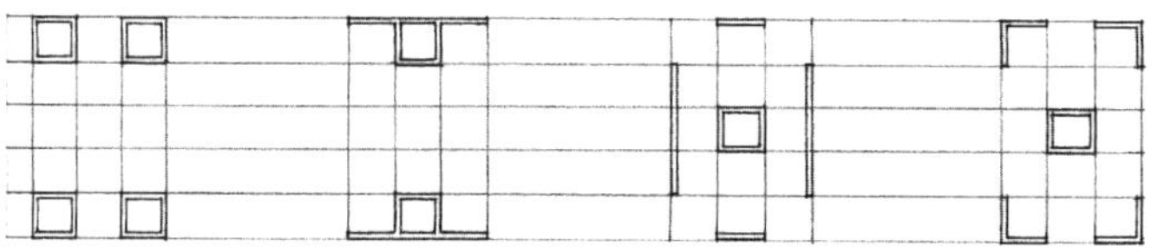

• Symmetrical layouts

• 지진 지반운동은 구조물에 수평으로 어느 방향에서든 작용하는 것으로 간주된다.
• 연속 하중 경로는 지진동에 의해 유발된 힘을 작용점에서 저항점으로 이동시켜야 한다.

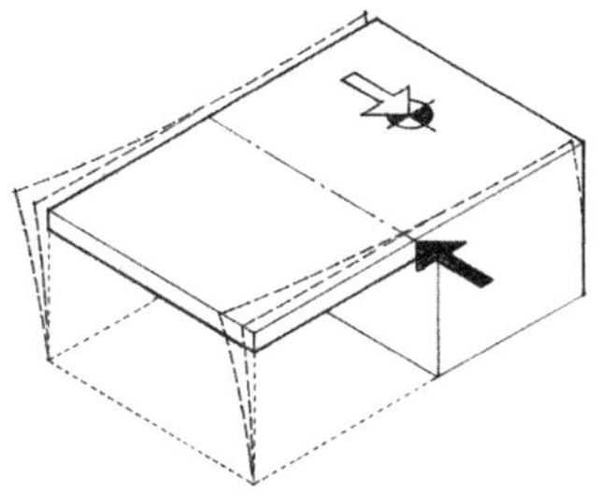

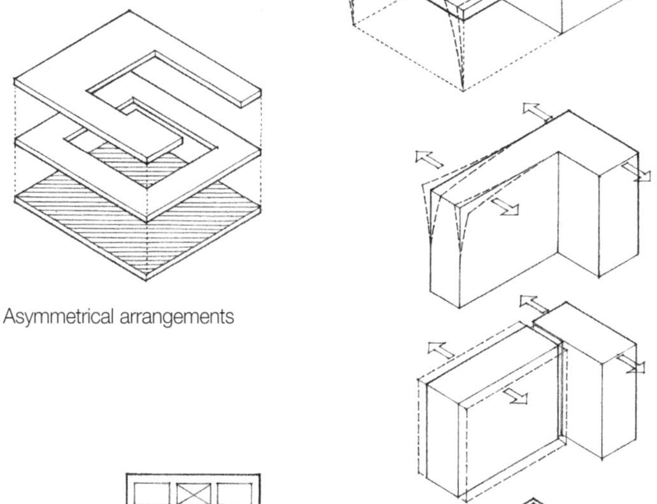

• Asymmetrical arrangements

• 파괴적인 비틀림 효과를 막기 위해, 횡력에 취약한 구조물은 질량과 저항의 중심에 최대한 일치하도록 대칭으로 배치, 보강하여야 한다. 비정형 구조물의 비대칭 배치는 일반적으로 횡력의 비틀림 효과를 산정하기 위한 동적 해석이 필요하다.

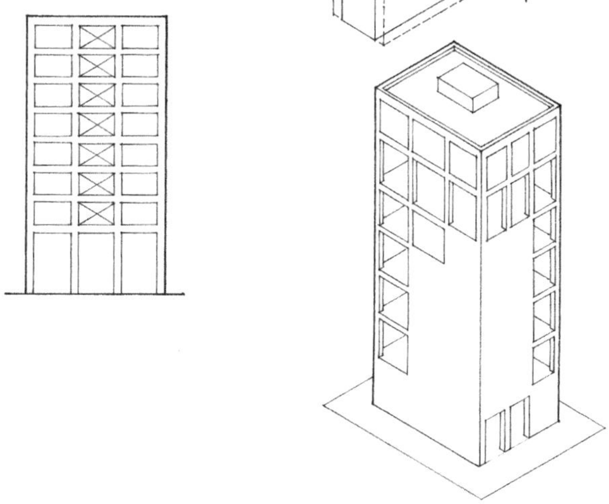

구조적 힘

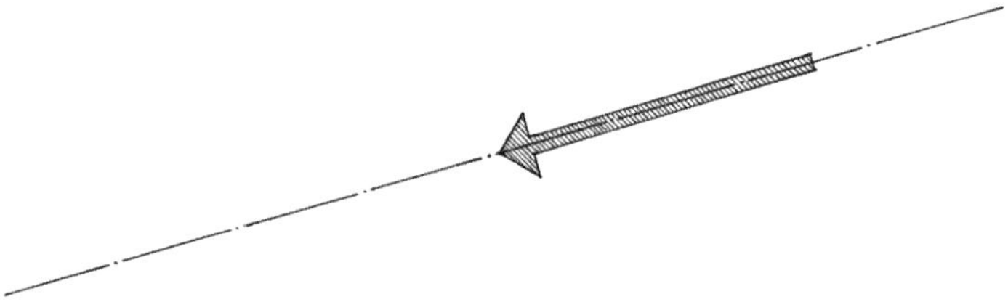

힘이란 물체의 운동 상태나 형태에 변화를 일으키는 요소이다. 힘은 크기와 방향을 모두 갖는 벡터량으로 간주되며, 화살표로 표현되는데, 화살표의 길이는 힘의 크기에 비례하고 그 방향은 힘의 방향을 나타낸다. 물체에 작용하는 단일 힘은 힘의 외부 효과에 변화를 일으키지 않으면서 그 작용선 상의 어느 점에든 작용되는 것으로 간주한다. 두 개 이상의 힘은 다음의 방식과 같이 연관될 수 있다:

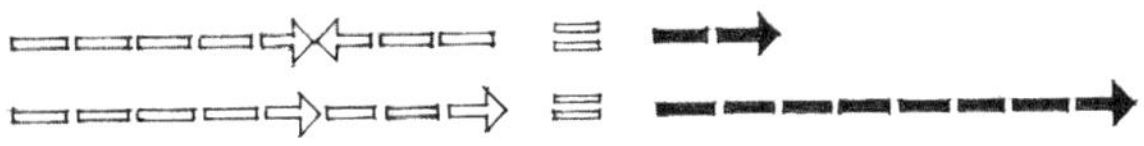

- 동일선상의 힘은 직선을 따라 발생하며, 그 벡터의 합은 같은 작용선 상에서 작용하는 힘들의 규모의 대수합과 같다.

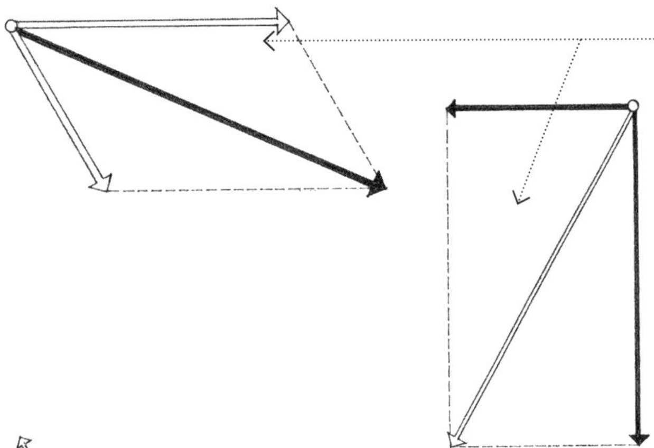

- 동시에 작용하는 힘들은 공통의 점에서 교차하는 작용선들을 가지며, 그 벡터 합은 여러 힘들의 벡터가 작용하는 것과 크기가 같고 물체에 동일한 효과를 갖는다.
- 평행사변형의 법칙에 따라, 동시에 작용하는 두 개의 힘의 합력이나 벡터 합은 평행사변형의 대각선으로 나타낼 수 있으며, 이 평행사변형의 두 인접 변은 더해진 각각의 힘을 나타낸다.
- 비슷한 방식으로, 어떤 단일 힘이든, 물체에 동일한 힘을 갖는 두 개 이상의 힘으로 분해할 수 있다. 구조 해석상의 편의를 위해, 분해한 힘들은 초기 힘의 직각 요소이거나 데카르트 요소로 나타낸다.

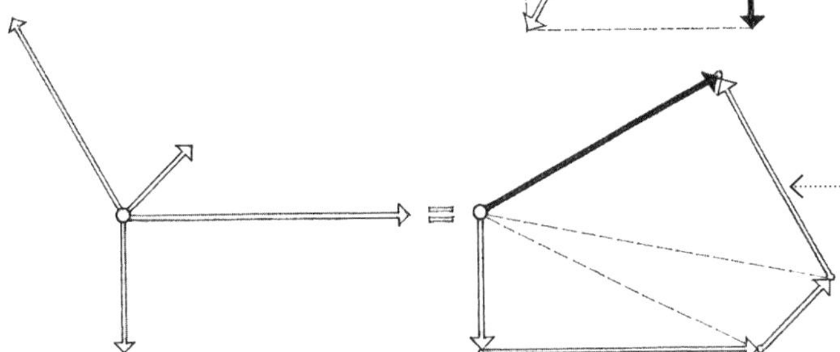

- 다각형 법은 각각의 힘의 벡터를 이어 그려 동일 평면상에서 동시에 작용하는 힘들의 벡터 합을 구하는 그래픽 기술이며, 앞의 힘의 머리에 다음 작용하는 힘의 꼬리를 이어 그리고 마지막에는 첫 번째 벡터의 꼬리에서 마지막 벡터의 머리로 이어지는 합력을 나타내는 벡터를 그려 다각형을 완성한다.

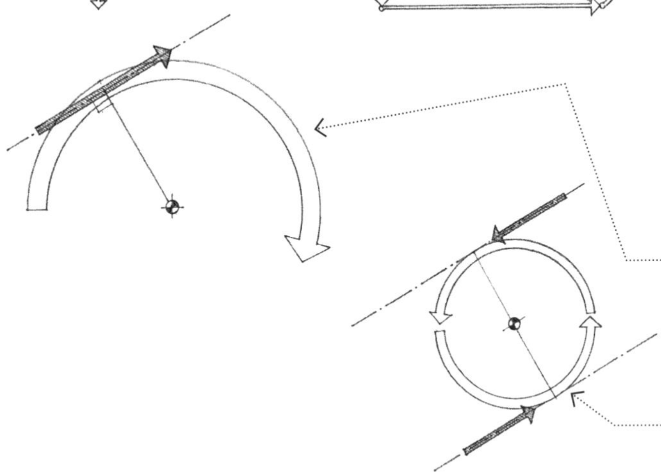

- 동시에 작용하지 않는 힘들은 공통의 점에서 교차하지 않는 작용선을 가지며, 그 벡터 합은 물체에 본래 힘들의 집합과 같은 변형과 회전을 일으키는 단일 힘이 된다.
- 모멘트는 한 점이나 선에 대해 물체를 회전시키려는 힘의 경향이며, 그 크기는 모멘트 팔과 힘의 곱과 같고 시계방향 또는 반시계방향으로 작용한다.
- 우력은 크기가 같고 평행하며 서로 반대방향으로 작용하는 한 쌍의 힘이며 변형을 일으키지 않고 회전을 유발하는 경향이 있다. 우력의 모멘트는 두 힘 사이의 수직 거리와 둘 중 하나의 힘의 크기의 곱과 크기가 같다.

힘

힘은 구조 요소에 작용하는 방식에 따라 분류된다. 서로 다른 재료는 각기 다른 정도로 힘에 저항하며, 이는 힘이 요소에 작용하는 방식과 요소의 비례적 성질에 따라 달라진다. 요소의 저항력은 응력과 변형률로 나타낼 수 있다. 응력은 힘에 대한 요소의 저항력을 뜻하며, 요소의 단면적에 대한 힘의 단위로 나타낸다. 변형률은 힘에 의한 물체의 변형을 나타내며, 요소의 원래 크기나 형태에 대한 크기·형태의 변형된 정도의 비로 표시한다. 힘은 다음과 같은 방식으로 구조 요소에 작용한다:

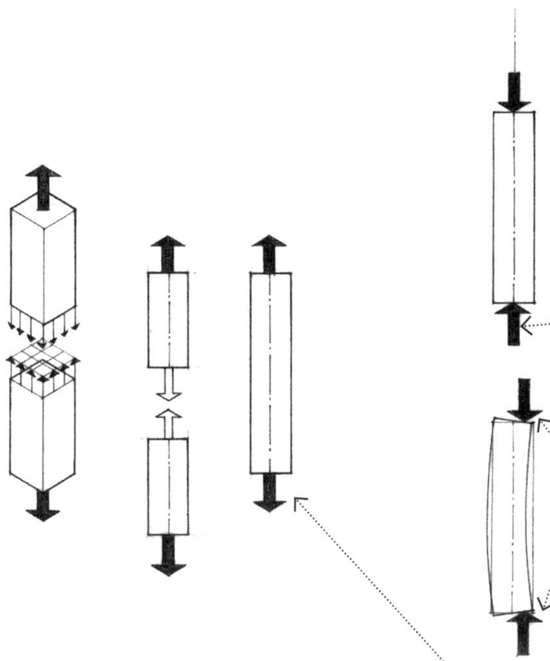

- 축방향력은 구조 부재의 세로축을 따라 단면의 중심을 지나며 작용하는 인장력이나 압축력을 말하며, 이는 휨이나 비틀림, 전단을 일으키지 않고 축방향 응력을 발생시킨다. 축하중으로도 불린다.
- 편심력은 구조 부재의 세로축을 따라 작용하지만 단면의 중심을 지나지 않는 힘으로써, 휨을 발생시키고 단면에 응력을 불균등하게 분포시킨다. 편심하중으로도 불린다.

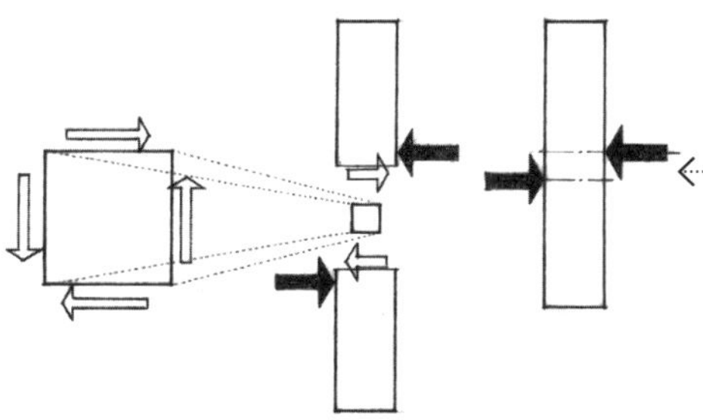

힘은 다음과 같은 방식으로 구조 부재에 영향을 미친다:

- 긴장은 늘리는 행위나 잡아당겨진 상태이며, 탄성체의 연장을 야기한다.
- 압축은 단축시키는 행위나 눌려진 상태로, 탄성체의 크기나 부피의 축소를 야기한다.
- 전단은 외력에 의해 물체에 발생하는 수평 변형으로써, 접촉면에 평행한 방향의 인접 부분에 대해 물체의 일부가 미끄러지게 한다.

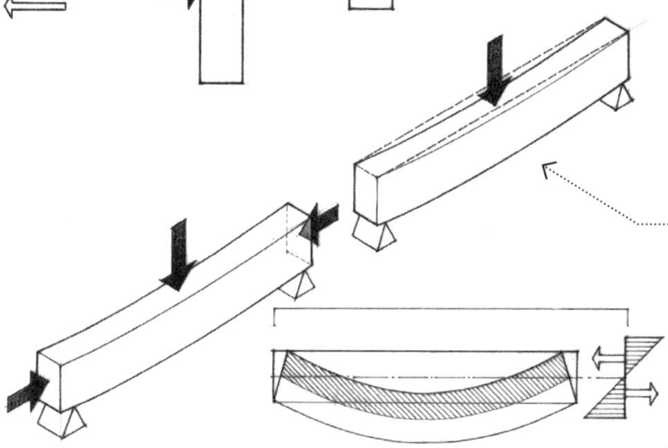

- 휨은 탄성체에 가로로 외력이 작용할 때 물체가 굽는 현상이다. 휨은 작용점에 수직 방향으로 하중을 보내는 구조 메커니즘이다.
- 회전력은 회전이나 비틀림을 유발하는 힘 체계의 모멘트이다.

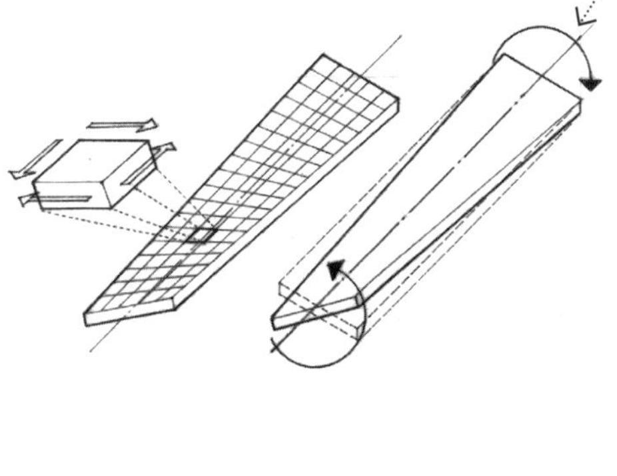

이음와 접합부

힘이 하나의 구조 부재에서 다음 부재로 전달되는 방식과 구조 시스템이 전체로써 어떻게 작동하는지는 사용된 조인트와 연결부의 종류에 따라 좌우된다. 구조 요소는 세 가지 방법으로 접합될 수 있다. 맞대이음은 부재가 계속 이어지도록 하며 대개는 연결을 위한 제 3의 매개물이 필요하다. 겹침이음은 연결된 모든 부재가 하나 걸러 하나 이어지도록 하여 이음부를 지나 연결되도록 한다. 연결시킬 부재들은 구조상 연결점을 형성하기 위해 용접하거나 성형되기도 한다.

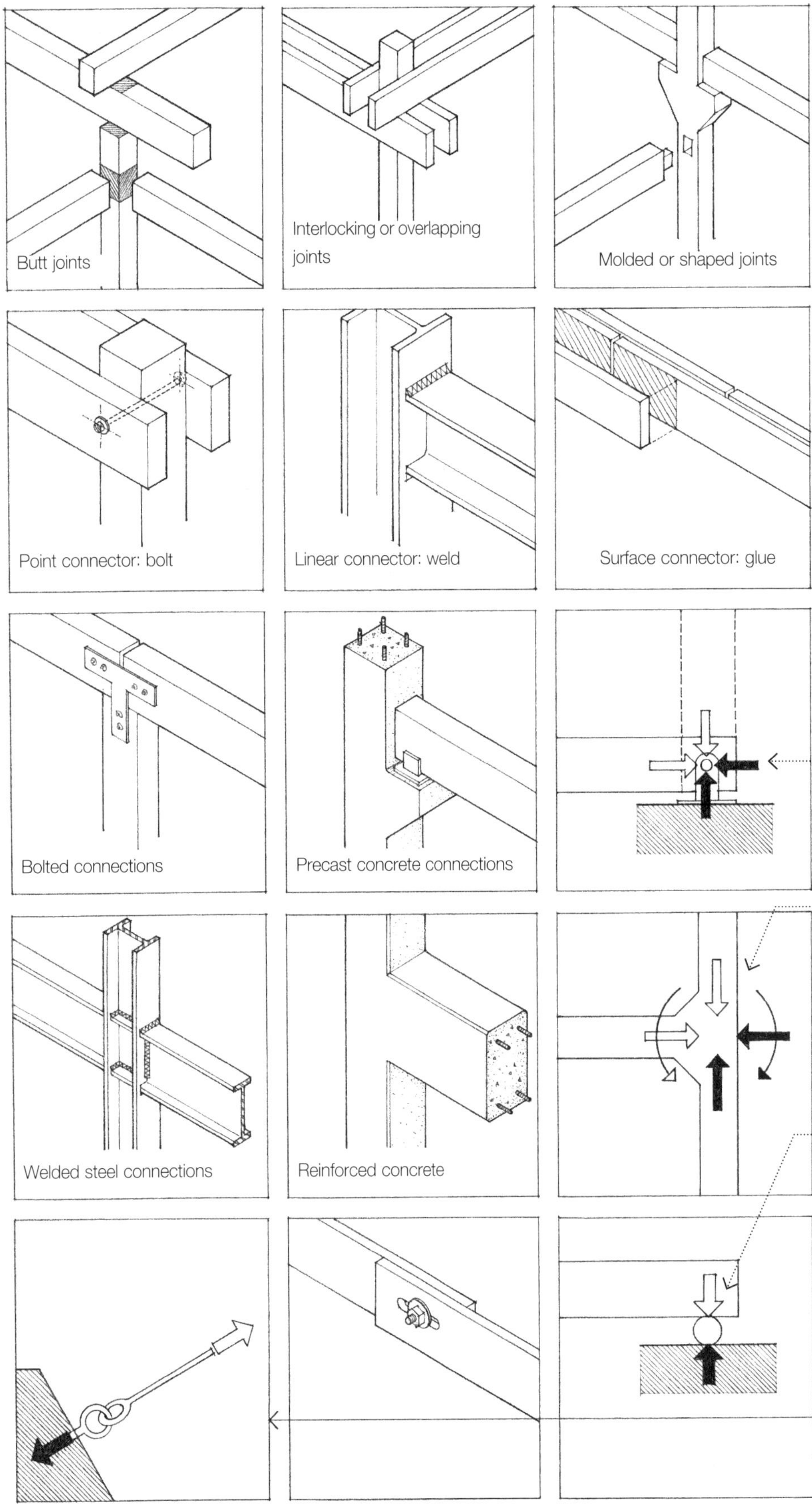

Butt joints / Interlocking or overlapping joints / Molded or shaped joints

Point connector: bolt / Linear connector: weld / Surface connector: glue

Bolted connections / Precast concrete connections

Welded steel connections / Reinforced concrete

구조 부재를 연결하는데 사용되는 연결 장치는 지점의 형태일수도 있고 선 또는 면의 형태를 띨 수도 있다. 선형과 면 형태의 연결 장치가 회전에 저항하는 반면, 지점 형태의 연결 장치는 큰 표면적에 연쇄적으로 분포하지 않는 이상 회전에 저항하지 않는다.

- 핀접합부(Pinned joint)는 이론적으로 회전을 허용하지만 모든 방향의 변형에 저항한다.
- 강절이나 고정접합부(Fixed joint)는 결합된 부재들 사이의 각을 유지하고 모든 방향의 변형과 회전을 제한하며, 힘과 모멘트 둘 다에 대한 저항력을 갖는다.
- 롤러접합부는 회전을 허용하지만 면의 수직 방향에 변형하여 저항한다. 핀접합부나 고정접합부처럼 건물 구조에 많이 사용되지는 않지만, 접합부가 구조 요소의 팽창과 수축을 허용해야 할 때 유용하다.
- 케이블 고정은 회전을 허용하지만 케이블 방향의 변형에 저항한다.

구조 요소

기둥

기둥은 주로 부재의 끝단에 작용하는 축방향의 압축 하중을 받기 위해 설계된, 단단하며 상대적으로 세장한 구조 요소이다. 상대적으로 짧고 굵은 기둥은 좌굴보다는 크러싱(crushing)에 의한 파괴가 일어나기 쉽다. 파괴는 축하중에서 생긴 직접응력이 단면의 재료의 압축 강도를 초과할 때 발생한다. 그러나 편심 하중은 휨을 유발하고 단면에 불균등한 응력 분포를 일으킨다.

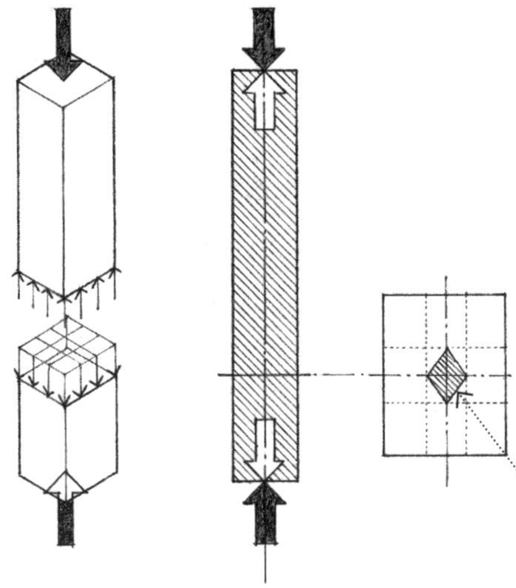

• 외력은 구조 부재 내에 내력을 발생시킨다.

• 케른 영역(Kern area)은 단면에 압축 강도만이 존재한다면 모든 압축 하중의 합이 반드시 지나가는, 기둥이나 벽 수평 단면의 중심 영역이다. 이 영역 너머에 가해지는 압축 하중은 단면에 인장 응력을 발생시킨다.

길고 세장한 기둥들은 크러싱보다는 좌굴에 의해 파괴되기 쉽다. 좌굴은 재료의 항복 응력에 이르기 전에 축 하중에 의해 세장한 구조 부재의 급작스러운 수평 또는 비틀림의 불안정성이다. 좌굴 하중 아래에서 기둥은 수평방향으로 굽어지고 본래의 선형인 상태를 회복하는데 필요한 내력을 발생시키지 못한다. 여기서 하중이 추가되면 기둥은 더 휘어지고, 결국 휨 파괴가 일어나게 된다. 기둥의 세장비가 클수록 좌굴이 일어나는 한계 응력 값은 낮아진다. 기둥 설계의 주된 목적은 유효 길이를 단축시키거나 횡단면의 회전 반경을 최대화하여 세장비를 줄이는 것이다.

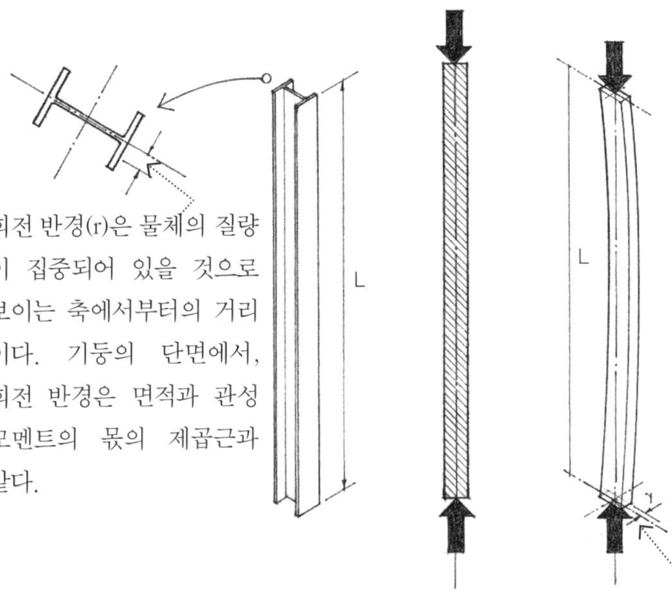

• 회전 반경(r)은 물체의 질량이 집중되어 있을 것으로 보이는 축에서부터의 거리이다. 기둥의 단면에서, 회전 반경은 면적과 관성 모멘트의 몫의 제곱근과 같다.

• 기둥의 세장비는 최소 회전반경(r)에 대한 유효 길이(L)의 비이다. 그러므로 비대칭적인 건물 단면에서, 좌굴은 더 약한 축에 대해, 또는 가장 작은 치수의 방향으로 발생하는 경향이 있다.

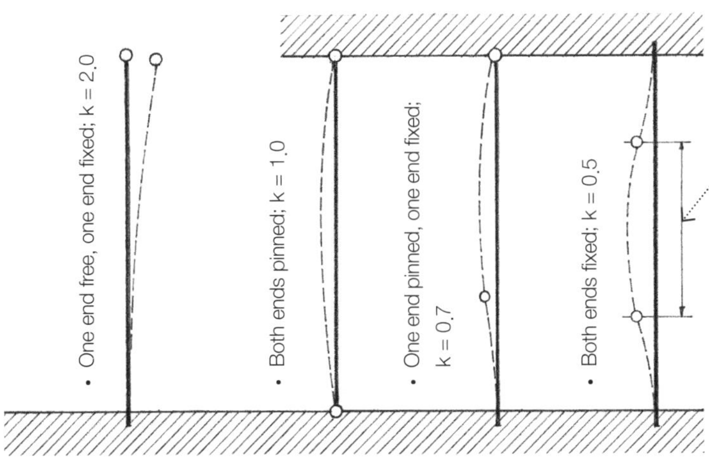

• 유효 길이는 좌굴에 취약한 기둥의 변곡점들 사이의 거리이다. 이 길이 내에서 좌굴이 발생할 때, 전체 기둥은 파괴된다.

• 유효 길이 인자(k)는 유효 길이를 결정하기 위해 기둥 끝단의 조건에 따라 기둥의 실제 길이를 조정하는 계수이다. 예를 들어, 긴 기둥의 양쪽 끝을 고정하면 유효 길이를 반으로 줄이고 부하 용량을 4배만큼 늘릴 수 있다.

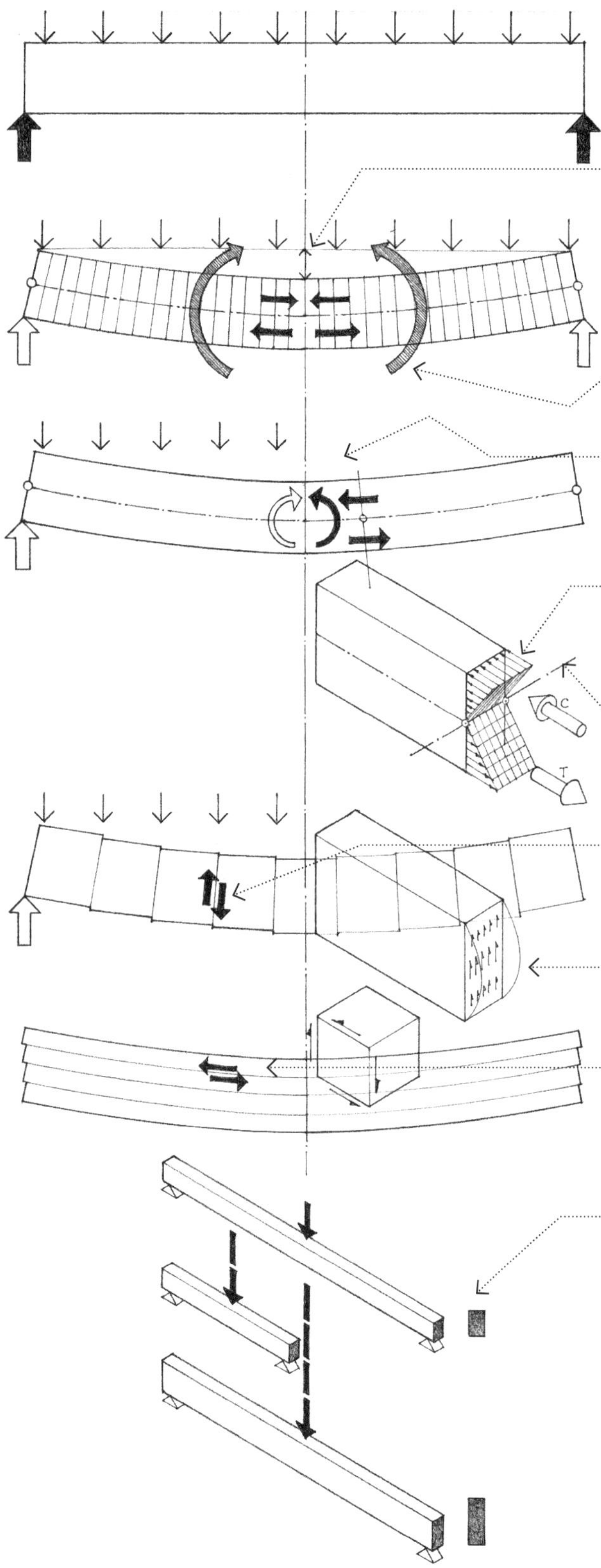

보

보는 수평방향의 하중이 공간을 가로질러 지지 부재에 전달되도록 설계된 구조 부재이다. 동시에 발생하지 않는 힘의 패턴 때문에 보는 휨과 처짐에 취약하며, 재료의 내부 응력은 반드시 이에 저항해야 한다.

- 처짐이란 걸쳐있는 부재가 수평방향의 하중 아래에서 본래 위치를 벗어난 수직 거리이며, 경간 거리와 하중에 따라 증가하고 재료의 탄성계수나 단면의 관성 모멘트가 증가함에 따라 감소한다.

- 휨 모멘트는 구조의 일부를 회전하거나 휘게 만드는 외부 모멘트이며, 고려하는 단면의 중립축에 대한 모멘트의 대수합과 크기가 같다.
- 저항 모멘트는 휨 모멘트와 크기가 같고 방향이 반대인 내부 모멘트로, 고려하는 단면의 평형을 유지하기 위해 우력에 의해 발생한다.

- 휨 응력은 수평방향의 힘에 저항하는 구조 부재의 횡단면에서 발생하는 압축력과 인장력의 조합으로써, 중립축에서 가장 멀리 떨어진 표면에서 최대값을 갖는다.
- 중립축은 보 또는 휨에 약한 부재들의 횡단면의 중심을 지나는 가상의 선이며, 중립축 상에서는 휨 응력이 발생하지 않는다.

- 가로방향 전단은 보 또는 휨에 약한 다른 부재들의 횡단면에서 발생하며, 단면의 한 면에 작용하는 수평방향 힘의 대수합과 크기가 같다.
- 수직 전단응력은 가로방향 전단에 저항하여 발생하며, 중립축에서 최대값을 갖고 바깥쪽 면으로 가면서 비선형적으로 감소한다.
- 수평 전단응력은 수평방향 하중 아래에서 보의 수평면을 따라 하락이 일어나는 것을 막기 위해 발생하며, 어느 지점에서든 그 지점의 수직 전단응력과 크기가 같다.

보는 가능한 최소한의 면적으로 필요한 관성 모멘트나 단면 계수를 낼 수 있도록 단면을 설정하여 그 효율성을 높일 수 있으며, 보통 최대 휨 응력이 발생하는 끝부분에서 단면을 깊게 설계하여 효율성을 높인다. 예를 들어, 보의 길이를 이등분하거나 폭을 두 배로 하면 휨 응력을 반으로 줄일 수 있는 반면, 깊이를 두 배로 하면 휨 응력을 4분의 1로 줄일 수 있다.

- 관성 모멘트는 동일 평면상의 회전축으로부터의 거리의 제곱과 면적의 곱을 모두 더한 값이다. 이는 구조 부재의 단면적이 어떻게 분포해 있는지 보여주는 기하학적 특성이며 재료의 고유한 물리적 성질을 반영하지는 않는다.
- 단면 계수는 단면의 기하학적 성질이며, 관성모멘트를 중립축에서 가장 멀리 떨어진 표면까지의 거리로 나눈 값으로 정의한다.

트러스

트러스는 삼각형의 기하학적 견고함에 기반을 둔 구조재이며 오직 축방향력에만 취약한 선형 부재들로 구성된다.

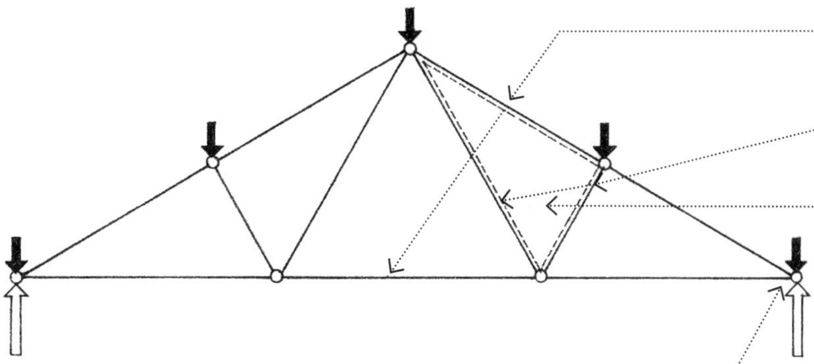

- 상현재와 하현재는 끝에서 끝으로 이어지는 트러스의 주요한 부재이며 웹 부재로 연결된다.
- 웹은 트러스의 상현재와 하현재를 잇는 필수 부재이다.
- 패널은 현재 위의 두 절점과 반대편 현재 위의 해당하는 연결점 사이의 웹으로 둘러싸인 공간을 말한다.
- 힐(Heel)은 하부에 위치한, 트러스의 지지단이다.

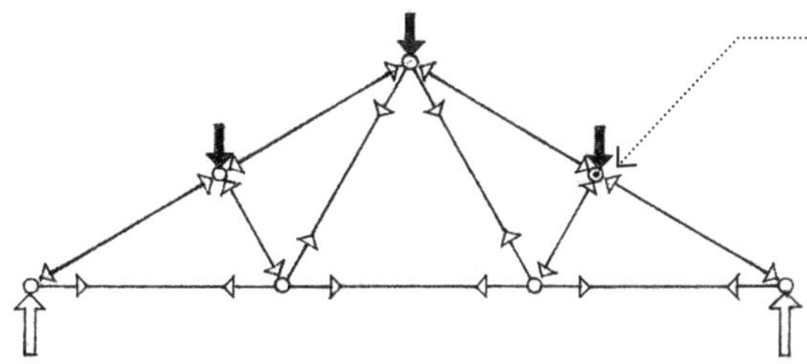

- 절점은 주요한 웹 부재와 현재 사이의 연결점이다. 트러스는 그 부재가 오직 축방향력에 대해서만 취약하다고 가정하여, 그 절점에서만 하중을 받도록 해야 한다. 부차적인 응력이 발생하는 것을 막기 위해, 트러스 부재들의 중심축과 연결부에서의 하중은 공통의 지점을 지나야 한다.

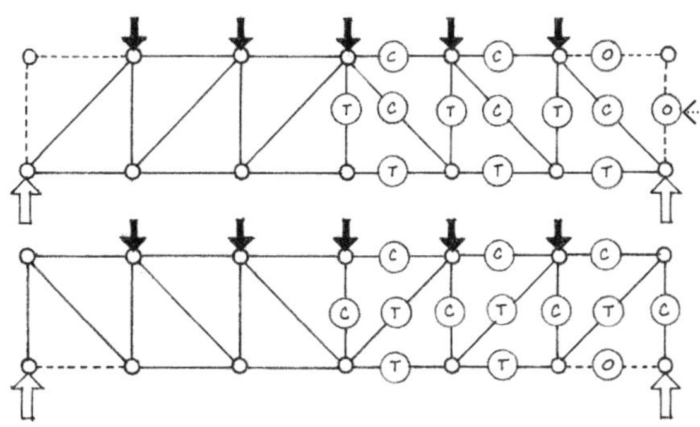

- 제로 포스 부재(Zero-force member)는 이론상 직접적인 하중을 받지 않는다; 이 부재들이 제외되더라도 트러스 배치의 안정성에는 변화가 없다.

골조와 벽

단순히 두 개의 기둥으로 지지된 보는 보강되지 않는 이상 횡력에 저항할 수 없다. 만일 기둥과 보를 연결하는 연결부가 힘과 모멘트에 모두 저항할 수 있다면, 이 조합은 강성 프레임이 된다. 강절 접합부가 부재들의 끝부분에 자유회전이 발생하지 않도록 저지하기 때문에, 골조에 가해진 하중은 골조 내의 모든 부재에 축력, 휨력, 전단력을 발생시킨다. 게다가, 수직하중은 강성 프레임의 토대에 수평 추력을 발생시킨다. 강성 프레임은 부정정 구조이며 오직 그 평면에서만 견고하다.

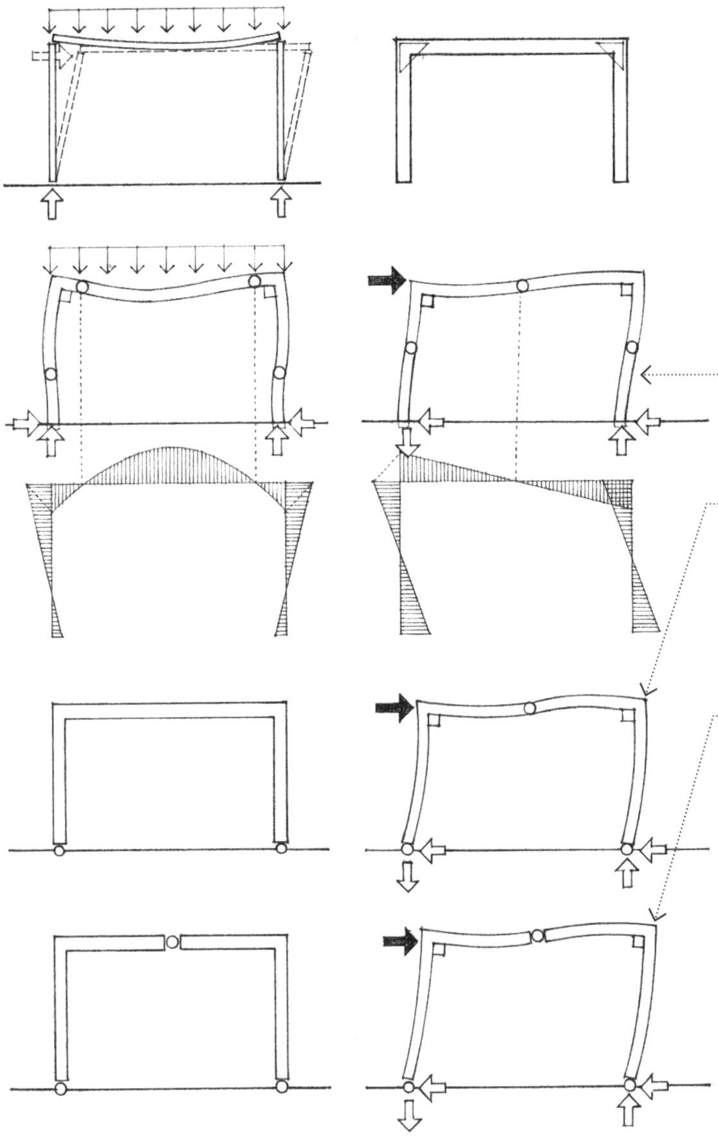

- 고정 프레임은 지지대에 고정 조인트로 연결된 견고한 골조이다. 고정 프레임은 힌지 프레임보다 변형에 큰 저항성을 갖지만 지반 침하와 열팽창 · 수축에는 더 민감하다.
- 힌지 프레임은 지지대에 핀 조인트로 연결된 견고한 골조이다. 핀접합부는 지반 침하가 일어날 때 골조가 단일체로서 회전할 수 있게 하고, 온도 변화의 영향을 받을 때 미세하게 구부러질 수 있게 함으로써 휨 응력이 발생하는 것을 방지한다.
- 3핀식 프레임은 두 개의 견고한 부분이 서로, 그리고 지지대에 핀 접합부로 연결된 구조체이다. 고정 프레임이나 힌지 프레임보다 변형에 민감한 반면, 3핀식 프레임은 지반 침하와 열응력에 가장 영향을 덜 받는다. 세 개의 핀접합부가 있어서 구조체는 정정 구조로 해석된다.

만약에 두 개의 기둥과 하나의 보로 이루어진 평면을 세운다고 가정하면, 이 구조체는 압축력을 땅으로 전달하는 길고 얇은 기둥의 내력벽이 된다. 내력벽은 동일 평면상의 등분포 하중을 전달할 때에 가장 효과적이며, 벽면에 수직으로 작용하는 힘에 가장 취약하다. 수평방향의 안정성을 확보하기 위해, 내력벽은 벽기둥이나 가로지르는 방향의 벽, 수평방향의 강성 프레임, 또는 수평의 슬래브 등으로 지지할 필요가 있다.

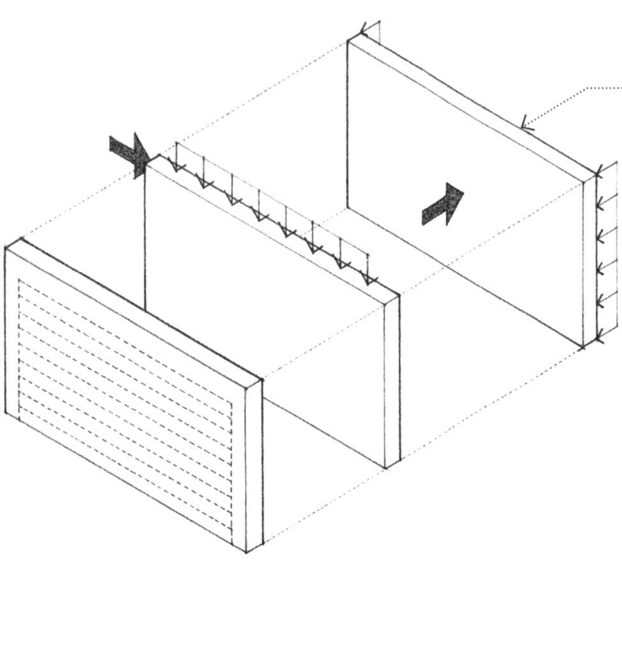

내력벽의 개구부는 벽의 구조적 완전성을 떨어뜨린다. 상인방이나 아치는 문이나 창문 개구부 위의 하중을 지지하고 압축력이 개구부 주변을 따라 벽의 인접 부분으로 전달되도록 하여야 한다.

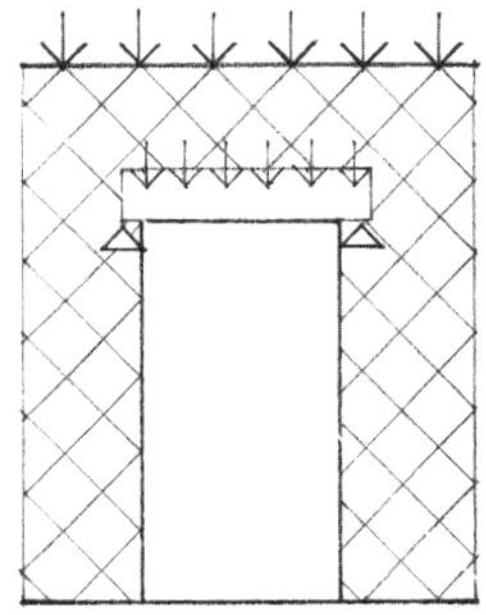

평판 구조

평판 구조는 가해진 하중을 여러 방향으로 흩어지게 하는 견고하고 평면적인 단일체 구조물이며, 하중은 일반적으로 가장 짧고 견고한 경로를 통해 지지대로 전달된다. 평판 구조의 일반적인 예는 철근콘크리트 슬래브이다.

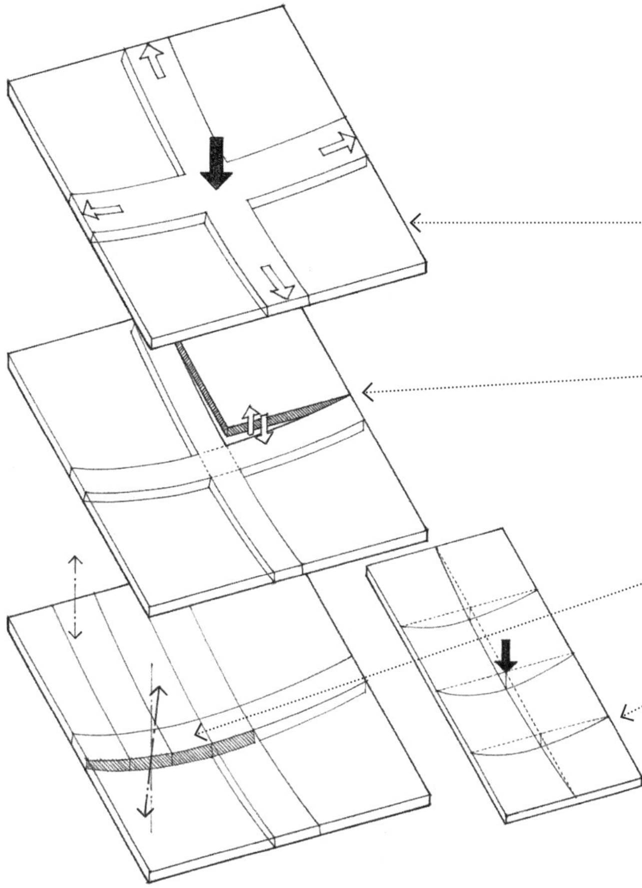

- 판은 보가 길이 방향으로 끊임없이 상호 연결된 것으로 생각할 수 있다. 가해진 하중이 하나의 보의 휨에 의해 지지대로 전달될 때, 그 하중은 변형된 보에서 인접한 보로 전달되는 수직 전단에 의해 판 전체로 분배된다. 또한, 하나의 보가 휨으로써 가로놓인 보의 비틀림을 유발할 수 있는데, 이 비틀림 저항은 판의 전체적인 강성을 증가시킨다. 그러므로, 휨과 전단은 하중을 받은 보의 방향으로 하중을 전달하는 반면, 전단과 비틀림은 하중을 받은 보의 직각 방향으로 하중을 전달한다.

- 양방향 구조로 거동하기 위해 판은 정사각형이거나 정사각형에 가까운 모양이어야 한다. 판이 정사각형보다는 직사각형에 가까워질수록, 양방향 작용은 감소하고 더 짧은 변을 가로지르는 일방향 시스템이 생겨나는데, 짧은 판이 더 견고하며 더 큰 하중을 받을 수 있기 때문이다.

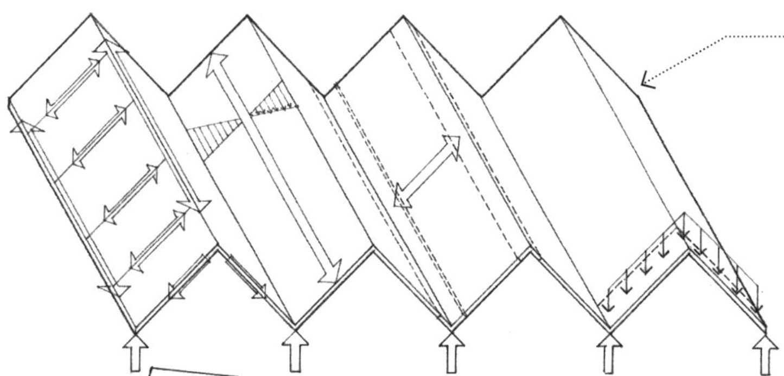

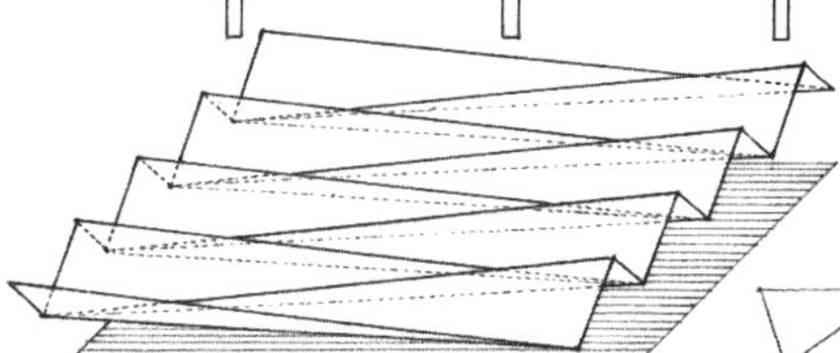

- 절판 구조는 경계를 따라 굳게 접합된 얇고 깊이 있는 요소들로 구성되며 이 요소들은 서로 보강하여 횡 좌굴에 저항한다. 각각의 판은 세로 방향에서 보와 같이 거동한다. 짧은 방향에서, 접힌 부분 각각이 단단한 지지대로 작용함에 따라 경간거리가 줄어든다. 횡축방향의 판들은 접힌 지점에서 지지되어 연속된 보와 같이 거동한다. 수직판 또는 강성 프레임은 절판을 접힌 측면의 변형에 강하게 만든다. 이로 인한 단면의 강성 때문에 절판의 경간거리는 상대적으로 길다.

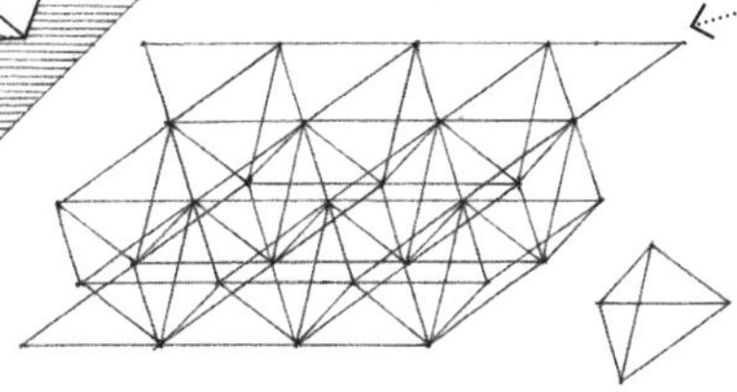

- 입체 프레임은 3차원 상에서 삼각형으로 이루어진 짧은 선형 부재들로 구성되며 오직 축방향력에만 취약하다. 입체 프레임의 가장 단순한 공간 단위는 4개의 조인트와 6개의 구조 부재를 가진 4면체이다. 입체 프레임의 거동이 평판 구조와 유사하기 때문에, 그 지지구획은 양방향 구조로 작용하기 위해 정사각형이거나 정사각형에 가까운 모양이어야 한다. 지지대가 담당하는 면적을 늘리면 전단이 전달되는 부재의 수는 증가하고 부재 내의 힘은 감소한다.

아치(Arch)와 볼트(Vault)

기둥과 보, 슬래브, 내력벽은 그들이 발생시킬 수 있는 직선형의 빌딩 기하학적 구조 때문에 가장 일반적인 구조 요소이다. 하지만 공간을 구성하는 다른 방식도 존재한다. 이 요소들은 일반적으로 형태로써 작용하는 요소들이며 그 모양과 기하학적 구조를 통해, 이어진 거리에 대해 재료를 효율적으로 사용한다. 이 책의 범위를 벗어나지만, 다음의 부분에서 간략하게 설명한다.

아치는 주로 축압축력에 의한 수직 하중을 지지하도록 설계된, 개구부 위를 잇는 곡선형 구조물이다. 아치는 지지하는 하중의 수직력을 기울어진 요소로 전환시켜, 이를 아치형 입구 양쪽의 교대로 전달한다.

• 아치 내에서 휨이 발생하지 않도록 하기 위해 추력의 선은 아치의 축과 일치해야 한다.

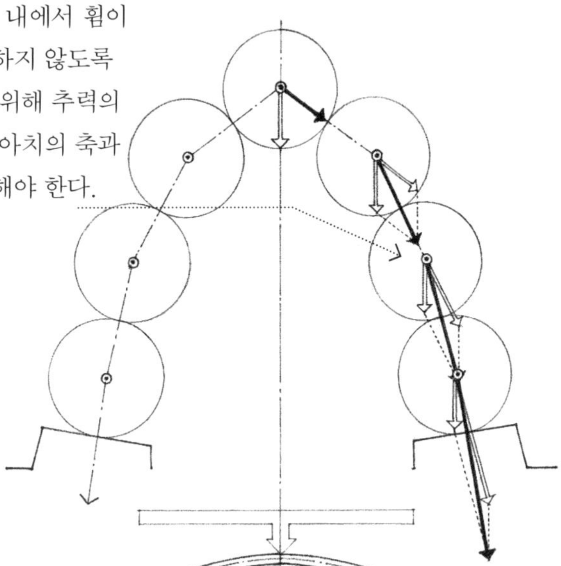

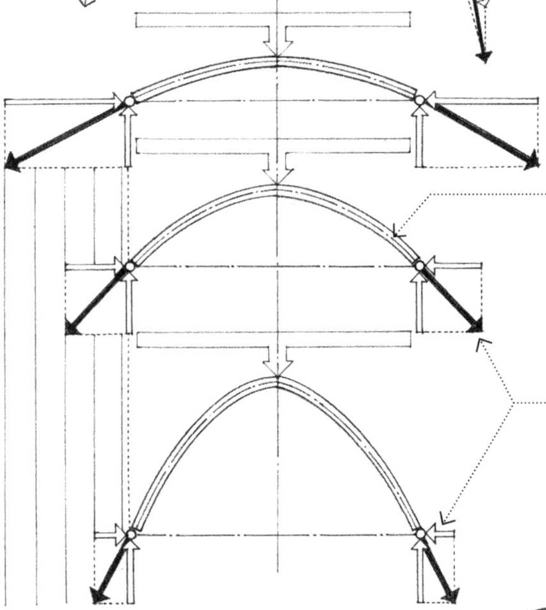

• 조적조 아치는 웨지형의 돌이나 벽돌 홍예석으로 만들어진다.
• 강체 아치는 어느 정도 휨 응력을 받을 수 있는 목재, 강철, 또는 철근콘크리트로 이루어진 곡선형의 강성 구조이다.

• 아치의 교대에 발생하는 추력은 총 하중과 경간 거리에 비례하고 아치의 높이에 반비례한다.

볼트는 돌, 벽돌, 또는 철근콘크리트로 이루어진 아치형 구조물이며, 홀이나 방, 전체 또는 부분적으로 밀폐된 공간을 덮는 천장이나 지붕을 형성한다. 볼트는 삼차원으로 확장된 아치와 같이 거동하기 때문에, 길이방향으로 지지하는 벽들은 아치 거동의 표면 추력에 대응하기 위해 보강되어야 한다.

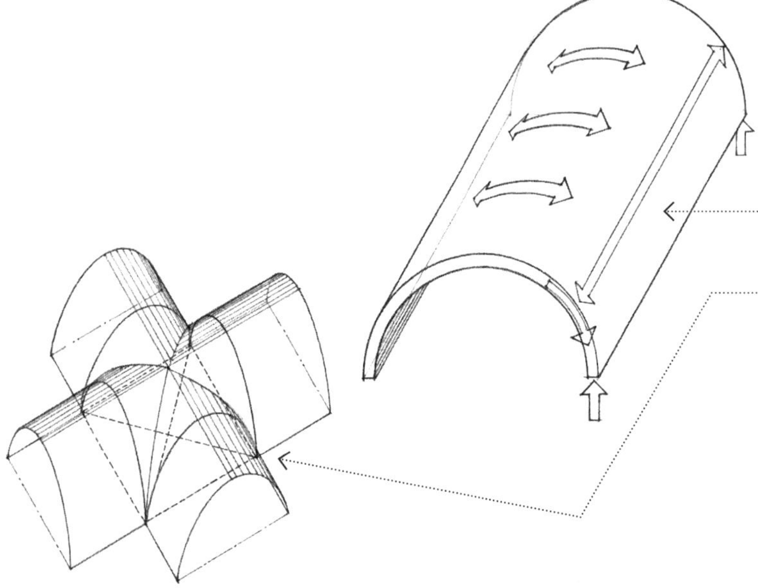

• 반원통형 볼트는 반원형의 단면을 가진다.

• 교차 볼트는 두 개의 볼트가 수직으로 교차하며 만들어진 합성 볼트로써, 그로인(groin)이라 불리는 아치형의 사선 상승부를 형성한다.

돔(Dome)

돔은 원형의 평면을 갖는 구 형의 표층 구조이며 쌓은 벽돌이나 철근콘크리트와 같은 연속 강성 물질, 또는 측지선 돔의 경우에서와 같이 길이가 짧은 선형 요소들로 만들어진다. 돔은 원주방향의 힘이 발생한다는 것을 제외하면 회전시킨 아치와 비슷하며, 이 원주방향의 힘은 돔의 꼭대기 부근에서는 압축력으로, 아래 부분에서는 인장력으로 작용한다.

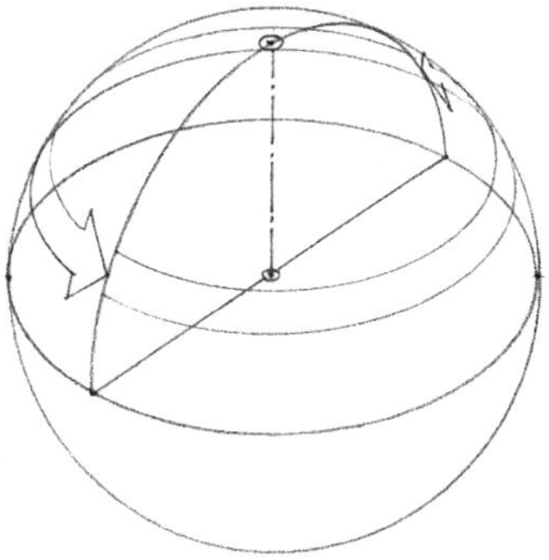

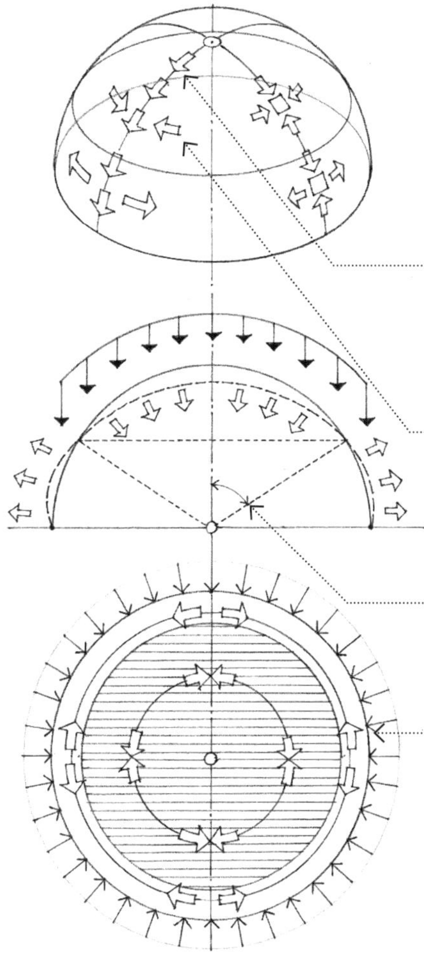

- 돔의 표면을 잘라놓은 수직단면을 따라 작용하는 자오면 힘(Meridional force)은 전체 수직 하중 아래에서는 항상 압축력으로 작용한다.
- 돔의 외피에서 자오면 힘의 면 외 운동을 제한하는 후프력(Hoop force)은 상부에서는 압축력으로, 하부에서는 인장력으로 작용한다.
- 수직축으로부터의 각도가 45° 에서 60° 일 때, 후프 압축력이 후프 인장력으로 전환된다.
- 인장 링(Tension ring)은 돔의 토대를 둘러싸는 자오면 힘의 표면상의 요소를 막아낸다. 콘크리트 돔에서 인장 링은 돔의 링과 외피에서 서로 다른 탄성 변형에 의해 발생하는 휨 응력을 견디기 위해 두꺼워져야하며 보강이 필요하다.

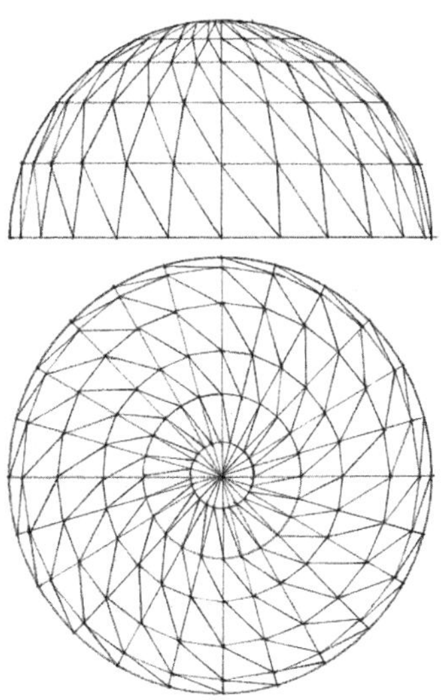

Schwedler dome

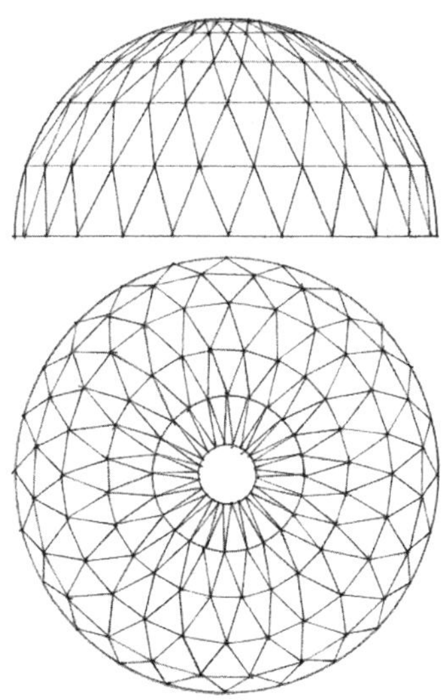

Lattice dome

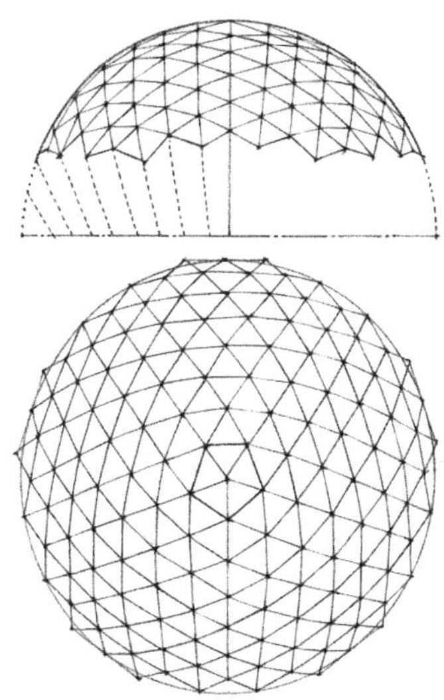

Geodesic dome

쉘 구조(Shell Structure)

쉘은 일반적으로 철근콘크리트로 만들어지는 얇은 곡선형 판구조이다. 쉘은 표면에 작용하는 압축력, 인장력, 전단력과 같은 막 응력에 의해 작용하는 힘을 전달하도록 모양이 만들어진다. 힘이 균일하게 작용한다면 쉘은 상대적으로 큰 힘을 지탱할 수 있다. 그러나 두께가 얇기 때문에 휨 저항성이 거의 없으며 집중 하중을 받기에는 적합하지 않다.

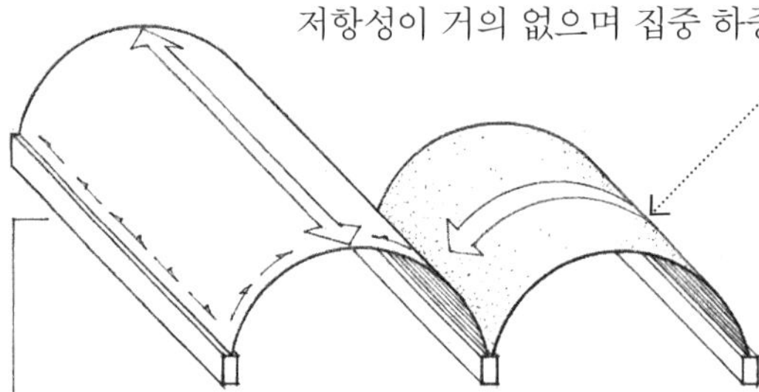

- 반원통형 쉘은 실린더 형의 쉘 구조이다. 반원통형 쉘의 길이가 가로지르는 경간 길이의 3배 이상이면, 이는 길이 방향으로 곡선형 단면을 가진 보와 같이 거동한다. 쉘의 길이가 상대적으로 짧다면, 아치와 같은 거동을 보인다. 아치 거동의 표면 추력에 대응하기 위해서는 지지봉이나 수직방향의 강성 프레임이 필요하다.

- 곡면은 평면 곡선을 직선 또는 다른 평면 곡선을 따라 그리며 생성한다.

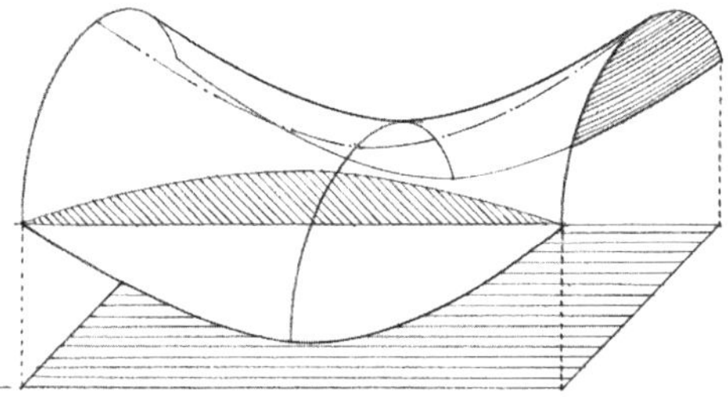

- HP쉘은 하향 곡률을 가진 포물선을 상향 곡률의 포물선을 따라 구부리거나 곧은 선분의 양 끝점이 어긋난 두 직선을 따라 구부려서 생성한 표면이다. 이는 곡면이기도 하고 선직면이기도 하다.

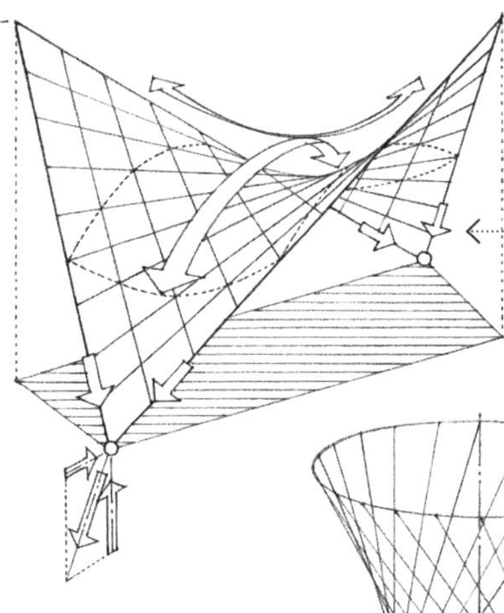

- 선직면은 직선의 움직임에 의해 생성된다. 직선의 기하학적 성질 때문에, 선직면은 일반적으로 회전면이나 곡면보다 형태를 생성하고 시공하기 쉽다.

- 안장형 곡면(Saddle surface)은 한 방향으로는 상향 곡률을 가지며 그 수직방향으로는 하향 곡률을 가진다. 안장형 곡면 쉘 구조에서, 하향 곡률 부분은 아치와 같은 거동을 보이며, 상향 곡률 부분은 케이블 구조와 같이 거동한다. 만일 면의 모서리가 지지되어 있지 않다면, 보의 거동 또한 나타난다.

- 회전면은 평면 곡선을 하나의 축에 대해 회전시켜서 생성한다. 구형, 타원형, 포물선형의 돔 표면이 회전면의 예시이다.

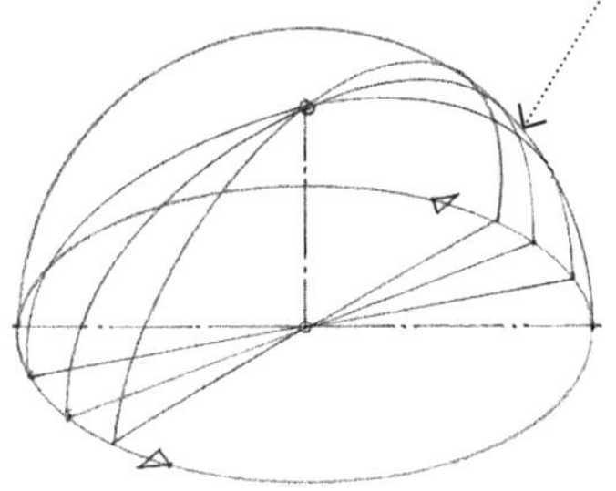

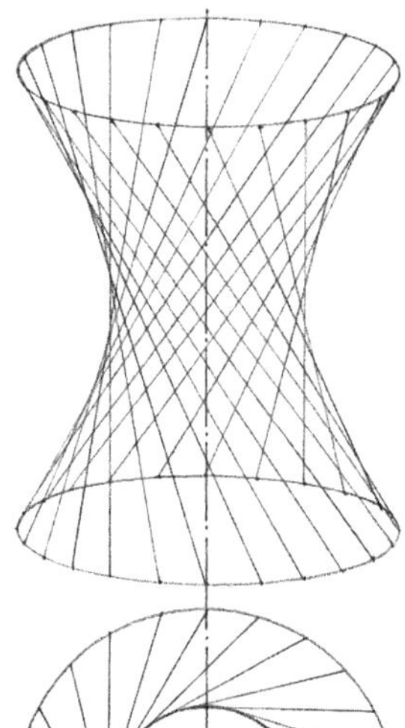

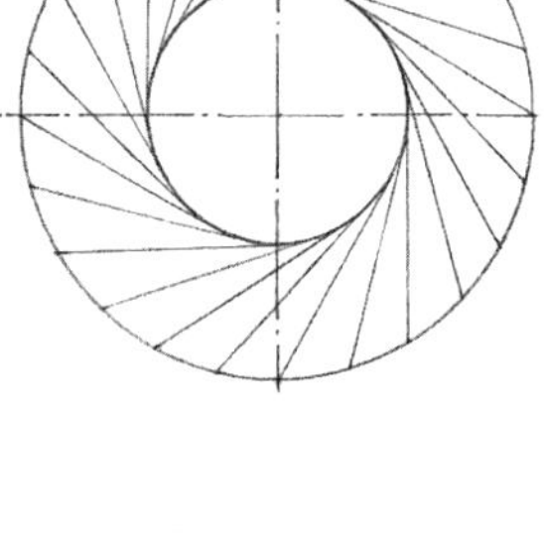

- 1면 쌍곡면은 기울어진 선분을 수평으로 놓여있는 두 개의 원을 따라 그리면서 생성한 선직면이다. 이 수직 단면은 쌍곡선의 형태를 갖는다.

12. 빌딩 시스템

건물은 어떠한 방식으로 작동하는가?

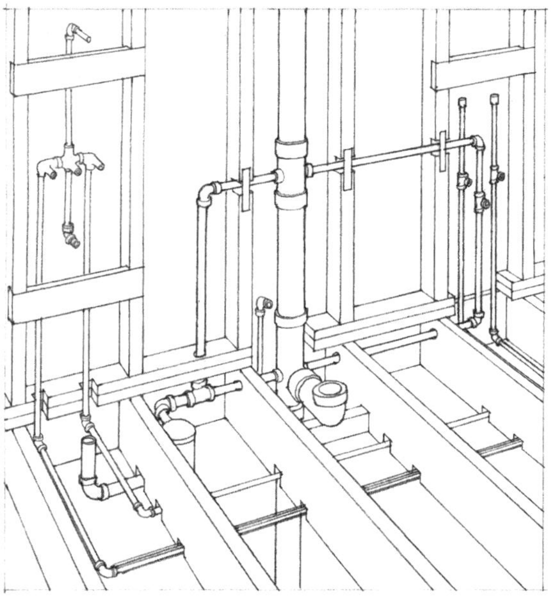

건축은 복잡한 시스템의 상호관련적인 합성의 결과이다. 이러한 시스템의 범위는 형태와 공간의 구성적 조직에서부터 실내환경의 온도와 습도를 조절하는 기계설비를 위해 건조한 실내를 유지하도록 하는 차폐 공간에 이르기까지 이른다. 단일 기능으로 작동하는 건축물 한 동을 유지하기 위해 이렇게 다양한 시스템은 협력하여 작동된다.

건축가는 건물의 기능에 필요한 각각의 시스템에 대해 모든 책임이 있는 것은 아니다. 하지만 시스템은 설계 과정에서 반드시 고려되어야 한다. 건축적 디자인은 이러한 시스템들의 상호관련적 방식을 고려하여 종합적인 사고가 필요하다. 이러한 사고방식은 건축가로 하여금 프로젝트의 최종 목적을 달성하기 위한 다양한 시스템들의 능률적 운영의 최적화를 위한 디자인 전략을 세우게끔 해준다.

본장에서는 건물 운영에 필요한 시스템을 다룬다. 시스템은 설계과정과 건물 내 다른 시스템과의 관계성에 미치는 영향을 고려하여 생각해 보아야 한다.

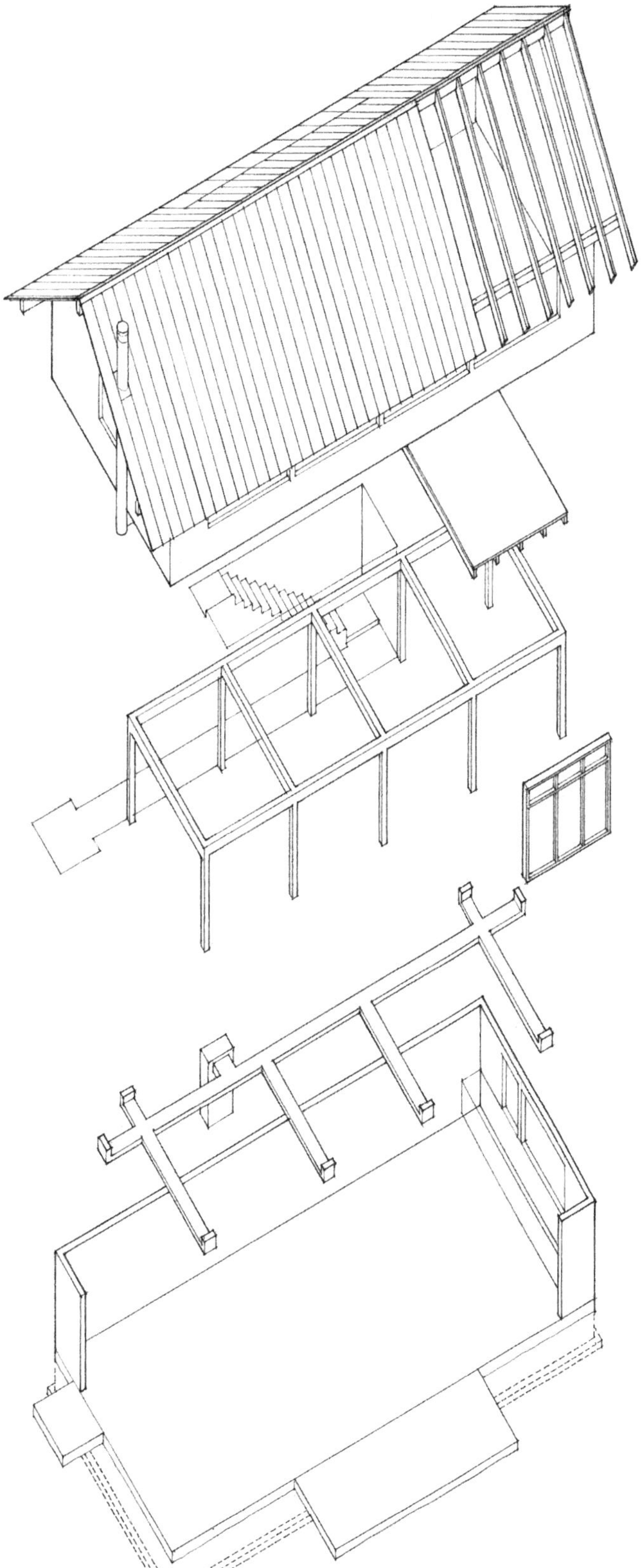

빌딩 시스템의 개요

구조 시스템

건물의 구조 시스템은 건물에 작용하는 중력과 횡력의 부재 허용응력을 초과하지 않고, 지반으로 안전하게 전달하도록 설계·시공된다.

- 상부구조는 기초 위 건물의 수직부이다.
- 기둥 및 보, 내력벽은 바닥과 지붕 구조를 지지한다.
- 하부구조는 건물의 기초를 형성하는 기본구조이다.

외피 시스템

외피 시스템은 지붕, 외벽, 창호 등 건물의 외피를 말한다.

- 지붕과 외벽은 궂은 날씨로부터 내부 공간을 보호하며, 구조체의 층을 통과하여 들어오는 습기, 열, 기류 등을 제어한다.
- 또한 외벽과 지붕은 소음을 흡수하고 건물 내 거주자들의 방범을 제공하며 사생활을 보호해준다.
- 문은 물리적 접근을 가능케 한다.
- 창문은 빛, 공기, 경치로의 접근을 가능하게 한다.
- 실내벽과 칸막이벽은 건물의 실내공간을 작은 공간단위로 세분화한다.

기계 시스템

건물의 기계 시스템은 건물에 필요한 필수 서비스를 제공한다.

- 급수방식은 위생과 음용에 필요한 상수를 공급한다.
- 위생 처리 시스템은 건물의 유동성 폐기물과 유기물을 제거한다.
- 난방, 환기, 공기조화 시스템은 거주자의 주거쾌적성에 맞는 건물의 실내 환경을 조성한다.
- 전기 설비는 건물에 공급되는 전원을 제어, 계량, 보호하고, 전원, 조명, 방법, 통신시스템으로의 안전한 전기 공급이다.
- 수직 이송 시스템은 중층 또는 고층 건물 내에서, 사람과 화물을 한 층에서 다른 층으로의 수송하는데 사용한다.
- 방재 설비는 불을 감지하고 소화한다.
- 구조는 폐기물 처리 또는 재활용 시스템을 필요로 할 수 있다.

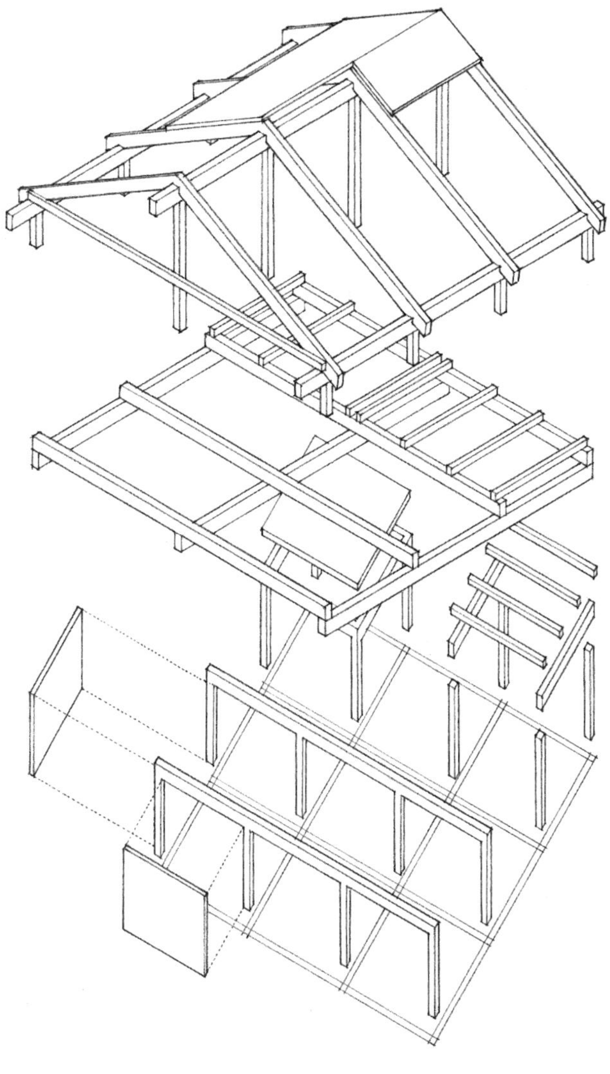

시공 중 다양한 빌딩 시스템을 선택하고 조립, 통합하는 과정에서 다음의 요소들을 고려하여야 한다.

성능 요건

- 구조적 호환성, 통합성 및 안전성
- 내화성, 방화성 및 화재 안전성
- 건물 구조체의 허용 또는 요구 두께
- 건물 구조체를 통과하는 열과 공기의 제어
- 수증기의 이동과 결로의 제어
- 온도 및 습도의 변화에 따른 침하, 구조 변형, 팽창 · 수축에 의한 건물 이동 조절
- 소음 감소, 방음, 음향 성능
- 마모, 부식 및 풍화에 대한 저항
- 마감, 청결 및 유지에 대한 필수요건
- 사용상 안전

의장성

- 건물과 건물의 대지, 인접 부지 및 지역 간에서 추구하는 관계
- 형태, 볼륨감, 색, 패턴, 질감 및 디테일에서 선호하는 품질

법적 규제

- 용도지역 조례 및 건축법규의 준수

경제적 고려사항

- 재료비, 운송비, 장비비 및 노무비를 포함한 초기 비용
- 초기비용 뿐만 아니라 유지 · 운영비, 에너지 소비, 사용수명, 해체 및 교체 비용, 투자비에 대한 이자 등을 포함한 생애주기비용 (Life-cycle cost)

환경영향

- 배치 및 건물 설계를 통한 에너지와 자원 보존
- 기계 설비의 에너지 효율성
- 자원절약형 및 무독성 재료의 사용

건설 실무

- 안전 요구조건
- 허용량 및 적정량
- 산업표준 및 보증과의 일치여부
- 공장과 공사장간의 분업
- 노동력의 분배와 직종별 공사의 조직 · 조정
- 예산 제약
- 필요한 공사 장비
- 필요한 공기
- 궂은 날씨에 대한 대처

기초 시스템

기초는 일부 또는 전체가 지면아래에 시공되는 건물의 하부구조인 최하단부이다. 기초의 주기능은 바로위의 상부구조를 지지하고 정착시키는 것이며 구조의 하중은 안전하게 지반으로 전달하는 것이다. 건물 하중의 분산과 이완에 중요한 연결고리로서 역할하기 때문에 기초 시스템은 반드시 위의 상부구조 형태와 배치 모두를 가능하게 하는 방식으로 설계되어야하며 아래의 토양, 암석, 지하수의 다양한 조건에 대처해야 한다.

기초에 작용하는 주하중은 상부구조에 수직으로 작용하는 활하중과 고정하중의 조합이다. 기초 시스템은 반드시 상부구조가 풍하중에 대한 슬라이딩, 전도, 부상에 저항하도록 고정하며 지진과 같은 급작스러운 지반의 이동에 견디고 주변 토양과 지하수에 의해 지하벽에 작용하는 압력에도 저항하여야 한다. 경우에 따라서 기초 시스템은 아치형 구조 또는 장력 구조의 추력에도 저항하여야한다.

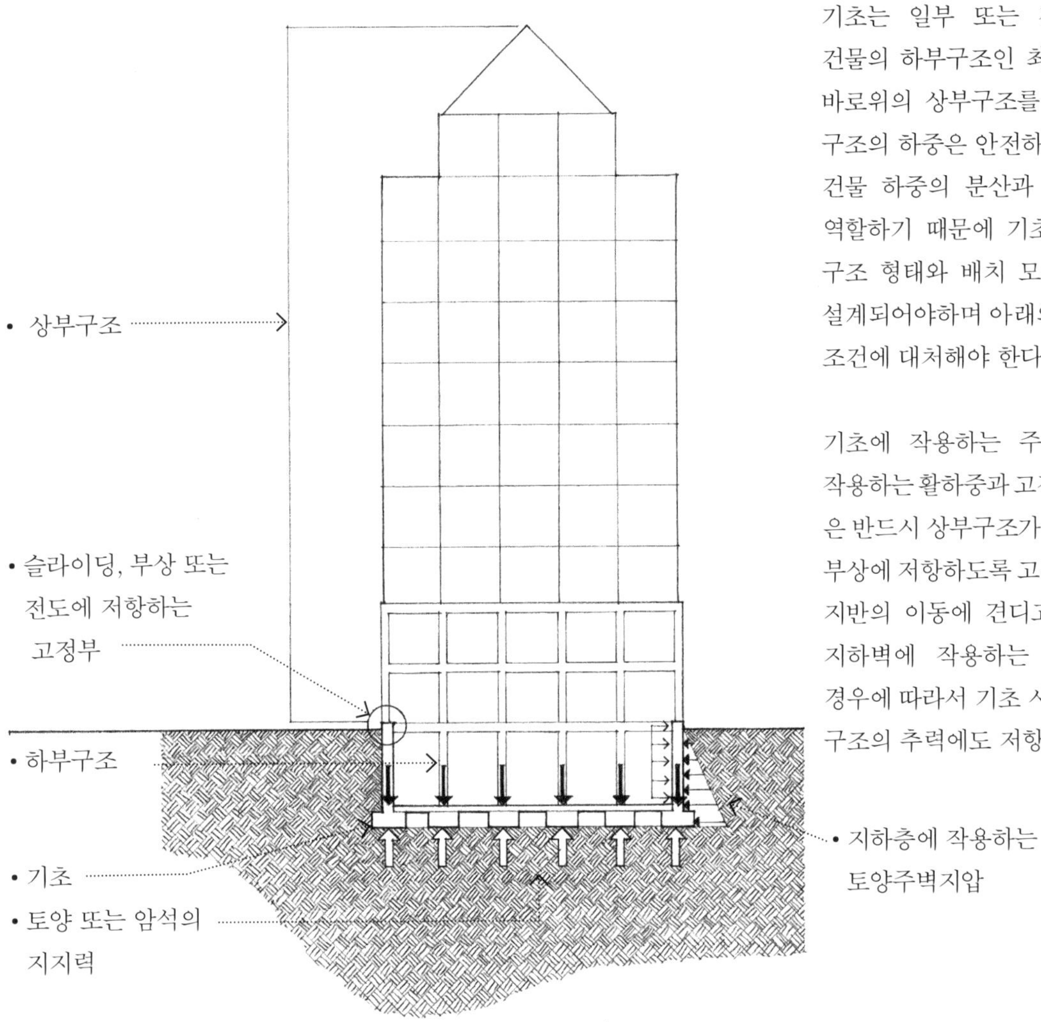

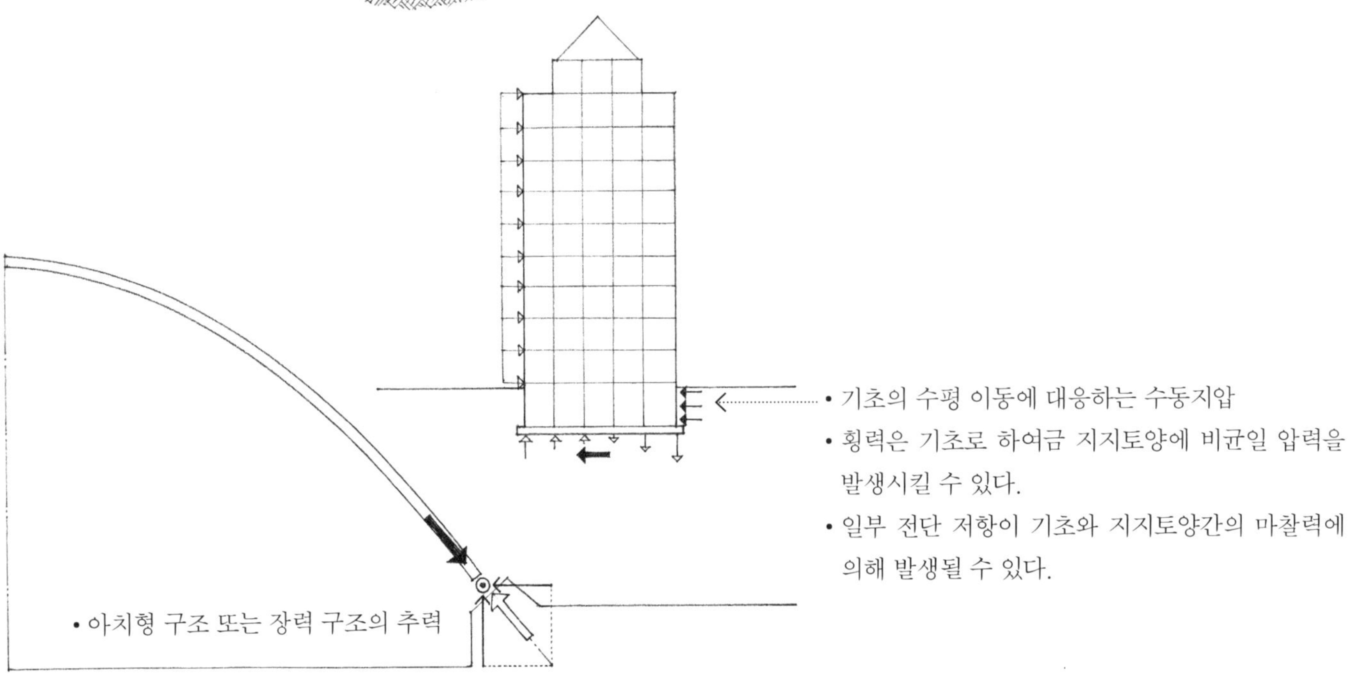

침하는 기초 아래의 토양이 하중을 받을 때 발생하는 구조가 점진적으로 가라앉은 현상이다. 기초에 작용하는 하중이 건물이 시공되면서 늘어나고 물과 공기를 담은 토양의 용량이 감소하면서 일부 침하가 발생한다. 이 안정화 현상은 굵은 모래나 굵은 자갈과 같이 조밀한 밀입자의 토양에 하중이 작용하면서 대게는 경미하고 빠르게 진행된다. 기초토양이 계층구조로 이루어지고 간극이 비교적 큰 비율을 차지하는 축축하고 응집력 있는 점토일 경우 안정화 현상은 상당히 크고 오랜 시간에 걸쳐 천천히 발생한다.

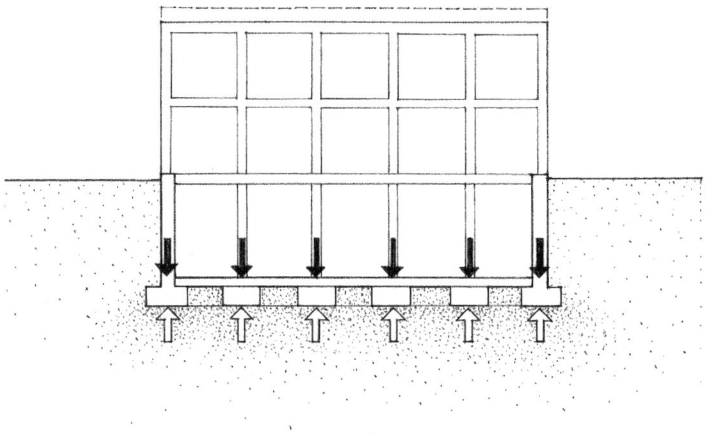

정확히 설계되고 시공된 기초 시스템은 하중을 분산하여 침하를 최소로 하거나 모든 구조에 균일하게 분산된다. 이는 기초 지지대를 배치하고 조합함으로써 가능하게하고 기초 지지대가 지지력을 넘지 않는 선에서 단위평면당 지지 토양과 암석에 동일한 하중을 전달할 수 있도록 한다.

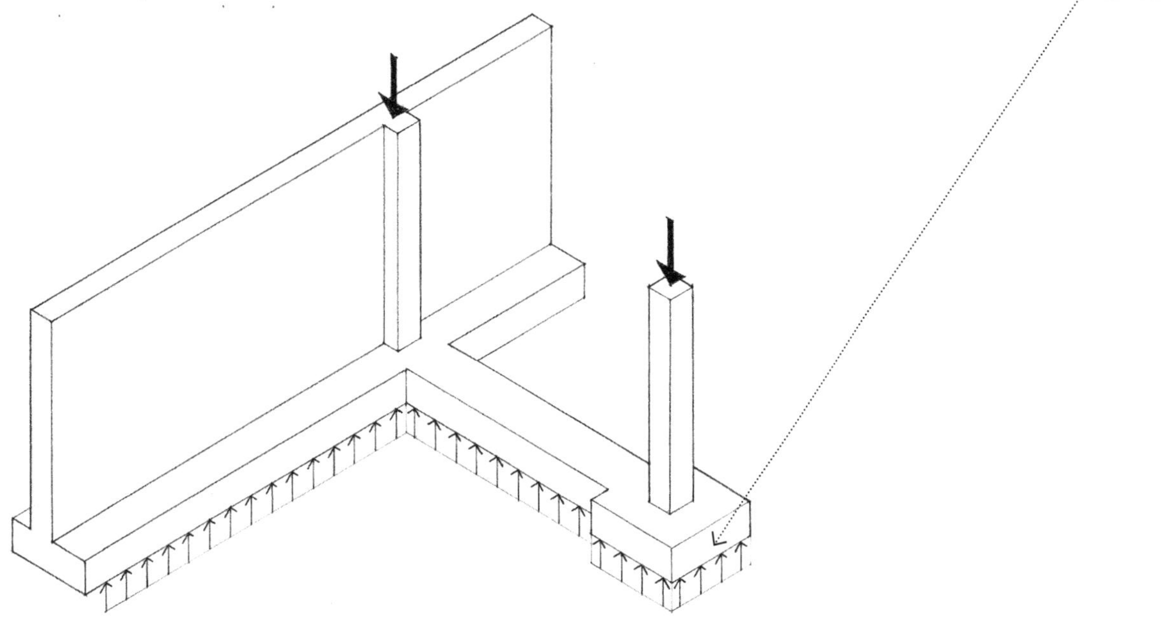

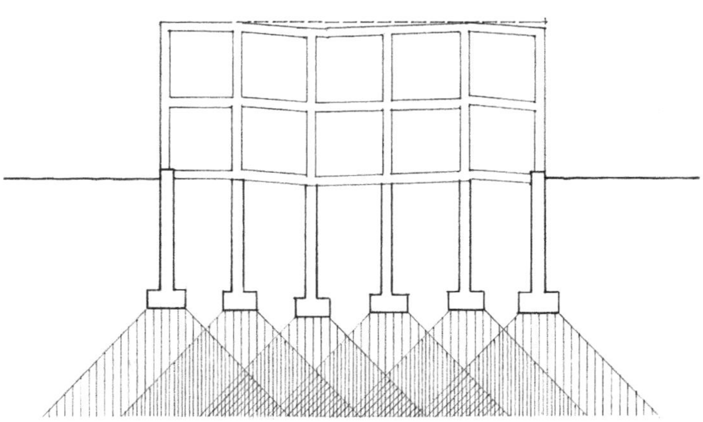

기초 토양의 불균등 안정화로 인해 구조의 각부에 발생하는 상대적 이동현상인 부등침하는 건물이 기준축을 벗어나게 만들거나 기초, 구조, 마감에 균열을 발생시킨다. 심할 경우 부등침하는 건물의 구조적 안정성을 파괴한다.

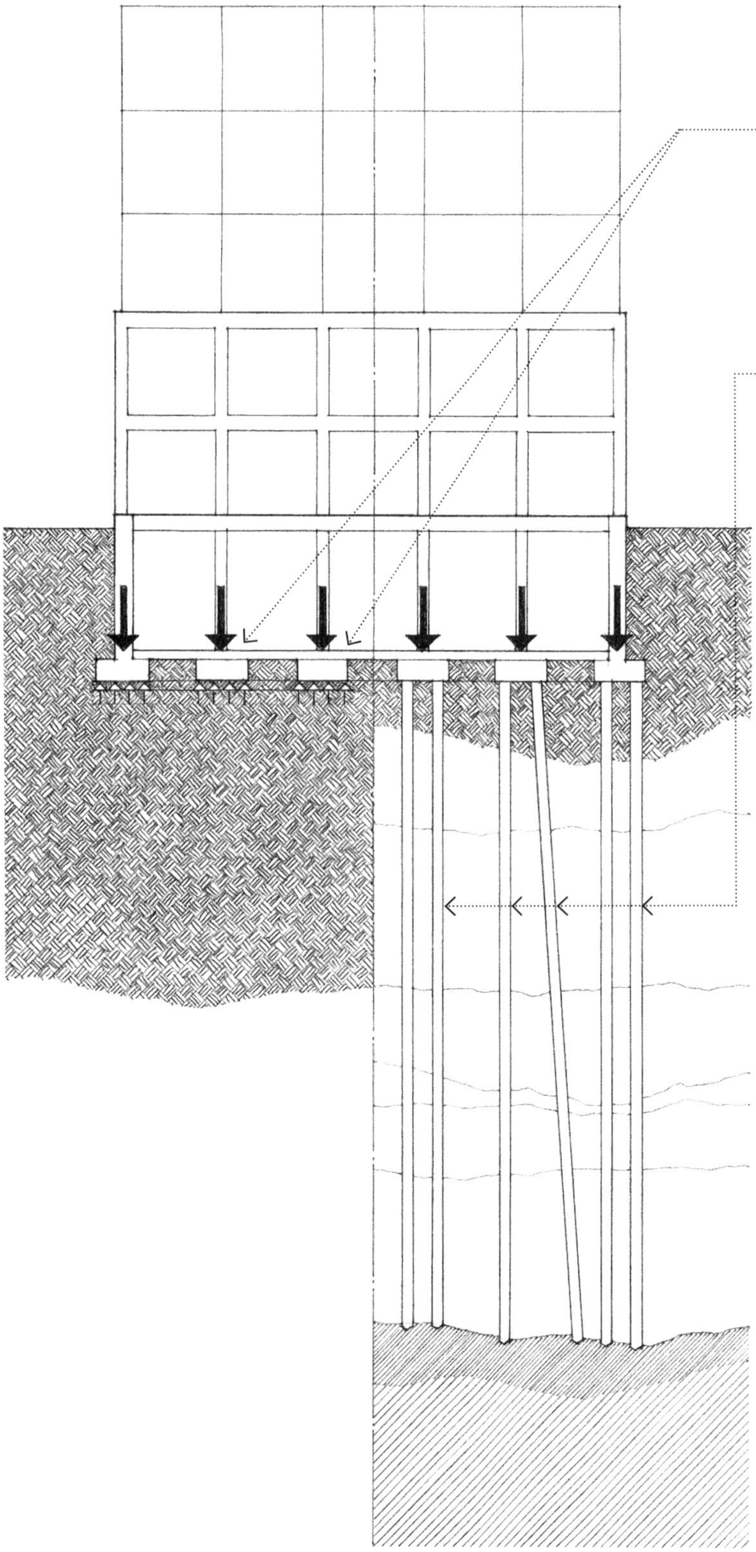

기초 시스템은 크게 2가지로 분류할 수 있다.—얕은 기초와 깊은 기초.

얕은 기초

얕은 기초 또는 직접 기초는 적정 지지력의 안정토양이 지면 가까이서 발생할 경우 사용한다. 하부구조의 최하단부 바로 아래에 위치하고 건물하중을 수직압력을 이용하여 지지 토양으로 직접 전달한다.

깊은 기초

깊은 기초는 기초 아래의 토양이 불안정하거나 부적정 지지력을 가지는 경우 사용한다. 깊은 기초는 부적합한 토양을 지나 상부구조 훨씬 아래로 내려가 적합한 지지력의 암석층 또는 조밀한 모래층과 자갈층까지 연장되어 건물하중을 전달한다.

건물의 기초 시스템 종류를 결정하고 설계하는데 고려해야할 사항은 다음과 같다:

- 건물 하중의 패턴과 크기
- 하부구조와 지하수 현황
- 대지의 지형
- 인접대지로에 미치는 영향
- 건축 법규 요건
- 시공법과 위험 요소

기초 시스템의 설계는 자격이있는 구조엔지니어의 전문적인 분석과 설계가 요구된다. 안정 토양의 단독주택을 제외한 모든 건물의 설계는 건물설계에 필요한 기초 시스템의 유형과 크기결정에 필요한 지표면 조사를 수행하는 지질공학 엔지니어가 하는 것이 바람직하다.

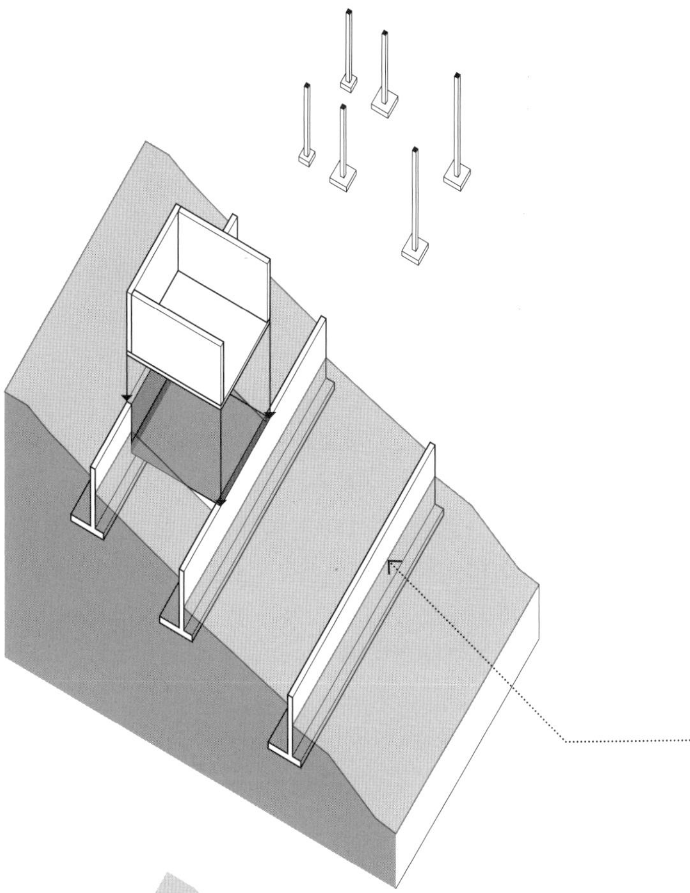

경사지의 건물

말뚝 기초는 불규칙 또는 특히 경사 지형에 경사지의 표면토양이 불안정할 경우 사용하고 말뚝은 좀더 안정적인 토양층이나 암반층에까지 지지대를 연장하여 시공된다. 이러한 경우 토양을 따로 보강할 필요가 없고 말뚝의 위치는 건물의 기둥위치와 동일선상에 둔다.

경사지 굴착이 필요하거나 원활할 경우 경사변화에 따른 토양을 지탱하기 위해 일반적으로 옹벽이 사용된다. 배면토는 옹벽의 표면에 횡압력을 가하는 유동체와 같이 거동하는 것으로 보이며 벽체를 횡축으로 미끄러지게 하거나 전도시키려는 경향이 있다. 횡축 토압과 벽의 기초 반력에 의해 발생하는 전도 모멘트는 벽체의 높이에 의해 크게 좌우된다. 모멘트는 배면토 높이의 제곱만큼 증가한다. 옹벽의 높이가 증가할수록 파일에 타이백을 설치하거나 벽 슬래브를 강화하고 벽체의 기초에 무게를 증가시켜주는 격벽인 부벽을 시공하여야 한다.

경사지와 평행한 일련의 옹벽은 건물의 상부구조 내 내력벽에 연속된 지지력을 제공한다. 옹벽 뒤의 토양에 건물의 무게를 싣는 것은 바람직하지 않다. 따라서 옹벽의 위치는 위의 건물 지지대와 동일선상에 위치하여야 한다.

경사지의 굴착이 필요없는 소규모 프로젝트의 경우 지중보는 기초를 말뚝이나 일반적으로 대지의 상부에 정착되는 단일 강질 단위에 고정하는 용도로 사용될 수 있다. 이는 대지에 최소한의 영향을 주거나 높은 면을 주통로로 사용하는 대지에 사용하기 좋은 방식이다.

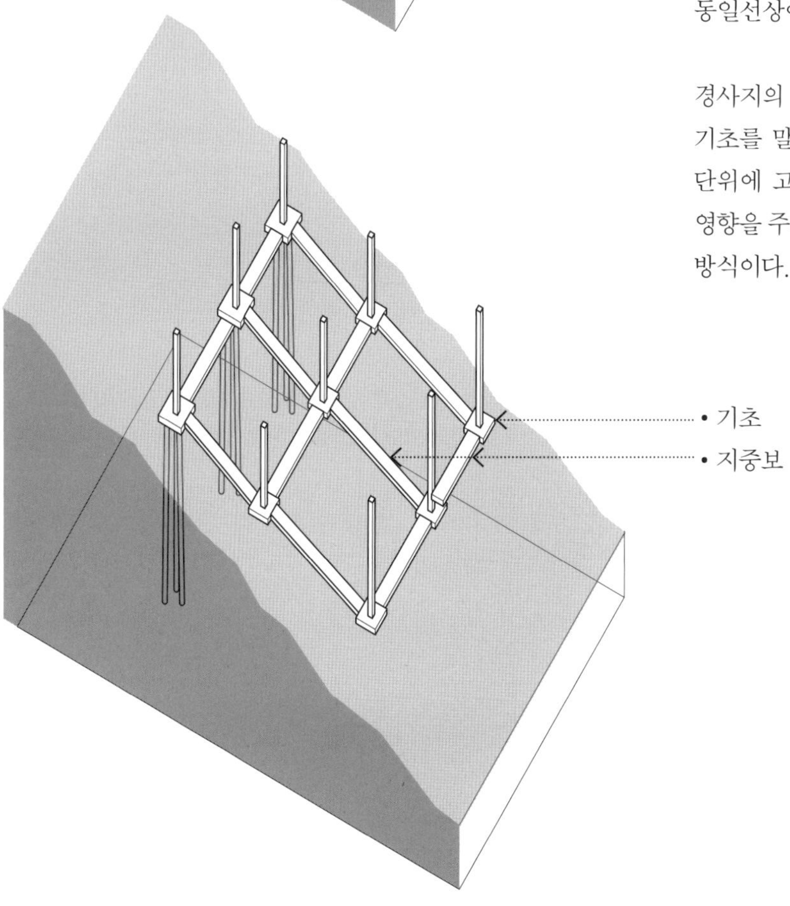

바닥 시스템

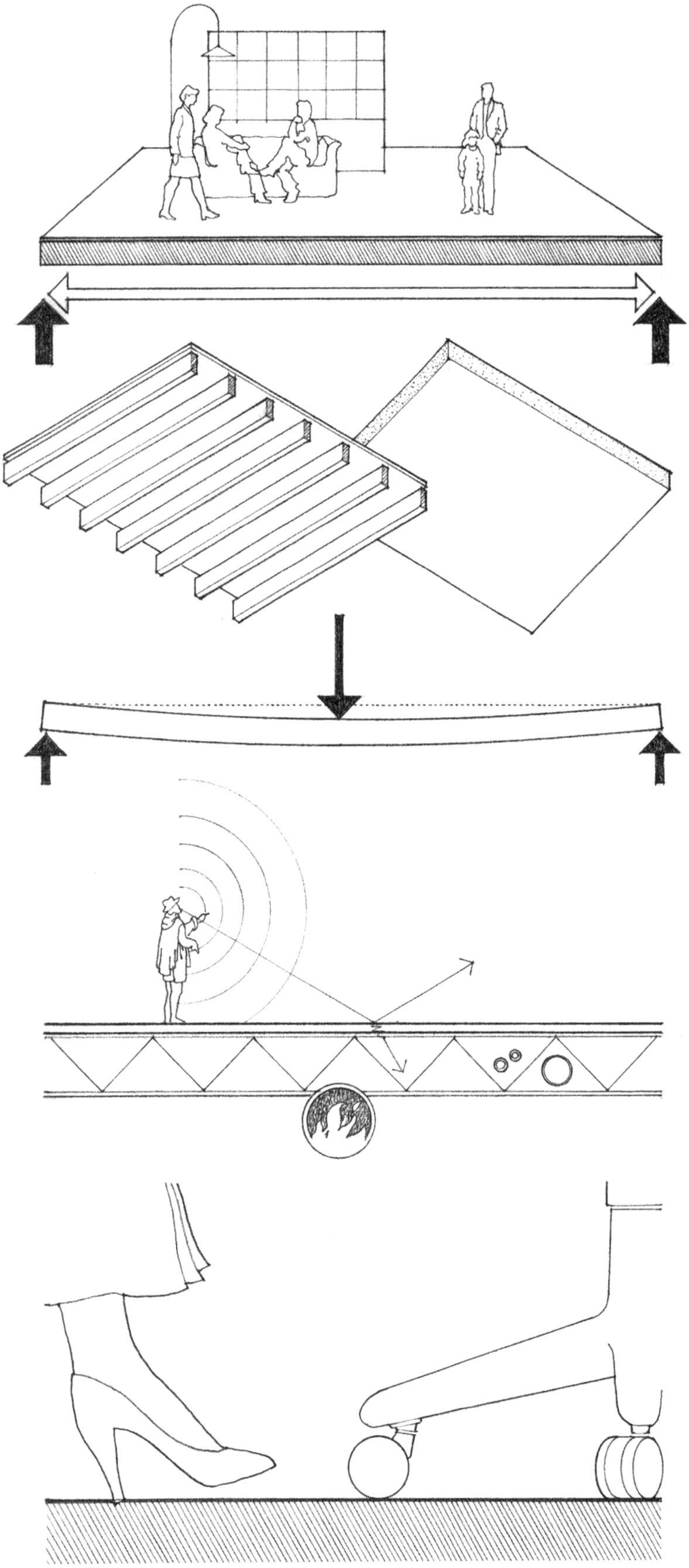

바닥 시스템은 사람, 가구, 이동식 장치인 활화중과 바다 자체 하중인 고정하중 모두를 지지하는 수평 평면이다. 바닥 시스템은 반드시 하중을 수평으로 분산시켜 보와 기둥 또는 내력벽으로 전달하여야한다. 또한 강질 바닥 평면은 횡력을 전단벽으로 전달하는 얇고 넓은 보의 역할을 하는 수평구면으로써 설계될 수 있다.

바닥 시스템은 지붕 또는 데크 평면에 덮인 일련의 선형보와 장선으로 구성되거나 균질 슬래브에 가까운 철근콘크리트 슬래브로 구성될 수 있다. 바닥 시스템의 깊이는 떠받치는 구조물의 크기와 규모, 사용된 재료의 강도와 직접적인 연관이 있다. 또한, 바닥 평면 내에 사용된 모든 캔틸리버와 개구부의 크기 및 위치는 바닥의 구조적 지지대 배치시 고려하여야 한다. 바닥 구조의 가장자리 지지 기초와 벽 시스템과의 연결부는 건물의 구조적 결합성과 물리적 외관에 영향을 준다.

바닥 시스템은 이동하중을 반드시 지지해야 하므로 탄성력을 유지하면서도 상대적으로 단단해야 한다. 인체의 쾌적성에 대한 고려 뿐만 아니라 바닥과 천장 마감 재료에서 발생하는 처짐과 진동의 결정적 영향으로 휨보다는 처짐이 중요한 인자로 인식된다.

바닥 공사의 깊이와 바닥 내 공극은 바닥 시스템 내 기계 또는 전기 설비 설치가 필요할 경우에 고려해야 한다. 겹겹이 쌓인 거주가능한 공간 사이의 바닥 시스템에서 추가적으로 고려해야할 요인은 공기 전파음과 고체 전파음의 차단과 구조체의 내화등급이다.

외부 데크를 제외한 나머지 바닥 시스템은 일반적으로 외부환경에 노출되지 않는다. 그러나 전 바닥 시스템은 반드시 운행량을 지지해야하므로 바닥 마감과 지지에 필요한 시스템 선택에 있어서 내구성과 내마모성, 유지 장비를 고려해야 한다.

콘크리트

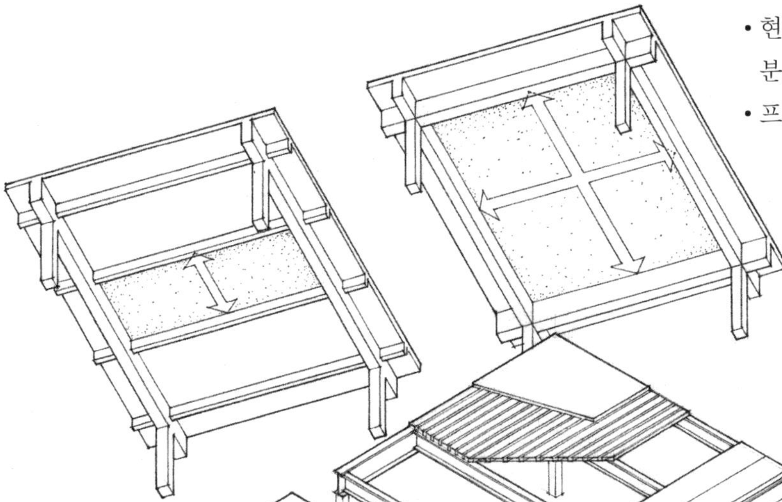

- 현장 콘크리트 바닥 슬래브는 경간과 거푸집에 따라 분류된다.
- 프리캐스트 콘크리트 판은 보 또는 내력벽에 의해 지지된다.

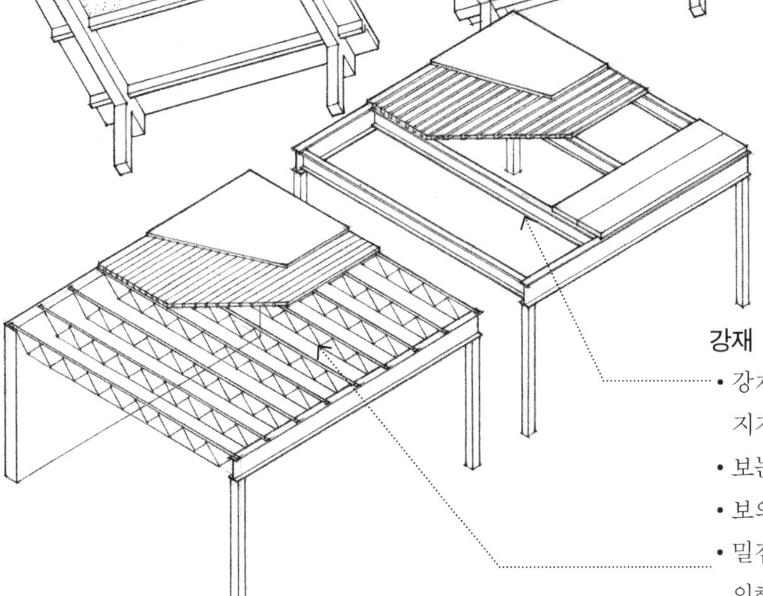

강재

- 강재보는 강재 데크 또는 프리캐스트 콘크리트 판을 지지한다.
- 보는 거더나 기둥, 내력벽에 의해 지지될 수 있다.
- 보의 구조는 일반적으로 강재골조 시스템의 구성요소이다.
- 밀접 배치된 강관 또는 오픈웹 장선은 보 또는 내력벽에 의해 지지될 수 있다.
- 강재 데크 또는 나무널판은 상대적으로 경간 길이가 짧다.
- 장선은 오버행의 가능성이 제한적이다.

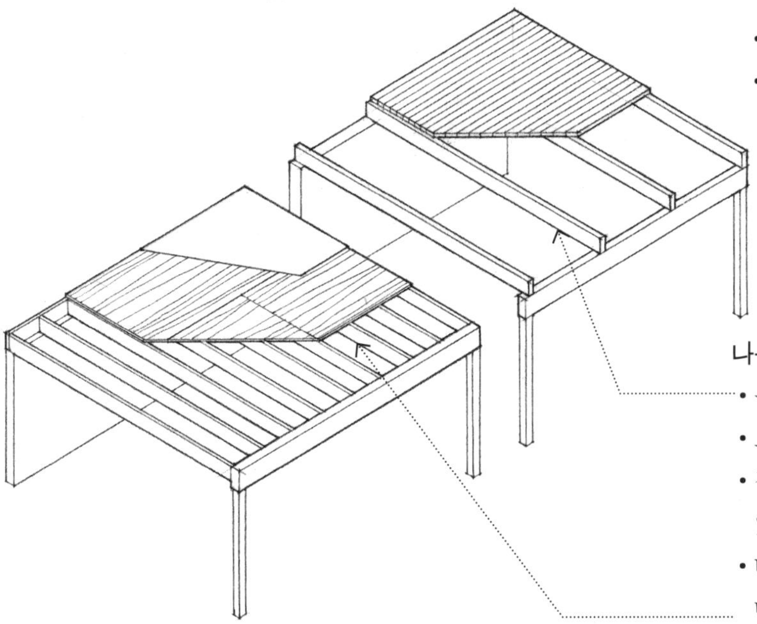

나무

- 목재보는 구조적 널판 또는 데크를 지지한다.
- 보는 거더나 기둥, 내력벽에 의해 지지된다.
- 집중하중과 바닥 개구부는 추가적 구조를 필요로 할 수 있다.
- 바닥 구조의 아랫면은 노출한 채로 완성할 수 있다; 천장 마감은 선택적이다.
- 상대적으로 작고 밀접 배치된 장선은 보나 내력벽에 의해 지지될 수 있다.
- 속바닥과 바닥밑판, 천장 마감은 상대적으로 짧은 경간을 가진다.
- 장선 구조는 형태에 있어 가변적이다.

벽체 시스템

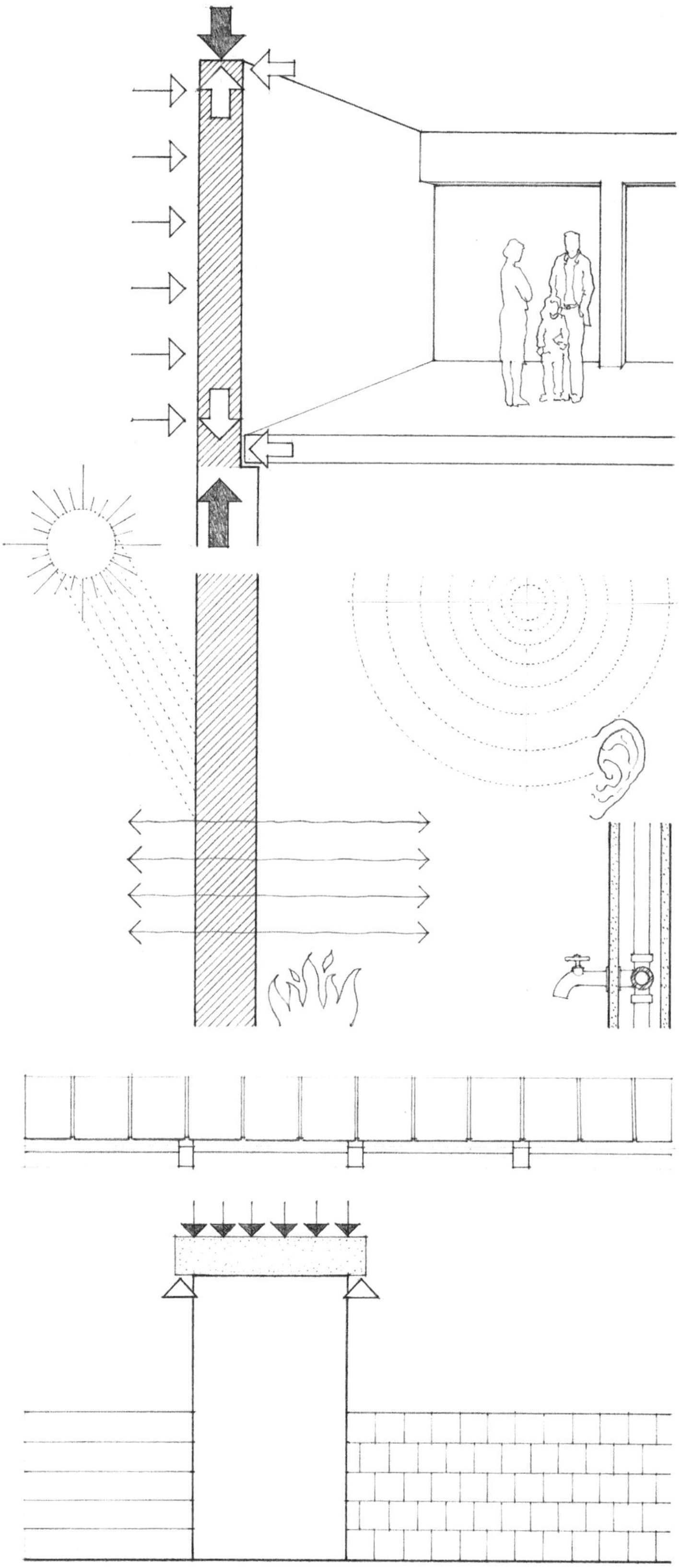

벽체는 내부 공간을 둘러싸고 분리하며 보호하는 건물의 수직 구조물이다.

벽체는 바닥과 지붕에 작용하는 하중을 지지하고 비구조 패널이 부착된 기둥과 보의 틀로 구성된 균질 또는 복합 구조물인 내력구조이다. 이러한 내력벽과 기둥의 패턴은 건물 내부공간의 배치와 함께 조정된다.

수직하중을 지지하는 것 외에도 외벽 구조물은 반드시 수평 풍력에 견뎌야 한다. 충분히 강질일 경우 이것은 전단벽의 역할을 하며 횡축 풍력과 지지력을 지반 기초로 전달한다.

외벽은 건물의 내부공간을 외부환경으로부터 보호하는 보호막 역할을 수행하므로 외벽 구조물은 열, 침투 공기, 소리, 습기 및 수증기의 흐름을 제어해야 한다. 벽 구조에 적용하거나 통한된 외피는 태양, 바람, 비로부터의 풍화 작용에 저항하고 내구성이 있어야 한다. 건축 법규는 외벽, 내력벽 및 내부 칸막이벽의 내화등급을 구체적으로 명시하고 있다.

건물 내 공간을 분할하는 내벽 또는 내부 칸막이벽은 구조적으로 사용되거나 비내력 구조로 사용될 수 있다. 내벽 구조물은 요구된 마감 재료를 지지하고, 음향 간섭제거의 필요한 정도를 제공하며 기계 및 전기 서비스의 분배와 아웃렛에 필요한 공간을 제공한다.

창호의 개구부는 상부에서 내려온 모든 수직 하중이 창호 단위가 아닌 개구부 주변으로 전달되고 분산되도록 시공되어야한다. 그 크기와 위치는 자연광, 환기, 경관 및 물리적 접근 그리고 구조 시스템의 제약과 모듈식 벽체의 재료에 적합한 요건에 의해 결정된다.

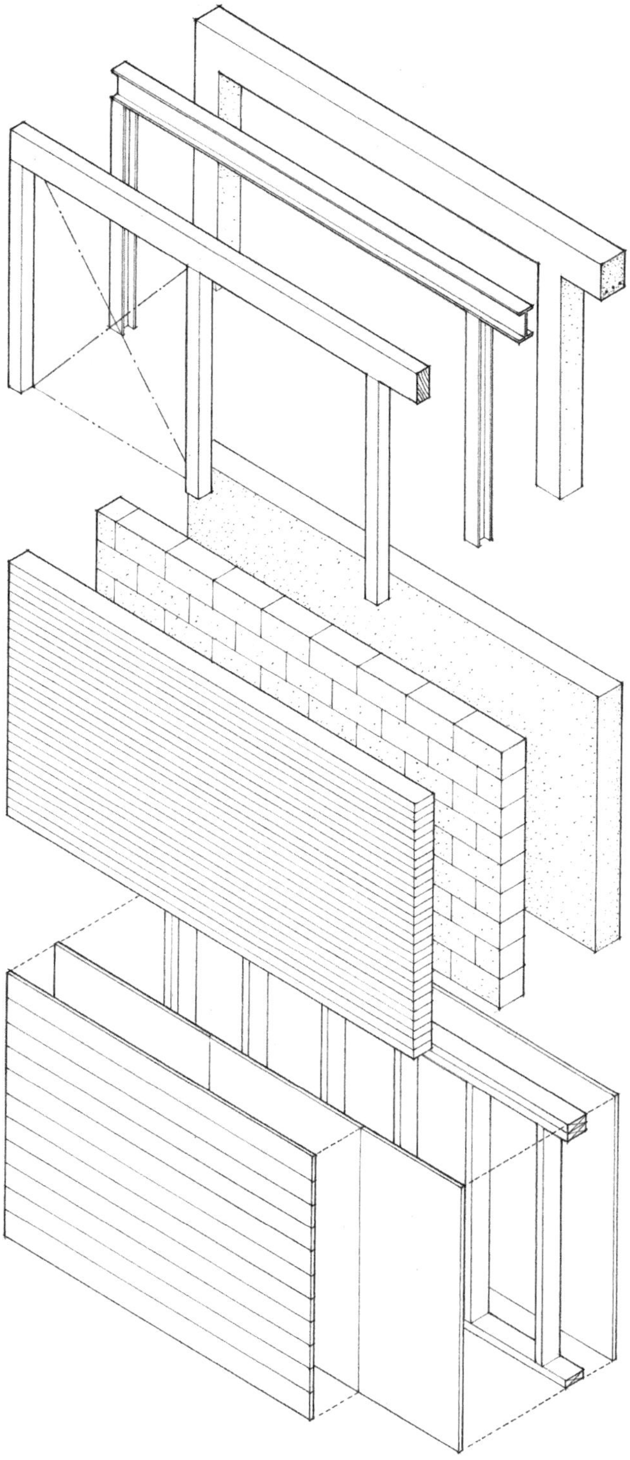

구조재

- 콘크리트 골조는 일반적으로 강질의 골조이고 불연성의 내화 구조이다.
- 불연성의 강재 골조는 모멘트 접합부를 활용하고 내화구조물로써 사용하기 위해서는 방화처리가 필요하다.
- 목재 골조는 횡안정성을 위한 사재 또는 전단 평면이 필요하고 불연성의 내화 외벽으로 사용되며 부재가 건축 법규의 최소 규격 요건을 따를 경우 중량 목구조로 볼 수 있다.
- 강재와 콘크리트 골조는 목재 골조보다 더 먼 길이와 보다 무거운 하중을 지지할 수 있다.
- 구조적 골조는 다양한 비내력벽 또는 커튼월 시스템을 수용하고 지지할 수 있다.
- 접합부의 디테일은 골조를 노출시킬 경우 구조적 · 시각적인 이유로 매우 중요하다.

콘크리트와 조적식 내력벽

- 콘크리트와 조적식 벽은 불연성 구조물로 여겨지며, 부하통전 능력에 따른 자체 질량에 의존한다.
- 압축력에는 강하지만 콘크리트와 조적은 인장 응력에 대해서는 보강이 필요하다.
- 횡안정성에 대한 대책으로써 종횡비와 신축이음의 정확한 배치는 벽체 설계와 시공에 있어서 매우 중요한 사안이다.
- 벽체의 표면은 노출시킬 수 있다.

금속과 목재 스터드 벽체

- 냉간 압연 금속 또는 목재 스터드는 일반적으로 16 in. 또는 24 in (406 또는 610) 간격으로 배치한다; 간격은 일반 지붕널 재료의 폭과 길이와 관련이 있다.
- 지붕널 또는 사재가 벽체의 평면을 강화하는 동안 스터드는 수직 하중을 받는다.
- 벽체 골조의 공극은 단열재, 수분차단제, 기계 설비 그리고 기계 및 전기 서비스의 아울렛에 설치공간을 제공한다.
- 스터드 골조는 다양한 내 · 외벽 마감을 가능하게 한다; 일부 마감에서는 판상을 못질로 마무리한다.
- 마감재는 벽체의 내화등급을 결정한다.
- 스터드 벽체 골조는 현장에서 조립되거나 현장 밖에서 조립될 수 있다.
- 스터드 벽체는 다양한 체결방식과 상대적으로 작은 부재의 가공성 때문에 형태의 가변성이 우수하다.

지붕 시스템

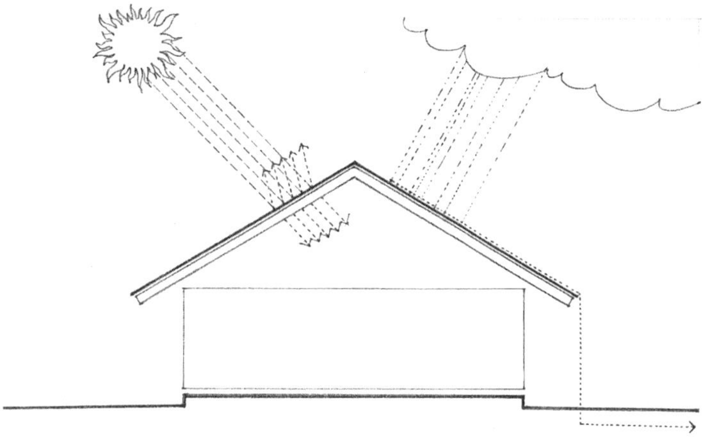

지붕 시스템은 건물 내부공간의 주요 외피 요소로 기능한다. 지붕의 형태와 기울기는 배수관, 홈통, 퇴수관의 시스템으로 빗물과 녹아내린 눈을 배출하는 싱글, 타일 또는 연속부재인 지붕재의 종류에 따라 호환 가능하여야 한다. 지붕 공사는 또한 습기와 공기의 침투, 열류, 일사의 흐름을 제어하여야한다. 건축 법규에서 요구한 공사 종류에 따라 지붕 구조와 조립체는 화재 확산을 차단하여야한다.

바닥 시스템과 마찬가지로 지붕은 넓은 공간을 가로질러 구조화되며 자중과 지붕에 연결된 모든 장비의 무게 그리고 비와 눈의 무게를 견딜 수 있어야 한다. 데크로 사용되는 평지붕은 거주자 활하중에 따라 결정된다. 중력하중과 더불어 지붕 평면은 횡축 풍력과 지진력, 부상 풍력에 저항하여야 하며 이러한 하중을 지지구조로 전달하여야 한다.

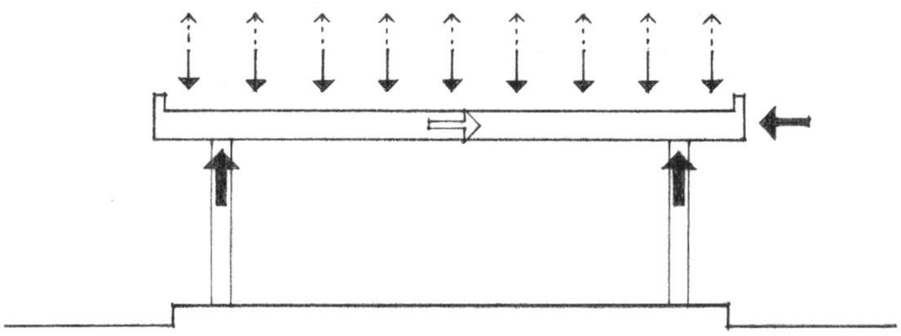

건물의 중력하중은 지붕 시스템에서 비롯됐기 때문에 지붕 구조배치는 기둥과 내력벽의 구조배치를 반드시 따라 하중이 기초 시스템으로 전달될 수 있게 하여야 한다. 결과적으로 이러한 지붕 지지대의 패턴과 지붕 경간의 크기는 지붕 구조가 지탱하는 내부공간의 배치와 천장 종류의 결정에 영향을 준다. 긴 지붕 경간은 보다 가변성이 높은 내부 공간을 가능하게 하고 짧은 지붕 경간은 보다 명확하게 규정된 공간을 가능하게 한다.

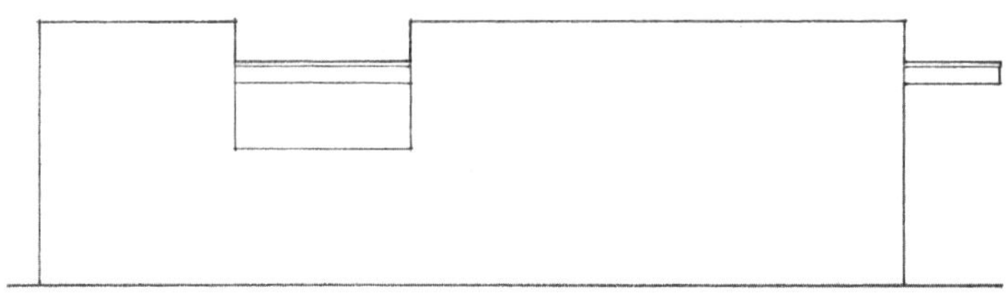

평지붕, 경사지붕, 박공지붕, 모임지붕, 넓고 지붕널로 덮힌 지붕 또는 리드미컬하게 표현된 지붕등 지붕구조의 형태는 건물의 이미지에 매우 큰 영향을 미친다. 지붕은 그 가장자리가 플러시로 마무리되거나 외벽을 돌출시켜 노출될 수 있으며 시야에서 완전히 가려지거나 난간 뒤로 숨길 수 있다. 만일 지붕의 아랫면이 노출되어있다면 지붕 또한 아래 내부 공간의 상부 경계와 연결되어 하나의 형태를 이룰 수 있다.

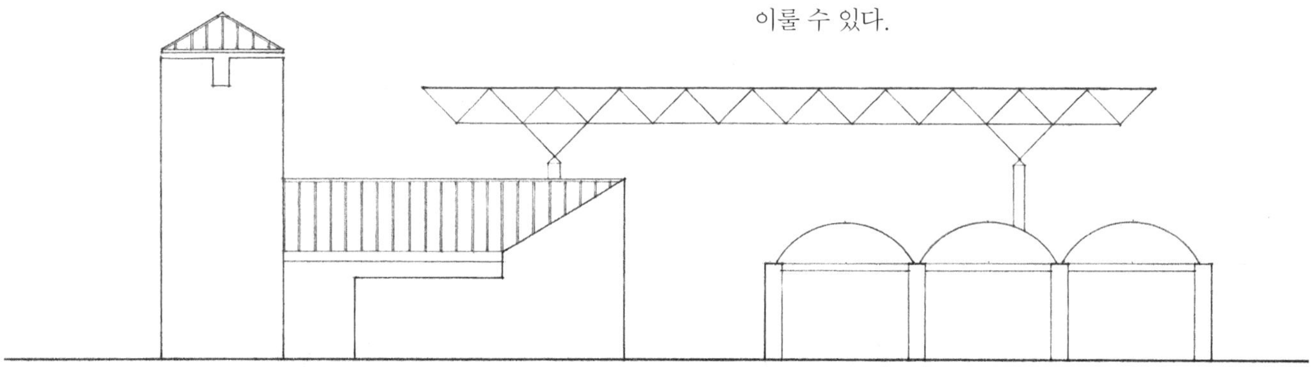

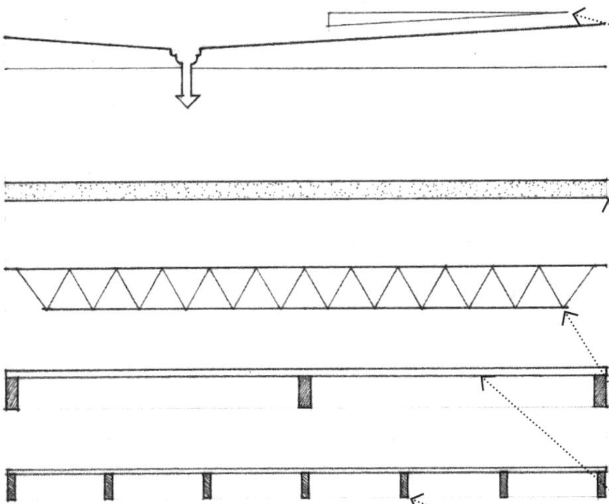

평지붕

- 평지붕에는 연속 부재로 이루어진 지붕재가 필요하다.
- 최소 권장 기울기 : 피트당 1/4 in. (1:50)
- 지붕 기울기는 구조재 또는 지붕 데크를 기울이거나 지붕 단열층을 테이퍼링하여 조절할 수 있다.
- 경사지는 일반적으로 내부 배수관으로 연결된다; 외주부의 배수구는 월류관으로써 사용된다.

- 평지붕은 수평형 건물을 효과적으로 덮을 수 있고 외부 공간으로 사용되도록 설계될 수 있다.
- 평지붕의 구조는 다음으로 구성된다:
  - 철근콘크리트 슬래브
  - 평목재 또는 강재 트러스
  - 목재 또는 형강보와 데크
  - 목재 또는 강재 장선과 지붕널

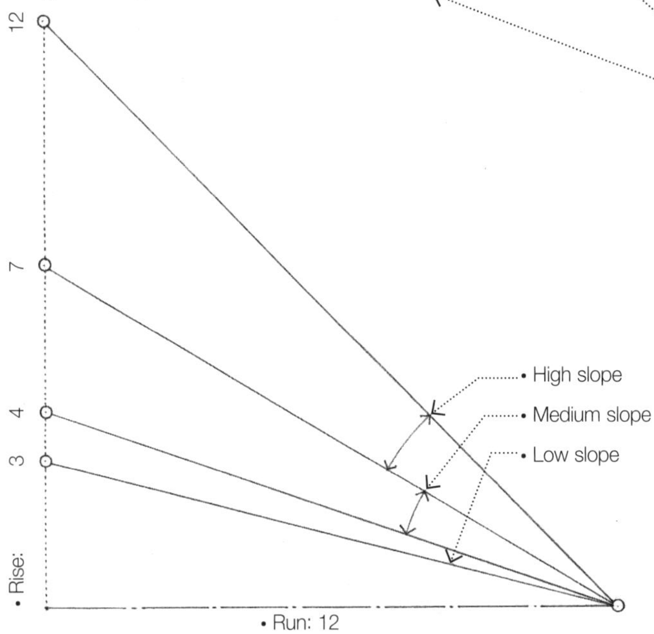

경사지붕

- 경사지붕은 다음과 같이 분류될 수 있다:
- 낮은 경사각의 지붕—최대 3:12
- 중간 또는 높은 경사각의 지붕—4:12 에서 12:12

- 지붕의 기울기는 지붕재의 선택 또는 바닥밑판과 처마 플래싱의 필요요건 그리고 설계 풍하중에 영향을 미친다.
- 낮은 경사각의 지붕은 롤접합된 또는 연속 지붕재가 필요하다; 일부 쉥글 및 시트 재료는 3:12의 비례 경사각으로 사용될 수 있다.
- 중간 또는 높은 경사각의 지붕은 쉥글, 타일 또는 시트 재료로 마감될 수 있다.
- 경사지붕은 빗물을 쉽게 처마홈통으로 배출한다.

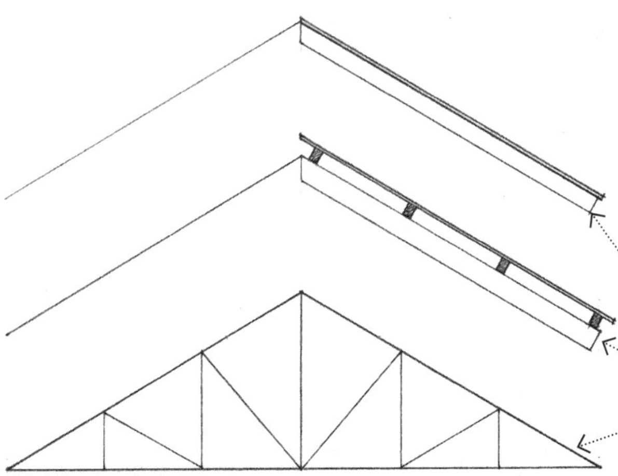

- 경사지붕의 높이와 면적은 그 수평치수에 따라 증가한다.
- 경사지붕의 아래공간은 사용가능하다.
- 경사지붕의 평면은 다양한 지붕의 형태로 결합될 수 있다.
- 경사지붕은 다음과 같은 구조로 이루어질 수 있다:
  - 목재 또는 강재 서까래와 지붕널
  - 목재 또는 형강보와 도리, 데크
  - 목재 또는 강재 트러스

기계 및 전기 시스템

이 부분에서는 건물 내 거주자의 환경쾌적성과 건강, 안전에 관련한 필요조건들을 유지하기 위해 필요한 전기 시스템을 다룬다. 이번 취지는 완전한 설계 설명서를 제공하는 것이 아닌 시스템의 성공적인 운영과 다른 건물 시스템과의 통합에 있어 고려해야할 요소들을 개략적으로 소개하는 것이다.

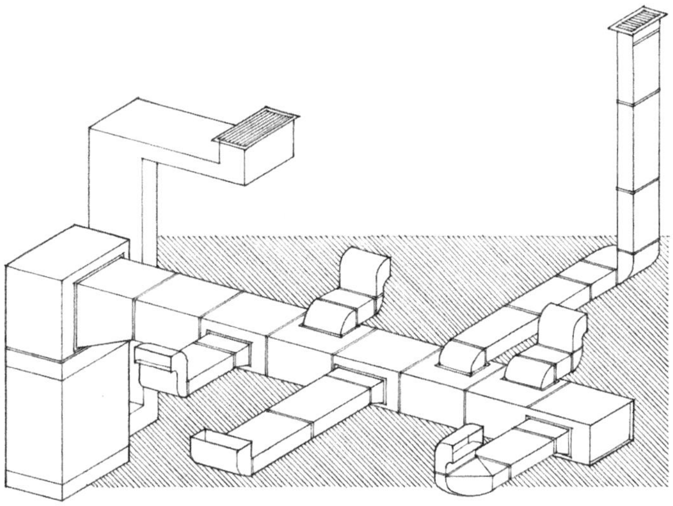

쾌적한 환경을 유지하기 위해 거주자에게 필요한 난방, 환기, 공기조화 시스템은 건물 내부 공간에서 설정된다. 상수도는 음용과 위생에 반드시 필요하다. 유동성 폐기물과 유기물의 효과적 처리는 건물 내 그리고 주변 환경의 위생 상태를 유지하기 위해 필요하다. 전기 시스템은 건물 내 거주자에게 필요한 조명과 난방을 제공하고 기계를 작동하기 위한 전원을 공급한다.

이러한 시스템은 상당한 공간을 차지한다. 이 시스템에 필요한 하드웨어 대부분은 일반적으로 숨겨진 공간이나 전용공간내 시야에서 가려져 있기 때문에 시스템의 배치는 상호간 통합과 건물의 구조 및 차폐 시스템과의 통합에 있어 신중함이 이루어져야한다.

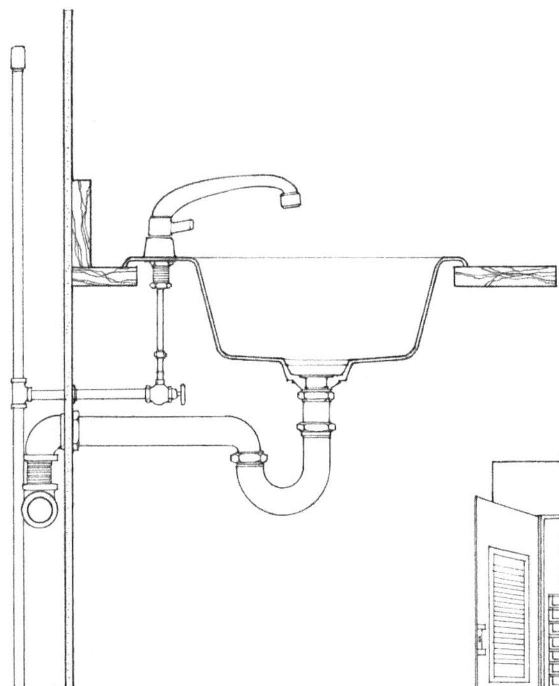

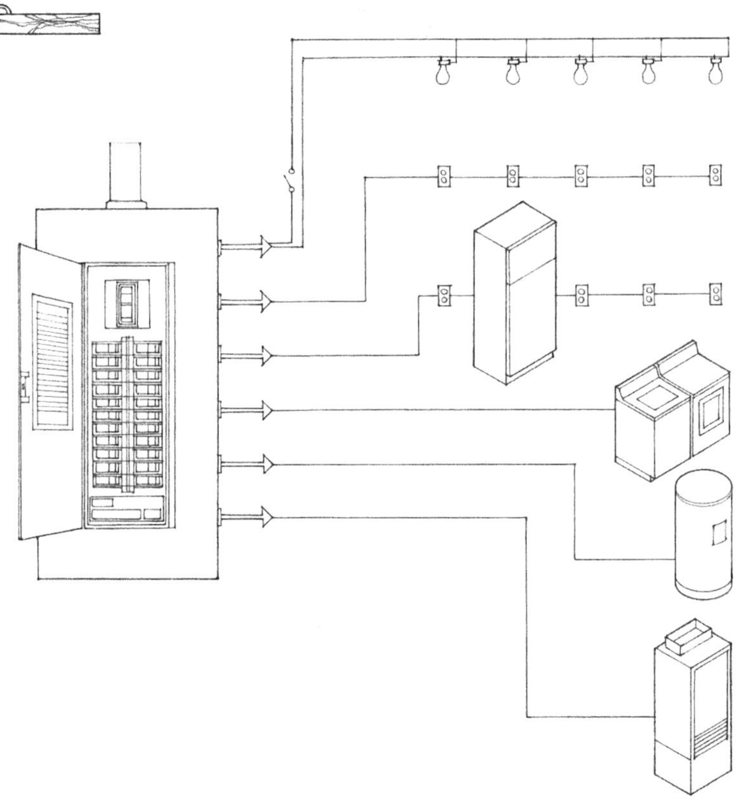

냉 · 난방 시스템

건물의 대지구획과 방위, 구조체는 바깥의 추운 날씨로 열손실을 최소화하고 바깥의 더운 날씨로부터 열취득을 최소화하여야 한다. 과도한 열손실 또는 열취득은 건물 내 거주자가 열적쾌적 상태를 유지할 수 있도록 수동식 에너지 시스템(Passive energy system) 또는 기계적 냉 · 난방 시스템으로 반드시 조절하여야 한다. 공간의 공기온도를 제어하는 냉 · 난방이 기계 설비의 가장 기본적이고 필수적 기능을 수행하는 동안 인체쾌적성에 영향을 주는 또다른 3가지 요소에도 관심을 가져야 한다.—상대습도, 평균복사온도(MRT, mean radiant temperature), 실내 기류

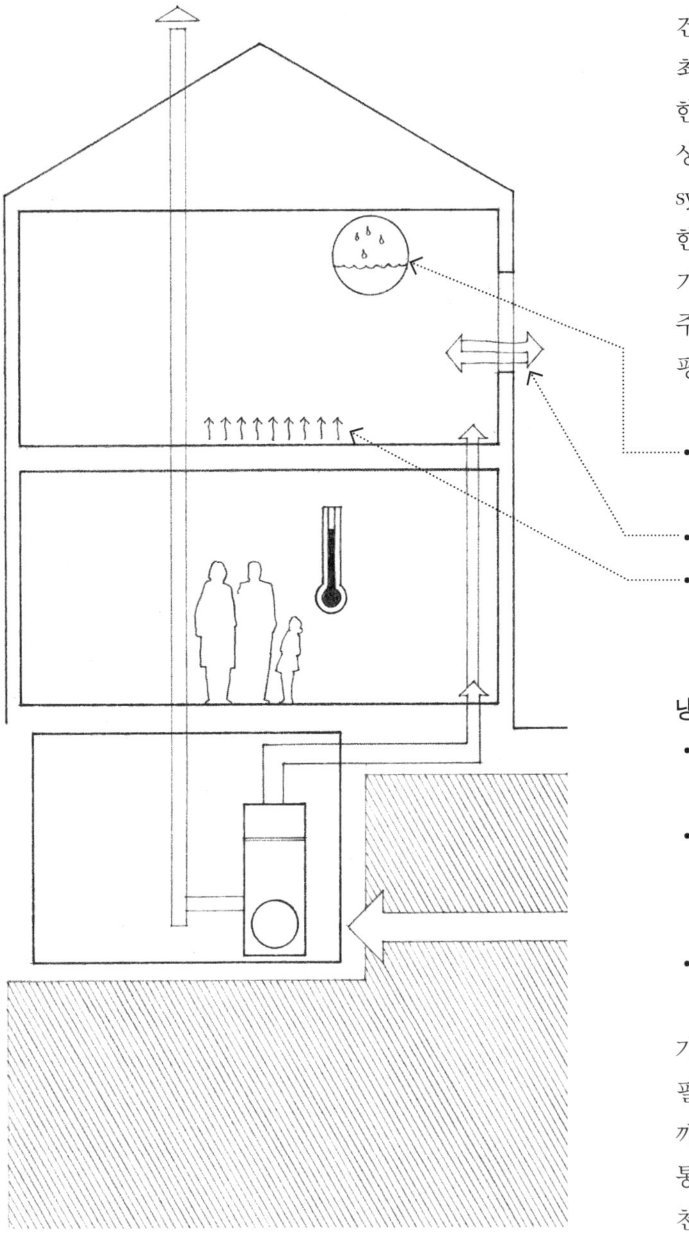

- 상대습도는 가습장치를 통해 수증기를 공급하거나 환기를 통한 습기제거로 제어할 수 있다.
- 실내 기류는 자연 또는 기계적 환기로 제어할 수 있다.
- 실내 표면의 평균복사온도는 복사난방패널을 이용하여 올리거나 복사냉방을 이용하여 내릴수 있다.

냉 · 난방

- 공기 온도는 공간에 더운 공기 또는 냉기, 열탕 또는 냉수의 유동 매체 공급으로 제어한다.
- 난로로 공기를 데운다; 보일러로 물을 데우거나 증기를 생산한다; 전기 난방기는 전기 에너지가 열에너지로 변환되는 저항력을 이용한다.
- 건물에 필요한 냉 · 난방 설비는 냉 · 난방 부하에 의해 결정된다.

가스, 석유, 석탄등 기존의 화석 연료는 건물의 냉·난방에 필요한 에너지 생산에 계속하여 가장 많이 사용된다. 천연가스는 깨끗하게 연소되고 저장소나 운송이 따로 필요없이 가스관을 통해 공급된다. 또한 프로판 가스는 깨끗하게 연소되는 연료이며 천연가스보다 조금 더 비싸다. 석유는 효율적인 연료 중 하나지만 사용지점 또는 근처에 위치한 탱크에 저장하기 위해 트럭 운송이 필요하다. 신 주거지 건설에서 석탄은 거의 난방용으로 사용되지 않는다. 상업 및 산업 건설에서는 사용빈도가 자주 변동한다.

전기는 현장에서의 연소나 연료저장이 필요없는 청정에너지원이다. 또한 와이어를 통해 분배되고 상대적으로 조용하고 작은 규모의 설비를 사용하는 컴팩트 시스템이다. 그러나 건물의 전기 냉 · 난방비는 지나치게 높으므로 대부분의 전력은 핵분열 또는 화력 연료의 연소와 같은 다른 에너지원을 이용하여 터빈 작동시켜 생산된다. 발전소 시설의 안전성과 핵폐기물의 처리에 관한 우려가 계속됨에도 불구하고 원자력은 아직까지도 주요 동력원이다. 일부 터빈은 흐르는 물(수력), 풍력 및 천연가스, 석유, 석탄의 연소로 발생한 가스로 작동된다.

불확실한 비용, 에너지원의 유효성, 에너지 추출과 생산이 환경자원에 미치는 영향, 온실가스를 배출하는 화석연료에 관한 우려는 지속적으로 증가한다. 미국 내 에너지의 40% 이상, 전기의 65%이상이 건물내에서 소비되기 때문에 설계 전문가, 건설산업 및 정부기관은 건물내 에너지소비를 줄이는 방안과 대체에너지 및 태양, 풍력, 바이오매스, 수고, 수력, 해양, 지열과 같은 신재생에너지의 계획 수립에 대한 방안을 탐색하여야 한다.

강제 난방

강제 난방은 가스, 석유 및 전기 난로로 공기를 데우고 배관을 통해 거주공간내 레지스터(register) 또는 디퓨저(diffuser)로 데워진 공기를 공급하는 시스템이다. 강제 난방은 주택 또는 소규모 건물의 난방에 가장 널리 다용도로 사용되는 시스템이다.

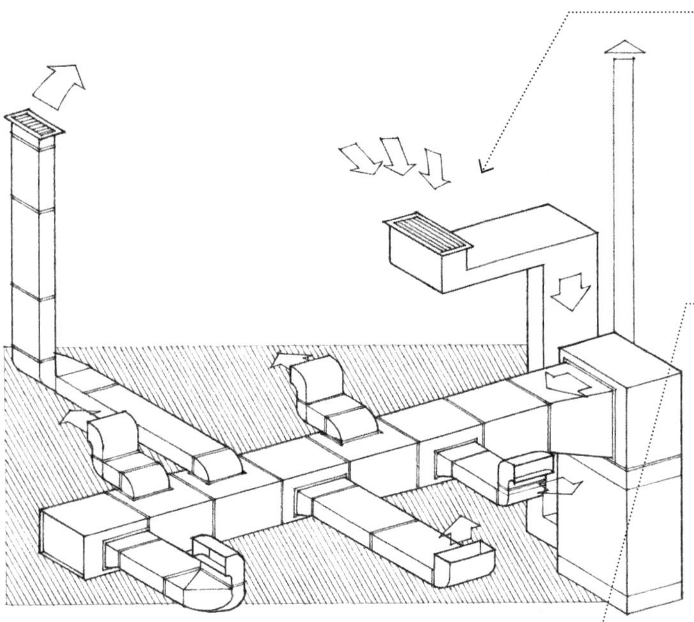

온수 난방

온수 난방은 보일러에서 물을 데우고 펌프를 이용하여 파이프를 통해 라디에이터(radiator) 또는 컨벡터(convector)로 물을 순환시키는 건물의 시스템이다. 증기 난방은 보일러에서 증기를 생산하고 파이프를 통해 라디에이터로 증기를 순환시킨다는 점에서 그 원리가 유사하다. 대도시와 대형 건물단지에서는 중앙식 보일러에서 생산된 온수 또는 증기가 지하관로를 통해 공급된다. 이러한 용이성의 이유로 건물 내 보일러 설치가 따로 필요없다.

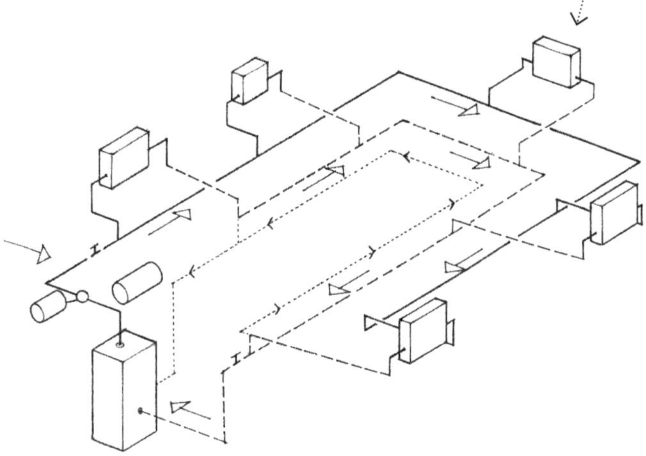

전기 난방

전기 난방은 정확히 전기저항 난방으로 정의된다. 저항은 전류 흐름의 반대현상으로 전기 에너지를 열에너지로 변화시키는 컨덕터의 특성이다. 전기저항 전열기는 난로 내 기류 또는 강제 난방 시스템의 배관에 노출되어 있거나 온수 난방 시스템의 보일러에 열기를 공급한다. 전기 에너지 직접 난방 방식은 공간난방단위 내 저항선 또는 코일을 포함한다. 규모가 작고 다용도로 사용가능한 반면에 이러한 전기저항 난방기는 습도나 공기의 질을 제어할 수 없다.

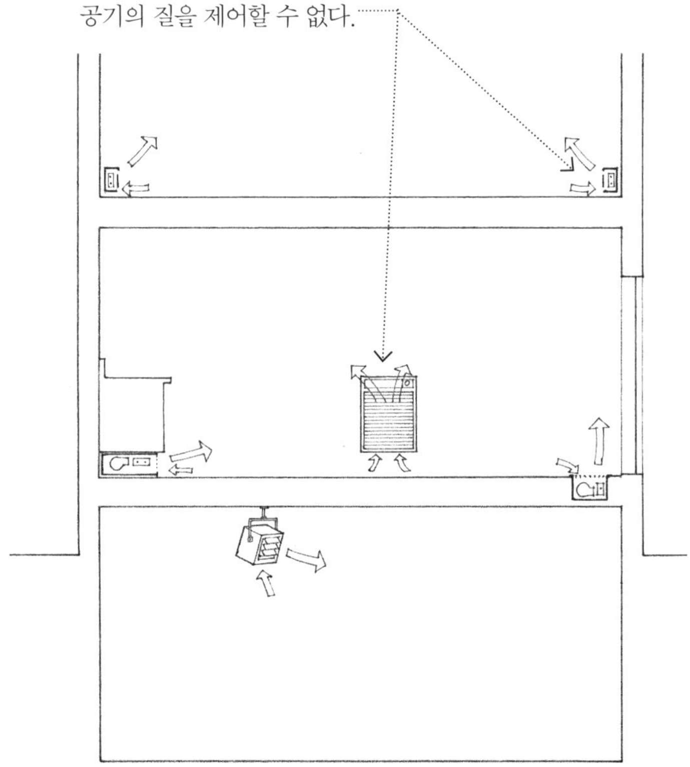

복사 난방

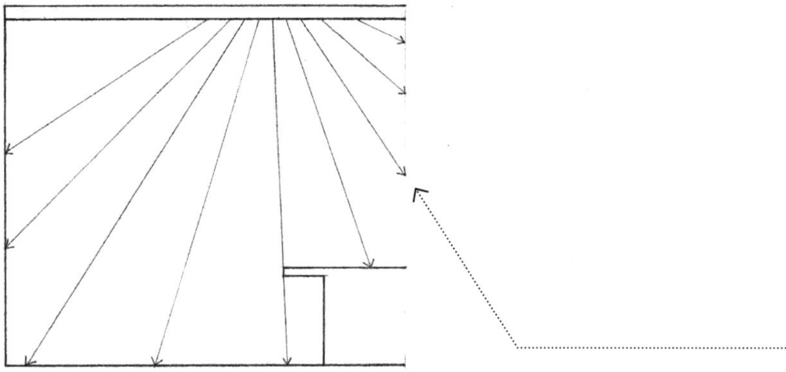

복사 난방 시스템은 데워진 천장, 바닥, 때론 벽을 방열면으로 사용한다. 열원은 온수를 공급하는 파이프나 튜브 또는 천장, 바닥, 벽체에 내설된 전기저항 난방 케이블이다. 복사열은 실 표면과 물체로 흡수되고 따뜻해진 표면에서 재방출되어 공간의 외기 온도뿐만 아니라 평균복사온도(MRT)도 증가시킨다.

복사열:

- 직선으로 발산;
- 모퉁이를 돌아서 발산할 수 없고, 따라서 가구 등의 물리적 요소로 차단할 수 있다;
- 외부 유리창을 따란 흐르는 차가운 하강기류에 대항할 수 없다;
- 기류에 영향을 받지 않는다.

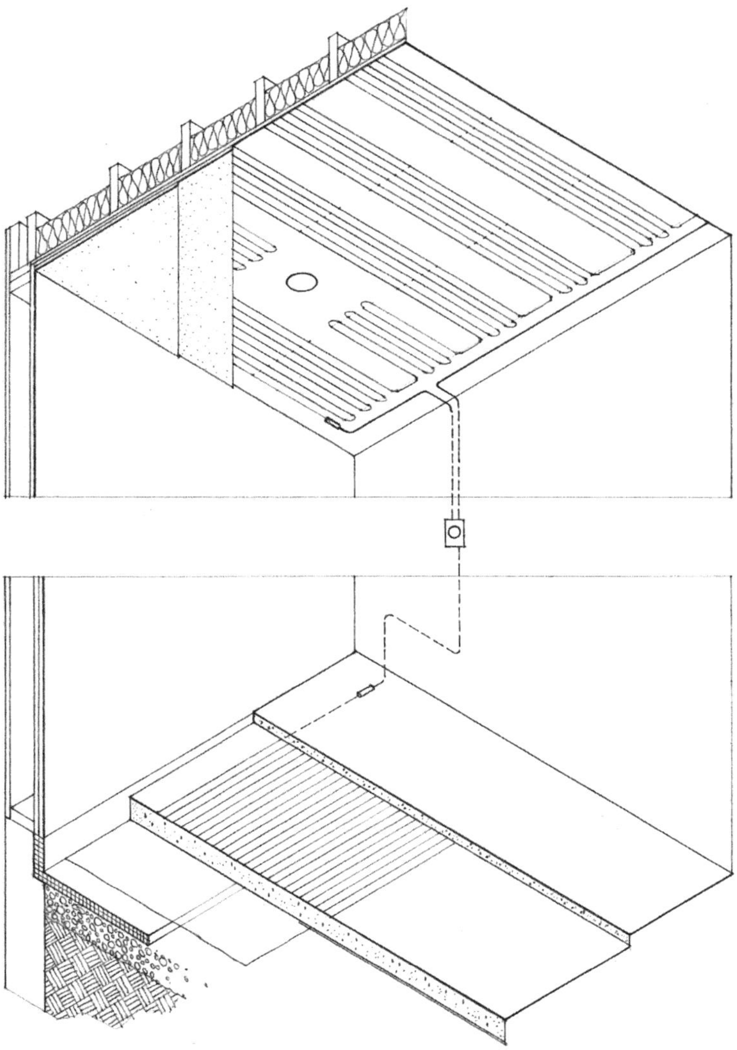

바닥 설비는 따뜻한 콘크리트 슬래브에서 효과적이다. 그러나 일반적으로 천장 설비는 열량이 작고 빠르게 대응할 수 있기 때문에 천장 설비가 선호된다. 또한 천장패널은 바닥 슬래브보다 높은 표면온도로 난방할 수 있다. 전기와 온수 복사 시스템 모두 온도조절장치(thermostat) 또는 밸런싱 밸브(balancing valve)를 제외한 모든 설비가 완전히 밀폐되어야 한다.

복사난방 패널 시스템은 수요온도변화에 빠르게 대처하지 못하기 때문에 보조 외주부 컨백터를 사용하기도 한다. 완전 공기조화를 위해 분리 환기와 습도 조절, 냉방 시스템이 필요하다. 액체복사난방 시스템은 열용량 역할을 하는 콘크리트 슬래브에 매입되거나 마루 밑 바닥의 아랫면에 전도열판과 같이 정착한 금속 또는 플라스틱 파이프를 통해 따뜻한 물을 순환시킨다. 급수는 보일러나 히트펌프, 집열기, 지열 시스템으로 가열한다. 온도조절장치 세팅에 따라 배관 루프내에 순환수와 혼합하여 제어 밸브로 급수 온도를 조정한다.

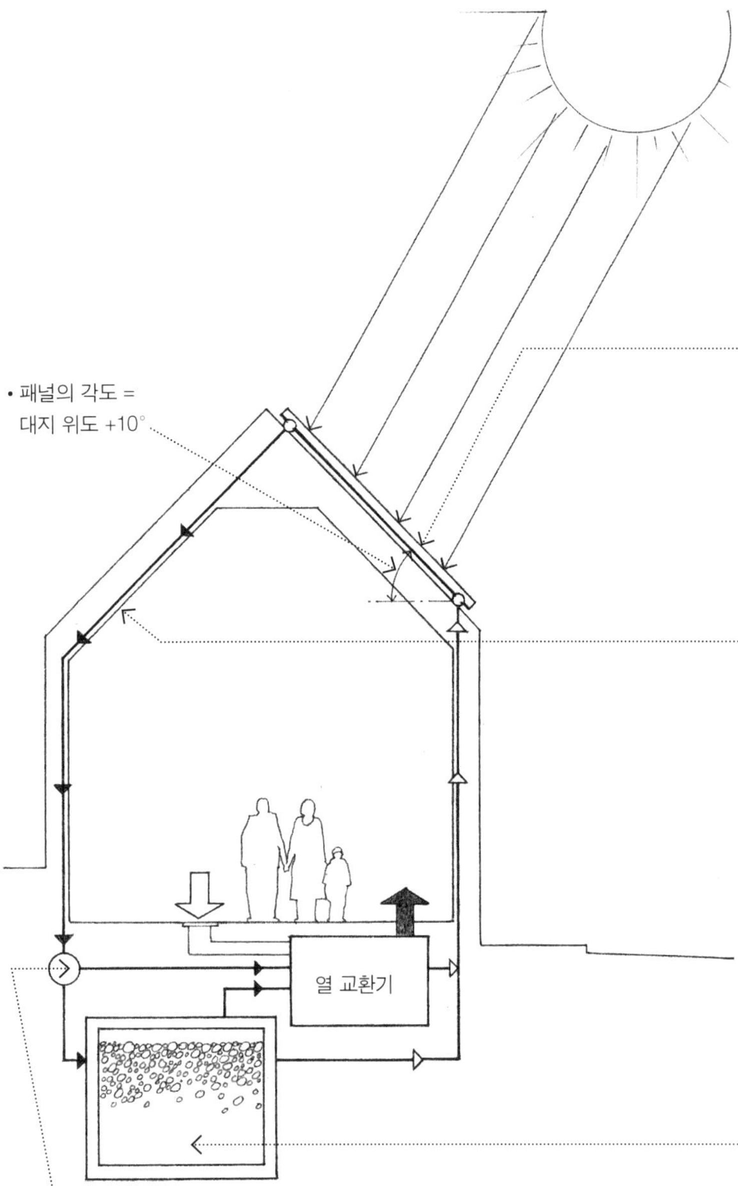

태양열 에너지 시스템

능동식 태양열 시스템(Active solar energy systems)은 건물의 냉・난방에 필요한 태양복사 에너지를 흡수, 전달, 저장한다. 이 시스템은 보통 다음과 같은 구성요소로 이루어진다:

- 태양열 집열판
- 열전매체에 필요한 순환・분산 시스템
- 열교환기와 저장시설

태양열 집열판

- 태양열 집열판은 정남방향을 기준으로 20° 내외로 향해야 하고 주변 구조물이나 지형, 나무등에 의해 가려지면 안 된다. 집열기의 필요표면면적은 집열기와 열전매체의 열교환 효율과 냉・난방 하중에 따른다. 현재 권장면적은 건물의 바닥순면적의 1/3에서 1/2사이이다.

열전매체

- 열전매체는 공기, 물 또는 액체 등이다. 열전매체는 태양전지판에서 모아진 열에너지를 열교환기로 전달하거나 이후 사용을 위해 저장시설로 전달한다.
- 액상 시스템은 순환과 분산을 위해 파이프를 이용한다. 부동액은 동결을 방지한다; 부식지연 첨가제는 알루미늄 파이프에 필요하다.
- 시스템의 배관은 보다 넓은 설치공간을 필요로 한다. 공기의 열전달계수는 액체의 열전달계수보다 작으므로 넓은 집열판 표면적을 필요로 한다. 하지만 집열판 공사는 간단하고 동결, 누설, 부식 등의 문제가 없다.

저장시설

- 절연 처리된 저장시설은 밤 또는 흐린날에 사용될 열을 저장한다. 이는 공기 시스템에 사용될 물 또는 다른 액상매체, 자갈, 상변화 염으로 채워질 탱크의 형태를 가진다.

- 태양열 에너지 시스템의 열 분산 성분은 기존 시스템의 그것과 유사하다.
- 열은 전공기 방식 또는 공기수 방식으로 공급한다.
- 냉방에는 히트펌프 또는 흡수식 냉방 단위가 필요하다.
- 예비 난방 시스템 설치를 권장한다.

- 능동식 태양열 시스템이 효과적으로 이용되기위해 건물 자체가 열효율성이 좋거나 단열처리가 우수하여야 한다. 건물의 배치와 방위, 창문 개구부는 계절별 일사를 활용하여야 한다.

압축식 냉동

압축식 냉동방식은 냉방이 액체 냉매의 증발과 팽창에 의해 냉방하는 방식이다. 이것은 큰 규모의 사무실 건물이나 호텔, 병원, 극장, 음식점의 공기조화에 가장 많이 사용되는 방식이다.

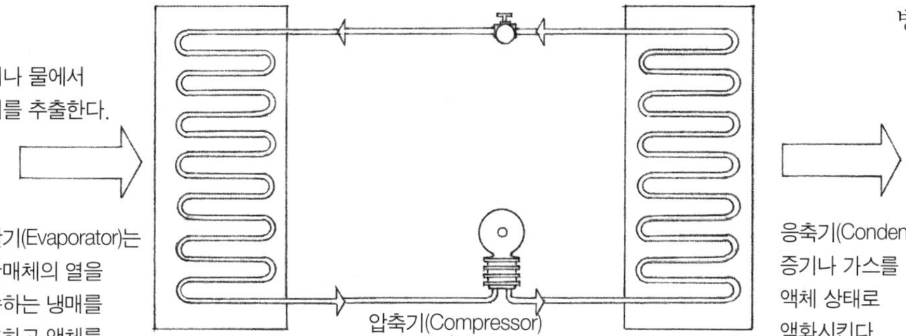

히트펌프(Heat Pump)

히트펌프는 전동식 냉·난방 단위이다. 냉방시 일반 압축 냉매 사이클이 과다열의 흡수 및 외부 외출에 사용된다. 난방시 열에너지는 냉방 사이클을 역으로 사용하고 압축기와 증발기의 열교환 기능을 전환하여 외기를 내부로 끌어들인다. 히트펌프는 냉방과 난방 부하량이 거의 동일한 온화한 기후에서 가장 효과적이다. 동결온도에서 외부코일의 동결을 방지하기 위해 히트펌프에 전기저항난방기 설치가 필요하다.

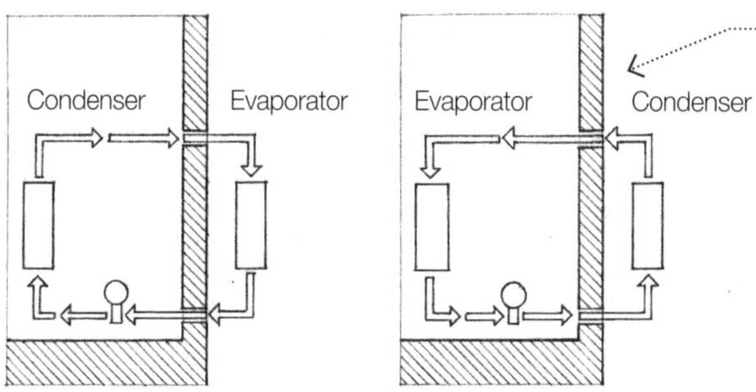

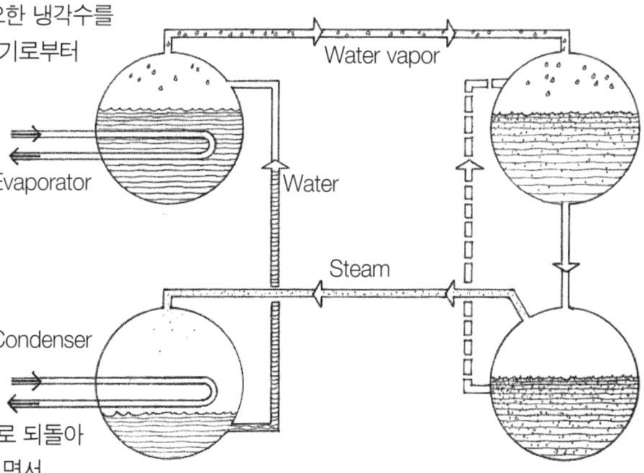

흡수식 냉동

흡수식 냉동방식은 압축기 대신 흡수기와 재생기를 사용하여 열전달 및 냉방열을 생산한다.

냉난방 및 공기조화 시스템(HVAC system)

냉난방 및 공기조화(HVAC, Heating, ventilating, and air conditioning) 시스템은 건물의 실내 공기의 온도, 습도, 순도, 분포 및 기류를 동시에 제어한다.

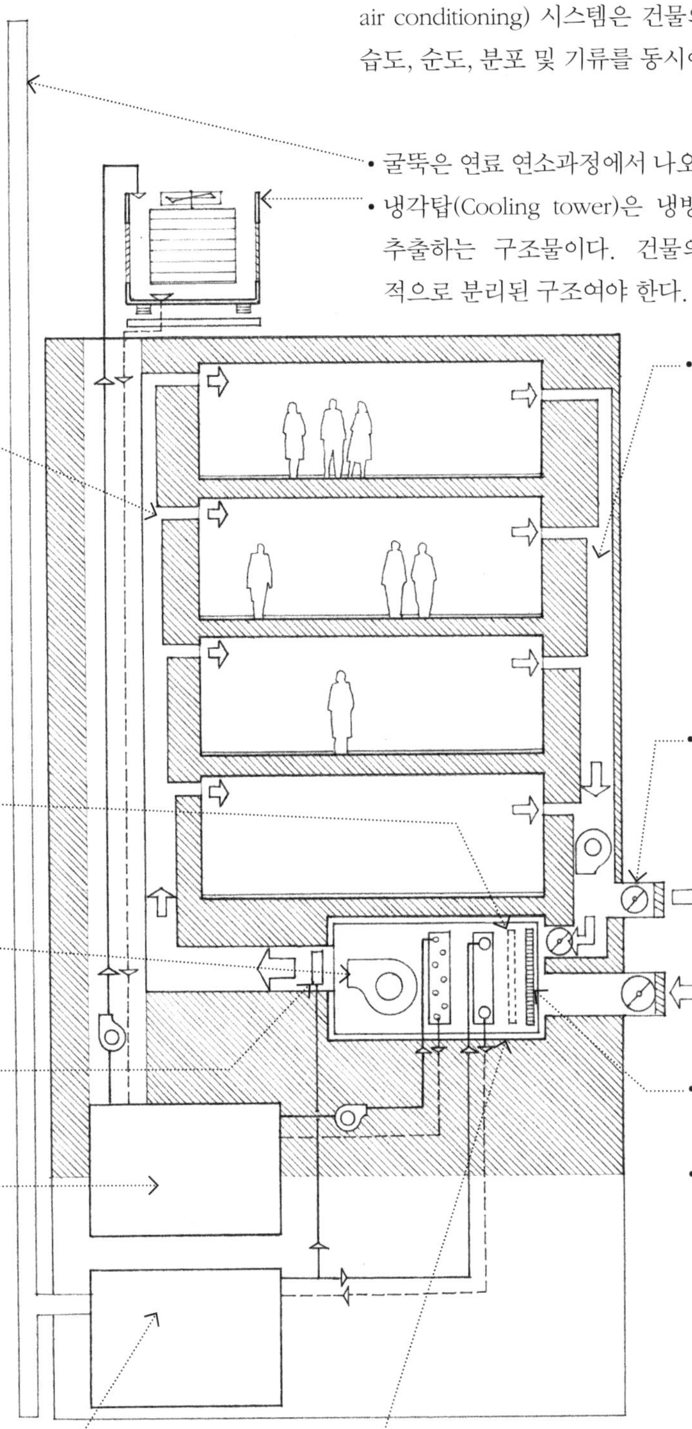

- 굴뚝은 연료 연소과정에서 나오는 연도가스를 배출한다.
- 냉각탑(Cooling tower)은 냉방에 사용한 물에서 열을 추출하는 구조물이다. 건물의 구조체로부터 음향학적으로 분리된 구조여야 한다.
- 냉난방 에너지는 공기, 물, 또는 공기-물을 이용하여 공급된다.
- 순환 공기(Return air)는 냉난방 장치가 된 공간으로부터 처리와 재순환을 위해 중앙시설로 되돌아온다.
- 예열기는 다른 과정 이전에 32° F (0° C)이하 또는 동결 온도보다 약간 높은 온도의 공기를 미리 데운다.
- 통풍조절기(Damper)는 급기관, 흡입구, 공기 출구를 조절한다.
- 송풍기는 중간 압력에서 급기한다.
- 배기 공기(Exhaust air)
- 가습기는 급기의 수증기량을 유지하거나 증가시킨다.
- 신선한 공기
- 필터는 공기 중에 떠다니는 불순물을 제거한다.
- 실내공기질(Indoor air quality)과 관련된 문제 절반이상은 부적절한 환기와 연관되어 있다. 건축법규에서는 특정용도에 따른 환기량과 시간당 환기회수 또는 일인당 분당 입방피트의 환기량을 정하고 있다.
- 전기, 증기 또는 가스로 운전하는 냉각수 설비실은 냉각수를 냉방을 위한 공조장치로 공급하고 열처리를 위해 응축수를 냉각탑으로 펌프한다.
- 보일러는 난방에 필요한 온수 또는 증기를 생산한다. 보일러는 연소에 필요한 연료(가스 또는 석유)와 공기 공급이 필요하다. 중유연소 보일러 또한 현장 저장탱크를 필요로 한다.
- 팬룸(Fan room)은 대형 건물의 공조장치를 포함한다.
- 공조장치 단위는 조화공기를 처리하고 분산시키는 팬, 필터, 그외 필수구성요소를 포함한다.

급수 방식

물은 건물 내에서 다음과 같은 방식으로 이용된다:

- 물은 음용, 요리, 세탁에 사용된다.
- HVAC 시스템은 냉난방과 습도유지에 필요한 물을 순환시킨다.
- 화재 방지 시스템은 소화용 물을 저장한다.

위의 조건을 만족시키기 위해 물은 건물에 정확한 양 그리고 유속, 압력, 온도로 공급되어야 한다. 사용자를 위해 물은 반드시 해로운 박테리아가 제거된 음용 가능한 맛이어야 한다. 파이프와 장비의 막힘 또는 부식을 방지하기 위해서 물의 경도 또는 산성도를 알맞게 처리하여야한다.

물이 지방자치 시스템 또는 공공시스템에서 공급될 경우 건물부지에 이르기 전까지는 그 급수량과 질을 직접 제어 할 수 없다. 공공 상수도의 공급이 불가능한 경우 천공정(穿孔井) 또는 빗물저장탱크가 필요하다. 우물이 충분히 깊다면 우물물은 대개 깨끗하고 시원하며 변색이 없고 맛과 악취에 문제가 없다. 우물을 사용하기 전 지역보건소는 샘플의 박테리아와 화학 성분량을 검토한다.

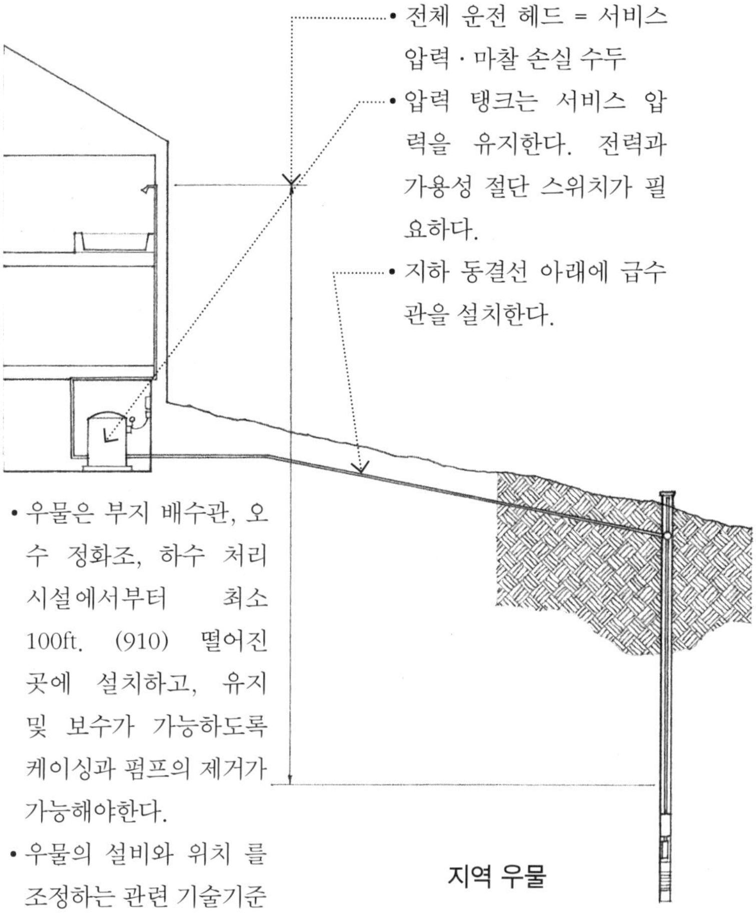

지역 우물

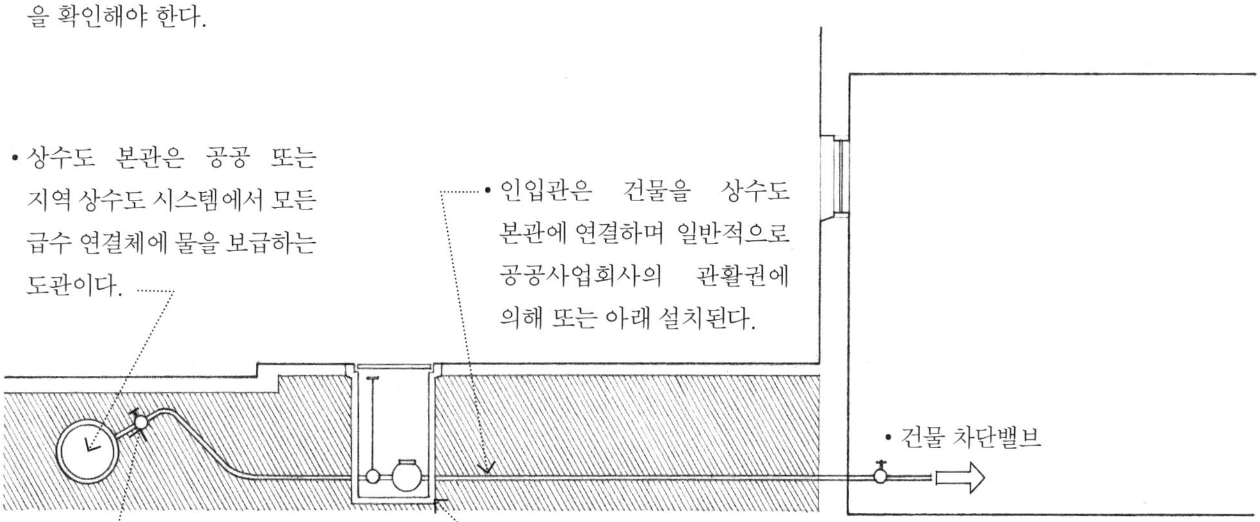

- 분기전은 본관에서 인입관으로 공급되는 물의 흐름을 제어하는 밸브이다.
- 인입 박스는 인입관을 통과하는 물의 양을 측정하고 기록하는 수량계와 비상시 건물로의 급수를 차단하는 제어밸브로의 접근을 가능하게 한다.

공공 상수도

전기회로의 수력 비유

회로 내 두 지점의 전하차에 의해, 전기 에너지는 전도체를 통하여 흐른다.

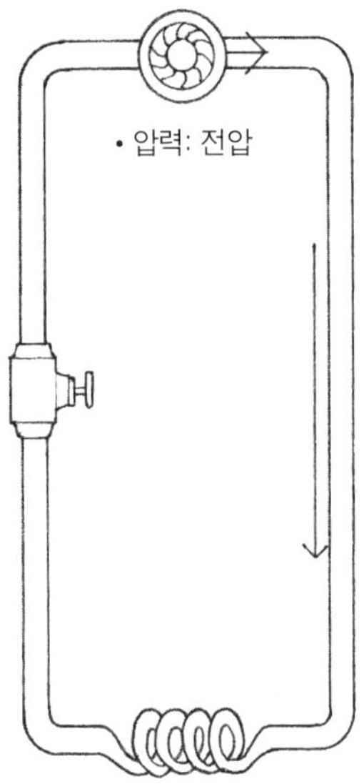

전력

건물의 전기 시스템은 조명, 난방, 전기 설비 및 제품의 운전에 필요한 전력을 제공한다. 이 시스템을 안전하고 효과적으로 신뢰할 수 있게 운행하기 위해서는 건축 법규 및 전기공사규정에 따라 설치해야 한다.

- 볼트(V, Volt)는 전도체의 두 지점간의 전력이 1와트이고, 1암페어의 정전류가 흐르는 두 지점의 전위차이며, 기전력의 SI 단위이다.
- 암페어(A, Ampere)는 초당 1쿨롬의 전류 또는 저항 1옴에 작용하는 1볼트에 의해 발생하는 정상 전류를 나타내는 전류의 기본 SI 단위이다.
- 와트(W, Watt)는 초당 1줄로 쓰며, 1볼트의 전위차 사이에 흐르는 전류 1암페어로 표현되는 전력이고, 전력의 SI 단위이다.
- 옴(Ohm)은 1볼트의 전위차가 1암페어의 전류를 발생시키는 전도체의 저항과 동일하고, 전기저항의 SI 단위이다. 기호: Ω

전력은 일반적으로 전력공급사에서 건물로 공급한다. 아래의 계통도는 건물의 부하조건에 따라 공공 전력공급사가 제공하는 몇 가지 볼트 시스템의 예를 보여준다. 대형 설비는 자체 변압기를 사용하여 보다 경제적이고 고압의 공급전압에서 서비스 볼트로 전압을 낮춘다. 발전기는 비상구 조명, 비상 경보 장치, 엘리베이터, 전화 시스템, 소화펌프, 병원 내 의료기구의 긴급 전력 공급에 필요하다.

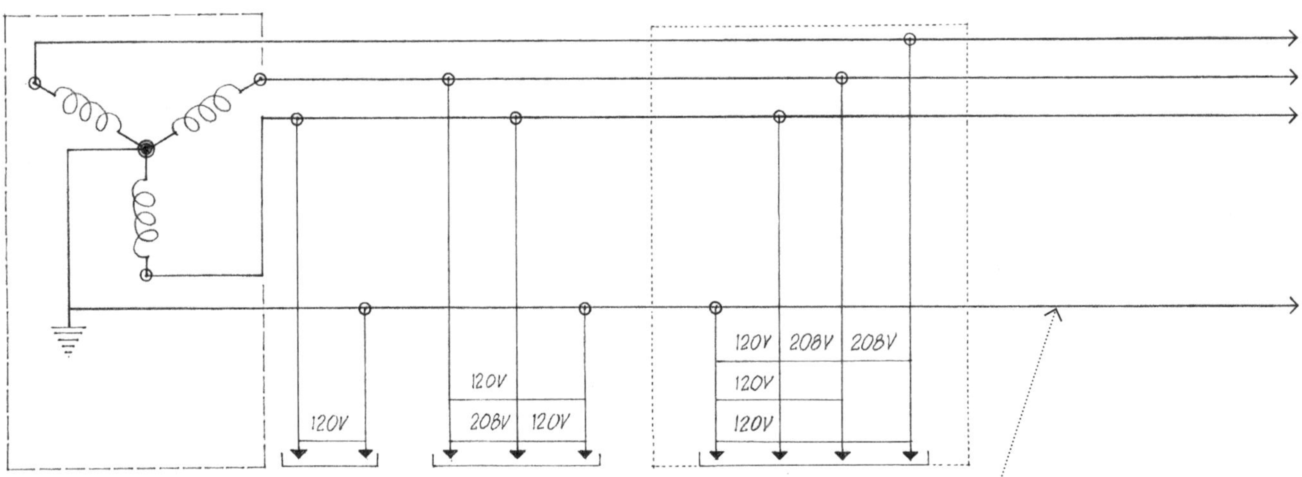

- 공익전력사의 변압기

- 120 V, 단상, 2선식
- 120/208 V, 단상, 3선식
- 120/240 V, 단상, 3선식이 주택에 있어서는 보다 일반적이다.

- 120/208 V, 3상, 4선식
- 이 방식은 대형 설비 외에 높은 전압이 필요한 모든 설비에 사용된다.

- 중성점 접지
- 모든 전기 시스템은 충격이나 전기화재로부터 보호하기 위해 접지되어야 한다.

13. 건축 실무 및 소통방식

건축가의 책임감은 무엇인가?

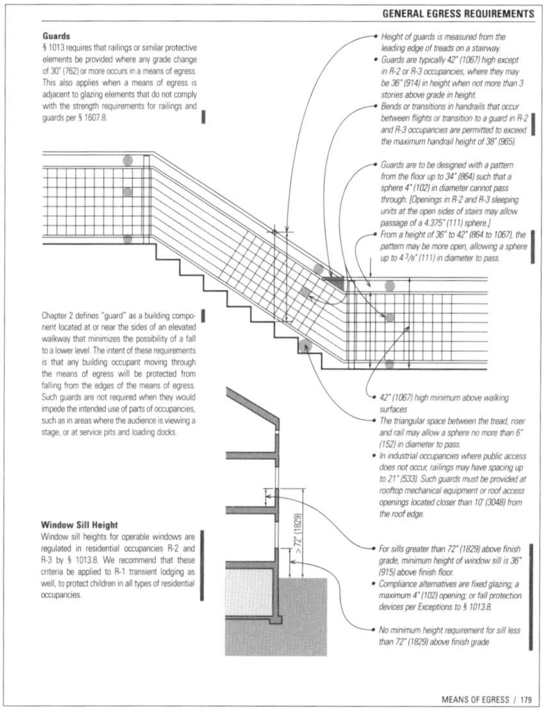

건축가는 건물의 설계 뿐만 아니라 건축 법규를 준수하며 건설 프로젝트를 진행시켜야 할 책임이 있다. 또한 건축가는 지방 자치단체의 감독관과 설계, 기술, 시공 분야의 프로젝트 관계자들을 관리 감독해야 한다. 이과정에서 건축가는 설계와 시공 팀들이 내린 결정이 건축주가 가지는 프로젝트의 방향에서 어긋나지 않도록 건축주의 입장을 옹호한다.

관련된 모든 건축가는 이러한 일들을 수행하기 위해 모든 관련된 팀들과 분명하게 소통해야 한다. 이를 위해서는 특정종류의 도면이 사용된다. 이전의 장에서는 설계 아이디어를 도출해내고 소통하는 도면의 잠재력에 대해 논하였다. 본 장에서는 정확한 건축적 정보를 주고받는 수단으로써 프로젝트를 실현시키기 위해 기술 도안에 관해 논의한다. 이 문서는 프로젝트의 설계와 시공 관계자들이 하나의 공통된 시각적 언어를 통해 프로젝트 건물의 특성과 그 건물이 어떻게 지어져야할지를 명확히 이해하고, 소통할 수 있도록 한다.

이 문서는 시공도면이라고도 불린다. 이는 다음과 같이 사용된다:

- 건축가가 건물의 형태적·공간적 특성을 전달하기 위해 사용한다.
- 구조 기술자가 구조 부재의 배열과 크기를 계산하기 위해 사용한다.
- 기계, 전기, 배관 기술자들은 건축 설비 시스템을 설계하기 위해 사용한다.
- 도급업자가 프로젝트를 실제로 시공하는데 있어 지침서로 사용한다.
- 건축물 준공 감독관이 해당 건물의 지역, 주, 국가, 국제적 범위의 건축법규를 준수하고 있는지 평가할 때 사용한다.

본 장에서는 건축의 법적 의무사항으로써 건축법규를 개략적으로 설명한다. 또한 건축물의 개발과 시공에 관련된 책임자들에게 건축물의 특성을 전달하는 매개체로써 일반적으로 시공 도면에 포함된 다양한 드로잉 방법들을 다룬다.

"건축업자가 타인의 집을 지을 때 견고하게 짓지 않아 결국 집이 무너져 주인이 죽었다면 그 건축업자를 사형에 처한다."

집주인의 아들이 죽었다면, 그 건축업자의 아들을 사형에 처한다.

집주인의 노예가 죽었다면, 건축업자가 노예로써 갚아야 한다.

집주인이 재산상의 손실을 입었다면, 건축업자는 손실액 전액을 보상해야 하고, 그가 집을 견고하게 짓지 않아서 무너졌으므로, 건축업자는 자비로 집을 다시 지어주어야 한다.

건축업자가 타인의 집을 지을 때, 비록 완성되지 않았더라도; 그 집의 벽이 무너질 것 같이 보이면 건축업자는 자비로 벽을 견고하게 만들어야 한다."

함무라비 법전
제 229-233조
(기원전 1780년 경)

건축법규(Building Code)

건축법규는 건축 설계에 지침을 제공하기 위해 항상 존재하는 일련의 한계선들을 제시한다. 이는 광범위한 범주 내에서 건축에 대한 기준을 정하기 위해 존재한다.

건축법규는 건물이 다음과 같은 조건을 만족하도록 한다:
- 거주하기에 안전하다.
- 장애인들이 접근하고 이용할 수 있다.
- 이웃하는 건물들에 의해 형성된 가치, 외관, 용도의 기준에 따른다.

세 개의 모델-코드 기관은 미국에서 널리 쓰이던 세 종류의 건축법을 각각 펴냈다. 건설 공무원과 건축 자재 전문가, 설계 전문가, 그리고 안전 전문가로 구성된 지역 기구는 지역사회와 정부에 균일하게 적용·시행될 표준 건설 기준을 만들기 위해 이 법규들을 발전시켰다. ICBO Uniform Building Code는 주로 미시시피 강 서쪽에서 적용되었으며, 모델 - 코드 중 가장 널리 적용되었다. BOCA National Building Code는 주로 북부 중앙과 북동부의 주에서 적용되었다. SBCCI Standard Building Code는 남동쪽에서 적용되었다. 모델 - 코드 기관들은 합병하여 국제법규심의위원회(International Code Council)를 조직했고, BOCA와 ICBO, SBCCI는 기존의 법규를 출판하고 관리하는 것을 중단했다.

Building Code

웹스터 사전은 건축법규를 이렇게 정의한다: "건축 구조와 공중위생과 같은 문제에 있어 균일성을 보장하고 공익을 보호하기 위해 만들어진 건축 법규는 절차에 대한 규칙과 재료의 규범으로써 공공기관이 제정하며 특정 관할 구역에서 법적 효력을 갖는다."

국제건축법(International Building Code)

기준법은 지난 몇 년간 크게 발전하였다. 1990년대 조반 법규 제작자들의 합의를 통해 만들어진, 포괄적이며 조직화된 국가모델 건축법(national model building code)은 가장 효과적으로 국가에 적용될 것이라고 생각되었다. 또한 이미 존재하는 법규들 간의 차이점을 조화시키는 것은 시간이 오래 걸릴 것이라고 행각했다. 조정 절차를 시작하기 위해, 세 종류의 법규를 개편하여 공통된 형식을 갖도록 했다. 1994년에는 현존하는 세 가지 법규에 포함된 정보를 이용하여 단일한 법규를 만들기 위해, 세 모델-코드 기관의 대표자들로 구성된 국제법규 심의위원회가 조직되었다. 세부적인 요구사항들은 여전히 법규에 따라 달랐지만, 각 법규의 구성은 1990년대 중반에 들어서 근본적으로 통일되었다. 이로써 비슷한 설계 상황에 대해 각각의 법규에서 요구하는 사항을 직접적으로 비교할 수 있게 되었다.

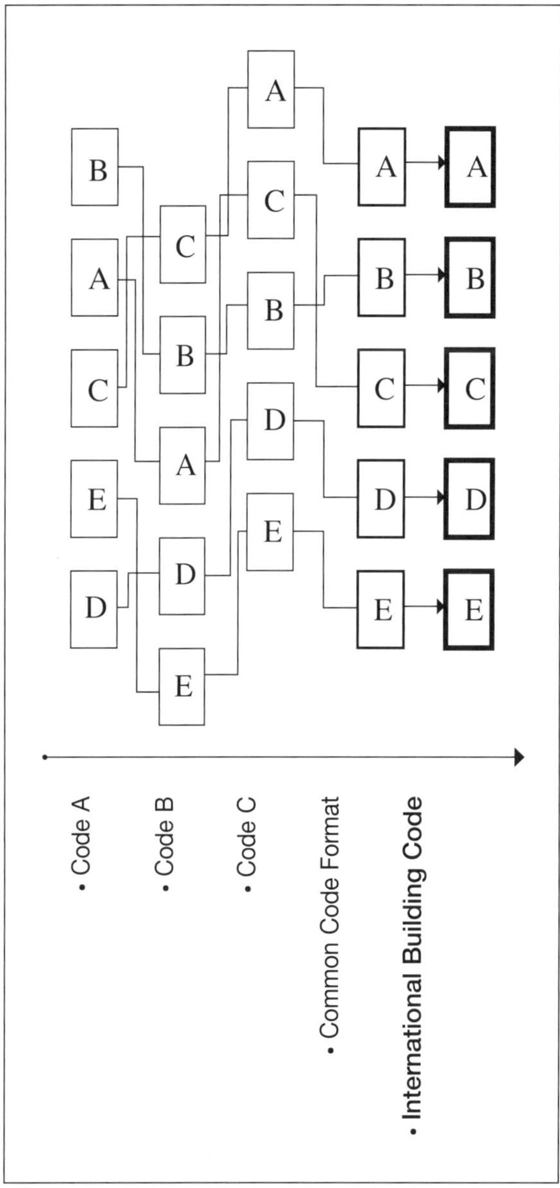

새로운 국제건축법규의 수많은 초안들이 법규를 이용하는 사람들과 모델-코드 기관들에 의해 검토되었다. 이러한 다년간의 검토를 거쳐 국제건축법(IBC; International Building Code)의 원판이 2000년에 처음으로 출판되었다. 지금은 이전의 세 개의 모델-코드 기관의 대표자들로 구성되었으며 워싱턴 D.C.에 본부를 둔 국제 법규 심의위원회가 관리하고 있는 단일한 국가 건축법규가 존재한다. 세 개의 조직은 이제 IBC를 개정하고 관리하는 하나의 기관으로 완전히 통합되었다.

설계자들은 IBC뿐만 아니라 국제주택표준기준(IRC; International Residential Code) 또한 잘 알고 있어야 한다. 이 기준은 서로 떨어져 있는 한 가구 또는 두 가구 주택과 3층 이하의 연립 주택의 건설을 규제하기 위한 것이다. 이는 IBC가 적용되는 관할 구역에서 IBC의 주거에 관한 요건 부분을 대체한다.

또한 대부분의 지방 관할 구역들은 법규를 수정하여 그 지역 내에 적용한다. 예를 들어모델 기준상으로 스프링클러가 선택사항인 많은 관할 구역에서도 화재 스프링클러 시스템을 의무화하도록 개정안을 만든다. 이러한 경우 의무적으로 스프링클러를 설치함으로써 기준법상에서 이루어졌던 설계의 균형이 변화할 수 있다. 설계자는 특정 프로젝트에 어떤 기준을 적용해야 할지 확신할 수 있도록 그 지역에서 무엇이 개정되고 채택되었는지 알아내야 한다.

연방과 국가 건축법(Federal and National Building Code)

지역적으로 채택된 기준법외에도, 설계와 시공 과정에서 고려해야 할 연방정부의 특정한 요구사항이 있다. 이들 가운데에는 1990년의 미국 장애인보호법과 1988년의 연방 공정 주거법이 있다.

미국 장애인보호법(Americans with Disabilities Act)

1990년에 만들어진 미국 장애인보호법(ADA; Americans with Disabilities Act)은 신체적 장애나 몇몇 정의된 정신적 장애를 가진 사람들이 건물에 접근할 수 있도록 만들어진 연방 시민권 제정법이다. ADA 접근성 지침은 건축 및 교통 장벽 개선위원회(ATBCB; Architectural and Transportation Barriers Compliance Board)가 관리하며, 그 규제는 미국 법무부가 맡는다. 법의 집행은 개인 또는 집단이 시민권으로써의 접근권이 침해되었다고 주장하며 제기하는 소송을 통해 완수된다. ADA/ABA의 접근성 지침서로 알려진 ADA의 개정판이 2012년 3월 15일부로 시행되었다.

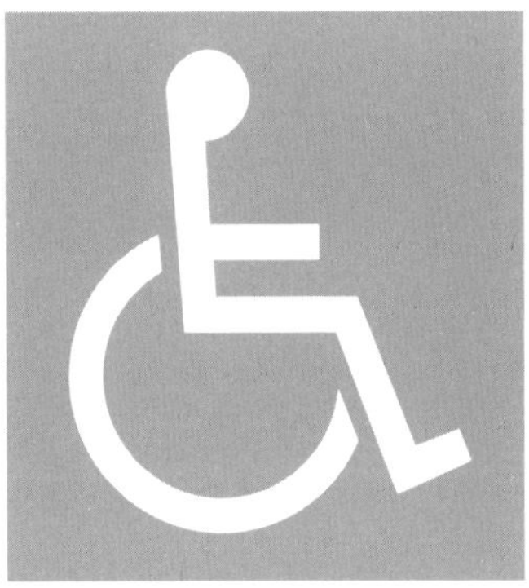

설계자들은 ADA가 지방 건설 공무원의 해석과는 무관하다는 것을 이해해야 한다; ADA는 법정을 통한 소송에 의해 집행된다. 이동성 장애를 가진 사람들 뿐 아니라 장애를 가진 모든 사람들에게 접근권이 보장되어야 한다. 이는 청각장애, 시각장애, 언어장애, 인지장애, 키가 작은 사람들 그리고 휠체어를 타지 않더라도 거동이 불편한 사람들을 모두 포함한다. ADA는 모든 신축 건물에 적용된다. 또한 기존의 건물에서 작업이 용이하게 이루어질 수 있는 경우 건물에서 접근을 막는 장애물을 철거하도록 한다. 경제학적 용어로써 건물의 건축가가 아닌 건물 주인이 고심해야 할 부분이다.

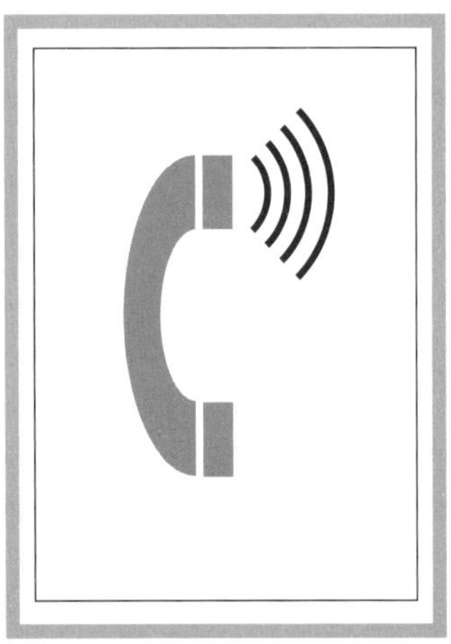

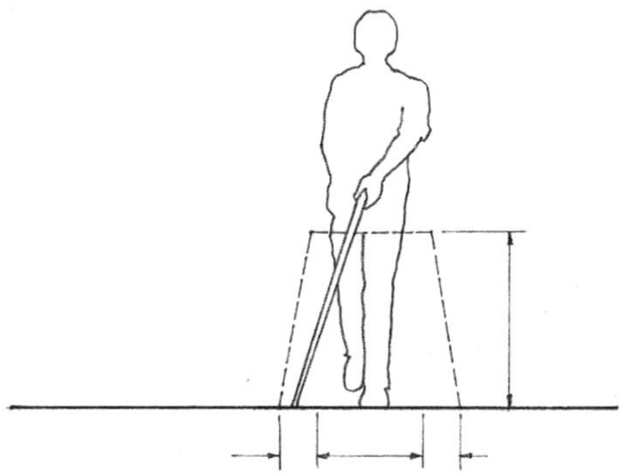

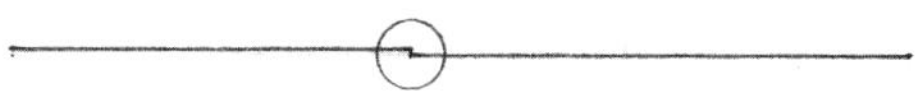

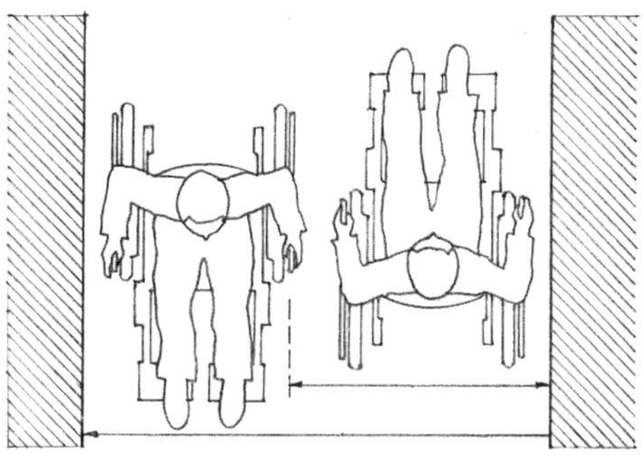

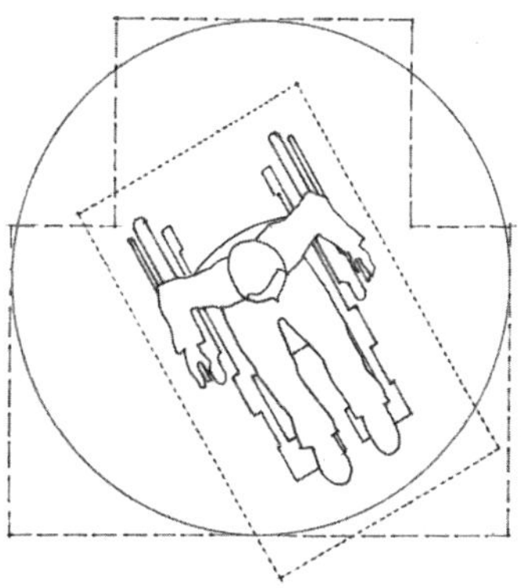

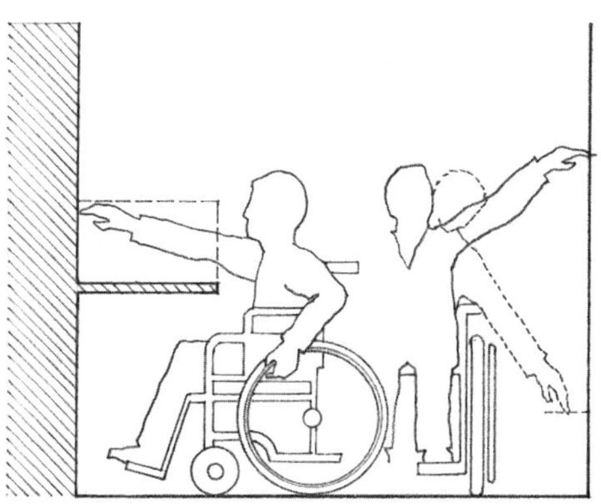

ADA는 리모델링이나 건물의 수선 중에 설비를 개선하는 것 외의 프로젝트에 새로운 것을 장착하도록 하는 몇 안 되는 규정이 아닌 법규인 건물 규제 중 하나이다. 대부분 법규는 수선 시에만 기존의 건물에 적용된다. 다른 리모델링 작업이 있든 아니든 간에 ADA의 적용 하에서 건물 소유자가 용이하게 이루어질 때 건물에 대한 접근성을 개선하도록 해야 한다. 건축가가 아닌 건물 소유자가 이를 결정한다.

ADA는 지방 건설 공무원이 시행하는 것이 아니기 때문에 설계자는 지역적으로 시행되고 허가 절차의 일부로써 해석 · 검토되는 접근성 법규와 기준에 집중해야 한다. 모델-코드와 더불어 ADAAG에 대하여 설계 작업을 검토하는 일 또한 필요하다. 법규과 법률에서 요건이 서로 다를 때 어느 것이 가장 중요한 요건인지는 종종 개인적 판단에 달려있다. 이러한 경우 건축주가 그 차이에 대해 이해하고 어느 쪽 요건이 프로젝트의 해당 설계에 중요하게 작용하는지 능동적인 참여를 하게 하여야 한다.

접근성을 위한 공간 요건은 인체 공학과 관련되어 있다. 더 큰 것이 항상 더 좋은 것은 아니다. 변기와 그 옆에 설치되는 가로대 사이의 거리인 18인치(455mm)는 사람이 팔을 뻗어 닿을 수 있는 거리와 지렛대의 힘에 기반을 두고 있다. 거리가 길어질수록 지렛대의 힘은 감소하고 너무 작은 공간보다 비효율적일 수 있다.

연방 공정 주거법(Federal Fair Housing Act)

1988년 만들어진 연방 공정 주거법(FFHA)은 1991년 3월 13일 이후에 지어진 4가구 이상 모든 주거 단지에 장애를 가진 사람들이 이용할 수 있도록 요구하는 주택 및 도시문제 관리국(HUD; Department of Housing and Urban Development)의 규정을 포함한다. 예를 들어 주거 단지는 지상 층의 모든 가구에 접근할 수 있어야 하고 모든 가구는 경사로나 엘리베이터로 접근할 수 있어야 한다. 많은 주(州)의 주택법 또한 이 요건을 포함한다.

주 건축 법규(State Building Code)

각각의 주는 별개의 독립된 법규 적용 절차를 가지고 있다. 과거에는 많은 주들이 이전에 사용되던 세 개의 건축법 중 하나를 사용했으며 심지어 어떤 주는 독자적인 건축법을 가졌다. 주 모델-코드가 적용된 지역들은 이전의 세 기준법에 영향을 받은 지역과 대략적으로 일치한다. BOCA National Building Code는 미국 북동부에서 우세했다. Southern Building Code는 미국 남동부에서 적용되었다. Uniform Building Code는 미시시피 강 서쪽의 대부분의 주에서 적용되었다. 많은 주에서 법규가 지역적으로 적용되는 것을 허용하였기에 Texas와 같은 주 안에 같은 주 안의 인접한 관할 구역들이 각기 다른 기준법에 근거한 건축법을 적용하였다.

국제법의 출현은 이러한 상황을 완전히 바꾸어놓았다. "I Code"는 기본적으로 모든 주에서 사용하고 있는 기초 기준법이다. 하지만 대부분 주의 절차가 여전히 IBC를 수정하여 적용하는 것을 허가하고 있고 이는 주마다 IBC의 개정안이 있을 수 있다는 것을 의미한다. 허가 단계에서 어떤 법규에 따라 작업하고 있는지 반드시 확인해야 한다.

지역 건축법규(Local Building Code)

많은 지역이 건설부의 지역 사업에 관련된 행정 부분을 제외하고는 기준법을 거의 수정하지 않고 적용한다. Los Angeles, New York City, Chicago, San Francisco와 같은 대도시들은 기준법을 전면적으로 더욱 수정하여 적용한다. 이러한 도시의 법규들은 근본적인 기준법과 비슷하지 않은 경우도 있고기준법에 전혀 근간을 두지 않는 경우도 있다. 대도시의 건설부가 만든변형되지 않는 기준법은 더 적게 고치는 기준법을 사용하는 작은 관할 구역에 비해 매우 특색 있고 획일적이지 않다. 주 레벨에서 IBC를 적용함으로써 대도시의 건축법규가 검토되었고 각 도시의 법규들은 기준법을 점점 더 따르는 방향으로 변해가고 있다. 예를 들어 San Francisco와 Los Angeles는 이전에 UBC에 기반을 둔 주(州)법규를 사용했으며 이는 지금의 IBC에 기반을 두며 지역에 따라 개정된 주 법규로 바뀌었다. 새로운 모델 코드에 부합하기 위해서 도시-법규 개정안을 면밀히 분석할 필요가 있다. Dallas와 New York과 같은 다른 대도시 역시 그들이 속한 주에 IBC를 적용하게 되며 새로운 법규를 개발하게 되었다. 지역적 개정안에 대해 알고 같은 법규라 할지라도 다양한 관할 구역에서 다양한 해석이 나오는 것에 대비해야 한다. 프로젝트가 위치한 관할 구역에서 법규가 어떻게 해석되는지 확인 없이 다른 관할 구역의 비슷한 설계만을 참고하여 설계를 진행시켜서는 안 된다.

기타 법규(Other Codes)

설계자들이 잘 알고 있어야 할 기타 법규는 수없이 많다. 국제건축법(IBC)의 사용자들이 프로젝트 설계 시에 다른 법규들도 참고해야 한다는 것을 상기시키기 위해 기타 법규들을 여기서 간략하게 언급하기로 한다.

이렇게 특수한 규정 가운데 미국 화재 방지 협회(NFPA; National Fire Protection Association)는 인명안전코드(NFPA-101)를 만들었다. 이 법규는 다른 기준법들과 함께 피난 대비를 위한 기반으로 사용된다. 설계자들은 연방 정부의 사업이나 병원 작업을 할 때 NFPA-101과 만나게 된다. NFPA는 이 외에도 다른 기준법들과 함께 적용되는 다양한 기타 법규들을 만들었다. 대표적인 예로는 화재 스프링클러의 설치를 담당하는 NFPA-13과 미국 전기공규정(National Electirc Code)인 NFPA-70이 있다.

최근 미국 화재방지협회(NFPA)는 국제건축법에 필적할 새로운 기준 건축법 NFPA 5000을 개발했다. 이 규정의 개발은 "I" 법규에 대한 대안을 제시한다는 점에서 의의가 있다. NFPA 5000은 지금까지 극소수의 관할 구역에서 적용되었다. 몇몇 관할 구역은 국제 법규 계열과 NFPA 계열의 규정 중 한 가지를 적용하는 방향으로 갈 수 있고, 심지어는 각각의 일부분을 적용할 수도 있다. 그렇기 때문에, 설계자는 프로젝트가 위치한 곳에서 관계기관(AHJ)-건물에 관련된 계획, 조닝, 소방, 건물 공무원 등을 모두 포함하는 광범위한 개념-이 어떤 기준법을 적용하는지 상세하게 확인해야 한다.

소방법은 일반적으로 유지 · 관리 법규로 간주된다. 이는 구조물을 매일매일 사용함에 있어 공중위생과 안전을 보장하기 위한 것이다. 또한 건물의 생명안전 시스템이 긴급 상황에서 반드시 가동될 수 있도록 한다. 다양한 기준법의 기관들이 이 목적을 위해 기준 소방법을 개발했다. 이 소방법은 주로 소방대의 조언을 바탕으로 개발되었으며 설계 전문가들의 의견은 상대적으로 덜 반영되었다. 하지만 소방법은 건물 설계에 큰 영향을 미칠 수 있다. 규정에는 소방차의 진입, 소화기의 위치와 간격, 그리고 스프링클러와 건식 또는 습식 소화전에 대한 요구사항 등이 포함된다. 소방법은 또한 소방 설비가 구조물에 접근하기 용이한 정도에 따라 추가적인 소방 시설을 설치하도록 정하기도 한다.

배관법은 다양한 용도의 건물에 따라 필요한 배관 기구의 수를 지정한다. 어떤 법규에서는 이 정보를 건축 법규 내에 싣고 몇몇은 배관법에 또 어느 부분은 법규상의 요구사항이 적용되는 곳을 지역별로 결정하도록 부록에 싣기도 한다. 설계자는 지방 정부 당국이 어느 단계로 법률을 적용했는지 알아내야 한다. 필수로 설치해야 하는 배관 기구의 수를 결정하는 것은 설계의 중요한 고려사항이다. 이 때 적용된 표를 사용해야 하며 건축법규상의 표를 토대로 자동적으로 추정해서는 안 된다.

관리 기준(Standard of Care)

설계자들은 법규이라는 것이 설계와 시공 팀을 만족시켜야 할 법적·윤리적 최소한의 기준임을 항상 기억해야 한다. 건강과 안전, 복지를 보장하는 것이 최소한의 기준 목표로 하는 바이다. 등록된 설계 전문가들은 법적·윤리적 선례들에 의해 최소한의 법규보다 훨씬 높은 기준을 유지하게 될 것이다.

이른바 말하는 "관리 기준(Standard of Care)"이란, 전문가가 만족시켜야 할 서비스의 품질 정도를 정의하는 법적 용어이다. 이는 법규에 의해 설정된 최소 기준보다 높다. 법규는 전문가가 반드시 확보해야 하는 기준이다. 전문적 작업에는 자체적인 판단이 포함되기 때문에 설계 전문가에게 있어 완벽함은 기대되지 않는다. 관리 기준이란 개개인의 설계자에게 동일한 상황에서 동일한 정보가 주어졌을때 어떤 전문가라도 취하는 행동을 정의한 것이다. 이는 상대적인 척도이며 절대적인 것은 아니다.

생명 안전(Life Safety) vs. 재산 보호(Property Protection)

건축법규개발의 근거는 공공의 건강과 안전, 복지를 보호하는 것이다. 건축 법규의 첫 번째이자 가장 중요한 목표는 구조물의 붕괴나, 건물의 생명 안전 조항의 실패로부터 인간의 생명을 보호하는 것이다. 법규의 요구사항에는 재산을 보호해야 한다는 강력한 요소 또한 포함되어 있다. 스프링클러 조항은 두 가지 목적 모두에 부합된다. 건물에 사람이 거주할 때 스프링클러는 화재를 억제하거나 진압하여 거주자들이 탈출할 수 있도록 한다. 또한 스프링클러 시스템은 건물에 사람이 거주하지 않을 때 화재가 발생 해도 건물이 손실되는 것을 막아준다. 많은 시스템들이 생명 안전과 재산 보호 기능 양쪽의 기능을 모두 수행하는가 하면 법규 개발자들은 재산 보호보다 생명 안정 문제에 더욱 신경을 써야 한다. 예를 들어, 건물에 외부인이 침입하는 것을 막는 보안 장치는 생명 안전을 해할 수 있다. 이 대표적인 예가 지상층 창문의 외부에 설치되는 방범창인데 보안을 유지하는 동시에 거주자들이 내부에서 탈출할 대피로가 없어 긴급 상황이 발생했을 때 이 방범창 때문에 거주자들이 건물에 갇힐 수가 있다. 어떤 경우에서도 재산 보호가 생명 안전보다 중요할 수 없다.

투영 도면(Multiview Drawings)

투영도는 우리가 흔히 말하는 평면, 입면, 단면 등을 일컫는다. 화상면에 직각으로 투영되어 보이는 사물이나 구성의 한 부분이다. 이렇게 투영된 모습은 하나의 개념도이며 실제 우리의 시각이 인지하는 내용과는 차이가 있다. 이것들은 개념적으로 우리가 인해하고 있는 사물이나 구성의 형태이지, 실제로 공간상의 어느 위치에서 보는 내용이 아닌 것이다. 따라서 관찰자가 보는 공간상의 위치에 대한 사항은 도면 표현에 밝히지 않으며, 단지 무한대로 먼 위치에서 관찰된 모습이라는 이론적 개념만 있을 뿐이다.

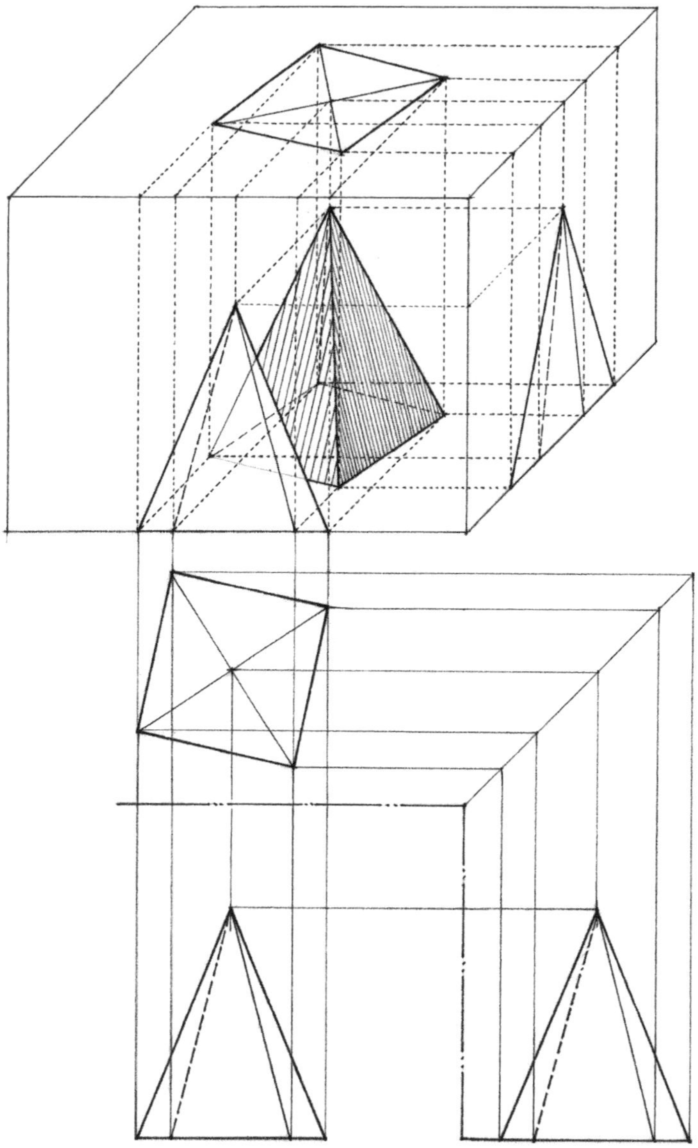

정투영법에서는 투영선들이 화상면과 직각으로 만나는 것을 전제로 한다. 따라서 그리고자 하는 대상에서 화상면과 평행한 부위는 그것의 크기, 형태, 구성 등이 실제의 것과 동일하다. 이것은 곧 투영도의 근본적인 장점이 된다. 정확한 위치의 점과 길이와 치수, 선의 각도, 형태의 모습과 범위 등을 있는 그대로 도면에 옮길 수 있는 것이다.

디자인을 하는 과정에서 투영도들은 2차원상의 도면 위에 사물을 2차원 단위로 전개 해주어, 구성을 이루는 모든 부위의 조화와 정확한 비례관계를 분석할 수 있게 해준다. 그리고 정확한 구성물의 치수와 배치, 그리고 모든 구성을 계획할 수 있는 여건을 제공함으로서, 투영도들을 통해 디자인 결과를 설명하고 이해시키며, 사물을 제작할 수 있게 돕는 중요한 시각적 의사소통 수단이 된다.

그러나 하나의 투영도는 어떤 사물이나 구성물의 일부분의 정보만을 담고 있다. 또한 3차원의 현실을 2차원으로 나눠 납작한 상태로 보여줌으로서 근본적으로 투영도들로부터는 입체감을 얻기 부족하다. 평면, 단면, 입면 등의 입체감과 공간의 깊이는 도면 표현상에서 선의 위계체계와 명암 표현에 의존할 수밖에 없는 것이다. 하지만 한 투영도에서 입체성이 감지되면, 다른 각도의 모습을 봄으로써 확실하게 알 수 있다. 그러므로 사물의 정확한 이해를 위해서는 독립된 일련의 투영도들로써 공간에 존재하는 3차원물의 형태와 구성을 전달하여야 한다. 즉, 하나의 투영도는 여러 투영도들의 일부일 뿐이다.

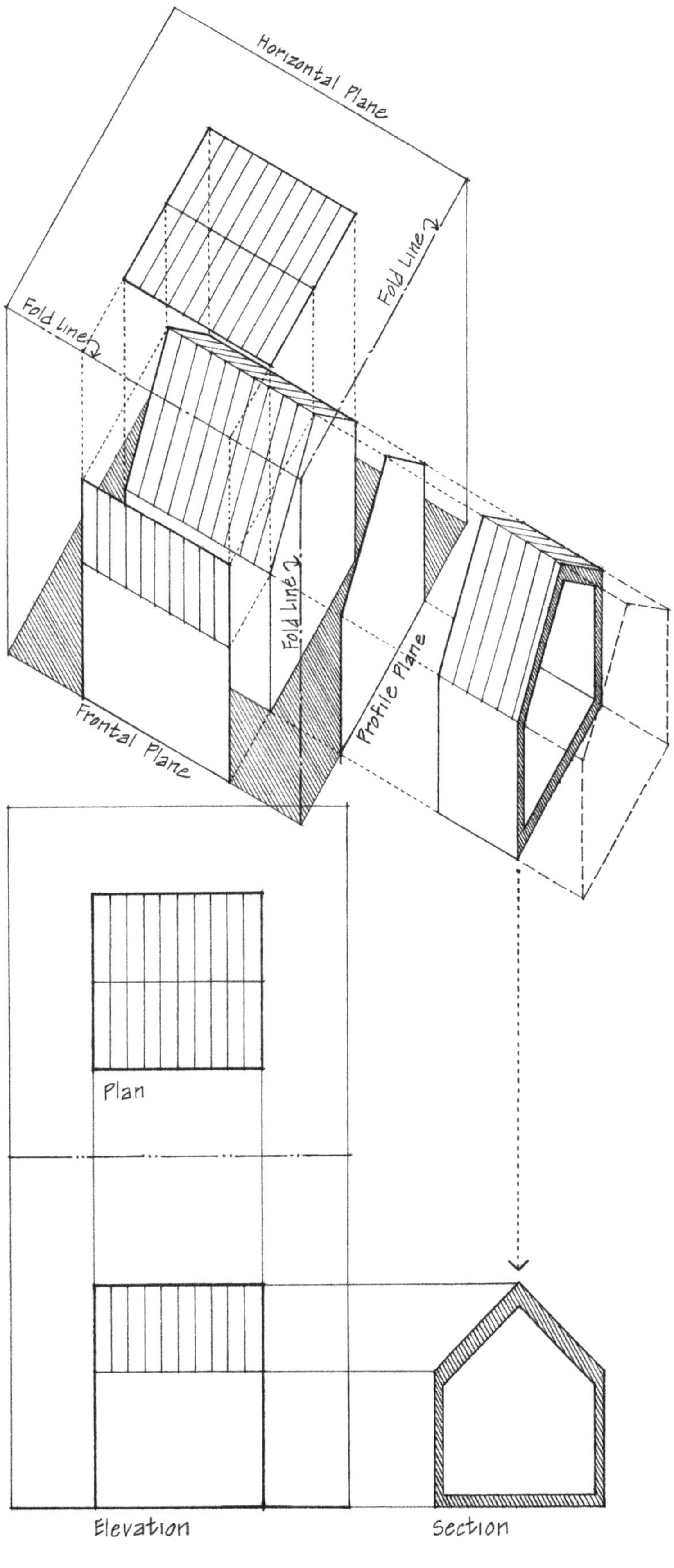

투영도(Orthographic Views)

사물이 화상면으로 만들어진 상자 안에 있다고 가정했을 때 이 상자를 이루는 각 면들은 사물을 관찰하는 기본적인 방향을 제공한다. 이 화상면들에 맺히는 각각의 투영도들에 의해 사물을 기본적으로 다른 방향에서 보는 모습들을 얻을 수 있고, 그 사물의 디자인을 발전시키고 시각적으로 전달하는 기본 틀이 된다.

기본 화상면

서로 직각으로 만나는 관계를 형성하고 사물의 모습들이 직각으로 투영되는 화상면들을 기본 화상면이라고 한다.

수평화상면

사물을 수평으로 자르거나 위에서 본 평면이 직각으로 투영되는 화상면을 수평화상면이라고 한다.

정화상면

사물의 주요 입면이나 정면이 직각으로 투영되는 화상면을 정화상면이라고 한다.

측화상면

사물의 측면이나 다른면이 직각으로 투영되는 화상면을 측화상면이라고 한다.

접선

두 개의 화상면이 직각으로 만나 생긴 선을 접선이라고 한다.

자취선

두 면이 만나서 이루는 선을 자취선이라고 한다.

기본 도면

기본 투영도들은 평면, 입면, 그리고 단면이다.

평면

기본 화상면 중 수평화상면에 사물이 직각으로 투영되어 얻어진 도면을 평면이라고 한다. 건축 평면들 중에는 건물이나 대지를 이해하기 위해 여러 가지 종류의 평면들이 있다.

입면

기본 화상면 중 정화상면이나 측화상면과 같은 수직으로 위치한 화상면에 사물이 직각으로 투영되어 얻어진 도면을 입면이라고 한다. 입면을 정면, 측면, 배면 등일 수 있고, 사물을 어떻게 배치하여 관심 있는 면을 화상면 쪽으로 향하게 하느냐에 달려있다. 건축 도면에서는 입면들을 나침반의 방향에 따라 명칭하거나 대지의 특성을 반영하여 명명한다.

단면

투영도면 중 화상면에 의해 사물의 어느 한 부분이 잘려나간 모습을 그 화상면에 직각으로 투영 하여 얻어진 도면을 단면이라고 한다.

투영도의 배치

3차원 사물의 쉽고 논리적인 이해를 위해 투영도들을 질서 있고 논리적으로 배치해야 한다. 이것을 위한 가장 보편적인 방법은 제 3각 투영법에 의한 화상면들로 투영된 것을 전개하는 것이다.

각 면에 투영시킨 후 모든 접선들을 따라 한 면을 이루도록 펼쳐 놓는다. 윗면에 투영된 평면도는 정면도 위로 펼쳐지게 되고, 측면도는 수평으로 펼쳐지게 된다. 결과적으로, 서로 위치상 연관된 투영도들이 접선을 경계로 배치된다.

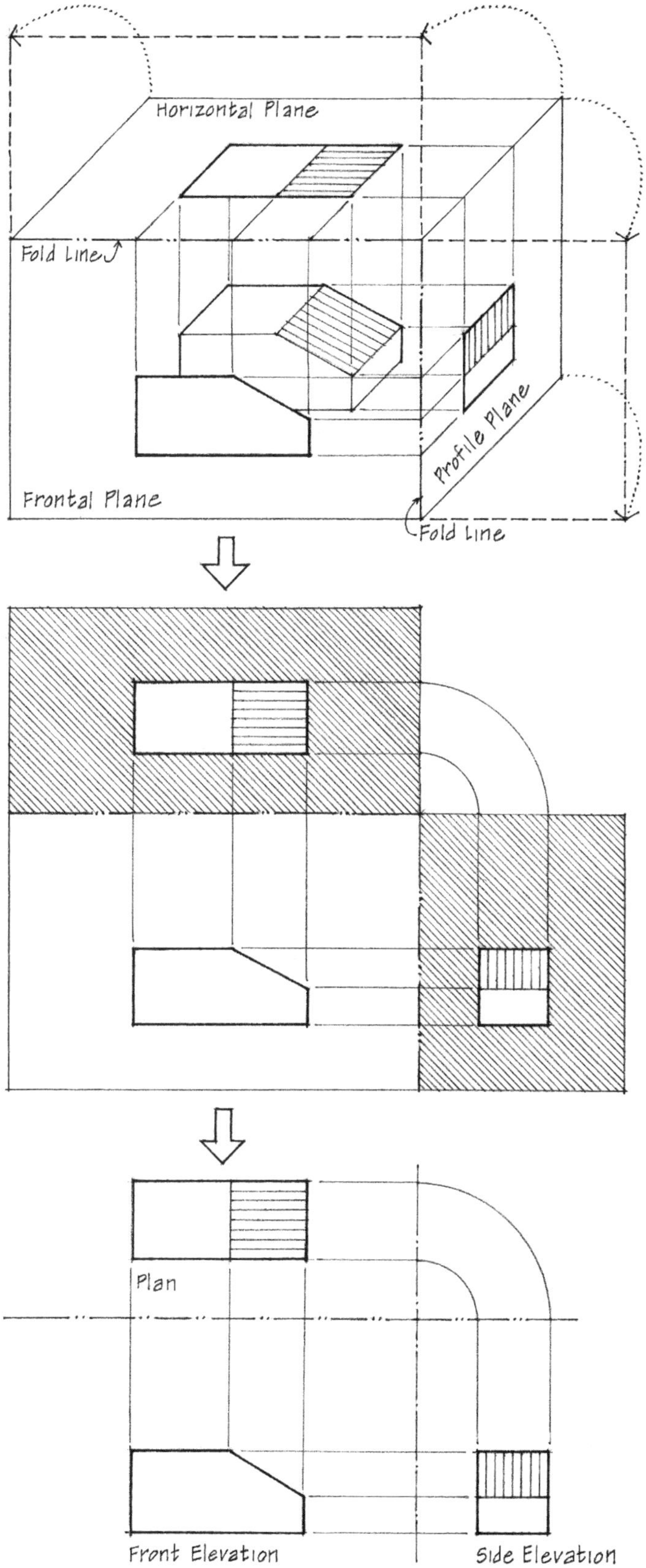

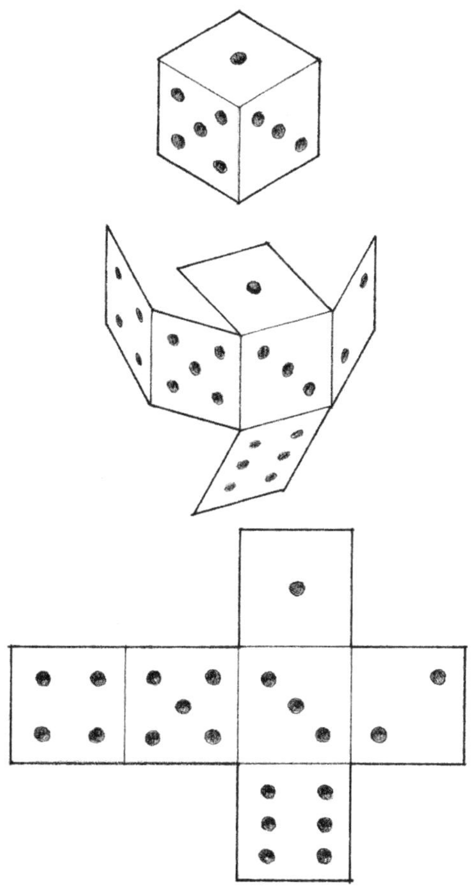

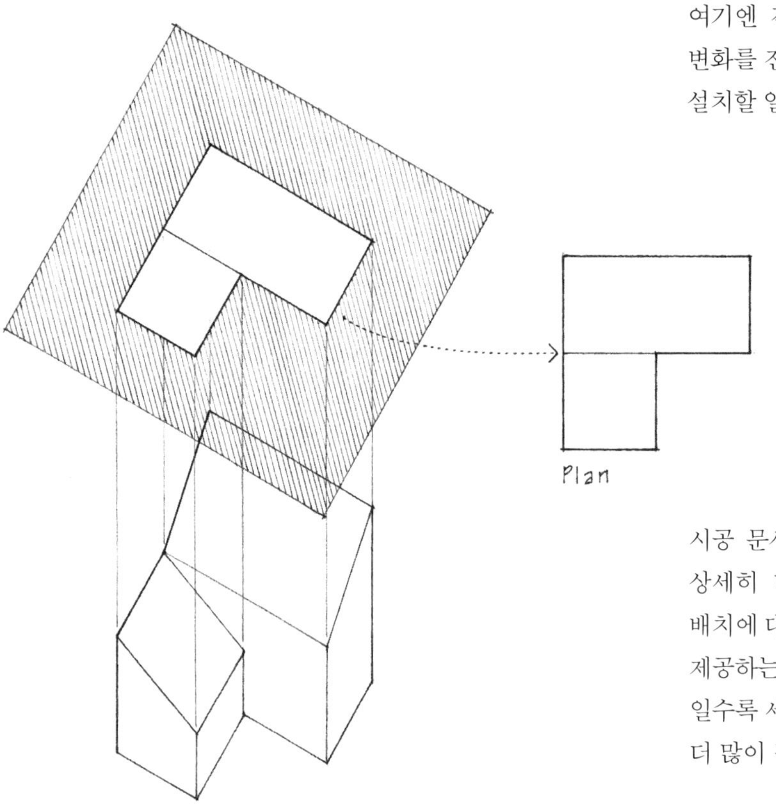

표준 시공 문서는 앞서 나열한 도면들을 종류별로 포함한다. 여기엔 건물 각 층의 평면, 지붕 평면, 배치도, 공간적 배열의 변화를 전달하는데 필요한 단면, 모든 외벽의 입면, 그리고 부재를 설치할 일정과 조립 · 시공 기술을 전달하는 상세도면이 포함된다.

시공 문서는 또한 MEP 기술자들이 설비 시스템의 설치에 대해 상세히 다루는 도면과 구조 기술자들이 구조 부재의 크기와 배치에 대해 다루는 도면을 포함하며 종종 조경사나 도시공학자가 제공하는 대지 정보를 담기도 한다. 더 크거나 복잡한 프로젝트일수록 세부사항을 전달하기 위해 이를 진행하는데 필요한 도면이 더 많이 필요하다.

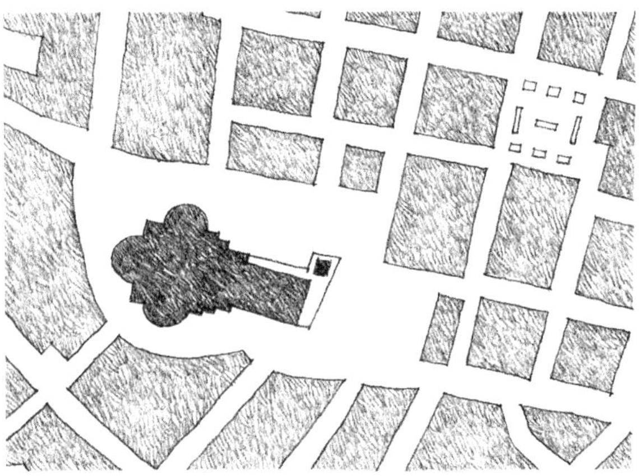

평면도

수평 화상면에 정투영된 이미지를 작도한 것이 평면도이며, 대개 실제 축척에 의해 제작된다. 평면도는 대개 어떤 사물이나 건물, 경치 등을 위에서 내려다 본 개념이다. 화상면과 평행한 것의 치수, 형태, 비례는 실제 그대로 도면에 나타난다.

평면도는 3차원 형태의 복잡함을 2차원상의 간단한 내용으로 나타낸다. 즉, 너비와 길이는 표현되어도 높이는 나타나지 않는다. 이러한 평면의 수평적 요소는 평면도의 장점이자 단점이다. 흥미롭게도 평면도가 소실점에 의한 투시도보다 훨씬 제작하기 쉽지만, 추상적이고 개념적인 평면도를 쉽게 이해하기 어려울 때가 많다. 그것은 평면도가 우리가 실제로 경험하는 시점에서의 모습이 아닌, 공중에서 내려다보는 개념을 사고의 눈으로 보기 때문이다.

평면도에서는 이렇게 몇 가지 3차원 사물에 대한 사항들이 생략되어 있으므로, 수평적인 측면의 구성과 눈으로 보이거나 상상할 수 있는 패턴 등을 집중하여 나타낼 수 있다. 그것은 곧 구성물 간의 관계, 사물의 형태, 실내외의 공간, 또는 큰 개체의 일부분 일 수도 있다. 이 때에 평면도는 우리 머리 속에 존재하는 세상을 보는 지도가 되며, 생각과 아이디어의 전개도가 되는 것이다.

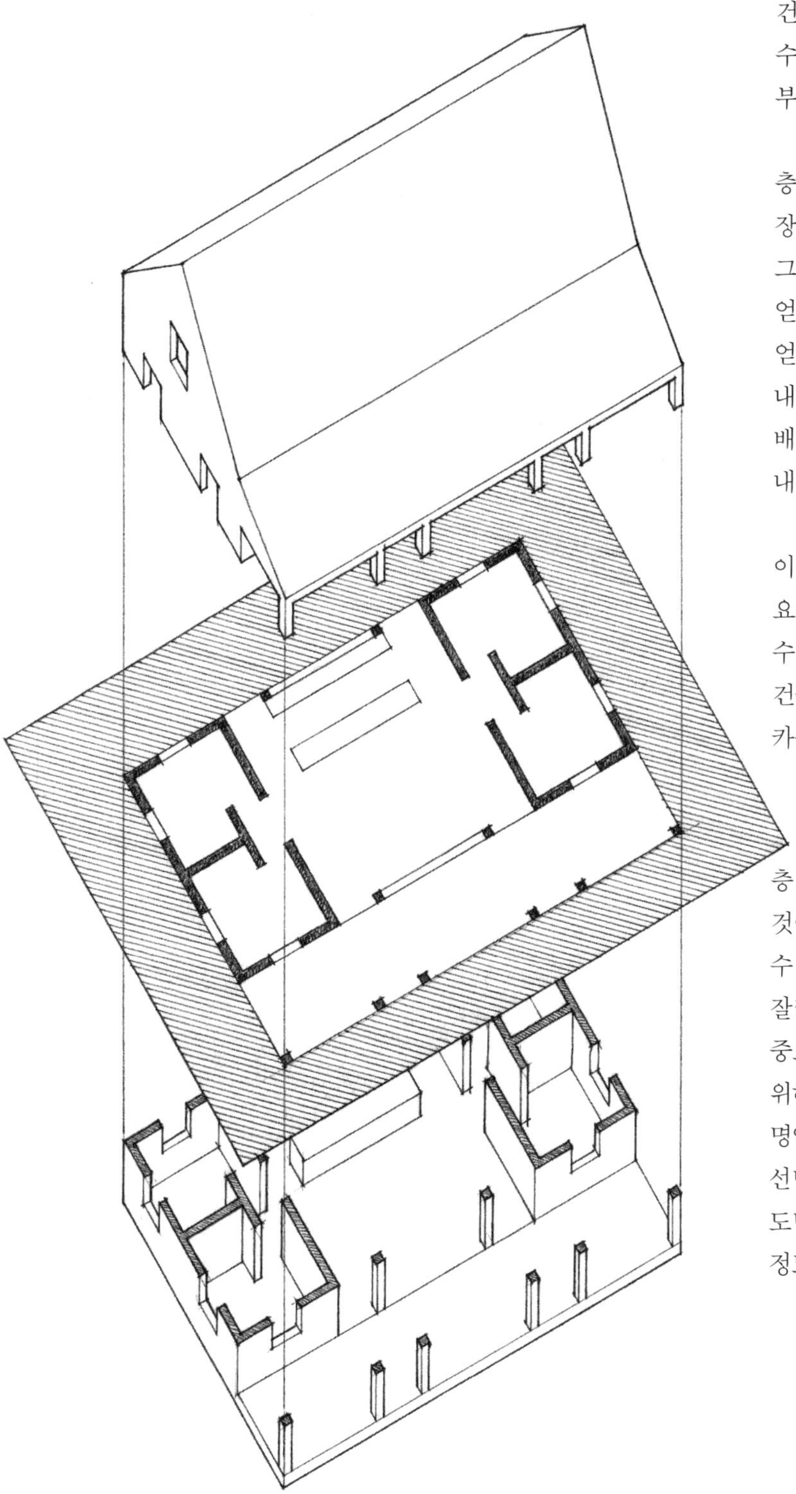

평면도

층 평면도는 건물의 수평 단면도로서, 화상면이 수평으로 건물을 절단하여 들여다 본 것이라고 할 수 있다. 즉, 수평면으로 절단하여 잘린 건물의 상부를 제거하고 남은 부분을 내려다보는 것이다.

층 평면도는 건물의 실내를 자세히 볼 수 있는 특유의 장점을 갖고 있다. 한 건물의 수평적 구성요소들의 관계와 그것들이 이루는 패턴들 등 건물 안을 걸어 다니면서 얻는 경험으로는 파악하기 힘든 내용들을 층 평면도에서 얻을 수 있다. 그리고 건물은 이 수평 화상면에 건물 내부의 벽들과 기둥들, 공간의 형태와 치수, 창문과 문의 배치형태, 그리고 공간과 공간의 연결 부위들, 그리고 내부와 외부의 연결과정 등 건물의 대부분이 노출된다.

이렇듯 수평 화상면은 건물의 벽, 기둥 등의 모든 수직요소들과 모든 문, 창문 등을 나타낼 수 있다. 대게 이 수평면은 바닥으로부터 약 120cm 정도 높이를 자르지만, 건물의 특징에 따라 달라질 수도 있다. 이 밖에 바닥, 책상, 카운터 등의 건물 내 수평면들도 층 평면도에 나타난다.

층 평면도를 읽을 때 중요한 것은 허공과 물체를 구별하는 것이며, 따라서 사물에 의한 공간의 경계를 쉽게 이해할 수 있어야 한다. 그러므로 평면도에서 수평면에 의해 잘려나간 부위를 시각적으로 확실하게 구별시켜주는 것이 중요하다. 또한 공간의 깊이와 사물의 높이를 나타내기 위하여 선의 위계질서는 필수적으로 필요하며, 때로는 명암 표현을 통해 표현할 수도 있다. 이러한 기법들의 선택은 사용되는 축척과 그리는 도구에 따라 다르며, 도면상에서 빈 공간과 사물의 대조를 나타내고자하는 정도에도 달려있다.

평면의 단면

다음 도면들은 선들의 위계질서에 의해, 수평으로 잘린 것으로 표현된 건물의 수직 요소들이 시각적으로 강조 된 예를 볼 수 있다. 그리고 기타 건물 내 구성물들의 깊이 또한 느낄 수 있다.

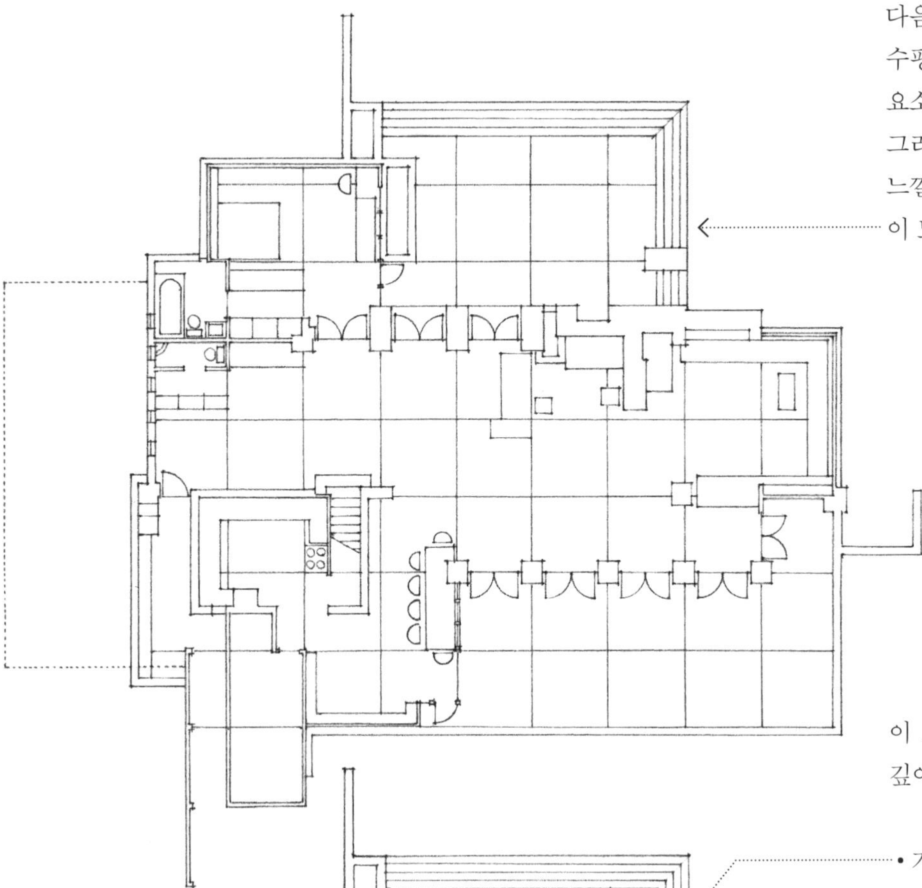

이 도면은 한 가지 선의 굵기로 표현되었다.

이 도면은 선의 위계질서를 활용하여 공간의 깊이를 표현하고 있다.

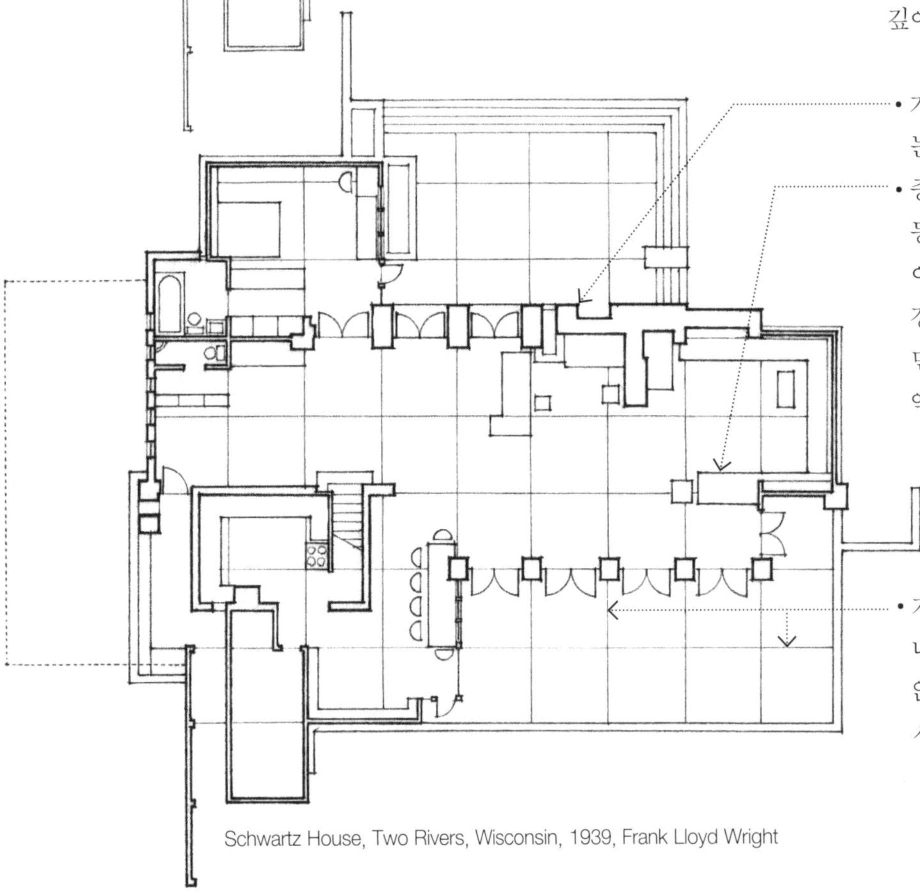

- 가장 굵은 선은 잘려있는 벽면과 같이 보는 눈으로부터 제일 가까운 물체들이다.
- 중간단계의 선들은 창턱, 핸드레일, 카운터 등과 같이 면들이 접힌 모서리를 나타낸다. 여기에서, 그 깊이가 깊을수록 선의 표현이 강해야 한다. 즉, 수평 화상면과 거리가 먼 면들일 수록 그것을 나타내는 선의 굵기가 약해야 한다.
- 가장 섬세한 선들은 표면상에 있는 선들을 나타낸다. 이들은 형태의 변화를 나타내지 않으며 평면의 바닥면이나 수평면에 있는 시각적인 패턴이나 질감 등을 나타낸다.

Schwartz House, Two Rivers, Wisconsin, 1939, Frank Lloyd Wright

채우기 (Poche)

선과 톤(Tone)을 써서 작된 도면에서는 잘려나간 부위의 강한 대조를 위해 칠을 하는 것이 보통이다. 이렇듯 도면에서 벽체, 기둥 등 잘려나간 물체를 나타낼 때 칠을 하여 구별하는 것을 채우기(Poche)라고 한다.

대개 작은 축척의 평면에서 잘린 물체를 눈에 띠도록 칠하여 채우는 것이 보통이다. 그다지 강한 대조가 필요하지 않을 경우, 중간 톤으로 채워 잘린 물체의 형태 나타내기도 한다. 특히, 큰 축척의 도면에서 모든 잘린 벽체들이 검게 채워져 있을 경우, 시각적으로 너무 무겁고 대조가 지나쳐서 다른 상세한 정보들이 상대적으로 가려져 눈에 안 띌 수도 있으므로 주의해야 한다. 그러나 바닥의 무늬나 실내 가구 등의 표현으로 인해 전체적인 도면의 밀도가 높아질 경우, 필요에 따라 벽체가 눈에 더 띠도록 잘린 면을 상대적으로 더 진하게 채울 수도 있다.

채우기 기법은 채워진 것과 빈 것 간의 표현을 통해 형태—배경의 관계를 성립시킨다. 수평으로 잘려나간 물체들이 '형태' 로 보이게 되고, 그것을 에워싸고 있는 공간들은 '배경' 이 되는 것이다. 이와 반대로 주어진 공간들을 강조하여 '배경' 이 아닌 '형태' 로 보이게 하려면, 공간들을 채워서 표현할 수 있다.

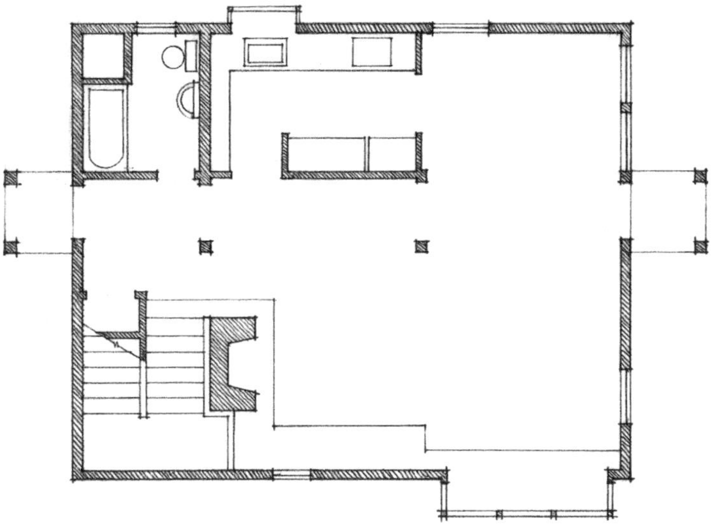

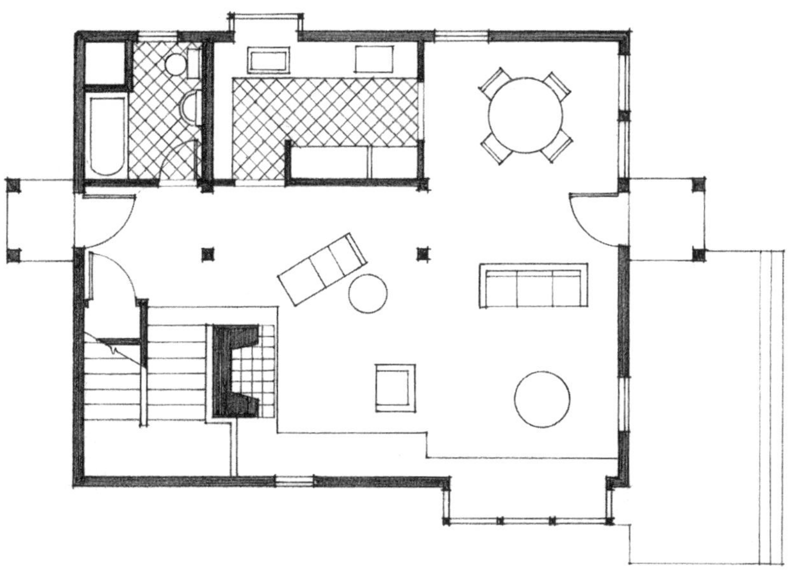

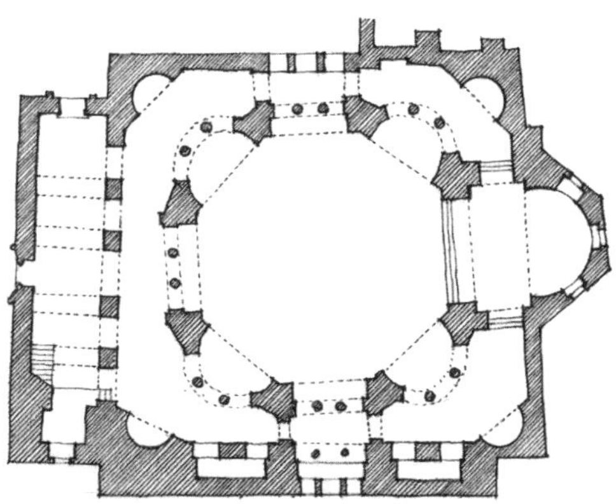

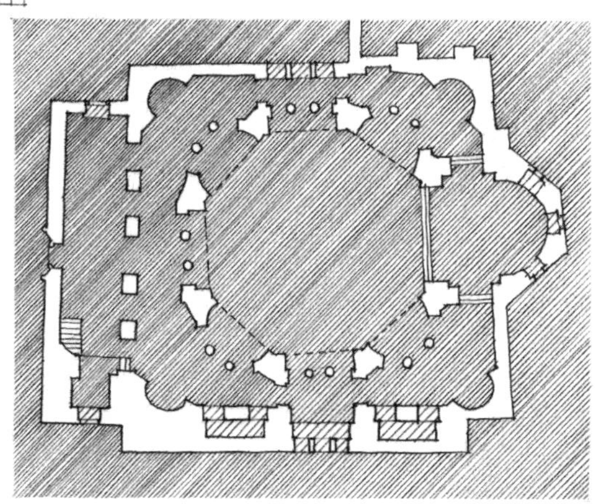

문과 창문(Doors and Windows)

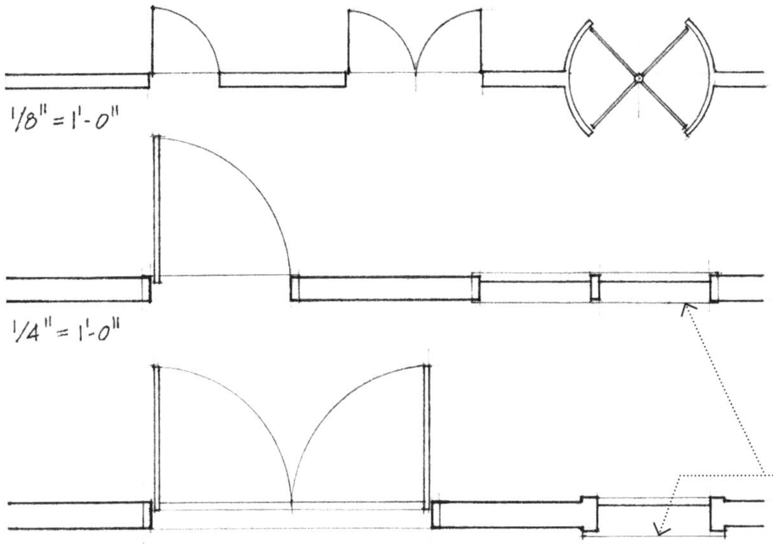

문의 형태는 평면에 나타낼 수 없다. 따라서 경우에 따라 입면도에 의지할 수밖에 없다. 그러나 평면에서는 문의 개구부 치수와 어느 정도의 문틀, 여닫이나 미닫이문의 열리는 범위, 문을 여닫게 하는 장치 등을 나타낼 수는 있다. 예를 들어, 보통 벽으로부터 직각으로 열려있는 문을 도면에 나타내고 옅은 선을 이용해 문의 궤도를 1/4원으로 표시한다.

창문의 형태 또한 평면에 나타낼 수 없다. 그러나 평면에 창문의 위치와 창문의 폭, 어느 정도의 창틀과 창살 정도는 나타낼 수 있다. 그리고 평면을 자르는 수평면 밑에 위치한 창턱의 모습과 유리의 단면 등은 표현 되어야 한다.

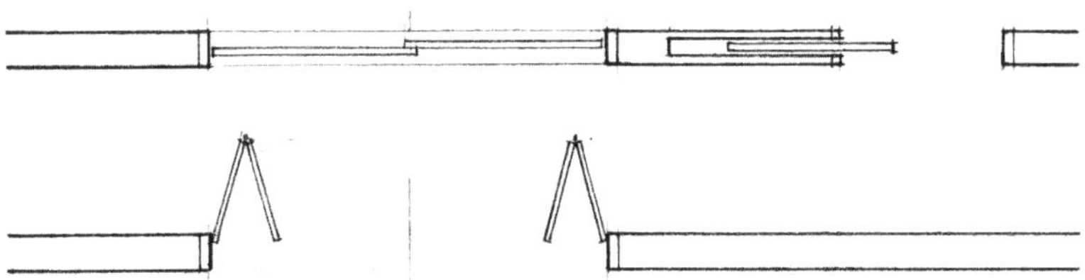

계단(Stairs)

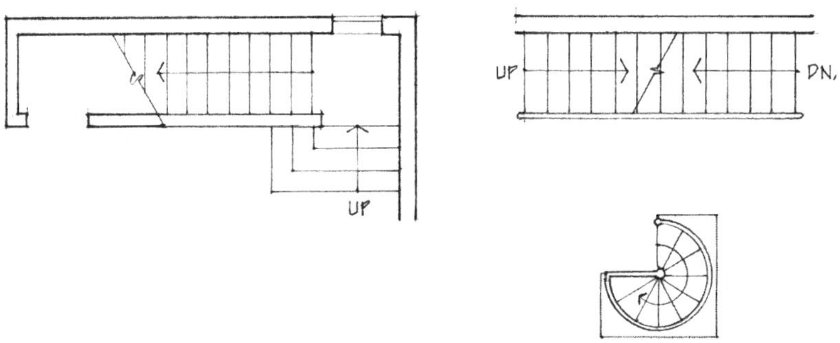

타낼 수 있다. 이 때 각 디딤판들과 혼돈되지 않도록 사선으로 계단이 잘린 상태를 표시한다. 여기에 화살표로써 보고 있는 평면에서 올라가거나 내려가는 방향을 표시해준다. 평면을 자르는 수평면 위의 요소 중에 끊긴 선을 사용하여 계단이 진행되도록 열린 천정부위 등을 표시한다.

평면을 자르는 수평면 위 또는 아래의 요소들

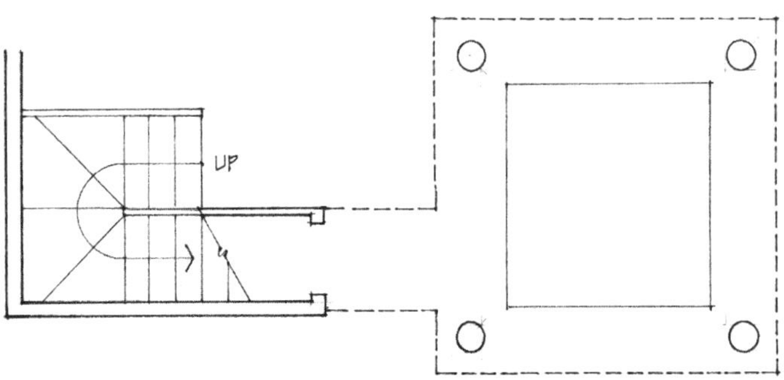

끊긴 선은 도면에 나타나야할 주요 건축적 요소들 중에 평면을 자르는 수평면 위에 위치한 요소들을 표시할 때 사용한다. 예를 들어 높은 공간의 낮은 천정부위, 천정의 뚫린 부위, 노출된 보, 천창, 지붕 돌출부위 등이 있다. 끊긴 선은 또한 불투명한 물체로 가려져 안보이지만 도면에 표시되어야 하는 부분들을 나타낼 때 쓴다. 관례적으로 길게 끊긴 선은 위에 있어 보이지 않거나 의도적으로 어떤 물체를 옮겨 없앤 경우를 표시할 때 쓰고, 짧게 끊긴 선 또는 점선은 어떤 물체가 눈에 보이는 위치에 있으나 다른 것에 의해 가려져있는 경우를 표시할 때 쓴다.

도면의 방향

도면을 보는 사람들이 도면 속 건물의 방위를 알게 하기 위하여 도면에 방위표를 표시한다. 그리고 보통 평면의 상부가 북쪽을 향하게 지면에 배치한다.

도면의 수직 축이 북쪽으로부터 45° 이내로 서쪽이나 동쪽으로 기운 경우, 북쪽과 가까운 수직 축의 상단을 북으로 가정하고, 입면도의 명칭을 예를 들어 장황하게 '북북서측 입면도'와 같이 호칭하지 않고, '북측 입면도'로 호칭한다.

또한 가능하면 실내로 진입하는 입구의 방향이 지면의 위쪽을 향하게 도면의 방향을 정하는 것이 좋다. 상세 평면도가 전체 평면도의 일부일 때, 두 평면도들이 지면에서 향하는 방향이 일치하도록 하고, 이후 모든 평면들은 이 방향을 가능한 한 따르도록 한다.

도면의 배치

여러 층을 갖은 건물의 평면도들을 배치할 때에는 서로 수직이나 수평으로 나열하여 배치한다. 수직으로 배치할 경우 가장 낮은 층이 하단에 오게 순서대로 배치하고, 수평일 경우 낮은 층을 왼편에 두어 좌에서 우로 읽을 수 있도록 배치한다.

위의 두 방법으로 배치할 경우 이들을 쉽게 읽을 수 있고, 순차적으로 건물을 접근하도록 도와준다.

1층 또는 진입 층은 건물 입구 주변의 관계되는 외부 공간들, 예를 들어 안 뜰이나 건물주변의 조경, 건물 진입부의 인도 등을 표현하여 그 공간들이 건물의 일부와 다름없음을 나타내도록 한다.

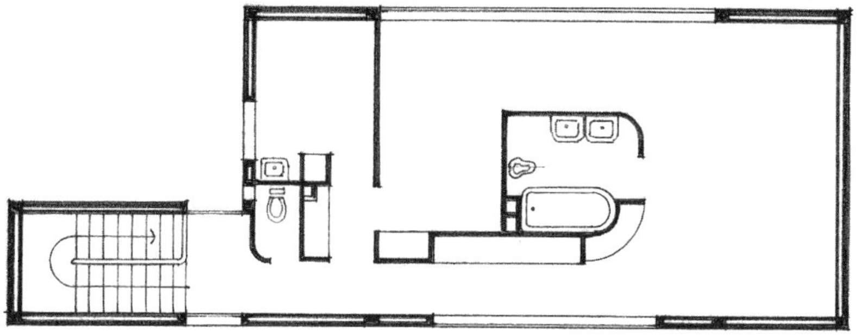

2층 평면도

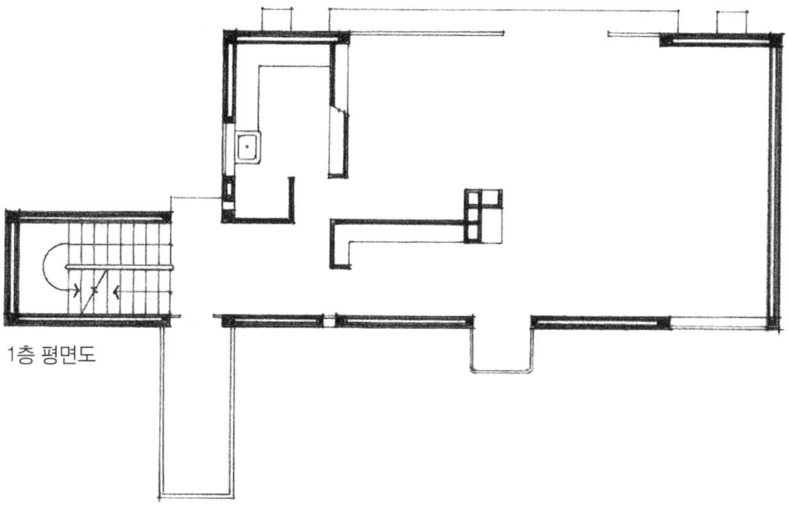

1층 평면도

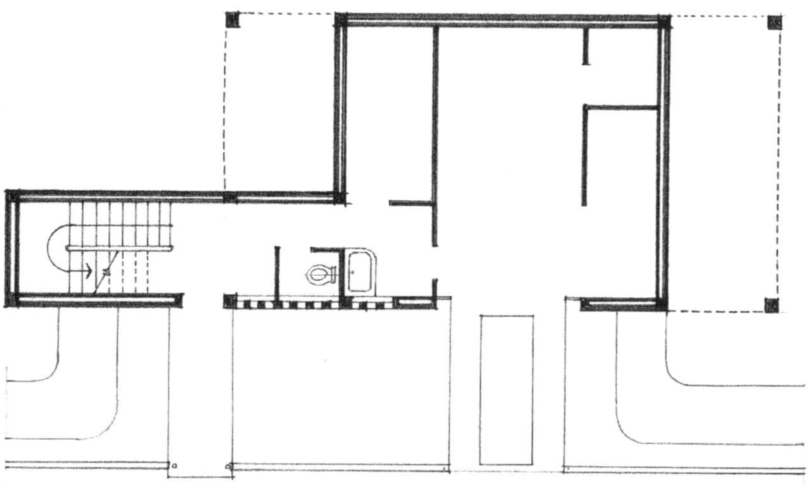

진입층 평면도

Villa at Vaucresson, France, 1922, Le Corbusier

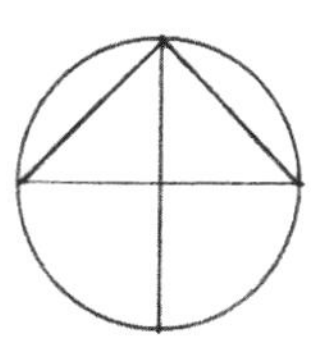

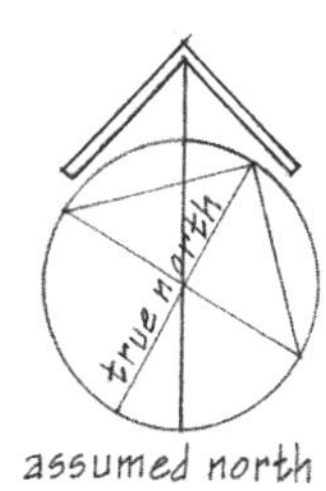

배치도(Site Plan)

배치도는 건물 또는 건물군의 대지상의 위치와 방향, 그리고 건물 주변의 상황 등을 나타내는 평면도이다. 이 때 대지의 위치가 도심지 또는 변두리라 하더라도 다음 사항들을 배치도에 나타내야 한다.

- 긴 선들 사이에 두 점으로 연결된 형식의 대지 경계선 표시.
- 대지의 높낮이 나타내는 등고선.
- 대지 내의 자연경관을 이루는 나무, 조경 등과 호수, 개천과 같은 물의 위치
- 대지 내에 있거나 앞으로 계획될 인도, 길, 마당과 같은 인공 건조물.
- 계획될 건물에 영향을 끼칠 만한 구조물.

그리고 다음 사항들을 포함 시킬 수도 있다.

- 각종 규제사항들을 나타내는 표시선.
- 현재 있거나 계획될 도시 설비 및 시설들.
- 차량이나 보행자 진입구 또는 통로.
- 영향력 있는 환경적 요소들.

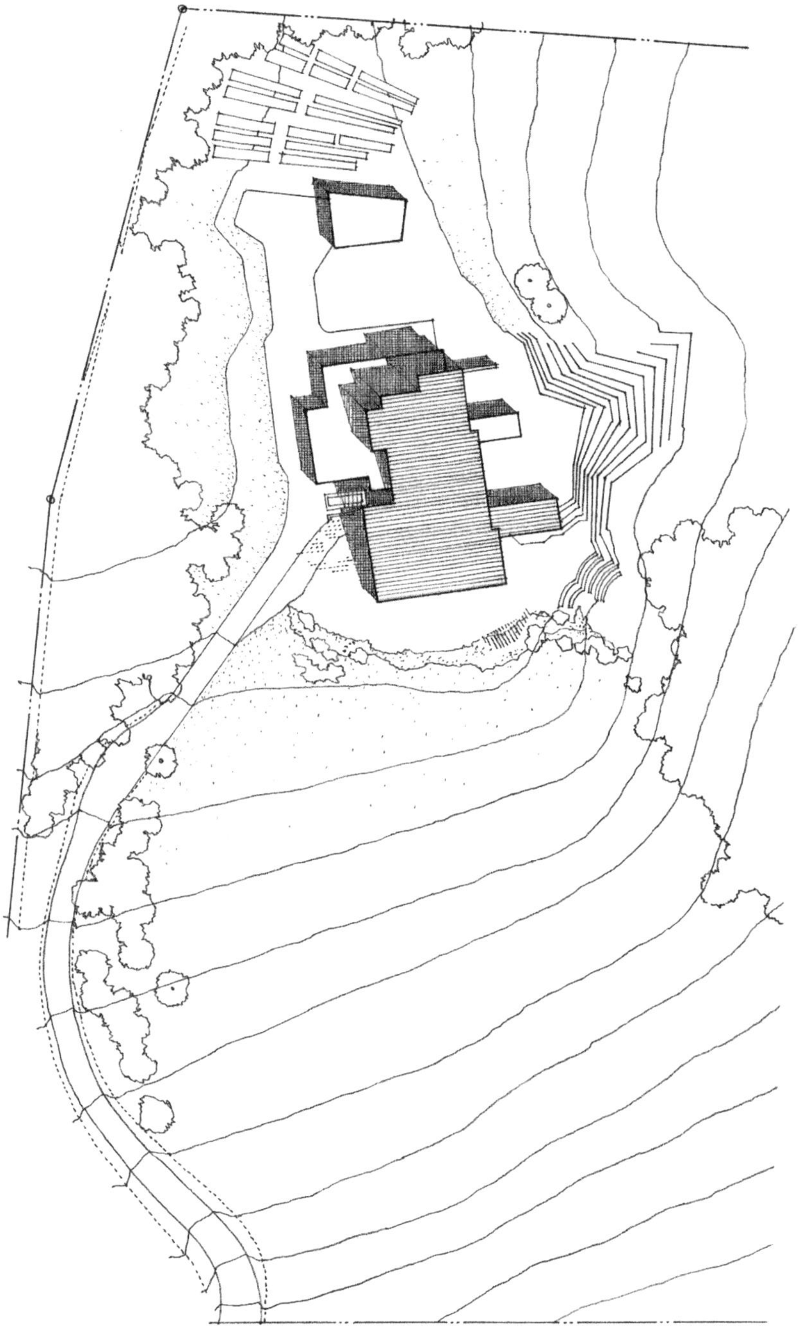

Site plan, Carre House, Bazoches-sur-Guyonne, France, 1952 - 1956, Alvar Aalto

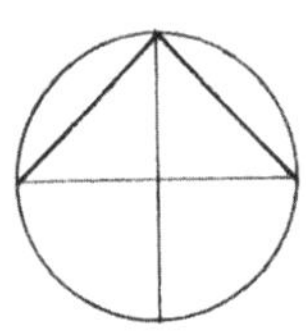

등고선(Site Contours)

건축 설계는 주변 대지의 환경적 여건에 많은 영향을 받는다. 따라서 대지의 높낮이, 대지의 형태, 지세 등을 도면화 해야 한다. 일련의 대지 단면도들을 제작하면 대지를 자세히 이해할 수 있을 것이다. 그러나 이 방법이 배치도를 통해서 대지의 높낮이 정보를 동시에 이해하도록 하지는 못한다. 그러므로 우리는 등고선을 배치도에 함께 표시함으로써 대지의 특성을 쉽게 이해할 수 있다.

등고선을 쉽게 이해하기 위해서 지표면을 일정한 수직 간격으로 잘랐을 때 잘린 부위들이 나타내는 외곽선들이라고 생각하면 된다. 따라서 등고선들은 항상 연속적이고 절대로 서로 교차하지 않는다. 평면도에서 그들이 겹치는 경우는 수직면을 나타낼 때이다.

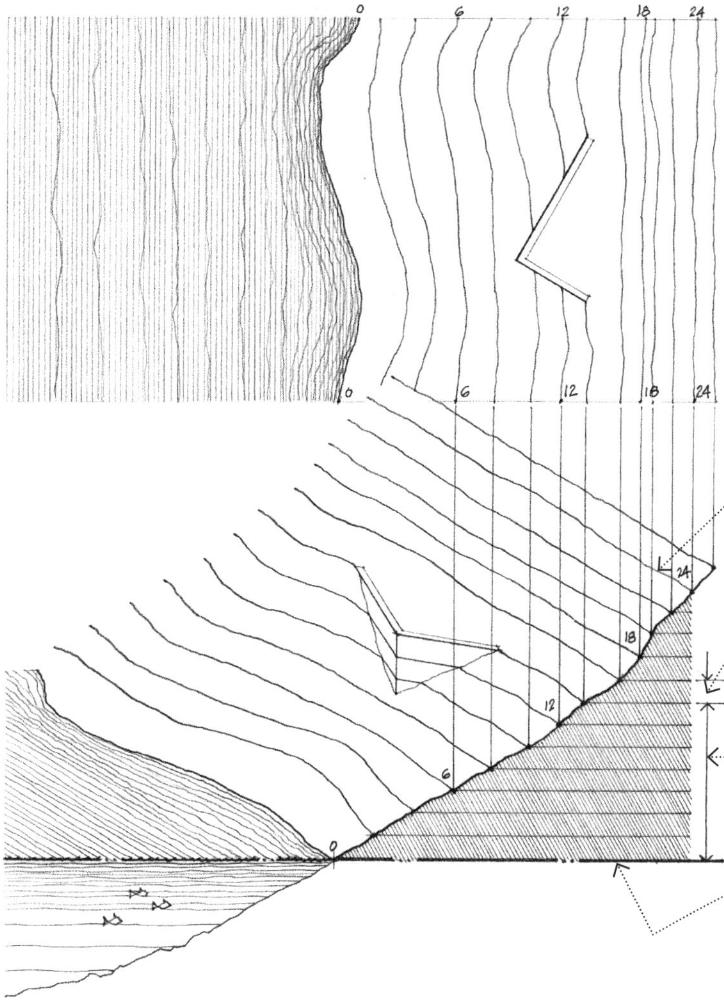

등고선(Contour Line)
정해진 고도를 표시하는 가상의 선.

등고 거리(Contour Interval)
등고선간의 수직 치수.

고도(Elevation)
기준점으로부터의 수직 치수.

기준점(Datum)
고도를 재기위한 시작점.

등고 거리는 도면의 축척에 의해 정해지고 도면 내 대지의 규모, 그리고 대지의 형태에 따라 달라진다. 이 치수가 클수록 경사도가 급하고 등고간의 수직 격차가 크다.

배치도나 지도에 표시되어있는 등고선간의 간격은 대지의 경사와 윤곽을 나타낸다. 대지의 성격을 이 간격들을 봄으로써 알 수 있다.

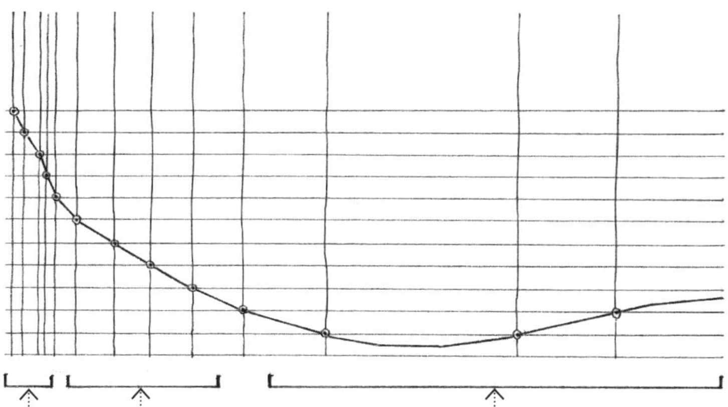

- 등고선의 간격이 넓을수록 경사가 완만하고 평평함을 알 수 있다.
- 일정한 간격의 등고선들은 경사가 일정하게 유지됨을 알 수 있다.
- 간격이 좁을수록 경사가 급해진다.

입면도(Elevations)

입면도는 사물이나 구성물의 한 수직면을 수직 화상면과 평행한 위치에서 정투영하여 나타낸 도면이다. 다른 정투영도들과 마찬가지로 화상면과 평행을 이루는 면의 치수, 형태, 비례 등은 실제와 같게 도면에 나타난다. 반대로, 화상면과 평행하지 않고 기울었거나 구부러진 면은 실제 치수보다 짧게 나타난다.

입면도는 사물의 3차원형태를 2차원 상으로 단순화 시킨다. 평면도와는 달리, 입면도는 우리가 서서 보는 시야의 위치와 비슷한 결과물을 준다. 그리고 단면도와는 달리, 사물의 한 부분을 자른 상태로 보는 것은 아니다. 하지만 입면도는 사물의 외곽을 도면화 한 것으로, 사물의 외모를 자연스럽게 표현한다. 이렇게 입면도는 현실적으로 우리 눈에 보이는 것과 비슷한 점을 갖고 있지만, 사물이 시야로부터 멀어짐에 따른 치수의 변화 등은 나타나지 않는다. 따라서 도면의 기법에 의하여 필요한 입체감을 나타내야 한다.

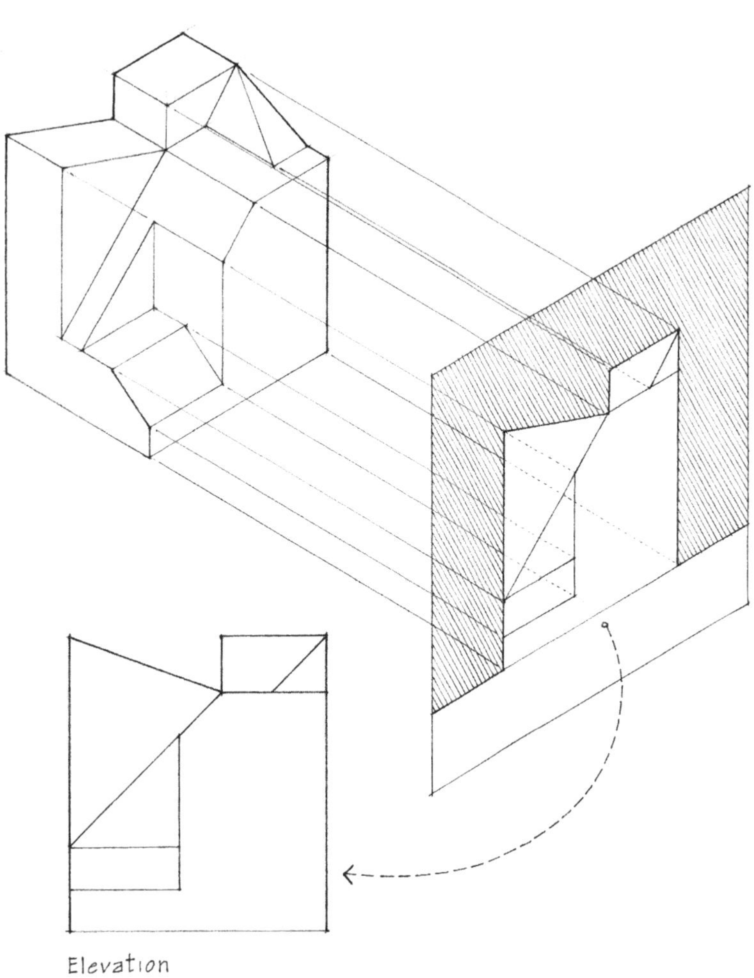

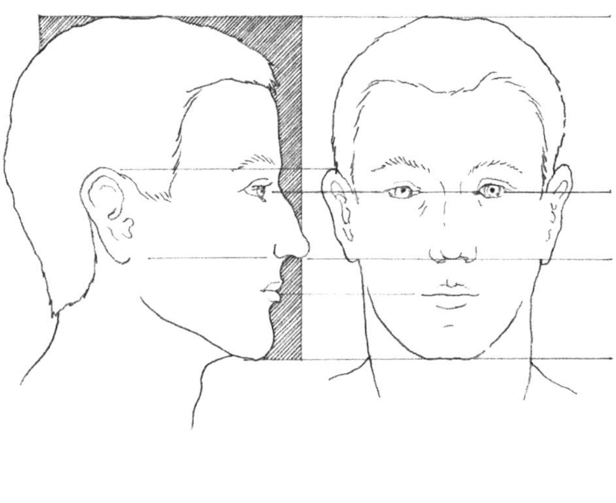

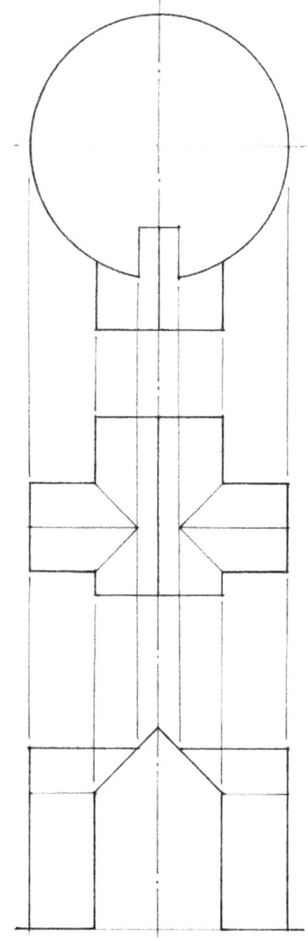

The two different plan views can generate the same elevation.

건물의 입면도(Building Elevations)

건물의 입면도는 건물의 한 수직면을 수직 화상면과 평행한 위치에서 정투영하여 나타낸 도면이다. 보통 건물의 중요한 한 면을 화상면과 평행하게 배치한 것을 가정하여 도면을 제작한다.

건물 한 면의 외곽 형태를 하나의 정투영도로 보여주는 건물의 입면도는 건물의 수직면을 강조하게 된다. 이것을 통해 건물의 형태, 양감, 비례, 재료나 질감, 표면의 무늬나 모양, 그리고 창문과 문의 치수, 형태뿐만 아니라 그 위치도 표현된다.

건물의 입면도는 건물이 서있는 대지와의 관계를 확실하게 보이기 위해 언제나 건물이 서있는 부위와 그 주변 대지 단면의 모습을 포함한다. 이 단면을 자르는 수직 화상면은 건물보다 약간 전면부에 있다고 가정한다. 이 거리는 건물 전면에 어떤 구성물을 입면에 포함시킬 것인지, 대지 단면의 위치에 따른 건물 입면 표현의 제약 등을 고려하여 결정한다.

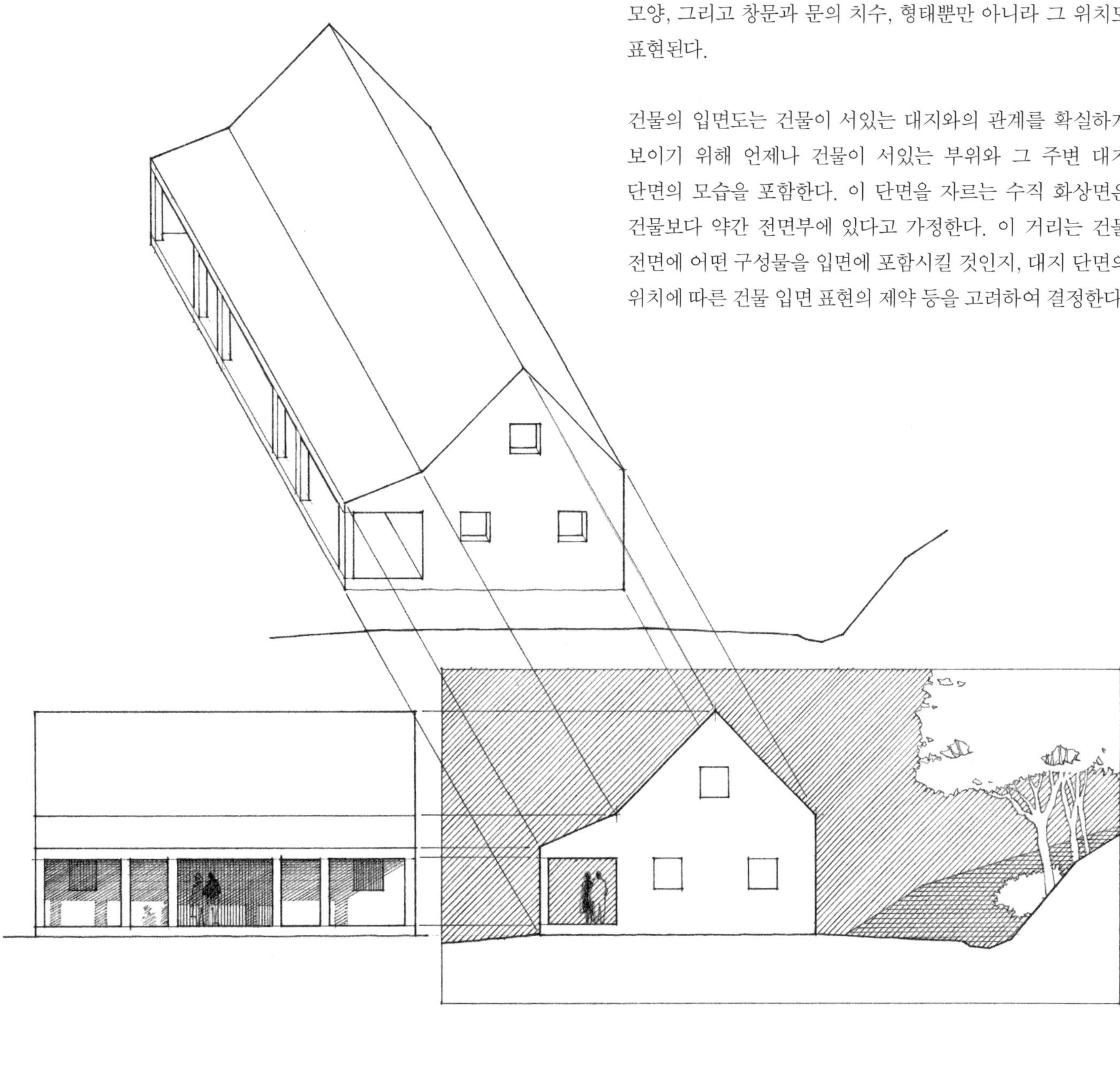

배치

건물을 관찰 해보면 여러 개의 입면들이 서로 연관성을 갖으며 건물을 이루는 것을 발견한다. 이것을 이론적으로 보기위해 각각의 입면들을 나타내는 수직 화상면들을 각각 땅 표면 위에 90° 회전하여 대지에 펼쳐 놓았다고 가정할 수 있다. 이 때, 각 도면들을 평면을 중심으로 배치하면 입면도들의 연계성을 볼 수 있고, 건물 전면부의 성격에 따라 입면도들의 순서와 배치를 정하게 된다.

입면도는 건물의 외형뿐만 아니라 외관을 이루는 작은 부분들과 전체와의 관계, 건물과 관계된 외부사항들 등을 보여주지만 건물 내부의 것은 잘 나타나지 않는다. 하지만 한 축을 중심으로 대칭형인 건물은 단면과 입면을 한 도면에 함께 표현할 수 있다.

도면의 방향

입면도에서 보고 있는 건물의 부위를 알리기 위해 건물 정면인지의 여부나 방위에 따라 입면도에 명칭을 주게 된다. 이 때 대지의 주변 상황을 명칭에 이용하기도 한다.

건축 도면에서 건물의 입면도를 방위에 따라 명명 할 때, 건축 설계에 많은 영향을 미치는 태양의 위치나 기후의 방향성 등 건축 계획적 요소들을 까지 내포하게 되므로 신중을 기하여 명명 하도록 한다. 대부분의 경우, 건물 입면이 향하고 있는 방위를 이용하여 그 입면의 명칭을 부여하는데, 예를 들어 한 건물의 입면이 북쪽을 향하고 있을 경우 그 입면을 '북측 입면도' 라고 할 수 있다. 만약 건물 입면의 방향이 방위 축과 45° 이내로 기운 경우에는 건물 입면이 방위 축에 있다고 가정하여 복잡한 명칭을 붙이지 않도록 한다.

건물의 입면이 대지에서 주목할 만한 상황과 연관될 때에는 그것을 이용하여 입면 명칭을 붙일 수도 있는데, 예를 들어 건물의 파사드(facade)로서 중요한 길을 향한 경우 '대평로 입면' 등으로 명칭 할 수 있다.

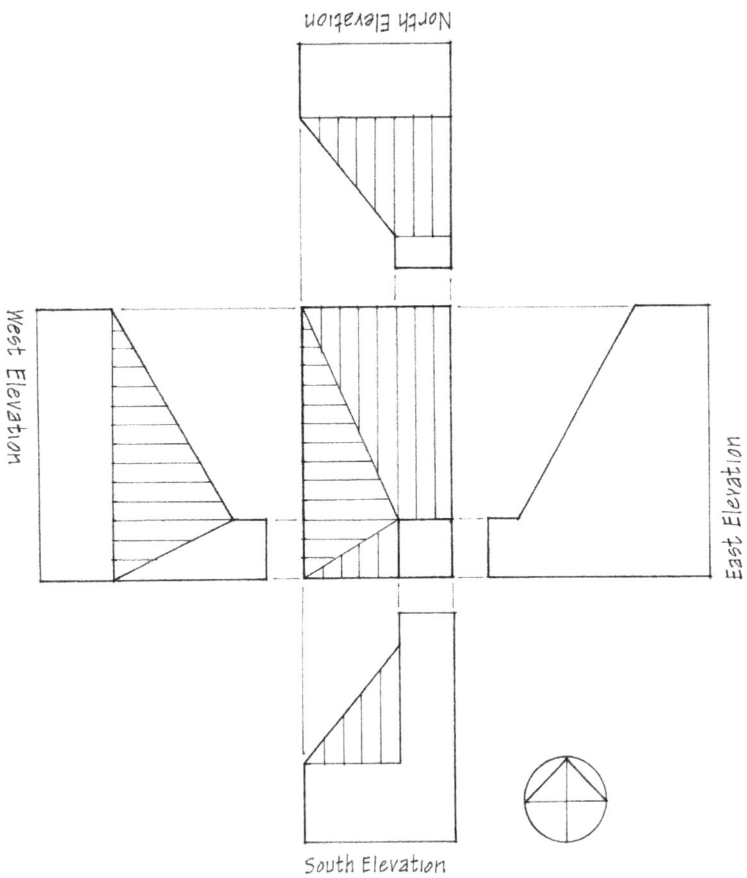

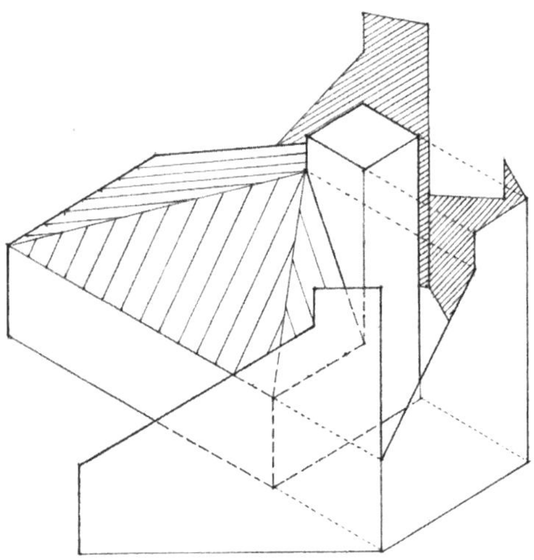

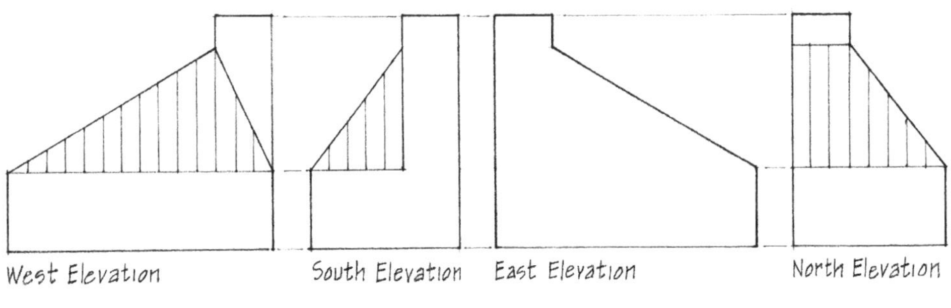

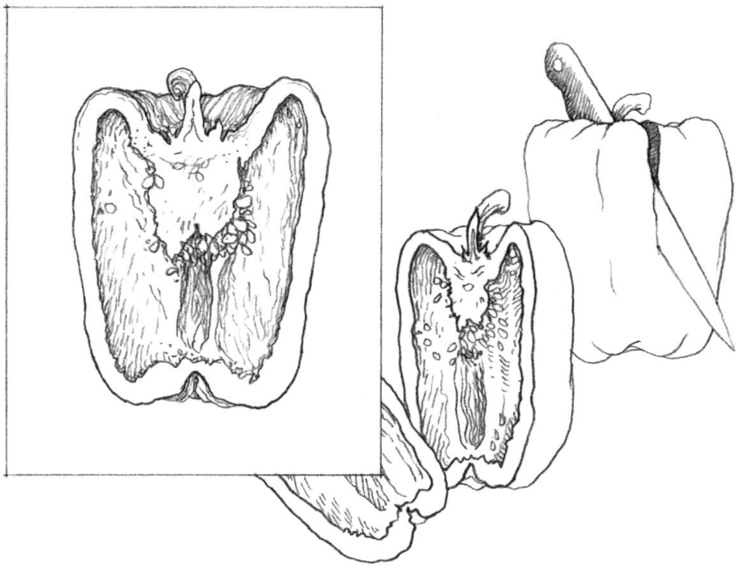

단면도(Section Drawings)

단면도는 어떤 사물이 한 면에 의해 잘린 모습을 화상면에 정투영한 도면이다. 이 때 사물을 자르는 면을 화상면이라고 이해해도 결과는 같게 된다. 단면도를 통해 사물 내부의 재료, 구성, 또는 조립 등을 볼 수 있다. 이론적으로는 자르는 면의 방향과 위치는 정해져 있지 않으나 사물을 또한 잘라서 보는 평면도와 구분하기 위하여 단면도에서 자르는 면은 보통 수직이고 그것을 보는 방향은 수평선상이라고 가정한다. 다른 정투영도들과 마찬가지로 화상면과 평행한 면의 치수와 형태, 비례 등은 실제와 같게 나타난다.

단면도는 입면도와 마찬가지로 3차원 공간상의 형태의 복합성을 2차원으로 단순화 시킨다. 단면도는 건물의 시공에서의 세부사항들과, 가구의 조립이나 구성을 설명할 때 많이 쓴다. 또한 이것을 통해 건물에 있어서 채워진 곳과 빈곳의 관계를 볼 수 있게 하고 발전시키는데, 여기서 채워진 곳은 공간을 만들어내는 건물의 벽, 바닥, 지붕 구조 등의 물체들이고, 빈 곳은 그 물체들이 만들어내는 내부 공간들이 된다. 또한 만들어지는 공간의 크기와 비례, 재료의 치수 등 건물을 이해하고 설명하는데 매우 중요한 의사소통 수단이기도 하다.

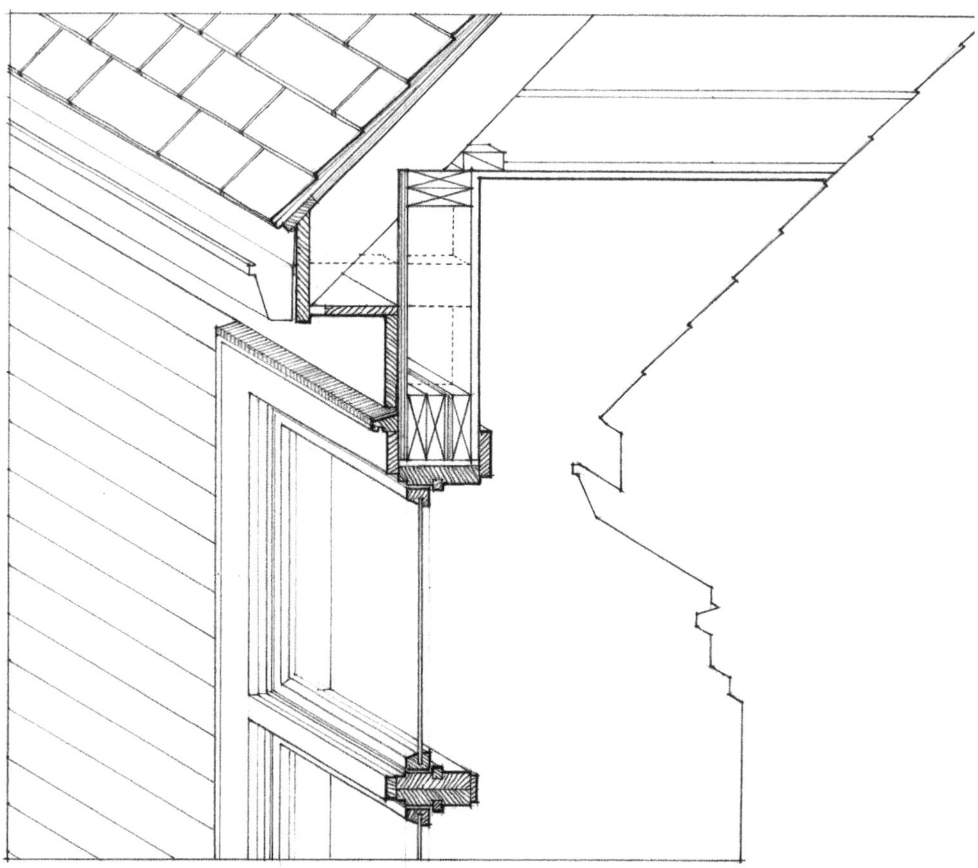

건물의 단면도(Building Sections)

건물의 단면도는 건물을 수직으로 자른 후 잘린 부분을 제거하고 나머지 부분을 수직 화상면에 평행하게 배치한 후 정투영하여 나타낸 것이다.

건물의 단면도는 건물 입면도를 제작할 때의 이론으로 건물 평면도를 표현하듯이 제작한다. 건물의 벽과 바닥, 지붕구조, 창호, 문 들을 자를 때 잘린 부재들의 단면과 내부공간을 그대로 보여주고 건물구조, 건물의 외피, 건축 부재 사이의 공간들 등을 표현한다. 단면을 통해 공간의 치수와 형태, 실내공간들의 비례, 문과 창문들에 의한 실내외 공간들의 연결성과 과정들, 바닥 열림 등에 의한 공간의 수직 통로 등 모두가 표현될 수 있다. 그리고 건물을 자르는 면 뒤에 펼쳐진 실내공간의 배경이 되는 벽 표면의 모습과 공간에 놓인 사물들 등의 표현은 공간을 묘사하는 중요한 부분이기도 하다.

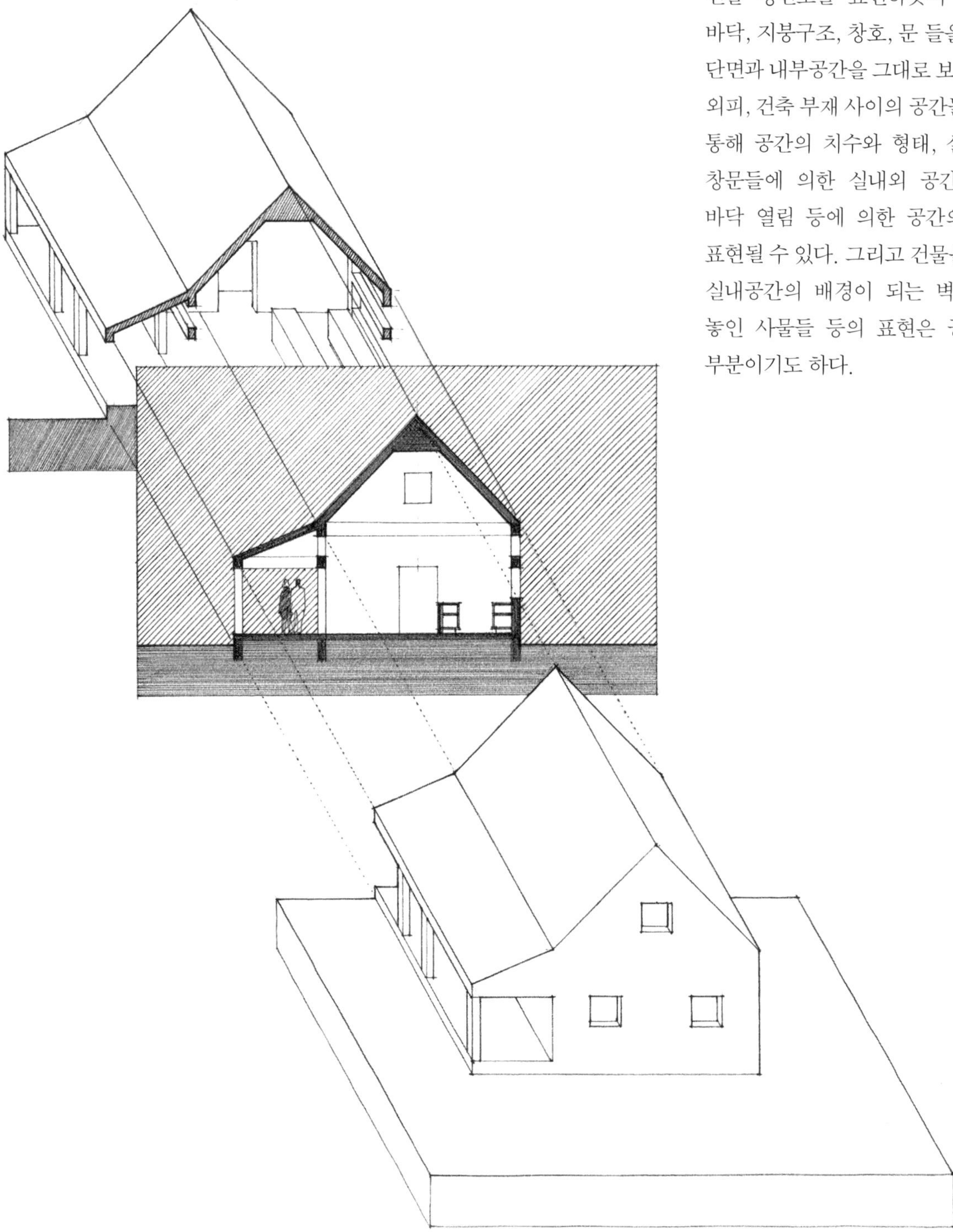

절단면의 위치(Locating the Section Cut)

건물이 한 축을 중심으로 대칭인 경우, 이 축을 절단면으로 잘랐을 때 이 건물에서는 가장 적합할 것이다. 보통의 경우 단면도는 건물 내의 가장 중요한 공간을 잘라 나타내며, 그 공간의 개념을 보여주는 역할을 한다. 혼돈을 방지하기 위해서 절단면은 항상 수직이며 건물 내 주요 벽면과 평행한 방향을 취하고, 특별한 경우만 제외하고 평면상으로는 항상 일직선이다.

단면도는 또한 될 수 있으면 건물의 주요 기능을 노출하기 위해 중요한 창문과 문, 천창, 층간의 변화, 수직 동선 등을 잘라 보여줘야 한다. 주의할 점은, 절대로 기둥을 잘라 나타내면 안 되며 그 이유는 이것이 단면상에 벽면으로 나타나기 때문이다.

종단면도는 건물의 길이가 짧은 쪽을 자르는 것이고, 횡단면도는 건물을 가로질러 자르는 것이므로, 보통 건물의 긴 쪽을 나타낸다. 어느 경우에서나 절단면의 위치와 보는 방향을 표시하는 것이 중요하다.

이 표시는 단면도와 함께 있을 평면도에 보통 표시한다. 관례적으로 쓰이는 표시로는 절단면을 평면에 선으로 나타내는데, 이 선의 형태는 끊긴 선들이 점이나 짧은 선으로 연결된 형식이다. 그리고 평면도에 항상 절단면 전체를 표시할 필요는 없고, 보통 절단면의 시작부위와 끝부분만을 적당한 길이로 표시하는데, 특수한 경우 평면상에서 절단면이 꺾인 선일 경우, 꺾이는 모든 부위들을 정확히 표시해야 한다. 또한 선의 양 끝 삼각형 형식의 화살표는 절단면을 바라보는 방향을 표시한다.

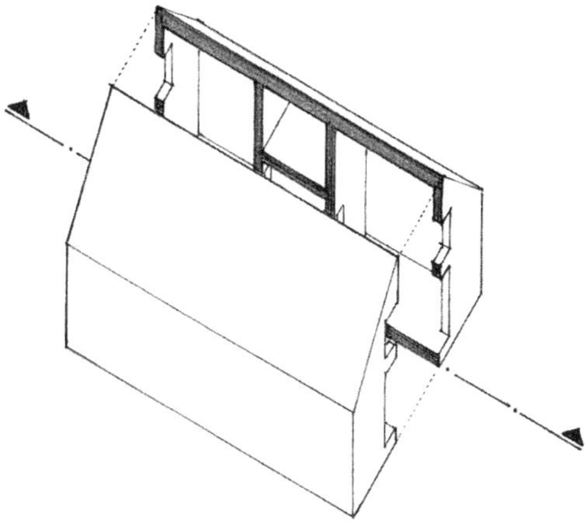

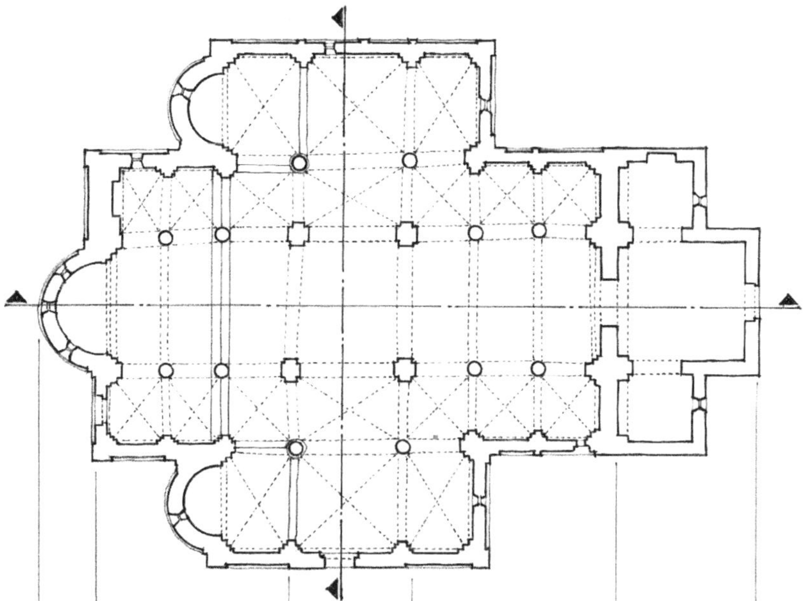

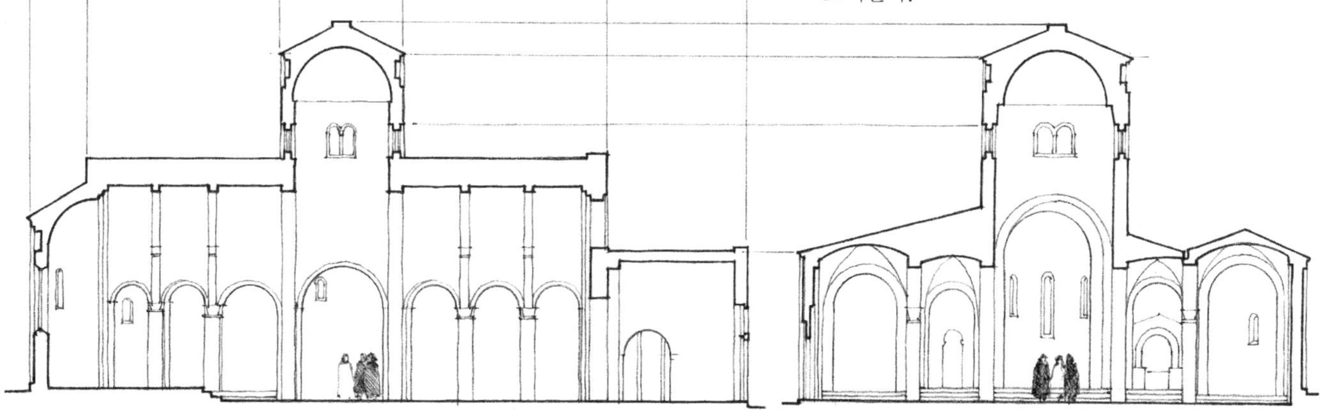

Longitudinal Section

Cross Section

Abbey Church of S. Maria, Portonovo, Italy, twelfth century

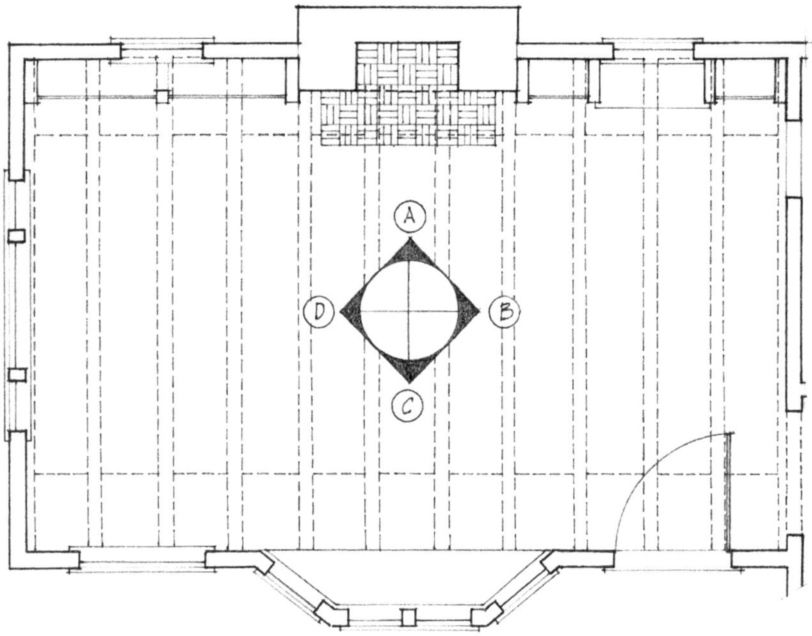

실내 입면도

실내 공간의 중요한 실내 벽면을 수직 화상면에 정투영한 것이 실내 입면도이다. 대게의 경우 건물 단면도에 포함시키는 내용이지만 독립적으로 내부 시설, 장식물, 창호 등 실내 입면을 중심으로 표현할 수도 있다. 이 경우, 건물이 잘린 단면을 강조하지 않고, 자른 면에 의해 나타나는 실내 벽의 경계선만 강조한다.

도면의 방향

실내 입면도의 명칭은 보통 실내에서 사용자가 쳐다보는 방향에 따라 명칭 한다. 즉, 실내 벽면을 보기위해 북쪽을 향해 본다면 그 벽면은 '북측 입면도' 가 된다. 다른 방법으로는 각각의 실내 입면도들을 평면도에 표시된 방향표에 따라서 명칭을 붙인다.

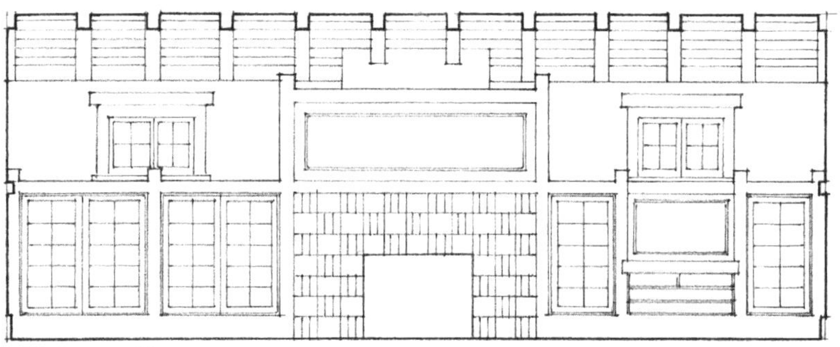

Elevation (A)

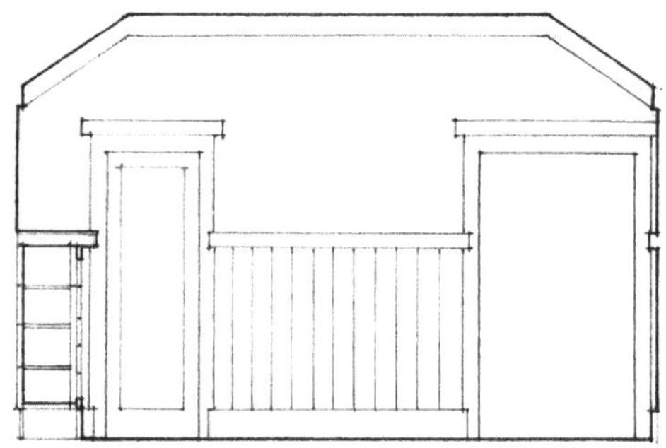

Elevation (B)

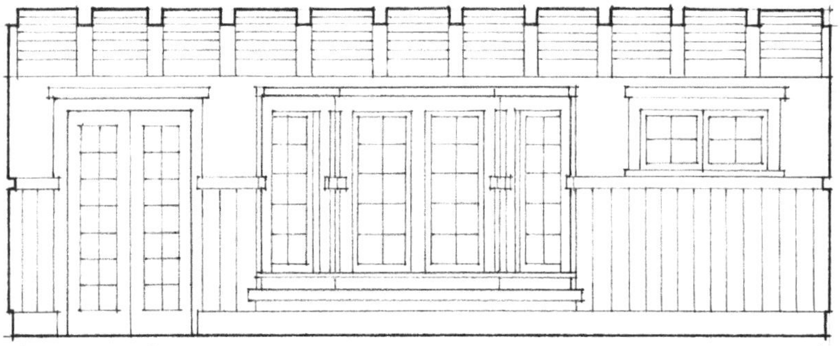

Elevation (C)

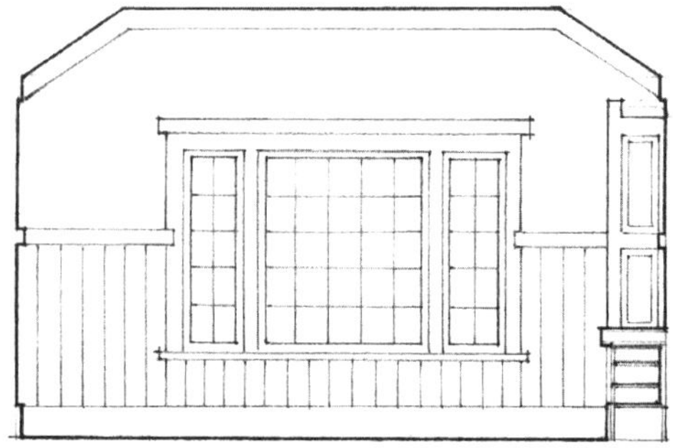

Elevation (D)

단면선(The Section Cut)

평면도에서와 같이, 빈곳과 채워진 곳의 구분은 건물의 단면에서 빈 곳인 공간과 그것을 감싸고 있는 물체인 건물을 나타내는 중요한 사안이다. 또한 공간의 깊이를 나타내려면 입면도에서와 같이 선의 위계질서와 명암 표현 등을 사용해야 한다. 이중 어떤 기법을 선택할 것인지는 단면도의 축척, 표현하는 소재, 그리고 표현하고 싶은 채워진 곳과 빈 곳간 대비의 정도 등에 달려있다.

옆의 도면들은 선으로만 작도된 단면도에서 잘린 물체를 눈에 띠게 표현하는 기법을 예시하고 있다.

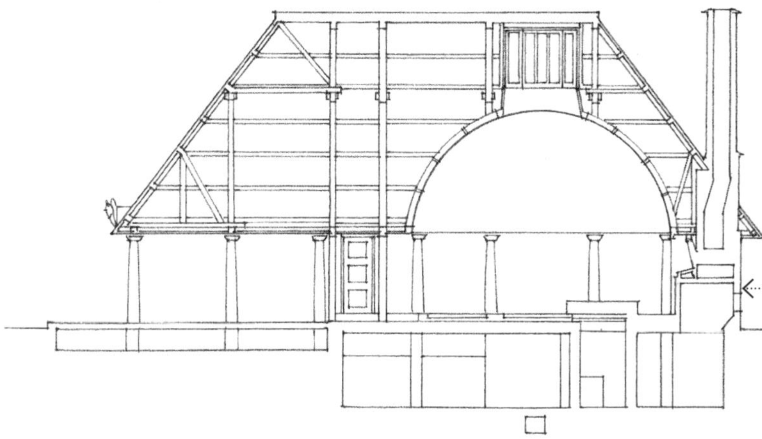

• 이 단면도는 하나의 선 굵기로만 표현되었다.

• 이 단면도는 선의 위계질서를 사용하여 공간의 깊이를 나타낸다.

• 가장 굵은 선은 잘린 단면 중에서 보는 눈에 가장 가까운 것을 나타낸다.

• 중간 단계의 선은 잘린 면 뒤에 위치하는 면들의 경계 및 사물의 윤곽을 나타낸다. 사물이 눈으로부터 멀어지면서 점차 선이 얇아진다.

• 가장 섬세한 선들은 표면상에 있는 선들이다. 이 선들은 사물의 형태나 외곽에 영향을 주지 않는다. 다만, 시각적인 효과를 통해 표면의 질감을 나타낸다.

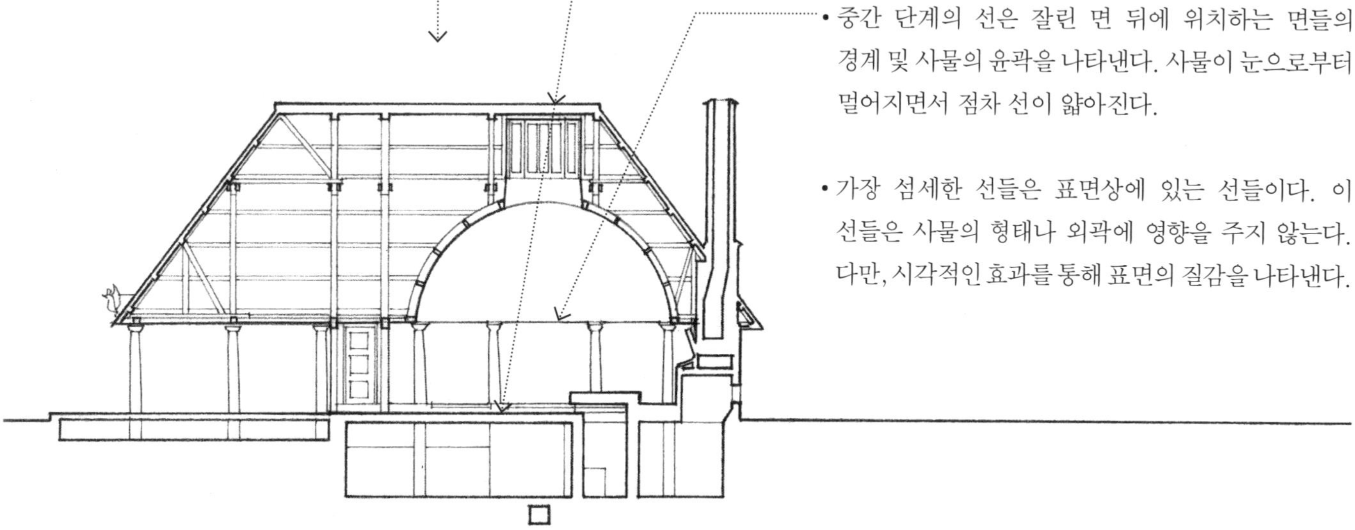

Woodland Chapel, Stockholm, Sweden, 1918 - 1920, Erik Gunnar Asplund

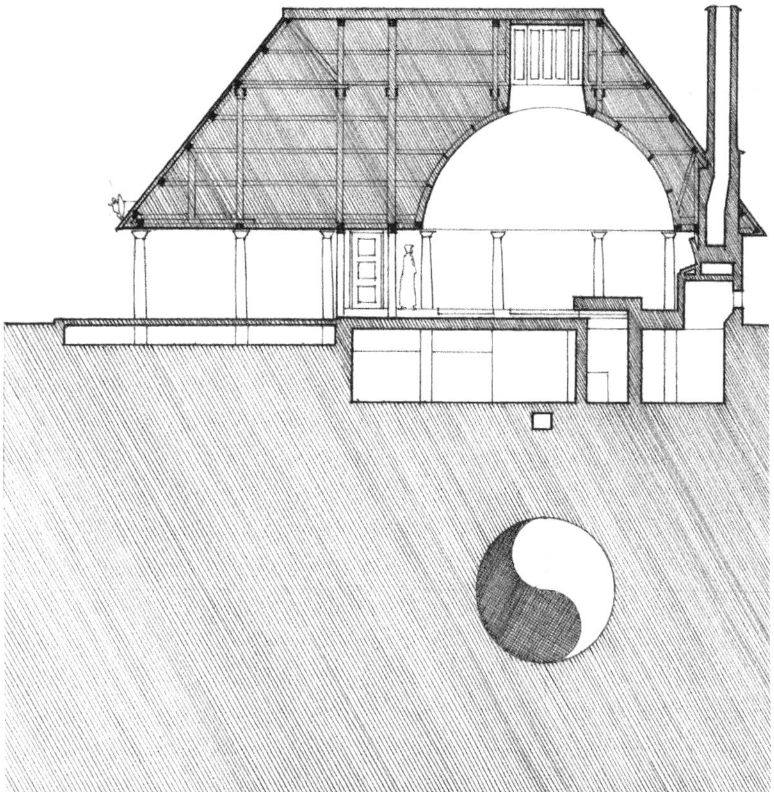

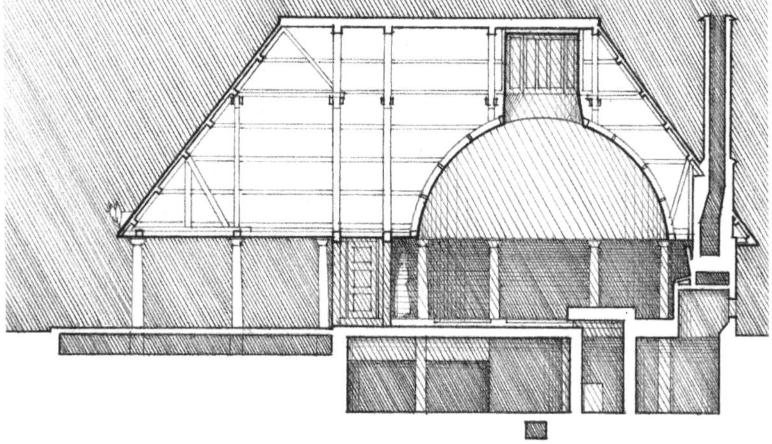

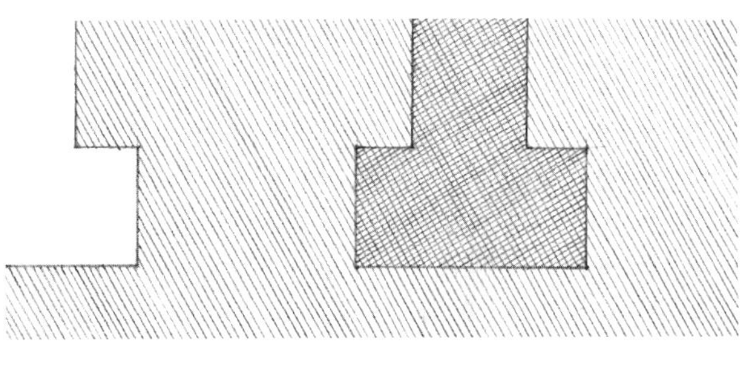

채우기 (Poche)

단면도에서 잘린 부위의 표면은 앞에서 지적한 바와 같이 중요한 의미를 내포하고 있으므로 특히 명암을 곁들인 단면도에서는 그 부위에 대한 확연한 대조가 필요하다. 여기에서 궁극적 목적은, 채워진 것과 빈 것이 보여주는 선명한 '형태-배경' 의 암시와 건축에 의한 공간의 형성을 표현하는 것이다. 다른 표현으로, 공간을 담는 건물과 건물에 의해 담긴 공간의 관계 묘사이다.

작은 스케일의 단면도에서 바닥, 천정, 천정구조와 같이 잘린 단면은 칠하여 채우는 것이 보통이다. 때에 따라서 대비의 정도를 줄이기 위해 중간단계의 회색으로 잘린 단면의 형태를 나타낼 수도 있다. 특히, 큰 축척의 도면에서 잘린 단면들이 검게 채워져 있을 경우, 시각적으로 너무 무겁고 대조가 지나쳐서 다른 상세한 정보들이 상대적으로 가려져 눈에 안 띌 수도 있으므로 주의해야 한다. 그러나 실내 벽의 무늬나 질감의 표현으로 인해 전체적인 도면의 밀도가 높아질 경우, 필요에 따라 잘린 단면이 눈에 더 띠도록 진하게 채울 수도 있다. 이 접근방식의 경우, 점차 밝은 톤으로 시야에서 멀어져가는 사물들을 표현한다.

두 번째 방법은 위의 방법의 반대로서 밝게 표현된 잘린 단면이 어둡게 묘사된 공간에 의해 둘러싸여 있는 경우이다. 이 경우 명암 표현된 공간들의 형태가 강조되어 보일 수도 있다. 주의해야 할 것은, 충분한 명암의 대비로서 잘린 단면들이 돋보여야 하는 것이다. 필요에 따라 단면선을 더 강하게 나타낼 수도 있고, 멀어져가는 공간들을 더 어두운 명암으로 처리할 수도 있다.

단면도에서 건물이 서있는 대지 또한 단면의 일부임을 잊지 않도록 한다. 또한 건물의 기초를 나타낼 때 대지의 단면 속의 일부분으로서 묻혀있음을 잊어서는 안 된다. 즉, 기초와 그 주변 대지는 비슷한 명암 군에 속해야 하며, 다른 잘린 단면과 함께 기초를 진하게 채울 경우에도 대지의 단면을 건물이 아니라는 이유로 비워둬서는 안된다. 또한 기초와 대지 등을 같은 진한 톤으로 칠 했을 경우, 전체적인 도면상의 톤의 비중이 지나치지 않은지 주의하고, 나타내고자 하는 기초의 모습은 적절히 표현되었는지 잘 판단해야 한다.

14. 관련 분야

실내 디자인

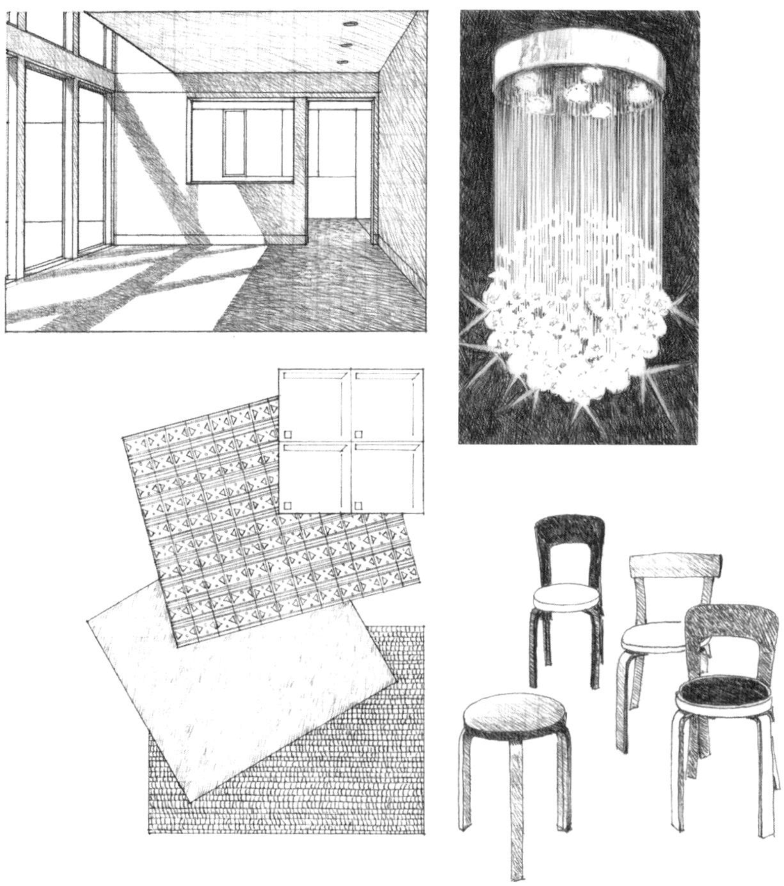

실내 디자인은 건축과 어떻게 연관되어 있는가?

실내 디자인과 건축은 서로 연관된 디자인 학문이다. 이들은 공통된 우선사항을 많이 공유하고 있다.

두 학문은 다음과 같은 방식으로 연관되어 있다:

- 사람이 거주할 수 있는 건설 환경으로써의 공간을 다룬다.
- 지식과 기법을 갖춘 설계과정의 결과물을 만들어낸다.
- 두 학문 모두 크기, 예산, 기간, 의뢰인의 요구사항과 같은 비슷한 디자인 제약사항에 의해 제한된다.

오늘날의 건축 실무에서, 건축가와 실내 디자이너(가끔은 실내 건축가)로 구성된 디자인 팀을 갖는 것은 일반적이다. 이들이 효율적인 건물을 만들기 위해 협력함에 따라, 두 학문 사이의 구분은 그 경계가 흐릿해진다.

건물 내부는 실내 디자인의 영역이고 외부는 건축가의 책임이라는 생각은 잘못된 것이다. 실내 공간에 대한 디자인 결정사항은 건물의 외면에 영향을 미친다. 예를 들어, 특정한 방식으로 공간에 빛이 들어오게 하려면 창이 필요하며—이는 외부 입면에 영향을 준다.

건축과 실내 디자인의 더 뚜렷한 차이는, 건축가는 방의 규모에서 설계과정을 시작하여 위로(건물 전체, 심지어는 도시 구역까지) 진행해나가며 실내 디자이너는 방의 규모에서 시작하여 아래로(직물 문양과 목공제품같이 복잡한 세부 사항까지) 진행해나간다는 점이다.

이는 건축과 실내 디자인 사이의 관계를 더 잘 나타내지만, 여전히 과도하게 단순화된 것이다. 두 학문의 종사자들 모두 가장 작은 것에서 가장 큰 고려사항으로 나아가는 디자인에 흥미를 가지고 있다. 이에 따라 그들의 역할이 종종 뒤바뀌기도 한다.

본 장에서는 건축과 밀접하게 관련된 직종으로써 실내 디자인을 간략하게 다룬다. 실내 디자인의 책임은 장식의 범위를 훨씬 넘어서기 때문에 이는 실내 장식과 혼동되어서는 안 된다.

공간

공간은 디자이너의 중요한 도구이며, 실내디자인에서는 본질적인 요소이다. 공간을 통해서 우리는 움직이기만 하는 것이 아니다. 우리는 형태를 보고, 소리를 들으며, 부드러운 바람과 태양의 따스함을 느낀다. 그리고 활짝 핀 꽃의 향기를 맡는다. 공간은 그 안에 있는 요소들의 감각적이고 심미적인 특성을 담아낸다.

공간은 돌이나 나무와 같은 물질이 아니다. 이것은 마치 형태가 없고 확산되는 증기와 같다. 보편적인 공간(universal space)은 정의될 수 없다. 그러나 하나의 요소가 어느 범위 안에 놓이게 되면, 시각적인 관계가 발생한다. 또한 여러 요소들이 그 공간 안으로 들어오면, 공간과 요소 사이는 물론 요소들 사이에서도 다양한 관계가 형성된다. 따라서 공간이란, 우리가 이들의 관계를 지각함으로써 만들어지는 것이다.

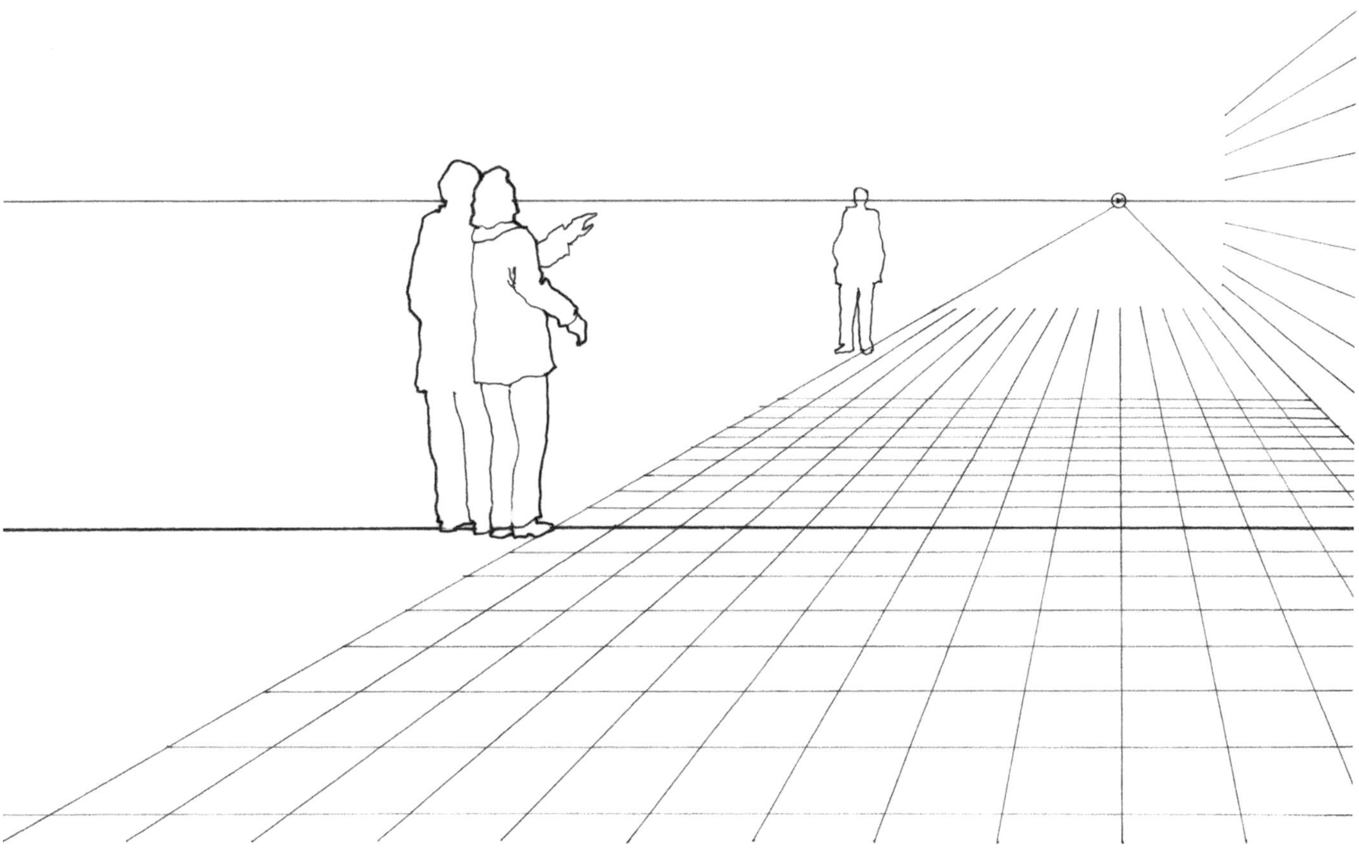

건축적 공간

기하학적 요소—점 · 선 · 면 · 입체—는 공간을 표현하고 정의하기 위한 요소들이다. 즉 건축에서 이러한 기본 요소들은 선적인 기둥과 보, 그리고 평평한 벽과 바닥, 그리고 지붕이 되는 것이다.

- 하나의 기둥은 공간에서 점으로 표시되며, 3차원으로 보인다.
- 두 개의 기둥은 우리가 통과해 지나갈 수 있는 공간 막을 만든다.
- 보를 받치고 있는 기둥들은 투명 면에서 테두리를 만든다.
- 불투명한 면, 벽은 무정형의 공간을 구획하고, 분리시킨다.
- 바닥은 경계를 가진 공간의 영역을 만든다.
- 지붕은 그 밑에 체적을 가진 은신처를 제공한다.

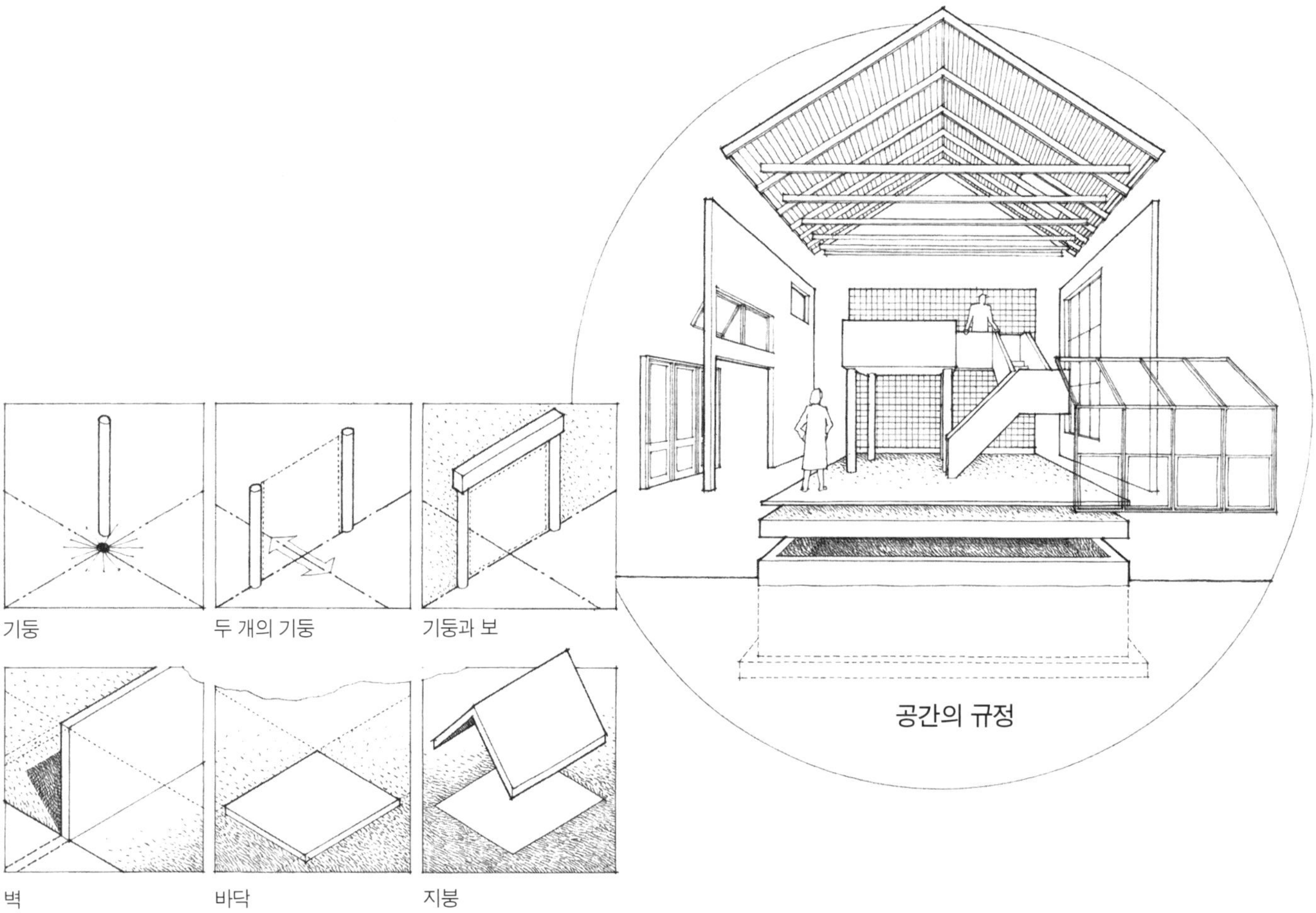

건축설계에서 이러한 요소들은 건물의 형태를 만들고, 내부와 외부를 구분하며, 실내공간의 경계를 설정하기 위해 구성된다.

건물의 형태, 크기, 그리고 공간적 구성은 수많은 조건—기능적인 계획의 요구조건, 구성과 구조에 대한 기술적인 면, 경제적인 면, 이미지와 스타일의 표현 - 에 대한 디자이너의 답이다. 더욱이 건축물은 주변 대지와 외부공간에 대한 맥락을 표현해야 한다.

하나의 건물은 주변 대지와 여러 면에서 관련이 있다. 즉 조화를 이루거나 두드러질 수도 있고, 외부공간의 일부를 둘러싸거나 차지할 수도 있으며, 또 대지의 특성을 나타내거나 외부공간의 경계를 나타낼 수 있다. 이렇게 건물 외벽의 특성으로 인해 나타난 외부공간과 내부공간 사이의 연관성을 적절히 고려해야 한다.

건물은 대지의 조건, 그리고 그보다 넓은 주변 환경과 영향을 주고받는다. 대지에 의한 재해, 우수 유출, 열섬 현상, 광공해 현상을 줄이기 위한 대지 선정과 개발을 함으로써 지속 가능한 설계에 기여할 수 있다.

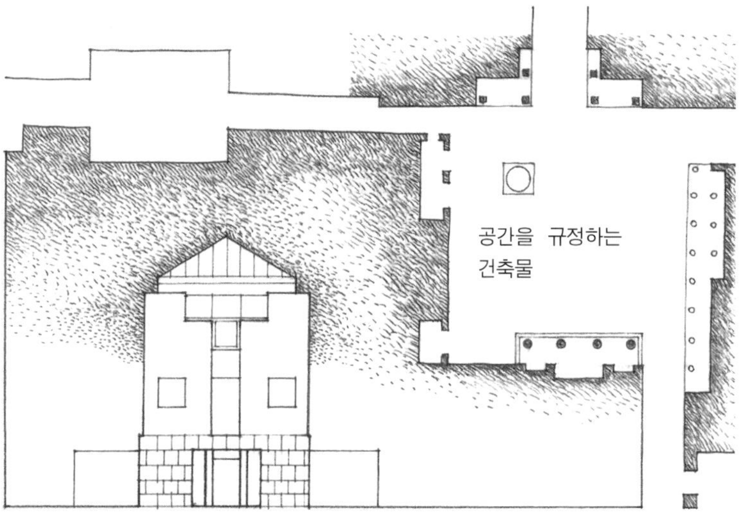

공간 속의 건물

건물

...두드러짐

...조화

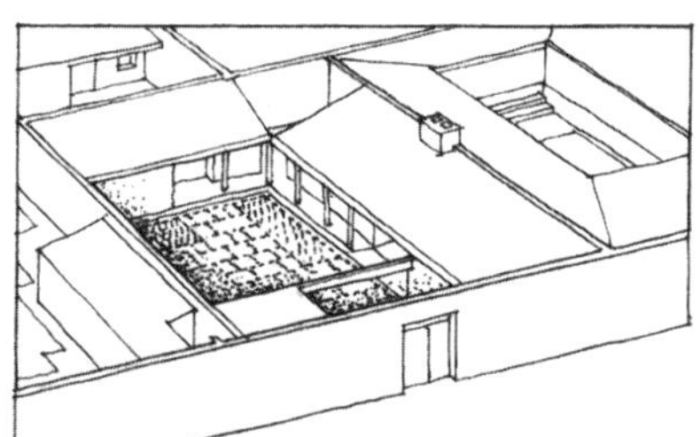
...둘러쌈

...정면

...경계의 규정

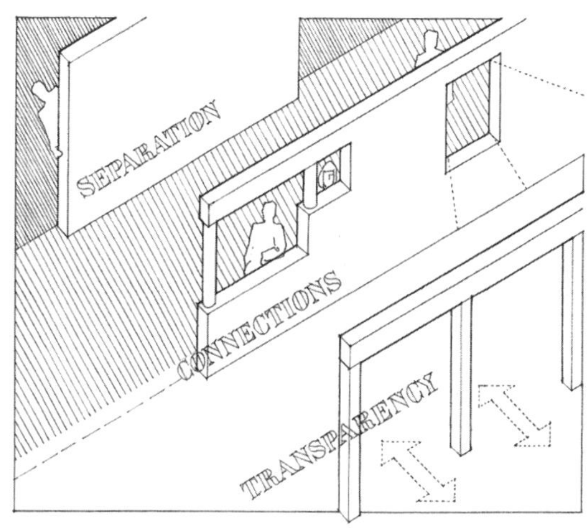

외벽

건물의 구조시스템이 실내공간의 기본 형태와 패턴을 만들지만, 결국 공간은 실내 디자인 요소로 구성된다. 여기에서 언급하는 '구성(structure)' 이라는 말은 물리적 지지체의 의미로 사용된 것이 아니다. 이것은 실내 요소들을 선택하고 배열하는 것으로 그들의 시각적 관계는 방의 내부를 결정하고 구성한다.

비내력 칸막이와 천장들은 건물의 구조적인 틀(frame work) 또는 막(shell)에서 공간을 정의하고 변경하는데 주로 사용된다.

벽, 바닥, 천장의 색채, 질감, 패턴은 공간에서 상대적 위치를 알도록 하며 공간의 넓이, 크기, 그리고 비례 등을 인식하는데 영향을 미친다.

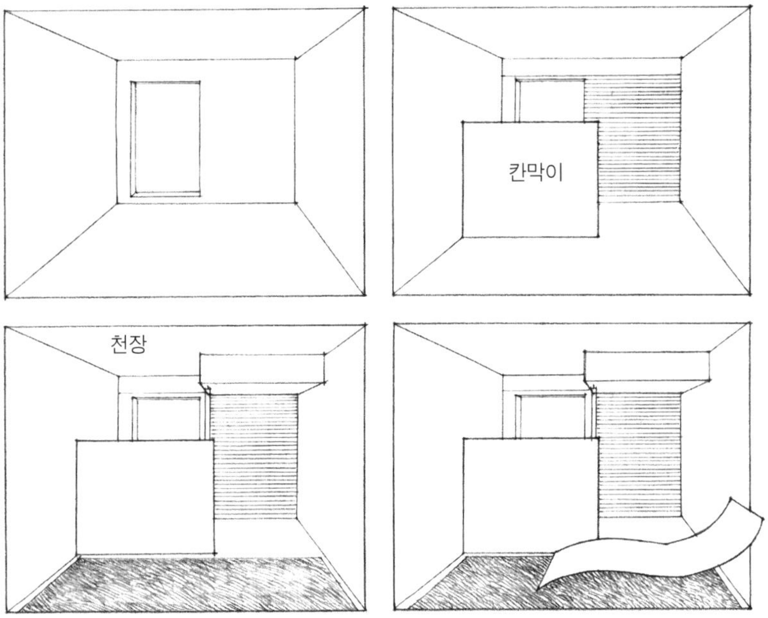

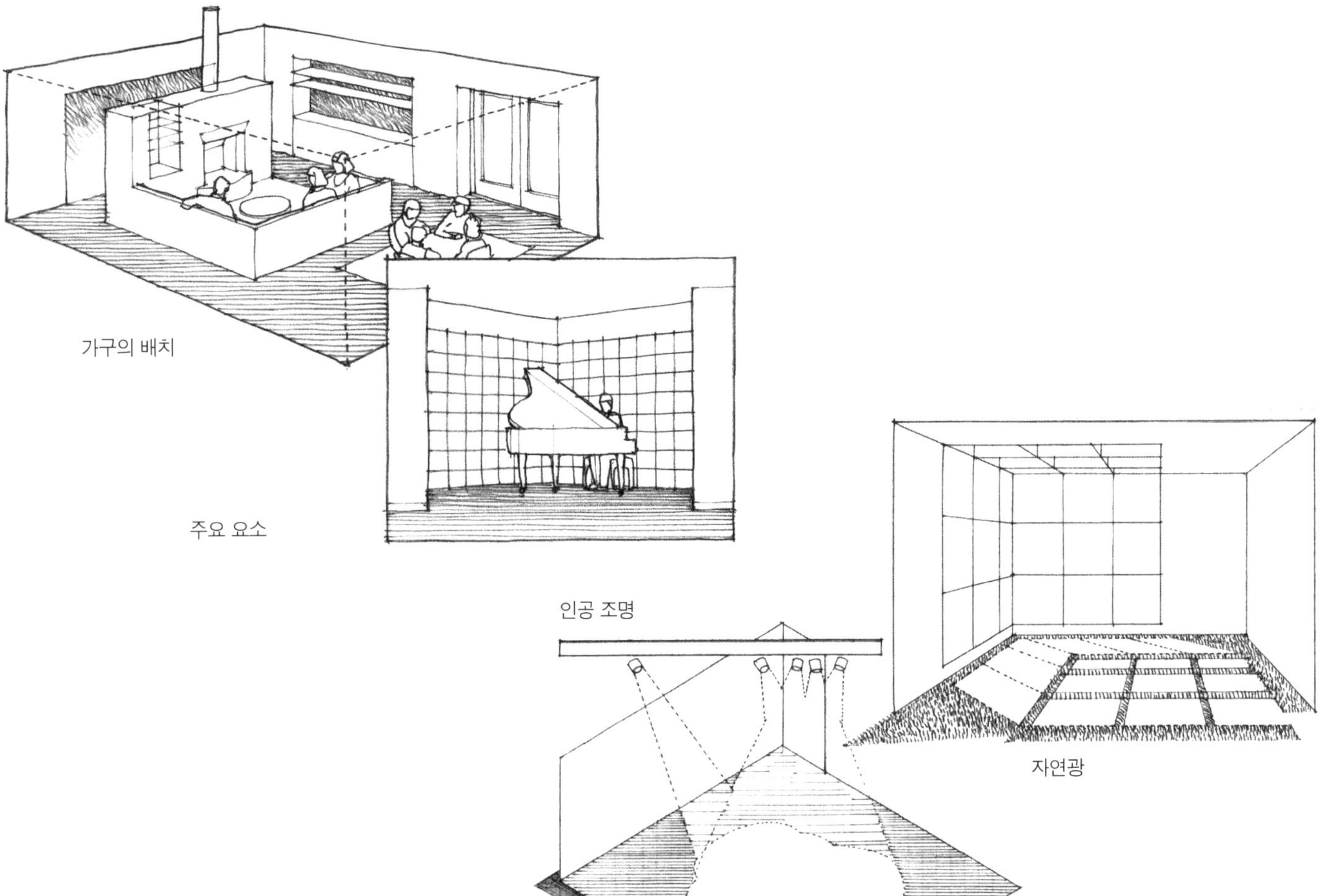

실내 디자인 요소로 구성된 공간

실내 디자인 요소로 구성된 공간

커다란 공간에서 가구의 형태와 배열은 영역을 나누고, 둘러싸인 느낌을 주고, 공간 패턴을 만든다.

조명이 만들어내는 밝고 어두운 패턴은 방에서 하나의 영역을 다른 것보다 강조하여 분리함으로써 우리의 주의를 끌 수 있다.

방 표면의 청각적 특성도 공간의 경계를 분명히 하는데 영향을 미친다. 부드럽고, 흡수성 좋은 표면은 소리를 억제하고, 공간의 물리적 특성에 대한 의식을 감소시킬 수 있다. 방 안에서 소리를 반사시키는 딱딱한 표면은 그것의 물리적 경계를 정의하는데 도움을 준다. 울림은 커다란 면적을 연상시킨다.

결국, 공간은 우리가 어떻게 사용하느냐에 의해 만들어진다. 우리의 행동 특성과 풍습은 실내공간을 어떻게 설계하고, 배열하며, 구성하는지에 영향을 미친다.

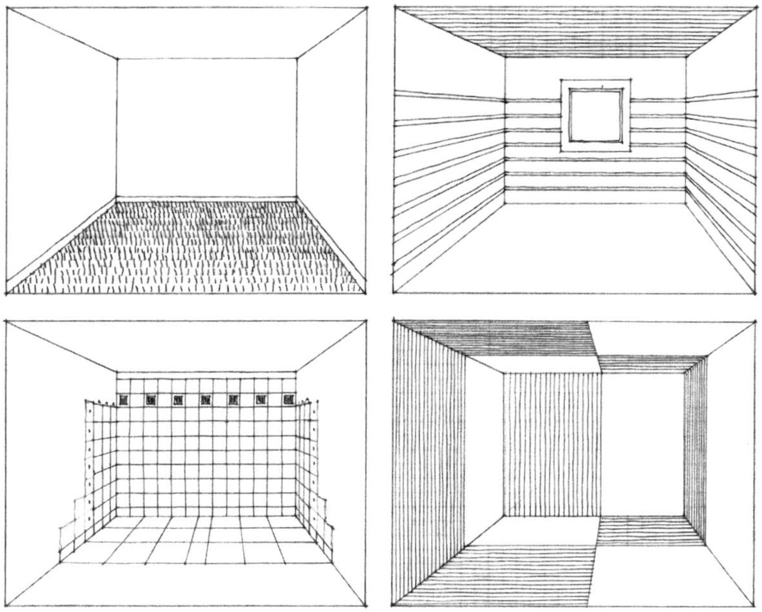

색채, 질감, 그리고 패턴

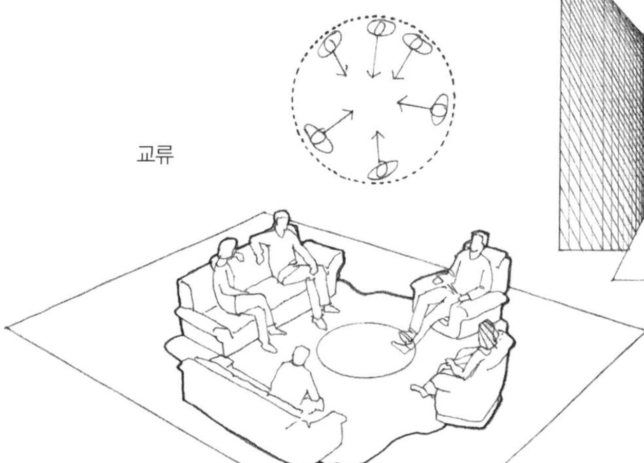

교류

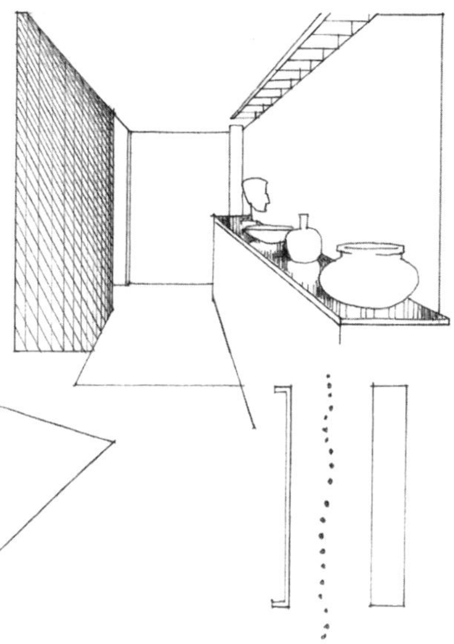

동선

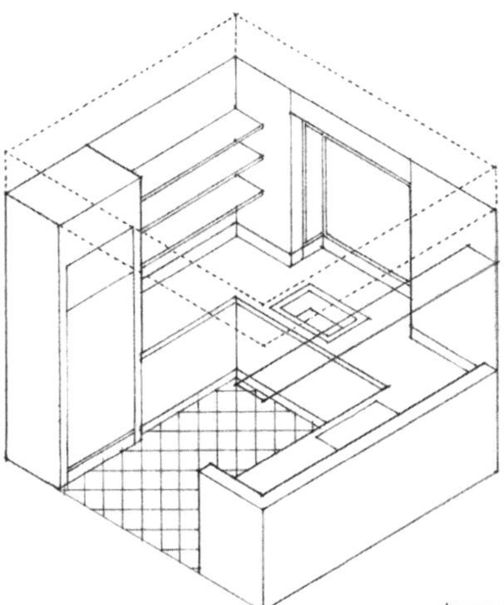

개인적 · 집단적 활동

형태-배경의 관계(Figure-Ground Relationships)

실내공간은 먼저 건물의 구조적 시스템에 의해 만들어지고, 다음에 벽과 천장면들에 의해 정의되며, 창문과 출입구에 의해 다른 공간들과 연결된다. 모든 건물은 이러한 요소들과 시스템으로 쉽게 알아볼 수 있는 패턴을 가지게 된다. 각각의 패턴은 공간의 모양틀을 만들거나 파내는 고유의 형태적 구성을 갖는다.

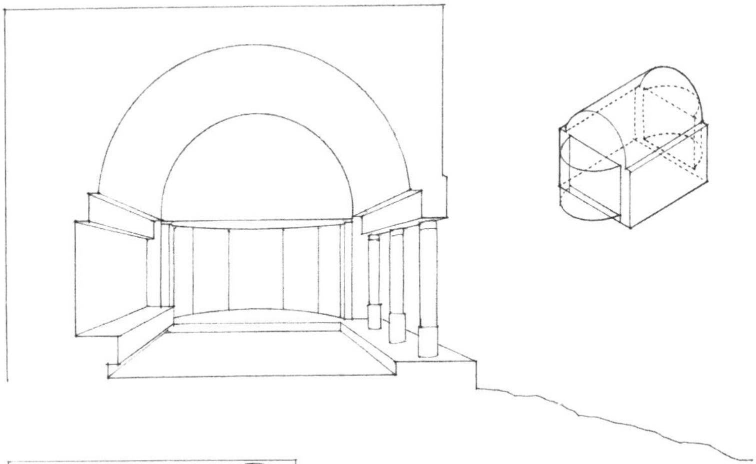

우리는 공간과 형태 사이에서 형태-배경(figure-ground)의 관계를 읽을 수 있어야 한다. 이러한 관계 속에서 형태나 공간 모두 우세하게 나타날 수 있다. 만약 한 쪽이 두드러지게 나타난다 하더라도, 우리는 다른 쪽을 동등한 대상으로 인식할 수 있어야 한다.

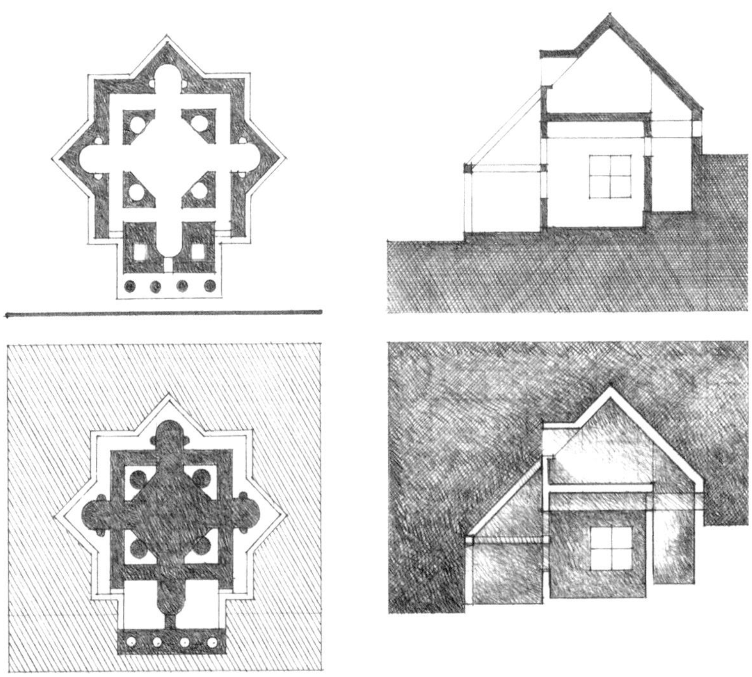

공간의 형태

실내공간에 배열된 탁자와 의자 처럼, 실내계획 요소로 나타나는 형태-배경의 변환 관계를 보는 것 또한 필요하다.

방 안에 하나의 의자가 놓일 때, 이것은 단지 공간을 점유하는 것뿐만 아니라 의자와 그 주변과의 공간적인 관계를 형성하는 것이다. 우리는 의자가 가진 형태보다 더 많은 것을 지각할 수 있어야 한다. 의자의 형태와 의자를 둘러싼 공간의 형태 모두를 인지해야 한다.

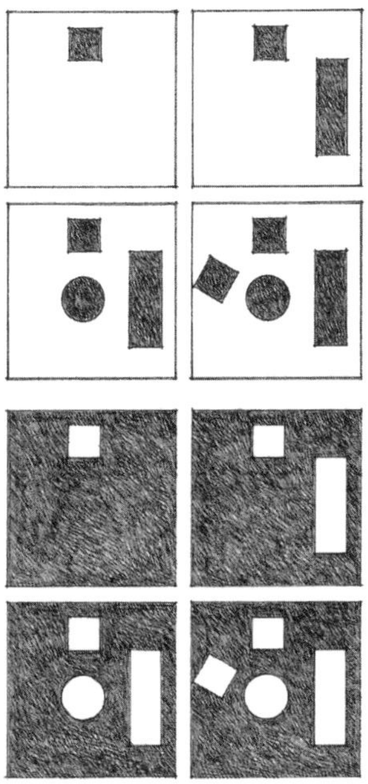

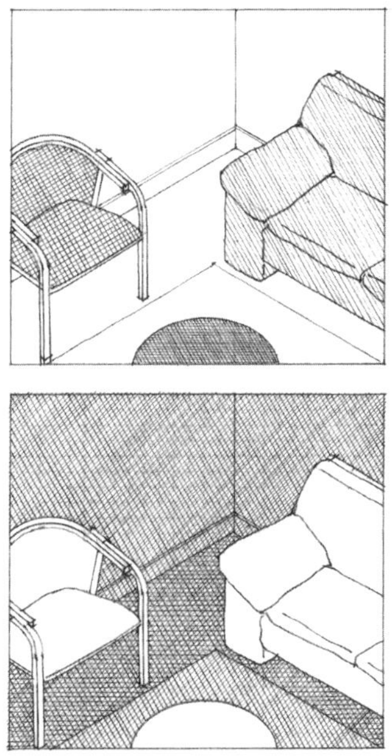

공간의 치수

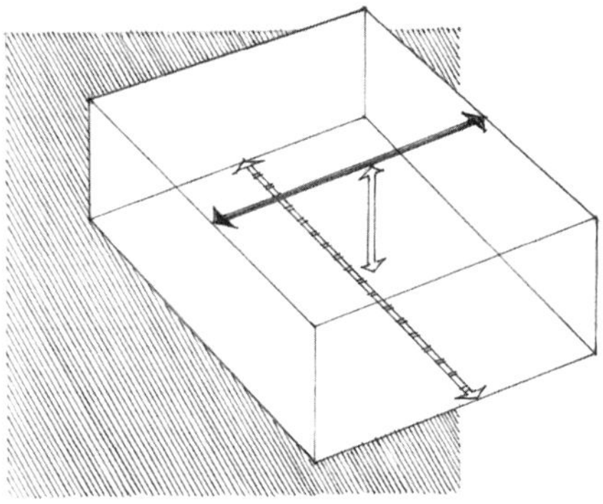

공간의 형태처럼 실내공간 치수는 건물 구조체계—재료의 강도와 구조재의 크기, 공간적 배치—의 특성과 직접적으로 연관되며, 공간 치수는 방의 비례와 크기를 결정하고, 그 사용에 영향을 미친다.

공간의 수평적 치수인 폭은 지금까지 재료와 기술에 의해 제한되었지만, 오늘날 대부분의 건축 구조는 기술적으로 가능하다. 목재나 금속 보와 콘크리트 슬래브는 9미터 이상을 덮을 수 있다. 더 나아가 목재 또는 금속 트러스는 30미터나 그 이상을 덮을 수 있다. 보다 길어진 지붕 간격은 스페이스 프레임과 돔, 서스펜션 시스템, 그리고 공기의 압력으로 지지되는 막과 같은 다양한 곡면구조까지 가능하다.

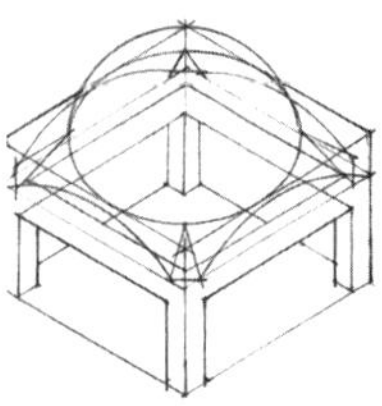

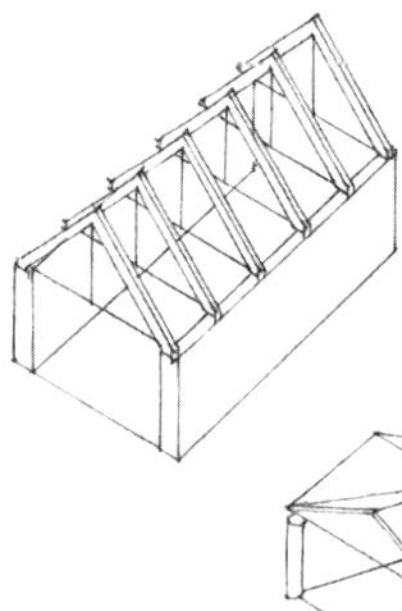

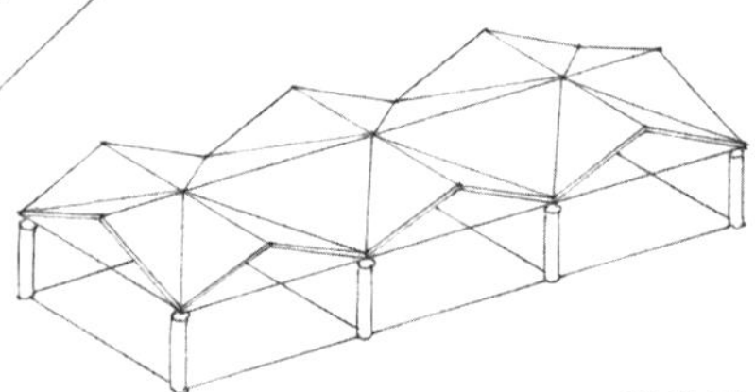

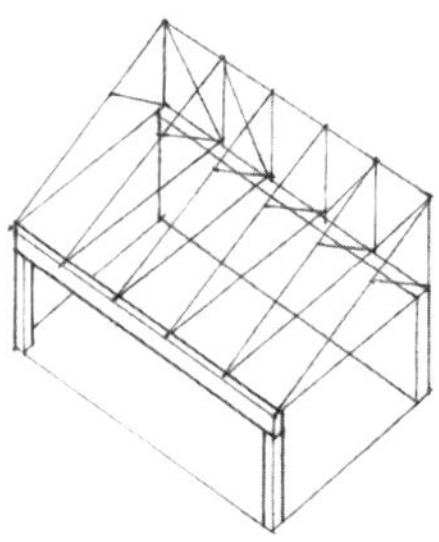

실내공간의 폭은 구조에 의해 제한될 수 있지만, 그 공간은 이용하는 사람들의 요구사항과 활동을 위한 영역의 필요에 의해 성립되어야 한다.

건물 설계자들은 전통적으로 스케치와 모형 제작을 통해 공간적 관계를 발전시켜왔다. 컴퓨터 이용 설계와 제도(CADD; Computer-aided Design and Drafting)와 건설정보 관리(BIM; Building Information Management) 소프트웨어 체계는 건물 설계자들이 일하는 방식을 바꾸어놓고 있다. 이러한 컴퓨터 기술로 인해 설계자들은 건물의 상호작용하는 3차원적 컴퓨터 모델을 만들고 그들이 설계함에 따라 건물 시스템을 조정할 수 있게 되었다.

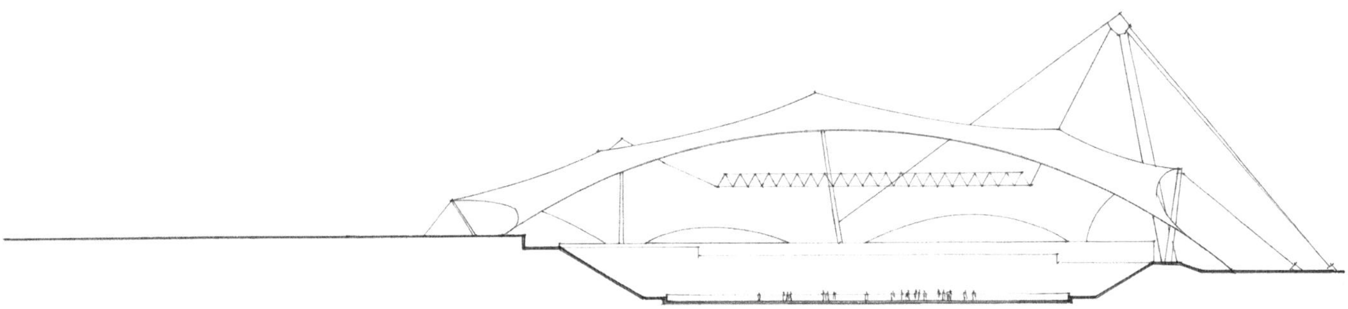

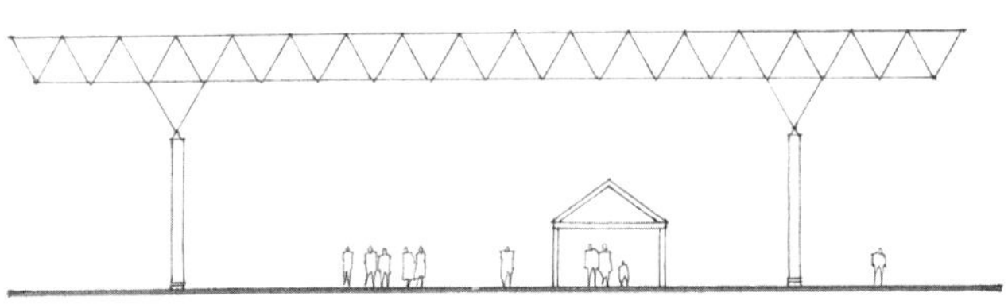

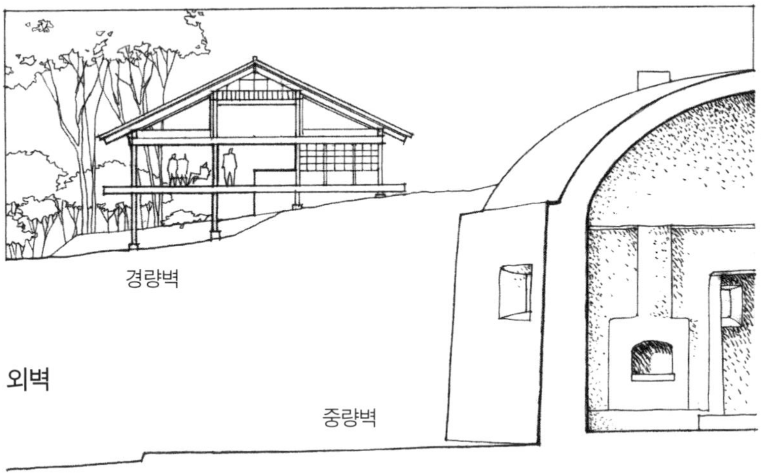

외벽

외부에서 내부로

건물의 외벽은 내부와 외부환경 사이에서 경계면을 만든다. 내부와 외부공간을 만들 때, 벽들은 각각의 특성을 결정한다. 두껍고 무거운 벽의 경우 내부환경과 그것으로부터 격리된 외부공간 간의 명확한 분리를 표현하기도 한다. 얇거나 투명한 경우에는 내・외부와의 조화를 꾀하기도 한다.

공간적 전이체

건물 외벽을 관통하는 개구부, 창문과 출입구는 외부와 내부 사이의 공간적 전이체들이다. 그 크기, 특성과 구성은 종종 이들 사이에 존재하는 실내공간의 근본적 특성을 나타내기도 한다.

외부와 내부 모두에 속한 특이한 전이공간은 두 개의 환경 사이를 중재하기 위해 사용되곤 한다. 주택건축에서 이와 같은 예는 현관이다. 즉 문화적・기후적 차이에 의한 베란다, 라나이(lanai), 그리고 아케이드를 이루는 발코니 등이 이에 해당된다.

많은 단독주택들은 모든 입구에 계단이 있어서 지체장애가 있는 사람들에게 장벽이 되고 있다. 비지터빌러티(Visitability; 장애자의 건물 이용 용이도)은 그들이 손쉽게 입주하고 이동성 장애가 있는 사람들도 방문할 수 있도록 새로운 집을 짓기 위한 운동이다.

내부 공간

건물 안에서 우리는 은신처, 그리고 둘러싸임의 느낌을 받는다. 우리가 이렇게 지각하는 것은 내부공간을 둘러싸는 바닥, 벽, 그리고 천장면에 의한 것이다. 이는 방의 물리적인 범위를 결정하는 건축적 요소들이다. 이들은 공간을 둘러싸고 그 경계를 명확히 하며, 서로 접해 있는 내부공간을 외부로부터 분리시킨다.

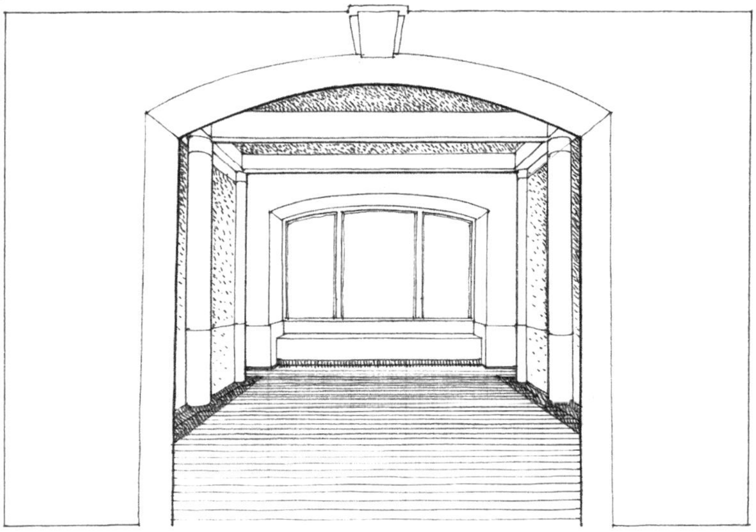

입구는 이쪽에서 저쪽으로의 전이를 표시한다

바닥, 벽, 천장은 단순히 공간을 표현하는 것 이상이다. 그 형태와 구성, 그리고 창문과 출입구의 패턴들은 한정된 공간에 특정한 공간적 · 건축적 특성을 부여한다. 예를 들어, 그랜드 홀, 다락공간, 일광욕실, 벽감(alcove)과 같은 용어는 단순히 공간이 크고 작음을 설명하는 것이 아닌, 이것의 크기와 비례, 빛의 질, 둘러싼 표면의 특성, 그리고 인접한 공간과 어떻게 관계하느냐에 대한 특징을 부여한 것이다.

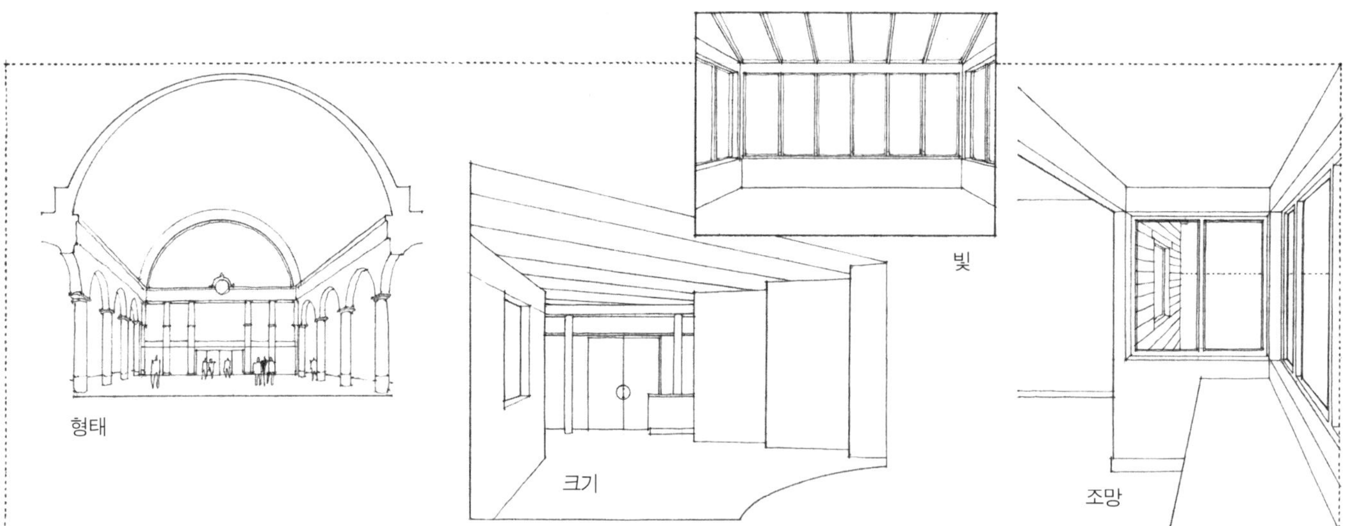

공간의 질

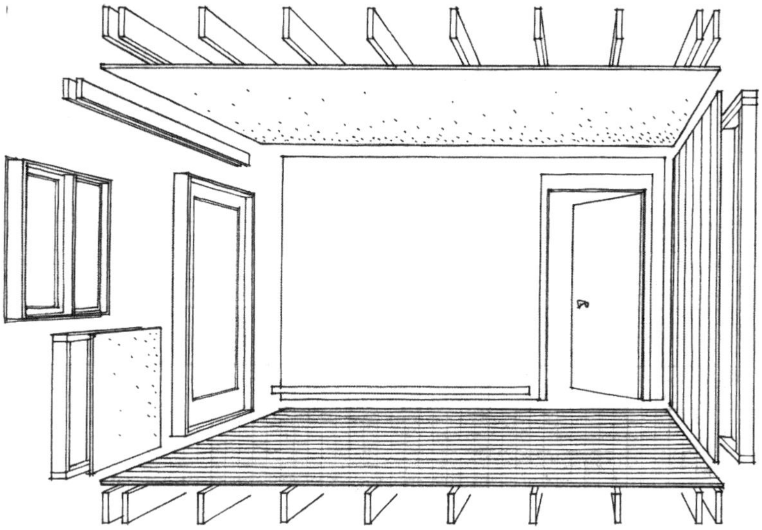

실내디자인은 공간의 건축적 정의를 뛰어 넘어야 한다. 공간과 가구배치 등 여러 공간을 계획함에 있어서 인테리어 디자이너는 각각의 건축적 특성은 물론 변경과 향상에 관한 가능성 또한 정확히 알고 있어야 한다. 따라서 실내공간 설계에서는 공간이 건물의 구조 및 벽체 시스템에 의해 어떻게 만들어졌는지를 이해하는 것이 필요하다. 이와 함께 인테리어 디자이너는 건축적 공간의 본질적 특성을 유지하거나 오히려 대비되도록 제안하는 등 그 대상을 효과적으로 선택할 수 있어야 한다.

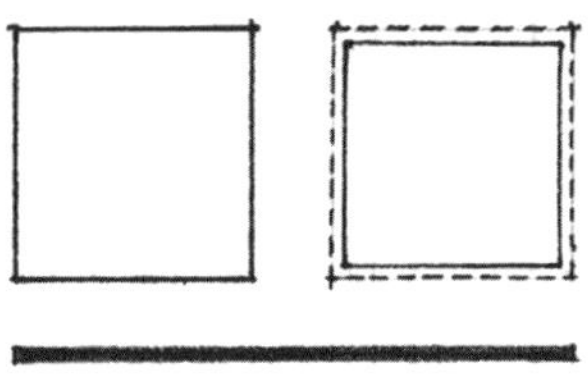

연속

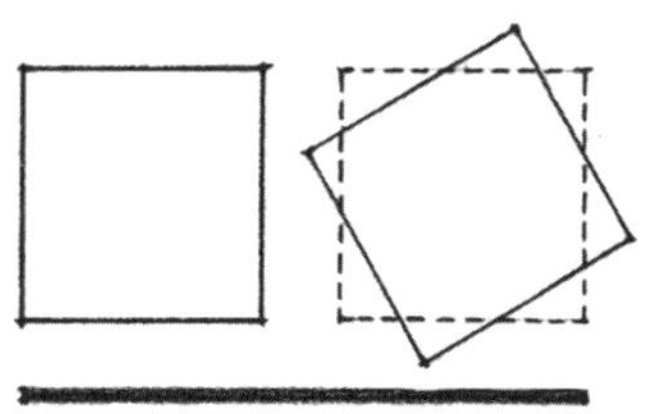

대조

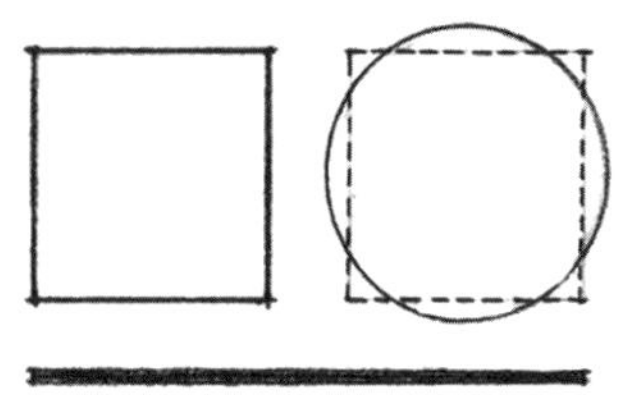

대비

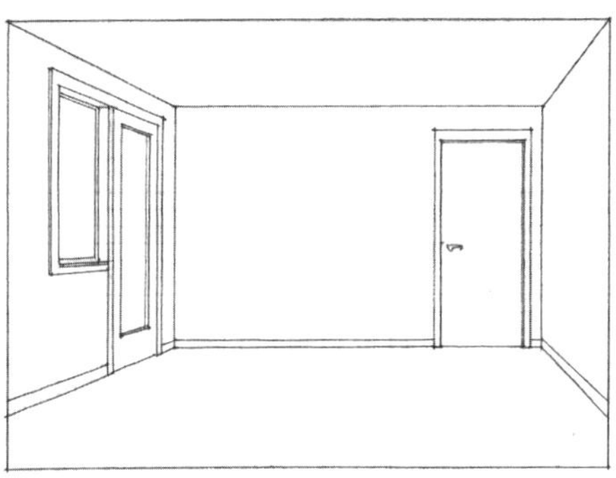

기본 표면

...건축적으로 변경된

...또는 실내디자인을 통한

공간의 수직적 치수

실내공간에서 높이는 천장에 의해 정해진다. 이러한 수직의 치수는 방의 공간특성을 만드는 데 있어 수평적 치수만큼의 영향을 미친다.

방의 수평적 치수는 투시도상의 원근법으로 자주 왜곡되지만 공간 높이와 우리 키 사이의 관계는 보다 정확하게 느껴질 수 있다. 측정이 가능한 천장 높이의 변화는 길이나 폭에서 생기는 비슷한 변화에 비해 공간에 대한 우리의 인상에 많은 영향을 미치는 것처럼 보인다.

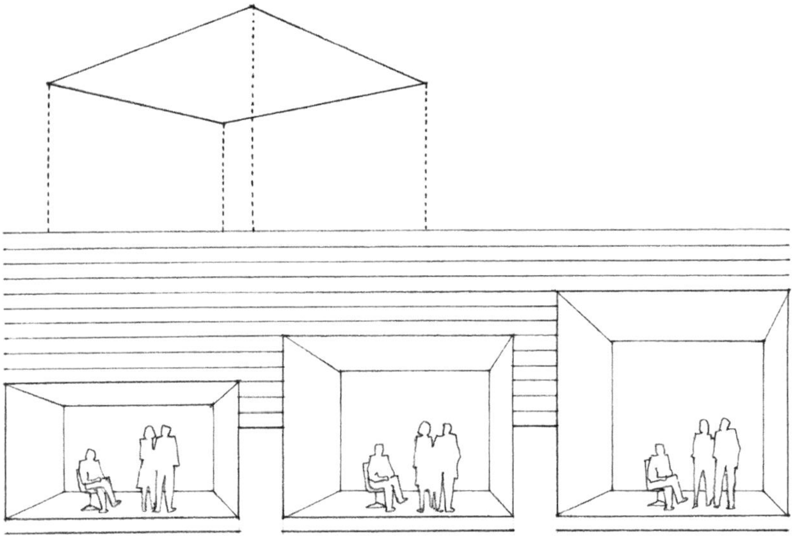

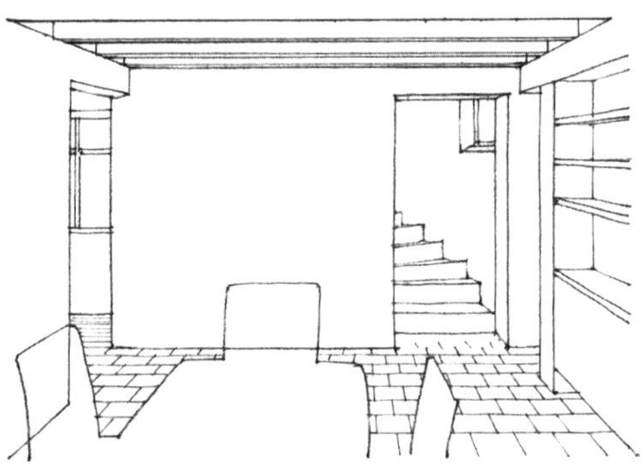

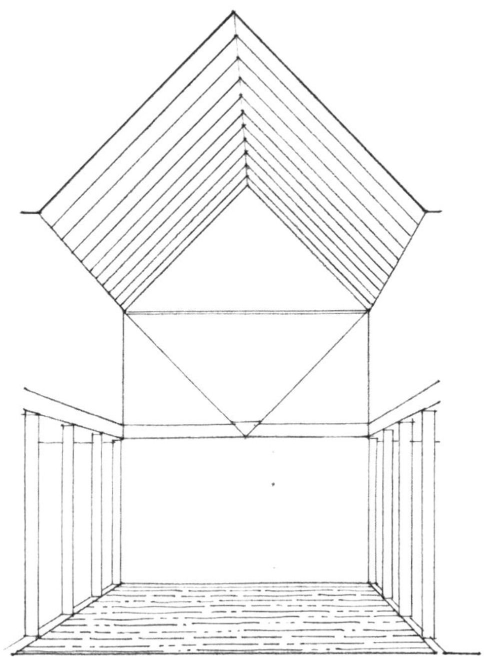

천장의 높이를 다양하게 하는 것은 지각되는 공간의 크기에 커다란 영향을 줄 수 있다.

공간의 전이

개별 공간들은 특정 기능과 특정 행위에 의해 설계되고 만들어지지만 이는 모두 건물 안에 포함된다. 왜냐하면 기능적으로 서로 연결되고, 공통적인 인간 집단에 의해 사용되거나 공통의 목적을 함께 공유하기 때문이다. 실내공간이 서로 어떻게 관계하는지는 건물의 공간적 형태 안에서 가지는 그들 간의 상대적 위치뿐만 아니라 각각의 연결공간과 공통적으로 가지고 있는 경계의 특성에 의해서도 결정된다.

바닥, 벽, 천장면들은 공간의 일부분을 정의하고 분리시킨다. 이들 중에서 수직 벽면은, 공간적인 경계로서 가장 큰 영향력을 가진다. 이는 우리의 시각적 영역과 행동을 제한하는 장벽이 된다. 창문이나 출입구를 만들기 위해 벽면에 형성된 개구부들은 분리된 방이 주변 공간들과 다시 관계하도록 한다.

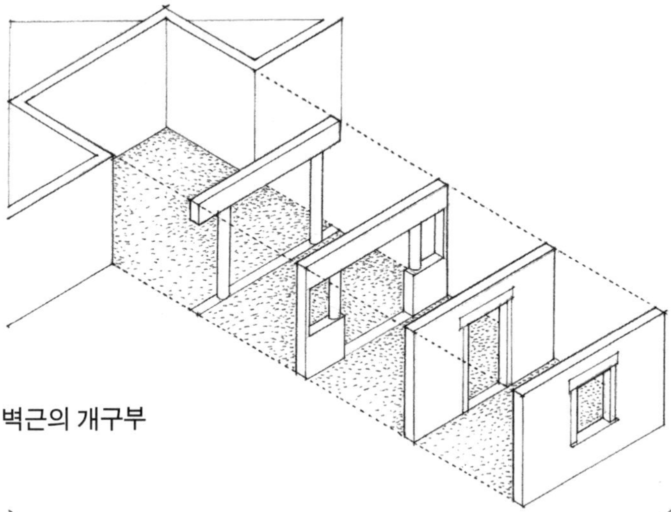

벽근의 개구부

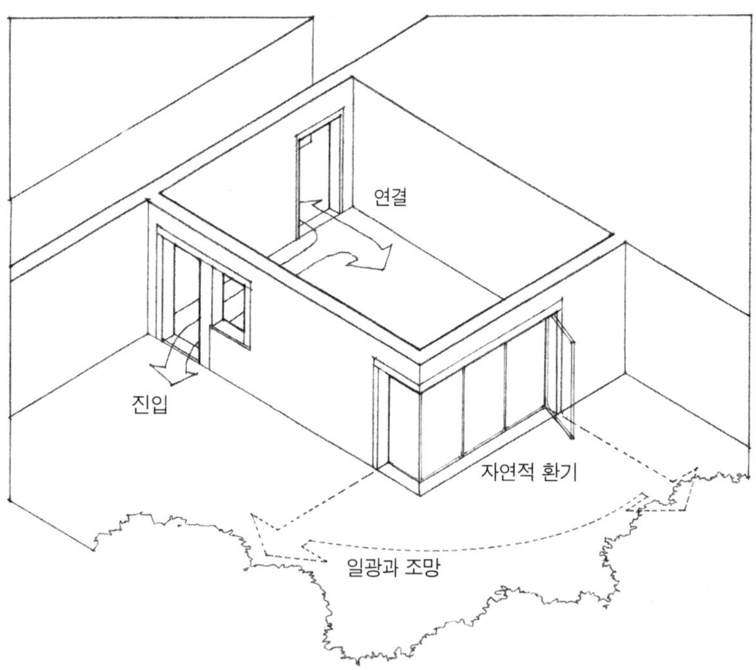

실내 디자인

인테리어 디자인은 건물 안에서 실내공간을 계획하고, 배치하며, 디자인하는 것이다. 이러한 물리적 장치는 보호와 방어를 위한 기본적 요구를 충족시켜야 한다 ; 그들은 무대가 되어 우리의 행동에 영향을 미친다 ; 그들은 우리의 열망을 키우며 우리의 행동을 이끌어내는 생각들을 표현한다 ; 그들은 우리의 생각, 기분, 그리고 성격에 영향을 미친다. 그러므로 인테리어 디자인의 목적은 실내공간의 기능적인 향상, 미적인 풍부함, 그리고 심리적인 상승에 있다.

계획, 배치, 그리고 세부항목의 **디자인**을 통해

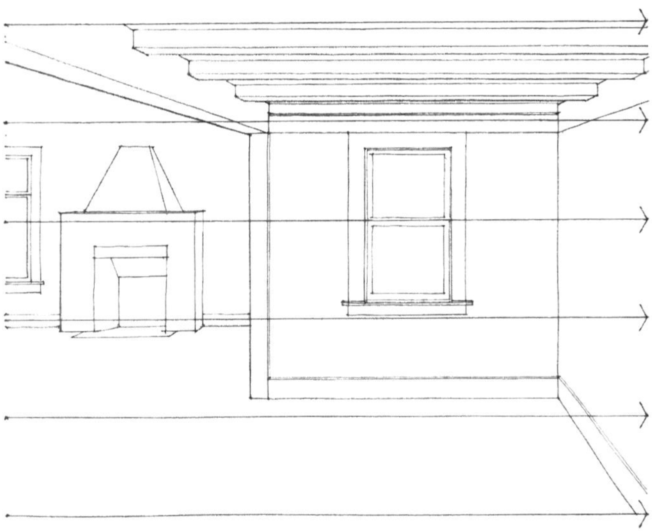

건축적 맥락

실내 요소

모든 디자인의 목적은 특정 목표를 달성하기 위해 각 부분을 일관된 전체로 구성하는 것이다. 인테리어 디자인에서 선택된 요소들은 기능적, 미적, 그리고 행동에 관한 지침을 따라 3차원적 패턴으로 구성된다. 이러한 패턴으로 만들어진 요소 간의 관계는 마침내 실내공간의 시각적 특성과 기능적 적합성을 결정하며, 우리가 그것을 어떻게 지각하고 사용하는지에 영향을 미친다.

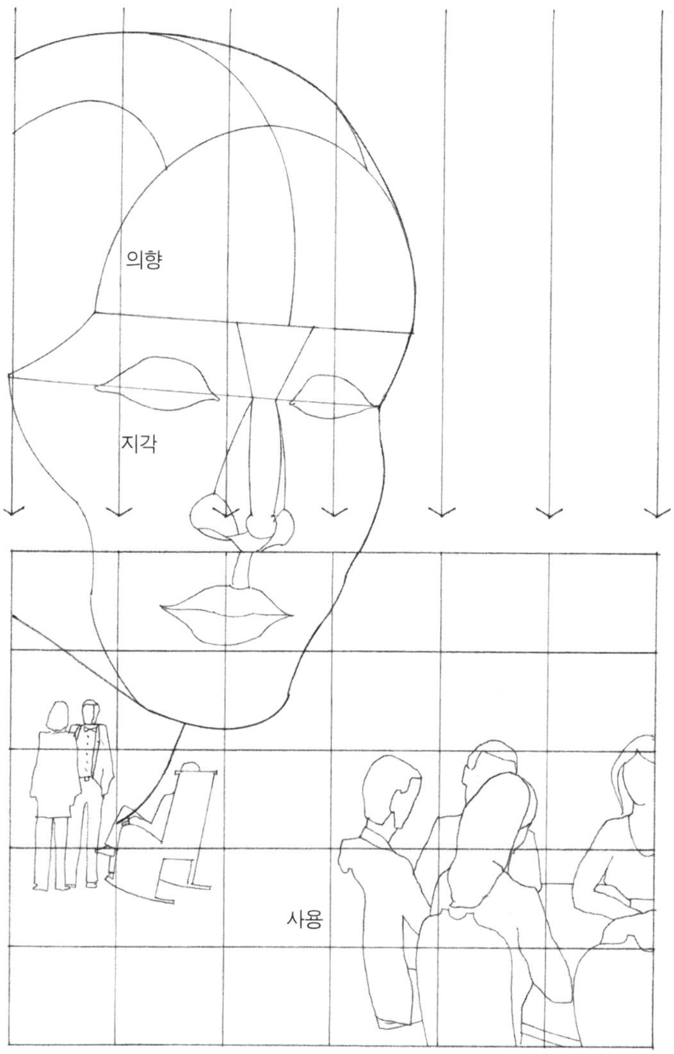

전체를 형성한다.

실내 환경

설계와 시공의 조직

인테리어 디자이너가 수집한 고객, 공간, 그리고 의도된 행태에 대한 정보가 디자인 팀의 다른 조직원들의 작업과 관계를 가지는 것처럼, 모든 건물의 건축적 형태와 환경 시스템의 발전은 인테리어 디자이너와 밀접한 관계를 가진다.

인테리어 디자이너는 보다 큰 설계사무소의 다른 디자이너, 건축가, 그리고 설계전문가들과 함께 협력하면서 개인 사업가로 혹은 건축회사의 조언자로 일할 수 있으며, 다른 회사의 건축가들과 공학자와 같은 전문가들과의 관계도 유지해야 한다. 그리고 설비감독, 관리자를 포함한 고객의 대리인, 최종 사용자들과도 함께 일하며, 마감재와 가구배치(furnishing)를 위해 고객과 공급자 사이의 중개인이 되기도 한다. 건물이 만들어지는 동안 인테리어 디자이너는 도급자와 제조업자들과의 관계도 가진다. 설계와 시공팀의 모든 조직원들은 교류, 협력, 그리고 상호 신뢰의 분위기를 유지하도록 노력해야 한다.

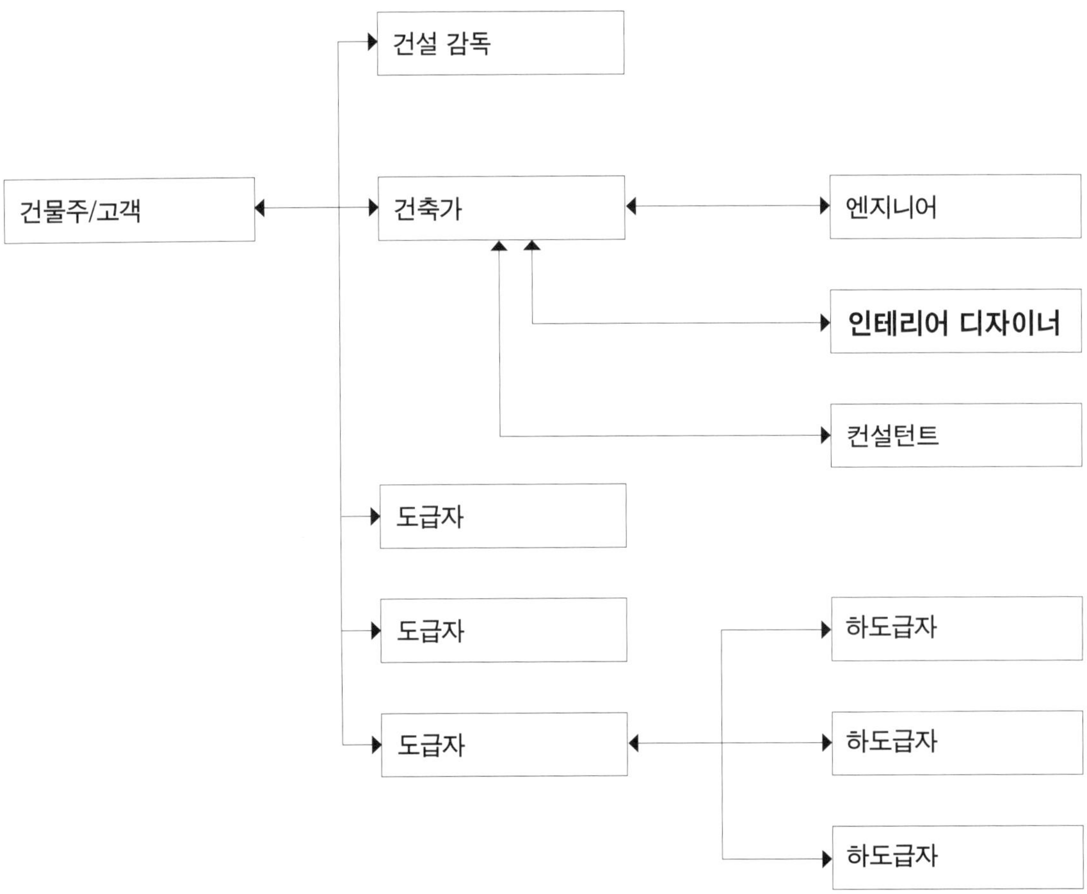

디자인 기준

문제점을 정의하고 분석하면서 평가 가능한 해결의 효율성으로 목표와 기준 또한 발전시킬 수 있다. 그리고 언급된 실내디자인의 문제점에 상관없이 우리가 생각해야 할 몇 가지 기준이 있다.

기능과 목적

첫째, 디자인이 의도하는 기능은 반드시 만족되어야 하며, 그것의 목적은 완수되어야 한다.

실용성과 경제성

둘째, 디자인은 재료의 선택과 사용에 있어 실용성, 정당함, 그리고 경제성을 보여주어야 한다.

형태와 형식

셋째, 디자인은 우리의 눈과 다른 감각에 미적인 즐거움을 주어야 한다.

이미지와 의미

넷째, 디자인은 그것을 사용하고 경험하는 사람들에게 의미를 부여할 수 있는 이미지를 투영하고 환경을 향상시켜야 한다.

인적 요소들

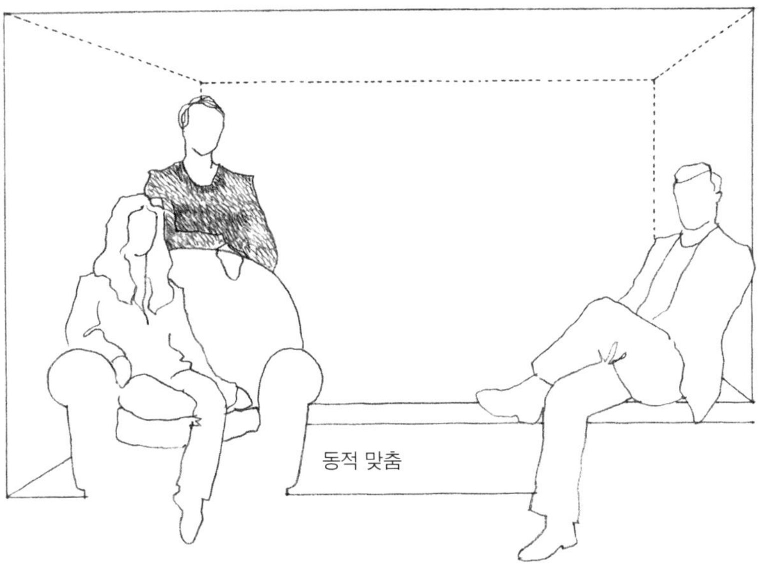

건물의 실내공간은 인간의 움직임, 활동, 그리고 휴식을 위한 장소로 디자인된다. 따라서 실내공간의 형태와 크기, 그리고 우리 자신의 신체치수는 서로 맞아야 한다. 이러한 맞춤fit은 우리가 의자에 앉거나 난간에 기대거나 또는 벽감 안에 편안히 누울 때처럼 정적인 것일 수 있다.

또한 건물의 현관 로비(foyer)로 들어가거나 계단을 올라가거나 또는 건물의 방과 홀을 통과해 움직일 때와 같은 동적인 맞춤이 될 수도 있다.

맞춤의 세 번째 형식은 적당한 사회적 거리를 유지하고, 개인적 공간을 조절하기 위한 우리의 요구를 공간이 어떻게 받아들이는가 하는 것이다.

이러한 물리적, 심리적 치수와 함께 또 공간은 그 안에서 우리가 어떻게 느끼고, 무엇을 하는가에 영향을 미치는 촉각적, 청각적, 후각적, 그리고 온도에 대한 특성을 가진다.

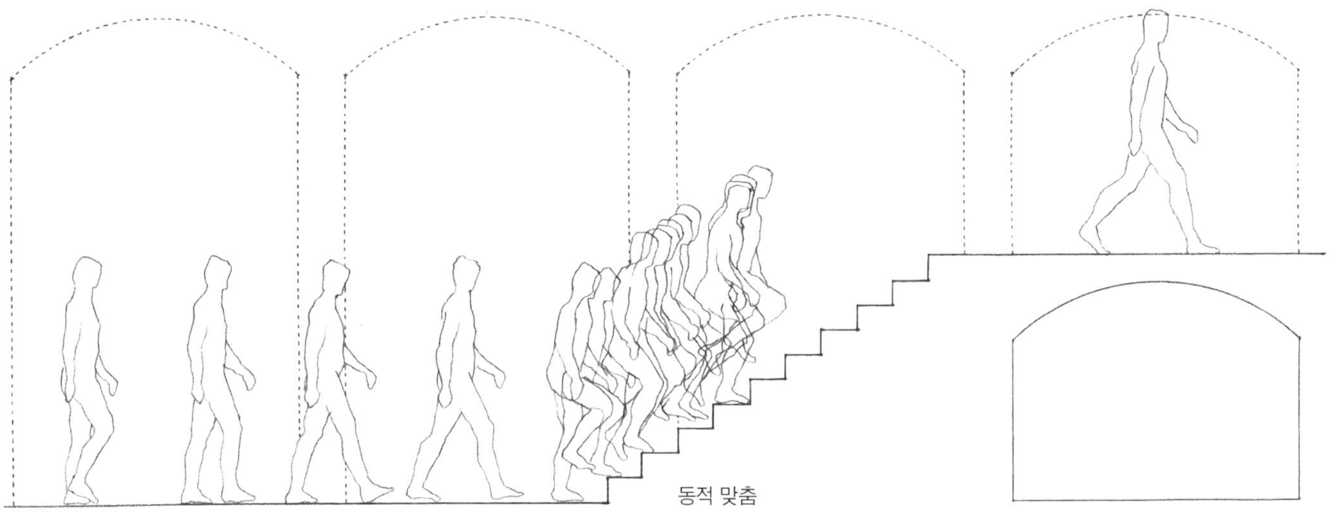

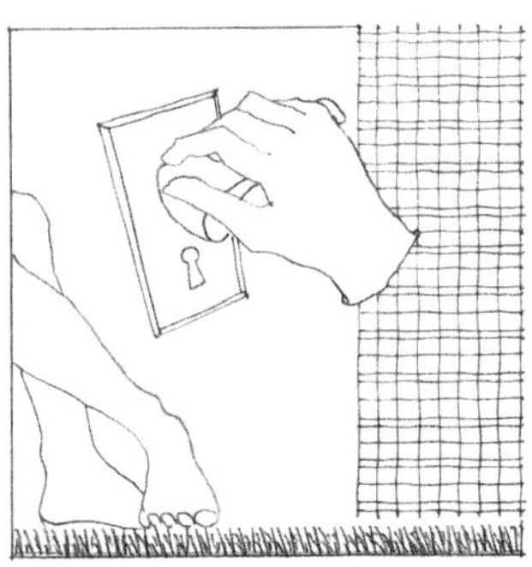
촉각

청각

후각

온도감

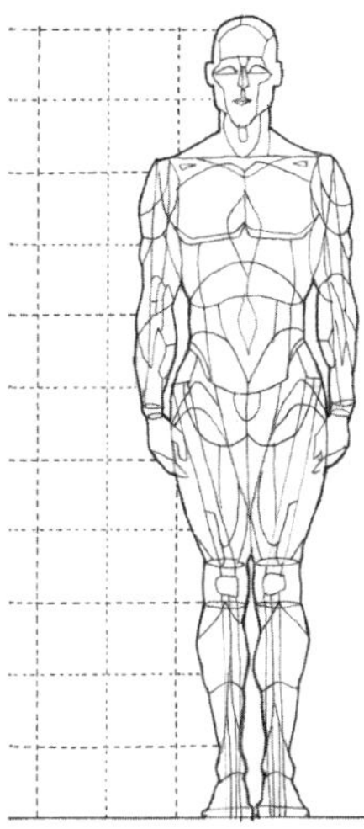
구조적 치수

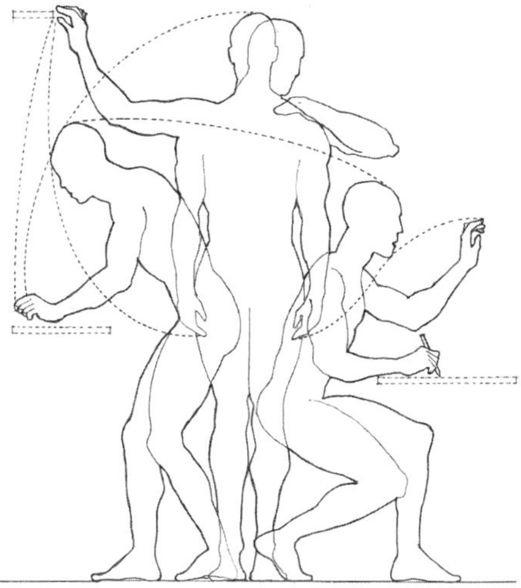
기능적 치수

신체치수와 공간 지각 방법은 건축과 실내계획에서 가장 중요한 결정 인자이다. 다음은 서고, 걷고, 앉고, 계단을 오르거나 내려가고, 눕고, 손을 뻗고, 바라보는 것에 대한 기본적인 인체 치수가 그려져 있다. 식사를 하거나 대화하는 등의 집단행동에 대한 치수의 지침도 보여준다.

신체에 대한 구조적 치수(structural dimension)는 선반 위의 무언가를 잡고, 탁자 주위에 앉고, 계단을 걸어 내려가고, 또는 다른 사람들과 교류하는 방법으로부터 나오는 치수적 요구사항과는 서로 다른 것이다. 관련 행동과 사회적 상황의 특성에 따라 달라지는 것을 기능적 치수(functional dimension)라고 한다.

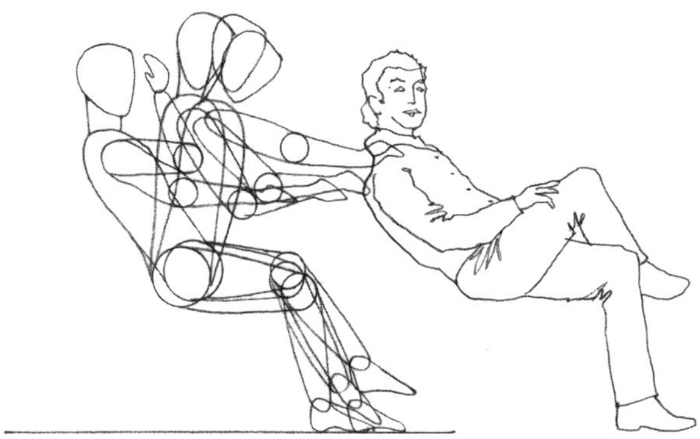

치수목록이나 그림들을 이용할 때에는 항상 주의할 것이 있다. 이것들은 특정 사용자의 요구에 맞게 수정되어야 하기 때문에 전형적이고 평균적인 크기에 기초한다. 남자와 여자, 다양한 연령, 그리고 동종의 집단, 심지어 한 사람으로부터 계속해서 달라지는 차이 때문에 표준과 다른 변화는 항상 존재한다.

대부분의 사람들은 자라고 나이가 들면서 체중과 키, 그리고 몸 상태의 변화와 함께 신체적인 범위와 역량이 달라지는 것을 경험할 것이다. 이러한 변화들은 시간이 흐르면서 실내환경이 사용자와 어떻게 맞추어지고 수용할 것인지에 영향을 미친다.

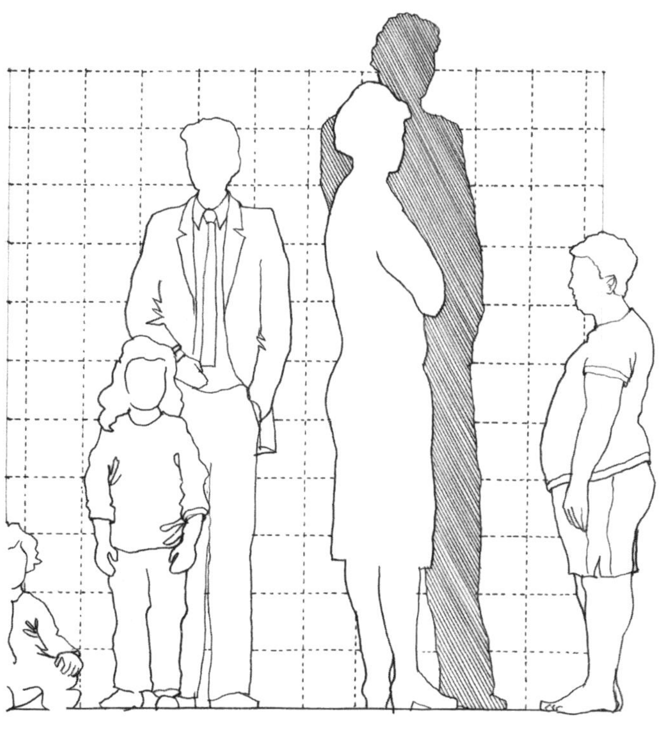
개인적인 변화와 역량

프로그램 짜기

실내디자인의 성공을 판단하기 위한 중요한 기준은 그것이 기능적이냐 하는 것이다. 기능은 디자인에 있어 가장 기본적인 단계이다. 우리는 실내공간의 기능을 향상시키기 위해, 그리고 그 안에서 보다 편리하고, 편안하며, 즐겁게 일하고, 활동하기 위해 디자인한다. 물론, 디자인에 있어서 적당한 기능이란, 물리적 치수와 가능성은 물론 그 안에서 거주하고 사용하는 사람의 의도와 직접적인 관계가 있다.

실내공간의 기능과 목적의 이해를 돕고 궁극적으로는 임무를 완성하기 위해 공간에 대한 사용자와 행동 요건을 신중히 분석하는 것이 필요하다. 다음의 지침은 디자이너가 이러한 요구조건을 설정하고, 형태와 패턴으로 바꾸며, 공간적 맥락 속에서 결합하도록 도와줄 수 있다.

사용자 요구조건

[ ] 사용자 확인
- 개인
- 사용자군
- 사용자 특성
- 연령군

[ ] 요구 확인
- 특정 개인의 요구와 가능성
- 집단의 요구와 가능성

[ ] 영역적 요구조건 수립
- 개인적 공간
- 프라이버시
- 상호 영향
- 접근
- 안전

[ ] 선택 결정
- 좋아하는 물건
- 좋아하는 색채
- 특별한 장소
- 특별한 관심

[ ] 환경적 고려사항 조사
- 에너지 효율성
- 채광, 전망, 맑은 공기
- 절감, 재사용, 재활용
- 물 보전
- 지속가능한 재료와 가공 과정
- 휘발성 유기화합물을 적게 배출하는 제품
- 폐기물 줄이기

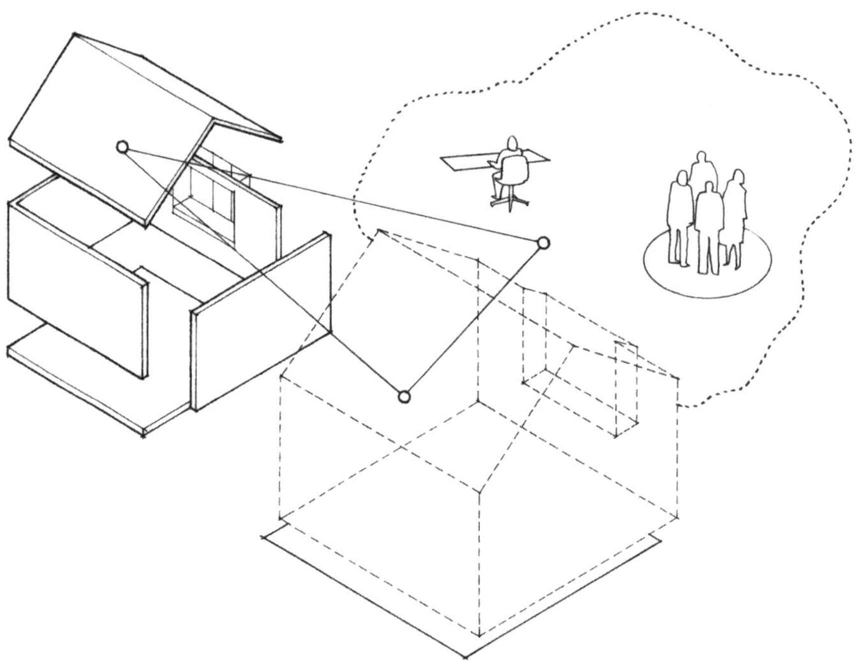

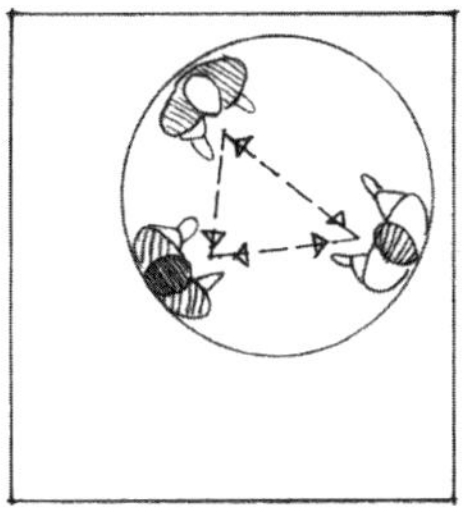
대화

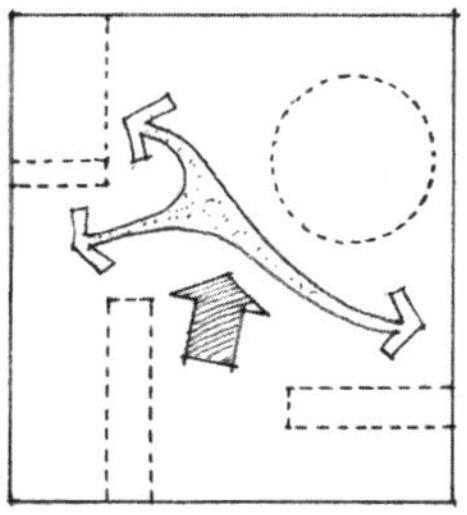
동선

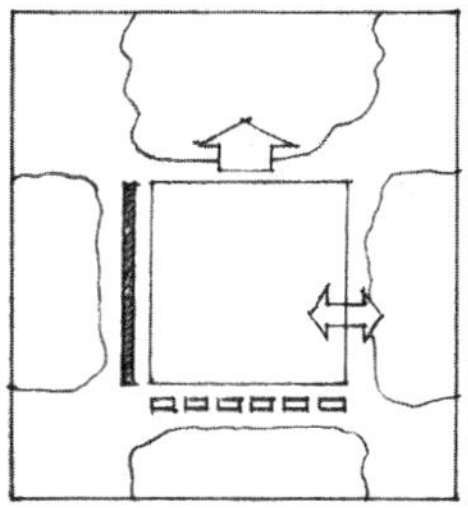
인접

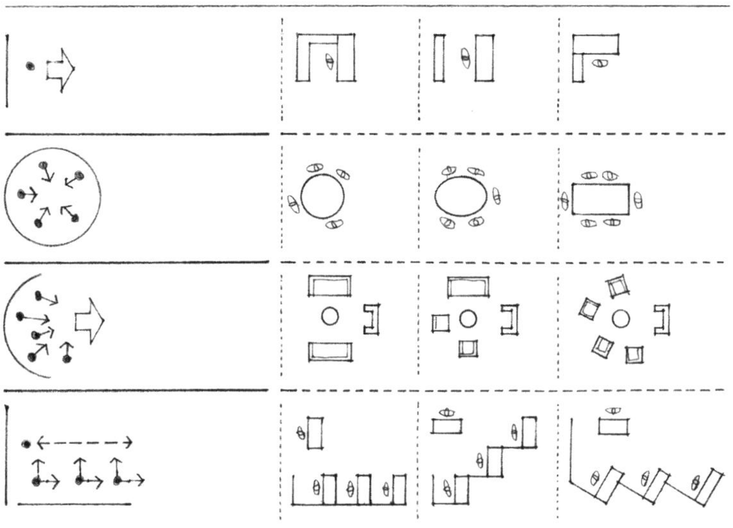
가구의 요구사항과 배열

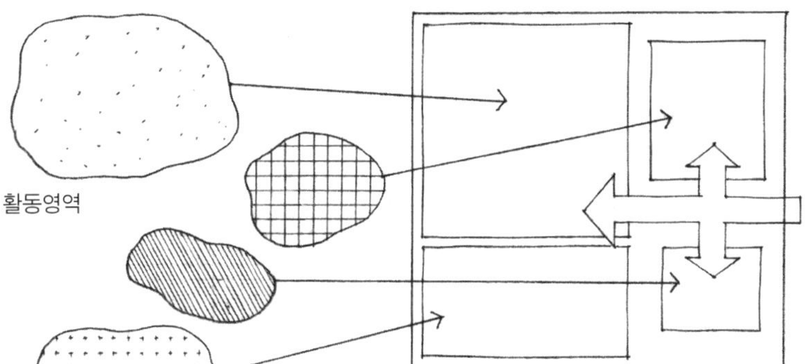

현존하거나 제안된 공간

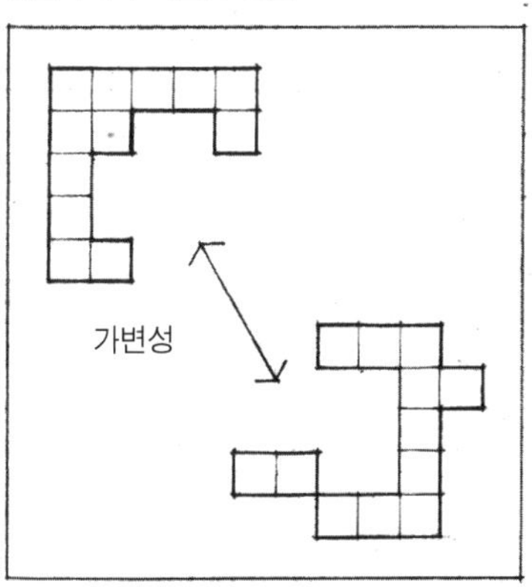

행위 요구조건

[ ] 주요한 그리고 부차적인 행위 확인

- 주요한 행위의 명칭과 기능
- 부차적이거나 연관된 행위의 명칭과 기능

[ ] 행위의 특성 분석

- 적극적 · 소극적
- 시끄러운 · 조용한
- 공적, 소집단, 사적
- 공간이 하나 이상의 행위로 사용되는 경우 행위의 공존 가능성
- 공간이 얼마나 자주 이용되는가?
- 낮이나 밤에 몇 회 정도 이용되는가?

[ ] 해당 요건 결정

- 프라이버시와 둘러싸임
- 접근
- 가변성
- 빛
- 청각적 특성
- 안전
- 보존성 및 내구성

바닥 마감재

마감재는 건축시공시 실내공간을 연출하는데 반드시 필요한 부분 중에 하나이다. 마감재는 마감재 위에 덧붙이거나 실내의 벽, 천장 및 바닥에 도장을 할 수도 있다. 어떤 경우이던 마감재는 건축적 환경에 맞춰 정해진다. 가구배치와 마감재는 실내공간에 어울리는 분위기를 연출하는데 중요한 역할을 한다. 마감재 선정시 기능적인 측면, 미적인 측면 및 경제적인 요소까지 고려하여야 한다.

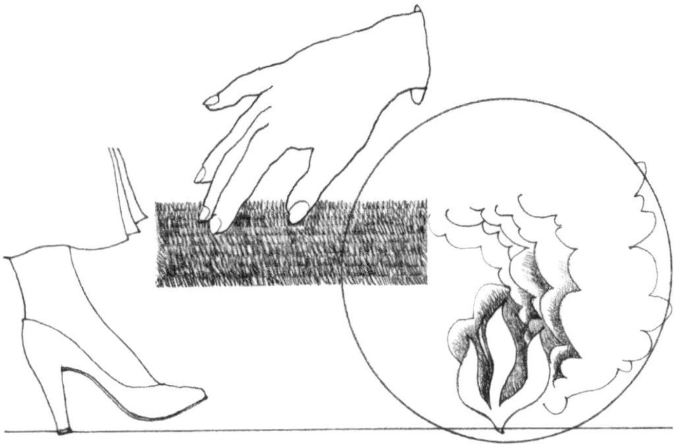

기능적 기준

- 안전과 편안함
- 예상되는 사용에 대한 내구성
- 청소 및 유지보수관리의 용이
- 내화등급 충족
- 적당한 음향 특성 충족

미적 기준

- 자연색이나 응용된 색상
- 질감
- 패턴

경제적 기준

- 매입과 시공에 대한 최초 금액
- 수명비용(lifetime cost), 재료의 기대 내구성 및 유지관리비용, 그리고 필요할 때 재료를 교체비용뿐만 아니라 재료의 예상수명을 초과하는 수리

지속가능한 디자인 기준

- 새로운 재료의 최소화와 기존 재료의 재사용
- 재활용 재료의 사용
- 현지에서 나는, 빠르게 재생되며 증명된 지속가능한 재료의 사용
- 지속가능한 공정을 이용하는 제작자의 제품 사용
- 시공, 설치, 포장에 있어 폐기물의 최소화
- 이용의 지속성과 융통성
- 가공과 배송에 내재된 에너지 감소

Reduce Reuse Recycle

재활용 목재

FSC

15. 관련 분야

어바니즘 (Urbanism)

Urban fabric of Mohenjo-Daro, Indus Valley, 2600 - 1900 BCE

도시설계 또는 도시계획은 건축과 어떠한 연관관계가 있는가?

건축직은 도시설계와 밀접한 관계가 있다. 도시는 건물로 이루어진다. 각각의 건물은 사회적 상호작용, 프로그램, 조닝, 지역사회 등 틀을 구성하는데 기여한다. 때문에 건축가는 도시적 맥락에서 작업할 때 이러한 사안들을 최우선적으로 고려해야 한다.

이는 공공공지, 주택가, 산업지역, 상업지역 및 시민 프로그램의 기회를 계획하는 도시계획가의 과업이다. 대부분의 도시에서, 이러한 조닝의 유형은 지역 조례 또는 법규에 따른다. 또한, 과정자체는 건축가가 건물의 다양한 프로그램을 배치하는 방식과 다르지 않다. 그러나 두 분야의 관계는 이보다 더 깊은 유사성을 가지고 있다. 건축은 도시가 구획되는 기본원칙을 바탕으로 한다.

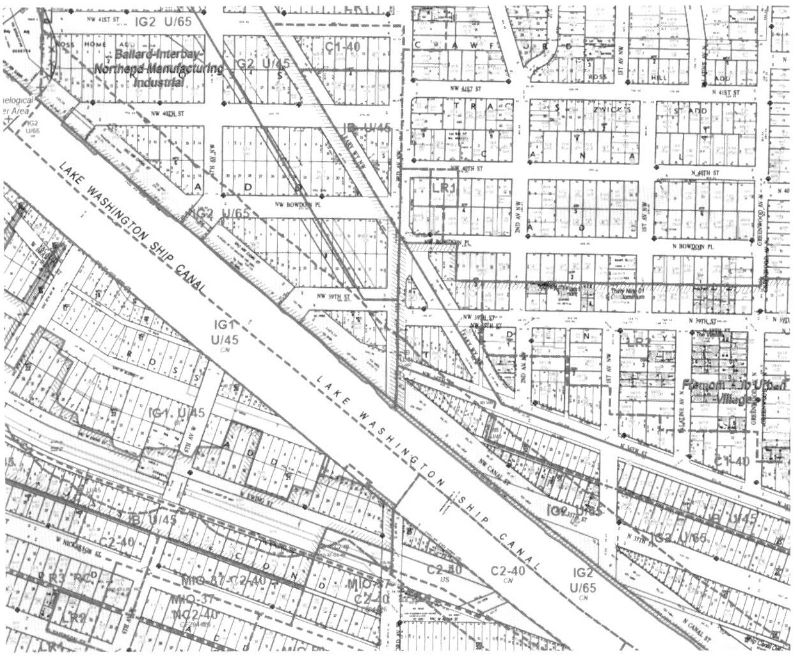

위싱턴주 시애틀시의 조닝(zoning)구획지도의 일부

역사적으로 건축가는 도시를 구성하는 건물 외에도 도시계획을 전담하는 직업이었다. 오늘날 각기 다른 분야로 분리되어있음에도 불구하고, 지금도 건축가는 도시발전에 있어 상당한 책임을 지고 있다. 지방자치제의 지역조례를 따르며 건축가의 책무는 도시의 프로그램과 끊임없이 소통하며 유지된다.

다음은 건축에 의해 수립된 도시와의 관계들이다:

공공 vs. 개인

도시는 공공과 개인 프로그램 사이에서 복잡한 관계성에 의해 지배된다. 공공기능은 모든이에게 접근가능한 것이다. 이는 공공공지,상점, 음식점 및 문화기관 등을 포함한다. 개인 프로그램은 일부 집단들만 사용가능한 공간이다. 이는 사무실, 상업빌딩 및 주택을 포함한다.

이러한 관계는 대부분 건물 구성에 의해 결정된다. 파사드(facade)는 내부에 일어나는 일을 들여다 볼 수 있게끔 투명재질로 이루어지거나 대중이 그 기능을 알 수 없도록 불투명재질로 이루어진다. 보통 이러한 관계는 한 건물내에서도 일정 공간에 접근할수 있느냐 없느냐에 따라서 쉽게 알 수 있다. 주택은 상점 위에 위치할 수 있다. 식당안으로 대중을 끌어 들이는 것과 주방으로는 끌어들이지 않는 동선을 계획한다. 이러한 경계를 결정짓는 것이 바로 건축가의 역할이다.

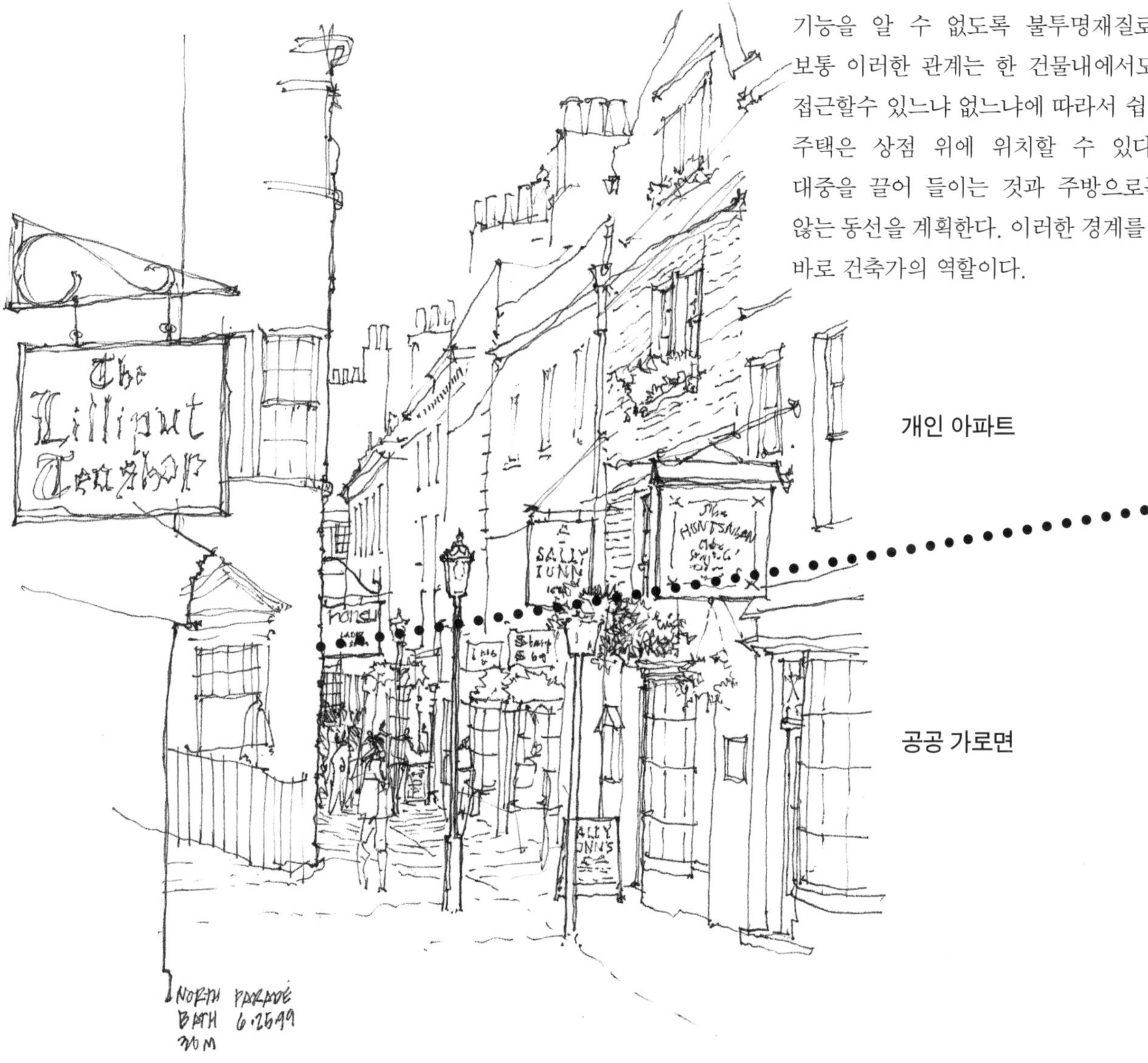

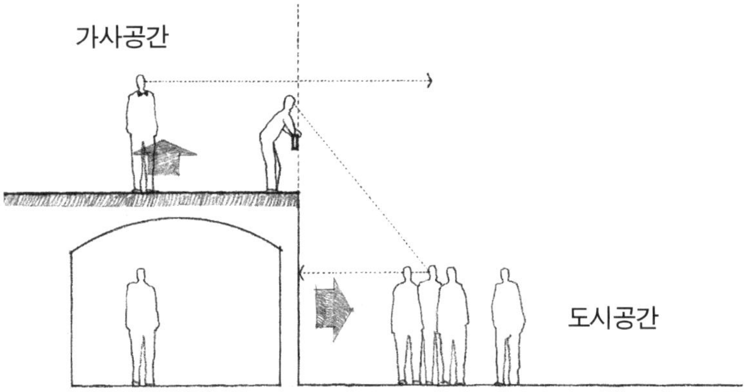

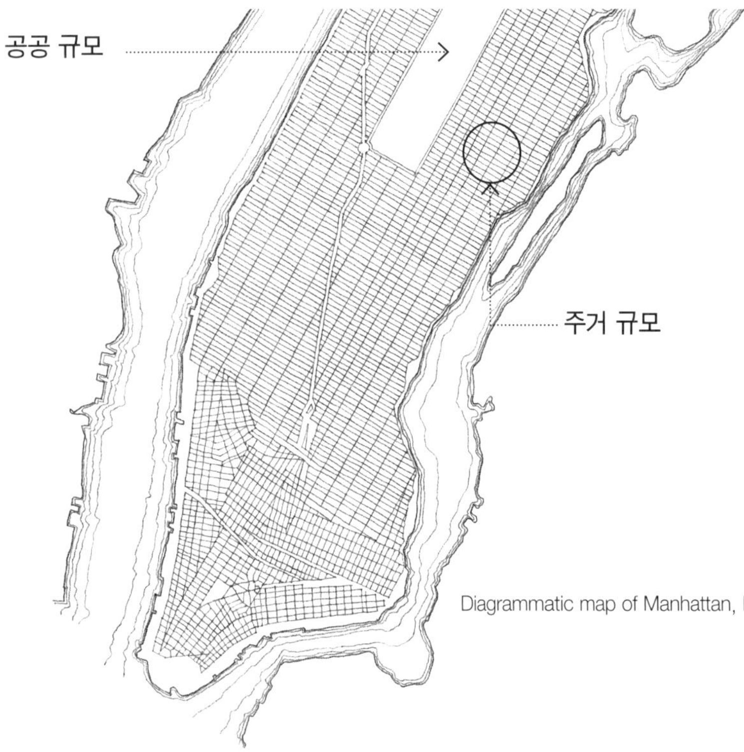

Diagrammatic map of Manhattan, New York City

주거영역 vs. 도시

공공과 개인의 관계과 유사한 것은 바로 주거영역과 도시공간의 관계이다. 주거영역은 사적인 공간이다. 도시공간은 사회적 상호작용이 일어나는 공공의 영역이다.

건축가가 건축 내 프로그램을 올바르게 배치하기 위해서는 이러한 관계를 반드시 이해해야 한다. 소규모 스케일에서 주거용 건축물은 사생활이 방해되지 않는 선에서 창밖을 내다볼 수 있도록 가로변 위로 침실을 배치한다. 그러나 거실은 손님을 접대하는 공간으로써 외부환경과 직접면한 가로변에 배치할 수 있다. 대규모 스케일에서 주거용 건축물은 소규모 도시 정원과 가로를 배치하게끔 도시공원이나 도시 주요도로에서 벗어나도록 계획되기도 한다.

사회적 상호작용

위의 관계들은 사회적 상호작용에 대해 말하고 있다. 도시의 건축은 사람들간의 소통방식을 이해하는데 중요한 역할을 한다. 이는 소통이 일어나도록 공간을 제공하거나 또는 거리의 사람들을 관찰할 수 있는 창문의 공간을 제공한다.

본 장은 도시를 다룬다. 도시유형과 발전과 성장에 영향을 주는 다양한 건축의 방식에 대해 다룰 것이다. 장은 사회적 도시의 맥락과 지역사회 내에서 건축의 역할에 관해 다룰 것이다.

도시적 분류체계

도시란 무엇인가? 밀도, 구조의 집합, 도로망, 사회기반시설, 지역기관 등은 도시를 특징짓는다. 그러나 도시를 정의하는 일은 보다 근본적으로 필요하다. 도시는 거주지의 절정체이다. 사람들이 모여서 함께 살고 서로의 이익을 위해 상호교류하는 곳이 바로 도시이다. 도시는 전통과 사회적 실천 및 생활 방식을 통해 살아가는 사람들이 모인 정체성의 집합체로 볼 수 있다.

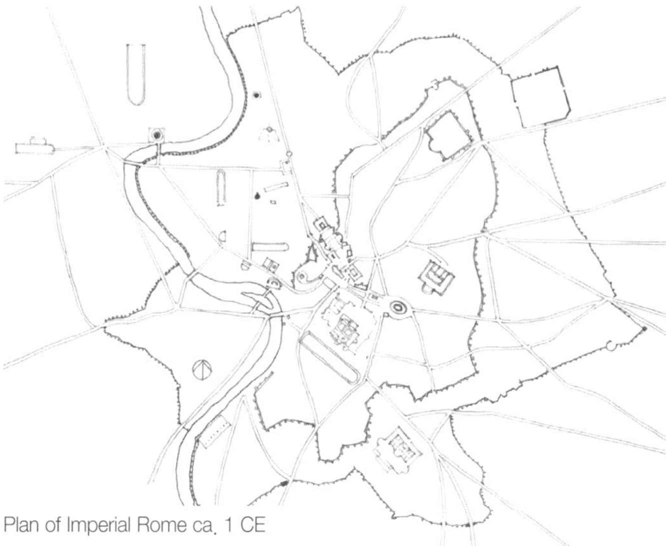

Plan of Imperial Rome ca. 1 CE

건축가에게 이러한 공동체는 사람들이 한 장소에 들어선 건물들을 점유하게 하고 사용하는 방식에 영향을 주는 것을 의미한다. 사람들은 상호간 교류를 하고 장소마다 공간을 다르게 사용한다. 이러한 공간이용에서의 차이점은 건물이 의도된 용도에 부합하기 위해서 설계과정에서 고려되어야 할 사항이다.

일반적으로 우리가 도시의 지도를 들여다볼 때, 우리가 처음으로 보는 것은 가로망이다. 그러나 도시가 가로의 배치가 아닌 구조의 집합체라고 생각해보자. 이러한 인식의 변화는 우리로 하여금 도시를 이해하는데 있어 조금은 다른 방식을 제안한다. 도시에 세워진 건물 각각은 그 장소의 사용자의 필요에 부합하기 위해 존재한다. 따라서, 건축은 도시 발전의 가장 기본적인 요소이다. 도시발전을 가능케하는 이러한 방식의 가변성은 유형의 다양성을 야기한다; 소형에서 대형, 낮은 밀도에서 높은 밀도로.

Washington, D.C.의 형태-배경 도면(figure-ground)에서 선으로써만 보이던 가로망이 건물사이공간으로써 드러난다.

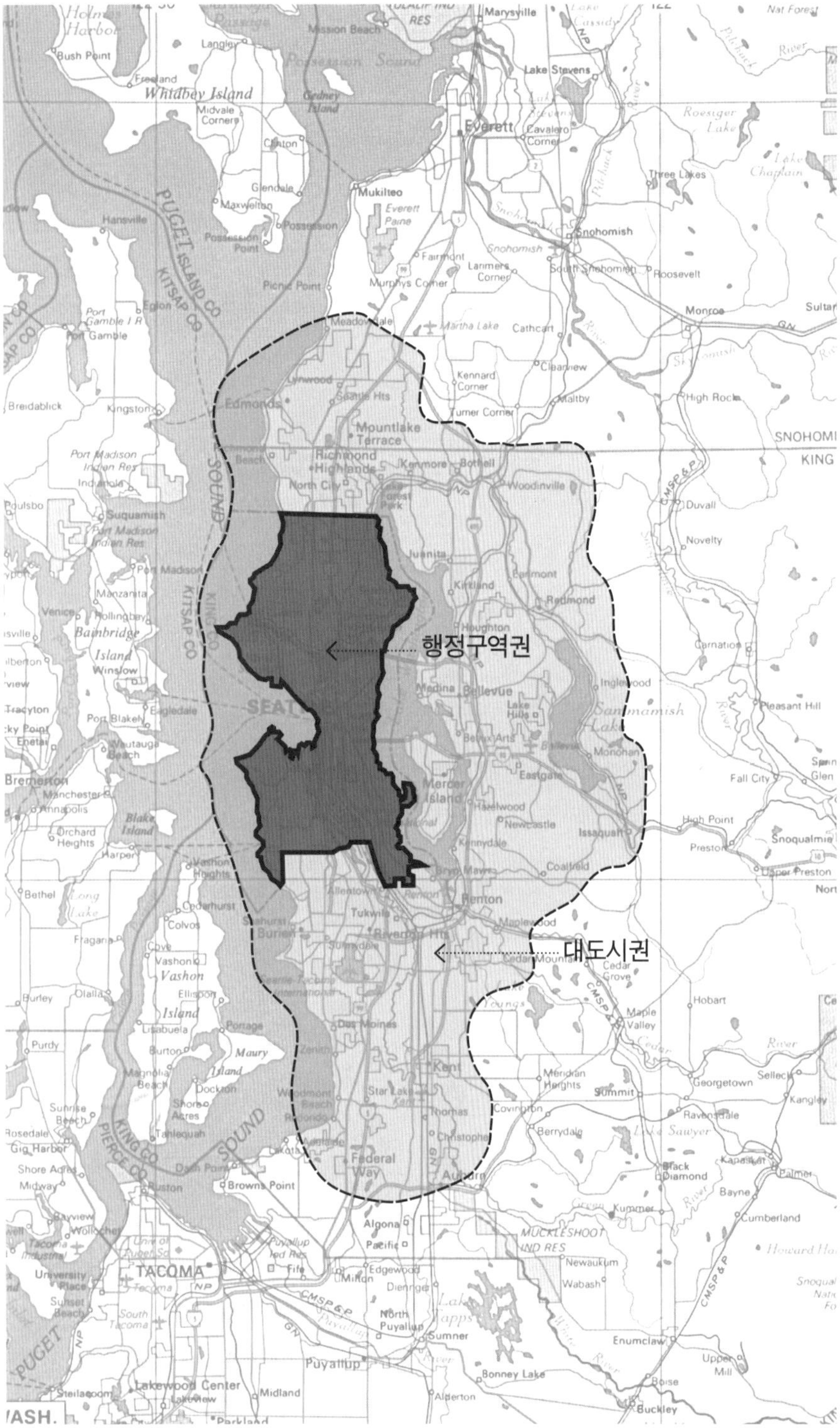

행정구역권과 대도시권이 표시된 Seattle, Washington의 지도.

도시와 그 주변환경

도시환경의 법적 정의는 국가별로 그 기준이 되는 인구수에 따라 정해진다. 미국의 경우, 주마다 그 기준이 달라진다. 때문에 본 장은 도시환경 유형의 일반적인 특징에 대해서만 다룰 것이다.

인구수에 따른 도시환경을 정의내리기 위해서 도시환경과 주변영향권과의 관계를 반드시 이해하고 있어야 한다. 도시상들은 인근지역의 중심점 역할을 한다. 큰 도시의 경우 그 일대를 대도시권(Greater metropolitan area)이라고 부른다. 하지만 마을과 같은 소규모 거주지도 도심지가 제공하는 생활편의시설에 의존하는 주민들이 거주하는 인근지역으로 구분된다.

이러한 인근지역은 법률적으로 지역체 또는 도시의 일부분으로서 인정되지 않는 소규모 거주지에서 살아가는 주민들로 구성된다. 그럼에도 불구하고, 이런 소규모 지역에서 거주하는 주민들은 대개 자신들을 주도시 출신이라 얘기한다. 이들은 이를 이용해 상업이나 사회적 이벤트에 이득을 보기도 한다. 중심점의 도시환경에는 도시외곽에서 찾아볼 수 없는 법원, 도서관, 박물관 등의 공공시설이 들어서 있다.

이 때문에 도시인구는 흔히 두 부류로 나뉜다. 마을이나 도시의 행정구역내에 사는 주민들 또는 대도시권의 주민들이다.

인구수에 따른 도시 분류체계

타운, 빌리지, 자치구

타운, 빌리지, 자치구는 도시보다 작은 규모 및 인구수로 구성된 일반적 도시 분류이다. 또한 이 세 가지는 이보다 조금 더 큰 규모의 도시 분류보다 작은 영역의 인근지역에 영향을 준다. 그 중심에는 도시적 상(象)의 구조체와 인구의 밀집체가 있으나 그 규모가 제한적이고 일반적으로 적은 수의 주도로 또는 교차로로 조직되어있다. 주도로로의 손쉬운 접근성은 외각지의 주민들로 하여금 상업 또는 사회적 이벤트 등의 도시적 생활편의시설에 효과적인 접근성을 갖도록 한다. 이 규모의 도시환경은 대규모 금융시설 또는 정부관계기관 등의 주요 시민생활편의시설로의 한정된 접근성을 제공하는 경향이 있다.

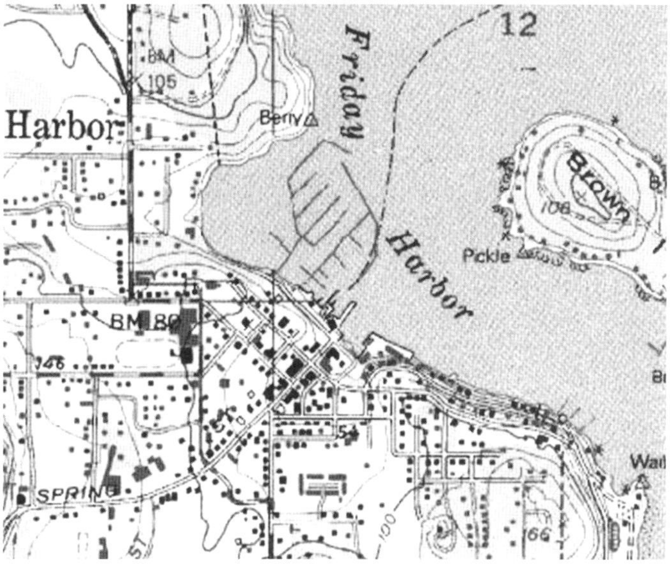

Map of Friday Harbor, Washington

Saturday market in Sarlat, Dordogne, France

도시

도시는 대도시권과 더불어 상대적으로 인구수가 많은 대규모 도심지이다. 일반적으로 도로가로망 내 단지들의 네트워크로 이루 어져있다. 단지내에서 건물은 프로그램이나 규모에 따라 무리지어 있다. 도시의 밀도가 높을 경우 한 건물 내에 다양한 프로그램이 들어서는 복합용도건물을 일반적으로 요구한다.

도시는 대규모 인구를 수용하기 위해 주거 프로그램을 분포하고 있다. 도시생활의 중요한 면은 바로 근린생활 지역(neighborhood)이다. 도시는 상업중심적 시설 뿐만 아니라 연계가 잘 된 교외환경에 따라 달라진다. 성공적인 도시는 대개 도심지와 근린지역의 상호의존적 관계를 발전시켜온 도시이다. 자유로운 접근의 생활지로써 도시에 거주하는 이점은 바로 거주자로 하여금 문화, 교육, 정치의 주요 도시기관으로의 접근성을 가지는 것이다. 또한, 중소기업에서부터 기업 본사 및 주요 금융기관까지 보다 넓은 폭의 다양한 상업지대를 형성한다.

중심업무지구(CBD, Central Business District)와 다양한 근린지구의 위치가 표시된 Seattle, Washington의 지도.

Street scene in Hong Kong, China

대도시(Metropolis)

대도시는 종전 규모의 도시보다도 더 큰 규모, 인구수, 밀도를 가지는 도시이다. 대도시는 일반적으로 사회경제적 인구, 문화, 인종 및 국적의 다양성을 지닌 엄청난 규모의 인구를 수용한다. 대도시는 주요 국내 및 국제 기업과 금융기관, 정부관계기관 그리고 모든 도시가 제공하는 소규모 도시편의시설의 본 시작점이다.

대도시는 거주자와 방문자 모두를 포함한 각양각색의 인구를 수용하는 국제적 도시이다. 또한 한나라를 대표하여 해외 공직자와 고위 관리자를 맞이한다.

Street scene in Shanghai, China

Photo of London, United Kingdom, taken from the International Space Station (ISS) during Expedition 23 on May 22, 2010.

거대도시군(Megalopolis)

거대도시군은 도시들이 팽창하여 그 주변부가 겹쳐지면서 도시간의 통합현상이 발생하는 상태에 놓인 도시의 군(群)이다. 이러한 유형은 일반적으로 대량수송기관(mass transit)과 같은 특정 사회기반시스템을 갖는다. 또한, 각각 직장과 가정을 중시하는 한 도시에서 다른 도시로 출퇴근하는 방식으로 지역공동체가 발전하는 문화적 중첩의 정도를 고취시킨다. 또한 어떤 경우, 거주자는 거대도시군의 다양한 단위 간의 교류를 실천하며 관습과 전통을 공유하기 시작한다.

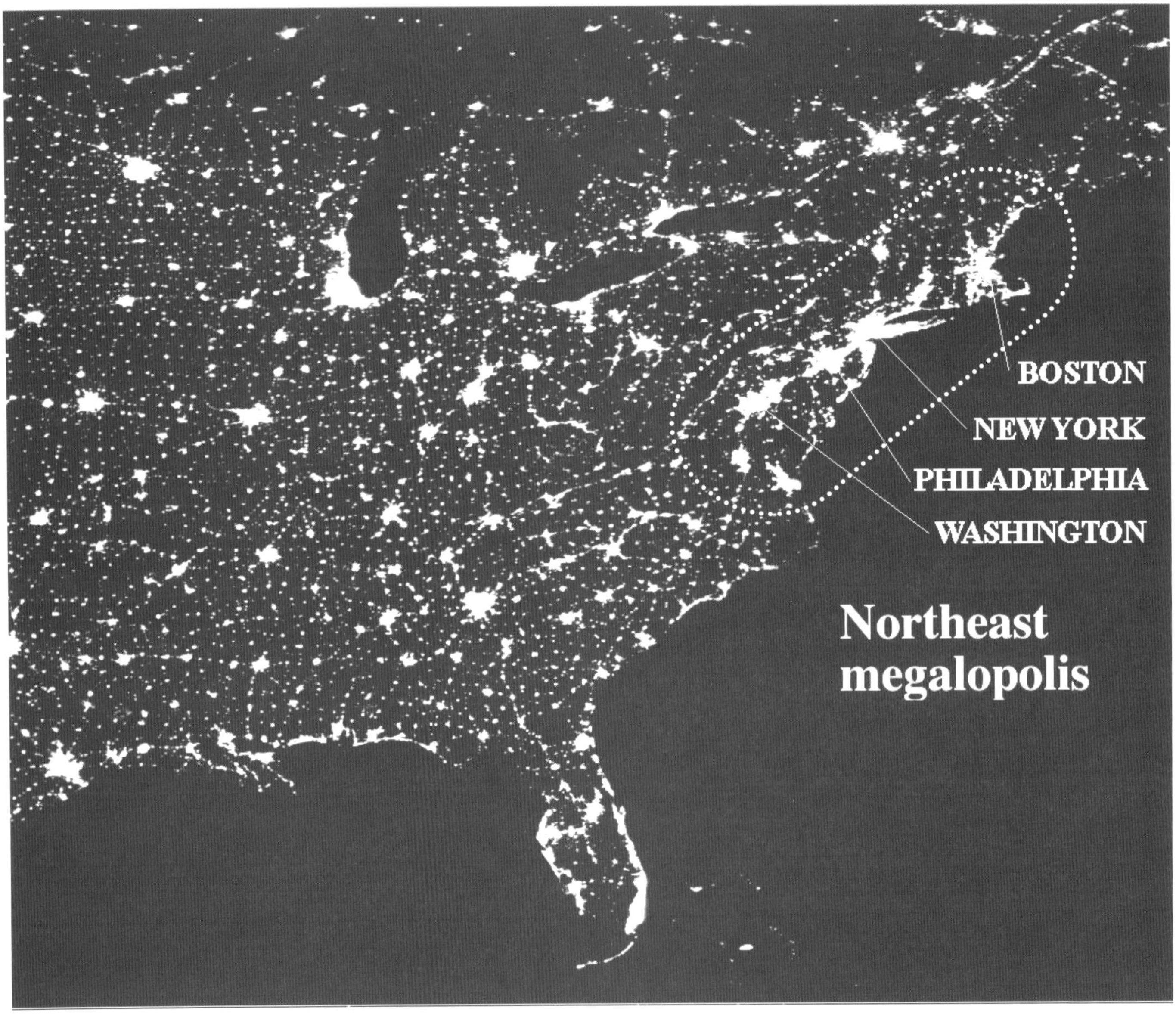

총 5000만 이상의 인구가 거주하며, New York과 Boston, New Jersey, Washington, D.C., Baltimore, Philadelphia, Hartford, Richmond, Norfolk를 아우르는 동북 U.S.의 거대도시군이 담긴 NASA 사진.

인구밀도에 따른 도시환경 분류체계

도시(Urban)

도시환경은 인구와 건물의 높은 밀도로써 특징지을 수 있다. 이 밀도를 유지하기 위해서, 도시의 분류체계는 그 중첩시스템에 따라 달라진다.

- 복합용도건축물은 동일 영역을 차지하면서도 프로그램의 복합적 유형의 기회를 제공하다.
- 다양한 운송체계(대중교통, 차량, 보행자 등등)의 가능성은 사람, 상품 및 서비스의 효율적 이동을 가능케 한다.
- 높은 건물일수록 단위면적당 사용면적이 늘어난다.
- 밀도는 모든 장소의 도보 거리 내에서 상품 또는 서비스로의 접근을 가능케 한다.

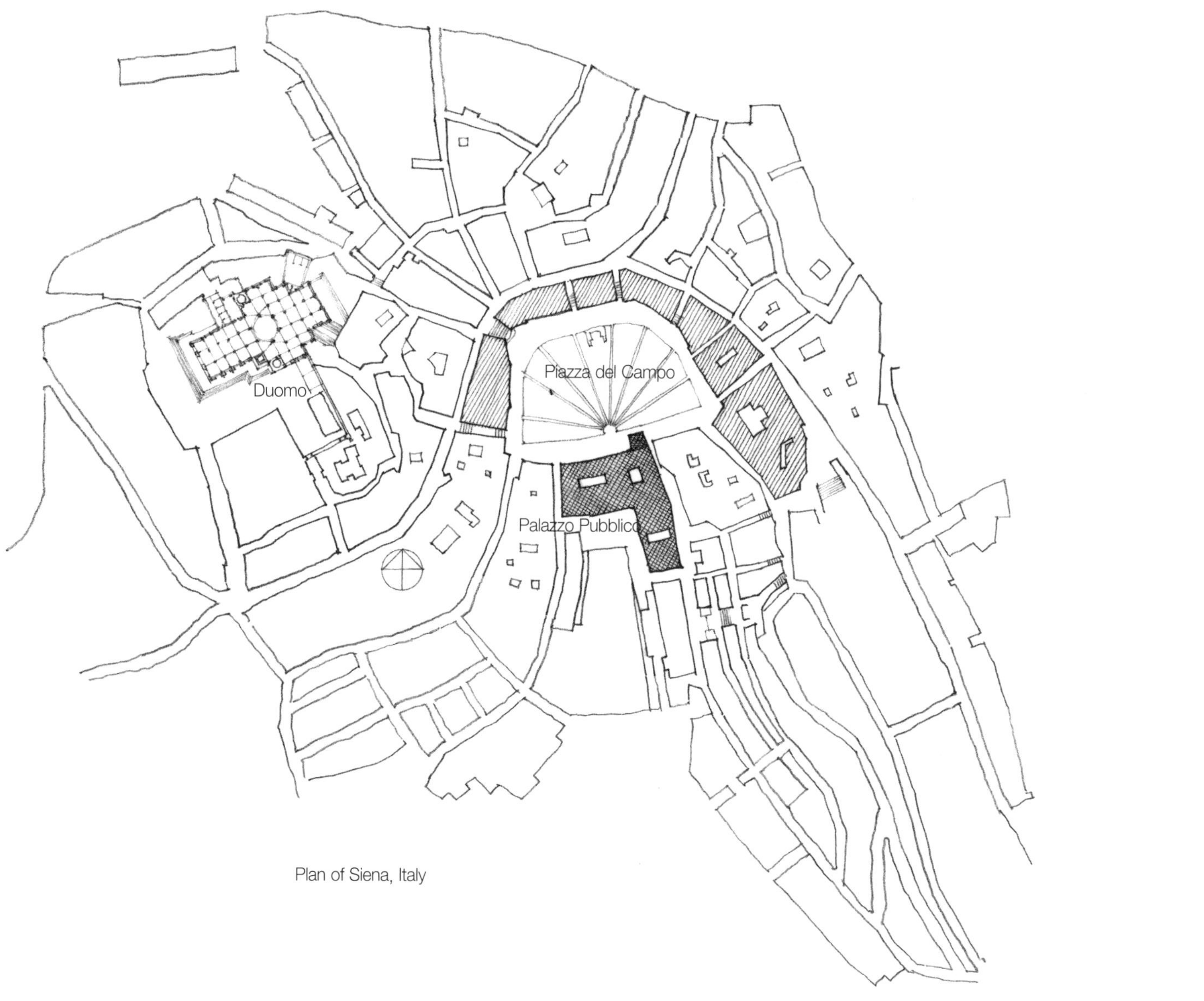

Plan of Siena, Italy

교외(Suburban)

교외환경은 이전에 소개한 도시보다 밀도가 낮다. 도시환경에 비해 주거 및 가정용 프로그램이 큰 비중을 차지한다. 교외환경의 주요 특징은 도심지— "부-도시(sub-urban)" 와의 상호의존적 관계이다. 주거전용 성격이 주임에도 불구하고, 교외환경은 지역공동체에 다양한 자원을 제공하는 다양한 프로그램에 의해 좌우된다.

- 주로 주택가
- 도시보다 밀도가 낮지만, 많은 주민을 수용하기 위해 작은 필지면적 또는 공유벽을 사용한다.
- 근린지구의 거주자에게 제공되는 소규모 상업, 시민 생활편의시설 및 사회기반시설을 수용하기 위해 일부 복합용도지구가 설정된다.
- 도심지로의 쉬운 접근성—대부분의 주민들은 직장 및 교외에서 구입할 수 없는 물품의 이유로 도심지에 살고 있다.

공개공지 및 적은수의 대형건물들과 함께 들어선 소규모 주택필지로 구성된 미국의 일반적인 교외 밀도.

전원(Rural)

전원환경은 농업지역인 확률이 높다. 도시나 교외환경보다도 훨씬 더 적은 밀도를 가진다. 일반적으로 주민들은 핵가족 형태를 띄거나 넓게 퍼져 거주하고 있다. 상품 및 서비스를 이용하기 위해 전원지 또한 작은 도심지(시내 또는 주요도로를 따라 들어선 상점들)에 의존한다.

- 지역공동체는 작은 규모의 인구가 모여 이루어진다.
- 프로그램상의 중첩이 거의 없으며, 시내 또는 다른 주요시설 외에는 대중교통연계가 거의 없다.
- 소규모 도심지는 최소한의 필수 상업 및 지역 기관(지자체, 우체국 등등)이 있다.
- 농사, 자원 생산, 때때로 공업에 크게 의존한다.

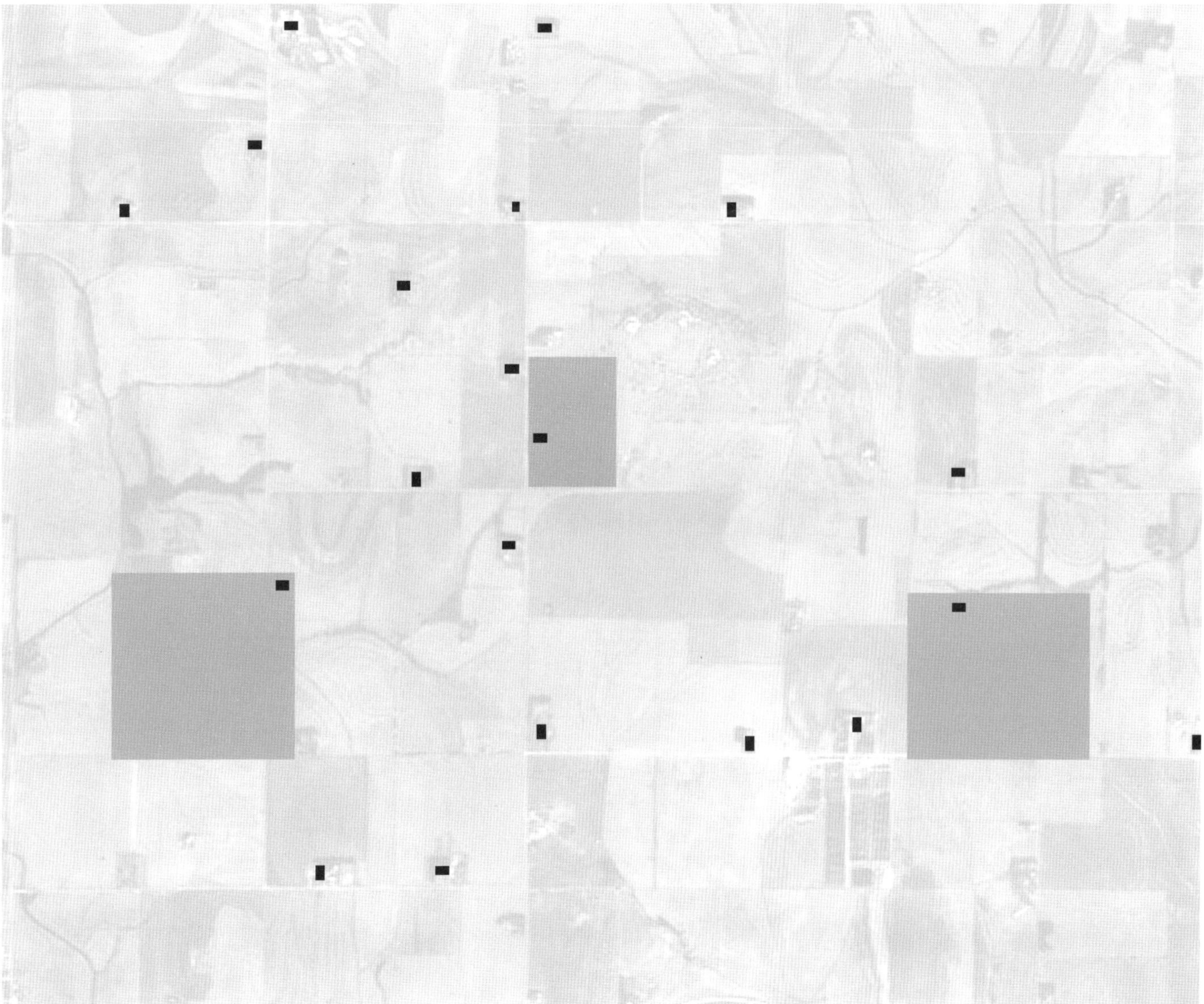

농업 공동체 내 넓게 분산된 건물

준교외(Exurban)

"교외확장지역(suburban sprawl)"으로도 알려진 준교외환경은 도심지와의 연계가 거의 없는 주거 프로그램으로 이루어지고, 대신 반독립적으로 존재하는 곳이다. 준교외는 교외형 유형이 도심지 영향권 밖으로 확장하며 발생한 유형이다. 도시의 사회구조와 상업을 대신하여, 준교외환경은 특정생활방식을 유지하기 위해 사회적 필수교류 뿐만 아니라 상품 및 서비스의 상업요소를 제공하는 상점가에 의존한다.

- 생산 자원와 비교하여 아주 낮은 인구밀도(전원환경보다는 낮지 않지만 생산적이지도 않다)
- 복합용도지구에 의존하기 보다는 프로그램을 나누는 지구 설정에 의해 그 성격이 부여된다.
- 낮은 밀도는 차량을 필수품으로 치환시켜 주요 이동수단으로 이용된다.

준교외지의 발달은 종종 전원지역공동체 내에서 발생한다.

도시의 형성

도시는 여러 가지 성격을 지닌 장소이다. 도시는 다양한 군의 사람들로 구성된다. 도시는 서비스, 사회기반시설 및 문화기관의 형태로 다양한 생활편의시설을 제공하여야 한다. 또한, 다양한 산업활동을 통해 다양한 자원을 생산하여야 한다. 이는 일반적인 도시 인구의 요구를 충족시키기 위해 다양한 건축적 디자인 해결방안을 필연적으로 제시한다.

도시기능의 다양성은 4가지 범주로 분류할 수 있다:

- 가정: 개인주택 및 개인소유권
- 도시: 공공영역, 정부기관 및 문화기관
- 상업: 상품 및 서비스로의 접근성
- 기업: 도시 뿐만 아니라 도시너머로 확장되는 공간 내 회사의 경영 및 관리
- 산업: 자원의 생산

Walter Burley Griffin' s plan for Canberra, Australia, 1912

주거영역

주거영역은 도시의 기본적 구성요소이다. 주거영역의 기능은 주택 또는 개인소유권과 관계된 모든 것이다. 이 기능은 하나의 명확한 주거라는 요구를 충족시킨다. 주거행위는 그것이 존재하는 도시환경에 따라 변화한다. 주요 대도시의 도심지 내의 주거형태는 고층건물의 아파트 형태로 존재하고, 도심 외각지의 주거형태는 연립 주택 또는 단독주택의 형태로 존재한다.

주거영역의 기능을 수행하는 편의시설은 또한 그 형태에 따라 변화한다. 교통수단은 대중교통 또는 개인차량소유의 형태로 존재한다. 도심지와 가정의 근접성은 또한 근린지구의 거주민이 기대하는 생활수준을 만족시키기 위한 상품 및 서비스로의 접근방식에 영향을 준다.

주거지프로그램은도시의다른기능을지원한다. 이는도시를경제적이고 풍족하게 만드는 기업들이 거주 할 수 있도록 공간을 제공한다; 또한 그 밖의 상업적 공생관계를 형성한다. 다소 간단하게 보이는 실제 도시가정생활은 다른 도시 프로그램과 관련하여 배치하다보면 복잡해진다. 거주민에게 상업 및 직장으로의 충분한 기회를 제공하는 것은 도시설계에 있어 필수고려사항이다.

주거영역 및 주택 건축의 예시는 다음과 같다:

- 아파트
- 콘도미니엄
- 연립주택
- 단독, 독립주택
- 호텔

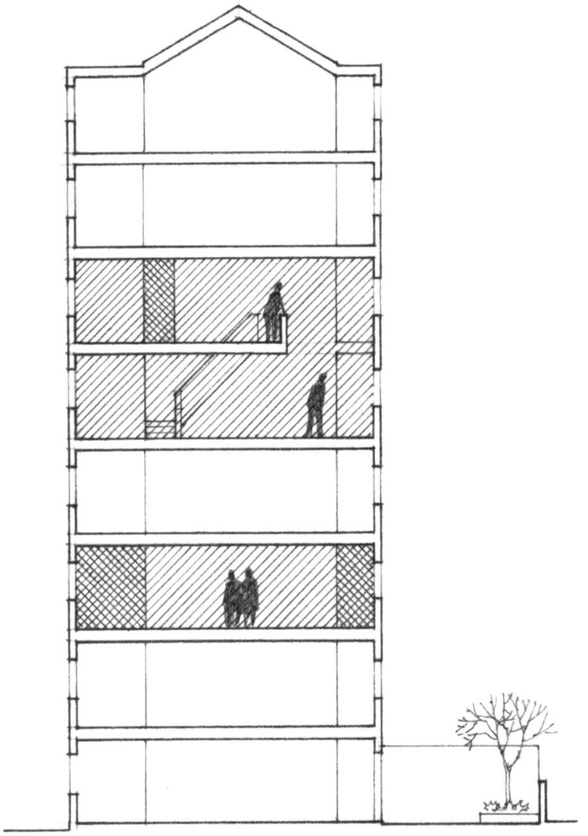

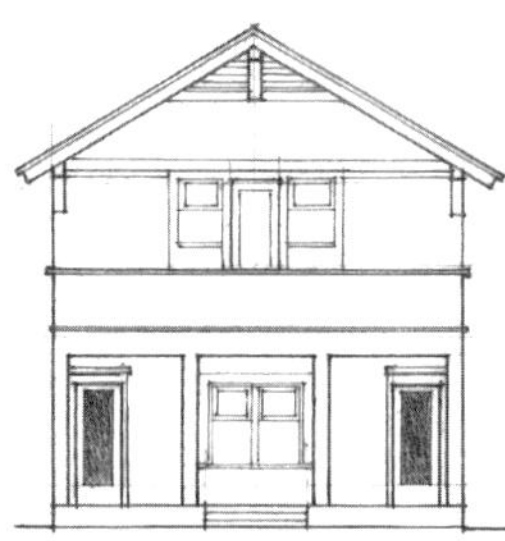

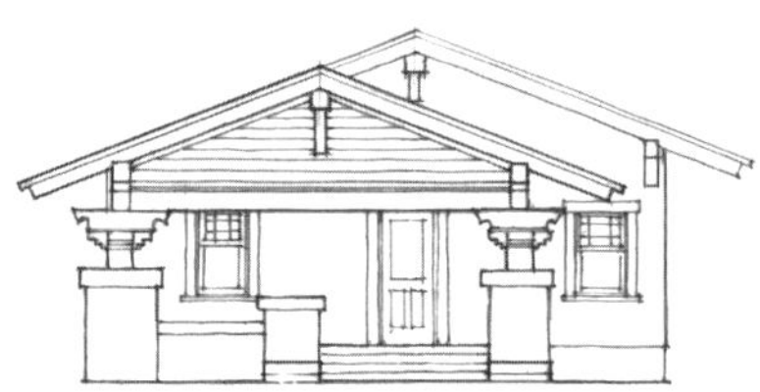

도시

도시 프로그램은 도시민의 공익을 도모하기 위한 것이다. 구체적으로 들여다보자면, 도시 프로그램은 정부, 공공 서비스, 공공 복지, 문화 그리고 공공 영역과 관련된 모든 것이다.

도시: 정부

도시의 모든 정부관계기관은 도시환경에 기여한다. 이는 입법기관, 행정기관, 사법기관을 수용하는 건축을 포함한다. 이러한 도시건축의 유형은 세금징수에서부터 기획부서 및 토지이용관리부서까지 다양한 행정기능을 포함한다.

이러한 도시건축의 유형의 예시는 다음과 같다:

- 시청사
- 법원

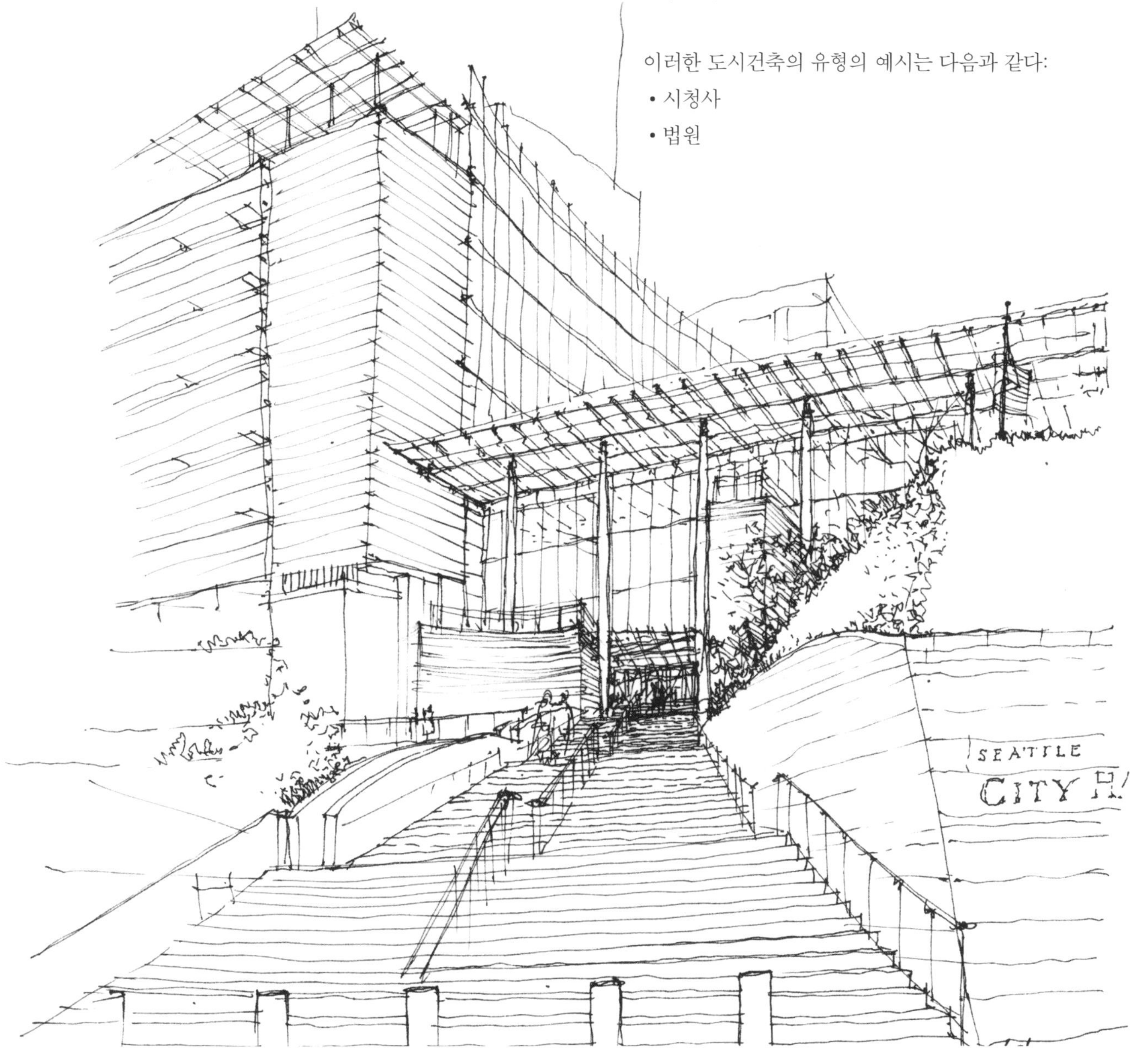

Seattle City Hall, 2005, Bohlin Cywinski Jackson/Bassetti Architects

도시: 공공 서비스

도시의 성공을 보장하는 주요 구성요소는 도시가 제공하는 도시생활편의시설이다. 이는 일반적으로 공공 서비스에 대한 접근성에 달려있다. 이는 거주민에게 공익을 위해 도시가 제공하는 상품 및 서비스를 수용하는 건축을 포함한다.

이러한 도시건축 유형의 예시는 다음과 같다:

- 공공 도서관
- 시민 문화 회관
- 학교

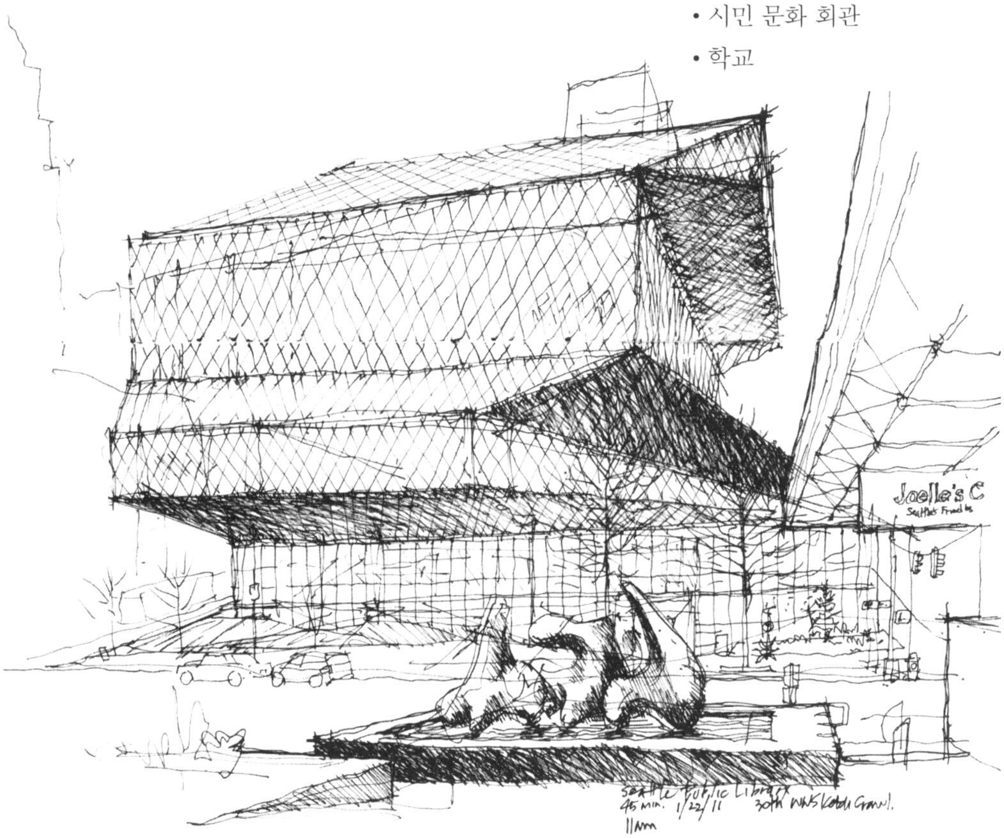

Central Public Library, Seattle, Washington, 2004, Rem Koolhaas & Joshua Prince-Ramus of OMA/LMN Architects

도시: 치안

도시의 성공여부를 판가름하는 중요한 요소는 도시민의 안전이다. 그 목적을 달성하기 위해서 거주민의 신체적 안녕을 보호하는 공공적, 개인적 서비스가 존재한다. 이러한 유형의 건축은 법률 집행 및 보건 등과 같은 프로그램을 수용한다.

이러한 도시건축 유형의 예시는 다음과 같다:

- 병원
- 경찰서
- 소방서
- 응급 의료 서비스

도시: 문화 기관

도시의 장기적 성공여부는 도시성장을 도모시키는 인구와 경제를 강화시키는 관광객을 지속적으로 끌어들이는 것에 의해 크게 좌우된다. 이는 문화 기관의 형태로 존재하는 도시생활편의시설로의 접근에 의해 크게 좌우된다. 이는 문화적 가공물, 공연을 수용하거나 특정 정보로의 접근성을 제공하는 건축을 포함한다. 이러한 기관은 공공 또는 개인에 의해 지원될 수 있지만 일반적으로 동시에 일어난다.

Walt Disney Concert Hall, Los Angeles, 1999 - 2003, Frank Gehry

이러한 건축유형의 예시는 다음과 같다:

- 박물관/미술관
- 갤러리
- 음악당
- 극장
- 역사관
- 동물원
- 종교 시설

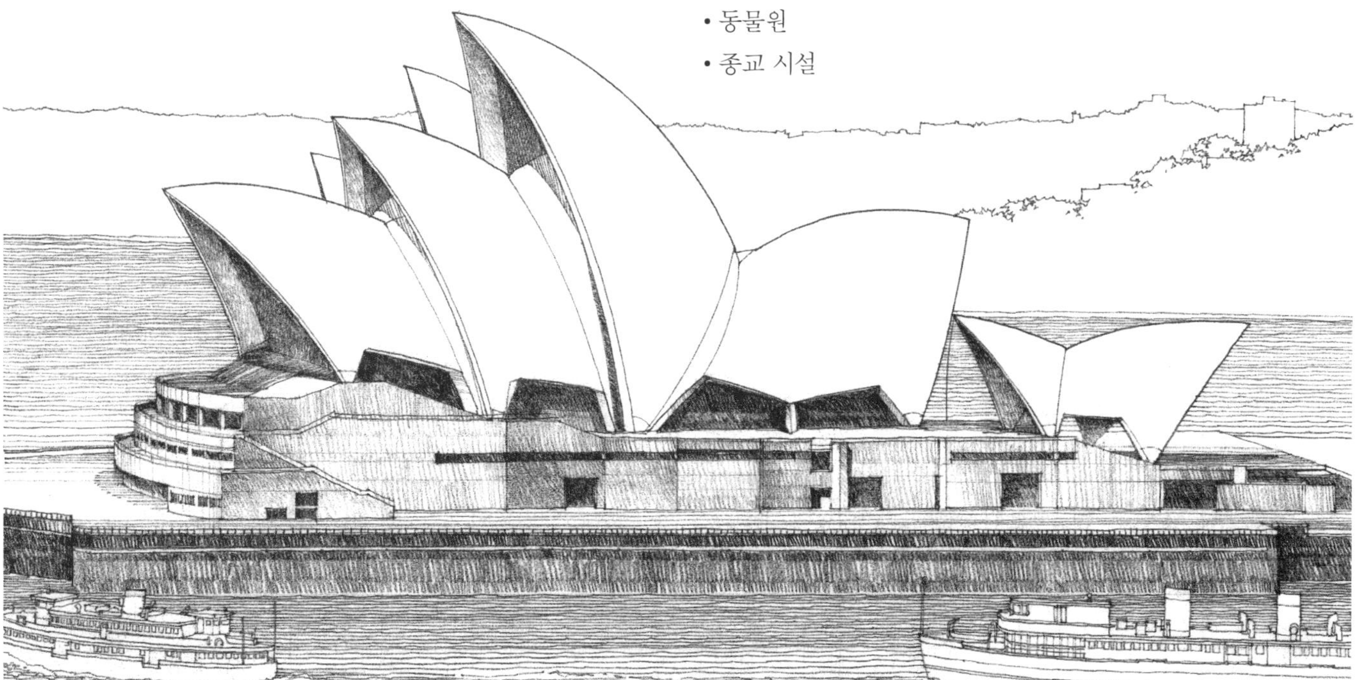

Sydney Opera House, Sydney, Australia, completed 1973, Jorn Utzon

도시: 공공 공간

도시건축에서 가장 광범위한 영역은 공공 도시생활편의시설의 가장 기본적인 것을 다루는 것이다. 이것은 일반적인 공공환경에 초점을 맞춘 도시의 공공성에 관한 것이다. 이는 일상적으로 사회적 상호활동에 기회를 제공하고 대중교통, 공공공지 및 오락의 편의를 제공하는 건축을 포함한다. 이러한 프로그램을 수용하는 서비스와 건축은 개인에 의해 운영되고 지원될 수 있지만 일반적으로 이는 도시의 책무이다.

이러한 건축유형의 예시는 다음과 같다:

- 인도와 가로풍경
- 공공 공지
- 이벤트 공간
- 공원
- 정류장 및 지하철역

Campo de' Fiori, Rome, Italy

상업

도시환경은 상업을 토대로 발전한다. 상업은 도시 경제를 운행하고 다양한 상품 및 서비스의 가능성으로 발전에 박차를 가하는 거주자를 끌어 들인다. 도시는 광범위한 상업건축의 본거지이다. 소형 상점에서부터 대형 체인점까지 그 규모가 다양하다. 또한 넓은 범위의 상품을 다루며, 저밀도 지역보다도 많은 선택권을 제공한다. 도시민은 전문점의 운영을 가능하게 하는데 전문상품이 제공 되고 서비스에 관심을 가질 수 있는 인구가 충분하기 때문이다. 이 때문에 도시민들은 대부분 고밀도의 도시 외부에서 얻을 수 없는 상품 및 서비스로의 접근이 가능하다.

Apple Store, Fifth Avenue, New York City, 2006, Bohlin Cywinski Jackson. Glass cube redesigned 2011

상업활동의 분포는 도시계획 및 설계에서 중요한 양상을 보인다. 다양한 도시지역은 각기 다른 상품과 서비스로의 접근을 요구한다. 주로 주거지에 구성된 근린지구는 식료품, 가정용품과 같은 일상생활에 필요한 상품 및 서비스로의 접근이 필요하다. 전문 소매상은 밀도가 높고 상업 위주인 시내에 배치하는 것이 좋다. 이것은 일상생활에 필요 없는 상품 및 서비스이므로 필요에 따라 이러한 상업지역으로 이동하여 구매하는 것이 바람직하다.

상업건축의 예시는 다음과 같다:

- 상점
- 부티크 상점
- 대형 상점
- 쇼핑몰, 대형 매장, 백화점
- 식당
- 식료품점
- 편의점

기업

주요 기업은 도시에 필요한 자원을 제공한다. 세금으로 징수되는 수입 외에도, 기업은 많은 사람들을 고용하며 도시인구의 상당수를 끌어드린다. 기업건축은 대형 회사 및 금융기관의 민간행정기능을 수용한다. 이러한 프로그램은 도시의 상업지구를 지배하고, 일반적으로 도심지역의 성격을 결정한다.

기업건축의 예시는 다음과 같다:

- 사무실 건물
- 금융기관
- 연구 및 개발부서

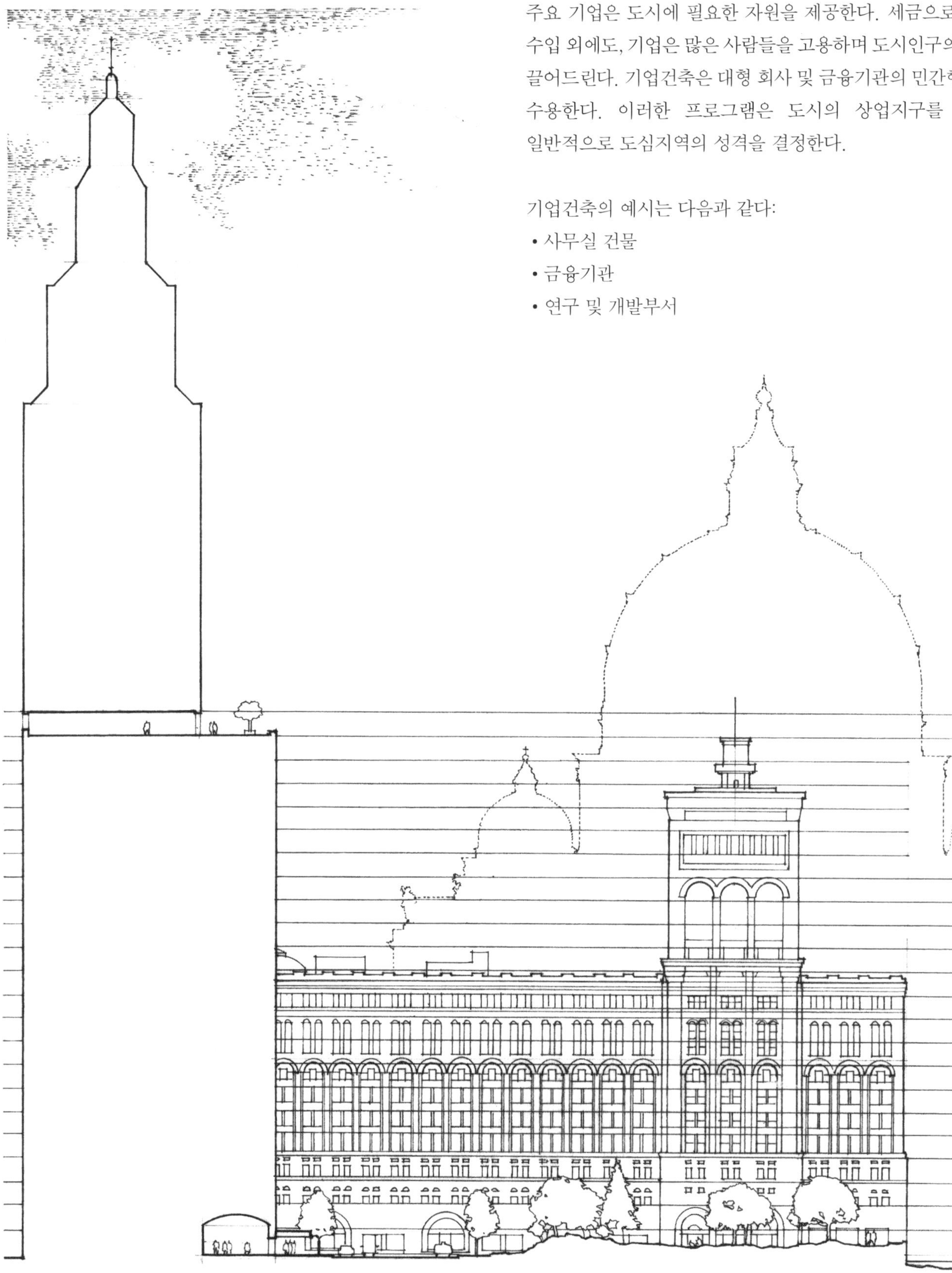

산업

도시의 산업 또한 도시의 성공여부에 필수적 요건이지만 밀도 높은 도시조직에 접목시키기엔 어려움이 있다. 산업은 상품의 해상운송, 가공, 제조 등을 포함한다. 이러한 산업은 많은 일자리를 제공하고 따라서 도심지로 인구를 끌어들이는 역할을 한다. 이는 또한 도시 경제일부분을 유지하는 판매상품의 형태로 자원을 생산한다.

도시환경 내의 산업 프로그램은 특성상 많은 공간과 대지를 차지하기 때문에 배치에 어려움이 많다. 시가지에서는 수용할 수 있는 프로그램의 양이 많기 때문에 그 희소가치가 높다. 산업건물은 수직 확장되기 힘드며, 방대한 공간을 필요로 한다. 이 때문에 도시의 산업지구는 상업이나 주거지구보다 밀도가 확연하게 낮다. 저밀도는 한 건물에서 다른 건물로 이동할 때 이동시간을 증가시키고 운송 수단이 적게 제공된다. 게다가, 생산과정에서 발생하는 소음과 매연으로 인해 도시민들이 선호하지 않는 지구로 만든다. 이러한 요소들의 이유로 산업지구는 일반적으로 도심지와 도시 주거지구로부터 분리된다. 또한 일반적으로 산업지구는 생산한 상품의 효율적 운송을 위해 기차역이나 선박장과 같은 운송기관에 근접하여 배치된다.

산업건축의 예시는 다음과 같다:

- 창고
- 제조 공장
- 운송기지

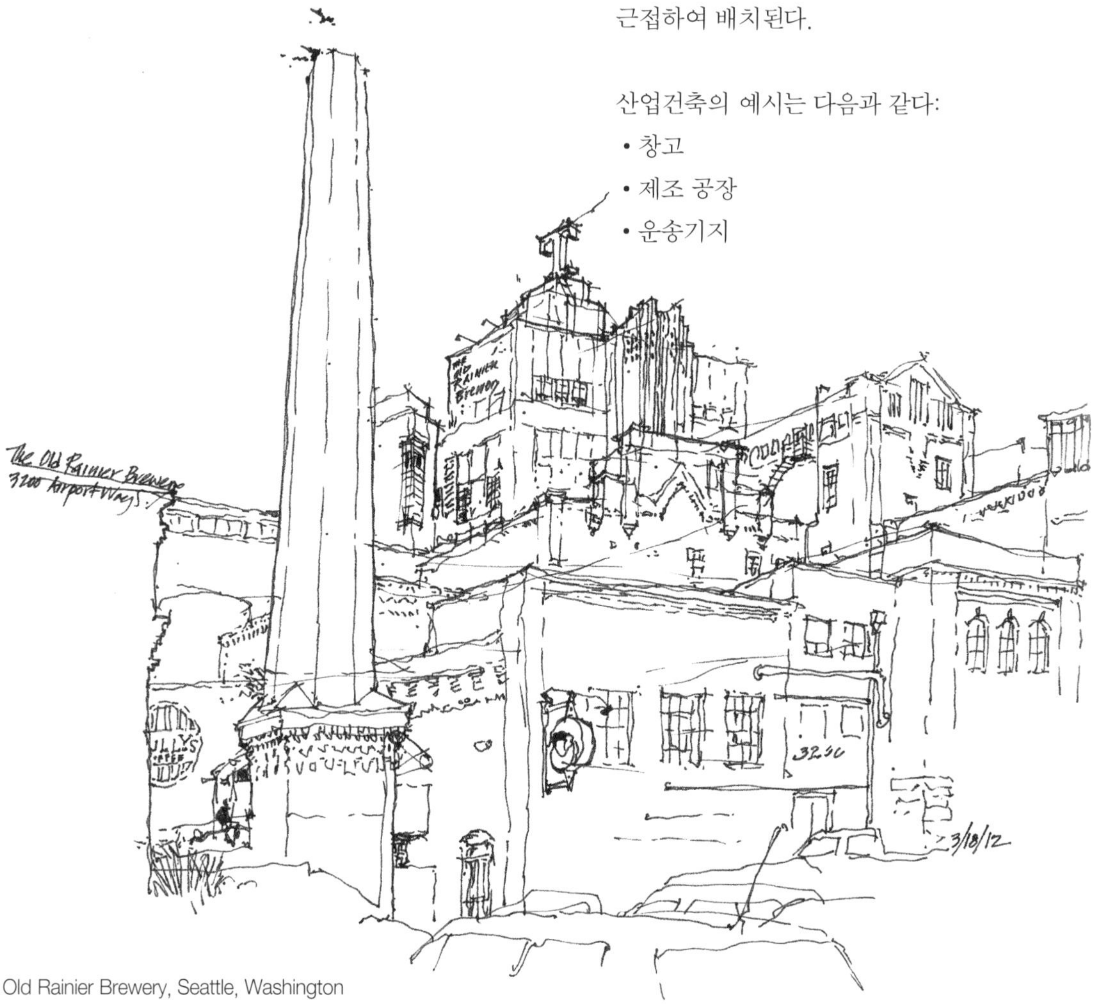

Old Rainier Brewery, Seattle, Washington

토지이용규제(Zoning)

도시개발을 제어하는 방식 중 하나는 지방자치 용도지역 조례이다. 도시 내 설계된 건축은 이 조례를 따른다. 조례는 도시환경에 직접적인 영향을 미치는 건축물 디자인 특성에 대해 통제한다. 조례는 도시 성장과 개발 전략을 정의하기 위해 존재한다. 각 지방자치단체마다 용도지역 규제의 정도와 쟁점사안에 있어 큰 차이가 있다. 여기서는 토지이용규제가 건축설계에 영향을 주는 방식을 고려한 일반적인 정보를 다룬다.

용도지역 조례는 건축가가 전 설계과정에 걸친 작업에 일련의 제약을 가한다. 조례는 건물이 주변환경과 접목하는 방식과 건물이 수용하는 활동의 종류, 형태의 일반적 성격, 심지어 새로운 설계안이 어떻게 역사구조와 연계되는지 등의 방식을 규제한다. 규제가 제대로 구상되고 이해되었을 때 설계에 있어 방해가 되는 것이 아닌 혁신의 지침이 될 수 있다. 특별한 경우 대부분의 지방자치단체는 용도지역 조례 내에서 일부 규제 내용을 수정하거나 적용하지 않아도 된다는 허가를 내줄 수 있다.

토지이용규제에 의해 규제되는 건축:

- 토지이용
- 대지 및 도시 밀도
- 형태와 외관
- 문화재 보존

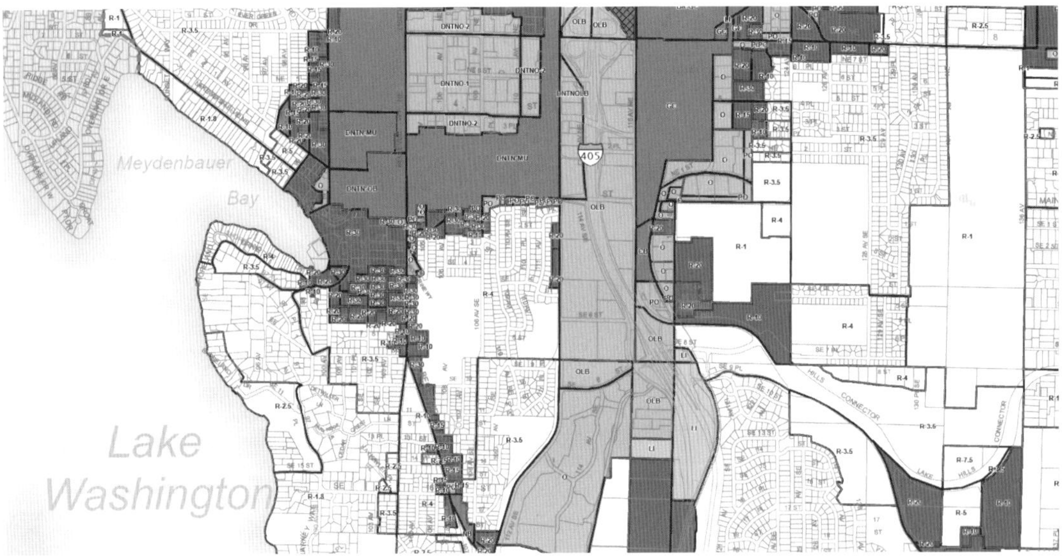

Portion of the zoning map of Bellevue, Washington

토지이용

몇몇 도시는 주거, 상업, 산업 등의 용도에 따라 도시를 지역으로 분할하는 토지계획을 이용한다. 이는 해당지역 내에 들어설 건물의 종류를 결정한다. 이는 도시 내 거주자의 이익을 보호하기 위한 방식이다. 예로 들어, 토지 규제는 주거지역 한가운데 공장이 들어서는 것을 방지하여 준다. 이는 부동산가치뿐만 아니라 거주자의 장소성과 공동체의식을 보호하는 데 신뢰감을 심어준다.

대지 및 도시 밀도

도시는 또한 특정지역 내 신축건물의 규모나 대지 내 건물의 배치 방식을 통제한다. 예를 들어, 사선제한은 대지경계선으로부터 얼마만큼 물러서야 되는지를 결정한다. 건축선후퇴는 지역에 얼마나 많은 구조물들이 들어설 수 있는지를 규제하여 도시밀도를 결정한다. 또한, 지방자치로 하여금 가로경관의 성격에 영향을 주는 건물과 가로간의 이격거리를 지정한다.

형태와 외관

몇몇 지방자치는 장소성에 따라 특정 이미지를 주고자 한다. 이를 위해 건물의 외관을 규제하는 규칙이 있을 수 있다. 장소의 특정 성격을 유지하기 위해 색에서부터 재료, 간판 등이 규제된다. 이러한 조례는 인구 유지나 새로운 인구를 유입하기 위해 추구되는 도시의 면면들을 보존하기 위한 의도이다.

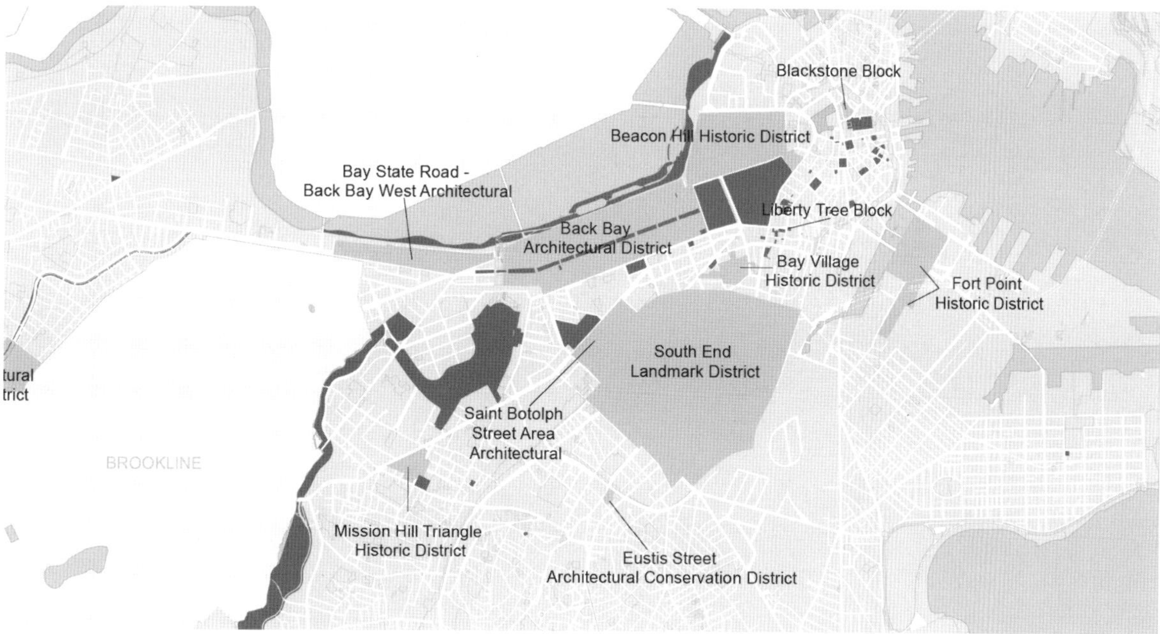

Portion of a map showing the Historic & Landmark Districts of Boston

문화재 보존

역사지구가 존재하는 도시는 신축건물이 장소의 역사적 성격을 회손시키지 않는 방향으로 규제를 제정한다. 이러한 규제는 일반적으로 프로젝트가 건설승인을 받기 위해 엄격한 형태와 외관지침, 추가심의절차를 포함한다.

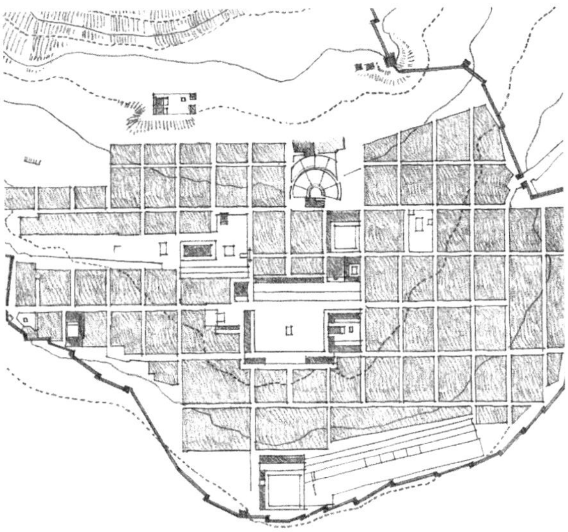

Priene, ancient Greek city of Ionia, founded fourth century BCE

도시의 건축

역사적으로 건축가는 도시개발에 필요한 계획을 수립하는데 중요한 역할을 수행하였다. 건축은 도시가 그런 것처럼 인공적 환경이다. 건물의 공간과 기능의 관계는 도시의 공간과 기능의 관계와 직접적인 관련이 있다. 이와 비슷하게 도시는 건물과 마찬가지 방식으로 다양한 기능의 공간을 제공한다. 이러한 중첩은 건축가로 하여금 도시개발계획수립에 있어 중요한 역할을 맡도록 하며, 이러한 계획이 적용되는 건물을 설계하도록 한다.

동시대에 시행되는 도시계획은 마을과 도시의 형성에 연관된 분야로 발전하였다. 도시계획가의 역할은 대중교통 시스템, 토지 이용계획 및 사회기반시설을 구획·배치하는 것이다. 설계자는 도시개발을 규제하는 공공 정책 개발에 중요한 역할을 한다. 도시계획의 출현 이후로 도시계획과정에 있어 건축가의 역할은 과거에 비해 축소되었다.

도시계획

도시계획가는 대규모 가로 계획의 배치뿐만 아니라 토지이용계획을 개발한다. 이들은 또한 건축가와 조경가가 합작하여 공공 공간과 건물의 배치를 결정한다.

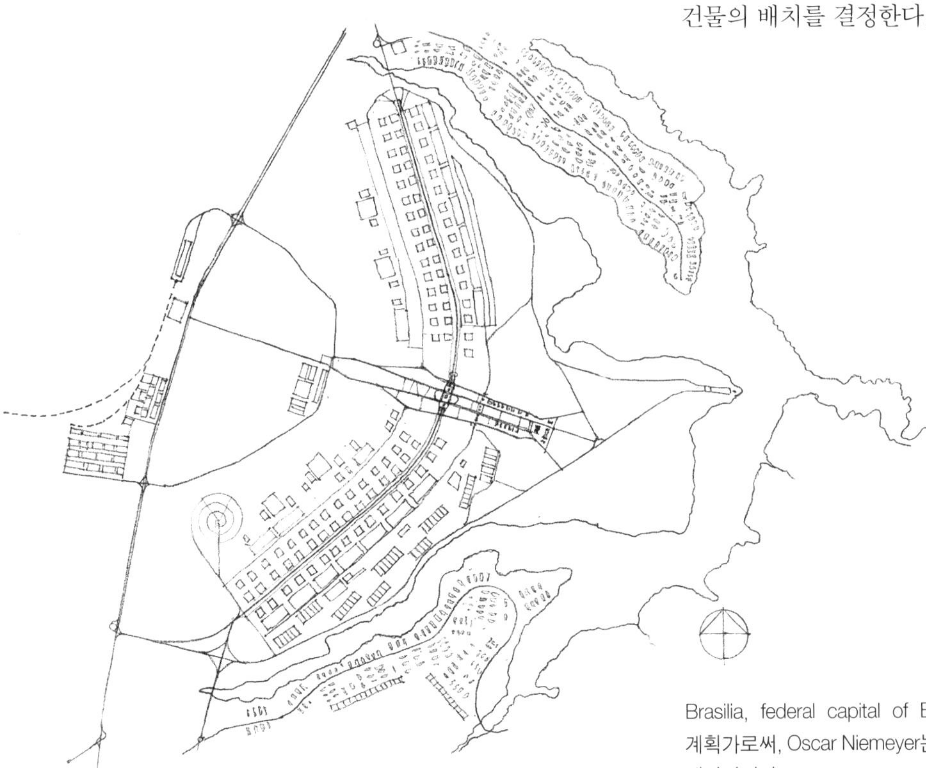

Brasilia, federal capital of Brazil, Lucio Costa는 총괄 도시계획가로써, Oscar Niemeyer는 총괄 건축가로써 1956년 계획·개발되었다.

도시설계

건축가가 여전히 주요 역할을 맡고 있는 영역이 바로 도시설계이다. 도시설계는 도시계획과 약간의 차이만 있을 뿐이지만 다양한 관련 이론과 분야와의 협력이 필요하다. 도시설계 프로젝트에 기여하는 분야는 다음과 같다:

건축

건축가는 건축물을 설계하고 계획가와 기술자와 협력하여 대규모 개발계획을 수립한다.

조경

조경가는 공공공지와 가로경관을 설계한다. 이들은 또한 건축가와 협업하여 건물의 배치를 결정하고, 토목기술자와는 공공 기반시설을 규정한다.

토목공학

토목기술자는 도시 기반시설을 계획한다. 이들은 도시계획가와 협업하여 대규모 토지이용계획을 수립하고, 조경건축가와는 기반시설의 위치를 통제하고, 물의 유출량과 함수량을 제어하는 요소들을 설계한다.

대규모 도시계획과의 반대로 도시설계는 구축환경에 영향을 주는 다양한 스케일과 다양한 범주의 프로젝트를 다룬다. 도시설계 아이디어는 종종 이전에 언급한 분야에 의해 계획된 소규모 프로젝트에서 시작되거나 마스터 플랜 설계에 필요한 대규모 협업에 포함된다.

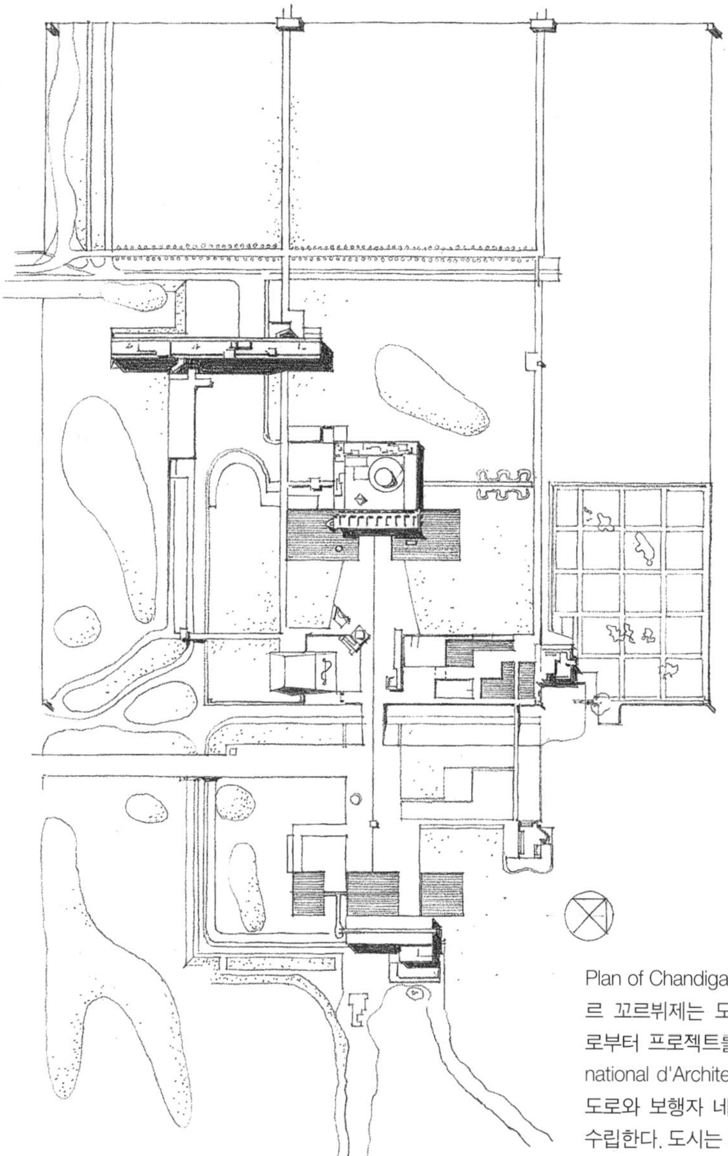

Plan of Chandigarh, India, 1951-1962.
르 꼬르뷔제는 도시계획가 Albert Mayer와 건축가 Matthew Nowicki로부터 프로젝트를 인계받아 CIAM (근대건축국제회의, Congres International d'Architecture Moderne)–도시기능, 신체유추적인 계획 형태, 도로와 보행자 네트워트의 위계–의 법칙에 따라 Chandigarh 계획을 수립한다. 도시는 Le Corbusier와 Jane Drew, Maxwell Fry의 건축작업의 특징을 보여준다.

소규모의 설계

개인 건물도 도시환경 발전에 기여할 가능성이 있다. 도시 프로젝트 설계에 있어 근본적으로 3가지 입장을 가진다. 각각은 각 장소의 미래를 예측하고 적합한 계획을 개발한다. 이런 입장을 통해 건축은 도시개발의 방향에 영향을 준다.

기존물에 대한 반응

건축가의 역할은 즉각적인 요구에 부합하고 현재 존재하는 도시조직에 적합한 건축물을 설계하는 것이다. 이것은 도시환경 현황을 유지하고자 하는 것이다. 또한 이러한 요구는 지속적으로 유지될 것이고 건축적 제안은 가까운 미래에 지속적으로 작용할 것으로 예상된다. 이는 성공적이고 번영하는 지역사회를 위해 건축을 설계할 수 있는 최상의 방식이다.

다음은 이러한 전략을 얻을 수 있는 것들이다.

장소성을 유지한다

• 주변환경에 대한 학습의 결과이고 사람들이 사용하는 방식이기 때문에 이 지역 거주민들의 전통과 관습을 새로운 건축물에 의해 방해받지 않도록 해야 한다.

지역의 성공적인 특성을 보존한다

• 이 전략은 근린지역과 지구의 기능이 방해받는 것을 최소한으로 줄이기 위한 방법이다. 따라서, 성공적인 특성은 도시가 발전함에 따라 수월하게 보존될 수 있다.

이러한 전략의 단점은 다음과 같다.

발전 침체

• 새로운 편의시설을 늘리지 못하고 한 근린지역의 성공적인 특성을 계속하여 고집할 경우 인근에 있는 성장된 동네는 경제 및 거주민과의 사회적 유대감에 있어서 그 지역을 넘어설 것이다.

실질적 변화를 인식하지 못한다

• 해당 장소의 설계 전략이 그대로 남은채 한 장소의 인구가 이동한다면 결국 신축건물이 제공해야할 거주자의 요구를 더 이상 충족시키지 못할 것이다. 이는 종종 대지의 물리적, 사회적 맥락을 제대로 이해하지 못하여 발생한다.

동향 · 추세에 대한 반응

도시환경의 성장이 관찰되는 상황에서 건축가는 해당 개발 동향에 대응하는 방식을 선택할 수 있다. 현 상황에 완벽히 맞추어 건축물을 설계하기 보다는 현재 진행되는 변화에 따라 미래상황을 예측하고 이에 대응하는 것이 목표이다. 이 입장은 건축에 의해 지원되는 도시개발의 입장이기도 하다. 이러한 사고방식의 결과로써 건축은 도시 변형에 있어 새로운 아이디어와 최근 프로젝트의 지침을 고려하는 것이다. 도시개발로의 진보적 접근방식은 도시가 성장하고 발전하기 위한 가장 좋은 방식이다. 이는 성장을 유지하고 지원하는 전략인 것이다.

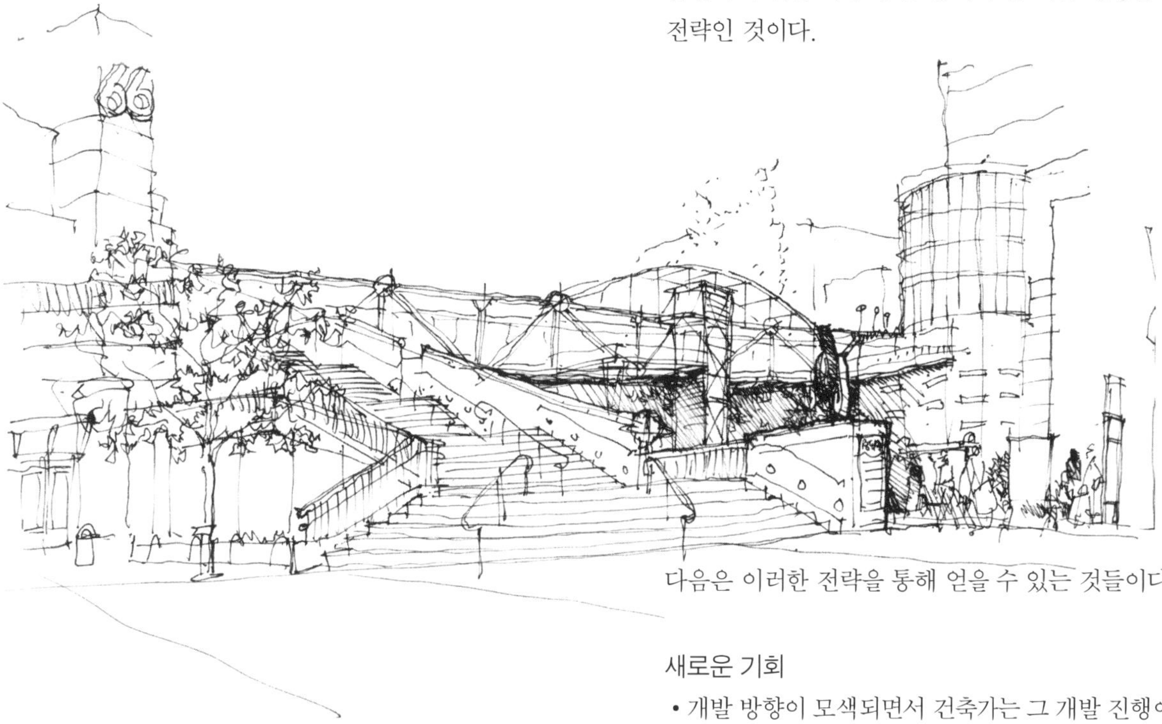

다음은 이러한 전략을 통해 얻을 수 있는 것들이다.

새로운 기회

- 개발 방향이 모색되면서 건축가는 그 개발 진행에 맞추어 상업 또는 주거지의 새로운 기회를 새로운 공간에 불어넣을 수 있다.

인구증가

- 그 지역의 도시생활편의시설이 늘어나면서 새로운 인구를 끌어드릴 확률이 높아진다.

이러한 전략의 단점은 다음과 같다.

고급주택화

- 개발이 그 지역에 사는 거주민의 비용으로 개발될 경우 실제 개발과는 반대로 고급주택화 현상이 일어날 확률이 높다. 현재 거주민들이 개발을 통해 이익을 보지 못하고 다른 군이 이익을 받게된다. 이는 기존 거주민들을 다른 지역의 도시로 내쫓는 격이 된다.

착오

- 이러한 동향이 정확히 파악이 되지 않는 경우, 해당 장소의 건축은 적합하지 않거나, 거주민들의 요구에 부합하지 않을 수 있다.

방침의 변경

좋은 방향이 아닌 쪽으로 도시가 변형되어 갈 때 건축가는 개발의 방향을 수정하여 진행해야 한다. 그 이유는 장소의 즉각적인 요구에 부합되거나 도시쇠퇴화가 불가피하다고 예측되는 건축물을 설계하는 대신 축조 환경의 개발의 방향을 바꾸는 것을 목표로 하기 때문이다. 이러한 사고방식을 바탕으로 한 건축은 현재진행중인 투자를 끌어모으고 지속적인 개발을 조성하기 위하여 새로운 생활편의시설, 기반시설, 다른 종류의 자산 등을 추가하는 방침을 갖을 수 있다.

이것은 주로 인구감소 또는 주요산업의 부진이 발생하는 도시를 설계하는데 적용되는 입장이다. 도시재개발(urban renewal)사업이라고도 불리며 새로운 지역의 생활편의시설의 유입으로 인해 빈곤율과 범죄율이 증가하는 지역에서 혜택 받을 수 있다.

다음은 이러한 전략의 이점들이다:

상업적 기회

- 추가적 상업 기회는 상업활동에 필요한 추가적 가로를 제공할 뿐만 아니라, 인구를 강화시키는 넓은 범위의 상품 및 서비스로의 접근을 제공한다. 이것을 성공하기 위해 건축가는 도시의 속성에서 놓치고 있는 부분이 무엇인지 파악하고 그것을 수용할 수 있는 건축물을 설계하여야 한다.

새로운 투자

- 지역 내 새로운 건축물 유형을 전략적으로 배치하는 것은 안정감을 유도하여 새로운 투자와 미래 개발을 끌어들일 수 있다.

인구 증가

- 환경을 변화시키는 건축물은 또한 장소의 인구구성을 변화시켜 인구감소 경향을 반전시킬 수 있다. 다양한 군의 사람들이 흥미를 일으키는 편의시설을 신축함으로써 지역에 새로운 인구를 끌어 모을 수 있다.

인식의 변화

- 장소가 인식되는 방식을 변화시킴으로써 그 곳의 경제를 이끌어나가는 새로운 사업, 거주자, 방문자를 끌어 모으는 방식을 새로이 창출한다.

이러한 전략을 사용함에 있어 발생가능한 단점들이다.

고급주택 경향으로의 우려

- 만약 해당 장소에 남아있는 서민들이 진행중인 변화양상으로부터 혜택을 받지 못하는 경우 그들은 치솟는 생활비를 버티지 못하고 강제로 퇴출된다. 이러한 고급주택화 과정은 거주민들이 당면한 문제 해결에 도움이 되지 못하며 부적합하다. 대신 이는 거주민들을 다른 도시지역으로 이주시킨다.

충분히 활용되지 않는 계획물

- 개발에서 예정된 변화가 제대로 작동 하지 않을 경우, 건축물은 해당 장소의 작금의 요구에 부합하지 않게 된다. 새로운 건축물이 충분히 활용되지 못하고 나타나는 수입 없이 자원의 지출만이 발생하여 초기에 목표했던 문제를 완화시키는 것이 아니라 오히려 악화시킨다.

대규모의 설계

도시설계의 핵심은 마스터 플랜이다. 마스터 플랜은 도시 근린, 구역, 또는 도시 전체를 설계하는 것이다. 마스터 플랜은 건물, 공개공지, 가로 및 기반시설의 배치에 관한 전략을 담고 있다.

이는 도시의 급속적인 확대 또는 발전을 달성하기 위한 여러 관련 전문분야 간에 도시개발의 전략이다. 이 시나리오에 의해 하나의 목표를 향해 각각의 스케일로 디자인을 수행한다.

- 도시 또는 근린 계획은 대규모의 기반시설, 교통 네트워크, 공공 및 민간 공간의 분포, 토지이용의 설계를 아울러 개발된다. 이 계획은 개발에 필요한 전략의 대략적인 윤곽을 보여준다.
- 공공 공간과 가로경관은 기존 계획에 부합되는 방식으로 세밀하게 설계된다.
- 계획의 다양한 부분들은 그 다음 개발을 위해 설계팀의 구성원들에게 분배된다.
- 팀의 구성원들은 기존 계획에 부합되는 방식으로 세밀한 설계를 그들 프로젝트에 적용한다.
- 총괄 계획가는 각기 다른 작은 프로젝트를 감독하며 전체 프로젝트의 전략과 아이디어에 부합되는지 파악한다.

이러한 노력은 급속히 인구가 성장하는 지역에서 효과적이다. 그들은 경제성장과 인구증가 속도에 맞추어 도시 설계과정을 효율적으로 진행한다. 하지만 이러한 전략은 또한 새로운 거주자와 사업을 끌어들일 수 있도록 자본과 도시생활편의시설을 주입함으로써 쇠퇴 또는 정체된 도시에서 성장을 초기화시키는 방식으로 사용되기도 한다.

개발에 있어서 효율성은 서로 대립되는 요소들간의 균형에서 온다. 상대적 으로 적은 수의 설계자에 의해 진행되는 급속도로 개발되는 대규모의 프로젝트들은 도시에서 발생하는 미묘한 사회문화적 측면을 거의 고려하지 못한다. 시간이 지남에 따라 현재 거주하는 인구의 구체적인 요구에 대응하도록 계획되지 않았기 때문에 이 프로젝트들은 대부분 장소성과 지역사회와의 유대감을 형성하지 못할 수 있다.

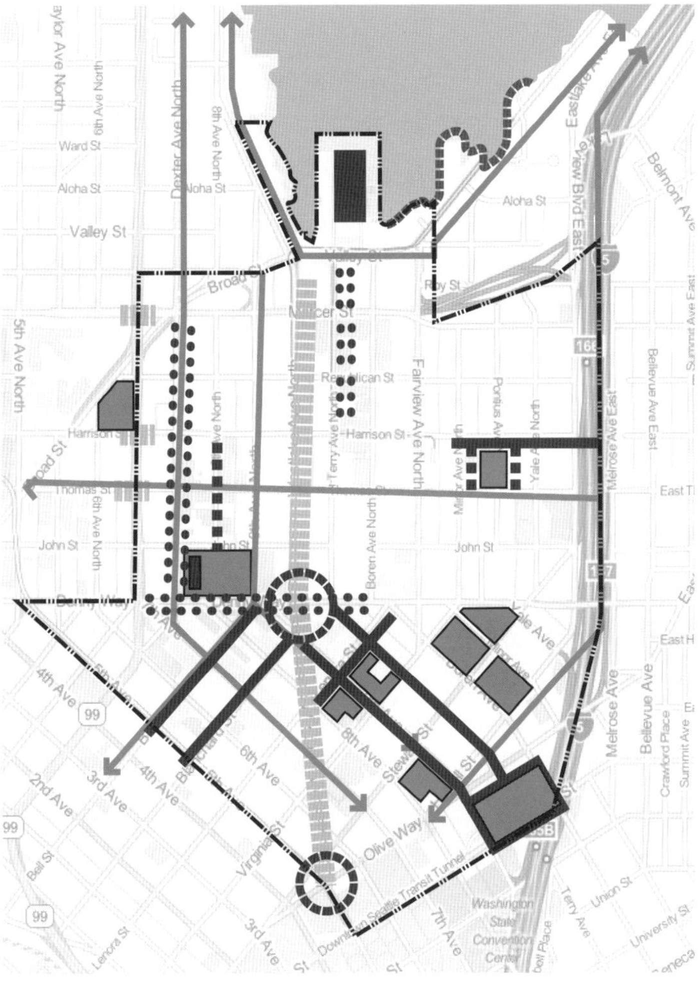

2004년 Seattle Parks and Recreation plan을 기초로 한 다이아그램은 South Lake Union의 공개공지의 양과 유형에 관한 계획을 보여준다.

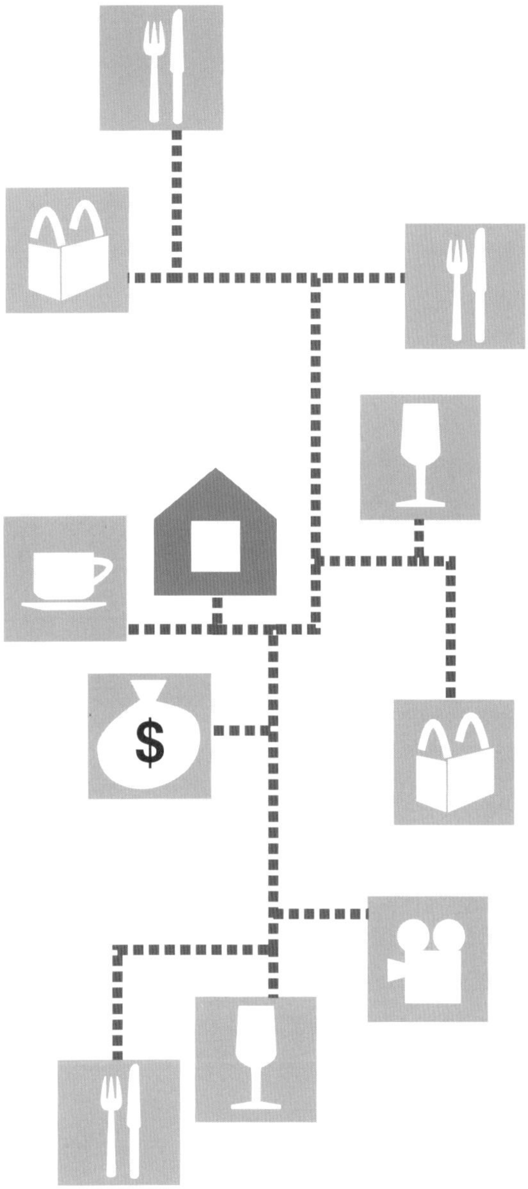

지역사회와 장소성

도시에 영향을 주는 건축의 방식은 장소성을 수립하거나 유지하는 방식을 통해 이루어진다. 장소성이란 지역사회를 정의하는 지역 특정 전통과 관습을 이야기한다.

이를 위해, 건축은 지역사회가 사회적 상호관계를 통해 번창하도록 건물과 도시 두 개의 스케일에서 공간을 창출하여야 한다. 건축은 또한 지역사회가 아직 수립되지 않은 장소에 지역사회를 조성할 기회를 제공한다.

이를 위해, 건축가는 설계과정의 일부로 몇가지 사안들을 반드시 고려하여야 한다:

- 도시생활편의시설로의 접근성
- 개인과 공공의 관계, 주거영역과 도시
- 공동 공개공지

도시생활편의시설로의 접근성

도시생활편의시설은 도시의 주거민들이 접근가능한 모든 시설을 지칭한다. 이러한 시설은 주거에 필요한 간단한 필수요소들이거나 사회행사 및 문화적 경험의 기회를 제공하는 그 무엇일 수 있다.

경험에 근거한 도시설계의 규칙은 지역의 전형적인 생활방식을 유지하는 생활편의 시설이 지역내 어느 장소에서든 도보로 15분 거리내에 위치해 있어야 한다는 것이다. 이 간단한 규칙은 교통수단의 필요성을 줄인다. 보행자는 도시를 걸으며 주변을 경험할 수 있다. 그들은 많은 사람들과 마주하며 유대감을 형성할 수 있다. 특정 상품 또는 서비스를 위해 길을 나서더라도 길목에서 또 다른 것과 마주할 수 도 있다.

보행자는 지역사회내 다른 구성원들과 사회적 유대를 형성한다. 이와 반대로, 교통수단으로 차를 이용하는 사람은 사회적 관계를 조성하는 접촉을 피하게 된다. 근린에는 보행자의 활동이 높은 경향이 있고, 보행자로 하여금 그들만의 특별한 질과 환경을 보존하고자 한다.

건축은 도시생활편의시설로의 접근성을 정의하는 중요한 역할을 수행한다. 건축가가 건축물을 설계할 때 건축물의 프로그램을 발전시키야 하는 단계가 존재한다. 이 단계에서 건축가는 건축물이 어떠한 기능을 만족하고 준수하여야 되는지 건축주와 협업한다. 만약 도보로 15분 거리 내에 닿지 않는 프로그램이 있을 경우 해당 프로그램을 포함시킨다면 설계가 보다 성공적으로 완성될 가능성이 높다. 이 경우 프로젝트 주변 맥락과의 관찰이 필요하다.

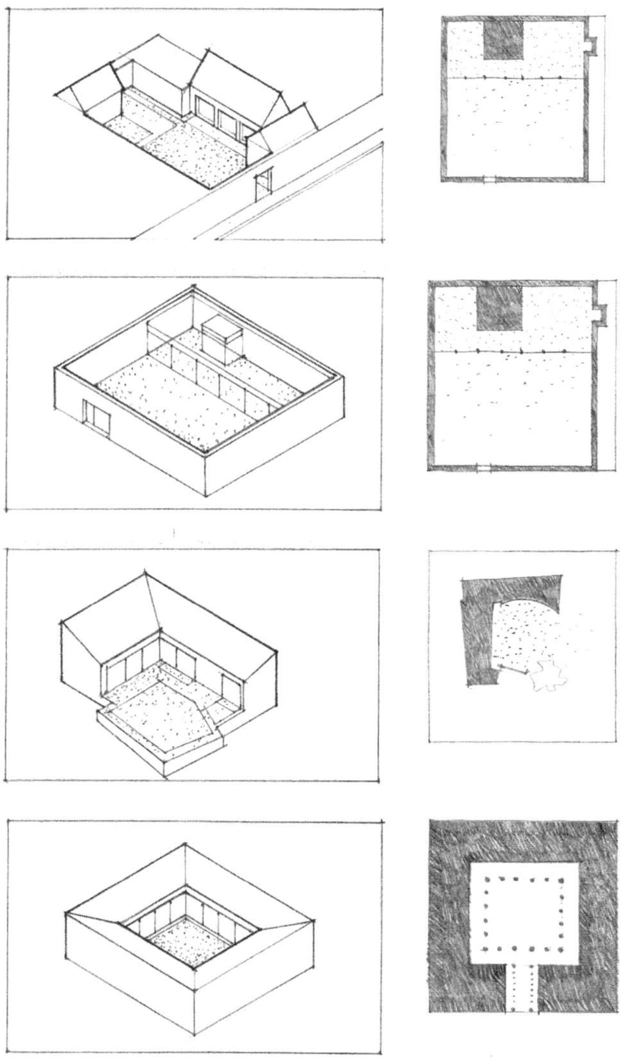

공공과 개인의 관계

공공과 개인의 공간 접촉은 공동체 의식을 수립하는데 많은 영향을 준다. 주거영역과 도시의 관계가 어떻든 이것은 그 장소에 사는 주민들의 문화와 사회적 관습을 반영하는 문제이다.

도시와 인접한 주거영역

- 어떤 장소는 개인, 주거영역의 공간에서 공공, 도시의 공간으로 직접 접근할 수 있다. 이런 경우 주택은 공원, 공공 정원 또는 풍부한 가로경관으로 개방될 수 있다. 이는 거주자에게 도시생활편의시설 뿐만 아니라 기반시설로의 즉각적인 접근성을 제공하고, 이웃주민과 공동체의식을 가질 수 있도록 기회를 제공한다. 이 시나리오에서사회적 상호활동이 한 개인의 주택 인근장소에서 발생한다.

도시로부터 분리된 주거영역

- 현관 또는 앞마당과 같은 완충장치가 존재하기 때문에 직접적 관계가 덜 할 수 있다. 이 시나리오는 사적인 가정환경과 도시환경의 사회적 상호작용을 더욱 분리시킨다. 이 시나리오는 또한 긴밀하게 짜여진 소규모의 지역사회구조를 촉진시킨다.

건축의 구성

- 건축의 구성은 지역사회가 기반을 둔 사회적 상호작용을 정의, 편리하게 하거나 제한한다. 거시적 규모에서 대지 위에 건축물 위치는 건축물 내의 공간과 건축물 주변의 도시공간과의 특정 관계를 발달시킨다. 이러한 관계는 건축가가 대지에 프로그램을 배치하는 방식과 주변 도시환경의 성격과 관련된 건축물을 지향하는 방식에 따라 그의 통제 하에 있다. 미시적 규모에서 외부 성격에 관련하여 개인실의 위치는 건물 각각의 기능과 주변맥락의 관계를 정의한다. 거주자가 가지는 접근성의 유형 또한 중요하다. 건축가는 거주자가 외부에서 내부공간으로 들어오는 방식, 거주자가 가지는 외부로의 접근방식(물리적, 시각적 또는 청각적)을 반드시 고려한다. 건축물의 파사드는 이러한 개인과 공공의 긴밀한 관계를 가능케한다. 어떤 면에서 파사드는 개개인이 지역사회내에서 수행해야할 사회적 역할을 결정한다. 이것은 공공 공간이 끝나고 개인 공간이 시작되는 공간을 정의하는 필터로서 작용한다. 이는 또한 대중의 의식 수준을 결정한다. 이러한 모든 특성은 지역사회구조 내에 건축물이 배치되는 방식을 결정하는데 도움이 된다.

공용 공지
건축은 공동체가 번영할 수 있는 준-공공(Semi-public) 또는 준-사적(Semi-private) 영역을 창조함으로써 공동체가 지속될 기회를 제공하는 역할을 한다. 이러한 전략이 건축적 단위를 도시적 경관에 통합시키기 위한 우선사항에 영향을 미친다. 이는 사회적 · 물리적 주변 상황에 구체적으로 적합한 건축적 제안을 이끌어내며 이는 공동체 의식과 장소에 대한 감각을 형성하고 유지하는데 있어 필수적이다.

Square in Giron, Colombia

건축가가 건물을 위해 공간을 할애하여 접근 가능한 공지를 제공하는 것은 중요한 일이다. 어떤 건물들에서는 공공 영역이 사적 영역에 들어오거나 겹쳐진다.

공원
- 큰 공원에 인접한 건축물은 공원에서 일어나는 행위를 이용하여 건물의 공간 배치를 할 수 있다. 공원에서 일어나는 일들을 조망할 수 있도록 아파트의 창이 배치된다. 공원에서 행해지는 특정 활동에 음식을 공급하는 사업을 끌어들일 경우 공원 주변을 따라 건물은 매력을 가지게 된다.

산책로
- 산책로는 도시 내 다른 측면들을 연결하는 공공환경의 열린 공용 공간이다. 예를 들어, 이는 상점과 음식점으로 둘러싸인 광장의 형태를 띨 수 있다. 상점의 일부분이 손님을 끌어들이기 위해 산책로 쪽으로 뻗어 나옴으로써 안과 밖의 구분이 모호해지기도 한다.

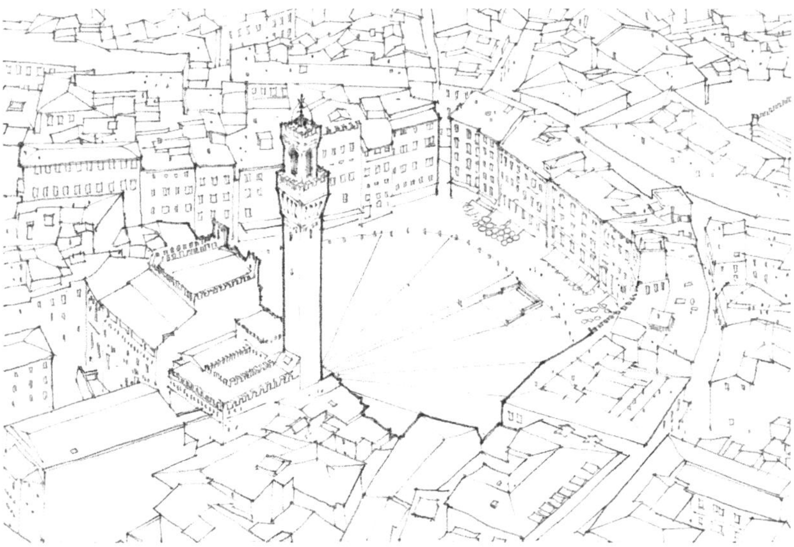

Piazza del Campo, Siena, Italy

Residence in Asakusa district of Tokyo

정원 또는 뜰

- 작은 공공 정원이나 뜰의 건축은 건물의 디자인에 공지의 개념을 포함시킨다. 건물의 사적 영역은 준-공공(Semi-public)의 성격을 띤 정원 또는 뜰에 의해 도시의 공용 공간으로부터 분리된다. 개인 주택의 잔디밭, 또는 주거용 건물을 거리와 분리시키는 공용 정원이 이러한 경우이다.

현관

- 거리로 향하는 현관이 있는 건물은 뜰과 마찬가지로 공적 영역과 사적 영역을 분리한다. 그러나 이 예시에서 현관은 공적 행위를 내부의 사적 공간으로 끌어들이며 개입하는 성격을 보여준다. 공공의 상호작용이 내부의 사적 공간으로 접근 허가 없이 건축물로 들어올 경우, 현관은 준-사적(Semi-private) 구역이 된다.

Sidewalk cafe in Orlando, Florida

보도

- 보도까지 뻗어있는 건축물은 의도적으로 공적 영역과 사적 영역을 거의 구분하지 않는다. 이러한 건물들은 도시의 공공 행위에 즉각적으로 접근할 수 있게 한다. 여기서 거주지의 공간은 입구 주변에 공적 기능이 모여 있으며 사적 영역은 그 위 또는 뒤에 위치할 수 있다. 사업은 손님을 끌어들이기 위해 보도로 바로 연결될 수 있고 심지어는 사업 프로그램의 일부가 공용 공간으로 돌출될 수도 있다. 카페는 공용 외부공간에서 내부의 기능으로 이어지는 사회적 상호작용을 촉진하기 위해 보도 바로 위에 좌석을 배치할 수도 있다.

용어해설Glossary

간사이(span) 두 개의 지지 구조물 간의 간격 또는 수직부재에 의해 지지된 구조물

강접이음(rigid joint) 어떠한 방향에서의 회전이나 변형도 막고 연결된 부재 사이의 각도를 유지시키며, 힘과 모멘트를 모두 전달하는 구조적 결합

개방 계획(open plan) 완전히 막혀진 공간이나, 뚜렷한 별개의 방으로 구획되어 있지 않은 평면도

갠 흙(rammed earth) 점토, 모래 그리고 자갈 따위가 단단하게 혼합되고, 벽을 시공할 때의 형태 내에서 물이 압축되고 건보됨

거더(girder) 길이에 따라 분리된 지점에서 주보로부터 떨어지는 집중하중을 지지하도록 설계된 큰 주보

건설(construction) 건축물 형성에 관한 예술, 과학 또는 사업

건축 기준(building code) 공공의 안전, 건강, 복지를 보호하고 신장하기 위하여 해당 지방행정부서에서 건물의 설계, 시공, 개조, 보수에 관한 지침 및 기준을 규정한 건축 기준

건축(architecture) 건축이란 인간의 여러 가지 생활을 담기 위한 기술·구조 및 기능을 수단으로 하여 이루어지는 공간예술이다. 건축은 용도라는 목적성에 적합하여야 하며, 적절한 재료를 가장 합리적인 형식을 취하여 안전하게 이룩되어야 한다. 이로써 건축의 본질은 쾌적하고도 안전한 생활의 영위를 위한 기술적인 전개와 함께, 공간 자체가 예술적인 감흥을 가진 창조성의 의미를 가진다. 이 공간예술을 다루는 작가, 즉 건축가의 입장에 있어서 건축의 공간은 실용적 대상이고, 3차원의 지각적(知覺的) 대상이며, 자기인식의 실존적 대상이라 할 수 있을 것이다. 이때 단순한 건조기술(建造技術)을 구사하여 만들어진 결과로서의 구축물을 건물(building)이라 하고, 공간을 이루는 작가의 조형의지(造形意志)가 담긴 구축의 결과를 건축으로 표현하고 있다.

건축술(architectonics) 한 예술작품을 통일시키고 있는 구조 또는 개념

계단(stair) 건물에서 한 높이에서 또 다른 높이로 이동하기 위한 층계참 사이의 계단들이나 일련의 디딤판들

계단실(stairway) 건물 안의 한 층에서 다른 층으로 이어지는 연속된 계단으로 된 통로

골격 구조(framework) 지지하거나 윤곽을 명확히 하기 위해 혹은 틀에 끼워 넣기 위해 부분적으로 맞추고 결합에 대한 작용이나 과정 혹은 방법

골조구성방법(framing) 단면 형상(치수)이 주어지고, 구조물을 지지하도록 설계된 비교적 가늘고 긴 부재들 사이에 맞춤과 결합에 대한 작용이나 과정 혹은 방법

공간(space) 대상물이 존재하고 사건들이 일어나며 위치와 방 향성을 지닌 3차원 영역

공간계획(space planning) 계획안이나 기존 건물 안에 공간들을 계획, 배치, 설계하고 가구, 장치 등을 다루는 건축과 실내 설계의 중간 영역

공학(engineerning) 실용적 목적을 위해 구조물, 장비 또는 시스템을 설계하고 건설하는 데에 과학적 원리들을 적용하는 예술과 과학

교대(abutment) 추력이나 압력을 직접적으로 받는 구조의 일부분으로, 아치나 볼트 일부의 추력을 받으며 지지대 역할을 하는 조적매스, 다리 끝이나 경간 부분을 지지하고 인접 지반 압력을 견디는 중량벽체, 다리나 잔교에 가해지는 수압에 저항하는 매스나 구조, 현수교의 케이블 정착구 등이 해당된다.

구성(composition) 통일체를 이루기 위해 요소나 부분들을 적절한 비례나 적절

한 관계로 배치, 배열하는 것

구조(structure) 전체의 일반적인 특성을 좌우하는 복합체 속의 일부분들이나 각 요소들의 구성

구축술(tectonics) 구조상의 형태를 만들고 장식하거나 재료를 조합하는 과학, 예술

규정선(regulating line) 정렬, 척도나 비례를 재거나 표현하기 위해 그려진 선

그린빌딩(green building) 환경적으로 향상된 방법으로 설계, 건설, 운영, 철거되는 빌딩

그림(dwawing) 표면 위에 선으로 사물, 장면이나 생각을 나타내는 기술, 과정이나 기법

근감각(kinesthesia) 근육, 힘줄, 관절에 있는 말단신경의 자극에서 오는 신체의 자세나 위치 또는 움직임에 대한 감각적인 경험

급배수관 공사(plumbing) 급배수 계통의 파이프, 밸브, 위생기구와 부속류들의 배관계

기능(function) 어떤 것이 디자인되고, 사용되고, 존재하기 위한 자연스럽고 적절한 작용

기둥(column) 하중을 견디기 위해 설치된 가느다란 구조물. 고대 건축에서는 주두(capital), 몸통(shaft), 기단(base)으로 구성된 원통형 기둥이 많이 쓰였다.

기반(bedrock) 흙, 점토, 모래나 암석파쇄분과 같은 지구 표면에 놓인 모든 굳지 않은 지표의 아래에 놓여 있는 깨지지 않은 딱딱한 고체 암석 지반

기준면(datum) 구성 요소들의 위치를 정하거나 배열을 하기 위한 한 참조물로 이용되는 어떤 높이의 표면, 선, 혹은 점을 말한다.

기하학적인(geometric) 기하학의 단순한 직선이나 곡선 요소들이 있거나 그러한 요소로 표현된 형태나 형상에 속하거나 관련된

깊은 기초(deep foundation) 건축물의 하중을 부실한 하부 지반을 통과하여 지내력이 우수한 하부 지층부에 전달되도록 기초를 지하 깊은 곳에 위치시킨 시스템

내화구조 등급(construction type) 다음과 같은 건물 주요 부재의 내화 성능에 따라 건물구조를 등급화함—구조 부위, 외부의 내력, 바닥과 천장, 지붕, 비상구, 비상구 통로와 수직샤프트—모델 건축 기준별로 구조 유형에 따른 세부 요구사항이 일부 다르지만, 건물의 구조 유형과 용도에 따른 높이와 면적을 제한한다—이 내화구조 등급을 건물구조 등급이라고 함

노상(hearth) 보통 벽돌, 타일, 돌로 만들어지고 종종 실내에 조금 튀어나오는 벽난로의 바닥

다이어그램(diagram) 설명을 덧붙이지 않고도 전체를 이루는 각 부분들의 배치나 관계를 약술하거나 설명하거나 밝히는 그림

단면(section) 내부 구성을 보여주기 위해 횡단면에 의해 절단되었다면, 보여질 수 있는 하나의 사물이나 구조물의 정사영으로 대개 축척에 따라 그려짐

도시 설계(urban design) 도시구조물과 공간들을 설계하는 건축 및 도시계획의 중간 영역

도시계획(city planning) 현황평가, 장래요구예측, 이들 요구 충족을 위한 계획을 비롯하여 그 계획을 시행하기 위한 법적 제안, 재정계획, 건설계획 등을 통해 한 공동체의 장래 물리적 배치와 조건 등을 결정하는 활동 또는 전문 분야

돔(dome) 원형의 평면에 둥근 천장을 가진 구조로 대체로 구의 일부 형태이며, 전 방향으로 같은 추력이 가해진다.

동하중(dynamic load) 종종 하중의 위치나 크기가 급격히 변화하면서 구조물에 일시적으로 작용하는 하중. 동하중이 작용할 때 구조물에는 그 크기에 따라 내부 응력이 발생하지만 그에 대한 최대 변형이 반드시 작용하는 하중의 최대 크기에 대응되는 것은 아님

등분포하중(uniformly distributed load)일정한 크기로 분포된 하중

등축투상(isometric) 동일한 축척에서 실 길이로 그려진 주요 축에 나란한 모든 선을 가진 등축 투상도의 평행선도

디딤면(tread) 발을 디디는 계단의 수평윗면

디자인(design) 건물이나 다른 구축물의 형태나 구조를 고안하거나 착안하는 것

디자인 개념(design concept) 건물이나 건조물의 형태나 구조 또는 특성에 대한 개념. 다이어그램이나 도면, 드로잉 등의 그래픽으로 재현됨

디자인 원리(design principle) 미적 구성을 위한 시지각의 기본적이고 포괄적인 개념

램프(ramp) 계단참 위의 난간에서 높은 부분과 낮은 부분을 연결해 주는 짧고 오목한 경사 부분

롤러 지지(roller support) 회전은 허용하나 그 면에서 수직 방향의 움직임은 지지하는 구조물의 지지 형태. 롤러 이음이라고도 함

르네상스(renaissance) 고전예술, 문학, 학문의 인본주의적 부활에 관한 행위, 정신, 시대를 총칭하는 용어. 14세기 이탈리아에서 시작되어 17세기까지 이어졌으며, 중세에서 근대로의 변환점이 되었음

리듬(rhythm) 동일하거나 개조된 모티브나 요소의 교대, 반복으로 생기는 현상

매스(mass) 물리적 볼륨을 지닌 하나의 덩어리

매스(massing) 2차원 형상 혹은 3차원 볼륨들의 통일된 구성. 특히 무게, 밀도, 용적의 인상을 주거나 갖고 있음

메소아메리카(mesoamerica) 중부 멕시코와 유카탄 반도에서 시작하여 온두라스, 니카라과에 이르는 지역으로 선 콜롬비아 문명이 번성하였다. 메소아메리카 문화는 천문학, 시간의 측정, 신전 겸 피라미드, 태양과 바람과 비의 신을 포함하는 판테온 등에서 뛰어남

모니터(monitor) 공장의 지붕 등에 연속적으로 부착하며, 자연 환기에 의하여 많은 환기량을 발생시키는 장치이다.

고온 공장에서 사용되는 경우 건물의 일부가 될 만큼 매우 큰 것도 있다

모더니즘(modernism) 20세기를 지나며 미술과 문학 분야에서 벌어진 과거로부터의 의도적인 철학적, 실용적 격리. 여러 가지 혁신적인 운동과 양식의 형태로 나타났음

모델건축기준(model code) 각 지방 행병부서가 표준적으로 채택할 수 있도록 정부기구, 전문가협회, 무역협회 등이 개발하고 작성한 모기준(母基準)

모듈(module) 건물구성의 배율이나 건물재료의 치수를 표준화하는 데 쓰이는 측정단위

모듈러 설계(modular design) 부재를 쉽게 설치하고, 부재 배열을 다양하고 탄력성 있게 하며, 사용 용도를 다양하게 하기 위해 부재 표준화를 이용하는 계획과 설계

모르타르(mortar) 물과 모래와 함께 조적공사에 결합재로서 이용되는 석회나 시멘트 또는 양쪽 결합물의 소성 혼합물

문(door) 건물, 방, 캐비닛의 입구를 열었다 닫았다 하기 위해 경첩을 달아 만든 나무, 금속, 유리 등의 칸막이를 문이라 함

문명(civillzation) 상대적으로 높은 수준의 문화적, 기술적, 정치적 발달로 나타내어지는 인간 사회의 진보된 상태

문턱(threshold) 진입하거나 시작하는 장소나 지점

문화(culture) 한 집단의 인간들이 축적하고 다음 세대로 전달하는 지식, 신념, 행동의 통합된 패턴

반복(repetition) 디자인에서 형태 요소나 모티브가 되풀이 되는 움직임이나 과정

배수구(scupper) 빗물을 배수시키기 위하여 패러핏과 같이 건물의 측면에 설치하는 개구부

베어링(bearing) 하중을 지지하는 점이나 면 혹은 질량. 특히 보, 트러스, 기둥, 벽 등의 지지 부재들 사이에 접촉하는 면적을 말함

베이(bay) 건물의 수직지지대에 의해 구획된 공간

벽(wall) 연속된 면을 보이면서 한 영역을 구획하거나 분할, 혹은 보호하는 역할을 하는 다양한 수직의 구축물들을 지칭함

벽돌(brick) 태양 아래에서 말리거나 가마에서 구움으로써 성형되거나 단단하게 되는 동안 직사각형 각기둥을 형성하는 찰흙의 조적조 단위

변이(transition) (한 공간에서 다른 공간으로 이동할 때)형태, 상태, 장소에 대한 움직임, 통행, 변화

보(beam) 하중을 전체 공간으로 분산시키기 위해 디자인된 단단한 구조물

보이드(void) 매스에 의해 경계 지어진 빈 공간

부지(site) 보통 합법적인 경계선에 의해 정의된 시공 프로젝트를 수행할 수 있는 지반 위치

분석(analysis) 전체를 구성하는 요소나 부분으로 분리하는 것. 특히 전체의 특성과 이를 결정짓는 기본 성질 사이의 관계 등을 연구하는 방법

분석도(analytique) 주요 상세 그림의 장식적인 배열과 때로는 정면도의 평면이나 단면에 의해 둘러싸인 정면도의 입면 그림

분포하중(distributed load) 지지 구조재의 전체 면적 또는 길이에 걸쳐 작용하는 하중

비늘살(louver) 사생활을 보호하고 눈과 비를 막아내며 공기를 통과할 수 있도록 얇고 좁은 살을 비스듬하게 고정 또는 조절 가능하게 설치하여 틈새를 만듦

비례(proportion) 크기, 양, 정도의 면에서 한 부분과 다른 부분, 한 부분과 전체 사이의 상대적이거나, 적절한 또는 조화로운 관계

사각 투상(oblique) 정확한 축척으로 그려진 화면에 모든 선과 면이 평행하게 되고 90°와 다른 어떤 편리한 각도로 보여지는 화면에 수직이며, 때때로 왜곡의 나타남을 제거시키기 위해 줄어진 축척인, 모든 뒤로 물러나는 선을 가지는 사각 투상도의 평행선도

사하중, 고정하중(dead load) 구조물에 수직하중으로 작용하는 정하중. 구조물의 자중과 건물의 각 요소, 부착물, 건물에 영구적으로 고정되는 장비 등의 무게로 구성됨.

사회(society) 지속적이고 높은 수준의 문화적, 기술적, 정치적 발달로 나타내어지는 인간 사회의 진보된 상태

상징(symbol) 연상이나 모사, 혹은 관습에 의해 어떤 것을 재현하는 것으로서, 특히 주로 그것의 외적인 구조에서 그 의미를 추출하여 보이지 않거나 비물질적인 어떤 것을 재현하는 데 사용되는 물체를 말함

샤레트(charrette) 한정된 시간 내에 디자인 프로젝트를 완성하기 위한 열띤 노력

석기 시대(stone age) 알려진 바 최초의 인류 문화. 청동기와 철기 시대 이전. 석재 도구와 무기의 사용으로 특징지움

수평층(course) 벽이나 지붕에서 벽돌, 타일 지붕널의 연속적인 수평줄

순응(merge) 개성이나 특성을 희석하기 위하거나 단계별로 점차적으로 통합·융합이나 연합하기

쉘(shell) 1. 한 건물의 뼈대 구조나 벽체와 지붕. 2. 표면의 면에 작용하는 압축, 인장, 전단 응력에 의해 가해지는 힘들을 전달하는 모양을 한 얇은 곡판 구조

스케일(scale) 재현물과 그것이 재현하는 대상 간의 관계를 결정하는 비율. 또는, 대개 어떤 기준이나 참조점에 대한 관계 속에서 판단되는 어떤 비례적인 크기, 범위, 혹은 정도.

스페이스 프레임(space frame) 삼각형의 강성 원리에 의한, 단지 축력이나 인장력만을 받는 선부재로 구성된 3차원 프레임. 스페이스 프레임의 가장 간단한 공간 단위는 4개의 절점과 6개의 부재로 구성된 4면체이다. 판구조물과 같이 스페이스 프레임의 베이는 2

방향 구조물과 같이 거동할 수 있도록 정사각형의 형태로 한다.

시각 척도(visual scale) 크기를 알고 있거나 가정할 수 있는 다른 요소나 부분들의 관계를 통해서 나타날 수 있는 건물 요소의 크기나 비례

시각적 질감(visual texture) 색이나 명도의 조합 정도나 관계에서 나타나는 표면의 외견상 질감

시멘트(cement) 점토와 석회석의 소성혼합물을 잘게 분쇄한 것으로 콘크리트와 모르타르의 재료로 사용한다. 이 용어는 콘크리트를 대신하여 종종 잘못 오용되기도 함

신석기(Neolithic) 구석기 시대의 마지막 단계에 속하는 것들을 지칭하는 용어. 곡물의 경작, 동물의 가축화, 마을의 형성, 토기와 섬유의 제조, 연마도구 등으로 특징지워진다. B.C. 9000 ~8000에 시작되었다고 추정됨

실내디자인(interior design) 건축실내설계의 계획과 공사감독을 하는 예술, 사업 또는 직업. 색채계획에서부터 가구, 장치물, 마감재료와 때로 건축적인 부분들까지 다룸

쌓기(bond) 규칙적으로 보기 좋게 조적조를 쌓는 것. 보통 내력을 증가시키거나 보기 좋게 하기 위하여 겹쳐 쌓기를 함

아방가르드(avant-garde) 모든 분야, 특히 시각예술, 문학, 음악 등의 진보파. 이들의 작품은 주로 비정통적이고 실험적 방법론으로 특징지움

아치(arch) 주로 축방향 압력에 의한 수직하중을 지지하면서 하나의 개구부에 걸치도록 설계된 곡선형 구조

아케이드(arcade) 피어나 기둥들로 지지되어 있는 일련의 아치들

아크로폴리스(acropolis) 고대 그리스의 요새화된 고지대나 성채. 아테네의 성채와 파르테논이 위치한 대지가 대표적인 예이다.

압축(comoression) 줄어드는 작용이나 서로 밀고 있는 상태. 탄성체에서 크기나 부피의 간소를 초래함

양식(style) 개인, 집단 또는 한 시대에 고유한 예술적 표현의 특정한 또는 독특한 형태

얕은 기초(shallow foundation) 상부 구조물의 바로 아래에 위치하는 기초로서 건물의 하중을 연직방향의 지반에 수직하중으로 직접 전달함

어도비(adobe) 진흙과 밀짚으로 만든 태양건조 벽돌로 보통 강우량이 적은 나라에서 사용된다.

역사(history) 의미있는 사건들의 체계적이고, 시계열적인 묘사. 특정 민족, 국가, 시대와 관련지어져 설명된다. 종종 사건의 원인에 대한 설명이 동반됨

연속계단(flight) 건물의 층간을 이어주는 계단참 없이 연속된 계단

염력(torque) 회전이나 뒤틀림을 일으키는 회전 운동력

우물천장(coffer) 일반적으로 정사각형 또는 팔각형의 모양을 갖는 천장의 오목부위

우연성(serendipity) 바라던 바나 우연히 예상치 않던 발견을 이루는 경향

위드(wythe) 조적조 벽 한 단위 두께의 연속적인 수직 단면

유기적, 구상적(organic) 살아 있는 식물이나 동물과 비슷한 불규칙적인 윤곽을 가진 형태나 형상에 속하거나 관련된

유보로(promenade) 오락이나 전시를 목적으로 , 특히 공공공간에서 산책이나 걷기 위해 사용되는 공간

음향학(acoustics) 음의 발생, 조절, 전달, 수음 및 효과를 다루는 물리학의 한 분야

의인주의(anthropomorphism) 인간의 형태를 닮거나 인간적 특징들을 가진 개념이나 재현

이디큘(aedicule) 박공지붕, 인방, 엔터블레처 등을 지지하는 두 개의 기둥이나 각주, 벽기둥 등에 접한 캐노피가 있는 개구부나 벽감

이론(theory) 현상을 분석하거나 설명, 예언하는 데 쓰이거나, 행동의 근거로서 제안되거나 추구되는 원리 또는 가정의 체계로 나타나는 추상적인 생각이나 숙고

인장(tension) 서로 잡아당기는 작용이나 당기고 있는 상태. 탄성체의 신장을 초래함

인체 척도(human scale) 인체의 구조적, 기능적인 치수와 관련되는 건물 요소나 공간 또는 가구의 크기나 비례

인터스티스(interstice) 개체와 부분 사이에 있는 작고 좁은 중재 역할을 하는 공간

입면(elevation) 측면 중 하나와 평행한 수직 화면 위의 하나의 사물이나 구조물의 정사영으로 대개 축척에 따라 그려짐

입체(solid) 길이, 너비, 두께를 가진 3차원의 기하형상

재료(material) 분류할 수 있는 독특한 성질을 갖고 있는 물질

접합(articulation) 조합된 부분들의 상호관계를 명확하고, 분명하게 또는 정확하게 결합시키는 방법이나 방식

정사영(orthographic projection) 화면에 수직인 투영선에 의해 3차원 사물이 재현되는 투영 방법. 직각투영이라고도 함

정위(orientation) 정북 방향에 대해, 나침반의 점에 대해 특별한 장소나 지형에 대해 또는 태양, 바람 그리고 배수에 대한 지역적 상태와의 관계 속에서의 대지 위 건물의 위치

정하중(static load) 최고값에 이르기까지 크기나 위치에 있어서 급격한 변화없이 구조물에 천천히 작용하는 하중. 정하중 하에서는 구조물이 천천히 반응을 하고 구조물의 변형은 정하중이 최대가 되었을 때 최고에 이름

조경(landscape architecture) 미적인 목적이나 실용적 목적으로 경관의 형상을 설계, 정돈, 개조하는 예술. 사업 또는 전문분야

조립식 건축(system building) 건물의 조립과 설치 속도를 향상시키기 위하여 표준화된 건축 부재 또는 작업 요소의 생산을 통한 고도의 선조립 시공 프로

세스

조직(organization) 서로 의존적이거나 조합을 이루는 부분들을 서로 관련된 통일체나 기능상 단일체로 만드는 체계적인 배열

조화(harmony) 각 요소들의 질서정연한 합동배열

종합(synthesis) 단일체나 서로 관련있는 통일체를 만들기 위해 각각 분리된 또는 서로 반대되는 부분이나 요소들을 조합하는 것

종합건설(design-build) 건설 프로젝트의 설계와 시공을 함께 수행

중세(middle Ages) 유럽사에서 고대와 르네상스 사이를 지칭. 대개 서로마 제국의 마지막 황제인 로물루스 아우구스툴루스가 폐위된 A.D. 476년에서 1500경까지를 말함

지붕(roof) 건물의 상부 덮개

지붕창(dormer) 경사지붕을 관통하여 세운 돌출 구조로 대개 수직창이나 채광루버가 있다.

지주(stilt) 땅이나 물의 표면 위에서 구조물을 지지하는 기초나 지주 가운데 하나

지지대(post) 단단한 수직 목재 지지구조

질감(texture) 색이나 형태와는 무관한 표면의 시각적이며, 특히 촉각적인 성질

질서(order) 다른 요소들이나 그 요소들의 목적을 참고로 하여 그룹 내의 각 요소들을 적절하게 배열코자 할 때의 논리적이거나 조화로운 또는 알기 쉬운 배치 조건

집중하중(concentrated load) 매우 협소한 지역 또는 지지 구조체의 한 점에 작용하는 하중

창문(window) 채광, 환기 등을 위해 만든 건물 벽체의 트인 부분으로 보통 유리가 끼워져 개폐가 가능한 틀로 이루어져 있음

채광층(clerestory) 인접 지붕창 위로 설치한 장식요소. 채광을 받아들이기 위한 창이 있다.

체계(system) 특히 공동의 목적을 이루기 위해 하나의 복합적이거나 통합된 전체를 형성하는, 상호작용하여 상호연관되거나 상호의존적인 사물이나 부분의 일단

촉각의(haptic) 접촉 감각에 기인하는 또는 관련된

촉각적인 질감(tactile texture) 색이나 형태와는 관계없는 표면의 물리적이고 입체적인 구조

추상적인(abstract) 선이나 색 그리고 이들의 상호관계에만 관련되는 지적이고 정서적인 내용을 가진 형태나 형상에 속하거나 관련된

축(axis) 2차원이나 3차원 대상을 대칭적으로 구획하는 수직 중앙선

축측 투상(axonometric) 모든 선을 축척에 맞게 그려진 3개의 주요 축에 나란하게 가지나 대각선과 곡선은 왜곡되는 축측 투상도의 평행선도

축측 투상도(axonometric projection) 3개의 주요 축이 축소되는 방식으로 화면에 기울어진 3차원 사물의 정사투영도

층(story) 한 건물을 수평선으로 완전히 나눈 것 중 하나로, 연속적이거나 거의 연속적인 바닥, 그리고 두 인접 층간의 공간을 포함한다. 또는 한 건물에서 같은 바닥이나 높이 위에 있는 방들의 집합을 말한다.

층밀리기(shear) 물체의 한 부분을 인접 부분과의 접촉면에 평행한 방향으로 미끄러지게 하는 외부의 힘에 의하여 물체에 생긴 측면의 변형

캔틸레버(cantilever) 한 지점을 넘어 연장된 보 혹은 단단한 구조 부재로, 균형 부재나 지점 뒤로 작용하는 하향력에 의해 지지된다.

케이블 지지(cable support) 회전에 대해서는 자유롭고 케이블 방향으로의 변형은 저지하는 케이블 앵커

콘크리트(concrete) 시멘트와 다양한 무기물 골재들을 충분한 양의 물과 혼합하여 시멘트가 정착되면서 전체 매스를 고정하여 석재처럼 보이는 인공적인 건물 재료

크리켓(cricket) 물매 지붕 위 돌출물 주변에 빗물이 우회하도록 만든 작은 지붕

투시도(perspective) 3차원 사물과 공간 관계를 2차원 표면 위에 그것들이 눈에 보이는 것처럼 재현시키는 여러 다양한 기법

파르티(parti) 19세기에 에꼴 데 보자르에서 사용된 불어로, 건축 프로젝트 발전의 시초가 되는 디자인 아이디어나 스케치를 뜻했다. 지금은 건축설계를 위한 기본적인 개념으로 하나의 다이어그램으로 재현되는 것을 말한다.

패널(panel) 건물의 조립과 설치에 사용되는 단일 건축부재로서 바닥, 벽, 천장, 지붕 등의 선제작 부재

패턴(pattern) 예술적이거나 장식적인 디자인. 특히 특징있는 배열을 통해 각 부분이 아이디어를 나타내는 단위로서 인식됨

페너스트레이션(fenestration) 창이나 건물 외면 개구부들을 설계하고 비례를 맞추어 배치하는 일. 또는, 중세 고급 가구에서처럼 블라인드 아케이드나 아치 형식을 가진 장식적인 모티프를 말하기도 한다.

페디먼트(pediment) 그리스나 로마 신전 건물의 수평 코니스와 완만한 경사 코니스로 둘러싸인 박공. 또는 한 파사드의 주요 부분이나 개구부의 꼭대기를 이루는 이와 유사하거나 파생적인 요소

평면(plan) 대개 척도에 따라 그려진 수평면 위의 사물이나 구조물의 지붕이나 단면의 정사영. 평면도라고도 불림

포스트 모더니즘(post-modernism) 1970년대에 모더니즘의 원리 및 실무, 특히 국제주의 양식에 대한 반발로 발전된 건축과 장식예술의 한 사조. 역사적인 토속 양식에서 추출된 요소와 유희적 환상, 장식, 복잡성의 사용을 추구

표현 그림(presentation drawing) 전시, 평가나 출판을 위해 디자인 개념이나 제안을 고양시키거나 나타내기 위해 만들어진 디자인 그림의 일단

프리즈(frieze) 고전 건축의 엔터블레처를 이루는 코니스와 아키트레이브 사이의 수평 요소로, 종종 낮은 부조로 된

조각으로 장식된다. 또는, 내벽 상단을 따라 코니스 바로 아래에 설치한 장식띠나 외벽 상의 조각된 돌림띠.

프리패브(prefabricate) 신속한 조립과 설치를 위하여 표준화된 부재와 요소로서, 특히 현장 설치 전에 제작됨

플라자(plaza) 도시나 마을에 있는 광장이나 열려진 공간

플리넘(plenum) 달천장 또는 달대천장과 상층부 바닥 사이에 형성된 공간. 특히 공기조화시 급기실이나 배기실 목적으로 사용되는 공간

핀 이음(pin joint) 회전은 허용하나 어떤 방향의 변위도 허용하지 않는 구조적 결합. 힌지 연결. 핀 접합이라 불림

필라(pillar) 보통 벽돌이나 석재로 이루어진 상대적으로 날씬한 수직의 샤프트나 구조로, 건물을 지탱하는 데 사용되거나 홀로 세워져 하나의 기념비적 역할을 한다.

필로티(piloti) 지면상의 개방된 공간 위로 한 건물을 지지하는 철골이나 철근콘크리트 기둥으로, 이런 구조로 인해 개방된 공간을 타 용도로 이용할 수 있다.

하중(load) 구조물이 받는 모든 형태의 외력

향(front) 구체적 방향으로 면하거나 보기

헬레닉(Hellenic) 고대 특히 알렉산더 대왕 시대 이전의 그리스 역사. 문화, 예술에 관련된 것들을 지칭하는 용어

헬레닉스틱(Hellenistic) B.C. 323년의 알렉산더 대왕 사후부터 B.C. 1세기까지의 그리스 역사, 문화. 예술에 관련된 것들을 지칭하는 용어. 이당시 그리스 왕국은 이집트, 시리아, 페르시아 지방에 걸쳐 있었고, 그리스 문화는 여러 외래 요소들에 의해 변모하고 있었음

형상(shape) 특정한 형태나 모양의 아우트라인이나 표면 윤곽, 일반적으로 형태(form)는 전체에 통일감을 주며, 매스감이나 볼륨감을 포함하고 있는 반면에, 형상은 매스나 구획된 영역을 강조하는 아우트라인을 나타냄

형태/형식(form) 사물을 이루는 실체나 재료와 구별되는 어떤 사물의 형상이나 구조. 또는, 응집된 이미지를 만들어내기 위해 구성적 요소와 부분들을 배열하고 조정하는 방식. 한 예술 작품을 이루는 형식적인 구조

활하중, 적재하중(live load) 움직이는 장비, 배수되는 눈, 비 또는 건물을 사용함으로써 구조물에 발생되는 이동하거나 이동할 수 있는 모든 하중. 적재하중은 일반적으로 수직 하향으로 작용하나 이동하중의 성질에 따라 수평방향으로 작용하기도 함

황금분할(Golden Section) 선이나 평면에서 작은 부분과 큰 부분 사이의 비율이 큰 부분과 전체 사이의 비율과 같아지는 상태를 뜻한다. 약 0.618에서 1.000까지이다.

회랑(cloister) 안마당과 연결된 한쪽 면에 열주나 아케이드가 설치된 통로로서, 상부는 덮여 있다.

후각의(olfactory) 냄새 감각에 기인하는 또는 관련된

Index

1 CE 22
1000 CE 32
1200 CE 34
1400 CE 38
1500 BCE 15
1600 CE 40
1700 CE 42
1800 CE 44
1900 CE 46
1950 CE 48
200 CE 24
2500 BCE 14
400 BCE 20
400 CE 25
600 CE 28
800 BCE 18
800 CE 29

A

Aalto, Alvar 6, 48, 95, 113, 134, 164, 200–201, 221
Abbasid People 30-31
Abbey Church of S. Maria 345
Abramovitz, Max 95
Accordion Door 181
Acolhua People 38
Acoustical Ceiling 169
Acropolis, Athens, Greece 20
Adler House 147
Adobe 177
Adronovo culture 15
Aechen, City of 31, 39
Africa 14, 24–25, 35, 36, 46
Aggregate 177
Agora Plan, Athens, Greece 158
Air Conditioner 186
Air-Handling Unit 186
Alberti, Leon Battista 4
Aleppo, City of 42
Alhambra 35
Anasazi People 31
Andean Populations 15, 17
Ando, Tadao 146
Angkor Wat 34
Apple Store, Fifth Avenue 393
Aquifer 189
Arbor 198
Arches and Vaults 296
Arch types 191–192
Architectural Organization and Ordering 125
Architectural Space 80, 118–124, 351-358, 360-363
Architecture, Urban 398-407
Areaway 183
Armenia 18, 28, 32
Armenian Church Plans 28
Arranging Views 331
Art Nouveau 47
Articulation 175
Arts-and-Crafts Movement 47
Aryas/Aryans 16
Asia 14, 16, 18–20, 22–24, 26–32, 34–36, 38–40, 42–44
Asplund, Eric Gunnar 222
Assyrian People 19
Atrium 173
Attic 171
Awning Window 179
Axis 151–153

B

Babylon 19
Babylonian Empire 19–20
Baghdad, City of 30-31
Baldachin, Cathedral of Mallorca 201
Balmumcu, Sevki 48
Bandung Institute of Technology 98
Banpo, China 13
Baptistry at Parma, Italy 33
Barabar Hills Caves, India 20
Barnes, Edward Larabee 221
Barrel Vault 170
Bas-relief from Chalcatzingo, Mexico 21

Basement 183
Battery 187
Bauhaus 47–48
Bay Window 179
Beaker People 15
Beam Ceiling 169
Beams 292
Beam Types 193
Bearing Wall 174
Beaux Arts 47
Beijing, China, Plan of 39
Being Flexible 210
Bellevue, Washington, Zoning Map 396
Belvedere 198
Berber Almoravid People 32
Berlin Building Exposition House 106
Berlin Philharmonic Hall 49
Bibi Khanum Friday Mosque 38
Bifold Door 181
Bohlin, Cywinski, Jackson/Bassetti Architects Firm 389, 393
Boiler 185
Bombay, City of 42
Borobodur 30
Borough 379
Borromini, Francesco 41, 61, 143
Boston City Hall 85
Boston Historic and Landmark Districts 397
Boston, City of 42
Botta, Mario 63, 221
Bramante, Donato 129
Branch 189
Breuer, Marcel 69
Brick House 118
Brick types and courses 176, 239
Brise-soleil 180
Bronze Age 16, 18
Brutalism 49
Buenos Aires, City of 42
  Building Codes 322-328
  Federal and National 324–325
  International 323
  Life Safety & Property Protection 328
  Local 326
  Other Codes 327
  Standard of Care 328
  State 326
Building Elements 167–198
  Ceiling 167, 169–170
  Door 167, 181–182
  Floor 167, 183, 306–307
  Foundation 167, 196–197, 302–305
  Mechanical System 167, 184–190, 312–320
  Roof 167–168, 310–311
  Room 167, 171–173
  Structure 167, 191–195
  Wall 167, 174–177, 308–309
  Window 167, 178–180
Building Site 167, 198
Building Systems 299–301
Building Types 166
Bukhara 39, 42
Bulkhead 171
Burlington, Lord 131
Burmese People 19
Busse, August 140
Buttress 170
Byzantium 26, 31

C

Cable 188
Calcutta, City of 42, 44
Cambio, Arnolfo di 153
Cambodia 30, 32, 34, 36
Campo de' Flori 392
Canberra, Plan for 8, 387
Cantilever Footing 197
Cape Town, City of 42
Capital Complex, Bangladesh 2, 213
Capital Complex, Islamabad 9
Caplin House 133
Carroll, Lewis 204
Casement Window 178
Cathedral at Salisbury 161
Cathedral of Florence 39, 156
Cave Painting 14
CBS Building 68
Cellar 171
Cement 177
Cenotaph for Sir Isaac Newton 45
Central Air Conditioning 186
Central America 18, 23, 25, 31, 36
Central Heating 184
Central Park, Plan 46
Chandigarh, City of 48, 399
Chang' an, City 24, 30–31
Changing Scale 213
Charlemagne' s Palace at Aachen 31
Chase 185
Chauvet 14
Chengde, City of 44
Chicago, City of 47
Chimu People 38
China 14–16, 18–27, 29–30, 32, 34–36, 38–39, 43–46
Chiswick House 131
CIAM 48, 399
Circuit 187
Circuit Breaker 188
Cistern 189
City 380
City Make-Up 387–395
  Civic 389–392
  Commercial 393
  Corporate 394
  Domestic 388
  Industrial 395
Clerestory 179
Cloister and Salle des Chevaliers, Mont S. Michel 103
Coffer 169
Cold-Air Return 185
Colonnade 172
Color 53
Columns 291
Combination Door 182
Combined Footing 197
Community 404–407
Components 165
Concept 199, 225-230
Concert and Convention Hall, Helsinki 200
Concrete 177, 236–238
Conduit 188

Construction Design Considerations 249
Constructivism 47
Continuous Footing 197
Convent for the Dominican Sisters 112
Corbusier, Le 47–48, 59, 61, 64, 109, 115, 129, 149, 216, 337, 399
Córdoba, City of 30-31
Corinthean Column Capital 22
Correa, Charles 147
Court 173
Courtyard 173
Crawl Space 171
Creative Process 201
Crown 191
Crown Hall 77
Crystal Palace 46
Current 187
Curtain Wall 175
Cuzco, City of 38

D

Da Vinci, Leonardo 41, 136, 199
Damper 186
Datum 151, 158–159
De Stijl 47
Deck 172
Deep Foundation 196
Density 397
Design Process 3–6, 80, 163, 199–230, 231, 249, 281, 299, 329, 349–350, 373–374, 377, 396, 403–404
Design Thinking 5, 10, 52, 213
Developing Fluency 205
Diagramming 214–223
  Analytical 216
  Concepts 220–223
  Elements 217–218
  Relationships 219
  Types 215
Digital Models 224
Domes 168, 297
Dome of the Rock 30
Dorian People 18
Dormer 168
Double-Acting Door 181
Double Doors 181
Double-Hung Window 178
Drain 190
Drainage System 190
Drop Ceiling 169
Duct 185
Ductwork 185
Durbar Square, Patan, Nepal 43
Dutch Door 182
Dynamic Loads 284–287

E

Early Cultures 14
Eero Saarinen & Associates Firm 68
Egypt 14, 16, 18, 20, 25, 32, 39, 46
Egypt, architecture of 14, 16, 18, 20, 25, 32, 39, 46
El Salvador 31
Electric Heat 184
Elevation Drawings 340–342
Embodied Energy 233–235
England 15, 24, 33–34, 41–42, 46–47, 49–50
Episteme 3–5, 10
Eric Boissonas House I 146
Erlach, Fischer von 131
Etruscan People 18
Europe 14–16, 18, 20, 22, 26–28, 31, 33, 38–48
Exhaust Air 186
Exhibition Hall, Izmir Int. Fair 48
Expressionism 47
Exterior Wall 174
Extrados 191
Exurban 386

F

Facade 175
Fallingwater (Kauffman House) 7, 120
Fatamid People 32
Feeder 187
Fenestration 175
Fengchu, Chinese Ritual Center 19, 155
Figure-Ground 356
Filarete, Antonio 154
Finish Materials 372
Fire Temple at Ani, Armenia 26
First Floor 183
First Unitarian Church, Rochester, New York 37, 69
Fisher, Frederick 133
Five Points of Architecture 64
Flagg House 223
Flat Roof 168
Floating Foundation 197
Floor Construction 258–265
  Concrete 258–263
  Structural Steel Framing 264
  Wood Joist Framing 265
Florence, City of 39
Flush Door 182
Folded Plate 195
Folding Door 181
Folly 198
Forbidden City 39–40
Forced Warm-Air Heating 185
Form and Appearance 397
Form and Movement 70
Form and Space 81–86
Form-Defining Space 87–113, 357
Form, Characteristics of 53
Fort Wayne Fine Arts Center 202
Foundation Construction 250–257
  Excavation Support Systems 251
  Shallow Foundations 252-253
  Foundation Walls 254–255
  Concrete Slab on Grade 256–257
Foundation Wall 197
Four House Forms 64
Frames and Walls 294
France 14, 33–34, 41–42, 44, 46, 48
French Door 182
Front 198
Fukuoka Sogo Bank 68
Furnace 184

G

Gable 168
Gable Window 179
Gamble House 143

Gandharan People 22, 25
Gandhi Ashram Museum 147
Gaudí, Antonio 201
Gazebo 198
Gehry, Frank 50, 57, 391
Georgia 28
Germany 33, 42, 44, 46–48, 50
Girder 194
Glass 248
Glass House 105
Gorman Residence 62
Gothic 4, 33
Graves, Michael 147
Great Plaza at Tikal 28
Great Stupa at Sanchi 155
Great Wall 27
Greece 18, 20, 44
Greek People 3, 18, 20, 28, 44, 52
Greene & Greene Firm 143
Griffin, Walter Burley 8, 387
Grille 185
Groin 170
Gropius, Walter 47–48
Ground Floor 183
Ground Slab 197
Ground Wire 188
Ground-fault Interrupter 188
Guatemala 31
Guggenheim Museum, Bilbao, Spain 50
Guggenheim Museum, New York, United States 149
Gwathmey Residence 59
Gwathmey, Charles 59
Gwathmey/Siegel Arch. Firm 59

H

Habraken, John 204
Hadrian' s Villa 24
Hagia Sophia 28, 41
Han Dynasty 23–24, 26–27
Hariharalaya, City of 30–31
Harrison, Wallace K. 95
Haunch 191
Hausmann, George-Eugene 47
Haystack Mountain School of Arts and Crafts 221
Heat Exchanger 186
Heat Pump 186
Heating Load 184
Hejduk, John 133
Hellenism 20
Herbert F. Johnson House (Wingspread) 141
Herrmann, Heinrich 140
Hierarchy 151, 156–157
Hill House 118
Hindu Temple 17 26
Hines House 223
Hip 168
Historic Preservation 397
History Faculty Building, Cambridge University 107
Hittite People 16, 18
Hoffman House 67
Holy Roman Empire 31, 36
Honduras 31
Hong Kong, City of 42
Hopper Window 179
Horizontal Elements 88–98
    Base Plane 88–89
    Depressed Base Plane 88, 93–95
    Elevated Base Plane 88, 90–92
    Overhead Plane 88, 96–98
Horyu-Ji 29, 123
Hospital Project, Venice 149
Hot-Water Heating 185
House at Stabio 63
House on the Masachusetts Coast 95
Human Factors 368–369
Hun People 38
HVAC 186

I

IBM Research Center 69
Ideal Church (Da Vinci) 136
Ideal Church (Filarete) 154
Il Redentore 59
Imperial Forums Plan, Rome 22
Impost 191
Inca People 38
Incorporated area 378
India 16, 19–20, 22–27, 29–30, 32, 35–36, 39–41, 43–44, 48
Indonesia 25, 30, 32, 36
Indus, architecture of 14–16, 20
Integrated Ceiling 169
Interior Design 9, 349–372
Interior Design and Architecture 350
Interior Wall 174
Intrados 191
Ionian People 18
Iron Age 18
Ise Shrine 76
Isolated Footing 197
Isozaki, Arata 68
Israelite Kingdom 18
Italy 18, 28, 33–34, 39, 42, 44, 48, 50
Iwan of Khusrau I 26

J

Jacobsen, Arne 6
Jami Masjid 161
Japan 26–27, 29–30, 32, 34, 36, 40, 43, 45, 49
Jerusalem, City 18, 27, 30, 34
Johansen, John M. 149
John Deere & Co. Building 68
Johnson, Philip 105, 118, 146
Joints and Connections 290
Joist 194

K

Kahn, Louis 2, 9, 37, 69, 112, 125, 147, 202, 213, 222
Kallmann, McKinnell & Knowles Firm 85
Kaminaljuyu, aerial view 21
Karuizawa House 143
Kauffman Desert House 141
Kauffman House (Fallingwater) 7, 120
Kent, William 131
Keystone 191
Khandariya Temple 32
Khasneh al Faroun, Petra 63
Khmer People 30–32, 34, 36, 39
Klenze, Leon von 92

Koolhaas, Rem 390
Korea 26, 29, 39–40
Kurokawa, Kisho 143
Kush, Kingdom of 18
Kushan Monastic Complex 25
Kyoto, City of 40

L
La Venta 18
Lacunar 169
Land Use 396
Lascaux 14
Lawrence House 131
Layering 207
Ledoux, Claude Nicolas 45
Liao People 30, 36
Library at Rovaniemi, Finland 164
Library of Mount Angel, Benedictine College 164
Light Shelf 180
Load Combinations 284
London, City of 39, 44–46, 49
Louver 179
Luoyang, China 19
Lutyens, Sir Edwin 67

M
Macau, City of 42
Mackintosh, Charles Rennie 118
Madras, City of 42
Magna Graecia 18
Mahavihara at Nalanda 159
Mahayana Buddhist site of Borobodur 30
Main 189
Manabe Residence 146
Margiana, architecture of 14–15
Masonry 239–240
Masonry Arch 191
Mat 197
Material Design Considerations 231
Material Selection 232
Mayan People 21, 23, 28, 31, 33, 36
Maybeck, Bernard 223
Mechanical System 184
Mediterranean 16, 18, 20, 26, 28, 30, 39, 41
Meeting Hall, Banpo, China 13
Megalopolis 382
Meier, Richard 67
Melinkov, Konstantin 47
Mesoamerica 18, 21
Mesopotamia, architecture of 14–16, 19, 24
Metropolitan Area 378
Metropolis 381
Mexica People 38
Mexico 18, 23, 25, 38
Mezzanine 183
Michelozzi 67
Millowner's Association Building 216
Mingtang-Biyong Ritual Complex 24
Moabit Prison 140
Moche Civilization 21, 23, 25
Modeling 224
Modern Movement 47–50
Module 194
Mohenjo-Daro 15, 373
Monastery of St. Meletios on Mt. Kithairon 84
Mongolian People 25, 35–36, 38, 40
Monitor 180
Mont S. Michel 103
Moore-Turnbull/MLTW Firm 131, 223
Mosque of Tinmal 146
Mound Builders 21
Mullion 178
Multiview Drawings 329–348
Elevation 340–342
Plan 332–339
Section 343–348
Muntin 178

N
Nabataean People 22
National Assembly Building, Capitol Complex at Dacca 125
Native American People 17
Nazca Tribes 21, 23, 25
Neoclassical Architecture 45, 48
Neski, Barbara 63
Neski, Julian 63
Neumann, Balthasar 129
Neutra Richard 141
New York, City of 42, 47–48
Ninomaru Palace 40
Nolli, Giambattista 1, 83
Nonferrous Metals 242
Norman People 33
North Indian Cella 163
Notre Dame Du Haut 115
Notre Dame of Reims 34
Nubia 18

O
Obelisk Tomb, Petra 22
Oculus 173
Old Rainer Brewery 395
Olmec People 18, 21
Olmsted, Frederick Law 46
Olympic Swimming Arena, Munich 77
OMA/LMN Architects Firm 390
One-half House 133
Openings in Space Defining Elements 114–117
Ordering Principles 150–164
  Axis 151–153
  Datum 151, 158–159
  Hierarchy 151, 156–157
  Rhythm 151, 160–162
  Symmetry 151, 154–155
  Transformation 151, 163–164
Organizational Patterns 134–147
  Centralized 135–137
  Clustered 135, 142–143
  Grid 135, 144–147
  Linear 135, 138–139
  Radial 135, 140–141
Organizational Principles 125–133
  Adjacent Spaces 126, 130–131
  Interlocking Spaces 126, 128–129
  Spaces Linked by a Common Space 126, 132–133
  Space within a Space 126–127
Organizing Circulation 148–149
Orientation 54, 198
Orthographic Views 330
Otto, Frei 77, 97

Ottonian People 33
Outside to Inside 359

P
Palace Complex at Persepolis 20
Palace complex of Akbar, the Great 90
Palace of Charles V 37
Palace Precinct, Fatehpur Sikri, India 41
Palazzo Medici-Ricardo 67
Palazzo Picolomini 133
Paleolithic Period 14
Palestine 18
Palladio, Andrea 41, 59, 112
Pane 178
Panel 188
Paneled Door 182
Panoptic Prison 44
Pantheon (building) 1, 81
Pantheon (religious) 34
Parallel Circuits 187
Paris in the age of Louis XIV 149
Paris Renovation 47
Paris, City of 39, 41, 45, 47
Paris, Plan for 8
Parterre 198
Party Wall 174
Patio 173
Pautre, Antoine Le 154
Pavilion 198
Pavilion Design, seventeenth century 131
Pavilion of Supreme Harmony 92, 222
Paxton, Sir Joseph 46
Pensiero Della Chiesa S. Carlo 61
Pergamon Plan 150
Pergola 198
Persia 19–20, 23, 25, 28, 30, 32, 41
Peruzzi, Baldassare 129
Physical Models 224
Piano Nobile 183
Piazza 198
Piazza del Campo, Siena, Italy 103, 406
Piazza of San Marco 85
Picture Window 179
Pilaster 174
Pile 196
Pile Cap 196
Pile Foundation 196
Pilgrimage Church, Vierzehnheiligen, Germany 129
Pipe 189
Pitched Roof 168
Pivoted Door 181
Place 404–407
Place Roayale, Paris 41
Plan Drawings 332–339
Plan of Caral, Peru 17
Plastics 247
Plate Structures 195, 295
Plenum 169
Plinth 197
Plumbing 189
Plumbing Fixture 190
Plumbing Wall 190
Pocket Door 181
Pont, Henri Maclaine 98
Pope House 149
Porch 172
Portal 182
Portico 172
Position 54
Post-Modernism 50
Potable Water 189
Potala Palace 40
Poverty Point 17, 25
Precedent 37, 199
Priene, City of 398
Prince-Ramus, Joshua 390
Professional Responsibilities 321
Programming 370–371
Promenade 198
Proportion and Scale 74–78
Pueblo Bonito 31
Pulesi 44
Pyramid Building, Project for an Iron Forge 45

Q
Qin Dynasty 21, 23
Qubba, Al-Barubiyyin 32
Quebec City, City of 42

R
Radiant City 48
Radiant Heating 184
Radiator 185
Rammed Earth 177
Ramp 183
Recombining 208
Relying on Intuition 204
Renaissance 13, 37, 39
Reservoir 189
Residence at Riva San Vitale 221
Residence in Asakusa District, Tokyo 407
Resistance 187
Return Air 186
Return Grille 185
Revolving Door 182
Rhythm 151, 160–162
Rib 170
Richards Medical Research Laboratory 222
Ridge 168
Rio de Janeiro, City of 42
Rise 191
Riser 189
Robie House 214
Rock-cut churches of Lalibela, Ethiopa 35
Rockefeller Center 95
Roman Empire 22, 24, 31
Rome, City 24, 27, 41, 83
Roof Construction 272–280
  Concrete Slab 272
  Metal Roof Decking 276
  Rafter Framing 277–278
  Steel Trusses 274–275
  Structural Steel 273
  Wood Plank and Beam 279
  Wood Trusses 280
Rosselino, Bernardo 133
Rotating 212
Rotunda 173
Rural 385
Russia 27, 35, 38, 42

S
S. Carlo alle Quattro Fontane 143
S. Maria Novella 4

S.S. Sergius and Bacchus 37
S.S. Sergius and Bacchus 86
Sabaean Kingdom 18
Sacred Enclosure, Ise Inner Shrine 29
Samarkand, City of 39, 42
Samuel Freeman House 117
San Lorenzo 18
San Lorenzo Maggiore 136
Sarabhai House 109
Sash 178
Scale 5–8, 53, 66, 70, 74, 76–77, 84, 103, 105, 118, 213, 222, 227, 332–333, 358–362
Scharoun, Hans 49
Schwartz House 77, 334
Screen Door 182
Seattle City Hall 389
Seattle Parks and Recreation Plan of 2004 403
Seattle Public Library 390
Section Drawings 343–348
Section through Magao caves 27
Senegal, City of 42
Septic Tank 190
Serendiptiy 206
Series 187
Sewer 190
Shang Dynasty 16
Shang Dynasty Palace 16
Shape 53–57
Sheer Cliff Face, Bamiyan Afghanistan 26
Shells 175, 298
Shifting Viewpoints 211
Shimbara Geisha District 43
Shrine of Imam Dur 32
Sidewalk Cafe, Orlando, Florida 407
Silk Route 22, 24–25, 27, 32
Singapore, City of 42
Single-acting Door 181
Sixteen Kingdoms 27
Size 53–54
Skylight 180
Sliding Door 181
Snyderman House 147
Social Sciences Research Center 50
Soffit 191
Solar Screen 180
Solarium 173
South America 14, 18, 21, 28, 38
Soviet Pavilion, 1925 Int. Expo. 47
Space Frame 195
Spain 14–15, 24, 30–33, 35–36
Spandrel 191
Speculative Drawing 200
Spread Footing 197
Spring 191
Springer 191
Square in Giron, Colombia 87, 406
Srivijayan Empire 32, 36
St. Michael in Hildensheim, Germany 33
St. Peter' s, Rome 27, 41, 129
St. Pierre 61
Stair 183
Stairs and Stairways 71–73
Steam Heating 185
Steel 241
Stepped Footing 197
Stepped Ramp 183
Stirling, James 50, 107
Stone 243
Stoop 172
Storm Cellar 171
Strip Footing 197
Structural Clay Tile 177
Structural Design Considerations 281–283
Structural Elements 291–298
    Arches and Vaults 296
    Beams 292
    Columns 291
    Domes 297
    Frames and Walls 294
    Plate Structures 295
    Shells 298
    Trusses 293
Structural Forces 288–289
Stubbins, Hugh 95
Stud 175
Subbasement 183
Suburban 384
Sunroom 173
Sunshade 180
Supply Air 186
Surface 56–57
Surface Articulation 66
Suspended Ceiling 169
Switch 188
Switchboard 187
Sydney Opera House 49, 230, 391
Symmetry 151, 154–155
Syria 28

T

T'ang Dynasty 29–30
Taking advantage of Chance 206
Techne 3–5, 10
Tectonics 52
Temple I at Hattusas 16
Temple Mountain at Bakong Temple 92
Temple of Jupiter Capitolinus 92
Temple of Kailasnath at Ellora 79
Temple of Mars Ultur 22
Temple of Poseidon, Isthmia, Greece 18
Templo Mayor 38
Tensile Structure, National Garden Show 97
Teotihuacán, City 23–25, 28, 36
Tepanec People 38
Terra Cotta 177
Terrace 172
Texture 53
Thai People 19, 39
Thinking on Paper 202–213
Threshold 182
Tolerating Ambiguity 203
Tomb of Theodoric the Great 27
Topiary 198
Toshogu Shrine 149
Town 379
Traditional Japanese House 143
Transformation 58–65
    Additive 58, 65
    Dimensional 58, 60–61
    Principle of 151, 163–164
    Subtractive 58, 62–64
Transformer 187

Transforming 209
Transition 171, 363
Transom Window 179
Trap 190
Trellis 198
Trusses 168, 293
Turkey 18, 28

U
U.S. Capital Building 44
Ubirr 14
Uffizi Palace 153
Umayyad Mosque 30
Unité d'abitation 59
Urartu 18
Urban 383
Urban Design 9, 46, 373–408
  Large-Scale Strategies 403
  Small-Scale Strategies 400–402
Urban Design and Architecture 374–376
Urban Planning 398
Urban Taxonomy 377–386
  Density 381–386
  Size 379–380
Urbanism 38, 45, 373–408
USSR (Union of Soviet Socialist Republics) 47–48

V
Vahalla 92
Valley 168
van de Rohe, Lugwig Mies 47
Vaults 170, 296
Vaux, Calvert 46
Venetian Republic 39
Venice, City of 39, 41
Vents 184, 190
Vent System 190
Veranda 172
Versailles, Plan of 42
Vertical Elements 99–113, 362
  Enclosing Planes 100, 113
  Linear Elements 100–103
  L-Shaped Planes 100, 106–107
  Parallel Planes 100, 108–109
  Plane, Single 100, 104–105
  U-Shaped Planes 100, 110–112
Vietnamese People 19
Vignola, Giacomo 152
Villa at Carthage 129
Villa Farnese 152
Villa Mairea 6
Villa Savoye 47
Villa Tressino at Meledo 112
Village 379
Vincent Street Flats 67
Visual Inertia 54
Voussoir 191

W
Wall Construction 266–271
  Concrete 266–268
  Masonry 269
  Structural Steel Framing 270
  Stud Framing 271
Walt Disney Concert Hall 57, 391
Washington D.C., City of 44–45
  City Plan by L'Enfant 44
Water Heater 189
Water Supply 189
Watt-hour Meter 187
Web 170
Well 189
West Wall of Magao cave 27
Window Frame 178
Wire 188
Wolfsburg Cultural Center 95
Wood 244–246
Woodland Chapel 222, 347–348
Wright, Frank Lloyd 1, 7, 47, 49, 61, 77, 117, 120, 141, 149, 214, 334

X
Xia Dynasty 15
Xianyang Palace, Xi'an, China 21

Y
Yahara Boat Club 61
Yemen 18
Yingxian Wooden Pagoda 29
Yuan Dynasty 36

Z
Zapotec People 21, 33
Zhou Dynasty 19, 21
Zone of interconnection 15
Zoning 396–397
Zoser's Temple Complex 14